JN441646

역사 기술 인간

임석재 서양건축사 5—역사 기술 인간

초판인쇄 2008년 9월 1일 | 초판발행 2008년 9월 9일
지은이 임석재 | 펴낸이 김정순 | 책임편집 김자영 | 디자인 이경란 김은희 모희정 | 마케팅 최정식 이숙재 정상회 | 펴낸곳 (주)북하우스
출판등록 1997년 9월 23일 제406-2003-055호 | 주소 413-756 경기도 파주시 교하읍 문발리 파주출판도시 513-8
전자메일 editor@bookhouse.co.kr | 홈페이지 www.bookhouse.co.kr | 공식카페 cafe.naver.com/29woman
전화번호 031-955-2555 | 팩스 031-955-3555
ISBN 978-89-5605-296-0 978-89-5605-082-9 (세트)

이 도서의 국립중앙도서관 출판도서목록(CIP)은 e-CIP 홈페이지(http://www.nl.go.kr/cip.php)에서
이용하실 수 있습니다. (CIP제어번호 : CIP2008002620)

역사 기술 인간

5

임석재 서양건축사

북하우스

차례

I부 18세기

3장 18세기 신고전주의(1730~1800)

4장 18세기 프랑스 신고전주의

5장 18세기 영국 신고전주의

6장 합리주의 건축운동

7장 공장과 감옥—중앙 집중형

8장 낭만주의(1730~1830)

9장 낭만적 고전주의(1)-폐허 · 수채화운동, 피라네시

14장 19세기 영국 고전주의

15장 19세기 독일 신고전주의

18장 고딕리바이벌과 기독교사회주의

19장 신건축운동

20장 새로운 기능 유형과 철물 건축

서문

—『임석재 서양건축사』 시리즈를 마치면서
—학문 인생 15년을 돌아봄과 동시에
—서양 학문 전공자들에게 해주고 싶은 이런저런 이야기들

1. 시리즈를 마치며

긴 여정의 종착점에 섰다. 보람과 아쉬움을 느끼며 마침표를 찍는 느낌이다. 이 책은 모두 다섯 권으로 구성된 '임석재 서양건축사' 시리즈의 마지막 완결편이다. 드디어 마지막 5권을 마쳤다. 시기로는 18~19세기를 다루었다. 요즘 나의 연구 분야와 저술 영역이 다양해지고 있긴 하지만 나는 기본적으로 '서양건축사학자'다. 따라서 이 시리즈는 내 연구와 존재의 근간과 핵심을 이룬다. 이런 큰 작업을 무사히 마무리 짓게 되어서 무척 기쁘며 또한 감사한 마음 금할 길 없다.

돌이켜보면 내가 건축 전공서를 처음 접한 것도 공교롭게 『서양건축사』라는 같은 제목의 책을 통해서였다. 나는 80학번이어서 입학하자마자 광주 민주화운동으로 휴교를 했다. 오갈 데가 없어져 큰 가방에 책 몇 권을 주섬주섬 담아 이곳저곳을 전전하며 공부했다. 그때 배니스터 플레처 경Sir Banister Fletcher의 『서양건축사』 해적판을 몇 달간 가지고 다니며 읽은 기억이 난다. 여자 친구가 옆에서 "너는 책에다 줄만 긋냐"며 놀려대던 기억도 난다. 갓 입학한 대학교 1학년생이었으니 그 내용을 다 이해할 리 만무했고 천 페이지가 넘는 두께에 질리기도 했다. 그런 와중에서도 왜 이 책은 그림책에 머물렀을까 하는 아쉬움으로 책을 덮었던 기억이 난다. 실제로 플레처의 이 책은 도판 백과사전이지 정식 서양건축사 책은 아니다. 이때 느꼈던 아쉬움이 커서였을까, 이후 좁게는 서양건축사, 넓게는 동서고금의 건축 이론을 인문사회학적으로 해석하는 작업으로 28년을 보내며 지금까지 오게 되었다.

유럽 땅에 처음 발을 디딘 때는 1988년 5월 말이었다. 당시 나는 20

대 후반의 나이였고 미국에서 유학 중이었다. 여름방학을 맞아 유럽에서 계절 학기를 듣기 위해 유럽으로 건너간 것이었다. 당시에는 유럽 여행이 지금처럼 흔치 않던 때라 미지의 세계에 도전하는 것 같은 설렘과 두려움으로 유럽에 갔다. 출발 두 달 전에 오스트리아 빈에서 서울대 영문과 학생이 북한으로 건너간 사건이 일어났는데 납북이니 월북이니 하며 북한과 전쟁이라도 날 것 같은 상황이라 더욱 그랬다.

어쨌든 그해 여름 한 달간 배낭여행을 하고 세 달간 계절 학기를 들으며 유럽을 경험했다. 당시 나는 평생 학문을 무엇으로 할 것인지 심각하게 고민하던 때였다. 이미 대학교 초년부터 건축역사나 이론 등 인문학적인 연구를 하기로 결심하고 유럽 언어를 공부하는 등 나름대로 준비를 해오고 있었다. 그러나 마지막으로 나를 머뭇거리게 하는 것이 있었다. 문제는 건축사였다. 한국 사람으로서 서양의 건축 역사를 전공하는 것에 대해 여러 가지 부정적 생각이 머리를 떠나지 않고 있었다. 주변에서 뜯어말리는 소리들도 요란했다. 누구누구가 미국에서 서양미술사로 학위를 시작했는데 10년이 지나도 진척이 없자 잠적해서 행방불명이 되었네 하는 식이었다. 한마디로 한국 사람이 서양에서 서양의 예술사로 박사학위를 따는 것은 되지도 않을 일이며 돈과 시간만 버리고 실패로 끝날 무모한 자살행위나 다름없다는 것이었다.

그러나 나는 미시간대학교 석사과정을 거치면서 직접 겪어본 결과 이 부분에 대해서는 자신이 있었다. 미시간대학교는 건축사는 약하지만 예술사는 강한 학교였다. 미시간대학교는 캠퍼스가 둘로 나뉘어 있었고 건축미술대학은 북 캠퍼스에 있었는데 중앙 캠퍼스에는 미술사학과가 단독 건물 한 채를 다 쓰고 있었다. 건물의 이름은 지금은 오래되어 기억이 나지 않지만 4~5층 정도의 벽돌 건물로 미술사와 잘 어울리는 모습이었다. 이 건물 한 채가 모두 도서관이었다. 유럽어 자료나 고어 자료는 부족했지만 미술사에 관한 영어권 자료는 거의 다 갖춘 전문화된 도서관이었다. 나는 미술사학과에서 수업을 듣고 도서관 자료에 흠뻑 빠져서 정신을 못 차리는 등 건축과 건물보다 이 건물에서 더 많은 시간을 보내며 서양 사람들이 서양예술사를 어떻게 연구하는지를 유심히 관찰했다. 결론은 내가 조금도 뒤질 것이 없으며 오히려 더 나을 수 있겠다는 것이었다.

다만 마지막으로 나를 머뭇거리게 하는 중요한 고민이 하나 있었다.

한국 사람이 서양건축사를 공부하는 것이 우리 현실에 필요한 일인지, 이 전공을 통해 우리 현실에 어떤 기여를 할 수 있을지가 고민이었다. 이런 고민은 비단 나에게만 국한된 일은 아닐 것이다. 작게는 이 전공을 해서 밥이나 먹고살 수 있을지도 고민이었다. 다른 나라의 문화 예술 역사를 평생 전공으로 삼는 것은 동서고금을 막론하고 많은 어려움이 따른다. 크게 보고 결정해야 하는 거시적 차원의 결심이 필요했다. 가장 기본적인 명분과 당위성부터 작게는 매일 부딪히고 맞닥트리는 현실적 문제에 이르기까지 해결해야 할 문제들이 산더미 같았다.

가슴 한구석에 강하게 남아 있는 한국인 특유의 폐쇄적 민족주의였을 수도 있다. 혹은 단순히 서양건축사를 소개하는 데 머물지 않고 그 나라 사람들과 경쟁하고 그들보다 낫고 싶은 욕심이었을 수도 있다. 당시 한국은 서양건축사 연구의 불모지나 다름없었다. 아직 한국이 낙후해서 그런 것일 수도 있지만 바꿔 얘기하면 그만큼 이 분야가 효용이나 소용이 없기 때문에 그런 것일 수도 있었다. 서양건축사의 불모지인 상황은 지금도 크게 달라지지 않고 있는데 그 이유에 대해서는 솔직히 스스로도 아직 확신 있는 결론을 내릴 자신이 없다. 아직도 낙후성에서 못 벗어난 것인지, 인구 규모가 작아서 여기에까지 관심을 기울이기가 어려운 것인지, 아니면 정말로 필요하지 않아서인지, 아직은 결론을 내리지 못했다.

아무튼 당시로서는 이런 문제들에 대한 명쾌한 답이 필요했고 그것을 찾아 유럽으로 건너갔다. 요즘은 유럽 여행이 보편화되었지만 그때만 해도 유럽 여행은 흔치 않았다. 올림픽을 막 치른 뒤였지만 유럽 사람들은 코리아라는 이름을 여전히 낯설어했다. 천 년, 이천 년 된 고전 걸작들을 보고 감동하며 인식의 폭을 넓혔고 광장에서 맥주에 취하기도 했다. 야간 기차에서 뒹굴고 역 앞 광장에서 빵 조각으로 끼니를 때우는 일이 다반사였다. 함부르크의 뒷골목에 들어갔다가 놀라서 도망쳐 나오기도 하고 파리 개선문에서 나폴레옹을 떠올리기도 했다. 카메라 가방을 통째로 도둑맞기도 했으며 외진 시골에서 작지만 기억에 남는 친절한 대접을 받기도 했다.

유럽에서 이런저런 다양한 경험을 하며 서양건축사를 평생 학문으로 삼아야겠다는 최종 결심을 할 수 있었다. 미시간대학교에서 학문으로서의 서양건축사 연구에 자신감을 얻은 것에 더해 유럽에서 겪은 경험은 생활체로서 역사적 건축물의 존재를 피부로 느낄 수 있게 해주었다. 유럽이라고 뿔 달린 괴물이나 외계인들이 사는 곳은 아닐 터, 결국 모든 것은 사람 사는 문제로 귀결된다는 것을 뼈저리게 깨달았다. 유럽은 그들 나름대로 사람 사는 방식이 있어 왔을 것이며 그것이 여러 경로를 통해 건물로 구체화되어 나타난 것이 서양건축사일 뿐이라는 결론을 얻었다. 사람 사는 일을 인문사회학으로 연구하고 환원해서 글로 엮어내는 일이라면 당시 나는 비록 어린 나이였음에도 이골이 나도록 훈련해왔던 터였고 누구보다도 잘할 자신이 있었다. 확신을 품고 미국으로 돌아와서 서양건축사 박사과정에 지원해서 펜실베이니아대학교에 입학했으며 3년 만에 박사학위를 따고 1992년에 귀국했다.

2. 통사 연구 자체의 중요성에 더해 20세기 연구를 더 잘하기 위해

서양건축사 시리즈를 집필하려는 계획을 세운 것은 1994년 이화여대 건축학과를 창설하며 초대 교수로 부임하면서부터였다. 건축사 수업을 담당하면서 마땅한 교재가 없었던 것이 중요한 계기였다. 물론 원론적으로 얘기해서 역사학자라면 장르를 막론하고 통사 연구와 집필이 중요한 목표이자 꿈 가운데 하나라는 사실이 가장 중요한 계기인 것은 당연했다. 그 외에 또다른 중요한 이유는 20세기 연구를 더 잘하기 위해서였다. 필자의 다양한 연구 분야 가운데 굳이 하나를 꼽으라면 20세기 근현대 건축역사와 이론이 될 수밖에 없다. 교수 자리를 얻고 제일 먼저 연구를 시작한 것도 이 분야였다. 20세기 서양 근현대 건축사를 총 33권으로 기획해서 첫 책도 이 주제로 냈으며 이후 9권까지 순조롭게 진행되었다.

그런데 어느 순간 벽에 부닥쳤다. 20세기를 20세기의 시각에서 한정해 하는 연구는 이제 한계에 이르렀다는 생각 때문이었다. 20세기에 관한 연구서와 논문 등을 방 두 칸을 가득 채울 분량으로 모으면서 검토한 결과 학문 연구에서 근친상간 경향이 강하게 관찰되었다. 많은 연구자들이 서로 같은 얘기를 말만 조금씩 바꾸어가면서 이리 돌리고 저리 돌리며 주거니 받거니 하면서 반복하는 것이었다. 이런 연구들을 읽고 공부해봤자 나도 이 범주를 벗어나기 어렵다고 느꼈다. 이를 타파하기 위한 대책이 필요했다. 그 방향을 둘로 잡았다.

하나는 철학, 미학, 예술학, 문학, 사회학, 정치경제학 등 인문사회학의 다른 여러 분야와의 연계였다. 지금까지 이 작업을 줄곧 해오고 있으며 나의 학문 경향을 결정짓는 대표적 특징 가운데 하나가 되었다.

다른 하나는 서양건축사 내부에서 돌파구를 찾는 것이었는데 통사 연구가 그것이었다. 통사 연구를 수단으로 생각하는 것은 물론 아니다. 통사 연구는 그 자체만으로 힘들고 전문성이 강한 영역이므로 20세기와 맺는 연관성과 상관없이 뛰어난 전문성이 필요하며 잘하기가 쉽지 않은 분야다. 통사 그 자체를 잘하기 위해서 시작한 것은 말할 필요도 없는 사실이다. 여기에 더해 20세기 연구에 도움이 될 수만 있다면 두 마리 토끼를 잡을 수 있겠다는 학자다운 욕심이 무척 컸다. 당시에 나는 통사 연구 자체에 대한 욕심과 함께 20세기 연구에서 일어나는 근친상간 경향을 돌파할 새로운 방향을 목마르게 찾고 있었기 때문이다.

20세기의 진정한 의미를 해석하고 캐낼 수 있는 가장 좋은 방법은 시간의 끈을 늘려 잡는 데 있다는 강한 확신이 들었다. 20세기를 동떨어진 독립된 세기로 보는 것이 아니라 그 이전부터 연속되는 세기로 보는 것이다. 20세기에 대한 기존의 연구들이 근친상간의 한계에 이른 것 또한 20세기를 과거와 단절된 독립된 시기로 보려는 데서 비롯된 것이다. 이런 전제 조건에 얽매이다 보니 많은 중요한 사항들을 처음부터 배제했고 결국 시각의 한계에 부딪혔던 것이다. 이를 타파할 방법은 20세기를 그전부터 있어 온 자연스러운 역사의 흐름으로 보는 것이다. 실제로 20세기를 이전 시기와 연속적 흐름으로 파악할 경우 연구 주제가 무궁무진하게 쏟아져 나온다. 이 방법은 예상대로 내 눈을 크게 뜨게 해주었고 20세기가 완전히 새롭게 보였다. 구체적 결과도 나오기 시작해서 일례로 독일 표현주의 건축을 "유럽 역사 2500년 내에서 정의되는 독일다움의 연장선"의 의미로 해석한 것은 새로운 시각의 대표적 업적이라 할 수 있다.

역사는 모든 학문과 현실 문제에 대한 가장 근본적인 출발점인 동시에 길잡이다. 혹은 지혜의 보고다. 독립 학문으로서 역사 연구는 그 자체로 중요한 업적이다. 동시에 지금 이 시점의 문제를 푸는 데 도움을 줄 혜안과 해답의 보고다. 복잡하게만 보이고 풀리지 않는 지금의 문제를 역사적 연속성 위에 놓고 앞에서부터 차근차근 짚어오다 보면 해답과 길이 보인다. 현상 해석과 이를 통한 이론화 작업에 유용한 도움이 된다. 역사는 언뜻 보기에는 지금 이 시점에서 멀리 떨어져 있는 것처럼 보인다. 그러나 역사는 항상 우리와 가장 가까이, 그리고 항시적으로 얽혀 있는 당연한 현상이다. 건축에 국한해 보면 20세기 이후의 현대 건축의 토대를 제공할 수 있는 첫번째 근거는 역사다. 현대건축의 연구 경향 가운데 가장 두드러진 난제로 소재와 아이디어의 고갈을 들 수 있다. 역사로 시각을 확장하는 일은 이런 고갈을 채워줄 매력적인 미개척 분야다.

3. 교상판석을 바탕으로 한 나만의 시각

'임석재 서양건축사 시리즈'의 집필은 1999년부터 본격적으로 시작되었다. 이제 만 10년 만에 다섯 권으로 시리즈를 무사히 마치게 되었다. 이 시리즈의 의미는 양과 내용의 양 측면에서 파악할 수 있다. 먼저 양적인 측면을 보면 다섯 권을 합해 본문만 200자 원고지로 1만 3400여 장에 이르며 사진은 3920컷을 수록했다. 이를 위해 모두 열두 번에 걸쳐 유럽 여행을 다녀왔다. 유럽의 10여 개국 4만 킬로미터 이상을 여행했으며 300곳이 넘는 도시를 방문해서 2000개가 넘는 건물을 답사했다. 슬라이드 10만 컷을 찍었다. 양을 자랑하는 것은 아니다. 내용과 깊이 없이 분량만 많은 것은 두식한 짓일 수 있으며 더욱이 학자로서는 하지 말아야 할 일이다.

그러나 내용과 깊이가 담보된다면 분량도 중요한 요소다. 아니 중요한 정도를 넘어서 내용과 깊이를 담보하기 위해 꼭 필요한 일차적 요소다. 학문의 종류와 연구자의 성향에 따라 양적인 측면의 중요도가 다를 수 있겠는데 일단 서양건축사라는 분야는 기본적으로 양이 중요한 분야다. 10여 개의 중요한 나라들로 구성된 하나의 대륙이 2500년 동안 지어댄 건축의 역사를 연구하는 것이기 때문에 최소한의 양적 측면이 뒷받침되지 않으면 제대로 된 학문으로 설 수 없다. 이때 '최소한의 양적 측면'이라는 것이 서양건축사에서는 사실 한 개인이 감당하기에는 무지막지한 분량이 된다. 이 때문에 서양에서는 여러 종류의 '여행 장학금'이나 '여행 지원기금'이 활성화되어 있어서 학생은 물론이고 저명한 교수들도 대부분 이런 지원을 받아 서양건축사 연구를 이어간다.

나는 펜실베이니아대학교 박사과정 시절 서양건축사 연구를 제대로 하기 위해서 기본적으로 경험하고 깔아야 할 정보의 기본 인프라가 어느 정도인지 확실히 보았다. 많은 사람들이 박사과정 동안 이 일을 겸하는데 나는 생각이 달랐다. 동양인이 남의 나라에 와서 공부하는 특수 상황에 더해 그 분량이 너무 방대하기 때문에 유학 시절 그것까지 같이 해서는 의미 있는 결과를 남길 수 없다는 판단에서였다. 유학을 하며 여기 조금, 저기 조금 건드리는 것으로는 아무 흔적도 남기지 못할 것이기 때문이다. 완전히 다른 차원의 문제로 보였기 때문에 나중에 발상을 달리해서 훨씬 큰 스케일로 접근해야 한다는 생각이 들었다. 그래서 일단 학위부터 빨리 받고 기본 인프라를 쌓는 일은 다음으로 미뤘다. 학위 과정에서는 양적 팽창보다는 한 주제를 집요하게 물고 늘어져 깊이 파고드는 집중도를 철저하게 훈련했다.

그리고 여러 가지로 여건이 열악한 가운데서도 1999년 첫 유럽 여행과 집필을 시작했다. 그리고 그 뒤 10년, 앞에 열거한 것과 같은 막대한 분량이었음에도 시리즈를 무사히 마치게 되었다. 한 개인의 힘으로 이런 어마어마한 분량의 작업을 하는 것은 사실 불가능에 가깝다. 단 한 번도 경비를 지원받은 적 없이 모든 걸 100퍼센트 사비로 해결했다. 그간 여러 은행을 드나들며 머리를 조아려 대출을 받아 경제적 문제를 해결했다. 체력도 바닥이 나서 이제 내 나이 마흔일곱인데 벌써 노인네가 된 것 같은 느낌이다. 걸을 때마다 여기서 삐걱, 저기서 삐걱거린다. 무슨 독립운동을 하는 것도 아닌데, 주변 사람과의 인간관계는 늘 빵점이었다. 은행 빚으로 거덜 난 상황과 망가진 몸과 인간관계를 대가로 치르고 쓴 다섯 권의 서양건축사 시리즈지만 후회는 없다. 다시 그때로 돌아간다면 물론 똑같은 짓은 절대 하지 않을 것이지만 지금으로서는 후회도 없다. 이게 잘하는 짓인지 수만 번도 더 자문하며 해온 일이기 때문이다.

나의 연구 성향도 양적인 면에 많이 의존하는 것 또한 사실이다. 가급적 많은 자료와 정보를 손에 넣고, 그것에 대해 역시 되도록 많은 종류의 해석 시각과 방법론을 끊임없이 여러 방향으로 적용한 뒤, 정제하고 또 정제하고 거르고 또 걸러 결론에 이른다. 이런 점에서 내 성격과 연구 분야의 성격은 잘 맞아떨어진 측면이 크다. 그럼에도 아직 내가 많이 부족해서인지 나의 책과 연구가 너무 방대하다는 불평과 지적을 많이 받는 점 또한 숨기고 싶지 않다. 그러나 분량은 깊이 있는 내용을 충분히 담기 위해 일차적으로 필요한 사항이라는 확신은 변함이 없다. 특히 서양건축사라는 방대한 주제를 담기 위해서라면 더욱 그렇다.

반드시 전공의 문제만은 아니다. 한 사람의 정신세계와 한 분야의 학문이 체계적으로 서려면 양적 확장은 반드시 거쳐야 할 필수 과정이다. 그 분야를 대표하는 모든 내용들을 한 번 섭렵하고 그것을 자기만의 시각으로 해석한 뒤 다시 자기만의 말로 써보는 것은 다음 단계로 나아가기 위한 필수 과정이다. 이 작업은 일단 물리적으로 힘들 뿐 아니라 그런 방대한 내용을 자신만의 편제로 짜서 해석하는 정신적 작업도 피를 말리는 일이기 때문에 대부분 시작할 엄두조차 내지 못한다. 그러나 이 단계는 반드시 거쳐야 하는 과정이다.

질적인 측면에서는 서양건축사를 해석하는 새로운 시각의 전형을 세웠다. 자세한 내용은 아래에서 다시 말할 것인데, 그 핵심은 '확장적 종합화'로 요약할 수 있다. 그 방향은 여럿으로 생각할 수 있다. 학문 분야로 보면, 건축의 고유한 이론과 시각을 바탕으로 인문사회학의 여러 분야의 개념 주제어들을 망라했다. 시기를 보면, 각 시대에 한정된 대표적 개념 주제를 기본으로 삼되 각 시대의 장벽을 허물어 넘나들었다. 예를 들어 로마 건축의 핵심 주제가 르네상스나 바로크 해석에 유용할 수 있으며 20세기에 새로 형성된 개념 주제들이 18~19세기 해석에 유용할 수 있는 식이다. 해석의 시각을 보면, 학문적 해석을 바탕으로 하되 직접 가서 보고 느낀 점을 바탕으로 한 '비평적 감상'을 더했다. 이런 입장은 자칫 개인 기행문으로 끝날 가능성이 높기 때문에 건축사 연구에서는 주의를 요한다. 그런데 탄탄한 학문적 해석을 바탕으로 하면 오히려 학문적 해석을 다양하고 풍요롭게 확장하는 역할을 할 수 있다. 단순한 주관적 감상기를 넘어서 학문적 해석과 매끄럽게 융합될 수 있다면 더욱 그렇다.

이런 확장이 가능하려면 인문사회학의 다양한 학문에 대한 별도의 공부는 필수다. 서양건축사에 국한해 보더라도 전 역사에 대한 각론사 수준의 학문적 통찰이 있어야 시대를 넘나드는 교차 해석이 가능하다. 일종의 교상판석敎相判釋이라고 할 수 있다. 원효 사상의 힘도 교상판석에서 나왔다. 이 단계를 거치고 나면 흔히 문리가 트인다고 한다. 나는 다섯 권의 서양건축사 시리즈를 무식하게 양만 늘려서 늘어놓은 것이 아니며 더욱이 서양학자들의 내용을 무책임하고 두기력하게 반복한 것이 아니라는 점을 분명히 밝혀두고자 한다. 거의 모든 건물들을 직접 가서 보고 찍고 감상하고 경험했으며 내가 느끼고 생각한 것들을 중심으로 나만의 학문적 시각으로 해석했다. 수천 권의 문헌도 참고했다. 물론 이것을 다 읽지는 못했지만 주요 건물과 주요 건축가에 대해 본바닥 서양에서 행해지고 있는 핵심적 논제를 추출하는 기본 자료로 활용했다. 이를 통해 독단적 주관에 빠지지 않으려 노력했다. 서양 연구를 그대로 받아서 요약하는 일도 절대 하지 말아야 할 짓이지만 학문적 족보에서 벗어난 자기주장 역시 위험한 일이다.

4. 통사 연구의 새로운 지평을 열며

이번 서양건축사 시리즈는 엄밀한 의미에서 통사보다는 분량이 많은 편이다. 어떤 면에서는 각론사로 볼 수도 있다. 다섯 권 각각의 개별 책은 각론사며 이것을 모두 모아놓으면 통사가 된다. 이를테면 통사와 각론사를 합한 집대성이라 할 수 있다. 이런 두 가지 성격을 모두 택한 이유는 통사와 각론사의 장점을 동시에 취하려는 의도에서였다. 한 권의 책에 모두 담는 기존의 전형적인 통사 분량은 서양건축 2500년 역사의 큰 흐름밖에 파악하지 못하는 한계가 있다. 물론 이런 분량도 꼭 필요한 연구 가운데 하나라는 사실을 부정하고 싶지는 않다. 한 분야의 통사를 짧은 분량으로 한눈에 파악하는 일은 가장 기본적이고도 유용한 일이기 때문이다. 통사 특유의 압축감과 속도감이라는 것도 있다. 이것 또한 학자에게 필요한 중요한 능력 가운데 하나다.

그러나 이런 통사 연구는 깊이가 얕을 수밖에 없는 결정적인 한계가 있다. 또한 번역서 등을 통해 기존의 외국 연구들이 소개되어 있기도 하다. 개인적으로도 고민을 참 많이 했다. 아주 일차원적인 문제로 책의 판매 면에서 보더라도 한 권에 묶으면 훨씬 잘 팔렸을 것이며 우럽 여행을 그렇게 많이 하지 않아도 되었을 것이다. 그럼에도 차마 그렇게는 하지 못했다. 학자로서의 욕심이 제일 컸을 것이다. 할 수 있다면 서양을 뼛속 깊이 파고들어가고 싶었다. 그러기 위해서는 전체 역사를 다 아는 것도 필수요, 각 시대마다 일정 수준 이상으로 깊이 있게 들어가는 것도 필수였다. 결국 깊이와 넓이의 문제인 것인데, 서로 상반되는 두 마리 토끼를 모두 잡고자 하는 욕심이 컸으며 부족하지만 어느 정도는 이루었다. 이제 우리도 기존의 통사 범위를 넘어서서 각 시대와 건물 그리고 건축가 등에 대해서 좀더 자세한 역사적 해석을 해야 할 시점이 되었다. 각론사에 해당하는 분량과 깊이는 이런 목적에서 취한 것이다. 그러나 각론사가 우리 현실에서 가질 수밖에 없는 지루함과 효용에 대한 의문을 피하기 위해 통사적 압축감과 속도감도 함께 지키려 했다.

이 문제는 결국 통사와 각론사의 관계 문제로 귀결된다. 개별 역사 모두에 정통하는 미시적 전문성을 가져야 함과 동시에 이것을 통사라는 하나의 긴 끈으로 엮어내는 거시적 시각이 함께 필요하다는 뜻이다. 각론사를 보면 각 시대마다 대표 학자들이 있다. 이 분들은 자신의 분야에서는 최고의 권위자이지만 다른 분야는 모른다. 반대로 통사학자들은 전 시대를 다루긴 하지만 개별 역사로 들어가면 전문성이 떨어진다. 이 둘 모두에서 동시에 정통하면 각론사와 통사 모두에서 기존에 없던 새로운 시각을 제시하는 학문적 발전을 이룰 수 있다.

서양에서도 서양건축사 통사는 일정한 주기를 두며 새 책들이 꾸준히 출판되고 있다. 그러나 그 내용을 보면 앞에 나온 책들이 거의 단순 반복되고 있다. 물론 차이가 아주 없지는 않다. 서양건축사의 대표적 통사 연구들에 대해서는 2권의 서문에서 이미 설명한 바 있다. 그러나 큰 시각과 주요 사항들에 대한 기본 정보는 거의 같은 내용들이 반복된다. 하나의 교조화된 내용이 세트로 갖추어져 있으며 후속 학자들이 그 범위에서 한 발도 벗어나지 못한 채 그것을 반복하고 있다. 사용하는 사진까지 똑같은 경우도 허다하다. 도서관이나 연구소 같은 중앙 기관에 구비된 대표 사진들을 받아다 반복해서 사용했기 때문에 나타난 현상이다. 실제 건축물이 있는 곳에 가보지도 않고 책을 썼다는 얘기다. 이것이 서양건축사 통사 연구의 본바닥이라 할 수 있는 서양의 현실이다. 우리나라는 이런 서양의 연구들을 번역하는 수준에 머물러 있다. 간혹 한국 저자가 낸 서양건축사 책이 있긴 하지만 서양에서 나온 책 몇 권을 편역한 수준을 벗어나지 못하고 있다.

이런 현상은 각론사 연구가 부족한 데도 원인이 있다. 사람들은 통사에 대해서 두 가지 잘못된 편견을 가지고 있다. 하나는 통사를 해석하는 시각은 광고 문구처럼 한두 마디로 압축할 수 있어야 한다는 것이다. 예를 들어 아놀드 토인비의 '도전과 응전' 같은 식이다. 다른 하나는 통사를 해석하는 새로운 시각은 어느 날 갑자기 무당이 신 내림 받듯이 한순간에 얻어진다는 것이다.

두 가지 편견 모두 완전히 잘못된 것이다. 통사를 해석하는 시각은 각론사에서 나올 수 있는 수만 개의 개념 주제어들을 모두 모은 뒤 거르고 또 걸러서 핵심만 뽑은 것이어야 하며 그 내용도 최소한 백 개 정도의 개념 주제어들이 서로 치밀하게 얽힌 매우 복잡한 지형도다. 단 그 얽히는 양상이 너무 복잡하게 느껴져서 독자들에게 어렵다는 인상을 준다면 통사의 미덕을 잃게 된다. 통사 시각의 승부는 얼마나 많은 개념 주제어들을 머릿속에 넣고 있으며, 그 각각에 대해서 얼마나 많이 알고 있으며, 그것들을 얼마나 압축적으로 걸러낼 수 있으며, 최종적으로 걸러낸 것들을 얼마나 정밀하고 효과적으로 엮느냐에 달려 있다. 서양에서 서양건축사의 통사학자들이 보여주는 다람쥐 쳇바퀴 도는 식의 무기력한 현상은 각론사에 대한 이런 치열한 학습과 고민의 과정이 없기 때문에 생기는 것이다. 나는 다섯 권의 시리즈를 통해, 비록 이것들을 한 권으로 압축해내는 일은 아직 하지 못했지만, 각론사와 통사를 하나로 합쳐내는 작업의 상당 부분을 이루었으며 이를 통해 각론사와 통사 모두에서 새로운 지평을 열고자 했다.

각 시대에 대한 탄탄한 각론사 연구를 바탕으로 집필한 이번 서양건축사 시리즈에는 동서양을 막론하고 이전의 다른 연구에서는 찾을 수 없는 독특한 특징들이 있다. 무엇보다도 건축의 전문적인 내용뿐 아니라 일반 문화사의 내용과 융합해 해석한 점이다. 양식론, 공간론, 고전주의 이론, 구조해석론, 건축미학, 예술학 등 건축 고유의 다양한 이론을 정석으로 다룬 것은 물론이거니와 이외에 정치, 사회, 종교, 일반문화 등 건축을 둘러싸고 있는 더 넓은 범위와 융합시켜 건축적 현상을 설명했다. 우리가 일반적으로 알고 있는 서양사의 기본 골격과 상식, 혹은 각 시대의 대표적 역사 주제 등을 건축적 현상과 통합해 건축사 해석의 범위를 넓히고 깊이를 더했다. 지금까지 다른 건축사 연구들은 건축사에 국한해왔던 데 반해 이번 작업은 그 자체로서 독창적인 연구 업적으로서 의미가 있다.

5. 한국학자 또는 나만의 시각으로

한국인으로서 서양건축의 통사를 연구하고 기술하는 데는 말 못 할 어려움이 수두룩하다. 다른 나라의 역사, 문화, 예술 등을 연구하려면 누구나 넘어야 할 산이다. 이 문제에 대해서는 앞 책들의 서문에서 밝힌 바 있으므로 여기에서 반복하고 싶지는 않다. 반대로 한국인이기 때문에 갖는 강점도 있을 수 있다. 이런 주장은 의외로 들릴 것이다. 서양은 우리보다 경제적으로 잘살고 학문적으로도 발전해 있기 때문에 한국인이 서양의 역사와 문화를 전공할 때는 그들이 해놓은 것을 적당히 받아서 재가공이나 잘 해내면 우리나라에서는 일등을 하고도 남는다는 것이 지금까지의 상식으로 되어 있기 때문이다.

요즘 우리 사회에 서양에 관한 이런저런 연구서와 소개서들이 분야별로 많이 나오고 있지만 이 수준을 넘지 못하고 있다. 출판사들이 앞장서서 한계를 설정하고 안 팔린다는 이유로 그 한계를 넘어서려는 노력은 하지 않고 있는 형국이다. 그러나 이것은 패배주의적 시각이다. 문헌과 유구 등 일차적 사료 접근에 대한 어려움만 극복할 수 있다면 한국인이기 때문에 나올 수 있는 새로운 시각이 얼마든지 있다. 이것은 유학 시절 실제로 경험한 것이기도 하다. 수업 시간에 발표하는 과제, 학기말 보고서 그리고 박사학위 논문 등 일련의 수학 과정에서 나는 두 방향 사이에서 균형을 잡기 위해 노력했다. 하나는 교수들이 제시하는 방향으로 이것은 배우는 과정에 있는, 특히 한국인으로서 서양 것을 배우기 위해 서양에 온 이상 일정 부분은 반드시 따라야 하는 방향이었다.

그러나 나는 이것에 만족하지 않고 한국에서 혼자 공부하며 가져왔던 생각이나 해석 시각 등을 적용해서, 이른바 '나만의 얘기'를 하기 위해 상당한 노력을 기울였다. 솔직히 처음에는 괜히 쓸데없는 얘기를 해서 망신이나 무시만 당하는 건 아닌가 하는 걱정이 없지도 않았으나 마음 한구석에는 자신감이 있었다. 유학 가기 전에 한국에서 나는 학부와 대학원 시절 이런저런 경로를 통해 개인적으로 인문학 공부를 해왔다. 서양에 와서 홀로 외롭게 건축사를 공부하다 보니 애국심이 발동해서인지 이전에 했던 공부에 대해 나 혼자 '한국적 지성'이라 이름 붙이며 자부심을 가지려 애썼다. 가장 큰 감정은 아마도 내 생각을 검증받고 싶어서였을 것이다. 서양 사람들은 비록 배우는 과정에 있는 학생일지라도 남의 얘기를 그대로 따라하는 것을 좋아하지 않는다는 얘기도 많이 듣던 터라 설사 내 생각이 참신하게 받아들여지지 않더라도 적어도 손해나는 장사는 아니라는 계산도 깔려 있었다. 무엇보다도 잘 되건 잘못 되건 간에, 나만의 얘깃거리가 있다는 것에 자랑스러울 뿐이었다. 이런 노력은 대성공을 거두어서 그곳 교수들에게 큰 호응을 받아 박사학위를 3년 만에 끝낼 수 있었다. 서양건축사 시리즈는 이렇게 시작된 '한국인만의 시각으로 서양건축사 해석하기'의 업적을 이룬 한 예다. 그 내용은 다음의 몇 가지로 요약할 수 있다.

첫째는 종합화에 의한 재세분화다. 서양학자들의 경우 통사와 각론사 사이에 명확한 선이 있다. 각론사 내에서도 자신의 전공 분야가 확실히 있다. 이것은 학문의 깊이를 위해서는 당연한 것이겠지만 역사처럼 앞뒤의 긴 끈으로 전체를 봐야 세부 사항도 잘 보이는 학문에서는 한계로 작용할 수 있다. 앞에 얘기한 서양 본바닥에서 나타나기 시작하는 교조화된 내용의 반복 현상이 그 증거다. 또 각론사도 연대기 밝히기나 역사적 고증 등과 같은 고고학적 내용으로 많이 치우쳐 있고 해석은 의외로 취약한 면이 많다. 이것 역시 종합화의 과정을 거치지 않고 바로 각론사로 들어갔기 때문에 나타나는 현상이다. 해석을 하려면 큰 시각이 필요하고 이것은 종합화를 거쳐야 나올 수 있는데 이런 과정을 거치지 않았기 때문이다.

또한 서양 사람들이 각론사 가운데 자신의 연구 분야로 선택하는 대상을 보더라도 국가적, 민족적 배경 등 여러 선입견의 영향을 받아 한쪽으로 치우친 면이 많다. 한국인에게는 이런 편견이 없을 뿐 아니라 종합화를 잘하는 선천적 경향이 있다. 한국인에게는 6~7개 강대국 사이의 각축전이었던 2500년 서양의 역사를 한눈에 파악할 수 있는 중립성과 종합화의 강점이 있다. 좀 심하게 말하면 중국 한 나라의 역사보다 훨씬 단순하고 좁은 것이 서양 전체의 역사다. 유학 시절 나는 고등학교 때 들었던 과목 종류를 세어본 적이 있는데 모두 열일곱 과목이었다. 이런 가공할 만한 숫자의 많은 과목들에 대해서 일일이 여러 권의 참고서(중요 과목의 참고서는 열 권이 넘었다)를 공부한 뒤 핵심을 뽑아 나만의 노트로 정리해본 작업은 이후 건축사를 전공하는 데 중요한 밑바탕이 되었다. 이런 식의 공부는 요즘은 창의력을 죽이는 '한국식 못된 교육'의 전형으로 지양하는 추세지만 반드시 그런 것은 아니다. 나의 지성의 힘은 상당 부분 고등학교 때 했던 이런 무식한 한국식 공부에서 나왔다고 할 수 있다. 문제는 이것이 묻지마식 암기 교육이 되는 데 있는 것이지 이런 식의 종합화 교육은 세상을 바라보는 유용한 시각이 될 수 있다.

둘째로 한국사회는 알게 모르게 인문사회학적 전통이 강하다는 점이다. 아마도 조선시대 선비, 유교 문화의 전통이 남아 있기 때문일 것이다. 학문을 논하기 전에 일반 사회 분위기가 그렇다. 서점에 가도 인문사회학을 다양하게 가공한 전문 교양서가 많은 부분을 차지한다. 드라마 시장에서 사극의 인기가 이렇게 뜨거운 나라는 세계에서 우리나라밖에 없다. 황금시간 대에 공영방송에서 주옥같은 인문사회학 관련 프로그램을 방영하는 나라도 우리밖에 없다. 한마디로 인문사회학의 관점에서 세상 현상을 해석하는 습관이 몸에 배어 있다. 이것은 한국만의 자산이요 힘이다.

한때 우리는 모든 면에서 서양 선진국들보다 못하다는 자괴심을 품고 살아왔다. 그러나 이것은 지나친 자기비하다. '사람 사는 일을 인문사회학으로 연구하고 환원해서 글로 엮어내는 훈련'에서 한국인은 의외로 세계 최강일 수 있다. 특히 1990년대 중반까지 이랬다. 당시 한국의 대학 사회에는 전공을 불문하고 인문사회학 이론을 공부하고 그것으로 사회와 현실을 해석하는 훈련이 필수였기 때문이다. 나도 비록 소속은 공과대학이었지만 그런 훈련을 받은 세대 가운데 한 명이며 여기에 더해 인문대와 사회대를 부지런히 드나들며 그쪽 과목을 유난히 많이 들었다. 이런 전통은 한국인만의 중요한 밑천이다. 나의 서양건축사 연구 작업에도 이런 밑천이 큰 힘이 되었다.

6. 나만의 역사 해석, 중층 변증법

셋째로 서양의 기존 연구 경향에는 없는 다양한 시각들이 한국적 배경에서 나올 수 있는 점이다. 이것의 구체적 예로 중층 변증법을 들 수 있다. 중층 변증법에 대해서는 3권 서문에서 대략 소개한 바 있다. 다시 요약하자면 서양건축사 전체를 관통하는 몇십 개의 큰 쌍개념 주제를 찾아내 이것들 사이의 상호교합 작용으로 역사의 흐름을 해석하는 것이다. 이런 시각은 다양화와 단순화의 양면성을 모두 취하려는 입장이다. 이것은 물론 개인적 성향일 수 있으나 한국적 배경에서 나온 측면도 많다. 한국인의 국민성과 세계관은 상대주의적이다. 다양성을 선호한다는 뜻인데 좁은 반도가 산과 강으로 다시 나뉘면서 자잘한 지역 권력과 문화가 성행했기 때문이다. 이런 가운데 조선시대부터 강한 중앙 집중식 체제가 들어서면서 다양화와 단순화 사이에 항상 충돌이 있어 왔다. 이 사이에서 균형을 잡는 일이 (어디에 속하든지 간에) 각 개인들에게는 생존을 위한 필수 조건이 되었다.

천성적으로 쌍개념 사이의 갈등이 심한 성격이거나 생육 과정에서 그런 경험을 많이 한 사람이라면 한국인의 이런 민족성은 학문 연구에서도 대표적 특징으로 두드러지게 되는데 필자가 그런 예였다. 중층 변증법으로 세상을 바라보면서 나만의 독특한 학문적 시각과 세계관을 가지게 되었다. 중층 변증법을 구성하는 수십 쌍의 큰 개념 주제어들과 수백 개의 작은 개념 주제어들이 10차원 정도로 복잡하게 얽히는 과정에서 머릿속에는 수십만 개의 방들이 만들어졌다. 자료나 정보를 접하면 어느 방에 넣을지 결정한다. 이때 한 주제어가 반드시 방 하나에만 들어가야 되는 것은 아니고 여러 방으로 동시에 들어가기도 한다. 이때 그 방에서 그 주제어가 차지하는 비중에 따라 큰 주제가 되기도, 작은 주제가 되기도 한다. 각 방들이 여러 주제어들로 차면 그 다음은 각 방을 대표하는 큰 주제들에 따라 이것들을 엮는 과정을 거친다. 그 다음은 각 방들 사이의 상호교합 과정을 거치면서 복합적 시각에 따른 해석 과정을 거치게 된다.

넷째로 중층 변증법은 융합적 확장의 좋은 예다. 최근 학문의 경향으로 융합이라는 새로운 방법이 뜨고 있다. 나는 이 경향에 대해 양비론과 양시론적 입장을 동시에 가지고 있다. 찬성의 입장[양시론]에서 보자면 스스로가 건축사 해석 작업을 통해 이 경향을 앞장서서 이끌어온 사람 가운데 한 명이라고 자부한다. 개념 주제어를 기본 매개로 한 중층 변증법적 해석 작업은 그 자체가 융합적 확장 과정이다. 예를 들어 팔라디오의 빌라에 대한 서양학자들의 설명이나 해석은 공통적 틀 안에 묶여 일정한 한계를 보인다. 형상적 설명 및 이것이 주는 인상, 그리고 이것이 갖는 미학적 시대적 의미와 중요성 등을 종합 세트로 갖춰 대부분이 이 속에 묶인다. 이것은 '건물-일련의 문장 설명'만으로 이루어지는 2차원 구조다. 나는 이 사이에 개념 주제어라는 한 층을 더 넣어 다차원 구조로 만들었다. 그 결과 팔라디오의 빌라를 '단순성, 고전 질서, 근원성, 실용성, 추상성, 낭만성, 인본성'의 일곱 가지 개념 주제어의 관점에서 복합적으로 볼 수 있었다. 각 건물마다 이 주제들이 상호교합하며 구현되는 과정을 추적하면 그것으로 이전에는 없던 훌륭한 새로운 해석 시각이 태어나는 것이다.

이런 작업은 학문 분야, 예술 장르, 문명, 역사 시대, 민족과 국가 단위 등 여러 방향과 영역으로 확장된다. 예를 들어 '근원성'이라는 개념 주제어로 팔라디오의 빌라를 해석하기 위해서는 이 개념 하나에 대해 일정한 내용을 갖추어야 한다. 그런데 '근원성'이라는 개념은 미술, 역사, 종교, 미학, 철학, 수학, 물리학 등 여러 분야에 걸쳐 나오는 주제어다. 역사 시대로 보더라도 그리스, 로마, 중세, 르네상스 등 여러 문명 사조에 걸쳐 각기 다른 내용과 모습으로 반복적으로 나타난다. 또 이탈리아, 영국, 프랑스 등 국가와 민족에 따라 공통점과 차이점이 있다. 이런 내용들을 모두 갖추려면 기본적으로 융합적 확장이 일어날 수밖에 없다. 한 가지 개념 주제어가 이러할진대 수십, 수백 개의 개념 주제어에 대해서 동일한 완성도를 갖추려면 인문사회학 전반에 걸친 종합적 확장을 전제해야 한다.

다섯째로 융합적 확장을 통해 진정한 보편화에 이를 수 있다. 서양에서는 역사 정보를 통해 자신들과 직접적 연관성을 갖는 내용만 선별해서 취한다. 예를 들어 브라만테의 오더라는 항목에서는 예외 없이 교황 이름이 등장하고 건축주의 정치적 배경이 등장하고 그 건물이 세워진 지점의 정보 등등으로 이어진다. 이런 것들은 모두 특수 개별 상황에 관한 정보들로서 사실 우리에게는 다소 거리감이 있다. 서양건축사 내에서도 브라만테의 오더 한 가지에만 필요한 것으로 국한된다.

우리가 브라만테의 오더에서 얻고자 하는 필요한 정보는 보편적 차원의 미학적, 조형적, 건축적 가치로 환원해서 볼 수 있는 시각이다. '축조성을 통한 수직 구성과 고전 상징체계의 은유적 표현'은 좋은 예다. 이렇게 보편화한 가치는 한국의 전통 건축이나 현대 건축을 해석하는 작업에 응용할 수 있다. 같은 서양건축사 내에서도 로마 시대나 고딕 시대 등의 해석으로 확장, 적용할 수 있다. 반드시 전문적인 건축 해석에 국한될 필요도 없다. 이탈리아 르네상스 건축가 브라만테의 작품과 2001년 한국 미아리 30번지를 같은 관점에서 비교 분석할 수 있어야 한다. 터무니없는 억지로 들릴지 모르지만 개방과 서양화가 우리에게 진정으로 필요한 것이라면 이런 터무니없어 보이는 단계까지 나아갈 수 있어야 한다. 이것은 보편화의 힘으로 서양을 벗어나 동서양을 함께 균형적으로 볼 수 있는 위치에 있을 때 가능한 학문 작업이다.

여섯째로 서양 학문을 처음부터 한국말로 생각해서 쓰는 작업을 했다. 기존의 한계로 지적되어온 편역의 수준을 완전히 극복하고 새로운 지평을 열고자 했다. 서양의 이론과 연구를 되도록 많이 참고했으나 그것을 수입해서 소개하는 차원을 극복하고 처음부터 나만의 이야기와 방식으로 풀어나가고자 했다. 건물 사진도 열두 번의 유럽 여행을 통해 답사해서 감상한 뒤 직접 찍은 것을 사용했다. 한국의 인문사회학 분야 전체를 통틀어 물론 이런 작업이 내가 처음은 아닐 것이고 나보다 훨씬 더 잘하는 많은 다른 학자들이 계시다는 것도 잘 알고 있다. 그러나 내 연구 역시 이 부분에서 일정한 전기를 이루었다고 자평한다.

7. 18~19세기 건축의 역사적 의미-서양건축 역사상 가장 다양한 고민을 했던 시대

이번 5권의 대상은 18~19세기로 '역사, 기술, 인간'을 핵심 주제로 잡았다. 편제는 크게 18세기를 1부로, 19세기를 2부로 구분했으며 각 세기 내에서는 나라와 주제를 섞어서 하부 주제를 선별했다. 나라는 영불독 삼국이 중심이고 주제는 고전, 고딕[낭만], 합리주의, 혁명, 제국주의, 자본주의, 산업혁명, 기계문명 등이 핵심 개념어들이다. 그 아래에 다시 대표 건축가, 건축운동, 건물 등을 분산해 세부 주제로 잡았다.

18~19세기의 두 세기는 프리-모던pre-modern 또는 '근대 이전'에 해당하는 시기로 역사와 기술이 첨예하게 충돌하던 때였다. 당시에만 한정해보면 역사가 더 우세했으나 시간의 끈을 20세기까지 늘려 잡았을 때는 그 반대의 해석도 가능하다. 지금 이 시대의 운명이 온통 기계문명에 달려 있다는 사실을 의심하는 사람은 한 명도 없을 것이다. 이런 현상은 하루아침에 갑자기 나타난 것이 아니라 꽤 긴 시간을 거친 치열한 투쟁의 산물인데 18~19세기가 바로 그런 긴 시간이었다. 산업혁명 이후 보수와 전통의 지루한 투쟁 끝에 기계문명은 1920년대에 비로소 첫번째 승리를 확인하게 된다. 18~19세기는 그런 투쟁으로 얼룩지며 기계문명이 조금씩 영역을 확보해간 시기다.

투쟁의 내용은 여러 방향으로 다양하게 나타났으며 처음에는 기계문명이 어려움을 겪다가 조금씩 승리를 쟁취해 나가는 양상을 띠었다. 이 책은 이를테면 이런 투쟁의 기록으로 볼 수 있다. 그러나 투쟁을 바라보는 시각에서는 기존의 판에 박은 반복을 벗어나 새로운 해석을 가했다. 기존에는 기계문명이 선善, 이것을 가로막는 보수전통은 악惡이라는 이분법이 주류를 이루었다. 근대화를 역사의 올바른 진행으로 가정하는 선입견이 바탕에 깔려 있었다. 그러나 이 책에서는 양시론과 양비론을 바탕으로 중립적 시각을 견지했다. 사회적 가치와 미덕의 범위를 다양하게 확장해놓은 뒤 그것들의 관점에서 보수와 진보 진영의 노력과 업적을 객관적이고 중립적으로 평가, 해석하려 했다.

기존의 근대화 우선론은 사회적 가치와 미덕을 물질적 풍요와 기술 발전에 한정해놓았기 때문에 현상에 대한 시각도 한정적일 수밖에 없었다. 건축에서도 이에 상응하는 합리주의, 철물 건축, 신재료 공법 등 여러 종류의 신건축운동이 활발하게 일어났다. 그러나 당시에 신건축운동은 그다지 세력이 크지 못했고 시대를 대표하는 건축운동은 오히려 역사주의였다. 이 두 큰 흐름은 각자 존재 근거를 확보하며 자신들만의 시대 고민을 담아냈는데 이 둘을 함께 보아야 이 시기의 의미를 제대로 파악할 수 있다.

일단 신건축운동과 역사주의 자체에 대해 그동안 연구가 너무 부진했다. 신건축운동에 대해서는 그저 수정궁이나 에펠탑 정도가 대표 선수로 등장하는 판에 박은 해석이 반복되었고 역사주의도 역사의 발전을 가로막는 반동적 현상이라며 싸잡아 건축사 연구에서 빼버렸다. 이 책에서는 이런 단편적 시각을 극복했다. 신건축운동과 역사주의 모두가 그 내용이 매우 다양했는데 가급적 이 내용들을 두루 설명하려 했다. 18~19세기의 서양건축사는 서양 역사상 가장 복잡한 건축 현상이 벌어진 시기였다. 이런 내용들은 그동안 '역사 대 진보'의 단편적 이분법에 의해 각론사와 통사 모두에서 대부분 외면당해왔다. 이 책은 18~19세기 서양건축사에 대해 지금까지 행해진 어떤 연구보다도 다양한 내용을 발굴해 깊이 있고 압축적으로 해석했다. 객관적 사실에서부터 기존의 한계를 넘어서고자 했다.

이런 작업을 바탕으로 신건축운동과 역사주의 모두에 대해 양비·양시론적 해석을 할 수 있었던 것이다. 당시 역사주의는 분명 신건축운동이 할 수 없는 고유한 역할이 있었다. 좀더 대중적 차원에서 급변하는 사회적 고민을 담아내던 일을 대표적 예로 들 수 있는데 이런 현상은 일정 부분 순기능을 하는 것으로 긍정적 평가를 내릴 만하다. 이런 관점에서 보면 당시 역사주의 내의 세부 경향들이 했던 치열한 고민의 내용들이 좀더 쉽게 눈에 들어온다. 영불독 3국의 치열한 각축 속에서 역사주의 건축이 사회 통합체의 역할을 모색했던 내용을 대표적 예로 들 수 있다. 반면 부르주아나 제국주의와 손을 잡으면서 보수 반동의 부정적 퇴행을 저질렀는데 이것은 역사주의가 비판받을 수 있는 최악의 오류였다. 18~19세기의 역사주의에 대해서는 이런 다양한 내용들을 모두 자세히 알고 선별적 판단을 할 수 있어야 한다.

신건축운동에 대해서도 마찬가지다. 인류 역사의 진행을 볼 때 신기술의 도입이 피할 수 없는 당위적 현상이라면 이것을 가장 적합하게 운용할 수 있는 모델을 정의하는 작업이 꼭 필요한데 당시 신건축운동은 그 작업을 치열하게 했다. 수정궁이나 에펠탑은 그 결과로 얻은 수많은 결과물 가운데 하나일 뿐이다. 더 중요한 것은 그 과정에서 시도한 다양한 실험들이며 특히 역사 양식과 신건축운동을 통합하려던 실험은 매우 중요한 것이었다. 이런 내용들은 그동안 18~19세기 서양건축사 연구에서는 전무했던 내용인데 이번 책에서는 이 점을 잘 풀어냈다. 반면 신건축운동은 이미 이때부터 20세기 서양 근대 문명의 최대 실패인 물질문명에 의한 정신의 황폐화를 심하게 드러내기도 했다. 이런 부분에 대해서는 비판적 시각을 함께 유지할 수 있어야 18~19세기의 시대적 의미를 종합적이고 균형 있게 파악할 수 있으며 나아가 20

세기 문명 현상도 정확히 이해할 수 있다.

8. 역사와 기술이 충돌하며 앞으로 나아갈 발판을 준비한 시기

18~19세기는 이를테면 중간에 낀 시기다. 독립적 의미를 갖기보다는 앞의 초기 근대와 후기 근대 사이에서 가교 역할을 한 시기다. 서양 역사상 가장 찬란한 문화 예술의 발전을 이룬 15~17세기의 초기 근대 3세기는 문명을 토대로 취사선택의 과정을 거쳐 다가올 20세기의 기계문명 시대를 준비한 기간이었다. 지구 전체로 보면 서양이 기계문명의 물질력을 바탕으로 처음으로 동양을 앞지르기 시작한 시기였다. 그러나 서양 내부적으로는 그렇게 행복한 시기만은 아니어서 미래로 나아가기 위해 많은 갈등과 대립을 겪었다. 이 가운데 상당 부분은 지혜롭게 해소되면서 문명 발전의 토대를 제공했지만 해결되지 못한 채 미래를 위해 덮어두고 넘어간 부분들도 많았다. 20세기 서양 문명이 낳은 긍정적 측면은 18~19세기의 갈등과 대립이 해소되면서 시너지 효과를 낸 점이다. 반면 부정적 측면은 미해결된 갈등과 대립의 연속이 여전히 남았던 점이다.

18~19세기의 시대적 의미는 양면적이다. 중간에 끼어 있는 점에 중점을 두면 그 의미는 작아질 수밖에 없다. 이 시기는 분명 앞의 초기 근대기 때처럼 천재들의 화려한 문화 예술을 낳지 못했으며 20세기와 같은 구체적 결과도 내지 못했으며 균형과 반성의 대안 노력도 없었다. 표면적으로는 혁명과 파괴, 제국과 경쟁만이 난무했다. 구체적 결과를 내기보다는 앞 시대의 결과를 파괴하는 활동이 더 많았던 것으로 보일 수도 있다. 이런 현상은 건축에서 특히 심해서 미술, 문학, 음악, 철학 등 다른 분야와 견주면 유독 대가나 대작이 부족한 시기다. 이 때문에 이 시기는 서양건축사 연구에서 많이 누락되어왔다. 통사 책에서도 간략히 기술되기 일쑤다. 발전 제일주의를 기본으로 한 모더니즘 사관에서는 특히 19세기의 역사주의 건물은 눈길 한 번 줄 가치가 없는 구시대의 반동으로 치부하였다.

그러나 이 시기는 20세기를 준비하는 과정에서 많은 실험이 시도된 때였다. 건축에서 창작 행위를 타고난 감각이 아니라 역사 해석과 이론 연구에 따라 행한 최초의 시기였으며 이에 따라 이전에는 없던 새로운 건축 패러다임들이 다수 창출되었다. 비록 이런 실험들이 당장 구체적 결과를 내지는 못했지만 그 다양성은 20세기 서양 문명의 결정적 뿌리가 되었다. 이런 내용들은 양과 질 모두에서 훌륭한 연구 주제나 창작의 소재가 될 수 있는데 아직 주목을 받지 못한 채 묻혀 있다. 앞으로 서양건축사 연구에서는 18~19세기에 실험으로 아쉽게 그친, 그러면서 여기저기 묻혀 있는 주옥같은 주제를 찾아 상세히 발전시키는 작업이 상당 부분을 차지할 것이다. 그리고 이 책에서 압축적이긴 하나 그런 주제들을 많이 제시했다.

이렇게 보면 18~19세기는 서양건축사에서 연구할 주제가 가장 많은 제일 중요한 시기가 될 수 있다. 나는 이런 관점에서 이번 5권에 심혈을 기울였다. 철학, 미학, 미술학 같은 인접 인문학과의 연계는 물론이거니와 정치, 경제, 사회, 역사 등 인문사회학 전반의 다양한 주제들과 함께 논의되고 있다. 18~19세기의 서양건축사는 이런 융합적 시각이 없으면 그 무궁무진한 내용을 전혀 알 수 없다. 거꾸로 보면 이런 어려운 작업이 수반되어야 하기 때문에 지금까지 이 시기 연구는 여러 핑계거리에 눌려 묻혀온 것이다. 나는 우리나라에서는 물론이거니와 전 세계적으로도 이 시기 서양건축사를 이번 5권처럼 심층적이면서도 포괄적으로 압축해낸 작업은 없었다고 자부한다.

이 시기 건축에서 역사의 역할은 이전과 다른 큰 스케일로 전개되었다. 역사는 근대국가의 토대가 되는 민족적 정체성을 담아내는 대표적 매개였다. 영불독 세 나라는 그 이전까지 자국의 역사를 총정리하며 이를 토대로 민족 단결과 근대국가 건설을 꾀했다. 유구와 유적을 중심으로 한 과거 역사 양식의 부활은 이런 작업을 추진한 가장 활기찬 동력이었다. 이외에도 역사는 인간의 주관적 낭만성에서 도시 공공 인프라에 이르는 다양한 스펙트럼의 근대적 자각을 총괄해내는 가장 포괄적 창조 매개였다.

기술은 미래를 지향했다. 주변 세계에 대한 인식의 속도와 방식이 완전히 바뀌는 밀레니엄 단위의 변혁이었다. 이전까지 서양 문명은 인간을 둘러싼 환경과 현상에 대해 수동적인 대응에 머물러왔다. 이것이 바뀌어 인간이 스스로 역사의 앞날과 방향을 계획하고 정하며 이끌어가는 발전 제일주의라는 서양건축사의 다섯번째 완성이 이루어졌다.

이를 합리화하기 위해 기술은 인간을 둘러싼 역사적 전개의 핵심 주제들에 대해 하나씩 대응해 나갔다. 대응 방식은 통합, 대립, 흡수, 격파 등 실로 다양했으며 이것들의 총합의 산물이 바로 20세기 모더니즘 혹은 근대문명으로 나타났다. 18~19세기는 이런 현상들의 씨앗이 뿌려지고 그 결실에 대해 치열한 고민이 시작된 점에서 프리-모던 혹은 근대 이전이라는 개념으로 정의할 수 있다.

이상을 종합하면 18~19세기는 '역사가 중심이 되어 과거의 연속선상에서 유럽 문명의 외연 확장과 내실 다지기를 꾀하여 이를 바탕으로 민족과 국가 단위의 편 가르기와 군집화가 주도하는 가운데, 이에 기술이 총체적 범위로 도전하여 역사 전개의 내용과 범위를 풍부하게 하고 동시에 문명 발전의 속도와 미래에 대한 개념을 발전 제일주의로 바꾼 근본적 변혁이 일어나고, 이를 바탕으로 근대 모더니즘의 탄생을 가능하게 한 시기'로 정의할 수 있다.

이 시기는 이처럼 문명 현상의 층위가 매우 복합적이었다. 그 주역은 '역사와 기술'이라는 쌍개념이었다. 역사의 역할 자체가 복합적이었을 뿐 아니라 이런 여러 층위 모두에 기술이 작용하여 복합성이 배가되었다. 이 시기 건축에서 기술은 표면적인 구체적 결과물의 관점에서는 그다지 비중이 크지 않았지만 역사적 역할의 관점에서 보면 서양건축에서 다양성의 가능성을 최대한으로 확장시켜 20세기 모더니즘으로 넘어가도록 하는 역할을 했다. 역사 역할 자체의 복합 층위 및 여기에 작용하는 기술의 작동 방식과 현상에 대한 고찰이 18~19세기를 보는 나의 건축사관이다. 그 핵심 내용은 중층 변증법이라는 독창적인 해석 방식으로 분석했다. 5권 전체를 중층 변증법에 따라 해석했는데 그 가운데 기술이 복합 층위로 작동한 내용을 한 가지만 요약, 제시하고자 한다.

9. 기술과 존재의지 사이의 문제

인류 건축의 역사 또는 서양건축사의 가장 큰 중심 화두는 기술과 존재의지의 관계 문제다. 이 둘은 쌍개념으로 상호 작용한다. 이러한 작용은 그것이 구체화되는 과정에서 다시 여러 쌍개념들이 그 사이에서 연속 변증법의 형식으로 진행된다. 자연 대 인간, 자연 대 기술, 중앙성 대 분산성, 성 대 속, 정형 대 비정형, 합리성 대 낭만성, 보편성 대 개별성, 공공성 대 개인성 등등이다.

18~19세기에는 이것을 인간 대 자연, 기술 대 자연, 역사 대 기술의 세 가지 문제로 요약할 수 있다. 그러나 중요한 변화가 있었다. 산업혁명 이전까지 자연에 종속되었던 기술이 자연의 그늘에서 벗어나는 일대 반전이 일어난 것이다. 산업혁명을 기점으로 자연은 인류에게 물질적 풍요를 제공하는 원자재로 전락했다. 여기까지는 누구나 다 아는 사실이다. 문제는 이런 상식적 내용을 어떻게 해석하느냐 하는 것이다. 나는 중층 변증법으로 이 문제를 '기술과 존재의지'라는 또다른 쌍개념으로 환원한 뒤 둘 사이의 대립과 갈등 구조를 다른 여러 쌍개념 사이의 복합 작용으로 파악했다. 그 내용은 다음과 같다.

기술이 자연을 정복하게 되면서 18~19세기에는 기술과 존재의지 사이의 대립과 갈등이 시대를 대표하는 현상이 되었다. 원래 인간 문명의 역사와 건축 역사란 이 둘을 하나로 화해, 통합하는 과정이었다. 이것이 잘 이루어지면 인간을 복되게 해주는 찬란한 문명의 발전이 있었으며 이것이 깨지면 그 반대의 일이 일어났다. 현대는 개인의 욕망에 의해 움직이는 자본주의가 이 욕망을 가능하게 해주는 기계문명을 등에 업고 대립과 갈등을 증폭시킨 시기며, 18~19세기는 그 기계문명의 기초가 닦인 시기였다. 18~19세기가 중요한 이유는 단순히 기계문명의 기초만 닦인 것이 아니라 그 폐해에 대한 대안적 고민도 함께 있었기 때문이다. 그 해결책으로 나는 자연, 고전, 원시라는 세 가지 개념에 주목했다.

미시 차원의 자연, 고전, 원시 역시 단일 가치로는 작동하지 않는다. 이것들 역시 쌍개념의 상호 작용으로 작동한다. 18~19세기에 자연은 기술과 대등한 쌍개념 요소가 아니라 그보다 미시 차원에서 작동하는 구체적 대상으로 나타난다. 기술과 자연 사이의 갈등이 대표 현상으로 보이지만 이것은 기술과 존재의지 사이의 갈등으로 치환되고 이 과정에서 자연은 이 갈등이 실제로 작동하는 미시 차원의 주제로 넘어가는 전치가 일어나는 것이다. 이런 가운데 자연은 차이와 동일성, 혹은 유기성과 반복 등과 같은 더 미시적 차원에서 일어나는 쌍개념들의 상호 작용에 의해 생산 혹은 개발에 대한 쌍개념으로 그 의미가 정의된다.

인류 역사에서 자연은 각 시대가 추구하는 가치에 따라 매번 달리 정의되었으며 이때마다 쌍개념으로 작동하는 파트너가 있었다.

예를 들어 르네상스 때 자연은 기하나 캐넌비례법칙과 변증법적 쌍개념을 이루며 문명을 이끌었다. 그 이전의 중세에는 자연이 성과 속 사이의 쌍개념 작용에 의해 인본성과 변증법적 쌍개념을 이루었다. 이처럼 역사는 자연이라는 하나의 개념이 시대에 따라 각기 다르게 변하면서 연속적 변증법에 따라 작동하는 방식으로 진행되어 왔다. 18~19세기의 현대 문명은 이 가운데 자연과 생산 사이의 변증법적 관계에 의해 진행되었다. 그러나 현대 문명에서 자연을 둘러싼 변증법적 관계는 화해가 아닌 대립의 양상을 줄곧 견지해왔다. 그 결과 최소한 다섯 번의 생태 위기를 거치며 현재 그 막다른 골목에 와 있다. 나는 그것을 '산업혁명과 제1생태위기', '자본주의와 제2생태위기', '기술폭력과 제3생태위기', '추상운동과 제4생태위기', '기술확산과 제5생태위기'로 파악했다. 이것은 한마디로 기술의 자연 정복사에 다름 아니다. 기술은 더 많은 생산과 편익이라는 이름으로 존재의지를 개선한다는 기치를 내걸었지만 사실은 존재의지를 삼켜버리며 인류 문명을 막다른 위기로 내몰고 있다. 자연과 생산 사이의 변증법적 화해가 깨진 채 자연이 무방비로 희생당하는 절름발이 문명 구도는 기술과 존재의지 사이의 이러한 일방적 불균형을 낳은 미시 차원의 작동 방식에 해당한다.

10. '고전과 원시'의 쌍개념으로 환원할 수 있다

그 해답은 고전과 원시에 숨어 있다. 고전과 원시 역시 단독으로는 존재하지 않는다. 쌍개념에 의해 변증법적으로 작동한다. 예를 들어 고전은 늘 그래왔듯이 진보에 대한 변증법적 쌍개념으로 작동한다. 이럴 경우 고전은 진보적 문명이 허용할 수 있는 한계를 제시해주는 바로미터로서 기능한다. 적어도 서양건축사의 경우 하나의 새로운 급진적 문명이 등장하면 그것이 역사를 이끌고 나가는 범위를 한정시키는 일을 고전이 담당했다. 쉽게 얘기해서 그러한 급진 문명 혹은 신문명을 고전에 적용시켜 고전을 변형시키는 여러 실험을 통해 신문명이 가져다 줄 충격파와 부작용을 가늠할 수 있었다는 얘기다. 중세 기독교,

르네상스 인본주의, 17세기 절대왕정, 18세기 계몽주의 및 낭만주의, 19세기 기계문명 등 서양건축의 진행 과정에서 항상 그러했다.

이때 신문명이 적용될 수 있는 한계의 기준은 그 시대 대중들 사이에 보편적으로 형성되어 있는 인본주의적 가치가 얼마나 훼손되는지로 결정되었다. 고전은 이런 기준에 대한 바로미터 역할을 했던 것이다. 19세기 기계문명이 등장했을 때도 그러한 실험이 여러 단계로 진행되었으며 그 결과 기계문명이 실생활에 반영되는 범위는 처음부터 매우 제한적으로 제시되었다. 그러나 자본주의와 제국주의라는 욕심 경쟁이 끼어들면서 기술은 이것을 만족시켜주는 수단으로 전락하였다. 기술 의지와 파트너를 이루며 인류 역사를 이끌어온 가장 상위 개념의 화두가 일개 물리적 수단으로 전락해버린 것이다. 고전은 이런 어려운 상황에 대해 제동을 걸고 반론을 제시할 수 있는 문화사적 근거와 확신으로서 가치를 갖는다.

원시란 계몽과 쌍개념을 이룬다. 계몽은 원래는 좋은 뜻이었지만 18세기를 거치면서 식민주의, 물질주의, 합리주의, 엘리트주의, 과학주의, 대도시화, 기계문명 등의 좁고 제한적인 의미가 되었다. 이것 자체들이 나쁘지는 않지만 이것들이 구체적으로 적용된 역사 진행 과정에서 좋지 않은 부작용들을 낳은 것은 부정할 수 없는 사실이었다. 그 폐해는 두 가지로 생각할 수 있다. 한 가지는 이런 것들은 모두 지배나 서열을 낳는다는 것이고 다른 한 가지는 우리의 감성과 감각, 능력을 죽이고 퇴화시키는 결과를 초래한다는 것이다.

원시성이란 여기에 대항하여 계몽 이전의 평등 상태와 감각 상태로 돌아가자는 것이다. 물론 계몽 이전에도 더 악질적인 지배 구도가 있었지만 그런 차원의 얘기는 아니다. 여기에서 계몽이 가져온 지배란 기계 같은 인간 매개에 의한 인간 지배를 의미한다. 이것은 자연 앞에서 인간의 불평등을 가속화한다. 자연의 훼손 정도가 계급으로 귀결되는 새로운 부작용이다. 자연을 많이 훼손하는 사람들이 지배 계층으로 새롭게 등극한다. 자연을 훼손하는 물리적 수단이 산업혁명과 기계문명에 의해 이전과는 비교가 안 될 정도로 발전했고 이것은 곧 자연에서 물질을 창출하는 수단이 그만큼 발전했다는 뜻이다. 계몽 이전에는 적어도 자연 앞에서는 모두 평등했는데 이것이 깨진 새로운 계급사회가 등장한 것이고 원시성의 개념이란 계몽이 낳은 이런 잘못된 불평등

구조에서 벗어나 계몽 이전의 자연 평등으르 돌아가자는 것이다.

계몽주의는 인간 사이의 전통적 계급 불평등을 타파하는 대신 자연을 매개로 한 새로운 불평등을 낳았다. 현대는 이 구도가 고착화되어서 더 이상 정치적 차원의 계급은 존재하지 않는 대신 자연 개발로 시작된 자본 축적에 의한 새로운 계급, 즉 자연을 매개로 한 불평등이 지배하게 되었다. 이제 원시와 고전으로 돌아가서 이런 새로운 불평등을 해소할 수 있다면 두 종류의 불평등 모두에서 벗어날 수 있게 된다. 계몽주의가 낳은 긍정적 결과를 취하고 부정적 결과를 치유함으로써 인간 사회를 정신적으로 한 단계 성숙시킬 수 있게 된다. 이런 시각은 '선별적 발전'이라 부를 수 있는데 이것 역시 쌍개념들 사이의 복합 층위로 문명을 보는 중층 변증법의 중요한 산물이다.

이것은 곧 당연히 잃어버린 감각, 감성을 되찾는 일이 된다. 원시 감각은 정신적 가치를 향한 초월적 폭발력과 억제된 본능 두 가지를 동시에 갖는다. 계몽 이후 이것들은 모두 깨졌고 그 결과 물질문명이 정신적 파괴를 초래하였다. 즉 초월적 폭발력은 더이상 정신적 가치를 향하지 않고 물리적 가치를 향하며 억제 본능을 상실하였다. 원시성이란 이것들을 되찾자는 것이다. 고전은 원시 감각이 인류의 발전한 문명을 퇴행시키지 않게 돕는 역할을 한다. 발전한 문명과 접목해서 시대에 합당한 구체적 결과를 낼 수 있게 돕는 통로이자 매개다. 18~19세기에는 고전과 원시의 이런 활약이 두드러진 시기였다. 이것이 지금까지 회귀적 반동으로 비판받아온 18~19세기 역사주의 이면에 숨은 의미다. 표피 현상으로서의 역사주의는 분명 문제가 있지만 이런 표피만 보고 역사주의 전체를 덮어버리는 일은 제대로 된 역사 해석이 아니다. 그러나 지금까지의 연구들은 이런 입장을 취해왔다. 표피 뒤에 숨어 있는 이런 참뜻을 찾아서 캐내는 일이 역사 해석의 올바른 모델이다.

18~19세기 사이에는 이처럼 기술이 자연을 정복하는 과정에서 기술 의지와 대립적 관계를 형성하였으며 그에 대해 서양 사회는 자연, 고전, 원시 등의 대안 개념을 동원해 그야말로 '다단계적' 대응을 했다. 이런 복합적 다층 구조를 이해하지 않고서는 18~19세기의 의미를 전혀 파악할 수 없다. 20세기의 문명사적 의미도 대부분은 18~19세기에 행해던 복합적 실험 위에 서 있기 때문에 18~19세기에 대한 올바

른 이해는 20세기를 이해하기 위해서도 필수적이다. 중층 변증법에 따른 해석은 18~19세기의 복합적 다층 구조를 이해하고 그 지형도를 나만의 시각으로 다시 그리는 밑바탕이다.

그렇다고 기계문명이나 기술을 완전히 부정하는 것은 아니다. 인류 역사나 건축 역사는 신의 역사가 아니다. 아무리 이상적이고 훌륭한 가치가 있다고 해도 그것은 단독으로 존재할 수 없다. 존재해서도 안 된다. 혹은 개념적 가치의 상태로 남아 있어서도 안 된다. 그것은 현실 세계로 나오고 이 세상으로 내려와 구체적 문명의 결과물을 남기며 인류의 생활 속에서 실현되어야 한다. 기술은 그런 의미에서 인류 문명의 진행 발전 과정에서 필수 불가결한 요소다. 이를테면 존재의지와 함께 가장 상위에 존재하는 보편적 가치이자 개념이다. 적어도 현실세계와 관련된 문명의 문제나 수준에서는 그러하다. 이것을 부정하고 이것 없는 문명은 생각할 수 없다. 그것은 자연과 정신적 가치가 부정된 것만큼이나 위험하고 불완전한 것이다.

문제는 균형이다. 지금의 과제는 지나치게 커진 기술과 기계문명의 현실적 당위성의 무게를 줄여 균형 잡힌 상태로 되돌리는 것이다. 이것은 기술과 존재의지 사이에서 변증법적 화해를 이루어야 가능하다. 그러나 이러한 화해는 그 자체가 끝이자 완성이 아니다. 그 자체가 목적도 아니다. 그것은 그저 긴 역사의 한 진행 과정에 불과하다. 따라서 지금 추구되는 변증법적 화해는 과거와 미래의 연속 사이에 있는 과정으로서 그 의미가 결정되어야 한다. 즉 연속 변증법이라는 인류 역사의 전체 끈을 구성하는 한 마디로서 그 의미를 결정해야 한다. 그리고 이러한 현재의 역사 진행을 구체화할 수 있는 미시 차원의 작동 구도로 자연, 고전, 원시를 들 수 있다. 18~19세기에 처음 등장한 자연, 고전, 원시 사이의 중층 변증법적 작동 관계는 20세기를 거치면서도 여전히 유효했으며 21세기에 들어와서는 더 유효해졌다. 이것이 18~19세기의 역사적 의미를 해석하는 새로운 시각의 한 예다.

11. 2008년, 한국 지성계의 어려움 속에서

'임석재 서양건축사' 시리즈는 이번 5권으로 일단락되었다. 현재 20세기에 해당하는 6권을 준비 중이나 이 시기 연구는 별도의 단행본으로 집필될 것이다. 원래 필자의 연구 분야는 20세기 각론사다. 33권 시리즈로 기획된 가운데 지금까지 9권이 출간되었다. 초반 연구를 기억하고 있는 독자들께서 20세기 후속 연구를 기다리고 있다는 것도 잘 알고 있다. 그러나 20세기 연구는 도판 사용료 때문에 출간이 쉽지 않다. 통사나 각론사 모두에 해당되는 어려움이다. 해결책이 쉽게 보이지 않는 것이 사실이나 가능하면 20세기 연구를 통사와 각론사 모두에서 계속 해나가고 싶은 것이 나의 바람이다.

이후 집필 계획은 20세기로 복귀하는 것을 포함해서 몇 가지 큰 방향을 놓고 고민 중이다. 서양건축사 시리즈 5권은 지적 인프라를 까는 과정이었다. 이것을 갖추었으니 앞으로는 이것을 가공해서 다양한 주제로 풀어내는 것이 가장 큰 방향이 될 것이다. 인문사회학과의 접목을 통한 융합 및 교차 해석이 주를 이룰 것이다. 이미 이 방향으로 재미있는 주제를 잡고 몇 가지 연구와 집필을 시작했다. 더 다양하고 폭넓고 깊이 있고 여러 면에서 도움이 될 만한 내용들로 향후 집필을 계속해 나갈 것을 약속드린다.

요즘 출판 경향이 고급 교양서 중심으로 급속히 재편되고 있다. 출판사와 학자들 모두 '대중'이라는 이전에는 없던 새로운 상전을 모시게 되었다. 최근에는 '초보자'라는 단어까지 가세했다. 한마디로 얘기해서 전문적 내용을 다루더라도 초보 대중을 만족시키지 못하면 책으로서 살아남지 못한다는 뜻이다. 전공서나 학술서는 말도 꺼내기 힘든 상황이 되었다. 전공서야 교재나 수험서 등 상업적 돌파구라도 있지만 학술서는 이제 출판하기가 정말 힘들어졌다. 전공자들조차 자기 전공에 지나치게 함몰된 정통 학술서를 기피하는 형국이다. 전공자들조차 대중들을 상대로 고급 교양으로 쉽게 가공한 내용을 원하는 세상이 되었다. 머리 쓰고 생각하고 자료 찾아가면서 책 읽기를 꺼려하는 세상이 되었다. 전공 연구는 학술 논문으로 단일화되고 있다.

물론 학술 논문은 한 분야의 학문이 서기 위한 가장 기본적인 인프라다. 그러나 전공 학술 연구에서 논문과 단행본은 기본 성격과 담당하는 역할이 다르다. 논문이 중요한 만큼 단행본도 중요하다. 논문에서 할 수 없는 많은 것들을 단행본에서 할 수 있다. 지금처럼 전공 분야의 단행본이 초보 대중을 위한 교양서로 편집되는 현상이 몇 년간 계속되면 우리 사회는 큰 지적 위기에 빠질 것이다. 이런 유행이 언제까지나 계속되지는 않을 것이다. 각 학문 분야가 어떤 벽에 부딪히면서 다시금 깊이 있는 전공 학술서를 목마르게 찾게 될 것이다. 대중들도 마찬가지다. 이런저런 전공 교양을 어느 정도 갖추고 나면 다음 단계의 깊이 있는 정보를 원하게 될 것이다.

어려운 상황에서 정통 학술서를 묵묵히 출간해주신 북하우스에 감사드린다. 마지막으로 사랑하는 가족에게 말할 수 없는 감사의 마음을 전한다.

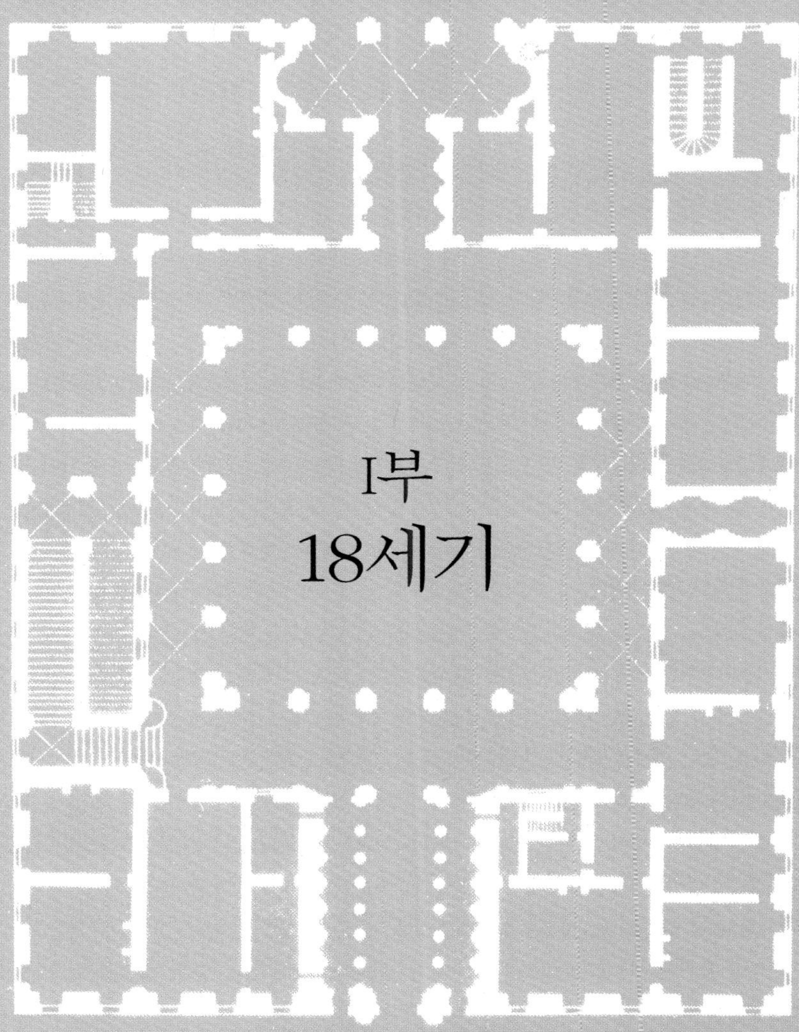

I부
18세기

1장
기술, 지성, 혁명, 역사 –18세기 계몽주의 개요

1 대서양 문명과 근대적 분화의 시작

2 계몽주의와 혁명

3 역사와 미래

1 대서양 문명과 근대적 분화의 시작

지중해에서 대서양으로

18세기에 들어오면서 유럽의 중심은 서북 국가들로 완전히 넘어갔다. 특히 프랑스와 영국 두 나라로 두드러지게 집중됐다. 이런 현상은 정치, 경제, 군사 등을 중심으로 이미 초기 근대부터 나타났던 현상이었다. 그러나 이때에는 이탈리아가 르네상스의 발상지로서 아직 문화 예술의 중심지 역할을 지키고 있었다. 18세기에는 이것마저 완전히 넘어가면서 이탈리아는 역사 전면에서 사라졌다. 서북 유럽에서는 프랑스와 영국 두 나라가 경쟁과 교류를 통해 18세기 문명의 발전을 이끌었다. 동부 유럽에서는 합스부르크 제국이 가장 강력한 세력으로 자리잡았다(그림 1).

프랑스는 루이 14세 때 닦은 절대왕정을 기초로 근대국가의 골격을 가장 먼저 잡았다. 중앙집권적 행정력과 법제, 현대화된 군사, 체계화된 사회구조, 민족 개념에 기초한 강력한 국가 등에서 앞서 나갔다. 사상사에서는 17세기 데카르트의 합리주의를 바탕으로 근대 철학의 기초를 닦았다. 백과사전학파의 출판운동과 지식전파운동은 데카르트의 철학과 함께 지성혁명을 이끌었다. 영국은 금융, 무역, 산업 기술의 발전, 민주화된 권력 구조 등에서 앞서 나갔다. 사상사에서는 17세기 주관주의와 경험주의를 바탕으로 낭만주의 미학을 이끌었다.

산업혁명은 영국에서 먼저 시작됐고 세부적 공업 기술의 발전도 영국이 빨랐지만 크게 보아 산업 기술 전반의 발전은 두 나라가 대등하게 경쟁했다. 독일은 17세기 전반부에 있던 30년전쟁의 여파가 컸다. 신성로마제국은 사실상 붕괴되었고 합스부르크 제국도 분할되어 사실상 무의미해져 독일은 크게 바이에른과 프로이센으로 양분되었다. 그렇지만 두 나라 내에서 다시 군주prince, 주교, 시장magistrate 등이 다스리는 300개가 넘는 작은 공국公國, Principality들로 쪼개졌다.

건축의 발전은 프랑스와 영국 두 나라가 이끌었다. 고전에 대한 해석은 여전히 핵심 주제여서 18세기 신고전주의를 낳았다. 신고전주의는 프랑스와 영국 두 나라에서 균등하게 발전했지만 프랑스가 세부적 하부 양식을 거느린 점에서 더 섬세하게 발전시켰다. 프랑스는 지성혁명을 이끈 나라답게 이론 해석에서 앞서 나갔다. 신구논쟁, 그레코-고딕 아이디얼Greco-Gothic Ideal, 혁명 정신, 기독교 교리 논쟁 등을 바탕으로 변혁의 시대에 맞는 새로운 건축 모델을 찾는 이론 해석을 이끌었다. 반면 낭만주의는 영국의 몫이었다. 주관주의와 경험주의를 바탕으로 자연과 결부된 인간의 감성 문제를 건축으로 옮겨오는 문제로 고민했다.

1 17세기 말부터 19세기 초의 유럽 지도

독일과 이탈리아는 경쟁에서 완전히 뒤처졌다. 두 나라의 공통점은 모두 바로크-로코코의 초기 근대 장식 양식이 뒤늦게까지 번성했다는 점이다. 두 나라 모두 1750년대까지 후기 바로크가 융성했다. 이것마저도 양식운동을 기준으로 했을 때이고 실제로는 이보다 더 늦은 18세기 말까지도 바로크의 장식 경향이 지배했다. 이탈리아는 좀 나은 편이었다. 고전주의의 총본산이자 아카데미즘의 산실이었기 때문에 서북 유럽의 아카데미즘과 신고전주의에 정신적 토대를 제공했다. 실제로 지어지는 건물의 창작성은 그다지 없었지만 유구遺構, 도면, 서적 등 기본 인프라는 여전히 굳건했다. 아카데미즘과 신고전주의를 추구했던 서북 유럽 건축가들에게 이탈리아와 로마는 반드시 다녀와야 하는 곳이었다.

독일은 최악이었다. 어려운 정치적 상황에 더해 건축에서도 시대정신과 함께하는 창조적 의지를 상실한 채 철지난 장식 양식에 매달렸다. 18세기 유럽 건축에서 독일은 탈락했다. 다른 예술 장르보다 돈이 많이 드는 건축을 후원할 정치력과 경제력을 지닌 유일한 건축주였던 권력자들은 화려한 바로크 양식으로 된 과거의 왕궁에 만족하며 안주했다. 프랑스의 합리주의나 영국의 낭만주의 같은 새로운 실험운동을 후원하는 일은 엄두도 내지 못했다. 인접국 프랑스의 신고전주의를 프랑켄Franken 지방을 통해 수입하는 정도가 전부였다.

2 새뮤얼 스콧(Samuel Scott), 〈돛을 감는 기함 *A Falgship Shortening Sail*〉(1736)

독일에도 중앙 권력은 있었다. 바이에른에는 가톨릭과 연합한 신성로마제국의 잔재가 있었다. 바이에른은 과거에 안주하며 큰 발전을 못 이뤘다. 18세기 바이에른의 건축적 관심사는 가톨릭의 영광을 고수할 화려한 교회 실내에 집중했다. 프로이센에는 프리드리히 빌헬름 1세Friedrich Wilhelm I, 1713~40와 프리드리히 대제Friedrich der Grosse, 1740~86로 이어지는 절대 왕정이 있었다. 두 지도자는 정부 행정조직과 군대를 근대적으로 개혁하며 프로이센을 강국으로 만들었지만 건축에는 관심이 없었다. 이들이 절대왕정을 구현하는 무대는 왕궁이나 교회가 아닌 정부였다. 바이에른과 프로이센 모두 왕궁은 바로크 양식으로 지어지는 화려함에 만족했다. 18세기 독일에는 아직 합리주의, 낭만주의, 신고전주의 등과 같은 새로운 건축적 실험을 할 정신적 여유가 없었다.

대서양을 끼고 있는 프랑스와 영국이 전면에 나서면서 18세기 유럽의 중심지는 대서양으로 넘어갔다. 지중해에서 대서양으로 넘어가는 밀레니엄 단위의 문명 전환이었다. 중세 기독교 문명 때 동일한 전환이 한 번 있었다. 이때에는 아직 대서양의 개념이 확립되지 않았다. 중세 기독교 문명은 알프스 이북의 내륙이 중심지였다. 고대 그리스와 로마 문명만큼 바다를 활용하지 못했다. 그러나 18세기는 달랐다. 18세기 유럽의 번성은 바다에 기초한 측면이 많았다. 16~17세기 때 있었던 '지리상의 발견'은 아시아, 아프리카, 아메리카에 식민지를 건설하는 결과를 낳았다. 미국이 독립하면서 대서양은 명실 공히 18세기 유럽 문명의 중심을 상징하였다. 식민지에서 유입한 부는 유럽 번성의 밑거름이 되었다. 식민지 쟁탈을 둘러싼 프랑스와 영국의 경쟁은 기술 발전을 촉진하며 산업혁명을 유발한 요인 가운데 하나로 작용했다(그림 2, 3).

3 식민지 쟁탈을 둘러싼 7년전쟁 지형도

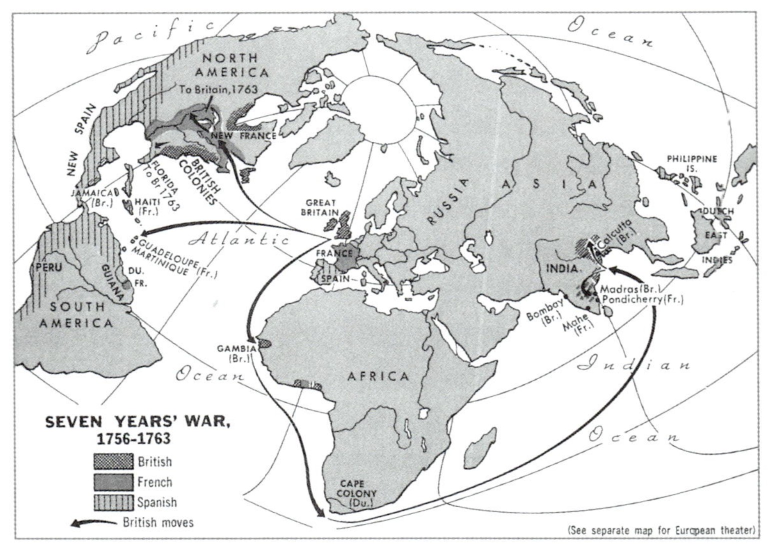

대도시, 사회 다원화, 편리

산업 기술의 발전은 17세기 후반부 유럽 사회에 큰 변화를 가져왔다. 과학 기술이 발전하면서 부를 창출하는 방식에 혁명적 변화가 나타났고 산업자본주의의 초기 형태가 탄생했다. 유산계급인 부르주아와 무산계급인 노동자라는 새로운 계층이 사회의 중심을 이루었다. 이들은 이전에는 없던 완전히 새로운 계층은 아니었으나 이들이 사회 전면에 나선 것은 분명 새로운 현상이었다. 시민정신도 성장하면서 정치적 변혁을 모색하는 기운이 높아져 갔다. 그러나 아직 사회를 지탱하고 이끌어가는 것은 왕권과 신권, 지주와 농민, 귀족과 농노, 성과 속 등 전통적인 이분법 구조였다.

새로운 사회 변화는 '근대modern'의 핵심 개념이었다. 이것에 어떻게 대응하는지에 따라 근대기는 다음과 같이 나눌 수 있다. 크게 보면 18~19세기의 근대 이전기pre-modern와 20세기의 근대기로 나눌 수 있다. 18~19세기는 다시 한번 나눌 수 있다. 18세기는 새로운 사회 변화와 전통적인 사회구조가 충돌하고 갈등을 일으키며 적절한 접점을 찾는 모색의 시대였다. 산업, 시민, 지성, 상업의 4대 혁명으로 대표되는 격변이 있었고 여기에 더해 기독교도 붕괴했다. 19세기는 이렇게 찾은 접점을 구체적으로 정착시켜 근대기의 준비를 본격화하는 시기였다. 20세기의 근대기는 이런 준비가 최종 결과로 나타나며 열매를 맺은 시기였다.

18세기에는 사회 계층의 변화가 두드러졌다. 이런 변화는 산업 기술의 발전과 부의 창출이 두드러졌던 도시에서 특히 심했다. 도시에서는 여전히 과거의 귀족이 가장 높은 계급을 차지했다. 그러나 귀족 세력은 약해졌으며 경제력이나 다른 요인으로 새로운 귀족이 생기는 등 변동이 심했다. 귀족의 의미도 바뀌었다. 과거의 귀족은 왕과 국가에 대한 군사적 봉사와 정치적 충성을 약속하고 그 대가로 귀족의 신분을 인정받았다. 이것이 18세기에 와서 경제적, 정치적 봉사에 대한 대가의 개념으로 바뀌었다.

귀족 다음은 부르주아였다. 부르주아의 원래 의미는 '도시에서 대대손손 살아오며 도시 내에 일정한 동산과 부동산을 소유한 시민 계층'을 의미했다. 18세기에는 이것이 발전, 변화하여 행정관리, 은행, 회

4 토머스 맬튼 2세(Thomas Malton junior), 〈배스의 북쪽 산책로*North Parade, Bath*〉(1777)

계, 산업, 무역, 변호사, 의사, 부동산 임대업자 등의 전문직에 종사하면서 일정한 부를 축적한 신흥 계층을 의미했다. 귀족은 부르주아를 멸시하고 경계했지만 18세기에 도시를 움직이는 계급은 이미 부르주아였다. 부르주아는 도시 인구의 20퍼센트에서 25퍼센트를 차지하며 정치 엘리트였던 귀족과 대비되어 경제 엘리트 계층을 이루었다. 일부 부르주아는 귀족으로 상승하기도 했으며 거꾸로 일부 귀족은 부르주아 방식으로 부를 축적하는 등 두 계층 사이에는 일정한 교류와 연대를 이루며 도시의 상류 지배 계층을 형성했다(그림 4).

부르주아 다음으로 가장 많은 수를 차지하는 계층은 중산층이었다. 이들은 작은 가게를 운영하거나 전문화된 생산 기술을 가진 기술공artisan이 주를 이루었다. 이들은 기존의 길드를 운영하며 도시의 일상 용품 공급을 독점했으나 새로운 산업 생산방식이 등장하면서 길드는 붕괴했다. 이들 가운데 많은 수는 기계화된 공장에 흡수되며 여전히 도시 중산층으로 남았으나 일부는 하층계급인 노동자로 전락했다. 중산층 밑에는 단순 노동자가 있었다. 이들은 경쟁력이 없는 간단한 기술을 가지고 있거나 이것마저도 없는 육체 노동자들이였다. 이들은 기계화된 공장에 노동자로 흡수되었다.

농촌에서 흘러온 도시 노동자들도 있었다. 서북 유럽에서는 농노제도가 16세기에 폐지되었으나 농촌에는 많은 유휴노동력 등 가난한 농민들이 남았다. 이들은 노예로 팔리거나 도시 노동자로 편입되었다.

산업혁명은 농촌을 붕괴시키지는 않았다. 인구가 대도시로 두드러지게 집중되었지만 이것은 소수의 대도시에 국한된 현상이었고 유럽 전체로 보면 도시 대 농촌 인구의 비율은 이전과 크게 다르지 않았다. 산업 발전의 초기에는 농촌에도 작은 공장들이 많이 생겼다. 이 공장은 농촌의 유휴노동력을 이용하기도 했고 일부는 도시와 연계하였다.

도시의 변화와 그에 따른 사회 계층의 다원화는 건축에도 큰 변화를 가져왔다. 그러나 정작 이렇게 새롭게 등장한 대도시에 맞는 건축양식에 대한 탐구와 그에 따른 구체적 결과는 19세기부터 본격적으로 나타났다. 18세기의 새로운 건축양식이 탄생하는 과정에서 도시가 미친 영향은 19세기와 비교하면 그리 크지 않았다. 그러나 일부에서는 새로운 건축양식을 새로운 도시 상황과 맥락에 적용, 접목하려는 시도가 있었다. 그 내용은 다음의 네 가지로 요약할 수 있다.

첫째는 건축 체계가 다원화, 세분화된 것이다. 실 배치, 동선 처리, 새로운 기능에 따른 대응 등 건축이 요구하는 조건들이 다양해졌다. 외관의 모습과 상징성 등 심미적 기능도 다양해졌다. 신분과 경제력에 따라 사용하는 재료도 대리석, 화강석, 기타 석재, 벽돌, 목재, 철물, 욋가지lath, 회반죽 등 여러 가지였다. 이런 다원화는 프로그램 구성, 기능 해석, 외관 어휘 디자인, 디테일 처리, 도면 작업 등 건축 체계와 관련된 거의 모든 측면에서 섬세한 집중력이 필요했다.

둘째는 기능적 효율성이 전통적 가치 체계를 밀어내며 새로운 중요성을 가지기 시작한 점이다. 석재 오더를 중심으로 한 고전주의 문법은 권위를 잃어갔다. 왕실, 귀족, 기독교는 여전히 고전주의의 인문적 상징성에 집착했지만 부르주아 계층만 되어도 '편리 혹은 적합convenance=convenience'으로 통칭되는 기능적 효율성을 더 중시했다. 이 개념은 건축 디자인과 직접 연관이 없는 도시 차원의 공공 보건에서부터 실 배치와 동선 처리 등 건물 내부의 미시적 차원의 기능에 이르기까지 다양하게 적용되었다.

셋째는 새로운 기능 유형의 등장이다. 전통적인 대표 유형이었던 왕궁과 교회의 축조가 두드러지게 감소한 반면 시민 공공성, 보건, 복지, 자본주의 등 새로운 문화 현상에 따른 기능 유형들이 등장했다. 이런 현상은 바로크 때부터 시작해서 19세기에 꽃피었는데 18세기는 이것의 중간 과정 정도에 해당되었다. 공장과 감옥은 바로크 때 없던 18세기만

5 제임스 페인(James Paine), 〈다리가 보이는 리치먼드 전경〉

의 새로운 기능 유형이었다. 이 두 유형은 대도시 빈민 계층, 부랑아, 노동자, 노동력 착취 등 산업혁명에 따른 어두운 그늘과 관련이 깊었다. 산업 기술과 자본이 결탁한 대도시의 새로운 지배 체계를 뒷받침하는 유형이었다.

넷째는 대도시 집중 경향으로 말미암아 농촌에도 변화가 생긴 점이다. 변화는 감성적, 정신적 차원에서 일어났다. 일부 농촌이 쇠퇴하긴 했지만 물리적 차원에서 농촌에 큰 변화는 일어나지 않았다. 대부분의 농촌은 큰 영향 없이 이전의 상태를 유지하면서 지속적 농업 발전을 통해 도시 대 농촌의 이분법 구도를 지켜 나갔다. 중요한 변화는 농촌이 낭만주의로 대표되는 고급 예술운동의 중심지가 되었다는 사실이다(그림 5). 다시 말해 일부는 산업혁명과 대도시 문제에 극성스럽게 대응하면서 농촌이 지닌 낭만성을 건축운동으로 다듬어 농가 건축 중심의 낭만주의를 창출했다.

국제주의와 민족주의 – 지역주의에서 민족주의로

18세기 유럽의 국제 정세는 두 갈래로 요약할 수 있다. 하나는 이전과 같은 전쟁을 통한 힘의 질서였다. 여러 나라의 이합집산도 큰 특징이었다. 영국, 스페인, 네덜란드, 프랑스, 오스트리아, 바이에른, 프로이센, 작센, 스웨덴 등 여러 나라들이 사안에 따라 이합집산을 거듭하며 연합 전쟁을 펼쳤다. 또는 스페인, 영국, 프랑스 사이의 식민지 쟁탈 전쟁도 큰 흐름이었다.

다른 하나는 국제법에 기초한 타협의 질서였다. 이것은 이전에 없던 18세기만의 새로운 상황이었다. 유럽은 대례체계state system라는 새로운 국제 규범을 갖추었다. 대례체계는 전쟁에 의존하는 국제 정세와는 달리 이성에 따른 타협, 공통의 약속을 기초로 한 훈령, 일정한 구속력을 지닌 국제법 등에 따라 국제관계가 설정, 작동되는 새로운 질서를 뜻했다. 국제질서가 무력 이외에 국제법과 외교적 관례와 같은 공통의 규칙에 따라 체계적으로 정리되기 시작했다.

'국제'라는 개념은 중세와 르네상스 때 나타난 적이 있었다. 이때는 특정 나라에서 먼저 창출된 새로운 문명과 문화를 다른 나라에서 뒤늦게 받아들여 공유하는 수준에 머물렀다. 따라서 이때의 '국제'는 힘겨루기에서 이긴 강대국이 주변국을 지배하는 개념이 강했다. 이에 반해 18세기에는 힘겨루기가 개입되기 전 단계에서 질서를 유지하기 위해 체계적인 노력을 시도했다.

이런 현상은 근대적 각성의 한 형태로 이해할 수 있다. 유럽은 18세기 초까지만 해도 루이 14세를 중심으로 과거의 지루한 전쟁을 계속했다. 어느 한쪽의 확실한 승리 없이 피해만 느는 전근대적 전쟁의 지속이었다. 이에 대해 외교적 타협에 따라 국제 세력의 균형을 추구하려는 각성이 싹트기 시작했다. 이것이 본격적으로 나타난 것은 1711년 스페인왕위계승전쟁War of the Spanish Succession 때였다. 이후 여러 세력 사이에 힘의 균형을 통한 평화 정착 노력이 꾸준히 있었다. 18세기에 전쟁에서 각 세력 사이의 이합집산 경향이 유난히 많았던 점도 이것의 여파로 볼 수 있다.

위의 두 상황은 건축에도 유사한 결과로 나타났다. 전쟁을 통한 힘의 질서는 건축에 민족주의 경향을, 타협의 질서는 국제주의 경향을 각각 가져왔다. 18세기 유럽 건축은 서로 상반되는 이 두 경향 사이의 상호 작용에 따라 복합적 구도를 형성하였다. 신고전주의와 고딕리바이벌Gothic revival이라는 두 가지 큰 흐름을 국제주의로 공유하면서 세부 사항에서 각국의 민족주의 성향에 따라 크고 작은 차이들이 나타났다. 이런 양상은 '국제'라는 개념이 나타난 고딕, 르네상스, 바로크 때에도 있었지만 그때와는 다른 중요한 차이가 있었다. 과거에는 한 나라에서 새로운 양식이 먼저 완성된 뒤 그것이 주변 후진국에 수출되는 방식이었다. 이런 식의 전파는 '국제성' 대 '지역성'이라는 대립 개념으로 설명할 수 있다. 다른 나라에서 먼저 시작된 국제적 보편 양식을 받아들여 그것에 뒤늦게 자국의 전통을 섞는다는 의미였다.

반면 18세기에는 국제주의 공통 양식이 여러 나라에서 동시에 시작되었다. 이 경우 후진이나 방어 같은 소극적 의미가 내포된 '지역성' 대신 동등의 의미를 내포한 '민족주의'라는 개념이 더 적합하다. 신고전

6 장자크 르쾨(Jean-Jacques Lequeu), 〈그녀가 꿈에 본 건*Ce quelle voit en songe*〉(18세기 말)
7 안토니오 카나레토(Antonio Canaletto), 〈노섬벌랜드의 앨른위크 성채*Alnwick Castle, Northumberland*〉(1752)

주의와 고딕리바이벌을 둘러싼 프랑스와 영국 사이의 전개 양상은 이런 해석을 잘 보여준다. 두 나라는 거의 같은 시기에 두 양식운동을 시작했다. 18세기 역사주의라는 거시적 관점에서 보면 비슷한 목적을 공유했다. 이와 동시에 세부 사항에서는 차이가 뚜렷했다.

합리주의 성향이 강한 프랑스는 고딕리바이벌을 구조 합리주의로 몰고 가며 해석에 치중했고 그 대신 구체적 건축물은 신고전주의로 집중되었다. 프랑스 신고전주의는 영국보다 다양한 세부 양식을 거느렸다. 낭만성에 대한 고민조차도 고전주의에 한정, 흡수시켜 낭만적 고전주의로 표출했다(그림 6). 반면 영국은 경험주의 전통을 이어받아 고딕리바이벌을 낭만주의로 발전시켰다(그림 7). 신고전주의는 상대적으로 프랑스만큼 활발하지 못했다.

이상과 같은 18세기 건축 상황은 어느 정도 긍정적 측면이 있다. 과거 양식의 선례가 신고전주의와 고딕리바이벌로 다양해졌고 여기에 더해 국가별 전통에 따라 이것들을 다르게 재해석하여 창조적 다양성을 확보했다. 건축의 세부적 현상을 보더라도 디테일 처리에서 일정한 창작성을 추구한 내용을 추적할 수 있다. 이것은 양식 단위의 과거 선례를 차용한 다음 단계에 일어나는 현상으로 재해석에 기초한 창조적 각색이 일어난 것으로 볼 수 있다. 19세기의 직설적 모방과 비교하면 18세기 양식들은 디테일 처리에서 시대 고민을 반영한 창작성을 중요한 특징으로 한다.

기독교의 분화와 이신론

18세기 기독교의 분화는 크게 세 방향으로 나타났다. 첫번째는 이전의 초기 근대기에 있었던 가톨릭 대 신교의 분화와 대립 현상이 완전히 굳어졌다. 프랑스, 스페인, 오스트리아, 바이에른 독일 등에서는 가톨릭이 국교로 남았다. 영국, 프로이센 독일, 네덜란드 등에서는 신교가 국교였다. 프랑스에서는 가톨릭에 맞서는 신교 계열의 칼뱅주의Calvir isme가 어느 정도 융성하여 한 나라 내에서 신구교가 혼재하기도 했다.

두번째는 절대왕정이나 왕실 등 세속 권력과의 권력투쟁에서 열세에 놓이기 시작했다. 이런 현상은 가톨릭 진영에서 특히 심했다. 로마 가톨릭이 국교로 남아 있던 프랑스, 스페인, 오스트리아 등에서 이를 국가에 종속시키려는 시도가 성공을 거두기 시작했다(그림 8). 루이 14세는 자국 내 신교에 대해서는 더 심하게 탄압했다. 시민정신의 성장도 기독교에 반대하는 방향으로 나타났다. 프랑스대혁명 이후 프랑스에서는 국교를 철폐했다. 기독교는 국가권력의 지원을 잃고 독자적으로 생존해야 하는 경쟁 시장에 내던져졌다.

세번째는 교리, 사상, 제식 등 기독교의 기본 정신과 관련된 내용에서 새로운 경향이 나타났다. 합리주의의 영향을 받아 기독교를 이성적으로 해석하려는 이신론理信論deism=자연신론이 대표적인 예였다. 이신론은 영국에서 시작됐다. 큰 방향은 신의 존재를 인간의 이성에 따른 합리적 논리로 파악하려는 것이었다. 영국 이신론은 17세기부터 토머스 홉스Thomas Hobbes와 존 로크John Locke가 이미 사상적 기반을 닦았다. 홉스는 신의 존재와 성경의 내용을 인간의 감각과 이성에 한해서 인정했다. 로크는 신의 계시를 이성적으로 설명할 수 있다고 믿었다. 존 톨런드John Toland와 매슈 틴들Matthew Tindal이 대표하는 18세기 영국 이신론은 17세기의 주장을 강화하는 방향으로 발전했다. 이들은 신앙, 교리, 사상의 대상을 합리적으로 설명할 수 있는 신의 존재, 불사, 성경 해석 등으로 국한했다. 반면 삼위일체, 기적, 성육聖育 등과 같

8 피에르앙투안 드마시(Pierre-Antoine De Machy), 〈1764년 9월 6일 성 주느비에브 교회의 초석을 놓고 있는 루이 15세〉

은 신비주의 주제를 제외했다.

영국에서는 이신론에 교리와 사상을 제공한 반면 프랑스에서는 좀 더 구체적이고 과격한 실천운동으로 나타났다. 프랑스에서는 정치와 교회가 유착해 있던 전통이 강했기 때문에 계몽주의 자체가 이에 반대하는 사회, 정치, 종교의 투쟁 성격을 많이 띠었다. 프랑스 이신론도 이런 경향의 일환으로 이해할 수 있다. 프랑스의 이신론은 볼테르와 루소가 대표했고 백과사전학파는 이것을 세상에 발표하는 통로 역할을 했다. 볼테르는 자연신을, 루소는 자연을 기독교에 대한 대안으로 예찬하며 기독교 내부의 단순한 합리주의 논쟁을 넘어 반교회운동의 성격을 나타냈다.

종교적 관용의 전통이 더 강했던 영국의 이신론이 해석의 다양성을 확보했던 데 반해 프랑스에서는 극한투쟁의 양상으로 나타났다. 프랑스에서는 로마 가톨릭의 교조주의 전통이 강했기 때문에 이것을 비판하는 이신론은 그만큼 이분법의 치열한 싸움으로 번졌다. 볼테르의 가톨릭 공격은 신랄했다. 그는 원시적 자연종교의 본질인 신의 존재에 대한 믿음과 이것을 기초로 한 단순한 도덕성이면 충분하다고 주장했다. 그 이외의 수많은 형식과 종교적 개념들은 모두 가톨릭의 욕심에서 비롯된 불필요한 속박이라고 공격했다.

이신론은 주로 가톨릭의 전통적 교리와 사상에 대한 비판을 시도했지만 그렇다고 신교운동은 아니었다. 신구교의 구별과는 별도로 기독교 자체의 새로운 개혁운동, 더 나아가 기독교 자체를 부정하는 반교회운동이 기독교에 흘러들어 온 것으로 보는 편이 더 타당하다. 프랑스에서는 이신론이 단순한 사상 논쟁을 넘어 기독교 내부에서 성직자들의 구체적 신앙 논쟁으로 번졌다. 이런 현상은 건축에도 중요한 영향을 끼쳐서 새로운 교회 유형에 대한 논쟁을 촉발했고 이것은 다시 구조 합리주의와 그레코-고딕 아이디얼 운동을 낳았다. 이신론과 두 건축운동은 합리주의를 공동 매개로 삼아 동일한 목적을 추구했다.

계몽주의와 혁명 2

계몽주의와 지성혁명

계몽주의Enlightenment는 18세기를 대표하는 개념 가운데 하나다. 계몽주의는 엄밀한 의미에서 사조라기보다 문명 현상에 가까운 다소 느슨한 경향을 지칭하며 좁은 의미로는 인간의 이성에 기초한 18세기 합리주의와 동의어로 정의하기도 한다. 사상에 한정할 때는 계몽사상이라는 말로 부르기도 한다. 계몽주의는 계몽사상과 그 구체적 결과까지 포함한 사회 문화 전반의 문명 현상을 의미한다. 계몽주의는 과거의 구습에 대한 비판에서 출발했다. 비판의 대상이 되었던 구습은 절대왕정과 기독교였다. 계몽주의는 인간의 이성과 자연신론을 새로운 디딤돌로 삼아 왕권과 신권神權으로 대표되는 과거의 절대 권력을 불합리하고 불평등한 것으로 공격하며 타파하는 싸움을 18세기 내내 벌였다.

계몽주의는 절대왕정이 말기적 증상을 나타내며 한계에 부딪히자 이를 앙시앵레짐ancien régime, 구제도으로 부르며 이를 타파하고 새로운 문명을 이루려는 시도로 나타났다. 이를 위해 경험론적 합리주의를 사상적 배경으로 삼아 17세기 과학혁명에서 확립된 새로운 발명, 발견, 업적을 문명 활동의 각 분야에 적용하여 인간을 이롭게 하려는 구체적인 실사구시운동을 벌였다. '계몽'이란 이처럼 인간의 지식에 의해 인간 스스로가 인간의 스승이 되어 인간을 과거의 미몽에서 깨우친다는 의미를 가졌다.

기독교에 대해서는 중세적 신탁론神託論에 얽매여 인간의 자유와 존엄성을 부정하는 봉건잔재를 청산하려는 움직임으로 나타났다. 과학혁명에서 산업혁명으로 이어지는 '기계론—물질론—경험주의—실용주의'의 일련의 단계는 성경 중심의 기독교 세계관을 뿌리부터 흔들었다. 갈릴레오와 교황청의 갈등에서는 갈릴레오를 사형하면서 교황청이 이겼지만 여기에서 촉발된 역사의 큰 흐름은 완전히 다른 차원의 문제로 커지면서 기독교 세력을 크게 약화하는 결과로 나타났다. 여기에 신대륙의 발견도 가세했다. 신대륙 자체, 신대륙에 사는 낯선 민족, 천문학의 발전에 따른 새로운 별의 발견 등은 성경에는 없던 것들이었다.

이상과 같은 현상들에 대한 기독교의 대응은 한계가 있었다. 17세기 전반부까지는 르네상스 때부터 있어 오던 회의론이 계속되거나 신앙심을 맹목적으로 강조했다. 또는 기독교의 절대 진리를 상대적으로 해석하는 등 소극적 방어 형태로 나타났다. 이것이 18세기 들어 산업혁명에 의해 구체적 결과물을 손에 넣게 되면서 기독교 중심의 세계관 자체를 부정하는 밀레니엄 단위의 변혁으로 발전했다. 좁게는 이신론 등 가톨릭 내부의 새로운 사상 · 교리운동으로 나타났다. 넓게는 국교라는 개념 아래 가톨릭과 국가를 동일시하던 전통적인 가톨릭 권력 체계를 철폐하는 움직임으로 나타났다.

좀더 확장하면 과학 지식과 산업 기술을 손에 넣으면서 기독교 자체를 부정하는 극단적 물질 문명운동과 무신론으로까지 퍼져나갔다. 신의 피조물이었던 인간을 해방시켜 인간 스스로 자신들의 실존적 의미를 정의하고 미래를 책임지겠다는 인탁人託운동이었다. 프랑스대혁명과 맞물리면서 국교는 폐지되고 종교는 개인의 선택 문제가 되었다. 우주와 신에 대한 신비주의를 벗기고 종교를 사람의 이성과 지식으로 설명할 수 있는 대상으로 끌어내렸다. 고전, 신화, 종교 등 추상적 상징 가치에 얽매이던 과거에서 벗어나 지식의 실용성과 공리성을 극대화했다.

이상을 종합하면 계몽주의란 지식, 사상, 과학, 사회 체계, 행정조직, 법제, 문화 인프라, 산업 기술 등을 새롭게 정비하고 정착시켜 나간 문명 전체의 새로운 움직임을 통칭했다. 계몽주의의 구체적 결과로 나타난 것이 산업, 시민, 지성, 상업의 4대 혁명이었다. 계몽주의는 이처럼 과거의 구습을 타파한 점에서 근대로 넘어오는 길목에서 중요한 토대를 닦았다. 계몽주의가 낳은 발전에 대한 확신과 생산 증대는 인류에게 이전과는 완전히 다른 부와 기술을 안겨 주었다.

그러나 근대기의 어두운 부작용인 기계 · 물질문명의 폐해를 잉태한 양면성이 있었다. 부작용은 주로 산업혁명과 상업혁명이 결탁한 산업자본주의가 저지른 폐해였다. 이것의 구체적 폐해는 19세기 때 나타났지만 계몽주의 때에는 이것의 정신적 밑바탕이 되는 일직선적 발전 확은 발전 제일주의라는 역사관을 만들었다. 계몽주의는 "역사는 합리적 이성과 자연법칙에 기초한 인간의 노력에 의해 발전한다"는 믿음 아래 과거의 역사 진행 방식과 속도를 정체된 것으로 단정했다. 정체의 원인으로 역사 선례의 리바이벌 사조가 주기적으로 반복되는 나선형 역사 전개 방식을 지목했다.

계몽주의는 이 모두를 부정하며 앞만 보고 달리는 일직선적 발전 제일주의를 내세웠다. 이것을 가능하게 해주는 것으로 인간의 이성과 합리성에 따른 과학 지식과 산업 기술 그리고 효율적 부의 창출을 들었다(그림 9). 발전 제일주의가 내건 주장은 이론적으로는 타당해 보였다. 유럽인들은 이성, 합리성, 기술, 자본으로 무장하고 인간의 미래에 대해 인간 스스로 계획을 세우고, 꿈을 꾸고, 이상향을 그리기 시작했다. 불평등과 불합리한 절대주의가 없는 세상에서 풍요로운 공공복지의 혜택을 누리며 살 수 있는 세계를 구체적으로 설계하기 시작했다.

9 고티에(Gautier), 『다리 논설*Traite des ponts*』(1765)의 속표지

일직선 발전 제일주의와 물질적 풍요에 기초한 이상향은 부분적으로 실제 구현되기도 했지만 그 과정에서 치러야 하는 대가는 무척 컸다. 19세기부터 심화되기 시작한 환경 파괴와 사회적 갈등은 차치하고 이미 18세기부터 기계 · 물질문명에 따른 새로운 억압과 착취 구도는 공고하게 자리잡았다(그림 10). 공장으로 대표되는 생산 공간과 감옥으로 대표되는 교정 공간은 대표적인 예였다. 감시와 처벌에 기초하여 인간을 감독하고 관리하는 새로운 탄압 체계가 탄생했다. 이런 탄압 체계는 과거 기독교와 전제정치에 따른 지배를 대신하며 기계 · 물질문명에 새로운 착취 권력을 만들어주었다.

계몽주의는 건축에도 새로운 변화를 가져왔다. 크게 보면 전통과 고전이라는 과거의 절대 매개를 대신하여 인간의 이성과 감성에 기초한 합리주의와 낭만주의를 새롭게 낳았다. 좁게 보면 인간의 이성과 감성이라는 새로운 매개로 고전주의를 해석한 경향이 나타났다. 그것은 합리적 고전주의와 낭만적 고전주의였다. 이런 입장은 고전주의를

10 조지 워커(George Walker), 〈석탄갱부*The Collier*〉(1814)

완전히 부정하거나 대체하는 것은 불가능하다는 판단에서 출발했다. 고전주의가 지니는 현실적 당위성을 인정하되 그 해석 방식을 과거의 리바이벌이 아니라 미래지향적 진보의 관점에서 새롭게 하겠다는 움직임이었다.

산업혁명과 새로운 건축적 실험

17세기의 과학혁명Scientific Revolution이 18세기에 들어와 구체적 열매를 맺기 시작하면서 산업혁명으로 발전했다. 천재의 세기라 부르는 17세기에는 여러 자연과학자들이 찬란한 연구 업적을 남겼다. 18세기에는 이것을 실제 산업에 응용하는 시도가 두드러졌다. 산업혁명은 단순한 기술 발전이 아니라 정치, 경제, 사회 나아가 문명 전체를 새로운 단계로 진입시키는 천 년 단위의 격변이었다. 유럽 사회는 농업과 식민지 약탈에 의존하던 기존의 부의 창출 방식과 완전히 다른 새로운 생산수단을 발명했다. 부의 창출 규모도 이전과 비교가 안 될 정도로 커졌다.

산업혁명은 오랜 기간에 걸쳐 지속적으로 진행되었기 때문에 그 시작 시점을 하나의 연도로 확정할 수는 없다. 최초 산업화proto-industrialization라 불리는 시기인 17세기에도 공장에 의한 산업 생산은 꾸준히 증가하고 있었다. 산업혁명의 본격적 시작은 1765년에 제임스 와트James Watt가

증기기관차를 발명하여 기계력을 확실하게 사용할 수 있게 된, 1770년대로 보는 것이 일반적 시각이다. 이때부터 기계력에 의한 공장 체계를 본격적으로 가동하기 시작하며 대량생산의 시대로 접어들었다. 프랑스는 1830년대부터, 독일은 1850년대부터 대량생산 체계를 갖추었다.

산업혁명은 자본주의를 완성시키는 상업혁명을 낳았으며 과거의 절대 권력을 붕괴시킨 시민혁명과도 밀접한 연관성이 있다. 더 긴 끈으로 보면 초기 근대 3세기 동안 시도했던 새로운 노력들을 완성시키며 근대기로의 진입을 가능하게 해주었다. 이전의 수공예와 마력의 세계에서 공업과 기계력의 세계로 바뀌면서 유럽 사회는 한 번도 겪어보지 못한 격변의 한가운데에 놓였다. 시간, 거리, 노동, 생산, 재화, 힘 등 모든 면에서 이전 전통사회와는 완전히 다른 새로운 차원이었다.

산업혁명은 건축에도 변화를 가져왔다. 구체적 결과는 19세기 철물 건축에서 확실한 모습을 드러냈지만 18세기에도 전조 현상이 나타났다. 건축적 의미는 18세기가 19세기보다 더 풍부했다. 19세기는 구체적 결과물을 중심으로 단조롭게 진행된 반면 18세기에는 실험적 움직임들이 많았기 때문이다. 건축 재료는 이전의 자연 재료를 산업 생산 재료가 대체해갔다(그림 11). 산업혁명이 낳은 새로운 사회 변화에 따라 건물 유형이 등장했다. 이런 현상은 바로크 때에도 있었다. 바로크 때에는 절대왕정이 국민에 대한 책임의 결과로서 공공건물이 새롭게 등장했다. 18세기에는 이런 공공건물이 지속적으로 발전하면서 산업 생산 시설, 상업 시설, 중산 주거, 집합 주거 등이 새롭게 나타났다.

18세기의 새로운 기능 유형 가운데 공장, 감옥, 병원 등에 특히 사회적 의미가 많았다. 공장은 생산을, 감옥과 병원은 수용을 대표했다. 세 유형은 모두 중앙 집중형을 기본 형식으로 하였다(그림 12). 감시와

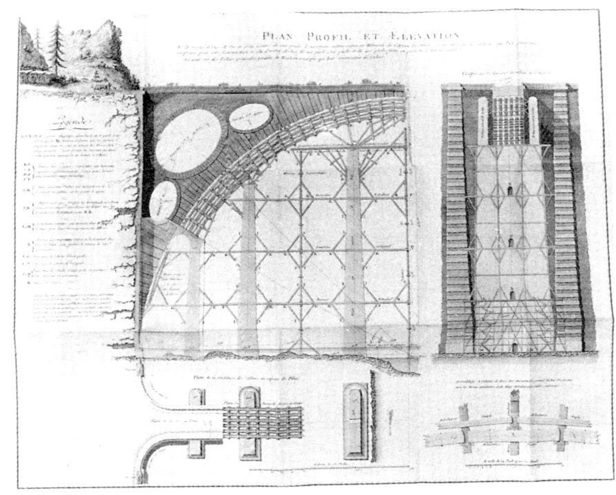

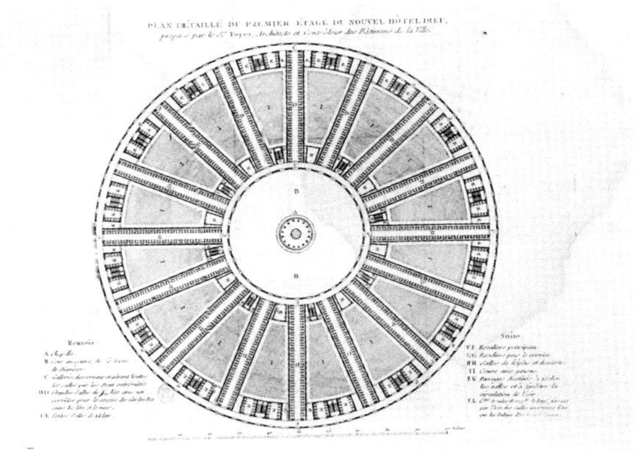

11 장로돌프 페로네(Jean-Rodolphe Perronet), '대형 석조아치 축조 방법', 1793

12 베르나르 푸와예(Bernard Poyet), 신시립병원 계획안

감독이 가장 용이한 공간 유형이었기 때문이다. 중심 초점에 감독관이 위치하여 한 바퀴만 돌면 노동자와 수감자를 한눈에 감시할 수 있었다. 17세기까지 교회가 중앙 집중형을 이끌었던 것과 대비되는 18세기만의 상황이었다. 중앙 집중형은 종교적 신비주의를 구현하는 성스러운 공간에서 생산 증대를 책임지는 착취의 공간으로 급변했다.

새로운 기능 유형에 맞는 새로운 건축 기법을 찾으려는 시도가 있었다. 디자인 방법론, 공학 계산, 시공 등에서 과학적이고 산업화된 방법론이 등장했다. 합리주의는 이것의 대표적인 예였다. 기존의 고전주의와 고딕의 이분법으로는 산업화된 기계 방식에 맞는 건축을 만족시킬 수 없었기 때문에 이에 맞는 제3의 새르운 건축 방식을 찾는 움직임이었다. 구체적 결과는 미진했다. 구체적 결과의 기준은 두 가지였다. 하나는 새로운 양식이고, 다른 하나는 산업 방식의 최대 장점인 장 스팬, 고층, 표준화 등이다. 이 둘은 모두 산업혁명의 결과가 대량생산으로 본격화되는 19세기까지 기다려야 했다.

18세기에는 실험적 시도가 주를 이루었다. 18세기 합리주의는 고전과 고딕을 대체하는 제3의 산업 건축 방식을 찾는 데까지 이르지 못했다. 그보다는 고전과 고딕의 의미와 작동 방식을 다원화한 뒤 그것에서 과학적 방법론에 맞는 새로운 구조 방식을 찾아내는 단계에 머물렀다. 그레코-고딕 아이디얼Greco-Gothic Ideal은 이것의 대표적 예였다. 18세기에는 일단 산업 재료의 사용이 아직 초보 단계에 머물렀다. 건물의 골조에 사용하는 것은 엄두도 내지 못했다. 철물을 중심으로 새로운 재료를 사용하기 시작했지만 18세기에는 보강재 차원에만 머물렀다. 건물의 주 골격은 아직도 전통적 석재 조적이 주를 이루었다. 외관은 더 말할 필요도 없었다. 고전과 고딕의 자유로운 해석 정도에 따른 주를 이루었다.

이런 현상은 산업혁명의 결과가 일상생활에 파고드는 속도와 궤를 같이했다. 산업혁명이 전통적 사회구조를 뿌리째 흔든 것은 사실이었지만 이것이 막상 일반 시민들의 실생활까지 파고들어 안방과 식탁까지 바꾸어놓는 데는 많은 시간이 걸렸다. 일부 첨단산업의 발전 속도는 빨랐지만 이것이 사회 전반의 보편적 현실로 자리잡은 것은 20세기 중반이나 되어서였다. 새로운 문명이 사회 전반의 보편적 현실로 자리잡는 것에 대응되는 건축적 현상은 외관에 나타나는 새로운 양식의 등장이다. 새로운 문명이 건축에 영향을 끼치는 단계를 보면 '프로그램—기능—재료—시공법—디자인 방법론—외관 양식'의 순서다. 외관 양식이 가장 늦게 나타나는데 이 단계는 새로운 문명이 한 시대를 대표하는 보편적 문명 체계로 자리잡는 경우에 해당한다. 18세기는 이 순서 가운데 프로그램과 기능 단계에 머물렀다.

프랑스대혁명과 혁명 건축

프랑스는 18세기 내내 절대왕정이 계속되었다. 루이 14세의 뒤를 이은 루이 15세Louis XV, 1715~74는 장수하면서 18세기 대부분을 다스렸다. 이 때문에 프랑스의 18세기 건축은 루이 15세 양식이라 부르기도 한다. 루이 16세1774~92는 혁명의 한복판에서 그 격랑에 휩쓸리며 18세기 말을 담당하다 1793년에 처형되었다. 루이 15세는 루이 14세만큼 카리스마가 넘치지는 못했다. 정치적으로는 영국, 스페인 등 주변 강대국과의 경쟁에서 현상유지를 한 편이었으며 내부적으로도 큰 성공이나 실패 없이 긴 기간을 안정적으로 통치했다. 그러나 절대왕정 후기 또는 말기로 넘어가는 역사의 흐름을 늦추거나 거스를 능력을 보여주지 못하는 한계를 보였다. 자신은 화를 면했지만 프랑스대혁명으로 절대왕정이 막을 내리는 중요한 단서를 제공했다.

이 기간 동안 가장 두드러진 발전은 지성혁명이었다. 르네 데카르트Rene Descartes의 뒤를 이어 샤를 몽테스키외Charles Montesquieu, 볼테르Voltaire, 장자크 루소Jean-Jacques Rousseau 등이 근대사상의 기초를 닦았다. 이들 이외에 사상, 과학, 예술, 인문학 등 각 분야에서도 뛰어난 이론가와 사상가들이 등장하여 연구, 집필, 출판의 전성기를 이끌었다. 이런 노력들을 모아 드니 디드로Denis Diderot가 『백과사전*Encyclopedie*』1751~72을 출판했다(그림 13).

물론 지성혁명이 절대왕정의 업적은 아니었다. 사상가들 가운데 상당수는 절대왕정의 통치 이념에 반대하는 계몽적 주장을 펼쳐서 탄압을 받았다. 18세기 프랑스 왕실은 유럽에서 가장 늦게까지 계몽주의의 도입에 저항했다. 프랑스 계몽주의는 왕실 밖에서 순수한 지성운동, 문화운동, 시민운동의 형

13 드니 디드로(Denis Diderot), 『백과사전 *Encyclopedie*』(1751~72) 표지

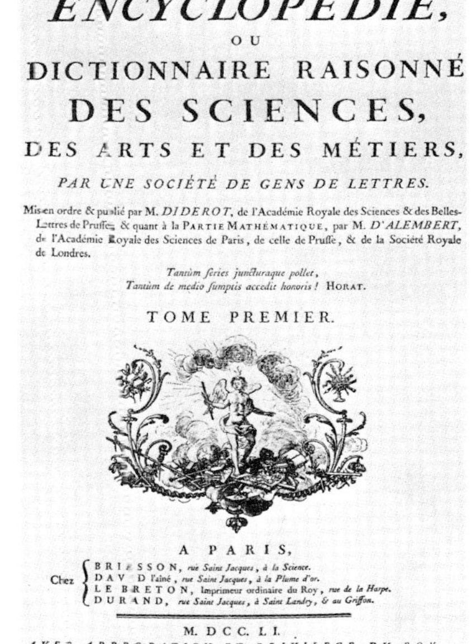
ENCYCLOPÉDIE,
OU
DICTIONNAIRE RAISONNÉ
DES SCIENCES,
DES ARTS ET DES MÉTIERS,
PAR UNE SOCIÉTÉ DE GENS DE LETTRES.

Mis en ordre & publié par M. *DIDEROT*, de l'Académie Royale des Sciences & des Belles-Lettres de Prusse; & quant à la PARTIE MATHÉMATIQUE, par M. *D'ALEMBERT*, de l'Académie Royale des Sciences de Paris, de celle de Prusse, & de la Société Royale de Londres.

Tantùm series juncturaque pollet,
Tantùm de medio sumptis accedit honoris! HORAT.

TOME PREMIER.

A PARIS,
Chez
BRIASSON, *rue Saint Jacques, à la Science.*
DAVID l'aîné, *rue Saint Jacques, à la Plume d'or.*
LE BRETON, Imprimeur ordinaire du Roy, *rue de la Harpe.*
DURAND, *rue Saint Jacques, à Saint Landry, & au Griffon.*

M. DCC. LI.
AVEC APPROBATION ET PRIVILEGE DU ROY.

태로 전개되었다. 그러나 전체적으로 보면 계몽주의 철학은 아직 실천이 더해진 행동운동까지 나가지 못하고 이전과 유사한 엘리트 중심의 순수철학에 머물렀다. 일반 시민들은 여전히 로마 가톨릭의 검열에 묶여 문맹으로 남았다. 귀족이나 왕실은 물론이려니와 계몽을 부르짖었던 상당수의 철학자들조차도 일반 시민들에게 자신들의 사상이 전파될 경우 전면적 혁명을 유발할 것을 우려하며 문맹을 유지하는 구습에 편승했다. 그러나 이들의 우려에도 계몽사상은 일반 시민들 사이에 급속도로 퍼져 시민정신의 자각과 함께 프랑스대혁명으로 분출됐다.

시민 의식이 성장하면서 왕실, 기독교, 귀족 등 전통적 권력은 심각한 도전을 받으며 붕괴했다. 시민혁명은 지배와 피지배의 계급 구조를 타파하는 결과로 나타났다. 부르주아는 산업자본주의로 축적한 부를 무기로 권력 계층에 편입하고 싶어했고 실제 결과도 그렇게 나타났지만 이 과정에서 새로운 가치관과 사회 운용 방식이 개입하면서 결과적으로 기존의 계급 구조를 붕괴시켰다. '자유'라는 가치가 그 중심에 있었다. 유럽 사회는 개인의 인간적 존엄성을 존중하는 혁명적 변화에 눈 떴고 이것은 피지배 계층을 종속과 의무에서 해방하려는 프랑스대혁명으로 결론 났다. 프랑스대혁명은 물론 나폴레옹의 등장과 구질서로의 회귀를 초래하며 미시적으로는 실패로 끝났지만, 거시적으로는 산업혁명과 함께 근대 문명을 낳은 2대 혁명이 되었다.

영국의 경험주의와 낭만주의, 그리고 대륙의 합리주의는 이런 움직임의 사상적 뒷받침이 되었다. 산업 기술의 발전과 자본주의의 발달은 현실적, 수단적 뒷받침이었다. 산업자본가는 계몽주의의 기치 아래 이 둘을 하나로 묶어 시민혁명으로 집중시켰다. 산업자본가는 산업 기술을 가장 먼저 손에 넣어 이의 발전을 후원함으로써 진보적 발전을 이끄는 주체의 위치에 섰다. 이들은 기술에 더해 산업자본이라는 막강한 무기로 무장하고 진보적 계몽 사상가들의 도움을 받아 전통적 절대 권력과 일대 투쟁을 벌였다. 구습 타파라는 공통의 목적을 공유함으로써 시민 계층은 결과적으로 산업자본가 편에 서게 되었다. 국가가 커지고 지배 계층이 다원화되면서 공공성은 강화되어 갔지만 이것의 반작용으로 개인성=사적 영역도 함께 발전했다.

영국의 18세기 왕조사는 앤 여왕Queen Anne, 1702~14, 조지 1세George I, 1714~27, 조지 2세1727~60, 조지 3세1760~1820의 순서로 진행했다. 이 가운데 세 명의

조지 왕들은 모두 하노버Hanover 왕가였기 때문에 18세기 영국은 하노버 왕조의 시기였다. 또한 조지 왕들이 18세기 대부분을 다스렸기 때문에 영국의 18세기 건축은 조지안 건축Georgian Architecture이라는 별칭이 붙었다.

영국은 초기 근대기부터 청교도 혁명을 계기로 삼아 의회를 중심으로 민주주의 발전이 지속적으로 있어 왔기 때문에 프랑스와 같은 급작스런 혁명은 없었다. 초기 근대기 때 기초를 닦은 견제와 균형의 정치 방식이 18세기에도 계속되었다. 1670년대에 창당되었던 휘그당the Whigs과 토리당the Tories의 양당 체제가 계속되는 가운데 제임스당the James의 스튜어트Stuart 왕조 부활을 위한 반란이 있었지만 실패했다. 18세기 전반부에는 섀프츠베리Shaftesbury, 아이작 뉴턴Isaac Newton, 조지 버클리George Berkeley 등의 사상가들이 사망했다. 후반부인 1770년대에는 산업혁명이 진행되면서 영국의 관심사는 시민혁명보다는 대량생산으로 모아졌다.

영국은 18세기의 양대 혁명 가운데 산업혁명을 담당하며 가장 먼저 대량생산의 시대로 접어들었다. 프랑스에서 절대왕정의 정치적 권위를 무너뜨리는 혁명이 진행된 것과 달리 영국에서는 왕실이 주도하는 공공사업이 결실을 맺었다. 1753년에는 대영박물관the British Museum이 1768년에는 왕립아카데미the Royal Academy가 창립되는 등 고전주의에 기초한 예술과 건축의 법제화에 발전이 있었다.

프랑스대혁명과 건축은 직접적 연관성은 없었다. 그러나 간접적 영향은 비교적 큰 편이어서 '혁명 건축'으로 통칭하는 일련의 흐름이 있었다. 혁명 정신은 건축에 '자유' 개념으로 통칭할 수 있는 새로운 해석 경향을 불러왔다. 낭만주의 미학은 대표적인 예였다. 낭만주의 미학은 여러 갈래가 있었는데 이 가운데 혁명 정신과 관련된 것은 주로 건축을 인간의 감성 문제와 연계하는 것이었다. 고전주의를 파격적으로 분해하고 표현 능력을 극대화한 낭만적 고전주의, 건물을 사람의 인상에 유추하는 인상론, 건물을 이용하여 사람의 내적 감정을 표현하는 표현론, 나아가 다양한 취향을 표현하는 기호론嗜好論 등이 구체적인 내용들이었다. 이를 위해 건물의 표현 능력을 향상하려는 노력이 있었다. 시스터 아츠 개념을 건축에 도입하여 '말하는 건축' 또는 '회화 건축' 등의 새로운 경향이 나타났다.

3 역사와 미래

전통과 미래의 공존

18세기에는 서양건축에 나타나는 쌍개념 가운데 '전통과 미래'라는 중요한 쌍이 최초로 전면에 등장했다. 이 쌍개념은 산업혁명을 거치면서 19세기에 첨예하게 대립했으며 20세기에는 모더니즘을 이끈 가장 뜨거운 이슈였다. 18세기는 이것이 처음 제기된 시기였다. 18세기에는 둘 사이에 대립이나 갈등보다는 일정한 공존이 주를 이루었다. 전통에 크게 의존하면서도 미래를 향한 움직임이 동시에 크게 나타났다. 전통과 미래의 공존이었다. 상반되는 두 가치 사이의 경쟁과 충돌, 조화와 통합이 18세기 건축을 이끈 핵심 원동력이었다.

공존은 여러 방식으로 나타났다. 통합을 통해 복합 구도를 찾으려는 노력이 대표적인 예였다. 인간 스스로가 인간에 대해 스승이 되면서 미래를 지향하기 시작했지만 이것을 실험하고 표현하는 미래는 아직 전통 고전주의였다. 미래 모델을 전통에서 찾는 격이었다. 서양 역사 최초로 한 번도 본 적 없는 미래를 끔꾸기 시작했지만 이것은 아직도 실험 수준이었다. 실제 현실에서는 이전까지의 시간 개념이었던 전통의 연속이 지배하고 있었다.

전통은 역사주의로 나타났다. 역사주의는 좁은 의미로는 말 그대로 과거 역사 양식의 리바이벌이나 과거 양식에 대한 '네오[neo]'적 재해석 경향을 의미한다. 이 기준에 따르면 로마 고전주의의 리바이벌 양식인 르네상스도 역사주의였다. 넓은 의미의 역사주의는 여기에 두 가지 의미를 더한다. 하나는 리바이벌이나 재해석의 대상이 되는 과거 양식이 복수 개라는 점이다. 다른 하나는 과거 양식을 창조적으로 각색하여 새 양식으로 만들기보다는 직설적으로 차용하는 경향이다. 18세기 역사주의는 이 가운데 전자에 해당한다.

17세기 과학혁명은 건축에도 즉각적인 영향을 주었다. 이미 17세기 바로크 시대부터 건축에 과학 정신으로 무장한 경험주의자와 합리주의자들이 등장했다. 과학혁명의 본고장인 영국에서는 크리스토퍼 렌 Christopher Wren이, 데카르트 합리주의의 나라 프랑스에서는 클로드 페로가 이것을 각각 대표했다. 렌은 돔을 변형, 경량화하여 독립 기둥만으로 받치는 등 여러 가지 중요한 새로운 실험을 했다. 크게 보면 렌은 바로크 건축에 머물며 18세기 합리주의와 직접적인 연관성을 가지지 못했다. 이유는 두 가지였다.

하나는 새로운 실험이 바로크 양식에 종속되었기 때문이다. 렌의 건축에서 가장 상위 개념은 바로크 양식이었다. 다른 하나는 렌의 새로운 실험이 체계적이지 못했기 때문이다. 렌의 건축을 이어받은 사람은 니콜라스 호크스무어 Nicholas Hawksmoor 정도였다. 호크스무어는 실험 정신에서는 오히려 렌보다 못했다. 호크스무어는 렌보다 더 바로크의 양식적 측면에 집중하며 새로운 실험에서 멀어졌다. 렌은 호크스무어 이외에 자신의 실험에 대해 저서나 교육 등 체계적 기록을 거의 남기지 못했다. 이런 경향은 구전口傳이나 개인적 가르침 등 비전秘傳으로 건축을 가르치고 배우는 영국 건축의 오랜 전통이기도 했다.

그러나 페로는 달랐다. 페로는 바로크의 양식적 측면보다 새로운 실험을 더 중시했다. 페로의 건축에서는 바로크 특유의 표현력보다 과학적 합리주의 정신이 더 두드러졌다. 또 페로는 자신의 새로운 실험을 여러 방식으로 체계화하여 하나의 건축 경향으로 정립함으로써 18세기 합리주의로 발전하는 토대를 닦았다. 페로는 신구논정을 통해 합리주의 실험을 좁게는 건축 사조, 넓게는 문화 예술 사조의 문제로 확대했다. 또 자신의 주장을 담은 저서를 남겼으며 이 논쟁을 아카데미로 끌어들여 체계적 교육에 반영할 수 있었다.

이렇게 시작된 합리주의는 서양건축 역사에 처음으로 '미래'라는 개념을 낳았다. 처음으로 미래에 대한 열망과 확신이 새로운 건축을 전개시킨 원동력으로 작용했다. 이전까지 건축은 정치, 경제, 사회, 근사 등 동시대의 외적 요구에 따라 새로운 양식이 생겨났다. 양식 형성의 구체적 내용도 고전주의와 중세 기독교 건축을 리바이벌하면서 발전하는 양상이 지배적이었다. 이것이 18세기 합리주의를 거치면서 건축 내부의 미래지향적 역사관이 이끄는 방향으로 변화했다.

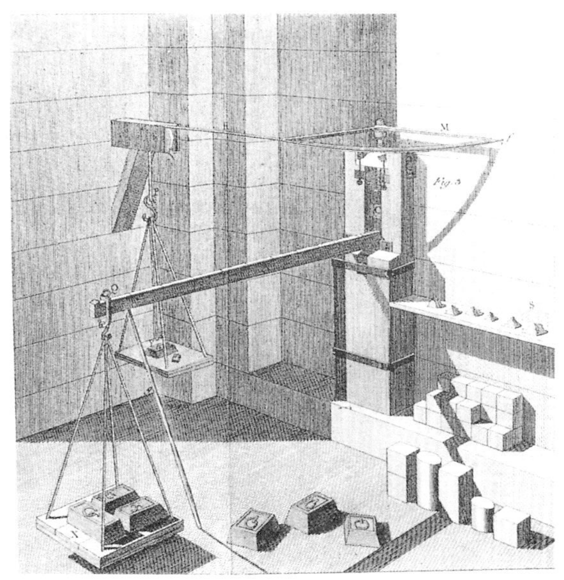

14 장바티스트 롱들레(Jean-Baptiste Rondelet), 수플로가 파리 팡테옹 시공에 사용했던 석재 하중 측정기

18세기 합리주의의 동인은 두 가지로 설명할 수 있다. 하나는 건축의 가치 기준을 과학 정신과 경험적 확신에 의존한 논리 체계에 두는 입장이었다(그림 14). 다른 하나는 기술 발전이 가져온 새로운 가능성과 요구 사항에 맞는 건축 법칙을 찾는 입장이었다. 두 입장은 모두 궁극적으로는 과거의 두 대표 양식인 고전과 고딕 모두를 거부하고 자신들만의 새로운 건축양식을 찾는 목적을 추구했다. 18세기에는 아직 여기까지 나가지는 못했다. 클로드 페로는 이전의 고전 법칙을 거부하며 합리적 논리성을 건축의 새로운 결정 기준으로 주장했지만 그의 건축에 나타난 실제 어휘는 고전주의였다. 이런 한계는 18세기에도 계속되었다.

쌍개념의 화해와 통합-18세기 역사주의(1)

18세기에도 역사와 전통의 역할은 여전히 중요했다. 사회 변화가 심하고 과거 타파의 움직임이 거셌기 때문에 그만큼 역사와 전통의 역할이 더 중요해진 역설이 성립된 시기였다. 18세기에는 여러 종류의 쌍개념이 등장했는데 이런 상황과 역사주의는 잘 맞는 측면이 있었다. 이성 대 감성, 합리 대 낭만, 미래 대 전통, 고전 대 고딕 등 여러 쌍개념들의 충돌을 화해와 통합으로 이끌며 이것에서 미래에 대한 방향과 모델을 제시하는 역할을 한 것은 의외로 역사주의였다.

18세기 역사주의는 선례 소재의 확장, 해석 방법론의 다양화, 양식 단위와 개별 어휘의 차용, 사회적 포괄체의 기능 등을 주요 특징으로 한다. 고전을 필두로, 고딕과 동방 양식으로 확장되었다. 동방 양식은 호기심 차원에 머물렀지만 고딕은 달랐다. 고딕리바이벌Gothic Revival은 낭만주의와 관계를 가지면서 독립적 건축 경향으로 발전했다. 선례 소재를 응용하는 시각도 르네상스까지 창작 한 가지에 국한됐던 데 반해 19세기에는 합리주의와 낭만주의로 대표되는 해석 방법론의 다양화로 나타났다. 차용 대상도 양식 단위와 개별 어휘 양방향으로 분화했다. 이런 역사적 선례는 계몽주의의 전환기 때 사회 변화를 포용하는 기능을 하였다. 극심한 변혁의 충격을 흡수하는 완충 역할을 하면서 사회적 포괄체로 기능했다.

18세기 역사주의에서 선례 양식은 더이상 결정 요소가 되지 못하고 단순 레퍼토리의 대상으로 바뀌었다(그림 15). 선례 양식의 종류는 중요성을 잃은 대신 가치 운용의 체계와 방식이 중요한 문제가 되었다. 합리주의, 낭만주의, 신기술의 세 가지가 대표적인 가치 운용의 체계와 방식이었다. 이런 현상은 18세기의 역사적 격변기 때 생기는 공백을 메울 수 있는 긍정적 기능을 하였다.

18세기에는 이전의 가치 체계가 급격히 부정되었지만 이것을 대체할 새로운 대안을 아직 확립하지 못했다. 18세기 역사주의의 다원화 경향은 단순히 역사 모방의 나열이라는 부정적 의미에 머물지 않고 이런 격변기를 포괄하는 긍정적 기능을 하였다. 봇물처럼 쏟아져 나오는 새로운 수요, 가치, 기호, 경향 등을 포괄하며 이것들이 사회에서 어느 정도까지, 어떤 방식과 방향으로 수용될 수 있는지를 가늠하고 실험할 수 있는 건축 매개는 역사 선례가 유일했다. 서양건축 역사에서 처음으로 다원주의를 맞이하며 막 싹트기 시작한 다양한 근대적 사고와 가치 체계를 담아낼 수 있는 유일한 건축 체계와 모델이 역사 선례였다.

15 클로드 루이 샤틀레(Claude Louis Chatelet), 〈모페르튀 성채의 피라미드*La Pyramide du Chateau de Mauperthuis*〉(1785년경)

18세기 역사주의는 여러 종류의 혁명이 난무하는 격변기에 사회 충격을 흡수하고 갈등을 완화하는 완충 역할을 했다. 급진이 극성일수록 역사의 역할이 증대된다는 서양 역사, 좁게는 서양건축사의 교훈이 가장 잘 드러난 예였다. 18세기에서 급진은 역사 지우기가 아니라 역사의 확장이었다. 역사의 확장이 급진적일 수 있는 이유는 이것이 역사를 상대주의의 대상으로 만드는 변혁이었기 때문이다. 이전까지 역사는 절대주의의 가치에 묶여 고착된 대상으로 작동했다. 18세기에 역사는 다양한 실험과 변화의 대상으로 바뀌면서 상대주의 가치를 운용하는 중심 매체가 되었다.

역사주의의 역할이 커지면서 역사를 다루는 학문적 정확성과 엄밀성도 함께 커졌다. 지성혁명의 일환으로 고고학의 발전이 있었고 측량학, 연대기학 등 관련 분야의 발전도 있었다. 역사 유구에 대한 지식의 양이 대폭 증가했으며 이것을 정리, 분류, 증명하는 과학적 정확성과 학문적 능력이 크게 향상했다. 민족주의와 연관된 발굴 활성화도 중요한 요소였다. 이것은 19세기에 절정에 달했지만 18세기에도 전조 현상이 나타났다. 각국은 역사 유적을 자국의 전통과 뿌리, 나아가 국력을 상징하는 중요한 기준으로 삼으며 경쟁적으로 유적 발굴에 나섰다.

역사에 대한 학문적 접근의 활성화는 파급효과가 컸다. 먼저 예술사의 발전이 있었다. 조르조 바사리Giorgio Vasari가 16세기 후반부에 예술사의 첫번째 기초를 닦은 뒤 예술사는 답보 상태에 있었다. 18세기는 이것을 다시 살려 예술사에서 중요한 발전이 있었다. 소재의 확장과 이에 대한 학문적 엄밀성을 확보하면서 예술사 발전을 도왔다. 이런 발전 내용들은 당시 두드러졌던 출판 발달과 맞물리면서 책으로 많이 출간되었다. 유구 발굴은 고고학, 미술, 예술사 등 여러 분야에서 활용하기에 좋은 대상이었고 이것들은 다시 매력적인 출판 소재였다.

여행술의 발달은 유구를 직접 방문해서 눈으로 확인하는 유행을 만들어냈다. 그랜드 투어Grand Tour로 통칭되는 유적 관람 여행은 당시 지식인과 예술인들에게는 필수 과정이었다. 로마를 필두로 이탈리아반도, 나아가 그리스와 터키까지 여행단이 다녀왔다. 유구를 직접 경험하면서 보인 반응도 다양했다. 이전부터 있어 왔던 정확한 실측의 정자법 경향을 고수한 경우부터 폐허에서 낭만적 감수성을 찾아낸 경우까지 다양했다.

역사 선례를 둘러싼 이상의 여러 발전들은 건축 역사주의에 중요한 영향을 끼쳤다. 소재의 확장이 가장 결정적 영향이었다. 이전에 보지 못했던 새로운 역사 선례를 접하게 되었다. 신화처럼 말로만 전해오던 그리스 신전을 직접 보면서 유럽 지성계와 예술계가 받은 충격은 컸다. 역사 선례를 학문적으로 잘 정리하면서 건축가들이 이것을 창작 소재로 활용하는 일이 훨씬 용이해졌다. 고고학적 정확성 문제를 놓고 고민하는 데서 해방되어 자유로운 상상력을 발휘할 수 있었다.

중층 변증법과 복합 구도-18세기 역사주의(2)

역사 양식에 대한 중층 변증법의 해석은 이런 특징들을 아우르는 대표적 현상이었다. 중층 변증법이란 상위 차원의 대표 개념에서는 대립되는 두 매개가 하위 차원에서는 상호 교합을 이루며 복합적으로 분화한다는 사관이다. 대표 개념이 실제로 작동하기 위해서는 여러 층에 걸친 하위 요소들을 거느린다. 이 요소들은 일차적으로 자기가 소속된 대표 개념의 범위 내에서 다른 요소들과 상호 교합을 한다. 나아가 대립되는 다른 대표 개념의 하위 요소들과도 상호 교합을 한다. 이런 상호 교합에 따른 복합 작용이 실제 건축 역사가 작동하는 방식이다. 18세기 역사주의는 중층 변증법의 대표적인 예이다.

18세기 역사주의에 나타난 중층 변증법은 두 단계르 나누어 생각할 수 있다. 첫번째 단계에서는 고전과 고딕 자체의 의미와 내용을 여러 층으로 다원화했다. 먼저 고전은 그리스 고전과 로마 고전으로 나뉘었다. 고전 선례 양식의 분화였다. 두번째 단계에서는 고전을 해석하는 시각도 합리주의와 낭만주의로 분화했다. 합리주의 시각은 고전에서 구조적 효율성과 논리적 엄밀성의 가능성을 찾아냈다. 낭만주의 시각은 고전이 갖는 감성 자극 기능과 표현력을 찾아냈다. 고딕을 해석하

표 1. 18세기 역사주의

대상 소재 \ 해석 방식		합리주의 해석	낭만주의 해석
고전	그리스 필헬레니즘Phil-Hellenism : 합리주의와 낭만주의를 포괄하는 통합적 그릭 리바이벌 경향	그레코-고딕 아이디얼, 구조 합리주의, 복원운동과 정자법	폐허운동, 원시주의, 풍경주의
	로마 필이탈리아니즘Phil-Italianism : 합리주의, 낭만주의, 아카데미, 그랜드 투어 등을 포괄하는 통합적 로만 리바이벌 경향	구조 합리주의, 복원운동과 정자법, 석구조론, 기술 우위론, 고고학 신고전주의	급진적 신그전주의, 낭만적 고전주의, 혁명기 건축, 폐허운동, 원시주의, 풍경주의
고딕		구조 합리주의, 그레코-고딕 아이디얼, 유기성 해석	고딕리바이벌, 고딕 낭만주의, 중세주의, 연상주의

는 시각도 합리주의와 낭만주의로 분화했다. 합리주의 시각은 고딕이 갖는 유기성을 구조적 합리성으로 찾아냈다. 낭만주의 시각은 고딕리바이벌을 중세주의로 해석했다.

역사 선례 및 이것을 해석하는 시각 모두가 분화되면서 역사주의를 구성하는 경우의 수가 여러 경향으로 다원화되었다. 낭만적 고전주의, 폐허운동, 풍경주의Scenography, 필헬레니즘Philhellenism=Hellenic Revival, 고딕 낭만주의, 구조 합리주의, 그레코-고딕 아이디얼, 복원운동, 정자법orthography, 원시주의 등이 대표적인 예였다. 또 18세기 건축은 논쟁이 많은 시기였다. 계몽주의 건축의 문을 연 신구논쟁을 필두로 그레코-로만 논쟁, 수플로와 파트의 논쟁, 수플로와 프레지에의 논쟁, 피라네시와 로돌리의 논쟁, 목구조 대 석구조 논쟁 등이 대표적인 예들이었다. 이것을 역사 선례 및 해석 시각과의 대응 관계로 분류하면 아래 표와 같다.

2장 팔라디오 양식 (1720~60)

1 휘그당, 기호의 법칙, 캠벨

2 벌링턴(=리처드 보일)

3 윌리엄 켄트와 팔라디오

양식의 확산과 한계

1 휘그당, 기호의 법칙, 캠벨

조지 왕조와 휘그당

팔라디오 양식Palladianism은 말 그대로 팔라디오 건축의 리바이벌 양식을 뜻한다. 팔라디오 양식은 1720년경 영국에서 시작된 18세기 역사주의의 첫번째 양식이었다. 이 양식은 영국에 국한하여 약 40년간 이어졌고, 다분히 영국 상황의 산물이었다. 무엇보다 지리적으로 영국을 벗어나지 못했으며 역사적 맥락에서 보았을 때에도 대륙을 포함한 18세기의 보편적 흐름과 다소 어긋난 예외적 성격이 강했다. 18세기 역사주의의 보편적 흐름이 선례의 확장과 자유로운 각색이었던 데 반해 팔라디오 양식은 선례를 팔라디오 한 사람으로 좁히면서 직설적 복고 경향을 보였다. 팔라디오 양식을 낳은 영국 상황은 다섯 가지로 요약할 수 있다.

첫째, 영국 바로크에 대한 반작용으로 시작했다. 영국에서는 팔라디오 양식이 시작된 1720년에도 아직 바로크 건축이 진행 중이었다. 호크스무어와 밴브루Vanbrugh가 대표하는 영국 바로크 2세대의 전성기였다. 이런 현상은 다른 나라들에서도 공통적으로 나타났다. 실제 건물을 기준으로 했을 때 프랑스의 로코코와 중부유럽의 후기 바로크가 18세기 전반부를 대표하는 양식이었다. 이 양식들의 지나친 장식 경향에 대한 반성의 움직임이 시작되었다. 이신론, 합리주의, 산업 기술의 발전 등은 이것을 도왔다. 영국에서는 팔라디오 양식이 반성의 첫번째 결과로 나타났다.

둘째, 장식 경향에 대한 반성은 여러 방식이 있을 수 있는데 그것이 팔라디오 양식으로 나타난 데는 영국의 정치 상황이 중요한 배경이었다. 조지 1세가 즉위하면서 권력은 휘그당으로 넘어갔다. 이전의 왕정복고기 때는 토리당이 권력을 잡고 있었고 이것을 대표하는 양식이 바로크였다. 토리당은 왕실, 가톨릭, 귀족, 농업 등 전통적 권력과 생산방식을 기반으로 삼았다. 이것을 과시적으로 강조한 건축양식이 바로크의 장식 경향이었다. 휘그당은 반대였다. 휘그당은 중상주의, 합리주의, 산업 기술, 부르주아 등 새로운 권력과 생산방식을 기반으로 삼았다. 영국에서는 효율과 이성을 중시하는 현실주의 바람이 불기 시작했다. 휘그당은 바로크의 과도한 장식과 과시욕을 부자연스러운 낭비이자 비합리적인 허영이라고 비판했다. 그 대안으로 절제 분위기의 합리주의 건축을 찾았다(그림 16). 팔라디오 건축은 합리성, 논리성, 추상성이 강했기 때문에 이 기준에 잘 맞았다. 휘그당은 팔라디오 양식을 자신들의 대표 양식으로 선택했다.

16 클랜든 홀(Clandon Hall), 1728년경, 1층과 천장의 바로크 장식과 2층의 팔라디오 양식의 혼재를 보여준다.

셋째, 바로크의 장식 경향에 대한 비판적 대안인 절제 분위기의 합리주의 건축에는 여러 가지 선택이 있을 수 있는데 이것이 유독 팔라디오 양식이 된 이유는 팔라디오 건축이 영국에서 특히 친숙했기 때문이다. 영국이 처음 접한 고전주의가 팔라디오 건축이었다. 영국 르네상스는 17세기 전반부에 이니고 존스Inigo Jones 한 사람이 이끌었는데 그는 팔라디오에 많이 의존했다. 이 때문에 팔라디오 양식은 영국에서는 친숙한 정도를 넘어서 영국다움을 내포하는 정도로 발전해 있었다.

이런 배경은 '바로크=토리당' 대 '팔라디오 양식=휘그당'의 대립 구도와 일치했다. 영국 바로크는 대륙과 보조를 맞추는 강한 국제주의 성격을 띠었다. 이것은 토리당의 정치 방향과 같았다. 반면 휘그당은 이에 대한 반발로 영국다움을 내세우며 민족주의로 회귀했다. 1710년대에 들어오면서 섀프츠베리는 바로크가 외래 양식이므로 영국만의 국가적 양식이 필요하다고 역설했다. 섀프츠베리가 염두에 둔 것은 팔라디오 양식보다 낭만주의였다. 그러나 당시는 아직 낭만주의가 태동하기에는 이른 시기였다. 팔라디오 양식도 완전한 영국의 국가 양식이라고 할 수는 없었지만 17세기 전반부를 배경으로 영국다운 전통을 한 번 확보한 적이 있기 때문에 이런 요구를 일정 부분 만족했다.

넷째, 팔라디오 빌라의 보편성과 자연관이 영국의 정서와 잘 맞는 측면이 많았다. 팔라디오 빌라는 고전적 권위를 유지하면서도 지나치게 심각하지 않고 동시에 낭만적 자연관을 보여주었다. 이런 특징은 건축에 나타난 영국의 전통적 민족 정서이기도 했다. 이것은 고전주의의 상징질서에 의존하여 인간의 권위를 표현하고자 했던 프랑스의 건축 전통과 대비되는 영국만의 특징이었다. 또 팔라디오 빌라는 기하학적 성격이 강했고 수평 방향의 비교적 평등한 위계가 나타났다. 이런 특징 역시 로마네스크-고딕 시대부터 대륙의 구조성, 신비주의, 수직성 등과 대비되는 영국만의 건축 전통이었다.

팔라디오 양식을 이끈 실제적이고 구체적인 실체도 이런 영국의 정서와 관련이 깊었다. 휘그당은 중상주의를 표방했지만 토지를 소유하고 있던 지방의 귀족들은 실제로 팔라디오 양식으로 건물을 지었다. 조지 1세는 팔라디오 양식이 등장하게 된 거시적 차원의 정치적 분위기를 만들어주긴 했지만 그 자신은 건축에 관심이 없었으며 왕궁 등 대규모 공공건물을 축조할 경제력도 없었다.

다섯째, 팔라디오 건축은 영국의 청교도 정서와 잘 맞았다. 조지 1세가 즉위한 1714년에는 아직 18세기의 신고전주의나 낭만주의가 싹트지 않았기 때문에 바로크에 대한 비판적 대안의 선례는 매우 한정적이었다. 조지 1세와 휘그당은 '왕정복고–토리당–가톨릭–바로크'의 연대를 깨는 건축적 전략으로 종교 혁명의 상징성이 강했던 16세기 르네상스를 선택했다. 16세기 르네상스는 미켈란젤로와 팔라디오가 양대 산맥을 이루었다. 두 건축가 모두 종교적으로는 어느 한쪽에 서지 않고 가톨릭과 신교 모두를 오갔다. 그러나 건축적으로는 일정한 대별관계를 추적할 수 있다. 미켈란젤로는 교황청을 주 건축주로 삼아 가톨릭 정서에 잘 맞는 과시적 영웅주의를 추구했다. 반면 팔라디오 건축은 절제하는 분위기의 추상성과 단순성을 주요 특징으로 나타내며 신교 정서와 잘 맞았다. 신교가 국교였던 영국의 종교적 전통을 되살리려는 조지 1세에게 이런 팔라디오 건축은 매력적 선례였다.

패턴 북과 출판운동

팔라디오 양식은 출판과 함께 진행되었다. 영국은 르네상스 때부터 고전주의를 어휘별로 모아놓은 카탈로그 출판이 발달했다. 영국 건축에는 패턴 북pattern book이라 부르는 건축 어휘 도판집이 하나의 시장을 만들 정도로 크게 유행했다. 이런 경향은 건축을 깊이 없는 가벼운 어휘 놀이쯤으로 여기는 위험이 있던 반면 건축가와 장인이 공통 어휘를 쉽게 공유할 수 있는 장점도 있었다. 특히 현장에서 장인을 교육하지 않아도 되는 이점이 컸다. 또 고전에 익숙하지 않았던 영국 건축에서 처음부터 비교적 정확한 표준 어휘를 구사할 수 있도록 하는 순기능도 했다.

18세기에는 윌리엄 해프페니William Halfpenny와 배티 랭글리Batty Langley 등이 패턴 북을 쓴 대표적인 예였다. 해프페니는 『실용 건축학*Practical Architecture*』1724을 비롯하여 1750년대까지 20여 권에 이르는 도판집을 출간하며 패턴 북 시장을 석권했다(그림 17). 해프페니 자신은 건축적으로는 바로크와 팔라디오 양식 사이를 오가며 확실한 역사성을 드러내지는 못했다. 『실용 건축학』에서는 오더, 창, 문 등 기본 고전 어휘를 비례와 함께 모아놓았다. 랭글리는 석공 장인이자 조경사였기 때문에 관심 분야가 다양했다. 『건축업자의 지침서*Builder's Chest-Book*』1727를 비롯하여 기하학, 조경, 고딕 오더, 다리 등 여러 분야에 관한 패턴 북을 20권 넘게 출간했다.

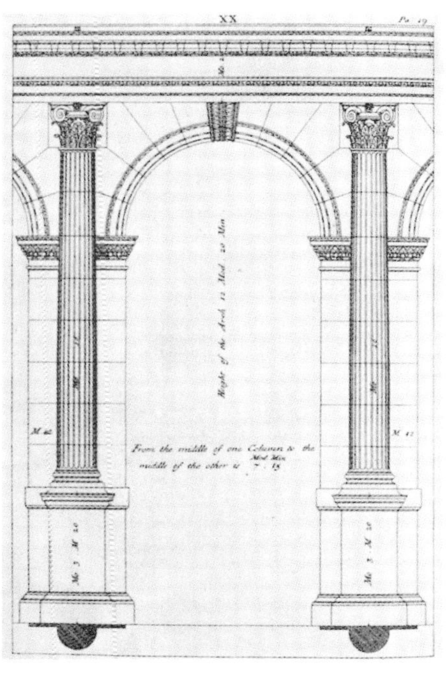

17 윌리엄 해프페니(William Halfpenny), 『근대적 시공업자 보조*Modern Builder's Assistant*』(1757)

패턴 북은 중앙에 통일된 건축 교육 기관이 없던 영국의 전통에서 비롯된 측면이 강했다. 영국에서는 건축가 개인이 여러 곳을 오가며 독학하는 것이 오랜 전통이었다. 교육도 개인 대 개인으로 행해졌다. 이런 전통은 1700년대 전반의 바로크 건축까지 계속되었다. 또한 영국 건축의 전반적 특징에도 영향을 끼쳐 창조적 다양성과 개인적 편차를 중요하게 여기는 결과로 나타났다. 이것은 중앙 집중화된 교육과 통일성을 강한 특징으로 하던 프랑스와 대별되는 영국만의 민족 정서였다.

두 나라의 차이는 초기 근대 때 고전주의를 받아들이는 방식에서도 확연하게 나타났다. 프랑스는 고전주의의 표준 문법을 총체적으로 받아들여 강제성이 강한 표준화된 규범으로 정착시켜 유통시켰다. 비례,

오더 구성, 대칭, 3차원 매스와의 관계 등 고전주의의 기본 이론에 충실한 상징성과 사상 중심으로 건축 경향을 전개했다. 선험적 표준 고전주의가 국가 양식이자 민족 정서로 정착했다. 이를 위해 중앙에 아카데미를 설립해서 여기에서 주입식 이론 교육을 하였다.

18 제임스 레오니(James Leoni), 팔라디오의 『건축사서』(1716)의 완역본 속표지

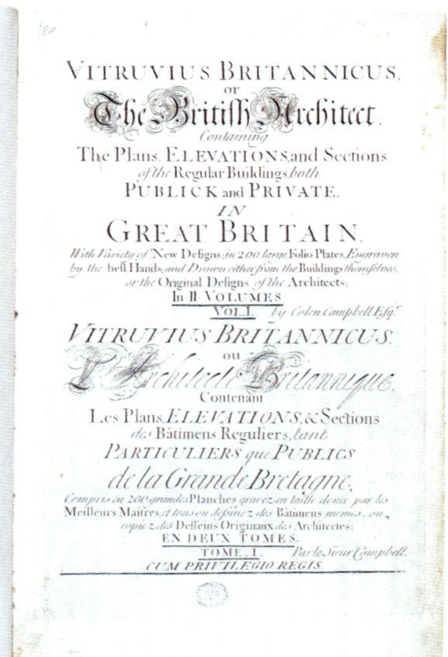

VITRUVIUS BRITANNICUS,
or
The British Architect,
Containing
The Plans, ELEVATIONS, and Sections
of the Regular Buildings both
PUBLICK and PRIVATE,
IN
GREAT BRITAIN,
With Variety of New Designs; in 200 large Folio Plates, Engraven
by the best Hands; and Drawn either from the Buildings themselves,
or the Original Designs of the Architects;
In II VOLUMES
VOL. I. by Colen Campbell Esqr.
VITRUVIUS BRITANNICUS,
ou
L'Architecte Britannique,
Contenant
Les Plans, ELEVATIONS, & Sections
des Bâtimens Reguliers, tant
PARTICULIERS que PUBLICS
de la Grande Bretagne,
Compris en 200 grandes Planches gravez en taille douce par les
Meilleurs Maitres, et tous ou dessinez des Batimens memes, ou
copiez des Desseins Originaux des Architectes:
EN DEUX TOMES.
TOME I. Par le Sieur Campbell.
CUM PRIVILEGIO REGIS.

19 콜렌 캠벨(Colen Campbell), 『비트루비우스 브리태니커스*Vitruvius Britannicus*』(1715~25)

영국은 고전주의를 어휘에 따라 선별적으로 받아들였다. 2차원 표피주의를 바탕으로 고전 어휘를 덧붙이는 방식이었다. 프랑스와 대비되는 현실적, 실용적, 경험적, 귀납적 경향이었다. 팔라디오의 『건축사서』는 이런 경향에 잘 맞았다. 이 책은 인문학적 상징성을 배경으로 하지만 표면적으로만 보면 심각한 이론이나 사상보다는 도판 중심으로 구성되었으며 현장 적응력과 높은 실용성을 주요 특징으로 했다. 팔라디오 양식도 패턴 북 경향을 많이 띠면서 그 일환으로 그의 『건축사서』에 나타난 내용 가운데 개별 어휘별로 차용하는 방식으로 시작했다.

영국에서는 존스의 영향 아래 팔라디오의 『건축사서』에 대한 관심이 일찍부터 있었다. 1663년에 고드프리 리처즈Godfrey Richards가 『건축사서』의 제1서 영문 번역판을 처음 출간했으며 이후 1700년까지 여덟 종류의 부분 번역본이 나왔다. 출판운동은 18세기에 들어오면서 팔라디오 건축에 관심을 집중하는 경향으로 정리되었다. 이런 경향은 팔라디오 양식이라는 구체적 양식 사조가 등장하기 이전의 전조 현상으로 이해할 수 있다. 전조 현상은 바로크에 대한 비판과 함께 나타났다. 영국 바로크의 3대 걸작인 하워드 성채Castle Howard, 블레넘 궁전Blenheim Palace, 성 바오로 성당St. Paul's이 지어지던 1700~16년에 이미 바로크의 과다한 장식과 화려한 낭비에 대한 날카로운 비판이 가해졌다. 섀프츠베리는 낭만주의 미학의 관점에서, 존 제임스John James는 건축적 관점에서 비판을 이끌었다.

비판은 대안을 찾는 움직임으로 발전했다. 17세기 후반에 있었던 출판운동이 합리성, 단순성, 추상성 등의 강한 반장식적 특징을 보였다. 1715~16년에 제임스 레오니James Leoni가 『건축사서』의 완역본(그림 18)을 출간했으며 콜렌 캠벨Colen Campbell, 1676~1729의 『비트루비우스 브리태니커스*Vitruvius Britannicus*』1715~25에서 절정에 달했다(그림 19). 이것을 바탕으로 반장식적 경향의 구체적 선례로 존스의 팔라디오 양식을 추종하는 움직임이 일어났다. 이 움직임은 존스의 원본인 팔라디오 자체에 대한 관심으로 옮겨갔고 전견적인 팔라디오 리바이벌로 발전했다.

기호의 법칙과 고전 규범

팔라디오 양식을 탄생시킨 18세기 미학 현상으로 기호의 법칙Fule of Taste을 들 수 있다. 기호의 법칙은 18세기 전체를 아우르는 미학 현상으로 팔라디오 양식에만 국한한 것은 아니었다. 신고전주의와 낭만주의를 형성하는 데도 중요한 영향을 끼쳤다. 영국과 프랑스가 중심지였으며 사상과 창작의 두 방향에서 달리 나타났다. 사상에서는 심미성에 대한 판단 근거를 찾는 작업이 주를 이루었다. 프랑스에서는 일정한 법칙에 의존한 직관력을 가장 중요한 판단 근거로 정의했다. 영국에서는 인식idea과 감각sensibility 사이의 논쟁이 주를 이루었다. 두 나라 모두 선험적 규범과 개인적 심성 사이에서 고민한 공통점이 있다. 또 바로크 시대의 판에 박은 아카데미즘 귀족예술에서 벗어나 판단력과 분별력에 따른 새로운 예술 경향을 창출하려고 했다.

창작에 있어서는 두 나라가 많이 달랐다. 프랑스에서는 신고전주의 한 가지에만 집중해서 이것의 탄생 배경으로 작용했다. 영국에서는 팔라디오 양식, 신고전주의, 낭만주의 등 다양한 건축운동의 배경이 되었다. 신고전주의와 낭만주의와 관련한 내용은 다음에서 살펴볼 것이다. 팔라디오 양식은 사상과 관련한 논쟁과 고민 가운데 규범성의 내용에 집중했다. 한마디로 요약하면 팔라디오 양식의 탄생 배경, 혹은 대표 현상이었던 고전주의 규범으로의 회귀를 더 포괄적인 미학 사상과 연관하여 정의한 것이 '기호의 법칙'이었다. 또는 조지 왕조 때 시작해서 계속되었기 때문에 '조지안 기호의 법칙Georgian Rule of Taste'이라 부르기도 한다.

이것을 가장 먼저 시작한 사람은 캠벨이었다. 캠벨은 자신의 책에서 영국 바로크 3대 건축가를 모두 비판했으며 이들의 모델이 되었던 보로미니Borromini도 강하게 비판했다. 그 이유로 과도함extravagance, 방종licentiousness, 종작없음caprice의 세 가지를 들었다. 그 대안으로 고전주의

20 윌리엄 체임버스(William Chambers), 찰스 타운리 주택(Charles Townley's House)의 연회실

Classical Antiquity, 르네상스, 영국의 포스트르네상스의 세 가지 기준을 제시했다. 각각에 대해 다시 비트루비우스, 팔라디오, 존스를 대표 건축가로 들었다. 이 세 쌍의 고전 선례는 좁게는 양식 사조로서 팔라디오 양식, 넓게는 '기호의 법칙' 가운데 고전 회귀와 관련한 경향을 대표하는 내용들이었다.

이런 내용들에서 특별히 새로 제시한 고전 규범은 없다. 예를 들어 건축에서는 세 가지 오더 양식의 기본 구성 및 비례 등이 기본 내용이었다. 여기에 더해 이것이 18세기 영국 사회에서 지니는 의미, 당위성, 각색 방향 등을 제시한 응용적 내용이 새로운 점이었다. 이렇게 보았을 때 팔라디오 양식은 18세기 영국의 신고전주의라는 큰 흐름 가운데 한 분파 양식이기도 했다. '기호의 법칙'을 기준으로 보았을 때 18세기는 색과 빛을 중심으로 하는 루벤스주의가 가고 선의 윤곽과 형태 중심의 푸생주의가 도래한 시기였다. 골동품에 대해 막연한 열성과 애호virtu의 시대가 가고 전문적 감식connoisseurship의 시대가 도래했다. 팔라디오 양식은 이것의 한 분파로서 이런 새로운 흐름에 가장 먼저 동참한 양식이었다(그림 20).

이런 움직임은 문학과 회화에서도 나타났다. 문학은 알렉산더 포프Alexander Pope가, 회화는 조너선 리처드슨Jonathan Richardson이 각각 대표했다. 포프는 1711년에, 리처드슨은 1719년에 각각 캠벨과 유사한 내용을 담

21 알렉산더 포프(Alexander Pope)의 튀그넘 주택(House at Twickenham)을 보여주는 템스 강 풍경

은 이론서를 출간했다. 이들도 바로크 예술을 비판하며 고전 법칙을 부활해 그것을 충실히 따를 것을 주장했다. 켄트가 포프의 튀크넘 주택House at Twickenham, 1730년경을 설계하는 등 이들은 동일한 예술관을 매개로 공동전선을 형성했다(그림 21). 경건한 고전 규범에서 벗어나 자유로운 상상력을 구가했던 바로크 시대가 가고 다시 고전주의 규범의 시대로 복귀하는 신호탄이었다.

'기호의 법칙'의 단초는 팔라디오 양식 이전에 먼저 나타났다. 이미 18세기 초 영국의 후기 바로크에서는 내부에서부터 바로크 탈피 경향이 있었다. 헨리 올드리치Henry Aldrich의 옥스퍼드 예수교회 내 펙워터 구역Peckwater Quadrangle, Christ Church, Oxford, 1706~14은 대표적인 예였다. 호크스무어와 밴브루조차도 이런 새로운 경향에 맞추어 변신을 모색하기도 했다. 영국 바로크는 1750년대까지 계속되었는데 1710년대부터 가장 큰 화두는 고전 회귀의 새로운 움직임에 어떻게 대응하느냐였다. 젊은 세대들에게 이 문제는 더욱 화급했다. 바로크로 시작했던 제임스 기브스James Gibbs는 1720년경을 기점으로 바로크를 버리고 팔라디오 양식과 신고전주의를 혼합한 애매한 양식으로 돌아섰다. 앞에서 언급한 『비트루비우스 브리태니커스』의 번역 출간, 존스 부활 경향, 프랑스 고전주의의 수입 등도 같은 움직임이었다. 팔라디오 어휘의 단편적 사용은 정식 건축가의 작품이 아닌 중산층의 일상 건축에서 먼저 나타나기도 했다.

이상의 여러 배경들이 하나로 합쳐진 것이 팔라디오 양식이었다. 이런 배경 아래 팔라디오 양식으로 지은 실제 건물의 기능 유형은 세 종류의 주거에 국한하였다. 첫째는 지방 귀족의 본거지로서 컨트리하우스country house로 통칭하는 농촌의 대저택이었다. 둘째는 이것을 모방한 대도시 내 중산층 주택이었다. 일례로 런던 시내에서는 일부 귀족들이 어번 테라스urban terrace=연립주택를 부동산 투자 대상으로 삼아 파사드를 팔라디오 양식 어휘로 개발했다. 셋째는 대도시 내 대형 건물로 컨트리하우스를 소유한 지방 귀족의 도시 내 정치적 근거지에 국한되며 그 수가 적었다.

캠벨과 팔라디오 양식의 시작

캠벨은 전문적인 건축 교육을 받지는 않았지만 여러 경로를 통해 다양한 건축 배경을 접하였다. 존스를 동경하는 친팔라디오 경향, '50채의 새 교회Fifty New Churches: 호크스무어가 주도했던 교회 축조운동'의 바로크 건축, 추상적 기하주의 경향 등이 대표적인 예였다. 캠벨은 고향 스코틀랜드의 대표적인 청교도였던 칼뱅주의자였으며 변호사 생활도 했다. 이런 경력으로 하여 그는 절제, 극기, 합리성, 논리성을 배울 수 있었는데 이런 덕목들은 팔라디오 건축의 특성과 잘 어울렸다. 바로크로 시작한 '50채의 새 교회'조차도 캠벨에게는 중요한 교훈을 주었다. 이 프로젝트는 10여 채만 짓고 중단된 뒤 팔라디오 양식으로 넘어가는 분기점이 되었기 때문에 양식 전환의 한가운데에서 역사의 흐름을 몸소 체험할 수 있었다.

캠벨은 팔라디오 양식이 본격적으로 시작될 무렵에 사망했기 때문에 완전한 팔라디오 양식 건축가라고 보기는 어려운 측면이 있다. 사용 어휘도 블록을 끼운 벽기둥, 오분법 매스 구성, 박공 장식, 벽체 구조에 종속시킨 신전 파사드의 열주 등 바로크의 잔재를 청산하지 못했다. 보로미니를 필두로 렌, 호크스무어, 밴브루 등 바로크 건축가들을 비판했지만 영국 바로크 건축가들에게는 호의를 보였다. 그러나 장식을 절제한 추상 분위기를 추구한 점에서 바로크에 대한 비판적 대안을

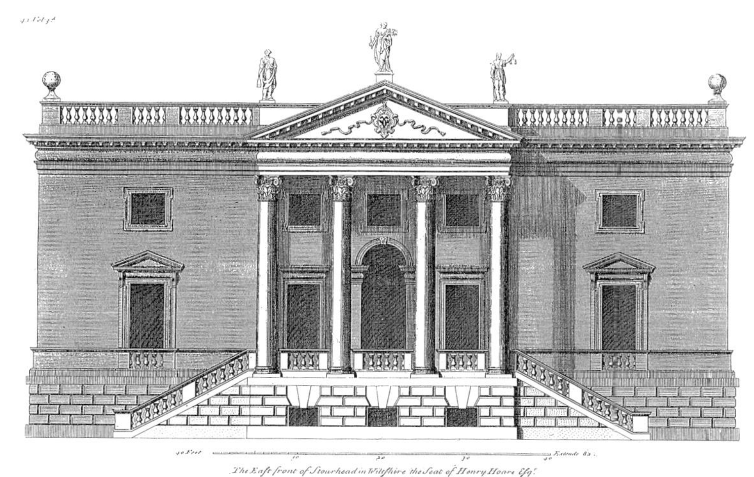

22 콜렌 캠벨(Colen Campbell), 스투어헤드(Stourhead) 하우스, 윌트셔(Wiltshire), 동측 입면도

추구한 것은 사실이다. 그 대안이 완전한 팔라디오 양식인지에 대해서는 논란의 여지가 있다. 완성과 한계의 양면성을 동시에 지니기 때문이다.

이 문제는 그의 책과 작품, 두 가지 관점에서 생각할 수 있다. 책에서는 팔라디오를 "더이상 훌륭할 수 없는 예술가"라고 언급하고 팔라디오의 작품도 수록하고 있다. 그러나 대부분의 내용은 캠벨 자신의 건축을 소개하는 데 할애하고 있다(그림 22). 영국 바로크 건축가들의 작품도 여럿 수록했다. 이런 점에서 팔라디오의 번역서나 팔라디오에 치중한 당시 유행 경향과는 다소 거리가 있었다. 작품의 많은 부분을 비트루비우스의 기술記述을 도면으로 옮기거나 팔라디오의 작품을 약간 변형해 필사했다. 이것은 창작도 모방도 아닌 애매한 작업이었다.

캠벨의 작품도 양면성을 띤다. 출입구, 창, 코니스, 지붕 등 꼭 필요한 부분을 제외한 나머지 벽면을 장식이 없는 평활면으로 놔둔 점은 팔라디오 양식으로 발전할 수 있는 토대를 닦은 점으로 볼 수 있다. 열주가 받치는 신전 파사드를 벽면에서 분리한 점도 팔라디오 양식의 효시로 볼 수 있다. 그러나 총체적 모습에서는 아직 안정된 팔라디오 양식과는 거리가 있었다. 캠벨의 관심은 특정 양식의 창출보다는 비트루비우스와 팔라디오를 포함한 고전의 새로운 해석을 통해 바로크를 대신할 대안을 찾는 작업에 있었다.

이상으로 캠벨에 대해 다음과 같은 평가를 내릴 수 있다. 저서를 기준

23 콜렌 캠벨(Colen Campbell), 벌링턴 하우스 정문(Gateway to Burlington House), 런던, 1718~19

으로 했을 때, 유행을 잘 좇아 앞서 나가기는 했지만 고급 수준의 새로운 양식을 창출할 역사적인 안목은 부족했다. 작품을 기준으로 했을 때, 전환기 때 논의할 수 있는 다양한 출처에 손대기는 했지만 시대를 이끌 만한 집중력과 창조력을 보여주지는 못했다. 이상을 종합하면 다양한 출구를 모색하던 전환기의 시대 상황에서 팔라디오 양식의 가능성과 단초 현상을 처음 제시한 공로는 있지만 이것을 더 발전시키지 못한 한계도 동시에 지닌다.

벌링턴과의 관계는 중요한 요소였다. 캠벨은 1710년대 후반부터 작품을 남기기 시작했는데 이 과정에서 벌링턴을 만났다. 당시 벌링턴은 팔라디오 건축에 심취해 있었는데 캠벨을 적임자로 판단하고 벌링턴 하우스 정문Gateway to Burlington House, 런던, 1718~19 등 몇 개의 작품을 맡겼다(그림 23). 두 사람 사이의 교류는 1720년대 중반까지 이어졌는데 이 과정에서 서로 영향을 주고받았다. 벌링턴은 건축가는 아니었지만 사상적, 정치적으로 팔라디오 양식에 대해 투철했다. 벌링턴은 캠벨에게 작품을 맡기면서 팔라디오를 엄격히 다르도록 요구했다. 이런 주문은 캠벨 건축이 팔라디오 양식에 가까워지는 역할을 했다. 캠벨의 건축 지식은 거꾸로 벌링턴이 팔라디오 양식을 구체적으로 발전시키는 데 중요한 길잡이 역할을 했다.

캠벨은 1720년대 전반부를 전성기로 보내며 두 대표작인 노퍽의 휴턴 하우스Houghton House, Norfolk 1722~29와 켄트 주의 메러워스 성채Mereworth Castle, Kent, 1722년경~25를 남겼다. 메러워스 성채는 팔라디오의 로톤다Rotonda를 모방하면서 팔라디오 양식에 근접한 완성도를 보였다(그림 24, 25). 메러워

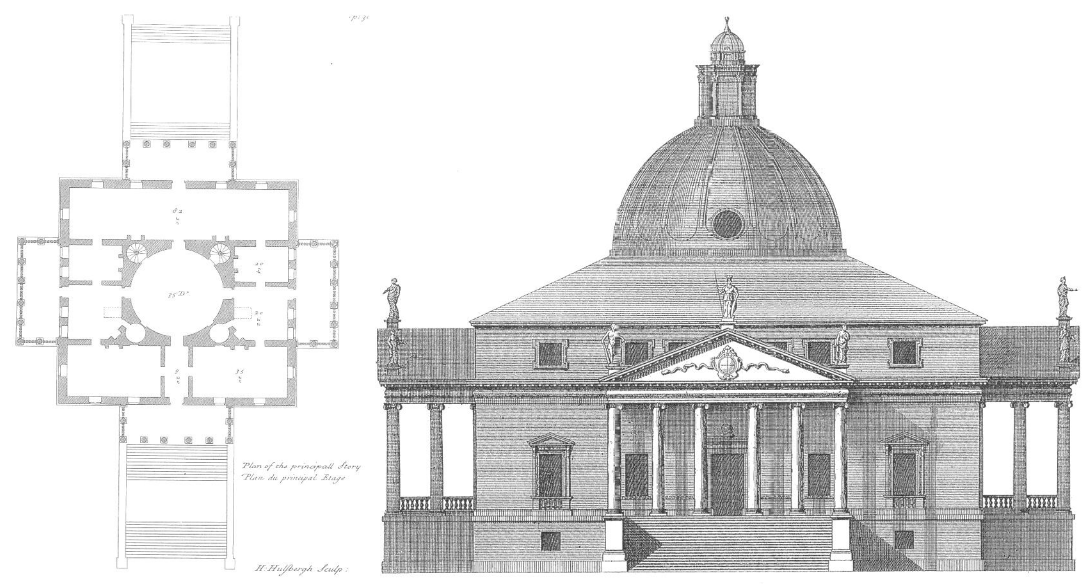

24 콜렌 캠벨(Colen Campbell), 메러워스 성채(Mereworth Castle), 켄트(Kent), 영국, 1722년 경~25

25 콜렌 캠벨(Colen Campbell), 메러워스 성채(Mereworth Castle), 켄트(Kent), 영국, 1722년 경~25

스 성채는 로톤다를 직설적으로 모방하면서도 영국 상황에 맞게 변형한 양면적 특징을 보여준다. 로톤다는 원래 많은 건축가들이 모방한 팔라디오의 대표작이기도 했지만 팔라디오 양식에서는 특히 더 했다. 이 과정에서 각 건축가들이 팔라디오의 건축관을 받아들이는 입장이 드러났다. 메러워스 성채는 이 가운데 로톤다의 직설적 모방 정도가 심한 경우에 해당한다. 중앙의 원형 홀, 네 귀퉁이의 계단실, 중앙 홀 주변 사면의 방 배치 등에서 매우 근접했다. 이런 구성은 캠펠이 팔라디오를 교조적으로 생각하고 있음을 보여준다. 그러나 좌우대칭이 많이 깨져 있는 점은 그와 반대 입장도 함께 가지고 있음을 보여준다. 특히 건물의 진입 구성을 정면 한 곳에 집중한 처리는 사면을 균등하게 처리한 팔라디오의 정수를 깨면서 영국의 전통을 좇은 점으로 볼 수 있다. 그러나 캠벨은 1720년대 중반 이후에는 오히려 장식이 더 늘어나는 변화를 보이며 벌링턴과 결별하고 침체된 말년을 보냈다. 벌링턴은 점점 더 팔라디오의 원본에 집착하는 교조주의 경향으로 팔라디오 양식을 몰아갔다.

2 벌링턴(=리처드 보일)

건축 이상주의, 고전주의, 팔라디오

벌링턴 경Lord Burlington=벌링턴 3대 백작third earl of Burlington, 본명은 리처드 보일Richard Boyle, 1694~1753은 귀족 정치가였다. 그러나 예술, 사상, 학문 등 다방면에 조예가 깊었으며 특히 건축에 관심이 많아 스스로 건축가를 겸직했다. 그는 아일랜드와 요크셔 지방에 많은 땅을 가진 부유한 귀족이었으며 중앙 정계에서도 영향력이 큰 주요 정치인이었다. 이런 경제력과 정치력을 바탕으로 건축주인 동시에 건축가가 되어 주요 건축물을 발주하고 설계했다.

벌링턴의 집안은 대대로 휘그당원이었다. 휘그당이 집권하면서 벌링턴은 정치적 전성기를 맞아 18세기 전반부를 풍미했다. 또 휘그당의 대표 양식이었던 팔라디오 양식을 탄생시키고 완성시켰다. 휘그당 정권이 팔라디오 양식을 대표 양식으로 삼은 것 자체가 벌링턴의 작품이었다. 벌링턴의 팔라디오 양식은 시대 상황의 산물인 측면이 많았다. 앞서 언급했듯이 이미 영국 바로크의 말기로 접어들면서 새로운 대안 양식을 팔라디오의 부활로 잡는 움직임이 나타나고 있었다. 그러나 그 내용은 다소 분산되어 나타났다. 이것을 하나로 모아 구체적인 양식으로 만들어줄 중심인물이 필요했다. 또 새로운 양식을 구현하는 데 필요한 작품을 발주할 수 있는 정치적 상황도 필요했다.

벌링턴은 이 모든 것을 혼자서 해결했다. 벌링턴은 어려서부터 인문학과 예술 등 귀족이 되는 데 필요한 기본 소양을 철저히 교육받았다. 벌링턴이 받은 교육은 섀프츠베리가 제시했던 교과과정을 아주 모범적으로 따른 것이었다. 섀프츠베리는 영국을 대표하고 이끌어갈 귀족과 왕족들에게 꼭 필요한 교과과정을 추천했다. 그 내용은 유럽 전체의 보편성에 더해 영국다운 전통을 함께 섞은 것이었다. 문학, 회화, 철학, 조경, 건축 등 여러 장르를 바탕으로 고전주의와 연상주의Associationism=향후 낭만주의로 발전 사이의 균형 있는 교육을 제시했다.

섀프츠베리가 꿈꾸었던 이상적 영국은 예술적 소양으로 무장하고 바른 예절을 갖춘 지배 계층이 이끄는 사회였다. 권력투쟁, 전쟁, 가톨릭 등과 같은 전통적 물리력이 아니라 예술적 감성과 인문학 사상으로 이끄는 이상주의를 제시했다. 벌링턴은 이것을 가장 충실히 따르고 몸소 실천했다. 다만 자신이 처한 정치적 상황 때문에 연상주의를 좇는 데는 한계가 있었으며 팔라디오 건축에 집중했다. 섀프츠베리는 넓은 범위의 고전주의를 제시하기는 했지만 그 내용에서 팔라디오와 같은 구체적 단계까지 나아가지는 않았다.

벌링턴이 받았던 교육의 절정은 그랜드 투어였다. 그는 1714년에서 1715년 사이에 로마에 머물면서 고전 예술과 유적을 직접 접했다. 이 경험을 통해 그는 로마와 르네상스로 대표되는 예술 이상주의의 실체를 몸소 체험했다. 두 문명 모두 예술과 정치를 하나로 한 예술 이상주의에 따라 국가를 통치했다. 건축은 그 핵심이었다. 로마는 시민정신을, 르네상스는 인본주의를 대표 가치로 삼았다. 건축은 이것들을 구현해낸 핵심 매개였을 뿐 아니라 시민들에게 가장 직접적인 혜택을 줄 수 있는 분야이기도 했다. 토목 인프라, 군사시설, 시민 편의시설, 도시계획 등을 통해서였다.

이상의 내용들은 당시 새로운 통치 모델을 찾던 휘그당과 벌링턴에게는 좋은 본보기가 되었다. 벌링턴은 로마와 르네상스를 대표하는 건축가로 비트루비우스와 팔라디오를 본보기로 삼았다. 존스는 이것을 이어받아 영국에 정착시킨 선례로 추앙했다. 존스의 팔라디오 양식을 후원했던 스튜어트왕조의 민족주의에 대한 향수도 중요한 요소로 작용했다. 벌링턴의 팔라디오 양식은 휘그당 정부를 이런 선례들의 적통 상속자로 천명한 정치적 선언 같은 것이었다(그림 26). 이처럼 팔라디오 양식은 영국의 특수 상황 아래에서 정치적 양식으로 시작된 측면이 많았다. 벌링턴은 '예술의 아폴로Apollo of Arts'라는 별명을 얻으며 좁게는 팔라디오 양식을, 넓게

26 웨이드 장군 주택(General Wade's House), 1723/4

27 벌링턴 경(Lord Burlington=리처드 보일 Richard Boyle), 치즈윅 하우스(Chiswick House), 런던, 1730년경

는 조지 왕조의 '기호의 법칙'을 이끌었다(그림 27). 1727년에는 『이니고 존스의 디자인*The Designs of Inigo Jones*』을 펴내 팔라디오 양식의 고전주의가 영국다운 뿌리임을 한 번 더 주장했다.

벌링턴은 로마에 체류하는 동안 로마에서 르네상스로 이어지는 고전주의의 힘을 보고 큰 감동을 받았다. 런던으로 돌아온 그는 건축을 통해 자신과 휘그당의 정치 이상을 실현하기로 결심하여 건축가의 길로 접어들었다. 이때 처음 만난 사람이 캠벨이었다. 두 사람의 관계는 양면적이었다. 벌링턴은 캠벨에게서 건축을 배웠다. 고전 어휘 등 디테일 구사, 프로그램과 기능 해석, 수치와 재료 등 실무적 내용들을 주로 배웠다. 반대로 캠벨에게 팔라디오 양식의 건축 철학을 심어주었

다. 또한 벌링턴 하우스의 마무리 작업을 맡겨 협동 작업을 통해 팔라디오 양식을 구현했다.

벌링턴의 건축 수업은 빠른 편이어서 1717년경이 되면 작은 건물을 직접 설계하기 시작했다. 이후 비첸차Vicenza와 베네치아에 머물며 팔라디오의 건물을 직접 보고 도면을 구입하는 등 팔라디오 건축 습득에 열성적 노력을 기울였다. 정치적 이상에 사로잡혀 있던 벌링턴은 팔라디오 건축을 신앙처럼 받들며 원칙에 충실한 교조주의 입장을 견지했다. 캠벨은 처음 몇 년간은 여기에 보조를 맞추며 팔라디오 양식을 정착시키는 데 힘을 합쳤다. 이런 노력에 힘입어 1720년경 벌링턴은 영국에서 팔라디오 건축에 가장 정통한 전문가가 되어 있었다. 그러나 벌링턴은 엄밀한 의미에서 창조성을 생명으로 하는 정식 건축가는 아니었다. 가깝게는 팔라디오의 건축, 멀리는 팔라디오 건축의 선례였던 로마 고전주의의 기본 어휘들을 팔라디오 강령에 충실하게 재생한 직설적 보고주의가 벌링턴의 건축 경향이었다.

팔라디오 양식의 완성과 로톤다 – 치즈윅 하우스(1)

1720년은 중요한 분기점이었다. 이때를 넘기면서 캠벨은 보다 자유로운 장식적 경향으로 바뀌면서 벌링턴과 결별했다. 상황이 바뀌어 벌링턴의 눈에는 캠벨이 부족해 보인 점도 한 가지 요인이었다. 캠벨은 진지한 개념에 의존하기보다 가벼운 실용성을 추구한 현실적 건축가였다. 벌링턴은 캠벨 대신 켄트를 선택해서 공동 작업을 했다. 또 이때부터 팔라디오 양식의 이상을 귀족 지배 계층에 전파하기 시작했다. 순수 양식적 측면에서 팔라디오 양식의 완성작은 1730년경부터 나오기 시작했지만 1720년을 팔라디오 양식의 시작으로 잡는 이유는 이런 벌링턴의 정치활동 때문이었다. 대저택 소유 계층이었던 귀족들은 벌링턴의 건축 이상주의에 동조하며 자신들의 주택을 팔라디오 양식으로 수주하였다. 팔라디오 양식은 작품보다 정치적 이상이라는 사회적 배경에서 먼저 뿌리를 내리며 시작했다.

1720년대에 들어 벌링턴은 일정 수준 이상의 건축적 완성도를 보이는 건물들을 설계하며 본격적으로 건축가의 길로 접어들었다. 윌트셔

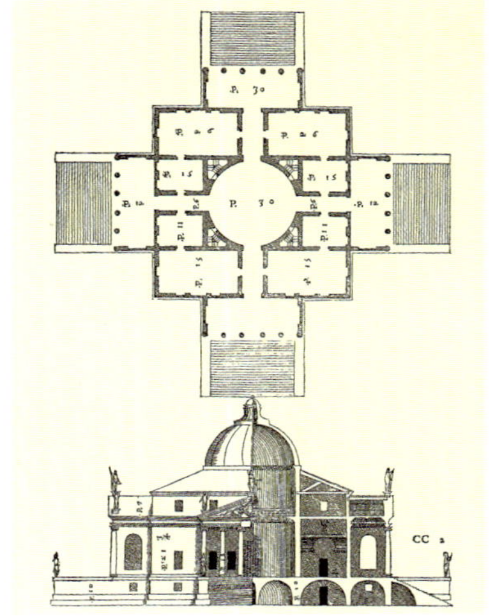

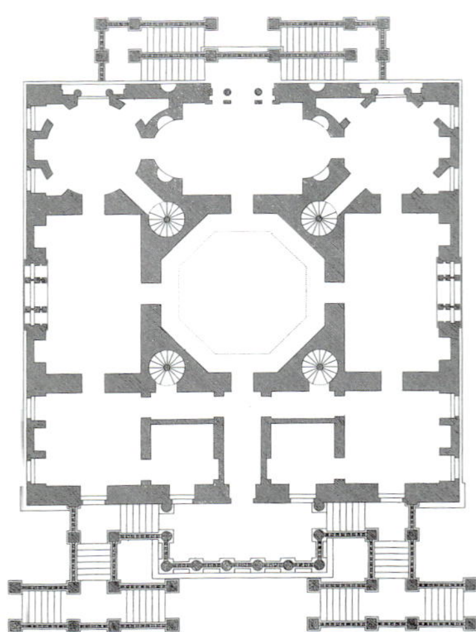

28 안드레아 팔라디오(Andrea Palladio), 로톤다(La Rotonda=Villa Capra=Villa Almerico), 비첸차(Vicenza) 근교, 이탈리아, 1565/66~71, 사후에 스카모치가 완공

29 벌링턴 경(Lord Burlington=리처드 보일 Richard Boyle), 치즈윅 하우스(Chiswick House), 런던, 1730년경

토트넘 공원Tottenham Park, Wiltshire, 1721과 웨스트민스터 스쿨 기숙사Dormitory, Westminster School, 1722~30는 이것을 대표하는 예였다. 이것을 바탕으로 1730년대에는 치즈윅 하우스Chiswick House, 런던, 1730년경와 어셈블리 룸스Assembly Rooms, 요크, 1731년경~32의 두 대표작을 남겼고 『고대건축*Fabbriche Antiche*』1730을 출간했다. 1720년대 중반에는 캠벨과 결별하고 켄트와 협력관계를 구축했다. 켄트와의 관계는 벌링턴의 건축활동 후반기까지 이어졌다. 벌링턴은 1733년 갑자기 모든 공직에서 물러나면서 사실상 건축 활동도 중단했다. 정확한 이유는 알려지지 않았다. 이후 치즈윅 하우스에 머물며 간단한 건축 자문과 계획안 발표 등 미미한 활동만 이어갔다.

치즈윅 하우스는 팔라디오의 로톤다를 모방했다(그림 28, 29). 평면에서는 정사각형 전체 윤곽을 9등분한 점, 이 가운데 중심부를 다시 정사각형으로 처리한 점, 중심부의 속 공간을 정사각형보다 중심성이 더 강한 다각형으로 처리한 점, 기단 위에 몸통을 올리고 계단으로 접근한 점 등이 대표적인 모방 내용이다. 차이도 있었다. 로톤다는 사면으로 동등하게 열리면서 십자축 질서를 가졌다. 반면 치즈윅 하우스에서는 양 측면을 막고 정면만 강조하는 단일축으로 이루어졌다. 로지아는 정면에만 두었으며 정면의 계단은 세 번 꺾이며 여러 방향으로 복잡한 구성을 취한 반면, 후면에서는 180도 꺾이는 한 종류의 계단만 사용했다. 크기는 로톤다의 한 변이 24.30미터, 치즈윅 하우스가 20.73미터였다.

30 벌링턴 경(Lord Burlington=리처드 보일 Richard Boyle), 치즈윅 하우스(Chiswick House), 런던, 1730년경

로지아를 대폭 줄인 처리는 영국의 기후에 맞춘 것이고, 정면을 강조한 것은 정치적 집중을 표현하려는 의도로 볼 수 있다. 이런 내용은 팔라디오의 건축을 영국 상황에 맞게 조절한 것이다. 그러나 순수 건축적 측면에서 불일치도 보인다. 몸통의 평면 구성만 보면 로톤다보다 9등분의 분할질서를 더 강조하며 강한 중심을 가졌지만 이런 구성은 계단과 로지아에 나타난 정면과 어긋났다.

입면에서는 신전 파사드를 열주 출입구로 사용한 점, 돔으로 천장을 마감한 점, 신전 파사드 양옆의 창에서 박공으로 상인방을 처리한 점, 기단 위에 몸통을 올린 점 등이 가장 큰 유사점이었다(그림 30). 차이도 있었다. 출입구에 쓰인 신전 박공이 로톤다에서는 몸통 상층부에서 시작해서 지붕을 파고든 데 반해 치즈윅 하우스에서는 지붕 속에 완전히 포함되었다. 이런 차이는 애틱attic 층의 유무와 연관이 있다. 로톤다는 애틱 층이 있으며 출입구 박공의 시작 지점을 애틱 층에 맞추었다. 반면 치즈윅 하우스에는 애틱 층을 두지 않고 출입구 박공을 지붕 아래 선에 맞추었다. 출입구 열주에 이오니아식이 아닌 코린트식 오더를 쓴 점도 차이점이다.

돔에서도 중요한 차이가 있었다. 로톤다에서는 돔이 지붕 속에 함몰되며 외부에 그 모습을 거의 드러내지 않았다. 반면 치즈윅 하우스에서는 드럼을 높게 하여 돔을 전면에 드러냈다. 드럼에는 반원 아치를 삼등분으로 처리한 창을 뚫었다. 이 창은 로마 목욕탕에서 나왔으며 팔라디오가 즐겨 쓰던 어휘이기도 했다. 열주 출입구를 정면 한 곳에만 둔 처리 또한 입면에 차이를 만들어냈다. 로톤다에서는 몸통 양옆으로 측면 출입구의 옆구리가 돌출하면서 점층 구도를 이루었다. 반면 치즈윅 하우스는 이것이 없기 때문에 몸통에서 바로 끝났다.

입면의 차이는 두 가지 중요한 차이로 이어졌다. 첫째는 비례의 차이였다. 로톤다는 기단과 몸통을 합친 매스가 정사각형에 근접한 비례를 가졌다. 이것은 정사각형 평면과 일체감을 높여주었다. 치즈윅 하우스는 기단과 몸통을 합친 매스가 1대 2.5 정도로 옆으로 넓적한 직사각형 비례를 가졌다. 이것은 정사각형 평면과 불일치를 만들었다. 둘째는 기하 윤곽의 차이였다. 로톤다에서는 기하 윤곽이 명확하게 드러나지 않고 건축 처리 속에서 숨은 질서로 작용했다. 치즈윅 하우스에서는 기하 윤곽이 건축 처리를 앞질렀다. 건물은 원, 사각형, 삼각형의 기하 구성으로 환원할 수 있었다.

이상의 차이를 낳은 배경으로 두 가지를 들 수 있다. 하나는 빈첸초 스카모치Vincenzo Scamozzi, 1548~1616의 존재였다. 스카모치는 팔라디오 사후에 로톤다를 비롯하여 팔라디오 작품을 완공했으며 그 자신은 팔라디오 건축을 가장 많이 모방한 건축가였다. 이탈리아 로니고에 있는 베토르 피사니 빌라Villa di Vettor Pisani, Lonigo, 1576~79는 대표적인 예인데 이 건물에는 치즈윅 하우스와 유사한 점이 많이 나타났다. 평면에서 9등분 분할이 강하게 드러난 점, 사면의 동등한 개방성을 없애고 정면과 같이 바꾼 점, 팔각형 드럼이 돔을 받치도록 처리한 점, 애틱 층을 빼고 비례를 넓적하게 바꾼 점 등이 대표적인 내용들이었다.

치즈윅 하우스가 스카모치의 빌라를 많이 닮은 이유는 팔라디오 건축을 직접 차용하는 부담 때문으로 추측할 수 있다. 팔라디오 건축을 올바르게 해석할 자신이 없었을 것이고 스카모치의 선례에서 안전판을 확보하려 했을 것이다. 스카모치는 또한 팔라디오의 도면을 가장 많이 소장하고 있던 건축가였다. 이 때문에 팔라디오와 관련한 자료를 모으기 위해서 가장 많이 접촉해야 했던 건축가였다. 이 과정에서 일정한 영향을 받았을 수 있다. 그런데 스카모치는 팔라디오 건축의 순도를 흐렸다는 비판을 많이 받는 건축가였다. 스카모치의 이런 한계를 판단하지 못하고 팔라디오를 모방한 선례라는 이유만으로 다시 이것을 모방한 것은 분명 건축적 배경이 없는 벌링턴의 뚜다른 한계였다.

다른 하나는 팔라디오의 원본과 팔라디오 양식 사이의 근본적 차이다. 이것은 '자연스러움'의 차이로 해석할 수 있다. 로톤다는 단순성, 고전 질서, 근원성, 실용성, 추상성, 낭만성, 인본성 등 일곱 가지의 가치를 하나로 통합해낸 점에 가장 큰 중요성이 있었는데 그러한 성공적 통합의 비밀은 자연스러움에 있었다. 자연스러움은 점증 구도에서 잘 드러났다. 수직과 수평의 양방향으로 점증 구도가 균형을 이루며 주변 자연 환경과 잘 어울려 농업 중심지로서 빌라의 기능을 살려냈다. 윤곽선의 흐름은 물 흐르듯 자연스러웠다. 반면 치즈윅 하우스는 엄격한 기하주의와 딱딱한 인공질서가 지배했다(그림 31). 수직 방향의 점증 구도는 기하 쌓기에 한정했다. 기하질서에 따른 건축 어휘의 단순 쌓기에 머문 것이다. 수평 방향의 점증 구도는 전혀 만들어지지 않은 채 매스의 단절은 급하고 윤곽의 흐름은 갑자기 끊기고 떨어졌다.

31 벌링턴 경(Lord Burlington=리처드 보일 Richard Boyle), 치즈윅 하우스(Chiswick House), 런던, 1730년경

이런 차이에서 팔라디오 건축에 대한 벌링턴의 생각을 읽을 수 있다. 벌링턴은 로톤다가 추구했던 앞의 일곱 가지 가치 가운데 추상성 한 가지에 집중한 뒤 이것을 기하질서로 처리했다. 이런 해석은 평면에서도 확인된다. 평면을 분할한 뚜렷한 9등분은 강한 기하질서를 만들었다. 이상을 정리하면 팔라디오 양식의 상징성에 요구되었던 영국의 정치적 상황, 영국과 비첸차의 기후 차이, 벌링턴 개인의 원칙주의 성향, 팔라디오의 도면에 의존한 건축적 한계, 영국 특유의 기하 전통 등을 팔라디오 원본과 벌링턴 건축 사이에 생긴 차이의 배경으로 들 수 있다.

원형과 기능 사이 – 어셈블리 룸스

32 벌링턴 경(Lord Burlington=리처드 보일 Richard Boyle), 어셈블리 룸스(Assembly Rooms), 요크(York), 영국, 1731년경~32

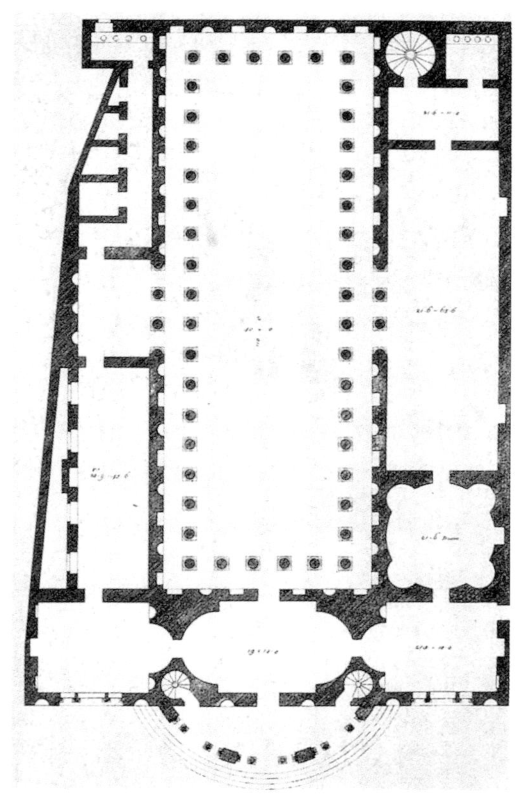

요크의 어셈블리 룸스Assembly Rooms, York, 1730~32년경는 지역 귀족들의 사교장이자 방문객들의 휴게 시설로 만들었다. 방문객들은 주로 순회재판assize과 경마와 관련한 인사들이었다. 27미터 길이의 무도회장, 카드놀이용 방, 휴게실, 귀부인 휴게실 등이 주요 시설이었다(그림 32). 문제는 27미터라는 짧지 않은 길이였다. 1대 3의 긴 비례도 문제였다. 이 길이와 비례를 건축적으로 처리하는 일은 쉽지 않았다. 가장 좋은 방법은 유형 선례를 찾는 것이었다. 벌링턴은 좋은 선례를 발견했다. 당시 비트루비우스에서 팔라디오에 이르는 고전 저서를 연구하는 사람들 사이에서는 소위 '이집트홀Egyptian Hall'이 중요한 연구 주제 가운데 하나였는데, 바로 여기에서 '긴 비례'를 이상적 방의 형태로 제시하고 있었다. 이것을 건축적으로 구현하는 일이 난제로 인식되어 왔지만 반대로 27미터의 길이와 1대 3의 비례를 풀 수 있는 단서를 제공하기도 했다.

비트루비우스는 "넓은 방은 이집트식으로 처리할 것"이라는 애매한 말만 남기고 더는 언급하지 않았다. 팔라디오는 이것을 받아 『건축사서』에서 '이집트홀'을 잔치에 적합한 연회실의 공간 유형으로 정의하고 이것을 바실리카에 유추하여 구체적 모습으로 재현했다. 팔라디오가 제시한 내용은 여섯 개의 기둥으로 된 폭과 열여덟 개의 기둥으로 된 길이를 가진 방이었다(그림 33). 1대 3의 비정상적으로 긴 비례와 일렬로 늘어선 많은 기둥들이 잔치에 필요한 유쾌한 감정을 불러일으킨다고 판단한 것이었다. 연회실을 지원하는 부속 공간을 사각형, 팔각형, 반원, 사엽형 등 다양한 기하 형태로 처리한 것도 연회실의 유흥 분위기를 돋우기 위한 장치로 볼 수 있다.

33 안드레아 팔라디오(Andrea Palladio)의 『건축사서/ *Quattro Libri dell'Architettura*』(1570)에 나오는 '이집트홀(Egyptian Hall)'

또는 유럽 사회에서 '이집트'가 지닌 신비로운 이미지를 연회 분위기와 잘 맞는 것으로 받아들였을 수도 있다. 이집트 건축은 기둥으로 가득 찬 방을 주요 특징으로 한다. 특히 신전의 각 방이 그러했다. 이집트에서 기둥은 하늘을 받치는 매개라는 종교적 상징성이 있었다. 이 때문에 이집트 신전에서 기둥은 방의 중간에도 가득했다. 팔라디오는 자신의 이집트홀에서 이런 구성을 적절히 응용하며 변형했다. 이집트 건축에서 기둥이 지닌 신비로운 고대 이미지만을 차용하여 연회실의 분위기를 상승시킨 뒤 홀의 중간을 비워 연회에 필요한 공간을 확보했다.

팔라디오의 저서에 능통했던 벌링턴은 팔라디오의 언급을 그대로 차용했다. 여섯 개와 열여덟 개의 기둥을 사용하여 1대 3의 비례를 지킨 점, 기둥과 벽 사이에 통로를 두어 기둥이 벽보다 안쪽에서 사면을 돌아가게 구성한 점, 기둥과 벽 사이를 기둥 지름의 두 배밖에 안 되는

34 벌링턴 경(Lord Burlington=리처드 보일 Richard Boyle), 어셈블리 룸스(Assembly Rooms), 요크(York), 영국, 1731년경~32

35 벌링턴 경(Lord Burlington=리처드 보일 Richard Boyle), 어셈블리 룸스(Assembly Rooms), 요크(York), 영국, 1731년경~32, 무도회장 전경

좁은 통로로 처리한 점, 오더 양식을 코린트식으로 사용한 점, 모서리에 기둥을 하나만 사용한 점 등은 모두 팔라디오의 정의를 그대로 따른 것이었다(그림 34). 특히 코린트식 주두는 장식적 경향이 강해서 무도회장 분위기에 잘 맞았을 뿐 아니라 방사선 방향으로 대칭이었기 때문에 소위 말하는 모서리 문제corner problem를 해결하기에 적합했다. 팔라디오의 강령에 충실한 이런 입장에 대한 평가는 양면적 평가를 내릴 수 있다.

긍정적 평가는 팔라디오의 원본 이상을 충실히 구현한 점이다. 팔라디오조차 도면으로밖에 제시하지 못했던 비정상적 비례를 실제로 지어 보인 것이다. 이것은 물론 팔라디오 양식의 관점에 국한한 기준이다. 이상을 통해 팔라디오 건축의 연속성을 주장한 것은 리바이벌 양식이었던 팔라디오 양식에 요구되는 덕목 가운데 하나였을 수 있다.

부정적 평가는 무엇보다도 기능적 문제점에 있다. 이 홀의 중앙 폭은 무도회장으로는 많이 좁았기 때문에 춤을 추다 부딪치는 일이 자주 생겼다(그림 35). 팔라디오 시대에는 연회 때 춤을 추지 않는 것이 보통이었기 때문에 팔라디오는 이런 비정상적인 비례를 연회실의 표준 유형으로 잡았던 것이다. 반면 18세기에 들어와 활동 반경이 넓은 역동적 춤이 연회의 중심이 되는 변화가 있었다. 벌링턴은 이런 변화를 고려하지 않았다. 좁은 기둥 간격과 통로 폭도 문제였다. 당시 귀부인의 옷은 넓게 펼쳐지는 패니어pannier 스커트가 유행했는데 이 방의 기둥 간격과 통로 폭은 이 옷을 입고 드나들기에는 좁았다.

두 평가를 종합하면 벌링턴의 입장은 기능보다 원형에 우선순위를 둔 것으로 요약할 수 있다. 팔라디오의 고전주의가 제시한 이상 유형을 현실 경험보다 우위에 두겠다는 뜻이다. 일찍이 플라톤이 제시했던 이데아의 기능에 충실한 것이었다. 비례는 이것을 대표하는 건축 매개이자 가치였다. 비례의 원형은 뉴턴의 자연 모델로 유추할 수 있다. 뉴턴은 자연 만물의 절대적 구성 원리로 만유인력을 발견했다. 이것은 플라톤의 이데아에 비견할 수 있을 만한 18세기의 중요한 자연과학 개념이었다. 벌링턴의 입장도 건축에서 이런 이상적 원형요소를 찾는 것이었다.

3 윌리엄 켄트와 팔라디오 양식의 확산과 한계

윌리엄 켄트 – 회화다움과 포괄적 고전주의

윌리엄 켄트William Kent, 1685~1748는 요크셔 지방의 가난한 집에서 태어났으나 일찍부터 귀족세계와 접촉하며 회화를 공부했다. 1709년에는 런던에 진출하여 존 탤먼John Talman의 이탈리아 여행에 동참하는 데 성공했다. 켄트는 토스카나 지방을 여행한 뒤 1710년부터 1719년까지 로마에 머물면서 산루카 아카데미Accademia di San Lucca에서 수학하는 등 회화와 조각을 공부하고 작품활동도 시작했다. 이 기간 동안 켄트는 라파엘로를 필두로 한 르네상스 고전주의 리바이벌을 배웠다. 작품활동 이외에도 과거 고전주의 예술품을 수집하는 등 감식가의 활동도 겸했다. 또 영국의 그랜드 투어 인사들과 친교를 쌓으며 미래의 건축주를 확보하는 데 성공했다.

그랜드 투어 인사들은 귀족과 신흥 부르주아들로서 당시 영국의 지배 계층이었다. 타고난 재주가 남달랐던 켄트는 이들의 관심과 신뢰를 얻었다. 토머스 코크와 벌링턴을 만난 것도 이때였다. 코크는 켄트의 대표작이었던 호컴홀의 건축주였다. 벌링턴은 캠벨에게 한계를 느끼고 그를 대신할 인물로 켄트를 자신의 건축 모임에 끌어들였다. 켄트는 벌링턴의 강권으로 1719년에 런던으로 돌아와 켄싱턴 궁전Kensington Palace과 휴턴홀Houghton Hall 등에 실내 벽화를 그리는 일로 영국에서 작품활동을 시작했다. 그러나 회화에서 한계를 느끼고 다시 벌링턴의 권유에 따라 실내장식과 건축설계로 전업했다. 벌링턴은 켄트의 전폭적인 후원자가 되어 많은 작품을 수주해 주었으며 왕실 건축국Royal Office of Works의 수석 장인Master Mason 및 부감독관Deputy Surveyor이 되는 데 힘썼다. 켄트는 회화다운 소질을 바탕으로 건축에서 성공을 거두며 18세기 영국 건축의 다원주의에 일정한 업적을 남겼다.

벌링턴은 켄트에게 팔라디오 양식의 이상을 주입했다. 켄트는 고전주의를 기반으로 한 벌링턴의 팔라디오 양식을 이탈리아 체류 경험을

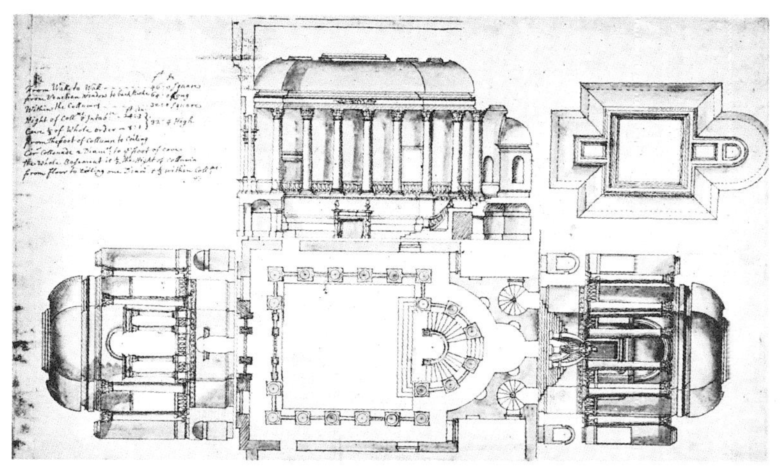

36 윌리엄 켄트(William Kent), 호컴홀Holkham Hall), 노퍽(Norfolk), 영국, 1734

통해 받아들였다. 이 때문에 벌링턴보다 아홉 살이나 나이가 많았지만 켄트는 흔히 벌링턴의 제자로 얘기된다. 타고난 재주가 있었을 뿐 아니라 탄탄한 회화와 조각 교육을 받았던 켄트는 건축에서도 빠른 발전을 보였다. 1720년대 중반을 넘기면서 벌링턴의 부족한 건축 실무를 보완하는 역할을 했고 1730년을 넘기면서 벌링턴 작품의 도면을 전담했다. 1730년대 후반 이후 고딕리바이벌로 전향하면서 건축적으로는 벌링턴과 결별했지만 두 사람의 인간관계는 벌링턴이 사망할 때까지 이어졌다.

켄트의 팔라디오 양식은 팔라디오 이외에도 로마 고전주의, 라파엘로주의, 매너리즘, 영국 낭만주의 전통 등 몇 가지 선례를 혼용한 점에서 교조적 경향을 띤 벌링턴과는 차이를 보였다(그림 36). 켄트의 건축은 팔라디오와 존스를 기본 토대로 한 점에서 팔라디오 양식의 범위 안에 있었다. 여기에 더해 로마 체류 때 경험했던 로마의 성기 르네상스를 더했다. 바로크도 완전히 배제하지는 않았다. 바로크 사용에는 신중해서 로마의 정통 고전주의를 이어받은 베르니니Bernini를 선례로 삼았다. 보로미니에 대해서 비판적인 것은 캠벨이나 벌링턴과 같았다. 영국 바로크의 오분법 구성도 차용했다. 이상을 종합하면 켄트의 건축은 팔라디오의 어휘를 기본으로 하되 통상적인 팔라디오 양식보다 더 웅장하고 기념비다운 영웅 고전주의를 나타낸 것으로 요약할 수 있다.

켄트의 이런 특징은 그의 타고난 기질 때문이다. 그는 다방면에 다재다능한 재주를 타고났기 때문에 한 가지 경향에 안주하지 못했다.

켄트의 기질은 심각한 사변적 고민에 빠지기보다 손끝 기교에 능했다. 18세기가 여러 경향이 공존하던 때였기 때문에 더 그랬다. 켄트의 눈에는 그의 재주를 자극하는 다양한 경향들이 난무했고 선택의 폭은 넓었다. 켄트는 벌링턴처럼 스스로 확고한 철학에 따라 팔라디오 양식을 시작한 것이 아니었다. 벌링턴의 강권으로 시작했고 타고난 재주를 바탕으로 일정한 수준에 올랐지만 진정 자신의 것은 아니었다.

켄트가 선례로 삼았던 다양한 양식들은 상반되는 것들이 많았다. 상반된 경향의 공존 현상은 이미 원본 모델이었던 팔라디오 건축 자체에 내재한 것이기도 했다. 팔라디오는 16세기를 이끌어갔던 두 축인 성기 르네상스와 매너리즘 모두에서 높은 경지에 오르며 양면성을 대표적 특징으로 가졌다. 벌링턴이 이 가운데 성기 르네상스만을 부활한 데 반해 켄트는 이 둘을 하나로 합치려 했다.

켄트에 대해서도 양면적 평가가 가능하다. 긍정적 평가는 벌링턴의 교과서 같은 딱딱한 팔라디오 양식을 다양하게 만든 점이다. 정치적 상황에 치우친 벌링턴이나 초반에 손을 뗀 캠벨과 달리 진정한 의미에서 건축적 창작력으로 팔라디오 양식을 완성했다. 부정적 평가는 순도가 생명인 팔라디오 양식의 전개 방향을 잘못 이끌고 간 점이다. 실제로 켄트의 작품에 점차 장식이 많아지고 낭만성이 섞여 나오던 시기와 팔라디오 양식의 본격적 쇠퇴의 시기가 일치했다. 팔라디오 양식과 반대편에 있는 고딕리바이벌을 동시에 이끈 점도 개인의 재주로 볼 수 있지만 역사성의 결여로 볼 수 있는 양면성이 있다.

고전주의와 낭만주의 사이－호컴홀(1)

켄트의 경력은 다양했기 때문에 단계별로 나누어보는 것이 좋다. 켄트의 건축은 세 단계로 나눌 수 있다. 첫번째는 런던으로 돌아와 건축으로 전업한 1720년대였다. 이 기간에는 팔라디오 양식, 바로크, 고딕 등 여러 경향을 섭렵하며 다원적 경향을 보였다. 벌링턴에게 팔라디오 양식을 배우고 이것을 훈련할 간단한 건축 일을 시작했다. 주요활동은 실내장식과 가구 디자인이었는데 아직 바로크와 로코코 장식의 잔재가 많이 남아 있었다. 또 고딕 건물의 복원 일도 시작했다.

두번째는 1730년대로 이 기간에는 성숙한 팔라디오 양식을 구사했다. 벌링턴은 자신이 모은 르네상스 고전주의와 존스의 도견을 정리해서 출간하는 작업을 켄트에게 맡겼다. 『이니고 존스의 디자인』1727은 대표적인 예였다. 켄트는 이 작업을 하면서 고전주의에 심취했고 팔라디오 양식의 예술적 의미에 동의하게 되었다. 이탈리아 체루 때 경험했던 고전주의까지 더해지면서 벌링턴과 함께 팔라디오 양식의 전성기를 이끌었다. 이 기간에는 켄트의 대표작인 노퍽의 호컴홀Holkham Hall, Norfolk, 1734을 남겼다.

세번째는 1730년대 후반 이후의 말년이다. 이 기간에는 팔라디오 양식을 계속하는 한편 고딕리바이벌을 본격적으로 시작했다. 팔라디오 양식 작품으로 근위기병 연대본부Horse Guards, 런던, 1749를 들 수 있다. 고딕리바이벌에 대해서는 낭만주의 편에서 살펴볼 것이다.

켄트의 건축 경향을 알 수 있는 첫 단서는 1720년대에 디자인했던 실내장식이다. 벌링턴 하우스1727년 이전, 치즈윅 하우스1725~38, 노퍽의 휴턴홀Houghton Hall, Norfolk, 1726 등의 실내장식이 대표적인 예들이다(그림 37). 이 작품들에서는 표준 고전 어휘의 정확한 구사와 기교 넘치는 장식 처리의 상반된 두 경향이 공존했다. 전자는 고전 오더, 신전 파사드, 몰딩 등 기본 고전 어휘에 관한 것으로 이것은 벌링턴의 도움을 받아 고전 선례를 습득해 훈련한 것으로 볼 수 있다. 후자는 오더 겹치기, 박공의 분절, 대리석의 색을 이용한 장식 효과, 까치발을 이용한 곡선 장식 등으로 이것은 켄트 개인의 창작 시도였다. 이때 나타난 두 경향은 켄트의 전 생에 걸쳐 지속되었으며 더 넓게 보면 18세기 영국 건축 전체를 대표하는 두 흐름이었다.

37 윌리엄 켄트(William Kent), 휴턴홀(Houghton Hall), 노퍽(Norfolk), 영국, 1726, 살롱 장식

켄트가 팔라디오 양식으로 지은 대표작은 호컴홀과 근위기병 연대본부였다. 기능 유형으로 보면 호컴홀은 교외에 세워진 컨트리하우스였고 근위기병

연대본부는 도심에 세워진 공공건물이었다. 켄트는 많은 컨트리하우스를 설계했지만 단독작품은 하나도 없었다. 그러나 대부분의 작품에서 자신만의 독창성을 발휘했다. 호컴홀은 팔라디오 양식 전체의 대표작 가운데 하나이기도 했다. 이 건물은 벌링턴, 켄트 그리고 건축주였던 코크의 공동작품이었다. 작품의 저작권과 관련한 세 명의 몫에 대해서는 정확하게 알려진 바가 없으나 벌링턴의 일반적인 경향과 다른 특징들이 나타난 점에서 켄트의 작품 성격이 상당 부분 반영된 것으로 볼 수 있다.

호컴홀의 평면은 영국의 전통적인 삼분법 구성을 여러 번 적용했다(그림 38). 전체 구성은 중앙의 본체와 양옆의 측동을 삼분법으로 짰다. 중앙의 본체에서는 삼분법을 두 번 적용해서 오분법으로 발전시켰다. 이런 구성은 영국 전통 농가의 증식 기법을 적용한 것이다. 증식은 '픽처레스크picturesque'라는 낭만주의 미학과 기능이라는 상반된 내용 모두를 만족시켰다. 이 건물에서도 기능이 프로그램에 맞춰 함께 증식되는 처리가 돋보였다. 증식은 방 배치와 매스 처리 양방향에서 나타났다. 또 기능에 맞춘 자유로운 구성과 축과 대칭에 맞춘 질서 구성이 나타났다. 전체 특징은 두 종류의 양방향 증식이 합쳐진 결과로 나타났다.

전체로 보면 대칭과 축의 인공적 질서가 지배했다. 전체 구성에서 중앙 본체와 양옆 측동 사이에 십자축 질서를 형성했다. 각 매스 단위 내에서도 약한 대칭과 축이 나타났다. 그러나 완전 대칭은 피했다. 매스 윤곽에서는 대칭과 축을 지켰지만 안으로 들어가서 각 방들의 배치

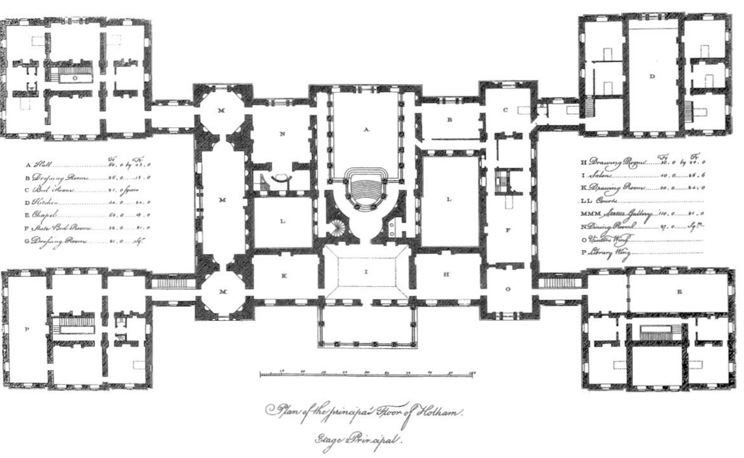

38 윌리엄 켄트(William Kent), 호컴홀(Holkham Hall), 노퍽(Norfolk), 영국, 1734

를 보면 조금씩 어긋났다. 이것은 주어진 상황의 기능에 우선순위를 둔 것이었다. 각 방들은 비례, 형상, 방향 등을 조금씩 달리하며 변형 의지와 다양성을 확실히 드러냈다. 자유로운 구성은 영국다운 특징이었다. 질서 구성의 특징은 팔라디오 양식의 대표적 내용으로 이 건물의 선례가 되었던 팔라디오의 멜레도 빌라 트리시노Villa Trissino at Meledo와 빌라 모체니고Villa Mocenigo를 모방한 것이었다. 이상의 특징들은 벌링턴의 단일 매스 구성과는 크게 다른 차이점으로 영국다움을 찾으려는 켄트의 노력을 잘 반영한다.

팔라디오, 영국 전통, 장식 – 호컴홀(2)

입면은 분절이 많은 평면의 특징을 반영했다. 분절 단위는 그대로 매스 단위로 발전했다. 각 매스 단위는 들고 나는 요철 차이로 처리했으며 위계에 따라 고전 어휘 사용에 차별을 두었다(그림 39). 팔라디오 어휘 사용은 주로 이 단계에 집중했다. 중앙 본체의 오분법에는 중앙 출입구 매스, 양끝의 측랑 매스 그리고 이 둘을 이어주는 두 개의 연결 매스를 각각 대응했다. 위계가 가장 높은 중앙 출입구는 신전 파사드로 처리했고 그 다음인 측랑 매스는 세를리안 모티프Serlian motive=팔라디안 모티프=베네치아 모티프로 창을 처리했다. 양옆의 측동도 평면의 삼등분에 따라 각 세 개씩의 매스로 나누었고 각 매스는 분리하여 들고 나는 효과를 냈다. 이런 매스 단위들에서 창, 지붕, 코니스 등 꼭 필요한 부재를 제외한 나머지 벽면은 평활면으로 놔두어 추상성을 극대화했다. 이런 처리는 팔라디오의 추상성을 삼차원 매스로 표현한 벌링턴의 영향으로 볼 수 있다.

벌링턴과 다른 켄트만의 또다른 특징은 바로 혹두기rustication 사용이

39 윌리엄 켄트(William Kent), 호컴홀(Holkham Hall), 노퍽(Norfolk), 영국, 1734

다. 혹두기는 켄트가 자신의 작품에서 전반적으로 많이 사용하던 기법이었다. 사용 장소는 기단과 몸통의 두 곳이었다. 두 곳 모두에 사용할 때는 조적의 축조와 석재의 구조를 심미 요소로 활용하기 위한 목적에서였다. 호컴홀에서는 기단에만 사용했다. 이 경우는 열 개가 넘는 많은 매스 단위들이 혼란스럽지 않도록 안정적으로 잡아주는 역할을 했다. 이런 역할은 매스 단위에 나타난 추상성을 돕는 효과를 주었다.

중앙 홀인 대리석 홀Marble Hall에서는 켄트의 장식 경향이 드러났다(그림 40). 실내 처리에서 팔라디오 기법을 기본 구성으로 삼아 영국다운 특징을 더하는 경향이었다. 애프스 모양의 반원을 열주 스크린으로 감싸서 벽체의 사이에 이중 공간을 만든 처리, 이 반원을 계단 위에 올려

40 윌리엄 켄트(William Kent), 호컴홀(Holkham Hall), 노퍽(Norfolk), 영국, 1734

장경주의 효과를 노린 점, 홀 전체 길이의 삼 분의 이 정도에 적용한 이집트홀 등은 팔라디오 양식에 해당하는 기법들이다. 콤퍼짓 엔타블러처Composite entablature는 팔라디오의 표준 어휘를 사용했고 이오니아식 오더는 로마의 포르투나 비릴리스 신전Temple of Fortuna Virilis을 모델로 삼았다. 이런 기본 구성을 제외한 나머지는 장식 처리가 주도했다.

주신과 기단에서는 대리석의 장식 문양을 적극 활용했다. 프리즈는 돋을새김으로 가득 찼으며 재료 분리가 일어나는 지점은 온통 몰딩으로 채웠다. 천장은 볼트의 위쪽을 평평하게 잘라 코브cove, 활 모양으로 굽어 오른 형상형으로 처리했다. 이 가운데 볼트에 해당하는 부분은 소란小欄 반자coffering의 우물천장으로 처리했고 정상부의 평천장은 기하 문양으로 윤곽을 짠 뒤 장식과 그림으로 속을 채웠다. 이런 장식 처리는 영국다운 특징 가운데 동시대의 로코코 경향에 해당한다.

이상 살펴본 바와 같이 호컴홀에서는 팔라디오 건축을 차용하되 벌링턴처럼 전적으로 의존하지 않은 차이점을 보였다. 팔라디오 건축, 영국 전통, 장식 경향 등이 혼재했다. 이 세 경향은 각각 상징성을 가진다. 팔라디오 건축은 시대와 장소를 초월한 보편성을, 영국 전통은 과거와 지역이라는 특수성을, 장식 경향은 동시대의 상황을 상징했다. 호컴홀은 팔라디오 양식의 순도가 변질되는 분기점으로 평가한다. 그러나 변질을 유발한 내용들이 영국의 특징을 반영한 결과였기 때문에 이 건물에 대한 평가는 복합적이다.

어휘 구사 같은 좁은 의미의 팔라디오 양식에서 보자면 표준형에서 벗어난 부정적 측면을 보인다. 그러나 반대로 영국의 특징을 접목하려는 노력에서 보면 긍정적 측면도 있다. 이것은 팔라디오 건축의 가장 큰 특징인 보편성의 범위를 어디까지로 볼 것이냐의 문제이기도 했다. 이런 관점에서 보면 호컴홀은 양식 단위의 팔라디오 건축을 통째로 들여오는 것이 영국 상황과 맞지 않음을 보여준다. 다시 말해 팔라디오 건축의 보편성을 절대적인 것으로 받아들이지 않고 구성질서, 추상성, 기본 어휘 등의 기본법칙에 한정한 뒤, 이것을 영국 상황에 맞게 적절히 변형, 응용하는 것이 더 타당할 수 있다는 의미다.

근위기병 연대본부는 호컴홀을 도심에 옮겨 놓았다고 할 수 있을 정도로 유사성을 띤다. 전체 구성은 삼분법을 두 번 반복해서 오분법에 따랐다(그림 41). 구성 어휘는 혹두기, 아치, 세를리안 모티프, 신전

41 윌리엄 켄트(William Kent), 근위기병 연대 본부(Horse Guards), 런던, 1749

파사드, 영국 바로크 종탑 등으로 이번에도 혼재했다. 홑두기는 기단을 넘어 몸통에도 사용하여 건물 전면에 강한 바로크 분위기를 나타냈다. 오분법 가운데 중앙부에 영국 바로크 종탑을 사용하여 인위적인 수직성을 주어 이런 분위기를 도왔다. 세를리안 모티프 위에 아치의 돌 나누기를 한 겹 더 올린 처리도 바로크 기법이었다.

측동의 특징은 팔라디오의 신전 파사드가 주도했다. 전체 구성에서는 영국 바로크와 팔라디오 사이에 적절한 균형을 유지하려 애쓴 점을 찾을 수 있다. 중앙부에 영국 바로크를, 측동에 팔라디오를 대응한 처리는 영국 바로크를 팔라디오보다 우위에 두겠다는 뜻으로 해석할 수 있다. 그러나 대표적인 팔라디오 어휘였던 세를리안 모티프를 중앙부에서 측동의 긴 면에 걸쳐 공통적으로 사용한 점은 다시 팔라디오의 질서를 건물 전체에 주겠다는 의도로 볼 수 있다. 이 건물은 이처럼 호컴홀의 구성을 닮았을 뿐 아니라 호컴홀에 나타난 팔라디오 양식의 쇠퇴 현상까지도 함께 닮았다.

팔라디오 양식의 확산과 한계

팔라디오 양식은 건물 수, 건축가의 수, 지역 등 양적인 측면에서 큰 양식은 아니었다. 그러나 영국 내에서는 전국 범위로 확산되었다. 그

42 로저 모리스(Roger Morris), 알도프 마구간(The stable-block at Althorp), 노샘프턴셔(Northamptonshire), 영국

점을 크게 네 방향으로 정리할 수 있다. 첫째, 패턴 북의 출판을 통한 표준 어휘가 보급됐다. 로버트 모리스Robert Morris, 다니엘 가렛Daniel Garrett, 윌리엄 설몬William Salmon 등이 대표적인 예로 이들은 팔라디오, 존스, 고전주의 등과 관련한 건축 어휘집을 출간했다. 당시 영국 건축계에서는 "패턴 북 덕분에 목수가 건축가가 될 수 있다"는 말이 유행했다. 기브스도 이 대열에 합류했다. 기브스는 완전한 팔라디오 양식 건축가로 분류할 수는 없지만 자신의 건물에서 팔라디오 요소를 부분적으로 쓰는 등 일정한 연관성을 보였다.

둘째, 고급 건축가들 사이에 창조적 양식으로 계속 진행했다. 윌리엄 애덤William Adam, 에드워드 러벳Edward Lovett, 리처드 캐슬Richard Castle, 너대니얼 클레먼츠Nathaniel Clements 등이 대표적인 예였다. 이들은 팔라디오 양식의 발상지였던 잉글랜드 요크셔를 비롯하여 스코틀랜드와 아일랜드 등으로 팔라디오 양식을 넓혀갔다. 이런 가운데 일부 건축가는 벌링턴에게 강한 영향을 받아 그를 추종하면서 벌링턴 모임으로 집단을 이루었다. 켄트를 필두로 필트크로프트Flitcroft, 로저 모리스Roger Morris, 아이작 웨어Isaac Ware 등이 대표적인 예들이다(그림 42). 앞의 두 명은 건축가였고 웨어는 여러 권의 패턴 북을 출판했다. 이들은 1730년대부터 1750년대에 이르는 기간에 벌링턴의 건축 이상을 이어받아 전파하는 데 열심이었지만 이후에는 한계에 직면하며 각자의 길을 갔다.

셋째, 대도시를 중심으로 가로변 부동산 건축에서 적지 않은 인기를 누렸다. 런던, 배스Bath, 에든버러Edinburgh, 더블린Dublin 등이 대표적인 도시들이었다. 이런 현상은 앞의 두 경향과 맥을 함께한다. 패턴 북의 인기에 힘입은 바가 컸으며 고급 팔라디오 양식이 스코틀랜드와 아일랜드로 확산된 후속 현상인 측면도 컸다. 정식 건축가가 아닌 부동산 업자와 건설업자들도 패턴 북만 있으면 일정한 정확성을 가진 팔라디오 건축을 흉내 낼 수 있었다. 이들 대도시 가운데 조지 왕조 때 지은 '조지안 거리Georgian street'의 건물 파사드는 이 왕조의 양식이었던 팔라디오 양식으로 짓는 예가 많았다.

넷째, 당시 소위 '신천지'라 일컫는 미국에서 뒤늦은 인기를 누렸다. 신생국 미국은 문화활동의 모든 것을 유럽에서 수입했다. 당시 미국에서 정치적 각축을 벌였던 영국과 프랑스가 주요 모델이었다. 같은 영어권이면서 자연환경도 비슷했던 미국에서 영국의 팔라디오 양식은 인기가 많았다. 토머스 제퍼슨Thomas Jefferson의 샬럿츠빌 몬티첼로Monticello, Charlottesville, 1770~78를 필두로 팔라디오 양식은 18~19세기의 미국 건축을 대표하는 주요 양식 가운데 하나가 되었다. 농촌 지역이 중심지였으나 영국과 마찬가지로 도시에서도 일정 수가 지어졌다.

그러나 이렇게 확산되었지만 일정한 한계를 보이며 1750년대를 넘기면서 급격히 쇠퇴했다. 그 이유는 다음과 같다. 팔라디오 양식은 기본적으로 이탈리아 건축양식이었다. 이것을 영국의 국가 양식으로 삼는 데는 처음부터 한계가 있었다. 팔라디오 건축이 보편성을 가지고 있긴 했지만 이것이 영국의 민족주의까지 만족시킬 수는 없었다. 존스의 중간 선례가 있었다고는 해도 존스의 건축적 생명력은 이탈리아 고전주의의 충실한 구사에서 나온 측면이 많았다. 이런 비정상적인 현상이 가능했던 이유는 당시 대륙의 고전주의를 직수입해야 했던 영국만의 정치 상황 때문이었다.

휘그당의 팔라디오 양식은 이런 비정상적 상황을 그대로 반복했다. 토리당의 바로크 건축을 영국의 민족적 자존심을 잃은 대륙 모방 양식으로 비판한 것은 옳을 수 있어도 그 대안으로 또다른 대륙 양식인 팔라디오 양식을 선택한 것은 자기모순이었다. 자기모순을 저지른 이유는 정치적 목적 때문이었다. 토리당의 정치적 색채에 반대되는 휘그당의 정치 이상을 먼저 정해놓고 그것에 맞는 양식을 고르다 보니 불일치가 생긴 것이다. 정치와 건축 사이의 간극이었다.

순수 예술 양식이 아닌 정치적 양식이었던 점도 큰 결점이었다. 팔라디오 양식은 예술 양식으로 영국에서 자리잡지 못하고 정치적 흐름과 궤를 같이하는 데 머물렀다. 정치가였던 벌링턴이 이끈 점도 한계로 작용했다. 개념, 공간, 어휘, 디테일 등 건축에서 창작과 예술을 결정짓는 여러 측면에서 벌링턴은 특별히 새로 창출한 것이 없었다. 그보다는 팔라디오 건축을 통째로 가져와 대지, 프로그램, 기능에 맞춰 옮기는 것이 전부였다. 정치 상황이 바뀜에 따라 쉽게 막을 내렸으며 사후에 아무런 영향력도 가질 수 없었다.

기능적 문제는 더 심각했다. 팔라디오의 도면을 그대로 모방해서 지은 많은 주택들은 실제로 사는 데 몹시 불편했다. 팔라디오의 빌라는 햇빛이 많고 덥고 비가 적은 대신 습한 비첸차나 베네치아의 자연환경, 날씨, 기후, 생활방식 등에 맞춰 창출한 것이었다. 이것을 세밀한 조정 없이 영국에 그대로 이식했기 때문에 실제 사용에서 많은 차이가 생겼다. 로지아, 열주 측랑, 축 질서, 중심성, 대칭, 신전 파사드 출입구, 세를리안 모티프 등 팔라디오의 대표 어휘들이 대부분 이 경우에 해당한다.

이런 어휘들은 모두 비첸차와 베네치아의 날씨, 농가, 농업 귀족의 생활방식 등에서 나온 것이었는데 대부분 영국의 상황과는 맞지 않았다. 이 어휘들을 직설적으로 차용하여 불일치를 가져와 기능적 문제를 일으켰다. 영국 상황에 맞춰 변형하거나 생략하면 팔라디오 건축의 생명력에 금이 가는 어려움이 있었다. 대응 문명의 차이도 컸다. 팔라디오의 빌라는 이탈리아 도시국가를 이끌던 농업 귀족의 본거지였다. 반면 팔라디오 양식은 전제화된 영국의 상류 지배층들의 건물이었으며 도심에 지어진 예도 많았다. 패턴 북 중심으로 진행된 것은 처음부터 스스로 한계를 내포한 것이나 다름없었다. 당시 패턴 북이 팔라디오 양식의 정착과 전파에 중요한 역할을 한 것은 사실이지만 시간이 지나면서 부정적으로 작용하는 양면성을 보였다. 양식 사조의 생명력은 이것보다는 훨씬 높은 차원의 문제였다.

영국의 민족 정서와 건축 전통을 고려할 때 가장 영국다운 양식은 낭만주의라 할 수 있다. 순수 낭만주의는 가장 영국다운 건축이며 고전을 낭만주의적으로 해석한 낭만적 고전주의까지도 영국다운 건축양식의 범위에 넣을 수 있다. 반면 팔라디오 양식은 정치 상황에 따라 팔라디오 고전주의를 영국 민족주의에 대응한 양식이었다. 역사의 격변이 시작되는 시대 상황에서 이전 17세기의 잔재를 떨쳐 버리고 싶은 조급함이 크게 작용했다.

합리주의 전통이 약한 영국의 열등의식도 중요한 요인이었다. 18세기에 합리주의는 빠질 수 없는 중요한 흐름이었고 팔라디오 양식이 등장하던 1720년대는 이 문제를 깊게 인식하던 시기였다. 프랑스처럼 이것만으로 독자적 양식을 창출할 능력이 없던 영국이 합리주의 양식을 통째로 외부에서 수입한 것이 팔라디오 양식이었다. 이상의 이유들로 팔라디오 양식은 고전주의와 낭만주의 논쟁이 본격적으로 시작되던 1750년을 전후해 곧 막을 내렸으며 그 이전에 지어졌던 많은 건물들도 정치적 부침이나 세월의 흐름과 함께 변형되거나 철거되었다.

3장
18세기 신고전주의 (1730~1800)

1 고전의 분화

신고전주의와 다원주의

서양건축사에서 고전주의는 특정 지역이나 시대에 국한한 예술 양식이 아니라 한 번도 끊긴 적이 없는 항시적 문명 현상이었다. 그리스 고전주의가 성립된 이래 고전주의는 한 번도 사라진 적이 없었다. 고전을 이방 양식, 심지어 이단 양식heretical style으로 여기며 선악의 판별 대상으로 여겼던 중세 기독교 문명에서도 고전은 명맥을 유지하며 로마네스크와 고딕 건축의 성립 배경으로 작용했다. 고전주의가 지닌 항시성의 비밀은 새 문명과 하나로 합쳐져 끊임없이 변화하고 진화하는 적응력과 변신 능력에 있었다. 새 문명과 대립하여 지워야 할 과거의 대상에 머무는 것이 아니라 새 문명의 급진성을 포용하며 함께 변하는 살아 있는 주체였던 것이다.

고전주의는 여기에 머물지 않고 새 문명이 추구하는 급진성의 정도와 한계를 실험하는 첨단 매개의 역할도 했다. 이 때문에 고전주의 앞에는 문명 사조의 이름이 접두어처럼 붙어 다양하게 분화했다. 로마 고전주의 자체가 그리스 고전주의의 변화, 발전 과정이었다. 이후 새로운 문명이 등장할 때마다 그 문명의 이름이 앞에 붙은 새로운 고전주의가 태어났다. 기독교 고전주의, 비잔틴 고전주의, 로마네스크 고전주의, 고딕 고전주의, 르네상스 고전주의, 바로크 고전주의 등이 대표적인 예다. 이것들은 가장 거시적 차원의 고전주의였고 그 밑으로 자잘한 고전주의 양식들이 파생했다.

18세기에는 분화의 정도가 더 심했다. 이것은 18세기라는 새로운 시대 상황에 따른 결과였다. 18세기는 이전 시대처럼 대표 문명 사조로 통일되지 못한 채 다양한 실험을 모색하던 시기였다. 18세기도 예외 없이 새로운 문명을 실험하는 매개로 고전을 활용했다. 새로운 문명이 지나치게 과격하지는 않은지, 새로운 문명이 선언이나 시도로 끝나지 않고 결과물을 낼 수 있는 한계가 어디까지인지, 그것의 구체적 모습은 무엇이 되어야 하는지 등등을 실험하는 매개였다. 18세기에는 기술 발전, 과학혁명, 감성세계, 정치혁명, 낭만주의 등과 같이 이전에는 없던 과격하고 급진적인 실험운동들이 등장했다. 이것들이 독립적인 건축양식을 형성하지 못한 상황에서 이런 새로운 경향들이 건축에 접목, 수용될 수 있는 범위와 구체적 결과 등을 실험할 수 있는 유일한 매개는 당시에는 고전밖에 없었다.

18세기에 있었던 고전주의의 분화는 이전과는 분명히 다른 양상이었다. 바로크까지의 이전 시대에서는 고전주의의 분화가 단선적이었다. 새로운 문명이 등장하면 그에 맞게 한 방향으로만 변화했다. 그러나 18세기는 달랐다. 18세기를 대표하는 문명 자체가 한 가지로 정해지지 않아 고전주의의 분화도 여러 방향으로 다원화되었다(그림 43). 앞에 살펴본 역사 선례 및 해석 시각과 대응 관계에 따른 역사주의 분류표(표 1)는 다원화 방향을 총괄적으로 정리한 것이다. 이 가운데 고전주의의 분화를 이끈 기준은 크게 세 쌍의 쌍개념으로 정리할 수 있다. 첫째, 발굴이 본격화되면서 창작과 이분법 구도를 형성했다. 둘째, 그리스 고전주의와 로마 고전주의를 구별할 수 있게 되었다. 셋째, 고전주의를 합리주의와 낭만주의라는 상반된 두 관점과 경향으로 각색, 변형하였다.

18세기에 고전주의를 둘러싸고 벌어졌던 이런 다양한 분화의 내용

43 조반니 파올로 파니니(Giovanni Paolo Panini), 〈로마 안티카*Roma Antica*〉(1755년경)

들을 합쳐 18세기 신고전주의Neoclassicism로 통칭한다. 신고전주의는 본래 고유명사가 아니라 일반적 의미를 지닌 보통명사로 다음 네 가지 뜻을 내포한다. 첫째는 고전주의를 소재로 삼아 각색과 응용을 추구하는 리바이벌 양식이다. 둘째는 각색과 응용의 정도에서 새로운 창작보다는 직설적 복사에 치중한다. 이 점에서 르네상스가 추구했던 '재탄생'이라는 의미와 구별된다. 셋째는 이에 따라 신고전주의는 창작력을 상실한 무기력한 복고 양식이라는 부정적 분위기를 갖는다. 특히 역사적 정체기 때 나타난다는 점에서 더욱 그러하다. 넷째는 리바이벌 경향이 한 가지로 통일되지 못해서 한 가지 명칭을 붙이기 어려울 때 여러 경향을 통칭해서 부르는 이름이다. 이때는 18세기나 19세기같이 시대를 대표하는 객관적 명칭을 앞에 붙인 다음, 여러 경향을 세부 양식으로 거느린다.

18세기의 여섯 가지 신고전주의

18세기 신고전주의는 앞의 세 가지 쌍개념을 큰 기준으로 삼아 분화했다. 가장 중요한 기준은 고전주의의 총체 규범이 붕괴되는 정도, 즉 부재의 개별화 정도였다. 이에 따라 매우 다양한 경향들이 나타났는데 다음의 여섯 가지로 정리할 수 있다.

첫째는 그리스 가구식 구조를 차용한 열주 효과를 노린 국제적 신고전주의International Neoclassicism였다. 둘째는 로마 고전주의와 17세기 프랑스 고전주의에 기초한 프랑스식 신고전주의French Neoclassicism였다. 셋째는 고고학의 정확성을 추구한 고고학적 신고전주의Archaeological Neoclassicism였다. 이것은 발굴과 관련한 고고학적 엄길성을 비교적 잘 지키는 경향이었으며 합리주의의 특징을 일정 부분 공유했다. 앞의 국제적 신고전주의와 프랑스식 신고전주의도 여기에 속했다. 넷째는 합리주의적 해석을 도입한 합리적 신고전주의Rational Neoclassicism였다. 다섯째는 개별 부재의 분리와 고전 규범의 붕괴를 추구했던 급진적 신고전주의Radical Neoclassicism로 개별 부재의 분리와 독립이 진행되기 시작한 단계였다. 여섯째는 개별 부재의 분리가 극단적으로 흐른 낭만적 고전주의Romantic Neoclassicism였다. 이것이 프랑스대혁명기와 시기적으로 겹치면서 혁명기 신고전주의Revolutionary Neoclassicism가 되었다. 두 신고전주의는 고전의 총체 규범이 완전히 무너진 단계를 의미했다.

여기에 프랑스와 영국의 나라별 차이가 있다. 프랑스는 정확한 복사에서 낭만적 붕괴에 이르는 큰 편차를 보이며 위에 열거한 다양한 명칭의 운동들이 대부분 나타났다. 이런 변화는 시간의 흐름과 맥을 같이했다. 연대 전개와 결부하면 고고학적 신고전주의는 1730년에서 1760년, 급진적 신고전주의는 1760년에서 1780년, 낭만적 고전주의는 1780년에서 1800년으로 각각이 대표적 시기였다. 반면 영국은 장식적 각색을 중심으로 자유로운 창작에 집중했다. 이 때문에 합리적 신고전주의, 낭만적 고전주의, 혁명기 신고전주의 등이 나타나지 않았다. 낭만적 고전주의만은 다소 예외여서 다른 경향의 건축가들이 일부 공유했다. 이상을 정리하면 아래 표와 같다.

표 2. 18세기의 여섯 가지 신고전주의

<table>
<tr><th colspan="2"></th><th>프랑스</th><th>영국</th></tr>
<tr><td rowspan="2">고고학적 신고전주의</td><td>국제적 신고전주의</td><td>세르반도니</td><td>로버트 애덤, 우드 2세, 홀랜드</td></tr>
<tr><td>국가 양식으로서 신고전주의</td><td>프랑스식 신고전주의 : 자크앙주 가브리엘</td><td>영국식 신고전주의 : 기브스, 댄스 2세, 우드 2세, 체임버스</td></tr>
<tr><td colspan="2">합리적 신고전주의</td><td>수플로, 자크앙주 가브리엘, 데스고데, 로돌리(이탈리아), 밀리치아(이탈리아)</td><td></td></tr>
<tr><td colspan="2">급진적 신고전주의</td><td>페이르 & 드베일리, 공두앵</td><td>존 손</td></tr>
<tr><td colspan="2">낭만적 신고전주의</td><td>르게이, 클레리소, 르루아, 불레, 르두, 피라네시(이탈리아)</td><td>스튜어트, 레베트, 체임버스, 댄스 2세, 존 손</td></tr>
<tr><td colspan="2">혁명기 신고전주의</td><td>불레, 르두</td><td></td></tr>
</table>

고고학의 발전과 발굴

18세기 고고학의 발전은 신고전주의의 형성과 융성에 중요한 영향을 끼쳤다. 고고학이 발전하면서 발굴하는 소재가 대폭 늘어났다. 양적인 측면뿐 아니라 유적 선례의 종류도 다양해졌다. 소재가 다양해지면서 이것을 재해석하는 경향도 함께 다양해졌다. 발굴 자체는 창작과 대립되는 개념이지만 이런 현상은 창작을 돕는 결과로 나타났다. 고전주의를 그리스 고전주의와 로마 고전주의로 구별하기 시작하면서 가구식 구조와 벽체 구조, 오더와 아치, 거석 구조와 공간, 합리주의와 낭만주의 등 다양한 구별 방식이 뒤따랐다.

18세기 고고학의 발전은 파에스툼Paestum, 폼페이Pompeii, 헤르쿨라네움Herculaneum 세 도시의 발굴을 중심으로 진행되었다. 처음에는 우연히 발굴되었지만 나중에는 유적의 금전적 가치에 눈독을 들인 귀족, 거래상, 도굴꾼 등이 섞여 달려들었다. 그러나 곧 학자와 예술가들의 노력으로 국가가 개입하면서 체계적으로 발굴되었고 이것은 고고학의 발전으로 이어졌다. 영국과 프랑스 사이의 민족주의 경쟁은 자국 내에서 발굴을 유발하며 발전에 속도를 붙였다.

고고학의 발굴은 고전 선례를 다양하게 하는 중요한 결과를 가져왔

44 A. 졸리(Joli), 〈넵튠 신전*Temple of Neptune*〉(1759)

다. 건축가들의 고전 답사는 르네상스 때부터 시작되었는데 바로크까지 그 내용은 로마 시내를 중심으로 대표 건축물에 국한했다. 지역과 대상 모두에서 제한적이었다. 답사활동도 제한적이었다. 답사에는 일정한 발굴이 수반되기는 했지만 제대로 된 고고학 활동은 아직 없었다. 건축가 개인이 교황청이나 귀족의 후원을 받아 땅 위로 드러나 눈에 보이는 폐허를 있는 상태 그대로 스케치하고 간단히 측량하는 것이 전부였다.

18세기에 고고학의 발전에 따라 발굴 대상도 대폭 늘어났다(그림 44). 건축가들에게는 선례 소재가 풍부해졌다. 이전까지 로마 고전주의의 대표 건축물들과 비트루비우스의 저서에 강하게 매여 있던 질곡에서 벗어날 수 있었다. 로마 고전주의 자체의 대상이 확장되었을 뿐 아니라 그리스 고전주의도 손에 들어왔다. 고전을 바라보고 해석하고 각색하는 시각과 입장도 이전의 엄격한 정통주의에 더해 훨씬 많은 자유를 추구하였다. 고고학 발굴의 내용들은 책으로 출판되어 건축가들의 손에도 들어갔다. 파에스툼은 대표적인 예였다. 건축가들은 앉아서 수많은 고전 유적들을 손쉽게 접하여 창작 소재의 폭을 더폭 넓힐 수 있었다.

1750년대의 파에스툼 발굴은 필헬레니즘의 도화선이 되었다. 파에스툼은 이탈리아반도에 있던 그리스 식민지로서 그리스 신전이 잘 남아 있는 도시였다. 그리스 본토의 신전이 잦은 침략으로 대부분 파괴되었던 데 반해 파에스툼은 포세이돈 신전Temple of Poseidon과 헤라 신전Temple of Hera을 필두로 비교적 보존이 잘된 그리스 유적의 보고였다. 파에스툼이 발굴되면서 그리스까지 가지 않고도 보다 쉽게 그리스 신전을 접할 수 있었다. 발굴은 영국과 프랑스의 고고학 경쟁으로 속도가 붙었다. 그리스 신전을 직접 본 결과 이전까지 가지고 있던 막연한 환상과 추측은 크게 수정되었다.

그리스와 마찬가지로 로마도 고고학 발굴의 대상이었다. 헤르쿨라네움과 폼페이가 주요 대상이었다. 로마 유적에 대한 관리는 르네상스 때부터 시작되었지만 이것이 근대적 학문으로서 고고학의 발굴 대상이 된 것은 18세기 계몽주의 때 현상이었다. 18세기에 발굴 기술이 발전함에 따라 측량, 도면화 작업, 추측 복원 등의 기술도 함께 발전했고 유적에 대한 대대적인 정리도 있었다. 헤르쿨라네움은 1709년에, 폼페이는 1738년에 각각 발굴이 시작되었다. 1739년에서 1765년까지 그랜드 투어는 헤르쿨라네움에 국한했고 이후에 폼페이 코스를 추가했다.

두 도시는 화산 폭발로 하루아침에 화산재에 묻힌 뒤 오랜 기간 잘 보존되어 있었다. 이 때문에 당시 생활상 전체를 손상과 시간에 따른 변형 없이 원형 그대로 볼 수 있는 유일한 기회였다. 또 단편적 유적 단위가 아니라 도시 스케일 전체를 조망할 수 있는 소중한 기회였다. 두 도시의 발굴을 통해 유럽 사회는 로마 시대의 도시 생활 전반을 직접 눈으로 볼 수 있게 되었다. 이것은 건축가들에게는 중요한 상상력의 원천이었다. 고전 건축물이 도시 내에서 어떻게 종합적으로 작동하고 어떤 기념비적 이미지를 가지고 있었는지, 그리고 그 안에서 실제 생활하는 모습이 어떠했는지를 알게 되면서 고전주의에 대한 창작적 각색도 매우 섬세하게 발전할 수 있었다.

2 그리스 고전주의 대 로마 고전주의

필헬레니즘과 그리스 고전주의

18세기 신고전주의를 그 이전까지의 고전주의와 구별하는 가장 큰 현상을 하나만 든다면 그리스가 리바이벌 대상으로 들어온 점이다. 이전까지 고전주의는 로마 고전주의에 국한되었으며 그리스는 유럽 예술계에는 멀고 낯선 대상이었다. 고전주의의 원류라는 사실을 인식하고는 있었지만 실제 정확하게 아는 내용은 양과 질 모두에서 열악했다. 예술뿐 아니라 그리스라는 나라 전체가 그러했다. 고대 그리스어를 제대로 구사하는 학자는 매우 드물었으며 그리스 역사는 19세기 전까지 연구한 적이 없었다. 18세기 말이나 되어서야 그리스 개별 도시국가들의 역사를 조잡하게 짜깁기한 첫번째 그리스 역사서가 출판되었을 정도였다.

일반사가 이러할진대 예술은 더 말할 필요도 없었다. 그리스 예술에 대해서는 세 가지 큰 오해가 있었다. 첫째는 막연한 신화의 대상으로 신비롭다고만 생각했다. 둘째는 매우 정교할 것이라는 생각이었다. 셋째는 이와 반대로 이교 양식으로서 매우 불경스럽고 조잡하고 폭력적일 것이라는 편견이었다. 앞의 두 오해는 그리스 예술을 직접 접했거나 연구하는 사람이 전무에 가까운 데서 기인했다. 세번째는 기독교가 1500년 동안 지배해오는 과정에서 생긴 종교적 편견이었다

로마 고전주의를 통한 간접경험도 오해의 중요한 원인이었다. 몸소 경험하지 못한 상태에서 다양하고 장식적인 로마 고전주의의 선례 모델이라는 점만을 유일한 기준으로 삼아 추측하는 데서 생긴 오해였다. 복잡다단한 로마 고전주의의 선례였으니 신비로움으로 가득 찼을 것이라는 추측을 하게 되었고 이것은 신화의 대상으로까지 발전했다. 로마 고전주의는 또한 비교적 장식적이고 섬세한 편이었기 때문에 이것의 선례였던 그리스 고전주의는 더욱더 정교했을 것으로 단정지었다.

이런 오해의 가장 큰 원인은 그리스가 오랜 기간 금단의 땅이었던

데에 있다. 그리스는 오스만 투르크가 점령한 이래 유럽인들이 여행하지 못하는 나라가 되었다. 자신들 문명의 뿌리를 잃은 데 대한 안타까움이 더해지면서 신비로움의 대상으로 남았다. 기독교의 편견도 중요한 요인이었다. 기독교에게 헬레니즘 고전주의는 이슬람 예술과 함께 대표적인 이방 양식이자 무찔러야 할 가장 큰 적이었다. 종교개혁 이후 신교 국가의 적대감은 약해졌으나 그렇다고 그리스에 대한 연구로까지 이어지지는 않았다.

이때까지 그리스 예술의 접촉은 로마를 통한 간접경험이 전부였다. 로마에 와 있던 작품, 로마 때 만들어진 복사품, 로마 예술 자체 등이 대상이었다. 건축은 현장에 종속되는 정도가 심했기 때문에 미술품과 같은 간접경험의 기회가 더욱 제한적이어서 접하기가 더 어려웠다. 파에스툼과 시칠리아Sicily 등 이탈리아반도에 있던 그리스 식민지에 그리스 신전의 유규가 많이 남아 있었지만 그리스 예술 전반에 대한 거리감 때문에 이들 유구는 계속해서 잊은 상태로 남았다.

그릭 리바이벌Greek Revival=그리스 부흥은 신학에서 먼저 일어났다. 신교 국가였던 독일에서 루터학파의 인본주의 신학자들이 가톨릭의 편협한 편견을 개혁하고자 시작했다. 이들은 이미 17세기부터 고대 그리스어, 그리스 철학, 문헌학, 신학 등을 묶어 성경 역사에 대한 새로운 해석을 시도했는데 이것이 그릭 리바이벌의 시발점이었다. 이런 노력은 18세기 들어 가톨릭의 쇠퇴와 함께 고대 그리스의 역사, 과학, 예술, 미학, 언어 등 연구 영역을 여러 방면으로 확장했다.

이런 시도들은 그릭 리바이벌의 토대가 되었다. 예를 들어 18세기 그리스 미학연구의 일인자였던 빙켈만Johann Joachim Winckelmann도 이런 운동을 이끌었던 인본주의 신학자 바움가르텐Alexander Gottlieb Baumgarten의 제자로 할레신학대학Halle University of Theology에서 공부했다. 바움가르텐 자신도 계몽주의 미학의 창시자였는데 그 뿌리를 신학과 연관된 그리스 연구에 두었다.

그릭 리바이벌의 직접적 계기는 그리스 해방이었다. 1740년대부터 투르크족이 점차 패퇴하면서 그리스는 해방되었고 자유로운 그리스 여행이 가능했다. 헬레니즘 문화의 뿌리였던 그리스는 서유럽 사람들에게 곧 큰 인기를 끌었다. 학자와 예술가들을 필두로 정치인, 탐험가, 상인 등 각 분야의 사람들은 자신들의 목적과 이익에 따라 그리스를 드나들었다(그림 45). 서유럽에서는 필헬레니즘Philhellenism이 크게 유행했다.

필헬레니즘은 말 그대로 헬레니즘을 사랑한다는 뜻으로 고대 그리스 예술의 전면적인 부흥을 의미했다. 건축에서 일어난 그릭 리바이벌을 비롯하여 각 예술 분야에서 일어난 그리스 부흥을 총칭하는 포괄적 단어였다. 이 당시 그리스 예술은 특히 서유럽 상류층에서 큰 인기를 끌어 예술 분야를 뛰어넘어 패션, 가구, 실내장식, 공예품 등 생활 곳곳에서 주요 소재로 사용하였다(그림 46). 그릭 리바이벌을 포함한 이런 현상을 통틀어 '그리스풍 기호[greek taste=gusto greco=gout grec]'라고 불렀다.

45 18세기 아테네 거리 전경. 프랑스 영사가 그리스인과 터키인 사이에 앉아 있고 니콜라스 레베트가 말을 올라타려 하고 있다.

그리스 고전주의는 18세기 전반부까지는 아직 로코코의 장식이 남아 있던 서유럽에서 부담스러워한 측면도 있었다. 18세기 후반부에 들어와 로코코가 끝나면서 일상생활에서부터 필헬레니즘 바람이 불었다. 건축에서는 1758년에 첫번째 도리스식 리바이벌 건물로 건축가 스튜어트의 작품인 해글리 공원의 도리스식 신전[Doric Temple, Hagley Park]이 서긴 했지만 건축 분야에서 그릭 리바이벌에 대한 양식적 인식이 생긴 것은 1770년대를 넘기면서였다. 그리스 고전주의는 보는 관점에 따라 합리주의와 낭만주의 두 경향 모두와 잘 맞았다. 이에 따라 그리스 고전주의에 대한 해석은 두 경향과 맥을 같이하며 중심 위치를 차지했다. 이후 19세기에 들어와 그릭 리바이벌이 크게 유행하고 도리스식 리바이벌과 같은 세분화된 양식으로까지 발전했다.

46 찰스 타담(Charles Tatham), 〈걸상〉

'로마다운 천재성', 로마 고전주의, 그레코-로만 논쟁

그리스와 달리 로마는 서유럽에게 가장 가깝고 친근하고 항시적인 고전 선례였다. 이 때문에 18세기에 있었던 로만 리바이벌[Roman Revival]에 대해서는 별도의 명칭이 없는 것이 통례다. 경우에 따라서는 필헬레니즘에 대한 대칭 개념으로 필이탈리아니즘Phil-Italianism이라는 명칭을 사용하기도 한다. 18세기 로만 리바이벌은 그릭 리바이벌보다 훨씬 광범위한 내용으로 여러 분야에서 다양하게 나타났다. 건축만하더라도 다양하게 분류할 수 있는 신고전주의의 여러 경향들을 중심으로 아카데미, 고고학 발굴, 그랜드 투어 등도 넓게 보면 모두 필이탈리아니즘에 속한 현상들이었다.

47 K. PH. 모리츠(Moritz), 〈독일인의 이탈리아 여행*Reisen eines Deutschen in Italien*〉(1793)

서유럽 건축은 로마 고전주의 없이는 생각할 수 없었다. 로마네스크, 르네상스, 바로크 심지어 고딕에 이르기까지 서유럽이 이룬 찬란한 건축 전통은 로마 고전주의를 뿌리와 바탕으로 했다. 이런 현상은 18세기에 들어와서도 마찬가지였다. 그리스만큼 신비감과 새로운 충격은 없었지만 로마는 로마대로 18세기 건축에서 다양한 재해석의 대상이 되었으며 중요성과 역할을 지켰다(그림 47). 이런 현상은 18세기에 들어와 로마 가톨릭과 라틴어가 쇠퇴했던 것과 구별되었다. 권력 구도나 고급 학문으로서 로마 가톨릭과 라틴어는 쇠퇴해갔지만 로마 역사에 대한 일반인들의 관심은 높아갔다. 프랑스어, 영어, 독일어 등 서북유럽 각국어로 기술하거나 번역한 로마 역사 연구가 늘어났다. 건축에서 로마 고전주의의 번성도 이런 현상의 일환으로 이해할 수 있다.

로마는 여전히 가장 중요한 체험의 대상이었다. 이미 르네상스와 바로크 때부터 서유럽 예술가와 학자들에게 로마는 반드시 직접 가서 살면서 보고 경험해야 하는 대상이었다. 18세기에는 이것이 더욱 강화되어 그랜드 투어라는 집단 현상으로 발전했다. 로마 답사와 체류는 필수 코스가 되었다. 코르소Corso와 비아 시스티나Via Sistina에 있던 피라네시의 작업실은 로마에 오는 서북 유럽 건축가들과 예술가들이 반드시 들러야 했던 곳이다.

헤르쿨라네움과 폼페이의 발굴은 중요한 전기였다. 이전까지 로마 고전 리바이벌은 대형 공공 기념비를 중심으로 영웅주의 경향으로 단편적인 진행을 보였다. 그러던 것이 두 도시의 발굴을 계기로 생활이라는 미시적 방향과 도시라는 거시적 방향으로 확장했다. 18세기 신고전주의에도 이에 맞춰 스케일의 관점에서 중요한 발전이 있었다. 생활의 미시적 방향에 맞춰 실내 공간에서 주요 작품이 많이 나왔다. 이런 경향은 실내장식의 전통이 강했던 영국에서 주로 있었다. 장식과 결부된 영국의 신고전주의 로코코는 이것을 대표하는 예였다. 반면 도시 스케일에 맞춰 18세기의 변화된 가로 환경에 맞는 새로운 입면 경향과 매스 구성 기법을 창출했다. 이런 경향은 공공건물의 가로변 이미지를 중시했던 프랑스에서 주로 있었다. 신고전주의의 대표 어휘였던 열주랑과 열주 현관은 이것의 산물이었다.

48 장자크 르쾨(Jean-Jacques Lequeu), 보로미니의 스파다 궁전 투시도

18세기 신고전주의에서 직접적인 창작의 소재는 로마 고전주의였다. 그리스 건축이 창작을 위한 재해석의 대상이 된 것은 19세기였다. 18세기에도 이런 움직임이 조금 있긴 했지만 그리스 고전주의는 아직 새로운 실험의 대상이었을 뿐 창작의 대상과는 다소 거리가 있었다. 반면 로마 고전주의는 직접 창작의 대상이 되어왔던 오랜 전통을 이어받아 18세기에도 신고전주의의 핵심 소재였다(그림 48). 18세기의 새로운 사상과 세계관에 따라 로마 고전주의는 다양한 실험과 재해석의 대상이 되었다. 창작 각색의 기준은 그리스와 마찬가지로 합리주의와 낭만주의로 나눌 수 있다.

그릭 리바이벌이 시작되면서 그리스와 로마 고전주의 사이에 경쟁 구도가 형성되어 갔다. 18세기 계몽주의를 대표하는 논쟁 가운데 그레코-로만 논쟁Greco-Roman controversy은 이것을 잘 보여준다. 두 고전주의는 같은 뿌리에서 출발했고 닮았으면서도 다른 점도 많았는데 주로 다른 점에 치중해서 두 고전주의 가운데 어느 것이 더 우수한지에 대한 논쟁이었다. 둘 사이의 경쟁 구도가 형성되었다는 말은 둘 사이의 차이를 세밀하게 파악했다는 의미다. 이것은 그만큼 18세기 고전주의가 세분화된 개별 내용을 바탕으로 다양하게 전개되었음을 의미한다.

둘 사이의 경쟁을 대표한 것은 빙켈만과 피라네시였다. 두 사람은 각각 골수 그리스 고전주의자와 로마 고전주의자였다. 두 사람은 지독한 라이벌 관계였다. 빙켈만은 그리스 연구를 가장 먼저 시작한 독일학파의 뿌리를 이어받은 정통 미학자였다. 반면 그는 기본적으로 미학자였고 그리스 예술의 기본 정신을 밝혀 전파하는 데 주력했다. 『고전예술사*Geschichte der Kunst des Altertums*』1764는 이런 그의 노력을 집대성한 대표 저서였다. 피라네시에게 로마 고전주의는 자국 양식이었다. 그는 예술가로서 로마 고전주의를 상상력 넘치는 방향으로 여러 가지를 각색한 판화 시리즈를 남겼으며 장식 경향이 두드러진 실제 건물 작품도 남겼다.

빙켈만은 그리스 예술의 정수로 '고결한 단순성과 차분한 위엄noble simplicity and calm grandeur'을 들었다. 피라네시는 여기에 '로마다운 천재성Roman genius'이라는 개념으로 맞서며 이것을 주장하는 여러 권의 저서와 판화집을 남겼다. 빙켈만은 그리스 예술에 가장 정통한 일인자였지만 정작 그리스에는 한 번도 가보지 못했다. 빙켈만은 그리스 연구를 로마에 머물며 했다. 로마에서 두 사람은 자주 부딪히며 그레코-로만 논쟁을 이끌었다. 두 사람은 자신들의 고전주의가 더 우수함을 끊임없이 역설했으며 이런 활동은 18세기 신고전주의의 귀중한 토대가 되었다. 두 사람 이외에도 그리스주의에는 코르드무아, 로지에, 르루아, 스튜어트, 레베트 등이, 로마주의에는 로돌리, 자크앙주 가브리엘, 애덤 등이 각각 포진했다.

그랜드 투어와 아카데미

그랜드 투어는 서북 유럽의 상류층, 학자, 예술가들이 로마를 중심으로 한 이탈리아반도의 고대 문화와 유적을 답사, 연구, 수집하기 위해 했던 18세기의 여행을 통칭한다. 여러 나라들이 국경선을 맞대고 비좁게 들어선 유럽에서 다른 나라의 고적, 예술, 역사 등을 알기 위해 하는 답사 여행은 오랜 전통을 지녔다(그림 49). 이것이 17세기 말에 들어와 로마 고전주의로 집중되면서 하나의 큰 문화 현상을 이루었다. 리처드 라셀Richard Lassel이 1670년에 자신의 저서 『이태리 여행*Voyage of Italy*』에서 이런 현상을 통칭해서 '그랜드 투어'라는 말을 처음 사용했다. 그랜드 투어는 프랑스대혁명과 나폴레옹전쟁 동안 중단했다가 19세기에 다시 재개했다.

그랜드 투어는 프랑스, 영국, 독일 등 강대국을 중심으로 활발히 진행되었다. 이 가운데 프랑스에서 고전주의가 가장 발달했기 때문에 영국의 그랜드 투어는 파리를 들르는 경우가 많았다. 그랜드 투어는 단순 답사는 1~2년, 체류 연구는 6~8년씩 걸리는 것이 보통이었다. 그랜드 투어를 예술운동과 직접 연관시킨 활동은 프랑스가 가장 활발했다. 이것은 바로크 시대부터 이어진 전통이었다. 프랑스는 1666년에 로마에 프랑스 아카데미 분원Academie de France, Rome을 세웠던 이래 가장 많은 예술가와 학자가 다녀간 나라였다.

49 | 푸르텐바흐(Furttenbach), 새 이탈리아 지도(Newes Itinerarium Italiae), 17세기

이탈리아가 아카데미즘의 총본산으로만 남으면서 현실세계에서 급속히 힘을 잃어감에 따라 로마 고전주의를 여러 나라로 전파

하는 일은 프랑스 몫이었다. 프랑스는 이탈리아에서 배우고 모아 오고 새롭게 창출한 여러 경향의 고전주의를 러시아, 미국, 스페인, 포르투갈, 프로이센 등에 수출했다. 심지어 시칠리아와 베네치아공화국 등 이탈리아반도 내의 도시국가에까지 역수출했다. 프랑스의 로마 고전주의 연구와 각색은 크게 세 방향으로 일어났다. 첫째는 아카데미를 중심으로 한 이론 연구였다. 둘째는 신고전주의로 통칭할 수 있는 실제 창작 분야의 응용이었다. 셋째는 폐허를 중심으로 한 낭만주의 계열의 수채화운동이었다.

프랑스 국내의 아카데미 조직과 아카데미즘 활동은 그랜드 투어를 장려했다. 예를 들어 프랑스 아카데미에서는 졸업작품을 심사하여 입상자에게 로마 여행을 보내주는 '르마 상Prix de Rome'이라는 제도가 있었다. 수석 졸업자에게는 '로마 최우수상Grand prix de Rome'을 수여했다. 이들에게는 5~6년 동안 로마에 있는 프랑스 아카데미에 머물며 고전을 연구할 수 있는 기회를 주었다. 당시 로마 유학은 상당한 비용이 들었기 때문에 웬만한 상류층도 감당하기 힘들었다. 그런데 국가에서 우수한 인재를 뽑아 비용을 보조한 것이었다. 실제 18~19세기 프랑스의 대표적인 신고전주의 건축가들은 상당수가 이 상을 받고 로마에 유학했다.

영국의 그랜드 투어는 프랑스보다는 제한적이었다. 이론 연구와 창작 모두에서 큰 관계를 맺지 못했다. 이것은 고전주의에 대한 영국의

50 로마의 영국 감식가들, 1750년경

전통적 입장이기도 했다. 르네상스 때부터 고전주의에 대한 창작은 집단화된 법제보다는 개인활동에 전적으로 의존했다. 아카데미의 설립도 늦었다. 출판활동도 이론 연구보다는 패턴 북 중심으로 이루어졌다. 이런 경향은 바로크를 거쳐 18세기에도 계속되었다. 영국에서 그랜드 투어를 후원한 것은 아카데미가 아니라 아마추어 예술가협회Society of Dilettanti였다. 이 단체는 1734년에 젊은 귀족들이 예술감상과 예술활동 후원을 위해 설립했다. 이들은 예술가를 대동하고 그랜드 투어에 직접 참여하는 것이 통례였으며 자신들이 직접 가지 않을 경우 자금을 지원했다(그림 50).

이런 가운데 로버트 애덤이나 존 손 등 영국 신고전주의를 이끌었던 주요 건축가들의 창작활동은 일정 부분 고고학의 발굴과 그랜드 투어에서 영향을 받았다. 영국의 그랜드 투어는 프랑스보다 활동이 제한적이었던 대신 답사 대상은 더 다양했다. 그리스 여행이 훨씬 잦았다. 로마 자체에 대해서도 프랑스가 공화정 말기에서 5현제 시대 등 전성기에 국한한 반면 영국은 후기 로마에도 관심을 기울였다. 프랑스가 로마에 집중하여 그리스에 대해 일정한 거리를 두었던 것과 달리 영국은 독일과 함께 그리스에 친근감을 가졌다. 독일은 앞서 언급한 바와 같이 신교의 개혁운동의 일환으로 이런 전통이 시작되었다.

영국은 다원주의적 국민성과 프랑스와의 경쟁심 등이 중요 요인이었다. 중앙 집중적 통일성이 약했던 영국의 국민성은 동방 등 이방 문화를 받아들이는 데 프랑스보다 더 유연했다. 후기 로마에 관심을 가졌던 것도 같은 맥락에서 이해할 수 있다. 18세기 민족주의는 고고학 발굴에서 프랑스와 영국 사이에 심한 경쟁 구도를 만들어냈는데 프랑스가 로마를 선점했기 때문에 영국은 그 대안으로 그리스에 눈을 돌린 측면도 컸다. 18세기의 이런 전통은 19세기로 이어지면서 그릭 리바이벌과 도리스식 리바이벌이 영국과 독일에서 크게 유행하는 배경으로 작용했다.

아카데미와 건축 실험

신고전주의를 총괄한 본부는 아카데미였고 이것을 이끈 것은 프랑스였다. 낭만주의가 개인들의 순수하고 자발적인 예술운동이었던 데 반해 신고전주의는 왕실에서 운영하는 아카데미를 대표하는 국가 양식이었다. 아카데미는 알프스 북쪽 지역으로는 프랑스에서 처음 세워졌다. 17세기 프랑스 절대왕정 때 왕실에서 예술활동 전반을 관장할 목적으로 국가 예산으로 운영했다. 루이 14세는 1648년에 왕립 미술아카데미Academie Royale de Peinture et de Sculpture를, 1671년에 왕립 건축아카데미Academie Royale d'Architecture를 각각 세웠다. 아카데미는 국가적 차원에서 예술활동과 관련한 모든 일을 총괄하는 왕실 기구였고 이 가운데 예술 교육만 담당하는 왕립 미술학교Ecole Royale de Peinture et de Sculpture를 따로 두었다. 로마에는 1666년에 프랑스 아카데미Academie de France를 분원으로 세웠다.

프랑스의 왕립 건축아카데미는 단순히 건축교육만 하는 곳이 아니었다. 왕립 미술아카데미가 미술 교육에 집중했던 것과는 다른 체제였다. 교육, 심미, 정치, 실무의 네 분야가 하나로 합쳐진 강력한 중앙집권 체제였다. 건축은 왕궁 건축 등 국가 건설 관련 업무를 담당하는 장르였기 때문에 현실세계와 관련하여 왕실의 지휘를 받았다. 왕실에는 왕실 수석건축가Premier Architecte du Roi와 왕실 건축 총감독관Superintendant des Batiments du Roi 등의 건축 담당 직책이 있었는데 이들은 모두 아카데미 소속이었다.

18세기를 넘기면서 설계와 시공 분야가 분리되면서 관심은 설계 쪽으로 쏠렸다. 이런 변화는 넓게 보면 건축 내의 근대적 전공 분화였고 좁게 보면 아카데미의 의도적 노력의 결과였다. 이런 노력을 이끈 것은 아카데미의 초대 교장이자 프랑스 고전주의의 대표적 이론가 가운데 한 명이었던 프랑수아 블롱델François Blondel, 1618~86이었다. 그는 아카데미의 교육 과정을 이론에 집중하여 건축가를 시공의 책임에서 해방시켰다. 이런 변화 덕분에 건축가들은 자유롭게 창작에 전념할 수 있는 기회를 얻었고 이것은 18세기 신고전주의의 다양한 실험으로 나타났다.

이탈리아의 아카데미즘이 교황청의 후원 아래 순수 창작 측면을 많이 강조하면서 가톨릭 고전주의를 추구했던 반면 프랑스의 아카데미는 국가와 왕실에서 정치적 목적을 부과하는 중요한 차이가 있었다. 이 과정에서 프랑스 아카데미즘은 그랜드 매너Grand Manner로 통칭되는 고전주의 규범 또는 귀족풍의 고전 양식을 형성했다. 국가가 예술가들의 교육과 활동을 전적으로 책임지는 대신 예술가들은 반대급부로 왕과 프랑스의 영광을 찬양하는 내용을 주요 예술 소재로 삼았다. 이런 현상은 주로 루이 14세의 바로크 양식의 특징이었다. 바로크 아카데미즘은 철저한 국가 양식이었다. 루이 15세부터는 이런 의무가 점차 약해지면서 건축가들은 비교적 자유로운 분위기에서 다양한 신고전주의 경향을 실험할 수 있었다. 그러나 궁극적 목적은 여전히 18세기만의 프랑스 국가 양식을 창출하는 데 맞추었다(그림 51).

51 베르나르 푸와예(Bernard Poyet), 1768년 에콜데보자르 졸업전 그랑프리, 극장 계획안

영국에서는 왕립 아카데미의 설립이 늦었다. 이것은 개인 중심으로 창작활동을 하던 영국의 전통 때문이었다. 영국의 절대왕정이 16세기에 먼저 나타난 것도 요인이었다. 이때에는 아직 프랑스의 루이 14세처럼 예술을 국가가 관리할 생각을 하지 못했다. 정작 이런 필요성이 대두된 바로크 때 영국 건축은 다시 개인주의 성향으로 회귀하며 왕립 아카데미의 설립을 늦췄다. 이런 현상은 18세기에 들어와서도 상당 기간 지속되었다. 이 때문에 영국의 초창기 신고전주의 건축가들은 고전주의 교육을 로마나 프랑스에서 받아야 했다. 18세기에 들어와 개인들이 세운 아카데미들이 나타나긴 했지만 이것은 본래 아카데미의 의미와는 거리가 멀었다. 영국의 개인주의 전통이 좀더 발전한 개인 학원에 가까웠다.

이런 끝에 영국의 왕립 미술아카데미Royal Academy of Arts=로열아카데미는 1768년이 되어서야 세워졌다. 그러나 그 활동은 프랑스와 견주면 아주 미미했다. 건축은 특히 그러했다. 드로잉은 회화의 한 분야로 분류되었으며 졸업 후 기회도 미술 분야보다 현저히 적었다. 연례 전시 정도가 주요활동이었다. 특히 낭만주의 세력이 강했기 때문에 프랑스처럼 국가 양식의 창출과 관리는 생각하기 힘들었다. 왕립아카데미 이외에 개인이 세운 건축 교육 기관도 있었는데 로버트 테일러Robert Taylor가 대표적인 예였다. 여기에서는 프랑스의 이론 교육과 달리 주로 드로잉을 중심으로 한 실무 교육을 했다. 테일러의 사무실은 코커렐과 내시 등 주요 건축가를 배출했다.

4 합리주의 대 낭만주의

기호의 법칙, 기독교의 붕괴, 다원주의

앞서 언급했던 '기호의 법칙'은 18세기 신고전주의가 형성되는 데 중요한 사상적 배경으로 작용했다. 가장 중요한 기여는 개인의 직관력을 창작활동의 핵심 요소로 끌어들인 점이다. 심미성에 대한 판단 근거를 객관적 규범이 아닌 개인의 주관적 관점에서 찾으려는 것이었다. 기호의 법칙에서는 일정한 규범에 의존한 직관력을 가장 중요한 판단 근거로 정의했다. 이에 따라 프랑스와 영국에서는 여러 이론들을 제시했다.

프랑스는 크게 두 경향으로 나타났다. 하나는 모방의 성공 정도를 판단하는 능력으로 이것은 일정한 사전 지식과 미학 법칙에 능통해야 했다. 다른 하나는 인간의 감성이 미적 현상의 다양성 사이에서 통일성을 찾아낼 때 생기는 즐거움으로 이것은 개인의 감성작용을 중시했다. 두 경향은 규범 중심의 전통적인 고전주의와 개체의 분화를 허용하는 낭만주의에 각각 대응하였다. 두 대립되는 개념은 통합되지 않고 대립을 유지하면서 '미' 자체를 여러 종류로 다양하게 정의하는 경향으로 발전했다. 절대성 대 상대성, 자연성 대 인본성, 신성 대 속성 등 여러 종류의 쌍개념들이 이에 상응하는 대립 구도를 유지했다.

영국에서는 존 로크와 섀프츠베리 등을 거치면서 인간의 감각sensibility과 관념idea 사이의 논쟁에 치중하였다. 프랜시스 허치슨Francis Hutcheson은 로크의 감각론과 섀프츠베리의 관념론을 하나로 통합하여 '미'를 내재적 감각과 관념 사이의 상호 작용으로 정의했다. 이때 관념은 조화와 규범 등의 객관적 방식으로, 감각은 감성과 직관 등의 주관적 방식으로 표출된다고 했다. 에드먼드 버크Edmund Burke는 로크의 감각론에 치중하며 숭고미the Sublime와 심미성the Beautiful을 감각과 감성의 측면에서 정의했다. 특히 심미성이라는 전통적인 주제 이외에 이것의 한 종류로서 숭고미라는 구체적이면서도 새로운 개념을 정의한 것은 중요한 진전이었다. 숭고미는 비례와 인체에 국한한 전통적인 미의 개념에 자연과 사회 요소를 끌어들였다. 이런 일련의 사상들은 당시 영국에 새롭게 불기 시작하던 공리주의 논쟁에 맞서며 낭만주의의 토대가 되었다.

기독교, 특히 가톨릭의 붕괴는 18세기 신고전주의 건축에서 다원주의 경향이 나타나는 데 중요한 영향을 끼쳤다. 인간을 옭아매던 신탁神託의 질곡이 급속히 벗겨지면서 르네상스부터 시작된 인본주의운동이 진정한 완성점에 돌입하기 시작했다. 과학 정신, 합리주의, 산업 기술, 자본주의, 시민정신 등 인간의 지성과 힘을 바탕으로 한 새로운 권력과 매개가 기존의 정치권력에 합세하면서 세속 권력의 총합은 기독교를 완전히 압도하는 수준에 이르렀다. 기독교 붕괴 현상은 두 방향으로 나타났다. 하나는 기독교 세력 자체의 급속한 쇠퇴였다. 1759년을 시작으로 1773년에 이르기까지 각국에서 예수회 추방운동이 대대적으로 일어났다. 프랑스대혁명 이후에는 국가와 기독교를 동일시하던 정교政教일치를 폐지하며 기독교가 정치권력에서 배제되었다. 다른 하나는 기독교 내부의 변화였다. 이신론은 이것을 이끈 대표적인 예였다.

다원주의 경향의 대표적인 예로 합리주의와 낭만주의라는 새로운 사조와 세계관이 등장했다. 이 둘은 좁게는 그 자체가 하나의 건축양식이었다. 넓게는 건축을 해석하는 기본 입장이자 세계관이었다. 소재에 따라 합리적 경향과 낭만적 경향으로 분화했다. 신고전주의를 소재로 삼으면 합리적 신고전주의와 낭만적 고전주의로 분화했다. 그리스 고전주의와 로마 고전주의도 마찬가지였다. 두 고전주의 모두 합리주의와 낭만주의라는 두 가지 상반되는 건축적 가능성을 찾아냈다. 이로써 고전주의의 응용과 분화를 구성하는 요소들이 늘어났다. 이것들 사이의 관계 법칙에 따른 경우의 수는 더욱 다양해졌다.

자크 프랑수아 블롱델(1) – 고유한 적합성과 개체의 분화

18세기 신고전주의의 다원주의 경향을 '기호의 법칙'으로 해석한 중요한 예로 자크 프랑수아 블롱델Jacques François Blondel, 1705~74의 이론을 들 수 있다. 그 역시 '기호'라는 개념을 자신의 여러 이론 가운데 핵심 개념으로 제시했다. 그의 이론은 당시 프랑스 건축계가 처했던 시대 상황의 산물이었다. 아카데미에 집중된 프랑스의 건축은 18세기 신고전주의의 다양한 실험을 수용할 수 없었다. 프랑스 아카데미는 17세기 프랑수아 블롱델의 영향을 받아 18세기에도 소위 비트루비우스 계보의 정통 고전주의에 집착하는 편이었다. 이런 보수성은 18세기 신고전주의의 급진성, 낭만성, 혁명성과는 어긋났다. 이에 대한 대안으로 개인이 세운 건축 교육 기관이 생겼다. 대표적인 예는 자크 프랑수아 블롱델이 1742년에 파리에 세운 에콜 데 아르Ecole des Arts였다.

17세기 프랑수아 블롱델은 급진적 변화주의자는 아니었다. 굳이 분류하자면 그 역시 고전주의자였다. 그러나 프랑수아 블롱델이 국가별 차이를 초월한 보편적 고전주의를 추구했던 것과는 차이가 컸다. 블롱델의 건축관은 크게 프랑스다운 고전주의를 찾는 것과 경험적 주관주의로 요약할 수 있다(그림 52). 이 가운데 프랑스다운 신고전주의는 자크앙주 가브리엘의 신고전주의에 영향을 끼쳤다. 이 내용은 아래에서 살펴볼 것이다. 경험적 주관주의는 고전주의 규범의 붕괴와 개별적 분화 현상에 포괄적으로 중요한 영향을 끼쳤다. 특히 국가별 차이를

52 클로드 페로(Claude Perrault), 루이 14세 개선문 계획안, 1670

뛰어넘어 영국과 프랑스의 신고전주의자들 전반에 영향을 끼쳤다.

자크 프랑수아 블롱델의 경험적 주관주의는 건축에 부여하는 선험 가치나 절대 법칙을 거부하며 그 대안으로 각 건물이 지닌 '고유한 적합성convenance=decorum' 개념을 가장 중요한 건축 가치로 추구했다. 블롱델의 고유한 적합성은 세 단계로 정리할 수 있다. 첫번째는 건물의 대지 조건과 프로그램 구성과 같은 구체적 조건의 충족이다. 두번째는 건물이 속한 민족이나 국가 등 집단 단위의 사회적 특성이다. 세번째는 구조, 재료, 디테일 등 기술 측면에 정확성을 기하는 것이다.

이렇게 얻은 고유한 적합성은 선험적 가치나 절대 법칙에서 해방된 건물의 내재적 가치, 즉 특수성과 개별성의 가치다. 각 건물이 처한 조건을 만족하고, 스스로 보기 좋고 안정되고, 일정한 사회적, 문화적 가치를 획득하면 그것으로 좋은 건물이 되기에 충분하다는 것이다. 이런 점에서 고유한 적합성은 클로드 페로Claude Perrault의 실용 과학 정신과 일정 부분 맞닿아 있다. 실제로 자크 프랑수아 블롱델은 페로의 주관주의를 좋은 이론이라고 칭찬했다. 일반론의 관점에서 보면 전통 고전주의자인 자크 프랑수아 블롱델과 과학 합리주의자인 페로는 신구논쟁에서 볼 수 있듯이 반대편에 서는 것이 통례다. 그러나 두 사람은 경험적 주관주의를 매개로 서로 입장을 공유했다.

자크 프랑수아 블롱델의 경험적 주관주의는 18세기 신고전주의에 나타난 개별 부재의 분리 현상에 대한 이론적 배경으로 해석할 수 있다. 그는 이 이론을 통해 급진적 신고전주의, 낭만적 고전주의, 혁명기 신고전주의 등 개별 부재의 분리를 추구했던 18세기 신고전주의 운동에 영향을 끼쳤다. 체임버스와 르두는 이런 관점에서 그의 영향을 받은 대표적인 예였다. 체임버스는 건축의 절대 규칙을 거부하며 이성을 옹호했다. 르두는 건축을 결정하는 것은 각 시대의 시민들이 사용하는 관습으로 보았다. 이런 내용들은 자크 프랑수아 블롱델의 고유한 적합성과 일맥상통했다.

프랑스의 아카데미 활동은 합리주의와 낭만주의의 구별과는 별개의 성격이 강했지만 굳이 대응하자면 보수적 합리주의에서 낭만적 합리주의로 변해간 것으로 요약할 수 있다. 보수적 합리주의는 17세기 신구논쟁까지 거슬러 올라가는데 이 논쟁에서 보수 진영을 이끌었던 17세기 프랑수아 블롱델이 대표했다. 그는 과학 정신과 낭만주의 모두에 반대하며 보편적 고전 법칙을 고수했다. 아카데미는 이것의 산실이었다. 프랑수아 블롱델은 페로의 경험적 과학 정신에는 반대했지만 표준 고전 규범을 추구하는 과정에서 일정 부분 합리주의 성향을 나타냈다. 이런 점에서 보수적 합리주의로 분류할 수 있다.

자크 프랑수아 블롱델은 클로드 페로의 과학적 합리주의를 경험적 주관주의의 낭만주의와 결합하려는 독특한 시도를 했다. 기본 소재는 비트루비우스에서 르네상스에 이르는 이탈리아 고전주의의 책과 그에 따른 연구였다. 궁극적 목적은 이런 것들의 종합적 바탕 위에 프랑스만의 고전주의의 양식과 이론을 만들어내는 것이었다. 프랑스 고전주의자들은 이런 연구 내용을 책으로 많이 출판했다. 이 가운데 디드로의 『백과사전*Encyclopedie*』에 핵심 내용을 요약하여 수십 개의 건축 관련 항목을 실었다. 프렌치 오더French Order라 부르는 프랑스만의 오더 찾기 작업은 대표적인 또다른 예였다.

합리주의 대 낭만주의

합리주의와 낭만주의는 그 자체로는 대립되는 쌍개념이지만 각자가 고전주의를 소재로 삼아 운영한 내용에서는 두 가지 방향을 공유했다. 하나는 그리스 고전주의와 로마 고전주의를 구별하지 않고 둘을 공통 소재로 삼아 해석하는 입장으로 구체적 건축운동을 남기지 않은 대신 포괄적 의미에서 신고전주의의 다양한 실험을 이끌었다. 다른 하나는 두 고전주의를 구별해서 각각에 대해 합리주의와 낭만주의를 적용하는 입장으로, 구체적 양식운동의 결과로 나타났다.

두 고전주의를 공통 소재로 본 합리주의 해석의 예로는 과학적 경험주의, 복원운동, 정자법正字法운동 등을 들 수 있다. 클로드 페로는 과학적 경험주의를 대표했고 데스고데Desgodetz가 뒤의 두 운동을 대표했다. 이 가운데 정자법운동은 정확한 복원을 전제로 고전주의의 표준 구성을 찾고자 했다. 표준이라 함은 어휘 구성, 부재 형상, 치수 등 여러 측면에 따른 기준이 있었다. 낭만주의 해석의 공통적 경향으로는 폐허운동, 원시주의, 수채화운동, 풍경주의, 자연해석운동 등을 들 수 있다. 이것들은 기본 개념이 거의 같았다. 이들은 폐허 상태로 있는 고전 유구의 원시성이 자연과 잘 어울릴 뿐 아니라 인간의 여러 감성을 자극한다는 사실을 발견하고 이것을 수치화로 그린 운동을 의미했다.

그리스 고전주의는 합리주의와 낭만주의의 두 시각에 따라 해석할 수 있는 새로운 가능성을 보였다. 이것을 집약적으로 잘 보여주는 예로 빙켈만의 연구를 들 수 있다. 그의 결론은 그리스 신전이 예상했던 것보다 훨씬 덜 화려하고 투박하다는 것이었다. 이것은 이전에 이미 일부학자들이 주장했던 원형성의 의미이기도 했는데 빙켈만은 이것을 더 자세하게 정의, 설명하여 그리스 고전주의를 합리주의와 낭만주의의 양 방향으로 분화시키는 데 결정적 역할을 했다. 특히 거칠고 두꺼운 도리스식 오더는 서유럽 건축계에 적지 않은 충격을 주었다. 빙켈만은 이런 해석을 대표하는 미학자였으며 그가 그리스 예술의 정수로 정의했던 '고결한 단순성과 차분한 위엄'은 이것을 한마디로 압축해낸 명구였다. '고결한'과 '위엄'이라는 개념에는 숭고미가, '단순성'과 '차분한'이라는 말에는 절제, 추상, 환원 등의 개념이 밑바탕에 깔려 있었다. 숭고미는 낭만주의의 기본 개념 가운데 하나였다. 절제, 추상, 환원은 합리주의의 기본 개념이었다.

그리스 신전의 원형성에 대한 두 가지 해석은 독립적 건축운동으로 발전했다. 이것을 축조 원리의 관점에서 보아 가구식 구조의 기본 구성을 가장 충실히 보여주는 것으로 해석하는 입장은 합리주의 계열의 건축운동으로 발전했다. 대표적 예로 그레코-고딕 아이디얼을 바탕으로 한 구조 합리주의를 들 수 있다. 반면 또다른 건축가들은 그리스 신전의 폐허 상태가 예술적 감수성의 대상이 될 수 있다고 생각했다. 이런 발견을 낭만주의 계열의 건축운동으로 발전하여 주요 소재가 되었다. 그리스 신전을 소재로 낭만주의 건축을 이끈 대표적 건축가로 르루아LeRoy, 스튜어트Stuart, 레베트Revett 등을 들 수 있다.

로마 고전주의도 마찬가지였다. 합리주의는 주로 로마 고전주의가 갖는 석구조의 원형다움을 구조적 간결함에서 찾는 경향과 복원에서는 정자법운동으로 나타났다. 전자는 구조 기술을 바탕으로 한 구조 합리주의로 발전했다. 건축의 기술 공학 분야인 토목공학과 구조공학과 연계하여 기술 우위론을 펼쳤다. 이 운동은 클로드 페로의 입장과 일정 정도 공유하며 로돌리Lodoli와 밀리치아Milizia 등이 이끌었다. 후자는 합리주의적 성격이 강한 고고학적 신고전주의의 직접적인 출발점이 되었으며 급진적 신고전주의에도 일정한 영향을 끼쳤다. 고고학적 신고전주의는 실제 지어지는 건물에서 복원 내용을 기반으로 비교적 원형에 충실한 표준 고전주의의 구사를 추구했다.

낭만주의는 로마 고전주의가 지닌 다원성, 지역성, 벽치 구조의 각색 가능성 등에서 창작 모티프를 찾았다. 폐허운동은 로마 고전주의를 소재로 삼아 더 활발하게 진행되었다. 고전주의 성격으로 볼 때 로마 고전주의는 고대 바로크Ancient Baroque와 같은 비정형 경향을 대표적 특징으로 갖기 때문에 낭만적 상상력과 더 잘 어울렸다. 유적 수에 있어서 로마 고전주의가 압도적으로 많은 것도 중요한 요인이었다. 폐허 상태로 발견된 유적은 약간의 상상력을 더하면 좋은 창작 소재가 될 수 있었다. 수채화를 이용한 풍경주의운동에는 장로랑 르게이Jean-Laurent Le Geay, 클레리소Clerisseau, 페이르Peyre, 샤를 드베일리Charles de Wailly, 루이Louis 등 많은 건축가들이 참여했다.

로마 고전주의의 폐허운동은 그리스 고전주의보다는 실제 지어지는 건물에 끼친 영향이 더 컸다. 그러나 구체적 결과로 나타나지 않은 부분도 많았다. 직접적 결과를 낳지 않은 이유는 낭만주의 계열의 경향에 간접적 영향을 끼쳤기 때문으로 볼 수도 있다. 건축을 자연의 숭고미와 어울리는 감상적 분위기로 처리하려는 불레와 르두 등이 대표적인 예였다. 직접적 영향은 급진적 신고전주의, 낭만적 고전주의, 혁명기 건축 등에 나타났다. 시스터 아츠 이론을 접목한 표정론, 인상론, 말하는 건축 등도 이 범위에 속한다.

고고학의 발전도 중요한 요소였다. 고고학이 발전하면서 유적 선례에 대한 입장이 창작과 복원으로 세분화되었다. 폐허 상태로 발견되는 유적은 약간의 상상력을 더하면 훌륭한 창작 소재가 되었다. 정확한 복원은 이제 전문 학술 영역으로 넘어갔다. 르네상스와 바로크까지는 이 둘 모두를 건축가가 통합적으로 행했다. 그러나 이것이 세분화된 것이다. 복원의 의무에서 벗어난 건축가들은 유적에 대해 한층 더 자유로운 상상력을 발휘할 수 있었다. 이런 환경 변화는 18세기 신고전주의의 개별 분화 현상에 중요한 배경으로 작용했다.

4장 18세기 프랑스 신고전주의

1 신구 논쟁

2 조반니 니콜라노 제로니모 세르반도니

3 자크앙주 가브리엘

4 마리조제프 데이르와 샤를 드베일리

5 군주형 극장

6 1720~30년대 세대

7 1730년대 후반부터 1740년대 세대

1 신구논쟁

진보 대 보수

18세기 진입을 눈앞에 두었던 17세기 후반부에는 서양건축, 넓게는 서양문명의 전개 과정에서 중요한 전기가 있었다. 역사 흐름의 관점에서 최초로 자신들의 시기를 과거와 비교하기 시작한 것이다. 이것은 자신들의 시기에 대해 역사적 인식을 명확히 하려는 시도를 의미했다. 또 과거의 존재, 역할, 의미를 역사적 연속의 끈으로 보기 시작했다는 의미이기도 했다. 이런 새로운 시도는 다가올 미래가 이전의 역사 전개 방식과 다를 것이라는 기대와 위기감의 산물이었다. 그 결과는 신구논쟁A Quarrel between the Ancients and the Moderns이라는 구체적 현상으로 나타났다.

서양문명은 과거, 특히 고전의 선례에 대해 상반되는 두 가지 입장이 교차하며 진행되어왔다. 한 가지는 고전 선례에 의존하여 자신들의 시대를 이끄는 것이었다. 앞에서 언급한 고전의 항시성은 이것의 대표적 예다. 다른 하나는 자신들의 시대가 앞선 시대보다 더 낫다는 발전제일주의 시각이었다. 로마 시인 오비드Ovid, 기원전 43~서기 17가 이미 그 옛날에 자신의 시기가 초기 로마의 원시적 문명보다 훨씬 우월하다는 주장인 비교 우위론을 편 것은 이것의 좋은 예다.

이전까지 이 두 가지 상반된 입장은 단편적이었다. 고전 선례에 의존하는 경향이 주류를 이루면서 명확한 역사적 인식을 결여한 채 고전의 항시성을 습관처럼 당연하게 여겼다. 또는 새로운 창작 소재가 고갈된 정체기 때 고육지책으로 과거에 손을 벌린 측면도 많았다. 그러나 비교 우위론의 입장도 다를 것이 없었다. 시간이 지난 새 시대는 당연히 과거보다 더 발전할 수밖에 없는데 과거와 단순 비교를 통해 단정적 결론을 내린 것은 그 이후의 시대 전개에 아무런 도움이 되지 않았다. 신구논쟁은 이전의 이런 두 입장과는 달랐다. 양쪽 진영은 모두 자신들의 입장에 대해 종합적인 역사 인식을 가지고 있었다. 두 진영은 단순 비교가 아닌 체계적 논리를 갖춘 논쟁을 통해 폭넓은 고찰로 격상시켜 진행했다.

신구논쟁은 17세기 후반부 프랑스에서 진보진영the Moderns과 보수진영the Ancients 사이에서 있었던 향후 문화 발전의 방향을 놓고 벌어진 논쟁이었다. 진보진영은 과학과 기술을 이용한 발전, 보수진영은 고전의 지혜와 경륜에 의존한 안정을 주장했다. 이런 두 입장은 그 자체로는 새로울 것이 없었다. 그러나 이것이 하나의 세력으로 집단화된 점, 그리고 두 진영이 역사적 인식 아래 체계적 논쟁을 통해 생산적 결과를 낳으며 18세기 문화, 예술, 건축에 중요한 영향을 끼친 점 등은 새로운 점이었다.

진보적 입장은 르네상스 휴머니즘을 거쳐 바로크 시대 때 베이컨Francis Bacon, 1561~1626과 데카르트Rene Descartes, 1596~1650 때 일차적 완성을 이루었다. 영국은 과학의 발전을, 프랑스는 국가 정체성 형성을 각각 중요한 업적 기반으로 삼아 자신들의 시대에 대한 자신감을 확고히 했다. 데카르트는 신구논쟁에서 진보진영을 발전시키는 데 결정적 역할을 했다. 데카르트는 방법론적 회의론의 일환으로 고전 선례의 절대성을 거부하며 믿을 것은 자신의 주체 의식Cogito, ergo sum, 나는 생각한다. 그러므로 나는 존재한다이라고 주장했다. 주체 의식의 대표적 내용으로 인간의 이성에 기초한 과학적 논리성을 들었다.

17세기 후반부 프랑스의 진보적 학자들은 영국의 과학 발전과 데카르트의 방법론을 모아 과학 정신으로 무장하며 신구논쟁을 이끌었다. 신구논쟁은 문학에서 먼저 시작된 뒤 클로드 페로Claude Perrault의 가세로 건축으로 옮아갔으며 궁극적으로는 문명 전체의 나아갈 방향에 대한 논쟁으로 확산되었다. 진보적 예술가들의 입장은 한마디로 17세기 과학과 철학의 독자적 발전 내용에 상응하는 새로운 운동이 예술에서도 있어야 한다는 것이었다. 이를 위해 그때까지 반복되었던 과거 선례, 특히 고전에 대한 당연한 의존과 항시적 리바이벌을 거부했다. 그 대안으로 자신들만의 시대에 맞는 새로운 내용, 방법론, 모델, 가치 기준 등을 찾아서 새로운 양식을 창출해야 한다고 주장했다.

보수진영의 역사는 더 오래되었다. 로마 시대의 신플라톤주의, 기독교 사상의 그리스 철학 의존성, 르네상스의 고전 리바이벌 등 17세기까지 서양문명과 건축의 전개는 고전 선례의 반복적 재해석의 연속이었다. 이런 입장은 17세기 후반에도 계속되며 왕실, 귀족, 아카데미,

학문, 예술 등 각 분야에서 가장 큰 세력을 형성하였다. 17세기 프랑스 바로크를 로마 고전주의의 후계로 인식하던 고전주의자들이 대표적 예였다. 17세기 후반부는 프랑스 바로크가 전성기를 누리던 시기였는데 이들은 이것의 뿌리를 로마 고전주의로 보았다. 그리고 이런 입장은 18세기에도 계속되어야 한다고 주장했다.

클로드 페로(1) 대 프랑수아 블롱델

두 진영의 본격적인 논쟁은 프랑스에서 1687년부터 시작했다는 것이 통설이다. 이후 진보진영은 시인이자 과학자였던 샤를 페로와 건축가이자 과학자였던 클로드 페로Claude Perrault, 1613~88 형제가, 보수진영은 시인이자 고전 미학자였던 니콜라 부알로Nicolas Boileau와 건축 이론가였던 프랑수아 블롱델이 각각 대표했다. 두 진영 사이의 논쟁 내용은 프랑스에서 『신구논쟁*Querelle des anciens et des modernes*』1688, 영국에서 『학문전쟁*Battle of the Books*』으로 출간되면서 하나의 운동 혹은 경향으로 자리잡았다. 이후 18세기에 유럽 각국의 많은 학자와 예술가들이 참여한 가장 광범위한 논쟁으로 발전했다. 앞의 두 책과 유사한 책들이 뒤를 이어 출간되면서 더욱 구체적인 결과를 남겼다. 내용 면에서는 18세기 여러 예술운동 전반에 폭넓은 영향을 끼쳤다.

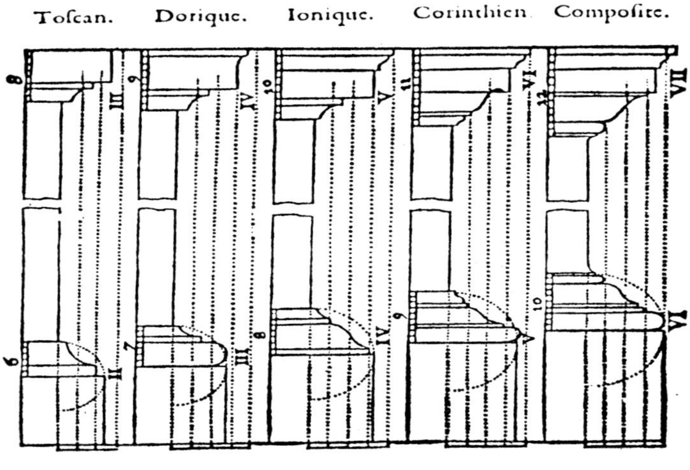

건축에서는 클로드 페로와 프랑수아 블롱델의 논쟁이 불꽃을 튀었다. 페로의 진보주의는 고전의 절대 가치에 대한 대안으로 과학적 합리성과 경험적 주관주의를 주요 내용으로 했다. 페로도 비례 자체를 반대하거나 비례를 완전히 버리자는 입장은 아니었다. 그는 비례의 절대성에 강한 의문을 제기했다. 그 근거로 경험적 관찰을 들었다. 건물을 감상하는 사람의 시각 작용으로는 숫자로 표현하는 비례의 정밀한 차이를 파악하지 못하는

53 다섯 오더에 대한 클로드 페로(Claude Perrault)의 경험적 비례 측정

점과 비례를 신봉했던 많은 고전주의 건축가들의 건물들에서 통일된 비례 체계를 찾을 수 없다는 점을 근거로 들었다(그림 53).

클로드 페로는 이를 발전시켜 아름다움을 '자연미'와 '관습미'로 구별했다. 자연미는 시대와 장소가 변해도 변하지 않는 항시적인 아름다움을 의미했다. 일종의 절대미였다. 반면 관습미는 특정 시대와 장소에 따라 관습적으로 느끼는 아름다움을 의미했다. 상대미였다. 페로는 건축의 비례는 그리스 시대에 동의하는 관습미일 뿐이라고 주장했다. 이것을 시대와 나라가 바뀐 17세기 말 프랑스에서 그대로 신봉하는 것은 사리에 맞지 않는다고 했다.

프랑수아 블롱델의 보수주의는 비례론에 집중했다. 고전이 위대한 이유는 비례론을 창시해서 구현했기 때문이라는 것이 요지였다. 비례는 넓게는 우주, 좁게는 자연, 더 좁게는 인체를 구성하는 가장 기본적 법칙이기 때문에 신비로운 절대 가치를 갖는 것으로 신봉했다. 비례 신봉은 비례를 구체적으로 구현한 건축 매개였던 오더의 집중으로 이어졌다(그림 54). 각 오더를 신화적 배경을 갖는 절대적 상징 요소로 추앙했다. 이상을 종합하면 블롱델은 오더를 중심으로 진행되어온 고전 선례 전반에 대한 이상주의적 입장을 견지했다.

프랑수아 블롱델의 신념은 확고했다. 진보진영은 페로의 관습미를 들어 프랑수아 블롱델의 비례론을 공격했다. 프랑수아 블롱델은 비례를 실제 건물에 규범대로 똑같이 실현하는지는 그리 중요한 것이 아니라고 받았다. 이상 비례와 실제 비례 사이의 차이도 인정했다. 문제는 이 차이를 어떻게 해석하느냐에 있었다. 프랑수아 블롱델의 입장은 이런 차이가 있다고 해서 무조건 이상 비례가 잘못된 것으로 결론 내서는 안 된다는 것이었다. 이런 차이와 상관없이 이상 비례는 그 자체로 숭고하고 절대적인 정신적 가치를 지니며 이것을 받아들이기만 하면 된다고 했다. 조금 차이가 있더라도 이런 비례를 구현하려고 추구한 건물은 이 비례가 지닌 정신적 가치를 갖는 것으로 평가할 수 있다는 것

54 프랑수아 블롱델(Francois Blondel)의 판테온 비례 분석

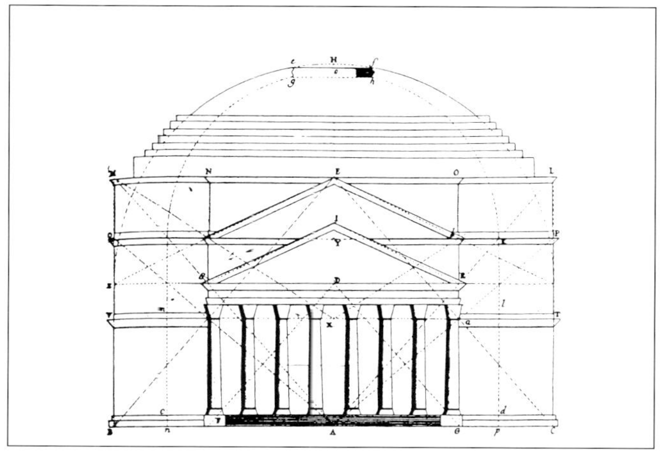

이었다.

두 진영의 입장은 어느 한쪽의 일방적 승리로 끝나지 않았다. 두 입장은 서로 합쳐져 함께 작동하며 18세기 신고전주의 전개에 복합적 영향을 끼쳤다. 보수진영의 입장은 프랑수아 블롱델의 비례론을 그대로 따르지는 않았지만 고전의 항시성이 18세기에도 계속된 점에서 어느 정도 살아남은 것으로 볼 수 있다. 일부 신고전주의자들은 여전히 오더를 중요한 부재로 사용했는데 이것도 프랑수아 블롱델의 영향으로 볼 수 있다.

진보진영의 입장은 고전 해석에 상대적, 관습적 방법론을 도입한 점이 가장 큰 승리였다. 진보진영의 이런 입장은 과학적 합리성과 경험적 주관주의에 기초하였다. 이 가운데 과학적 합리성은 18세기 합리주의 계열의 건축운동이 태어나는 데 결정적 계기가 되었다. 특히 루브르 궁전 동익랑에서 페로가 사용했던 열주는 18세기 신고전주의의 네 가지 대표적 경향 가운데 두 가지 중요한 선례가 되었다. 경험적 주관주의는 전자만큼 직접적이지는 않았지만 고전 규범의 붕괴와 개별 부재의 독립에 대한 정신적 뒷받침을 제공하며 신고전주의에 나타났던 급진성, 낭만성, 혁명성 등 다양한 논의의 출발점을 이루었다.

조반니 니콜라노 제로니모 세르반도니 2

클로드 페로(2), 루브르 궁전 동익랑, 탈(脫)바로크

루브르 궁전 동익랑East Wing, Louvre Palace은 열주 효과를 추구한 점에서 18세기 신고전주의를 예견한 건물로 평가할 수 있다. 이 건물에서는 이탈리아 바로크, 프랑스 고전주의, 과학적 합리주의 등 세 가지 경향이 섞여 나타났다. 또 건물의 저작권도 샤를 르브룅Charles Le Brun, 1619~90, 르이 르보Louis Le Vau, 클로드 페로 셋의 공동작품이라는 것이 통설이다. 이 가운데 르브룅과 르보는 바로크다운 특징을, 페로는 열주 효과를 중심으로 한 신고전주의의 미래를 반영한 것으로 구별할 수 있다. 또 건물 전체로 보았을 때도 세 사람 가운데 페로의 저작권이 가장 크다는 것이 통설이다. 이런 점에서 이 건물은 17세기 바로크의 한복판에서 지어졌음에도 18세기 신고전주의를 예견한 중요성을 갖는다.

페로의 생각이 반영된 내용은 세 가지 면에서 동시대 바로크 건물과 달랐다. 첫째는 고전 어휘의 정확성이었다. 바로크 건축이 고전 어휘의 비정형적 변형과 각색을 추구했던 데 반해 이 건물에서는 고고학적 엄밀성에 가까운 정확한 표준 고전 어휘를 사용했다. 코린트식 오더, 코린트식 벽기둥, 신전 페디먼트, 메달 모양의 원형창 및 그 주위를 둘러싸는 화환 장식, 창 상인방에 쓰인 박공 소품 등은 모두 로마 고전주의의 표준 어휘를 가능한 한 정확하게 구사한 내용이다(그림 55).

둘째는 수평선의 강조였다. 프랑스 바로크는 오더의 수직 중첩과 수직 층쌓기를 통해 중세 고딕의 수직선을 번안하는 경향이 있었다. 여기에서는 이것을 버리고 오더를 단층 수평 방향으로 반복 사용하며 길게 늘어트렸다. 총 열여덟 쌍의 코린트식 오더가 건물의 중앙부를 담당했고 양 측동에는 각 네 쌍씩 코린트식 오더를 추

55 클로드 페로(Claude Perrault) · 루이 르보(Luois Le Vau) · 샤를 르브룅(Charles Le Brun), 루브르 궁전 동익랑(Eas Wing, Louvre Palace), 파리, 1667~70

56 클로드 페로(Claude Perrault) · 루이 르보(Luois Le Vau) · 샤를 르브룅(Charles Le Brun), 루브르 궁전 동익랑(Eas Wing, Louvre Palace), 파리, 1667~70

가로 더했다. 오더를 쌍기둥으로 처리한 것은 구조적 측면에서 합리적 해석이기도 했지만 수평 효과를 강조하기 위한 목적도 있었다. 기단을 안정적 돌쌓기로 처리한 것도 수평적 분위기를 도왔다. 열주가 단독으로 있을 경우 자칫 분산되기 쉬운데 안정적 돌쌓기는 이것을 수평선으로 모아주는 역할을 했다.

셋째는 열주 효과였다(그림 56). 독립 오더가 수평 방향으로 길게 늘어서면서 오더 열과 뒤쪽 건물 벽체 사이에 진공부가 생겼다. 이 부분에 음영이 지면서 오더 열은 스크린을 쳐놓은 것처럼 되었다. 바로크 건물에서도 오더를 사용하긴 했지만 개수가 적고 벽체와의 관계가 모호해서 진공부를 만들지 못했다. 벽체에서 단순 돌출하거나 벽체의 벽기둥으로 흡수되었기 때문이다. 이것은 오더가 자신만의 건축적 효과를 내는 부재로 독립하지 못하고 벽체에 종속되어 있음을 의미했다. 반면 이 건물에서는 오더가 벽체에서 분리되며 스크린 효과라는 자신만의 독립적 효과를 냈다.

이상의 세 가지 특징은 이미 바로크 고전주의 다음 단계의 새로운 고전주의를 모색한 것으로 평가할 수 있다. 실제로 이런 내용은 18세기 신고전주의의 네 가지 경향인 열주 효과, 추상 매스, 합리주의, 낭만적 각색 등의 선례가 되었다. 열주 효과에 대한 선례의 내용은 정확한 표준 고전 어휘의 사용, 열주로 구성되는 수평선, 열주의 스크린 효과 등으로 정리할 수 있다.

이 건물의 탈바로크적인 특징은 프랑스다운 전통을 뛰어넘는 보편성을 지향한 점이다. 프랑스 바로크는 절대왕정을 대표하는 양식으로 프랑스 민족주의와 맥을 함께했다. 이에 따라 아카데미의 그랜드 매너Grand Manner를 중심으로 선험적 법칙을 교과서처럼 암기해서 반복하는 관습이 강하게 지배했다. 페로는 이것으로는 더이상 다가오는 18세기를 맞을 수 없다는 판단 아래 과학적 합리성과 경험적 주관주의로 무장한 보편 양식을 추구했다. 그것은 오더 열주와 수평선으로 구성되는 헬레니즘의 원형이었다. 서양건축의 뿌리로 돌아간 뒤 이것을 새로운 시대에 맞게 합리적이고 경험적으로 각색하자는 것이었다.

세르반도니, 열주 효과, 국제적 신고전주의

18세기 신고전주의 건물 가운데 열주 효과 경향의 문을 연 것은 영국의 기브스와 프랑스의 조반니 니콜라노 제로니모 세르반도니Giovanni Nicolano Geronimo Servandoni, 1695~1766였다. 세르반도니의 생쉴피스St. Sulpice, 1733~45 웨스트 파사드는 프랑스 신고전주의의 열주 효과 경향을 대표하는 건물이었다. 세르반도니는 정식으로 건축을 배우지 않았다. 1724년까지 로마에서 회화, 무대 디자인, 불꽃놀이 디자인, 축제 건축 등 다양한 분야를 배웠다. 1724년에서 1725년 사이에 파리에 정착한 뒤 무대 디자인, 실내 벽화, 실내장식, 수채화 등을 주 전공으로 활동했다

세르반도니는 1732년에 생쉴피스 설계 경기에 응모해서 당선되었다. 이 건물은 전임자 질마리 오페노르Gilles-Marie Oppenord가 로코코 양식으로 초안을 설계했다. 세르반도니는 이것을 이어받아 열주를 이용해 완전히 다른 안으로 바꾸었다. 당시 프랑스의 유행 양식은 후기 바로크와 로코코가 섞인 장식 양식이었다. 세르반도니는 이것을 일거에 뒤집는 파격적 안을 제시했다. 파사드는 중앙부와 양측면의 첨탑으로 삼등분 구성을 적용했다. 중앙부는 5베이의 열주만으로 구성했다. 열주는 2층으로 중첩시켰다. 첨탑을 받치는 몸체는 개선 아치를 단순화한 벽체 구조로 형성했다. 신전 파사드를 노린 것이었지만 페디먼트는 두지

않았다(그림 57).

이런 처리는 루브르 궁전의 동익랑과 강한 유사성을 띤다. 열주와 출입문 벽체 사이에 진공부를 두면서 열주는 스크린으로 나타났다. 페디먼트를 없앴기 때문에 열주의 스크린 효과는 더 강했다. 강한 수평선과 양옆의 첨탑 부분을 벽체 구조로 처리한 점도 동익랑을 닮았다. 이것은 첨탑을 받치기 위한 구조적 목적이 있었지만 양식적 관점에서 보면 로마 건축과의 혼용을 위한 것이었다. 그리스 건축의 열주만으로 구성할 경우 로마와의 연계 전통이 강했던 당시 프랑스 분위기가 받아들이기 어려웠을 것이기 때문이다. 페디먼트를 없앤 것도 그리스와 로마의 구별과 상관없는 고전 건축의 표준 원형을 제시하려는 것으로 해석할 수 있다. 노골적인 그릭 리바이벌도 부담스러웠지만 로마에 대한 지나친 의존성도 함께 피하고 싶어했음을 알 수 있다.

57 조반니 니콜라노 제로니모 세르반도니(Giovanni Nicolano Geronimo Servandoni) 생쉴피스(St. Sulpice), 파리, 1733~45

이런 해석은 렌의 런던 성 바오로 성당1675~1711과 비교하면 명확해진다. 성 바오로 성당도 정면에 열주를 사용하며 생쉴피스와 유사성을 보였지만 다른 로마 어휘를 많이 섞어 로마에서 로마네스크로 이어지는 로마 전통에 강하게 의존했다(그림 58). 이 때문에 성 바오로는 신고전주의가 아닌 바로크로 남았다. 반면 생쉴피스에서는 그리스와 로마의 두 선례를 적절히 혼합하면서 두 선례의 차이인 고전 원형을 사용하는 등 한쪽으로 치우치지 않는 입장을 잘 견지했다. 이런 점에서 열주의 순수 건축 효과를 극대화하며 국제적 신고전주의의 대표 유형이 되었다.

세르반도니가 클로드 페로의 루브

르 동익랑을 참고했는지의 여부는 밝혀진 바 없다. 그러나 두 건물 사이에서 열주를 매개로 한 많은 공통점을 찾을 수 있다. 열주를 사용한 보다 직접적인 배경으로 세르반도니의 무대 디자인 경력을 들 수 있다. 열주 스크린은 무대 디자인에서 자주 사용하는 장경주의 기법의 배경막 개념으로 볼 수 있다. 생쉴피스 앞에 넓은 광장이 있는 것은 이런 추측을 뒷받침한다. 무대 전면을 감상하기 위해 필요한 거리를 충분히 확보하고 있다는 의미다. 이것은 가로변에 대한 건물 파사드의 입장이 18세기 들어 바뀌었음을 의미한다.

바로크 파사드는 가로변에 직각 방향으로 서 있는 높은 수직 벽 개념으로 정의되었다. 이것은 가로와의 단절을 가져왔다. 이런 파사드는 대부분 교회에서 나타났는데 이것은 교회 밖인 속세의 공간과 교회 안인 성스러운 공간 사이를 확실하게 구별하겠다는 의도로 해석할 수 있다. 18세기 열주 파사드는 이와 반대로 가로와 건물 사이의 연속성을 추구했다. 열주 파사드는 단절과 통과의 중간인 반투명으로 볼 수 있다. 가로에서의 이동은 반투명 스크린을 통과해 실내로 이어졌다(그림 59).

생쉴피스는 프랑스의 바로크 전통에서 탈피하려는 명백한 목적이 있었다. 돔과 수직 층쌓기의 바로크 전통이 완전히 사라지고 기둥 구조의 순결성과 원형 단위의 수평선이 새로운 모습을 드러냈다. 상징 해석을 통한 위계 표현에서 탈피한 대신 열주 스크린이 만드는 투명한 인상이 건물을 대표했다. 자크 프랑수아 블롱델을 비롯한 동시대 프랑스 건축가들은 그리스 고전의 고결한 전통이 부활한 것으로 평가했다.

58 크리스토퍼 렌(Christopher Wren), 성 바오로 성당(St. Pauls's), 런던, 1675~1711
59 조반니 니콜라노 제로니모 세르반도니(Giovanni Nicolano Geronimo Servandoni), 생쉴피스(St. Sulpice), 파리, 1733~45

3 자크앙주 가브리엘

자크 프랑수아 블롱델(2), 자크앙주 가브리엘, 프랑스다운 신고전주의

자크 프랑수아 블롱델은 18세기 중후반부 신고전주의 이론을 대표하는 이론가였다. 그의 이론은 포괄성을 가장 큰 특징으로 한다. 신구논쟁에서 클로드 페로와 프랑수아 블롱델이 제기한 입장 모두를 받아들여 그 두 가지를 합쳐 18세기 이론으로 제시했다. 이것의 궁극적 목적은 17세기 프랑스 바로크 고전주의를 모델로 삼아 18세기 프랑스에 맞는 고전주의를 찾으려는 것이었다. 그는 18세기 프랑스 건축의 대표적 두 흐름인 로코코와 신고전주의 모두를 진정한 프랑스 양식으로 보지 않았다. 그가 생각한 진정한 프랑스 양식은 17세기 바로크였으며 따라서 18세기 프랑스의 대표 양식도 이것을 이어받은 것이어야 한다고 생각했다. 다만 17세기 바로크를 그대로 답습하는 것이 아니라 18세기에 맞게 각색해야 된다는 것이었다. 그는 18세기 로코코의 오염된 장식과 신고전주의의 국제성 모두에서 18세기 프랑스 건축을 지키려 했다.

자크 프랑수아 블롱델은 여러 가지 건축 이론을 주장했다. 그 내용은 네 쌍의 개념으로 요약할 수 있다. 첫째 경험적 주관주의와 고유한 적합성, 둘째 개별다움과 특질론, 셋째 이성과 합리주의, 넷째 합치성propriety과 기호taste였다. 이 가운데 첫번째는 18세기 신고전주의의 전반적 특징인 개별성 실험과 모색에, 두번째는 낭만적 고전주의와 혁명기 고전주의에, 세번째는 합리주의 계열의 건축운동에 영향을 끼쳤다. 네번째의 합치성과 기호는 프랑스다운 신고전주의에 영향을 끼쳤다. 합치성은 고유한 적합성, 개별다움, 특질 등이 이성에 의한 내재적 논리성을 획득한 상태를 의미한다. 각 개체는 각자에게 적합한 조화로운 상태를 갖는다는 의미다. 조화로운 상태는 처음부터 한 가지로 외부에서 정해지는 것이 아니라 각 개체가 처한 개별적 특수 상황의 산물이다.

기호는 합치성이 축적되어 집단적 가치를 얻은 상태다. 개별다움이 사회 단위로 축적되어 건축을 통해 사회적 연속체social continuum를 표현할 수 있는 경우다. 사적 영역에서 공적 영역에 이르는 연결 고리를 끊지 않고 표현한 경우가 좋은 예다. 주거를 예로 들어보자. 주거 가운데 왕궁은 무엇보다도 한 사회 단위의 최고 지배자의 사회적 지위와 정치적 권위를 표현해야 한다. 이것은 주거라는 유형에서는 그 사회 단위의 표준 어휘가 된다. 최고 지배자에 종속되는 그 다음 단계의 각 계층은 각각에 맞는 건축 어휘의 위계를 가져야 한다. 이것은 최고 지배자의 표준 어휘를 사용해서 각 상황에 맞게 변형, 각색하여 얻을 수 있다(그림 60).

60 자크 프랑수아 블롱델(Jacques Francois Blondel), 파리의 의류 도매상 주택

자크앙주 가브리엘Jacques-Ange Gabriel, 1698~1782은 자크 프랑수아 블롱델의 이론에서 영향을 받은 프랑스다운 신고전주의를 대표했다. 가브리엘은 건축가 집안이었다. 아버지 자크 가브리엘1667~1742은 바로크 건축가로서 1734년부터 왕실 수석 건축가를, 1735년부터 왕립 건축아카데미의 교장을 역임했다. 그는 파리뿐 아니라 보르도Bordeaux 등 여러 도시에 광장, 왕궁, 성당, 성채 등 다양한 기능 유형을 설계했다(그림 61). 이력에서 알 수 있듯이 그는 루이 14세와 루이 15세를 연달아 모시며 왕실 소속 건축가로 프랑스의 절대왕정을 대표하는 국가 양식 창출에 주력했다.

아들 가브리엘자크앙주 가브리엘은 아버지 자크 가브리엘과 구분하여 본문에서 가브리엘로 줄여 표기하기도 한다은 개

61 자크앙주 가브리엘(Jacques-Ange Gabriel), 증권거래소 광장(Place de la Bourse), 보르도(Bordeaux), 프랑스, 1730~55

인의 독창성보다는 선례에 많이 의존한 점에서 전형적인 신고전주의자였다. 그의 선례는 두 가지였다. 하나는 17세기 프랑스 바로크 고전주의였고 다른 하나는 비트루비우스에서 이탈리아 르네상스에 이르는 로마 고전주의였다. 프랑스 바로크는 프랑스다운 신고전주의의 전형을 찾는 데 직접적 모델이 되었다. 로마 고전주의는 이것을 근본적 차원에서 뒷받침하는 원형성의 의미가 있었다. 다비놀라Giacomo Barozzi da Vignola, 1507~73가 대표적 예였으며 로마 고전주의는 아니었지만 팔라디오도 중요한 선례였다.

자크앙주 가브리엘은 아버지에게 건축을 배웠고 일찍부터 아버지의 일에 참여하여 실무를 익혔다. 이런 배경으로 볼 때 가브리엘이 프랑스다운 신고전주의를 추구한 것은 당연했다. 그는 아버지를 따라 왕실 일에 발을 들여놓은 이래 1742년에 아버지의 두 직책을 그대로 물려받았다. 이후 루이 15세가 사망할 때가지 지속적인 후원을 받으며 베르사유Versailles, 퐁텐블로Fontainebleau, 콩피에뉴Compiène, 생위베르St. Hubert 등 여러 왕궁에 많은 작품을 남겼다. 베르사유에서는 오페라 극장Opera, 1769과 행정동Aile du Gouvernement, 1774 등이 대표작이다(그림 62). 파리 시내에는 콩코르드 광장 등 주로 광장을 설계했으며 몇 개의 주요 공공건물도 남겼다. 이 과정에서 18세기를 대표할 프랑스의 국가 양식 창출에 전력을 기울였다(그림 63).

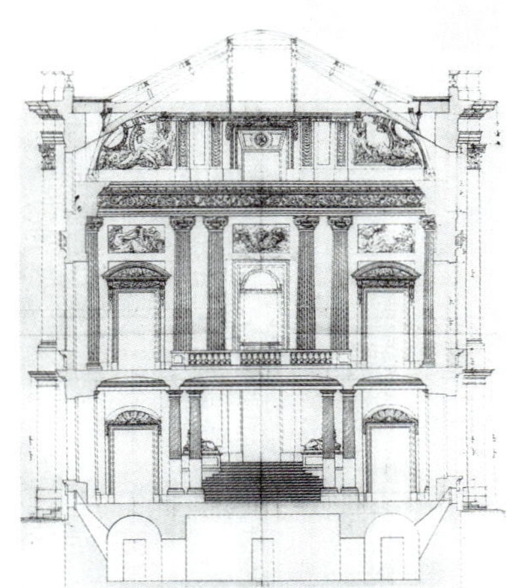

62 자크앙주 가브리엘(Jacques-Ange Gabriel), 베르사유 궁전 행정동(Aile du Gouvernement, Versailles), 1774

63 자크앙주 가브리엘(Jacques-Ange Gabriel), 콩코르드 광장(Place de la Concorde=place Louis XV, 루이 15세 광장)

루이 15세, 왕궁, 18세기 프랑스 국가 양식

자크앙주 가브리엘의 이런 입장은 자크 프랑수아 블롱델의 이론과 강한 일치를 보였다. 실제로 가브리엘은 프랑스 바로크 선례를 차용할 때 블롱델이 그 작품들에 대해 평가한 내용에 많이 의존했다. 왕실에서 가브리엘에게 요구한 것은 17세기 루이 14세의 영광 아래 창출되었던 절대왕정의 국가 양식을 18세기에 맞게 재창출하는 일이었다. 지나친 창작보다 자국 선례의 전통을 이어받는 일이 가장 중요했다. 이것은 블롱델이 자신의 이론 가운데 절반 정도를 할애할 정도로 당시 프랑스 건축계에서는 가장 큰 의무였다. 이런 점에서 가브리엘과 블롱델은 동일한 목적을 공유하며 동일한 경향을 보였다.

루이 15세의 중도적 입장에서는 자크앙주 가브리엘의 존재가 절실하게 필요했다. 루이 15세는 루이 14세 같은 카리스마는 없는 대신 온화한 성격이었다. 루이 14세의 그늘은 컸다. 많은 사람들이 사적으로는 루이 15세의 온화한 성격을 좋아했지만 공적으로는 여전히 프랑스 절대왕정의 권위를 잘 지키고 키워가길 원했다. 이런 양면적 요구는 적지 않은 부담이었다. 건축에 관심이 많았던 루이 15세에게 건축은 이것을 해결하기 위한 중요한 매개였다. 루이 15세 때 로코코와 신고전주의의 상반되는 두 양식이 대표 양식으로 유행한 것은 이런 상황을 잘 말해준다.

로코코는 루이 15세의 온화한 성격이 낳은 결과였다. 상류 귀족층들은 파리 시내에 살롱 문화를 이루며 루이 15세의 온화한 성격을 맘껏 즐겼고 로코코는 이것을 뒷받침한 딜레탕트 양식이었다. 반면 신고전주의는 절대왕정의 권위를 지키려는 노력을 반영한 양식이었다. 로코코는 귀족들이 자발적으로 잘 꾸려 나갔지만 신고전주의의 창출은 쉽지 않은 문제였다. 자크 프랑수아 블롱델과 자크앙주 가브리엘은 이론과 작품에서 이것을 뒷받침한 양축이었다. 재야인사였던 블롱델은 이런 노력을 인정받아 1762년에 왕립 건축아카데미 교수가 되었으며 가브리엘은 루이 15세의 전폭적인 후원을 받았다. 가브리엘은 프랑스다운 18세기 신고전주의를 창출하며 루이 15세의 기대에 적절히 대응했다. 건축계 내부에서도 시기나 갈등을 야기하지 않고 블롱델의 이론을 충실히 구현했다.

64 자크앙주 가브리엘(Ange-Jacques Gabriel), 퐁텐블로(Fontainebleau), 백마 코트(Cour de Cheval Blanc), 루이 15세 측랑(La Louis XV aile), 프랑스, 1739~74

자크앙주 가브리엘은 특히 루이 15세가 공들였던 세 개의 주요 왕궁이었던 베르사유, 퐁텐블로, 콩피에뉴에 주요 작품을 남겼다. 이 세 도시는 루이 15세의 통치 기반이었다. 베르사유는 루이 14세 때부터 프랑스 절대왕정의 본거지이자 루브르 궁전과 함께 서유럽 정치의 중심지였다. 퐁텐블로는 절대왕정을 이끌었던 부르봉왕조Bourbon Dynasty, 1589~1830의 근거지였다. 콩피에뉴는 프랑스 북부 지방의 군사 중심지였다. 이런 중요성을 갖는 세 궁전에 18세기 프랑스 국가 양식의 대표 작품들을 지음으로써 가브리엘은 루이 15세의

정치력을 튼실하게 하는 데 일조했다(그림 64). 이런 것들이 모여 18세기 프랑스 신고전주의 국가 양식이 되었다. 블롱델이 제시했던 사회적 연속체로서의 기호 개념 및 이것이 갖는 사회질서와 계층 위계의 표현 기능은 이런 국가 양식의 창출에 이론적 뒷받침이 되었다.

당시 정치적 상황에서 이것은 곧 프랑스에 대한 국가적 충성이자 애국심이었다. 루이 14세에게는 쥘 아르두앙 망사르Jules Hardouin Mansart가 있었다면 루이 15세에게는 자크앙주 가브리엘이 있었다. 망사르는 루이 14세를 대표하는 17세기 프랑스 바로크의 국가 양식을, 가브리엘은 루이 15세를 대표하는 18세기 신고전주의 국가 양식을 각각 창출했다. 이 과정에서 가브리엘은 쥘 아르두앙 망사르를 비롯하여 프랑수아 망사르François Mansart, 로베르 드코트Robert de Cotte, 클로드 페로, 루이 르보 등 프랑스 바로크를 대표하는 건축가들의 작품 경향을 많이 참고했다. 돌을 이용한 기념비적 분위기, 정확한 표준 고전 문법에 따른 매스 분절과 어휘 구사, 면과 매스의 강조, 삼분법 전통, 중심 안마당을 세 면에서 에워싸는 축과 대칭 구성 등이 이것의 구체적 내용들이었다.

자크앙주 가브리엘의 대표작은 베르사유 궁전 증개축1742~75, 보르도의 루아얄 광장Place Royale, 1744, 콩피에뉴 성채 증개축1747~82, 퐁텐블로 성채 증개축1748~56, 수아지의 교회Eglise, Choisy, 1748~56, 파리의 육군사관학교Ecole Militaire, 1750~68, 파리의 콩코르드 광장Place Louis XV=Place de la Concorde=루이 15세 광장, 1755, 베르사유 궁전 내 프티 트리아농Petit Trianon, 1761~68 등을 들 수 있다. 대부분 앞의 세 도시와 파리를 중심으로 한 왕궁과 왕실 발주의 공공건물들이다. 이런 기능 유형들은 국가 양식 창출에 좋은 바탕이 되었다. 또한 블롱델의 이론을 적용하는 데도 적합한 유형이었다.

프티 트리아농 – 고결한 위엄, 로마 벽체 건축, 반(反)로코코

프티 트리아농과 육군사관학교는 루이 15세의 국가 양식과 자크 프랑수아 블롱델의 이론을 잘 반영한 대표적 예였다. 왕궁 건물이었던 프티 트리아농은 프랑스라는 국가 전체 단위에서 표준 어휘가 될 수 있었다. 로마 고전주의의 차용, 원형 기둥을 자제하고 벽기둥을 사용한 절제, 반듯한 사각형 윤곽, 비례와 조화의 느낌을 주는 안정감, 튼실한

65 자크앙주 가브리엘(Ange-Jacques Gabriel), 프티 트리아농(Petit Trianon), 베르사유 궁전(Versailles), 프랑스, 1761~68

시공 상태, 벽체 건축의 덩어리 느낌 등이 이것을 이루는 구체적 내용들이었다(그림 65). 이것이 프랑스의 표준 어휘가 될 수 있는 근거는 두 가지였다.

하나는 통시적 관점의 해석으로 17세기 프랑스 바로크 고전주의의 정수를 이어받은 것이기 때문이었다. 루이 14세의 절대왕정 시대는 프랑스 전 역사에서 프랑스가 가장 강대했던 시기였고 초기 근대의 법제와 사회제도들이 정착된 점에서 프랑스의 국가적 뼈대가 완성된 시기였다. 이런 점에서 17세기는 프랑스다움을 대표하는 시기였다. 따라서 이 시기 건축의 정수를 이어받은 것은 18세기 프랑스다운 건축의 구성요소가 될 수 있는 자격을 획득한 것으로 볼 수 있다.

다른 하나는 18세기의 동시대 상황인 공시적 관점의 해석이다. 프티 트리아농의 특징은 동시대의 두 대표 양식이었던 로코코와 국제적 신고전주의 모두에 반대되는 것이었다. 로코코의 과도한 장식은 내재적 논리성을 벗어나 장식을 위한 장식이자 외부에서 가해지는 장식이기 때문에 반대했다. 국제적 신고전주의는 프랑스만의 사회적 연속체가 될 수 없기 때문에 반대했다. 생쉴피스의 열주 효과는 프랑스다운 전통과는 안 맞는 측면이 많았다. 17세기 프랑스 바로크 고전주의에서 알 수 있듯이 프랑스다운 건축은 로마 고전주의에 뿌리를 둔 벽체 건축이었다. 오더는 벽체에 종속되었다. 프티 트리아농은 이것을 이어받아 로코코와 국제적 신고전주의 모두와 다른 또 하나의 새로운 양식을 창출했다.

프티 트리아농에는 프랑스 바로크의 연속성만 있었던 것은 아니었다. 이와 다른 새로운 점이 적절히 공존했다. 로마 고전주의의 힘, 벽체 구조의 안정감, 오더 체계여기에서는 벽기둥를 이용한 위계 표현, 조적이 주는 돌의 축조적 물성 등이 17세기 프랑스 바로크다운 연속성이었다. 반면 평활한 벽면, 비례에서 나오는 통일감, 반듯한 균형감, 합리주의적 논리성 등은 18세기 신고전주의만의 특징이었다. 한마디로 17세기 프랑스 바로크 고전주의를 다듬어 펴고 농축해서 정리한 느낌이었다(그림 66). 이것은 빙켈만이 그리스 예술의 정수로 들었던 '고결한 단순성과 차분한 위엄'과 일치하는 특징이기도 했다. 그리스 건축의 가구식 구조와 반대되는 로마식 벽체 구조였지만 심미성은 그리스 고전주의의 정수를 좇은 것이었다. 이것은 17세기 프랑스 바로크와 다른 18세기 신고전주의만의 공통된 특징이었다.

이런 특징은 로코코에 대한 대안이었다. 1740년대부터 자크 프랑수아 블롱델을 필두로 신고전주의자들과 아카데미는 로코코를 비논리적이고 타락한 양식으로 공격하며 그 대안을 17세기 프랑스 바로크 고전주의의 힘에서 찾으려 했다. 이런 입장은 통사적 관점에서 보면 로코코와 프랑스 바로크를 분리한 점에서 매우 중요하다. 이탈리아와 독일의 후기 바로크는 로코코와 합쳐져 동의어가 되어버렸다. 반면 프랑스 후기 바로크는 장식 경향으로 흐르지 않고 한 세기 내내 동일한 엄격성과 규범성을 지켰다.

66 자크앙주 가브리엘(Ange-Jacques Gabriel), 프티 트리아농(Petit Trianon), 베르사유 궁전(Versailles), 프랑스, 1761~68

프랑스 로코코는 이런 상황 아래에서 바로크에 침투할 틈을 찾지 못하던 장식 경향이 단독으로 극단화된 양식이었다. 블롱델은 이것을 프랑스 바로크와 분명히 구별하며 프랑스의 건축 전통은 정통 고전주의에 있음을 천명했다. 세르반도니의 생쉴피스는 이들에게 신선한 충격이자 새로운 가능성으로 평가되었다. 그러나 프랑스 바로크의 힘이 없었다. 이런 상황에서 로코코를 대체하되 프랑스만의 전통 양식으로 표현한 것이 프티 트리아농이었다.

장식을 사용할 때도 유사한 경향을 관찰할 수 있다. 자크앙주 가브리엘은 장식 자체를 반대하지 않았다. 장식의 종류와 정도가 문제였다. 그는 당시 유행하던 로코코 장식을

67 자크앙주 가브리엘(Ange-Jacques Gabriel), 프티 트리아농(Petit Trianon), 베르사유 궁전(Versailles), 프랑스, 1761~68

반대했다. 로코코 장식은 식물 문양을 건축 골격 위에 덧붙인 표피 추가물이었다. 이것은 건축의 본질과 상관없는 무의미한 유희였다. 그는 그 대신 건축 부재였던 트리글리프triglyph를 장식 어휘로 즐겨 사용했으며 좀더 장식에 치중해야 할 필요가 있을 때는 트리글리프 역할을 대신하는 꽃 장식swag을 사용했다. 벽체 전면을 장식할 때는 벽기둥, 혹두기, 창틀 등을 장식 어휘로 적극 활용했다(그림 67). 붉은 벽돌과 밝은 석재를 섞어 쓴 축조적 장식도 그가 즐겨 쓰던 기법이었다. 이 때문에 가브리엘의 건물은 장식적 분위기가 상당히 많았지만 이것이 모두 건축적 구성과 축조성으로 환원되어 프랑스다운 고전주의의 품위를 끝까지 지켰다.

프티 트리아농은 자크 프랑수아 블롱델의 이론을 구체화하였기 때문에 중요하다. 블롱델은 프랑스 바로크 전통을 이어받는 새로운 양식의 기준에 대한 이론을 만들려고 끊임없이 노력했고 어느 정도는 성공했지만 모호한 점도 많았다. 그의 이론 자체가 주관에 기초했기 때문에 더욱 그러했다. 블롱델은 흔히 18세기 유럽 전체를 대표하는 이론가이자 교수라고 평가받지만 시간의 끈을 앞뒤로 늘여서 보면 그렇게 뛰어난 이론가는 아니었다. 이런 블롱델의 한계를 극복하며 18세기 프랑스다운 신고전주의를 구체적 결과물로 완성시킨 사람이 자크앙주 가브리엘이었다. 블롱델의 이론이 빛날 수 있었던 것은 자크앙주 가브리엘의 작품이 있어서였다.

육군사관학교 – 특질, 기호, 합치성

육군사관학교 로열코트 면 파사드 역시 그리스 예술의 정수인 '고결한 단순성과 차분한 위엄'과 자크 프랑수아 블롱델의 이론을 가장 잘 보여주는 건물이다. 이 건물의 건축 방식은 로마 고전주의를 모델로 삼았지만 심미성은 그리스 고전주의의 정수를 좇았다. 이것은 기둥 구조 대 벽체 구조라는 두 고전주의 모델 사이의 차이를 지우고 고전주의의 원형미를 추구하겠다는 입장을 의미했다. 원형미는 프랑스 국가 양식의 권위를 배가해주는 상징적 기능을 했다(그림 68).

이 건물은 또한 블롱델의 특질, 기호, 합치성 등의 이론을 잘 반영했다. 이 건물은 장식 사용을 절제한 대신 기본 매스 중심으로 전체를 구성하였다. 프랑스의 전통적인 오분법 구성에 다섯 개의 매스를 대응했다. 이 건물은 절대왕정의 정치색이 짙었는데 이런 특징은 그대로 건물의 특질, 즉 캐릭터가 되었다. 특질은 이 건물의 상징 및 기능과 관련한 계급 위계로 집단화되었다. 계급 위계는 왕을 정점으로 장군, 장교, 생도 순으로 형성되었다.

68 자크앙주 가브리엘(Ange-Jacques Gabriel), 육군사관학교(Ecole Militaire), 파리, 1750~68

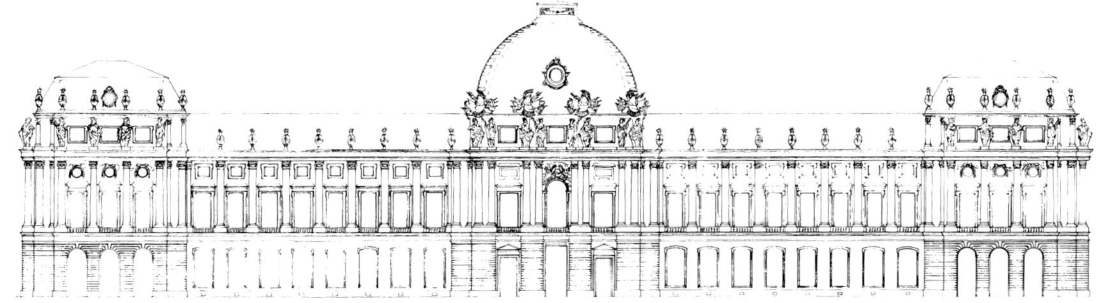

69 자크앙주 가브리엘(Ange-Jacques Gabriel), 육군사관학교(Ecole Militaire), 파리, 1750~68

위계는 건물의 중앙부를 양 측랑과 대비하여 강조하는 방식으로 표현했다(그림 69). 중앙부는 코린트식 '거대 기둥colossal order—페디먼트—돔'으로 이루어지는 중첩을 통해 수직성을 대표 특징으로 한다. 이런 구성은 프랑스 바로크 기법을 이어받은 것이다. 특히 프랑스 바로크 건축을 상징하는 망사르드지붕Mansarde Roof으로 마감함으로써 수직 중첩된 로마 고전주의 어휘를 프랑스 바로크가 모두 감싸안는다는 상징성을 강하게 표현했다. 망사르드지붕은 루이 15세를, 이것을 받치는 코린트식 거대 기둥과 페디먼트는 각각 장군을 상징했다. 이것은 군사 통수권자였던 루이 15세와 프랑스 국가 양식에 적합한 상징성이었다.

측랑은 거대 기둥이 아닌 표준 기둥이 주요 어휘였다. 거대 기둥과 균형을 맞추기 위해 쌍기둥으로 처리했다. 쌍기둥은 벽기둥을 중심에 두고 양옆에 위치했고 결과적으로 세 쌍기둥이 되었다. 이것은 르네상스 고전주의와 프랑스 바로크에서 여러 건축가들이 즐겨 쓰던 어휘였다. 한쪽 측랑에는 여섯 개의 세 쌍기둥 열이 생겼다. 가지런한 줄서기는 생도의 질서를 상징했다. 1층에 도리스식, 2층에 이오니아식을 각각 사용했는데 이것은 로마 고전주의의 수직 층쌓기 기법이었다. 2층의 이오니아식 기둥은 장교를, 1층의 도리스식 기둥은 생도를 각각 상징했다.

이상과 같은 측랑 처리는 수직성과 수평성 사이의 중간 분위기를 냈다. 이것은 중앙부에 대한 대응 관계를 결정했다. 대응은 종속과 균형의 양면성을 추구했다. 종속은 명백했다. 거대 기둥 대 표준 기둥의 차이는 확연했다. 매스 차이와 높이 차이도 이에 상응했다. 좀더 은밀한 처리도 있었다. 측랑의 엔타블러처를 중앙부의 아키트레이브 밑에 두었는데 이것도 종속을 표현한 것이었다. 종속은 사회적 연속체 개념으로서 위계질서를 표현했다.

자크앙주 가브리엘은 종속을 노골적으로 강조하지 않고 중앙부와 측랑 사이에 균형을 잡으려 했다. 세 쌍기둥을 사용하여 구조 부재의 단면적을 늘린 처리가 대표적이었다. 거대 기둥과 단면적 차이를 줄이기 위해서였다. 측랑의 구조 부재는 2층 높이를 담당하는 두꺼운 벽기둥을 수평 엔타블러처가 자르고 지나가는 것으로 읽을 수도 있다. 이 경우 측랑의 대표적 분위기는 수평성이 되었다. 이때도 쌍기둥의 짧은 수직선이 끊임없이 중화 작용을 하여 수평성 한 가지가 주도적으로 나타나는 것을 방지했다.

종속과 균형의 양면성과 수평성과 수직성 사이의 중화 작용은 그리스 예술의 특징을 좇은 것으로 볼 수 있다. 직설과 강조를 피하고 은근한 조화미를 추구한 그리스 예술의 특징은 '고결한 단순성과 차분한 위엄'을 구체적으로 보여주는 대표적 내용이다. 이것은 또한 "부재의 사용과 변형은 정확한 건축적 지식을 바탕으로 해야 하며 장식은 적절한 지점에 적절한 부재를 사용해서 적절하게 해야 한다"는 '합치성' 개념과도 일치했다.

이상 살펴본 바와 같이 이 건물은 특질, 기호, 합치성으로 요약되는 18세기의 프랑스다운 신고전주의 강령을 잘 보여준다. 건물의 상징성을 기초로 특질을 명확하게 정했다. 이것을 사회적 연속체 개념으로 정의하여 당시 요구하던 국가 양식의 위계질서를 표현했다. 이것을 지나친 과장이나 과도한 장식 사용이 아닌 적절한 고전 선례를 사용함으로써 합치성 개념을 지켰다.

4 마리조제프 페이르와 샤를 드베일리

페이르 & 드베일리 – 종합화와 급진적 고전주의

마리조제프 페이르Marie-Joseph Peyre, 1730~85는 프랑스와 로마의 고전주의를 낭만적 상상력으로 재해석한 건축 경향을 보였다. 그는 왕립 건축아카데미에서 자크 프랑수아 블롱델에게 프랑스 고전주의를 배웠다. 졸업전에서 공공 분수를 작품으로 로마 상을 수상해서 1753년에서 1756년 사이에 로마에 체류했다. 로마 체류 동안에 디오클레티아누스의 목욕탕Baths of Diocletianus, 카라칼라의 목욕탕Baths of Caracalla, 하드리아누스의 빌라Villa of Hadrianus 등을 측량하면서 로마 고전주의를 접했다. 또한 피라네시를 알게 되면서 그에게 강한 영향을 받았다. 그가 측량했던 로마 건물들은 고대 바로크에 속하는 것들로 정통 고전주의와는 거리가 있는 비정형 계열들이었다. 여기에 피라네시의 영향이 더해지면서 고전주의에 대한 낭만적 재해석 경향을 갖게 되었다.

파리에 돌아온 뒤에는 다양한 활동을 했다. 수플로와 자크앙주 가브리엘의 밑에서 왕실 공사 감독관을 역임했으며 1767년에 건축아카데미 교수가 되었다. 1765년에는 자신의 계획안 열두 개를 모은 『건축작품집*Oeuvres d'architecture*』을 출판했다. 이 책은 18세기 후반부 프랑스 신고전주의의 중요한 교재가 되었다. 실제 지어진 작품 수는 그리 많지 않다. 작품 경향은 양면적이었다. 로마에서 접했던 피라네시의 영향을 고려하면 보수적이었지만 당시 프랑스에서는 과격한 편에 속했다. 로마 고전주의의 종합화, 정확한 건축 모델 선택, 이것을 구체화하는 어휘 선택, 기능 프로그램을 건축 모델에 대응하는 능력 등에서 뛰어났다. 구체적 경향도 양면적이었다. 축, 대칭, 거대 콜로네이드 등을 선호한 기념비적 고전주의와 다양한 형태와 크기의 방이 상호 관입하는 개별 분화 현상을 동시에 나타냈다(그림 70).

샤를 드베일리Charles de Wailly, 1730~98는 가브리엘과 수플로의 뒤를 이어 1760년에서 1780년 사이 프랑스의 급진적 신고전주의를 대표하는 건

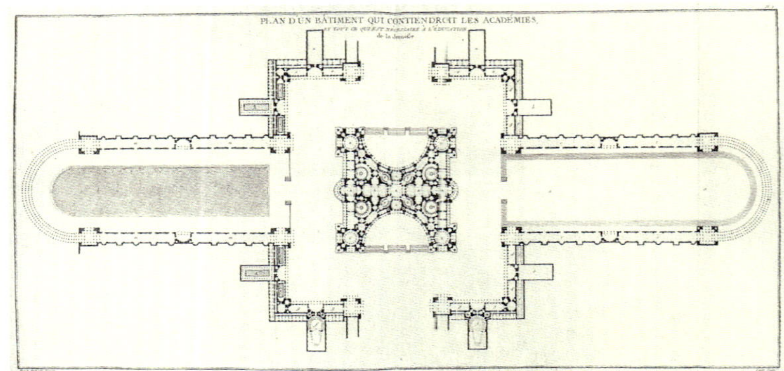

70 마리조제프 페이르(Marie-Joseph Peyre), 아카데미 건물 계획안(Batiment qui contiendroit les Academies), 에콜데보자르 수학시절 작품, 1756

축가였다. 드베일리는 종합화의 전형이었다. 그는 세르반도니에게 열주 효과를, 르게이에게 폐허 · 수채화운동을, 자크 프랑수아 블롱델에게 고전주의 이론을, 피라네시에게 낭만적 고전주의를 배웠다. 간접적으로는 자크앙주 가브리엘에게 로마 고전주의에 대한 고고학적 정확성과 합리적 절제를 배웠다. 이렇게 보았을 때 드베일리는 그전까지 축적된 프랑스 고전주의의 종합이 낳은 산물로 볼 수 있다(그림 71). 그는 거장이 사라진 18세기 후반부 프랑스와 유럽 건축계의 명맥을 이어간 몇 안 되는 건축가였으며 18세기 전반부를 18세기 말의 르두와 불레로 이어주는 가교 역할을 했다.

드베일리의 교육 배경은 페이르와 매우 비슷하다. 왕립 건축아카데미에서 수학했으며 로마 최우수상을 타서 로마에 1754년부터 1756년 사이에 체류했다. 이 과정에서 페이르를 만나 평생 우정과 파트너십을 유지했다. 드베일리는 페이르보다 활동 반경이 넓었다. 볼테르와 카트린 2세Catherine II 등 주요 인사를 건축주로 가졌고 디드로 등 당대 학자들과 교류했으며 영국, 네덜란드, 독일 등에도 건축주가 있었다. 실제로 많은 건물을 지었으나 대부분 철거, 변형되었다.

건축 이외에 실내장식, 도시계획, 디자인 등에서도 활동했다. 왕립

71 샤를 드베일리(Charles de Wailly), 튀일리의 국회의사당(Assemblee Nationale aux Tuileries) 계획안

건축아카데미와 왕립 미술아카데미의 회원으로 미술에서도 두각을 나타냈다. 프랑스 고전주의의 종합화를 소재로 삼아 피라네시의 폐허 수채화에서 영감을 받은 낭만적 상상력을 가해 개별 부재의 분리를 추구한 급진적 신고전주의를 이끌었다. 개인적으로는 베르니니로 대표되는 이탈리아 바로크에도 관심이 많았다. 베르니니는 프랑스 바로크의 선례 모델이 되었던 건축가였다. 이런 계보는 18세기 프랑스 신그전주의를 찾으려는 자크 프랑수아 블롱델의 영향을 드베일리가 받아들인 것과 연관이 깊었다.

페이르와 드베일리의 파트너십이 설계한 파리의 오데옹극장Theatre de l'Odeon=Comedie-Francaise=Theatre de France, 현재 프랑스의 국립극장, 1767~82은 18세기 후반부의 공백기를 메워주는 중요한 건물이다. 이 건물은 예산 부족으로 설계와 시공이 여러 번 중단, 변경되어 15년이나 걸려 완공되는 등 많은 어려움을 겪었다. 완공 이후에도 자주 개축하여 본래 모습을 여러 군데 상실했다. 그러나 원안의 도판과 현재 남아 있는 건물 상태에서 설계 의도와 건축적 의미를 판단할 수 있다.

오데옹 극장-고전 규범의 붕괴, 기하 조형

외관은 고고학적 신고전주의의 두 경향인 세르반도니의 열주 효과와 자크앙주 가브리엘의 추상 절제 분위기를 바탕으로 한 뒤 신전 파사드를 이용한 개별 부재의 분리 경향을 추구했다(그림 72). 건물 본체는 가브리엘의 프티 트리아농을 닮은 반듯한 육면체로 처리했다. 모르타르 선을 두껍게 한 홈두기가 벽체 전면을 주도하고 있긴 하지만 전체적으로 절제된 분위기가 강했다. 여기에 신전 파사드 모티프를 이용한 출입구와 지붕을 더했다. 신전 파사드는 여러 방향으로 응용되면서 개별 부재의 분리 현상을 두드러지게 나타냈다. 페디먼트를 열주 몸통에서 분리하여 출입구는 열주만으로 된 육면체 블록이 되었다. 열주 출입구는 본체의 삼 분

72 마리조제프 페이르(Marie-Joseph Peyre) & 샤를 드베일리(Charles de Wailly), 오데옹 극장(Theatre de l'Odeon=Comedie-Francaise프랑스 코미디 극장=Theatre de France 현재 프랑스 국립극장), 파리, 1767~82

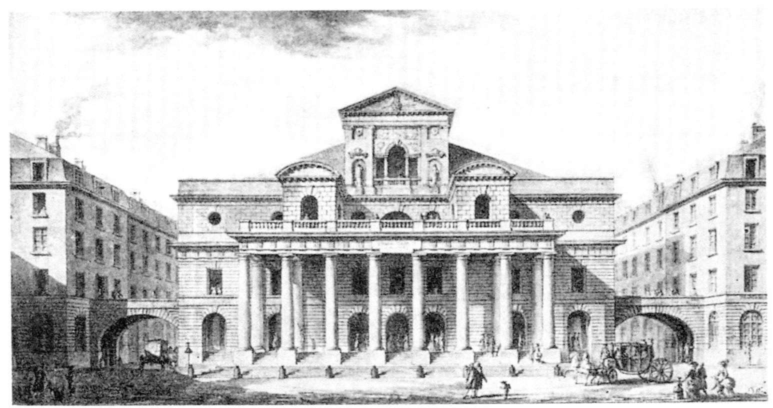

73 샤를 드베일리(Charles de Wailly), 오데옹 극장(Theatre de l'Odeon=Comedie-Francaise프랑스 코미디 극장=Theatre de France 현재 프랑스 국립극장) 초안, 파리, 1767~82

의 이 지점까지 올라가다 멈추었고 그 위쪽에 한 층의 애틱attic: 다락층을 두었다. 열주 효과는 세르반도니의 생쉴피스를 이어받은 것이었다.

드베일리의 초안은 이보다 더 과격한 고전 어휘의 분해를 시도했다(그림 73). 페디먼트는 여러 요소로 변형되어 건물 상층부와 지붕의 다단계 구성을 이루었다. 이 과정에서 프랑스 바로크 전통이 은유적으로 나타났다. 열주 출입구 바로 위에는 반원 부분 아치segmental arch로 지붕을 마감한 작은 아치형 블록을 양옆에 놓았다. 두 블록은 애틱에 덧붙인 별도의 매스처럼 느껴졌다. 그 위로 지붕이 시작되었다. 지붕은 두 겹이었다. 완만한 경사의 피라미드형 삼각형이 뒤쪽으로 물러앉으면서 몸통 폭 전반을 담당했다. 이 부분은 기하 윤곽의 단순한 배경 매스를 제공했다. 그 앞으로 소품 처리한 작은 미니어처 신전 파사드를 전면에 내세웠다. 미니어처는 사람 눈에 확연히 띄면서 실제 파사드처럼 보였다. 미니어처의 몸통은 개선 아치 구성으로 처리했고 그 위에 페디먼트를 얹었다.

이상의 처리들이 어우러지면서 파사드에는 부분적으로 수직 비례가 나타났다. 이것은 프랑스 바로크 고전주의의 전통을 좇은 것이었다. 건물 전체의 윤곽은 수평 비례를 유지했다. 수평 비율이 크지는 않았지만 각 층을 가르는 코니스와 열주 출입구의 코니스 등 네 개의 수평선이 지나면서 안정된 분위기를 만들어냈다. 반면 출입구는 수직 비례로 처리했다. 출입구의 수직비례 자체는 크지 않았지만 층쌓기를 통해 수직 분위기를 확실하게 만들어냈다. '열주 블록—아치형 블록—미니어처 개선 아치—완만한 경사의 피라미드 삼각형 배경—페디먼트'의 다섯 겹을 수직 중첩함으로써 하늘을 향한 힘의 역동성을 표현했다. 이것을 수평비례의 전체 윤곽 속에 넣어 수평과 수직 사이의 대비를 노려 수직적 역동성을 강조했다. 고전 부재의 중첩을 통해 수직성을 표현하는 처리는 프랑스 바로크 고전주의의 가장 대표적 기법이었다.

이처럼 초안의 외관에서는 신전 파사드, 열주, 개선 아치, 페디먼트, 부분 아치, 아치, 혹두기 등 고전주의의 기본 어휘 및 구성 단위들을 소품 개념의 개별 어휘로 차용해서 적절히 조합했다. 페디먼트와 열주는 위아래로 반드시 함께 위치하도록 해서 신전 파사드를 만들어야 하는데 이 둘을 따로 떼어 놓았다. 개선 아치를 미니어처로 소품 처리한 것도 개별 어휘를 분리한 또다른 좋은 예였다. 이런 입장은 부재 사이의 위치 및 구성을 엄격히 정의했던 고전주의 규범을 벗어난 것이었다. 개별 어휘 자체는 구성 법칙과 디테일 등에서 아직 고전 규범의 정확성을 잘 지켰지만 어휘들 사이의 관계에서는 규범을 완전히 벗어난 것으로 볼 수 있다.

개별 어휘의 조합은 어떠한 절대 규범에도 의존하지 않았다. 오로지 건축가 개인의 조형적 상상력에만 의존했다. 열주 출입구 위에 아치형 블록을 얹고 개선 아치가 코니스를 자르고 지붕 자리 중간에 파고드는 등 파격적 상상력을 발휘했다. 외관의 심미성은 고전 부재의 관계다운 규범에서 벗어난 순수한 구성력에서 나왔다. 구성다운 심미성은 기하 조형에서 나왔다. 파사드는 크고 작은 사각형, 원, 삼각형 등 기본 기하 도형들의 조합으로 이루어졌다. 도형들은 탄탄한 짜임새와 경쾌한 박자 느낌을 만들면서 조형다운 심미성을 확보했다. 이런 구성력을 결정할 수 있는 것은 개인의 상상력밖에 없었다. 타고난 소질을 바탕으로 귀납적 시행착오를 몇 번 거친 뒤에 나올 수 있는 낭만적 상상력의 산물이었다.

5 군주형 극장

귀족의 위기, 장경주의, 광장

이상의 미학적 의미와는 별도로 드베일리는 당시 프랑스 극장의 기능적 발전에 중요한 기여를 했다. 바로크 절대왕정 때 극장은 왕실과 귀족문화의 중심지로 새롭게 떠올랐다. 연극, 오페라, 가면극 같은 공연예술은 물론 대관식, 즉위식, 결혼식 등 정치 행사를 축제 형식으로 치르는 장소이기도 했다. 이런 전통이 18세기에도 이어지면서 극장의 중요성은 점차 커져갔다. 그러나 프랑스에는 18세기 중반까지도 엄밀한 의미에서 제대로 된 극장이 없었다. 이때까지 극장 기능은 테니스 코트에 임시로 지붕을 씌운 시설이 대신했다. 이에 18세기에 들어와서 프랑스 왕실은 극장 시설에 많은 투자를 했다.

자크앙주 가브리엘을 필두로 수플로, 피에르 파트Pierre Patte, 빅토르 루이, 드베일리 등 주요 건축가들이 이 일에 참여했다. 이들은 평면 유형과 입면 이외에도 무대 설비, 객석과 무대 사이의 시선 관계, 음향, 방화, 관객 동선, 배우 동선 등 여러 측면에 대한 지속적인 연구를 통해 많은 발전을 이루었다(그림 74). 이런 과정을 통해 18세기에는 귀족문화를 대표하는 기능 유형으로서 극장의 건축 처리 기법이 완전히 자리잡았다. 이때 이룬 발전은 19세기 제국주의 때 극장 건축의 전성기를 맞이하는 토대가 되었다.

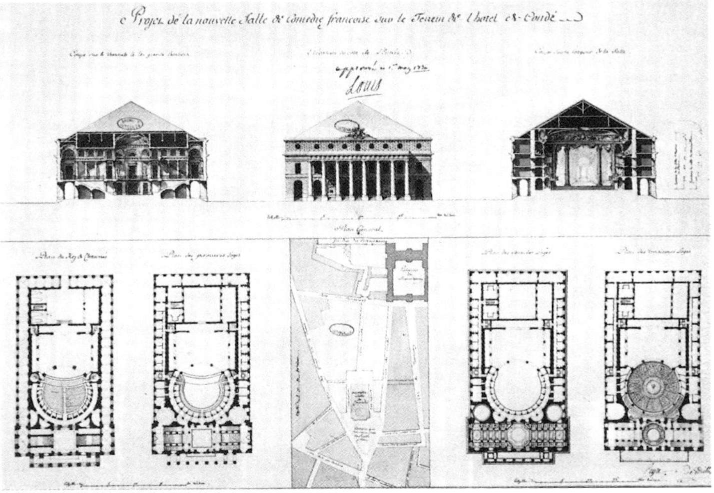

74 마리조제프 페이르(Marie-Joseph Peyre) & 샤를 드베일리(Charles de Wailly), 오데옹 극장(Theatre de l'Odeon=Comedie-Francaise프랑스 코미디 극장=Theatre de France 현재 프랑스 국립극장), 파리, 1767~82

18세기 극장을 대표하는 예로 앞의 오데옹 극장 이외에 빅토르 루이Victor Louis, 1731~1800의 보르도 대극장Grand Theatre, Bordeaux, 1773~80, 르두의 브장송 오페라 극장Oprea Theatre, Besancon, 1775~80, 마튀랭 크뤼시Mathurin Crucy, 1749~1826의 낭트 대극장Grand Theatre, Nantes, 1784~87 등을 들 수 있다. 보르도 대극장에 대해서는 다음에서 살펴볼 것이다. 18세기에 완성된 극장의 건축적 유형은 외관과 실내로 나누어 생각할 수 있다.

외관에서는 열주 출입구가, 실내에서는 로비의 기둥 숲과 계단이 대표적 기법이었다. 오데옹 극장의 열주 출입구는 주변 건물이나 가로 등 주변 환경에 대해 자신의 독립적 존재를 알리는 기념비다운 처리였다. 극장 앞에 작은 광장을 두는 공간 처리도 이것을 도왔다. 열주의 건축적 효과를 충분히 감상하는 데 필요한 조망 거리를 확보하기 위한 목적에서였다. 예를 들어 오데옹 극장 앞에는 오데옹 광장Place de l'Odeon을, 낭트 대극장 앞에는 그라슬랭 광장Place Graslin을 닦았다. 극장은 광장의 한 면을 담당하며 광장의 주인이 되었다(그림 75).

이런 처리의 의미는 장경주의로 요약할 수 있다. 광장을 하나의 객석으로 생각하면 극장은 무대가 되었다. 광장과 극장을 객석과 무대에 대응하는 은유적 해석이 가능했다. 열주는 무대의 배경막으로 읽을 수

75 마튀랭 크뤼시(Mathurin Crucy), 낭트 대극장(Grand Theatre, Nantes) & 그라슬랭 광장(Place Graslin), 낭트, 프랑스, 1761~68

있었다. 극장을 무대처럼 처리한 이유는 귀족들의 정체성을 높이려는 목적이었다. 시민정신과 시민저항이 높아지고 부르주아들의 경쟁과 위협이 증가하면서 귀족들은 큰 위기감을 느꼈다. 귀족들은 자신들을 뭉치게 해줄 여러 장치들을 고안하였는데 극장도 중요한 요소였다.

고급 고전문화를 즐길 수 있는 특권은 귀족들만의 전통적인 차별성이었기 때문에 이것을 매개로 자신들만의 집합처를 만들자는 것이었다. 귀족들은 예술을 즐기기 위해서만 극장에 오는 것이 아니라 서로 뭉치기 위해서 극장에 왔다. 귀족들의 위기감이 높아지며 혁명으로 치닫던 1870년대에서 1880년대에 18세기 대부분의 주요 극장들이 집중적으로 지어진 것도 이런 상황을 뒷받침하는 현상이다. 이런 과정을 거쳐 탄생한 18세기 극장 유형을 군주형 극장[princely theatre]이라 불렀다. 그 건축적 특징은 다음과 같다.

이런 목적을 위해 극장은 자신의 존재를 두드러지게 드러내며 권위와 힘을 자랑할 상징적 처리가 필요했다. 광장을 조성하고 극장을 그 주인의 위치에 두는 장경주의 기법은 이것을 만족시키는 가장 적합한 처리였다. 열주 출입구의 통과성은 양면적이었다. 열주는 스크린을 만들면서 개방과 폐쇄의 양면성을 띠었다(그림 76). 관건은 기둥 간격[intercolumnation=주간 거리]이었다. 18세기 극장들의 기둥 간격은 넓은 편이어서 앞의 광장에 대해 개방성을 지녔다. 그런데 이것을 계단 위에 얹었기 때문에 동시에 폐쇄성도 있었다.

76 클로드 니콜라 르두(Claude Nicolas Ledoux), 브장송 오페라 극장(Oprea Theatre, Besancon), 브장송, 프랑스, 1775~80

외관의 장경주의는 실내로 이어졌다. 18세기 극장에서는 바로크 시대보다 로비의 면적이 넓었고 건축 처리도 화려해졌다. 바로크 시대에는 귀족들의 정치적 입지가 안정적이었기 때문에 극장에 오는 이유가 예술을 즐기기 위해서였다. 건축 처리는 무대와 객석에 집중했다. 'U'자형 객석이 등장한 것도 이때였다. 18세기에는 이것이 바뀌었다. 귀족들은 극장에 모여 서로를 바라보며 계급의식을 다지고 심리적 안정을 찾고 싶어했다.

계단, 반원형 객석, 기둥 숲

이런 요구를 잘 보여주는 중요한 변화가 로비와 객석에서 나타났다. 로비는 면적이 증가하고 건축 처리도 바뀌었다. 사람이 많이 모일 수 있도록 로비의 면적은 넓었다. 건축 처리도 서로의 존재를 시각적으로 확인할 수 있도록 계단으로 처리했다. 계단은 공간에 독립성을 주고 높이에 차이를 두어 위아래 사이의 시각적 소통을 장려하는 건축 방식이었다. 계단은 로비 홀에서 양옆으로 갈라 올라간 뒤, 위에서 만나는 방식으로 처리했다. 이것은 계단이 차지하는 면적을 넓게 함과 동시에 시선을 통해 보고 보여주는 효과를 높이는 처리였다.

로비는 넓어졌지만 객석 면적은 오히려 줄어들었다. 객석은 바로크 시대의 'U'자형에서 반원형으로 환원했다(그림 74, 77). 측면의 개인 캐비닛도 사라지고 발코니에 연속 좌석을 배치하는 구도로 바뀌었다. 이런 객석 처리는 전체적으로 강한 통일성을 만들어냈다(그림 78). 통일성은 뭉치고 싶어하는 귀족들의 불안 심리를 위로하는 효과를 노렸다. 반원형 객석은 귀족들 사이에 벌어지던 보고 보여주는 시선 작용을 돕는 공간 구조였다. 바로크 시대의 'U'자형 객석이 갖던 공간적 풍부함 대신 사회적 기능을 택한 것이었다.

로비 홀은 기둥 숲으로 채웠다. 기둥 숲은 일차적으로 구조적 목적에서 나온 처리였다. 그러나 필요 이상으로 많이 세우는 경향이 있었

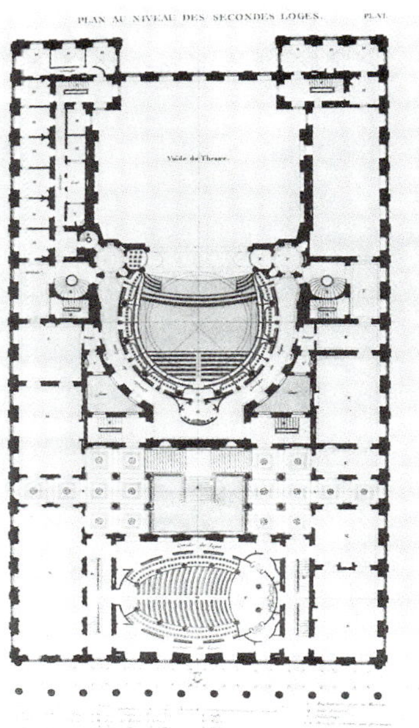

77 빅토르 루이(Victor Louis), 보르도 대극장(Grand Theatre, Bordeaux), 보르도, 프랑스, 1773~80

78 마리조제프 페이르(Marie-Joseph Peyre) & 샤를 드베일리(Charles de Wailly), 오데옹 극장(Theatre de l'Odeon=Comedie-Francaise프랑스 코미디 극장=Theatre de France 현재 프랑스 국립극장), 파리, 1767~82

79 마리조제프 페이르(Marie-Joseph Peyre) & 샤를 드베일리(Charles de Wailly), 오데옹 극장(Theatre de l'Odeon=Comedie-Francaise프랑스 코미디 극장=Theatre de France 현재 프랑스 국립극장), 파리, 1767~82

다. 이것은 출입구에 사용한 열주를 실내에 연속적으로 처리한 결과였다. 내외부의 건축적 일체감을 높여 광장과 개방적 관계를 맺도록 하고 연속성을 추구한 것으로 해석할 수 있다. 더 근원적 출처는 그리스 신전의 폐허운동으로 볼 수 있다. 그리스 신전은 한 겹의 열주를 갖던 로마 신전과 달리 여러 겹의 열주를 가졌다. 천장과 지붕이 없어진 상태로 발견된 그리스 신전의 폐허는 기둥 숲의 모습을 하고 있는 경우가 많았다. 이런 상태는 많은 건축가들의 상상력을 자극하며 좋은 건축 소재를 제공했다. 극장 로비에 차용한 기둥 숲도 대표적 예 가운데 하나였다.

드베일리는 폐허 · 수채화운동에서 받은 영향을 바탕으로 오데옹 극장 로비에 낭만적 상상력이 넘쳐나는 기둥 숲을 시도했다(그림 79). 그리스의 도리스식 오더를 닮은 굵고 짧은 기둥 숲은 폐허의 픽처레스크한 분위기를 만들어냈다. 여기에 음영이 더해지면서 실제 폐허에 와 있는 것 같은 착각을 일으켰다. 이런 기둥 숲 사이를 고대 고전 조각상으로 가득 채웠다. 조각상은 로마 시대 원로와 정치 지도자들이 주인공이었다.

이것은 로마 제국주의를 유난히 선호했던 프랑스 상류 지배층의 심리 상태를 반영한 처리였다. 다시 말해 자신들을 로마 시대의 정치 지도자에게 비유하고 싶은 갈망의 표현이었다. 더 확장해서 보면 로마 문명에서 극장이 차지하던 정치적 중요성을 계승하고 싶은 바람이기도 했다. 로마 극장은 시민 계층과의 교통 및 연대가 두드러진 기능 유형이었다. 고대 조각상을 도입한 처리는 시민 계층의 압박이 거세지던 18세기 말에 이들과 타협과 화해를 모색하고 싶어하는 귀족 계층의 정치적 제스처를 반영하는 것으로 해석할 수 있다.

드베일리는 오데옹 극장 이외에 누보 오페라 계획안Nouveau Opera, 파리 1781~89, 테아트르 데자르 계획안Theatre des Art, 파리, 1798, 이탈리아 코미디 극장 리모델링Comedie Italienne, 파리, 1783, 브뤼셀의 모네 극장 계획안Theatre de la Monnaie, Brussels, 1785~91 등 많은 계획안을 남겼다. 이런 활동은 앞에서 언급한 바와 같이 왕실에서 주도했던 극장 개발 사업의 일환이었다. 드베일리는 이것을 주도하며 18세기 극장의 대표 유형을 창출하는 중요한 업적을 남겼다.

드베일리는 도시계획에도 깊이 관여하며 극장을 도시적 맥락에서 정의했다. 극장 앞에 광장을 두는 것도 드베일리의 발상이었다. 광장은 넓게 닦은 주변의 새 도로와 연결되며 지배 계층의 힘을 상징했다. 좁게 보면 극장에 오는 귀족들의 마차를 위한 주차장 역할도 했다. 광장을 가득 메운 귀족득의 고급 마차는 그 자체가 시민들을 향한 부와 권력의 과시이자 자신들 사이의 계급의식을 공고히 해주는 선전 효과가 있었다. 1780년대에 접어들어 더욱 기승을 부린 귀족들의 이런 행태는 의도했던 효과를 내지 못한 채 거꾸로 프랑스대혁명을 촉발한 중요한 배경으로 작용했다. 반대로 귀족들의 입장에서는 자신들의 불안감을 강하게 반영한 건축적 처리라고 할 수 있다.

6 1720~30년대 세대

드메지에르와 앙투안

프랑스의 신고전주의 건축가들은 태어난 연도에 따라 17세기 중반, 1690~1700년대, 1720~30년대, 1730년대 후반~1740년대 세대 등으로 나눌 수 있다. 이에 각각을 대표하는 건축가와 건축 경향이 있었다. 17세기 중반 세대는 로베르 드코트Robert de Cotte, 1656~1735와 제르맹 보프랑Germain Boffrand, 1667~1754이 대표적 건축가였다. 이들에게서는 바로크 후반부와 신고전주의 초반기가 교차하는 1720년에서 1730년대 전환기의 고민이 대표적 경향으로 나타난다. 그러나 아직 신고전주의의 구체적인 내용에 기여하지는 못했다.

1690년대에서 1700년대 세대는 세르반도니, 자크앙주 가브리엘, 자크 프랑수아 블롱델, 수플로 등이 대표했으며 고고학적 신고전주의를 이끌었다. 이 세대에는 이들 1차 건축가들 이외에 피에르 콩탕 디브리Pierre Contant d'Ivry, 1698~1777가 있었다. 콩탕 디브리는 아직 바로크와 로코코의 잔재가 많이 남아 있는 한계를 보였다. 말년의 1740년대에서 1750년대 작품을 보면 장식에서 많이 벗어나기는 했지만 신고전주의에 완전히 정착하지 못했다. 그는 작품 수는 많았으나 이런 점 때문에 세르반도니나 자크앙주 가브리엘과 달리 2차 건축가로 남았다. 이런 한계는 그가 태어난 시기의 전환성을 극복하지 못하고 이전 양식에 안주한 데서 비롯한다.

1720년대에서 1730년대 세대는 페이르와 드베일리를 대표적 건축가로 하여 급진적 신고전주의를 이끌었다. 이 세대에는 이들 1차 건축가들 이외에 니콜라 르카뮈 드메지에르Nicolas Le Camus de Mezieres, 1721~1801, 빅토르 루이Victor Louis, 1731~1800, 자크드니 앙투안Jacques-Denis Antoine, 1733~1801 등이 있었다. 드메지에르는 곡물거래소Halle au Ble, 파리, 1763~69를 대표작으로 남겼다. 이 건물은 18세기 중앙 집중형을 대표하는 예 가운데 하나였다. 전체 구성은 40미터 지름의 원형 안마당을 두 개 층의 화랑이 에워싸는 형식이었다. 1층 화랑은 곡물 저장소로 썼고 천장은 배럴 볼트barrel vault로 마감했다. 2층은 거래소로 쓰였으며 천장은 그로인 볼트groin vault로 마감했다. 외관은 넓은 벽기둥이 분절하는 아케이드로 처리했다. 아케이드 사이에는 중2층mezzanine을 두어 실내 채광을 도왔다. 이상의 처리는 곡물거래소의 기능에 잘 맞는 기능적 구성이었다(그림 80).

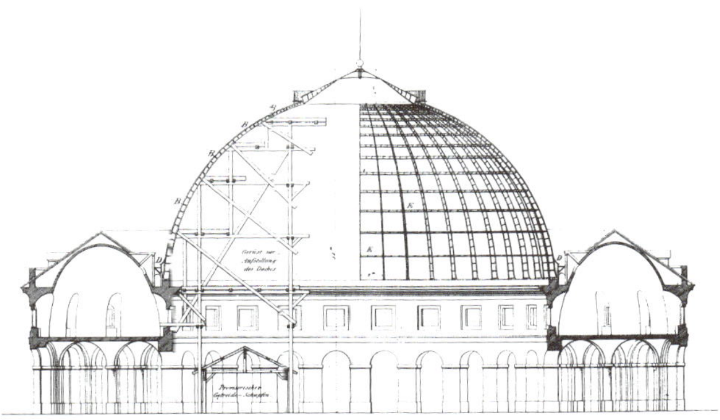

곡물거래소는 안정된 비례감, 간결한 구성미, 효율적 기능성, 튼실한 조적 시공 등으로 동시대 건축가들에게 좋은 평을 들었다. 그러나 이 시기의 첨단 유행은 페이르와 드베일리가 주도하는 급진적 신고전주의의 개별 부재 분리 경향이었다. 이런 기준에서 보면 곡물거래소는 유행에 뒤처진 고고학적 신고전주의의 반복에 가까웠다. 이런 점에서 드메지에르는 1720년에서 1730년대 세대를 대표하는 건축가가 되지 못하고 2차 건축가로 머물렀다. 곡물거래소의 안마당은 1808년부터 1813년까지 벨랑제가 주철 돔으로 천장을 덮었으며 19세기 후반부에 화재를 당하면서 돔이 사라지고 지금의 상태로 개축되었다(그림 81).

80 니콜라 르카뮈 드메지에르(Nicloas Le Camus de Mezieres), 곡물거래소(Halle au Ble), 파리, 1763~69

81 니콜라 르카뮈 드메지에르(Nicloas Le Camus de Mezieres), 곡물거래소(Halle au Ele), 파리, 1763~69

앙투안은 18세기 신고전주의의 주류에서 벗어난 이단아였다. 교육 배경과 작품 경향 모두가 그러했다. 그는 아카데미 계열의 고전주의 건축 교육을 받지 않은 대신 석공술, 시공 사업, 재료상 등을 통해 건축을 익혔다. 그의 건축 경향은 이탈리아 매너리즘을 18세기 신고전주의와 섞는 독특한 것이었다. 이것을 튼실하고 정밀한 시공력으로 축조해내어 안정감을 높은 점인 특징이었다. 팔라디오, 산미켈리, 미켈란젤로 등 이탈리아 매너리즘 건축가들을 존경해서 이탈리아 여행1777~78을 통해 이들의 작품을 접했다. 비록 이런 비주류 경력이었음에도 활발히 활동했다. 불레의 초창기 라이벌이기도 했고 동시대에 적지 않은 명성을 얻었다. 1776년에는 왕립 건축아카데미 회원으로 가입했으며

82 자크드니 앙투안(Jacques-Denis Antoine), 화폐국(Hotel des Monnaies), 파리, 1767~75

부르주아와 귀족 등 상류층에 폭넓은 건축주를 가졌다.

앙투안은 극장 설계 경기에 참여하는 등 여러 개의 극장 계획안을 남겼으나 실제 완공된 것은 없었다. 그의 대표작은 파리 화폐국[Hotel des Monnaies, 1767~75] 파사드였다(그림 82). 이 건물은 프랑스의 전통적인 삼분법 구성을 취하였으며 이 가운데 중앙부를 이탈리아 매너리즘의 거대 기둥으로 처리했다. 모르타르 선을 두껍게 해서 혹두기를 흉내 낸 기단이 거대 기둥을 밑에서 받쳤다. 이런 처리는 건물의 방어적 이미지와 공공기관의 권위를 상징했다.

빅토르 루이-보르도 대극장과 파리 왕궁

루이는 건축계의 핵심부로 끊임없이 진입하려 노력했으나 번번이 실패했다. 로마 상에 아홉 번 도전한 끝에 겨우 성공해서 1756년에서 1759년 사이에 로마에 머물렀다. 그러나 이 기간 동안에는 위작 시비에 말려 힘든 나날을 보냈으며 이때 생긴 불명예가 평생을 따라다니며 활동하는 데 걸림돌이 되었다. 파리에 정착하려 했지만 실패하여 보르도의 총독이자 리슐리외의 백작[Duc de Richelieu]이었던 아르망[Armand]의 도움으로 보르도에 정착했다. 보르도에서는 일정 수의 작품을 남기며 건축가로서 입지를 다졌다.

83 빅토르 루이(Victor Louis), 보르도 대극장(Grand Theatre, Bordeaux), 보르도, 프랑스, 1773~80

앞에 소개한 보르도 대극장은 그의 대표작이다(그림 77). 정면은 열두 개의 코린트식 독립 원형 기둥이 만드는 열주 콜로네이드로 처리했다(그림 83). 콜로네이드는 건물 전면을 가로지르며 열주 출입구를 만들었다. 콜로네이드의 위쪽 끝은 일직선 코니스로 마감하면서 강한 수평선을 만들었다. 건물 앞에는 광장이 따로 없었지만 가로 폭이 넓어서 광장에 준하는 효과를 냈다. 출입구는 계단 없이 바로 진입할 수 있었다. 이런 처리는 열주 스크린의 개방성을 도왔다. 출입구의 열주는 로비 홀의 기둥 숲으로 이어졌다. 로비 홀은 3×4, 총 열두 개의 도리스식 기둥 숲으로 가득 찼다. 기둥은 높은 기단 위에 있어서 낮은 천장의 답답한 분위기를 상쇄하는 효과를 냈다. 기둥 숲은 빛 작용에 따라 현란한 그림자를 만들어내며 폐허운동의 이미지를 보여주었다.

84 빅토르 루이(Victor Louis), 보르도 대극장(Grand Theatre, Bordeaux), 보르도, 프랑스, 1773~80

기둥 숲을 지나면 계단이 나왔다. 계단은 18세기를 대표하는 방식이었다. 중앙 홀을 중심으로 양옆으로 90도 꺾어 올라갔으며 발코니로 다 오른 뒤에는 90도로 한 번 더 꺾어서 최종적으로 'ㄷ'자형 동선을 만들었다(그림 84). 발코니에는 이오니아식 기둥 열을 호위하듯 세웠다. 중앙 홀의 천장은 볼트로 마감했고 천장에 창을 뚫어 빛을 끌어들였다. 앞쪽 기둥 숲의 빛 작용이 그로테스크했던 데 반해 이곳 홀의 빛은 강한 직사광선을 받으며 계단의 이동 기능을 강화했다.

85 빅토르 루이(Victor Louis), 파리 왕궁(Palais Royale), 1781~84

객석은 18세기의 대표 유형인 반원형이었다. 객석의 바깥 경계는 열 개의 코린트식 기둥이 돌아가며 윤곽을 형성했다.

보르도에서 성공한 뒤 루이는 원하던 파리로 돌아와 파리 왕궁Palais Royale, 1781~84을 또다른 대표작으로 남겼다(그림 85). 세 면을 아케이드로 에워싼 작품이었다. 양 측면은 가게, 식당, 미용원 등이 들어선 측랑으로, 정면은 아케이드로 처리했다. 아케이드 양끝에는 측랑 파사드를 더하여 정면 전체를 오분법 구성으로 처리했다. 아케이드의 중앙부는 개선 아치 모티프의 열주 스크린으로 강조했다. 측랑 파사드는 2층으로 수직 층쌓기를 한 원형 벽기둥 열이 신전 파사드를 받치는 형식으로 처리했다. 이런 처리는 팔라디오의 빌라와 프랑스 바로크 교회를 합친 구성이었다. 루이는 이 왕궁 안에 두 개의 극장을 더하면서 극장 건축에서도 중요한 업적을 남겼다.

파리 왕궁에서는 열주 구성을 아케이드와 섞어 쓰는 변화가 나타났다. 열주 효과가 갖는 그리스 원형의 순도에서 벗어나 혼용과 각색을 가한 처리였다. 열주도 동일한 간격을 유지하며 가지런하게 서 있던 것에서 벗어나 쌍기둥으로 합친 곳과 열주가 없는 곳으로 갈라져 대비 효과를 냈다. 개선 아치 모티프를 통과 기능을 하는 정문으로 사용한 것은 표준 처리였다. 중앙의 개선 아치와 측면의 팔라디오 빌라 및 프랑스 바로크 교회를 섞어 쓴 것은 급진적 고전주의의 개별화 현상으로 볼 수 있다. 그러나 페이르와 드베일리의 개별화가 부재 단위의 분화였던 것과 견주면 여기에서는 유형 단위의 병렬에 가까웠다.

루이의 디자인 경향을 가장 잘 보여주는 작품은 파리 왕궁이었다. 이 건물에서 루이는 고전 어휘를 안정적으로 구사하는 능력과 일정한 창조적 상상력을 보여주었다. 이런 경향은 루이만의 장점으로 평가할 수 있다. 18세기 극장 유형의 정착에 기여한 바까지 함께 고려하면 루이는 적지 않은 업적을 남긴 건축가다. 이들 대표작 이외에 다른 작품도 여럿 남겼다. 그러나 그의 이력 전체를 보면 고딕 복원과 로코코 실내장식 등 여러 경향을 오갔고 그 결과 대표 양식을 이끌지 못한 채 2차 건축가로 머물렀다. 같은 세대인 페이르와 드베일리가 급진적 신고전주의의 한 가지 경향에 집중하며 첨단 경향을 이끌었던 것과 비교, 대비되는 대목이다.

7 1730년대 후반부터 1740년대 세대

자크 공두앵 – 파리 외과대학(1)

1730년대 후반부터 1740년대 세대는 자크 공두앵Jacques Gondoin, 1737~1818, 불레, 르두 등이 1차 건축가들이었으며 이외에 장 프랑수아 테레즈 샬그랭Jean François Therese Chalgrin, 1739~1811, 알렉상드르 테오도르 브로니아르Alexandre Theodore Brongniart, 1739~1813, 프랑수아 조제프 벨랑제François Joseph Belanger, 1744~1818, 크뤼시 등의 2차 건축가들이 있었다. 이 세대들은 1780년대에서 1790년대를 전성기로 보냈으며 19세기 초까지 활동했다. 그 중간에 프랑스대혁명과 세기말이라는 특이한 시대 상황을 겪었다. 건축적으로는 페이르와 드베일리의 뒤를 이어야 하는 문제가 가장 중요했다. 이런 시대 상황에 따라 이 세대의 건축가는 세 종류로 나눌 수 있다.

첫째는 페이르와 드베일리의 급진적 신고전주의를 이어받아 독립적 창작력을 확보한 건축가들이었다. 공두앵, 불레, 르두 등이 이에 속한다. 불레와 르두에 대해서는 아래 혁명기 신고전주의에서 살펴볼 것이다. 공두앵은 페이르나 드베일리보다 조금 늦은 세대였지만 교육 과정과 건축 경향은 두 사람과 매우 비슷해 종합화를 대표적 특징으로 한다. 자크 프랑수아 블롱델에게 배운 뒤 로마에 체류하며 고전주의를 익혔다. 로마에 머물면서 하드리아누스의 빌라를 그린 피라네시에게 영향을 받은 점도 마찬가지였다.

공두앵은 같은 세대였던 불레나 르두처럼 낭만적 고전주의로 넘어가지 못하고 급진적 고전주의에 머물렀다. 급진적 고전주의가 1760년대에는 새로운 시도였지만 공두앵의 세대에서는 다소 철지난 경향의 반복일 수 있었다. 그러나 적절한 창작력을 구사하여 페이르와 드베일리를 이어 18세기 프랑스 신고전주의를 대표하는 주요 작품을 남겼다. 대표작은 1770년의 파리 외과대학Ecole de Chirurgie=Faculte de Medecine, 현재의 의과대학, 1771~86이었다. 1818년까지 살았지만 19세기 양식으로 이어지지는 않았다. 이런 점에서는 같은 세대였던 샬그랭이나 브로니아르와 달랐다.

공두앵은 프랑스대혁명 때 활동을 잠시 중단했다가 이후 자신의 1760년대에서 1770년대 경향을 다시 반복하여 사용하며 18세기 양식에 머물렀다.

현재의 의과대학인 파리 외과대학은 고전주의에서 파생된 여러 모델들을 혼용하고 통합한 것이 특징이었다. 고전주의의 모델은 프랑스 바로크 고전주의, 로마 고전주의, 그리스 고전주의였다. 이 모델들의 대표 어휘와 구성 법칙, 그리고 건축적 특징들을 개별 어휘로 분리한 뒤 다시 통합하는 기법으로 전체 건물을 구성했다. 이런 입장은 페이르와 드베일리의 급진적 고전주의와 동일한 것이었으나 중요한 차이도 있었다. 페이르와 드베일리는 분리 대상인 개별 어휘를 로마 고전주의에 한정했던 데 반해 파리 외과대학에서는 셋으로 늘어난 점이었다. 특히 프랑스 바로크 고전주의도 대상으로 들어간 점이 특이했다. 이것은 자크앙주 가브리엘과 자크 프랑수아 블롱델의 입장을 어느 정도 이어받은 부분이다.

건물은 가로를 면한 열주 스크린, 안마당, 해부학 강의실 세 부분으로 구성되었다. 열주 스크린과 해부학 강의실은 모두 프랑스 바로크의 전통적인 삼분법과 오분법 구성에서 벗어났다. 열주 스크린도 사람이 통과할 수 있는 오더 구조인 점에서 벽체 중심의 프랑스 바로크에서

86 자크 공두앵(Jacques Gondoin), 파리 외과대학(Ecole de Chirurgie=Faculte de Medecine 현재의 의과대학), 1771~86

벗어났다(그림 86). 'ㅡ' 자 구성을 통해 매스 단위의 파빌리온pavilion으로 파사드를 구성하던 프랑스 바로크의 전통에서 벗어났다. 그러나 해부학 강의실에서는 중앙 출입구를 강조하면서 아직 오분법 구성과 벽체 구조의 잔재가 남아 있었다. 열주 스크린에도 오더 콜로네이드 사이에 벽체 구조를 끼워 넣었다. 열주 스크린은 어딘가 모르게 루브르 동익랑을 닮아 있었다. 루브르의 동익랑에서 벗어나려는 시도와 닮으려는 전통의 양면성이 공존했다. 특히 열주 스크린이 가로와 건물 본체를 가르고 그 안쪽으로 안마당을 지나 건물 본체를 놓은 구성은 프랑스 바로크의 전형적인 호텔 구성 방식이었다. 이상의 처리들은 프랑스 바로크의 특징을 부분적으로 차용한 것으로 볼 수 있다.

아스클로피오스의 신전 – 파리 외과대학(2)

전체적인 분위기는 로마 고전주의와 그리스 고전주의가 주도했다. 열주 스크린은 그리스 고전주의의 오더 콜로네이드와 로마 고전주의의 개선 아치를 혼합했다. 가로와 안마당 사이에는 소통과 분리의 양면적 관계를 만들었다. 오더 콜로네이드는 세르반도니의 생쉴피스를 이어받은 것이다. 콜로네이드를 구성하는 이오니아식 오더는 아키트레이브를 생략한 일직선 엔타블러처를 받쳐서 그리스 고전주의의 원형다

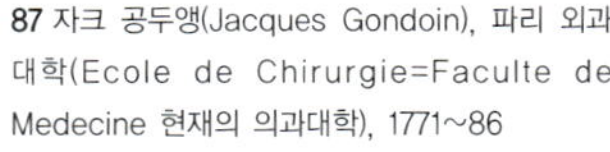

87 자크 공두앵(Jacques Gondoin), 파리 외과대학(Ecole de Chirurgie=Faculte de Medecine 현재의 의과대학), 1771~86

움을 강조했다. 해부학 강의실의 출입구는 박공까지 완전하게 갖춘 신전 파사드로 구성했다(그림 87). 이것은 로마 고전주의의 원형 단위를 차용한 것이다. 여섯 개의 코린트식 오더를 사용한 헥사스틸hexastyle인 점에서 더욱 그러했다. 코린트식 헥사스틸은 로마 신전에서 가장 많이 쓰던 파사드 방식이었다. 가까운 과거 모델로는 자크앙주 가브리엘의 육군사관학교를 이어받은 것으로 볼 수 있다.

해부학 강의실은 반원형의 원형극장을 평면으로 차용했다(그림 88). 반구형 둥근 천장은 판테온을 모델로 삼았다. 원형극장과 판테온은 모두 로마 고전주의 어휘였다. 이것은 신전 구성을 극장의 장경주의에 접목하여 강의라는 기능에 맞춘 처리였다. 강의실 실내에 판테온 모델을 쓴 것을 볼 때 출입구의 코린트식 헥사스틸 신전 파사드는 바로 판테온의 외관 구성을 차용한 것으로 해석할 수 있다. 개별 모델과 어휘 사용에서는 로마 고전주의가 더 많이 나타났으나 전체적인 분위기에서는 그리스 고전주의의 비례미를 반영했다. 안정된 비례에서 오는 균형감과 차분한 단순함, 그리고 깔끔하게 절제된 디테일 등은 비례가 주는 그리스 고전주의 특유의 조화미였다.

88 자크 공두앵(Jacques Gondoin), 파리 외과대학(Ecole de Chirurgie=Faculte de Medecine 현재의 의과대학) 해부학 강의실, 1771~86

이상 살펴본 바와 같이 이 건물에서는 여러 고전주의 모델들을 각각의 절대 규범에서 떼어내 개별 어휘로 환원한 뒤 건축가의 직관에 따라 자유롭게 재구성했다. 재구성 원칙은 개별 어휘들을 축 위에 연속sequence 개념으로 배치하는 것이었다. 이에 따라 '가로 밖—이오니아식 콜로네이드와 개선 아치—안마당—코린트식 헥사스틸 신전 파사드—반원형 원형극장—판테온 천장'의 순서로 구성되는 고전 모티프의 파노라마를 만들었다(그림 89). 축 구성이 또 하나의 딱딱한 권위로 귀결되지 않도록 하기 위해 대비 효과도 넣었다. 열주 콜로네이드의 이오니아식 오더는 휴먼 스케일의 1층 높이로 처리했다. 반면 강의실 출입구의 신전 파사드는 코린트식 거대 기둥

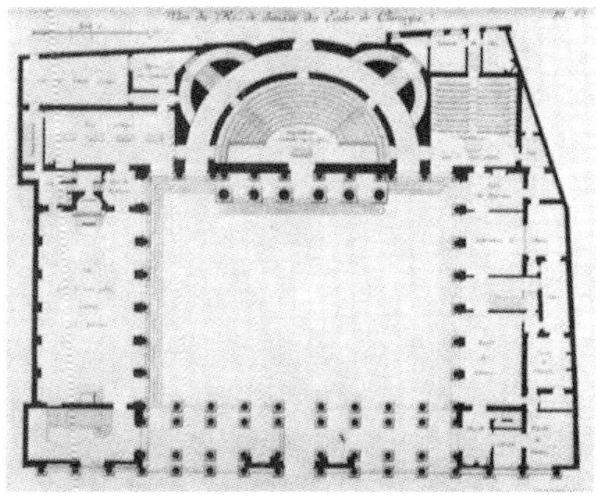

89 자크 공두앵(Jacques Gondoin), 파리 외과대학(Ecole de Chirurgie=Faculte de Medecine 현재의 의과대학), 1771~86

으로 처리해서 둘 사이에 대비 효과를 노렸다. 대비는 안마당에서 계속되었다. 출입구를 제외한 강의실 본동 벽면 전체를 열주 콜로네이드와 같은 크기와 종류의 이오니아식 오더가 돌아가면서 분절했다.

대비는 통과와 머묾 사이에도 만들어졌다. 열주 콜로네이드는 통과를, 이것을 지나 들어온 안마당은 머묾을, 다시 강의실 출입구의 신전 파사드는 통과를, 이것을 지나 들어온 반원형 극장은 머묾을 상징했다. 통과는 열주 스크린이, 머묾은 일정한 면적을 갖는 영역으로 처리했다. 두 요소는 교대로 나오면서 이동과 머묾을 적절히 조절하며 연속 공간의 파노라마에 다양성을 주었다. 그리스 고전주의와 로마 고전주의 사이에도 대비를 만들었다. 열주 콜로네이드는 강한 수평선을 갖는 그리스 고전주의의 일직선으로 표현했다. 반면 강의실 출입구 파사드는 거대 기둥의 수직선과 삼각형의 사선을 통해 로마 고전주의의 파격성을 표현했다.

이상의 여러 처리들을 더하면서 파노라마는 시선과 동선을 유인하는 효과를 주었다. 의학을 포용하는 18세기식 새로운 신전 개념이었다. 의학의 신 아스클로피오스에게 바친 아스클로피오스의 신전Temple of Asclepius이었다. 이것은 고전이 18세기 신과학도 포용할 수 있음을 보여주는 것으로 18세기 신고전주의 중요한 목적 가운데 하나였다. 고전은 각 시대를 대표하는 최첨단 문명을 포용할 수 있는 것이었는데, 18세기에는 이것이 과학이었다. 건축 처리도 고전의 이런 기능을 도왔다. 고전 본연의 기본기와 개별 어휘의 분리 사이에 적절한 조절을 유지했다. 대표적인 고전주의 모델들의 표준 어휘를 정확하게 구사하는 탄탄한 기본기가 혼란스러운 시대에 안정감을 주었다. 기본기는 고전의 항시성을 확보하는 데 중요한 토대가 되었다. 이와 동시에 각 모델들은 대지 상황, 기능 프로그램, 시대정신 등 여러 단계의 주어진 조건에 맞게 개별 어휘별로 구사되었다. 개별 어휘의 분리는 과학 정신을 뒷받침하는 주관적 경험주의에 대응되었다. 19세기 건축 이론가 카트르메르 드켕시Quatremére de Quincy는 이 건물을 '18세기의 가장 고전적인 건물'로 평가했다.

샬그랭과 벨랑제

둘째는 18세과 19세기를 이어주는 가교 역할을 한 건축가들로 샬그랭과 브로니아르 등이 속했다. 이 경우는 18세기에 합당한 창작력을 보여주지는 못했지만 혁명기의 공백 이후 19세기 건축의 시작을 이끈 점에서 일정한 시대적 역할을 했다. 샬그랭의 18세기 활동은 전형적인 신고전주의 경향을 지켰다. 왕립 건축아카데미에서 수학하고 로마 상을 타서 1758년에 로마에 체류했으며 파리로 돌아온 뒤이는 왕실과 귀족을 건축주로 삼아 여러 작품을 남겼다. 이 때문에 대혁명 때 투옥되었다. 작품 경향은 세르반도니에서 불레에 이르는 여러 경향에서 영향을 받아 이것들을 적절히 혼합해 자신만의 경향으로 만들었다.

생필리프뒤룰 교회St. Philippe du Roule, 파리, 1764~84는 샬그랭의 대표작이었다(그림 90). 이 건물은 네 개의 도리스식 오더가 받치는 테트라스틸tetrastyle 신전 파사드로 정면 출입구를 처리했는데 이것은 세르반도니에게 배운 열주 효과를 사용한 것이었다. 중앙 출입구 양옆의 몸통은 추상 매스를 유지했는데 이것은 불레에게 배운 추상 기하 경향이었다. 실내는 이오니아식 열주가 네이브와 아일 사이를 구획했다. 아일은 2층 화랑을 갖지 않는 단층이었고 위에 천측창을 가졌다. 두꺼운 엔타블러처가 열주와 천측창을 갈랐다(그림 91). 이상의 처리들에서 알 수 있듯이 18세기 활동에서 샬그랭은 특별한 창작성을 보이지는 못했지

90 장 프랑수아 테레즈 샬그랭(Jean Francois Therese Chalgrin), 생필리프뒤룰 교회(St. Philippe du Roule), 파리, 1764~84

91 장 프랑수아 테레즈 샬그랭(Jean Francois Therese Chalgrin), 생필리프뒤룰 교회(St. Philippe du Roule), 파리, 1764~84

만 신고전주의 표준 어휘를 무난하게 구사했다. 이런 경향은 안정감을 주는 점에서 긍정적 측면이 있었지만 시대가 요구하는 창작성과는 거리가 먼 부정적 측면도 동시에 지닌다.

대혁명 뒤 샬그랭은 복권되어 왕실 관련 주요 건축직을 거치며 활동을 재개했다. 19세기에 들어와서는 나폴레옹 시대를 대표하는 파리 개선문을 설계했다. 18세기 때의 신고전주의 표준 경향과 추상 기하 경향을 유지하면서 이것을 나폴레옹의 황제 욕구에 접목해 시대 상황에 맞는 무난한 기념비 건축을 선보였다. 나폴레옹 시대에는 이외에도 뤽상부르 궁전의 감옥을 개축했다. 18세기 때 가졌던 왕실 관련 이력을 19세기에도 이어가며 바뀐 상황에 맞는 디자인을 창출한 것이다.

브로니아르는 자크 프랑수아 블롱델과 불레의 제자로 블롱델에게는 프랑스 고전주의를, 불레에게는 추상 기하 경향을 배웠다. 18세기 말에는 귀족들을 주요 건축주로 삼아 주로 타운하우스에서 활동했다. 대혁명 때 보르도로 피신했다가 1795년에 파리로 돌아와 건축 활동을 재개했다. 이후 19세기에 접어들어 샬그랭 등과 함께 나폴레옹 시대의 건축을 시작했는데 18세기 때 자신의 건축 경향을 나폴레옹의 취향에 맞춰 코린트식 신전을 모델로 한 기념비 건축을 창출했다(그림 92).

셋째는 위 두 경우에 속하지 못하고 다소 무기력하게 세기말 상황에 굴복한 경우로 벨랑제가 여기에 속했다. 벨랑제는 왕립 건축아카데미에서 르루아에게 배우는 등 낭만주의 계열의 건축가로 출발했다. 이런 경향은 계속 이어져 조경과 어울리는 낭만성 짙은 작품들을 남겼다. 수채화 작품도 같은 계열로 분류할 수 있다. 그러나 이력이 계속되면서 왕실 소속 건축가가 되었고 상류층을 만족시키기 위해 당시 유행하던 여러 신고전주의 양식을 다양하게 차용하는 경향을 보였다. 이런 이력 때문에 대혁명 때에는 1년 동안 투옥되었다. 테르미도르반동Reaction Thermidorienne 뒤에는 1796년에 복고 정부 건축가Architecte du Conservatoire가 되었다.

벨랑제의 19세기 활동은 양면성을 띤다. 드메지에르의 곡물거래소 안마당 천장에 주철 돔을 올린 것은 신건축이라는 19세기의 새로운 경

92 알렉상드르 테오도르 브로니아르(Alexandre Theodore Brongniart), 파리 증권거래소 계획안

향을 시작한 긍정적 측면을 보여준다. 이런 관점에서는 위 두번째에 해당한다. 그러나 주철 돔 이외의 활동은 거의 없었다는 점은 부정적 측면이다. 이런 관점에서 보면 주철 돔도 명확한 역사의식에서 나온 것이라기보다 동시대 유행 양식을 끊임없이 좇았던 성향의 일환으로 해석할 수 있다.

5장
18세기 영국 신고전주의

1 제임스 기브스

2 로버트 애덤

3 우드 부자

1 제임스 기브스

광야의 성 마르티노–유사 원형열주식 신전 파사드

제임스 기브스James Gibbs, 1682~1754는 18세기 전반부 영국 건축을 구성한 세 가지 대표적 양식인 바로크, 팔라디오 양식, 신고전주의의 혼재를 보여주는 건축가였다. 그는 로마 가톨릭을 믿는 부유한 상인 집안에서 태어나 성직자가 되기 위해 1703년 로마에서 유학했다. 그러나 곧 카를로 폰타나Carlo Fontana의 작업실로 옮겨 후기 바로크 건축을 공부했다. 1708년 영국으로 돌아온 이후에는 렌의 영향을 받는 등 바로크로 초창기 경력을 시작했다. 1713년에는 호크스무어가 주도하던 '50채의 새 교회Fifty New Churches' 사업에 공동 감독관으로 참여했다. 여기에는 기브스의 후원자 존 어스킨John Erskine의 도움이 결정적으로 작용했다.

캠벨이 기브스를 교황파라며 탄원하는 등 우여곡절이 있었지만 기브스는 이 사업에서 런던의 세인트메리르스트랜드St. Mary-le-Strand, 1714~23를 작품으로 남겼다. 이외에도 1715년경까지는 토리당을 주요 건축주로 삼아 바로크 양식을 구사하며 웨스트민스터 수도원의 뉴캐슬 모뉴먼트Newcastle Monument, 1714~23 등의 대표작을 남겼다. 이 시기 기브스의 건축 경향은 이탈리아 바로크, 르네상스 고전주의, 프랑스 바로크 등을 혼합한 대륙풍의 국제적 고전주의를 대표적 특징으로 가졌다.

1715년 이후 기브스는 새로운 양식 경향인 팔라디오 양식으로 변신하며 몇 채의 건물을 더 설계했다. 새롭게 권력을 잡은 휘그당의 건축 세력에 합류하는 데 성공하면서 일정한 작품을 수주할 수 있었다. 그러나 적극적으로 팔라디오 양식 건축을 구사하지는 않았다. 대표작도 남기지 못하고 5년의 탐색기를 보냈다. 대륙에서 고전주의 원본을 익히고 돌아온 기브스는 팔라디오 양식의 표피 양식이 지닌 한계를 꿰뚫어보았다. 가톨릭이라는 집안 배경도 중요한 요인이었다. 청교도를 종교적 배경으로 하는 팔라디오 양식에 적극적으로 합류하는 일을 말렸을 수도 있다.

고민의 시기를 보낸 뒤 1720년에 청교도 교회인 런던의 광야의 성 마르티노St. Martin-in-the Fields, 1720~26 설계를 맡았다. 현실적 측면에서 휘그당에 합류하고 청교도 교회를 맡는 등 기브스는 정치적 변신에 비교적 능한 건축가였다. 그는 이 교회에서 신전 파사드를 전면에 내세운 유사 원형열주식pseudo-peripteral 양식을 구사했다(그림 93). 렌의 성 바오로 성당 등 바로크 건축에서도 신전 파사드를 사용하기는 했지만 양옆에 첨탑을 받치는 벽체 구조를 덧붙이는 등 열주 효과는 두드러지지 않는 것이 통례였다. 반면 이 건물에서는 유사 원형열주식을 전면에 내세우며 열주 효과를 극대화했다. 이런 처리는 이미 1713년 교회 계획안에서 사용했던 이오니아식의 원형열주식peripteral 신전 양식에 나타난 것이었다.

광야의 성 마르티노의 열주 출입구는 세르반도니의 생쉴피스보다 10여 년 앞선 것이었다. 그러나 중요한 차이가 있었다. 생쉴피스에서는 신전 파사드가 아닌 열주만 사용하여 그리스 고전주의의 '고결한 단순성과 차분한 위엄'을 잘 보여주었다. 삼각형 박공이 없었기 때문에 열주는 순도를 최대한 높이며 그 효과를 극대화하였다. 반면 광야의 성 마르티노에서는 박공이 있는 신전 파사드를 통째로 사용함으로써 열주 효과 면에서는 생쉴피스에 뒤졌다. 특히 그 뒤로 높은 첨탑을 더한 처리는 열주 효과를 더욱 반감시켰을 뿐 아니라 바로크의 잔재에 해당하는 결정적 한계였다. 혹은 중세주의와 관련된 낭만주의의 효시로 볼 수도 있다.

93 제임스 기브스(James Gibbs), 광야의 성 마르티노(St. Martin-in-the Fields), 런던, 1720~26

94 제임스 기브스(James Gibbs), 광야의 성 마르티노(St. Martin-in-the Fields), 런던, 1720~26

신고전주의와 바로크의 혼재는 실내에도 나타났다. 실내의 기본 구성은 코린트식 독립 원형 오더 열주가 배럴 볼트 천장을 받치는 방식이었다(그림 94). 벽체 구조에서 완전 해방된 경쾌하고 합리적인 신고전주의의 전형적인 모습이었다. 이런 구성은 비트루비우스의 바실리카 원형 및 이것에 대한 페로의 해석을 차용한 것으로 볼 수 있다. 비트루비우스는 파노의 바실리카Basilica at Fano를 설계한 것으로 알려져

95 클로드 페로(Claude Perrault), 비트루비우스(Vitruvius)의 파노의 바실리카(Basilica at Fano) 추측안

있는데 그 구체적인 모습에 대해서는 이후 여러 고전주의자들이 추측을 해왔다. 페로도 자신의 추측 안을 만들었는데 코린트식 독립 원형 오더 열주가 배럴 볼트 천장을 받치는 것이 주요 특징이었다(그림 95). 광야의 성 마르티노 실내에 나타난 신고전주의의 특징은 비트루비우스의 원형 고전주의로 돌아간다는 의미를 지닌 것이었다.

바로크, 신고전주의, 영국 국가 양식

차이점도 있었다. 페로의 추측 안에서는 엔타블러처가 오더 열주와 볼트 천장 사이를 강하게 가르고 지나갔다. 이것은 콜로네이드의 존재를 암시하는 처리였다. 반면 광야의 성 마르티노에서는 엔타블러처를 두지 않았을 뿐 아니라 볼트 천장의 밑변을 반원 아치가 파고들어가 잘라내는 방식으로 처리했다. 그 결과 루넷lunnette형의 아케이드가 만들어졌다. 이런 처리는 영국 바로크의 천장에서 자주 사용하던 방식이었다. 바로크의 잔재는 장식 사용에서도 확인된다. 배럴 볼트의 둥근 천장을 정사각형 패널로 구획한 뒤 각 패널 단위를 기하 문양과 자연 형태의 장식으로 가득 채웠다(그림 99). 이것 역시 바로크의 전형적인 기법이었다.

이상의 이유들 때문에 광야의 성 마르티노는 열주 출입구를 가장 먼저 사용한 건물임에도 신고전주의의 문을 연 건물로 평가되지 않는다. 이 건물의 위치는 매우 애매했다. 바로크의 특징에 중점을 두면 바로크 건물로 분류할 수도 있었다. 신고전주의에 대해서도 같은 해석이 가능했다. 가장 적절한 판단은 바로크와 신고전주의가 함께 사용됐던 영국 18세기 전반부의 과도기적 상황을 대표하는 건물로 보는 것이다. 이와는 별도로 영국과 미국에서는 청교도 교회의 표준형이 되면서 18~19세기 교회 건축에 막대한 영향을 끼쳤다. 기브스 자신도 더비의 올 세인츠 성당All Saints Cathedral, Derby, 1723~25을 비롯하여 몇 채의 교회에서 이 구성을 반복해서 사용했다. 이 유형을 차용한 영국과 미국의 예들은 셀 수 없을 정도로 많았다.

광야의 성 마르티노에 나타난 기브스의 혼용 경향은 이후 기브스의 거의 모든 작품에 반복적으로 나타났다. 당시 국제적으로 보편성을 획득한 신고전주의와 영국 지역 전통의 혼용이었다. 신고전주의는 열주, 신전 파사드, 추상 매스 등의 대표적 경향을 구사했다. 영국의 지역 전통은 벽돌 조적, 바로크 어휘, 로코코 장식 등이 대표적인 내용이었다. 바로크 어휘는 벽체 구조, 쌍기둥, 쌍벽 기둥, 혹두기, 오분법 구성, 블록 끼운 아치와 오더, 창 디테일, 원형창 등 다양했다. 로코코 장식은 영국에 별도의 로코코 양식이 없었기 때문에 18세기 신고전주의와 섞여 나타났는데 기브스도 예외가 아니었다.

이런 경향을 보여주는 기브스의 대표적인 작품들로 케임브리지의 래드클리프 도서관Radcliffe Camera=래드클리프 카메라, 1712~1730년대, 피터셤의 서드브룩 하우스Sudbrook House, Petersham, 1715~19, 케임브리지 상원Senate House, Cambridge, 1721~30, 스토의 팔라디안 브리지Palladian Bridge, Stowe, 1738~42, 워링턴의 뱅크홀Bank Hall, Warrington, 1749~50 등을 들 수 있다(그림 96~98).

기브스의 혼용 경향은 18세기 영국의 국가 양식을 찾으려는 시도에서 나온 것이다. 신고전주의 한 가지에 국한하기보다 18세기에 나올 수 있는 여러 양식을 시도하고 이것에서 영국의 국가 양식을 찾으려 했다. 당시 신고전주의는 국제적 성격이 강했기 때문에 영국만의 국민 정서와는 거리가 먼 것이 사실이었다. 신고전주의 한 가지에 매달리는 것은 영국다운 특수성이 결여된 경향이었을 수 있다. 이런 고민은 기브스 혼자만 한 것이 아니다. 혼용 경향은 기브스 한 사람만의 현상이 아니라 18세기 영국 신고전주의 건축가들의 보편적 현상이기도 했다.

96 제임스 기브스(James Gibbs), 서드브룩 하우스(Sudbrook House), 피터셤(Petersham), 영국, 1715~19

이런 해석은 기브스가 컨트리 하우스와 가든 빌딩 등 영국의 전통적인 기능 유형에서 중요한 활동을 한 것과 고딕리바이벌 양식도 구사한 것에서 확인할 수 있다. 이렇게 보았을 때 기브스는 바로크, 팔라디오 양식, 신고전주의, 영국 토속 양식, 고딕리바이벌 등 18세기 영국에서 시도한 거의 모든 종류의 양식을 넘나들었다. 컨트리하우스의 대표작으로 스토의 보이콧 궁전Boycott Pavilion, Stowe, 1726~28을, 고딕리바이벌의 대표작으로 스토의 자유의 신전Temple of Liberty, Stowe, 1741~44을 각각 들 수 있다.

래드클리프 도서관-바로크다운 신고전주의

기브스의 정치적 행보는 건축적 고딘과 깊은 연관이 있었다. 기브스는 '50채의 새 교회' 사업에 참여할 때부터 정치색이 짙은 건축주들의 후원을 받았다. 이 때문에 건축주의 정치적 부침에 많은 영향을 받았다. 이외에도 기브스는 다양한 건축양식으로 설계한 자신의 계획안 380개를 묶어 『건축집*A Book of Architecture*』1728으로 출판했다. 이후 유사한 책 두 권을 더 출판했다. 이것은 르네상스 때부터 있었던 영국의 패턴 북 전통의 일환으로 이해할 수 있다. 기브스의 책들은 18세기 영국 건축가들에게 건축양식 사전 역할을 했다. 체계적인 건축 교육 기관이 아직 없던 영국에서 기브스의 책은 장인, 시공업자, 이류 건축가 등에게 없어서는 안 되는 필독서였다. 특히 사적인 건축 교육 기회조차 갖기 힘들었던 지방에서는 더욱 그러했다.

케임브리지의 래드클리프 도서관은 기브스의 말년 대표작이었다. 이 건물은 호크스무어가 시작했던 것을 이어받은 것이다. 실내에서는 바로크 특징이 두드러졌다. 평면은 반지형 겹공간으로 이루어졌다(그림 97). 벽기둥 여덟 개가 안쪽 원을 균등 분할하면서 돔 천장을 받쳤다. 벽기둥은 아케이드를 이루었다. 아치는 쌍벽 기둥을 겹친 벽체가 받쳤다. 벽체의 전면에는 벽기둥 두 개를 배치했고 그 뒤 양옆으로 벽기둥을 각 하나씩 겹쳤다. 총 네 개의 벽기둥이 쓰였다. 주두에는 이오니아 양식을 사용했는데 소용돌이 문양과 소 혓바닥 몰딩은 작게 처리했다. 반면 프리즈를 배가 볼록한 곡면으로 처리해서 시각 효과를 노렸다. 아치의 아키볼트는 네 겹으로 처리했으며 이 가운데 두 겹은 꽃장식 띠로 처리했다. 이런 처리들은 대부분 바로크에서 사용되던 전형적 기법들이다.

외관도 바로크를 기본 특징으로 삼았지만 신고전주의 어휘를 혼용했다(그림 98). 모르타르 선을 두껍게 처리한 혹두기 분위기의 기단, 몸통의 튼튼한 벽체 구조, 중앙의 돔, 돔을 받치는 곡면 버트레스 등이 대표적인 바로크 어휘였다. 신고전주의 어휘는 16쌍의 쌍벽기둥이 대표적이었다. 이 어휘는 바로크로 볼 수도 있으나 기둥 숫자가 모두 32개인 점에서 신고전주의의 열주 효과를 노린 것으로 볼 수도 있었다. 아래쪽 기단과 함께 생각하면 페로의 루브르 궁 동익랑과 비슷한 점이 있다. 튼실한 매스감과 짜임새 있는 축조성은 표면에 나타난 바로크의 특징을 뛰어넘어 페로의 합리적 실용주의를 이어받은 것으로 볼 수 있다. 이것은 신고전주의를 이루는 기본 정신 가운데 하나였다.

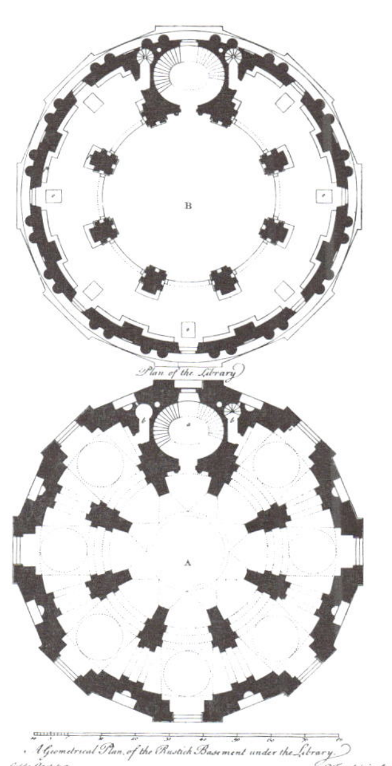

97 제임스 기브스(James Gibbs), 래드클리프 카메라(Radcliffe Camera), 옥스퍼드(Oxford), 영국 1712~30년대

98 제임스 기브스(James Gibbs), 래드클리프 카메라(Radcliffe Camera), 옥스퍼드(Oxford), 영국 1712~30년대

이상을 종합할 때 이 건물의 건축적 특징은 바로크다운 신고전주의라 할 수 있다. 광야의 성 마르티노에서 나타났던 두 양식의 혼용 경향이 계속된 것이었다. 신고전주의 앞에 다른 양식의 이름을 붙이는 혼용 경향은 18세기 영국의 보편적 현상이기도 했다. 예를 들어 로버트 애덤의 신고전주의는 로코코를 겸했다는 의미로 신고전주의 로코코로 불렸다. 영국 신고전주의의 이런 특징은 가브리엘의 프랑스다운 신고전주의에 대응되는 영국만의 특수한 현상으로 이해할 수 있다.

18세기 영국의 국가 양식을 찾으려던 기브스의 노력은 양면성을 띠었다. 한 가지 양식에 국한하지 않고 다양한 시도를 한 점은 긍정적 측면이었다. 기브스가 태어난 연도를 감안하면 더욱 그러했다. 캠벨과 벌링턴 등 18세기 초기 건축가들이 팔라디오 양식에 머문 것과 대비되

99 제임스 기브스(James Gibbs), 광야의 성 마르티노(St. Martin-in-the Fields), 런던, 1720~26

는 대목이다. 혼용 경향은 기브스와 같은 세대인 켄트에게도 나타났지만 기브스는 혼용의 종류가 켄트보다 더 많았다. 패턴북의 출판을 통해 영국의 국가 양식을 찾으려는 다른 건축가들의 노력을 도운 것도 기브스만의 중요한 기여였다.

반면 이런 노력의 결과가 성공적이지 못했던 점은 부정적 측면이었다. 여러 양식을 시도했지만 그의 대표 양식은 바로크로 볼 수 있었다. 특히 대륙의 17세기 전통에 너무 강하게 매여 있었다. 기브스는 영국에서 로마로 유학한 최초의 건축가였다. 기브스는 이 점을 평생 자랑스럽게 생각하며 그 테두리를 벗어나지 못했다. 그의 스승인 카를로 폰타나의 영향은 말년 작품에도 사라지지 않고 남아 있다.

로마 유학은 기브스를 이른 나이에 주요 건축가로 만들어주었지만 또다른 면에서는 극복해야 할 대상이었다. 그러나 기브스는 그러지 못한 채 18세기의 새로운 경향에 전격적으로 합류할 기회를 놓쳤다. 그 대신 아르타리 가문Artari family 같은 스위스-이탈리아 출신의 장식 예술가나 플랑드르 조각가 미카엘 리스브라크Michael Rysbrack 등을 영국으로 데려와 자신의 건물에 로코코와 바로크 장식을 맡기는 등 대륙을 극복하지 못했다(그림 99). 이것은 영국의 국가 양식을 찾으려던 그의 노력과 어긋나는 한계점으로 볼 수 있었다. 이상의 양면성은 래드클리프 도서관에 나타난 바로크다운 신고전주의에 대응되는 현상으로 해석할 수 있다.

로버트 애덤 2

국제적 신고전주의와 종합화

애덤 가문은 영국을 대표하는 건축가 집안이었다. 아버지 윌리엄을 필두로 존, 로버트, 제임스의 세 아들이 모두 건축가였다. 아버지는 18세기 전반부에 활동한 건축가로 스코틀랜드의 에든버러에서는 비교적 알려져 있었다. 세 아들은 아버지에게 건축을 배웠고 아버지의 건축 사무소에서 일을 배웠으며 아버지가 사망한 뒤에는 파트너십을 이루어 18세기 후반부 영국 건축을 이끌었다. 이 가운데 가장 중요한 인물은 로버트 애덤Robert Adam, 1728~92이다.

애덤은 18세기 영국을 대표하는 건축가로 영국에서는 드물게 국제적 신고전주의자였다. 영국 신고전주의자들이 대부분 영국다운 신고전주의를 추구한 것과 달리 강한 대륙 경향을 보이며 국제적으로 통할 수 있는 신고전주의를 구사했다. 이런 국제적 경향은 종합화의 전형적 산물이었다. 프랑스에서 페이르, 드베일리, 공두앵 등이 보였던 경향에 해당하는 영국의 종합화였다. 그러나 종합화 대상의 종류와 폭은 프랑스 건축가들보다 훨씬 다양하고 넓었다. 영국 내에서도 종합화를 추구한 다른 건축가들보다 그 종류와 폭이 다양하고 넓었다 그야말로 총합적인 종합화였다.

애덤은 아버지를 통해 18세기 전반부 영국에서 유행한 바로크, 팔라디오 양식, 로코코 등을 종합적으로 습득했다. 바로크는 밴브루와 기브스를, 팔라디오 양식은 벌링턴을 대표적인 예로 삼아 배웠다. 여기에 영국 여행과 로마 체류를 통해 얻은 내용을 더했다. 1749년에서 1750년에 사이 영국을 여행하면서 자연 경치, 조경 건축, 고딕 건물 등에서 낭만적 감성을 익혔다. 건물이 자연과 어울릴 수 있음을 배운 것은 큰 수확이었다. 이것은 곧 영국다운 감성을 의미했다. 애덤은 영국 여행에서 얻은 경험을 스케치북으로 남겼다.

이처럼 영국다운 배경을 쌓은 뒤 애덤은 1754년부터 1757년 사이에

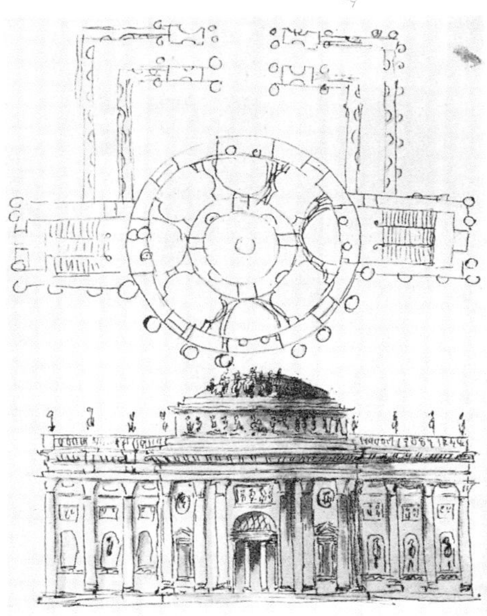

100 로버트 애덤(Robert Adam), 로마 스케치, 1757

101 로버트 애덤(Robert Adam), 공공건물 계획안, 1756~57

대륙을 여행했다. 여행 경로는 '브뤼셀—파리—제노바—피렌체—로마'로 이어졌다. 애덤은 피렌체에서 평생의 스승이 된 클레리소를 만났다. 클레리소는 당시 첨단 경향이었던 폐허·수채화운동을 이끌던 프랑스의 건축가로 로마의 프랑스 아카데미에 와 있었다. 애덤은 클레리소와 함께 로마로 가서 머물며 그에게 신고전주의를 배웠다. 고전 부재, 장식, 디테일 등 기본적인 고전 어휘의 구사부터 이것을 자연 풍경 속에서 폐허로 읽어낸 뒤 낭만주의 풍의 수채화로 그려내는 방법, 그리고 도면 그리는 법과 고전 어휘를 자유롭게 재해석해내는 창작적 각색 등에 이르기까지 신고전주의와 관련한 모든 경향을 종합적으로 배웠다(그림 100). 애덤은 "클레리소가 투시도, 디자인, 색채 등에서 최고의 실력자며 자신의 가슴에 열정을 지펴 생각을 키워줬다"고 했다.

클레리소 이외에 피라네시와의 만남도 중요한 전기였다. 피라네시에게서 로마 고전주의의는 낭만적 가능성을 읽어내는 눈과 이것을 동시대 건축양식으로 재해석해내는 능력을 배웠다. 또 로마 고전주의, 르네상스, 바로크 등 로마에 쌓여 있던 고전주의의 보고를 직접 답사해서 측량하고 그리는 훈련도 했다. 이런 내용들을 그 이전에 쌓은 영국다운 배경에 덧붙여 애덤이 거장이 되는 데 필요한 모든 것을 다 갖추도록 해주었다. 이탈리아에 체류하는 동안 배운 다양한 유적 해석은 이후 애덤이 다양한 국제적 신고전주의 경향을 보이는 결정적 배경으로 작용했다(그림 101). 이것들을 바탕으로 타고난 소질을 더해 애덤은 18세기 영국, 나아가 유럽 전체를 대표하는 신고전주의 건축가가 되었다.

애덤은 이탈리아에서 알게 된 여러 명의 도면 제작자와 실내장식가를 영국으로 데려왔다. 로랑베노아 드웨즈Laurent-Benoit Dewez, 주세페 마노키Giuseppe Manocchi, 안토니오 주키Antonio Zucchi, 주세페 보노미Giuseppe Bonomi 등이 대표적인 인물들이었다. 이들은 끊임없이 쏟아지는 애덤의 아이디어를 수준 높은 도면으로 옮겨 애덤의 다작을 가능하게 해주었다. 이들의 도면은 그 자체로 예술성이 뛰어날 뿐 아니라 애덤의 건축이 대륙의 고전주의를 바탕으로 국제적 경향을 유지하는 데 중요한 밑바탕이 되어주었다. 또한 섬세한 장식 예술을 더하여 애덤의 건축이 담당해야 했던 신고전주의 로코코의 완성도를 높였다.

고전 해석의 종합화와 기능 유형의 종합화

애덤은 로마 체류 때부터 그랜드 투어나 유학차 그곳에 와 있던 영국과 프랑스의 주요 인사들과 교류했다. 이때부터 두각을 나타내면서 이미 영국 예술계와 건축계에 이름을 알렸다. 로마에서 이런 활동을 바탕으로 런던으로 돌아오자마자 많은 일거리를 수주하기 시작하면서 1760년을 기점으로 영국을 대표하는 건축가가 되었다. 이후 1770년대까지 전성기를 보냈으며 1780년대부터 사망할 때까지도 일정한 활동과 영향력을 유지했다. 건축과 예술과 관련한 여러 단체들의 회원이기도 했다. 1758년에 예술협회Society of Arts에, 1761년에 학술원Royal Society에 각각 가입했다. 1761년에는 왕실 건축가Architect of the King's Works로 발탁되었다.

애덤은 고전 유적을 그만의 시각으로 해석했다. 기본적인 정확성을 바탕으로 장식의 그로테스크하고 아라베스크한 분위기를 더한 것이다. 이것 역시 고전 유적을 해석하는 여러 시각을 종합화한 측면이 많았다. 르네상스까지는 공간 유형의 관점에서 보는 시각과 정확한 복원이 정통적 경향을 이루었다. 라파엘로는 예외적으로 장식의 관점에서 본 최초의 건축가였고 이것은 매너리즘과 바로크로 이어졌다. 바로크 때는 비정형과 뒤틀린 투시도 등 자유 형태의 관점이 주를 이루었다. 18세기에는 폐허 · 수채화운동과 피라네시의 낭만적 관점이 가장 새로운 시각이었다.

애덤은 이상의 예들을 종합했다. 로마 체류 기간 동안 로마 고전주의뿐 아니라 르네상스와 바로크의 많은 건물들도 스케치로 남겼다. 피라네시에게 바로크의 뒤틀린 공간과 낭만적 해석을 배웠으며 마지막으로 영국다운 낭만주의를 더했다. 애덤은 이상의 종합화를 자신만의 유적 해석 경향으로 발전시켰다. 공간 유형과 정확성을 기본 바탕으로 장식을 더한 뒤 주변 분위기까지 함께 생각했다. 이런 종합화 경향으로 당시 영국에 필요했던 국제적 보조, 영국다운 국가 양식, 뒤늦은 장식 경향 등 세 가지 조건을 동시에 만족시켰다. 뿐만 아니라 이 세 조건을 자유자재로 구사하며 적재적소에 적용했다. 국제적 보편성이 요구되는 건물에는 정확한 정통 고전주의를, 영국다운 전통이 요구되는 건물에는 바로크다운 낭만성을, 장식이 요구되는 건물에는 다양한 양식과 색채의 장식 어휘를 구사했다(그림 102, 103).

102 로버트 애덤(Robert Adam), 켄우드 하우스(Kenwood House), 런던, 1767~69
103 로버트 애덤(Robert Adam), 더비 하우스(Derby House), 천장 디자인, 런던, 1773~74

애덤은 로마 유적 가운데 주로 목욕탕을 좋아했다. 로마 시내 이외에도 폼페이, 헤르쿨라네움, 스팔라토Spalato, 이탈리아어로 크로아티아를 가리킨다, 팔미라Palmyra 등에도 관심이 많았다. 이들 지역은 로마 시대에는 지역주의와 고대 바로크를 대표하는 비정형 경향의 산실들이었다. 애덤은 또한 그리스 고전주의에도 관심이 많았다. 르네상스와 바로크의 예들 중에서는 빌라 마다마Villa Madama와 빌라 팜필리Villa Pamphili를 특히 좋아했다. 라벤나Ravenna에서는 비잔틴 건축의 영향을 받았다.

애덤은 증개축과 실내장식을 포함하여 80여 작품을 남겼다. 다작만큼 기능 유형도 다양했다. 컨트리하우스와 타운하우스를 주요 유형으로 삼아 도시계획, 교회, 공공건물, 무덤, 실내장식, 가구, 공예까지 아울렀다. 도시에서 가구에 이르는 조형 환경의 전체 영역을 다룬 것이다. 애덤은 팔라디오 양식 건축가들이나 기브스와 달리 정치적 격랑에서 벗어나 순수예술 작품에 집중했다. 애덤의 건축주들도 예외 없이 상류 귀족층이었다. 이들은 앞의 건축가들과 달리 정치적 캠페인과 결부하지 않고 애덤의 작품 자체를 높이 평가해서 일을 맡겼다.

작품 경향도 종합화만큼 다양했다. 애덤은 종합화의 대상으로 삼은 선례 모델의 출처를 지우지 않고 남기는 편이었기 때문에 그의 작품에는 수많은 양식의 흔적들이 난무했다. 고전주의의 다양한 선례들이 대부분이었지만 고딕 양식도 잘 다루어서 일정한 작품을 남겼다. 고전주의와 고딕을 동시에 다루는 경향은 18세기 영국에서는 애덤뿐 아니라 다른 건축가들도 많이 보인 비교적 흔한 현상이었다. 그러나 양식 종류의 전체 수에서 애덤은 다른 건축가들을 압도했다.

애덤의 대표작을 기능 유형별로 나누어보면 다음과 같다. 컨트리하우스는 더비셔의 케들스톤홀Kedleston Hall, Derbyshire, 1760년경~61, 미들섹스의 오스터레이 파크 하우스Osterley Park House, Middlesex, 1765~80, 런던의 켄우드 하우스Kenwood House, 1767~69, 로디언의 고스포드 하우스Gosford House, Lothian, 1790~1800년경 등을 들 수 있다. 타운하우스는 버킹엄셔의 샤델로에스Shardeloes, Buckinghamshire, 1759~61, 런던의 사이온 하우스Syon House, 1760~69, 랜스다운 하우스Lansdowne House, 1762~68, 더비 하우스Derby House, 1773~74, 앱슬리 하우스Apsley House, 1778 등을 들 수 있다. 고딕 양식은 에어셔의 컬진 성Culzean Castle, Ayrshire, 1777~92을, 공공건물은 에든버러의 레지스터 하우스Register House, 1774~92와 샬럿 광장Charlotte Square, 1791~92 그리고 에든버러대학교Edinburgh University, 1789~93 등을 들 수 있다.

영국의 시대 상황과 1720년대생의 한계

애덤의 건물은 기능 유형과는 별도로 외관과 실내로 나누어 생각할 수 있다. 이것은 애덤의 건축이 갖는 양식사적 의미와 심미성을 이해하기에 가장 적합한 분류다. 외관과 실내 모두 애덤의 종합화 경향을 잘 보여주지만 고전을 해석하는 기본 관점에서는 차이가 컸다. 외관에서는 고전적 축조성을 살리고 원형을 잘 지키는 등 기본에 충실했다. 종합화를 추구하되 고전의 기본 틀 내에 흡수되는 형식이었다. 고전주의의 기본 기조가 중심을 잡고 그 위에 여러 양식을 더했다. 외관의 이런 특징은 종합화를 바탕으로 한 국제적 신고전주의의 범주에 드는 것으로 볼 수 있다(그림 104).

실내는 더 자유로웠다. 고전 어휘를 자유롭게 분해했으며 이질 요소

104 로버트 애덤(Robert Adam), 기술, 제조업, 상업 진흥협회(House of the Society for the Encouragement of Arts, Manufactures, and Commerce), 런던, 애들피(Adelphi)

끼리의 혼용이 증가했다. 장식다운 각색도 노골적이었다. 장식 어휘의 사용 자체가 늘었고 건축 부재를 장식적으로 바꾸었다(그림 105, 106). 건축 부재와 장식 어휘의 혼용이 심했고 색채 사용도 두드러졌다. 이런 특징은 프랑스의 급진적 신고전주의에 비교할 수 있는 현상이었다. 그러나 차이가 더 컸다. 프랑스의 급진적 신고전주의에 나타난 고전 어휘의 분해는 고전 규범의 붕괴라는 명확한 반항적 목적이 있었다. 이것은 18세기 후반부의 시대 상황을 건축에 반영한 것이었다.

애덤에게는 이런 거대 담론의 고민은 없었다. 당시 영국의 상황 자체가 그러했다. 혁명 정신이 높아지며 급박한 진보와 변혁을 추구하던 프랑스와 달리 영국은 낭만주의를 바탕으로 영국다운 대표 정서를 찾는 쪽에 치중했다. 애덤이 보인 종합화는 이런 요구에 순응한 대표적 산물이었다. 이런 식의 종합화는 영국의 오래된 건축 전통이기도 했다. 18세기 후반부 영국의 시대 상황과 애덤의 건축은 이런 영국의 전통을 벗어나지는 못했다. 애덤이 국제적 신고전주의를 추구하기는 했지만 영국다운 전통의 범위 내에서였다.

장식 경향도 마찬가지였다. 로코코를 독립적 양식으로 갖지 못한 상태에서 이것이 국제적으로 유행하던 상황에 보조를 맞추기 위한 매우 좁은 의미의 공시적 현상일 뿐이었다. 상류 귀족층에서 실내장식에 대한 수요가 늘어난 것도 중요한 요인이었다. 대륙의 국제적 예술 조류

105 로버트 애덤(Robert Adam), 노스텔 수도원(Nostell Priory), 탑홀(Top Hall), 요크셔(Yorkshire), 영국
106 로버트 애덤(Robert Adam), 윌리엄스-윈 하우스(Williams-Wynn House), 리즈(Leeds), 영국

에 항상 민감하게 반응하며 이것을 닮으려는 영국의 전형적 고민이 담긴 상황이었다. 왜 장식이 필요한지에 대한 심각한 고민 없이 건축가들에게 장식 사용을 요구했고 이것을 피해 가는 것은 불가능했다.

마지막으로 애덤 개인의 손끝에서 나오는 작가다운 기질과 타고난 장식 성향이 큰 비중을 차지했다. 심각한 시대 고민보다는 낭만적 자유 기질과 천재적 기교를 바탕으로 즉흥적 즐거움을 즉각적으로 간들어내는 기질이 애덤의 천성이었다. 이런 천성은 앞서 설명한 당시 영국 상황과 잘 맞아떨어졌다. 애덤은 건축주의 요구를 뛰어넘는 거대한 시대정신이나 미래지향적 비전을 제시하지는 못했지만 건축주의 요구는 꼭 만족시켰다. 어렸을 때 아버지에게 배운 사업 수완과 사교술도 중요한 역할을 했다. 아버지의 설계 사무소를 물려받아 삼형제가 잘 운영하면서 안정된 조직도 확보했다. 이런 바탕 위에 대륙 여러 나라와 영국 각지에서 자신의 예술관을 실무적으로 뒷받침해줄 고급 노동력을 거느릴 수 있었다.

애덤은 런던으로 돌아온 지 일 년도 안 되어 상류 귀족층의 폭발적인 인기를 끌었고 일거리가 밀려들었다. 건축주의 장식적 요구를 훌륭하게 만족시켜주었을 뿐 아니라 기능적으로도 불편하지 않은 건물을 만들었다. 건축주로서는 더 바랄 것이 없는 믿음직한 건축가였다. 당시 영국에는 이런 정도의 요구를 만족시켜 줄 건축가가 거의 없었다. 이런 특징들은 당시 영국의 미시적, 공시적 상황을 완벽하게 만족시키는 것들이었다. 그러나 '혁명기'라는 거시적, 통사적 관점에서 보면 분명한 한계가 있었다. 이런 한계는 영국의 오래된 건축 전통이기도 했다. 대륙에서 정체된 시대 상황을 깨는 새로운 양식이 먼저 생기면 그것을 받아들여 종합화함으로써 영국다운 지역 양식으로 재탄생시키는 양상의 반복이 영국 건축사의 큰 흐름이었다. 18세기 후반부의 새로운 격변기에 이런 흐름이 또 반복되었는데 여러 조건을 두루 갖추고 이러한 흐름에 가장 잘 부합하며 영국을 대표하는 건축가로 등극한 것이 애덤이었다.

이런 한계는 애덤 개인의 현상만은 아니었다. 체임버스, 우드 2세 등 애덤과 같은 1720년대 생들에게 공통적으로 나타났다. 이들 세대는 이런 한계 내에서 1760~70년대에 자신들의 전성기를 보내며 영국 건축을 이끌었다. 이에 대한 반발로 댄스 2세, 홀랜드, 존 손, 내시, 와이엇 등 1740~1750년대 생을 주축으로 1770년대에서 1790년대의 급진적 경향을 추구하는 새로운 움직임이 일어났다. 이 움직임은 1720년대 생의 활동에 일정한 타격을 주기는 했지만 물줄기를 완전히 바꾸지는 못했다. 1720년대 생들의 활동은 다소 철 지난 전통 양식으로, 계속 이어지는 한편 젊은 세대의 시도가 새로운 경향으로 나타나면서 대립하는 양상을 보였다.

이상의 이유들 때문에 애덤은 고전 어휘의 분해 경향을 강하게 나타냈고 프랑스의 급진적 신고전주의자들과 같은 세대임에도 급진적 신고전주의자로 분류하지는 않는다. 외관과 실내의 특징을 종합하면 애덤의 건축은 장식을 선호하던 18세기 영국 귀족 사회의 요구에 부응하며 영국다운 국가 양식을 찾으려고 그민하면서 국제적 신고전주의 경향을 혼합한 것으로 요약할 수 있다.

케들스톤홀과 오스터레이 파크 하우스

애덤의 완성도 높은 첫번째 건물은 케들스톤홀이다. 이 건물은 영국의 컨트리하우스 구성, 팔라디오 양식, 신고전주의 등을 혼합한 특징을 보였다. 평면은 중앙 몸체와 네 모서리의 측랑으로 이루어졌다(그림 107). 이것으로 외관에는 오분법 구성이 나타났다(그림 108). 평면의 전체 구성은 중심축을 기준으로 대칭을 유지했으나 중앙 몸체에서는 대칭과 비대칭을 혼합했다. 방의 크기와 형상도 규칙성과 자유로움이 공존하는 중간 상태로 처리했다. 이런 내용들은 컨트리하우스의 전형적 전통이었다.

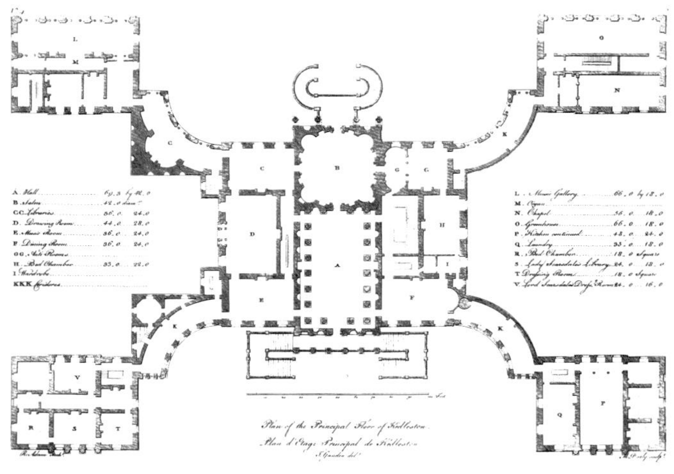

107 로버트 애덤(Robert Adam), 케들스톤홀(Kedleston Hall), 더비셔(Derbyshire), 영국, 1760년경~61

팔라디오 양식은 중앙 몸체 및 그 속의 마블 홀[Marble Hall], 그리고 입면 처리에서 나타났다. 중앙 몸체에 나타난 약한 대칭 구도는 팔라디오의 로톤다를 연상시켰다. 중앙 홀의 윤곽은 1대 2 비례의 긴 직사각형이었고

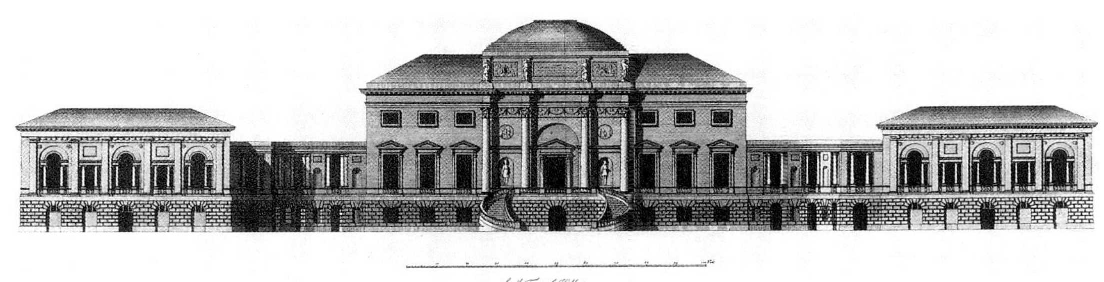

108 로버트 애덤(Robert Adam), 케들스톤홀(Kedleston Hall), 더비셔(Derbyshire), 영국, 1760년경~61

그 속을 기둥 열이 네 면을 돌아가며 에워쌌다. 기둥 열은 벽면에서 떨어져서 독립 원형 기둥으로 서 있었다. 이것은 벌링턴의 어셈블리 룸스에 나타났던 팔라디오의 '이집트홀' 처리 기법이었다(그림 109). 정면은 로톤다의 외관을 일정 부분 닮았다. 이외에도 러스티케이션을 암시하는 기단과 남측 입면의 거대 기둥 등이 팔라디오 양식의 어휘였다.

신고전주의는 남측 정면 출입구의 개선 아치 모티프, 북측 입면의 신전 파사드, 살롱 실내의 판테온 모티프, 외관의 전체적 분위기에 축조성을 강하게 나타낸 점 등을 대표적 예로 들 수 있다. 남측 정견 출입구는 세 베이로 구성하였다. 중앙 출입문 베이의 폭은 양옆보다 더 넓었고 소품화된 페디먼트로 상인방을 처리했다. 양옆은 아치로 위쪽을 마감한 감실로 처리했다. 출입문 위에는 큰 반원 아치의 윤곽이 밖에서 페디먼트 상인방을 한 겹 더 에워쌌다. 감실 위에는 메달 장식을 돋을새김으로 새겼다. 프리즈에는 낮은 돋을새김으로 꽃 띠 장식을 새겼다. 이런 처리들은 모두 개선 아치의 전형적 기법들이었다.

109 로버트 애덤(Robert Adam), 케들스톤홀(Kedleston Hall), 더비셔(Derbyshire), 영국, 1760년경~61

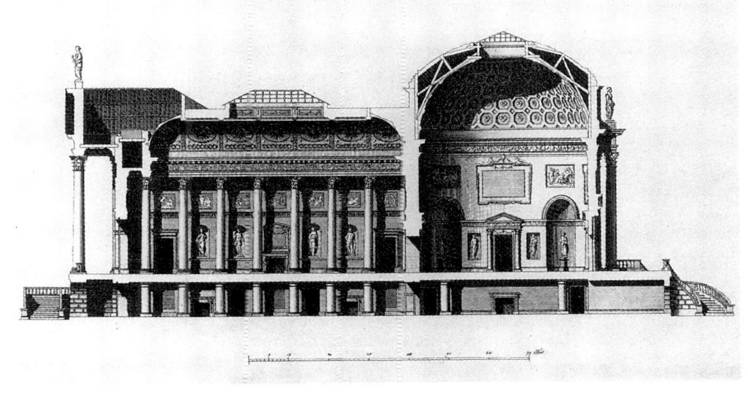

북측 입면에서는 헥사스틸의 신전 파사드로 출입구를 처리했다. 양옆 측동의 중앙부는 이것을 단순화한 테트라스틸의 신전 파사드로 처리했다. 북측 입면에서는 신전 열주가 전체적인 분위기를 지배했다. 기브스의 광야의 성 마르티노와 세

르반도니의 생쉴피스를 이어받은 국제적 신고전주의의 표준 어휘였다. 실내에서는 살롱에 판테온 모티프를 사용했다. 실내 골격은 삼단으로 구성했다. 가장 아래 단에는 감실과 출입문이 교대로 위치했고 그 사이에는 다시 작은 감실을 더 뚫었다. 감실에는 조각상을 놓았고 출입문은 소품화된 신전 파사드로 윤곽을 짰다. 중간 단은 벽체 부분으로 여러 종류의 장식 어휘들을 새기는 장소였다. 가장 위에 있는 단은 돔 천장이었다. 천장 내곡면은 육각형 소란반자로 구성되는 우물천장으로 처리했다. 꼭대기에는 원형창을 뚫었다.

이상의 처리들이 합쳐지면서 외관의 전체적 분위기는 팔라디오 양식의 평면적 입면을 울퉁불퉁하게 만들어 힘을 준 느낌이었다. 남측 입면에서는 거대 기둥을 벽에 연결해 버트레스처럼 만들어 짙은 음영 효과를 노렸다. 북측 입면에서는 신전 열주가 동일한 효과를 냈다. 두 쪽 모두 페디먼트 상인방 세 개가 급하게 반복되면서 축조적 힘을 더했다. 애덤 본인의 말대로 "건물 각 부분의 오름과 내림, 돌출과 후퇴 그리고 다양한 형태를 통해 픽처레스크한 구성을 강조"하는 분위기가 만들어졌다.

110 로버트 애덤(Robert Adam), 오스터레이 파크 하우스(Osterley Park House), 미들섹스(Middlesex), 영국, 1765~80

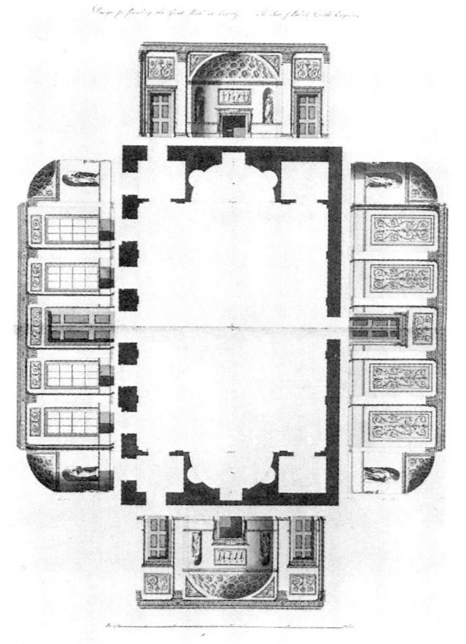

애덤의 실내 작품에서는 장식 사용이 두드러졌다. 고전 어휘도 이에 맞춰 다양하게 변형했다. 실내 골격을 짜는 건축 어휘와 장식 처리는 애덤 건축의 정수였다. 이 부분에서 애덤은 자신만의 창작성을 가장 돋보이게 드러냈다. 이런 의미에서 이 둘을 합쳐 애덤 스타일Adam Style이라 부른다. 1750년대에서 1760년대 초의 초기 작품에서는 자연 문양을 많이 사용했고 이탈리아에서 보고 온 선례에 많이 의존했다. 1760년대 중반부터 고전 건축 어휘를 많이 사용하기 시작했고 팔라디오 양식을 더하면서 자신만의 장식 어휘와 영국다운 특징을 확보했다.

오스터레이 파크 하우스는 이러한 경향을 대표하는 작품이다. 이 건물의 실내에서는 순수 장식의 의미로서 섬세한 꽃 장식이 벽면 전체를 덮고 있지만 고전 어휘를 각색한 건축 부재들이 이런 장식들을 잡아주는 골격 역할을 하면서 축조적 안정감을 확보하고 있다(그림 110). 건축 부재는 벽난로 윤곽, 문틀, 몰딩, 애프스, 계단실, 책꽂이, 벽체 패널 등에 폭넓게 사용했다. 벽난로와 문틀은 벽기둥을 활용한 장식 어휘로 윤곽을 짰다. 몰딩은 엔타블러처를 활용해서 높이를 맞춘 뒤 장식으로 채웠다. 애프스는 4분의 1구의 둥근 천장으로 처리했고 책꽂이는 벽기둥과 소품화된 신전 파사드를 섞어 사용했다. 계단실에서는 난간과 홀 입구에 고전 어휘를 집중적으로 사용했다. 난간은 벽기둥을 응용한 철물 장식으로 처리했고 홀 입구에는 콜로네이드를 세웠다. 벽체 패널에는 책꽂이와 유사한 어휘를 사용했다.

111 로버트 애덤(Robert Adam), 오스터레이 파크 하우스(Osterley Park House), 미들섹스(Middlesex), 영국, 1765~80

에트루리아식 룸Etruscan Room에서는 당시로서는 영국 최초로 에트루리아식 장식으로 방 전체를 꾸몄다(그림 111). 영국에서 에트루리아식 장식을 정확하게 시공하기는 쉽지 않은 일이었는데 애덤은 대륙에서 고용한 장인의 도움으로 이 방을 정확도 높은 에트루리아식 장식으로 꾸밀 수 있었다. 이 방에 쓰인 에트루리아식 장식은 사실은 에게 해 섬나라에서 쓰던 그리스 장식이었는데 당시에는 정확한 고고학 지식이 부족한 관계로 에트루리아식 장식으로 알고 있었다. 다른 방의 장식들이 당시 유행하던 로코코 풍의 풍부한 자연 문양이었던 데 반해 에트루리아식 장식은 벽면을 많이 드러내며 꽃병, 사람, 분수 등 소재 면에서 많이 달랐다.

사이온 하우스 – 애덤 스타일과 애덤 모티프

사이온 하우스는 애덤의 모든 역량을 총집결한 애덤 스타일의 대표작이다. 이 건물은 중세 성채를 외관은 그대로 놔둔 채 실내만 개축한 것이었기 때문에 애덤의 작품성은 평면 구성과 실내에 나타났다. 평면은 팔라디오 로톤다의 중앙 집중형을 기본 윤곽으로 삼아 다양한 형태의 방을 더하는 구성이었다. 전체 구성은 정사각형 건물 중앙에 큰 원형 방을 두고 주위 사면을 여러 방들이 돌아가며 에워싸는 형식이었다. 이런 처리는 불균등 내접형 그릭 크로스 구성을 변형한 것으로 볼 수 있다(그림 112).

중앙의 원형 방은 반지형 겹공간으로 처리했다. 여덟 개의 출입구가 있는 원형 벽이 중간에 한 겹 들어가 있는 구성이었다. 구멍은 벽기둥 한 쌍으로 윤곽을 짰고 구멍 사이는 감실을 판 벽체로 메웠다. 원형 방의 십자축 방향 네 귀퉁이에는 옆으로 긴 타원형의 작은 방을 더했는데 이 방들은 주위 사면의 방들로 넘어가는 다리 역할을 했다. 주위 사면은 다양한 방들의 향연이었다. 크고 작은 직사각형을 기본으로 정사각형, 반원, 옆으로 누운 타원, 곧추선 타원, 비정형 등 다양한 크기와 형태의 방들이 사면을 돌아가며 차례로 늘어섰다.

방의 실내도 다양하게 처리했다. 방의 윤곽과 벽면을 처리하는 건축 기법들은 평활면, 열주, 감실, 애프스, 쌍기둥, 벽기둥을 이용한 구획, 패널, 콜로네이드 등으로 다양했다. 이 가운데 대연회실Dining Room=Great Hall=다이닝룸은 양쪽 단변을 애프스로 처리한 뒤 그 앞을 쌍기둥으로 막았다. 애프스 앞을 쌍기둥으로 막는 처리는 팔라디오가 일 레덴토레Il Redentore 등 베네치아의 교회에서 사용하던 것이었다. 애덤은 이것을 차용하여 양쪽 끝변에 중복 사용함으로써 자신만의 어휘로 만들었다. 트윈 스크린드 애프스twin screened apse라 부르는 이런 처리는 애덤이 즐겨 사용한 대표적인 애덤 모티프였다.

112 로버트 애덤(Robert Adam), 사이온 하우스(Syon House), 런던, 1760~69

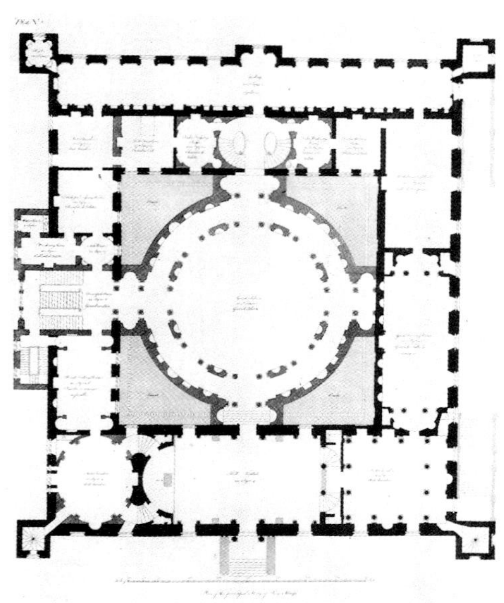

방들은 크기, 형태, 건축 처리 기법의 세 요소로 구성되는 유형 개념으로 정의했다. 이런 유형들을 다양하게 변형한 뒤 사면을 따라 병렬하여 공간의 파노라마를 이루었다. 방과 방이 접하는 방식도 다양했다. 평활 벽 하나만으로 구획하기도 했지만 콜로네이드와 계단을 방과 방 사이의 전이 공간으로 두기도 했다. 이쪽 방의 벽은 평활면인데 이것을 면한 반대편 방의 벽은 타원의 곡면인 경우도 있었다. 파노라마는 연속구성sequence으로 나타났다. 사면을 따라 진행하면 수시로 변

하는 여러 방들의 향연을 경험할 수 있었다.

이상의 구성은 로마 시대 고대 바로크에서 사용한 전형적인 기법들이었다. 유기성과 기하주의를 합친 조형성을 기본 개념으로 삼아 다양하게 변형한 방들을 연속구성으로 병렬하여 파노라마를 얻는 기법이었다. 이런 기법을 보여주는 예는 네로의 황금주택Golden House of Nero, 도미티아누스 궁궐Palace of Domitianus, 디오클레티아누스 궁궐Palace of Diocletianus, 하드리아누스의 빌라Villa of Hadrianus, 카라칼라의 목욕탕Baths of Caracalla 등 다양하고 많았다.

애덤은 고대 바로크의 연속구성 기법을 영국의 주관주의로 재해석했다. 영국에서는 정형화된 통일성을 거부하는 주관적 비정형 경향이 국가적 건축 전통이었는데 이것을 고대 바로크의 비정형 경향과 결합한 것이다. 이것은 프랑스에서는 찾아볼 수 없는 애덤만의 독특한 경향이었다. 애덤은 이 경향을 사이온 하우스뿐 아니라 더비 하우스 등 일정 규모 이상의 주거에서 즐겨 사용하면서 애덤 스타일의 중요한 구성 요소로 만들었다. 이런 점에서 로마 고전주의를 영국다운 전통으로 재해석한 영국다운 신고전주의로 볼 수 있다.

113 로버트 애덤(Robert Adam), 사이온 하우스(Syon House), 출입구 홀, 런던, 1760~69

애덤은 오더 양식의 종류를 방의 특질에 대응하는 기법도 개발했다. 출입구 홀에는 도리스식 오더를 사용하여 절제된 형식을 갖추었다(그림 113). 이것은 집의 첫 관문인 출입구 홀에 필요한 격식에 어울리는 특질이었다. 도리스식 오더의 원형다운 차분함을 방의 분위기에 대응해 기호와 특질을 표현했다. 장식 처리와 색채 사용도 이에 맞추었다. 장식은 절제하고 단순 벽면의 면적을 늘렸다. 색채는 단색으로 처리했다. 방의 실내 윤곽도 이에 맞춰 네모반듯한 사각형으로 짰다.

대기실anteroom은 그 반대였다. 대기실

114 로버트 애덤(Robert Adam), 사이온 하우스(Syon House), 대기실, 런던, 1760~69

까지 안내했다는 것은 집의 손님으로 받아들이겠다는 것을 의미했다. 이에 맞는 환영의 표시가 필요했다. 출입구 홀을 지나면서 딱딱하게 굳은 분위기를 부드럽게 풀어줄 필요도 있었다. 이에 따라 대기실은 장식 성격이 강한 이오니아식 오더로 처리했다. 소용돌이 문양을 필두로 화려한 장식이 실내를 가득 채웠다. 오더의 재료는 청색 대리석이었다. 오더 위에는 조각상을 세웠고 강렬한 색채가 흥겨운 분위기를 주도했다. 방의 실내 윤곽도 이에 맞춰 타원형 등 곡선을 사용했다. 방의 윤곽이 사각형일 경우에는 천장을 원형 패널로 짰다(그림 114).

출입구 홀에서는 또다른 애덤 모티프를 사용했다. 기둥 체계를 1차 오더와 2차 오더로 나눈 뒤 전자는 중요한 곳에 큰 부재로 사용하여 원형을 강조하고 후자는 덜 중요한 곳에 작은 부재로 장식 처리하여 사용하는 기법이었다. 출입구 홀에서는 방의 양끝 출입문에 해당하는 지점에 쓰인 콜로네이드와 장변의 중간에 쓰인 아치 윤곽에서 도리스식 기둥을 1차 오더로 차용했다. 오더는 바닥에 굳건하게 발을 디디고 한 층을 가로지르는 당당한 크기로 자신의 존재를 알렸다. 반면 2층의 창틀에는 이오니아식 기둥을 2차 오더로 사용했다. 오더는 작은 크기로 장식 처리하여 창틀 주변에 더했다(그림 115).

115 로버트 애덤(Robert Adam), 사이온 하우스(Syon House), 런던, 1760~69

오더를 이용한 이상의 처리들은 신고전주의와 로코코의 양면성을 띠었다. 도리스식의 특질을 원형다운 차분함으로 정의하고 1차 오더로 사용한 점과 이오니아식의 특질을 장식다운 흥겨움으로 정의해서 2차 오더로 사용한 점은 고전의 기본 개념에 충실한 신고전주의 기법이다. 반면 도리스식 주변에까지 장식을 더한 점과 이오니아식의 특질을 지나치게 장식에 한정하여 오더 본연의 구조적 능력이나 열주 효과 등을 상쇄시킨 경향은 로코코의 장식 경향으로 볼 수 있다. 장식 경향은 앞에서 살펴본 바와 같이 애덤의 실내 작품 전반에 걸쳐 두드러지게 나타난 특징이기도 했다. 이것은 영국이 18세기 대표 양식 가운데 하나였던 로코코를 별도로 갖지 못한 상태에서 신고전주의나 고딕리바이벌 등 다른 양식을 섞었기 때문에 나타난 현상의 일환이었다. 이런 이유로 사이온 하우스를 비롯한 애덤의 실내 작품들은 신고전주의 로코코를 겸하기도 했다.

3 우드 부자

존 우드 1세 – 팔라디오 양식과 로마 고전주의

존 우드 1세John Wood the Elder, 1704~54는 배스Bath에서 태어나 이곳을 대표하는 건축가가 되었다. 나이로 보면 팔라디오 양식과 신고전주의 사이에 낀 세대였으나 건축 경향은 독특한 면이 있었다. 그의 건축은 영국다운 배경과 팔라디오 양식을 혼합한 것이었다. 대륙의 고전주의를 직접 접하지 않은 상태에서 영국의 지역 전통에 의존하는 경향을 보였다. 이른 나이인 1720년대에 런던, 옥스퍼드, 요크셔, 배스 등 영국 전역에서 경험을 쌓으며 심각한 작품성보다는 지역의 전통적 분위기에 즉흥적으로 반응하는 경향을 습득했다. 여기에 당시 유행하던 팔라디오 양식을 접목했다. 팔라디오 양식도 이탈리아에 가서 직접 보고 배운 것이 아니라 패턴 북을 통해 간접적으로 익혔다. 부재를 다소 과다하게 사용한 경향이 있으나 다양한 선례를 비교적 잘 혼합해서 흥겨운 조형성을 획득했다(그림 116).

우드 1세의 대표작은 배스에서 나왔다. 1725년부터 배스 개발 계획에 참여하면서 퀸 스퀘어Queen Square, 1729~36와 더 서커스The Circus, 1754~66년경, 우드 2세에 의해 완공를 대표작으로 남겼다. 두 건물은 팔라디오 양식을 기본 모티프로 삼아 로마 고전주의로 각색한 특징을 보였다. 로마 고전주의는 배스의

116 존 우드 1세(John Wood the Elder), 프라이어 파크 예배당(Chapel at Priro Park), 배스(Bath) 근교, 영국, 1735~48

117 존 우드 1세(John Wood the Elder), 퀸 스퀘어(Queen Square), 배스(Bath), 영국, 1729~36

지역 전통이었다. 배스는 로마 시대부터 온천 휴양지로 유명하여 목욕탕을 많이 지었기 때문에 붙여진 이름이었다. 배스는 또한 로마 시대 군영이 머물던 군사 도시이기도 했다.

퀸 스퀘어는 거대 기둥과 혹두기의 기단 등 팔라디오 어휘를 기본 부재로 삼았다(그림 117). 그러나 팔라디오 양식의 노골적인 팔라디오 돋보이기가 아닌 좀더 보편적인 로마 고전주의로 중화했다. 가로를 면한 긴 입면의 지루함을 덜기 위해 오분법으로 분할한 뒤 중앙부와 양 측랑의 벽기둥을 원형으로 처리하여 나머지 두 부분과 구별했다. 마지막으로 중앙부에는 신전 페디먼트를 넣었다. 이런 처리는 가깝게는 이니고 존스의 코번트 가든 광장Covent Garden Square, 런던, 1631~37을, 멀리는 로마 시대 배스의 군영을 각각 선례로 삼은 것이었다.

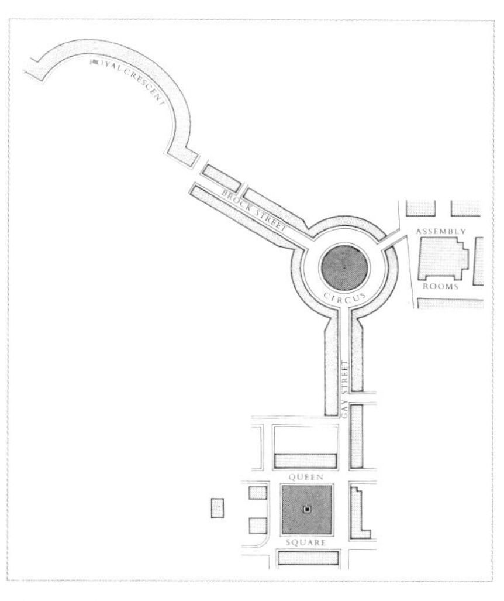

118 존 우드(John Wood) 부자의 배스(Bath) 중심부 개발. 존 우드 1세(John Wood the Elder)의 퀸 스퀘어(Queen Square, 1729~36)와 더 서커스(The Circus, 1754~66년경, 우드 2세에 의해 완공) 및 존 우드 2세(John Wood the Younger)의 로열 크레센트(Royal Crescent, 1767~77)를 보여준다.

로마 고전주의의 적극적인 차용은 더 서커스에서 나타났다. 당시 배스는 침체된 도시였는데 우드 1세는 로마 시대 온천 휴양 도시였던 배스의 전통을 살려 도시에 활기를 불어넣을 계획안을 제출해서 승인을 받았다. 퀸 스퀘어와 더 서커스는 그 핵심이었다(그림 118). 두 광장은 게이 거리Gay Street로 연결되며 도시의 심장부에 새로운 공공 공간을 만들었다. 여기에 배스를 지나는 에이번 강River Avon과 인접 도시 브리스틀Bristol을 잇는 운하 계획안을 더했다.

더 서커스는 지름 95미터의 원호를 따라 길게 늘어선 타운하우스 33채로 이루어졌다(그림 119). 이 크기의 원호에 맞는 모티프는 로마의 콜로세움밖에 없었다. 콜로세움에서는 외벽을 구성하는 수직 층쌓기를 차용했다. 1층은 도리스식, 2층은 이오니아식, 3층은 코린트식 오더로 처리했다. 이것은 콜로세움의 안팎을 뒤집어 적용한 구성이었다. 가로를 접한 면이 원호의 내곡면, 즉 안쪽이었는데 이곳에 콜로세움의 바깥 면 구성을 적용한 것이었다. 또한 영국다운 지역 전통을 살린 것이기도 했다. 오더를 사용하되 대륙의 국제적 신고전주의 어휘였던 열주 효과가 아닌 로마식 수직 층쌓기를 차용했다. 배스는 로마 시대의 기억을 지역 전통으로 가지고 있었기 때문에 이런 처리는 그리스의 열주 효과를 노렸던 대륙의 국제적 신고전주의와는 대비되는 영국다운 경향이었다.

가로를 면한 긴 입면이 동일한 창의 반복으로 지루해지기 쉬운 문제

119 존 우드 1세(John Wood the Elder), 더 서커스(The Circus), 배스(Bath), 영국, 1754~66년경, 우드 2세에 의해 완공

가 있었다. 이것을 원형경기장의 흥분과 긴장감을 상징하는 건축 어휘로 처리하여 해결함으로써 건물뿐 아니라 도시 전체에 활력을 불어넣었다. 또한 과거 로마의 향수를 불러일으켜 도시의 전통적 분위기를 미학적 가치로 끌어올렸다. 그러나 결점도 있었다. 전적으로 패턴 북에 의존했기 때문에 오더의 정확성이 떨어졌다. 그러나 가로를 면한 긴 입면에 고급 건축이 아닌 원형경기장 모티프를 차용한 것은 참신한 아이디어였다. 대륙의 정통 고전주의에 물들었다면 나올 수 없는 풋풋한 아이디어였다.

우드 1세는 이외에 다른 건물과 계획안에서 로마 고전주의 모티프를 꾸준히 차용했다. 랜다프의 성 글래모건 성당Cathedral of St. Glamorgan, Llandaff, 1734~52에서는 네이브 천장을 배럴 볼트로 바꾸는 개축을 단행했다. 그는 이 건물이 솔로몬 신전Temple of Solomon을 모방해 서기 2세기 때 배럴 볼트로 지었을 것으로 추측해서 원래 상태로 복원하려 했다. 배스 근교의 프라이어 파크Prior Park, 1735~48에서는 지형이 로마 극장과 닮았다는 판단 아래 비트루비우스의 로마 극장 표준형을 차용했다. 그 외에 브리스틀 증권거래소와 시장Bristol Exchange and Market, 1741~43과 리버풀 증권거래소와 시청사Liverpool Exchange and Town Hall, 1749~54 등 도심 공공건물에서는 팔라디 오 모티프를 비트루비우스의 해석과 비교하여 각색한 로마 고전주의풍을 즐겨 사용했다.

존 우드 2세 – 로마 고전주의와 열주 효과

존 우드 2세John Wood the Younger, 1728~81는 아버지에게 건축을 배웠고 일찍 사망한 아버지의 일을 물려받아 배스를 중심으로 활동했다. 가장 대표적인 일은 더 서커스를 완공한 것이다. 우드 2세는 이 일을 통해 패턴 북에서 익힌 로마 고전주의를 실제 현장에서 시공하는 중요한 경험을 쌓았다. 이 경험을 바탕으로 배스의 로열 크레센트Royal Crescent, 1767~77를 대표작으로 남겼다. 이 건물은 더 서커스와 여러 면에서 비슷했다. 160미터 지름의 타원 원호를 따라 30채의 3층 타운하우스가 늘어선 구성으로 이루어졌다. 위치도 더 서커스에서 브록 거리Brock Street로 연결된 인접 블록이었다(그림 118).

우드 2세는 더 서커스에서 배운 대로 이번에도 콜로세움 모티프를 사용했다. 타원의 내곡면에 콜로세움의 외곡면 모티프를 사용하여 안과 밖 뒤집기를 시도했다. 중요한 차이도 있었다. 로열 크레센트에서는 수직 층쌓기가 아닌 거대 기둥을 사용했다(그림 120). 기단이 받치는 이오니아식 반원형 벽기둥 114개를 일렬로 늘어 세웠다. 기본 구성은 팔라디오 양식이었지만 중앙 집중성을 만들지 않고 긴 거리에 걸쳐 열주 효과를 노린 점에서 국제적 신고전주의에 해당한다. 로마 고전주의 모티프를 차용한 점에서는 더 서커스와 로열 크레센트 모두 국제적 신고전주의를 노린 것으로 동일했으나 우드 1세는 콜로세움의 기본 구성에 집중하여 이것을 배스의 지역 전통과 접목했다.

반면 우드 2세는 당시 프랑스에서 사용되던 열주 효과를 도입하여 국제적 경향으로 더 많이 기울었다. 로열 크레

120 존 우드 2세(John Wood the Younger), 로열 크레센트(Royal Crescent), 배스(Bath), 영국, 1767~77

센트에도 영국다운 특징을 더했다. 모든 세대를 동일하게 구성하지 않고 최소의 가변성을 준 것이었다. 기단 부의 창과 벽기둥이 군데군데 달랐다. 그러나 그 차이가 크지 않아 영국다운 개인주의나 픽처레스크 구성으로까지 발전하지는 못했다. 거대 기둥의 열주 효과는 국제적 신고전주의가 아닌 배스의 로마 전통을 되살린 것으로 해석할 수 있었다. 단서는 로마 극장에 나타난 장경주의 기법이었다. 이것은 우드 1세가 프라이어 파크에서 시도한 기법이기도 했다. 이 기법을 이곳에서는 더 웅장한 규모와 긴 거리로 처리하여 로마 극장의 스테이지 빌딩을 보는 것 같은 효과를 노렸다. 콜로세움의 기능 유형 자체가 극장이었던 점도 이런 해석을 뒷받침한다.

평면은 반대였다. 전체 윤곽이 타원이었기 때문에 내곡면과 외곡면 사이의 지름 차이로 인해 각 세대는 쐐기 형태를 띠는 것이 자연스러운 결과였다. 그러나 우드 2세는 이것을 직사각형으로 반듯하게 편 뒤 외곡면 쪽 벽체 사이의 공간은 수납장으로 처리했다. 비정형을 이용하여 영국의 픽처레스크 전통을 살릴 기회를 국제적 신고전주의의 합리적 처리로 마무리한 것이었다. 이렇게 보았을 때 열주 효과에 대한 양면적 해석에도 불구하고 우드 2세는 당시 대륙에서 유행하던 국제적 신고전주의를 좇았던 것으로 요약할 수 있다.

121 존 우드(John Wood) 부자의 배스(Bath) 중심부 개발. 존 우드 1세(John Wood the Elder)의 더 서커스(The Circus, 1754~66년경, 우드 2세에 의해 완공)와 존 우드 2세(John Wood the Younger)의 로열 크레센트(Royal Crescent, 1767~77)를 보여준다.

우드 부자가 배스의 두 건물에서 대를 이어 선보인 기법은 배스를 완전히 다른 도시로 바꾸어놓았다. 이전까지 배스는 시골의 멋없는 평범한 도시였다. 우드 부자는 여기에 세 개의 '로열 포럼Royal Forum'에 해당하는 광장과 주거 지역을 세트로 건설하여 배스를 '열주의 도시'로 탈바꿈시켰다(그림 121). 특히 대도시 중심에 귀족 상류층의 주거를 테라스Terrace 형식으로 정착시킨 이 기법은 도심 공공성과 지배 계층의 권위를 접목함과 동시에 일반인들에게는 광장을 선사하는 일거양득의 효과가 있었다.

이 기법은 이후 영국 도시 설계에서 중요한 유형으로 자리잡았다. 18세기 말부터 산업혁명의 여파로 대도시에 넓고 길게 뻗은 일직선

가로를 많이 닦게 되었다. 이것을 면한 긴 길이의 건물 입면이 지루하고 단조로워지기 쉬운 문제점을 해결하는 좋은 처리 기법이었다. 또한 시민의 권리가 커져가고 부르주아가 가세하는 등 여러 계층의 이익이 복잡하게 얽히기 시작한 근대 초기 대도시들이 처한 상황을 해결하는 좋은 방책이기도 했다. 파리, 베를린, 런던 등 유럽 3대 강국의 수도로 대표되는 대도시들은 모두 이와 유사한 상황을 맞이했고 각국이 내놓은 해결책은 각기 달랐다. 영국에서는 열주로 처리한 테라스가 대표적 해결책이었다. 존 카John Carr의 벅스턴의 크레센트The Crescent, Buxton, 1779~81와 내시의 런던 파크 크레센트는 이것을 모방한 대표적인 예들이었다.

우드 부자의 이력은 아쉬움이 남는 대목이 많다. 우드 1세는 벌링턴과, 우드 2세는 애덤과 각각 동시대 인물이었다. 그러나 이들만큼 두드러진 활약을 보이지 못하고 2인자로 머물렀다. 창조적 재질로 보면 우드 1세가 더 뛰어났다. 대륙의 정통 고전주의를 접하지 못한 한계를 오히려 영국다운 창작성을 발휘하는 배경으로 반전시킨 힘이 있었다. 그러나 아직 신고전주의가 자리잡기 전이라는 시대적 한계가 있었다. 무엇보다도 쉰이라는 젊은 나이에 사망한 것이 결정적이었다. 팔라디오 양식 건축가들보다는 10~20살 정도 어렸기 때문에 신고전주의의 선두주자로 활약할 가능성이 보였는데 일찍 사망하면서 굴거품이 된 것이다. 우드 2세는 아버지만큼 창작성을 보이지 못했다. 아버지의 그늘도 컸다. 신고전주의가 완전히 자리잡은 시대에 활동했지만 집중력과 창작성 모두에서 역부족이었다. 아버지와 유사한 쉰셋의 나이로 일찍 사망한 것도 중요한 요인이었다.

6장
합리주의 건축운동

1 과학적 경험주의

2 정자법, 원시주의, 데스고데

3 이신론과 순결주의

4 그레코-고딕 아이디엘, 교회 유형, 구조 합리주의(1)

5 자크 가브리엘 수플로

6 석구조론과 구조 합리주의(2)

1 과학적 경험주의

과학, 경험, 효율

합리주의는 낭만주의와 함께 18세기에 새롭게 형성된 건축 경향이었다. 합리주의 건축운동은 양식운동보다는 해석운동으로 시작되었다. 합리주의는 제한된 건축 어휘를 사용해서 통일된 모습과 규범 등의 공통된 특징을 구체적으로 한정하고 새로운 소재를 창출하는 통상적 의미의 양식운동이 아니었다. 그보다는 건축을 바라보고 해석하는 태도의 한 종류였다. 소재는 그리스 고전주의, 로마 고전주의, 고딕 등 기존의 양식을 사용했다. 이것은 곧 이런 과거 양식들 속에 합리주의의 특성이 이미 내재되어 있었다는 의미이기도 했다.

합리주의 건축운동은 선험적 규범의 정통 고전주의, 장식 경향의 바로크와 로코코, 인간의 감성과 자연의 픽처레스크 교훈에 의존하는 낭만주의 등에 모두 반대하는 건축적 입장을 견지했다. 선험적 규범의 대안으로 경험성과 주관성을, 장식 경향의 대안으로 구조적 효율성을, 낭만적 감성의 대안으로 과학적 논리성을 추구했다. 소재는 무엇이든지 상관없었다. 이 세 가지 기준에 맞는 건축 구성 체계를 지닌 소재면 무엇이든 해석 대상으로 삼았다.

합리주의 건축운동은 이처럼 과학, 경험, 주관, 구조, 효율, 논리 등의 합리적 입장에 따라 과거 선례를 소재로 18세기에 맞는 새로운 건축 구성 원리 및 표현 체계를 찾아내려는 건축운동으로 정의할 수 있다. 합리주의는 새로운 양식을 창출한 운동은 아니었다. 그보다는 선례 양식 속에 숨어 있는 합리적 속성을 찾아 끄집어낸 뒤 그것을 여러 합리주의적 시각으로 재해석하려 한 것이었다. 좁게 보면 합리적 해석의 입장에 따라 몇 가지 공통 경향으로 분류할 수 있다. 공통 경향은 해석에 머문 경우도 있었지만 이것을 바탕으로 구체적 결과를 내놓기도 하는 등 양면적 경향을 나타냈다. 구체적 결과는 18세기의 이상적 교회 유형을 찾는 작업과 같이 양식운동으로까지는 발전하지 못했지만 그레코-고딕 아이디얼과 같이 양식운동에 근접한 통일된 경향으로 발전하기도 했다.

합리주의에는 건축운동만 있었던 것은 아니다. 17~18세기 철학 사상을 이끈 대표적 사조 가운데 하나였다. 합리주의 철학의 사상적 뿌리는 세 갈래로 생각할 수 있다. 첫째는 데카르트의 철학 사상이었다. 데카르트는 각 개인의 자아를 주체의 위치로 격상시키며 이런 주체의 명확한 자기 인식에 의해 세상 질서를 재편할 것을 주장했다. 둘째는 뉴턴으로 대표되는 17세기 자연과학의 방법론 혹은 세계관이었다. 자연과학자들은 무한대로 다양하고 신비롭게만 보이던 우주의 운행 법칙을 몇 개의 수학 공식 사이의 관계적 법칙으로 단순화하여 설명했다. 이를 통칭하여 합리주의라 부를 수 있다. 셋째는 영국의 경험주의 철학이었다. 로크를 필두로 조지 버클리George Berkeley와 데이비드 흄David Hume 등이 대표적 경험주의 철학가였다. 이들은 각 개인의 존엄성을 바탕으로 자신이 보고 경험한 것이 진실이라는 주장을 폈다(그림 122).

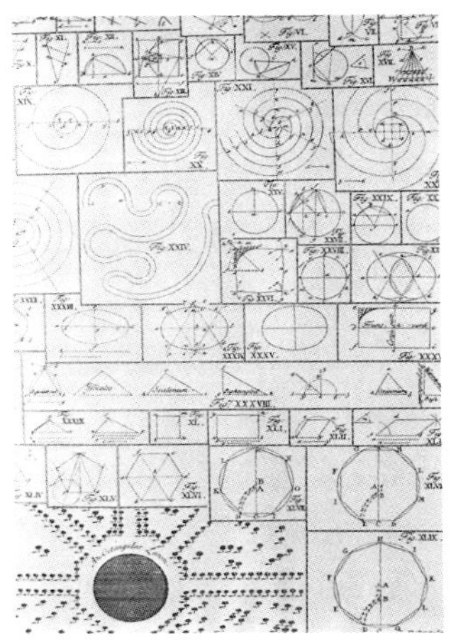

122 배티 랭글리(Batty Langley)의 『실용 기하학*Practical Geometry*』(1726)에 나오는 유클리드 기하학 설명

합리주의 건축운동은 여섯 가지 경향으로 분류할 수 있다. 첫번째는 과학적 경험주의로 신구논쟁에서 '신' 진영의 건축관이 대표했다. 두번째는 고전주의에 대한 합리적 재해석 경향으로 복원운동과 정자법, 숭고미나 폐허 등 낭만주의 미학과 결부된 '고결한 단순성noble simplicity' 개념, 추상 환원과 원시주의, 추상 고전주의, 기하주의 등으로 세분할 수 있다. 세번째는 종교적 배경을 갖는 합리주의로 이신론 및 이것이 촉발한 순결주의Purism가 대표적인 예다. 네번째는 구조 합리성에 따른 양식론적 해석으로서 그레코-고딕 아이디얼이 대표했다. 순결주의와 그레코-고딕 아이디얼은 함께 작용하며 18세기의 이상적 교회 유형을 찾는 구체적 결과로 나타났다. 수플로의 파리 팡테옹Paris Pantheon=Ste. Genevieve, 성 주느비에브 성당, 1755~80 , 사후 완공은 이것을 집대성하여 나타난 결과였다. 다섯번째는 순수 공학적 관점에서 건축의 기원에 대해 벌였던 양식론 논쟁으로 석구조론이 대표했다. 여섯번째는 토목공학의 발전이다. 특히 1747년에 장로돌프 페로네Jean-Rodolphe Perronet의 주도로 창립된 왕립 토목공학교Ecole Royale des Ponts et Chausees의 영향이 컸다(그림 123). 이 학교에서는 건축적 방법론을 도입

123 L.-J. 데스프레(Desprez)의 왕립 토목공학교(Ecole Royale des Ponts et Chausees) 수업 장면 그림

하여 역으로 토목공학이 건축 발전에 영향을 미치는 데 주도적 역할을 했다.

클로드 페로(3)－비례적 관습미와 축조적 자연미

18세기 합리주의 건축운동의 서막을 연 것은 1687년에 시작해서 18세기까지 이어진 신구논쟁에서 '신'진영에 해당되는 '더 모던스the moderns'의 건축적 입장과 주장이었다. 더 모던스는 '근대'라는 의미의 '모던' 개념이 최초로 등장한 예 가운데 하나였다. 페로의 과학적 경험주의는 이것을 이끈 핵심 이론이었다. 페로는 과학적 합리성과 경험적 주관주의를 합한 새로운 건축 체계를 주장했다. 미를 자연미와 관습미로 나눈 것과 고전주의에서 전통적으로 믿던 비례 이론은 관습미에 불과하다고 한 주장은 그 대표적인 내용이었다(그림 53, 124). 기존의 건축적 가치 체계에서 비례 이론은 절대성을 갖는 자연미였는데 이것을 부정한 것이었다.

124 클로드 페로(Claude Perrault), 다섯 오더를 기준으로 한 비례 연구

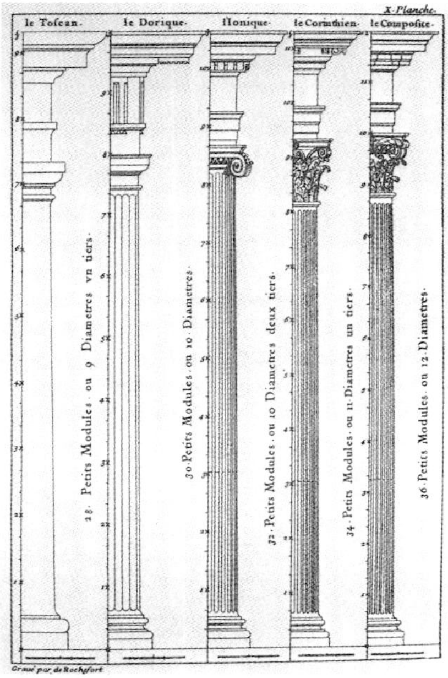

페로가 제시한 건축적 자연미는 "가지런히 잘 쌓은 축조, 이음새를 거의 찾아볼 수 없을 정도로 통일된 돌쌓기, 사각형을 추구할 때는 가장 사각형다움이 얻어진 상태, 각 부분들이 적절하게 재단되어 활기와 깔끔함을 얻은 상태" 등이었다. 이것은 바꿔 얘기하면 정확한 시공 상태, 안정적 축조 상태, 심미 요소 개개의 내적 완성도, 부분들 사이의 적절한 관계 등에 해당한다. 이런 기준은 넓게 보면 현장성, 축조성, 경험성, 귀납성, 내재성, 개별성 등의 가치를 핵심 기준으로 한다. 이것을 세부적으로 해석하면 그 의미는 세 가지로 요약할 수 있다.

첫째는 건축에도 자연미가 있는 것은 인정했지만 건축의 자연미는 회화나 문학 등과 달리 개념적 가치를 갖지 않는다는 것이었다. 눈에 보이지 않는 절대적 상징성, 보편적 법칙, 선험적 가치 등을 모두 거부하고 철저하게 실용적 가치만을 건축의 자연미로 인정했다. 둘째는 건축의 기술적 측면과 개별 주관주의를 중시하되 판단 기준을 경험에 기초한 이성에

두었다. 이것은 17세기 영국에서 있었던 과학기술의 방법론을 받아들인 것이었다. 관찰과 실험이 가정과 명제보다 앞선다는 경험적 방법론이 그 핵심이었다(그림 125). 주어진 각각의 개별 특수 상황을 직접 눈으로 보고 손으로 만져서 확신을 얻을 때만 그 상황이 건축적 가치를 획득한다는 주장이었다.

셋째는 건축의 실용적, 기술적, 기능적 측면을 제일 가치로 전면에 내세웠다. 페로가 제시한 자연미의 내용을 종합하면 '잘 어울린 구성convenable composition'의 의미로서 '조화ordonnance'의 개념이라 정의할 수 있다. 이때 조화는 고전주의 절대 규범에서 얘기하는 비례와 대칭의 선험적, 개념적 미의 상태가 아니라 '편리함, 편의를 돕는 시설, 위생적 상태, 기능' 등으로 구성된다고 했다. 이런 조화는 평면 구성과 시공 양 측면에서 구성 부재들 사이의 적절한 관계에 따라 얻을 수 있다고 했다.

125 앙드레 베살(Andre Vesale), 〈인체 구축도 *De humani corporis fabrique*〉

페로의 영향은 컸다. 페로의 주장은 합리주의의 서막이었을 뿐 아니라 앞에 열거한 합리주의의 세 가지 사상적 뿌리인 데카르트의 사상, 과학적 방법론, 영국의 경험주의 철학을 종합적으로 모아놓은 점에서 합리주의의 교과서이기도 했다. 18세기 합리주의를 이끈 건축가들은 페로의 주장 가운데 자신들의 생각에 맞는 내용을 선별해서 받아들여 토대로 삼았다(그림 126). 페로는 자신의 주장을 실제 건물에 적용하는 실험도 꾸준히 했다. 루브르 동익랑의 열주는 가장 대표적인 예였다. 여기에서는 비트루비우스의 열주이론을 전통적 비례 규범이 아닌 공학적 경험주의로 재해석했다(그림 56). 이외에도 그레코-고딕 아이디얼과 관련한 교회 유형 논쟁을 주도한 것은 또다른 중요한 예였다. 페로는 바로크 건축가임에도 이런 활동을 바탕으로 18세기 합리주의를 대표하는 위치를 차지했다.

126 샤를 다비에(Charles D'Aviler)의 『건축강의록*Cours d'architecture*』(1750)에 나오는 기하학 설명

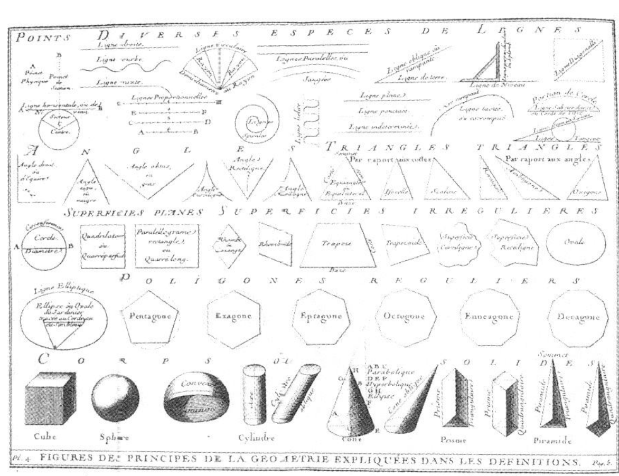

페로는 그 스스로가 생물학자와 수학자를 겸한 자연과학자였다. 이 때문에 합리주의의

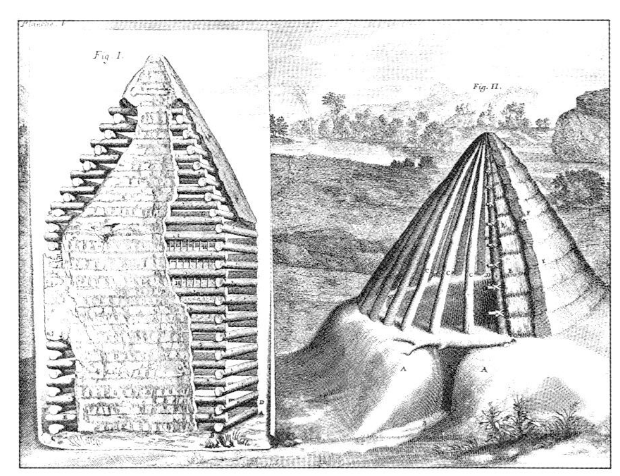

127 클로드 페로(Claude Perrault), 전원 오두막(La cabane rustique)

세 가지 사상적 뿌리 가운데 뉴턴의 과학적 방법론, 특히 기계론적 우주관에서 가장 많은 영향을 받았다. 기계론적 우주관이란 우주의 운행 법칙을 사물 사이의 기계적 작동관계 혹은 작동방식과 동일하게 설명하는 시각이었다. 당시 유럽의 지성계는 뉴턴의 새로운 발견을 자연의 합리성을 증명한 것으로 받아들이면서 동일한 관점을 인간세계의 현상과 인간에 관한 여러 학문에 응용하기 시작했다.

이런 움직임들은 합리주의라는 하나의 큰 경향으로 발전했다. 페로도 그 가운데 하나였다. 우주와 자연의 운행과 구성을 설명할 수 있는 수학적 법칙이 있다면 인간 활동의 현상을 설명할 수 있는 논리적 법칙도 당연히 있어야 한다는 믿음이 과학적 합리주의의 근간이었다. 이에 따라 각 학문 분야별로 합리적 논리 체계에 따라 인간 활동의 여러 현상을 설명하려는 움직임이 폭넓게 나타났다. 고전주의의 선험적, 개념적 규범을 거부하고 현장에서 인간의 손끝으로 만들어내는 현상적, 체험적 결과를 모든 판단의 기준으로 삼는 페로의 과학적 경험주의는 이런 새로운 세계관을 최초로 건축에 적용하여 하나의 독자적 이론으로 정립한 예였다(그림 127).

자크 프랑수아 블롱델(3)-합치성과 경험적 고전주의

페로의 과학 정신은 자크 프랑수아 블롱델로 이어졌다. 블롱델은 아카데미를 배경으로 고전주의 이론을 전개했기 때문에 표면적으로는 페로의 과학적 경험주의와 반대편에 선 것처럼 보일 수도 있다. 특히 신구논쟁에서 페로와 맞섰던 프랑수아 블롱델과 이름이 같기 때문에 더욱 그러했다. 그러나 두 블롱델은 아무 인척 관계도 없는 전혀 별개의 인물이었다. 더욱이 블롱델의 건축 이론은 페로의 과학적 경험주의를 받아들여 고전주의를 해석한 새로운 내용을 제시한 점에서 페로의 합리주의를 이어받은 것으로 볼 수 있다. 블롱델의 건축 이론은 폭이 넓어서 많은 내용을 다루고 있는데 이 가운데 핵심 부분은 페로의 합리주의에서 영향을 받은 것이었다.

블롱델은 건축 소재를 고전주의 범위 내에 묶어둔 점에서 이것을 시공 기술로 확장했던 페로보다 제한적이었다. 반면 고전주의의 절대법칙을 거부하고 그 대안으로 개별성과 고유한 적합성을 추구한 구체적 내용에서는 미학 이론을 접목하며 페로보다 넓고 깊은 학식을 자랑했다. 이런 점에서는 페로의 이론을 발전시키며 새로운 지평을 연 것으로 평가할 수 있다.

블롱델도 페로와 마찬가지로 이성과 경험의 역할을 강조했다. 이성에 의거한 합리적 분석과 경험에 의거한 과학적 논리로 비례와 대칭을 새롭게 해석했다. 블롱델은 이것을 기호taste와 특질character의 관계로 해석한 점에서 페로와 확실한 차이를 보였다. 블롱델도 고전주의 절대 규범의 대표적 개념인 비례와 대칭 자체를 거부하지는 않았다. 좋은 기호의 한 조건으로 인정했으며 비례와 대칭의 조화로운 느낌을 중요한 건축적 가치로 추구했다. 그러나 이것이 절대성을 갖거나 신인동형론anthropomorphism이 되는 것에는 반대했다.

블롱델이 인정했던 비례의 가치는 건물의 기능을 돕고, 통일성을 확보하고, 자연의 법칙을 반영하고, 일반 시민들의 상식적 범위 내에 들어오고, 보기에 좋고, 안정된 상태를 제공하는 등의 경험적 내용들이었다. 블롱델도 페로와 마찬가지로 이런 상태 자체를 하나의 독립적 건축 가치로 인정했다. 차이도 있었다. 페로는 이런 가치를 최종 종착점으로 여기며 여기에 머물렀다. 반면 블롱델은 한 단계 더 나아가 이런 상태가 궁극적으로 건물의 인상을 보기 좋게 만든다는 특질론으로 발전시켰다.

블롱델의 특질론과 인상론에서도 최종 관건은 이성의 역할이었다 건물의 각 부재들이 시적 기능을 하기 위해서는 부재들 사이에 적절한 조화가 이루어져야 하는데 이것을 결정하는 것은 이성과 경험이었다. 개인의 주관적 감성이 이성에 의해 절제된 상태가 바람직한 특질의 기준이었다. 이런 특질이 모여서 사회 단위의 '진정한 양식true style'을 형성하면 이것이 곧 기호였다. 기호의 역할은 사회 단위에서 건축이 지나친 장식이나 화려한 방종으로 흐르지 않게 올바른 방향을 제시하는 것이었다. 이것의 궁극적 목적은 한 사회 단위의 전통 정서에 가장 합당한 건축을 찾는 일이었다.

블롱델의 합리성 개념 가운데 또다른 중요한 내용으로 '합치성 propriety'을 들 수 있다. 이것은 내재적 일치를 핵심 개념으로 한다. 건축을 구성하는 조건들 사이의 관계, 건물을 구성하는 부재의 종류 및 이것들 사이의 위치 등은 외부에서 선험적으로 정해서 강요하는 것이 아니라 각 개별 상황에 맞게 내부적으로 스스로 결정해야 한다는 의미였다. 합치성에 따르면 '조화'의 의미는 선험적으로 강요되는 황금비 같은 규범이 아니라 '외관—구조 법칙—실내 구성과 사용—프로그램과 기능' 사이의 적절한 균형과 타협, 그리고 이것이 주는 기분 좋은 쾌적함과 안정감이 되어야 했다.

합치성을 적용할 수 있는 범위는 넓었다. 건물에 의도된 목적과 특질 사이의 일치는 블롱델이 가장 신경을 쓴 내용이었다. 의도된 목적은 기능 유형, 사용 목적, 실내 배치 구성 등이, 특질은 건물주의 지위, 사회적 위계, 사회 단위의 기호 등이 각각 대표적인 내용들이었다. 블롱델은 이 둘 사이에 적절한 일치가 좋은 건축이 되기 위한 필수조건임을 강조했다. 이것을 확장하면 기능, 사용, 장식 사이의 통일성으로 정의할 수 있다. 꼭 필요한 것과 적절한 것들만 취함으로써 규범에 반하지 않는 상태로서의 통일성이었다.

이런 점에서 합치성 개념은 그리스 고전주의의 핵심 가치인 고결한 단순성과도 일맥상통했다. 블롱델은 로마 고전주의를 기본 소재로 삼았음에도 그리스 고전주의의 고결한 단순성을 자신의 기준에 따른 좋은 건축, 혹은 합치성이 잘 얻어진 대표적 예로 높이 평가했다. 고전주의 사이의 구별을 지우는 이런 입장은 페로에게는 없던 블롱델만의 특징이었다. 빙켈만의 그리스 고전주의 해석을 아직 경험하지 못한 페로 세대의 한계이기도 했다. 이 대목은 18세기 합리주의의 전개 과정에서 중요한 전환점으로 볼 수 있다. 그리스와 로마의 양식 차이를 뛰어넘어 합리성이라는 제3의 기준으로 둘 사이의 공통점을 찾아낸 점에서 그러했다.

이상 살펴본 바와 같이 블롱델의 건축이론은 경험적 고전주의로 부를 수 있다. 이때 경험성의 범위는 신축적이었다. 좁게는 페로의 개인적 주관주의와 공통점을 공유했다. 넓게는 대륙 고전주의의 선험성을 거부하고 프랑스다움을 찾았다. 이것은 대륙 전체의 국제주의를 거부

128 자크 프랑수아 블롱델(Jacques-Francois Blondel), 루이 15세 파리 입성 기념 생마르탱 개선문 계획안

한 민족주의 혹은 지역주의의 개념이었다. 필요하다면 17세기 프랑스 바로크 전통에서도 필요한 요소를 추출할 것을 주장했다. 이런 점에서 블롱델의 이론은 페로보다 진일보한 포괄성을 가지며 18세기 프랑스다운 신고전주의와 깊은 연관성을 맺으며 결정적 영향을 끼쳤다(그림 128).

2 정자법, 원시주의, 데스고데

데스고데(1) – 정자법과 관습미

앙투안 데스고데Antoine Desgodetz, 1653~1728의 정자법orthography은 17세기 후반부에 클로드 페로와 함께 합리주의의 서막을 연 또다른 축이었다. 그러나 그 방향과 내용은 페로와 많이 달랐다. 페로가 과학적 방법론을 도입한 반면 데스고데의 정자법은 유적 해석과 복원운동의 측면에서 합리주의의 기초를 닦았다. 데스고데의 정자법은 풍경주의와 함께 18세기 유적 해석의 양대 경향을 대표했다. 풍경주의와 정자법은 18세기 중반을 넘기면서 서로 반대되는 건축운동으로 발전해 나갔지만 데스고데의 시기에는 면밀히 분리되지 않고 함께 추구된 측면이 많았다. 이렇게 보았을 때 데스고데는 합리주의의 한 축인 정자법뿐 아니라 18세기 유적해석 운동 전반의 기초를 닦은 것으로 평가할 수 있다.

데스고데는 루이 14세 왕실의 건축국Department des Batiments 소속으로 장 바티스트 콜베르Jean Baptiste Colbert, 1619~1683의 지휘를 받아 로마에 파견되어 2년여에 걸쳐 주요 유적들을 측량했다. 이런 점에서 데스고데는 왕조사의 관점에서 보면 전형적인 바로크 사람이었다. 콜베르의 목적 역시 절대왕정의 정치적 권위를 과시하는 데 필요한 고전 건축물의 선례를 모으려는 것이었다. 데스고데는 일단 콜베르의 요구를 잘 만족시켜주었다. 그러나 유적을 해석하는 기본 입장에서는 바로크 경향을 벗어나 18세기 합리주의의 기초를 닦았다.

데스고데의 정자법은 말 그대로 올바른 글씨를 쓰듯 측량도 의도적 조정이나 속임수 없이 있는 그대로 정확하게 해야 한다는 의미였다. 이런 경향은 그의 저서 『매우 정확하게 측량하고 기록한 로마의 고대 유적*Les edifices antiques de Rome dessines et mesures tres exactement*』1682이라는 책에 잘 나타나 있다. 이 책은 자신이 측량한 내용을 모아서 출판한 것이었는데 그 정확성으로 18세기 신고전주의 건축가들에게 가장 기본적 유적 안내서가 되었다. 이런 점에서 건축 내에 국한된 합리주의의 출발점일 뿐 아니라 근대 고고학의 효시로까지 평가받는다. 이 책에 나타난 정자법의 중요성은 세 가지로 요약할 수 있다.

첫째는 정확한 측량 그 자체의 중요성이었다(그림 129). 책 제목에 '매우 정확하게'라는 단어가 들어간 데서도 알 수 있듯이 데스고데는 정확한 측량을 바탕으로 물리적 측면의 객관성을 확보하는 일이 시급하다고 판단했다. 이것은 당시까지 건축가들이 행해오던 측량의 관습을 뒤집는 획기적 사건이었다. 보존 상태가 좋은 유적은 문제가 되지 않았다. 문제는 뭉개지거나 파괴된 유적이었다. 이런 유적들은 추측 복원을 하는데 이때 각 건축가들은 자신들이 원하는 방향으로 미리 정해놓은 비례규범에 맞게 복원하는 것이 일반적 경향이었다. 이 과정에서 각 부재의 크기를 사실과 다르게 만드는 변형과 보정이 많이 일어났다. 이렇게 임의로 조정된 부재는 반대로 자신들의 비례 규범을 증명하는 증거로 활용했다. 데스고데는 이러한 관례를 거부하고 가능한 한 각 부재의 실제 물리적 크기 한 가지만을 기준으로 삼아 복원했다.

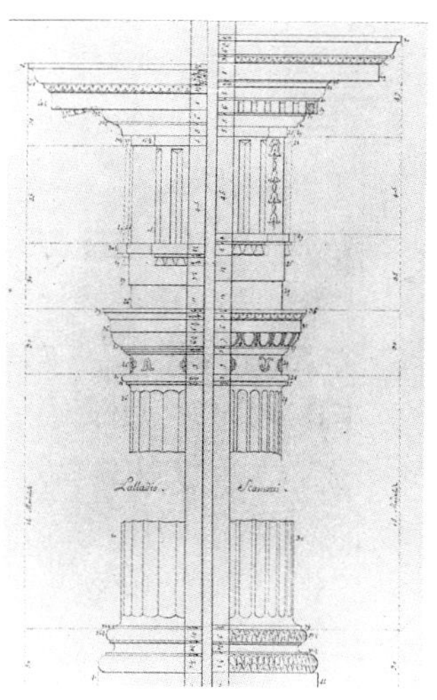

129 앙투안 데스고데(Antoine Desgodetz), 팔라디오(Palladio, 왼쪽)와 스카모치(Scamozzi, 오른쪽)의 도리스식 오더 비례 연구

둘째는 여기에서 파생된 의외의 부산물로, 그전까지 절대 규범으로 존재하는 것으로 믿어져오던 비례 법칙이 존재하지 않는다는 사실을 밝혔다. 고전 규범에 의존하는 선험적 선입견을 버린 상태에서 유적을 있는 그대로 정확하게 측정한 결과 이런 비례 법칙은 실제 지어진 건물에는 없는 개념적 허구라는 사실을 밝힌 것이다. 이런 발견은 페로의 과학적 경험주의를 뒷받침하는 결정적 증거가 되면서 합리주의에 힘을 실어주었다. 세부적으로는 페로의 관습미 주장을 뒷받침하는 중요한 실증적 증거가 되었다.

접근 방법이 달랐던 페로와 데스고데의 방법론이 합리성을 공통 매개로 만났다. 페로도 실제로 자신의 과학적 경험주의 이론을 형성하는 데 데스고데의 저서를 주요 참고 자료로 삼았다. 나아가 두 사람은 그레코-고딕 아이디얼을 바탕으로 한 교회 유형 찾기에서 공동 보조를 취하기도 했다. 차이점도 있었다. 페로는 비례를 자연미로 전혀 인정하지 않았던 데 반해 데스고데는 비례의 신비로운 심미성을 완전히 부정하지는 않았다. 페로는 비례의 역할을 정확한 시공을 돕는 실용적인 측면에 한정했다.

반면 데스고데가 비례의 신비로운 심미성을 인정한 점에서는 프랑수아 블롱델과도 같은 입장에 섰다. 그러나 블롱델과도 차이가 있었다. 블롱델은 캐논으로 존재하는 규범과 실제 건물의 비례 사이에 존재하는 불일치를 인정하며 전자의 개념적 가치 및 절대성을 좇았다. 반면 데스고데는 둘 사이의 불일치를 인정하지 않았으며 실제 건물의 비례는 캐논을 정확히 구현해야 한다고 주장했다. 이런 점에서 데스고데는 페로와 블롱델의 중간 입장을 견지한 것으로 볼 수 있다.

데스고데(2)-복원, 단순화, 지적인 기하

셋째는 도면 표기법의 획기적 발상이었다. 데스고데는 자신의 드로잉에 두 가지 표기법을 병기했다. 하나는 단순 수치로 표현하는 방식으로 프랑스의 전통적인 길이 단위인 '왕의 피트pied du Roi'를 단위로 하였다. 이 수치는 건물의 크기를 결정하는 절대적 단위로 도면의 왼쪽에 표기했다. 다른 하나는 이것을 모듈 개념으로 전환한 것이었다. 이것은 주요 부재들 사이의 크기 관계를 알려주는 상대적 단위로 도면의 오른쪽에 표기했다(그림 129). 모듈은 주신 밑동 지름의 6분의 1을 기본 단위로 삼았다. 두 가지 표기법은 도면 체계를 단순화하고 표준화하여 건물 구성에 대한 과학적, 공학적, 기술적 접근을 도왔다. 이로써 부재와 건물의 구성을 크기와 수치의 다양한 관계로 파악할 수 있게 되었다. 또 근대적 도면 체계의 출발점이 되기도 했다. 이런 표기법은 데스고데가 처음 발명한 것은 아니었다. 롤랑 프레아르 드샹브레Roland Freart de Chambray, 1606~76는 이미 17세기 중반부터 이런 표기법을 사용하고 있었다. 데스고데는 이것을 더 발전시켜 완성했다. 이런 내용들은 모두 합리주의 건축운동의 발전에 촉매 역할을 했다.

도면 표기에 나타난 데스고데의 단순화와 표준화 개념은 복원에도 중요한 역할을 했다. 이번에도 문제가 된 추측이 필요한 유적이었다. 앞의 예가 훼손 상태가 심한 유적에 한정된 것이었다면 이번에는 오랜 기간에 걸쳐 원래 상태 위에 개축과 복원이 가해진 유적이었다. 이런 개축과 복원은 대부분 부정확한 것이어서 유적의 본래 상태에서 많이 벗어났다. 데스고데는 이렇게 부정확하게 덧붙여진 앞선 개축과 복원 부분을 상상으로 제거하고 원래 상태로 정확하게 재복원하는 작업을 벌였다(그림 130). 이런 작업은 일차적으로 정확하고 풍부한 고고학적 지식과 정보를 필요로 했지만 이것만으로는 부족했다. 더 체계적인 새로운 방법론이 필요했다.

이를 위해 데스고데가 고안한 것은 '네투아예nettoyer'라는 방법이었다. '정리하다'라는 뜻을 가진 이 방법은 단순화, 반복, 대칭 등의 법칙을 통해 부가물을 제거하여 근원 형태를 찾자는 것이었다. 건물을 되도록 단순한 원시 상태로 돌린다는 의미였다. 이렇게 얻은 최종 상태는 물론 진짜 정확한 원본과는 거리가 있었다. 따라서 이는 진짜 정확한 원본을 찾는 문제가 아니라 원본과 추측안 사이의 불일치를 어떻게 정의하고 해석하느냐의 문제였다. 데스고데는 아무도 원본의 정확한 상태를 모르는 상황에서 건축 부재, 디테일, 총체적 구성 등을 한 가지로 확정하는 것은 위험하다고 보았다.

이런 위험을 피하는 방법은 원본을 추상 상태와 원시주의로 환원된 단순한 근원 형태로 놔두는 것이었다(그림 131). 이것은 각자의 입장에 따른 상상과 추측의 오차를 허용할 틈을 주자는 것이었다. 복원에 대한 데스고데의 이런 입장은 기존의 형태적, 형식적, 세부적, 확정적 입장을 거부하고 복원을 지적 활동의 영역으로 옮긴 것이었다. 데스고데는 이렇게 얻은 단순화된 근원 형태에 기하 형태를 도입했다. 이런 입장은 기하를 이용한 최초의 추상 작업으로 정의할 수 있다. 데스고데는 이런 기하 형태를 '지적인 기하savant

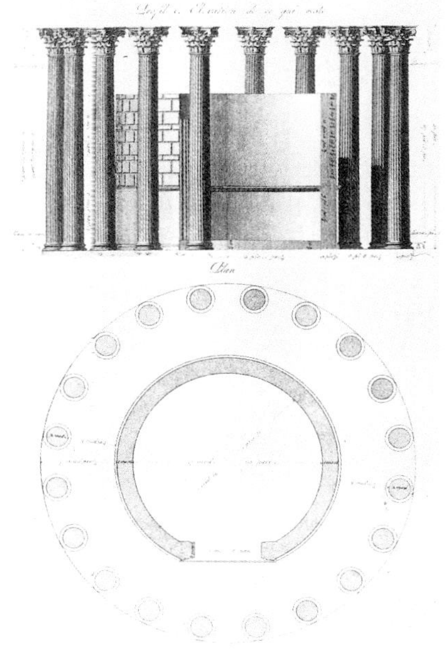

130 앙투안 데스고데(Antoine Desgodetz), 〈로마의 배스타 신전*Du temple de Vesta a Rome*〉

131 앙투안 데스고데(Antoine Desgodetz), 〈로마의 디오클레티아누스 목욕탕 중앙 홀 단면도*Profil de la grande salle des thermes de Diocletien a Rome*〉

geometre' 라고 불렀다. 복원과 관련한 데스고데의 입장은 아래에 언급할 원시주의와 추상 고전주의의 효시가 되었다.

데스고데는 관습미 개념을 바탕으로 프렌치 오더French Order 창작운동에도 참여했다. 이 운동은 그리스에서 로마에 이르는 시기에 완성된 3대 양식 혹은 5대 양식의 고전 오더가 이탈리아 것이라며 반대하고 그 대안으로 프랑스만의 고유한 오더를 창작해내는 운동이었다. 이것은 자크 프랑수아 블롱델의 민족주의나 지역주의의 선례로 정의할 수 있다. 블롱델의 경험적 주관주의는 대륙의 고전주의를 선험적인 것으로 거부하며 프랑스다운 신고전주의운동으로 귀결되었다. 데스고데는 이보다 반세기 정도 먼저 오더라는 구체적 어휘를 가지고 이 운동을 먼저 시작했다. 이 운동은 여러 건축가들이 안을 냈음에도 프렌치 오더의 대표 양식을 확정짓지 못하고 계속 끌다 흐지부지되었다. 데스고데는 이런 내용들을 모아 『건축 오더에 관한 소고*Traite des ordres d'architecture*』1711라는 연구 저서를 발표했다.

데스고데는 저서 이외에도 왕립 건축아카데미 활동을 통해서도 자신의 건축이론을 건축가들에게 전파했다. 1698년에 왕립 건축아카데미 회원이 되었고 1719~28년 사이에는 교수로서 강의를 하면서 세 권의 강의록을 남겼다. 1680년에는 왕실 건축 감독관Controleur des Batiments du Roi 에 임명된 뒤 왕실에서 발주하는 크고 작은 건축 일에 관여한 것으로 알려져 있으나 정확한 기록이 남아 있지 않다. 그 이유는 저작권을 주장할 만한 업적을 남기지 못했기 때문으로 보인다. 페로와 함께 그레코-고딕 아이디얼 교회 유형 찾기에 참여한 것은 데스고데의 합리주의 경향을 보여주는 또다른 중요한 증거였다.

고결한 단순성과 원시주의

고전주의의 양식다움을 소재로 한 합리주의는 데스고데의 정자법에 이어 그리스 고전주의의 합리적 해석운동으로 발전했다. 그 방향은 두 가지였다. 하나는 구조적 관점의 해석으로 그레코-고딕 아이디얼이 대표하는 구조 합리주의였다. 다른 하나는 빙켈만이 그리스 고전주의의 핵심적 심미성으로 해석해낸 '고결한 단순성과 차분한 위엄'이었다.

두 경향은 비슷한 시기에 시작되어 상호 보완 작용을 하며 18세기 필헬레니즘을 이끌었다. 이 가운데 후자는 특히 원시주의, 추상 환원, 추상 고전주의, 추상 기하운동 등 다른 경향들의 정신적 토대를 제공하며 단순화를 기반으로 한 양식다운 합리주의의 중심에 섰다(그림 132).

132 G.-P.-M 뒤몽(Dumont), 패스툼의 그리스 헥사스틸 신전

양식다운 합리주의에서는 그리스 고전주의와 로마 고전주의 사이의 구별이 무의미해졌다. 고결한 단순성은 그리스 고전주의에서 찾아낸 심미성이었지만 자크앙주 가브리엘은 이 개념을 로마 고전주의에 접목하여 해석한 뒤 프랑스다운 신고전주의로 풀어냈다. 원시주의도 그 출처를 거슬러 올라가면 데스고데의 '지적인 기하'와 빙켈만의 '고결한 단순성' 개념이 근원이었다. 데스고데는 로마 고전주의를, 빙켈만은 그리스 고전주의를 각각 해석 소재로 삼았다. 로마 고전 유적에 대한 픽처레스크 해석을 대표하는 피라네시의 작업에도 원시적 숭고미의 개념이 바탕에 깔려 있다. 이런 선례들을 실제 건물에 적용한 여러 건축가들은 그리스와 로마를 구별하지 않고 함께 생각한 끝에 원시주의라는 새로운 경향으로 발전시켰다.

이상을 종합하면 양식다운 합리주의에서는 그리스 고전주의에서 추출한 고결한 단순성 개념을 단서로 유사한 시각을 로마 고전주의에 적용하여 둘을 통합한 뒤, 이것을 원시주의 및 여러 종류의 추상운동과 접목하는 경향을 대표적 특징으로 나타냈다(그림 133). 영국과 프랑스의 차이도 있었다. 영국은 고결한 단순성을 낭만주의와 연관하면서 원시주의로 풀어가는 특징을 보였다. 이것은 합리주의를 양식 해석에 한정한 뒤 자국의 전통적 정서와 접목한 것으로 볼 수 있다.

133 클로드 니콜라 르두(Claude Nicolas Ledoux), 젠틸리 징수소(Barriere de Gentilly), 파리

프랑스는 데스고데의 지적인 기하 개념과 빙켈만의 자연 해석을 바탕으로 합리주의의 기본 정신에 충실하였다. 로지에의 '고결한 원시주의' 개념, 그레코-고딕 아이디얼의 교회 유형 찾기, 불레와 르두의 추상기하운동 등은 이것을 대표하는 예였다. 프랑스의 이

런 운동들에 대해서는 아래에서 살펴볼 것이다. 앞에서 살펴본 르루아의 그릭 리바이벌 속에 담긴 '그리스 건축의 완벽성' 개념도 같은 경향으로 볼 수 있다. 르루아는 그리스 건축의 완벽성을 자연과의 일체감에서 유래한 것으로 보았다. 이것은 빙켈만의 자연 해석과 고결한 단순성 개념에 해당하는 건축의 예로 볼 수 있다. 프랑스에서도 양식다운 합리주의는 낭만주의와 결부된 원시주의 형식을 일정 부분 나타냈다. 영국과는 달리 프랑스에서는 과학 정신으로 해석한 자연의 효율성 개념에 많이 의존하면서 구조 합리주의 같은 기본 정신에 충실했다.

원시주의는 추상 계열의 건축운동과 깊은 연관성을 맺으며 구체화되었다. 합리주의 건축운동이 전무하다시피 했던 영국에서는 추상운동과 연관된 원시주의가 거의 유일하게 합리주의를 추구한 건축운동이었다. 영국에서 가장 크게 유행했던 그릭 리바이벌과 도리스식 리바이벌은 그 대표적 예였다. 프랑스의 그릭 리바이벌은 르루아의 폐허·수채화운동에 국한되었다. 이에 반해 영국에서는 스튜어트와 레베트가 그릭 리바이벌을 원형으로 환원하는 추상 경향으로 몰고 갔다. 특히 도리스식 신전 원형을 영국의 낭만주의 정원에 집어넣어 이것을 원시주의로 풀어나갔다.

헨리 홀랜드Henri Holland, 1745~1806는 영국 건축가로는 드물게 로마 고전주의를 소재로 한 추상 환원 경향을 보였다. 홀랜드는 시공업자였던 아버지에게 건축을 배우면서 장식을 절제하고 단순화된 기본 부재를 충실히 짓는 경향을 따랐다. 이후 프랑스통으로 자리잡으면서 데스고데가 '네투아예' 개념으로 복원한 드로잉을 닮은 추상 기하운동 경향의 작품을 남겼다. 런던의 칼튼 하우스Carlton House, 1783~96, 브라이턴의 머린 궁전Marine Pavilion, Brighton, 1786~87, 노샘프턴셔의 알도프Althorp, Northamptonshire, 1787~89 등은 이런 경향을 보여주는 대표작들이었다.

칼튼 하우스에서는 열주와 신전 파사드를 주요 소재로 한 합리주의풍의 국제적 신고전주의를, 마린 궁전에서는 추상 기하운동을 각각 대표적 특징으로 나타냈다. 알도프에서는 신전 파사드를 원형 단위로 환원한 뒤 영국의 낭만주의와 르두의 원시주의를 혼합한 분위기로 처리했다(그림 134). 존 손의 원시주의는 추상 환원 경향을 낭만주의와 연관하여 집대성한 또다른 예였다. 존 손은 단순화 과정을 거친 원시주의풍을 외관에 국한하며 하지파지 구성을 담는 그릇 개념으로 이것을 정의했다. 이처럼 영국에서는 합리주의를 추상과 단순화 경향으로 국한한 뒤 낭만주의와 결합한 원시주의로 풀어내는 특징을 보였다. 존슨의 이런 입장은 영국의 합리주의가 낭만적 고전주의와 맞닿아 있던 현상을 대표하는 예였다.

3 이신론과 순결주의

코르드무아 - 자연법칙, 빛, 구조 효율

바로크에 대한 비판과 대안 찾기는 기독교에서도 일어났다. 이신론[理神論 deism=자연신론]은 대표적인 예였다. 이신론의 기본 개념과 전개 과정에 대해서는 앞에서 살펴보았다. 이신론은 넓게 보면 18세기 합리주의 기독교 운동의 대표적 예였다. 이신론 혹은 합리주의는 복음주의, 경건주의와 함께 18세기 유럽 기독교를 대표한 운동 가운데 하나였다. 이신론의 종교적 영향은 크지도 작지도 않은 편이었다. 이신론이 가장 큰 영향을 미친 분야는 의외로 건축이었다. 이신론에서 제기된 종교적 요구는 건축으로 옮겨 가 그레코-고딕 아이디얼을 촉발했고 이것은 다시 18세기의 이상적 교회 유형 찾기로 발전했다. 이 과정에서 구조 합리주의가 태어났다.

이신론의 주장 가운데 구조 합리주의의 배경 내용은 다음으로 요약할 수 있다. 이신론은 기독교 신은 완전한 우주를 창조해놓은 뒤 더이상 개입을 하지 않는다는 교리를 폈다. 그 핵심은 자연 종교였다. 신은 우주를 예측 가능한 법칙에 의해 작동되게끔 창조해놓고 손을 떼었다는 주장이었다. 이 주장에 따르면 자연법칙[natural law] 자체가 신의 섭리이자 창조물이었다. 이 때문에 인간 세계 차원의 의식[儀式]은 의미가 없고 자연법칙에 순종하며 따르는 것만이 신의 섭리를 지키는 것이라고 주장했다. 이런 주장은 기본적으로 극기주의와 합리주의와 맞닿을 수밖에 없었다. 바로크 가톨릭을 인간의 욕심으로 공격한 것도 같은 배경이었다.

이신론의 자연법칙 개념은 건축과 깊은 관련을 맺을 소지가 많았다. 특히 자연 해석에 기초한 합리주의 건축운동이 그러했다. 실제로 이신론 사상으로 바로크 교회 건축을 공격한 성직자가 있었는데 장 루이 드코르드무아[Jean Louis de Cordemoy, 연도 미상]와 로지에가 대표적인 예였다. 이신론은 영국에서 시작되어 사상적 배경을 닦았지만 이것을 현실세계의 여러 분야에 실제로 적용하되 구체적 변혁을 낳은 것은 프랑스에서였다. 이것은 넓게 보면 프랑스의 사회적, 종교적 전통이었다. 좁게는 과거의 구습을 타파하려는 18세기 개혁운동의 일환이기도 했다. 코르드무아와 로지에의 주장은 건축계에 큰 파장을 불러일으키며 그레코-고딕 아이디얼과 구조 합리주의를 낳았다.

코르드무아는 교회 실내를 가득 채운 화려한 장식과 성화는 모두 인간의 욕심일 뿐 신의 섭리에는 오히려 반하는 것이라며 바로크 교회 건축을 공격했다. 관건은 사람들 마음속의 믿음과 이것이 인도하는 용서와 사랑이라고 가르쳤다. 코르드무아는 특히 교회의 실내를 강하게 문제 삼았다. 건축적 환경이 미치는 영향을 파악한 것이었다. 혹은 거꾸로 교회 건축은 기독교다운 건강함과 믿음에 대한 인식 등을 드러내는 지표이기도 했다.

코르드무아는 교회 건축에 요구되는 것은 자연법칙으로 존재하는 신의 섭리를 최소한으로 보여주는 것뿐이라고 했다. 그는 신의 존재를 증명하기 위해 건축적으로 허용할 수 있는 유일한 매개로 빛을 들었다. 건물의 구조 골격, 디테일, 장식, 성화 등 인간 매개는 되도록 최소로 줄이고 그 자리를 신의 섭리에 해당하는 빛으로 채워야 한다고 주장했다. 장식을 절제한 추상 경향을 제시한 것이었다. 건물 구성은 빛을 순도 높게 최대한도로 드러나도록 이루어져야 한다고 했다. 이것을 이루는 구체적 건축 방식은 구조 부재를 되도록 줄인 밝고 가벼운 실내 분위기였는데, 이 말속에 구조 합리주의라는 건축 개념이 들어 있었다.

코르드무아는 실제로 해박한 건축 지식과 날카로운 건축적 통찰력을 통해 자신의 주장을 전개했다. 이 주장은 『건축의 모든 것 혹은 축조술에 대한 새로운 소고*Nouveau Traite de Toute l'Architecture ou l'art de bastir*』1706라는 그의 저서에 잘 정리되었다. 그는 이 책에서 위와 같은 바로크 교회 건축에 대한 공격 끝에 새로운 교회 유형의 가능성으로 고딕 건축과 그리스 건축에 공통적으로 나타나는 구조적 효율성을 들었다(그림 134). 두 건축 방식은 양식적으로는 반대편에 섰지만 불필요한 장식적

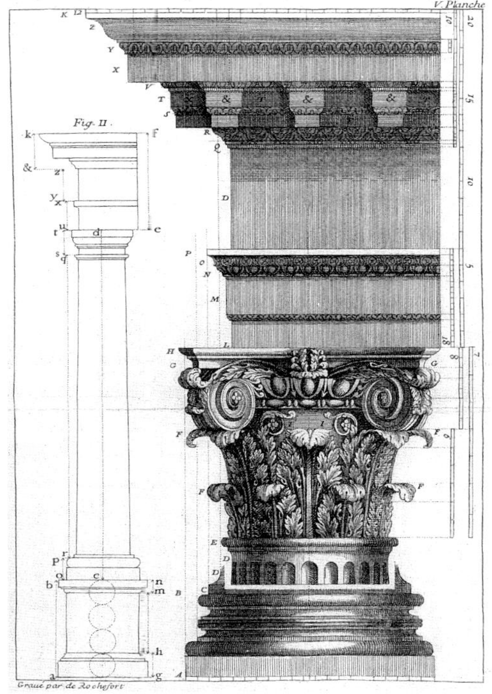

134 장 루이 드코르드무아(Jean Louis de Cordemoy, 연도 미상), 『건축의 모든 것 혹은 축조술에 대한 새로운 소고*Nouveau Traite de Toute l'Architecture ou l'art de bastir*』(1706)에 나오는 코린트식 오더 그림

군더더기 없이 꼭 필요한 구조만으로 구성되었다는 점에서는 같은 경향을 보였다(그림 143).

성직자가 이런 건축적 지식을 가지고 있다는 것도 놀라운 일이었지만 더 놀라운 일은 전혀 공통점이 없어 보이는 고딕 건축과 그리스 건축 사이에서 구조적 효율성을 공통점으로 찾아낸 것이었다. 코르드무아의 주장은 클로드 페로의 영향을 받은 것이긴 했다(그림 53, 124, 127). 그러나 고딕 건축과 그리스 건축의 구조적 장점을 하나로 합할 생각을 한 것은 코르드무아가 처음이었다. 건축가들도 생각할 수 없는 획기적인 발상의 전환이자 날카로운 통찰력이었다. 로마 고전주의 중심으로 진행되던 당시 건축 흐름에서 비주류에 해당하는 고딕 건축과 그리스 건축을 일거에 중심부로 위치시킨 큰 사건이었다. 성직자가 제시한 이 주장은 건축가들이 이어받아 18세기 계몽주의 건축을 뒤흔든 최대의 개혁운동인 그레코-고딕 아이디얼로 발전했다.

로지에 – 원시 오두막과 숭고한 원시주의

코르드무아의 주장을 마크앙투안 로지에Marc-Antoine Laugier, 1713~69가 이어받아 발전시켰다. 로지에는 그레코-고딕 아이디얼의 이상적 예로 원시 오두막primitive hut이라는 구체적 구조물을 제시했다. 로지에는 예수회 소속 성직자였다. 18세기 예수회는 여러 세속 학문을 함께 가르쳤다. 이런 배경과 타고난 성격을 바탕으로 로지에는 일찍부터 예술, 건축, 정치, 교육 등 현실세계의 일에 대해 자신의 의견을 개진했으며 이 가운데 특히 예술과 건축에 관심이 많았다. 로지에의 성향은 개혁 쪽에 가까웠다. 이 때문에 권력층의 견제를 받으며 파리에서 쫓겨나 리옹 등 외곽에서 주로 활동했다.

이신론을 기반으로 한 코르드무아의 교회 건축 논쟁은 이런 로지에의 성향에 잘 맞았다. 로지에 역시 기독교 개혁이 절실함을 주장하며 그 구체적 방식으로 원시 오두막 이론을 창조, 주장했다. 로지에 스스로 코르드무아의 영향을 여러 차례에 걸쳐 공개적으로 천명했을 정도로 원시 오두막 이론은 코르드무아의 주장을 이어받은 것이었다. 그러나 중요한 차이도 있었다. 코르드무아가 이 논쟁을 처음 제기하며 정신적 바탕을 닦는 데 그쳤다면 로지에는 이것을 발전시켜 구체적 대안을 제시했으며 건축가들과의 연대활동도 훨씬 강하게 전개했다. 코르드무아가 촉발한 그레코-고딕 아이디얼과 교회 유형 찾기 작업에 깊숙이 개입하며 완성시켰다.

로지에도 코르드무아와 마찬가지로 자신의 주장을 저서를 통해 전개했다. 로지에는 평생에 걸쳐 여러 권의 저서를 저술했는데 이 가운데 원시 오두막 이론과 관련 있는 것은 두 권이었다. 특히 『건축 에세이*Essai sur l'architecture*』1753가 대표적이었다. '머리말—서문—제1장'으로 이어지는 65쪽에 그의 주장이 압축적으로 실려 있다. 『건축 고찰*Observations sur l'architecture*』1765에서는 「고딕 교회에 장식하기가 어려운 것에 대하여」라는 장에서 유사한 내용을 주장했다.

원시 오두막은 네 개의 기둥, 바닥, 보와 지붕만으로 된 가장 단순하고 근원적인 구조체였다(그림 135). 이 개념은 '숭고한 원시주의noble primitivism'를 배경 사상으로 했다. 숭고한 원시주의는 다시 '단순한 자연simple nature'에서 시작했다. 건축은 단순한 자연을 모방하면서 시작되었고 이것에서 원형origin이 형성되었다. 피난처로서 정주定住=dwelling, 나무가 보여주는 수직 요소로서 기둥, 피난처를 이루기 위한 바닥과 덮개=지붕, 덮개를 걸기 위한 수평 요소로서 보와 사선 요소로서 서까래 등이 단순한 자연을 모방하면서 형성된 원형 요소들의 대표적인 예였다. 이런 점에서 1차 요소 혹은 근원 요소라고 부를 수도 있었다. 원시 오두막은 이것들이 하나로 합쳐진 종합체의 원형이었다.

135 마크앙투안 로지에(Marc-Antoine Laugier), 『건축 에세이*Essai sur l'architecture*』(1753) 속표지에 나오는 원시 오두막 그림

원시 오두막은 목구조론과 일맥상통하는 점에서 기본적으로 그리스 고전주의를 해석한 개념이었다. 또한 원시주의를 기본 개념으로 갖는 점에서 빙켈만의 숭고한 단순미와도 일맥상통했다. 원시 오두막은 원시 상태에서 인류가 나무 기둥과 가지를 꺾어 처음 지었던 집을 추측한 것이다. 고전주의의 기본 부재들은 모두 원형 요소가 시간의 흐름과 함께 인간의 손을 거치면서 분화, 발전한 것이었다. 기둥은 주신으로, 보는 아키트레이브로, 서까래는 페디먼트로 각각 분화, 발전했다. 벽체, 창, 문 등의 2차 요

소는 이런 근원 요소 위에 사후의 필요성에 의해 덧붙인 부가물일 뿐이었다.

로지에가 허용한 것은 원형 요소 혹은 1차 근원 요소까지였다. 구조적 작용과 기능적 목적을 솔직하고 명확하게 스스로 표현하기 때문이었다. 반면 2차 부가 요소는 겉치레, 허영, 거짓 등을 통해 본래의 기능과 목적을 숨기고 왜곡하여 애매하게 만들기 때문에 피해야 했다. 원시 오두막 이론은 극단적 극기주의를 추구한 이상주의이자 원시성에서 해결책을 모색한 순결주의였다. 인간의 이기적 욕심과 문명의 때가 끼기 이전의 순수한 상태를 그리며 합리주의 시대의 이상적 건축 모델로 제시했다. 가장 근원적 최초 원리로 회귀하자는 주장이었다.

로지에의 주장은 원형 요소의 구조적 작용과 기능적 목적에 집중하면서 구조 합리주의로 발전했다. 또한 목구조론에 기초한 가구식 구조의 원형을 제시한 점에서 그레코-고딕 아이디얼을 가장 이상적으로 구현할 수 있는 실제적 축조 방식과 건축 모델을 제시한 것이기도 했다. 로지에는 이를 통해 교회 유형 찾기에 참여한 건축가들에게 폭넓은 영향을 끼쳤다. 스스로도 원시 오두막을 발전시켜 이상적 교회 유형을 제시했다. 라틴 크로스가 아닌 단순 직사각형의 바실리카 원형 평면, 독립 원형 기둥과 일직선 엔타블러처로 이루어진 가장 단순한 가구식 구조, 배럴 볼트 천장의 세 가지가 로지에가 제시한 이상적 교회의 구성 요소였다.

로지에의 주장은 일부 구세대들에게 비판을 받기는 했지만 젊은 성직자들과 건축가들에게 열렬한 환영을 받았다. 특히 젊은 건축가들에게 끼친 영향은 절대적이었다. 수플로의 파리 팡테옹은 대표적 예였다. 로지에의 영향은 프랑스 내에 머물지 않고 국제적으로 확산됐다. 로지에의 저서는 영어와 독일어로 번역되면서 두 나라의 건축가들에게 큰 영향을 끼쳤다. 영국의 댄스 2세와 존 손이 대표적인 예였다. 특히 존 손의 원시주의에 끼친 영향은 결정적이었다.

그레코-고딕 아이디얼, 교회 유형, 구조 합리주의(1) 4

구조적 솔직성과 밝고 경쾌한 교회 실내

그레코-고딕 아이디얼은 코르드무아가 '그리스와 고딕의 구조적 장점을 합할 것'을 주장한 때부터 본격적으로 시작되었다고 할 수 있다. 이것은 기독교계의 주장으로 이후 로지에로 이어지며 완성되었다. 그러나 코르드무아 스스로가 클로드 페로의 영향을 받았다고 밝혔듯이 이런 생각은 기독교계에서 주장하기 이전인 17세기 후반부 건축계에서 먼저 시작되었다. 이때는 역사 모델을 과학적 방법론으로 재해석함으로써 바로크의 둔탁한 벽체 구조를 대신할 이상적 구조 방식을 찾아내려는 시도가 주를 이루었다.

17세기 후반부의 그레코-고딕 아이디얼 시도는 바로크 교회의 비효율성을 극복하려는 과정에서 나타났다. 바로크 교회의 비효율성은 당시 유행하던 바실리카 유형basilica type이 안고 있던 구조적 문제였다. 바실리카 유형에서는 네이브 월nave wall을 아케이드로 구성하면서 구조 단면적이 필요 이상으로 비대해졌다. 아케이드의 사각 기둥에 벽기둥을 더하면서 과다 현상은 더욱 심화되었다. 이런 구성이 유행했던 일차적인 이유는 장식을 덧붙일 수 있는 바탕 면적을 높이기 위해서였다. 여기에 더해 당시 프랑스 고전주의자들 사이에서는 구조적 측면에서도 독립 원형 기둥만으로 볼트나 돔 천장을 받치는 것은 무리라는 것이 일반적인 의견이었다. 특히 성 베드로 성당을 모델로 삼아 돔을 더하면서 돔을 받치기 위해 크로싱부 네 모서리의 사각 기둥이 수 미터에 이르는 경우도 생겼다.

17세기 후반부에 과학 정신으로 무장한 일단의 건축가들은 이런 바로크 교회를 비판하며 새로운 교회 유형 찾기를 시작했다. 쥘 아르두앙 망사르, 클로드 페로, 데스고데 등이 대표적인 예로 독립 원형 기둥만으로 구성되는 교회 실내가 이들이 찾던 궁극적 목표였다. 이들의 시도는 크게 둘로 나눌 수 있다. 하나는 바실리카 유형의 기원을 초기

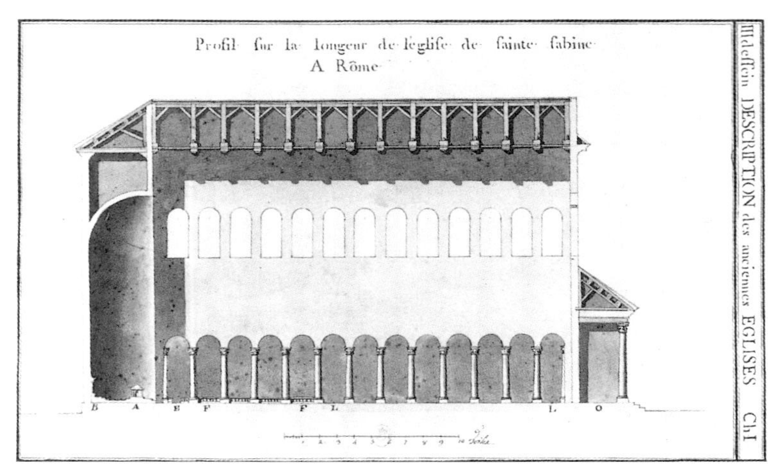

136 앙투안 데스고데(Antoine Desgodetz), 〈로마의 성 사비네*Sainte Sabine a Rome*〉

기독교 건축까지 올려 잡아 그 원형을 정의한 일이었다. 바실리카 유형은 중세 교회를 거치면서 네이브 월이 두꺼운 벽체로 변했고 이것이 바로크를 거치며 더욱 악화되었다. 이들은 이것을 원형이 변질된 것으로 보고 그 이전에 독립 원형 기둥만으로 네이브 월을 구성하던 초대 교회 원형을 찾은 것이었다(그림 95, 136).

137 앙투안 데스고데(Antoine Desgodetz), 성당 계획안

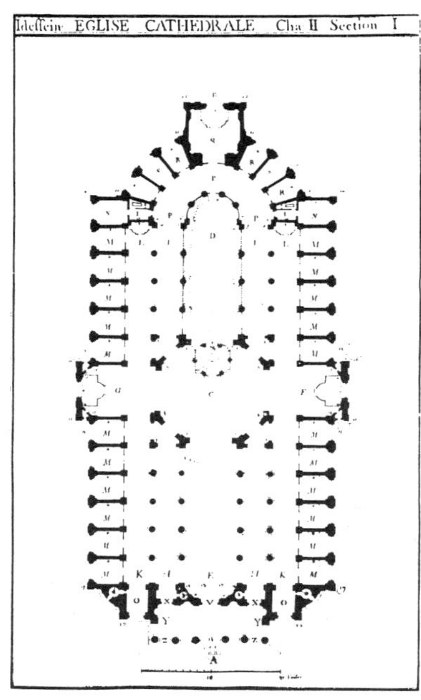

다른 하나는 그리스 건축과 고딕 건축의 구조적 솔직성을 하나로 합쳐 새로운 구조 방식을 창출함으로써 그레코-고딕의 기본 개념을 닦은 일이었다. 그리스의 가구식 구조를 통해 고딕의 '아치와 피어-트리포리엄-천측창'의 3단 구성을 번안 표현하려는 방식을 시도했다. 데스고데는 성단 계획안에서 독립 원형 기둥만으로 구성한 네이브 월과 여덟 개의 세 쌍 사각 기둥만으로 받치는 돔 구조를 제시했다(그림 137). 클로드 페로는 성 주느비에브 교회 계획안에서 이 방식을 완성도 높게 제시했다(그림 141). 쥘 아르두앙 망사르는 베르사유 궁전의 왕실 예배당Chapelle Royale, 1699~1710에서 구체적 결과를 실제 지어 보였다(그림 138, 139).

서로 상반되는 그리스 건축과 고딕 건축이 하나로 합쳐질 수 있는 근거는 구조적 솔직성이라는 공통점에 있었다(그림 143). 그리스 가구식 구조의 솔직성은 구조 부재와 피구조 부재 사이의 명확한 구분에 있었다. 기둥과 보만으로 된 가구식 구조라는 가장 기본적인 구조 방식에 덧붙임이나 숨김 등의 추가 장치 없이 최소한의 구성 부재만으로 원형적 상태로 표현한다는 의미였

다. 고딕 데가주망 구조의 구조적 솔직성은 구조 작용을 건축 부재에 다이어그램의 개념으로 직접 표현하는 것으로 얻었다. 하중의 흐름이 곧 구조 부재가 되는 직접성 혹은 일대일 대응의 의미였다.

구조적 솔직성을 구현하는 구체적 내용으로 수직성과 경량감의 실내 분위기를 들 수 있다. 그리스 가구식 구조는 단층 구조이기 때문에 구조적으로는 명쾌했지만 수직성과 경량감은 나타내지 못했다. 반면 고딕 데가주망 구조는 수직적으로는 높이 올라갔지만 다발 기둥 등의 복합 구조이기 때문에 경량감을 나타내지는 못했다. 데가주망 구조에서는 높이를 확보하기 위해 실제로 많은 경량화가 일어났지만 이것을 시각적으로는 충분히 표현하지 못했다. 그레코-고딕 아이디얼에서는 두 구조 방식의 장점만을 하나로 합쳐서 높이를 얻어냄과 동시에 이에 맞는 경량감도 표현했다.

코르드무아는 이런 새로운 구조 방식을 이용하여 바로크를 대신할 밝고 경쾌한 교회 실내를 만들 수 있다고 믿었다. 이런 목적에 도달하기 위한 방법으로 "고딕 성당의 실내 분위기를 그리스 건축의 구조적 솔직성을 이용하여 표현할 것"을 제안했다. 이런 주장은 로지에의 원시 오두막 이론으로 발전하면서 건축가들이 실제 건축물로 시도하였다. 수플로, 보프랑, 프레지에, 콩탕 디브리 등 일련의 건축가들은 이 문제를 놓고 중요한 논쟁을 펼쳤다. 논쟁의 핵심은 기둥과 보만으로 이루어지는 가구식 구조의 원형을 적용한 새로운 교회 실내 모델을 개발하는 일과 독립 원형 기둥만으로 돔을 받칠 수 있는지의 여부였다. 이런 내용은 쥘 아르두앙 망사르와 페로의 앞선 실험을 이어받은 것이었다. 18세기에는 수플로의 파리 팡테옹에서 불완전하기는 했지만 일정한 성과를 거두며 구체적 결과를 낳았다.

쥘 아르두앙 망사르와 왕실 예배당-고딕 실내를 그리스 구조로

쥘 아르두앙 망사르가 베르사유의 왕실 예배당에서 선보인 완성된 상태의 그레코-고딕 아이디얼 구성의 내용은 세 가지로 요약할 수 있다(그림 138). 첫째는 벽기둥의 잔재가 거의 사라졌다. 왕실 예배당은 1층을 아케이드로, 2층을 열주로 구성했다. 아케이드는 아직 벽기둥으

138 쥘 아르두앙 망사르(Jules Hardouin Mansart), 왕실 예배당(Chapelle Royale), 베르사유 궁전(Versailles), 프랑스, 1699~1710

로 구성했지만 부착 기능이 없는 정사각형 단면의 단일 각기둥으로 처리했다. 2층 열주는 독립 원형 기둥만으로 구성했다. 둘째는 고딕 구조의 3단 구성을 차용했다. 1층의 아케이드와 2층의 열주는 고딕 성당의 3단 수직 구성 가운데 아랫단의 아치와 각기둥, 그리고 중간단의 트리포리엄에 각각 대응할 수 있다. 또한 2층 열주 상단부의 원형창은 천측창clerestory에 대응할 수 있다. 셋째는 2층 오더의 엔타블러처에 충분한 높이를 주었다. 이 처리는 볼트 천장을 받치는 오더의 구조적 역할을 명확하게 했다. 이것은 독립 원형 기둥은 볼트를 받치는 구조 부재로 쓰기에 너무 약해 보인다는 프랑수아 블롱델의 반론을 물리칠 수 있는 중요한 증거였다.

이상의 처리들이 어우러지면서 그레코-고딕 아이디얼 개념에 근접한 상태가 나타났다. 1층의 벽기둥을 부착 기둥 없이 단일 정사각형 각기둥으로 처리한 점, 2층의 독립 원형 기둥을 사용한 점, 1층의 각기둥과 2층의 원형 기둥의 구조 체계를 대비시킴으로써 구조적 역할에 따른 시각적, 역학적 안정성의 위계를 형성한 점 등은 그리스 가구식 구조의 솔직성 개념을 잘 구현한 내용으로 볼 수 있다(그림 139).

또한 그리스 가구식 구조를 수직 중첩하는 방식을 통해 고딕 데가주망 구조의 3단 구성을 번안, 표현했다. 이런 시도는 고딕 데가주망 구조에 나타난 복합성을 받아들이되 수직적 구별을 더욱 분명하게 하는 방식으로 구체화했다. 고딕 구조의 3단 구성에서 각 단 사이의 구별은 주로 아일-화랑-창의 기능에 의해 이루어졌다. 그러나 다발 기둥이 바닥에서 천장까지 끊이지 않고 올라가기 때문에 구조적 솔직성의 관점에서는 층 사이의 구별이 명확하지 않은 것으로 볼 수 있는 측면이 많았다. 왕실 예배당에서는 엔타블러처를 통해 층을 명확히 구별하고 각 층의 구조를 현저히 다른 방식으로 구성함으로써 고딕 구조에 내재된 이런 불명확성이 사라지고 있다. 이것은 그레코-고딕 아이디얼에 훨씬 가까워졌음을 의미했다.

이런 고딕 개념은 17세기와 구별되는 18세기 계몽주의의 고전 해석을 예견하는 중요한 의미가 있다. 17세기 프랑스 바로크 건축에서는 돔을 이용하여 외관에서 고딕의 수직성을 표현하는 처리가 대표적인 경향 가운데 하나로 시도되고 있었다. 이것은 직설적 모방에 가까웠다. 높이라는 물리적 요소를 돔이라는 한 가지 어휘를 이용하여 단순 대체한 것이었기 때문이다. ㅇ에 반해 망사르는 구조적 솔직성이라는 구성 법칙 혹은 건축적 가치를 다단계에 걸쳐 은유적으로 번안하는 발전을 보였다. 이런 개념은 과학 정신에 입각하여 고전을 완전히 새롭게 해석한 계몽주의적 세계관의 단초적 현상으로 이해할 수 있다.

망사르가 왕실 예배당에서 고딕 성당의 구성 법칙을 성공적으로 구사할 수 있었던 데는 복원 작업 참여가 큰 도음이 되었다. 왕실 예배당을 설계할 당시에 그는 국가 사업으로 행해지던 고딕 건축물을 복원하는 일도 함께 했다. 오를레앙의 생트크루아Sainte Crois d'Orléans, 파리의 노트르담Notre-Dame de Paris, 프와시의 수도원l'abbatiale de Poissy 등이 대표적인 예였다. 그는 이런 복원 작업을 통해 고딕 구조 및 건축 어휘에 정통해질 수 있었다. 이것은 고딕 건축의 구조적 우수성에 대한 인식으로 이어졌고 고딕 구조의 구성 법칙을 고전 건축으로 번안, 표현하는 일에 관심을 갖게 되었다.

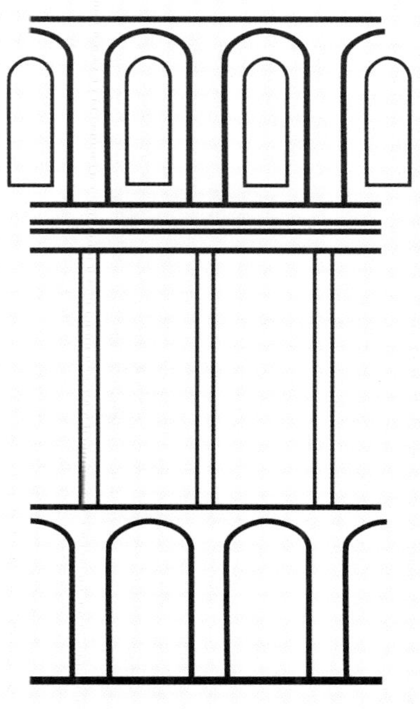

139 쥘 아르두앙 망사르(Jules Hardouin Mansart), 베르사유 궁전 왕실 예배당 실내 입면 전개도 및 단면도 다이어그램

이상의 결과 네이브 월의 건축적 효과는 그리스 가구식 구조의 열주 효과에 근접했다. 2층 트리포리엄의 높이가 높아져 수직성도 강화했다. 트리포리엄 층을 완전한 한 개 층을 넘어서는 높이로 확장했다. 이런 확장은 네이브의 폭과 천장 높이 사이의 비율도 증가시켜 실내에 섰을 때 수직 느낌을 강화했다. 이런 내용들은 채광과 공간감의 깊이도 함께 강화해주었다. 과학 정신으로 무장한 건축가들이 찾던 '밝고 경쾌한 교회 실내'에 거의 근접한 모습이었다. 불필요한 장식으로 가득 채워졌던 바로크의 둔탁한 로마 벽체 구조는 사라지고 그레코-고딕의 뼈대 구조만으로 교회 실내 골격을 새롭게 짰다.

클로드 페로(4)-성 주느비에브 교회 계획안과 고딕의 그리스다운 해석

페로의 그레코-고딕 아이디얼이 가장 잘 드러난 작품은 성 주느비에브

교회 계획안이다(그림 140). 네이브는 1층의 열주랑, 2층의 화랑, 3층의 원형창으로 구성되었다. 이것은 망사르의 왕실 예배당과 동일하게 고딕의 3단 구성을 그리스 가구식 구조로 번안 표현한 것이었다. 이 계획안은 왕실 예배당보다 앞선 것이었지만 그레코-고딕 아이디얼의 내용은 오히려 더 완성도 높게 나타났다. 그 내용은 두 가지로 요약할 수 있다.

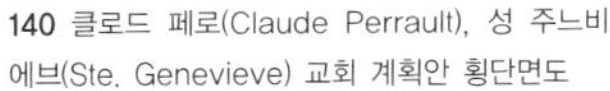

140 클로드 페로(Claude Perrault), 성 주느비에브(Ste. Genevieve) 교회 계획안 횡단면도

141 클로드 페로(Claude Perrault), 성 주느비에브(Ste. Genevieve) 교회 계획안 실내 입면전개도 및 단면도

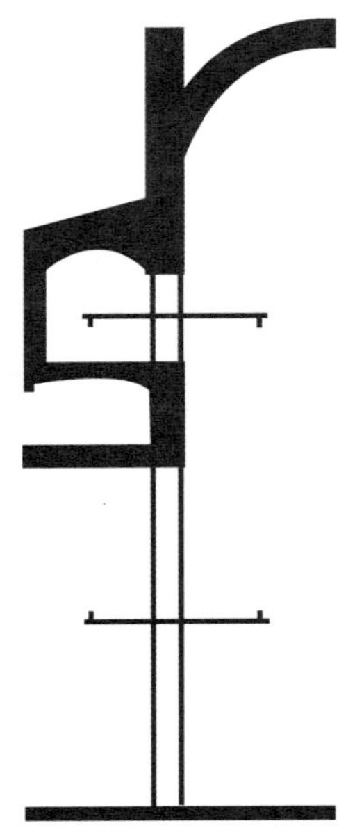

한 가지는 네이브 월의 1층에서 벽기둥을 완전히 없애고 독립 원형 기둥만으로 구성한 점이다. 아케이드도 사라지고 원형 열주만으로 이루어진 콜로네이드로 구성했다(그림 141). 다른 한 가지는 돔을 받치는 구조부를 독립 사각 기둥으로 구성한 점이다. 원형 기둥이 아닌 사각 기둥이긴 했지만 독립 기둥만으로 돔을 받치는 처리는 당시에는 매우 파격적인 주장이었다. 당시 프랑스 고전주의자들 사이에는 독립 원형 기둥만으로 볼트 천장을 받칠 수는 있어도 돔은 받칠 수 없다는 것이 정설이었다.

독립 원형 기둥 단독으로는 볼트 천장을 받치는 것도 무리라는 프랑수아 블롱델의 주장은 심미적 혹은 양식론적 관점에서 나온 것이었다. 벽기둥을 원형 기둥보다 상위에 두는 알베르티[Alberti] 계열의 로마 고전주의를 따른 결과였다. 이런 고전 법칙에 덜 종속된 일부 건축가들과 엔지니어들 사이에는 순수하게 공학적 관점에서 보았을 때 독립 원형 기둥 단독으로 볼트 천장을 받칠 수 있다는 견해가 퍼져 있었다. 그러나 돔은 달랐다. 엔지니어링 건축가들조차도 원형 기둥이건 사각 기둥이건 독립 기둥만으로는 돔을 받칠 수 없다고 생각하고 있었다. 페로는 성 주느비에브 교회 계획안에서 이런 통설을 깨는 구성을 주장했다.

이상의 두 가지 처리는 왕실 예배당보다 그레코-고딕 아이디얼에 더 근접한 것이었다. 이를 통한 페로의 건축적 주장은 자명했다. 벽기둥이나 벽체와 같은 불필요한 구조부의 과잉 단면적을 제거하고 꼭 필요한 정수 혹은 원형만으로 돔형 바실리카 교회의 구조를 구성하겠다는 의도였다. 이때 꼭 필요한 정수 혹은 원형은 열주만으로 이루어지는 그리스의 가구식 구조였다. 이에 따라 공간의 깊이감과 네이브 월의 열주 효과도 거의 완성점에 근접했다.

페로의 주장은 고전주의 건축의 전개 과정에서 중요한 분화를 의미했다. 그리스 고전주의는 독립 열주로 이루어지는 기둥 구조인 데 반해 로마 고전주의는 벽기둥으로 이루어지는 벽체 구조였다. 이런 대별성은 르네상스 때 알베르티와 브루넬레스키Brunelleschi에 의해 다시 반복되었다. 로마 고전주의를 고전 건축의 완성으로 여겼던 알베르티는 개선 아치에서 차용한 벽체 구조를 주로 사용했다. 반면 브루넬레스키는 토스카나Toscana 지방에서 중세를 거치며 계속 사용되던 독립 원형 기둥 구조를 그대로 사용했다. 이 둘 가운데 알베르티의 이론을 브라만테와 베르니니가 이어받아 소위 정통 로마 고전주의로 자리잡았다. 프랑스 바로크 고전주의는 다시 이것을 받아들여 탄생했다. 르네상스 이후 계속되어온 서구의 고전주의는 정통 로마 고전주의였다.

페로의 성 주느비에브 교회 계획안은 17세기 프랑스 고전주의에 형성되어 있던 이런 오랜 전통을 일거에 뒤집는 파격적인 주장이었다. 페로의 주장 속에는 양식 차이를 초월한 건축 구조의 원형적 구성을 찾으려는 의도가 있었다. 페로는 이런 원형성의 구체적 예로 그리스 고전주의와 중세 양식 사이의 공통 구조 방식인 독립 원형 기둥 구조를 찾은 것이었다. 이것은 더 넓게 보면 르네상스 이후 계속되어온 로마 고전주의에서 벗어나 고전 건축을 새롭게 해석해낸 중요한 의미가 있었다.

특히 17세기 프랑스 고전주의 건축이 처한 딜레마를 감안하면 더욱 그러했다. 17세기 프랑스 고전주의 건축에서는 고전의 전통과 고딕의 전통을 하나로 합치려는 시도가 중요한 내용을 이루었다. 이때의 고전주의는 로마 고전주의였다. 그러나 벽체 구조를 기본 구성 방식으로 삼아 이루어진 로마 고전주의는 다발 기둥의 데가주망을 기본 구성 방식으로 삼는 고딕과 합쳐지기가 어려웠다. 이 때문에 두 양식의 합일 시도는 돔을 이용한 높이 확대 등의 외관에 한정했을 뿐, 기본 골격이나 이에 따른 실내 공간감 등의 핵심 단계에서는 이루어지지 못하고 있었다.

페로는 로마 고전주의와 그리스 고전주의 사이에서 많은 고민을 한 결과 그리스 고전주의의 독립 원형 기둥을 차용함으로써 고전주의와 고딕 사이의 이런 충돌을 극복하고 두 양식을 하나로 통합해내는 데 성공할 수 있었다. 이를 통해 고딕 구조와 그리스 가구식 구조의 구조적 솔직성이 강화되는 상승 작용이 있었다. 먼저 고딕 구조의 측면에서 보았을 때 그레코-고딕 아이디얼은 고딕 구조의 구조적 합리성을 가로막는 다발 기둥의 군더더기를 그리스 가구식 구조로 대체함을 의미했다. 3단 구성을 지킴으로써 고딕 구조의 구조적 합리성을 취한 반면 시각적 차원에서 구조적 합리성을 지워버리는 방해 요소를 제거한 것이다. 반면 그리스 가구식 구조의 단점인 단층 구조가 3층 구조로 수직 확장됨으로써 그 속에 내재해 있던 구조적 솔직성의 잠재력을 극대화할 수 있었다.

자크가브리엘 수플로 5

고전, 고고학, 공학

자크가브리엘 수플로Jacques-Gabriel Soufflot, 1713~80는 18세기 프랑스 신고전주의에서 특이한 위치를 차지한 건축가였다. 태어난 연도로 보았을 때 자크앙주 가브리엘과 페이르와 드베일리 사이에 낀 세대였다. 이것은 여러 가지를 의미했다. 바로크-로코코의 장식 경향에서 어느 정도 영향을 받았고, 국제적 신고전주의와 프랑스다운 신고전주의 사이에서 고민했으며, 아직 급진적 고전주의까지는 나아가지 않았음을 의미했다. 수플로는 이런 낀 세대의 애매함을 구조 합리주의로 극복했다. 양식 사조로서 당시 진행 중이던 신고전주의의 여러 경향을 일정 부분 취함으로써 시대적 보편성을 획득했다. 그러나 이와 동시에 자신의 건축적 생명은 이것이 아닌 구조 합리주의에서 찾았다.

그레코-고딕 아이디얼이 주도하던 구조 합리주의는 당시 신고전주의와는 또다른 의미에서 첨단 경향이었다. 문제도 있었다. 성직자들과 건축가들이 함께 참여하면서 앞서 살펴본 바와 같은 풍부한 논쟁은 성산했지만 실제 지어진 건물의 예는 극히 드물었다. 이런 상황에서 수플로는 파리 팡테옹이라는 대작에 이 개념을 적용하여 구현해 보임으로써 구조 합리주의의 발전에 결정적 역할을 했다. 실무 건축가였던 수플로는 정밀한 이론과 주장을 제시하지 못한 대신 실제 건물을 지어 보임으로써 구체적 예가 부족하다는 구조 합리주의의 큰 약점을 보완했다.

수플로의 건축적 기반은 당시 가장 보편적 경향이었던 고고학적 신고전주의로 로마에서 그 기반을 닦았다. 1731년부터 1738년까지 로마에서 유학했고 이 가운데 5년은 로마의 프랑스 아카데미에서 수학했다. 1750년에서 1751년 사이에는 로마에 두번째 답사 여행을 다녀왔다. 로마 유학에서 크게 두 가지를 배웠다. 베르니니 연구를 통해 정통 로마 고전주의를 배우고 동시대 로마의 건축 현상을 경험한 것이었다.

142 자크가브리엘 수플로(Jacques-Gabriel Soufflot), 루브르 왕립 도서관(Bibliotheque du Roi au Louvre) 계획안

카를로 폰타나의 후기 바로크, 산루카 아카데미에서 루이지 반비텔리Luigi Vanvitelli와 베르나르도 안토니오 비토네Bernardo Antonio Vittone의 아카데미즘 활동, 파에스툼과 헤르쿨라네움의 고고학 발굴 등이 대표적인 내용들이었다.

이런 초창기 교육 배경을 통해 수플로는 18세기 전반부의 후기 바로크를 장식 경향이 아닌 과거의 객관적 복원 작업으로 이해하는 시각을 갖게 되었다. 고고학적 조정 작업에 따른 로마 고전주의의 계량적 복원 및 이것을 바탕으로 한 기념비적 양식주의가 이때 형성된 수플로의 대표적인 건축 경향이었다(그림 142). 수플로는 이외에도 로마의 프랑스 아카데미에서 수학할 당시부터 자신보다 젊은 건축가, 엔지니어, 과학자 등과 교류하며 이들을 통해 새로운 시대정신과 사조를 접했다. 이들과 학문적 논쟁을 벌이고 교류를 하며 개인적으로 기하학, 역학, 지리학, 물리학, 화학, 기술공학 등에서 일정한 수준에 올랐다. 이후 수플로의 제자는 고전주의보다는 공학적 접근을 하는 분야에서 더 많이 배출되었다

장로돌프 페로네Jean-Rodolphe Perronet, 1708~94와 장 바티스트 롱들레Jean Baptiste Rondelet, 1743~1829는 수플로와 친했던 대표적인 엔지니어들이고 바르텔르미 장송Barthelemy Janson, 1760~1820은 대표적인 제자 엔지니어였다(그림 143, 144). 수플로 세대는 아직 바로크와 로코코에 일정 부분 묶여 있을 수밖에

없었는데 이들과의 접촉은 이것에서 벗어날 수 있게 해주는 중요한 역할을 했다. 수플로는 이들과 교류하며 얻은 기술 공학 지식과 과학 정신을 고고학적 신고전주의에 접목시키며 구조 합리주의를 이끌었다. 특히 성직자들의 종교적 요구에 부응하며 구체적 건축 대안을 제시한 점은 매우 중요한 기여였다.

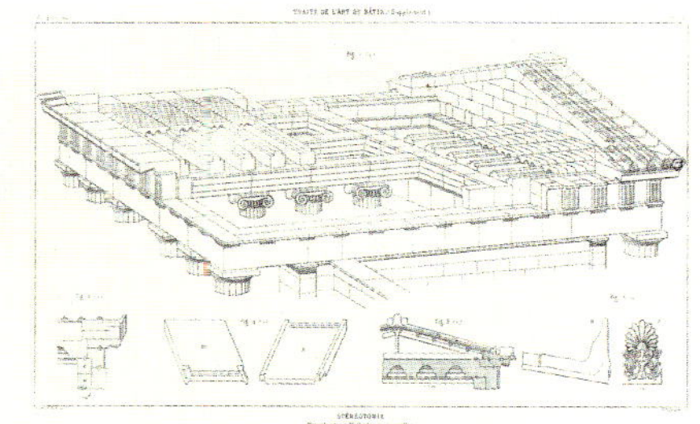

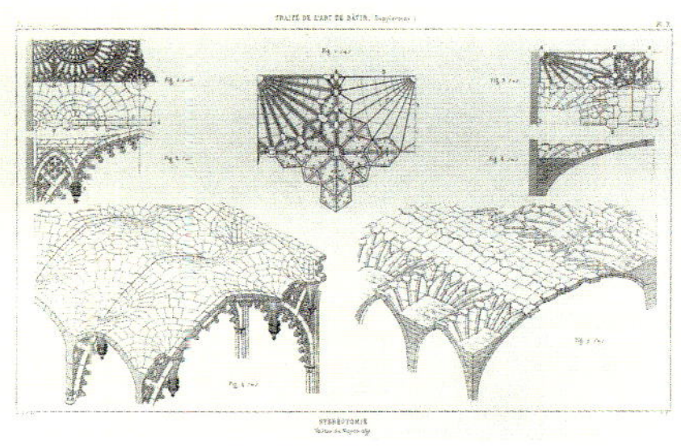

143 장 바티스트 롱들레(Jean Baptiste Rondelet), 그리스 가구식 구조와 고딕 볼트 구조 비교 그림

로마에서 돌아온 수플로는 리옹에 자리를 잡고 이곳을 파리와 함께 평생의 근거지로 삼아 활동했다. 리옹에는 리옹 시립병원Hotel, Dieu, Lyon, 1739~48, 환전소Loge du Change, 1751~52, 리옹 극장Lyon Theater, 1753~56, 철거 등의 대표작을 남겼다. 리옹에서는 작품 활동 이외에 로마 체류에서 습득한 고고학적 지식, 새로운 건축이론, 자신만의 건축적 주장 등을 보고서, 논문, 강연 등을 통해 지속적으로 발표했다. 그 내용은 고전 비례, 기호론과 고전 규범, 고딕 건축, 성 베드로 성당과 베르니니 건물의 실측, 헤르쿨라네움 발굴 등이었다. 이를 통해 본 수플로의 건축은 고고학적 정확성에 기초한 로마 그전주의의 합리주의적 해석으로 요약할 수 있다. 이것은 당시 유행하던 바로크와 로코코를 뒤엎는 새로운 경향이었다.

로마에서 파리로

리옹 시립병원은 바로크와 신고전주의의 혼합을 통해 스플로 세대의 시대적 고민을 보여주는 작품이었다. 9분법 구성으로 중심부를 강조한

144 바르텔르미 장송(Barthelemy Janson), 480피트 다리 계획안

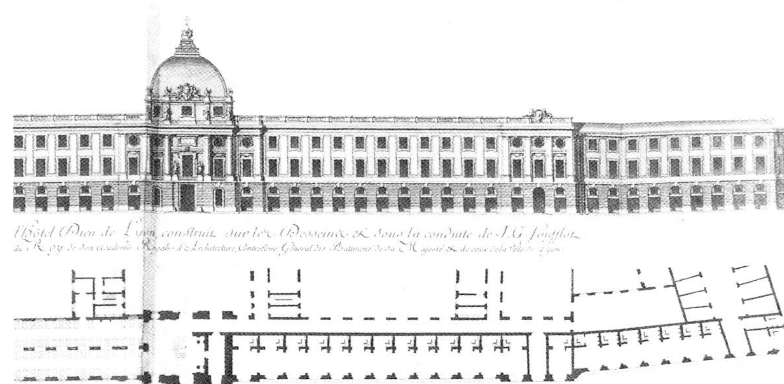

145 자크가브리엘 수플로(Jacques-Gabriel Soufflot), 리옹 시립병원(Hotel, Dieu, Lyon), 프랑스, 1739~48

처리와 중심부에서 돔을 이용하여 수직성을 표현한 처리가 바로크의 전형적 기법이었다. 신고전주의는 클로드 페로의 루브르 동익랑에 나타난 열주 구성을 단순화한 반복 처리와 그리스 고전주의 디테일을 사용하는 대표적 기법이었다(그림 145). 그리스 디테일의 사용은 정식 그릭 리바이벌은 아니었고 꽃 줄 장식, 사자 머리, 휘장 장식, 번개 문양meander=雷紋 등의 그리스식 장식을 사용한 패션 경향의 그리스풍 기호에 가까웠다. 수플로가 파에스툼 발굴에서 이것을 접할 당시에는 최신의 고고학 정보들이었다. 이것을 직접 사용한 것은 바로크-로코코의 17세기 장식 경향에서 벗어나 18세기 고고학적 신고전주의로 전환이 일어나고 있음을 보여주는 현상이었다.

1750년에는 리옹을 벗어나 중앙 무대의 권력자들과 교류를 시작했다. 마르키 드마리니Marquie de Marigny는 대표적 인사였다. 이들의 후원으로 로마 여행에 동행해서 파에스툼과 헤르쿨라네움 발굴 현장을 답사한 뒤 그리스 도리스식 양식에 깊은 감명을 받았으며, 이후 이것을 기반으로 한 합리주의 해석으로 건축 경향이 급격히 기우는 변화를 보였다. 이전부터 꾸준히 유지하던 젊은 세대와의 교류는 이런 변화에 큰 도움이 되었다. 이 과정에서 코르드무아에서 로지에에 이르는 그레코-고딕 아이디얼 논쟁에서 깊은 영향을 받고 그 스스로 구조 합리주의에 앞장서게 되었다.

1755년에는 마르키의 후원으로 파리에 진출해서 파리 팡테옹 설계1755~80/사후 완공를 시작했다. 이후 파리 및 근교에 후반부 작품들을 남겼다. 수플로는 다작을 하지는 않았다. 그러나 18세기를 대표하는 대작인 파리 팡테옹으로 중요한 족적을 남겼다. 이 건물은 유럽 3대 도시를 대표하는 3대 대형 성당에 해당하는 작품이 되었다. 로마의 성 베드로 성당, 런던의 성 바오로 성당, 파리의 성 주느비에브 성당=파리 팡테옹으로 이어지는 대표 성당 공식을 완성한 것이었다. 특히 로마의 고전주의를 토대로 프랑스의 과학 정신과 당시 첨단 경향이었던 구조 합리주의로 이것을 해석해낸 업적은 가장 18세기다운 것이었다. 이 작업을 통해 파리는 과거 로마의 영광을 확실하게 물려받으면서 18세기 혁명의 중심에 설 수 있었다.

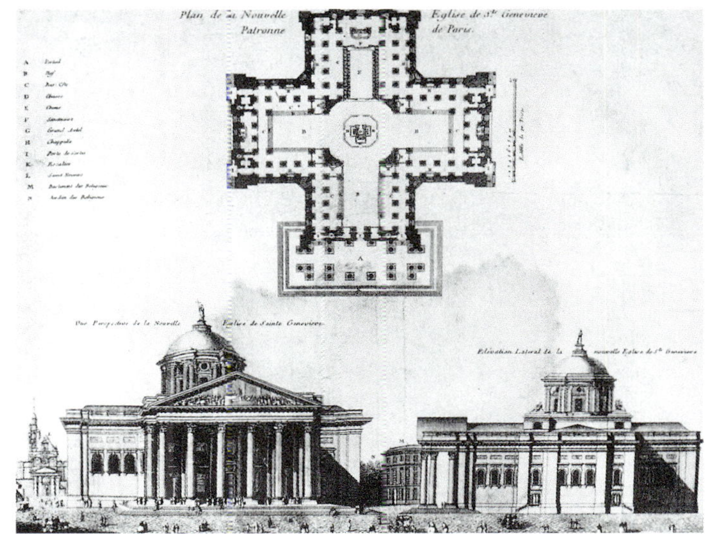

146 자크가브리엘 수플로(Jacques-Gabriel Soufflot), 파리 팡테옹=성 주느비에브(Ste. Genevieve), 파리, 1755~80/사후 완공

파리 팡테옹의 평면은 외접형 그릭 크로스를 기본 구성으로 삼다 구성을 더함으로써 라틴 크로스 효과를 냈다(그림 146). 네 팔은 기본적으로 길이와 건축 구성이 모두 같았다. 크로싱 천장에는 대형 반구형 돔을, 네 팔에는 소형 접시형 돔을 각각 얹었다. 팔 하나의 길이가 29미터에 이르렀기 때문에 실제 실내에 서면 그릭 크로스의 중앙 집중 구성보다는 선형 구성의 느낌이 더 강했다. 동서 방향으로 추가 요소를 더한 처리는 선형성을 물리적으로 도왔다. 서쪽 출입구에는 8미터의 열주랑을, 반대편 동쪽 끝에는 애프스와 발코니를 각각 더해서 동서 방향으로 선형성을 확보했다.

147 자크가브리엘 수플로(Jacques-Gabriel Soufflot), 파리 팡테옹=성 주느비에브(Ste. Genevieve), 파리, 1755~80/사후 완공

출입구는 코린트식 헥사스틸 열주 신전 파사드로 구성했다(그림 147). 이런 처리가 노린 효과는 두 가지로 해석할 수 있다. 하나는 열주 효과를 노린 세르반도니의 국제적 신고전주의였다. 전체적으로 장식을 절제한 처리는 이러한 효과를 도왔다. 꽃 줄festoon을 돋을새김으로

새긴 연속 엔타블러처만이 유일한 장식 어휘였다. 다른 하나는 로마 판테온을 모방한 로마 고전주의의 기념비였다. 고고학적 정확성에 기초한 비트루비우스의 표준 구성을 차용한 점이 이를 뒷받침한다. 측면에도 두 개의 오더를 더해서 일정한 깊이를 준 처리는 스크린이 아니라 3차원 덩어리의 기념비로 열주 효과를 노린 것임을 암시했다.

파리 팡테옹은 이처럼 로마 판테온의 모방을 바탕으로 고고학적 신고전주의를 기본 개념 가운데 하나로 가졌다. 로마를 출발점으로 삼는 이런 현상은 이 건물 이외에 당시 유럽 전체의 고고학적 신고전주의의 공통적 현상이었다. 파리 팡테옹은 여기에 구조 합리주의를 더함으로써 한 걸음 더 나아갔다. 성 베드로 성당과의 관계는 이것을 잘 보여주었다. 수플로는 로마 체류에서 성 베드로 성당을 측량했는데 이때부터 이미 성 베드로 성당을 추월할 프랑스만의 걸작을 꿈꾸고 있었다. 그 비밀은 새로운 공학기술과 과학의 발전이라는 18세기만의 시대적 산물이었다. 파리의 지성은 그 한가운데에 있었다.

148 자크가브리엘 수플로(Jacques-Gabriel Soufflot), 파리 팡테옹=성 주느비에브(Ste. Genevieve), 파리, 1755~80/사후 완공

파리 팡테옹(1)-독립 원형 기둥과 돔

파리 팡테옹의 돔은 지름이 21미터였다. 구조 골격은 삼중으로 짰다. 삼중 돔은, 파리의 앵발리드 안에 있는 생루이 교회Eglise St. Louis des Invalides, 1676~79에서 렌의 성 바오로 성당에 이르는 대형 돔의 표준 구성이었다. 실내에서 보이는 큐폴라가 가장 아래쪽 돔이었고 외관에 드러난 돔이 가장 위쪽 돔이었다. 이 둘 사이의 높이 차이가 약 11미터가량 나서 위쪽 돔이 혼자 서 있을 수 없었기 때문에 둘을 연결해주는 중간 돔을 하나 더 넣었다. 중간 돔은 목구조로 뼈대를 짜서 최대한 가볍게 한 뒤 드럼의 외벽에 직접 걸어 받쳤다(그림 148). 아래쪽 돔의 오쿨루스를 뚫어서 중간 돔의 내곡면을 실내에서 볼 수 있게 했다. 천장을 올려다봤을 때 돔의 실제 높이는 중간 돔의 내곡면까지로 느껴졌는데 68.4미터였다. 아래

쪽 돔은 횡방향 리브transverse rib와 교차 아치interxecting arch로 골격을 짰다.

실내는 코린트식 오더의 독립 원형 기둥 열로 구성했다(그림 149). 아케이드를 없애고 콜로네이드로 실내 전체를 구성했다. 콜로네이드 위에는 천측창을 두었고 다시 그 위에 돔형 볼트로 천장을 마감했다. 기둥 열은 팔 하나당 좌우에 각 두 겹씩, 총 네 겹을 세웠다. 기둥 개수는 바깥쪽 열이 일곱 개, 안쪽 열은 가운데 두 개와 크로싱의 한 개를 생략해서 네 개였다. 이런 기둥 열이 끊이지 않고 네 팔을 돌아가며 에워쌌다. 실내에는 기둥 숲밖에 안 보였다. 기둥이 실내 골격도 짰고 천장도 받쳤다. 모든 것이 기둥에서 시작해서 기둥으로 끝났다.

149 자크가브리엘 수플로(Jacques-Gabriel Soufflot), 파리 팡테옹=성 주느비에브(Ste. Genevieve), 파리, 1755~80/사후 완공

문제는 돔의 하중을 받치는 구조 방식에 있었다. 하중은 두 곳에서 받쳤다. 크로싱의 네 모서리 부분과 외벽은 드럼의 아랫부분, 즉 펜던티브가 시작되는 지점에서 볼트를 타고 전이된 하중을 받았다. 이런 구성은 돔을 받치는 가장 교과서다운 처리로 하기아 소피아Hagia Sophia=성 소피아 성당 이래 표준형으로 반복 사용되어 왔다. 그러나 구체적 구조에서 파리 팡테옹은 두 곳 모두를 파격적으로 처리하면서 그레코-고딕 아이디얼을 실현해 보이려 했다.

하나는 크로싱의 네 모서리를 두꺼운 벽체가 아닌 네 개의 세 쌍 독립 원형 기둥만으로 처리한 것이었다. 이 부분은 구조적 안정성에 대한 논쟁을 불러일으키며 후에 롱들레가 세 쌍의 독립 원형 기둥 사이를 채워서 삼각형 벽체로 만드는 보강을 했다. 삼각형 벽체 뒤에는 'x-y' 축의 두 방향으로 한 쌍씩의 독립 원형 기둥이 연달아 나오면서 마치 이것들이 돔을 함께 받치는 것처럼 보이는 트릭을 가했다(그림 150). 트릭은 독립 원형 기둥만으로 돔을 받치고 싶어했던 수플로의 열정을 상징적으로 보여주었다. 그 결과 실내는 그리스 가구식의 밝고 경쾌한 분위기와 구조적 효율성이 지배했다. 다른 하나는 외벽이었다. 이 정도 크기

150 자크가브리엘 수플로(Jacques-Gabriel Soufflot), 파리 팡테옹=성 주느비에브(Ste. Genevieve), 파리, 1755~80/사후 완공

와 높이의 돔을 받치는 것에 비해 외벽은 얇았다. 수플로의 원안에서는 외벽 없이 벽기둥만으로 하중을 받았다. 후에 벽기둥 사이를 메우면서 벽체로 보강했다.

파리 팡테옹의 구조 설계는 전체적으로 수플로의 아이디어였다. 그레코-고딕 아이디얼 및 이것이 촉발한 구조 합리주의의 표준 구성을 완성하려는 욕망이 가장 크게 작용했다. 자연과학과 기술공학 전반에 관심과 조예가 깊었던 수플로의 지식이 그러한 욕망을 뒷받침했다. 특히 독립 원형 기둥만으로 지름 21미터의 대형 돔을 받치겠다는 발상은 당시로서는 파격적이다 못해 무모한 만용으로 보여 파문을 일으켰다. 개인 건물도 아닌 대형 공공건물에 이런 파격적 구성을 적용하려는 점에서 더욱 그러했다.

전체 구성에 대한 세부적 역학 계산 및 수학적 검증은 롱들레가 전담했다. 이외에도 에밀리앙 마리 고테Emiliand Marie Gauthey, 1732~1806 등 일단의 구조 전문가들이 팀을 이루어 참여했다. 수플로의 의욕과 달리 공사 과정은 쉽지 않았다. 엔지니어, 건축가, 성직자 등 여러 계층의 이해당사자들이 뛰어들어 치열한 논쟁이 시작되었다. 이 논쟁이 30여 년에 걸쳐 긴 시간 계속되면서 건물은 중간에 여러 번 공사가 중단된 끝에 수플로가 죽은 뒤 32년이 지나서야 그의 제자들에 의해 완공되었다.

파리 팡테옹(2) – 수플로와 파트의 논쟁과 수플로와 프레지에의 논쟁

이 건물을 둘러싼 논쟁은 수플로와 파트의 논쟁과 수플로와 프레지에의 논쟁으로 나누어 생각할 수 있다. 기초 공사가 1757년에 시작되어 1763년에는 지하 납골당이 완공되었다. 1765년에서 1770년 사이에는 외벽과 출입구가 완공되었다. 최초의 논쟁은 1769년 피에르 파트Pierre Patte, 1723~1814가 시작했다. 파트는 자신의 엔지니어링 경험과 지식을 총동원하여 수플로의 원안인 독립 원형 기둥만으로는 돔을 받칠 수 없다고 강하게 경고했다. 수플로는 1770년에 롱들레를 임명하여 자신의 안을 역학과 공학 등 다방면에서 점검하도록 했다. 롱들레는 명확한 결론을 내리지 못했다.

이후 프레지에가 파트 편에, 로지에가 수플로 편에 가세하면서 논쟁이 가열되었다. 1776년에 돔을 받치는 독립 원형 기둥에서 균열이, 기초에서 침하가 발견되었다. 기록에는 프레지에가 기뻐서 펄쩍 뛰었다고 되어 있다. 그러나 엔지니어 쪽에서도 명확한 문제점을 제시하지는 못했다. 모든 것이 불명확했기 때문에 말 그대로 논쟁만 난무했다. 공학적 상식에 따르면 안을 바꾸어야 했지만 로지에를 필두로 한 이신론 성직자들의 수플로 지원도 만만치 않았다. 중간 타협책으로 공사를 중단한 채 논쟁은 계속되었다.

아메데 프랑수아 프레지에Amedee François Frezier, 1682~1773는 신학과 수학을 전공한 뒤 1707년에 왕실 토목 건축가Ingenieurs du Roi=Corps de Genie가 되어 성채 등 군사시설의 토목공사로 평생을 보낸 정통 엔지니어였다. 프레지에는 역학 계산과 석재 절단술stereotomy의 실무에서 당시 프랑스 최고의 전문가였다(그림 151). 프레지에는 기본 입장에서는 수플로의 스승이었다. 프레지에는 단순 기술자가 아니라 일정한 양식론으로 무장하고 그레코-고딕 아이디얼에 열심히 참여했던 건축가이기도 했다. 코르드무아의 절충주의 혼합 경향에 반대하긴 했지만 로지에와는 매우 유사한 주장을 펴는 등 큰 흐름은 코르드무아에서 로지에로 이어지는 합리주의 건축운동에 찬성하는 입장이었다. 이 과정에서 엔지니어링의 실무적 측면을 뒷받침해주는 중요한 역할을 했다. 이런 역할은 수플로에게 강한 영향을 끼치며 파리 팡테옹 작업에서 과감한 실험을 시도할 수 있도록 한 밑바탕이 되었다. 그러나 구조 설계와 역학 계산이라는 구체적, 실무적 내용에서 프레지에는 수플로의 안이 위험할 것으로 경고하며 반대편에 서서 논쟁을 벌였다.

151 아메데 프랑수아 프레지에(Amedee François Frezier)의 『볼트 축조를 위한 석재와 목재 절단 이론 및 실기*La Theorie et la pratique de la coupe des pierres et des bois pour la construction des voutes*』(1737~39) 속표지

파트와 프레지에 등의 엔지니어들이 단순히 기술적, 공학적 관점에서 반대한 것만은 아니었다. 프레지에는 『건축 오더론*Dissertation sur les ordres d'architecture*』1738이라는 책을 남길 정도로 양식사에도 정통했다. 프레지에는 이 책에서 열주가 아케이드를 받치는 방식에 반대했다. 고전 건축의 생명인 오더의 역할을 피상적 장식에 한정한다는 것이 이유였다. 파트는 건축가를 겸한 엔지니어였다. 파트는 적잖은 수의 작품을 남긴

실무 건축가였다. 파트는 실무보다는 이론을 배경으로 저술을 통한 논쟁에 주로 참여했다. 자크 프랑수아 블롱델의 저서에 편집인으로 참여하면서 자신의 기술공학적 관점을 건축이론이나 미학과 결합하기도 했다. 엔지니어 출신답게 표절, 중복, 구조와 기능을 무시한 예술 중심주의 등에 반대했다.

이 논쟁을 주도한 두 건축가는 이처럼 건축양식과 미학의 기본 지식으로 무장한 수준 높은 엔지니어들이었다. 이 때문에 이 논쟁은 기술자와 건축가 사이의 해묵은 싸움과는 차원이 달랐다. 역학과 시공 등 공학적 논쟁을 기본 내용으로 삼은 양식적 측면의 고민을 함께한 수준 높은 논쟁이었다. 궁극적으로는 18세기 프랑스와 유럽을 대표할 새로운 교회 실내 유형을 찾는 작업의 완성판이었다. 더 궁극적으로는 교회를 넘어서 새로 도래할 미래를 대표할 건축 구성 방식을 찾으려는 논쟁이었다. 이 점에서 클로드 페로와 프랑수아 블롱델 사이의 신구논쟁, 피라네시와 빙켈만 사이의 그레코-로만 논쟁, 로돌리와 피라네시 사이의 로마 고전주의 논쟁 등과 함께 18세기를 이끈 대표적 논쟁으로 평가한다.

이 논쟁에서는 18세기 후반부에 새롭게 발명된 미분법에 따른 역학 계산을 적용했다. 처음에는 역학적 결론을 내지 못했던 롱들레가 나중에 이 미분법으로 다시 계산해서 결론을 내리면서 논쟁을 끝낼 수 있었다. 18세기 중반에는 로마에서도 성 베드로 성당 돔의 안정성에 대한 논란이 일면서 미분 역학으로 다시 계산하는 작업을 하기도 했다. 수플로는 로마에서 성 베드로 성당을 측량하면서 이 논쟁을 직접 경험했다. 이 과정에서 돔의 크기와 역학의 관계에 대해 나름대로 개념을 정립했던 것으로 추측할 수 있다.

논쟁은 핵심 당사자인 프레지에와 수플로가 빠진 상태에서 결론 났다. 프레지에가 1764년에 일찍 은퇴하고 수플로가 1780년에 사망하면서 명확한 결론을 내리지 못한 채 중단되었다. 이후 새로운 역학 계산법에 따라 검증한 결과 수플로와 프레지에 모두 문제가 있다는 양비론으로 결론 났다. 수플로의 원안으로는 역학적 안정성이 부족한 것은 사실이었지만 그렇게 큰 문제는 아니었고 파트와 프레지에의 걱정이 지나쳤다는 결론이었다. 1776년에 발견된 문제도 하중 때문이 아니라 시공에서 비롯된 문제임이 밝혀지면서 수플로의 승리 쪽으로 힘이 조금 더 실렸다. 그러나 수플로의 원안대로 짓자는 주장을 자신 있게 펴는 엔지니어도 없어서 적절한 보강을 하는 선에서 타협하고 공사는 다시 시작되었다. 롱들레가 크로싱 네 모서리의 내력 구조와 외벽을 보강하고 고테가 천장 돔의 시공 방식을 안전하게 확보하면서 1812년에 완공되었다(그림 152).

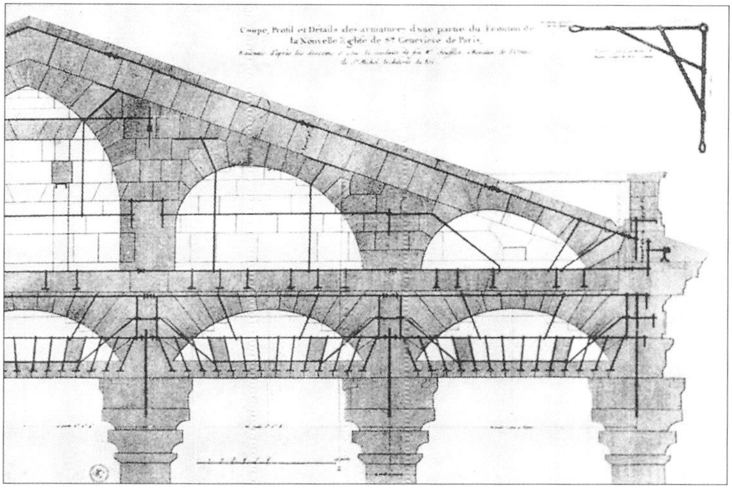

이러한 우여곡절 끝에 완공된 파리 팡테옹의 최종 모습은 완전한 뼈대 구조까지 나아가지 못하고 아직 바로크의 군살이 남아 있었다. 이것은 시대적 한계로 볼 수 있다. 이런 중간 상태에도 불구하고 이 건물은 당시 구조 합리주의가 가장 잘 구현된 실제 건물이었다. 특히 대형 공공건물이었던 점과 그레코-고딕 아이디얼의 내용을 지름 21미터의 대형 돔에 실제 적용한 점 등은 서양건축 전체를 통틀어 소중한 경험이었다. 이 건물에서 잉태된 구조 합리주의는 향후 19세기 신건축운동과 20세기 모더니즘의 중요한 토대를 이룬다.

152 자크가브리엘 수플로(Jacques-Gabriel Soufflot), 파리 팡테옹=성 주느비에브(Ste. Genevieve). 철물 보강도, 파리, 1755~80/사후 완공

6 석구조론과 구조 합리주의(2)

로돌리(1) - 기능, 형식, 재료

프라 카를로 로돌리Fra Carlo Lodoli, 1690~1761는 이력이 특이한 건축 이론가였다. 그는 베네치아공화국에서 무기를 관리하는 백작의 아들로 태어났다. 아버지의 직업 특성 때문에 어려서부터 모든 일을 조직적이고 계획적으로 관리하는 합리주의 정신을 몸에 익혔다. 이후 달마티아Dalmatia의 프란체스코 수도회에서 수학, 철학, 라틴어 등을 공부한 뒤 수도사가 되었다. 1708년부터 4년간 로마에서 종교 훈련을 더 받으면서 고전주의 건축과 예술을 접하고 큰 감명을 받았다. 수도사의 지위를 유지하면서 예술사 공부를 더한 뒤 초보 수도사와 대중을 상대로 예술사 강의를 하는 일로 건축 경력을 시작했다.

로돌리는 베로나와 베네치아에서 박학다식한 수도사로 이름을 날리면서 안젤로 카로제라Angelo Calogera를 비롯한 계몽주의 지도자들의 지원을 받기 시작했다. 그러나 로돌리의 인생은 순탄하지 않았다. 1728년에는 근대 과학철학의 창시자 가운데 한 명인 잠바티스타 비코Giambattista Vico, 1668~1744의 작업을 돕는 일에 참여했지만 법적 분쟁으로 끝났다. 1730년에는 병에 걸려 평생을 그 후유증으로 고생하며 살았다. 정상적인 일을 할 수 없게 되면서 프란체스코 수도회의 문헌 관리, 출판 감독, 서적 수입 등의 일을 맡았다. 로돌리는 이 일을 하면서 그때까지 수도회에서 행했던 건축과 관련한 모든 자료를 검토할 수 있었다. 건축 시공, 재료, 역학 등과 관련한 자료를 접하면서 이 분야를 나머지 인생의 주요 전공으로 삼았다.

로돌리는 1730년대부터 베네치아 귀족 자제들에게 당시 새롭게 등장하기 시작한 계몽주의 사상을 강의했다. 철학, 신학, 문학, 과학, 정치학 등 인문 사회과학이 주를 이루었는데 계몽주의의 새로운 사조인 합리주의는 이것들을 총괄하여 포괄적 근간을 이루는 사상이었다. 그는 이외에도 이런 사상의 관점에서 예술과 건축을 해석하는 강의도 했는데 이때 행한 건축 강의가 그의 이론의 중추를 이루었다.

로돌리는 작품을 남긴 건축가는 아니었다. 주로 공학적 관점에서 건축의 구조 합리주의를 주장한 이론가였다. 자신의 주관이 확실한 건축 이론을 전개했지만 출판 등을 통해 이것을 알리는 데는 무관심했다. 생전에 본인이 직접 자신의 이론을 정리한 원고를 작성한 것으로 알려져 있으나 출판을 하지 않았으며 원고도 분실되었다. 출판은 생전과 사후 두 번에 걸쳐 다른 사람의 손으로 이루어졌다. 생전에는 1753년에 프란체스코 알가로티Francesco Algarotti, 1712~64가, 사후에는 1786년에 안드레아 멤모Andrea Memmo, 1729~93와 1833년부터 1834년에 그의 딸이 각각 로돌리의 주장, 이론, 도면, 글 등을 모아 책으로 출판했다. 이 가운데 가장 정리가 잘된 완성본은 마지막에 출판한 『로돌리의 건축 요소, 혹은 과학적 안정성과 이성적 우아함을 지닌 축조술*Elementi d'architettura Lodoliana, ossia l'arte del fabbricare con solidita scientifica e con eleganza non capricciosa*』이었다(그림 153).

로돌리의 건축적 생각을 읽을 수 있는 또다른 단서는 산프란체스코델라비냐 수도원 복원Chiostro del San Francesco della Vigna, 1739~43이었다. 로돌리는 이 일을 총지휘하며 문 설계를 맡았다. 고전 어휘 중심의 둔틀을 버리고 기능에 충실한 현실성 높은 처리를 추구했으며 디테일도 기교를 최소화한 공예술로 처리했다(그림 154). 이외에도 강도와 내구성 등 재료의 공학적 측면에 중점을 두었다. 베네치아의 전통적인 지역 축조술과 주변 농가 등이 이런 경향의 모델이 되었다. 자신의 건축 이론에서 주장했던 합리성, 기능성, 재료의 지속성 등을 실제 문에 적용해 보인 것이었다.

로돌리의 합리주의는 건축을 갈릴레이의 물리학과 같은 과학의 한 분야로 정의하려 했다. 건축에서도 물리학에서와 같은 과학적 공식이 있다고 믿고 그것을 제시하려 했다(그림 155). 건축 구성과 법칙은 몇 가지 기본

Elementi
D'ARCHITETTURA
LODOLIANA
OSSIA
L'ARTE DEL FABBRICARE
CON
SOLIDITÀ SCIENTIFICA
E CON
ELEGANZA NON CAPRICCIOSA
LIBRI TRE
EDIZIONE CORRETTA ED ACCRESCIUTA DALL' AUTORE
Vol. 1.
ZARA 1833
COI TIPI DEI FRATELLI BATTARA
MILANO
PRESSO LA SOCIETÀ EDITRICE DEI CLASSICI ITALIANI
DI ARCHITETTURA CIVILE.

153 『로돌리의 건축 요소, 혹은 과학적 안정성과 이성적 우아함을 지닌 축조술*Elementi d'architettura Lodoliana, ossia l'arte del fabbricare con solidita scientifica e con eleganza non capricciosa*』 속표지

154 프라 카를로 로돌리(Fra Carlo Lodoli), 산프란체스코델라비냐 수도원 복원(Chiostro del San Francesco della Vigna), 이탈리아, 1739~43

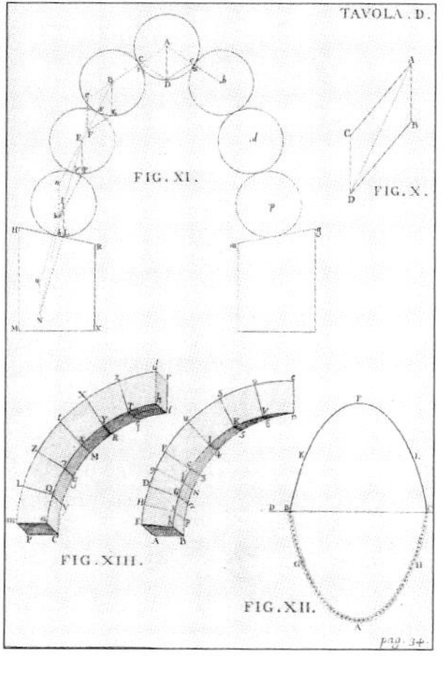

155 현수선(catenary curves)의 작도 및 아치 응용

공식을 응용하면 얻을 수 있다고 믿었다. 일차 구성 요소로 내구성과 비례를, 2차 구성 요소로 편리와 장식을 들었다. 이런 조건들의 상호작용에 의해 아래와 같은 나머지 네 가지 내용이 파생되었다.

첫째는 건축의 공학적 속성에서 심미성을 결정했다. 기능과 재료를 건축의 조형다움을 결정짓는 근원으로 보았다. 기능에 대해서는 "적절한 기능과 형태만이 공공건축의 과학적 목적"이라고 주장했다. 이 주장은 기능을 형태와 결부하여 "형태는 기능을 따른다"는 모더니즘의 명제를 일찍부터 내포한 것으로 볼 수 있다. 또 로돌리를 기능주의의 효시로 보는 근거가 되기도 한다. 재료에 대해서는 "재료는 건물의 성격 및 목적과 잘 부합하게 사용한다. 이것은 튼튼하고 비례가 잘 맞으며 편리한 구조를 만들어낸다"는 주장을 폈다. '성격'은 특질의 한 종류인데 이것을 재료와 결부한 것은 건축적 심미성의 근거를 공학적 측면에서 찾은 것으로 볼 수 있다.

로돌리(2) – 로마 고전주의와 석구조론

둘째는 기능적 장식론이다. 로돌리는 장식을 완전히 부정하지는 않았다. 장식을 배제하면 동일 요소가 단순 반복되어 건물이 단조로워지는 위험에 빠질 것이라고 경고했다. 이를 피하기 위해 기능성을 확보한 건강한 장식만을 허용했다. 로돌리가 경고했던 장식은 모자이크나 오더 양식의 주두처럼 재료의 특성과 어긋나거나 장식만을 위한 장식이었다. 반면 석재라는 재료의 특성에만 맞는 장식이면 고딕과 이슬람 건축을 포함하여 양식의 확장을 허용했다. 고전 오더에서는 주신, 주초, 주두 등의 기본 부재를 석구조의 기능과 재료의 특성에 맞는 것으로 허용했다. 이때 주두는 주신과 보 사이의 완충 작용을 함으로써 석구조의 약점인 인장력을 보강하는 구조 부재를 의미했다. 도리스식과 토스카나식이 이 목적에는 더 잘 맞는 것으로 보았고 이오니아식이나 코린트식 같은 장식 위주의 양식 주두는 반대했다.

셋째는 비트루비우스의 로마 고전주의 이론을 좇았다. 앞에서 언급한 "튼튼함, 비례, 편리"는 비트루비우스가 좋은 건축의 세 가지 조건으로 든 시공, 심미, 기능에 각각 대응할 수 있었다. 비트루비우스의 이 조건은 로마 고전주의의 생명을 구조 실용주의로 정의한 것이었다. 그리스 고전주의에서 이어받은 심미성을 인정하되 로마 고전주의에서 그것을 구현하는 것은 오더 양식이 아니라 튼튼한 시공과 편리한 기능을 합한 구조 실용주의라는 주장이었다. 로돌리는 이 견해를 좇아 로마 고전주의의 기본 특성을 구조 합리주의로 정의했다. 로돌리의 이런 견해는 로마 고전주의를 낭만주의적 특징으로 정의한 피라네시와 반대되는 것이었다.

넷째는 로마 고전주의에 대한 구조 합리주의적 해석의 구체적 예로 석구조론을 들었다. 이것은 그리스 고전주의의 구조적 기원을 목구조로 본 로지에와 대치하는 이론이었다. 같은 구조 합리주의 내에서 그리스와 로마의 선례 문제 및 그것의 구조적 기원을 둘러싸고 서로 대립한 것이었다. '로지에—그리스 고전주의—목구조' 대 '로돌리—로마 고전주의—석구조'의 이분법이었다. 그리스의 오더 양식은 목구조를 번안한 결과였기 때문에 섬세한 장식을 목적으로 하였다. 이것은 튼튼한 강도를 재료의 대표적 특징으로 갖는 석구조와는 맞지 않았다. 이런 차이 때문에 로돌리는 오더 양식이 석구조의 재료 강도를 약화시킨다고 보았다. 반면 석구조의 재료 성질에 맞는 건축 방식은 가능한 한 단순한 형태의 사각 기둥과 보만으로 된 가장 기본적인 가구식 구조였다(그림 156).

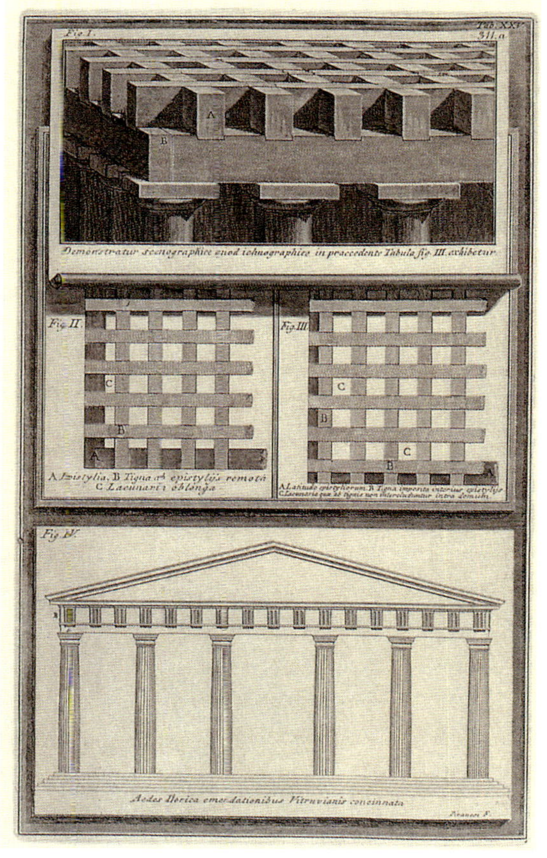

156 조반니 바티스타 피라네시(Giovanni Battista Piranesi), 도리스식 신전의 가구식 구조

목구조론과 석구조론 논쟁은 18세기의 중요 논쟁 가운데 하나로 서양건축의 기원을 둘러싸고 벌어졌다. 목구조론은 전통적인 고전주의 오더 양식론의 배경이 되는 이론이었다. 신화, 제의祭儀, 역사 등 인문학적 의미와 가치를 담아내는 섬세한 상징체계로 건축을 보려 했다. 자잘한 디테일과 복잡한 결구로 된 접합식 목구조는 이런 건축에 잘 맞았다. 오더를 구성하는 크고 작은 수많은 건축 부재들의 정밀한 관계와 이를 정의하는 엄격한 문법 체계로 건물을 구성하는 그리스의 오더

157 프랑수아 블롱델(François Blondel)의 『건축 강의*Cours d'architecture*』(1675~83)에 실린 다섯 오더 비례

양식은 이런 목구조를 번안한 결과였다(그림 157).

반면 석구조론은 구조와 기능의 효율을 우선한 경험적, 기계론적 구성 법칙으로 건축을 정의하려는 입장이었다. 건물은 기둥과 보로 대표되는 지지 부재와 천장, 지붕, 벽으로 대표되는 피지지 부재만으로 구성된다고 주장했다. 이들 사이의 관계는 역학적 안정성과 기능적 효율성에 따라 결정해야 한다고 했다. 전통 건축을 이루던 두 줄기인 고전주의의 상징 문법 체계와 고딕의 유기성 이론을 전면 부정하는 제3의 새로운 입장이었다. 서양문명을 이루는 뿌리가 이분법에서 삼분법으로 분화되는 현상에 대응하는 건축 이론이었다. 목구조론과 석구조론을 둘러싼 논쟁을 표로 요약하면 다음과 같다.

표 3. 목구조론과 석구조론의 해석 경향

	목구조	석구조
구조 합리주의	로지에	로돌리
상징과 심미	프랑수아 블롱델	피라네시

표 4. 가구식 구조와 벽체 구조에 따른 목구조론과 석구조론의 경향

<table>
<tr><th></th><th colspan="2">가구식 구조</th><th>벽체 구조</th></tr>
<tr><td>구조 합리주의</td><td rowspan="2">클로드 페로 & 자크 프랑수아 블롱델</td><td>로지에의 원시 오두막</td><td>추상 경향, 혁명기 건축</td></tr>
<tr><td>상징과 심미</td><td>그리스 오더와 프랑수아 블롱델</td><td>로마 고전주의와 피라네시</td></tr>
</table>

고전주의와 고딕이 전통적 이분법인 헬레니즘과 헤브라이즘을 각각 대표했다면 마지막으로 새롭게 등장한 세번째 뿌리인 기계·물질문명을 대표하는 새로운 건축 방식과 양식이 필요했다. 18세기에는 넓게 보면 구조 합리주의, 좁게 보면 석구조론이 이것을 대표했다. 이런 입장은 18세기 말 산업혁명을 거치면서 새롭게 등장한 19세기 신건축운동의 총체적 밑바탕이 되었다. 이런 관점에서 보면 로지에와 로돌리의

두 이론은 반드시 상반되는 것이 아니라 구조 합리주의라는 같은 목표를 공유했다. 둘 모두 장식과 벽체를 없애고 가장 단순한 가구식 구조만으로 건물을 구성하자는 것이었다. 반면 로지에가 종교적 순결주의를, 로돌리가 공학 중심주의를 궁극적 목적으로 추구한 점은 결정적 차이였다.

석구조론의 기원은 로마 시대의 토목 인프라를 바탕으로 한다. 로돌리와 피라네시는 로마 고전주의를 해석하는 입장에서는 각각 합리주의와 낭만주의를 대표하며 반대편에 섰다. 그러나 두 사람의 주장은 함께 작용하며 로마 고전주의 자체의 중요성을 증대하는 결과도 낳았다.

로마 고전주의에 대한 두 사람의 해석은 바로크까지 진행되어온 이전의 해석과는 완전히 다른 새로운 경향이었다. 두 사람의 대별성은 피라네시와 로돌리 사이에 논쟁을 낳기는 했지만 이것과 달리 두 사람은 개인적으로 친한 관계였다. 로마 고전주의의 정수를 석재 구조의 미학으로 새롭게 정의하는 피라네시의 고전관은 로돌리에게서 적잖은 영향을 받았다(그림 158). 로돌리의 석구조론은 로마 문명의 정체성을 새롭게 발견, 정의한 것이다. 로마 건축을 고전주의로만 보던 앞선 시각에서 ㅡ로마 건축은 그리스에 종속되는 하부 양식으로 평가될 수밖에 없었다. 이런 시각 아래에서 로마 고전주의는 그리스 고전주의의 순도가 변질된 비정형 고전주의 등 다소 부정적 의미로 정의되었다. 반면 석구조론은 로마 문명 전체에 깔려 있는 시민정신, 합리적 실용주의, 기능적 현세주의 등 그리스에는 없던 로마만의 장점을 반영한 새로운 시각이었다.

로돌리는 이런 시각을 구조 합리주의 시각에서 최초로 정의했고 피라네시는 이것을 이어받아 픽처레스크와 낭만성 개념으로 확장하면서 완성시켰다. 두 사람의 재해석을 거치면서 로마 고전주의는 심미성과 구조성이라는 상반된 가치를 모두 갖춘 최고의 역사 양식이 되었다. 로마의 시민정신과 로마법이 서양문명의 뿌리로 프랑스대혁명과 미국 건국의 초석이 되

158 조반니 바티스타 피라네시(Giovanni Battista Piranesi), 아그리젠토의 콩코르드 신전(Temple of Concord in Agrigento)

었듯이, 로마 건축의 구조 합리성은 산업혁명 이후 근대 건축술의 중요한 모델 가운데 하나가 되었는데 로돌리가 그 기초를 닦은 것이다.

밀리치아-공공 정신, 사회 유형학, 자유 시민

프란체스코 밀리치아Francesco Milizia, 1725~98는 18세기를 대표하는 이론가이자 비평가다. 그는 합리주의 사상을 배경으로 시대와 지역 한계를 뛰어넘는 보편적 이론을 창출하고자 했다. 이 과정에서 로돌리의 강한 영향을 받았으나 로돌리를 능가하는 체계적이고 통일된 이론을 세웠다. 밀리치아의 출발점은 계몽주의 사상이었다. 그는 파도바, 나폴리, 로마에서 인문학과 자연과학 등 계몽주의 교육을 받았다. 이후 개인적 친분을 통해 베네치아의 문화와 사상을 접하였는데 로돌리의 구조 합리주의도 그중 하나였다. 1761년에는 로마에 정착하여 고전주의 예술과 건축을 접한 뒤 건축을 전공으로 삼아 일련의 책을 순차적으로 출판하면서 활동 범위를 넓혀갔다. 건축 이외에도 수학과 자연과학에도 꾸준한 관심을 보이며 주요 저서를 출판했다. 수학을 건축과 접목해 구조 합리주의의 기본 배경을 닦았다.

밀리치아의 첫번째 저서는 『고대와 현대의 주요 건축가 생애*Le Vite de piu celebri Architetti d'ogni Nazione e d'ogni tempo*』1768이다. 이 책은 기본적으로 건축가들의 전기를 모은 것이었지만 각 건축가들에 대한 비평을 겸했다. 책에서는 보로미니와 과리니를 비판 대상으로 삼아 바로크를 강하게 비판했다. 밀리치아의 대표작은 『공공건축 법칙*Principj di architettura civile*』1781이었다. 이 책의 핵심 내용은 비트루비우스의 건축 구성 3요소를 받아들여 미=미학, 편리=기능, 안정성=시공으로 건축을 정의한 것이었다. 이것은 로돌리의 시각이기도 했다. 이 세 가지 요소에 대한 구체적 설명 및 응용에 따라 밀리치아의 합리주의는 아래 다섯 가지로 요약할 수 있다.

첫째는 장식의 절제였다. 장식의 과다 사용은 질서를 무너트리고 자연이 제시하는 형태를 망가트린다고 했다. 바로크의 극적 대비도 피하는 대신 점진적 전이를 추구했다. 고전 부재의 기본 어휘와 기본 디테일은 허용했다. 이에 따라 건축의 심미성은 오더 양식, 비례, 미학 법칙통일성, 단순성, 다양성, 대비 등, 합치성 등으로 구성된다고 보았다. 합치성을 제시한 점에서는 자크 프랑수아 블롱델과 유사했다. 동시에 밀리치아의 구조 기술론이 합리주의로 발전하는 중간 고리가 되기도 했다. 『공공건축 법칙』은 공학적 내용을 다룬 책으로는 드물게 오더를 중심으로 한 고전주의에 대한 내용도 함께 담았다. 이런 점에서 단순한 기술 책에 머물지 않고 구조와 합리주의를 합한 구조 합리주의로 발전할 수 있었다(그림 159).

둘째는 기능주의였다. 모든 형태는 필요성에 기초한 기능을 가져야 한다고 했다. 예를 들어 공공건축은 대형 공간을 기본 특징으로 한다. 때문에 이에 따르는 대중들의 안전, 동선의 효율, 위생, 권위, 자존감 등을 만족시켜야 했다. 이런 기능을 이루는 매개로 대칭과 통일성을 들었다. 다양성도 인정했지만 대칭과 통일성의 범위 내에 들어오는 다양성으로 한정했다. 대칭과 통일성은 전통 고전주의에서는 심미성의 요소였다. 이처럼 심미성의 요소로 기능성을 확보할 때 완벽한 건축이 된다고 보았다.

셋째는 수학적 접근이었다. 특히 기하학과 축조술을 혼합한 수학적 시공 기술론이라는 자신만의 독특한 이론을 개발했다(그림 160). 돌 절단, 아치의 축조, 아치의 목조 가설 틀, 조적 축조 등에서 주요 부재의 형상과 위치 등을 기하 작도를 이용하여 결정하는 방법이었다. 이 방법은 시공의 정확성과 효율을 높였다. 경험과 구전口傳에 의존하여 시

159 프란체스코 밀리치아(Francesco Milizia), 도리스식 오더의 여러 요소들, 『공공건축 법칙 *Principj di architettura civile*』(1781)

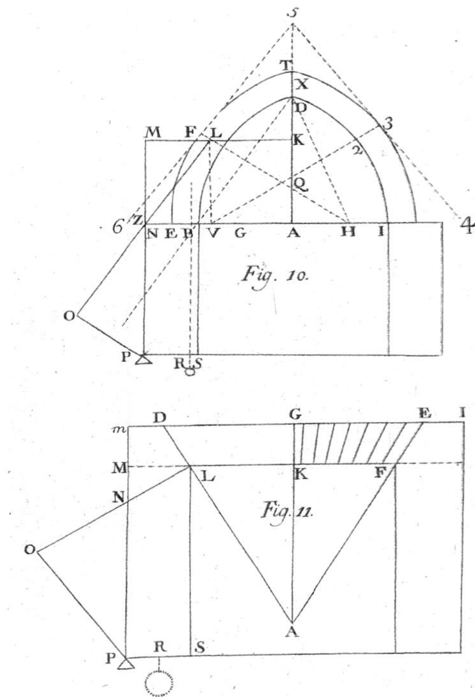

160 프란체스코 밀리치아(Francesco Milizia)의 아치 축조 설명, 『공공건축 법칙*Principj di architettura civile*』(1781)

공과 관련한 중요한 결정을 내리던 당시까지의 전통 방식에서 벗어나 과학적이고 합리적인 결정 기준을 마련했다.

넷째로 유형학 분류에서 사회 유형학이라는 새로운 개념을 정립했다. 건축을 경제, 과학, 공공 활동, 사적 영역 등에서의 일단의 사회 발전을 종합적으로 표현하는 매개로 정의했다. 이것은 사회와 연계된 하부 분야로 보겠다는 입장이었다. 공공적 유용성은 이때 가장 중요한 기준이었다. 이 기준에 따라 대학교, 도서관, 법원, 증권거래소, 조폐국, 은행, 도살장, 병원, 묘지 등 기능 유형을 다양하게 분류했다. 이런 기능을 낳은 사회적 다원화 현상은 곧 계몽주의의 대표적 산물이었다. 계몽주의의 결과로 사회가 다원화되면서 그 부산물로 건축의 기능 유형도 더불어 다양해졌다. 사회 유형학의 궁극적 목적은 공공성 개념의 함양이었다. 밀리치아는 새로운 기능 유형의 주인공으로 "공공의 이익에 대한 사랑으로 불타오르는 시민"을 들었다.

다섯째로 유형학에서 시민정신을 주장한 내용은 프랑스대혁명에 영향을 미쳤다. 디자인 측면에서 직접 영향을 끼친 것은 아니었지만 구조 기술과 오더 양식을 합한 새로운 가능성을 제시한 점은 프랑스 혁명기 건축의 중요한 정신적 밑바탕이 되었다. 시민이 중심이 된 자유사회를 주장하고 이것의 토대로 로마 고전주의의 실용 정신으로 무장한 기능적 공공건축을 예로 든 점에서 프랑스 혁명기 건축에 대한 도덕적 타당성을 제공한 것으로 평가할 수 있다. 특히 르두에 대한 영향은 비교적 직접적이고 큰 편이었다.

이상의 다섯 가지 내용 가운데 앞의 두 가지는 로돌리가 먼저 제시한 것이었다. 또는 로돌리 이전부터 건축에서는 전통적 이론으로 전해 내려오던 것이었다. 나머지 세 가지는 밀리치아만의 중요한 기여였다. 수학적 접근은 기하 작도 이론을 시공술에 접목한 점에서 새로운 것이었다. 사회 유형학은 19세기 기능 유형의 다양화로 이어지며 근대 도시건축의 기틀을 닦았다. 또 건축에 시민정신을 도입하여 혁명기 건축의 정신적 기초를 닦았다. 이상을 종합하면 밀리치아는 르돌리의 주장을 이어받아 그 위에 수학적, 사회적 해석을 통해 자신만의 이론을 만든 구조 합리주의의 한 축을 완성한 것으로 평가할 수 있다.

7장
공상과 감옥
-중앙 집중형

1 감시와 처벌

2 팬옵티콘과 아르케스낭 소금 공장

3 감옥과 숭고미

1 감시와 처벌

감시와 처벌 – 공장과 감옥(1)

18세기에 중앙 집중형은 공장과 감옥 건축에서 가장 활발하게 사용됐다. 이런 현상은 이전에 주로 교회와 주거에서 중앙 집중형이 사용된 것과 다른 양상이었다. 공장과 감옥은 새로운 기능 유형이었다. 물론 간단한 공방, 작업소, 가내 수산업 형태의 공장은 이전에도 있었지만 18세기의 공장은 기계화된 대단위 공장이라는 점에서 이런 것들과는 완전히 다른 유형이었다. 감옥도 마찬가지였다. 이전의 감옥은 외딴 섬 같은 곳에 외기에 노출된 형태로 지어졌다. 탈출이 불가능한 지형이었기 때문에 건축적 장치는 비교적 허술했다. 이것이 18세기에 들어와 도시 외곽, 심지어 시내에 정식 건물 형식을 갖춘 실내 공간으로 지어졌다.

161 베르나르 푸와예(Bernard Poyet), 프랑스 왕립 과학 아카데미(Academie Royale des Sciences) 추천 프로그램에 따른 병원 계획안

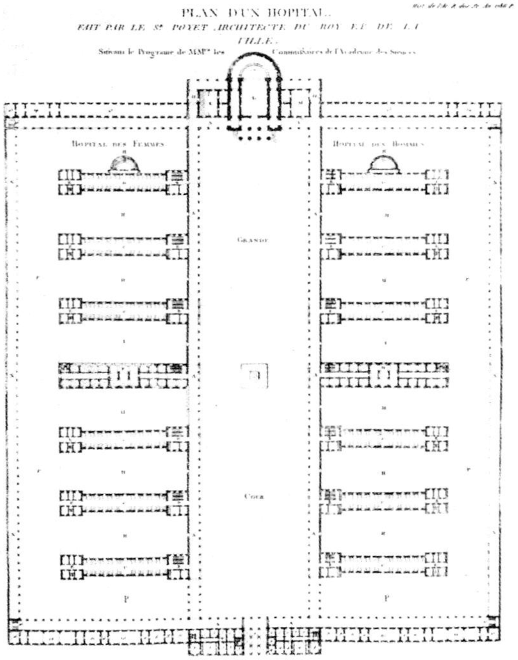

18세기의 공장과 감옥은 모두 '관리'라는 공동 기능을 필수적으로 갖추어야 했다. 관리는 감시와 처벌을 의미했다. 공장은 일을 잘하는지 감시하는 기능이 필요했고 감옥 역시 죄수들의 일거수일투족을 감시해야 했다. 이런 기능들을 가장 잘 만족시키는 구성 형식이 중앙 집중형이었다. 건물의 중심에 감독관이 자리하면 방사선 방향으로 360도를 돌아가며 건물 전체를 감시할 수 있었다. 시립 병원Hotel-Dieu과 종합 수용소Hospital Generale도 마찬가지였다. 계몽주의 때 이런 시설들은 현 개념의 의료시설이라기보다는 수용시설에 더 가까웠다. 부랑아나 정신병자를 수용하거나 감금 또는 교정하는 시설에 더 가까웠다. 이를 위해 공장이나 감옥과 동일한 중앙 감시 체계 및 이에 맞는 중앙 집중형 공간 구도가 필요했다(그림 12, 161)

관리와 결탁한 중앙 집중형의 출현은 집단화, 체계화된 대형 사회 혹은 대형 권력의 등장이라는 18세기만의 독특한 시대적 현상의 산물이었다. 넓게 보면 새로운 공업 기술과 축적된 막대한 부를 바탕으로 무역, 상업, 농업, 산업, 경제 등 각 분야에서 전반적인 대대적 변화가 일어났다. 좁게는 기존의 왕실, 기독교, 귀족의 기본 권력에 시민, 부르주아, 행정공무원 등 새로운 권력 계층이 가세했다. 르네상스 때 고대 로마의 시민정신이 인본주의의 구성 요소 가운데 하나로 부활한 이래 시민과 부르주아는 근대 초기 3세기를 거치며 꾸준히 성장했다.

이러한 현상은 18세기에 들어와서 더욱 가속화되었다. 그 바탕은 공업 기술의 발전에 있었다. 부르주아는 새로운 공업 기술을 이용하여 부를 축적하면서 다시 공업을 후원했다. 시민 계층은 현장에서 새르운 공업 기술의 발전을 이끌었다. 부가 축적되고 국제관계가 다원화되고 해외로 두드러지게 확장되면서 점차 국가가 커졌다. 효율적 행정관리가 필요했고 행정공무원도 전문성으로 무장한 새로운 권력 계층으로 등장했다. 권력 계층 및 그것을 지탱하는 물리적 인프라들이 복합적으로 다원화되면서 사회는 집단화, 체계화, 대형화되었다. 이전까지 개인들을 중심으로 운영되던 생산, 경제, 문화 등 모든 문명 활동과 개인들에 집중되어 있던 권리 등이 함께 집단화, 체계화, 대형화되었다.

피지배 계층도 다원화되었다. 기계화된 대형 공장이 나타나 노동자라는 새로운 피지배 계층이 등장했다. 기존의 농노에서 해방된 농촌의 유휴노동력, 가난한 농촌 인력, 사회하층민이 그 계층의 주를 이루었다. 사회가 집단화, 체계화, 대형화되면서 사회 부적격자라는 새로운 개념도 생겨났다. 광인, 걸인, 무노동자 등이 대표적 예였다. 노동자는 공장에서, 사회 부적격자는 감옥에서 각각 감시와 처벌과 관리를 받는 대상이 되었다.

지배 계층과 피지배 계층 모두가 다원화되면서 사회의 혼란을 방지하고 안정을 유지하기 위해 관리 기능의 필요성이 커져갔다. 기존의 전통사회보다 더 강한 전문화되고 세밀한 관리가 필요했다. 지배 계층과 피지배 계층이 같은 공간에서 생활하는 경우가 많아지고 그 시간이 길어지면서 더 직접적이고 체계화된 관리 방식이 필요했다. 이를 충족할 건축의 기능 유형이 태어났는데 감시와 처벌을 위한 중앙 집중형의 공장과 감옥이 가장 대표적인 예였다.

162 드니 디드로(Denis Diderot)의 『백과사전 *Encyclopedie*』에 실린 대장간 모습

공장의 감시는 일차적으로는 노동력을 효율적으로 관리하고 착취해서 생산을 늘리고자 했다(그림 162). 여기에 더해 공장에서 하루 종일 감시당한 노동자들에게 노예적 순종이 몸에 배도록 하여 공장을 나선 뒤에도 말썽을 일으키지 않도록 하려는 궁극적 목적도 있었다. 감옥을 도시로 들여온 것도 같은 목적에서였다. 범죄자를 바로 잡아 가둘 수 있기 때문이었다. 이것은 권력 계층이 그들의 부와 권력을 위협하는 것으로 간주하는 대상이 그만큼 많았다는 것을 의미하기도 한다.

사회 다원화와 새로운 지배질서 – 공장과 감옥(2)

르두의 아르케스낭 소금 공장 등 극히 일부 건물을 제외하고 공장과 감옥 등의 기능 유형은 최근까지 18세기 건축 연구 대상에 들지 못했다. 다른 시대와 마찬가지로 18세기 건축 연구도 고급 건물을 중심으로 진행되었고 공장과 감옥은 하급 건물로 분류했기 때문이다. 이러한 생각을 바꿔놓은 사람은 건축학자가 아닌 철학자인 미셸 푸코Michael Foucault였다. 푸코는 권력 개념을 새롭게 정의하면서 계몽주의에 대한 기존의 상식을 뒤집었다. 계몽주의 시대는 근대화의 기틀이 닦인 발전과 긍정의 시대가 아니라 이익의 극대화를 위한 근대적 착취 수단이 등장한 불운한 시대라고 주장했다. 푸코의 주장은 많은 파장을 불러왔다.

그의 영향 아래 하급 건축으로 간주되던 공장과 감옥은 새로운 연구 대상이 되었다.

18세기 공장과 감옥은 물리적 기준으로만 보면 그 이전 시대보다 향상된 것이 사실이었다. 공장의 면적과 높이는 넓고 높아졌고 채광과 환기 등의 환경도 좋아졌다. 감옥은 더욱 그러했다. 계몽주의 시대는 소위 근대적 교정 체계가 시작된 시기로 정의되며 이런 점에서 사회 부적응자의 인권 향상의 기초를 닦은 것으로 평가한다. 감옥 내 사망률은 이전의 전근대적 감옥에서보다 현저히 떨어졌으며 만기 출소자의 비율은 반대로 대폭 높아졌다. 계몽주의 당시 고급 건축을 담당하던 주요 건축가들은 대부분 공장, 감옥, 병원 등의 이상적 유형을 고민한 계획안들을 내놓았다(그림 163, 277)

이런 향상의 이면에는 노동력을 착취하기 위한 교묘한 탄압 구조가 숨어 있었다. 공장의 물리적 환경은 향상되었지만 평균 근무시간은 전보다 몇 배나 더 늘어났다. 이에 따라 산업 재해 발생률이 크게 늘어났고 시간당 임금은 훨씬 낮아졌다. 감옥에는 투옥자 수가 전보다 몇 배나 더 증가했다. 이전에는 감옥에 수용되는 대상은 대부분 정치범이거나 전쟁 포로였다. 그러나 18세기에는 일반 범죄자의 처벌 기준이 대폭 강화되면서 잡범들의 수가 크게 증가했다. 특히 감옥과 거의 같은 역할을 했던 병원에 잡혀 온 사람까지 합하면 더욱 그러했다. '광인'의 기준이 전 시대보다 매우 엄격해졌는데 하루에 열 몇 시간에

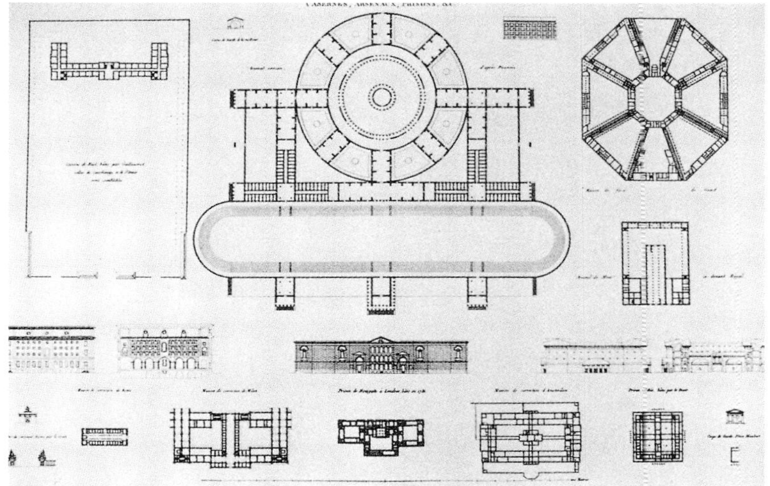

163 장 니콜라 루이 뒤랑(Jean Nicolas Louis Durand)의 병원 비교 연구

달하는 노동을 견뎌내지 못하는 사람은 '광인'으로 분류되었다. 광인을 국가의 공권력으로 감독, 관리, 치료하는 일도 18세기에 들어와 처음 생겼다.

공장의 향상된 물리적 환경은 더 많은 노동을 강요하기 위한 겉치레였다. 열악한 환경에서 노동시간을 갑자기 늘리면 노동 효율이 떨어질 뿐 아니라 사망자도 늘어날 위험이 있었기 때문에 이것을 막기 위한 최소한의 장치였다. 감옥과 정신병원도 마찬가지였다. 혹독한 노동을 견디지 못하는 사람들을 모아 교정을 하려는 의도였다. 한 장소에 오랜 시간 눌러앉아 고분고분 일하지 못하는 반항기를 지닌 사람들을 감옥으로 보내 말 잘 듣는 노동력으로 고쳐 쓰겠다는 의도였다. 정신이 산만해서 집중해서 일하지 못하는 사람은 정신병원에 보내 역시 일 잘하는 노동력으로 고쳐 쓰겠다는 것이었다.

계몽주의 때 홍수를 이룬 교육 기관의 설립과 도덕 이론의 등장은 이런 탄압 구도를 부추기며 뒷받침한 장치들이었다. 이전 시대의 교육은 개인과 개인의 관계로 이루어졌다. 비교적 자유로운 분위기 아래 비전秘傳 형식을 통해 개인에서 개인으로 가르침이 내려갔다. 교육 내용도 전문 분야 중심이되 인본주의 바탕을 위한 보편적인 종합 소양을 가르쳤다. 바로크 절대왕정을 거치면서 왕립아카데미 등 공권력이 세운 공공기관으로서 교육 기관이 처음 탄생했다. 18세기에 오면 국가가 관리하는 법제로서의 교육 기관이 일반인 교육에까지 퍼졌다. 교육은 집단화, 체계화되었고 체벌이 등장했다. 교육 내용도 국가, 왕실, 민족 중심의 특정 가치관을 주입하는 것이었다.

이렇게 주입되는 가치관 가운데는 도덕 이론도 중요한 위치를 차지했다. 도덕 이론은 한마디로 '열심히 일해서 더 많이 생산하여 국가 발전에 이바지하자'는 것이었으며 이를 위해 공권력을 통한 제재와 처벌의 정당성을 이론적으로 합리화했다. 몽테스키외의 『법의 정신*L'esprit des lois*』1748, 클로드아드리앵 엘베티우스Claude-Adrien Helvetius의 『정신에 관하여*De l'esprit*』1759, 체사레 베카리아Cesare Beccaria의 『범죄와 처벌에 관하여*Dei delitti e delle pene*』1767 등은 이를 대표하는 저서들이다.

이런 이론들에서는 노동 효율을 위한 순종과 근면, 성실을 도덕과 동의어로 제시했다. 국가가 교육 기관의 운영에 개입하면서 모든 국민을 가동 가능한 노동력으로 만들기 위해 강제성과 규범성을 대폭 강화했다. 이런 현상은 양면성을 띤다. 국가에서 기초 교육을 책임지는 혜택의 측면과 국민은 국가에 충성과 봉사를 해야 한다는 의무의 측면이었다. 충성과 봉사에는 생산 주체가 되어 노동력을 제공하는 일이 중요한 항목이었다. 도덕 이론은 이것을 신성한 의무로 가르쳤다. 교육 기관은 물리적, 행정적 법제였고 도덕 이론은 정신적, 관습적 풍토였다.

2 팬옵티콘과 아르케스낭 소금 공장

벤담, 공리주의, 팬옵티콘

공장과 감옥을 통한 노동력의 효율적 관리를 주창하고 뒷받침하며 발전한 계몽주의 사상으로는 제러미 벤담Jeremy Bantham, 1748~1832의 공리주의Utilitarianism를 들 수 있다. 그는 위의 도덕 이론들의 영향을 받아 『정부에 관한 단장Fragment on Government』1776을 저술했다. 그는 인간의 본성과 마음을 과학적으로 분석해서 정량화할 수 있다고 믿었다. 이것은 곧 인간의 정신을 숫자를 통해 객관화할 수 있다는 믿음이었다. 이런 믿음은 여러 단계의 목적을 갖는 것으로 볼 수 있다. 첫째는 게으름뱅이, 걸인, 광인 등 저효율 노동력이나 사회 부적응자를 분류해내기 위한 것이다. 둘째는 이들을 훈련, 교육, 체벌 등으로 교정하여 높은 노동 효율을 지닌 모범적 정상인으로 만들기 위한 것이다. 셋째는 궁극적으로 풍요로운 물질이 넘쳐나는 유토피아를 만들기 위한 것이다.

벤담은 물질적인 유토피아를 완성하는 수단으로 '법과 교육'을 예로 들었다. 법의 측면에서는 도덕과 사회규범 등을 엄격하게 집행하고 감시와 처벌을 강화하여 개인을 통제하여 생산 효율을 극대화해야 한다고 주장했다. 국가는 이에 대한 보답으로 공중위생, 보건, 치안, 방범 등의 공공 책임을 졌다. 그는 이런 식의 공공질서와 물질 풍요가 결국 개인의 행복과 자유를 가장 확실하게 보장할 수 있다고 믿었다. 이를 위해 누구보다도 법에 대해 활발히 연구했다. 형법, 민법, 헌법 등 여러 단계의 법체계를 노동과 관련해서 세밀하게 다듬었다. 법 정신의 철학 배경은 물론이고 법전의 실제 문구와 집행과 같은 실용적 내용에 이르기까지 폭넓게 연구했다.

교육 측면에서는 실용 중심의 새로운 교과과정을 창시했다. 이전의 교육은 상류층을 대상으로 고전, 인문학, 예술, 정치학, 군사학 등 국가를 통치하는 고급 학문을 중심으로 했다. 벤담은 생산 현장에 투입되는 노동자들을 대상으로 '크리스토매틱 데이 스쿨Chrestomatic day school=주간 사립 통학 학교'이라는 새로운 학교를 세웠다. 여기에서는 생산 현장에서 바로 쓸 수 있는 실용 기술과 지식을 가르쳤다. 그는 이상과 같은 일련의 작동 체제를 의미하는 '공리다운utilitarian'이라는 단어를 1782년에 만들어내면서 자신의 사상을 완성했다.

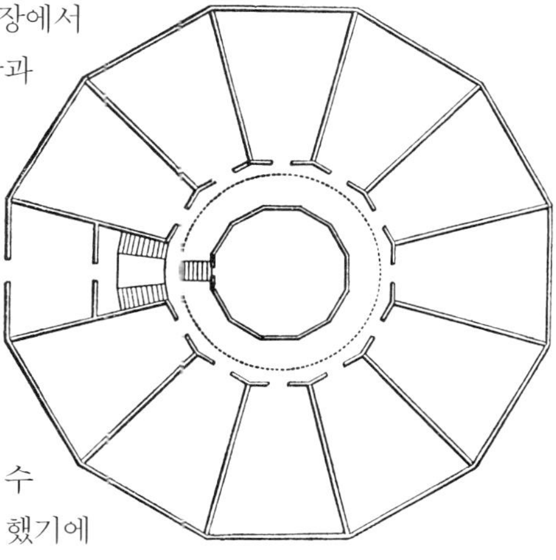

벤담은 자신의 사상을 뒷받침하는 공간 형태로 '팬옵티콘panopticon'을 제안했다(그림 164). 계몽주의 시대에 맞는 감옥의 이상적 공간 유형이었다. 구체적 구성은 감독관이 개인의 행동과 상태를 감시하기에 가장 적합한 중앙 집중형으로 나타냈다. 건물 중앙에 실내를 360도 돌아가며 훤히 볼 수 있는 방을 만들어 그 속에서 가장 효율적으로 감시할 수 있도록 한 공간이었다. 시선을 가로막는 장애물이 없어야 했기에 공간 구성은 중앙의 감독관 방과 나머지의 두 부분만으로 간단명료하게 이루어졌다.

164 제러미 벤담(Jeremy Bantham), 팬옵티콘 감옥(Panopticon Prison), 1797

효율적인 교정을 위해 건물 중심부에 감독관의 방이 아니라 예배당을 두기도 했다. 이것 역시 벤담이 착안한 것이었다. 예배당에서는 일요일에 예배를 드릴 수 있었으며 음악회를 열기도 했다. 팬옵티콘은 감옥뿐 아니라 공장, 병원, 정신병원, 수용시설 등 감시가 필요한 여러 건물들에 적합한 공간 유형이었으며, 특히 공장에 가장 잘 맞았다. 감독관 방은 감시를 돕기 위해 2층으로 만들어지기도 했다. 나머지 공간에는 감시를 받는 대상을 놓았다. 공장에는 기계와 노동자, 감옥에는 감방과 죄수, 정신병원에는 병동과 환자가 위치했다.

팬옵티콘은 벤담이 1778년에 통과된 중노동 법안Hard Labor Bill에 반대해서 제안한 것이었기 때문에 그 의도가 무엇인지는 자명했다. 중노동을 금지하는 법안이 통과되자 이것이 생산성을 급격히 떨어트릴 것이라 비난하며 그 반대로 노동 효율을 높이기 위한 감시형 공간 유형을 제안한 것이었다. 그는 건축가가 아니었기 때문에 실제로 팬옵티콘을 짓지는 않았다. 그러나 그는 건축의 '도덕적 효과'에 대해 강한 확신이 있었다. 그는 건축을 통해 "도덕이 향상되고 보건이 증진되고 산업이 활성화되고 교육이 확산되고, 공공부담은 경감되어 경제가 반석 위에 오를 것"이라고 주장했다.

공리주의자들은 이 모든 것을 가능하게 해주는 건축적 기능을 '도덕다운moral'이라고 불렀다. 구체적 예로 수용소를 '도덕다운 건축', 감옥을 '도덕다운 기하학', 소년원을 '도덕다운 공간', 병원을 '도덕다운 우주'라고 불렀으며 '기계 개념의 학교'를 제창했다. 감시를 위한 공간 유형이었던 팬옵티콘은 이 모든 것의 중심에 있었다. 벤담은 자신이 제안한 팬옵티콘을 "건달을 정직하게, 게으름뱅이를 근면하게 만드는 공장"이라는 말로 자화자찬했다. 팬옵티콘은 18세기에 지어진 공장, 감옥, 병원, 정신병원, 수용시설 등에 적잖은 영향을 끼쳤다.

감시 망루와 원시 거석 고전주의-아르케스낭 왕립 소금 공장

현재 남아 있는 18세기 고급 건축가의 작품 가운데 팬옵티콘의 영향을 가장 잘 보여주는 공장의 예로 르두Ledoux의 아르케스낭 왕립 소금 공장Saline Royale, Arc-et-Senans, 1775~79을 들 수 있다. 이 작품은 단일 건물이 아닌 복합 단지였지만 팬옵티콘의 구성을 잘 따랐다. 전체 윤곽은 원형으로 처리해서 중앙 집중형의 표준형을 따랐다. 경계부를 내곡면과 외곡면의 두 겹으로 처리해서 방어의 이미지를 높였다. 출입구는 한 쪽에만 냈다. 출입구를 간수실Batiment des Gardes 혹은 위병소라 이름 붙인 데서 알 수 있듯이 단지의 기본 개념을 감옥이나 군대처럼 단절이 심한 통제 감시형 공간으로 삼았음을 알 수 있다. 주위 환경과 확실하게 경계를 지어 공권력의 권위를 방어의 이미지로 번안했다.

165 클로드 니콜라 르두(Claude Nicolas Ledoux), 아르케스낭 왕립 소금 공장(Saline Royale, Arc-et-Senans), 아르케스낭, 프랑스, 1775~79

166 클로드 니콜라 르두(Claude Nicolas Ledoux), 아르케스낭 왕립 소금 공장(Saline Royale, Arc-et-Senans), 아르케스낭, 프랑스, 1775~79

정중앙에는 감독관 건물이 있었다. 원호의 내곡면에는 장제소裝蹄所가

아홉 채 돌아가며 원형 윤곽을 에워쌌다. 외곽면에는 군데군데 마구간이 있었다. 감독관 건물 옆에는 부감독관 건물이 있었다(그림 165, 166). 감독관 건물에서는 공장의 전경이 한눈에 들어왔다. 주변의 감시 대상 건물들보다 높아서 감시에 유리했다. 본체가 두 층이었으며 높은 지붕 위에 감시용 망루를 하나 더 세워 총 5층 높이였다. 이곳에 오르면 더욱 효율적으로 감시할 수 있었다. 이런 구성은 강력한 중앙 집중 구성을 만들어내며 공권력을 접근 불가능한 대상으로 느끼게 했다.

167 클로드 니콜라 르두(Claude Nicolas Ledoux). 아르케스낭 왕립 소금 공장(Saline Royale, Arc-et-Senans), 아르케스낭, 프랑스, 1775~79

단일 건물이 아닌 복합 단지였기 때문에 감독관이 장제소의 실내를 직접 감시할 수 없는 문제가 있었다. 이 문제는 건물의 위계를 통한 심리적 견제로 처리했다. 감독관 건물을 더 웅장하게 하여 노동자들에게 복종심을 불러일으키자는 것이었다. 건물의 위계는 '감독관 건물－간수실－부감독관 건물－장제소'의 순서로 정했다. 위계는 고전 어휘와 돌 처리로 표현했다. 고전 어휘는 등급에 따라 차별적으로 사용했다. 돌 처리는 거친 원시적 이미지를 활용했다.

감독관 건물은 가장 위계가 높았기 때문에 신전 파사드로 처리했다. 2층 높이의 오더 여섯 개가 건물 전면을 담당했다. 정사각형에 가까운 비례로 정형적 권위를 확보했다. 지붕도 바로크 시대 때 왕궁에 쓰던 망사르드지붕으로 처리했다. 오더에는 블록을 끼워 강인한 인상을 만들어 감독관의 권위를 높였다(그림 167). 간수실은 관둔답게 아테네 아크로폴리스의 프로필라이온propylaeon=propylaeum 유형으로 처리했다. 정면을 여섯 개의 오더로 막았으며 양옆에 한 개씩 오더를 더해 출입문에 볼륨감을 주었다. 오더는 이 두 건물에만 있었다.

168 클로드 니콜라 르두(Claude Nicolas Ledoux). 아르케스낭 왕립 소금 공장(Saline Royale, Arc-et-Senans), 아르케스낭, 프랑스, 1775~79

부감독관 건물과 장제소는 아치를 주 모티프로 사용했다. 부감독관 건물은 옆으로 넓적한 신전 파사드를 세 개의 아치로 나누었다(그림 168). 아치의 높이는 1층에 그쳤으며 지붕은 평지붕으로 넓게 처리했다. 장제소는 프랑스의 전통적인 삼분법으로 분절했다. 중앙부는 신전 파사드를 단순하게 처리한 뒤 큰

아치 하나로 막아 최소한의 권위를 지켰다. 망사르드지붕을 더한 것도 같은 목적이었다. 반면 측동 두 개는 시골 농가나 헛간의 이미지로 처리했다. 이런 처리는 장제소의 현실적 위치를 알려주는 상징 기능을 했다. 감독관 건물과 면하는 중앙 출입구에는 고전적 권위를 주었지만 노동자들이 작업하는 측동 쪽은 고전적 위계가 없는 농가나 헛간 이미지로 처리했다.

돌 처리 방식도 비슷했다. 감독관 건물은 주신에 블록을 끼워 돌로써 원시적 힘을 표현했다. 각진 덩어리감과 이것이 만드는 음영, 다시 이것들이 합쳐져 나타나는 강한 인상은 감독관의 권력에 힘을 실어주었다. 간수실에서는 오더에 블록을 끼우지 않았지만 오더 열 뒷면 벽체를 강한 혹두기로 처리했고 그 옆에는 소금 바위를 흉내 낸 돌조각을 더했다. 이렇게 돌의 거친 처리를 통해 고대 거석문화의 이미지를 주었다. 두 건물에 사용한 오더의 종류는 이런 분위기를 강화했다. 감독관 건물에는 토스카나식 오더, 간수실에는 도리스식 오더를 사용했다. 두 유형 모두 남성적 힘을 상징하는 양식이었다.

부감독관 건물과 장제소에서는 아치의 홍예돌 나누기를 활용한 혹두기를 사용했다. 로마 고전주의에서 아치는 실용 인프라 기술로 시작되었다. 혹두기는 오더의 심미성과 대비되어 조적 축조술을 상징했다. 이런 상징적 배경은 이 건물들의 공리적 목적과 부합했다. 이상을 종합하면 이 건물에 쓰인 고전은 고대 거석문화 고전이었다. 돌의 원시성과 고대 거석문화의 전제적 이미지를 통해 중앙 통제소의 권위를 강하게 표현했다. 감독관 건물의 높이가 만들어내는 공권력의 권위를 미학적으로 증명해 보이는 역할을 하면서 중앙 집중형 구성의 통제 기능을 도왔다.

감옥과 숭고미 3

감옥, 공포, 숭고미

계몽주의의 '계몽' 개념에서는 근대적 교도 행정의 의미가 중요한 위치를 차지했다. 18세기에는 중세 이래 계속되어온 전통적 교도 방식에 종지부를 찍고 새로운 시대에 맞는 교도 행정을 찾는 여러 가지 논의가 있었다. 왕당파들 가운데서도 디드로Diderot 같은 사람은 감옥을 근대 다움이 결여된 중세의 산물로 봤다. 이것을 개선하는 길은 여기에서 아예 벗어나는 것이라며 감옥이라는 시설 자체에 반대했다. 반면 공리주의자들은 감옥 시설의 물리적 환경을 개선하면 많은 사람을 교화할 수 있다고 믿었다. 감옥보다 신변 억압의 정도가 조금 약한 종합 수용소를 개발한 것도 이때였다. 종합 수용소에는 경범죄자, 부랑아, 걸인, 광인 등을 수용했다. 실내의 위생 환경을 개선한 상태에서 이들을 교육하고 일도 시켜서 새로운 노동력으로 만들어 내보내는 것이 계몽주의의 핵심 개념 가운데 하나였다.

계몽주의 당시 새로운 감옥 유형을 찾으려는 논의는 이전 시대 감옥의 열악한 환경에 대한 비판에서 시작했다. 이전에는 감옥을 탈출을 방지하기 위해 대부분 외딴섬, 지하실, 동굴 등에 두어 요새나 성채의 유형으로 만들었다. 이 때문에 환기, 통풍, 채광 등 자연환경이 매우 열악했다. 수감 형식도 쇠사슬로 발이나 손을 묶은 채 독방에 넣는 것이 보통이었다. 식사, 의복, 의약품 등 기초 용품의 배급도 생존을 위협할 정도로 열악했으며 교도관의 고문과 탄압도 종종 있었다. 상하수도와 정화조 등 기본 위생시설은 거의 없었다고 보면 된다. 이 때문에 전통 감옥에는 한 번 들어가면 살아나오지 못하는 것으로 알고 있었다. 계몽주의자들은 이런 상태를 중세 기독교나 초기 근대 절대왕정의 산물이라며 혁명 정신과 연계해서 비판했다.

대안은 두 방향으로 전개되었다. 하나는 교도 행정의 전문화였다. 이를 위해 범죄 유형부터 종류별로 세분했다. 범죄의 유형 분류는 벤담의 중요한 학문적 업적이었다. 범죄 유형에 맞춰 교도 행정을 달리하기 위해서였다. 쇠사슬을 풀고 개인 체벌을 금했다. 전문화는 범죄 유형에 따라 교정을 달리하여 효율을 높이려는 목적도 있었지만 감시 기술을 향상하려는 의도도 들어 있었다. 이런 것들은 물론 범죄자를 고쳐서 다시 쓰겠다는 의도였다. 몽테스키외나 볼테르가 자신들의 계몽주의 사상에서 천명한 바와 같이 "평화에 의해 폭력을 동력과 연결하여 축복받은 기계"로 만들고자 함이었다.

다른 하나는 감옥시설의 물리적 환경을 개선하는 일이었다. 위에 열거한 전통 감옥의 열악한 환경을 위생적으로 개선했다. 18세기에 새로 만들어진 감옥 유형인 종합 수용소가 이런 새로운 변화를 이끌었다. 감옥 환경의 개선을 계몽주의 시대의 과학 발전, 산업 발전, 공공정신의 형성, 시민권의 성장, 도덕의 증대, 정부 조직의 효율화 등과 동의어로 취급했다. 개선된 감옥에서 전문화된 교정을 받아 범죄자들도 공공이익을 위해 일할 수 있는 모범 시민으로 다시 태어날 수 있다고 믿었다. 이렇게 각 분야의 발전과 개선을 모두 모아서 빈곤에서 벗어나 풍요로운 물질사회를 이루고자 했다.

이상의 새로운 내용은 교도 행정을 개인 차원에서 집단 차원으로 바꾼 것이었다. 감옥을 관리 운영하는 주체도 국가 공권력으로 한정했다. 체벌은 확실한 기준을 두고 정해진 항목에 따라 가했다. 교정 내용도 집단적인 노동 훈련과 도덕 교육이었다. 수감자들 사이의 개인적 접촉도 가급적 줄이고 대부분의 일과를 집단 교육과 교정으로 짰다. 기존의 강제수용소는 오히려 범죄를 키운다는 생각에서였다. 일과표를 짜서 시간표에 따른 엄격한 단체생활을 강요했다. 팬옵티콘은 이에 가장 적합한 공간 유형이었다. 일종의 계몽주의다운 집단 통제 교육형 교정 모델이었다.

프랑스에서도 감옥은 중요한 건축적 관심사였다. 계몽주의 프랑스 감옥을 영국 감옥과 비교하면 공통점과 차이점이 동시에 있었다. 자크 프랑수아 블롱델은 감옥을 '공포스러운 건축architecture terrible' 항목 아래 분류하며 그 특징으로 "벽의 깊은 함몰과 강한 돌출, 높고 두꺼운 벽체 및 이것이 만들어내는 긴 음영" 등을 들었다. 영국에서 제시한 숭고미와 유사한 개념이었지만 블롱델은 이런 특징들을 숭고미보다는 '장경주의' 개념으로 정의했다.

169 에티엔 루이 불레(Etienne Louis Boullee), 법원(Palais de Justice)

불레Boullee와 르두Ledoux는 몇 개의 감옥 계획안을 남겼다. 이 안들은 영국의 바로크 분위기와 달리 추상 매스 중심의 미니멀리즘 분위기가 강했다. 창을 작게 낸 것까지는 영국과 비슷했다. 그러나 그 목적이 영국처럼 감금 분위기를 암시하기 위한 것은 아니었다(그림 265). 공간 구성도 불레는 영국의 팬옵티콘 유형보다는 법원 옆에 나란히 두는 방식을 택했다(그림 169). 법원 건물로 감옥을 제압한다는 개념이었다. 프랑스다운 중앙 집중식 통제 방식이었다. 반면 르두는 둘을 분리하여 죄의 개념을 확실하게 부각했다.

불레의 안은 외관 분위기가 영국의 숭고미에 가까웠다. 이것은 불레 건축의 일반적인 특징이기도 했다. 불레의 숭고미는 영국처럼 공포감을 불러일으키려는 것이기보다는 순수미학적인 성격이 더 강했다. 단순 기하 형태의 거석 구조에 검은 구름과 강한 햇빛을 더한 그의 전형적 경향이었다. 이것이 일정한 억압적 성격을 띤 것은 사실이었지만 영국처럼 공리성에 기초한 확실한 교정 목적과는 거리가 있었다. 그보다는 혁명기라는 거대한 역사의 흐름 앞에 내던져진 인간 존재의 무력함을 감옥의 '패배적 공간 분위기'에 맞춘 것이었다.

피라네시, 댄스 2세(1), 뉴게이트 감옥(1)

벤담은 이런 논리를 강요하기 위해 팬옵티콘에 절묘한 심미 장치를 더했다. 공포감terror이 드는 실내 분위기였다. 피라네시Piranesi의 '감옥소carceri' 시리즈 판화에 나타난 실내 분위기는 이를 잘 보여준다(그림 170). 공포감이란 폭력에 따른 억압과 강요의 분위기를 내포했다. 말을 안 들을 때는 가차 없이 물리적 체벌을 가할 수 있다는 강한 암시였다. 벤담은 이런 분위기를 직접 표현하지 않고 '숭고미the Sublime'라는 심

170 조반니 바티스타 피라네시(Giovanni Battista Piranesi), 감옥소(carceri)

미 상태의 하나로 바꿔서 표현했다. 감옥의 물리적 환경을 개선해서 수감자가 건강을 회복하도록 하되 공포와 억압의 분위기는 미학 개념이나 실내 공간 분위기로 계속 작용하게 했다. 수감자들은 깨끗해진 위생 환경에 감사하며 공포 분위기에 길들여졌다. 범죄자들은 말 잘 듣는 노동력으로 교정되었다.

벤담은 실내에 숭고미를 가급적 많이 주기 위한 장치들을 고안했다. 상하수도, 환기, 통풍, 난방 등 실내 환경 전반을 개선했지만 유독 채광만 제한한 것이 핵심이었다. 음침한 분위기gloom는 공포감을 유발할 것이고 이를 통해 자기반성을 많이 하게 만들려는 목적이었다. 실내는 때때로 뿌연 안개로 가득 찼다. 안개는 일부러 만들기도 했고 물을 사용하는 일을 하다 보면 자연스럽게 생기기도 했다. 혹은 창이 없는 두꺼운 돌 구조물 속에서 자연 발생적으로 생긴 것이기도 했다.

그 다음은 침묵을 더했다. 침묵은 빛이 부족한 음침한 분위기의 공포감을 배가했다. 중범들의 옥사는 본동에서 분리하여 별동으로 두어 침묵을 극대화했다. 건축적 처리도 더했다. 공간은 상호 관입하도록 만들었다. 순수 디자인의 관점에서 보면 피라네시의 판화에 나타난 공간은 근대다운 복합 공간의 시발점으로 평가할 수 있다. 그러나 조도 대비가 극도로 억제된 어두침침한 간접 광이 지배하는 실내를 오래되고 낡은 여러 겹의 조적 벽체가 중첩, 관입하면서 만들어내는 공간은 우울함 그 자체였다.

이상과 같이 피라네시의 판화는 주로 감옥의 실내 분위기를 표현했다. 벤담과 감옥 개혁자들은 감옥소의 외관을 처리하는 건축적 지침까지 만들었다. 출입구에는 늑대와 여우를 쇠사슬로 묶고 채찍질을 가하는 그림을 장식으로 사용하여 억압, 감금, 체벌의 이미지를 강화했다. 창은 유리 대신 쇠창살로 만들어서 감금의 메시지 전달을 극대화했다.

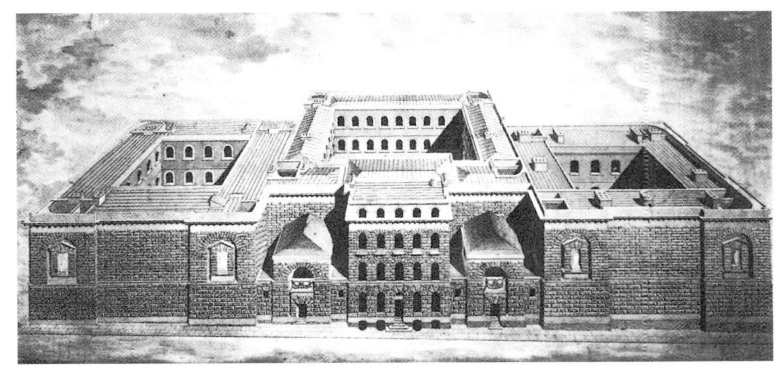

171 조지 댄스 2세(George Dance II), 뉴게이트 감옥(Newgate Prison), 런던, 1768~85, 철거

특히 가로를 면한 창을 이렇게 처리하여 수감자뿐 아니라 감옥소 앞을 오가는 일반인들에게도 "자유로울 때 열심히 일하지 않거나 폭력을 쓰면 누구나 이런 감금의 공간에 가둘 것이다"라는 암시를 확실하게 주었다. 여기에 머물지 않고 정기적으로 시민들을 감옥에 방문하게 하여 예방 효과를 확실히 했다.

외관을 보여주는 대표적 예로 댄스 2세의 런던 뉴게이트 감옥Newgate Prison, 1768~85, 철거을 들 수 있다. 건물 외관의 전체 이미지는 중세의 요새형이었다(그림 171). 단단한 석재 축조다움이 돋보이는 완강한 방어형 건물이었다. 찰스 디킨스Charles Dickens의 표현대로 "들어가기는 쉽지만 나오는 것은 매우 어려워 보이는" 인상이었다. 감옥의 공간적 특징을 건축적 이미지로 번안한 것으로는 가장 적합한 것이었다. 전체 구성은 삼분법을 세 번 적용한 9분법으로 처리했다. 중앙부는 간수실과 출입구로 된 삼분법으로 구성했다. 출입구는 삼분법 가운데 양옆의 작은 매스에 할당했다. 간수실은 3층의 팔라초 형식이었지만 아치와 혹두기만으로 처리해서 무표정하고 엄격한 간수의 이미지를 부여했다.

중앙부 양옆의 측동은 옥사였다. 옥사는 창이 하나도 없이 건물의 전면을 거친 혹두기로 처리해서 강한 방어 이미지를 주었다. 각 측동을 삼분법으로 처리해서 양옆에 창을 두었지만 실제 개구부가 없는 블라인드 창문이었다. 창틀과 상인방은 거친 혹두기로 쌓은 신전 파사드 소품으로 처리하고 그 밖을 아치로 한 겹 더 쌌다. 이런 처리는 매너리즘 건축가인 줄리오 로마노Giulio Romano가 즐겨 썼으며 바로크 건축가들에게 이어졌다. 매너리즘과 바로크 어휘는 간수실과 출입구에도 유사하게 쓰였다. 이렇게 보았을 때 이 건물은 '중세-매너리즘-바로크'로

이어지는 비정형 어휘를 모아놓은 것이었다. 이 어휘들은 줄리오 로마노의 어휘를 중심으로 '부조화dissonance'의 분위기를 만들었다. 매너리즘과 바로크의 미학 개념이었던 부조화는 중세 이미지와 만나 낭만주의의 공포 미학으로 변모했다.

옥사의 내부는 중정이 있는 'ㅁ'자형 구성이었다. 중정은 세 개였고 이 주위로 다시 세 개의 옥사가 에워쌌다. 세 옥사에는 남성 채무 범죄자, 여성 채무 범죄자, 여성 중범을 수감했다. 공리주의자들이 연구한 범죄 유형 분류 및 그에 따른 교정의 전문화를 적용한 구성이었다. 채광은 중정을 통해 들어오는 간접 광뿐이었다. 댄스 2세는 이 건물의 실내 모습에 대해서는 자료를 남기지 않았지만 숭고미를 통한 공포 분위기에 근접했을 것으로 추측된다. 그가 로마에 머무는 동안 피라네시와 교류한 사실은 이런 추측을 뒷받침한다. 이 건물은 계획안에 머물렀지만 계몽주의 영국 감옥의 표준형으로 꼽히면서 헤어포드hereford, 킹스 린King's Lynn, 더블린 등 다른 도시들의 감옥에 적용되었다. 댄스 2세는 또 다른 감옥 건물로 채무자 수용소였던 런던 길츠퍼 스트리트 콤프터Giltspur Street Compter, 1987~89를 남겼다.

8장 낭만주의 (1730~1830)

1 연상주의, 픽처레스크, 숭고미

2 정원 속 신전과 농가운동

3 고딕 리바이벌

4 호러스 월폴과 제임스 와이엇

1 연상주의, 픽처레스크, 숭고미

자연 해석과 연상주의

낭만주의는 합리주의와 함께 18세기가 낳은 서양문명 최대의 업적이었다. 낭만주의는 미학, 철학, 신학 등을 바탕으로 회화와 문학에서 가장 융성하게 일어난 예술운동이었다. 낭만주의는 자연과 감성을 두 가지 기본 축으로 삼았다. 자연이 사람의 마음속에 유발하는 감성을 가장 기본적이고 핵심적인 예술 소재로 삼는다는 의미였다. 이런 기본 입장은 건축과는 어울리기 힘든 면이 많았다. 건축은 물리적 실체의 인공 구조물을 다루는 장르이기 때문에 자연 상태나 눈에 보이지 않는 마음속 감정을 해석해서 표현하는 일은 쉽지 않기 때문이다. 이 때문에 낭만주의 건축운동은 매우 제한적으로 시도되었다. 다른 장르와 마찬가지로 자연 해석에서 출발한 연상주의 및 여기에서 찾아낸 픽처레스크와 숭고미를 기본 바탕으로 삼았으며 구체적 결과는 원시주의, 정원 속 신전, 농가운동, 중국풍, 고딕리바이벌 등으로 나타났다. 건축에서는 낭만주의로 직접 발전하기 어려운 장르 특성 때문에 고전주의와 결합한 낭만적 고전주의가 더 융성했다.

연상주의associationism는 원인이 되는 요소와 이것이 유발하는 결과 사이의 관계를 연구하는 학문이다. 좁은 의미로는 사물 현상을 원인 요인과 결과 사이의 관계로 보려는 입장이다. 연상주의는 20세기 이후 자극과 반응 같은 생리 현상을 연구하는 데 가장 활발히 활용되고 있지만 그 출발점은 18세기 낭만주의의 자연 해석이었다. 주관적 경험주의를 공통 바탕으로 갖는 일단의 영국 사상가들은 자연 해석의 한 방식으로 자연을 바라보았을 때 사람이 느끼는 감각과 마음속에서 발생하는 감성을 연구했다.

연상주의 개념은 섀프츠베리=Anthony Ashley Cooper, 앤서니 애슐리 쿠퍼, 1671~1713의 자연 해석에서 기초가 잡혔다. 그는 형식과 각색이 단독으로 작동하거나 지나치게 과도한 경우 모두를 경계하며 둘 사이의 통합을 주장했다. 이것의 모범으로 자연을 들었으며 이렇게 통합된 상태를 도덕성의 한 형태로 보았다. 그는 자연의 모범이 제시하는 도덕성을 인간 활동의 모든 분야에 적용했다. 예술도 대표적인 분야였다. 예술은 단순한 감각 작용도 선험적 형식의 관습적 반복도 아니라고 주장했다. 감각 작용은 심미 작용the beautifying의 과정으로, 선험적 형식은 심미 결과beautified로 각각 정의하며 진정한 예술은 이 둘이 통합된 심미 상태beauty라고 주장했다.

섀프츠베리는 이런 예술 개념의 모범적 예로 자연의 상태를 들었다. 자연의 외관만 모방해서는 안 되며 그 뒤에 숨은 구성 법칙과 작동 원리를 배울 것을 주장했다. 외관만 모방하면 미추의 판단 기준에 얽매여서 감각이나 형식의 어느 한쪽에 치우치게 된다고 했다. 자연에서 배워야 하는 것은 스스로의 판단 기준과 교정 기능을 갖는 자기 완결 체계라고 했다. 이것은 유기성의 기본 개념으로 픽처레스크 개념의 바탕이 되었다. 또 자연이 지닌 의외성, 놀라움, 경이로움 등의 매력을 인정했는데 이것은 숭고미의 기본 개념에 해당했다.

섀프츠베리의 개념은 프랜시스 허치슨Francis Hutcheson, 1694~1746과 아치볼드 앨리슨Archibald Alison, 1757~1839으로 이어졌다. 허치슨은 관념과 감각의 관계에 주목했다. 모든 지식은 기본 관념으로 환원할 수 있는데 이런 관념들은 감각 작용에 따라 작동하는 것으로 보았다. 허치슨이 한 중요한 기여는 내적 감각internal sense에 따른 회상reflection 개념을 도입한 것이었다. 이 개념은 다섯 가지의 감각 분류로 발전했다. 외적 감각, 미적 혹은 쾌락적 감각, 공공 감각, 도덕적 감각, 명예 감각이었다. 이런 감각들은 관념을 유발하는데, 예를 들어 미적 감각은 질서, 조화, 규칙 등의 관념을 유발한다고 보았다.

이런 기본 개념 위에 허치슨은 자연과 예술을 동급으로 놓고 이 둘에서 파생하는 즐거움을 외적 감각이 유발하는 관념과 동일한 차원에서 정의하려 했다. 더 나아가 궁극적으로 미적 감각은 지각 대상의 속성과 직접적 관계를 맺는다고 주장했다. 그리고 그런 속성으로 질서, 조화, 규칙 등을 들었다. 한마디로 사람은 질서, 조화, 규칙 등의 속성을 지닌 대상을 지각했을 때 마음속에 미적 감각을 느끼며 이것은 즐거운 감각이 된다는 것이었다. 이런 생각은 로크에서 시작된 영국의 전형적인 경험주의에 뿌리를 두었다. 나아가 연상주의를 최초로 정의한 중요성을 갖는다.

엘리슨은 허치슨의 주장을 극단화하여 연상주의를 완성했다. 엘리슨은 심미 작용에서 대상과 관념의 개념을 제외했다. 심미 작용을 대상이 유발하는 관념이 개입하기 전의 첫 느낌이라는 의미로서 순수한 감성의 상태로 본 것이다. 사람들은 대상에 내재된 '감각적 특질'을 지각하는 순간 즉각적으로 마음속에 감성이 일어난다는 주장이었다. 관념을 제거한 대상과 사람 사이의 이런 즉각적 감성 작용은 연상주의의 핵심 내용을 이루었다. 이런 주장은 예술에서 버거운 '관념'이라는 중간 고리를 제거하여 자연을 보고 느끼는 감성을 즉각 예술운동으로 투입할 수 있는 근거를 제공했다.

픽처레스크(1) - 회화다움과 자연미

픽처레스크의 원래 의미는 말 그대로 '그림답다'는 것으로, 17세기 후반 이탈리아 회화에서 이런 화풍을 나타내는 화가들의 그림을 지칭하는 말로 처음 사용되기 시작했다. 이후 1730년에서 1830년 사이에 영국에서 자연 해석과 관련한 미학 사상으로 발전했고 낭만주의의 기본 개념 또는 가치가 되었다. 영국 미학에서 픽처레스크는 "자연의 풍경 가운데 회화답게 표현하기에 적합한 상태"라는 의미였다. 이것은 낭만주의 회화 가운데서도 풍경화의 기본 개념인 풍경주의를 추구한 것이었다. 자연 경치 가운데 풍경화의 직접 대상이 되는 수목, 바위, 물, 구름, 빛 등의 조형성을 의미하는 것으로 비정형, 비대칭, 비인공성, 다양성 등이 구체적 내용이었다. 나아가 이런 상태가 사람들 마음속에 유발하는 순수한 원시성과 시적 감흥 등의 감성 상태를 의미했다.

영국 낭만주의 미학 사상으로서 픽처레스크는 18세기 초부터 사용되기 시작했다. 이후 1790년대까지 여러 사상가들과 이론가들이 꾸준히 사용하면서 점차 그 개념의 틀이 잡혀갔다. 이 과정에서 회화, 조경, 건축, 문학 등 낭만주의 예술운동이 이 개념을 차용하면서 이론과 서로 영향을 주고받으며 보완 작용을 했다. 또는 여행과 관련된 개념으로 확장되기도 했다. 영국에서는 마치 한 폭의 그림 같은[=픽처레스크] 자연 경치가 많은 거친 산악 지역인 웨일즈나 아일랜드, 또는 목가적 농촌 풍경이 아름다운 스코틀랜드 등으로 떠나는 여행이 유행했다. 이러한

172 토머스 롤런드슨(Thomas Rowlandson), 〈앰블사이드의 폭포를 그리고 있는 신택스 박사 Dr. Syntax drawing a waterfall at Ambleside〉

개념은 1790년대에 두 명의 이론가를 거치면서 체계적으로 정립되었다. 유브데일 프라이스Uvedale Price의 『픽처레스크에 대한 소고*Essay on the Picturesque*』1794와 리처드 페인 나이트*Richard Payne Knight*의 『기호 법칙에 대한 분석적 연구*An Analytical Inquiry into the Principles of Taste*』1805가 결정적 역할을 했다.

이 가운데 건축과 관련이 깊은 것은 프라이스의 이론이었다. 그는 픽처레스크를 버크가 구별했던 숭고미와 심미성의 중간에 두면서 거칠음, 갑작스런 다양성, 비정형의 세 가지 상태를 대표적 특징으로 들었다(그림 172). 프라이스는 이런 기본 개념을 바탕으로 픽처레스크의 상태를 물, 나무, 건물, 폐허, 개, 양, 말, 새, 여자, 음악, 회화 등 자연 창조물과 인간 예술 장르 등에 일일이 적용하며 구체적 예를 들었다. 이런 작업은 그때까지 분산되어 있던 픽처레스크 개념을 통일성 있게 정리한 점에서 중요한 업적이다. 구체적 예의 대표적 모습과 장면을 삽화로 처리한 것도 중요한 기여였다.

프라이스는 픽처레스크를 관찰 대상에 내재된 물리적 속성으로 보았다. 관찰자가 이것을 직접 봄으로써 마음속에 일어나는 내적 감흥 그 자체가 예술적 가치라고 주장했다. 이것은 특정 규범과 선험적 지식에 의존해야만 자연과 예술을 해석하고 감상할 수 있다는 고전주의의 전통적인 주장을 일거에 뒤엎는 파격이었다. 프라이스는 17세기 주요 화가들의 풍경화에서 자연이 지닌 픽처레스크 속성을 찾아내어 픽처레스크 개념을 예술운동의 명확한 예로 제시했다.

프라이스가 예로 든 화가들은 살바토레 로사Salvatore Rosa, 피터 루벤스

Peter Rubens, 렘브란트Rembrandt, 조르조네Giorgione, 피에르 프란체스코 모라Pier Francesco Mola 등이었다. 이들은 석양을 보는 것 같은 명암 기법을 이용하여 모든 시각 요소들을 혼합한 공통점이 있었다. 소재의 형태와 위치를 가변적이고 복잡하게 얽히게 그림으로써 빛과 음영의 대비를 극적으로 처리했으며 감각적 색채를 도입해서 이런 효과를 도왔다. 이런 기법은 앞에 열거한 자연의 픽처레스크 특징인 거칠음, 갑작스런 다양성, 비정형에 해당하는 풍경화의 특징이었다.

나이트는 픽처레스크의 기본 개념에서 프라이스에게 일정한 영향을 받았다. 그러나 프라이스가 픽처레스크의 상태를 장르와 대상에 따라 객관적으로 정리하려 했던 데 반해 나이트는 이것을 철저히 개인의 주관적 문제로 다루었다. 나이트는 픽처레스크를 시각 작용이 유발하는 상상력의 산물, 즉 연상 작용의 하나로 보았다. 픽처레스크를 관찰 대상의 내재된 속성으로 본 프라이스와 달리 관찰자의 심리적, 생리적 현상으로 본 점에서 중요한 차이가 있었다. 나이트는 프라이스가 픽처레스크를 대상의 외적 형상에 지나치게 제한한다고 비판했다. 나이트는 픽처레스크를 낭만주의의 기본 정신에 더 가깝게 정의한 점에서 프라이스 이론을 한 단계 발전시킨 것으로 볼 수 있다. 그러나 물리적 속성이 강한 건축과 연관시키기는 프라이스의 분석이 더 유용할 수 있었다.

픽처레스크(2) – '원형과 변형', 연속구성, 역사적 다원주의

이상과 같은 외관 중심의 픽처레스크는 주로 회화에 한정된 개념이었다. 이것을 건축에 적용하면 구성 법칙이나 작동 원리로서 유기성 개념으로 발전했다. 그 내용은 두 가지로 정리할 수 있다. 첫번째는 '원형과 변형'으로 이것은 '주제와 변주'로 유추할 수 있다. 건축은 장르적 속성 때문에 항상 기본 요소를 반복해야 하는데 '원형과 변형'은 이때 적용할 수 있는 픽처레스크 법칙이었다. 완전히 동일한 요소의 단순 반복을 피하면서 역시 완전히 다른 요소로 분산하는 것이 아니라 원형다움을 유지하면서 이것을 조금씩 변형해가는 구성 법칙이었다.

'원형과 변형'은 동일 요소의 단순 반복에서 오는 단조로움과 지루함을 피하되 최소한의 규칙적 근거를 유지하면서 산만함과 무질서를 방지하는 두 가지 목적이 있었다. 이런 구성 법칙은 영국의 전통적 조형관이기도 했다. 낭만적 고전주의에서 영국다운 신고전주의의 특징으로 많이 사용하던 기법이었다. 존 손의 영국은행이 대표적 예였다. 이 건물은 사각형을 원형으로 삼아 직각과 직선의 기하학다움으로 전체 질서를 잡되 각 실들의 형태, 크기, 방향 등을 조금씩 달리하면서 일정한 변화를 주는 구성이었다.

두번째는 연속구성으로, 이것은 '무질서의 질서' 개념을 내포했다. 다시 말해 내재된 질서라는 의미로서 자연의 교훈으로 찾아낸 것이었다(그림 173). 자연 상태는 고전주의처럼 밖으로 드러나는 인공적 질서나 외재적 형식은 없지만 무질서나 혼란으로 흐르지 않고 항상 일정한 질서를 유지한다. 앞의 원형과 변형도 이것을 유지하는 비밀 가운데 하나였다. 원형과 변형 개념을 전체 구성으로 확장, 적용한 것이 연속구성이었다. 일정한 공간 길이를 따라 원형과 변형이 만들어내는 다양성의 총합을 건축적 가치로 즐긴다는 의미였다. 다양성은 시선, 공간 골격, 분위기, 장면 등이 수시로 변하면서 나타나는 풍경 요소들의 총합으로 정의할 수 있다.

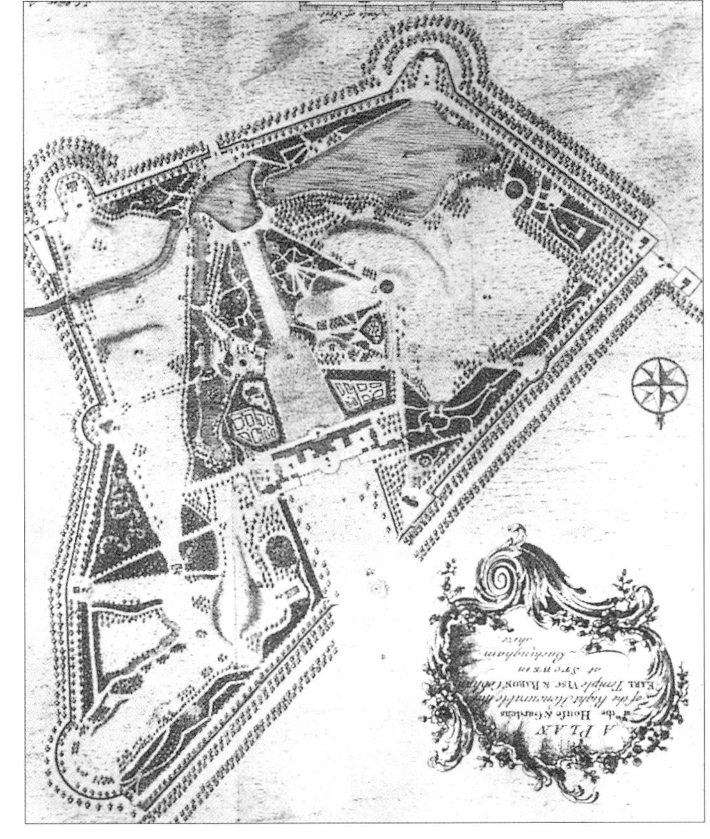

173 윌리엄 켄트(Willam Kent), 스토 정원(Gardens at Stowe), 1734~

유기성과 관련한 이상의 두 가지 법칙 이외에 역사적 다원주의의 등장도 픽처레스크 개념의 산물로 볼 수 있다. 특히 고딕의 등장이 그러했다. 이것은 두 가지 의미로 해석할 수 있다. 하나는 고딕 자체에 내재된 픽처레스크 속성이었다. 픽처레스크에 맞는 건축양식을 찾는 과정에서 고딕이 가장 적합한 예로 결론 나면서 고딕리바이벌이 시작되었다(그림 7). 픽처레스크라는 새로운 심미 가치가 있었기 때문에 고딕리바이벌이 시작될 수 있었다. 아무도 관심을 두지 않고 묻혀 있던 고딕의 건축적 가치를 알게 해준 것이 픽처레스크의 심미 가치였다.

다른 하나는 역사적 다원주의를 촉발한 것이었다. 고딕의 전면 등장은 고전이 단독으로 주도해오던 역사주의에 일대 지각 변동을 일으켰다. 고전 중심의 단선적 역사관이 복합적 역사관으로 바뀌었다. 고딕의 등장은 그 출발점이었다. 고딕은 건축적 소재의 역사 선례가 확장되는 촉매 역할을 했다. 고딕의 등장을 필두로 고전주의 내에서 그리스와 로마의 구별이 가능해졌다. 같은 것으로만 알았던 그리스 고전주의와 로마 고전주의 사이에 많은 차이가 있음을 알게 되면서 각 양식 사조의 고유한 가치와 심미성을 차별이나 위계 없이 있는 그대로 받아들였다. 이는 만약 그리스 고전주의와 로마 고전주의가 각각의 고유한 가치를 가질 수 있다면 다른 양식들도 그럴 것이라는 생각으로 발전했다.

가장 먼저 눈을 돌린 것이 고딕이었다. 그 다음으로 중국과 힌두의 동양건축, 이슬람건축, 원시주의 등으로 이어지며 역사적 다원주의로 발전했다. 이것이 역사적 다원주의가 되었다는 것은 이런 여러 양식들 사이에 위계나 차별을 없애고 모두를 동등한 구성 요소로 인정하고 받아들였다는 의미다(그림 174). 이런 확장을 가능하게 해준 것이 픽처레스크 개념에 내재된 자연의 교훈이었다. 자연을 구성하는 요소는 무한대로 다양하지만 자연은 이것들 사이에 위계나 차별을 두지 않는다. 형태와 크기에 따라 차이가 있을 뿐이며 이런 차이는 모두 각자의 고유한 역할과 목적에서 비롯된 결과였다. 자연이 아름다워 보이고 질서를 유지할 수 있는 이유는 구성 요소들 사이에 적절한 역할 분담과 조화가 잘 지켜지기 때문이다. 자연 요소들 사이에는 직능에 따른 기능적 차이만이 존재할 뿐 그 가치나 중요성에 위계나 차별이 존재하지 않는다. 역사적 다원주의는 역사 선례의 다양한 양식들 사이에 자연의 이런 교훈을 적용한 개념이었다.

174 존 손(John Soane), 큐 가든(Kew Gardens) 건물 모음

숭고미(1)–폭력적 장엄함과 초월적 위대함

숭고미(the Sublime)는 그리스 철학에서부터 나타난 개념이었으며 롱기누스(Longinus, 서기 1세기)가 최초로 정리하였다. 이후 18세기 초부터 문학이론과 문학비평에 먼저 도입한 뒤 시각 예술로 확장하는 등 일찍부터 많은 사람이 관여한 중요한 논쟁 주제였다. 미학 사상으로서 숭고미는 18세기 중후반 에드먼드 버크(Edmund Burke, 1729~97)와 이마누엘 칸트(Immanuel Kant, 1724~1804)를 거치면서 정립되었다.

버크는 『숭고미와 심미성 개념의 근원에 대한 연구(*Enquiry into the Origin of our Ideas of the Sublime and the Beautiful*)』1756에서 숭고미와 심미성을 구별하는 방식으로 숭고미의 개념을 정의했다. 버크는 사람의 본성 가운데는 심미성보다 더 강렬한 감정을 원하는 상태가 있다는 가정을 숭고미의 출발점으로 삼았다. 심미성은 쾌락을 목적으로 삼는 하나의 독립된 심리 상태인데, 사람에게는 이것과 별도로 자기보존(self-preservation)을 목적으로 삼는 더 강렬한 감정 상태가 있다고 했다. 이 감정은 인간을 둘러싸고 있는 자연적, 예술적, 지성적 공포를 유발하는 상황에 대한 명확한 인식을 바탕으로 심미성의 쾌락과는 다른 종류의 더 강렬한 즐거움을 추구한다. 사회에 대한 사랑은 이것의 한 형태일 수 있다. 버크는 이런 상태를 숭고미라 정의했다.

숭고미는 관찰자에게 기본적으로 공포감을 불러일으키는 상태를 의미했다. 이런 상태는 인간이 경외감, 무기력함, 복종심, 넋 잃음 등을 느끼도록 하는 거대하고 강력한 초월성을 특징으로 한다. 반면 심미성은 관찰자에게 사랑의 감정을 불러일으키는 상태였다. 이런 상태는 부드럽고, 작고, 섬세한 특징이 있다. 버크는 숭고미의 대표적 예로 프랑스대혁명 때 수십만의 성난 군중들이 노도처럼 거리를 메우며 행진하는 장면을 들었다. 혁명으로 표출되는 인간의 집단 광기를 숭고미의 대표적 예로 보았다. 인간의 내재된 본성 가운데 하나인 폭력을 수반하는 포괄적 의미의 공포와 억압이 불러일으키는 감정이었다. 이것은 자연 경치와 혁명 사이에 공통점이 있다는 직관에서 나온 정의였다. 자연을 시대 상황으로 해석해서 둘 사이의 공통점으로 찾아낸 것이 버크의 숭고미였다

버크의 이론은 칸트에게로 이어져 발전했다. 칸트는 『심미성과 숭고

미의 감정에 대한 관찰Observations on the Feeling of the Beautiful and the Sublime』1764에서 심미성과 숭고미를 구별한 버크의 생각을 받아들여 발전시켰다. 버크가 숭고미를 자연이나 예술보다는 사회 현상의 관점에서 집단적, 보편적 상태로 정의하려 했던 데 반해 칸트는 이것을 감성이나 판단 같은 개인적 반응으로 보았다. 칸트는 이것을 주로 자연 해석에서 찾았다. 폭포 앞에 섰을 때 인간이 느끼는 감정이 좋은 예였다. 이런 감정은 기존의 심미성이나 공포감 같은 개념이나 가치로는 설명할 수 없었다. 자연이 주는 낭만적 감성과 초월적 공포감이 합쳐진 새로운 감정 상태를 정의하는 새로운 개념이 필요했는데 숭고미가 그것이었다.

칸트는 나아가 숭고미의 종류를 공포감the terrifying, 고결함the noble, 찬란함the splendid의 셋으로 구별하며 각각의 대표적 상태로 거대한 깊이great depths, 거대한 높이great heights, 거대한 건물great buildings을 대응시켰다. 거대한 깊이가 주는 공포감은 백척간두의 절벽 위에 섰을 때, 거대한 높이가 주는 고결함은 절벽 아래에서 위를 올려봤을 때, 거대한 건물이 주는 찬란함은 고대 거석 구조나 기념비 앞에 섰을 때 느끼는 감정에서 유추할 수 있다.

버크와 칸트의 개념을 합하면 인간을 둘러싼 두 가지 대표적 환경인 사회와 자연에서 숭고미의 개념을 완성시킬 수 있다. 둘 사이의 공통점은 인간의 의식을 마비시키는 폭력적 장엄함은 그 출처가 사회이건 자연이건 상관없이 미의 한 종류로 볼 수 있다는 것이었다. 한 가지 확실한 것은 18세기 낭만주의 미학 가운데는 숭고미로 요약할 수 있는 여러 종류의 공포 분위기가 들어 있었다는 점이다. 이것은 '낭만주의'라는 말이 풍기는 일반적인 느낌과는 상반되는 것이다. 낭만주의는 일반적으로 부드럽고 편하고 보기 좋고 섬세하고 순수한 감성, 즉 말 그대로 낭만적 감성을 추구한다는 인상을 주기 때문이다. 반면 18세기에는 이와 반대되는 공포의 개념도 낭만주의 미학의 중요한 요소였다. 공포이기는 하되 악몽같이 불쾌한 병적으로 무서운 상태가 아니라 일정한 절제와 경외감에 의해 쾌락과 심미성을 유발하는 공포를 의미했다. 한마디로 초월적 위대함에서 비롯된 종교적 승화 상태를 의미했다.

숭고미(2)-블랙 로맨티시즘과 피라네시의 감옥 판화

건축에서 숭고미를 추구한 예는 그리 많지 않았다. 그중 두 가지를 대표적 예로 들 수 있다. 하나는 혁명기 건축의 블랙 로맨티시즘Black Romanticism이었다. 불레의 거석 구조는 이것을 대표했다. 휴먼 스케일을 비웃는 불레의 초월적 스케일은 인간의 머리에서 나오는 잔계산을 일거에 휩쓸어버리는 초인다운 영웅주의를 통해 건축적 숭고미의 전형을 보여주었다. 불레의 거석 구조에 나타난 숭고미는 칸트가 제시한 '거대한 건물 앞에 섰을 때 느끼는 찬란함'을 버크의 혁명적 노도의 개념으로 해석한 것이다(그림 175).

거대한 건물 앞에 서면 자잘한 인간사에서 해방되는 느낌을 받는다. 고대 전제권력에서 기념비가 신정神政 일치의 기능을 한 것이다. 이것은 숭고미를 유발하는 건축의 대표적 예로 볼 수 있다. 이런 개념은 혁명 정신에 내포된 해방과 연관성이 있었다. 수십만 군중의 해방 열기에서 느껴지는 장엄한 폭력은 거석 기념비 앞에 섰을 때 느끼는 찬란함의 미학과 같을 수 있음을 알아챘다. 과거 질곡에서 벗어나려는 혁명 정신의 의미였다.

숭고미를 과거 절대주의 문명의 질곡에서 벗어나려는 의지로 해석할 수 있는 근거는 낭만주의 건축에서 자주 발견된다. 숭고미를 전통적인 심미성과 구별한 것부터가 고전의 질곡에서 벗어나려는 의지로 읽을 수 있다. 조화와 비례의 선험성으로 심미성과 인간의 감성을 묶으려는 고전 미학의 질곡에서 벗어나려는 의지였다. 숭고미와 결부된 건축 주제로는 고딕리바이벌, 농가운동, 폐허 등을 들 수 있다. 고딕리바이벌은 탈고전을 상징하는 대표성을 띤다. 농가운동은 농촌의 탈도시와 오두막의 탈고급 예술을 상징하는 두 가지 대표성을 띤다. 폐허는 완성된 총체성, 엄밀한 시공 상태, 조화로운 통일성 등 비트루비우스에서 알베르티에 이르는 고전주의의

175 에티엔 루이 불레(Etienne Louis Boullee), 박물관(Museum)

핵심 가치에서 탈피하는 상징성이 있었다.

다른 하나는 피라네시의 감옥 판화와 댄스의 뉴게이트 감옥에 나타난 공포 분위기였다(그림 170, 171). 이런 종류의 공포 분위기는 18세기 낭만주의의 중요한 소재 가운데 하나였다. 이것은 아름다운 자연 경치를 그리던 낭만주의 풍경화와는 반대되는 개념처럼 보일 수도 있었다. 그러나 그 이면에는 장엄한 자연 경치를 볼 때 느끼는 감정이 피라네시 감옥의 공포 분위기와 공통점이 있다는 생각이 깔려 있었다. 뉴게이트 감옥은 이런 분위기를 실제 건물로 구체화한 대표적인 예였다.

피라네시가 벤담의 억압 구도에 동조해서 이런 분위기를 이상적 감옥 유형으로 제안한 것이었는지, 아니면 당시 유행하던 감옥을 좀더 극적이고 그로테스크한 분위기로 단순 기록한 것인지는 확실하지 않다. 피라네시와 댄스의 감옥에 나타난 건축적 처리들이 낭만주의다운 근거를 갖는 또다른 기준으로 '연계'를 들 수 있다. 연계란 감옥에 가해진 불친절한 건축적 이미지를 통해 "사람들이 자기 몸의 크기를 기준으로 삼아 상상해볼 때 지구 중심을 향한 하강의 분위기가 암암리에 체벌과 강하게 연계된다는 생각"을 갖도록 한다는 의미였다. 이것은 약한 의미의 연상주의로 볼 수 있다. 연상주의를 교정 공간에 적용한 개념이라는 점에서 그러하다. 이전의 감옥이 범죄자를 단순히 가두어 두기만 하는 '강제 수용소maison de force'라면 계몽주의 시대의 새로운 감옥은 무엇인가 연계 작용을 통해 새사람을 만들어 내보내는 '교정 공간maison de correction'으로 새롭게 정의했다.

176 존 손(John Soane), 링컨스 인 필즈(Lincoln's Inn Fields=Sir John Soane's Museum존 손 경 박물관), 런던, 1812~13

피라네시의 공간 개념을 구체적으로 표현한 예로 뉴게이트 감옥 이외에 존 손의 링컨스 인 필즈를 들 수 있다. 이 건물의 공간 골격은 픽처레스크 개념의 연속공간을 수직으로 중첩한 위에 피라네시의 복합 골격을 적용했다. 그러나 빛 작용을 적절히 이용해서 명암 대비를 극대화하고 여기에 역사 유적 파편을 더하여 그로테스크한 분위기로 바꾸었다(그림 176). 규모는 휴먼 스케일에 머물렀지만 공간 골격의 어긋남과 변화가 극심한 구성 속에서 갑작스럽게 등장하는 유적 파편들은 마치 먼 과거 전제 제

국의 폐허더미 속에 내던져진 것과 같은 느낌을 주었다. 지금은 멸망해서 수풀과 덤불에 방치된 과거 전제 제국의 미로를 헤마는 것과 같은 신비한 느낌은 숭고미의 건축적 형식으로 이해할 수 있다.

2 정원 속 신전과 농가운동

정원 속 신전과 중국풍

픽처레스크 개념이 가장 잘 적용된 장르는 조경 분야였다. 건물 차원의 건축에서는 조경과 관련된 정원 속 신전과 중국풍이 대표적인 예였다. 양식 차원의 건축 단독 경향으로는 농가운동과 고딕리바이벌이 대표적인 예였다. 농가와 고딕이 픽처레스크 개념과 가장 잘 어울린다는 판단 아래 이것이 양식 단위의 건축 경향으로 발전한 것이다. 농가운동과 고딕리바이벌은 픽처레스크에 국한한 건축운동이라기보다 더 포괄적인 의미에서 낭만주의 건축운동이기도 했다. 픽처레스크의 사전적 의미를 가장 잘 보여주는 건축운동은 정원 속 신전과 중국풍이었다.

정원 속 신전은 말 그대로 정원에 고전 신전을 통째로 놓는 경향이었다(그림 177). 그리스 도리스식 신전을 작은 규모로 소품화해서 조경 요소의 하나로 사용하는 것을 말한다. 도리스식 신전의 원시주의 분위기를 낭만성으로 응용한 것이다. 이것은 양식 사조의 관점에서는 18세기 후반부터 유행하기 시작한 그릭 리바이벌이나 도리스식 리바이벌의 일환으로 볼 수 있다. 낭만주의 내에서는 폐허 · 수채화운동이나 원시주의와 깊은 연관성이 있었다.

177 윌리엄 켄트(William Kent), 치즈윅 가든(Chiswick Gardens), 런던, 1725~38

도리스식 신전은 단순한 원시주의가 띠는 낭만성을 대표적 특징으로 한다. 이것을 소품화한 것은 영국 정원에 잘 맞는 분위기로 바꾼 처리였다. 그리스 본토, 로마의 파에스툼과 시칠리아 등 지중해성 기후 지역에서는 큰 규모의 신전 원형이 잘 어울렸다. 평지인 점, 나무가 적은 점, 공기가 맑고 건조한 점, 햇빛이 밝고 강한 점 등 기후 요소 때문이었다. 영국 정원은 달랐다. 완만하지만

경사는 오름과 내림이 있었고, 잔디 사이에는 울창한 수목이 있었고 햇빛도 귀한 편이었다.

특히 바로크에 반대하며 시작한 낭만주의의 픽처레스크 조경에서는 이런 특징이 더 두드러졌다. 캐퍼빌리티 브라운Capability Brown이 대표하는 바로크 조경에서는 기하학적 패턴이 주도하는 정형적 구획으로 정원을 구성했다. 프랑스의 영향도 컸다. 낭만주의는 이에 반대하면서 구릉, 능선, 바위, 수경, 수목 등 자연 요소를 최대한 살리는 경향으로 바꿨다. 이런 배경에는 큰 신전보다 소품화된 작은 규모의 신전이 더 잘 어울렸다. 이때 장식 처리를 절제하고 건축 구성도 최대한 단순하게 하여 원시주의를 통해 낭만성을 확보했다.

존 클라우디우스 로돈John Claudius Loudon, 1783~1843은 이러한 경향을 대표하는 조경 건축가였다. 그는 실무와 저서를 통해 픽처레스크 조경의 기본 개념을 정립했다. 그는 농부의 아들로 태어나 영국 농촌의 아름다움을 잘 알고 있었으며 이런 경험을 살려 활엽수와 상록수가 적절히 어우러진 자연 경치를 픽처레스크의 기본 개념으로 삼았다. 나아가 이것을 연상주의와 접목하여 낭만적 감성에 가장 잘 어울리는 양식으로 그리스 건축과 고딕 건축을 들었다. 이런 내용은 『농촌 주거에 관한 소고Treatise on Country Residences』1806를 통해 살펴볼 수 있다. 로돈은 이 저서에서 두 과거 양식에서 연상되는 감정, 가치, 상태 등으로 "숭고미, 기형, 픽처레스크, 조각미, 고대풍, 낭만성, 원시성, 평온함, 고독함, 세월과 폐허, 우울함, 발랄함, 고상함, 조소嘲笑 등을 들었다. 이런 관찰은 그리스 신전이 픽처레스크와 어울릴 수 있음을 증명한 것이다. 실제로 그리스 신전의 발굴은 폐허·수채화운동의 출발점이 되었는데 자세한 내용은 아래에서 살펴볼 것이다.

정원 속 신전을 대표하는 예로 켄트의 치즈윅 가든Chiswick Gardens, 1725~38과 체임버스의 큐 가든 내 벨로나 신전Temple of Bellona, Kew Gardens, 1760을 들 수 있다. 치즈윅 가든에서는 게이트와 신전에 소품화된 신전 어휘를 사용했다. 게이트에서는 아치를 기본 골격으로 삼은 뒤 표면에 토스카나식 신전 파사드를 한 겹 더했다. 신전은 판테온을 모방해서 열주 출입구와 중앙형 본체로 구성했다(그림 177). 모두 휴먼 스케일로 크기를 줄이고 부재도 단순화해서 소품 처리했다. 열주 출입구에는 이오니아식 신전 파사드를 소품화해서 사용했다. 켄트는 신전을 핵심 구성 요소로 갖는 아르카디안 가든arcadian garden: 목가풍의 조경 경향의 창시자 가운데 한 사람이다.

178 윌리엄 체임버스(William Chambers), 벨로나 신전(Temple of Bellona), 큐 가든(Kew Gardens) 내, 런던, 1760

벨로나 신전도 비슷하게 구성했다. 차이는 도리스식 양식으로 단순화된 원형성과 원시성을 한층 높인 점이다(그림 178). 이런 차이는 두 정원을 세운 시기의 차이, 즉 두 건축가의 세대 차이로 해석할 수 있다. 켄트는 아직 픽처레스크 운동이나 낭만주의가 완전히 자리잡기 이전 세대였다. 치즈윅 가든이 지어진 것도 같은 시기였다. 이런 점에서 치즈윅 가든은 켄트의 다원주의의 한 요소로 이해할 수 있다. 반면 체임버스는 낭만주의를 완성해가던 세대였으며 도리스식의 원시주의풍은 이것을 반영한 처리였다. 이외에 그릭 리바이벌 및 폐허 · 수채화운동과 관련한 예로는 스튜어트의 작품들이 대표적이다. 헤글리 파크의 도리스식 신전1758, 슈그버러의 도리스식 신전1764년경과 바람 탑1764 등이 있다. 프랑스에서는 미크가 이 경향을 대표했다.

중국풍chinoiserie은 넓은 의미로는 중국 건축을 모방하거나 직접 차용하는 경향을 의미했다. 좁은 의미로는 이 가운데 파고다pagoda: 탑 모양의 다층 정자를 조경 요소로 정원에 차용하는 경향을 의미했다. 중국풍은 낭만주의 가운데 이국적 요소를 도입하는 다원주의 혹은 절충주의의 한 형식으로 볼 수 있다. 픽처레스크 개념 아래 정통 고전주의 이외의 양식과 문화를 이것과 동등한 위계와 의미로 받아들여 예술요소로 활용하는 과정에서 동양 건축으로 확장된 경우였다. 인도 건축과 중국 건축은 이것을 대표하는 예다. 그러나 실제 건축물은 그리 많지 않다. 내시를 제외하고 동양 건축을 직접 다룬 건축가는 거의 없었다. 그 경향도 중국풍의 좁은 의미인 파고다를 조경 요소로 차용하는 경우에 한정되었다.

179 윌리엄 체임버스(William Chambers), 파고다(Pagoda), 큐 가든(Kew Gardens) 내, 런던, 1763년경

이런 중국풍을 대표하는 건축가로 체임버스와 요한 바티스트 레슈네르Johann Baptist Lechner를 들 수 있다. 체임버스는 큐 가든의 파고다1763년경를, 레슈네르는 뮌헨 영국 정원의 중국 탑Chinesischer Turm, Englischer Garten, 1789/90을 각각 대표작으로 남겼다. 큐 가든의 파고다는 중국의 정자를 10층으로 올린 다층 구조물이었다(그림 179). 체임버스는 이외에도 『중국 건물 디자인*Designs of Chinese*

Buildings』1757과 『동양조경에 관한 논고*Dissertation on Oriental Gardening*』1772에서 중국 건축에 대한 해박한 지식과 생생한 경험을 자랑하며 자세히 소개했다. 그러나 그 역할을 조경 요소로 분명히 한정했다. 이는 중국 건축을 절충주의를 구성하는 양식 단위로 보지 않고 조경을 돕는 낭만주의 요소로 보겠다는 것을 의미했다. 중국 건축이 낭만주의의 요소가 될 수 있는 근거는 두 가지였다. 하나는 이국풍의 신비주의였다. 다른 하나는 중국 정자나 누각을 정원의 일부로 보는 동양 전통이었다.

리샤르 미크-농가운동과 트리아농 시골 마을

정원 속 신전과 중국풍이 인공성을 가미한 픽처레스크라면 농가운동은 인공을 최소화한 자연 그대로의 픽처레스크를 정의한 건축운동이었다. 고전주의 중심의 고급 건축에는 없는 원시성과 때 묻지 않은 순수함이 생명이었다. 농촌과 농업 문명의 산실이자 뿌리인 농가의 심미성과 가치를 찾아 예술성을 정의하겠다는 운동이었다. 건물을 자연 요소의 하나로 보아 인공적 가공성을 최소화하여 손대지 않은 자연 속에 두겠다는 생각이었다. 낭만주의에서는 자연이 중요한 예술 대상이었으므로 농가에 눈을 돌린 것은 당연한 일이었다.

루소의 '고결한 원시주의noble savage' 개념에 나타난 자연주의는 이것을 뒷받침하는 개념 가운데 하나였다. 루소는 자연에 나타난 원시성이 위선과 타락에 찌든 인간 문명보다 오히려 더 고결하다고 주장하면서 자연을 스승으로 삼을 것을 주장했다. 농가는 이런 루소의 주장에 해당하는 건축적 예였다. 농가의 일반명사는 'farmhouse'인데 낭만주의에서는 여기에 원시주의 개념을 더한 오두막의 의미로서 'cottage'를 더 즐겨 사용했다. 오두막은 로지에도 순결주의의 모델로 제시했던 건축 유형이었다. 오두막이 집합 군집한 것이 농촌 마을이라는 의미의 'hamlet'이었다.

유럽 각국은 모두 아름다운 농촌 풍경과 농가 건축의 전통이 있었다. 영국은 특히 농촌 풍경이 아름다운 나라였는데 자연 풍경과 함께 농가가 그 중심에 있었다. 햄프셔의 웨스트 메온West Meon, Hampshire, 워릭셔 웰포드온에이번Welford-on-Avon, Warwickshire=워릭셔 에이번 강 주변의 웰포드 마을, 윌트셔의 체르힐

180 워릭셔 웰포드온에이번(Welford-on-Avon, Warwickshire) 농가

Cherhill, Wiltshire 마을, 콘월의 캣위드Cadgwith, Cornwall 마을 등 영국 전역에는 아름다운 농가들이 잘 보존되어 있었다(그림 180). 이런 농가들은 초목이나 우드 싱글 등의 자연 재료로 덮은 곡선 경사 지붕, 가구식 구성을 외부로 드러내 장식 요소로 사용한 목구조, 대리석 중심의 고급 석재에 대비되는 벽돌 조적, 비대칭과 비정형 구성, 사후 사용에 따라 기능적으로 분화한 유기 구성 등을 대표적 특징으로 한다.

그러나 이런 농가를 직접 건축에 차용한 경향은 18세기 영국에서는 아직 나타나지 않았다. 그러한 건축 기법을 사용한 대표적인 인물은 의외로 프랑스의 리샤르 미크Richard Mique, 1728~94였다. 미크는 왕립 건축아카데미에서 자크 프랑수아 블롱델에게 배웠지만 본업은 왕실의 성채, 다리, 성문 등을 담당했던 구조기술자 혹은 군사시설 시공업자였다. 1775년에는 왕실 수석건축가로 임명되었으며 1782년부터 1792년 사이에는 왕립 건축아카데미의 교장을 역임했다. 미크는 주로 왕실을 건축주로 하여 베르사유의 시내와 궁전에 작품을 남겼다. 시내에 지은 오슈 고등학교Hoche Lycee, 1767~72, 궁전에 지은 벨베데레The Belvedere, 1777, 사랑의 신전Temple de l'Amour, 1778, 트리아농 시골 마을Hameau du Trianon=La Ferme du Hameau de la Reine, 여왕의 농촌 시골 마을, 1783~85 등이 대표작이었다.

181 리샤르 미크(Richard Mique), 트리아농 시골 마을(Hameau du Trianon=La Ferme du Hameau de la Reine여왕의 농촌 시골 마을), 베르사유 궁전(Versailles), 프랑스, 1783~85

미크는 행정가, 교육가, 구조기술자, 시공업자, 건축가 등 여러 직업을 겸했다. 작품에 한정해서 보면 그는 신고전주의와 낭만주의를 오간 다원주의 혹은 절충주의 건축가였다. 앞의 대표작 가운데 오슈 고등학교는 프랑스다운 신고전주의였고 나머지 세 건물은 모두 낭만주의였다. 사랑의 신전은 로마의 헤라클레스 빅토르 신전Temple of Hercules Victor이나 티볼리의 배스타 신전Temple of Vesta, Tivoli을 모방한 코린트식 원형 신전으로 지어졌다(그림 181). 원형 신전은 로

마 고전주의만의 특징으로 그리스 고전주의의 엄격한 고전 규범에서 벗어난 자유로움을 상징했다. 이런 점에서 낭만성과 어울리는 측면이 많았다.

벨베데레와 사랑의 신전은 정원 속 신전을 통해 픽처레스크를 추구했다. 벨베데레는 트리아농 컨트리 가든Trianon Country Garden에 팔각형으로 지은 궁전이었다. 팔각형은 넓은 면과 좁은 면이 교대로 나오는 형태로 처리했다. 넓은 면에는 신전 파사드로 짠 출입구를, 좁은 면에는 상인방을 돋을새김으로 처리한 창을 두었다. 출입구 페디먼트와 창 상인방에는 시골 생활의 즐거움과 농촌의 아름다움을 찬양하는 내용을 새겼다. 돋을새김 이외의 벽면은 단순 평활면으로 놔두어서 원시성을 통한 낭만주의를 추구했다.

182 리샤르 미크(Richard Mique), 트리아농 시골 마을(Hameau du Trianon=La Ferme du Hameau de la Reine여왕의 농촌 시골 마을), 베르사유 궁전(Versailles), 프랑스, 1783~85

트리아농 시골 마을은 18세기에 드물게 지어진 농가운동 건축물의 대표적 예였다(그림 182). 모두 열두 채의 농가로 이루어졌는데 현재는 열 채만 남아 있다. 여왕의 오두막, 방앗간, 출입 초소, 비둘기 집 등이 주요 건물들이고 나머지는 농부들의 집이었다. 이 마을은 마리 앙투아네트 여왕Reine Marie Antoinette의 농장을 지원하기 위해 지었다. 여왕은 "나무를 심고 밭을 일구고 가지를 다듬고 과일을 따며" 농장 생활을 즐겼다. 건물들의 외관은 앞에 열거한 농가의 특징을 완벽하게 모방하였다. 그러나 실내는 여왕과 왕족을 위해 화려하게 꾸몄다.

3 고딕리바이벌

국가 양식과 고딕 옹호론

고딕은 영국의 전통 국가 양식이었다. 17세기 스튜어트 왕조 때 정치적 목적에 따라 고전주의를 국가 양식으로 삼고자 했지만 이 과정에서 중세 전통과 적잖은 충돌이 일어났다. 영국민들은 중세 전통에 깊은 향수를 갖고 있었다. 18세기 신고전주의 때도 1720년대 세대인 애덤을 마지막으로 소위 대륙의 정통 고전주의는 영국에서 급격히 설득력을 잃어갔다. 그 자리를 낭만주의가 대신 메웠으며 낭만주의만으로 건축이 성립되기 어려울 때는 고전을 소재로 삼아 낭만 정신으로 해석하는 낭만적 고전주의가 크게 유행했다. 이런 낭만주의의 한복판에 고딕이 있었다.

사실 고딕 건축의 종주국은 프랑스였다. 고딕리바이벌도 영국에만 국한된 현상은 아니었다. 그러나 프랑스와 영국의 상황은 달랐고 그 배경에는 고딕 자체를 둘러싼 두 나라의 전통적 차이가 있었다. 프랑스 고딕은 구조 발전에 치중하여 건물을 수직적으로 높이는 공법을 완성했다. 반면 영국 고딕은 수평선을 유지하며 자연과 어울리는 범위 내에 머물렀다. 이런 차이는 18세기 고딕리바이벌에서 확연히 드러났다. 프랑스는 고딕을 구조 합리주의로 해석하여 그레코-고딕 아이디얼의 요체로 삼았다. 반면에 영국은 낭만주의와 결부한 좁은 의미의 고딕리바이벌을 이끌었다.

183 라로크(Laroque), 〈레츠의 사막 탑*Tour du desert de Retz*〉, 1774~84

고딕은 낭만주의의 기본 정신과 잘 맞았다. 고전주의와 대별되는 대표성, 기독교를 배경으로 한 신비주의, 자연 해석에 의존한 유기성, 고전의 선험적 규범에 반대되는 경험적 귀납 등이 대표적 내용이었다. 폐허로 발견되는 고딕 건축물을 픽처레스크와 숭고미를 대표하는 건축적 예에 해당하는 것으로 보았다(그림 183). 프라이스가 픽처레스크의 세 가지 특징으로

열거한 거칠음, 갑작스런 다양성은 비정형과 가장 잘 맞는 건축적 특징이었다. 또 막연한 신비로움과 환상의 대상인 중세 기독교를 배경으로 하는 점에서 경외감과 공포심을 불러일으켰는데 이것은 숭고미와 잘 맞았다. 자연 속에서 폐허로 방치된 고딕 유구는 비대칭과 비인공성으로 말미암아 자연과 잘 어울렸다.

체임버스는 고딕 옹호론을 펼쳐 고딕 건축이 낭만주의의 대표적 건축양식이 될 수 있음을 보여주었다. 체임버스는 연상주의와 조지프 애디슨Joseph Addison, 1672~1719의 상상력 이론을 적용해서 고딕 건축의 가치를 밝혀냈다. 체임버스는 비례를 주제로 삼아 클로드 페로의 경험적 주관주의와 유사한 견해를 드러내며 자신의 주장을 시작했다. 건축가는 관찰자의 심미성까지 고려하여 설계해야 한다고 주장하면서 양방향 의사소통 이론을 전개했다. 이것은 특질론에 기초한 건물의 인상 기능 혹은 표현 기능을 암시하는 대목이었다.

체임버스는 양방향 의사소통을 이루기에 좋은 매개로 비례를 들었다. 건축에서 비례는 부재 사이의 수치적, 기하학적 관계가 아니라 부재가 주는 심미 효과를 섬세하게 다루어내는 능력이라고 정의했다. 건축의 심미 효과는 예술과 과학의 종합 작용에서 얻을 수 있다고 했다. 건축은 감각적으로 즐거움을 주어야 할 뿐 아니라 개념과 관념도 전달할 수 있어야 한다고 했다. 감각적 즐거움은 인간의 1차적 쾌락으로 이것을 만족시키는 것은 예술의 역할이다. 건축이 계속 예술에 머물면 2차적 쾌락인 인식perception 작용으로 넘어가는데 건축은 여기에서 갈라져 나와 과학 작용에 따라 개념과 관념을 전달한다.

이것은 건축에서는 자연의 직접 모방이 존재할 수 없음을 뜻했다. 건축은 계몽적 과학 정신에 따라 파악할 수 있는 고차원의 연상 작용과 심미적 즐거움을 제공하는 장르기 때문이다. 체임버스는 건축의 이런 특수한 기능과 가치는 고전이 아니라 고딕에 있다고 했다. 고딕은 종교적 심미성과 공학적 창의력을 하나로 합친 점에서 예술과 과학의 종합체라는 건축의 본질을 가장 잘 보여주는 양식이라고 했다. 고딕 가운데서도 특히 영국 고딕이 이런 기능과 가치에 가장 잘 어울리는 유일한 건축양식이라고 했다(그림 184).

이런 맥락에서 체임버스는 당시 영국 사회가 자국의 고딕 전통에 많은 관심을 쏟지 않는다고 한탄했다. 비트루비우스 『건축십서』의 번역

184 존 버클러(John Buckler), 윈체스터 성당(Winchester Cathedral), 1801

운동, 팔라디오 양식, 고전 이론 출판운동, 패턴 북 출판운동, 대륙 고전주의의 수입, 그레코-로만 논쟁, 그릭 리바이벌, 도리스식 리바이벌 등 기본적으로 남의 나라 양식인 고전주의를 수입하고 배워서 운용하는 데 말할 수 없이 많은 노력과 돈을 기울이는 세태를 비판했다. 능력 있고 뛰어난 건축가들은 모두 이런 외래 양식에만 매달리고 정작 자국의 전통 양식인 고딕에는 무관심하다고 비판했다. 이 노력의 극히 일부분만이라도 고딕 발굴과 연구에 쏟았으면 영국 건축은 더욱 발전했을 것이라 했다. 이렇게 무관심 속에 방치된 고딕 유구가 점점 더 폐허화되고 손상되는 현실을 비판했다.

양식운동으로서 고딕리바이벌

고딕은 영국의 민족적 자존심이 배어 있는 국가 양식이었기 때문에 항시성이 있었다. 체임버스가 개탄한 고전 치중 현상은 고급 건축가들의 작품 경향에 국한된 것이었고 일반인들이나 이름 없는 건축가들이 짓는 건물에서는 여전히 고딕이 사랑받고 있었다. 이런 현상은 고딕리바이벌의 시작점을 언제로 잡아야 하는지 하는 문제와 일정 부분 연관성이 있다. 시작점은 고급 건축가의 양식운동, 일반인들이 짓는 건물과 국민 정서, 발굴과 학문 연구 등의 세 가지 사항을 기준으로 삼아 정할 수 있다.

첫째, 고급 건축가의 양식운동을 기준으로 하면 고딕리바이벌의 시작점은 두 가지로 정의할 수 있다. 하나는 부분적 고딕리바이벌주의자들의 작품으로 1730년대부터 시작된 것으로 볼 수 있다. 켄트가 대표적인 건축가였다. 다른 하나는 고딕리바이벌 경향 하나만을 자신의 대표 경향으로 추구한 건축가의 등장으로 1750년대부터 시작되어 1770년대에 본격적 궤도에 오른 것으로 볼 수 있다.

고급 건축가들이 양식운동으로 추구한 고딕리바이벌은 신고전주의와 주도권 싸움을 벌이며 전개되었다. 같은 세대인 애덤과 월폴은 각각 신고전주의와 고딕을 대표하며 반대편에 섰다. 그 중간에서 체임버스가 감성적 측면에서 고딕을 옹호했다. 그러나 체임버스는 실제 작품에서는 신고전주의에 머물렀다. 이 때문에 체임버스의 고딕 옹호론은 타당성이 많았지만 개인적 열등감에서 애덤을 공격하기 위해 나온 것으로 평가절하당하며 설득력을 얻지 못했다. 애덤과 월폴 사이의 중간에는 켄트와 댄스 2세의 부분적 고딕리바이벌도 있었다. 이들이 활동하던 시대에는 애덤이 압도적 우세를 보이며 신고전주의를 영국의 대표 양식으로 이끌었다. 애덤에 대한 공격은 1740년부터 1750년대 생인 후배 세대에서 본격적으로 시작되었다. 와이엇을 필두로 존 손과 내시가 가세하면서 낭만주의나 낭만적 고전주의가 대세를 이루었으며 이 과정에서 고딕리바이벌이 하나의 독립적 양식운동으로 자리잡았다.

체임버스는 애덤과 같은 1720년대 세대였다. 그의 고딕 옹호론은 고딕리바이벌의 전개 과정에서 중요한 전환점이 되었다. 그러나 이런 주장과 달리 정작 자신의 작품 경향에서는 고딕으로 나아가지 못하고 신고전주의 내에 머물렀다. 애덤과 차이도 있었다. 체임버스는 고전주의를 소재로 영국의 낭만 정신과 고딕 전통으로 해석한 특징을 보인 점에서 낭만적 고전주의로 분류할 수 있다. 이것은 체임버스의 개인적 경향으로 볼 수도 있지만 1720년대 세대의 시대적 한계로 볼 수도 있었다. 이들의 전성기인 1750년대부터 1770년대까지는 아직 신고전주의의 기운이 드셀 때여서 대륙과 국제적 공조가 국가 양식의 부활보다 더 시급했기 때문이다.

한편 이와 반대되는 현상도 관찰할 수 있다. 1685년생인 켄트와 1717년생인 월폴에서 이미 고딕 어휘가 등장한 것이다. 이들의 고딕 경향은 양면성이 있었다. 분명 고딕이나 중세 양식을 구사한 점에서는 고딕리바이벌의 효시로 볼 수 있었다. 그러나 고딕에 대한 명확한 인식이 없었다. 월폴은 고딕리바이벌을 정착시킨 인물 가운데 한 명이었지만 예술운동과 관련된 역사적 인식은 부족했으며 대중적 차원에서 접근했다. 켄트와 월폴 모두 고딕을 다원주의나 절충주의 혹은 영국다운 신고전주의를 이루는 하나의 요소로 본 것에 가까웠다. 고딕이긴 하되 고전주의의 틀 안에서 보려 했다. 이들의 경향은 18세기 영국 건축에서는 다소 보편적이어서 1741년생인 댄스 2세도 같은 경향을 나타냈다. 심지어 고딕리바이벌을 대표하는 1746년생인 와이엇과 1752년생인 내시까지도 절충주의를 주요 특징으로 보이며 고딕을 여러 양식 가운데 하나로 추구했다.

완전한 고딕리바이벌은 1740년대 이후 세대에서 본격적으로 나타났다. 와이엇이 대표적 예였다. 댄스 2세는 절충주의로 이것을 옆에서 거들었고 이런 경향은 1750년대 생인 존 손과 내시로 이어졌다. 이들은 고딕리바이벌주의자는 아니었지만 존 손의 낭만적 고전주의와 내시의 절충주의는 고딕을 대표로 한 중세주의를 중요한 토대로 삼았다. 이런 점에서 와이엇의 고딕리바이벌 정신에서 어느 정도 영향을 받아 이것을 이어간 것으로 볼 수 있다. 1740년대 생의 활동이 본격적으로 시작되는 1770년대는 영국의 대표 건축이 1720년대 생의 신고전주의에서 고딕리바이벌과 낭만적 고전주의로 넘어가는 전환기였다. 1780년대 이후부터는 낭만적 고전주의가 대표 양식이 되었다.

국민 정서, 고고학 발굴, 배티 랭글리

둘째로, 일반인들이 짓는 건물과 국민 정서를 기준으로 하면 영국 고딕은 중세 이래 한 번도 끊어지지 않고 계속된 것으로 볼 수 있다. 이 기준에 따르면 고딕리바이벌은 18세기 내내 계속되었다. 엄밀히 말하자면 '리바이벌'이라는 말을 빼는 것이 정확하다. 리바이벌이란 한 번 사라진 양식의 재등장을 의미하는데 고딕은 한 번도 사라진 적이 없었기 때문이다. 17세기 전반부의 르네상스와 17세기 후반부에서 18세기 전반부의 바로크 때도 고딕 건축물은 이름 없는 건축가와 일반인들에

의해 꾸준히 지어지고 있었다. 그 밑바탕에는 고딕을 국가 양식으로 생각하는 국민 정서가 있었다. 이런 현상은 19세기, 혹은 20세기까지도 계속되었다. 적어도 영국에서는 고딕은 '항시성'을 지닌 양식이었다. 대륙에서 고전이 갖는 항시성에 비견할 만했다.

셋째로, 발굴과 학문 연구를 기준으로 하면 1747년이 중요한 분기점이 된다. 고딕 건축물의 고고학 발굴은 그 이전부터 있어 왔는데 새뮤얼 벅Samuel Buck의 고딕 폐허 판화 작품은 그 좋은 예로 이후 고딕리바이벌 형성에 큰 영향을 끼쳤다. 하지만 이때 쌓인 고딕에 대한 건축 지식은 아직은 열악하고 부정확했다. 18세기에 들어와 계몽주의의 업적 가운데 하나인 고고학의 과학적 발전이 있었지만 이 혜택이 고딕에 돌아간 것은 한참 뒤였다. 유적 답사의 학문적 정리와 출판은 18세기 중반까지 고전이 독점했다. 이런 가운데 18세기 전반부를 거치면서 발굴되는 고딕 건축물의 수도 조금씩 증가했고 중반이 되어가면서 축적된 발굴 내용도 일정량에 도달했다. 이런 상황에서 이것을 정리할 필요성이 생겼는데 배티 랭글리Batty Langley, 1696~1751가 이 일을 했다.

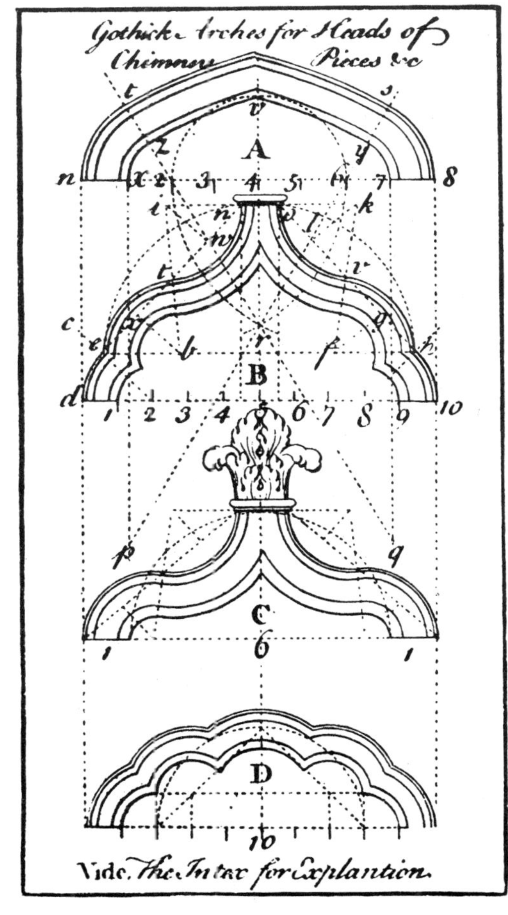

135 굴뚝에 사용하는 고딕 아치에 대한 배티 랭글리(Batty Langley)의 그림 설명

랭글리는 조경 건축가로 경력을 시작했다. 대륙의 기하학적 정형성을 모방하는 당시 조경 경향에 반대해서 스티븐 스위처Stephen Switzer의 꾸불꾸불한 곡선을 도입하는 등 일찍부터 영국의 국민 정서를 찾는 일에 관심이 많았다. 이런 관심은 고딕 연구로 이어져 『규범과 비례에 의해 향상된 고딕*Gothic Architecture, Improved by Rules and Proportions*』1747을 출간했다. 이 책은 당시까지 발굴된 고딕 유적과 이것을 활용한 랭글리 자신의 디자인을 함께 담았다. 이 책은 일정한 비판을 받았지만 '배티 랭글리 매너'라는 말을 유행시키며 고딕리바이벌이 자리잡는 데 중요한 기여를 했다.

랭글리는 전문 고고학자나 예술사가는 아니었기 때문에 정확성과 학문적 해석에서는 약점을 보였다. 반면 건축가의 관점에서 쓴 책이었기 때문에 건축적 활용에서는 강점이 있었다(그림 185). 랭글리의 연

186 폴 데커(Paul Decker)의 『장식적으로 처리한 고딕 건축*Gothic Architecture Decorated*』(1759)에 실린 정원 구조물

구는 고딕리바이벌주의자 말고도 애덤과 내시 등 주요 건축가들에게 중요한 참고 자료가 되었다. 패턴 북의 전통에 맞춘 측면도 많아서 고급 건축가 이외의 일반인들도 쉽게 받아들였다. 이런 특징은 고딕에 대한 영국민의 일반정서와 맞아떨어지면서 고딕리바이벌이 대중적으로 인기를 누리는 데 결정적 기여를 했다.

랭글리의 이런 노력은 일회성으로 끝나지 않고 계속되었다. 18세기 동안에는 토머스 와튼Thomas Warton, 토머스 그레이Thomas Gray, 리처드 벤틀리Richard Bentley 등이 이어받아 계속했다. 이 가운데 가장 중요한 인물은 그레이였다. 그레이는 '배티 랭글리 매너'라는 말을 유행시킨 장본인으로서 랭글리의 영향을 받았지만 비판적 입장도 견지하는 양면성이 있었다. 그레이 자신은 『시골 교회 마당에서 쓴 엘레지*Elegy Written in a Country Churchyard*』1753에서 고딕 어휘를 이용한 다양한 디자인 경향을 선보였다. 이 디자인은 벤틀리의 고딕-로코코 일러스트레이션을 차용한 것이었다. 이들을 거치면서 고딕 건축에 관한 기초 자료가 어느 정도 축적될 수 있었고 이것을 응용한 고딕 디자인도 활기를 띠기 시작했다(그림 186).

이상이 고딕리바이벌의 전개 상황이었다. 고딕리바이벌은 좁게는 새로운 양식 사조가 하나 더 늘어나면서 18세기 다원주의 혹은 절충주의의 시작을 알리는 중요성을 가졌다. 그러나 18세기 유럽과 영국에서 고딕리바이벌은 그 이상의 의미가 있었다. 고딕리바이벌은 넓게는 유럽 사회가 잃어버린 반쪽을 되찾은 것과 같았다. 14~15세기 르네상스 이래 유럽 문명은 인간이 중심이 되어 중세 기독교 문명을 없애는 쪽으로 진행되었다. 르네상스에서 18세기에 이르기까지 유럽 문명은 종교 혁명, 절대왕정, 과학혁명, 지성혁명, 계몽주의, 시민혁명, 산업혁명 등 일련의 혁명운동들이 주도했다.

이런 운동들의 공통점은 중세 기독교의 신비주의를 타파하는 것이었다. 따라서 이들 운동의 예술 매개는 고전주의였다. 이런 흐름에서 중세와 고딕은 비이성적이고 비합리적이며 부정확한 것으로, 심지어 거칠고 야만적이며 미신적인 것으로까지 매도되었다. 고전과 고딕 사이에 형성된 뿌리 깊은 반목이었다. 고전은 고딕을 야만적 문명으로, 고딕은 고전을 이교도 문명으로 각각 벽안시하는 이분법적 대립 구도였다. 그러나 유럽 문명은 이 둘의 상호 보완 작용에 의해서만 완성된 상태에 이를 수 있었다. 어느 한쪽만으로는 항상 불완전한 반쪽으로 남을 수밖에 없었다. 고딕리바이벌은 이런 분열적, 대립적 절름발이 상황을 치유하여 잃어버린, 부족한 반쪽을 채우는 의미가 있었다. 이것은 서양건축, 나아가 서양문명의 전개 과정에서 거시적 중요성을 띤다. 18세기의 고딕리바이벌이 19세기에 폭발적으로 융성한 현상은 이것을 잘 보여주는 증거다.

부분적 고딕리바이벌(1) – 영국다운 신고전주의와 절충주의

이상의 배경 아래 고딕리바이벌의 효시라 할 수 있는 켄트와 댄스 2세의 경향을 부분적 고딕리바이벌이라 부를 수 있다. 두 사람은 모두 고전주의와 고딕을 동시에 구사한 공통점이 있다. 이 두 양식은 통상적으로 서로 반대되는 것으로 정의하는 것을 볼 때, 두 사람의 경향은 양식사의 상식을 벗어난 것이었다. 그 의미는 네 가지로 해석할 수 있다.

첫째는 양식 사이의 대립과 위계를 없애겠다는 것이었다. 두 사람은 두 양식을 동시에 구사하는 데 아무런 불편이나 어색함을 느끼지 않았다. 둘째는 이것은 픽처레스크 개념에 따라 역사적 선례를 확장한 현상으로 볼 수 있다. 자연을 이루는 요소들 사이에는 크기나 역할에 따른 차이만 있고 위계는 없다는, 즉 모든 요소들이 동등하다는 것이 픽처레스크의 기본 개념 가운데 하나였는데 이것을 역사 양식의 선례에 적용한 것이었다. 셋째는 절충주의였다. 이런 해석은 19세기와 연관지어 보는 시각이다. 19세기에는 한 사람의 건축가가 온갖 종류의 과거 양식을 능숙하게 구사하는 절충주의가 크게 유행했는데 그 전조 현상으로 보는 시각이다. 이런 해석은 과거 양식의 생명력을 보지 못하고 표피만 복사한다는 의미에서 부정적 평가를 내포한다.

넷째는 영국다운 국가 양식을 찾는 다원주의 입장이었다. 켄트는 두 양식을 한 건물에 직접 혼합하지는 않고 각각 다른 건물에 구사했다. 반면 댄스 2세는 두 양식을 혼합한 새로운 어휘 혹은 경향을 창출했는데 이런 경향은 존 손의 고딕 신고전주의로 이어졌다. 이런 경향들의 배경에는 고전주의가 과연 영국의 대표 양식이 될 수 있는가 하는 고민이 공통적으로 깔려 있었다. 영국 고전주의를 대표하는 팔라디오 양식은 정치적 산물이었고 이것의 모델이 되었던 존스의 영국 르네상스도 마찬가지였다. 18세기 신고전주의는 대륙, 특히 프랑스의 영향을 많이 받은 이방 양식이었다. 가장 영국다운 건축은 중세 전통을 이어받은 낭만주의였다. 공예다움, 장식다움, 자연주의, 기하주의 등 영국다운 조형 의식과 민족 정서가 모두 녹아 있는 점에서 그러했다. 고딕리바이벌은 이것을 부활하는 건축운동이었다.

18세기 고딕리바이벌은 신고전주의보다 건축가나 작품의 수가 훨씬 적었고 작품 경향도 단선적으로 나타났다. 양식운동에서는 월폴이나 와이엇이 대표적 인물들이고 그 외에는 헨리 킨Henry Keene, 1726~76, 리처드 페인 나이트Richard Payne Knight, 1750~1824, 로저 뉴디게이트Roger Newdigate, 1719~1806 등을 꼽을 수 있는 정도다. 구체적 양식운동을 제외하면 그레코-고딕 아이디얼과 구조 합리주의의 한 축을 담당하기는 했지만 집중력 있는 자신만의 양식운동에서는 리바이벌이라는 단순 경향만을 보였다. 신고전주의가 다양한 고전 선례로 소재의 범위를 확장하고 창작도 다양한 경향으로 나타났던 것과는 대조적 현상이었다. 특히 고딕 양식을 소재로 삼은 창작 경향이 없는 것이 큰 약점이었다. 과거 양식의 단순 리바이벌만 나타나는 경향은 창작운동으로서 생명력이 없었기 때문이다.

이런 상황에서 부분적 고딕리바이벌주의자들인 켄트와 댄스 2세는 어느 정도 중요성이 있다. 이들의 고딕 건축이 완전한 고딕리바이벌에 이르지 못한 부분적이고 불완전한 것은 사실이었다. 그러나 이와 반대로 이 때문에 고딕에 대해 오히려 더 자유롭고 창의적 접근을 할 수 있는 소지가 많았다. 직설적 복사의 의미로서 총체적 양식을 단순 리바이벌하는 것이 아니라 개별 어휘로 분해해서 부분적 각색을 가하여 창작 양식의 가능성을 조금이라도 열었다는 의미다.

18세기 영국에서는 부분적 고딕리바이벌 현상이 매우 보편적이어서 와이엇조차도 이 범위를 벗어나지 못했다. 와이엇은 고딕리바이벌을 가장 순도 높게 보여준 대표적 건축가였지만 그 역시 켄트와 마찬가지로 고딕 양식을 절충주의 요소 가운데 하나로 구사했다. 애덤의 예는 이와 반대로 유사성을 보였다. 애덤은 대표적인 신고전주의자였지만 단편적, 부분적으로는 고딕 어휘도 구사했다. 이것은 자신의 건축 철학에 따른 것이 아니라 전적으로 건축주들의 요구에 따른 것으로 당시 시대 상황을 잘 보여주는 현상이다. 또는 고딕에 대한 영국민들의 보편적 정서를 보여주는 현상이기도 했다. 18세기 영국 상황에서 사실 이 둘은 같은 얘기나 마찬가지였다. 애덤 같은 대가도 피할 갈 수 없는 시대 상황이었다.

187 윌리엄 켄트(William Kent), 〈외딴 동굴에 앉아 있는 알렉산더 포프*Alexander Pope*〉
188 윌리엄 켄트(William Kent), 성 요한 복음 성당(St. John the Evangelist), 숍던(Shobdon), 영국, 1746

부분적 고딕리바이벌(2) - 켄트와 댄스 2세

켄트는 건축으로 전업한 초기부터 고딕 어휘를 구사했다. 1720년대에는 고딕 건물의 복원과 증개축이 주를 이루었다. 또는 실내장식에서 로코코 고딕의 형식으로 장식적 접근도 시작했다. 주로 실내장식에서 나타난 이런 경향은 켄트의 후반부 작품까지 계속 이어졌다. 낭만주의와 결부된 창작 양식으로서 고딕리바이벌에 본격적으로 관심을 기울인 것은 1730년대가 지나면서부터다. 이 기회를 제공한 것은 역설적이게도 벌링턴이었다. 벌링턴은 요크셔에 많은 농장과 땅이 있었고 켄트는 이곳에 자주 머물렀다.

아름다운 영국의 농촌을 여행하면서 켄트는 가장 영국다운 양식이 무엇일까 고민했을 것이다. 특히 농촌의 자연 풍경과 잘 어울리는 고딕 건물들을 보면서 낭만주의 건축으로 발전할 가능성을 보았다. 당시 영국을 대표하는 미학 사상으로 새롭게 부각되던 픽처레스크 개념과도 잘 어울리는 것으로 생각했을 것이다(그림 187). 켄트가 구사한 고전주의는 이탈리아 체류 동안 배웠던 이방 양식이었다. 팔라디오 양식 역시 벌링턴의 정치적 야심이 낳은 인위적 양식이었다. 반면 낭만주의와 고딕은 자연스러운 영국 자생 양식이었다.

켄트의 고딕리바이벌은 실내 중심으로 로코코와 결부된 장식 경향을 대표적 특징으로 했다(그림 188). 켄트는 웅장한 기념비 건축은 고전주의에 적합하고 고딕은 실내장식에 어울린다고 생각했다. 이런 생각은 고딕 건축의 정수를 읽지 못하고 그 가능성을 처음부터 강하게 한정한 점에서 부정적인 평가를 내릴 수 있다. 켄트가 이런 생각을 갖게 된 데는 시대 상황이 크게 작용했다. 당시의 정치적, 사회적 분위기에서 고딕에 대한 수요는 처음부터 복원과 실내장식에 한정됐다. 영국에는 별도의 로코코 양식이 없었기 때문에 영국의 건축가들에게는 실내 건축과 관련된 장식적 요구를 어떤 식으로든지 해결해야 할 시급한 의무가 있었다. 이런 요구는 설계 시장에서도 큰 비중을 차지했기 때문에 건축가들은 이를 외면할 수 없었다. 이런 상황에서 로코코의 장식 경향을 흡수해서 대신할 양식 소재로 고딕이 가장 적합했다.

켄트의 고딕리바이벌은 서리의 에셔 플레이스Esher Place, Surrey, 1732, 햄프턴 코트 궁전의 고딕 출입문Gothic Gateway, Hampton Court Palace, 1732, 글로스터 성당의 성가대석 스크린Choir Screem, Gloucester Catheral, 1742, 숍던의 성 요한 복음 성당St. John the Evangelist, Shobdon,1746 등이 대표작이었다. 에셔 플레이스는 영국에서 가장 먼저 시작한 고딕리바이벌로 평가할 수 있다. 이 건물은 현재 일부분만 남아 있는데 튜더 왕조1485~1603의 중세 선례를 모델로 삼아 로코코풍의 장식 어휘와 혼합해서 사용했다.

켄트는 뾰쪽 아치의 강한 곡선 윤곽을 기본 모티프로 그 주위에 로코코의 식물 문양을 디테일로 더한 장식 어휘를 즐겨 사용했다. 이런 경향은 위의 대표작 전체에 걸쳐 나타나는 공통적 특징으로 로코코 고딕Rococo Gothic이라 부를 수 있다. 로코코 고딕은 고딕리바이벌의 한 축을 이루는 중요한 내용인데 켄트를 그 시효로 볼 수 있다. 켄트의 고딕리바이벌은 존 바디John Vardy의 『이니고 존스와 윌리엄 켄트의 디자인*Some Designs of Mr. Inigo Jones and Mr. William Kent*』1744이라는 책을 통해 18세기 후반부 영국 건축에 알려졌다. 켄트의 영향은 적지 않았다. 그러나 그동안 과소평가되어 왔다. 켄트의 로코코 고딕은 월폴의 스트로베리 힐을 비롯하여 여러 컨트리하우스에 영향을 끼쳤다. 샌더슨 밀러Sanderson Miller의 윌트셔의 라콕 수도원Lacock Abbey, Wiltshire, 1753~55과 뉴디게이트, 밀러, 킨의 공동작품인 너니턴의 애버리홀Arbury Hall, Nuneaton, 1750~1800 등이 대표적 예였다(그림 189).

189 로저 뉴디게이트(Roger Newdigate) · 샌더슨 밀러(Sanderson Miller) · 윌리엄 켄트(William Kent), 애버리홀(Arbury Hall), 너니턴(Nuneaton), 영국, 1750~1800

댄스 2세의 고딕 경향도 영국다운 신고전주의를 이루는 요소로 정의할 수 있다. 구체적 내용에서는 고딕을 고전주의와 직접 혼합한 점에서 켄트와 차이가 있었다. 뉴게이트 감옥은 고전을 소재로 중세 분위기로 표현한 예였다(그림 171). 반면 런던의 길드홀Guildhall, 1788~89 파사드는 고딕을 소재로 고전적 분위기로 표현했다(그림 190). 고딕 어휘는 뾰족 아치를 기본 모티프로 사용하여 창에 집중적으로 배치했다. 이외에 옥상은 총안銃眼: battlement을 물결 모양의 곡선으로 처리한 뒤 장식을 더했고 베이를 구획하는 두꺼운 벽기둥 상층부에는 소형 첨탑을 더했다. 뾰족 아치의 윤곽은 비교적 단순하게 처리했으며 아키볼트 안쪽으로 레이스 장식을 더해서 로코코 고딕을 일정 부분 좇았다. 건축 어휘가 고딕인 것과는 달리 전체 구성 및 분위기는 고전적이었다. 중앙 출입구 매스를 강조한 처리, 창을 기본 모듈의 반복으로 구성한 처리, 베이를 구획하는 벽기둥의 수직 홈에 오더의 존재를 암시한 처리 등이 대표적 내용이었다.

레스터셔의 콜 오턴홀Cole Orton Hall, Leicestershire, 1802~08은 좀더 직설적인 고딕리바이벌에 가까웠다. 그러나 평면에는 아직 고전 질서가 강하게 남아 있었다. 다소 불규칙하긴 했지만 9분법을 기초로 한 중앙 집중 구성을 대표적 질서로 했다. 고딕 어휘는 뾰족 아치를 기본 모티프로 삼아 강한 추상 처리를 가했다. 장식은 거의 사라지고 추상 평활면을 바탕으로 뾰족한 곡선 윤곽만 강하게 그어졌다. 이런 추상 처리 역시 고전주의의 환원과 낭만주의의 원시성을 합한 것이었다(그림 191). 이상과 같은 댄스 2세의 고딕 건축은 고딕 선례를 리바이벌이 아닌 창작으로 활용한 점에서 다소 독특한 위치를 차지했다.

190 조지 댄스 2세(George Dance II), 길드홀(Guildhall), 런던, 1777~89
191 조지 댄스 2세(George Dance II), 콜 오턴홀(Cole Orton Hall), 레스터셔(Leicestershire), 영국, 1802~08

4 호러스 월폴과 제임스 와이엇

호러스 월폴(1)-고딕 소설과 고딕의 대중화

호러스 월폴Horace Walpole, 1717~1797은 오퍼드Orford의 4대 백작이면서 골동품 수집, 저술 활동, 예술사 연구, 예술가 후원자 등을 겸한 대표적 계몽주의자였다. 건축도 그의 관심 분야 가운데 하나였다. 그는 직접 설계를 하지는 않았지만 건축에도 조예가 깊어서 존 슈트John Chute, 벤틀리, 제임스 에섹스James Essex, 애덤, 와이엇 등의 건축주 역할을 하며 18세기 영국 건축, 특히 고딕리바이벌의 정착과 전개에 큰 영향을 끼쳤다.

월폴은 지독한 고딕주의자였다. 특히 고딕의 대중화에 중요한 기여를 했다. 그러나 수준 낮은 대중화는 아니었다. 고딕과 관련된 건축, 미술, 소설 등 전문 분야의 최고 예술가들의 활동을 대중들에게 쉽고 편하게 전달하는 일에 뛰어난 능력을 발휘했다. 월폴은 18세기 영국의 대표적인 예술 후원자이자 그 스스로 아마추어 예술가였다. 귀족 출신의 다른 예술 후원자들이 자신들의 정치적 목적을 위해 신고전주의와 손을 잡았던 데 반해 월폴은 자신의 정치적, 경제적, 예술적 역량을 모두 고딕에 쏟아 부었다. 그 뒤에는 고딕만이 영국을 대표할 수 있는 유일한 국가 양식이자 민족 정서라는 확신이 있었다. 고딕리바이벌의 정착과 관련한 월폴의 활동은 다음의 네 가지로 요약할 수 있다.

192 튀크넘의 스트로베리 힐(Strawberry Hill, Twickenham, 1747~63)에 앉아 있는 호러스 월폴(Horace Walpole)

첫째는 스트로베리 힐Strawberry Hill, Twickenham, 1747~63 축조였다. 이전부터 월폴이 벌여온 활발한 고딕 운동과 행적 덕분에 스트로베리 힐은 지어지면서부터 관심을 끌었다. 월폴은 이 건물에 자신의 집, 도서관, 골동품, 출판사 등을 모두 옮겨 와 근거지로 삼았다(그림 192). 이 건물에서 '스트로베리 힐 고딕'이라는 명칭이 파생되었는데 이것은 낭만주의와 연관된 고딕리바이벌을 통칭하는 말이 되었다. 건축뿐 아니라 문화와 예술 전반에 나타난 고딕리바이벌을 통칭하는 말이었다. 월폴은 스트로베리 힐을 이용해서 고딕리바이벌을 대중적으로 유행시키는 일에 열심이었다. 1774년과 1784년 두 차례에 걸쳐 이 건물에 관한 내용이 『스트로베리 힐의 호러스 월폴 빌라 안내서*A Description of the Villa of Horace Walpole at Strawberry Hill*』로 출판되면서 인기는 더욱 급증했다.

둘째는 고딕 소설Gothic Novel 출판이었다. 고딕 소설은 고딕이 영국민의 민족 정서라는 사실을 잘 보여주는 예였다. 그 시작은 월폴이었다. 월폴은 스트로베리 힐에 개인 출판사를 차리고 1764년에 『오트란토 성*The Castle of Otranto*』이라는 소설을 출판했다. 이 소설은 12~13세기를 배경으로 삼아 악행, 열정, 유혈 살인, 괴물 유령 등이 뒤섞인 공포물이었는데 큰 파장을 불러오며 성공을 거두었다. 이후 이 영향을 받아 중세, 특히 고딕을 배경으로 삼은 소설이 19세기 초까지 크게 유행하였는데 이것을 통칭해서 '고딕 소설'이라고 부른다.

고딕 소설은 공포, 미스터리, 연애 등의 소재를 다루었으며 토머스 릴런드Thomas Leland, 클라라 리브Clara Reeve, 윌리엄 벡포드William Beckford 등이 대표적인 작가였다. 이외에도 많은 소설가들이 이 사조에 속했으며 찰스 디킨스Charles Dickens와 에드거 앨런 포Edgar Allan Poe도 고딕 소설에서 많은 영향을 받았다. 고딕 소설은 18세기 영국 문학을 대표하는 주요 장르 가운데 하나가 되었다. 이런 현상은 당시 영국민들 사이에 고딕에 대한 향수가 넓고 깊게 퍼져 있었음을 보여주는 증거라 할 수 있다.

셋째는 고딕 건축에 대한 학문적 접근이었다. 그는 영국 회화사를 다룬 자신의 저서 『영국 회화의 선례*Antecedents of Painting in England*』1762~71를 통해 영국 회화사에 건축사를 포함시켜 건축의 영역을 넓혔다. 이외에도 자신과 동세대들인 그레이, 에섹스, 벤틀리 등에게 고딕 건축에 지속적으로 관심을 갖고 연구할 것을 권하며 후원했다. 앞에 언급한 그레이의 저서나 벤틀리의 디자인은 이런 노력의 결실이었다. 에섹스는 여기에서 한 발 더 나아가 고딕 건축사에 관한 저술 작업을 활발히 했다.

넷째는 랭글리와 벌인 논쟁이었다. 월폴은 랭글리가 제시한 다섯 개의 고딕 오더에 대해 공격했다. 랭글리는 고딕에 대해 가해지던 규범이 없는 양식이라는 비판을 종식시키기 위해 다섯 개의 고딕 오더를

193 배티 랭글리(Batty Langley)의 제2 고딕 엔타블러처와 주두

디자인해서 제시했다(그림 193). 고딕에도 고전과 같은 다섯 가지의 오더가 있음을 보여주기 위해서였다. 월폴은 고전의 규범 체계에 고딕을 맞추려는 이런 입장을 강하게 비판했다. 규범이 없는 점이야말로 고딕의 생명이라는 것이 논거였다. 논쟁의 시작은 순수한 학문적, 예술적 발로였지만 논쟁을 통해 고딕 건축에 대한 문화계와 예술계 그리고 일반인의 관심이 증폭되는 부수 효과를 가져왔다.

월폴도 랭글리와 유사하게 일반 대중과 가까운 민족 양식으로 고딕리바이벌에 접근했다. 이를 계기로 '랭글리―그레이―월폴―벤틀리'로 이어지는 고딕리바이벌의 큰 흐름이 완성되었다. 여기에 켄트와 댄스 2세의 부분적 고딕리바이벌, 체임버스와 존 손의 낭만적 고전주의, 와이엇과 내시의 절충주의 등 포괄적 범위의 고딕 건축가들이 가세했다. 이 한가운데 월폴이 있었다. 월폴은 건축가가 아니었기에 오히려 운신의 폭이 넓었다. 백작이라는 정치력과 경제력은 큰 도움이 되었다. 그는 고딕 건축가들을 비롯하여 수많은 문화예술계 인사들에게 고딕의 우수성, 고딕리바이벌의 중요성과 당위성 등을 강력하게 주장하는 긴 편지를 쉬지 않고 보냈다. 그의 노력과 후원이 없었으면 18세기 영국 고딕리바이벌은 형성되지 못했을 것이다.

호러스 월폴(2)-스트로베리 힐과 로코코 고딕

이상의 활동 가운데 가장 중요한 것이 스트로베리 힐 축조였다. 이 건물은 월폴이 여러 건축가들에게 발주해서 지은 것이었기 때문에 어느 부분이 어느 건축가의 작품인지 명확히 가리기는 쉽지 않다. 슈트는 외관과 도서관을, 벤틀리는 외관을 각각 설계한 것으로 알려져 있다.

그러나 이들은 아마추어 건축가여서 1766년에 애덤과 에섹스로 교체되어 이들의 원안이 얼마나 남아 있는지는 확실하지 않다. 이외에도 토머스 게이페르Thomas Gayfere 등 다른 건축가들이 추가로 참여했다. 월폴 자신이 고딕 건축에 조예가 깊었기 때문에 그의 아이디어가 많이 반영되기도 했다. 애덤조차도 스스로 안을 내기보다는 월폴이 제시하는 아이디어를 실무적으로 뒷받침하는 일이 주요 업무였다. 이 때문에 이 건물은 통틀어 월폴에게 저작권을 주는 것이 건축사의 통례다.

월폴은 이 건물을 1749년에 구입해서 증축했다. 본래 건물은 대칭 구성이었는데 픽처레스크 개념에 따라 측랑을 더하면서 비대칭으로 변했다. 측랑은 옥상 부분을 총안으로 처리해서 전체 윤곽을 중세 성채 모습으로 처리했다. 중앙 홀은 원형 탑으로 처리해서 이런 분위기를 도왔다. 창은 뾰쪽 아치pointed arch를 이용한 베이 구성으로, 주요 방은 베이를 밖으로 돌출시켜 별동의 매스로 처리했다. 이렇게 처리한 곳은 두 군데였는데 이 가운데 측면 매스에는 계단형 박공으로 만든 별도의 지붕을 더했다. 마지막으로 옥상에 소형 첨탑과 굴뚝을 더했다.

픽처레스크 효과는 외관에 나타났다. 다양한 건축 부재가 선험적 규범이 아닌 귀납적 상황에 따라 구성되면서 자유로우면서도 유기적 질서를 이루었다(그림 194). 부재의 크기도 수치가 강요하는 비례에 따르지 않고 각각의 목적과 사용에 맞게 결정되면서 편차가 커졌다. 각 부재가 유기적 질서를 이루었기 때문에 편차는 혼란스럽지 않고 다양하게 어울렸다. 입면은 표면과 매스 모두에서 수시로 변하면서 다양성 속의 질서, 혹은 질서 속의 다양성을 대표 특징으로 하였다. 중세 구성만이 줄 수 있는 효과였다.

외관에는 여러 고딕 선례를 차용했다. 에섹스는 엘리 성당Ely Cathedral의 무덤을 본떠서 출입문을, 게이페르는 솔즈베리 성당Salisbury Cathedral의 무덤을 본떠서 숲 속 예배당Chapel in the Woods, 1772을 설계했다. 동시대 고딕 연구도 참고했다. 외관 전반은 켄트가 에셔 플레이스에 사용했던 모델을 참고했다.

194 호러스 월폴(Horace Walpole), 스트로베리 힐(Strawberry Hill), 튀크넘(Twickenham), 영국, 1747~63

195 호러스 월폴(Horace Walpole), 스트로베리 힐(Strawberry Hill), 튀크넘(Twickenham), 영국, 1747~63
196 호러스 월폴(Horace Walpole), 스트로베리 힐(Strawberry Hill), 홀바인 체임버(Holbein Chamber), 튀크넘(Twickenham), 영국, 1747~63

앞에 소개한 랭글리의 저서도 빠질 수 없는 중요한 참고 자료였다.

실내에서는 고딕 어휘가 장식적으로 쓰였다. 가장 대표적인 곳은 홀바인 체임버Holbein Chamber, 도서관The Library, 대식당The Refectory 혹은 Great Parlor, 화랑The Gallery의 네 곳이었다. 네 곳에 쓰인 고딕 장식은 두 종류로 나눌 수 있다. 하나는 뾰쪽 아치를 이용한 스크린으로 세 곳 모두에 쓰였다. 다른 하나는 볼트를 이용한 천장 문양으로 화랑에 쓰였다(그림 195). 이 가운데 후자는 고딕 선례를 직접 차용한 것이었다. 반면 전자는 동시대 로코코 장식과 혼합한 창작적 측면이 강했다. 이런 경향을 로코코 고딕이라 불렀다. 영국에서는 로코코가 별도의 양식으로 독립하지 못한 대신 다른 양식과 혼합한 장식 경향으로 나타났다. 이 건물의 스크린에 나타난 로코코 고딕과 애덤의 예에서 본 로코코 신고전주의 등이 대표적 예들이다.

스크린은 벤틀리가 디자인한 홀바인 체임버의 것이 가장 대표적이었다(그림 196). 이 스크린은 침실과 거실을 구획하는 벽이었다. 스크린은 뾰쪽 아치를 기본 모티프로 삼아 로코코의 식물 문양을 혼합한 장식으로 이루어졌다. 그리고 세 장의 뾰쪽 아치 패널을 이용했다. 사람이 드나드는 문으로 쓰인 가운데에 있는 것이 가장 컸고 양옆에 있는 것은 조금 작았다. 패널의 전체 윤곽은 뾰족 아치를 위로 늘어트린 모습으로 처리했다. 양옆의 패널은 속이 막혔는데 이 부분은 로코코의 식물 문양을 반복한 장식으로 채웠다. 도서관 벽도 홀바인 체임버와 유사한 스크린 장식으로 처리했다. 서가의 윤곽을 뾰쪽 아치 패널로 짜서 그 속에 책을 넣었으며 가장 크고 화려한 패널은 벽난로에 쓰였다.

스크린 이외에도 천장에는 영국 고딕 성당의 볼트 장식을 사용하서 문양을 디자인했다. 홀바인 체임버의 천장 문양은 육각형과 마름모가 교차하는 기하학적 윤곽 속에 꽃잎 모양의 장식을 더했다. 이런 문양은 리언lierne을 이용한 영국 고딕 성당의 전형적인 천장 장식이었다. 이와 유사한 예는 수없이 많은데, 대표적으로 옥스퍼드의 예수교회Christ Church와 웰스 성당Wells Cathedral 등을 들 수 있다. 도서관도 이와 유사한 장식으로 처리했다. 화랑의 천장은 팬 볼트fan vault로 처리했는데 케임브리지의 킹스칼리지 예배당King's College Chapel이 대표적 선례였다.

제임스 와이엇(1) – 다원주의와 절충주의

와이엇은 영국을 대표하는 예술가 가문에서 태어났다. 한 가문 전체가 예술가들로만 구성된 경우는 각 나라마다 여러 예가 있었지만, 예술가들의 숫자로만 보면 와이엇 가문이 단연 압도적이었다. 18세기 중반부터 19세기 말까지 150여 년간 4대에 걸쳐 스무 명이 넘는 건축가와 여섯 명의 화가를 배출했다. 이들은 고급 건축가 이외에도 시공업자, 장인, 재료 상인, 감독관 등 건축과 관련한 다양한 직종에서 활동했다. 제임스 와이엇James Wyatt, 1746~1813은 이 가운데 가문을 대표하는 가장 유명한 건축가였다.

와이엇은 영국 건축에서 보면 존 손과 함께 18세기 후반부를 대표하는 건축가였다. 이것은 다분히 많은 작품 수에 힘입은 바가 컸다. 어려운 시대 상황에서 다작을 남겼으나 시대를 이끌고 앞서 나가는 창작력을 보여주지는 못했다. 건축 경향은 전형적인 다원주의였다. 그의 다원주의는 폭이 매우 넓어서 건축 경향 이외에 이론, 시공, 재료 공급, 공학 기술, 신재료 등 건축과 관련된 거의 모든 분야를 아울렀다. 아버지와 삼촌이 운영하던 시공 회사를 물려받아 자신이 설계한 건물에 대해서는 재료 공급에서 시공까지 모든 과정을 다 자신이 처리했다. 이 과정에서 주철 등 새로운 재료 도입과 연구에도 적극적이었다.

건축 경향에서는 팔라디오 양식, 신고전주의, 고딕 등을 동시에 구사한 다원주의였다. 여기에 비잔틴 건축 구성도 일부 차용한 점에서 절충주의로 볼 수도 있다. 신고전주의 건축으로는 판테온 어셈블리 룸스Pantheon Assembly Rooms, 런던, 1770~72, 옥스퍼드 오리엘칼리지 도서관Oriel College, Library, 1788, 글로스의 도딩턴 하우스Dodington House, Glos, 1798~1813 등을 대표작으로, 고딕리바이벌 건축으로는 켄트의 리 수도원Lee Priory, Kent, 1785, 윌트셔의 폰틸 수도원Fonthill Abbey, Wiltshire, 1795~1807, 하트퍼드셔의 애슈리지 하우스Ashridge House, Hertfordshire, 1806~1818년경 등을 대표작으로 들 수 있다(그림 197). 이 가운데 와이엇의 가장 큰 기여로는 고딕리바이벌을 직접적이고 총체적 단위로 구사한 점을 들 수 있다.

와이엇의 고딕리바이벌은 전략적 측면이 강했다. 본래 고딕리바이벌은 고딕 양식의 중세 기독교를 배경으로 하여 심각한 양상을 띠는 것이 보통이었다. 18세기에는 영국의 국민 정서에 맞는 낭만주의 건축을 찾는 과정에서 지난한 과정을 거쳐 대표 양식으로 채택되었다. 19세기에는 기계 문명의 횡포에 맞선 중세주의나 기독교사회주의운동처럼 도덕적 명분을 건 정신부활운동의 성격을 띠었다. 와이엇에게는 이런 것이 없었다. 그에게 고딕리바이벌은 일차적으로 다원주의를 구성하는 요소 가운데 하나일 뿐이었다.

좀더 사회성을 부여하자면 애덤으로 대표되는 1720년대 선배 세대의 독주를 끝내기 위한 힘겨루기 수단 같은 것이었다. 애덤 세대가 신고전주의를 통해 영국 건축계를 독점하고 있었기 때문에 이것과 반대되는 영국의 국가 양식인 고딕과 낭만주의를 통해 국민 정서에 호소하려는 측면이 강했던 것이다. 전략적 속성은 와이엇의 작품 전반에 나타났다. 양식 단위에서는 애덤의 국제적 신고전주의를 비판하면서도 정작 자신의 신고전주의 작품에는 애덤의

197 제임스 와이엇(James Wyatt), 애슈리지 하우스(Ashridge House), 하트퍼드셔(Hertfordshire), 영국, 1806~1818년경

모티프를 많이 차용하는 이중성을 보였다.

전략적으로 건축에 접근하는 대부분의 건축가들처럼 와이엇도 여러 공직 활동을 활발히 했다. 1785년에는 왕립 건축아카데미 회원이 되었고 1805년에는 원장의 자리까지 올랐다. 1776년에는 웨스트민스터 사원 건축 감독관Surveyor of Westminster Abbey이 되었다. 오랜 기간 조지 3세와 샬럿 여왕Queen Charlotte을 건축주로 모시며 왕실 건축가로 활동했다. 1796년에는 체임버스의 뒤를 이어 왕실 건축 감사관 겸 총감독관Comptroller and Surveyor General에 임명되었다.

와이엇은 고전주의로 건축을 시작했다. 1762년경부터 약 6년간 로마에 머물며 고전주의를 접했다. 이후 런던으로 돌아와 자신의 대표작인 판테온 어셈블리 룸스를 설계했다. 이 건물에는 애덤의 사이온 하우스를 연상시키는 평면 구성을 이용했다. 원, 반원, 정사각형, 직사각형, 사엽형 등 다양한 기하 윤곽의 방들이 어우러졌다. 중앙의 그레이트 룸The Great Room은 하기아 소피아성 소피아 성당를 모방한 공간 골격으로 짰다(그림 198). 정사각형 중심 공간의 양옆에 기둥 열을 세우고 앞뒤에 반원형 공간을 덧붙여 남북 방향으로 선형성을 만들어냈다. 널판 두 장으로 풍선을 눌러 길게 만든 것 같은 형국이었다. 중심 공간은 네 모서리를 대각선으로 잘라 불균등 팔각형으로 만든 뒤 중앙에 큰 돔을 받쳤다. 구조 골격은 철물을 이용해서 보강했다.

198 제임스 와이엇(James Wyatt), 판테온 어셈블리 룸스(Pantheon Assembly Rooms), 런던, 1770~72

제임스 와이엇(2)-리 수도원과 폰틸 수도원

와이엇은 월폴 모임의 일원으로 고딕리바이벌을 시작했다. 1770년대 초반부터 1780년대 초반까지 이런 경향이 특히 두드러졌다. 이 기간에는 실내장식을 중심으로 기존의 고딕 건물을 증축하는 일이 많았다. 이런 작품들에서는 스트로베리 힐에 선보였던 로코코 고딕의 장식 어휘들을 사용했다. 뾰쪽 아치를 기본 어휘로 로코코의 식물 문양과 곡선 장식을 혼합한 경향이었다. 여기에 부분적으로 애덤 모티프의 영향을 받은 신고전주의 어휘도 섞어 썼다. 서퍽의 헤브닝엄홀Heveningham Hall, Suffolk, 1780년경~84년이 대표적인 예였다. 이 건물에서는 팬 볼트를 고전 장식과 혼합한 어휘를 사용했다. 배럴 볼트 천장에서 베이 구획이 일어나는 지점을 팬 볼트로 처리했으며 이것을 아래의 벽기둥이 받쳤다. 이런 경향은 고딕리바이벌 내에서 좁은 의미의 절충주의로 볼 수 있다.

1780년대 중반부터 건물 단위의 큰 규모로 고딕리바이벌을 구사하였다. 이때 탄생한 작품들은 와이엇 자신과 18세기 영국 고딕리바이벌 모두에서 중요한 위치를 차지했다. 와이엇 개인으로 보면 이전에 나타났던 무기력한 절충주의에서 벗어나 자신만의 독립적 특징을 보였다. 영국 고딕리바이벌 전체로 보면 로코코 고딕 중심의 장식 경향에서 벗어나 건물 단위로 고딕 양식을 확장한 중요성을 가졌다. 리 수도원과 폰틸 수도원이 대표적인 예다.

리 수도원에서는 최초로 고딕리바이벌의 정수가 나타났다. 전체 크기는 아직 휴먼 스케일의 범위에 머물렀으나 건물의 총체적 단위로 고딕 어휘를 구사하여 고딕 구성이 종합적으로 완성된 상태를 보여주었다(그림 199). 이런 상태는 스트로베리 힐에서도 나타났으나 어휘 사용에서 중요한 차이가 있었다. 스트로베리 힐에서는 총안을 중심으로 한 성채 어휘를 사용한 데 반해 리 수도원에서는 성당 어휘를 사용했

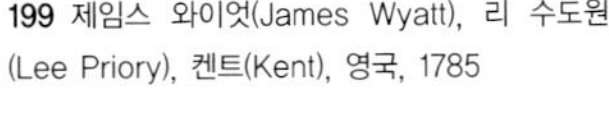
199 제임스 와이엇(James Wyatt), 리 수도원(Lee Priory), 켄트(Kent), 영국, 1785

다. 출입구 파사드와 출입문은 이러한 차이를 잘 보여주는 대표적 어휘였다. 출입구 파사드에는 큰 뾰족 아치를 랜싯으로 분할한 창이 전면을 차지했다. 창 분할은 플랑부아양 양식flamboyant style을 모방한 문양으로 처리했다. 출입문은 출입구 파사드가 아닌 측면 매스에 냈다. 아키볼트를 여러 겹 중첩한 고딕 성당의 대출입문portal을 모방했다.

고딕 건축의 정수는 성당이었기 때문에 이런 어휘들을 통해 리 수도원에서 비로소 고딕다운 고딕을 접하게 된 것으로 볼 수 있다. 이 건물에서는 로코코 고딕의 장식적 각색에서 벗어나 고고학적 정확성을 지키는 쪽으로 큰 흐름이 바뀌었다. 19세기 빅토리안 고딕에 비하면 정확성은 여전히 떨어졌으나 스트로베리 힐에 비하면 많이 향상되었다. 매스 구성에서는 영국 특유의 픽처레스크 특징이 잘 드러났다. 크고 작은 매스 단위들이 어우러져 가변성 높은 율동감을 보이면서도 일정한 안정감과 질서를 동시에 나타냈다. 성당 어휘를 기본 모티프로 스트로베리 힐의 베이 처리를 부분적으로 더했다. 월폴은 이 건물을 보고 "스트로베리 힐이 낳은 자식인데 부모보다 더 예쁘다"고 평했다.

폰틸 수도원에서는 리 수도원의 구성을 기념비적 스케일로 확장했다. 평면은 분리형 그릭 크로스로 구성했다. 네 팔의 길이가 길어서 전체적 느낌은 십자가 구성으로 나타나지 않고 긴 선형 공간 네 개를 'x-y' 축을 따라 직각으로 배열한 것처럼 느껴졌다. 네 팔에는 출입구 홀, 본당 교회, 회랑, 부속실 등을 기능별로 할당했다. 천장 장식도 네 팔을 각각 다르게 처리했다. 마름모 기하 문양, 팬 볼트, 장미창을 단순화한 꽃잎 등이 천장에 사용한 고딕 어휘들이었다(그림 200).

다소 복잡할 수 있는 여러 요소들이 픽체레스크 구성을 이루면서 다양성과 질서를 동시에 획득했다. 극단적으로 긴 수평 홀을 축으로 사각형을 조금씩 변형한 여러 방들이 픽처레스크 구성을 이루었다. 수평축은 질서를, 사각형의 변형은 다양성을 확보해주었다. 네 팔이 교차하는 중심은 크로싱이었다. 크로싱은 팔각형 윤곽이었으며 내벽은 초기 영국 양식Early English Style을 기본 모티프로 단순화한 수직 양식Perpendicular Style을 더하여 긴 뾰족 아치로 기본 골격을 잡았다. 그 위에 낮은 2층 회랑을 얹었다. 천장은 링컨 성당Lincoln Cathedral이나 캔터베리 성당Canterbury Cathedral과 유사한 볼트 문양으로 처리했다.

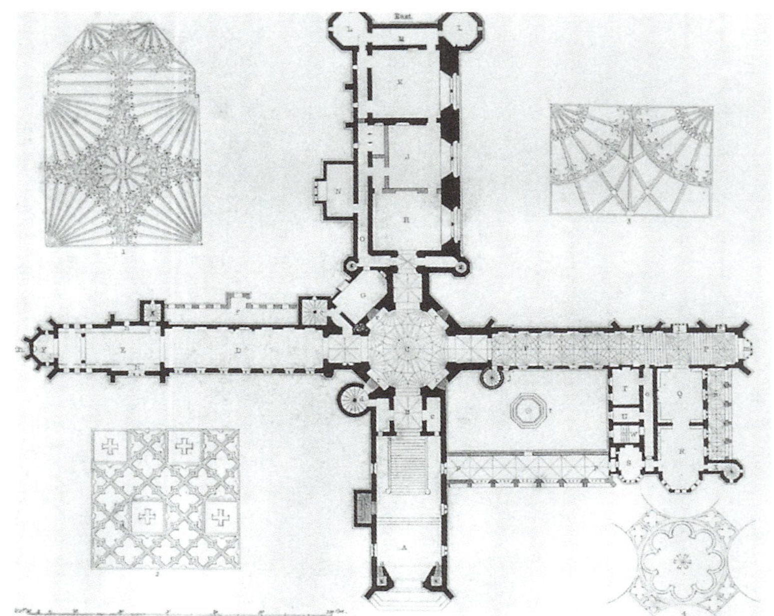

200 제임스 와이엇(James Wyatt), 폰틸 수도원(Fonthill Abbey), 윌트셔(Wiltshire), 영국, 1795~1807

201 제임스 와이엇(James Wyatt), 폰틸 수도원(Fonthill Abbey), 윌트셔(Wiltshire), 영국, 1795~1807

평면의 픽처레스크 구성은 외관에 반영되었다. 리 수도원과 유사한 성당 어휘를 기본 모티프로 삼고 회랑 부분은 성채 모티프로 처리했다. 크고 작은 중세 매스들이 어울리면서 변화무쌍한 실루엣을 만들어냈다(그림 201). 그러나 외관에는 장식을 되도록 절제했으며 매스 단위는 추상적 분위기의 기하학성을 유지했다. 이런 특징은 초기 영국 양식을 18세기의 픽처레스크 개념에 맞게 번안한 것이었다. 와이엇은 중세 양식 가운데서도 초기 영국 양식과 튜더 양식을 가장 영국다운 고딕으로 즐겨 사용했다. 튜더 양식은 회랑 부분에 사용한 성채 모티프에 잘 나타났다.

이 건물은 로코코 고딕과 고고학적 중세주의 사이에서 균형잡기에 성공한 수작이었다(그림 202). 천장 볼트를 중심으로 장식적 각색은 여전히 일정한 역할을 유지했다. 그러나 스트로베리 힐과 같은 노골적 장식 경향은 아니었고 고고학적 정확성을 지키는 쪽으로 변화했다. 고고학적 정확성의 관점에서 보면 직설적 복사의 한계를 피할 수 있는 창작을 어느 정도 가한 것이었다. 디자인의 우수성과 달리 공사는 날림으로 하여 1825년에 붕괴되었다. 설계에서 시공에 이르는 전 과정에 철저한 장

인정신을 쏟아 붓지 않은 와이엇의 정치적 행보가 빚은 비극이라고 할 수 있다. 거시적으로 보면 18세기 고딕리바이벌에 대한 사회적 감시 체제와 기본 인프라가 취약했음을 보여주는 증거이기도 하다. 고딕리바이벌은 다분히 감상적이고 산발적인 아마추어리즘 양상으로 진행되었던 것이다.

202 제임스 와이엇(James Wyatt), 폰틸 수도원(Fonthill Abbey), 윌트셔(Wiltshire), 영국, 1795~1807

9장
낭만적 고전주의(1)
–폐허 · 수채화운동, 피라네시

1 낭만적 고전주의

2 폐허 · 수채화운동과 그릭 리바이벌(1)

3 조반니 바티스타 피라네시

1 낭만적 고전주의

낭만주의와 고전주의

낭만적 고전주의는 말 그대로 낭만주의와 고전주의를 혼합한 건축 경향을 지칭한다. '고전주의'라는 말이 뒤에 있는 데서 알 수 있듯이 이 경향은 고전주의의 한 분파로서 고전주의에 대한 낭만주의적 해석 경향을 의미한다. 낭만주의와 고전주의가 대치하던 18세기 시대 상황의 산물로서 하나의 통일된 양식운동이라기보다는 고전을 해석하는 태도attitude로 정의할 수 있다. 고전주의와 고전 부재를 기본 소재로 삼기 때문에 자연, 농가, 고딕 등을 기본 소재로 삼는 낭만주의와는 다른 고전주의의 한 형식이다.

18세기에는 서로 상반되는 두 경향이 하나로 합쳐져 새로운 양식으로 태어나는 일이 잦았다. 낭만적 고전주의가 대표적 예고 고딕 신고전주의도 유사한 경우였다. 낭만적 고전주의가 태어난 이유는 낭만주의만으로는 건축운동으로 발전하기 힘든 면이 많았기 때문이다. 낭만주의는 기본적으로 회화와 문학운동이었다. 낭만주의는 자연 해석과 인간의 감성을 다룬 사조였기 때문에 인공 축조물이라는 물리적 매개를 다루는 건축과는 안 맞는 측면이 많았다. 이 때문에 낭만주의의 구체적 결과는 건축에서 매우 제한적으로 나타났다.

가장 큰 이유는 소재, 혹은 매개의 제한성이었다. 낭만주의 건축에서 다룰 수 있는 소재는 고딕과 농가뿐이었다. 18세기에 이 둘은 지극히 제한적인 비주류 요소였다. 건축 소재는 여전히 고전주의가 주축이 된 고급 공공건물이 중심을 차지하고 있었다. 건축의 장르적 특성도 중요한 요인이었다. 회화나 문학과 달리 건축은 실제 건물을 지어야 하는 경제적, 사회적, 정치적 장르였다. 돈을 대는 건축주, 권력을 잡은 지배 계층, 그리고 다수 국민들의 정서를 모두 만족시켜야 했다. 이런 상황에서 비주류 소재인 고딕과 농가를 이용한 건축운동은 활성화하기 힘들었다. 그 대안으로 미학 정신과 심미 감성은 낭만주의를 추구하되 구체적 소재는 고전주의를 이용하는 타협점을 찾았고 이것이 낭만적 고전주의였다.

낭만적 고전주의는 고전주의의 보편적 이상은 유지하되 이것이 지나치게 규범적 엄격함, 합리적 논리성, 추상적 매스감 등으로 흐르는 데 대한 대안으로 인간의 감성적 측면을 더해 중화하려 했다. 같은 고전주의 내에서 절대주의 규범, 합리주의, 추상 기하주의 등과 반대편에 서는 입장으로 이해할 수 있다. 그 대안으로 추구한 인간의 감성적 측면에는 여러 가지가 있을 수 있다. 개인의 주관적 감흥, 내면적 즐거움, 자연의 교훈과 풍경의 아름다움, 더 포괄적인 의미에서 자연의 종합적 심미성, 인간 스케일을 뛰어넘은 시대의 격랑이 주는 정치 사회적 감동, 석재의 원시적 힘과 자극적 시각효과 등을 대표적 내용으로 들 수 있다.

이런 내용들은 이전까지 고전주의의 대상이 아니었다. 더 넓게 보면 건축의 표현 대상이 아니었다. 18세기에 들어와 낭만주의의 영향 아래 이것들이 건축의 영역으로 들어왔다. 문제는 이런 감성적 내용들을 표현할 매개였다. 18세기 낭만주의에서 사용할 수 있는 건축 매개는 고딕과 농가뿐이었다. 이것들로는 위의 다양한 내용들을 담아내고 표현하는 데 한계가 컸다. 당시 이것들을 모두 감당할 수 있는 매개는 고전밖에 없었다. 일부 건축가들이 고전주의의 기조를 유지하면서 이런 낭만적 감성을 고전 어휘로 표현하려는 시도를 했는데 이것이 낭만적 고전주의였다.

거시적으로 보면 고전주의의 항시성을 보여주는 서양건축의 큰 흐름의 일환이었다. 18세기에 새롭게 등장한 낭만주의를 고전주의가 수용, 포괄하는 입장으로 나타난 것이 낭만적 신고전주의였다. 고딕 시대의 고딕 고전주의, 바로크 시대의 바로크 고전주의 등에 해당하는 18세기의 현상이었다. 고전의 끊임없는 변신이 18세기에 낭만주의를 만나 새롭게 나타난 현상이었다. 낭만주의와 고전주의는 상위 대표 차원의 일반론적 분류에서는 서로 반대편에 서는 예술운동으로 보는 것이 상식이다. 그러나 고전주의의 가장 큰 특징이자 장점 가운데 하나는 이렇게 반대편의 예술운동까지 끌어들여 자신을 변신시킨 것이다. 고딕과 바로크는 가장 대표적인 예였고 낭만적 고전주의 또한 그러했다.

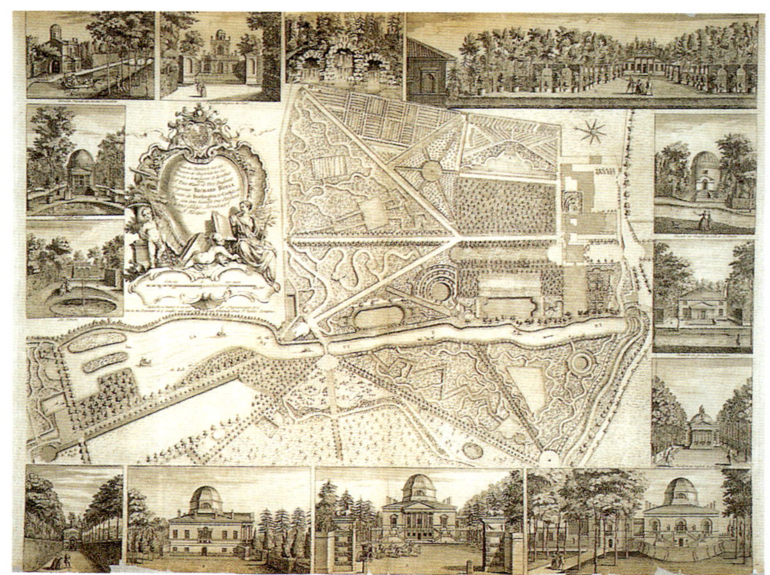

203 윌리엄 켄트(William Kent), 치즈윅 가든(Chiswick Gardens), 런던, 1725~38

이것은 현실적 관찰에 의해 쉽게 파악할 수 있는 내용이다. 고딕, 바로크, 낭만주의가 실제로 작동하는 하부 구성 요소를 보면 고전주의에 접목하거나 응용할 소지가 많은 것이 사실이었다. 18세기에는 아래에 열거한 것과 같은 낭만주의의 하부 구성 요소를 고전 해석에 차용하여 고전주의에 다양한 변화를 주어 새로운 시대 상황과 요구를 만족시키는 또 하나의 고전주의운동을 탄생시켰다.

낭만적 고전주의는 18세기 전반부 조경에서 처음 시작했다. 베르사유의 정원이 대표하는 바로크의 기하학적 정형주의에 반대하여 언덕, 호수, 나무 등 자연 형태를 그대로 받아들인 뒤, 그리스 신전과 로마 신전을 더해 최종적으로 완성시키는 경향이었다. 켄트의 치즈윅 가든은 그 대표적인 예다(그림 175, 176, 203). 이때 자연 요소 자체에 국한하면 낭만주의가 되었다. 낭만적 고전주의는 이것을 고전주의로 마무리하겠다는 입장이었다. 있는 그대로의 자연 환경에 고전 신전을 인공 요소로 더하는 것이었다. 있는 그대로의 자연 환경은 낭만주의의 기본 개념, 고전 신전의 도입은 고전주의의 기본 개념이었다. 고전 신전을 이용한 점에서는 건축으로 볼 수도 있으나 자연 환경이 중심이 된 점에서 조경으로 분류하는 것이 일반적이다.

낭만적 고전주의 건축의 네 가지 경향

낭만적 고전주의 건축에서 나타난 중요한 특징 가운데 하나로 그리스 고전주의와 로마 고전주의 사이의 구별이 약해진 현상을 들 수 있다. 이것은 낭만성이 절대주의 규범, 합리주의, 추상 기하주의 등과 대별되는 입장에 서는 것과 깊은 연관성이 있다. 이런 세 가지 경향이 고전주의 해석에 개입하면서 고전주의 사이에서 그리스와 로마를 구별하는 결과로 나타났다. 절대주의 규범은 그리스 고전주의와 로마 고전주의의 캐넌이 다르다는 사실을 구별 기준으로 삼았다. 합리주의는 그리스 고전주의에서 그레코-고딕 아이디얼을, 로마 고전주의에서 석구조를 각각 찾아내며 둘을 구별했다. 추상 기하주의는 그리스 고전주의의 원형성과 로마 고전주의의 거석 구조를 통해 둘을 구별했다.

반면 낭만성은 둘 사이의 정밀한 구별을 없애고 둘 모두를 동등한 입장에서 낭만적 해석의 소재로 차용하는 통합 경향을 보였다. 뒤의 세 경향이 고전의 세밀한 분화를 촉진한 반면, 낭만적 고전주의는 낭만성이라는 더 큰 주제 아래 이것을 다시 통합하는 반대 경향을 보였다. 낭만적 고전주의의 아래 네 경향 가운데 로마 고전주의에 집착한 피라네시를 제외한 나머지 세 경향에서는 모두 그리스와 로마의 차이를 없앤 대신 그 뒤에 공통적으로 숨어 있는 낭만성의 가능성만을 찾아내어 응용했다. 이와 같은 분화와 통합의 이분법 쌍개념은 고전을 둘러싼 18세기 다원주의의 현상 가운데 하나였다.

낭만적 고전주의가 본격적으로 유행한 시기는 18세기 중반에서 19세기 중반까지 약 100년 동안이었다. 회화, 조경, 건축 등 시각 예술의 여러 분야에서 폭넓게 진행됐다. 건축에서는 18세기와 19세기가 조금 달랐다. 18세기에는 프랑스를 필두로 영국과 이탈리아의 세 나라가 이끌었다. 그 구체적인 내용들은 아래의 네 가지로 분류할 수 있다. 19세기에는 영국과 독일로 좁혀지며 계속되었다. 영국에서는 낭만주의와 빅토리안 고딕과 함께, 독일에서는 낭만주의와 함께 진행되었다. 프랑스에서는 나폴레옹이 집권하면서 막을 내렸다. 이 가운데 18세기 건축에서 낭만적 고전주의의 내용은 넷으로 요약할 수 있다.

첫째는 고전의 폐허 유적에 대한 수채화운동이었다(그림 204). 이것은 회화에서 낭만주의의 풍경화에 속하기도 하는 등 낭만주의와 가장

204 위베르 로베르(Hubert Robert), 〈폐허 콜로네이드*Colonnade en ruine*〉(1780)

연관성이 많은 경향이었다. 직접 건물을 설계하는 양식운동은 아니었으나 고전을 새롭게 해석함으로써 신고전주의 전반에 폭넓은 영향을 끼치는 등 새로운 영감과 상상력을 제공하는 보급 창고 역할을 했다. 그랜드 투어는 이 운동과 연관이 깊었다. 그랜드 투어의 궁극적 목적 가운데 하나가 폐허를 수채화로 그리는 작업이었다. 반대로 이 운동이 그랜드 투어를 활성화한 측면도 컸다. 건축에 좁혀보면 피라네시의 새로운 경향을 알프스 이북 지역으로 가져오는 통로 역할을 한 것도 이 운동이었다.

폐허 · 수채화운동은 풍경주의Scenography와 원시주의라는 구체적 세부 양식을 낳았다. 이 운동은 그랜드 투어의 일환으로 프랑스가 이끌었다. 르게이가 개척했고 그 뒤를 이어 르루아, 클레리소, 장 앙투안 바토Jean Antoine Watteau, 1684~1721 등이 발전, 융성시켰다. 영국도 프랑스의 영향을 받아 가세했다. 신고전주의 건축가들은 이 운동을 고전을 자유롭게 각색하는 상상력 훈련의 통로로 활용했다. 애덤, 체임버스, 존 손 등 영국 신고전주의자들이 특히 그러했고 프랑스에서도 페이르, 드베일리, 공두앵 등 주요 건축가들이 이 운동에서 중요한 영향을 받아 급진적 신고전주의를 이끌었다. 이들 가운데 많은 수는 직접 이 운동에 참여하기도 했다. 불레와 르두의 혁명기 건축도 이 운동 없이는 생각하기 힘들었다.

둘째는 불레, 르두, 르쾨Lequeu가 대표하는 프랑스 혁명기 건축이었다. 이 운동은 환상 건축, 혹은 자유 건축이라는 별칭에서 알 수 있듯이 자유로운 상상력이 가장 크게 발휘된 양식이었다. 18세기 낭만주의에서 발생한 새로운 경향들을 가장 많이 집약한 건축운동이었다(그림 205). 초현실성, 숭고미, 거석 구조를 소재로 한 블랙 로맨티시즘, 시스터 아츠와 말하는 건축, 현실의 격랑 앞에 선 인간의 무기력함에 대한 반발로서 도피적 이상향 등이 구체적 내용이다. 이런 점에서 직접 낭만주의로 분류하기도 한다. 혁명기 건축 역시 프랑스가 이끌었다. 영국의 낭만주의가 인간의 순수 감성 쪽에 머문 반면 프랑스에서는 자유의지와 자연 사상 등 정치적 측면과 연계되면서 혁명 정신으로 발전하며 혁명기 건축을 낳았다.

셋째는 이탈리아의 피라네시가 이끈 로마의 비정형 건축에 대한 재해석이었다. 재해석 관점은 고대 바로크의 비정형 고전주의를 바로크의 전통과 창조적 자유정신이라는 방향으로 발전시키는 것이었다. 그 바탕에는 낭만주의의 상상력이 있었다. 피라네시의 자유로운 상상력은 두 갈래에서 영향을 받았다. 하나는 18세기에 새롭게 창출된 카프리치오 혹은 베두타Veduta라는 낭만주의 계열의 장르였다. 다른 하나는 르게이의 폐허·수채화운동이었다. 이 둘을 바탕으로 고대 거석 구조의 원시적 기념비주의와 복합 공간이라는 전혀 새로운 해석을 제시했다.

205 장로랑 르게이(Jean-Laurent Legeay), "로빈" 시리즈(Series des "Rovine") 5번

넷째로 영국에서는 영국다운 신고전주의를 찾는 시도로 나타났다. 체임버스, 댄스 2세, 존 손으로 이어지는 건축가들이 주역이었다. 이러한 시도는 영국의 국민 정서인 낭만주의로 고전주의를 해석하는 전형적인 방식이었다. 낭만주의와 고전주의 화학적 융합이었다. 체임버스는 이런 경향을 가장 먼저 보였고 낭만주의와 고전주의를 오가며 둘을 모두 구사했지만 둘 사이의 화학적 결합에는 이르지 못했다. 1720년대 생의 한계일 수 있었다. 1740년대 생인 댄스 2세와 존 손에서 영국다운 신고전주의가 완성되었다.

2 폐허 · 수채화운동과 그릭 리바이벌(1)

장로랑 르게이 – 풍경주의, 미술다운 각색, 표현력의 확장

장로랑 르게이Jean-Laurent LeGeay, 1710~1786년경는 왕립 건축아카데미에서 수학한 뒤 1732년에 로마 최우수상을 수상했다. 로마에 1737년부터 1742년까지 머물며 고전의 폐허에서 새로운 고전 해석의 가능성을 찾아냈다. 이 시기는 로코코의 전성기였는데 이에 대한 대안으로 몇 갈래의 신고전주의가 탐구되기 시작했다. 클로드 페로의 뒤를 이은 합리주의, 세르반도니의 생쉴피스와 기브스의 광야의 성 마르티노에 나타난 열주랑, 데스고데의 복원과 정자법운동, 그리고 폐허 · 수채화운동 등이 대표적 예들이다. 르게이는 이 가운데 폐허 · 수채화운동을 가장 먼저 시작해서 이끈 건축가였다.

르게이는 피라네시에게도 중요한 영향을 끼쳤다. 피라네시는 1740년에 베네치아에서 로마로 이주했는데 르게이의 폐허 · 수채화운동에서 큰 감동과 영향을 받았다. 이를 바탕으로 피라네시는 로마 고전주의에 대한 자신만의 독특한 낭만적 해석을 완성할 수 있었다. 피라네시는 거꾸로 1750년 이후 프랑스와 영국의 신고전주의와 낭만적 고전주의에 가장 큰 영향을 끼친 건축가가 되었다. 이런 피라네시의 스승이 르게이였다. 르게이는 피라네시를 통해 프랑스와 영국에 간접적인 영향을 미쳤을 뿐만 아니라 스스로도 지대한 직접적 영향을 끼쳤다.

르게이는 수백 장에 이르는 폐허 수채화를 남겼는데 그의 작품집은 정작 출판되지 않았다. 대신 그는 이탈리아에 와 있던 프랑스의 판화 작가들과 이탈리아 화가들의 작품집, 로마 고전 유적 안내서 등을 출판하는 데 핵심 역할을 했다. 파우스토 아미데이Fausto Amidei의 『고대 로마와 현대 로마에 대한 다양한 베두테*Varie vedute di Roma antica e moderna*』1745는 그 대표적 예였다. 이런 작품집과 안내서들은 프랑스와 영국의 신고전주의 및 낭만적 고전주의 건축가들에게 교과서가 되었다.

르게이가 폐허에서 찾아낸 것은 회화다움pictoriality과 조각다움sculpturalit

같이 건축을 미술답게 각색할 수 있는 가능성이었다. 회화다움은 폐허의 신비로운 이미지가 대표했다(그림 205). 자연 속에 수백 년 혹은 1~2천 년 동안 방치되어오다 발견된 폐허는 건물도 자연과 잘 어울리는 픽처레스크한 분위기를 가질 수 있음을 보여주었다. 이것은 풍경주의의 핵심 개념이었다. 또한 감성적 본성도 표현할 수 있는 가능성을 확실하게 보여주었다. 이런 가능성을 폐허 현장에서 분리해 하나의 독립적 심미성으로 일반화할 수 있다면 고전 해석의 새로운 지평을 여는 것이었다. 르게이의 수채화는 이런 가능성을 보여주었다. 르게이의 제자들은 이것을 이어받아 실제 지어진 건물들에서 고전 어휘를 이용하여 이런 분위기를 독립적 심미성으로 표현했다.

206 장로랑 르게이(Jean-Laurent Legeay), "꽃병" 시리즈(Series des "Vasi") 4번

조각다움은 폐허 상태로 나타난 고전 부재를 조형적으로 조작할 수 있는 가능성이었다(그림 206). 예를 들어 조각난 페디먼트나 엔타블러처 파편 등은 그대로 훌륭한 건축 어휘가 될 수 있었다. 부재들 사이의 위치와 관계도 마찬가지였다. 주두 위에 바로 페디먼트가 올라가 있거나 엔타블러처가 거꾸로 밑에서 오더를 받치거나 하는 식이었다. 전통적인 고전 규범에서는 있을 수 없는 이런 위치 전도를 통해 르게이는 고전 어휘의 분해 가능성을 찾아냈다.

르게이는 이상의 미술다운 각색 가능성을 발전시켜 새로운 고전 해석 경향으로 정착시켰다. 전통 고전주의에서 가장 중요한 미덕으로 여기던 부재의 정확한 치수와 깔끔한 시공 상태를 버린 대신 반대로 건물 윤곽을 뭉개거나 흐릿하게 처리했다. 부재의 치수에도 과장, 축소, 왜곡 등 일정한 변형을 가했다. 부재를 조각내서 사용하거나 부재 사이의 규범적 위치를 거부했다. 고전 부재를 기하학적 형태로 처리하기도 했다. 수직 홈은 수직선으로, 엔타블러처는 수평선으로 각각 처리한 것이 대표적 예였다. 콜로네이드는 수직선의 반복에 따른 장식 어휘로 처리했다.

이상의 경향들은 폐허를 빙자해 사실상 완전히 새로운 설계를 한 것이나 다름없었다. 당시에는 이런 과격한 파격을 실제 건물에 구현할 수 없었기 때문에 상상력을 맘껏 발휘할 수 있는 페허와 수채화라는 부담 없는 장르를 활용한 것이었다. 이런 의미에서 르게이는 '펜의 건축가'architect au pinceau'라고 부를 수 있다. 이것은 페이퍼 아키텍트 가운데 18세기에 특히 유행한 폐허 · 수채화운동을 특별히 지목한 명칭이다. 당시 폐허 수채화가 펜으로 밑그림을 그리면서 자유로운 상상력을 발휘했기 때문이다.

건축에서 미술다운 각색 가능성을 찾아낸 것은 건축의 표현 범위를 확대한 점에서 매우 중요하였다. 이것은 낭만적 고전주의의 핵심 내용이기도 했으며 18세기가 찾아낸 가장 획기적인 상상력이기도 했다. 실제로 르게이의 영향을 받은 낭만적 고전주의 건축가들은 이것을 '시스터 아츠 이론'과 '말하는 건축' 등의 이론으로 발전시켰다. 고전 건물이 인문학적 상징성만을 표현하던 전통 고전주의에서 벗어나 인간의 내적 감성과 자연의 아름다움 등 다원적 심미성을 표현하는 복합 매개로 발전한 것이었다.

르게이에서 클레리소로

1742년에 파리로 돌아온 르게이는 왕립 건축아카데미 교수가 되어 폐허 · 수채화운동을 직접 가르치며 전수했다. 이때 그에게 배운 건축가가 드베일리와 불레다. 1745년 독일로 건너간 뒤에는 1760년대 중반까지 독일에 신고전주의와 자신의 수채화운동을 전파했다. 독일에서는 베를린, 메클렌부르크-슈베린Mecklenburg-Schwerin, 포츠담Potsdam 등에 독일 건축가들과 공동으로 주요 작품을 남겼다. 베를린의 성 헤드비히Sankt Hedwig, 1747, 포츠담의 신궁전Neues Palais, 1760년대과 코뮌Communs, 1760년대 등이 대표 작품이었다. 이 작품들은 르게이의 단독 작품은 아니었으나 르게이의 저작권 지분은 확실한 것으로 알려져 있다. 특히 코뮌은 르게이의 작품으로 봐도 좋을 정도로 그의 생각이 큰 부분을 차지했다.

르게이는 실제로 지어진 이들 건물들에서는 특별한 창작성을 보여주지 못했다. 독일이라는 지역의 분위기가 견제 작용을 했을 것이고 르게이의 성향이 수채화에 치우쳐 있기 때문이기도 했다. 르게이의 기여는 실제 지어진 건물보다는 폐허 · 수채화운동 및 이것을 통한 영향에 있었다. 그러나 르게이는 후기 바로크와 로코코에 함몰되어 있던 18세기 독일에 신고전주의를 전한 건축가들 가운데 한 사람으로서 중요한 역할을 했다. 이후 1766년에서 1767년 동안에는 영국에서 체임버스의 투시도를 그려주는 등 체임버스에게 영향을 끼쳤다. 1760년대 후반에는 파리로 돌아와 자신의 스케치를 모은 작품집을 연달아 출간했다.

르게이의 뒤를 이은 사람은 샤를루이 클레리소Charles-Louis Clerrisseau, 1721~1820였다. 클레리소의 기본 경향도 르게이와 많이 다르지 않았다. 르게이에게 물려 받은 경향에 자신만의 특징을 더했다. 르게이가 순수 수채화운동에 집중했던 반면 클레리소는 측량과 복원 작업을 더하여 고전 폐허에 대한 고고학의 종합적 접근을 꾀했다. 또 유적에서 차용한 건축 모티프를 실제 건물에 적용하려는 시도도 더 적극적이었다. 나이 차이도 중요한 요소였다. 르게이가 피라네시에게 영향을 끼쳤고 독일에서 주로 활동한 데 반해 클레리소는 피라네시와 빙켈만과 친구이자 동료였으며 애덤, 체임버스, 토머스 제퍼슨Thomas Jefferson, 자크기욤 르그랑Jacques-Guillaume Legrand 등 프랑스, 영국, 미국의 신고전주의 건축가들에게 더 직접적인 영향을 끼쳤다.

르게이의 영향이 불레 등 페이퍼 아키텍트로 분산된 반면 클레리소의 영향은 애덤 등 실제로 많은 건물을 지은 건축가로 확산되었다. 국제적 확산도 독일, 영국, 러시아, 미국 등에 영향을 끼쳤던 클레리소의 범위가 더 넓었다. 로마 고전주의 선례의 폭도 넓혔다. 이탈리아 나에서는 로마뿐 아니라 피렌체를 비롯한 전역으로 범위를 넓혔으며 이탈리아 밖에서는 유고의 스팔라토와 남프랑스의 님Nimes에 있는 로마 유적을 답사하고 기록했다. 기능 유형에서도 궁궐, 원형경기장, 포럼, 신전, 주거, 목욕탕 등 로마 건축의 대표 유형을 대부분 섭렵했다. 님의 유적을 그린 수채화는 1778년에 작품집으로 출간했다.

폐허의 소재와 해석 시각도 달랐다. 르게이는 건물의 일부분, 이름 없이 방치된 작은 유적, 나무와 수풀 등에 묻힌 상태, 파괴가 많이 된 상태 등을 선호하며 이것들에서 부재 단위의 분해 가능성을 주로 탐구했다. 반면 클레리소는 콜로세움, 아우구스투스의 포럼, 주피터 신전, 네르바의 포럼 등 유명하고 큰 유적 단위를 그렸다. 이런 소재들을 비교적 덜 파괴되고 나무나 수풀 등이 가리지 않은 상태에서 통째로 그

207 샤를루이 클레리소(Charles-Louis Clerrisseau), 미님 수도원(Couvent des Minimes

렸다. 여기에 빛을 더해 픽처레스크한 거석 구조의 분위기로 그려냄으로써 낭만적 고전주의의 기틀을 닦았다. 혹은 이와 반대로 장식 디테일을 세밀하게 복원하여 실제 실내장식 설계에 응용할 수 있는 가능성을 탐구했다. 실내 장면을 많이 그린 것도 같은 맥락이었다(그림 207).

이상을 종합할 때 클레리소는 르게이가 시작한 폐허 · 수채화운동을 이어받아 지평을 넓힘과 동시에 실제 건물에 적용할 가능성을 높인 업적을 남긴 것으로 요약할 수 있다. 이것은 르게이가 뿌린 씨앗을 잘 가꾸어 융성하게 한 것으로 폐허 · 수채화운동이 신고전주의의 중요한 토대로 확실하게 자리잡는 데 핵심적 역할을 한 것으로 평가할 수 있다. 특히 '클레리소-피라네시-애덤 형제'로 이어지는 밀접한 관계는 낭만적 고전주의가 단순한 그림 그리기로 끝나지 않고 신고전주의의 현실적 건축운동과 한 축을 공유하는 데 결정적 역할을 했다.

르루아(1)와 그리스 고전주의

폐허 · 수채화운동은 로마 고전주의와 그리스 고전주의로 나눌 수 있다. 앞에 언급한 건축가들은 로마 고전주의를 주요 소재로 삼았다. 반면 르루아, 스튜어트, 레베트 3인은 그리스 고전주의를 소재로 삼아 폐허 · 수채화운동을 이끈 건축가들이었다. 르루아는 프랑스인이었고 스튜어트와 레베트는 영국인으로 파트너십을 이루어 활동했다. 스투어트와 레베트는 파트너로 활동하면서 르루아와 대립 관계에 있었다. 양자 사이에는 그리스 고전주의의 정확성 개념에서부터 발굴 상태와 비례의 정확도에 이르기까지 그리스 고전주의의 수용과 해석을 둘러싼 논쟁이 벌어졌다. 논쟁은 기본적으로는 순수 학문적 입장에서 학자의 명예를 건 것이었지만 다른 한편 프랑스와 영국의 자존심 싸움의 측면도 있었다.

두 나라는 고고학 발굴 및 이것의 예술적, 정치적, 민족주의적, 외교적, 학문적 응용을 놓고 팽팽한 경쟁을 벌였다. 로마 고전주의는 이미 르네상스 때부터 이탈리아가 주도했기 때문에 두 나라가 끼어들 여지가 없었다. 반면 그리스 발굴은 처녀 작업이라 서로 주도권을 잡기 위해 경쟁이 치열했다. 르루아와 스튜어트-레베트의 파트너십이 그러한 경쟁을 대표하며 논쟁을 이끌었다. 이 논쟁은 승부를 가리지 못하고 끝났지만 유럽 전역에 그리스 고전주의에 대한 관심을 증폭시키는 데 기여하며 그릭 리바이벌과 도리스식 리바이벌의 토대가 되었다. 이런 점에서 필헬레니즘의 분파 현상으로 볼 수 있다. 또한 18세기 신고전주의의 중요한 업적인 그리스 고전주의와 로마 고전주의의 구별을 이끈 한 축이었다. 특히 양 진영이 각각 출판한 책은 18세기 신고전즈의 교과서 역할을 했다.

쥘리앵 다비드 르루아Julien David LeRoy, 1724~1803는 왕립 건축아카데미에서 자크 프랑수아 블롱델과 르게이에게 배운 뒤 1750년에 로마 상을 타서 1751년에서 1754년 동안 로마에 머물렀다. 여기까지는 르게이의 폐허 · 수채화운동을 이어받은 것으로 볼 수 있다. 이런 점에서 클레리소와 유사성을 보였다. 나이도 클레리소와 같은 세대였다. 중요한 차이도 있었다. 르게이와 클레리소는 건축가와 풍경화가를 겸하며 폐허 유적에 건축적, 예술적 관점으로 접근했다. 반면 르루아는 건축가와 풍경화가에 더해 고고학자와 저술가로도 활동했다. 스튜어트, 레베트와 벌인 논쟁도 고고학자로서 벌인 활동이었다. 르루아도 작품집을 출판했는데 르게이나 클레리소의 작품집과 달리 그림만 넣은 것이 아니라 그리스 건축에 대한 자신의 이론도 함께 실었다.

또다른 중요한 차이는 폐허의 대상을 그리스로 넓힌 것과 폐허를 해

208 쥘리앵 다비드 르루아(Julien David LeRoy)의 『그리스의 가장 아름다운 폐허 기념비 *Les Ruines des plus beaux monuments de la Grace*』(1758)에 실린 그리스 신전

석하는 시각이었다. 르루아는 1754년에 콘스탄티노플Constantinople을 거쳐 그리스로 들어가 델로스Delos와 아테네를 답사했다. 델로스와 아테네에서는 신전을 중심으로 한 그리스 고전주의의 폐허를 보고 수채화를 그렸으며 이것을 바탕으로 자신만의 그리스 고전주의 건축 이론을 세웠다(그림 208). 그리스를 답사한 것이 그가 처음은 아니었으나 그리스 유적을 통해 하나의 독립된 건축 경향을 완성한 것은 선구적이었다.

그리스는 고전주의의 원류이자 유럽인들에게는 오랫동안 금단의 땅이었던 처녀지였다. 원형성은 도리스식 오더의 꾸밈없고 적나라한 원시 상태에서 느낄 수 있는, 때 묻지 않은 순수성으로 나타났다. 비트루비우스의 판에 박힌 이론을 중심으로 인공성이 강한 로마 고전주의만 접하던 서유럽에 그리스 고전주의의 발견은 새로운 충격을 주었다. 또 이런 그리스 신전 폐허가 지중해성 기후의 자연 환경과 잘 어울리는 모습을 보며 건축의 픽처레스크 가치를 표현할 수 있는 가능성을 발견했다. 고전주의의 원류인 그리스 신전이 의외로 투박하고 자연스러운 모습을 하고 있는 데서 새로운 예술적 교훈과 영감을 얻어 낭만적 고전주의, 낭만주의, 그릭 리바이벌, 도리스식 리바이벌 등으로 발전시켰다.

르루아(2) – 원시주의와 추상

르루아는 1755년에 파리로 돌아와 그리스 답사에서 기록한 내용들을 『그리스의 가장 아름다운 폐허 기념비*Les Ruines des plus beaux monuments de la Grace*』1758로 출판했다. 이 책은 수채화와 그리스 고전주의 건축 이론을 함께 담은 점에서 폐허 · 수채화운동의 새로운 전기를 마련한 것으로 평가할 수 있다. 르루아는 당시까지 비트루비우스의 이론을 중심으로 전해오던 그리스 고전주의의 비례 이론을 전면적으로 수정해야 한다고 주장했다. 자신의 실측을 증거로 비트루비우스의 비례 이론과 그리스 신전이 전혀 일치하지 않는다는 사실을 밝혀냈다. 이것을 바탕으로 그리스 고전주의의 정수는 숫자로 정해지는 비례가 아니라 낭만적으로 해석할 수 있는 원시주의적 가능성에 있다고 했다.

르루아가 그리스 폐허에서 찾아낸 것은 르게이나 클레리소와 마찬가지로 픽처레스크였다. 그러나 근본적 차이가 있었다. 르게이나 클레리소가 로마 유적을 대상으로 고전주의의 각색 가능성으로 픽처레스크를 해석한 반면 르루아는 그리스 유적에 담겨 있는 원시주의의 가능성으로 해석했다. 원시주의는 원형성과 처녀지의 개념을 합한 것이었다. 원시주의는 낭만적 고전주의를 이루는 핵심 경향 가운데 하나였다. 원시주의가 가세하면서 낭만주의는 개념과 경향의 폭이 한층 넓어졌다. 픽처레스크가 비정형, 있는 그대로의 자연, 감성적 분위기, 유기성 등을 기본 개념으로 한 반면 원시주의는 픽처레스크 이외에도 원형성과 처녀지의 개념을 바탕으로 추상 경향으로까지 발전했다. 이로써 낭만주의는 양극단 개념을 포괄하면서 표현 대상의 폭을 대폭 넓혔다. 낭만적 고전주의와 혁명기 건축은 실제로 이런 낭만주의의 포괄성이 있었기에 가능했다.

르루아의 원시주의에 담긴 '원형성과 처녀지 개념'과 '추상성'은 하나의 대칭 개념을 이룬다. '원형성과 처녀지 개념'은 폐허의 신비로운 분위기를 살려 먼 과거 양식의 근원성을 신화적 가치로 표현한 것이었다. 이것은 빙켈만이 그리스 예술의 정수로 제시했던 '고결한 단순성과 차분한 위엄'에 해당하는 건축적 해석으로 볼 수 있다. 두 사람은 일정한 친분관계를 유지하며 당시 격렬했던 그레코-로만 논쟁에서 그리스주의를 이끌었다.

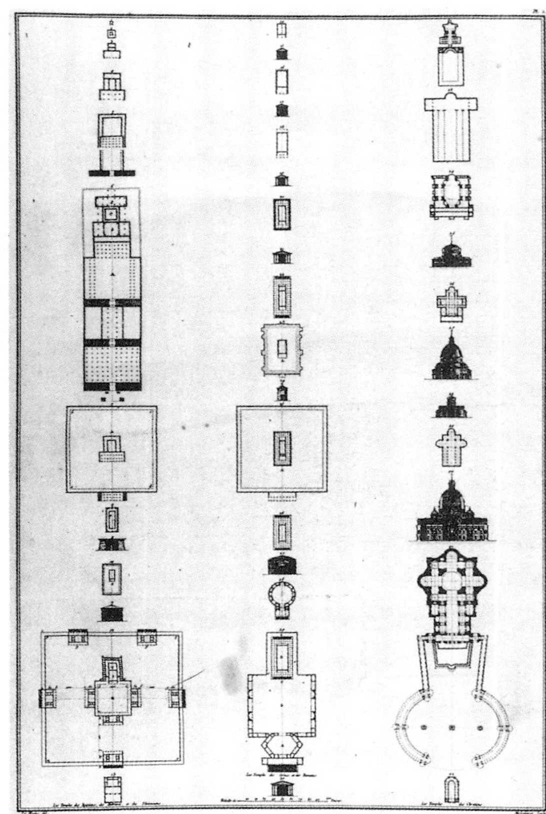

209 쥘리앵 다비드 르루아(Julien David LeRoy)의 『그리스의 가장 아름다운 폐허 기념비 *Les Ruines des plus beaux monuments de la Grace*』(1758)에 실린 종교건축 발전 종합표

한편 르루아의 '원형성과 처녀지 개념'에는 폐허의 신비로운 분위기를 살리되 건물의 부재 구성, 매스 변화, 주변 분위기 등을 되도록 단순하고 간결하게 처리한다는 의미도 담겨 있었는데 이것은 추상 경향으로 발전할 가능성을 내포했다. 이때 추상 경향은 두 경향으로 나누어 생각할 수 있다. 하나는 정자법운동, 도리스식 리바이벌, 혁명기 건축 등에 이르는 합리주의, 거석 구조, 신전 소품화, 기하주의 등이었다. 다른 하나는 유형학적 분류였다. 실제로 르루아는 신비한 분위기가 넘쳐나는 그리스 폐허 수채화 이외에 의외로 '로마—기독교—르네상스—바로크'에 이르는 선례들을 유형학적으로 분류하는 작업도 남겼다. 이런 작업은 19세기 초 뒤랑으로 이어지며 신건축운동의 설계방법론으로 발전했다(그림 209).

르루아의 책은 유럽 건축계, 예술계, 학계에 큰 충격을 주며 지대한 영향을 끼쳤다. 르루아는 이 책 한 권으로 왕립 건축아카데미의 멤버가 되어 블롱델의 보조 교수로 선출되었으며 1774년에는 블롱델의 뒤를 이어 정식 교수가 되었다. 르루아의 원시주의는 앙투안, 브로니아르, 벨랑제 등에게 직접적인 영향을 끼쳤으며 궁극적으로는 불레와 르두의 혁명기 낭만적 고전주의의 블랙 로맨티시즘의 배경이 되었다. 르루아는 이외에도 샹티이의 성채Chateau de Chantilly, 1775 계획안과 베르사유 궁전 마무리 계획안1780 등에서 자신의 이론을 실제 설계에 접목해 낭만적 고전주의로 발전할 가능성을 보여주었다.

제임스 스튜어트, 니콜라스 레베트, 그릭 리바이벌

제임스 스튜어트James Stuart, 1713~88와 니콜라스 레베트Nicholas Revett, 1720~1804는 그랜드 투어를 바탕으로 그리스 고전주의에 접근했다. 두 사람은 영국

아마추어 예술가협회 회원의 자격으로 그랜드 투어를 떠나 로마에 머물고 있었다. 이때 같은 협회 회원이던 주 베네치아 공사와 주 콘스탄티노플 대사의 경제적 후원을 받아 그리스 답사를 할 수 있었다. 왕립건축아카데미 출신이었던 르루아의 후원 세력과 대비되는 대목이다. 답사는 1751년부터 1753년, 2년 동안 이루어졌다. 이때는 아직 그리스가 완전히 해방되지 않은 때라 적잖은 위험이 있었지만 이들은 답사를 강행해서 무사히 마쳤다.

두 사람은 로마 체류 때 만나 파트너십을 이루어 아테네를 중심으로 한 아티카Attica 지방을 답사했다. 두 사람은 르루아가 아테네에 도착하기 일주일 전에 답사를 마치고 떠났다. 답사 기록은 『아테네의 유적Antiquities of Athens』1762이라는 책으로 출판했다. 1762년에는 1권이 출판되었고 2~4권은 스튜어트 사후에 출판되었다. 답사는 르루아보다 먼저 했지만 출판은 4년 늦었다. 답사와 출판에서 연장자였던 스튜어트의 활동과 역할이 레베트보다 더 컸다.

그리스 유적에 접근하는 스튜어트의 기본 입장은 풍경화가, 고고학자, 건축가를 합쳐놓은 점에서 르루아와 크게 다르지 않았다. 답사 현장에서는 폐허 수채화를 그리는 일과 정확한 실측 기록 모두가 그의 작업이었다. 필로파푸스 기념비Monument of Philopapus, 파르테논, 에레크테이온Erechtheion 등을 수채화로 그렸다. 실측 기록에서는 에레크테이온, 바람탑Erechtheion, Tower of the Winds, 아폴로 신전Temple of Apollo, 리시크라테스 기념비Monuments of Lysicrates, 하드리아누스의 아치Arch of Hadrian 등이 대표적 예였다(그림 210).

르루아와 차이점도 있었다. 스튜어트의 수채화는 르루아보다 원시주의나 풍경주의 분위기가 약했다. 그보다는 있는 그대로의 상태를 정확하게 그리는 데 치중했다. 이것은 그리스 고전주의를 바라보는 기본 관점에서 스튜어트가 정자법의 입장을 취한 점과 일맥상통했다. 스튜어트의 책은 대부분 실측 기록에 관한 내용이었다. 이 책에는 스튜어트의 정자법 입장이 잘 나타나 있다. 스튜어트는 4년 먼저 출판된 르루아의 실측 기록이 부정확하다고 공격했다.

210 제임스 스튜어트(James Stuart), 하드리아누스의 아치(Arch of Hadrian)

더 근본적으로는 그리스 고전주의를 바라보는 기본 관점에서 르루아와 달랐다. 르루아는 비트루비우스를 비롯한 선례 연구자들의 그리스 비례 이론이 모두 부정확했다는 점을 근거로 비례의 정확성에 큰 의미를 두지 않고 픽처레스크한 낭만주의 입장에서 그리스 고전주의에 접근했다. 반면 스튜어트는 선례 연구자들의 부정확성을 자신이 직접 수정하겠다는 태도를 보였다. 문제는 유적의 상태가 양호하지 않다는 데 있었다. 유적은 대부분 파손되어 일부분만 남아 있었고 그나마도 디테일이 많이 마모되거나 훼손되어 있어서 원래의 정확한 상태를 알기 어려웠다.

두 사람의 입장 차이는 이런 상태를 복원하는 데서 확연하게 갈라졌다. 르루아는 이런 상태 자체를 픽처레스크의 가치를 표현할 수 있는 낭만주의의 가능성으로 파악했다. 따라서 이런 모호하고 훼손된 폐허 분위기를 그대로 받아들여 낭만주의로 발전시키려 했다. 주변의 자연 환경도 함께 넣어서 이런 해석을 뒷받침하는 데 활용했다. 르루아의 입장은 전형적인 풍경주의와 원시주의였다. 반면 스튜어트는 고고학적 지식, 고전주의 이론과 캐넌 등을 총동원해서 원래의 상태를 정확하게 추측 복원해야 한다는 입장이었다. 이때 각 부재와 디테일의 치수 및 이것들 사이의 비례는 가장 기본적인 필수 사항이었다. 이를 위해 주변의 자연 환경도 제거한 상태에서 건축물 자체에 집중했다. 스튜어트의 입장은 전형적인 정자법과 복원운동의 그것이었다.

두 사람의 견해 차이는 이론을 실제 건물에 적용하는 데서도 유사하게 나타났다. 르루아의 견해는 구체적 결과물에 직접 적용하기에는 애매한 면이 있었다. 이 때문에 낭만적 고전주의라는 다소 포괄적인 경향의 밑바탕이 되는 중요한 기여를 했다. 반면 스튜어트는 정확한 기록을 바탕으로 건물에 직접 적용했다. 스튜어트의 작품은 그리스 건물을 원형 그대로 복원한 것이 주를 이루었다.

헤글리 파크의 도리스식 신전1758과 슈그버러Shugborough의 도리스식 신전1764년경은 그리스 신전을 영국으로 옮겨 심은 것처럼 정확한 직설적 복사를 생명으로 했다. 슈그버러의 바람 탑1764은 같은 이름의 그리스 유적을, 데모스테네스 랜턴Demosthenes Lanthorn, 1770은 리시크라테스 기념비를 각각 직설적으로 복사한 작품이었다. 마운트 스튜어트의 연회당Banquet House, Mount Stewart, 1780년경은 바람 탑을 조금 응용했지만 거의 동일한 복제품으로 볼 수 있다(그림 211). 스튜어트의 이런 작업은 창작보다는 복원 작업으로 봐야 한다. 따라서 양식사적 관점에서는 아무 의미도 갖지 못한다. 그러나 향후 영국에서 그릭 리바이벌과 도리스식 리바이벌이 유행하는 출발점이 된 것 또한 사실이다.

211 제임스 스튜어트(James Stuart), 마운트 스튜어트의 연회당(Banquet House, Mount Stewart), 영국, 1780년경

두 사람 사이의 논쟁은 유럽 사회에 그리스 고전주의에 대한 관심을 불러일으켰다. 양국 사이의 국가적, 민족주의적 자존심이 가세하면서 관심은 유행으로 발전했다. 필헬레니즘 형태의 '그리스풍 기호'였다. 유행은 영국에서 더 활기를 띠었다. 1758년 헤글리 파크의 도리스식 신전을 필두로 1770년을 넘어서면서 유럽에서 가장 먼저 본격적

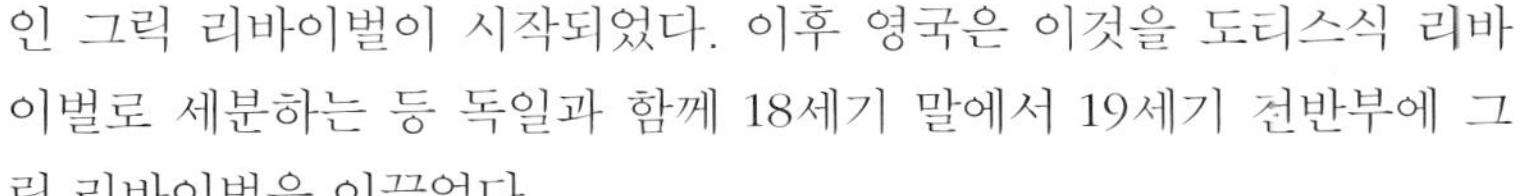

인 그릭 리바이벌이 시작되었다. 이후 영국은 이것을 도리스식 리바이벌로 세분하는 등 독일과 함께 18세기 말에서 19세기 전반부에 그릭 리바이벌을 이끌었다.

3 조반니 바티스타 피라네시

베네치아와 로마 – 이탈리아다운 종합화

조반니 바티스타 피라네시Giovanni Battista Piranesi, 1720~78는 이탈리아다운 의미에서 종합화의 산물이었다. 그는 로마 고전주의에 대한 자신만의 독특한 해석을 바탕으로 18세기 신고전주의 전반에 가장 큰 영향을 끼친 건축가였다. 그는 동시대는 물론이고 전 시대와 다음 시대 모두를 통틀어서 전무후무한 독특한 건축관을 창출했다. 이런 그의 창작력은 철저하게 이탈리아의 산물이었다. 이탈리아의 토양에서만 나올 수 있는 종합화의 결과였다. 종합화의 배경은 셋이었다. 하나는 로마 고전주의 건축에 대한 탄탄한 기본기였다. 나머지 둘은 이탈리아의 예술 전통을 양분하고 있던 두 문화권인 베네치아와 로마의 상반된 특질이었다. 이는 이탈리아의 전통에서 대표적 쌍개념이었다. 그는 이 셋을 하나로 합쳐내어 자신만의 예술 세계로 만들었다.

212 조반니 바티스타 피라네시(Giovanni Battista Piranesi), 『아쿠아 줄리아 성채의 폐허*La rovine del castello dell'Acqua Giulia*』(1761)에 실린 아쿠아 줄리아 성채

피라네시는 로마 건축의 축조적 기술적 측면에 대한 정확한 지식을 바탕으로 타고난 천재적 상상력을 더해 선례가 없는 새로운 해석을 선보였다. 그의 건축은 흔히 낭만적 고전주의 혹은 낭만주의로 분류되지만 그 바탕에는 로마 석구조의 기본 속성에 대한 정확한 이해가 깔려 있었다(그림 156, 158, 212). 앞서 언급한 로돌리의 구조 합리주의에서 받은 영향은 중요한 배경이었다. 피라네시 건축의 낭만적 특징은 풍경주의, 픽처레스크, 중세주의 같은 일반적 의미의 낭만주의와 많이 달랐다. 스케일을 바꿔가며 석구조의 근원적 힘을 다양한 표정과 심미적 감성으로 독특하게 표현하였다.

이런 특징은 그의 교육 배경에서 잉태되었다. 그는 장인의 아들로 태어나 아버지에게 석공 기술을 배웠고 디자

이너이자 수리水理 엔지니어였던 외삼촌 마테오 루케시Matteo Lucchesi에게 예술과 공학을 함께 배웠다. 이후 조반니 안토니오 스칼푸로토Giovanni antonio Scalfurotto에게 팔라디오 양식을, 로돌리에게 석구조론을 배웠다. 이런 일련의 과정을 통해 로마 고전주의의 기본 속성을 석구조의 기술적 측면과 돌의 미학으로 파악하는 관점을 평생 동안 형성했다.

피라네시의 상상력은 타고난 것만은 아니었다. 그는 모글리아노Mogliano에서 태어나 스무 살까지 베네치아에서 예술 교육을 받았다. 베네치아의 자유로운 예술 경향을 타고나 그 안에서 자랐다. 그는 교육 기간 동안 당시 최첨단 예술 장르였던 카프리치오capriccio의 영향을 강하게 받았다. 카프리치오란 베두타veduta 혹은 건축 판타지architectural antasy라고 부르는 장르로 당시 베네치아 지방을 중심으로 막 새롭게 태어나고 있었다. 피라네시는 베네치아에서 보낸 교육 기간 동안 당시 이 장르의 탄생을 이끌던 발레리아노 형제Valeriano Brothers, 갈리비비에나 가문Galli-Bibiena family, 카를로 주키Carlo Zucchi, 카날레토Canaletto 등의 예술가들에게 직간접적인 교육과 영향을 받았다.

피라네시는 1740년 로마로 이주했다. 로마는 베네치아와 또다른 곳이었다. 로마는 그랜드 투어의 종착지로서 신고전주의운동의 정신적, 역사적 중심지가 되어 있었다. 프랑스와 영국에서 막 시작되고 있던 신고전주의의 다양한 논의들은 로마에서 창작력을 공급받아 기본 아이디어를 형성하고 있었다. 프랑스와 영국의 신고전주의자들은 로마에 와서 머무는 동안 새로운 고전 해석에 대한 자유로운 논의를 시도할 수 있었다. 그러나 정작 로마에서는 실제 건물을 짓는 일거리가 매우 적었다. 이런 점에서 로마는 새로운 실험과 상상력의 생산이라는 특이한 측면에서 18세기 신고전주의의 근원지이자 최전선이었다.

로마는 피라네시에게 두 가지 새로운 기회를 제공했다. 하나는 고고학적 경험이었다. 로마는 로마 유적의 보고로서 18세기의 새로운 학문이었던 고고학 발굴의 중심지였다. 무궁무진하게 널려 있는 유적을 직접 보고 체험하면서 피라네시의 건축관

213 조반니 바티스타 피라네시(Giovanni Battista Piranesi), 『로마의 베두타*Vedute di Roma*』(1748)에 실린 콘스탄티누스의 아치(Arco di Constantino)

은 한층 성숙해지며 완성도를 더해갔다(그림 213). 다른 하나는 전시와 출판이라는 새로운 매체였다. 당시 유럽에서는 고전에 대한 새로운 해석들을 전시회와 출판으로 발표하는 일이 최신 경향이었다. 로마는 그 중심지였다. 이런 경향은 조반니 바티스타 티폴로Giovanni Battista Tiepolo, 데스고데, 르게이 등이 대표하는 1690년부터 1710년 세대가 처음 시작했고, 피라네시의 1720년대 세대가 막 정착시켜가고 있었다.

카프리치오(1)와 로마 유적

피라네시는 이 경향에 가장 적극적으로 뛰어들어 이것을 이끌고 완성한 장본인이었다. 피라네시는 베네치아에서 배운 카프리치오를 바탕으로 로마 고전주의를 새롭게 해석하는 자신만의 건축관을 창출하여 판화 작품으로 발표했다. 이 과정에서 티폴로와 르게이에게 많은 영향을 받기도 했다. 피라네시 본인도 실제 건물보다는 판화 작품을 통해 발휘한 상상력과 새로운 고전 해석을 자신만의 건축 경향이자 업적으로 남겼다. 이런 면에서 피라네시는 전형적인 페이퍼 아키텍터였다. 그러나 그의 영향력은 대단한 것이었다. 18세기는 피라네시 이외에도 불레와 여러 수채화 건축가 등 걸출한 페이퍼 아키텍터가 많았던 시기이기도 했다. 그러나 이들은 대부분 로마로 그랜드 투어를 와서 어떤 방식으로든지 피라네시의 영향을 받았다. 피라네시가 없었다면 프랑스와 영국의 18세기 신고전주의는 생각조차 할 수 없었다.

이상과 같이 피라네시는 베네치아와 로마의 종합화를 통해 자신의 새로운 건축을 정의했다. 당시 베네치아와 로마는 가능성과 한계를 동시에 지니고 있었는데 그 내용은 서로 반대였다. 베네치아는 카프리치오라는 새로운 장르를 열기는 했지만 이것을 매우 제한된 건축 선례에만 적용하는 한계가 있었다(그림 220, 221). 로마는 이와 반대로 유적이라는 무궁무진한 소재를 간직했지만 이것을 해석하는 경향은 데스고데의 정자법 복원운동과 르게이의 폐허 · 수채화운동 두 가지에 국한되어 있었다. 두 가지 모두 르네상스 때부터 시작된 오래된 경향으로 유적의 있는 그대로의 상태에 강하게 의존하는 한계가 있었다.

피라네시는 두 지역의 가능성을 하나로 합쳤다. 베네치아의 가능성을 통해 유적에 상상력을 가해 완전히 새롭게 탈바꿈시키는 급진적 경향을 창출했다. 그 구체적 결과는 낭만주의와 적잖은 내용을 공유하는 상태로 나타났다. 이런 점에서 피라네시는 낭만적 고전주의의 창시자 가운데 한 명이기도 했다. 로마의 가능성을 통해서는 유적 소재의 대상을 풍부하게 다루는 장점을 취했다. 로마는 피라네시에게 베네치아에서 배웠던 카프리치오를 다양한 고전 유적에 응용해서 상상력을 무한대로 키울 수 있는 무궁무진한 소재를 제공했다(그림 214, 220, 221). 또 이것을 전시와 출판을 통해 인정받고 다른 건축가들에게 정신적 가치를 제공했다.

214 조반니 바티스타 피라네시(Giovanni Battista Piranesi), 『로마 유적*La Antichita romane*』(1756)에 실린 아피아 가(Via Appia)와 아르데아티나 가(Via Ardeatina)의 교차 장면

이상의 배경들을 종합해서 피라네시는 자신만의 독특한 건축 세계를 창출했다. 그의 활동은 크게 셋으로 정리할 수 있다. 첫째는 전시와 출판을 통한 판화 활동이었다. 그는 1743년 첫 판화집을 출간한 이래 일련의 출판 활동을 통해 창작력을 인정받아 국제적 명성을 쌓아갔다. 총 30여 권에 이르는 크고 작은 판화 작품집들을 출판했다. 둘째는 실제 지은 건물이었다. 그는 교황 클레멘테 13세Clemente XIII, 1758~63를 주요 건축주로 삼아 건물과 실내장식에 몇 개의 작품을 남겼다. 대표작은 성요한 성당 증축로마, 1763과 산타마리아델프리오라토Santa Maria del Priorato, 로마, 1764~65였다. 판화 작품과 달리 실제 지은 건물에서는 바로크의 특징을 보였다. 셋째는 고고학적 활동이다. 그는 누구보다 로마의 지질학적 배경과 유적 분포에 밝았다. 이를 바탕으로 역사상 가장 뛰어난 로마 유적 지도를 남겼다. 폼페이와 파에스툼에서는 유적 발굴과 기록 작업에 일정 부분 참여하기도 했다.

이 가운데 핵심은 단연코 판화집이다. 대표작은 『공화정과 제정 초기의 로마 유적*Antichita romane de'tempi della repubblica e de'primi imperatori*』1748, 『로마의 베두테*Vedute di Roma*』1748, 『카프리치오에 따른 감옥의 창조*Invenzioni caprice di carceri*』1750, 『로마 유적의 장례 시설*Camere sepolcrali degli antichi Romani*』1750, 『로마 유적*La Antichita* *romane*』1756, 『고대 로마의 캄포 마르치오*Il Campo Marzio dell'antica Roma*』1761, 『로마 건축의 위대함에 대하여*Della magnificenza ed architettura de'Romani*』1761, 『아쿠아 줄리아 성채의 폐허*La rovine del castello dell'Acqua Giulia*』1761, 『길을 꾸미는 여러 가지 방법*Diverse maniere d'adornare i cammini*』1769, 『트라야누스의 승전기둥*Colonna Traiana*』1775 등을 들 수 있다.

이 가운데 『로마의 베두테』, 『카프리치오에 따른 감옥의 창조』, 『로마 유적』, 『로마 건축의 위대함에 대하여』의 네 권이 피라네시를 국제적 스승으로 만든 핵심 작품이었다. 『로마의 베두테』에서는 로마 고전주의에 대한 자신의 종합적 시각을, 『카프리치오에 따른 감옥의 창조』에서는 복합 공간과 숭고미를, 『로마 유적』에서는 로마 유적에 대한 고고학적 지리학적 정보와 벽체 구조를, 『로마 건축의 위대함에 대하여』에서는 로마 고전주의의 다양한 부재 및 디테일을 각각 주제로 삼았다(그림 170, 215).

215 조반니 바티스타 피라네시(Giovanni Battista Piranesi), 『로마 건축의 위대함에 대하여 *Della magnificenza ed architettura de'Romani*』(1761)에 실린 그리스 칼럼 비교

로마 고전주의와 그레코-로만 논쟁

1761년은 피라네시에게 중요한 해였다. 세 권의 판화집을 출판했으며 이때까지 쌓아온 업적을 바탕으로 자신이 직접 출판업을 운영하기 시작했다. 이 가운데 『로마 건축의 위대함에 대하여』는 그레코-로만 논쟁을 일으킨 작품이다. 이 논쟁을 통해 피라네시는 18세기 후반부 유럽 지성계와 예술계의 한 축을 담당하는 위치로 올라섰다. 1744년부터 1760년 사이에 코르소에 있던 작업실을 비아 시스티나의 팔라초 토마티*Palazzo Tomati*로 확장 이전하면서 전시장도 갖추었으며 산루카 아카데미 회원으로 선출되었다. 이외에 판화를 통해 자신만의 설계안을 선보였으며 실제 건축에도 본격적으로 뛰어들었다.

판화에 나타난 피라네시의 고전 해석은 로마 고전주의의 정수를 벽체 구조, 공간, 구조 기술, 장식, 숭고미, 픽처레스크 등으로 세분하여 구체적으로 보면서 동시에 이것을 다시 종합화한 경향을 대표적 특징으로 한다. 세분화와 종합화의 양면적 특징을 통합한 것은 분명 로마 고전주의에 대해 그때까지 이어져오던 통상적 접근과는 완전히 달랐다. 이전에는 개별 유적 중심의 단편적인 접근이 전형적 방식이었다. 이런 경향에서는 로마 건축의 정수를 제대로 파악하지 못한 채 각자의 입장에서 필요한 것만 취하였다. 피라네시는 이것을 뛰어넘어 미시적, 거시적 양방향으로 확장을 가한 뒤 이 둘을 다시 하나로 통합하려 했다.

피라네시의 새로운 경향은 로마 고전주의에 대한 지독한 사랑과 자부심에서 나온 것이다. 그가 판화에 제시한 내용들은 무엇보다도 로마 고전주의의 역사에 대한 탄탄한 지식이 있어야 가능한 것이었다. 예를 들어 구조 축조성, 공학 실용성, 공간 등이 로마 고전주의의 특징이라는 사실은 17세기 바로크 시대까지만 해도 전혀 알려지지 않았다. 그 이전까지 로마 고전주의의 특징으로 정의된 것들은 오더 양식, 비정형 경향, 기능 유형 정도였다. 반면 피라네시가 제시한 특징들은 계몽주의 이후 예술사의 발전과 함께 찾아낸 것들이었다. 이렇게 보았을 때 피라네시는 당시로서 가장 첨단의 지식을 습득하고 있었을 뿐 아니라 본인이 이런 첨단 지식을 생산해낸 장본인이기도 했다. 피라네시의 작업은 판화 작품이었지만 그 속에 담긴 내용은 예술사의 첨단 지식이었던 것이다.

이런 주장은 피라네시의 반대편에 서서 그레코-로만 논쟁을 이끈 빙켈만이 예술사를 하나의 학문으로 정착시킨 학자였다는 사실로 뒷받침할 수 있다. 대학자 빙켈만에 맞선 또 한 명의 대학자였다는 뜻이다. 피라네시의 새로운 발견은 로마 고전주의의 특징과 장점, 정신과 정수를 세밀하게 찾아내려는 수고와 노력의 산물이었다. 피라네시의 노력은 그레코-로만 논쟁이 촉발한 측면이 많았다. 그리스 고전주의가 로마 고전주의의 뿌리라는 로지에와 빙켈만 등 그리스주의자들의 주장에 대항하는 과정에서 로마 고전주의만의 특징들을 찾아낸 것이었다. 이런 특징들은 분명 그리스 고전주의에는 없던 것들로 양식사의 관점에서 로마 고전주의를 그리스 고전주의와 구별하는 핵심 내용이었다.

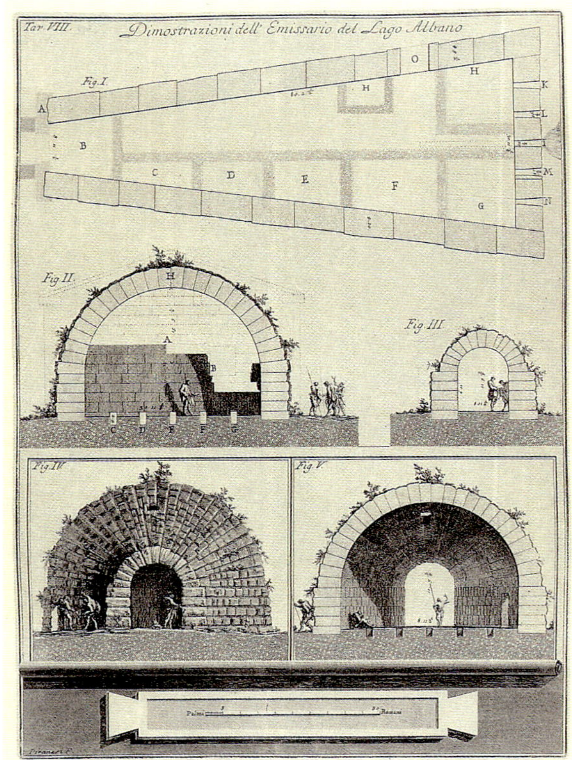

216 조반니 바티스타 피라네시(Giovanni Battista Piranesi), 『알바노 호수의 수문 기록 *Descrizione dell'Emissario del Lago Albano*』(1762)에 실린 알바노 호수의 수문

피라네시는 로마 고전주의의 뿌리로 그리스 고전주의가 아닌 이탈리아반도 내의 선례 문명이었던 에트루리아식 양식을 들었다. 이런 점에서 피라네시는 로마 고전주의에 대해 합리주의와 낭만주의를 합한 종합적 시각을 추구한 것이다. 흔히 피라네시를 낭만주의자로 분류하는 것과는 다른 합리주의적 측면이 바탕에 깔려 있었다. 실제로 그가 판화집에 묘사한 건물들을 보면 전체적인 분위기는 낭만적 해석이 주도하지만 로마 고전주의의 석구조 전통과 축조성 특징에 매우 충실한 공학 기술의 내용들도 많은 부분을 차지한다. 피라네시의 판화 작품 가운데는 로마 석구조에 대한 자신의 고고학적 지식을 자랑하는 것들도 많았다. 낭만적 해석과는 별도로 아치, 벽체, 볼트, 성벽, 수로, 수리水理 기술 등 로마 석구조의 축조성과 기술 정보를 고고학적으로 전달하는 작품들이었다. 이런 내용들은 피라네시의 판화집 여러 곳에 분산되어 자주 등장했다. 단일 작품으로는 『아쿠아 줄리아 성채의 폐허』와 『알바노 호수의 수문 기록*Descrizione dell'Emissario del Lago Albano*』1762이 가장 대표적인 예였다(그림 216).

거석 구조와 벽체 기념비

피라네시는 로마 고전주의의 석구조를 통해 공학 기술이나 실용적 축조성만 찾아낸 것이 아니라 심미적 가치도 정의해냈다. 그 대상은 벽체 구조와 복합 공간이었다. 숭고미와 픽처레스크 등의 심미적 가치를 창출하는 구체적 건축 매개로 이전에는 없었던 피라네시만의 건축관이었다. 이 가운데 성벽과 조적술이 대표하는 로마의 벽체 구조는 물론 축조적 튼실함과 실용성을 가장 큰 덕목으로 삼았다. 그러나 이것들은 단순한 군사시설이나 토목 시설이 아니었다. 그 자체가 독특한 심미성을 지닌 미학적 가치의 보고였다.

그 비밀은 거석 구조의 기념비다운 웅장함, 서양문명의 뿌리인 원형성의 권위, 세월의 축적과 잘 어울리는 폐허의 픽처레스크 미학 등에 있었다. 이런 가치를 만들어내는 구체적 내용은 혹두기의 축조적 힘, 사람 키보다 더 큰 돌 덩어리의 거석 구조가 만들어내는 고대 원시성, 여기에 나무와 수목이 달라붙고 이끼가 끼는 등 세월의 흔적이 더해지면서 서양문명의 뿌리임을 증명하는 시간의 힘 등이었다(그림 217, 218). 같은 로마 폐허를 다루었지만 동시대 다른 풍경주의자들과 다른 피라네시만의 독특한 시각이었다. 신전을 중심으로 본 그리스 고전주의자나 건축적 완성도에 집중한 로마 고전주의자와 구별되는 피라네시만의 특징이었다.

소재도 확장했다. 피라네시가 그린 벽체 구조는 성벽 같은 순수 토목 구조물이기도 했고 원형경기장, 목욕탕, 궁궐, 신전 등 주요 건축물의 일부분이기도 했다. 오푸스 세멘티쿰opus cementicum, 오푸스 라테리치움opus latericium, 오푸스 리토스트로툼opus lithostrotum 등과 같은 로마 조적술을 단순한 토목기술에 머물게 하지 않고 찬란한 예술 역사로 편입시켰다. 돌이 지닌 건축적 가치를 예술적 심미성으로 올려놓았다.

217 조반니 바티스타 피라네시(Giovanni Battista Piranesi), 『로마 유적*La Antichita romane*』(1756)에 실린 원형무덤 버트레스

218 조반니 바티스타 피라네시(Giovanni Battista Piranesi), 『로마 유적*La Antichita romane*』(1756)에 실린 마르첼로 극장(Teatro di Marcello) 기초

이렇게 발견한 심미적 가치는 낭만주의적 각색과 잘 어울렸다. 이런 가치들은 그 자체가 낭만적 고전주의의 소재가 될 수 있었을 뿐 아니라 여기에 추가로 낭만적 각색을 가할 경우 낭만성은 더욱 배가되었다. 이것이 실제로 피라네시가 한 작업이었다. 그의 판화에 등장하는 로마의 벽체 구조들은 앞에 언급한 심미적 가치들을 정교하면서도 힘 있는 기법으로 잘 표현했다. 여기에 빛을 더해 낭만적 심미성을 배가했다. 벽체 구조의 폐허에 빛이 떨어지면서 거칠고 강한 음영을 만들었다. 음영은 표면 질감을 강조하면서 거석 구조의 힘과 고대 기념비의 권위를 강조했다. 폐허의 또다른 심미성이었다.

피라네시의 로마 고전주의 재해석은 특정 사조로 국한되지 않는 매우 독특한 것이었다. 그렇다고 피라네시 자신이 사조를 창출할 정도는 아니었다. 사조와 연관해 정의하자면 로마 고전주의를 소재로 삼아 낭만주의 관점에서 재해석한 낭만적 고전주의와 가장 관계가 깊었다. 적절한 강조와 과장, 이를 돋보이게 하는 축소된 배경, 역동적 빛 조작과 조도 대비, 주변을 압도하는 기념비다움, 뒤틀린 투시도, 먼 과거의 원형성이 빚어내는 낯선 신비감, 원형다움의 힘찬 인상과 자신감 등이 피라네시의 판화가 표현한 낭만적 고전주의의 심미성이었다. 과거 로마제국의 영광과 힘을 낯선 감성을 자극하며 초현실적으로 강조했다.

피라네시의 발견은 로마 고전주의의 긴 역사에서 볼 때 새로운 시대성을 띤다. 로마 고전주의는 기본적으로 벽체 구조였다. 그러나 이와 동시에 그리스의 가구식 고전주의에서 파생된 것이었기 때문에 오더 사용에서 완전히 자유로울 수 없었다. 이것은 일종의 양면적 상황으로 건축에 일정한 불일치를 유발했다. 구조의 관점에서는 오더가 필요 없었지만 양식과 장식의 목적으로 계속 오더를 사용했다. 이것이 17세기까지 통상적인 로마 고전관이었다. 피라네시는 이런 불일치를 없애고 벽체 고전주의의 일치를 추구했다. 그 내용은 거석 구조와 공간의 두 가지로 요약할 수 있다. 거석 구조는 오더를 제거한 순수 벽체 구조로 로마 고전주의의 본질을 파악하려는 것이었다. 이것은 순수 건축적 측면에서 보았을 때 새로운 시각이었을 뿐 아니라 양식사의 관점에서 보더라도 그리스 고전주의의 영향에서 로마 고전주의를 해방시키는 혁명적 주장이었다.

복합 공간, 카프리치오(2), 뒤틀린 투시도

공간은 벽체 구조만이 만들어낼 수 있는 가장 로마다운 특성이었다. 벽체 구조는 에워싸는 기능이 약한 가구식 구조보다 공간 형성 기능이 월등히 뛰어났다. 로마 고전주의의 공간은 판테온에서 볼 수 있듯이 기하주의에 기초한 단겹 공간이라는 점이 대표적 특징이었다. 피라네시는 이것에도 낭만주의적 각색을 가했다. 『카프리치오에 따른 감옥의 창조』는 이것을 집대성한 작품집이었다. 이 작품들은 앞에 소개한 바와 같이 숭고미의 개념을 이용하여 계몽주의 당시 교정 공간의 건축적 방향을 정의하기 위한 일차적 목적이 있었다. 이 과정에서 숭고미를 창출하는 구체적 매개로 복합 공간이 탄생하였다. 교정 공간의 살벌한 분위기를 극적으로 표현하기 위해서였다.

큰 방향은 실내 벽체 구조의 상호 관입에 따른 복합 공간의 창출이었다. 구체적 기법은 층수, 높이, 스케일 등 전통적인 공간 질서를 지운 큰 공간 안에 크고 작은 매스 단위들을 이용하여 들고 남이 심한 실내 골격을 이루는 방식이었다. 이들 사이를 계단, 테라스, 브리지 등이 가로지르고 지나갔다. 매스 단위들 사이에는 유클리드 기하학의 물리적, 수학적 질서와 고전주의의 캐넌이 모두 모호하게 흐트러졌

219 조반니 바티스타 피라네시(Giovanni Battista Piranesi), 『카프리치오에 의한 감옥의 창조*Invenzioni caprice di carceri*』(1750)

다. 그 대신 계단, 테라스, 브리지 등이 엇갈리고 어긋나는 등 위치 관계를 부정함으로써 모호함을 부추겼다(그림 170, 219). 아치와 볼트의 성격, 즉 벽체의 막힘과 구멍의 뚫림 사이의 양면성을 활용했다. 시선을 일부 차단하면서 다른 일부는 잘 보이게 했다. 공간의 윤곽은 액자를 만들며 시선을 부분적으로 차단했지만 보이는 부분은 극적으로 드러내서 관음증의 호기심을 자극했다. 한 번에 만족시켜주면서 극적 효과를 높였다.

빛 작용을 통해 명암 농도의 대비가 강해졌고 동시에 여러 겹의 켜를 중첩했다. 중간 상태의 명암이 여러 겹 더해지면서 공간 켜가 복합적으로 되었다. 집 속의 집 같은 전형적인 겹 공간 기법도 사용했다. 실내인지 실외인지 이분법적 구별을 하지 않았다. 반개방형 공간도 나타났다. 두 개 층을 가로지르는 쭉 뻗은 계단과 촘촘하게 밟고 올라가며 자주 꺾이는 계단이 교차하고 어긋나면서 숫자 개념에 따른 전통적인 층 구별이 무의미해졌다. 매스는 갑자기 커지거나 갑자기 작아지는 등 유클리드 질서 아래의 물리적 상식을 깨는 의외성을 드러냈다.

이런 특징들은 외관과 개별 어휘는 매너리즘을, 공간 개념은 바로크의 뒤틀린 투시도를 각각 이어받은 것이었다. 또 이 둘을 혼합한 종합적 분위기는 18세기 카프리치오와 베두타에 속했다(그림 220, 221). 카프리치오 또는 베두타는 무대 디자인, 투시도 조작, 폐허 · 수채화운동 등을 혼합하여 만든 새로운 건축 판타지 장르였다. 주로 고전 유적의 폐허 상태를 기본 소재로 삼았고 투시도 조작을 통해 비현실적인 비정형으로 각색하는 경향이었다. 표현 매개는 회화와 판화였다. 카프

220 안드레아 포초(Andrea Pozzo), 로마의 산 이그나치오(Sant'Ignazio) 천창에 그린 가짜 돔
221 안토니오 갈리비비에나(Antonio Galli-Bibiena), 정원을 향해 열린 궁전 홀, 1728년경

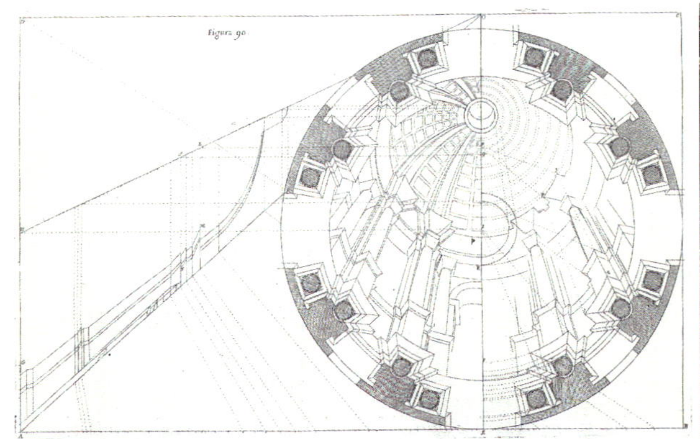

리치오는 세 방향으로 발전했다. 오페라나 연극 무대의 배경으로 쓰이거나, 낭만주의 풍경화의 한 분야로 편입되거나, 개별 장르로 독립하였다. 피라네시의 작품 경향은 이 가운데 마지막에 해당하였다.

피라네시는 카프리치오를 먼저 시작한 선배 세대의 영향을 받았고 동시에 그 스스로가 카프리치오의 정착과 발전에 큰 기여를 했다. 폐허 · 수채화운동을 이끌며 로마 고전주의에 낭만적 각색을 가한 것이 피라네시의 대표적 기여다. 반면 피라네시가 가장 많은 영향을 받은 것은 바로크의 뒤틀린 투시도였다. 『카프리치오에 따른 감옥의 창조』에 나타난 앞의 복합 공간 특징들은 이것을 잘 입증해준다. 이 판화들에서 피라네시는 바로크의 투시도 조작 기법을 활용하여 투시도의 기본 법칙을 무시한 비현실적 공간을 창출했다.

소점을 향한 소멸을 실제보다 더 급한 사선으로 그리며 공간의 긴장감을 높이는 기법, 작은 화면 단위 속에 복잡한 공간 구조 전체를 집어넣는 처리, 이와 반대로 큰 화면 단위 속에는 힘 있는 매스 하나만을 넣는 대비, 빛을 이용한 명암 대비, 여러 개의 소점을 동시에 적용하여 시선과 공간 축을 복수로 분산하는 기법, 거대 구조물의 초월적 스케일을 그대로 유지하면서 휴먼 스케일로 보이도록 하는 이중성, 일 소점 투시도면서도 원심력을 이용하여 중심을 지우려는 시도, 시작과 끝의 유클리드다운 경계를 지우거나 추측 불가능하게 만드는 조작 등이 대표적 조작 기법들이다.

그러나 피라네시는 이런 비현실적 각색을 그냥 놔두지 않았다. 투시도를 한 번 더 조작하여 현실적으로 만들어 보이는 공간처럼 느끼도록 했다. 그의 판화는 삼차원 그리드 구조 속에 집어넣어 정밀하게 맞춰보면 모서리가 어긋나고 앞뒤가 맞지 않는 등 거짓말이 넘쳐났지만 언뜻 보기에는 있을 수 있는 공간처럼 보였다. 그는 이런 두 번의 조작을 통해 에트루리아식 건축의 불확실성과 신비로움, 로마 건축의 제국성과 거대한 스케일 등을 표현하려 했다. 그러나 궁극적으로는 감옥의 폭력적 권위와 비합리적 권력을 그로테스크한 분위기로 강조했고 신화다운 위압감과 암울한 환상을 표현했다. 이것은 낭만적 심미성 가운데 숭고미의 가학성과 원시적 본능의 공격성에 해당한다.

콜라주, 바로크 공간, 갈리비비에나

피라네시는 이상의 내용을 기본으로 하여 직접 설계한 계획안들도 남겼다. 판화집 『고대 로마의 캄포 마르치오』가 이런 내용을 담고 있는 대표적인 책이다. 계획안은 평면과 실내 투시도로 한 번 더 나눌 수 있었다. 평면에서는 건축적 의미와 기하학적 윤곽을 혼합한 유형 단위의 조합이 작품을 구성했다. 예를 들어 판테온과 원을 합해 기하학적 종교 공간이라는 로마 고전주의 특유의 유형을 만들었다. 또는 콜로세움과 타원을 합해 장경주의 극장 공간이라는 로마 고전주의의 또다른 유형을 만들기도 했다. 이런 유형들은 대형 복합 단지나 도시 규모로 조합했다. 조합에서는 축 구성과 같은 정형적 질서를 사용했고, 때에 따라 소품화하여 뒤틀린 형태로 단순 병렬하기도 하며 전통적인 구성 질서를 무너뜨리기도 했다(그림 222).

이름이 붙은 작품 단위의 유적을 통해 유형학적 형태를 새롭게 정의하였다. 여기서 로마라는 도시 배경은 매우 중요했다. 판테온, 콜로세움, 콘스탄티누스의 개선 아치, 트라야누스의 승전기둥, 발비 극장Theatro Balbi, 아쿠아 비르지니스Acquae Virginis, 포르티쿠스 옥타비아Porticus Octaviae 등 수많은 개별 건물들을 도시의 큰 구도 속에 구성 요소로 박혀 있던 상태에서 빼내 독립 오브제로 환원시켰다. 각 건물에 대표적 기하 형태와 공간 상태를 부여했으며 이것을 돌의 벽체 구조로 튼실하게 짰다. 이

222 조반니 바티스타 피라네시(Giovanni Battista Piranesi), 『고대 로마의 캄포 마르치오// *Campo Marzio dell'antica Roma*』(1761)에 실린 스타틸리오 타우로 원형극장(Anfiteatro di Statilio Tauro)

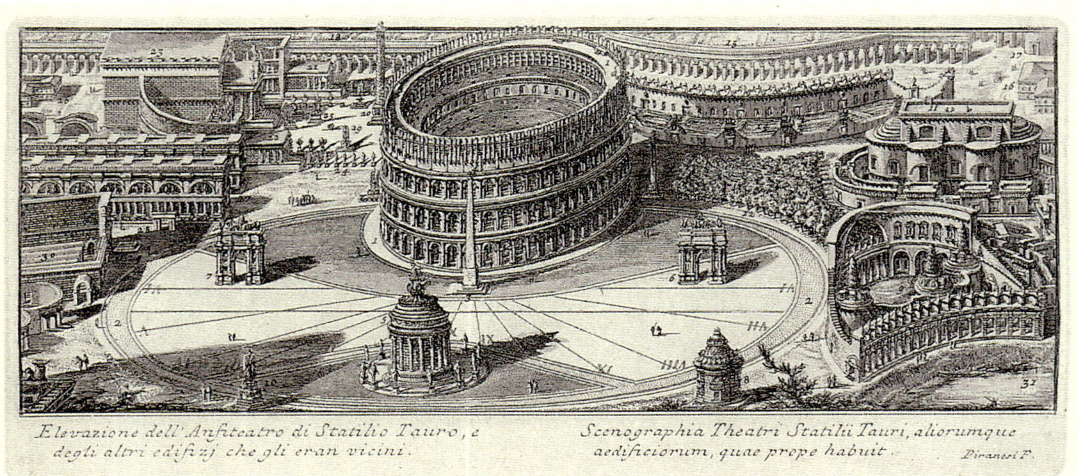

과정에서 앞에 언급한 로마 석구조의 독립적 미학이 여실히 드러났다. 각 건물이 상징적으로 표현하는 로마의 정치적 영광까지 더해서 가장 로마다운 유형 단위를 만들었다. 이렇게 형성된 유형 단위를 최종적으로 자신의 계획안에 구성 요소로 활용하여 불완전한 가정의 하나였던 도시 유토피아에 확실한 건축 형태를 부여하였다.

이는 이질성과 동질성을 하나로 통합한 중간 상태를 의미했다. 이질성은 각 유형 단위의 서로 다른 차이였다. 광활한 제국의 다양한 지역주의를 합쳐놓은 종합화 문명의 최고봉이었던 로마 시대에나 나올 수 있는 다양한 유형이었다. 동질성은 이것들 밑바탕에 공통으로 깔려 있는 로마다움이다. 한마디로 앞에 언급한 석구조의 특징을 말한다. 피라네시는 이것들을 도시 구도 속에 콜라주 개념으로 병렬시켰다. 도시 구도는 규모 면에서 여러 건물을 담아낼 수 있는 장場만 제공했을 뿐 그 자체로는 아무 질서나 힘이 없는 중성적 상태였다. 이 속에 이질성과 동질성을 동시에 갖는 유형들을 콜라주하여 로마다운 도시 유토피아를 그려냈다.

실내 투시도에서도 동일한 의미의 유형 단위를 『카프리치오에 따른 감옥의 창조』에서 보여준 복합 공간으로 재구성했다. 실내 작품에서는 건물 단위의 유형 부재들이 서로를 막아서다가 엇갈리고 교차하는 등 복합 구성을 이루었다. 그 사이를 웅장한 계단이 휘어 올라가며 가로지르거나 코린트식 열주가 줄지어 서는 등 극적 반복 요소가 긴장감을 더했다. 이런 모든 구성 요소들을 판테온 천장 같은 유형 단위들이 밖에서 한 겹 더 감싸면서 실내 구성을 복합 공간으로 만들었다. 이런 구성은 『카프리치오에 따른 감옥의 창조』에 나타난 공간 구성의 복합성을 유지하면서 축 질서에 따라 일정하게 정리한 것이다.

갈리비비에나 가문은 피라네시에게 영향을 끼친 바로크의 뒤틀린 투시도를 대표했다. 페르디난도1657~1743와 프란체스코1659~1739 형제가 창시자였다. 페르디난도의 두 아들인 주세페1696~1756와 안토니오1700~74는 이것을 발전시켜 실제 건물에 응용하는 등 개별 장르로 독립시키는 데 결정적 역할을 했다(그림 221). 이들은 독립 장르로서 카프리치오와 이것을 무대 디자인에 적용한 작품을 남겼으며 주세페는 이것을 모아 『건축과 투시도*Architettura e Prospettive*』1740라는 책으로 출판했다. 이런 과정을 거쳐 이들 가문의 카프리치오는 18세기 이탈리아, 스페인, 포르투갈,

223 조반니 바티스타 피라네시(Giovanni Battista Piranesi), 『로마 건축의 위대함에 대하여 *Della magnificenza ed architettura de'Romani*』(1761)에 실린 "고딕건축의 환상"

오스트리아, 스웨덴, 러시아 등 주요 국가의 오페라 하우스 설계와 무대 디자인, 왕실의 여러 축제 행사 디자인을 주도적으로 이끌었다.

주세페의 투시도는 시선을 지면보다 아래로 내리거나, 건물을 중간에 잘라내거나, 사선 방향의 예각으로 건물을 바라보는 등 조작을 가했다(그림 223). 이런 조작은 삐뚤어진 시선을 만들고, 건물의 일부분을 강조하고, 소실과 근접을 과장하고, 전체적으로 비정형 구도를 만드는 등 자극적 시각효과를 만들어냈다. 이렇게 조작된 장면은 주변 배경에 사용했고 강조하고 싶은 부재는 일 소점 투시도로 중앙에 강조했다. 비정형적으로 조작된 주변 장면과 정형적으로 강조된 중앙부의 대비는 묘한 긴장감과 그로테스크한 역동감을 주었다. 주세페의 책에 수록된 작품들은 피라네시의 작품과 매우 비슷하다. 피라네시는 실제로 베네치아에서 수학하던 시절 이들 가문의 투시도 조작 기법에서 많은 영향을 받았다(그림 224).

224 조반니 바티스타 피라네시(Giovanni Battista Piranesi), 『고대 로마의 캄포 마르치오// *Campo Marzio dell'antica Roma*』(1761)에 실린 아쿠아 비르지니스(Acqua Virginis) 볼트 천장

민족주의와 국제주의 – 바로크다운 신고전주의

이상의 특징들은 두 가지 시대적 의미가 있다. 하나는 바로크의 연속성이다. 피라네시의 건축은 16세기 매너리즘과 17세기 바로크의 연장선상에 있었다. 이것이 시대에 뒤떨어진다는 의미는 아니다. 이런 선례의 특징들 가운데 18세기의 새로운 시대정신에 맞는 것들을 날카로운 직관과 타고난 천재성을 가하여 응용했다. 앞서 소개한 특징들은 대부분 이런 해석에 해당한다. 뒤틀린 투시도도 한 가지 좋은 예다. 뒤틀린 투시도는 바로크의 최고 업적 가운데 하나였지만 실제로 건축에 적용하기는 힘들었다. 대부분 무대 디자인이나 축제용 가설물처럼 임시 구조물에 부분적으로 사용했고 행사가 끝나면 철거했다.

과리노 과리니Guarino Guarini나 필리포 주바라Filippo Juvarra 같은 피에몬테Piemonte의 후기 바로크 건축가들이 뒤틀린 투시도를 극히 제한적으로 실내 공간에 적용하긴 했지만 너무 단편적이고 미미하여 하나의 흐름으로 볼 수는 없다. 과리니는 교회 건물의 수직 중첩을, 주바라는 귀족들을 위한 대형 공간과 장식에 주로 관심이 있었다. 그러나 이런 주제에서 뒤틀린 공간을 적용하기는 어려웠다. 피라네시는 이것을 뒤늦게 실제 건물에 적용하여 새로운 공간 개념을 창출했다. 이것 역시 바로크의 18세기적 가능성, 구체적으로는 낭만주의적 가능성을 찾아 적용한 것이다. 이는 18세기 낭만주의운동의 바로크적 배경과 연속성을 보여주는 대표적 예다. 이런 점에서 피라네시의 건축은 낭만적 고전주의에 더해 바로크다운 신고전주의라는 또 하나의 양식 사조로 분류할 수 있다.

바로크다운 신고전주의는 프랑스, 영국, 이탈리아 세 나라 모두에서 나타난 점에서 18세기 신고전주의의 한 분파였다. 바로크와 신고전주의는 낭만주의와 고전주의처럼 상위 수준에서는 상반된 경향으로 보는 것이 통상적 분류다. 신고전주의가 바로크의 과다한 강조 경향에 반대하며 시작되었기 때문이다. 그러나 실제로 작동하는 하위 수준에서는 구성 요소들 사이에 많은 상호 교합이 일어나며 바로크다운 신고전주의를 형성했다. 바로크다운 신고전주의는 낭만적 신고전주의와 달리 통일된 경향으로 발전하지는 않았다. 이 때문에 명칭도 '바로크 신고전주의'가 아닌 '바로크다운 신고전주의'가 더 적합하다. 바로크의 특징이 양식 사조로 발전하지 못하고 부분적으로 스며들었다는 의미다. 다시 말해 바로크와 신고전주의가 동등한 관계에서 동일한 비율로 통합되지 않고 신고전주의였지만 바로크 분위기가 난다는 정도의 의미다.

바로크다운 신고전주의는 나라마다 조금씩 달리 나타났다. 프랑스에서 가장 많은 고민이 있었다. 클로드 페로와 세르반도니는 탈바로크를 가장 중요한 경향으로 추구했지만 페로의 예에서 알 수 있듯 바로크 특징이 많이 섞여 나타나는 경향을 피할 수 없었다. 이것은 17세기를 거치면서 바로크가 프랑스의 국가 전통으로 그만큼 강하게 자리잡았다는 뜻이다. 이후 자크 프랑수아 블롱델을 통해 알 수 있듯 18세기 프랑스 신고전주의의 한 축은, 프랑스다운 국가 양식을 찾는 일이었고 바로크 전통을 18세기에 맞게 재현하는 것이 그 핵심이었다. 자크앙주 가브리엘은 이 일을 성공적으로 완수하며 루이 15세의 국가 양식을 창출했다. 이 경향은 이후 프랑스 신고전주의를 이끈 대부분의 건축가들에게 정도와 양상이 다를 뿐 하나의 공통된 흐름으로 나타났다.

영국에서는 바로크다운 신고전주의가 좀더 명확하게 나타났다. 바로크가 18세기 중반까지 뒤늦게 유행하며 신고전주의와 중첩되었기 때문이다. 팔라디오 양식이 인위적으로 바로크와 단절되었지만 '절반 정도 성공'에 머물렀다. 기브스 세대로 넘어오면서 바로크를 신고전주의에 섞어내는 경향이 다시 부활했다. 이후 애덤과 우드 부자를 거치면서 피할 수 없는 하나의 큰 흐름이 되었다. 영국에서도 프랑스와 비슷하게 바로크가 국가적 전통을 잃지 않는 것과 동의어로 인식됐다. 영국은 낭만적 감성이라는 더 큰 국가적 전통이 있긴 했지만 가까운 과거로서 바로크의 존재도 적지 않았다. 영국 바로크도 그 안에 이미 영국다운 전통을 확립했기 때문이다.

이렇게 보았을 때 바로크다운 신고전주의는 18세기 민족주의가 중요한 배경이었다. 포괄적으로 얘기하자면 민족주의와 국제주의의 대립 개념을 하나로 통합한 경향으로 정의할 수 있다. 바로크다운 특징은 프랑스, 영국, 이탈리아의 민족적 전통을 표현했다. 신고전주의는 국가별 차이를 초월한 보편적 국제주의를 대표했다. 이런 큰 배경 아래에서 피라네시는 바로크 종주국인 이탈리아의 전통을 대표하는 신고전주의자라고 할 수 있다.

다른 하나는 '당연함naturalness'의 개념으로서 '자연'의 의미를 거부하는 시대적 분위기였다. 이것은 18세기에 한정된 의미였다. '당연함'으로 해설할 수 있는 자연 개념은 계몽주의의 가장 큰 화두였다. 그 방향은 크게 셋으로 나타났다. 첫째는 왕실과 귀족 계층에서는 학자들을 동원해서 이 개념을 자신들의 지배 권력을 뒷받침하는 근거로 다듬었다. 둘째는 혁명 정신을 높여가던 시민 계층에서는 이 개념을 자연법에 접목하여 평등을 주장하는 근거로 제시했다. 셋째는 이런 정치적 공방과는 별개로 이 개념을 인간의 순수 본성의 관점에서 해석하는 철학적, 예술적 경향이 있었다.

피라네시의 판화는 이 가운데 두번째와 세번째를 합한 내용과 연관성이 있다. 이것은 첫번째 입장에 대한 투쟁과 거부를 의미했다. 자연을 당연함으로 해석하는 가치 체계는 권력에 따른 상류 계층의 지배를 합리화하는 '불가피성inevitability'에 근거를 제공했다. 건축에서는 이것이 고전주의의 안정적 축조 구성으로 표출되었다. 상징적, 시각적, 구조적으로 지배 권력의 공고함을 주장하는 건축적 암시 기능이었다. 피라네시는 이런 전통적인 사회, 정치적 초법성을 깨려 했다. 그리고 그 자리에 예술적 초법성, 즉 예술 자체의 위대함을 두려는 예술 이상주의적 입장을 견지했다. 이런 점에서 같은 시도를 했던 급진적 신고전주의, 혁명기 건축, 낭만적 고전주의 등에 중요한 영향을 끼쳤다.

피라네시의 낭만적 고전주의에 나타난 예술적 급진성과 혁명 정신은 상징체계를 중심으로 엄격한 규범에 따라 치밀하게 미리 계획된 정형적 구성을 깨고 단편적 에피소드들을 임의로 그때그때 즉흥적으로 끼워 맞추는 기법으로 나타났다. 이것은 중심과 주변으로 이루어지는 장소의 개념을 지우고자 한 시도였다. 장소다움은 땅에 발 디딘 정주定住적 안정감의 의미로서 프랑스대혁명과 산업혁명 이전의 지배 권력을 뒷받침하는 가장 기본적인 물리적 매개였다. 피라네시는 공간 분해를 통해 이것을 파괴하려 했다. 장소다움 대신 회선과 원심력을 이용하여 빙빙 돌거나 확산하는 공간을 창출했다. 나선형으로 감아 돌아 올라가는 계단, 매스 겹치기, 열주 콜로네이드와 스크린 등은 이것을 강조하는 건축 어휘들이다. 서로 합쳐지고 통하는 복합 공간은 이런 목적이 낳은 최종 결과물이었다.

피라네시는 다작을 했다. 그러나 다작을 했을 때 빠지기 쉬운 내용의 빈약함이나 자기 복사 같은 문제점은 없는 편이었다. 오히려 다작의 장점을 보여준 대표적인 예였다. 하나의 유적을 책 한 권 분량으로 남길 만큼 세밀하고 종합적으로 관찰하였다. 기술적 측면, 수채화운동, 실측 기록, 장식적 측면, 창조적 재해석 등 하나의 유적을 해석할 수 있는 모든 측면을 집대성했다. 30여 편에 달하는 그의 작품집 전체를 모아놓으면 다작의 장점은 더욱 두드러졌다. 로마 안의 지리적 정보, 트라야누스나 오타비아노 아우구스토[Ottaviano Augusto] 등 정치 지도자와 연계한 점, 개별 건축물에 대한 세밀한 관찰, 잘 알려지지 않은 건축물의 발굴과 소개, 고전 유적에 대한 창조적 재해석, 유적을 활용한 자신만의 독창적 계획안, 로마 건축술의 종합적 고찰 및 복원 등 유적에 대한 예술적, 학술적, 역사적, 기술적 접근을 총망라했다.

피라네시의 새로운 고전 해석은 18세기 신고전주의가 나아갈 방향과 분명히 잘 맞았다. 시대를 가장 앞서 나갔다는 의미다. 실제 건물이 아닌 판화집이라는 종이 매체의 장점도 중요했다. 그림이었기 때문에 상상력을 마음껏 발휘할 수 있었다. 작품 수를 원하는 대로 늘릴 수 있었고 건물을 짓는 것보다 출판이 시간이 덜 걸렸기 때문에 새로운 생각을 바로 발표할 수 있었다. 건물을 짓는 데 따르는 경제적, 정치적, 기술적, 종교적 문제 등과 같은 지각 사유에서도 자유로웠다.

피라네시는 이런 이점을 십분 활용하여 화산처럼 폭발하는 상상력을 연달아 출판했다. 프랑스와 영국에서 신고전주의 건축을 모색하기 시작하던 모든 건축가들은 피라네시가 제시하는 새로운 고전 해석이 바로 자신들이 갈망하던 내용임을 인정하고 그를 스승으로 모셨다. 로마를 방문한 건축가에게는 피라네시의 작업실을 방문해서 한 수 배우는 것이 필수 코스가 되었다. 클레리소, 페이르, 드베일리, 수플로 등 프랑스 건축가들에게는 로마의 프랑스 아카데미를 통해 자신의 건축관을 가르치며 집단적인 영향을 끼쳤다. 애덤, 체임버스, 댄스 2세 등 영국 건축가들에게는 개인적 경로를 통해 자신의 건축관을 가르쳤다. 이 건축가들은 모두 피라네시의 제자였다. 이들의 건축은 피라네시의 가르침이 아니었다면 있을 수 없었다. 이들은 사실 18세기 유럽의 신고전주의를 이끈 대표적 건축가들이다. 이것은 피라네시의 중요성을 잘 보여주는 대목이다.

피라네시는 18세기 이탈리아의 쇠퇴를 늦춘 유일한 대표 선수였다. 17세기 바로크를 끝으로 좁게는 로마, 넓게는 이탈리아 전체가 역사의 무대에서 점차 밀려나고 있었다. 시민혁명과 산업혁명이라는 새로운 시대 흐름에서 뒤처지면서 밀레니엄 단위의 문명 변혁에서 수동적 위치에 머물렀다. 이탈리아가 할 수 있는 것은 과거의 영광을 종합해서 활용하는 일이었다. 그 방향은 둘로 나타났다. 먼저 카를로 폰타나Carlo Fontana는 이탈리아와 로마라는 지리적, 역사적, 문화적 바탕을 기반으로 18세기 전반부 후기 바로크의 아카데미즘을 이끌었다. 그 다음 후반부는 피라네시가 대표했다. 그러나 두 사람은 달랐다. 폰타나가 새로운 창작력 없이 과거 로마의 유산만을 단순 종합화한 데 반해 피라네시는 격변의 18세기에 가장 앞장서서 변혁을 이끈 급진적 건축가였다. 로마 문명의 본고장에서만 나올 수 있는 18세기의 거장이었다.

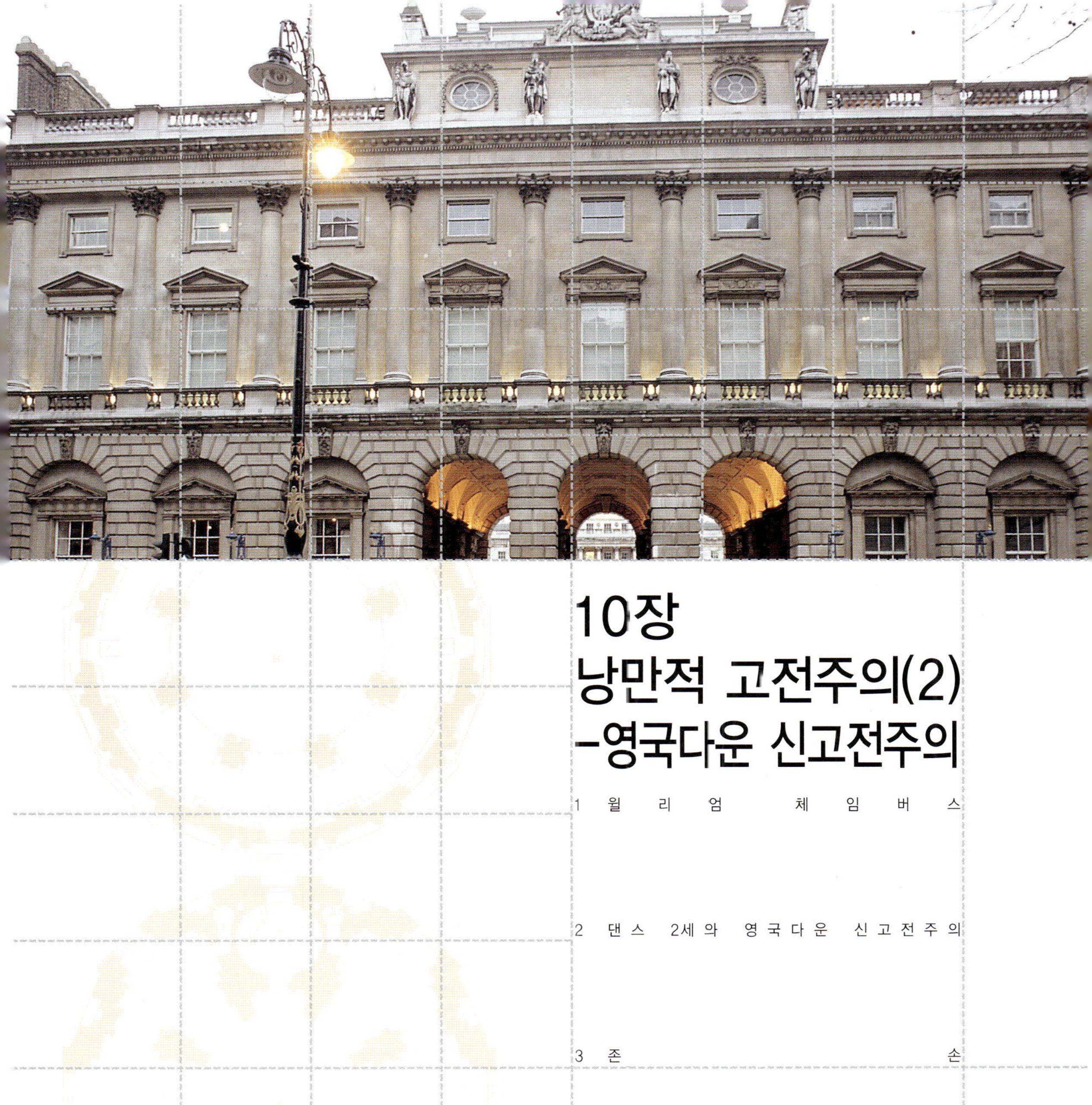

10장 낭만적 고전주의(2) -영국다운 신고전주의

1 윌리엄 체임버스

2 댄스 2세와 영국다운 신고전주의

3 존 손

1 윌리엄 체임버스

다원주의, 국제주의, 만국주의

윌리엄 체임버스William Chambers, 1723~96는 특이한 배경을 가진 건축가였다. 그는 무역업을 하는 아버지 때문에 스웨덴의 괴테보르크Göteborg=예테보리에서 태어났다. 기초 교육은 영국에서 받았으나 열여섯 살에 스웨덴 동인도 회사에 취직해서 인도 벵골과 중국 광동 등에서 일했다. 이 과정에서 동양 건축을 접하였다. 두 차례에 걸쳐 총 4년을 광동에서 보내면서 중국 건축에 깊은 감명을 받아 건축을 평생의 직업으로 삼을 결심을 했다(그림 179). 이후 1749년에 파리로 건너가 자크 프랑수아 블롱델의 에콜 데 아르에서 공부했다. 이 과정에서 17세기 프랑스 바로크 고전주의와 18세기 국제적 신고전주의 및 프랑스다운 신고전주의를 습득했다. 1750년부터 1754년에는 로마로 유학을 떠나 로마 고전주의의 원류를 공부했다. 체임버스는 이처럼 로마 고전주의, 영국 전통, 중국 건축, 프랑스 바로크, 프랑스다운 신고전주의, 국제적 신고전주의 등 다양한 경향을 경험하며 이것들을 혼합한 독특한 건축을 자신만의 특징으로 가지게 되었다.

체임버스는 긴 여행과 수학 기간을 끝내고 런던에 정착했다. 이후 짧은 시간에 주로 왕실과 귀족 계층을 건축주로 삼아 건물을 설계하면서 왕실의 건축 관련 공직을 맡고 저서를 출판하는 등 다방면에서 활발한 활동을 폈다. 고전주의 대표작으로는 더블린의 마리노 별장Casino at Marino, 1758~76, 서리의 로햄프턴 하우스Roehampton House, Surrey, 1760, 더블린의 트리니티칼리지Trinity College, Dublin, 1775~86, 런던의 소머셋 하우스Sommerset House, 1776~ 등을 들 수 있다.

체임버스의 활동은 다원주의 경향을 특징으로 한다. 구사한 양식은 프랑스와 이탈리아에 뿌리를 둔 고전주의 경향을 일컫는 프랑코-이탈리안Franco-Italian 고전주의, 팔라디오 양식, 신고전주의, 고딕리바이벌, 중국풍chinoiserie, 낭만주의, 영국 르네상스 등 실로 다양했다(그림 225). 기

225 윌리엄 체임버스(William Chambers), 블랙프라이어스 교(Blackfriars Bridge) 설계 경기 계획안

능 유형은 조경, 컨트리하우스, 타운하우스, 왕궁, 공공건물 등으로 나눌 수 있다. 설계 이외에 왕실의 건축 관련 공직을 맡는 등 행정가로서도 활발히 활동했다. 1761년에는 애덤과 함께 왕실 건축국Office of Works의 공동 건축가로 임명되었다. 1769년에는 왕실 건축 감사관Comptroller of the Works에 임명되었다가 왕실 건축 감사관 겸 총감독관Comptroller and Surveyor General을 겸직했다.

1768년에는 왕립 미술아카데미Royal Academy of Arts의 창립 멤버가 되면서 초대 재무처장treasurer에 임명되었다. 나중에 조지 3세가 되는 웨일스 황태자Prince of Wales의 개인 교사가 되어 건축과 예술을 지도했다. 당시 유럽에서 정치 지도자에게 예술적 안목은 필수 요건이었다. 이 인연은 후에 체임버스가 왕실 관련 설계와 공직활동을 하는 데 중요한 배경이 되었다.

저술 활동도 활발히 병행했다. 『공공건축 소고*A Treatise on Civil Architecture*』1759가 그의 대표작이다. 이것의 3판은 내용을 보강하고 제목을 『공공건축의 장식적 측면에 관한 소고*A Treatise on the Decorative Part of Civil Architecture*』1791로 바꿔 개정판을 출간하기도 했다. 동양 건축에 관해서도 두 권의 주요 저서를 남겨 중국풍chinoiserie을 주도했다. 체임버스의 활동은 이처럼 만국주의라 부를 정도로 국경을 넘어선 국제적 종합화를 특징으로 한다. 대륙의 경계를 넘어선 전 세계적인 종합화였다.

체임버스의 건축적 의미는 양면성을 띤다. 동시대 지배 계층의 요구를 만족시키는 미시적 차원의 잔재주는 매우 뛰어났다. 오랜 기간 왕실을 건축주로 유지한 점에서 그의 처세술을 알 수 있다. 건축 경향에서도 심각한 시대 고민보다는 동시대에 유행하는 여러 양식을 모두 구사하는 다예多藝한 응용력을 주요 특징으로 나타냈다. 반면 시대를 이끄는 실험 정신이나 시대를 뛰어넘는 천재성 등 거시적 차원의 큰 흐름을 보여주지 못한 한계도 있다.

애덤과의 경쟁 관계도 양면성을 띠었다. 체임버스는 애덤을 평생의 지독한 라이벌로 삼아 치열하게 견제했다. 당시에는 왕실 관련 공직에 있던 체임버스에게 어느 정도 힘이 있었지만 시간이 지난 뒤에는 애덤의 작품성이 앞섰다는 평가를 받았다. 이런 관점에서 보면 체임버스의 다양한 활동은 자신의 건축적 재질의 부족함을 메우고 감추기 위한 처세술의 하나로 볼 수도 있다. 애덤에 대한 열등감에 시달리며 처세술을 이용하여 순수 작가였던 애덤을 견제한 것으로 볼 수 있다. 체임버스의 영국다운 신고전주의는 애덤 등 다른 영국 건축가들과 달리 매우 은유적이라는 점에서 어느 정도 가치는 있지만 이론과 실제 작품의 괴리가 또다른 한계였다. 이런 체임버스의 특징을 애덤과의 차별화로 봐야 할지 아니면 건축적 재질의 부족함으로 볼지는 아직도 남아 있는 과제다.

영국다운 신고전주의와 낭만적 고전주의

체임버스의 다원주의는 궁극적으로 영국다운 신고전주의를 찾는 작업이었다는 점이 가장 큰 특징이다. 그의 영국다움은 다분히 은유적이고 암시적이었다. 명확한 건축 어휘를 통해 물리적 증거로 제시한 것이 아니라 영국의 전통 정서와 사상 등을 암시하는 간접적 방식으로 표현했다. 이때 영국다움은 곧 낭만성이었다. 체임버스의 영국다운 신고전주의는 낭만적 고전주의의 한 형식이었다. 그 증거들은 다음의 일곱 가지로 요약하여 제시할 수 있다.

첫째는 저서에 나타난 편제였다. 체임버스는 자신의 저서에서 고전 규범의 대상을 오더와 조경 중심으로 엄격하게 한정했다. 이것은 이론서들의 공통적 경향인 포괄성과 보편성에서 탈피하겠다는 의도로 해석할 수 있다. 대상을 한정한 반면 다루는 내용만은 매우 체계적이고 포괄적인 특징을 보였다. 다섯 가지 표준 오더 양식을 주제로 삼아 많은 항목에 걸쳐 자세히 설명했다. 오더를 예로 들어 하부 항목을 보면 일반론과 기본 특성에 대해 설명한 뒤, 부재의 세목 항목을 기단pedestal, 주초basement, 다락attic, 페디먼트, 코니스, 엔타블러처로 각각 나누었고, 응용은 벽기둥pilaster, 여신상주Caryatid, 페르시아 기둥Persians, 아치, 아케이드로 세부 항목을 나누었다. 또 조합의 세부 항목은 주간 거리, 수직 층 쌓기orders above orders로 세분화했다. 이외에 난간balustrade, 대문, 문, 기둥, 창, 감실, 조각상, 굴뚝, 방, 천장 등 건축의 기본 부재도 함께 다루었다. 이런 세분화된 자세한 설명은 주제에서 나타난 포괄성과 보편성의 탈피를 만회하는 개별성의 가치를 지녔다.

둘째는 저서에 나타난 주관적 경험주의였다. 앞의 편제에 맞춰 자신의 경험에 전적으로 의존하여 저술했다. 고전 건축을 다룬 이론서들이 대부분 '비트루비우스–알베르티–팔라디오' 등으로 이어지는 표준 이론을 답습하여 반복한 것과 분명히 다른 차이였다. 체임버스는 자신이 알고 직접 경험한 것만 기술했다. 이런 특징은 영국의 전통적인 주관주의와 경험주의의 산물이었다. 대륙에서 수입되는 미리 정해진 이론의 반복에서 탈피한 것이다. 영국인으로서, 영국 내의 현장에서, 영국 장인을 데리고, 영국 건축주를 위해, 영국 재료와 공법으로, 영국 건물을 짓는 과정에서, 영국 건축가인 자신이 경험한 내용을 있는 그대로 진솔하게 기술했다.

셋째는 저서의 문체도 이런 견해를 뒷받침한다. 체임버스의 문체는 정확하고 명료했으며 간결하고 단순했다. 건축을 철학이나 사상과 같은 추상적 법칙으로 설명하려던 전통적 고전 이론서들의 현학적 만연체와 대비되었다. 자신이 이해하고 체험한 내용을 있는 그대로 쉬운 말로 설명했다. 주관적 경험주의가 반영된 결과였다. 전달하고자 하는 내용도 현장성, 경험성, 현실성, 실용성 등으로 주관적 경험주의를 잘 반영했다.

넷째는 장식에 중점을 두었다. 장식 자체의 문양성과 이것을 현장에서 만들어

226 윌리엄 체임버스(William Chambers), 요크 하우스(York House), 런던

내는 공예성이 지닌 양면성에 대해 많은 설명을 했다(그림 226). 이런 내용 역시 영국 건축의 전통이었다. '로마네스크—고딕—르네상스—바로크'에 이르는 전 기간 동안 영국 건축을 특징짓는 전통 정서였다. 서로 다른 여러 사조를 관통하는 하나의 공통점이 장식이었다. 혹은 르네상스부터 나타난 패턴 북의 또다른 전통을 따른 것이기도 했다. 패턴 북이 도판만 수록한 데 비해 체임버스의 저서는 이론을 함께 설명하며 그 지평을 넓혔다.

다섯째는 건축가를 위한 훈련 방법으로 여행을 통한 직접 경험을 강력하게 추천했다. 체임버스의 일생 자체가 이것을 여실히 증명했다. 그는 여행에서 얻을 수 있는 미학적 영감으로 상상력과 환상을 들었다. 고전 선례에 얽매이지 않는 자유로운 창작력이었다. 고전 선례는 건축 경험을 이론, 교육, 구전 등의 형식화된 강제 방식을 통해 선험적 가치로 강요했다. 이탈리아나 프랑스 등의 고전 본거지에 대한 경험은 간접적으로 이루어지는 경우가 많았다. 직접 가서 보아도 자신이 진정으로 느끼는 것이 무엇인지를 모른 채 이론에 억지로 끼워맞추는 식이었다. 체임버스는 이런 방식으로는 진정한 심미성에 도달할 수 없다고 보았다. 건축가에게 가장 중요한 진정성은 가슴으로 느끼는 직접 경험에서만 나올 수 있다고 보았다. 이런 개념은 낭만주의 나아가 영국의 전통적 정서 가운데 하나였다.

여섯째는 기능 유형과 양식 유형에 대한 입장이었다. 체임버스는 많은 작품과 다양한 기능 유형 가운데서도 영국의 전통 유형이라고 할 수 있는 컨트리하우스를 대표적 유형으로 삼았다(그림 227). 중국풍에 대해서도 중국 파고다의 역할을 영국 낭만주의 정원의 장식물에 한정할 것을 명확히 했다. 중국풍 자체를 하나의 건축 경향으로 추구하지는 않았던 것이다. 완제품을 수입하여 정원에 소품으로 더하는 것으로 그 역할을 한정했다. 낭만주의 미학을 배가하는 구성 요소로 삼았던 것이다.

227 윌리엄 체임버스(William Chambers), 샤를몽 백작 카지노(Casino for Count Charlemont)

일곱째는 낭만주의 미학의 구체적 내용을 일부 공유했다. 체임버스는 낭만주

의 건축운동을 대표하는 건축가 가운데 한 사람으로 고딕리바이벌에 일정 부분 관여했다. 이외에도 앞에서 살펴본 바와 같이 비례 이론에서 클로드 페로의 관습미와 유사한 개념을 전개하며 이것을 상상력 및 연상주의와 연계하며 낭만주의 이론으로 발전시켰다. 관찰자의 판단까지 고려한 가치는 여행의 직접 체험과 함께 건축가의 진정성을 결정하는 중요한 원천이라고 주장했다. 이런 주장은 18세기 낭만주의 미학의 하부 항목인 기호 미학에 속하는 것으로 볼 수 있다. 체임버스의 영국다운 신고전주의가 낭만적 고전주의의 한 형식일 수 있는 증거였다.

소머셋 하우스 – 다원주의, 개별 상황, 기능 처리

소머셋 하우스는 체임버스의 영국다운 신고전주의를 잘 보여주는 대표작이다. 이 건물은 스트랜드 프런트Strand front와 리버 프런트River front의 두 블록을 앞뒤 정면으로 삼아 중간에 안마당이 있는 'ㅁ'자형 구성을 취하고 있다(그림 228). 스트랜드 프런트는 이니고 존스의 뱅켓 하우스를 모방한 팔라디오 양식을 기본 어휘로 삼아 대륙의 국제적 신고전주의를 혼합했다(그림 229). 혹두기 기단 위에 소품화한 신전 파사드를 상인방으로 하는 창을 올려 처리하고 반원형 벽기둥으로 베이를 구획한 처리는 뱅켓 하우스를 모방한 팔라디오 양식의 특징이었다. 기단부 창의 위쪽을 아치로 한 겹 더 감싼 처리는 팔라디오 양식의 어휘였다. 반면 비교적 긴 입면에 중심을 두지 않고 벽기둥의 반복에서 조금의 열주 효과를 노린 처리는 대륙의 국제적 신고전주의 기법이었다.

안마당 입면에서는 당시 프랑스에서 유행하던 급진적 신고전주의를 모방했다. 페이르

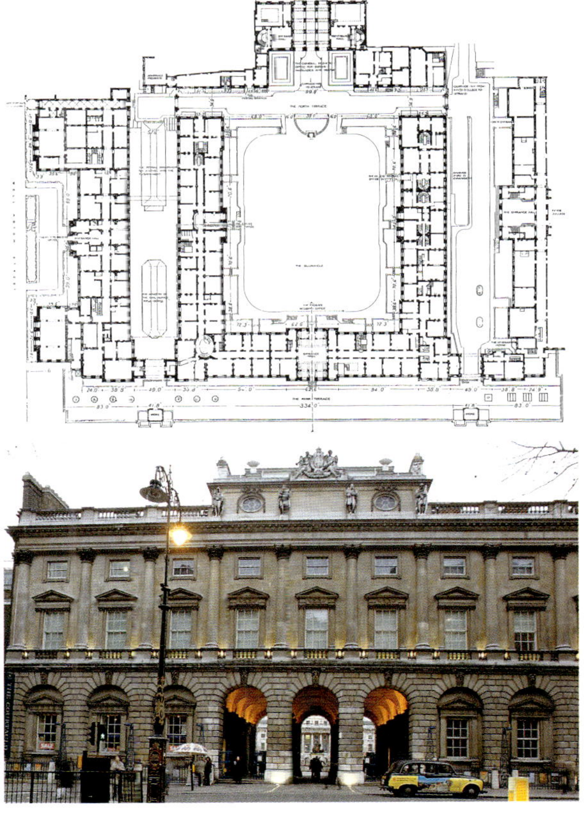

228 윌리엄 체임버스(William Chambers), 소머셋 하우스(Sommerset House), 런던, 1776~
229 윌리엄 체임버스(William Chambers), 소머셋 하우스(Sommerset House), 스트랜드 프런트, 런던, 1776~

230 윌리엄 체임버스(William Chambers), 소머셋 하우스(Sommerset House), 안마당 입면, 런던, 1776~

와 드베일리의 오데옹 극장이 대표하는 루이 16세의 군주형 극장을 모방한 것이다. 페디먼트를 떼어 내 육면체 블록으로 만든 열주 신전 파사드를 두 곳에 사용했다(그림 230). 창의 상인방에 쓰인 아치 홍예돌을 이용한 돌 나누기도 군주형 극장의 어휘였다. 벽기둥에 블록을 끼운 울퉁불퉁한 인상은 르두가 즐겨 사용하던 어휘였다. 블록 표면을 거칠게 처리한 것도 르두를 모방한 것이었다.

이외에도 동시대 루이 16세 양식은 아니지만 다른 프랑스 양식도 함께 모방했다. 안마당 입면 전체를 이루는 영국의 오분법 구성을 직사각형 블록 단위로 나누어 안정되고 합리적인 분위기를 준 것은 자크앙주 가브리엘의 프랑스다운 신고전주의를 모방한 것이었다. 직사각형 블록의 전면은 줄눈을 두껍게 처리하여 혹두기를 흉내 낸 축조 기법이 지배했는데 이것도 자크앙주 가브리엘이 기하학적 정형성을 강조하기 위해 프티 트리아농에서 사용한 기법이었다. 중앙부의 열주를 양옆 측랑의 벽면보다 안으로 집어넣은 처리와 열주의 양끝 단부를 쌍기둥으로 늘린 처리는 모두 클로드 페로의 루브르 동익랑에 나타난 프랑스 바로크와 합리주의의 양면적 경향을 모방한 것이다.

231 윌리엄 체임버스(William Chambers), 소머셋 하우스(Sommerset House), 런던, 1776~

스트랜드 프런트와 리버 프런트 모두 안마당으로 진입하는 통로를 볼트로 처리한 것은 피라네시의 영향이었다. 통로는 마차가 다니는 중앙의 넓은 차로와 양옆의 보행자용 두 곳으로 삼등분했다. 중앙 통로는 종방향으로, 양옆은 횡방향으로 볼트를 냈다. 중앙 볼트의 양옆을 루넷lunett으로 처리한 뒤 양옆 볼트와 직각 방향으로 관통시키는 방식으로 공간의 방향을 교란하여 역동적인 효과를 냈다. 루넷을 두 세트의 쌍기둥으로 받쳐 공간의 풍부함을 배가했다. 피라네시의 복합 공간을 차용하여 공간의 깊이를 얻어낸 것이다(그림 231).

피라네시를 단순 모방한 것은 아니었다. 기능적 처리를 하는 과정에서 피라네시의 공간 개념이 가장 잘 맞았기 때문에 차용한 것이었다. 사람들의 통행이 많은 스트랜드 프런트는 안마당을 향해 공간의 깊이를 보여서 건물의 권위를 표현해야 할 필요성이 있었다. 기단부에 아치를 반복하면서 입면 전체가 단순 벽면의 2차원으로 보이도록 한 것은 건물을 가볍게 만드는 요인이었다. 이 때문에 스트랜드 블록은 깊이 있는 큰 3차원 덩어리로 처리했다. 실내에 들어가는 프로그램도 이 정도의 용적을 필요로 했다. 마차가 드나드는 통로라는 좀더 직접적인 기능적 요구도 한 요인이었다. 볼트 천장을 이용한 피라네시다운 공간의 깊이는 이런 조건 모두에 잘 맞는 처리 기법이었다. 아치가 반복되는 2차원 면 느낌의 정면 중앙에 세 개의 깊은 동굴을 뚫어 입면에 입체적인 힘을 주었다.

232 윌리엄 체임버스(William Chambers), 소머셋 하우스(Sommerset House), 리버 프런트, 런던, 1776~

리버 프런트에서는 대지 조건이 관건이었다. 안마당이 강변 바닥보다 높은 고저의 차이를 건축적으로 해결해야 했다(그림 232). 이 때문에 리버 프런트는 강변 바닥에서 시작하는 높은 기단이 건물 본체를 받치도록 구성했다. 문제는 이 기단의 입면 처리였다. 베이로 구획하는 과정에서 동일 요소로 반복하는 것은 필수였다. 자칫 지루해지거나 삭막한 토목 구조물로 남을 위험성이 컸다. 위쪽 본체의 신전 파사드에 대한 권위 대응도 중요한 관건이었다.

이런 상황에서 피라네시의 벽체 구조에 나타난 거석 구조의 낭만적 분위기는 좋은 해결책이었다. 볼트로 속을 뚫어 깊은 공간을 갖는 아케이드로 전면을 구성하면서 기단의 블록 자체가 축조적 심미성을 획득했다. 피라네시가 하드리아누스의 빌라를 그린 로마 벽치의 폐허를 거의 그대로 옮겨놓은 모습이었다. 원시 거석 구조의 힘과 낭만주의의 픽처레스크를 합한 새로운 심미성이었다. 이런 심미성은 위쪽 본체의 신전 파사드와도 잘 어울렸다. 기단이라는 구조체의 기능적 역할을 충실히 수행하면서 신전 파사드의 고전적 권위에 대응할 수 있는 고대다운 이미지였다.

18세기 절충주의와 영국다움

이상 살펴본 것처럼 소머셋 하우스에 나타난 영국다움은 두 가지다.

하나는 '여러 이질 요소의 통합'이라는 약한 의미의 픽처레스크 개념이다. 이 건물에서 여러 이질 요소는 다원주의 양식이었다. 이를 위해 로마 고전주의, 존스의 영국 르네상스, 팔라디오 양식, 프랑스 바로크, 국제적 신고전주의, 프랑스다운 신고전주의, 급진적 신고전주의, 합리주의, 피라네시 어휘 등 국적과 시대를 초월한 다양한 선례 양식을 적용했다. 다른 하나는 선험적 규범이 아닌 부재와 프로그램이라는 귀납적, 개별적, 특수 상황에 따라 이것을 통합해낸 것이었다. 선례를 선정할 때도 특별한 기준이 없었다. 통합은 매우 자유로운 상태에서 기능적 기준과 건축가의 상상력에만 따랐다.

이 건물에서는 낭만주의 같은 영국의 전통 요소를 하나도 사용하지 않은 채 영국다운 신고전주의를 정의했다. 존스의 영국 르네상스가 있었지만 그 출처는 로마 고전주의였다. 나머지는 모두 외래 양식이었다. 이런 외래 양식을 혼합하는 방식에서 영국다움을 찾았다. 이런 영국다움은 곧 낭만주의의 기본 정신이기도 했다. 어휘는 낭만주의 어휘가 아니었지만 기본 정신에서 영국다운 낭만성을 추구했다. 이런 경향에 대한 평가는 양면적이다.

은유적, 정신적 차원에서 영국다움을 한 단계 성숙시켜 구현했다는 긍정적 평가가 한 축을 이룬다. 확연히 드러나는 낭만주의 건축이나 더 노골적인 낭만적 고전주의에 더해 이런 종류의 시도가 함께할 때 한 나라의 전통 양식이 성숙할 수 있다. 반면 저서에서 편 주장이나 애덤을 공격하던 말과 달리 실제 건물에서는 전형적인 고전주의를 복사하는 경향에서 벗어나지 못했다는 부정적 평가도 가능하다. 고딕리바이벌에서 신고전주의를 오가는 넓은 행보는 전형적인 절충주의였지 진정한 낭만주의는 아닐 수 있다. 이때 '절충주의'란 자신만의 독창적 생명력을 확보하지 못한 채, 남이 먼저 시작해서 유행하고 있는 여러 양식을 잡다하게 흉내 낸다는 부정적 의미를 담고 있다.

이런 의미의 절충주의는 19세기에 크게 만연하며 19세기의 역사주의를 직설적 모방 양식으로 떨어뜨린 주범이었다. 체임버스에서 이미 이런 징조가 나타난 것이다. 절충주의 현상은 애덤에게도 나타났지만 그 정도가 약했을 뿐 아니라 애덤에게는 신고전주의의 최고봉이라는 자신만의 확실한 독창적 저작권이 있었다. 반면 체임버스에게는 이런 것이 없었다. 신고전주의와 고딕리바이벌 모두 자신이 앞장서서 창출한 것이 아니라 먼저 만들어진 것들을 단순히 차용하는 수준이었다. 차용의 정도가 남들보다 더 다양하고 그 방식이 영국다운 픽처레스크라는 다소 독특한 기법이라는 점에 차이가 있는 정도였다.

체임버스의 경향은 시대의 산물로 볼 수 있다. 18세기 건축은 근대 초기인 15~17세기처럼 대표 건축가 중심으로 진행되지 못했다. 자크 앙주 가브리엘, 애덤, 피라네시, 불레 등이 있었지만 이들을 알베르티, 팔라디오, 베르니니, 렌 등과 비교하는 것은 무리였다. 작품의 숫자, 완성도, 작품의 깊이, 동시대에 대한 장악력과 영향력, 시대를 대표하는 독점의 정도 등 모든 면에서 크게 떨어졌다. 더욱이 피라네시와 불레는 작품을 남기지 않은 페이퍼 아키텍터였다.

18세기의 이런 상황은 건축가 개인만의 문제는 아니었다. 18세기는 근대로 넘어오는 전환기였다. 18세기에는 많은 수의 자잘한 실험 양식들이 난무했다. 이런 상황에서 거장이 나오기는 힘들었다. 페이퍼 아키텍터였던 피라네시와 불레는 이런 어려운 상황에서 가장 최선의 대처법을 찾은 것으로 볼 수 있다. 체임버스의 양면적 행보도 같은 의미로 해석할 수 있다. 체임버스는 보혁 갈등이 심하고 다원주의가 난무하는 극심한 변혁기 때 이런 상황을 꿰어 맞추는 방식으로 영국다움을 추구한 18세기 절충주의 건축가였다.

체임버스는 어려운 시대 상황에서 건축가가 취할 수 있는 대응 방식 가운데 한 가지 예를 보여준 것으로 해석할 수 있다. 그 해답은 그가 차용했던 다원주의 어휘에서 찾을 수 있다. 그의 어휘들은 단순한 다원주의를 넘어서 도저히 공존하기 힘들어 보이는 상반된 양식들도 하나로 합쳐내는 통합을 보였다. 합리주의와 급진적 신고전주의, 프랑스다운 신고전주의와 피라네시의 어휘, 프랑스의 바로크와 존스의 영국 르네상스 등이 대표적 대립 양식이었다. 이런 상반된 양식들을 통합해내는 것이야말로 가장 영국다운 낭만주의 정신일 수 있다. 혹은 다양한 명칭이 붙은 18세기 다원주의 양식들의 실체가 실은 다소 허망한 피상적 경향일 수 있다는 사실을 보여주기도 한다. 체임버스는 건축 어휘의 쓰임새를 각 건물이 처한 특수 상황을 얼마나 잘 해결하느냐에 따라 결정하려 했다. 이것은 가장 영국다운 건축관이었다.

2 댄스 2세와 영국다운 신고전주의

1740년대생, 낭만적 고전주의, 영국다운 신고전주의

체임버스는 영국다운 신고전주의의 문을 연 건축가였다. 그러나 한계도 있었다. 무엇보다도 건축 어휘에서 구체적 증거가 부족했다. 영국다움이 가장 잘 드러난 대표작인 소머셋 하우스의 특징은 해석하기 나름인 측면이 많았다. 대륙 신고전주의를 수입하여 종합한 것으로 볼 수도 있었다. 그의 건축 전체로 보면 신고전주의와 낭만주의의 양면성, 나아가 여러 양식 사이를 오가는 절충주의에 가까웠다. 이런 한계는 체임버스 개인의 성향일 수도 있지만 거시적으로 보면 1720년대생 건축가들의 공통적 특징이기도 했다. 애덤에게서도 유사한 현상을 발견할 수 있기 때문이다. 구체적 건축 어휘를 이용한 영국다움은 1740년대 생 건축가들에게 와서 본격적으로 나타났다. 댄스 2세와 존 손이 대표적인 건축가였다.

댄스 부자는 우드 부자와 좋은 비교가 되는 건축가 집안이었다. 두 부자 사이에는 유사점과 차이점이 동시에 있었다. 아버지가 팔라디오 양식과 신고전주의 사이에서 고민하던 세대였고 아들이 이것을 이어받아 신고전주의에 정착한 점이 가장 큰 유사점이다. 차이는 나이에 있었다. 조지 댄스 디 엘더George Dance the Elder, 1695~1768는 우드 1세보다 아홉 살 더 많은 완전한 팔라디오 양식 세대였다. 이 때문에 댄스 디 엘더는 렌의 바로크, 벌링턴의 팔라디오 양식, 신고전주의 셋 사이에서 고민했다. 건축적 배경도 달랐다. 우드 1세가 최고 건축가는 아니었지만 고전주의를 바탕으로 고급 예술의 하나로 건축에 접근했던 데 반해 댄스 디 엘더는 행정직, 부동산 개발, 토목 인프라 등에 종사하면서 양식적 창출과는 거리를 보였다.

조지 댄스 2세George Dance the Younger, 1741~1825는 우드 2세나 애덤과 같은 1720년대 생이 아니라 그 다음 세대인 1740년대 생이었다. 아버지가 우드 2세보다 한 세대 앞선 것과 반대로 아들 대에 와서는 오히려 한 세대가 뒤졌다. 이 때문에 댄스 2세는 아버지의 건축적 영향을 직접적으로 받지는 않았다. 그러기에는 나이 차이와 세대 차이가 너무 많이 났다. 댄스 2세의 건축 경향은 1740년대 세대가 처했던 시대 상황에서 크게 벗어나지 않았다. 그 내용은 두 가지로 요약할 수 있다.

하나는 이들이 전성기를 보낸 1770년대부터 1790년대의 시대 상황에 있다. 이 시기는 거시적 측면에서 보았을 때 프랑스대혁명기로 대표되는 급진적 변화가 유럽 전역에서 시대 흐름을 이끌었다. 영국은 프랑스와 같은 직접적 혁명이나 혁명기 건축은 없었지만 고전 규범의 급격한 붕괴를 피할 수 없었다. 다른 하나는 미시적 측면으로 영국 내부의 상황이었다. 1770년대부터 1790년대의 주요 관심사는 애덤에 대한 공격적, 비판적 대안 찾기 작업이었다. 애덤이 장식 중심적이고 대륙 중심적인 독주 경향으로 끝을 내자 후배 세대들은 이를 비판하면서 영국다움에 대한 욕구가 커져갔다.

이상의 시대 상황이 맞물려 대안은 크게 두 방향으로 나타났다. 하나는 낭만주의 건축의 본격적인 등장이었다. 애덤과 같은 세대인 월폴을 필두로 1740년대 생에 오면 와이엇과 내시로 대표되는 낭만주의와 고딕리바이벌이 영국 건축을 이끄는 대표적 경향으로 자리 잡았다. 이것은 신고전주의 자체를 거부하고 영국의 전통 양식을 그 대안으로 추구한 거시적 차원의 대안이었다. 산업혁명과 프랑스대혁명을 기점으로 유럽에 불었던 국제주의 바람에 맞선 또 하나의 시대 현상인 민족주의 혹은 지역주의가 건축에 반영된 결과였다.

다른 하나는 신고전주의 내에서 나타난 급진적 경향이었다. 영국의 1740년대 세대의 대표적 신고전주의 건축가들은 댄스 2세, 홀랜드, 존손 등이었다. 이들은 프랑스의 1730년대 세대인 페이르와 드베일리, 1730년대 후반에서 1740년대 세대인 공두앵, 불레, 르두에 해당하는 세대였다. 이것은 시대적으로나 건축적으로 이들 프랑스 건축가들과 같은 역할을 수행해야 한다는 의미였다. 역할 수행의 범위는 양면적이었다. 프랑스에서는 페이르, 드베일리, 공두앵이 급진적 신고전주의자로, 불레와 르두가 혁명기 신고전주의자로 세분되었다. 영국의 1740년대 세대에서는 혁명기 건축이 나타나지 않았다. 이것은 신고전주의의 다양성과 시대정신의 표현이라는 관점에서 보면 프랑스보다 뒤떨어지는 한계로 볼 수 있다.

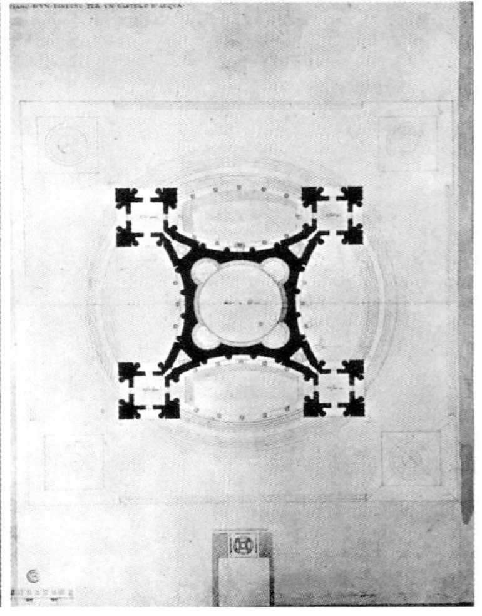

233 조지 댄스 2세(George Dance II), 랙스턴 홀(Laxton Hall), 노샘프턴셔(Northamptonshire), 영국
234 존 손(John Soane), 성채 계획안

그러나 영국에는 프랑스에는 없던 낭만주의가 있었다(그림 190, 191). 또 존 손이 대표하는 1740년대 신고전주의는 불레나 르두만큼 파격적이지는 않았지만 다른 관점에서 충분히 급진적이고 혁명적인 과격성을 보였다. 그 내용은 신고전주의에 낭만주의 기법을 통합해낸 것으로 요약할 수 있다. 이런 점에서 1740년대 세대의 신고전주의는 낭만적 고전주의라고 부를 수 있다(그림 233, 234). 학자에 따라서는 불레와 르두의 혁명기 건축을 낭만적 고전주의에 넣기도 한다. 이런 관점에서 보면 영국에도 불레와 르두와 동일한 혁명적 신고전주의 경향이 있었다고 평가할 수 있다.

차이도 있었다. 불레와 르두의 혁명기 건축은 고전 규범의 붕괴에 초점을 맞추면서 유럽 전체의 좀더 보편적인 낭만주의 정신을 신고전주의와 접목했다. 반면 영국의 1740년대 신고전주의자들은 낭만주의를 영국의 전통적인 국민 정서에 국한하며 민족주의 경향을 추구했다. 이것은 영국다운 신고전주의를 찾던 18세기 100년의 노력을 집대성하여 총 결산을 맺은 것으로 볼 수 있다. 이런 경향은 1720년대 생이었던 체임버스에게서 이미 나타났다. 애덤의 가장 강력한 라이벌이었던 체임버스는 애덤의 한계를 국적 미상의 애매한 종합화로 비판하며 그 대안으로 낭만주의에 기초한 영국다운 신고전주의를 추구했고 그것이 1740년대 생의 신고전주의자들로 이어져 18세기 후반부에 꽃을 피웠다.

조지 댄스 2세(2)와 뉴게이트 감옥(2)

댄스 2세는 영국의 1740년대 생 신고전주의 건축가였다. 존 손이 이 경향을 대표하는 건축가였다면 댄스 2세는 그 다음가는 건축가였다. 댄스 2세의 건축 교육은 종합적이었다. 초반기에는 아버지 댄스 디 엘더의 팔라디오 양식과 렌의 바로크에서 영향을 받았다. 렌의 영향을 받은 것은 댄스 2세가 어린 시절을 렌의 작품이 많은 런던의 치스웰 거리Chiswell Stgreet에서 보냈기 때문이었다. 1758년부터 1764년 사이에는 로마의 산루카 아카데미에서 수학했다. 이때는 당시 첨단 논쟁이었던 로지에의 구조 합리주의와 피라네시의 낭만적 고전주의의 영향을 받았다.

런던으로 돌아와 설계한 첫 작품인 올 핼로스 교회All Hallows Church, 런던, 1765~67에서는 고전 어휘를 생략한 추상 합리주의 경향과 고전 어휘의 분해라는 양면적 경향을 보였다. 전자는 구조 합리주의의 영향을 드러낸 것이었고 후자는 동시대 유행 경향 혹은 피라네시의 영향을 따른 것이었다. 이후 1768년에 아버지의 뒤를 이어 런던 시 건축국 서기Clerk of City's Works에 임명되었고 몇 작품을 설계했다. 그러나 우드 부자의 더 서커스와 로열 크레센트를 모방하는 등 두각을 나타내지는 못했다.

댄스 2세는 자신의 대표작인 뉴게이트 감옥1768~85에서 영국다운 신고전주의를 완성하였다. 그 기반은 낭만주의 미학을 고전주의와 접목한 낭만적 고전주의였다. 이 건물은 고전 어휘를 사용하기는 했지만 전체적 모습과 분위기는 낭만주의에 더 가까워 보였다. 이런 양면적인 두 측면은 잘 혼합되어 완전히 다른 모습으로 탈바꿈한 고전주의로 나타났다. 이런 점에서 낭만적 고전주의의 대표적 예로 볼 수 있다.

뉴게이트 감옥은 앞서 살펴본 바와 같이 중앙 집중형을 활용한 18세기 감옥의 대표적 건물이기도 했다(그림 171). 교정 기능을 강화하기 위한 건축적 장치인 중세 성채형 이미지, 숭고미를 활용한 감옥의 공포 분위기, 부조화 등이 낭만주의 건축의 핵심 내용들이었다. 이런 낭만주의 미학들은 영국의 전통 정서를 바탕으로 한 뒤 그 위에 고전 부재를 구체적 어휘로 더하는 방식으로 표현했다(그림 235). 전체 구성은 영국의 전통적인 9분법으로 이루어졌다.

반면 전체 윤곽은 육면체의 반듯한 덩어리 느낌을 강조하면서 합리

235 조지 댄스 2세(George Dance II), 뉴게이트 감옥(Newgate Prison), 런던, 1768~85, 철거

적 고전주의를 주요 특징으로 나타냈다. 육면체 덩어리는 직각으로 잘린 명확한 모서리와 군더더기 없는 반듯한 정형성을 통해 고전주의의 합리적 질서를 유지했다. 석재 부재의 크기는 동일했고 축조 방식도 오푸스 이소도뭄opus isodomum으로 가장 안정적 질서를 지향했다. 장식도 절제했다. 숭고미 같은 낭만적 분위기를 제외한 문양 중심의 구체적 장식 어휘는 쓰지 않았다. 이렇게 형성한 고전주의의 기본 질서에 낭만주의 미학을 가해 낭만적 고전주의로 발전시켰다.

낭만주의 분위기를 집약적으로 보여준 처리는 거친 돌 처리를 이용한 표면 질감이었다. 기단은 혹두기로 처리했고 본체는 줄눈을 두껍게 두어 혹두기를 모방했다. 반듯한 육면체 윤곽은 오히려 거친 표면 질감을 돋보이도록 했다. 장식을 절제한 것도 마찬가지였다. 시선을 장식에 빼앗기지 않고 거친 표면에 집중할 수 있었다. 꼭 필요한 부분만 빼고 창 면적을 대폭 줄여 거친 돌 처리를 가할 수 있는 벽체 면적을 증가시켰다(그림 236). 거친 돌 처리는 외관에 완강한 방어 이미지와 강력한 폐쇄 느낌을 주면서 건물을 중세 성채로 몰아갔다. 건물은 더이상 고전주의로 인식되지 않았다. 크고 작은 거친 육면체 덩어리들이 어울린 율동감은 낭만적 감흥을 배가했다.

236 조지 댄스 2세(George Dance II), 뉴게이트 감옥(Newgate Prison), 런던, 1768~85, 철거

얼마 되지 않은 고전 부재들도 대부분 매너리즘의 거친 어휘들이었기 때문에 이런 분위기를 도왔다. 매너리즘 어휘는 창에 집중했다. 중앙 간수실에서는 아키볼트archivolt의 홍예돌을 벽면보다 더 두껍게 돌출시킨 뒤 표면을 거칠게 처리했

다. 측동의 옥사에서는 소품화된 신전 파사드를 거친 돌쌓기로 각색한 뒤 아치로 한 겹을 더 쌓았다. 이런 처리들은 '매너리즘—바로크—낭만주의'로 이어지는 비정형 사조의 연관성을 암시하면서 낭만주의 분위기를 배가했다. 어릴 때 보고 자랐던 렌의 바로크는 이런 해석을 뒷받침해주는 중간 고리였다. 바로크는 피라네시에서 볼 수 있듯이 낭만적 고전주의의 중요한 선례 가운데 하나였다. 영국에서는 기브스의 영국다운 신고전주의에 바로크가 중요한 요소로 작용했다.

마지막으로 피라네시와의 연관성이 있었다. 거친 돌 처리를 이용해 숭고미를 표현하는 것은 피라네시가 로마 벽체 구조의 대표적 특징으로 제시한 새로운 낭만주의 미학이었다. 실제로 댄스 2세는 로마 체류 기간에 피라네시를 만나 영향을 받았다. 대륙의 영향만이 유일한 근거는 아니었다. 영국의 건축 역사에도 거친 돌 처리를 이용한 낭만성의 전통이 있었다. 로마네스크와 고딕의 중세 건축에서 돌을 이용한 굴성의 표현이 그것이었다. 프랑스의 대륙 중세 건축에서는 구조 합리주의에 집중한 수직성이 주요 특징인 데 반해 영국에서는 돌의 물성을 수평선으로 표현한 땅의 미학이 주요 특징이었다. 뉴게이트 감옥은 그 연장선에 있는 것으로 볼 수 있다. 피라네시의 영향도 분명히 찾을 수 있지만 돌 자체의 축조성에 대한 집중도는 피라네시보다 많이 떨어졌다. 그보다는 돌의 집단적 분위기를 이용한 땅의 미학 쪽에 더 가까웠다. 이것은 영국의 중세 전통으로 해석할 수 있다.

길드홀—바로크다운 신고전주의와 중세 공예 전통

길드홀[Guildhall, 런던]도 댄스 2세의 대표작이다. 이 건물에서는 회의실[Council Chamber, 1777~80], 체임벌린 코트[Chamberlain's Court=리셉션 룸, 1787~89], 파사드[1788~89] 등이 중요한 부분이었다(그림 190). 회의실은 정사각형 평면과 접시형 돔[saucer dome] 천장으로 이루어졌다(그림 237). 돔은 네 모서리에서 네 기둥이 받쳤다. 접시형 돔은 일종의 조각 돔[segmental dome]에 해당했기 때문에 반구형 돔보다 하중이 훨씬 적게 나가서 네 기둥만으로 받칠 만했다. 특히 렌의 월브룩 성 스테파노 성당[St. Stephen of Walbrook]과 수플로의 파리 팡테옹을 거치면서 이런 구조방식은 널리 보급되어 쓰였다. 네 기둥도 완전한

237 조지 댄스 2세(George Dance II), 길드홀(Guildhall), 회의실(Council Chamber), 런던, 1777~80

독립 원형 기둥이 아니라 단면적을 충분히 확보한 벽기둥이었고 두 면은 수직벽이 함께 받쳤기 때문에 구조적으로 문제될 것은 하나도 없었다. 천장 꼭대기에는 돔보다 훨씬 큰 오쿨루스를 뚫었다. 이런 큰 사이즈로 실내에 밝은 채광 효과를 주었다.

회의실에 나타난 영국다움은 두 가지로 생각할 수 있다. 하나는 렌의 선례였다. 이 건물에 쓰인 접시형 돔은 전통적인 펜던티브 돔을 중간 지점에서 잘라서 말 그대로 접시 모양으로 만든 조각 돔이었다. 펜던티브 돔을 이렇게 변형한 것은 렌이 월브룩 성 스테파노 성당에서 먼저 시도해서 만족할 만한 결과로 남긴 선례가 있었기 때문이다. 렌은 당연시되던 습관적이고 반복적인 펜던티브 돔에 회의를 품고 여덟 개의 아치와 독립 원형 기둥이 받치는 새로운 방식을 발명했다. 그 결과 실내는 매우 밝고 경쾌해졌다.

길드홀의 회의실도 매우 유사한 분위기로 만들었다. 렌의 돔은 특정 명칭이 붙은 정형화된 종류는 아니었지만 회의실의 접시형 돔과 비슷했다. 밝은 분위기도 비슷했다. 월브룩 성 스테파노 성당에서는 측면의 넓은 창이 밝은 채광을 만든 반면 회의실에서는 천장의 오쿨루스가 그 역할을 대신했다. 회의실에서는 측면 벽체가 그림을 거는 바탕 면이 되어야 했기 때문에 창을 뚫을 수 없었다. 그 대신 오쿨루스를 뚫었다. 돔을 받치는 구조 부재를 되도록 단순화하여 둔탁한 분위기를 줄이고 밝고 경쾌한 기분이 나도록 한 처리도 두 건물이 비슷한 점이다.

렌이 월브룩 성 스테파노 성당에서 제시한 영국다움은 과학 정신이 대표하는 경험적 주관주의였다. 전통적 돔 구조를 선험적으로 반복하던 관습에 대한 회의에서 출발하여 이것을 부정하고 그 대안으로 새로운 모델을 창출했다. 이런 일련의 작업을 뒷받침한 것은 경험에 의거한 과학적 실험이었는데 이것은 영국 전통의 핵심 정신 가운데 하나였다. 대륙에서는 하나의 대표 모델을 부정하여 대체할 때 선험적으로 정형화되어 있는 또다른 모델을 차용하는 것이 통상적이었다.

그러나 렌은 특정 명칭이 붙어 있지 않는 자신만의 모델을 경험에 의거하여 발명해냈다. 선험적으로 정형화된 선례 모델을 거부하고 현장에서 자신의 주관적 경험에 따라 가장 좋다고 판단되는 것을 여러 번의 실험과 시행착오 끝에 만들어낸 것이다. 길드홀의 회의실에서는 이런 렌의 영국다운 전통을 이어받았다. 다른 한편 렌의 경향은 18세기 낭만주의와 바로크의 연관성을 보여주는 또다른 증거이기도 했다. 뉴게이트 감옥에 나타난 바로크다운 신고전주의에 이어 길드홀의 회의실에서도 렌을 매개로 이와 유사한 경향이 나타난 것이다.

다른 하나는 영국 중세 전통과의 연관성이다. 영국 고딕 건축의 대표적 특징은 공예를 기본으로 한 장식성에 있었다. 이것이 가장 잘 나타난 곳이 천장 볼트였다. 영국 고딕에서는 티어세론tierceron, 크레이지 볼트crazy vault, 팬 볼트fan vault, 우산 볼트umbrella valut 등 여러 가지 이름의 다양한 볼트가 만들어졌다. 이것들은 모두 공예적인 장식 처리를 보여주는 예다. 회의실의 접시형 돔은 돔을 이용하여 이런 전통을 번안한 것으로 해석할 수 있다. 무엇보다도 접시형 돔은 구조적 작동이나 축조 방식이 세일 볼트sail vault와 유사했다. 이것은 장식 처리를 가하는 바탕면을 제공했다. 방사선 방향의 분할 리브, 오쿨루스의 동심원 프레임, 펀던티브를 이용한 부채꼴 기하 문양, 구조 역할을 하는 아치의 굵은 선 등을 모두 장식 요소로 활용하여 고딕 볼트를 번안하는 역할을 했다.

체임벌린 코트는 이런 해석을 뒷받침하는 증거였다(그림 238). 이 방은 다른 방보다 중세 분위기가 훨씬 직접적으로 드러나도록 설계했다. 고딕리바이벌이라고 볼 수 있을 정도로 중세 어휘를 직접 사용했다. 창의 뾰쪽 아치와 천장의 볼트가 대표적인 예였다. 이 가운데 천장 볼트는 고딕 전통을 추상적으로 단순화했다. 이것은 다시 회의실의 천장과 유사성을 보였다. 회의실 천장은 체임벌린 코트를 중간 매개로 삼아 고딕의 볼트 장식을 렌의 바로크 전통으로 각색한 것이었다. 댄스 2세는 이런 볼트 처리를 자신의 다른 작품들에서 자주 애용했는데 햄프셔의 크랜베리 파크Cranbury Park, Hampshire, 1779년경~81년가 그 대표적 예다(그림 239).

238 조지 댄스 2세(George Dance II), 길드홀(Guildhall), 체임벌린 코트(Chamberlain's Court=리셉션 룸), 런던, 1787~89

239 조지 댄스 2세(George Dance II), 크랜베리 파크(Cranbury Park), 햄프셔(Hampshire), 영국, 1779년경~81

이상의 예들은 댄스 2세만의 독특한 어휘들이다. 렌의 선례가 있긴 했지만 이의 직접적 모방을 피한 대신 고딕의 공예다움과 장식 전통으로 재해석하여 18세기 방식으로 영국다움을 창출하였다. 이런 위에 렌의 경험적 주관주의를 더해 영국다움을 한층 강화하였다. 댄스 2세는 자신의 건축을 '구속에서 벗어난 건축unshackled architecture'이라고 불렀다. 이때의 구속은 대륙의 선험적 고전주의를 말한다. 늘 대륙 양식을 수입하는 데 그쳤던 영국 건축 전통의 한계를 극복하고 대륙의 종속에서 해방된 영국만의 건축을 의미했다. 댄스 2세의 이런 입장은 영국다운 신고전주의의 완성자이자 대표자인 존 손에게 결정적 영향을 끼치며 그 명맥을 이어 나갔다.

존 손 3

손과 영국다운 신고전주의

존 손John Soane, 1753~1837은 벽돌 시공업자의 아들로 태어나 18세기 말부터 19세기 초 영국을 대표하는 최고의 건축가에 오른 인물이다. 존 손은 좁게는 18세기, 넓게는 영국 건축사 전체를 통틀어 최고의 천재 가운데 한 사람이었다. 그는 평생 비천한 출생 신분에 대한 열등의식 때문에 히스테릭한 신경질로 고생했지만 하늘은 공평해서 그 대신 그에게 아무도 넘볼 수 없는 천재성을 주었다. 그는 이런 재질을 잘 가꾸고 관리해서 18세기 영국다운 신고전주의를 마무리하며 완성했다.

존 손은 1768년부터 1772년 사이에 댄스 2세의 설계 사무소에서 4년, 다시 1777년까지 홀랜드의 설계 사무소에서 5년을 보내며 건축을 배웠다. 이 기간에는 1771년에 왕립 건축아카데미에서 수학을 병행했다. 1776년에는 졸업 설계 경기에서 개선 다리Triumphal Bridge 안으로 금메달을 받았고 조지 3세의 여행 장학금을 타서 1778년부터 1780년 동안에는 로마로 그랜드 투어를 떠났다(그림 240). 로마 체류 기간에는 고전주

240 존 손(John Soane), 졸업 설계 경기 개선 다리(Triumphal Bridge)

의와 르네상스 건물들을 답사, 실측하는 등 일반적인 활동에 더해 이탈리아 전역을 여행하며 고전주의의 다양한 예들을 접했다. 또한 당시 이탈리아에 와 있던 영국의 실력자들과 교류하며 미래의 건축주들을 확보했다.

1768년부터 1780년에 이르는 교육 기간은 다른 영국 건축가들과 별로 다르지 않았다. 스승과 선배 세대에게 영국다운 전통을, 그랜드 투어에서는 고전의 원류를 배우는 표준 코스를 밟았다. 댄스 2세에게는 낭만주의 혹은 낭만적 고전주의를 통한 영국다움 찾기의 영향을 받았다. 홀랜드에게는 장식을 절제한 추상 분위기의 고전 윤곽 처리법을 배웠다. 존 손은 서로 반대되며 어울릴 것 같지 않은 이 둘을 절묘하게 조화하여 하나로 통합해냈다. 추상 분위기의 고전 윤곽은 낭만적 소재를 담는 용기나 그릇으로 발전했고 그 속에 역사 양식의 다양한 소재를 넣어 픽처레스크 개념을 독특하게 재해석했다.

1784년에 열린 런던의 왕립 건축아카데미 전시회가 존 손에게는 세상에 자신의 건축을 내보인 첫번째 기회였다. 이후 1788년까지 초창기 작품들을 설계하며 기반을 다졌다. 이 시기 작품들은 건축주의 요구를 반영하는 데 주력해서 아직 자신의 개성을 나타내지 않았다. 직전까지 일했던 홀랜드 사무소의 단순화 경향이 주요 특징으로 나타났다. 일부 건물에서 부분적으로 존 손의 독특한 창작력의 단서를 찾을 수는 있지만 아직 본인의 색깔을 드러내지는 않은 시기다.

1788년부터 1790년까지는 존 손의 독립기다. 1788년에는 로버트 테일러Robert Taylor가 사망하면서 공석이 된 영국은행 건축가Architect to the Bank of England에 선발되면서 경제적, 사회적으로 독립할 기회를 잡았다. 1790년에는 처삼촌이 사망하면서 남김 막대한 유산을 물려받아 이런 독립을 더욱 탄탄하게 다졌다. 이때부터 존 손은 건축주의 눈치를 보지 않고 본인의 특이한 기질을 맘껏 발휘하기 시작했다. 골동품과 유적을 모으기 시작한 것도 이때부터다. 골동품 수집은 존 손의 생애에 걸쳐서 계속되며 중요한 일이 되었고 건축적으로도 존 손의 낭만적 고전주의를 형성하는 데 일정 역할을 했다. 이후 다작의 전성기를 40년 가까이 누리며 손 스타일Soane Style이라 부르는 독특한 경향을 창출했다.

존 손은 다작가였지만 주요 대표작들이 많이 철거되는 불운도 겪었다. 디자인의 과격함이 대형 공공건물을 남기지 못한 중요한 요인이었다. 대표작은 노퍽의 레튼홀Letton Hall, Norfolk, 1783~89, 영국은행Bank of England, 런던, 1788~1833, 철거, 버킹엄셔의 티링엄홀Tyringham Hall, Buckinghamshire, 1793~1800년경, 하이드 파크의 컴벌랜드 게이트Cumberland Gate at Hyde Park, 런던, 1797, 철거, 일링의 피츠행거 장원Pitzhanger Manor, Ealing, 1800~02, 철거, 첼시 왕립병원의 부속진료소, 원장실, 마사Royal Hospital, Chelsea, 1809~17, 덜위치칼리지 미술관 및 원형무덤Dulwich College Art Gallery and Mausoleum, 1811~14, 런던의 링컨스 인 필즈Lincoln's Inn Fields=Sir John Soane's Museum=존 손 박물관, 런던, 1812~13, 부채탕감국National Debt Redemption Office, 런던, 1818~19, 철거, 웨스트민스터 법정 건물1820~26, 철거 등을 들 수 있다.

낭만적 천재와 낭만적 고전주의의 완성

존 손은 타고난 천재성과 광적인 기질로 윌리엄 브레이크William Blake 등과 함께 당대를 대표하는 천재였다. 그러나 일반적 의미의 천재들의 생애와 다른 면이 많았다. 까다로운 성격에 비해 대인관계도 괜찮은 편이었고 부침이 적은 안정적인 활동을 이어갔다. 그의 생애 전반은 큰 부침 없이 순탄하게 잘 풀려간 편이었다. 건축과 관련한 여러 공직도 두루 거치는 등 세상과 타협하는 사회성도 잘 갖추었다. 요구 사항이 많은 개인 건축주들을 싫어하며 이로 인해 피곤해하는 편이었지만 이 경우 흔히 천재들이 직접 충돌하며 갈등을 빚는 것과는 달리 큰 문제를 일으키지는 않았다. 존 손을 한 번 경험한 건축주들은 비고적 오랜 기간 관계를 유지하는 편이었다. 크게 보아 세상과 불화하기보다는 많이 맞추어 산 편이었다.

작품 경향에서는 과격한 파격이 일부 나타났지만 이것을 통해 동시대 상황 등 주변과 대립하거나 혁명을 부르짖지는 않았다. 오히려 그 반대로 건축주의 요구와 시대의 표준적 상식을 일정 부분 따르며 괜찮은 사회 적응력을 보여주었다. 이 때문에 여러 계층의 다양한 건축주를 확보하고 다작을 남겼다. 애덤을 평생 못살게 굴던 체임버스 같은 앙숙도 없었다. 또한 18세기 거장들이 공통적으로 행한 출판, 공직, 교육 등 다방면의 종합적 활동도 했다(그림 241). 이상을 종합하면 존 손은 타고난 천재성을 바탕으로 낭만주의가 판치는 시대 상황에서 광적인 소질을 맘껏 발휘하며 좋은 작품을 남긴 것으로 요약할 수 있다

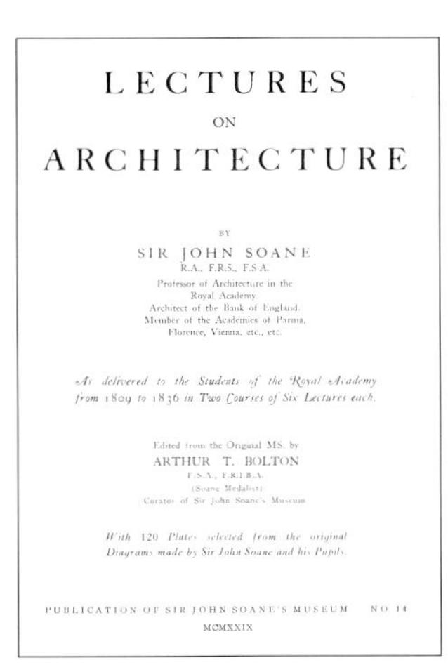
LECTURES
ON
ARCHITECTURE

BY
SIR JOHN SOANE
R.A., F.R.S., F.S.A.
Professor of Architecture in the
Royal Academy.
Architect of the Bank of England.
Member of the Academies of Parma,
Florence, Vienna, etc., etc.

As delivered to the Students of the Royal Academy from 1809 to 1836 in Two Courses of Six Lectures each.

Edited from the Original MS. by
ARTHUR T. BOLTON
F.S.A., F.R.I.B.A.
(Soane Medalist)
Curator of Sir John Soane's Museum

With 120 Plates selected from the original Diagrams made by Sir John Soane and his Pupils.

PUBLICATION OF SIR JOHN SOANE'S MUSEUM NO 14
MCMXXIX

241 존 손(John Soane), 『건축 강의(*Lectures on Architecture*)』(1837) 표지

존 손은 천재들이 요절하는 것과는 달리 여든네 살까지 장수하며 사망 직전까지 작품 활동을 계속했다. 그 결과 40여 개에 이르는 많은 작품을 남겼다. 연대기를 기준으로 하면 18세기 말에서 19세기 전반부에 걸친 시기가 그의 활동기다. 그러나 작품 경향을 기준으로 하면 18세기 건축가로 분류된다. 19세기 경향으로 전이되지 못했고 18세기의 건축적 고민을 19세기 초반까지 연장하며 활동했다. 이것은 18~19세기의 거시적 관점에서 보면 오히려 다행이었다. 그의 말년 활동은 18세기 말의 과격한 건축적 고민을 구체적 작품으로 보여준 점에서 특히 중요성을 가진다.

존 손은 근대 이전기의 건축가로서는 18세기의 프랑스대혁명과 19세기의 나폴레옹전쟁이라는 상반된 세계사적 사건 모두를 직접 체험한 드문 경우다. 19세기 건축가들이 나폴레옹전쟁 이후 무기력한 역사 양식의 직설적 모방을 남발하던 때에 존 손은 18세기의 감수성을 유지하며 이것을 구체적 작품으로 구현하는 데 말년의 역량을 집중했다. 이것은 대륙과 영국을 포함한 유럽 전체의 18세기 건축에서 매우 소중한 업적이자 자산이다. 프랑스에서 혁명기의 건축적 에너지가 충분히 구현되지 못하고 금방 막을 내린 데 반해 존 손은 이것을 이어받아 19세기의 보수주의 틈바구니에서 낭만적 고전주의를 완성했다. 존 손의 작품이 없었다면 급진적 신고전주의와 낭만적 고전주의의 건물 목록은 하나의 양식 사조로 탄생하기에 많이 부족했을 것이다. 존 손은 평생을 걸쳐 찾고자 했던 영국다운 신고전주의를 대륙의 고전주의와 자국의 낭만적 정신의 결합으로 해석해내며 낭만적 고전주의를 완성했다.

존 손은 영국 내에서는 일정한 영향력이 있었지만 체계적으로 제자를 키우는 성격은 아니었다. 왕립 건축아카데미에서 27년이나 강의를 했지만 건축에 대한 학술적 접근이나 이를 통해 인맥을 형성하는 일 등에는 매우 부담스러워했던 것으로 알려져 있다. 손 스타일이라는 작품을 통해 불특정 다수에게 폭넓은 영향을 끼치기는 했지만 작품성과 견주었을 때 직계 제자는 거의 없는 편이었다. 특히 대륙에서 국제적 영향력은 없었는데 이것은 존 손이 영국다움을 추구했음을 알려주는 대목이기도 하다.

존 손의 다양한 활동에는 저술, 공직, 교육도 포함되었다. 『노퍽과 서퍽 등에 세워진 건물의 평면, 입면, 단면*Plans, Elevations and Sections of Buildings*

Erected in the Countries of Norfolk, Suffolk, etc.』1788과 『건축강의*Lectures on Architecture*』1837는 존 손의 대표 저서다(그림 241). 공직은 1792년 런던 시 건축국 서기, 1794년 산림청 부감독관Deputy Surveyor of Woods and Forests, 1807년 첼시 병원 건축담당 서기Clerk of the works at Chelsea Hospital 등을 역임했다. 교육 활동으로는 1806년에 영국 왕립 건축아카데미 교수로 임명되어 1809년부터 1835년까지 27년 동안 강의했다. 앞의 『건축 강의』는 그 기간의 강의 내용을 모아 출판한 것이다.

체임버스 – 댄스 2세 – 존 손

손 스타일이라 부르는 손만의 낭만적 고전주의의 배경은 선배 세대의 영향과 자신만의 창작으로 양분할 수 있다. 선배 세대의 영향은 체임버스와 댄스 2세 두 사람이 대표했다. 두 사람은 모두 영국다운 신고전주의를 찾으려 한 공통점이 있었다. 존 손 자신의 창작적 배경은 낭만주의를 기본 배경으로 삼은 급진적 신고전주의로 볼 수 있는 측면이 많았다. 이것은 영국다움을 추구하되 대륙과 영국 모두를 포함한 18세기 유럽의 신고전주의라는 더 큰 틀 속에 편입될 수 있다는 의미였다.

체임버스의 영향은 후원자에 가까웠다. 댄스 2세와 달리 체임버스와는 나이 차이가 서른 살이나 났기 때문에 직접 접촉하기보다는 후원을 받는 편이었다. 체임버스는 존 손이 왕립 건축아카데미에서 수학할 때 그 재질을 알아보고 조지 3세에게 강력하게 추천해서 그랜드 투어 장학금을 타도록 해주었다. 체임버스는 존 손이 로마에 체류할 동안 미켈란젤로, 다비뇰라, 페루치, 팔라디오, 베르니니 등의 작품을 공부할 것과 피라네시를 만나라고 충고했다. 중요한 것은 이들의 작품 자체가 목적이 되어서는 안 되고 존 손 자신만의 양식을 창출하라고 명심시킨 일이다. 이들 거장들 작품의 단점은 피하고 좋은 점만 골라서 완벽한 건축을 창출하도록 한 것이다.

체임버스의 충고는 존 손이 추구할 영국다운 신고전주의의 성격과 방향을 어느 정도 암시한 것으로 볼 수 있다. 매너리즘에서 바로크로 이어지는 대륙의 비정형 계열과 피라네시의 이탈리아식 낭만적 고전주의를 모델로 하여 여기서 영국의 낭만적 국가 전통과 어울릴 만한 내용을 추출한 뒤, 존 손 자신만의 타고난 천재성과 영국다운 기질로 이것들을 통합해내는 것이었다. 이런 방향은 체임버스 자신이 추구한 경향이기도 했다. 체임버스는 자신이 추구하다 미완성으로 멈춘 영국다운 신고전주의를 서른 살 밑의 어린 한 천재를 통해 대신 완성시키려 했던 것 같다.

구체적인 건축 디자인의 내용에서는 종합화를 통한 픽처레스크 구성이 존 손과 체임버스의 유사성이었다. 이 경향을 체임버스에게 직접 배우지는 않았지만 그렇다고 아무 관계가 없다고 보기도 어렵다. 픽처레스크 구성은 영국다운 건축을 구성하는 첫번째 특징이었다. 그렇기 때문에 영국다운 건축을 추구하는 건축가들은 모두 공통적으로 나타내는 경향이었다. 그런데 존 손의 픽처레스크 구성은 은유적이고 암시적 성격이 강한 편이었는데 이 부분이 체임버스와 비슷하다.

댄스 2세의 영향은 직접적이고 매우 컸다. 존 손이 일했던 1768년부터 1772년까지 4년 동안은 댄스 2세가 올 핼로스 교회 작업을 마치고 한참 뉴게이트 감옥을 설계하던 때였다. 댄스 2세는 이 기간 동안 자신만의 영국다운 신고전주의를 완성해가고 있었다. 존 손은 이 과정을 4년 동안이나 같이했다. 존 손은 댄스 2세의 고민과 건축 어휘를 습득하며 그 영향권 아래로 들어갔다. 이곳에서 나온 뒤에도 두 사람은 평생 스승과 제자인 동시에 친구로서 좋은 관계를 유지하며 건축적 견해와 영향을 주고받았다. 열두 살이 많았던 댄스 2세가 더 많은 영향을 준 것이 사실이다. 존 손의 역할은 타고난 천재성과 다작을 통해 구체적 결과물을 더 많이 내놓은 데 있었다. 존 손은 댄스 2세가 추구한 '구속에서 벗어난 건축'을 이어받아 더욱 발전, 완성시켰다.

댄스 2세의 영향이 직접적이었음을 보여주는 확실한 증거로 존 손이 댄스 2세의 어휘를 직설적으로 모방한 점을 들 수 있다. 댄스 2세가 길드홀의 회의실에 사용했던 접시형 돔과 이것이 표현하는 고딕과 렌의 바로크 전통이 대표적인 예다(그림 237). 또다른 예로 햄프셔의 크랜베리 파크에 사용했던 그로인 볼트를 들 수 있다(그림 239). 이 볼트는 네 모서리를 받치는 사각 기둥에서 나팔꽃 혹은 우산살 모양으로 벌어지며 퍼져 올라가는 구성이었다. 존 손은 이런 어휘들을 직설적으로 차용하기도 했고 우물 광정이라는 자신만의 중세주의 어휘로 발전시키기도 했다.

이 어휘는 초창기 작품인 스태퍼드셔의 칠링턴홀Chillington Hall, Staffordshire, 1785~89에서 이미 완성도 높은 모습으로 나타났으며 일링의 피츠행거 장원으로 이어졌다(그림 242). 이 건물들에서는 사각형 방의 천장을 타원형 우물 광정으로 처리했다. 돔의 내곡면을 줄인 대신 표면에 방사선 방향의 띠 문양으로 장식을 가했다. 띠 문양은 표면 장식에 머물렀기 때문에 리브로까지 발전하지는 못했지만 전체 모양은 내곡면을 우산살처럼 보이도록 했다. 한 층 높이의 오쿨루스 속의 천측창은 삼 단으로 구성했다. 가장 아랫단의 드럼이 기단 역할을 하고 그 위로 두 층 높이의 창을 뚫었다. 내곡면은 작은 펜텐티브 조각으로 받친 뒤 다시 이것을 벽기둥이 받쳤다. 펜던티브와 벽기둥은 구조적 역할보다는 돔을 이루는 구성 요소의 구색 갖추기에 가까웠다. 펜던티브는 벽체 위에 덧붙인 장식 어휘로 처리했다. 작은 삼각형이 반복되는 기하학적 문양으로 속을 메웠다. 벽기둥은 최소한의 구조적 기능을 암시했지만 역시 벽에 덧붙인 장식 어휘에 가까웠다.

242 존 손(John Soane), 피츠행거 장원(Pitzhanger Manor), 일링(Ealing), 영국, 1800~02, 철거

이렇게 탄생한 접시형 돔이나 우물 광정은 케임브리지셔의 윔폴홀 옐로 접견실Yellow Drawing Room at Wimpole Hall, Cambridgeshire, 1791로 이어지면서 존 손의 가장 대표적인 건축 어휘가 되었다. 이후 그의 대표작인 영국은행의 증권거래소, 링컨스 인 필즈, 웨스트민스터 법정건물 등에서 핵심 요소로 사용했다. 옐로 접견실에서는 'T'자형 평면의 크로싱 천장을 댄스 2세의 돔으로 처리한 뒤 이것을 아래쪽에서 2차 돔으로 세 방향에서 받아 반원형 애프스 천장으로 전달했다. 펜던티브는 여러 개로 잘게 나눈 뒤 아래쪽 2차 돔의 아치 정상부와 교대로 나타나면서 우산살을 펼친 것 같은 장식 효과를 냈다.

손 스타일(1)－우물 광정과 부유하는 돔(1)

손 자신만의 창작은 우물 광정, 부유浮游하는 돔, 픽처레스크 구성, 중세주의, 원시주의 등 다섯 가지 내용으로 요약할 수 있다. 첫번째는 우물 광정이었다(그림 243). 이것은 앞에 소개한 바와 같이 댄스 2세의 접시형 돔을 이어받아 발전시킨 것이다. 접시형 돔에서는 오쿨루스가 내곡면 밖으로 많이 돌출하지 않았던 데 반해 존 손은 오쿨루스를 한 층 높이로 밀어 올렸다. 오쿨루스 뚜껑을 높이 들어 올린 뒤 높이 차이를 천측창으로 채워 하나의 독립 층으로 처리했다. 천장은 한층 웅장해졌고 조도가 급격히 향상되면서 아래쪽 실내 공간의 분위기를 조절할 수 있는 선택권이 많아졌다.

243 존 손(John Soane), 대법원(Court of Chancery), 웨스트민스터(Westminster), 영국, 1820~26, 철거

244 존 손(John Soane), 덜위치칼리지 미술관 및 원형무덤(Dulwich College Art Gallery and Mausoleum), 덜위치, 영국, 1811~14

우물 광정의 선례 모델은 고딕 성당의 크로싱 천장까지 거슬러 올라갈 수 있다. 링컨 성당Lincoln Cathedral의 트랜셉트 천장, 엘리 성당의 여신도용 예배당 천장Lady Chapel at Ely Cathedral, 캔터베리 성당Canterbury Cathedral의 트랜셉트 천장 등이 대표적인 예였다. 이런 예들에서는 천장의 뚜껑을 위쪽으로 들어 올린 뒤 이것을 드럼이 받치는 구성을 사용했다. 드럼에는 천측창을 뚫어 채광을 했고 뚜껑 안쪽 면에는 리브를 이용하여 화려한 장식을 가했다. 천측창에서 들어오는 빛은 채광 기능뿐 아니라 기독교의 신비주의를 돕는 종교적 기능도 있었다.

영국 고딕 성당의 이런 처리들은 존 손의 우물 광정과 흡사했다. 존 손의 우물 광정은 이런 선례를 직접 차용한 것으로 보아도 좋을 정도였다. 그러나 궁극적 목적은 천장 처리를 통해 분위기를 은유적으로 모방하는 것이었다. 고딕 성당의 기독교다운 신비주의를 18세기 낭만주의의 복합 공간으로 재해석하려는 의도였다(그림 244). 천장에서 떨어지는 빛은 조도 조절을 통해 명암 대비를 용이하게 해주었다. 건물의 외관이나 양식 단위의 다원성에 집중했던 체임버스나 댄스 2세와 달리 존 손은 공간을 통해 영국의 낭만적 전통을 정의하려는 유일한 건축가였다.

공간에 대한 존 손의 관심은 영국뿐 아니라 대륙을 통틀어서도 독보적이었다. 18세기는 그리스 고전주의, 로마 고전주의, 고딕, 중국풍 등 양식 단위의 외관 차용에 관심을 쏟던 때였다. 이런 상황에서 새로운 공간 창출을 완성한 존 손의 독창성은 단연 돋보였다. 이런 점에서 존 손은 댄스 2세의 어휘를 직접 차용한 약점이 있었지만 댄스 2세를 훨씬 뛰어넘는 위대한 건축가로 평가된다. 이런 평가는 애덤과의 비교에서도 동일하게 적용할 수 있다. 애덤도 공간 창출에 관심을 두었지만 그 매개는 오더를 중심으로 한 장식 어휘였다. 장식 어휘의 구사에서는 애덤이 더 뛰어났다. 반면 존 손의 매개는 축조적 골격과 빛이었다. 공간과 관련해서는 존 손이 애덤보다 한 차원 높은 독창성을 발휘한 것으로 평가할 수 있다. 사용 어휘의 기준에 따라 18세기 영국 건축을 대표하는 두 축이었던 애덤과 존 손의 우열을 다시 한 번 가릴 수 있는 것이다.

두번째는 부유하는 돔이었다(그림 245). 이것은 댄스 2세의 접시형 돔을 우물 광정으로 발전시키지 않고 공중에 떠 있는 것처럼 보이게 응용 처리한 것이었다. 기법은 구조 처리, 간접 광, 돔의 변형 등 세 가지였다. 돔을 받치는 구조 부재를 네 모퉁이로 한정해 돔의 바깥 윤곽을 벽체에서 분리했다. 채광은 돔보다 더 위쪽까지 파고들어간 벽치의 상층부나 돔 속에서 일어났다. 모두 간접 광이었다. 간접 광은 벽체와 돔의 구조적 분리를 강조하면서 돔의 경계부를 뿌옇게 지우는 작용을 했다. 돔 자체도 세일 볼트[sail vault] 형태로 변형했다. 돔은 말 그대로 마치 돛처럼 펄럭거리듯이 보였다. 이상의 처리들이 합해지면서 돔은 탈물질화되어 신비로운 막으로 느껴졌다.

245 존 손(John Soane), 윔폴홀(Wimpole Hall), 케임브리지셔(Cambridgeshire), 영국, 1791

부유하는 돔은 비잔틴 건축의 대표적 특징 가운데 하나였다. 빛의 작용으로 석구조의 둔탁한 물성을 지우는 탈물질화가 생명이었다. 궁극적 목적은 신비주의를 건축적으로 표현하는 것이었다. 존 손은 이것을 이어받아 인간 감성의 내면 상태를 신비롭게 표현하는 낭만주의 미학으로 응용했다. 부유하는 돔의 기법은 그가 비잔틴 건축에 기울였던 관심을 보여주는 증거 가운데 하나다. 그는 이 기법을 케임브리지셔의 윔폴홀Wimpole Hall, 1791, 영국은행, 링컨스 인 필즈의 조찬실, 다우닝 가 프리비 회의실Privy Council Chamber, Downing Street, 런던, 1820, 철거 등에 사용했다.

손 스타일(2) – 중세주의와 픽처레스크 구성

세번째, 존 손의 이런 입장은 중세주의medievalism로 정의할 수 있다. 개별 어휘를 통해 분위기를 은유적으로 모사한 점에서 외관과 장식을 종합적으로 모방한 고딕리바이벌보다는 중세주의에 더 가까웠다. 고딕 선례에 응용을 많이 가한 점도 고딕리바이벌보다 중세주의로 분류하는 더 정확한 또다른 근거다. 고딕 선례들에서는 천장은 막히고 측창에서만 빛이 들어왔다. 존 손은 이것을 응용하여 천장에 창을 직접 뚫었다. 그러지 못할 경우 측창의 높이를 높이고 형태도 다양화하는 등 변형했다.

이런 처리는 '숨겨진 광원에서 나오는 간접 광'으로 정의할 수 있다. 이것은 신비주의를 지향하는 기법으로서 바로크에서도 중요한 선례를 찾을 수 있다. 알레산드로 갈릴레이Alessandro Galilei의 성 요한 성당San Giovanni in Laterano의 코르시니 예배당Corsini Chapel, 1732~35이 대표적인 예였다. 혹은 피라네시의 감옥소 판화집에 나타난 새로운 공간에서 영향을 받은 것으로도 볼 수 있다. 피라네시의 새로운 공간 자체가 바로크와 강한 연관성이 있다는 사실은 이미 앞에서 언급했다. 존 손 자신은 쥘 아르두앙 망사르Jules Hardouin Mansart의 생루이데젱발리드 교회 실내에 나타난 '신비로운 빛lumiere mysterieuse'을 높이 평가하며 닮으려 노력했다고 밝힌 바 있다. 이런 점에서 이 건물도 중요한 바로크 선례로 볼 수 있다.

존 손의 우물 광정은 앞에 소개한 칠링턴홀과 엘로 접견실에서 완성되어 영국은행과 링컨스 인 필즈의 두 대표작에서 빛을 발한 뒤 1820년대의 말년 대표작인 웨스트민스터 법정건물들에서 다시 한 번 적극적으로 사용되었다. 대법원Court of Chancery, 킹스 벤치 코트Court of King's Bench, 재정법원Court of Exchequer, 민사법원Court of Pleas 등으로 이 가운데 민사법원과 재정법원은 칠링턴홀과 엘로 접견실에 사용했던 기법과 고딕 성당의 선례를 혼합한 뒤 장식적 각색을 한 번 더 가한 구성으로 이루어졌다(그림 246).

대법원은 우물 광정의 완성판이었다(그림 243). 가장 큰 차이점은 오쿨루스가 높이에서만 한 개 층으로 독립한 것이 아니라 발코니가 덧붙여져 사람이 직접 올라갈 수 있는 명실상부한 하나의 독립 층이 된 것이었다. 면적도 대폭 확장되어서 오쿨루스의 범위를 넘어 별도의 층을 하나 더 올린 것과 같아졌다. 이런 처리는 민사법원과 재정법원에서도 부분적으로 나타났다. 천측창 아랫부분에 바닥을 돌출시킨 뒤 까치발이 받치는 캔티레버로 처리한 것이었다. 당시에는 바닥의 폭이 좁아서 사람이 다닐 정도가 되지 못했는데 이것이 대법원에서는 대폭 확장되면서 사람이 돌아다닐 수 있는 하나의 층으로 완전 독립했다.

246 존 손(John Soane), 재정법원Court of Exchequer), 웨스트민스터(Westminster), 영국, 1820~26, 철거

네번째는 픽처레스크 구성이었다. 이 경향은 이미 졸업 작품인 개선 다리에서부터 명확하게 나타났다(그림 240). 이 작품에서는 신전, 원형경기장, 원형무덤, 판테온, 열주랑 등의 유형 단위들을 다양한 이질 요소로 삼아 픽처레스크 개념으로 구성했다. 이때 픽처레스크라 함은 여러 요소들을 배열할 때 이런 요소들을 선험적 가치 기준이나 심미 판단에서 벗어나 동등하게 만든 뒤 연속구성[sequence]으로 혼합하는 것을 의미한다. 존 손의 픽처레스크 구성은 양식, 기하 형태, 기능 유형 등 여러 관점에서 해석할 수 있었다.

양식은 선례의 종합화였다. 이탈리아 여러 지역에 산재해 있던 그리스와 로마 고전주의, 매너리즘, 프랑스와 이탈리아 바로크, 피라네시의 낭만적 고전주의, 체임버스와 댄스 2세의 영국 선례 등에 비잔틴까지 더했다. 기하 형태의 픽처레스크 구성은 영국은행이 대표적인 예인데 이것은 아래에서 살펴볼 것이다. 기능 유형은 졸업 작품이 대표적인 예였다. 이외에도 존 손만의 독창적 경향으로 건축가의 손을 거쳐 정제된 완성된 건축 어휘뿐 아니라 유적의 파편까지 소품 요소로 직접 사용한 처리를 들 수 있다. 링컨스 인 필즈는 이것을 대표하는 예인데 이것 역시 아래에서 살펴볼 것이다.

존 손의 픽처레스크 구성은 동일한 명칭의 특징을 보였던 체임버스보다 몇 발은 더 나아간 것으로 평가할 수 있다. 특히 링컨스 인 필즈에서는 골동품까지 곁들여서 하지파지[hodgepodge] 상태에 근접한 것으로 판단할 정도였다. 체임버스의 픽처레스크 구성은 종합화의 개념으로

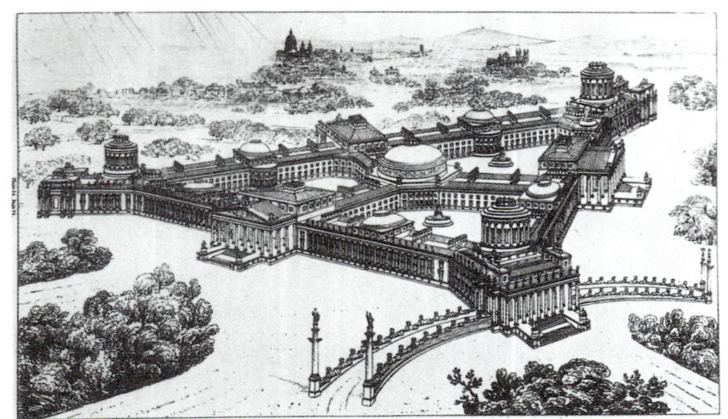

247 존 손(John Soane), 궁전 계획안

서 선례 모델들을 단순히 물리적으로 병렬하는 데 머물렀다. 반면 존 손은 이것들의 화학적 융합을 통해 총체적 합에서 완전히 새로운 양식으로 만들었다(그림 247). 특히 이것을 공간을 통해 제시한 점에서 존 손의 독창성을 높이 평가할 수 있다. 이때 이런 요소들을 담는 전체 그릇으로 정의되는 건물은 단순화된 육면체를 많이 사용함으로써 내용물의 픽처레스크 구성을 도왔다. 이런 단순화된 육면체는 앞에 소개한 원시주의의 한 형식으로 해석할 수 있다.

손 스타일(3) – 원시주의

다섯번째는 원시주의였다. 원시주의는 오더의 추상 환원, 도리스식 리바이벌, 원시 오두막, 영국 낭만주의의 농가운동 등을 혼합한 내용으로 나타났다(그림 248). 오더의 추상 환원에서는 오더의 존재를 증명하는 최소한의 암시만 남기고 모든 양식 처리를 생략했다. 최소한의 암시는 벽체에 홈을 파서 모서리 부분에 오더와 동일한 폭의 수직 띠나 수직 방향의 긴 직사각형을 남기는 방식을 가장 많이 사용했다. 혹

248 존 손(John Soane), 캐닌 주거(Canine Residence) 계획안

은 직사각형을 벽체에서 조금 돌출시켜 오더의 존재를 암시하는 기법도 사용했다.

엔타블러처도 비슷한 방식으로 추상 환원시켰다. 코니스는 돌출을 최소화한 얇은 수평 띠로 처리했고 아키트레이브와 프리즈는 하나로 합쳐 높은 보로 처리했다. 이 셋을 합한 엔타블러처 전체는 아래쪽 벽체와 재료와 색을 달리한 단일 수평 부재로 처리했다. 주두 자리에는 얕게 돌출한 블록을 끼워 트리글리프의 존재를 암시했다. 건물의 최종 모습은 고전주의가 아니라고 봐도 좋을 정도로 오더 양식의 잔재는 대부분 지워졌다. 불레에서 나타난 추상 경향보다 환원의 정도가 훨씬 더 진행된 처리였다. 덜위치칼리지의 미술관과 원형무덤은 이런 처리를 대표하는 예다.

원시 오두막은 로지에의 이론에서 영향을 받았다. 이 경향은 주로 존 손의 초창기 컨트리하우스 작품들에서 나타났다. 하트퍼드셔의 해멀스 파크 낙농장Dairy at Hammels Park, Hertfordshire, 1783이 대표적인 예였다(그림 249). 이 건물에서는 몸통에 영국 농가를 직접 차용했고 그 앞의 열주 출입구에는 원시적 상태의 도리스식 오더를 세웠다. 도리스식 오더는 기원전 7세기에 처음 모습을 드러낸 뒤 성기 고전기의 파르테논Partheron, 기원전 447~438에서 완성되었는데 원시다움의 정도에 따라 편차가 컸다. 원시다움의 기준은 비례, 주간 거리, 디테일, 장식, 프로필의 맵시, 나무 기둥과 닮은 정도였다.

해멀스 파크의 낙농장에 사용한 예는 아르카이크archaic period의 올림피

249 존 손(John Soane), 해멀스 파크(Hammels Park), 낙농실(Dairy) 하트퍼드셔(Hertfordshire), 영국

아 헤라 신전Temple of Hera, Olympia, 기원전 6세기경의 도리스식 오더에 근접했다. 주신에는 나무 기둥을 감아 올라가는 넝쿨식물 문양을 직접 그려 넣어 원시다움을 강조했다. 이것은 목구조 기원론을 주장하는 처리로 볼 수 있다. 트리글리프를 프리즈에 새긴 돋을새김이 아니라 이중으로 겹친 위쪽 보의 단부를 이용하여 표현한 것도 목구조론을 주장하는 전형적인 처리였다. 이것은 석구조론을 주장했던 로돌리 계열의 합리주의와 대척점에 서는 입장으로 낭만주의와 합리주의의 대립 구도를 보여주는 상징적 현상이었다.

이상의 처리들은 그랜드 투어 기간에 시칠리아에서 보았던 그리스 신전의 원시적 단순함과 신비로움의 기억을 로지에의 가르침과 접목한 것이었다. 영국 농가를 직접 차용했기 때문에 구체적 모습에서 로지에의 원시 오두막과는 차이가 있었지만 로지에의 정신적 가르침에서 직접적 영향을 받은 것이었다. 원시 오두막에는 원시 상태의 오더를 함께 사용했다. 그 최종 결과는 추상 환원한 오더와 유사했으나 기본 개념은 반대였다. 오더의 추상 환원을 오더 양식을 완성한 뒤에 오더의 구성 요소를 생략하는 방향으로 진행한 것이었다. 원시 오두막의 오더는 이와 반대로 오더 양식이 완성되기 이전의 초창기 원시 상태의 것을 사용하는 차이를 보였다.

원시 오더와 영국 농가가 세트를 이룬 원시 오두막은 존 손이 컨트리하우스에서 즐겨 사용한 어휘다. 하이드 파크의 컴벌랜드 게이트 등을 거쳐 말년 작품인 스태퍼드셔의 버터턴 농가Butterton Farm House, Staffordshire, 1815~16와 펠월 하우스Pell Wall House, 1821~22에 이르기까지 꾸준히 사용했다. 영국 농가를 사용한 점에서는 낭만주의와 직접적 연관성이 있었다. 예를 들어 영국 낭만주의 회화를 대표하는 터너J. M. W. Turner, 1775~1851의 풍경화에는 존 손의 원시 오두막과 유사한 건물이 등장한다. 〈솔루스 오두막*Solus Lodge*〉1810~12이 대표적인 예인데 이 그림에서는 존 손의 원시 오두막 작품과 많이 닮은 영국 농가가 낭만적 자연 풍경과 잘 어울린 장면을 그렸다. 건축에 한정해보면 폐허 · 수채화운동과도 밀접한 연관성이 있다.

영국은행(1)–픽처레스크 구성, 증권거래소, 원시적 낭만주의

존 손은 1788년에 당시 수상이던 윌리엄 피트William Pitt의 추천으로 영국은행 건축가에 임명되었다. 윌리엄 피트는 존 손이 그랜드 투어 당시 이탈리아에서 알게 된 토머스 피트의 사촌이었다. 이후 나폴레옹전쟁이 시작되면서 이를 재정적으로 후원하기 위해 영국은행은 양적 팽창을 거듭하였고 이와 함께 건물도 확장했다. 이전까지 영국은행은 1730년대에 조지 샘프슨George Sampson의 설계로 지어진 작은 규모의 팔라디오 양식 건물로 이루어져 있었다. 존 손은 이것을 거의 다시 개축하고 북서쪽으로 대대적으로 확장했다.

평면의 전체 구성은 픽처레스크 특징을 잘 보여준다(그림 250, 251). 이것은 픽처레스크의 개념을 풍경주의 개념의 자연외관 모방이 아닌 유기적 구성으로 해석한 것으로 귀납성, 경험성, 현장성 등을 기본 개념으로 한다. 동일성과 정형적 질서를 배격한 다양한 이질 요소를 서로 쌍방향 작용에 따라 자연스럽게 배치한다는 의미였다. 그러나 최종 결과는 무질서나 혼란으로 나타나지 않고 자연의 만물 구성이 그러한 것처럼 일정한 질서와 최소한의 공통적 정형성을 유지했다. 영국은행에서는 이것이 수평 방향으로 나타났다. 그 내용은 세 가지로 요약할 수 있다.

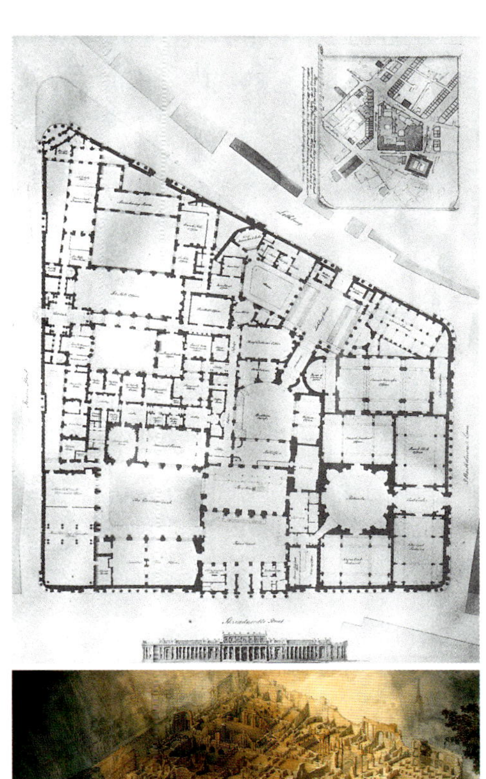

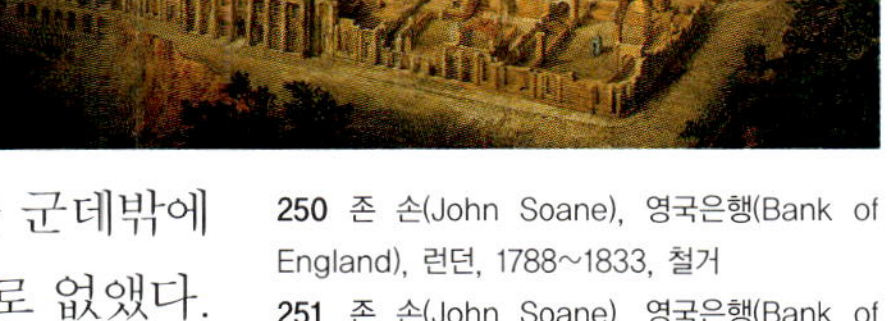

250 존 손(John Soane), 영국은행(Bank of England), 런던, 1788~1833, 철거
251 존 손(John Soane), 영국은행(Bank of England), 런던, 1788~1833, 철거

첫째는 축이나 대칭 같은 중심 질서가 없었다. 전체 질서는 x-y축의 두 방향을 따라 만들어졌고 사선 방향은 한 군데밖에 없었지만 축이 여러 개로 분산되면서 중심 질서를 의도적으로 없앴다. 축은 어긋났고 복도는 가다가 막히거나 꺾이기를 계속했다. 큰 방이 중간에 가로막아 돌아가야 했다. 이런 구성은 심하진 않지만 기본적으로 미로 성격을 나타냈다. 복도의 전개는 그 방향과 질서를 예측할 수 없었고 정형적 질서는 나타나지 않았다.

둘째는 각 방의 크기, 형상, 방향이 달랐다. 이 특징도 첫번째와 유사했다. 직사각형을 기본 유형으로 전체적으로 정형적인 기하 질서가 주도했고 비정형 기하 형태는 쓰지 않았지만 같은 형태의 방은 하나도 없을 정도로 각 방은 서로 달랐다. 그 정도는 조금씩 다른 것에서 많이 다른 것까지 편차가 컸다. 방향도 x-y축을 따라 종방향과 횡방향을 오가며 수시로 바뀌었다. 방의 개수도 많았다. 사각형에서 얻은 이상의 두 가지 특징은 크레타Crete의 크노소스 궁전Palace of Knossos과 매우 유사했다. 이 궁전은 미노아의 신화에 나오는 미궁labyrinthos으로서 이후 미로 구성을 대표하는 건물이었다. 영국은행에서는 크노소스 궁전과 유사한 수십 칸에 이르는 수많은 방들이 사각형이라는 큰 질서를 유지하면서 이와 동시에 서로 같은 것이 하나도 없는 분산적 느낌의 강한 양면성이 나타났다.

셋째는 유형학적 다양성이었다. 주요 방들은 유형학적 기준에 따라 변화를 주며 다양성을 높였다. 유형학의 분류 기준은 방의 기하 형태, 실내 골격의 평면 구성, 3차원 수직 방향의 공간 골격 등이었다. 사각형의 전체 윤곽을 유지하는 가운데 그릭 크로스, 사엽형, 반원형, 타원형, 열주 홀, 이집트홀 등으로 기하 형태와 실내 골격을 다양화했다. 이것을 3차원 공간으로 만드는 3차원 수직 방향의 구조 골격도 펜던티브 돔, 접시형 돔, 배럴 볼트, 그로인 볼트, 평천장, 2분의 1 반구, 우산형 돔 등으로 다양화했다. 이런 구성은 유형의 종합화라는 점에서 하드리아누스의 빌라와 매우 유사했다. 유형학적 다양성이 더해지면서 앞의 두 가지 특징과 함께 최종적으로 기본 공간 단위의 파노라마가

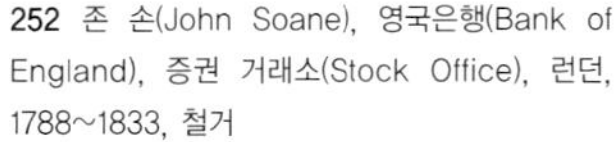

252 존 손(John Soane), 영국은행(Bank of England), 증권 거래소(Stock Office), 런던, 1788~1833, 철거

나타났다.

이상의 픽처레스크 구성을 이루는 수많은 방들 가운데서는 증권거래소Stock Office, 1791~92가 가장 중요했다(그림 252). 처음에는 바실리카를 모델로 시작했으나 최종 결과는 불균등 내접형 그릭 크로스inscribed Greek cross의 중앙 집중형으로 나타났다. 넓은 크로싱 천장은 댄스 2세의 접시형 돔으로 처리했다. 접시형 돔은 천측창의 높이가 낮은 대신 막힌 오쿨루스의 면적이 넓었기 때문에 우물 광정으로까지 발전하지는 못했다. 그릭 크로스의 팔 가운데 얕은 두 곳은 배럴 볼트로, 깊은 두 곳은 그로인 볼트로 각각 처리했다. 얕은 팔의 벽면은 완전히 막았고 깊은 팔은 측벽 상층부에 창을 뚫었다.

보안과 방범을 위해 벽에 창을 내지 못했기 때문에 천장과 측벽 상층부는 채광이 가능한 유일한 장소였다. 빛이 극도로 제한된 실내에는 측벽 상층부에서 들어오는 강한 빛과 천측창에서 들어오는 약한 빛이 섞이면서 그로테스크한 분위기를 만들었다. 이것은 피라네시의 복합 공간을 다층의 명암 톤을 이용하여 여러 켜의 공간으로 풀어낸 처리 방식이다. 원시주의로 처리한 추상적 분위기는 명암 톤의 복층 켜를 더욱 살아나게 했다. 공간은 풍부한 깊이감과 육중한 입체감을 갖는 진정한 3차원의 존재를 드러냈다.

공간 골격은 손 스타일의 또다른 요소인 원시주의로 짰다. 원시주의 골격은 빛을 이용한 공간에서 낭만성을 강화해주었다. 장식, 몰딩, 디테일, 들고남과 요철 등의 2차 처리를 되도록 줄인 단순 기하 윤곽과 평활면으로 짰다. 여기에 빛을 더해 그로테스크한 복합 공간을 만들어냈다. 원시주의는 오더 사용에도 나타났다. 고전 어휘에 대한 일탈의 각색이기도 했다. 기둥은 오더 양식을 벗어던지고 수직 홈만으로 이루어졌다. 그 위의 번개무늬fret는 주두를 상징했다. 주두 높이에서 수평 방향으로 그어진 세 줄은 엔타블러처를 상징했다. 직각으로 꺾이는 모서리는 날카로운 시공력을 자랑하며 추상적 분위기를 도왔다. 공간 골격과 매스 윤곽을 짜는 세부 어휘의 이런 처리는 원시주의의 전체적인 분위기를 강화했다. 이상이 어우러지면서 원시적 낭만주의의 전형을 제시했다.

영국은행(2)-구배당사무소, 비잔틴, 여신상주

증권거래소는 선례 양식의 종합화를 잘 보여주는 예다. 앞에 나열한 선례들을 어떤 방식으로든지 조금씩 사용하면서 종합적으로 어울리게 했다. 특히 비잔틴 선례의 차용은 매우 드물었다. 유럽 전체를 통틀어 동시대 다른 건축가들에게는 찾아볼 수 없는 점이었으며 영국다운 신고전주의자들 중에서는 더욱 그러했다. 비잔틴 선례는 이미 그릭 크로스 평면과 돔 천장의 세트 구성에서 나타났다. 여기에 더해 비잔틴의 경량 축조술을 사용했다. 오더 사용을 줄여서 벽면의 들고 남과 요철을 줄일 수 있었던 것은 천장 돔과 볼트를 벽돌과 속이 빈 항아리로 만들어 경량화했기 때문이다. 그런데 이런 축조 기술은 비잔틴 시대의 것이었다. 실제로 존 손은 예루살렘의 예수무덤교회Holy Sepulchre를 통해 비잔틴 건축에 대해 어느 정도 알고 있었다. 그러나 비잔틴의 차용이 직설적 모방은 아니었다. 이것을 고전주의와 잘 혼합한 뒤 원시주의와 복합 공간이라는 자신만의 양식으로 재탄생시킨 것이었다.

증권거래소의 구성은 이후에 30여 년에 걸쳐 연차적으로 지어진 영국은행의 다른 주요 실들에 대한 표준 어휘가 되었다. 구폐쇄실Old Shutting Room, 1795~96, 공채사무소Consols Office, 1797~99, 구배당사무소Old Dividend Office1818~23, 식민사무소Colonial Office, 1818~23 등이 대표적인 예였다. 이 사무실들에서는 증권거래소에서 사용한 기법들을 발전시켜 더욱 풍부하고 깊은 공간을 만들어냈다(그림 253). 특히 구배당사무소는 30년의 시간이 말년에 와서 무르익은 모습이었다(그림 254). 그릭 크로스 평면과 천장 처리의 세트 구성은 증권거래소의 구성을 반복한 것이었다. 차이는 각 어휘의 깊이감에서 나타났다. 우물 광정의 천측창은 막힌 부분 없이 전 부분을 창으로 뚫었으며 높이도 대폭 높였다. 이에 따라 드럼 부분은 두 단으로 나누었다. 아랫단은 아테네 아크로폴리스의 에레크테이온Erechtheion에서 차용한 여신상주로 분할했다. 여신상주는 위 단을 받치는 구조 역할을 겸했다.

253 존 손(John Soane), 영국은행(Bank of England), 공채사무소(Consols Office), 런던, 1788~1833, 철거

여신상주는 공채사무소에 작은 형태로 먼

254 존 손(John Soane), 영국은행(Bank of England), 구배당사무소(Old Dividend Office, 1818~23), 런던, 1788~1833, 철거

저 사용했으며 이곳에서는 큰 크기의 쌍기둥으로 본격적으로 사용하는 발전을 보였다. 여신상주는 그리스 고전주의에서 성기 고전기High Classic period가 끝나고 후기 고전기가 시작됨을 알리는 상징성이 있었다. 도리스식 오더가 대표하는 성기 고전기는 원시적 절제를 대표적 특징으로 한 데 반해 여신상주가 대표하는 후기 고전기는 자유로운 감성의 표현과 장식적 기교를 대표적 특징으로 하였다. 이것의 차용은 영국의 낭만적 국민 정서를 고전 어휘에 대응하는 방식으로 형식화하겠다는 의도로 해석할 수 있다.

이런 입장은 식민사무소에서 다시 확인할 수 있다. 식민사무소에서는 천측창에 이오니아식 오더를 사용했다. 이오니아식 오더의 융성은 도리스식 오더의 쇠퇴와 맞물리면서 후기 고전기의 도래를 알리는 중요한 현상이었다. 여신상주의 등장은 이것의 분파적 현상 가운데 하나였다. 두 현상은 하나로 합해지면서 후기 고전기의 낭만성을 상징했다. 같은 기간에 지어진 구배당사무소와 식민사무소에서 이것을 대표하는 두 오더 양식을 사용한 것은 고전 양식을 이용하여 낭만주의 정신을 표현하려는 의도로 해석할 수 있다.

구배당사무소에서 펜던티브는 구획이나 분절의 흔적을 지우고 완전 평활면으로 처리해서 둥근 곡면으로 나타냈다. 천측창 아랫부분과 펜던티브 아치의 윗면을 붙이지 않고 둘 사이에 일정한 면적을 넣음으로써 이런 느낌을 배가했다. 이런 처리는 비잔틴의 원형성을 약화시켜 각색한 변형으로 읽을 수 있다. 이것은 차용 선례의 원 모습을 약화시켜 역사 양식의 종합화를 물리적 병렬에 머물지 않고 화학적 결합으로 발전시키려는 목적으로 해석할 수 있다. 화학적 결합은 평면 전체의 픽처레스크 구성력을 높이는 결과로 나타났다. 여신상주를 차용한 처리도 비잔틴 선례에 대한 동일한 각색으로 볼 수 있다.

천측창의 면적이 대폭 넓어지면서 실내는 밝아졌다. 중앙부와 측면부의 조도 대비가 커지면서 증권거래소와 같은 명암의 녹층 켜는 사라졌다. 그러나 명암 대비가 커지면서 공간의 깊이감과 힘은 더 크게 느껴졌다. 얕은 팔의 배럴 볼트 천장은 검은 진공으로 나타났다. 펜던티브 아치가 깊은 팔의 천장을 가리면서 그 아래로 돌출하면서 깊은 팔의 천장도 검은 진공으로 나타났다. 모서리 공간의 두 벽면이 증권거래소에서는 막혔던 데 반해 이곳에서는 아치로 뚫렸다. 모서리 공간은 3차원 매스 덩어리가 아니라 윤곽을 갖는 공간이 되었다. 아치를 통해 보이는 모서리의 속 공간 역시 검은 진공으로 나타났다. 이상의 대비를 통해 실내에는 무게감 있는 풍부한 공간이 만들어졌다. 3차원의 입체감을 가장 3차원답게 표현한 처리였다.

링컨스 인 필즈(1)-픽처레스크와 골동품

존 손은 아들을 두었는데 이들이 자신의 뒤를 이어 건축가가 되기를 바랐다. 존 손은 우드 부자에서 댄스 부자에 이르는 선례를 부러워했던 것 같다. 존 손은 아들이 건축에 관심을 가지도록 하고자 일링Ealing에 피츠행거 장원Pitzhanger Manor, 1800~03을 지었으며 이곳에 그동안 모은 골동품도 전시했다(그림 242). 두 아들이 건축가가 되기로 결심하면 이곳을 주거와 설계사무소를 겸한 손 부자의 근거지로 삼을 목적에서였다. 그러나 두 아들 모두 건축에 관심을 보이지 않자 피츠행거를 정리하고 런던 시내로 근거지를 옮겨서 링컨스 인 필즈를 지었다.

부지는 12~14번지에 이르는 땅을 1792년부터 1824년 사이에 네 번

255 존 손(John Soane), 링컨스 인 필즈(Lincoln's Inn Fields=Sir John Soane's Museum존 손 박물관), 런던, 1812~13

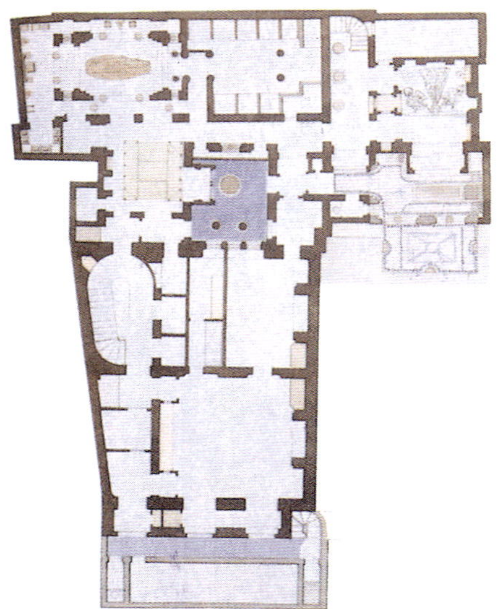

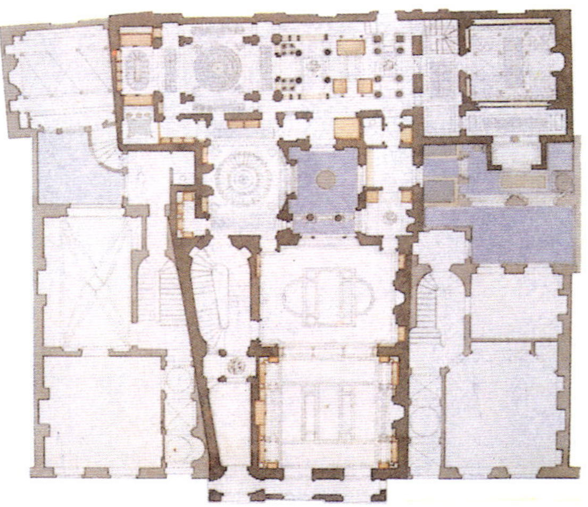

에 걸쳐 구입했다. 땅을 구입할 때마다 집을 한 채씩 지어 최종적으로 네 채의 집을 묶은 복합 건물이 되었다. 네 채의 집은 화랑, 손 하우스, 미술실Picture Room, 수사실Monk's Parlor로 각각 이루어졌다(그림 255). 각 집은 서로 층이 어긋나며 상호 관입하는 공간을 만들어냈다. 이 과정에서 피라네시의 복합 공간을 기본으로 수직 방향의 픽처레스크 구성을 혼합한 손만의 독특한 공간 구성이 태어났다. 영국은행이 수평 방향으로 픽처레스크 구성을 이루었다면 이 건물은 수직 방향으로 이루며 피라네시의 판화를 가장 사실적으로 구현한 예가 되었다.

평면 구성은 영국은행의 축소판으로 볼 수 있는 요소가 많았다. 중심축이 없는 점, 각 방의 크기와 형태가 조금씩 서로 다르면서 같은 방이 하나도 없는 점, 방의 방향도 규칙성 없이 수시로 바뀌는 점, 전체적으로는 이런 비정형성이 어느 선 이상을 넘지 않으면서 일정한 질서를 유지한 점 등이 그렇다. 영국은행에는 없던 이 건물만의 특징도 나타났다. 계단과 계단이 등을 맞대고 연달아 나오는 처리, 복도가 거의 없는 대신 방과 방 사이의 전이 공간이 이동 기능을 담당하는 처리 등이 대표적 예다. 이상의 특징들은 서로 다른 네 채의 건물이 연차적으로 합해지면서 나타난 현상이다. 더 근본적으로는 픽처레스크 개념을 구현한 결과였다.

픽처레스크 구성은 수직 방향에서 더 극적으로 이루어졌다(그림 256). 이것은 고전 어휘, 골동품, 빛의 세 매개를 사용하여 이루어졌다. 엇갈린 공간 골격에 콜로네이드, 아치, 볼트, 돔, 다양한 오더 양식 등 고전 부재들을 더하면서 실내는 고전 어휘의 파노라마를 이루었다. 이런 부재들 사이에는 더이상 아무런 선험적 위치 관계나 위계가 존재하지 않았다. 공간 골격의 풍부함과 가변성을 돕는 방향만이 유일한 위치 기준이었다. 비례는 이런 분위기를 도왔다. 각 방들이 급하게 반복되는 데 비해 폭과 길이가 충분하지 않았다. 일부 방은 우물 속 같은 극단적인 수직 비례를 가졌다. 실내에는 폐쇄 공포증이라도 일으킬 것 같은 분위기가 만들어졌다. 옴짝달싹 못하는 긴장감과 폐쇄감 사이에 벽의 골격이 뚫리면서 숨통이 트이는 이완이 교대로 나타났다.

이런 공간 골격에 골동품을 더했다. 존 손은 당대에 유명한

256 존 손(John Soane), 링컨스 인 필즈(Lincoln's Inn Fields=Sir John Soane's Museum존 손 박물관), 런던, 1812~13

257 존 손(John Soane), 링컨스 인 필즈(Lincoln's Inn Fields=Sir John Soane's Museum존 손 박물관), 런던, 1812~13

골동품 수집가였다. 1790년 처삼촌의 유산으로 경제력이 확보되었을 때부터 골동품 수집을 시작했다. 이후 영국은 물론 대륙의 유명한 경매장을 누비며 골동품을 수집했다. 수집 목록도 건물 폐허, 건축 파편, 주형鑄型, 도자기, 옹관, 동시대 영국 회화와 조각, 건축 드로잉, 건축 모델, 고서 등으로 다양했다. 이 가운데는 판테온의 벽기둥 주두, 에레크테이온의 프리즈 파편, 이집트 세토스 1세Sethos I의 석관, 웨스트민스터 사원의 중세 조각 등 고고학적으로 유명한 것들도 있었다. 존스, 렌, 벌링턴 등 영국 선례 건축가들의 건물 파편에도 관심이 많아서 이들의 건물이 철거될 때 현장에서 파편 조각을 챙겨서 가져왔다. 이외에도 바사리Vasari, 카를로 폰타나, 렌, 애덤, 체임버스, 댄스 2세 등의 드로잉도 다수 수집했다. 골동품은 존 손의 건축을 이루는 중요한 요소였다. 단순한 유물이 아니라 건축적인 의미와 기능을 갖는 요소였다. 골동품의 픽처레스크 기능은 다섯 가지로 요약할 수 있다.

첫째는 실내 전체에 유적 파편이 꽉 차면서 골동품은 그 자체가 역사 양식의 역할을 했다. 어디가 건물 골격의 건축 부재이고 어느 것이 골동품인지 구별하기 힘들 정도였다(그림 257). 전시물 자체를 건축 부재로 활용한 것이었다. 이때 골동품은 파편 상태로 산재했기 때문에 고전의 위계와 규범을 완전히 거부하는 역할을 하면서 픽처레스크 개념을 확실하게 보여주었다.

링컨스 인 필즈(2)－고딕 신고전주의와 하지파지

둘째는 역사 양식 사이에 차별과 구별을 없앴다. 수사실에는 고딕 유적을 주로 모아 놓는 등 고전과 고딕 사이의 대립, 차별, 구별 등을 없애고 모두 동등한 유적의 파편으로 취급했다. 양식의 레퍼토리화였다. 양식은 역사적 무게를 벗고 소품이나 공예 요소로 가벼워졌다. 셋째는 실제 드러난 최종 모습이 픽처레스크하게 나타났다. 상호 관입하는 복합 공간이 골동품으로 꽉 채워진 상태에 빛이 더해지면서 실내 분위기는 피라네시의 감옥소 시리즈에 등장한 것과 가장 유사한 모습으로 나타났다. 실내 전체는 마치 로마 시대 지하무덤의 뚜껑을 처음 연 것처럼 골동품의 파편이 가득 찬 그로테스크한 모습으로 나타났다(그림 176, 258).

넷째는 이런 픽처레스크 모습은 고딕의 공간관이기도 했다. 공간 윤곽이 3차원 덩어리에서 선과 면의 조합으로 바뀐 점, 공간이 상호 관입하면서 분해된 점, 조각과 공예 등 소품이 공간 구성 요소의 역할을 한 점 등이 대표적 내용이었다. 고딕 골동품이 더해진 것도 이런 해석을 돕는 증거였다. 이런 이유로 이 건물은 고딕 신고전주의라는 양식 사조를 대표했다. 고전 부재를 기본 어휘로 사용하되 이것이 짜는 공간의 최종 상태는 극단적 가변성, 탈물질성, 공간의 용해, 소품과 공예의 어우러짐 등을 기본 특징으로 갖는 점에서 고딕답게 해석한 결과로 나

258 존 손(John Soane), 링컨스 인 필즈(Lincoln's Inn Fields=Sir John Soane's Museum존 손 박물관), 런던, 1812~13

259 존 손(John Soane), 링컨스 인 필즈(Lincoln's Inn Fields=Sir John Soane's Museum존 손 박물관), 런던, 1812~13

260 조지프 간디(Joseph Gandy), 존 손(John Soane) 작품 모음 그림, 1818

타났다. 실내는 고전주의의 총체적 단위가 아닌 환상적으로 각색한 부분 단위들의 연속 집합으로 이루어졌다. 고전 부재는 인문학적 상징 요소에서 시적 감흥을 불러일으키는 시각 요소로 전환됐다.

다섯째는 이상의 것들이 어우러지면서 하지파지[hodgepodge]의 미학으로 발전했다(그림 176, 259). 하지파지는 '뒤범벅'이란 사전적 의미를 갖는 말로서 미학적 개념은 '일상용품의 잡동사니가 방 안이나 책상 위 같은 곳에 아무렇게나 뒤섞여 자유롭고 제멋대로 놓여 있지만 그럼에도 일정한 질서와 안정감을 확보한 상태'로 정의할 수 있다. 이것은 픽처레스크의 상태를 더 적극적으로 해석하면서 일상성의 개념에 적용한 것으로 볼 수 있다. 이 건물에서는 수많은 골동품의 파편을 양식의 잡동사니 개념으로 활용해서 하지파지 구성을 이루었다.

261 존 손(John Soane), 링컨스 인 필즈(Lincoln's Inn Fields=Sir John Soane's Museum존 손 박물관), 런던, 1812~13

하지파지는 역사를 바라보는 존 손의 기본 시각을 잘 보여주는 단서였다. 역사를 완전한 형식을 갖춘 완결 단위나 선험적 해석으로 정리한 총체적 규범으로 보는 것이 아니라 파편 단위 혹은 다양한 개별 요소로 본다는 의미였다(그림 260). 역사의 목적도 현학적 지식 전달이나 거대 담론의 무거운 해석이 아니라 개인의 예술적 상상력을 자극하고 창작을 완성하는 데서 찾았다. 이런 목적은 소품 요소의 기능이기도 했다. 존 손은 이 건물을 통해 시대나 문명의 선험적 구분을 뛰어넘는 파편 조각들의 새로운 짜깁기로 역사를 재정립했다. 이것은 픽처레스크 개념을 역사 단위에 적용한 것으로 바로 낭만주의 사상의 핵심 내용이기도 했다.

골동품은 단순한 소품만은 아니었다. 골동품의 존재는 공간의 골격에도 영향을 끼쳤다. 미술실이 대표적 예였다. 이곳에서는 건물의 벽을 헐어낸 자리에 큰 그림을 걸어서 액자가 벽체의 역할을 대신했다. 액자조차도 벽체를 완전히 막은 것이 아니라 벽체에 부분적으로 걸치면서 공중에 떠 있는 상태여서 벽체에는 결과적으로 개폐 상태에 따른 가변성을 주었다. 이렇게 뚫린 벽체 뒤는 수사실의 상층부와 바로 이어졌다. 공간 골격의 가변성은 복합 공간의 일차 조건이었다.

외관 골격은 손 스타일의 원시주의로 짰다(그림 261). 추상 환원되며 단순해진 외관은 공간의 파편 조각과 소품화된 골동품의 역사 양식을 담는 용기 역할을 했다. 속 공간이 워낙 복잡하고 역사 양식의 파편 조각들로 가득 찼기 때문에 외관은 단순할수록 좋았을 것이다. 위로 올라갈수록 좁아지는 계단형 매스는 런던 타운하우스의 전형적 구성을 그대로 따랐다. 각 층의 골격을 짜는 대표 어휘는 추상 환원된 오더였다. 1층은 오더 위치의 부재를 미세하게 돌출시켜 벽기둥의 존재를 아주 희미하게 암시했다. 2층이 오더의 잔재를 가장 많이 남긴 부분이었지만 여전히 오더라기보다는 기하 문양에 가까울 정도로 추상 환원이 많이 일어났다. 3층과 4층으로 올라갈수록 추상 환원의 정도는 심해졌다.

1층에서는 벽체 중간에, 2층에서는 벽체 아래에 주두를 각 두 개씩 덧붙였다. 주두는 위아래로 엔타블러처와 주신을 모두 잘라버리고 소품 처리했다. 주두 양식은 이오니아식과 코린트식을 혼합한 명칭 미상의 것이었다. 이런 처리는 골동품을 소품 개념으로 정의하며 공간 구성 요소로 활용했던 기법을 외관에 사용한 것이었다. 주두를 구상 개념으로 직접 덧붙인 것은 기하 문양으로까지 추상 환원된 부재가 오더에서 온 것을, 혹은 오더의 존재를 암시하는 역사 파편의 활용 기법이었다.

링컨스 인 필즈(3) – 빛의 분산과 부유하는 돔(2)

이 건물도 영국은행과 마찬가지로 빛을 이용한 공간의 복합 켜가 주요 특징이었다. 명암 대비가 이것을 만들어내는 핵심 매개였지만, 중요한 차이가 있었다. 영국은행의 명암 대비는 일정한 질서가 있었다. 광원

262 존 손(John Soane), 링컨스 인 필즈(Lincoln's Inn Fields=Sir John Soane's Museum존 손 박물관), 런던, 1812~13

은 천측창과 측벽 상층부 두 곳으로 고정했다. 조절할 수 있는 것은 이 두 곳에서 들어오는 빛의 강도와 양뿐이었다. 빛을 조절하는 데 제한이 있었다는 의미다. 나머지는 공간 골격으로 조절했다. 각 방의 공간 골격도 윤곽은 복합 구도였지만 유클리드 기하학 내에서 상식적 질서를 지켰다. 모두 단층 구조였으며 이 벽의 윤곽도 사각형을 유지했다. 그 결과 영국은행에서 명암 대비 및 공간의 복합 켜는 일정한 규칙성이 있었다.

이에 반해 링컨스 인 필즈에서는 모든 것이 분산적이었다(그림 262). 서로 마주치는 네 건물들 사이에서 각 층이 어긋나면서 공간의 골격 자체가 흐트러졌다. 공간의 크기는 분수分數의 조각 단위로 잘게 나뉘었다. 광원도 분산되었다. 개수가 여러 개로 늘어났을 뿐 아니라 크기, 위치, 거리 등도 제각기 달랐다. 실내에 들어오는 빛은 규칙성을 상실하고 자의적이 되었다. 빛을 받아들이는 공간의 골격도 분산되었다. 어긋나며 상호 관입하는 물리적 골격은 빛을 고르게 분배하지 못하고 복잡하게 흐트러트렸다.

햇빛의 상태도 가변적이었다. 런던은 하루 중에도 흐린 날씨와 맑은 날씨가 수시로 바뀌었다. 여기에 하루 중 시간의 흐름에 따른 햇빛 각도의 변화와 일 년 단위의 계절까지 고려하면 빛의 작용과 관련한 요소 가운데 상수로 고정되는 것이 하나도 없이 모든 것이 변수로 남았다. 그 결과 실내에서 빛이 작용하는 최종 상태는 극단적인 가변성을 특징으로 했다. 이런 가변성은 픽처레스크의 '다양성과 복잡성'에 해당되는 건축적 장면이었다. 이 개념은 프라이스가 『픽처레스크에 대한 소고』에서 픽처레스크의 가장 기본적인 특징으로 정의한 것이었다. 프라이스는 이것이 가장 잘 구현된 예로 영국의 자연을 들었다.

영국은행에서는 픽처레스크의 이런 특징들이 수평 방향의 평면 구성으로 이루어졌기 때문에 한눈에 파악할 수 없었다. 각 방 단위로 이런 특징이 나타났지만 그 정도는 충분하지 못했다. 이런 특징들을 파악하기 위해서는 건물 전체를 다 돌아다닌 뒤 상상 속에서 특징들을 결합해야 했다. 물론 이런 방법이 픽처레스크의 기본 개념이긴 했지만 건축적으로는 불리한 것이었다. 반면 링컨스 인 필즈에서는 이것이 수직 방향의 중첩으로 나타나면서 한눈에 파악할 수 있었다. 존 손 자신은 이 건물에 나타난 최종 상태를 '건축의 시학poetry of architecture'이라고 부르며 무척 만족해했다. 또한 낭만주의 회화를 대표하던 조슈아 레이놀즈Joshua Reynolds와 터너의 화풍에 나타난 픽처레스크의 특징과 이 건물의 공간적 특징은 직접 비교의 대상이기도 하다.

개별 실들에서는 손 스타일의 천장 처리 기법을 많이 사용했다. 조찬실Breakfast Room에서는 손 스타일 가운데 부유하는 돔 기법을 사용했다(그림 262). 댄스 2세의 접시형 돔을 우물 광정으로 발전시키지 않고 원형에 가깝게 차용했다. 그러나 일정한 각색을 가해 자신만의 어휘로 발전시켰다. 접시형 돔은 네 모퉁이에서만 받쳤기 때문에 공중에 떠 있는 것처럼 보였다. 돔 속에 루넷을 뚫어 숨겨진 광원을 사용하여 돔이 떠 있는 것 같은 착각을 도왔다. 이 방에서는 또한 유리를 사용하여 공간 확장이 일어난 것처럼 보이는 착시를 노렸다. 존 손은 이탈리아 바로크 건축에서 거울을 사용했던 선례들에 많은 관심이 있었다. 페르디난도 프란체스코 그라비나Ferdinando Francesco Gravina의 팔레르모에 있는 빌라 팔라고니아Villa Palagonia, Palermo, 1715가 가장 대표적인 예다.

가장 많이 사용한 기법은 우물 광정이었다. 손 하우스의 중심 공간은 돔이라 불렸는데 이곳은 그 자체가 하나의 큰 우물 광정이었다. 세 층 높이의 중심 공간은 바닥에서 천장까지 뻥 뚫렸고 맨 위에 접시형 돔을 덮었다. 바닥에 서면 우물 속에 들어온 것 같은 수직 비례와 채광을 느꼈다. 하늘에서 빛이 떨어지며 말 그대로 우물 광정을 이루었다. 꼭대기의 접시형 돔은 다시 부유하는 돔의 모습으로 처리했고 드럼 부분에는 자신이 가장 아끼는 골동품을 매달아 전시했다. 이외에도 석고 모형실에서는 각 층 사이에 공간을 뚫고 빛을 흘러 다니게 함으로써 여러 개의 우물 광정이 층마다 다른 모습으로 나타났다.

11장
혁명기 건축
(1780~1800)

1 낭만성, 표현, 인상

프랑스대혁명과 낭만주의

혁명기 건축의 의미는 두 가지로 정의할 수 있다. 하나는 시기적 기준으로 프랑스대혁명의 시기였던 1770년대에서 1790년대에 있었던 프랑스의 건축 경향을 일컫는다. 대혁명은 1789년에 있었지만 혁명의 직접적 기운은 이미 10여 년 전부터, 간접적 기운은 그보다 더 이른 시기부터 시작되었다. 후폭풍도 최소 10여 년 정도 지속되었다. 이런 시기 분류는 혁명 정신의 범위를 혁명 당일의 사건에 국한하는 것이 아니라 사회 문화 전반에 미친 영향으로 확대해서 보는 관점에 따른 것이다. 프랑스대혁명과 궤를 같이한 건축 경향도 이런 확대된 사회 문화 영향의 대표적 예로 볼 수 있다.

다른 하나는 혁명이 갖는 '과격한 개혁'의 의미를 건축에 적용한 기준이다. 18세기에 지속적으로 진행되었던 반反고전 움직임이 정점에 달한 현상을 구체적 내용으로 들 수 있다. 18세기에 반고전은 합리주의, 낭만주의, 고전 내에서 캐넌의 분해 등 세 경향으로 나타났는데, 혁명기 건축은 이 가운데 세번째 시도를 중심으로 앞의 두 가지 시도를 통합한 최종 완성본이었다. 이때 완성의 기준이 고전 규범의 분해였고 고전주의는 프랑스대혁명의 타파 대상이었던 과거 절대 권력과 동의어로 볼 수 있기 때문에 이런 건축 경향에 '혁명기'라는 말을 붙일 수 있다.

혁명기 건축은 1720년대부터 1730년대 생이었던 불레와 르두가 대표했는데 이들은 페이르, 드베일리와 같은 세대였다. 건축 경향도 페이르와 드베일리의 급진적 신고전주의와 유사한 측면이 많았다. 이런 점에서 이들을 모두 같은 경향으로 분류하기도 한다. 그러나 불레와 르두에게는 페이르와 드베일리에게 없었던 것이 있었는데 그것은 낭만주의와 자연주의 사상이었다. 이 점이 혁명성을 가르는 결정적 기준이었다. 그 차이는 사회, 인간, 자연에 대한 근원적 고민의 유무 여부였다. 급진적 신고전주의는 건축 경향의 범위 내에 머문 반면 혁명기 건축은 사회, 인간, 자연에 대한 시대 고민을 함께했다.

혁명기 건축이 정말 혁명적인지에 대해서는 양면적 해석이 가능하다. 건축 경향에 한정하면 불레와 르두 모두 당시로서는 고전 규범의 붕괴를 가장 많이 진척시켰기 때문에 혁명기 건축이라는 말이 적합해 보인다. 이런 점에서 같은 세대인 페이르와 드베일리의 급진적 신고전주의와 구별된다. 그러나 혁명 정신의 구체적 표출과 사회 참여라는 기준에서 보면 혁명적이지 않거나 반反혁명적이라고까지 볼 수도 있다. 불레의 혁명 정신의 표현은 개혁을 독려, 찬양한 것이 아니라 혁명 상황을 건축적, 예술적으로 묘사한 것이었다. 르두는 그 자신이 양면적이었다. 농촌 개혁에 대해서는 혁명적이라 할 만큼 이상적 생각들을 주장했으나 정작 그의 인생 전체는 왕실과 귀족에 대한 부역으로 얼룩졌다.

이상을 종합하면 혁명기 건축이라는 개념은 당시로서는 가장 과격한 반고전 경향을 바탕으로 프랑스대혁명과 중복된 시기에 나타난 건축 경향으로 정의할 수 있다. 이런 정의에는 프랑스의 상황도 중요하게 작용했다. 영국과 같은 낭만주의 전통이 약한 프랑스에서는 고전주의를 완전히 대체할 만한 총체적 단위의 대안 양식이 없었기 때문에 그런 노력이 혁명기 건축으로 나타난 것으로 볼 수 있다. 급진성과 개혁성을 기준으로 보면 낭만주의가 더 혁명적일 수 있었다. 이런 사실은 낭만주의에 따라붙는 '반란rebellion'이라는 단어에서 알 수 있다. 실제로 혁명기 건축의 미학적, 정신적 배경에는 낭만주의 사상이 중요한 부분을 차지했다.

혁명기 건축은 환상 건축Visionary Architecture, 혹은 자유 건축Architecture of the Liberty이라고도 불린다. 환상 건축은 혁명기 건축이 지닌 특징 가운데 낭만적 상상력에 의존하는 비현실적 측면을, 자유 건축은 혁명 정신에 따른 탈고전, 탈절대주의, 탈전통 등의 측면을 각각 강조한 명칭이었다. 혁명기 건축의 구체적 특징으로는 숭고미와 픽처레스크가 대표하는 낭만주의 미학, 특질론의 한 형식인 '말하는 건축'을 통한 건물의 표현 기능, 합리주의의 한 형식인 환원을 통한 기하 추상, 고전 규범의 분해를 통한 블랙 로맨티시즘, 혁명기 사회상을 반영하는 고석 영웅주의 등을 들 수 있다.

263 프랑수아 베를리(Francçois Verly), 릴 극장과 목욕탕(Theatre et Bains pubilcs pour Lille) 계획안

혁명기 건축은 불레와 르두가 대표했고 그 외에도 적잖은 건축가들이 같은 경향을 공유했다. 루이장 데스프레즈Louis-Jean Desprez, 1743~1803와 장자크 르쾨Jean-Jacques Lequeu, 1757~1826를 필두로 피에르 아드리앵 파리Pierre Adrien Paris, 1745~1819, 피에르 루소Pierre Rousseau, 1751~1810, 자크기욤 르그랑Jacques-Guillaume Legrand, 1753~1809, 프랑수아 베를리François Verly, 1760~1822, 루이 콩브Louis Combes, 1762~1816 등이 대표적 예였다(그림 263). 이들은 1740년대부터 1760년대에 걸쳐 비교적 넓게 퍼진 세대로서 불레와 르두, 특히 불레의 직접적 영향을 받아 불레와 유사한 드로잉 경향을 주요 특징으로 나타냈다. 벨랑제나 드베일리 같은 일부 기성 건축가들도 부분적으로 이런 경향을 공유했다.

말하는 건축과 시스터 아츠

'말하는 건축architecture parlante=speaking architecture'의 배경으로 '시스터 아츠Sistser Arts' 이론과 자크 프랑수아 블롱델의 '특질론'을 들 수 있다. 시스터 아츠란 시와 회화의 두 장르를 말 그대로 자매 예술의 개념으로 보고 각각 상대방의 표현 방식과 매개를 차용하여 자신의 모방 능력과 표현력을 증대, 나아가 극대화할 수 있다는 이론이었다. 이 이론은 '우트 픽투라 포에시스ut pictura poesis=as a painting so a poem'라는 개념에서 나온 것이었다. 이 개념은 호라티우스Horatius, 기원전 65~8가 처음 제시했다. '그림처럼 시를'이라는 뜻의 이 말은 고대 모방론에서 매우 중요한 개념이었다. 호라

티우스는 그림을 감상하는 즐거움은 세부 장면을 자세히 볼 때가 아니라 떨어진 거리에서 전체 분위기를 파악할 때 얻을 수 있다고 보았다. 나아가 이 원리를 시에도 적용해야 한다고 주장했다.

시스터 아츠는 이것을 받아들여 체계화한 18세기 이론이었다. 낭만주의 영향 아래 자연을 되도록 있는 그대로, 생생하게 모사하는 방법을 모색하는 과정에서 두 장르의 특징을 서로 보완할 수 있다고 생각했다. 회화는 자연의 색과 형상을 눈에 보이는 것과 똑같이 그릴 수 있는 장점이 있는 반면 시는 언어의 상징 작용을 통해 직접적 지시 기능을 하는 차이점이 있었다. 시스터 아츠에서는 시와 회화 사이의 이런 차이를 서로 바꾸어 활용할 수 있는 내용을 구체적 예를 통해 정립했다. 나아가 시와 회화 이외의 다른 장르들 사이로 범위를 넓혔다.

말하는 건축은 확장된 장르의 대표적 예였다. 이때 차용 대상이 되는 장르는 회화와 시였다. 회화는 구체적 표현 매개를 제공하는 대상이었다. 페이퍼 아키텍트라는 명칭에서 알 수 있듯이 드로잉을 통한 자유롭고 상상력 넘치는 표현력이 혁명기 건축의 생명 가운데 하나였다. 건축의 장르적 한계 때문에 실제 짓는 건물을 통해서는 혁명 정신을 충분히 표현할 수 없다는 위기 의식에서 나온 경향이었다. 이때 드로잉의 기본 매개는 회화에서 빌려 온 것일 수밖에 없었다(그림 264).

이런 기본 매개와 별도로 혁명기 건축의 드로잉이 추구한 궁극적 목적은 좀 더 생생한 표현 능력이었다. 이를 위해 건물이 마치 '말하는 것처럼' 보이도록 했다. 그림보다 말이 의사 전달 능력이 뛰어나고 직접적이라는 취지였다. 드로잉은 실무 정보가 들어가는 기존의 도면과는 다른 개념으로 정의하였다. 폐허 상태를 풍경화 개념으로 그리던 폐허 · 수채화운동과도 달랐다. 건축 의도, 미학 개념, 사회적 가치 등

264 피에르-프랑수아-레오나르 퐁텐(Pierre-François-Leonard Fontaine), 무덤 계획안

을 '말해주는' 하나의 독립적 건물이었다. 실제 건물로 지어지지 못하는 점만 제외한다면 새로운 건축적 실험과 다양한 예술적 정보를 담고 있는 또 하나의 건축 작품이었다. 이를 위해 건물은 '인상을 표현'할 수 있어야 했다. 인상과 표현이라는 감성 영역이 건축에도 들어오기 시작한 것이다. 18세기 미학 사상에서도 획기적인 편에 속하는 인상과 표현 기능을 건축에 적용한 점은 혁명기 건축을 결정짓는 중요한 개혁성 가운데 하나였다.

말하는 건축 개념은 드로잉에 머물지 않고 실제 지어진 건물에도 적용했다. 앞에서 살펴본 감옥이 좋은 예다. 뉴게이트 감옥은 중세 성채의 방어적 이미지를 통해 폐쇄성을 표현하여 이 건물이 감옥임을 말해주었다. 디킨스가 언급한 "들어가기는 쉽지만 나오는 것은 매우 어려워 보이는" 인상이라는 것도 같은 개념으로 볼 수 있다(그림 171, 235, 236). 혹은 무섭고 딱딱한 인상을 통해 교정 기능의 특별한 권위를 표현하는 것으로 볼 수 있다. 폐쇄적 집단 수용이라는 근대적 교정 기능이 처음 도입된 계몽주의 감옥에서는 이런 처리가 보편적 경향이었다.

르두의 엑상프로방스 감옥Prison de Aix-en-Provence, 1784 계획안도 좋은 예였다. 이 건물도 뉴게이트 감옥과 마찬가지로 중세 성채를 이용한 감옥의 방어적, 폐쇄적 인상이 대표적 특징이었다(그림 265). 디테일 처리, 사용 어휘, 표현하는 인상 등에서 차이도 있었다. 디테일 처리의 차이는 지붕에서 나타났다. 이 건물에서는 엔타블러처를 이용하여 성채의 좁은 수평 창을 번안, 표현했다. 수직 창 없이 수평 창만 뚫어서 성채의 방어 인상을 극대화했다. 지붕의 높이를 낮추고 총안을 없앤 처리는 폐쇄공포증의 분위기를 유발하여 역시 방어 인상을 주었다.

265 클로드 니콜라 르두(Claude Nicolas Ledoux), 엑상프로방스 감옥(Prison de Aix-en-Provence) 계획안, 1784

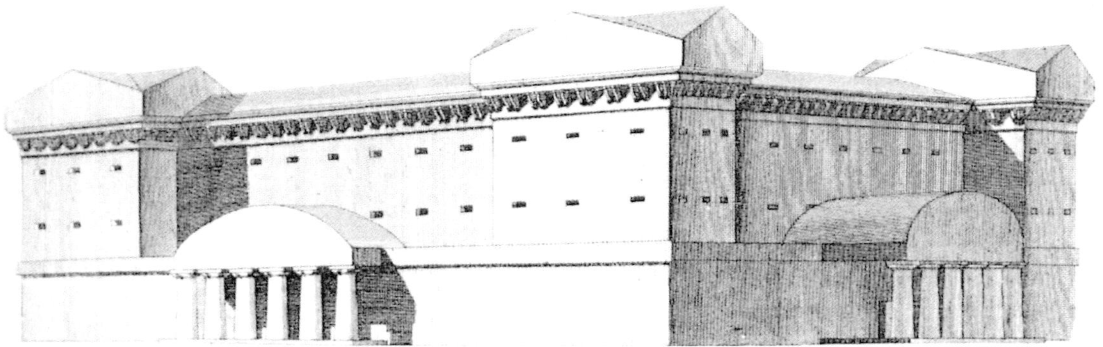

엑상프로방스 감옥은 뉴게이트 감옥보다 훨씬 큰 초월적 규모를 통해 감옥의 방어 인상을 극대화했다. 실제 지어지지 않은 계획안이라 상상력과 표현의 자유가 컸기 때문이다. 성채 모티프는 고대 전제 국가의 거석 구조로 탈바꿈했다. 출입구에 고전 어휘를 사용한 것도 차이점이었다. 고전 어휘는 최대한 추상화하여 기하 형태로 단순화했다. 신전 파사드를 차용했지만 페디먼트는 반원으로, 오더는 원기둥으로 각각 추상화했다. 추상화 정도는 심해서 어린이 장난감으로 보일 정도로까지 환원시켜 단순화했다. 단순화된 고전 어휘는 원시 거석 구조에 대한 연상 작용에 따라 감옥의 전제적 권위를 표현했다.

인상론과 특질론

말하는 건축의 또다른 중요한 배경으로 인상론physiognomy을 들 수 있다. 인상론이란 사람의 특질을 얼굴의 표정과 인상을 통해 파악하려는 학문 분야다. 이때 특질은 좁은 의미에서 한순간의 마음 상태일 수도 있고 넓은 의미에서 한 사람의 일반적 성격이나 기질일 수도 있다. 예술 분야에서 인상론은 미켈란젤로와 레오나르도 다빈치의 해부학으로 거슬러 올라갈 수 있다. 사람의 인상을 더욱 생생하게 모사하기 위해 인상을 결정짓는 근육을 연구한 것이 시초였다. 이후 17세기에 아카데미가 설립되면서 해부학에서 분리되어 독립 학문으로 자리잡았다. 아카데미의 회화 교과 과정에는 인상론을 해부학과 함께 중요한 과목으로 설정해서 얼굴 표정을 통해 감정을 전달하는 기법으로 연구했다.

샤를 르브룅은 이러한 기법을 대표하는 화가였다. 그는 분노, 즐거움, 놀라움 등 인간의 여러 가지 감정 상태를 나타내는 일반적, 대표적 얼굴 표정을 사전 개념으로 정리하는 작업을 통해 인상론이 하나의 독립 학문으로 자리잡는 데 중요한 기여를 했다. 그의 작업은 계몽주의 예술의 새로운 실험들의 밑바탕이 되었다. 기존의 아카데미즘에서는 시각 예술이 성경, 역사, 신화 등을 기록하고 상징하는 기능에 머물렀던 데 반해 계몽주의에서는 인상론을 통해 표현expression과 인상impression의 기능을 갖게 되었다. 르브룅의 작업은 르쾨가 이어받아 다양한 도판으로 구체화했다(그림 266).

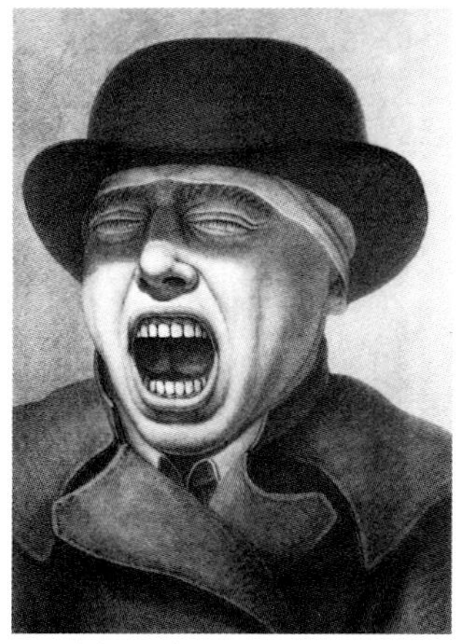

266 장자크 르쾨(Jean-Jacques Lequeu), 표정학으로 그린 초상화, 윙크하는 사람(위)과 하품하는 사람(아래)

인상론은 특질론과 밀접한 관계가 있다. 사람의 인상이란 르네상스 화가들이 생각한 것 같은 단순한 근육 작용의 결과 이상이라는 자각의 결과였다. 인상은 사람의 내적 심리 상태와 성격의 의미로서 겉으로 특질을 드러내는 형식으로 정의하였다. 건축에서는 자크 프랑수아 블롱델의 특질론이 이런 내용을 대표했다. 블롱델이 생각했던 이상적인 18세기 프랑스 건축은 바로크 건축의 표현력을 고전주의와 접목한 것이었다. 이런 입장은 낭만주의의 '인상론'이나 '표현론'과 일정한 연관성이 있는 것으로 볼 수 있다. 이런 점에서 블롱델은 18세기 신고전주의에 낭만주의 개념이 스며드는 중요한 통로 역할을 한 것으로 평가할 수 있다.

특질은 건물이 지니는 개별성이라고 정의할 수 있다. 개별성은 각 건물이 처한 미시적 상황에 대한 해결책으로 얻어지는 내용과 사회 단위의 문화와 역사에서 나오는 거시적 내용으로 구성된다. 이 둘을 조합하여 '신비로운', '염치없는', '여성스러운', '피상적인' 등과 같은 건물의 특질이 정해진다. 이런 특징은 연상 작용을 통해 관찰자의 마음속에 감성을 불러일으키기도 하고 집 주인의 정치적 지위와 사회적 성격 등 위계도 표현한다.

건물의 특질은 두 가지 유추 기능을 갖는다. 한 가지는 사람 얼굴의 인상, 풍모, 표정 등에 해당되는 개념을 건물 외관에 적용한 것이다. 이것은 좁은 의미에서 인상론에 해당한다. 블롱델은 건물에서 인상을 표현하는 부재로 보의 옆 단면을 들었다. 팔라디오, 스카모치, 다비놀라 등 르네상스 고전주의자들의 건물을 이런 관점에서 분석, 비교했다. 보의 옆 단면에 가해진 돌출 정도와 부재 형상 및 이것이 만들어내는 음영 등을 통해 각 건축가들 건물의 특징적 인상을 찾아낸 뒤 이것을 사람들의 옆모습에 유추했다. 예를 들어 다비놀라의 건물은 젊은 남자의 인상을, 반면 팔라디오의 건물은 중년 남성의 인상을 갖는다는 식이었다(그림 267).

다른 한 가지는 언어의 표현 기능을 유추하는 것이다. 사람의 언어가 내적 상태와 정신을 표현하는 외적 형식인 것처럼 건물의 외관은 내적 심미성을 표현하는 외적 형식인 것이다. 건축 부재를 조합하는 방식에 따라 건물의 특질이 생기는데, 블롱델은 이런 기능을 '침묵의 시학silent poetry'이라고 불렀다. 건축도 시와 마찬가지로 심미성을 표현할 수 있는데, 언어가 아닌 물리적 축조물로 표현하는 것이기 때문에 '침묵'이라는 말을 붙인 것이다. 고전주의에서 건축의 비례를 '정지된 음악frozen music'이라고 정의한 것에 비유할 만한 개념이다.

이상의 두 가지 유추 기능을 합해서 '말하는 건축'에 영향을 주었다. 블롱델은 건축의 개별성을 추구하기는 했지만 이것이 극단적 주관주의로 나아가는 것을 경계했다. 개별성은 이성에 기초한 합리적 분석에 따라 최소한의 타당성과 객관성을 유지해야 한다고 보았다. 그 대표적인 예로 사회적 가치를 들었다. 이런 관점에서 건물의 특질에 영향을 끼치는 요소로 민족과 국가 단위의 문화, 역사, 정서 등을 들었다. 사회적 가치는 다시 둘로 나눌 수 있다.

하나는 통시적 차원에서 민족 단위의 역사와 문화다. 가브리엘의 신고전주의에 영향을 끼친 프랑스다운 고전주의 개념이 좋은 예다. 다른 하나는 공시적 차원에서 건물이 속한 시대의 위계질서를 표현해야 한다. 집 주인의 사회적 지위가 좋은 예다. 이것은 건물이 한 사회의 정치 구조와 계층 구도를 표현해야 한다는 것을 의미한다. 이 대목에서 블롱델은 완전한 혁명 개념과는 일정한 거리가 있었다. 그는 어쩔 수 없이 고전주의자였으며 1762년에 아카데미 교수로 임명된 데서 알 수 있듯이 당시 앙시앵레짐ancien régime의 정치 질서에 편입되어 있었다. 그러나 블롱델의 이론은 불레와 르두에게 직접적인 영향을 끼치면서 혁명기 건축이 태어나는 밑바탕이 되었다.

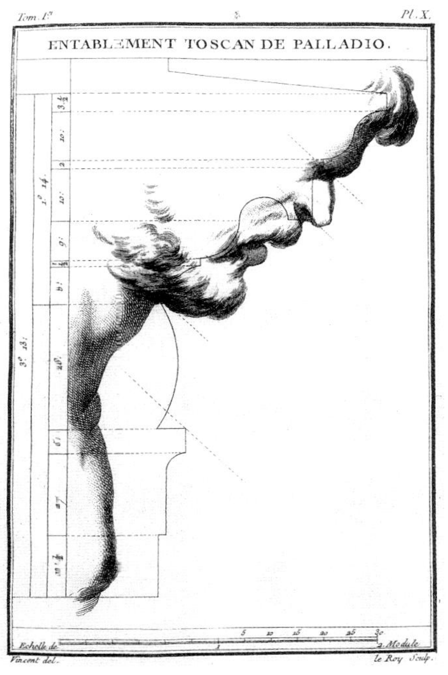

267 자크 프랑수아 블롱델(Jacques François Blondel), 팔라디오의 투스칸식 오더 옆 단면에 따른 얼굴 인상

2 에티엔 루이 불레

추상 기하와 혁명 정신

에티엔 루이 불레Etienne Louis Boullee, 1728~99는 페이퍼 아키텍트의 대가였다. 18세기에는 실제 건물을 남기지 않으면서 다른 방면으로 중요한 기여를 한 건축가들이 유독 많았는데 불레도 그중 하나다. 그는 이론 연구와 교육을 겸한 페이퍼 아키텍트였다. 이런 활동을 통해 18세기 건축 고민을 결산하며 혁명기 건축을 대표하는 건축가가 되었다. 이런 그의 업적을 대표하는 것은 드로잉이다. 그의 드로잉은 단순한 기능적, 실무적 도면이 아니라 하나의 예술작품이자 건물 그 자체였다. 그는 드로잉을 통해 18세기 내내 진행되어왔던 혁명적 실험을 웅장한 규모로 완성했다.

불레는 건축가 루이클로드 불레Louis-Claude Boullee의 아들로 태어나 화가를 꿈꾸었으나 아버지의 권유로 건축 공부를 시작했다. 블롱델, 르게이, 보프랑 등에게 개인적으로 배우며 이미 열아홉 살 때부터 작업실을 운영하기 시작했다. 늦은 나이인 1762년에 왕립 건축아카데미에 입학했으며 1780년대 초반까지 실제 작품들을 남겼다. 이 기간에는 주로 파리 시내에 저층 호텔과 주택을 지었으며 작은 규모의 기독교 관련 시설도 남겼다. 대표작으로는 알렉상드르 호텔Hotel Alexandre, 1763~66, 몽빌의 라신 호텔Hotel Racine de Monville, 1764, 철거, 브뤼누아 호텔Hotel de Brunoy, 1774~79, 철거 등을 들 수 있다.

불레의 건물은 특별한 개성 없는 전형적인 고전주의였다. 부분적으로는 반복 요소를 통해 수평선을 강조하고 피라미드를 이용해 수직선을 강조하는 등 향후 드로잉을 예견하는 처리들이 나타나기도 했다. 그러나 전체적으로 큰 두각을 나타내지 못한 채 대부분의 주요 작품들이 나중에 모두 철거되었다. 이런 자신의 한계를 알고 1782년에는 실무와 관련한 모든 직책과 업무를 중단하고 스스로 화가임을 천명하며 페이퍼 아키텍트의 길로 들어섰다.

이미 당대부터 불레를 전통적 의미의 화가로 볼 것인지 논쟁이 있었지만 건축의 관점에서 이것은 그다지 중요한 문제가 아니었다. 핵심은 그의 드로잉에 어떤 건축적 작품성이 있느냐와 얼마나 큰 영향을 끼쳤는지였다. 불레는 높아만 가던 혁명 정신을 건축에 접목하며 죽을 때까지 100편이 넘는 드로잉을 남겼다. 또한 자신의 건축관을 이론적으로 주장하는 『건축, 예술론*Architecture, Essai sur l'art*』1793이라는 저서를 남겼다. 교육 활동도 계속해서 대표적인 제자로 브로니아르와 샬그랭 등이 있었다. 이외에도 앞에 열거한 바와 같이 드로잉을 통해 불레와 같은 페이퍼 아키텍트의 길을 걸은 많은 혁명기 건축가들을 길러냈다. 직계 제자 이외에 그의 영향을 받아 간접적 제자로 부를 수 있는 건축가들은 무척 많았다.

불레는 건축의 본질을 오더 중심의 상징체계로 보던 전통적인 고전주의를 거부하고 그 대안으로 기하 중심의 인상론을 제시했다. 불레의 인상론은 형태론과 특질론을 기초로 했다. 불레는 기하 형태를 적절히 조작하여 건물의 특질을 표현할 수 있으며 이것은 다시 관찰자의 감성에 대응하는 심리적 기능을 할 수 있다고 보았다. '기하 형태—건물의 특질—인상을 통한 관찰자의 심리적 감성' 사이의 삼위일체를 건축의 근간으로 본 것이다. 이를 위해 시스터 아츠를 적용한 '말하는 건축' 개념을 활용했다.

불레의 '말하는 건축'은 연상주의, 픽처레스크, 숭고미를 추구했다. 기하 형태가 관찰자의 마음속에 감성 작용을 불러일으킨다는 생각은 연상주의의 기본 개념을 차용한 것이다. 이때 기하 형태의 종류마다 대응되는 감성이 있다는 생각이 픽처레스크의 기본 개념이었다. 자연 형태의 픽처레스크 기능을 적절히 조작된 기하 형태에 적용한 것이었다. 그렇게 대응되는 감성을 혁명기 사회의 초월적 웅장함으로 설정했는데, 이것은 숭고미의 기본 개념을 차용한 것이다. 연상주의, 픽처레스크, 숭고미는 모두 낭만주의의 핵심 개념들이다. 이런 일련의 조형 계획을 통해 합리주의의 기하 추상 경향을 낭만주의와 결합한 뒤 이것을 통해 18세기 최대의 시대 고민인 혁명 정신을 표현했다. 혁명 정

268 에티엔 루이 불레(Etienne Louis Boullee), 메트로 교회(Metropole)

신은 직접적 흥분이나 파괴적 폭력이 아니라 수준 높은 은유적 예술성과 심미성으로 표현했다(그림 173, 268).

빛, 자연신, 원시적 공공성

불레가 기본 기하 형태를 조작하는 매개로 사용한 것은 빛이었다. 그의 그림에서 건물은 기본 기하 형태를 초월적 규모로 처리한 하나의 큰 덩어리로 이루어진다. 여기에 이것이 건물임을 알리는 최소한의 건축 부재를 더했다. 건축 부재는 고전 어휘를 기하 형태의 분위기에 맞춰 단순화했다. 이렇게 구성되는 건물에 빛을 가하여 건물은 내적 특질을 표현하는 인상을 갖게 된다. 인상은 주로 음영 효과로 얻어냈다. 죽음과 관련한 시설은 어둡고 장엄한 분위기로, 인간 활동과 관련한 시설은 밝고 활기찬 분위기로 표현하는 식이었다.

불레의 숭고미 밑바탕에는 의외로 이신론의 자연신 사상이 깔려 있었다. 숭고미는 낭만주의 사상이고 이신론은 합리주의의 사상적 배경이었지만 불레는 이 둘 사이의 공통점으로 자연신 개념을 찾아내 이것을 건축 드로잉으로 표현했다. 자연을 '성스러운 지혜'의 개념으로 해석한 범신론의 한 형식으로 자연신 사상을 표현했다. 범신론은 신의 역할을 삶과 죽음, 사계절, 빛과 어둠, 낮과 밤 등의 보편적 자연현상으로 정의하였다.

이런 자연현상은 모든 종교를 막론하고 공통적으로 나타나는 신의 역할이기 때문에 범신론의 성격이 있었다. 이것을 관장하며 질서를 유지하는 자연의 힘이 성스러운 지혜였다. 이런 자연의 힘은 낭만주의 사상과도 연관성이 있었다. 자연의 힘이 아름답고 질서가 잡힌 상태, 혹은 자유롭고 편안한 상태로 나타나면 이것이 픽처레스크의 개념이었다. 인간을 압도하는 초월적 웅장함과 무한대의 신비로움으로 나타나면 이것이 숭고미의 개념이었다.

불레의 기하 형태는 자연신의 성스러운 지혜를 표현하는 건축적 매개였다. 불레는 성스러운 지혜의 증거로 자연이 기본 기하 형태로 구성된다는 사실을 들었다. 따라서 건물을 기본 기하 형태로 구성한다는 것은 곧 자연 요소로 구성한다는 의미였다(그림 269). 이것은 고전 오

269 에티엔 루이 불레(Etienne Louis Boullee), 뉴턴 기념비(Cenotaph a Newton)

270 에티엔 루이 불레(Etienne Louis Boullee), 피라미드 기념비(Cenotaph de Pyramide)

더를 단순 반복하는 관습적 모방에서 벗어나 자연을 모방 대상으로 삼겠다는 것으로 자연신 사상과 일맥상통했다. 불레에게 건축의 모델과 스승은 고전도 인간의 경험도 아닌 '자연'이었다. 자연에 내재된 초월적 힘과 친절한 디테일 모두가 건축의 모델과 스승이 되어야 한다고 했다. 자연은 학문, 예술, 문명의 스승일 뿐 아니라 종교가 타락했을 때는 심지어 종교의 스승이 되기도 했다. 이것이 이신론의 자연신 사상에 담긴 계몽주의 정신이었다.

불레는 건축을 매개로 이런 정신을 표현했다. 불레의 단순 기하 형태는 추상 환원을 조형 전략으로 하는 점에서 로지에와 연관성이 있다. 두 사람의 공통점을 이어주는 추상 환원의 기본 개념은 원시성 혹은 원시주의였다. 로지에의 원시 오두막은 불레의 원시 거석 구조와 같은 개념이다. 로지에도 자신의 원시 오두막에 대한 도덕적, 사상적, 건축적, 종교적 근거로 원시주의에 담긴 고결함을 들었다. 이것은 숭고미 개념을 매개로 하는 불레의 혁명적 원시주의와 같은 것으로 해석할 수 있다. 실제로 불레는 로지에의 사상에서 깊은 영향을 받았다. 이런 관계는 불레의 낭만주의적 입장이 이신론의 합리주의와 통하는 증거가 되기도 했다(그림 270).

불레의 혁명적 원시주의 사상은 계몽주의 시대의 이상적 공공건물을 찾는 작업으로 나타났다. 계몽주의운동 가운데 사회 각 분야의 근원적 법칙, 혹은 제1법칙을 찾는 건축 경향에 해당하는 예였다. 불레는 이것을 순수 기하 형태를 통해 인간의 깊은 감성을 자극하는 방식으로 추구했다. 근원성의 힘이었다. 근원성은 원시주의를 통한 고대 이상의

271 에티엔 루이 불레(Etienne Louis Boullee), 왕립 도서관(Bibliotheque royale)

부활로 나타났다. 고대 문명의 양면성 가운데 전제적 횡포의 부정적 이미지가 아닌 신정일치의 절대적 공공성의 부활이었다. 신비주의 거석 구조로 이것을 표현했으며 이를 통해 혁명적 개혁을 주장한 이중적 역설이었다.

불레가 믿었던 것은 인간의 밑바닥에 있는 근원적 감정과 사회의 기원을 동일한 것으로 만들 수 있는 예술의 힘이었다. 건축에서는 이것이 이상적 공공건물로 구체화될 수 있다고 믿었다. 이것을 표현하는 매개는 일차적으로 고전이었다. 그러나 단순 고전이 아니라 고차원적으로 각색한 고전이었다. 이 점이 불레를 혁명기 건축가로 만든 핵심이다. 불레의 각색은 두 가지로 요약할 수 있다. 하나는 고전 어휘를 이용하여 만들어낸 끊이지 않고 계속되는 대형 벽체와 무한대로 반복하는 기둥 열 등이다. 이런 무한대성은 시작과 종착을 동일시하는 근원성을 상징했다(그림 169, 175, 271, 272)

다른 하나는 총체적 건물 단위인 고전 선례의 사회적, 지성적 상징성이었다. 이런 상징성은 이상적 공공건물의 기능을 정의하는 중요한 특질을 표현했다. 예를 들어 사랑과 미의 여신인 베누스[Venus]에 봉헌된 베누스 신전은 오페라의 새로운 기능을 상징했다. 이것은 앞서 살펴본 군주형 극장을 대체하는 새로운 오페라 개념이었다. 군주형 극장은 왕실과 귀족의 권위를 유지하기 위한 정치 권력의 과시를 추구했던 데 반해 시민이 권력의 주체가 된 이상적 극장에서는 오페라를 사랑과 미의 발로로 새롭게 정의했다. 오더 열은 미덕의 승리를 상징했기에 법원 건물에 적합했다. 특정 신전이 아닌 더 일반적인 고전 구성인 오더 열은 신전 파사드에 쓰이면서 신의 지혜를 빌린 미덕의 승리를 상징했다. 이것을 법원 건물에 차용한 것이다. 이외에도 도서관은 선각자의

272 에티엔 루이 불레(Etienne Louis Boullee), 시청사(Palais Municipal)

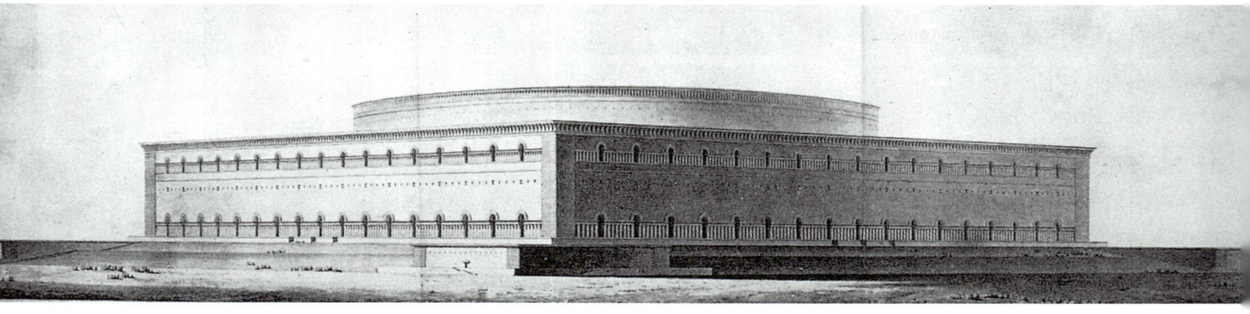

지혜를 모은다는 의미에서 마네스의 신전Temple of Manes을, 박물관은 과거의 영광을 모은다는 의미에서 명성의 신전Temple of Fame을 대표적 특질로 차용했다(그림 271).

이상적 공공건물, 장례 건물, 뉴턴 기념비

이상적 공공건물을 그린 불레의 드로잉으로 메트로 교회Metropole, 박물관 계획안Projet du Museum, 왕립 도서관Bibliotheque royale, 시청사Palais Muncipal, 법원Palais de Justice 등을 들 수 있다(그림 169, 175, 268, 271, 272). 이 드로잉들은 모두 고전 어휘의 반복을 통해 시작과 끝이 없는 무한 구성을 상징하는 공통점이 있다. 이는 앞서 말한 자연신 개념을 숭고미로 해석한 경향이다. 그 배경에는 버크의 숭고미가 있다. 시민이 새로운 권력 주체로 떠오르는 혁명 정신의 위대함을 자연의 초월적 힘에 유추한 숭고미 개념이었다. 버크의 저서는 1765년에 프랑스어로 번역, 출간되었는데 불레는 실제로 이 책을 읽고 건축적 영감을 얻은 것으로 알려져 있다. 불레는 혁명 정신에 대한 버크의 정치적, 사상적 해석을 건축으로 표현하여 18세기 계몽주의 문화를 한 단계 올려놓았다.

계몽주의 시대에는 시민정신 각성의 결과로 공공 기능 유형이 급속히 자리잡아갔다. 그 내용은 새로운 기능 유형의 등장과 기존 기능 유형의 독립이라는 두 가지 방향으로 나타났다. 여기에서 독립은 기존에 왕궁에 부속되어 있던 기능 유형들이 왕궁에서 떨어져 나와 단독으로 존재하게 되었음을 말한다. 법원, 입법부, 교회, 행정관서, 극장, 도서관, 박물관 등이 대표적 예들이다. 이런 건물들은 왕이 주인이던 것이

273 에티엔 루이 불레(Etienne Louis Boullee), 사자를 위한 예배당(Chapelle des morts)

시민이 주인이 되어 대도시 한가운데 세워졌다. 불레는 계몽주의 정신을 담은 이런 건물들을 통해 자신이 추구했던 이상적 공공건물의 전형을 표현했다.

추상 기하를 이용해서 숭고미를 표현한 더 일반적인 예로 사자를 위한 예배당[Chapelle des morts]과 피라미드 기념비[Cenotaph de Pyramide] 등의 장례 건물을 들 수 있다(그림 270, 273). 이런 건물들은 땅과 접촉면을 늘려 매장 기능을 암시했다. 빛을 최소로 줄여 밤을 배경으로 삼아 지하의 어두운 느낌을 강조하여 자연 생명의 유한성, 즉 죽음의 당위성을 표현했다. 기하 형태는 과거 건축 가운데 죽음을 상징하는 최고봉인 피라미드를 차용했다. 피라미드는 우울하거나 슬픈 모습이 아닌 당당한 제식[祭式]의 분위기로 그려졌는데 이것은 죽음을 부정적 현상이 아닌 자연 원리의 일부분으로 보겠다는 자연신 사상을 반영한 것이다. 죽음을 끝이나 소멸이 아니라 다음 생명을 낳기 위해 새로운 시작을 단행하는 자연의 승리로 보는 관점이었다.

초월적 규모로 처리한 피라미드의 거석 구조는 이런 승리를 상징하는 자연의 힘을 표현한 것이다. 숭고미는 여기에 가장 적합한 미학 개념이었다. 불레는 죽음을 통해 자연의 초월성을 드러내는 데 관심이 많았다. 이 때문에 불레의 드로잉에는 장례와 관련한 건물이 많았다. 이것은 거시적으로는 당시 계몽주의 영향 아래에서 새롭게 묘지 정비 작업을 벌이던 시대 상황의 산물이기도 했다. 기존에 도시 내 교회 마당에 있던 묘지가 계몽주의에 들어와 기독교 개혁 작업의 일환으로 도시 외곽으로 이전되었다. 이 과정에서 장례 건물이 대형 기념비로 변하는 현상이 일어났다. 교회에 부속되어 있을 때는 위축되어 있던 것이 교외로 나오면서 속박을 벗어나 자유를 획득했고 대형 기념비로 형식화되었다.

대형 기념비는 도시 공공건물에 나타나던 현상이기도 했다. 앞서 언급한 바와 같은 새롭게 독립한 공공건물들은 물론이고 성문, 게이트, 아치, 다리 등 토목 인프라 시설들도 규모가 커지고 기념비 형식을 갖추는 것이 계몽주의 때 새롭게 나타난 현상이었다. 이것은 모두 시민정신이 기존의 왕권을 타파해가면서 성장해간 데 따른 결과였다. 불레의 장례 건물 작품이 초월적 거석 구조로 그려진 데는 이런 사회현상에 영향 받은 바가 컸다.

274 에티엔 루이 불레(Etienne Louis Boullee), 뉴턴 기념비(Cenotaph a Newton)

뉴턴 기념비Cenotaph a Newton, 1784에서는 우주를 상징하는 구를 기본 기하 형태로 삼았다(그림 269). 이것은 뉴턴에 대한 존경심을 표현하기 위해서였다. 우주의 운영 원리를 밝혀낸 뉴턴은 과학을 통해 자연신의 성스러운 지혜를 드러낸 것이고 이것은 곧 신의 존재를 입증한 것이었다. 이것은 과학과 종교를 대립이 아닌 서로 보완하거나 통합할 수 있는 대상으로 보려는 것으로 이신론의 기본 개념이기도 했다. 이런 업적을 이룬 뉴턴에게 가장 완벽한 기하 형태이자 우주를 상징하는, 혹은 우주 그 자체인 구를 헌정한 것이다. 이런 상징성은 구에 포함된 기하학적 속성과도 일치했다. 구의 기하학적 속성은 시작과 끝이 없는 무한성인데 이것은 곧 우주의 무궁무진함, 나아가 신의 위대함을 표현할 수 있는 개념이었다(그림 274).

이에 해당하는 낭만주의 개념은 숭고미였다. 여기에서는 초월적 규모를 통해 자연과 어울리는 모습으로 표현했다. 이 건물은 도저히 규모를 가늠할 수 없었다. 단순히 가늠이 안 되는 것이 아니라 스케일의 기본 개념 자체를 바꾸었다. 기존의 스케일은 인간의 머릿속에서 나올 수 있는 숫자로 결정됐다. 이 건물에서 스케일은 장엄한 자연과 어울리는 초월적 분위기로 그 기본 개념이 바뀌었다. 이것은 숭고미의 스케일이라 부를 수 있다. 검은 먹구름이 흘러가고 그 사이로 옅은 햇빛이 비치는 흐린 하늘은 자연의 장엄함을 알리는 하나의 숭고미였다. 이 건물은 숫자로 측정되기를 거부하는 대신 이런 자연의 분위기와 어울려 스스로 초월적 상태로 승화되었다.

3 클로드 니콜라 르두

바로크, 고전주의, 혁명기 건축

클로드 니콜라 르두Claude Nicolas Ledoux, 1736~1806는 상인의 아들로 태어나 자크 프랑수아 블롱델이 세운 에콜 데 아르에서 수학했다. 르두는 이곳에서 프랑스의 과거 선례, 즉 프랑수아 망사르를 중심으로 한 프랑스 바로크에 대해 집중적으로 배웠다. 또 블롱델이 소개해준 체임버스 등 영국 건축가들을 통해 팔라디오 양식도 접했다. 이런 배경은 르두의 건축에서 바로크 특징을 엿볼 수 있는 결과로 나타났다. 여러 층을 수직으로 중첩하면서 각 층마다 오더를 두지 않고 거대 기둥으로 전 층을 담당하도록 한 처리는 이것을 반영하는 구체적 예다. 또 주신과 아치에 블록을 끼워 강인한 인상을 주는 처리, 매스 사이에 대비를 주는 처리, 세를리안 모티프 등도 이런 영향 아래 형성된 대표적인 르두 모티프였다. 다른 한편 이런 모티프들은 반드시 바로크적인 것만은 아니었고 혁명으로 말미암아 급변기였던 시대 상황과도 어느 정도 어울렸다. 이런 이유로 르두는 이런 모티프들을 늦게까지 사용했다(그림 171, 275, 279).

275 클로드 니콜라 르두(Claude Nicolas Ledoux), 트론 징수소(Barriere du Trone), 파리, 1784~89

1762년에는 실내장식을 첫 작품으로 시작했다. 1764년에는 결혼하면서 장인의 도움으로 마송 드쿠르셀Masson de Courcelle이라는 귀족 집안을 소개받아 건축주로 삼았다. 이를 계기로 뛰어난 사교력으로 지배 계층과 친해지며 권력층 사이에서 건축주를 넓혀갔다. 처음에는 부르고뉴와 샹파뉴 등의 지방에 산림 수자원부에서 발주하는 여러 공공건물과 귀족의 주거 등을 주로 설계했다. 이것이 성공을 거둬 명성을 얻으면서 1760년대 후반에는 활동 무대를 파리로 옮겼다. 파리에서도 상류층의 주거를 주로 설계했다. 이런 작품들에서는 비교적 전통적 고전주의를 답습하며 르두 개인의 창작력을 발휘하기보다 건축주의 요구를 만

276 클로드 니콜라 르두(Claude Nicolas Ledoux), 벌목공과 산림 감시원 주택

족시키는 데 주력했다.

1760년대 후반에 중요한 변화가 나타났다. 자크 프랑수아 블롱델과 자크앙주 가브리엘에게 배웠던 '바로크에 기초한 프랑스다운 신고전주의' 경향에 회의를 품기 시작했다. 그 대안으로 눈에 들어온 것은 당시 파에스툼의 발굴을 통해 새롭게 부각되기 시작한 그리스 도리스식 신전이었다. 이를 통해 추상성이 강한 원시성을 추구하는 쪽으로 변화를 시도했다. 이때부터 르두의 작품 경향은 혁명기 건축을 상징하는 고전 규범의 급진적 붕괴 쪽으로 조금씩 기울며 원시주의를 바탕으로 한 건축 경향을 이루는 밑바탕이 되었다(그림 133, 276, 280).

작품 경향의 변화와 달리 르두의 행보는 더욱 정치적이고 권력 지향적으로 변했다. 1750년대 중반부터 프랑스대혁명에 이르는 15여 년 동안 왕실을 건축주로 삼아 아르케스낭 왕립 소금 공장1775~79, 브장송 극장Theatre de Besançon, 1775~80, 파리 성문 징수소Paris Barriere 혹은 Portes de Paris, 1784~89 등 대표작을 남겼다. 대부분의 건축가들이 회피했던 파리 성문 징수소에 전력을 투구한 것은 정치적 행보의 결정판이었다. 그러나 대혁명은 르두에게서 모든 것을 앗아갔다. 대혁명 이후 파리 성문 징수소가 연달아 파괴되면서 이 건물의 설계자인 르두는 수세에 몰렸다. 왕립 건축아카데미는 르두가 첫번째 강의를 막 시작하려던 때에 문을 닫았다. 공포정치기Reign of Terror였던 1792년 결국 투옥되었다. 이 와중에서 아내와 딸이 숨졌다. 다행히 목숨을 건져 테르미도르반동 때인 1794년 석방되었다.

대혁명 기간에 르두가 겪은 정신적 충격은 대단한 것이었다. 석방된 뒤 모든 실무 작업을 중단하고 은둔하며 저서 출판에 전념했다. 르두

생전에는 『예술, 관습, 규범과의 관계에서 살펴본 건축*L'Architecture consideree sous le rapport et l'art, des moeurs, et de la legislation*』1804이 출판되었다. 이 책은 그동안 모아 놓은 드로잉에 설명을 붙인 내용이었다. 르두는 실무 건축가였기에 설명은 이론적이지 않았다. 대혁명 때 겪은 고생에 대한 변명을 루소의 '고결한 원시인' 개념과 자연주의에 유추해서 설명한 내용이 주를 이루었다.

르두도 불레와 마찬가지로 많은 드로잉을 남겼다. 드로잉은 실제 건물과 관련한 것과 계획안의 두 종류로 나눌 수 있다. 전자는 다분히 실무적, 현실적 정보를 기록한 것이다. 후자는 불레의 드로잉과 유사한 독립 작품이다. 그러나 후자는 불레 같은 웅장한 숭고미를 보이지 않고 현실적 범위에 머물렀다. 르두는 자신의 드로잉을 모은 책을 모두 다섯 권으로 계획했으나 한 권만 출간하고 사망했다. 이후 1847년에 예술사가 다니엘 라메Daniel Ramee가 드로잉 몇 점을 추가해서 2판을 냈고 1991년에 70개의 드로잉을 새로 발견하면서 3판이 출판됐다.

르두는 일반적 기준으로 보면 그다지 다작은 아니었으나 그가 활약한 시대에 비추어보면 다작하는 편에 속했다. 르두는 또한 불레와 유사한 드로잉을 많이 남기며 페이퍼 아키텍트도 겸했다. 이런 양면성은 르두의 강점인 동시에 한계로 작용했다. 르두도 동시대 다른 건축가들과 마찬가지로 답답한 마음을 드로잉으로 표현하며 창작 의지의 분출구로 삼았다. 또한 중농주의와 루소의 자연사상에 기초한 농촌 개혁이라는 혁명적 발상을 주장한 것도 드로잉을 통해서였다. 르두의 드로잉은 불레만큼 웅변적이거나 초월적이지 않은 대신 현실적이고 개혁적인 자신만의 특징을 확보했다. 미니어처풍의 간결한 형태 윤곽은 이런 특징을 배가했다(그림 276). 실제 건물에서는 양면성이 나타났다. 고전 규범의 붕괴를 확실히 완성한 측면도 있었지만 다른 한편에서는 고답적 고전주의를 반복하는 한계도 보였다.

혁명과 반혁명 사이

실제 지은 건물이 많았다는 얘기는 당시 지배 계층을 건축주로 삼았음을 뜻했다. 이는 사회적, 정치적으로는 르두가 반反혁명적이었음을 뜻

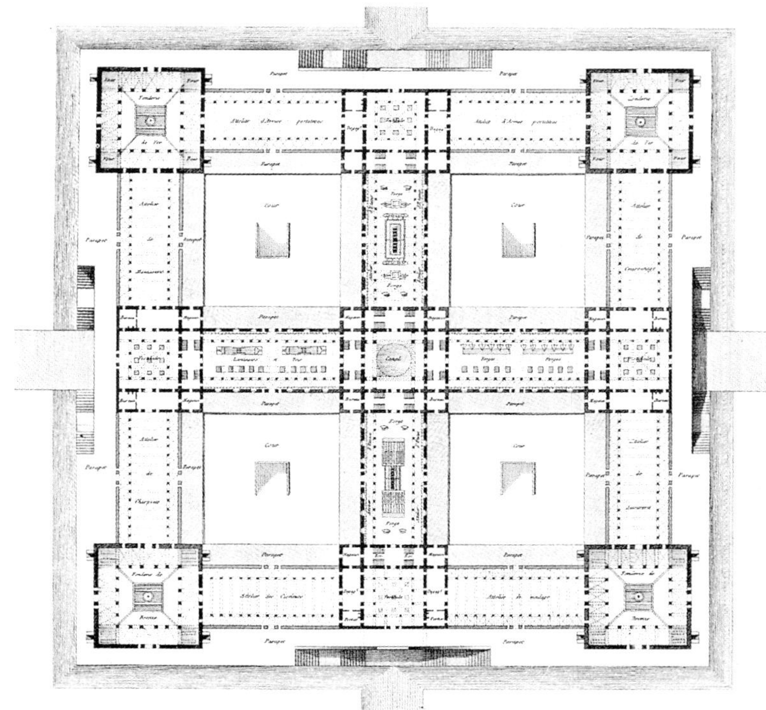

277 클로드 니콜라 르두(Claude Nicolas Ledoux), 철공소

한다. 실제 르두는 이른바 왕당파 소속으로 혁명 타파의 대상이었던 왕실과 귀족을 위한 건물을 많이 설계했다. 당시의 복잡하고 급박한 정치 지형도 아래에서 이런 건물들은 단순히 물리적 구조물로 끝나지 않았다. 당시에 지배 권력이 발주하는 건물들은 그 자체가 권력이었고 정치적 행위였다. 아직 마력馬力과 인력人力에 의존하던 전통사회에서 건물은 매우 큰 물리적 힘을 지녔다. 이런 권력 사슬에 편승했다는 것 자체가 당시에는 이미 권력층에 속했음을 의미한다. 르두는 혁명 후 왕실에 충성한 죄목으로 투옥되었다. 혁명기 건축을 대표하는 건축가가 반혁명 죄목으로 투옥된 것이다.

앞서 살펴본 아르케스낭 왕립 소금 공장이 대표적인 예다. 이 건물은 소금 확보를 통해 왕실의 재정을 튼튼히 하는 데 매우 중요한 역할을 했다. 건물 구조도 착취와 억압, 감시를 상징했던 18세기 중앙 집중형의 표준이었다. 르두 스스로도 자신의 건물이 갖는 이런 착취 구도를 조금은 알아차렸는지 전체의 분위기를 어둡고 우울하게 그렸다. 불

278 클로드 니콜라 르두(Claude Nicolas Ledoux), 파리 징수소 옆을 지나 귀환하는 바렌(Varennes)

레의 초월적 거석 구조와는 다른 의미에서 블랙 로맨티시즘이었다. 그러나 이것으로 그의 부역 행위가 면제되는 것은 아니다. 르두는 이외에도 권력자들을 위한 계획안을 여럿 남겼다. 공장과 감옥 등 감시 공간이 대표적 예였고(그림 265, 277), 사냥용 별장과 극장 등 유흥시설도 또다른 예였다.

파리 성문 징수소도 마찬가지였다. 프랑스 왕실은 재정 확보를 위해 파리에 성곽을 두르고 시내로 들어오는 60여 곳에 징수소를 세우려고 했다. 설계 경기로 나온 이 프로젝트에 당시 대다수의 건축가들은 정치적 민감성 때문에 참여하지 않았다. 르두는 프로젝트를 따내 이 가운데 40개를 설계해서 공사를 서둘러 4년 만에 완공했다. 파리 성문 징수소 축조는 시민들의 분노를 자극하며 대혁명을 촉발한 직접적 원인이 된 건물이었다. 그러나 정작 르두는 자신의 건물들을 '파리의 프로필라이아Les Propylaea de Paris'라고 부르며 이것으로써 파리가 바빌론이나 멤피스 같은 강력한 도시가 되었다고 자랑스러워했다(그림 278). 이런 르두는 혁명파에서 볼 때는 절대 용서할 수 없는 대상이었다. 브장송 극장은 군주형 극장의 대표적 예였으며 이외에도 많은 계획안을 통해 상류층 호텔, 성채, 극장, 궁궐, 여러 종류의 감시소 등 지배 계층의 권력을 공고히 하는 건물 구성을 설계했다(그림 279). 이것은 분명 부역 행위였다.

이상의 양면성을 요약하면 르두는 순수 건축적, 미학적 측면에서 보

279 클로드 니콜라 르두(Claude Nicolas Ledoux), 감독관 주택

면 18세기 신고전주의의 가장 큰 고민이었던 고전 규범의 붕괴를 최종적으로, 그리고 가장 종합적으로 완성한 건축가였다. 이런 점에서 혁명기 건축을 대표하는 건축가이기도 했다. 반면 사회적, 정치적 측면에서 보면 지배 권력을 위해 가장 충실히 봉사한 건축가였다. 이런 점에서는 앞과 반대로 반혁명적 처신을 대표하는 건축가였다.

이런 양면성, 혹은 상호모순은 물론 일차적으로 르두 개인의 한계이자 문제점임이 틀림없다. 불레도 똑같이 이런 한계가 있었는데 처신에서 차이가 났다. 불레는 과감히 실무를 포기하고 페이퍼 아키텍트의 길을 걸으며 18세기의 고민을 건축적으로 완성하면서 부역 논쟁에서 비껴갈 수 있었다. 반면 르두는 이런 한계에도 실무에 대한 욕심을 끝까지 놓지 않고 자기모순에 빠졌다. 르두는 욕망이 크고 과시적이며 출세지향적인 성격의 소유자였다. 사교술과 정치력도 뛰어나서 이런 욕망을 채우기 위해 부지런히 권력층 주변을 맴돌았다.

르두는 특히 산림 수자원부나 수세 도급소 같은 정부 행정관서의 건축 담당 직책들과 오랫동안 친분을 유지했다. 산업혁명이 본격적으로 시작되기 이전의 전통사회에서 땅과 관련한 업무를 담당하는 이런 부서들은 왕실의 재정과 정치력을 뒷받침하는 중요한 역할을 했다. 이런 부서의 건축 담당 직책은 당연히 왕실을 위해 충성과 봉사를 하고 싶은 사람만이 차지할 수 있는 자리였다. 르두의 계획안 가운데 여러 종류의 '감독관 주택la maison du directeur'이 많은 것은 이런 사실을 뒷받침한다

(그림 279). 이런 부정적 기준에서 보면 르두의 혁명적 파격조차도 혁명 정신을 명확히 인식하고 시도한 것이 아니라 당시 유행하던 첨단 경향을 발 빠르게 좇은 것으로 볼 수도 있다.

다른 한편 거시적으로 보면 이것은 건축의 내재적 한계일 수 있다. 실제 건물을 짓기 위해서는 일거리를 발주할 수 있는 정치력, 경제력을 가진 지배 계층과 좋은 관계를 유지해야만 했기 때문이다. 정치, 경제, 종교 등 여러 권력의 매개가 명확히 분리되지 않던 전통 시대에는 더욱 그러했다. 건축의 기본 속성으로 볼 때 권력층에 종속되어 권력층을 위해 봉사할 수밖에 없는 원천적 한계가 있었다. 혁명적 건축 어휘를 통해 반혁명 건축주를 위한 수탈 건물을 설계한 르두의 양면성은 이런 한계를 가장 적나라하게 보여주는 극단적 예다.

르두 대 불레, 불레 대 르두

르두는 흔히 불레와 많이 비교된다. 건축 경향도 비슷하고 혁명기 건축을 대표하는 양대 산맥이라는 점에서 더욱 그러하다. 심지어 두 건축가가 매우 친한 혁명 동지였을 것이라는 추측이 많은 것 또한 사실이다. 혹은 이와 반대로 라이벌이었을 것으로 추측하는 사람도 많다. 그러나 전기적 관점에서 보면 두 사람은 좋은 관계건 나쁜 관계건 별로 연관성이 없었다. 건축적 관점에서 보면 두 사람은 공통점과 차이점을 동시에 가졌다. 고전 규범의 붕괴를 추진한 혁명적 파격, 기본 기하 형태를 이용한 추상 환원과 단순화 경향, 픽처레스크와 숭고미를 바탕으로 한 낭만성 등은 대표적 공통점이다. 차이점은 다섯 가지로 요약할 수 있다.

첫째, 르두는 고전주의에 더 많이 의존한 점이 가장 큰 차이점이다. 실제 건물은 물론이고 드로잉에서조차 르두는 고전 어휘를 많이 구사했다. 불레도 고전 어휘를 사용했지만 극히 제한된 부분에 기하 형태로 단순 처리한 오더와 페디먼트만 사용했다(그림 268, 271, 272). 르두는 오더와 페디먼트 이외에 아치, 승전 기둥, 세를리안 모티프, 열주 출입구, 신전 파사드, 볼트, 돔 등 훨씬 다양하고 구체적인 고전 어휘를 구사했다(그림 275, 279). 예를 들어 오더 사용에서는 도리스식, 이오니아식, 코린트식 등 기본양식을 정확한 표준형으로 구별해서 사용했다. 르두의 고전 의존성은 평면에서도 동일하게 나타나서 중심, 축, 대칭 등 고전 질서를 엄격히 지켰다. 이것이 분산적으로 확장하면서 픽처레스크 개념이 나타나긴 했지만 어디까지나 기본 질서는 고전주의의 균형과 위계였다.

둘째, 도면에 대한 관점이었다. 이것은 물론 건축에 대한 견해이기도 했다. 불레는 풍경화에 가까운 경치 개념으로 건축 도면을 이해했다(그림 269, 270, 273, 274). 이것은 불레가 새롭게 창출한 드로잉 경향이었다. 당시 유행하던 폐허 · 수채화운동에서 사실성을 제거하고 추상 분위기의 창작성을 도입한 것이다. 또한 풍경을 그리되 3차원 입체감을 없앤 2차원을 고집했다. 이것은 추상 환원을 이용하여 거석 구조의 초월성을 표현하기에 가장 적합한 기법이었다. 반면 르두는 평면, 입면, 단면 등 건축의 기본 도면에 충실했다. 불레가 평면을 거의 남기지 않은 반면 르두는 평면 의존도가 컸다(그림 277). 르두는 또한 투시도나 조감도 같은 3차원 도면을 통해 사실적 장면 묘사에 치중했다(그림 276).

셋째, 이런 점에서 르두는 불레보다 낭만주의와 연관성이 약한 편이다. 그 대신 바로크를 중요한 배경으로 삼았다. 극적인 조형 처리 같은 바로크의 반反고전주의 속성을 도입해서 고전 규범의 붕괴를 꾀했다. 이런 차이는 고전에 대한 기본 입장에서도 드러났다. 불레는 그리스 고전주의를 선례로 삼는 흐름에 가까웠다. 이것을 폐허 수채화를 통해 고결한 단순성의 낭만 정신으로 표현한 르루아와 원시성, 단순성, 근원성의 합리주의로 해석한 로지에를 합한 경향이 불레의 건축 세계였다.

반면 르두는 로마 고전주의에 가까웠다(그림 280). 르두가 구사한 사실적 고전 어휘가 로마 고전주의였으며 더욱이 이것을 바로크적으로 각색한 점에서는 더욱 그러했다(그림 279). 르두는 르마 고전주의를 선례로 바로크다운 신고전주의를 추구한 흐름에 속했다. 이런 흐름은 당시 프랑스, 영국, 이탈리아 등에서 공통적으로 나타난 국제적 경향이었다. 프랑스에서는 자크앙주 가브리엘이 이 경향을 대표했고 르두가 이것을 이어받았다. 프랑스에서 바로크다운 신고전주의는 곧 프랑스다운 신고전주의를 찾는 움직임이기도 했는데, 이것은 르두의 건축주가 당시 지배 계층이었던 것과도 깊은 연관이 있었다.

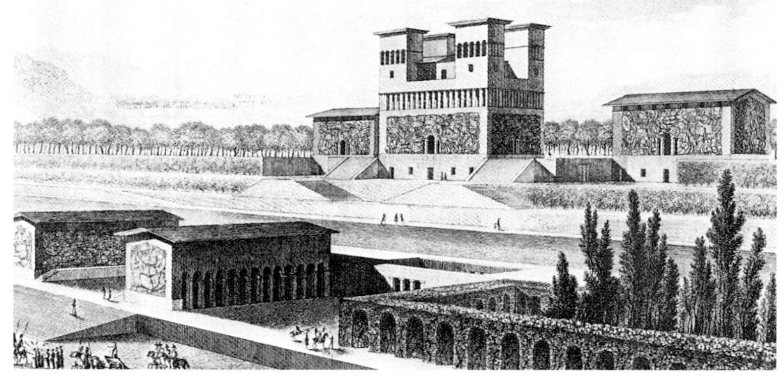

280 클로드 니콜라 르두(Claude Nicolas Ledoux), 사냥 별장

넷째, 불레가 총체적 분위기를 통해 고전 질서의 붕괴를 꾀한 반면 르두는 개별 어휘에 집중했다. 불레는 초월적 규모의 거석 구조를 웅장한 자연과 어울리는 모습으로 표현했다(그림 269, 270, 273). 이런 분위기에서 개별 부재는 아무 의미가 없거나 심지어 방해 요소가 되었다. 르두는 자잘한 건축 부재들을 불러 모아 이것들을 사실적으로 구성했다. 르두도 초월적 규모를 제시했지만 수많은 작은 방들이 중심을 향해 집중된 잘 짜인 조직처럼 처리했다(그림 277, 280). 고전주의에 많이 의존했기 때문에 개별 어휘를 바로크적으로 처리하는 경향을 추구했다. 불레와 같이 큰 덩어리 하나로 숭고미를 표현하는 창조적 힘은 없었다.

다섯째로 르두는 실제 건물을 중심으로 보면 앞서 설명했듯이 자기모순의 한계가 컸다. 이는 두 사람 가운데 누가 더 혁명적인지, 즉 누가 혁명기 건축을 대표하는 최고봉인지 가리는 문제와도 깊은 관계가 있다. 현실적 관점에서 보면 르두가 혁명기 건축에 오히려 더 기여를 많이 한 것으로 볼 수 있다. 불레의 드로잉은 어디까지나 드로잉일 뿐이었다. 불레가 100장이 넘는 드로잉에서 제시한 건물들 가운데 실제 지을 수 있는 작품은 거의 없었다. 혁명이 환상이나 이상이 아니라 현실이라는 기준을 적용하면 불레의 건축은 너무 비현실적인 몽상에 가까웠다. 이것을 알았기에 불레도 스스로를 건축가가 아닌 화가라고 부르고 싶어했다. 불레의 드로잉은 회화의 기준에서 보면 시대정신을 반영한 예술성이 뛰어났지만 건축의 기준에서 보면 너무 비현실적이었다. 르두는 불레의 이런 한계를 채워주었다. 혁명 이상을 실제 건물로 구체화하는 길은 반혁명적 지배 계층을 건축주로 확보하는 길밖에 없었기에 이것을 몸소 실천한 것으로 볼 수 있다.

파리 성문 징수소—주제와 변주

파리 성문 징수소는 18세기 후반부에 취약해져 가던 징세 체계를 강화하고 궁극적으로는 왕실의 재정을 튼튼히 하기 위해 지은 것이었다. 당시 파리에는 징세를 피하기 위해 지하 땅굴로 포도주를 밀수하는 등 탈세가 극심했다. 이를 막기 위해 파리를 에워싸는 성을 쌓고 징수소를 세웠다. 60여 곳을 계획했는데 르두는 이 가운데 40곳을 설계해서 완공했다. 대부분은 프랑스대혁명 때 파괴되었고 19세기 오스망 재개발 때 다시 여러 곳이 철거되었다. 현재는 트론 징수소Barriere du Trone, 1784~89, 몽소 징수소Barriere de Monceau=Rotonde de Monceau, 1784~89, 라빌레트 징수소Barriere de la Villette=Rotonde de la Villette, 1784~89, 앙페 징수소Barriere d'Enfer, 1784~89의 네 곳만 남아 있다(그림 275, 281, 282).

파리 성문 징수소는 르두를 감옥에 보낸 치욕을 안겨주기도 했지만 작품 내용에서는 혁명기 건축을 대표하는 파격성을 가장 잘 보여주었다. 혁명기 건축에 해당하는 실제 건물이 별로 없는 점에 비추어볼 때 더욱 그러했다. 건축주와 맺은 사회적 관계는 가장 반혁명적이면서 작품 내용에서는 가장 혁명적인 역설이었다. 이런 역설은 건축의 장르적 특성으로 볼 때 종종 일어나는 일이었다. 좁게는 18세기 말 혁명기의 급박한 사회 상황을 보여주는 현상이기도 했다. 이런 상황에서 건축에 내재된 역설의 기본 속성이 극단적으로 표출된 예가 바로 르두였다.

동일한 기능을 하는 유사 건물을 40개나 설계하는 일은 쉽지 않았다. 이를 해결하기 위해 르두는 주제와 변주 개념을 적용했다(그림 283). 주제는 원형 요소 개념으로 양식, 개별 어휘, 구성 체계, 기하 유

281 클로드 니콜라 르두(Claude Nicolas Ledoux), 몽소 징수소(Barriere de Monceau=Rotonde de Monceau), 파리, 1784~89
282 클로드 니콜라 르두(Claude Nicolas Ledoux), 라빌레트 징수소(Barriere de la Villette=Rotonde de la Villette), 파리, 1784~89

283 클로드 니콜라 르두(Claude Nicolas Ledoux), 파리 징수소 모음

형, 공간 유형 등을 기본 단위로 삼아 이루어졌다. 그리스 신전, 프로스틸prostyle, 페리스틸peristyle, 개선 아치, 그릭 크로스, 로톤다 등은 양식 단위의 주제였다. 볼트, 기둥column, 오더, 아치, 세를리안 모티프 등은 개별 어휘의 주제였다. 기둥이 받치는 아치, 열주 회랑, 신전 파사드, 세를리안 모티프 등은 구성 체계의 주제였다. 정육면체, 직육면체, 원통형, 테트라퀸치tetraquinch, 사엽형 등은 기하 유형 혹은 공간 유형의 주제였다.

이런 여러 종류의 주제 요소는 두 방향으로 변주하여 처리했다. 한 방향은 추상 기하였다. 앞에 열거한 여러 주제 요소들은 대부분 기본 기하 형태로 환원할 수 있었다. 아치는 반원, 신전 파사드의 페디먼트는 삼각형, 기본 몸통은 사각형, 오더와 기둥은 선, 로톤다는 원통형 등으로 환원했다. 장식은 철저히 절제했다. 일정한 면적을 갖는 면은 가능한 한 평활면으로 놔두었다. 3차원 매스도 마찬가지였다. 꼭 필요한 건축 부재를 제외한 나머지는 단순 육면체나 원통형으로 놔두었다. 장식 요소는 아키볼트나 기둥에 블록을 끼운 바로크 처리 정도가 전부였다.

다른 한 방향은 고전 규범의 붕괴였다. 급진적 신고전주의에서 나타났던 개별 어휘의 독립을 비롯하여 더 과격한 파격과 일탈을 가했다. 트론 징수소에서는 고전 어휘를 육면체에 종속해 2차 요소로 전락시켰다(그림 275). 출입구를 바깥쪽의 게이트와 안쪽 출입문의 이중으로 만든 점, 바깥쪽 게이트는 대형 아치 하나만으로 출입구를 만든 점, 아치를 독립 부재가 아니라 벽면에 새겨진 돋을새김 형식으로 처리한 점, 아키볼트에 블록을 끼워 돋을새김을 반복한 점, 하나의 큰 아치 위에 삼각형 페디먼트로 지붕을 마감한 점, 페디먼트를 받치는 엔타블러처에 애틱attic 층을 넣은 점, 코니스를 얇은 선으로 처리한 뒤 까치발로 받친 점 등이 전통적인 고전 규범에서 벗어난 파격이었다

라빌레트 징수소에서도 육면체 몸통의 기하 요소에 고전 부재를 종속시켰다. 옥타스틸의 신전 파사드는 나무 판재를 오린 것 같은 스크린으로 처리해서 육면체 몸통에 덧붙였다. 땅과 밀착하는 데서 오는 축조성을 생명으로 삼았던 신전 파사드를 임시 가설물로 전락시킨 처리였다. 스크린 처리는 몸통 상층부인 원통형에서 반복했다. 창에 쓰는 어휘인 세를리안 모티프로 원통형 외벽 전체를 처리해서 스크린으로 한 겹 두른 것처럼 보이게 했다(그림 282).

284 클로드 니콜라 르두(Claude Nicolas Ledoux), 파시 징수소(Barriere de Passy). 파리, 1784~89

파시 징수소Barriere de Passy에서는 신전 파사드와 아치를 사용했지만 이것들 사이의 구문론은 문법에 완전히 어긋났다. '헥사스틸의 도리스식 오더—아치—엔타블러처—페디먼트'의 순서로 구문을 짰다. 열주 위에 대형 아치를 단순 병렬 개념으로 올려놓은 점, 아치 위에 엔타블러처와 페디먼트를 놓은 점, 아치의 홍예돌을 벽체의 줄눈과 합쳐 하나로 만든 점, 아치의 속을 막아서 본래 아치의 오프닝 개념을 없앤 점 등이 고전 문법에 파격을 가한 내용이었다(그림 284).

이상의 두 처리가 합해지면서 르두의 건물은 고전 어휘를 사용했지만 더이상 고전주의 건물이 아니었다. 고전 어휘를 사용한 것은 당시 건축적 상황에서 가용 부재가 그것밖에 없었기 때문에 어쩔 수 없었다. 고전주의는 고전 어휘만 나열한다고 되는 것이 아니었다. 일차적으로 디테일과 비례 등에서 개별 어휘의 정확도를 지켜야 했다. 더 궁극적으로는 각 어휘들 사이의 위치와 위계에서 꼭 지켜야 하는 캐넌이 있었다. 르두는 이 둘 모두를 깼다. 고전 부재의 모습을 지키는 범위에서 캐넌을 파괴하거나 기하 요소로 추상 환원시켰다(그림 205). 나아가 고전 부재를 기하 요소에 종속시키는 큰 흐름을 유지했다. 고전주의의 규범성이 전통 시대의 왕조 체제를 지탱한 건축적 밑바탕이었다면, 이것을 깬 것은 루이 16세를 처형했던 프랑스대혁명에 견줄 수 있는 건축적 사건이었다.

추상 기하, 농촌 개혁, 루소의 자연사상

르두도 불레와 유사한 드로잉을 남겼으나 구체적 내용에서 차이가 컸다. 추상 기하 형태를 사용했으나 불레의 초월적 규모와 달리 휴먼 스케일을 지키는 범위에 머물렀다. 르두도 불레와 마찬가지로 원과 구를 즐겨 사용했다. 그러나 불레처럼 우주에 유추한 것이 아니라 기능적 처리를 가하는 등 현실 세계의 범위 안에 두었다. 원을 사용한 작품으로는 벌목꾼 아틀리에Atelier des Scieurs des bois와 루의 수원 감독관 주택Maison des Surveillants de la Source de la Loue을 대표적 예로 들 수 있다. 구를 사용한 작품으로는 쇼의 이상도시 묘지Cimetiere de la ville de Chaux, 모페르튀의 농업 감독관 주택Maison des Gardes agricoles de Maupertuis, 통장이 주택과 아틀리에Maison et atelier des tonneliers 등이 대표적 예였다(그림 285, 286, 289).

르두의 추상 기하는 네 가지 건축적 의미가 있다. 첫번째는 '말하는 건축'이다. 르두는 건물이 자신의 기능, 역할, 감성적 연상 등을 말하듯 표현해야 한다고 생각했다. 르두의 기법은 다소 직설적이었다. 예를 들어 루의 수원 감독관 주택은 드럼통에서 물이 흘러나오는 모습으로 처리했다(그림 285). 통장이 주택과 아틀리에는 통 네 개를 겹친 모습으로 전체 매스를 처리했고 천장은 통 속과 같은 볼트로, 외벽은 통 표면의 주름으로 각각 처리했다. 숯장이 아틀리에Atelier des Charbonniers는 굴뚝을 각색하여 피라미드로 처리했다. 교회는 십자가 형태의 평면으로 구성했다.

구의 상징성은 여럿이었다. 모페르튀 농업 감독관 주택은 사방에서 감시하기 쉬운 구로 처리했다(그림 286). 이것은 아르케스낭 왕립 소

285 클로드 니콜라 르두(Claude Nicolas Ledoux), 온천 감독관 주택
286 클로드 니콜라 르두(Claude Nicolas Ledoux), 농업 감독관 주택

287 클로드 니콜라 르두(Claude Nicolas Ledoux), 세노비에(Cenobie)

금 공장에 적용한 것과 같은 개념이었다(그림 165). 원이 상징하는 완전함을 감독관의 권위에 대응한 것이다. 또는 원이 자연과 가장 잘 어울리는 기하 형태라는 전제 위에 농업에 대한 르두의 사랑과 기대를 상징하는 것으로도 볼 수 있다.

두번째는 농촌 개혁에 대한 열망의 표현이었다. 교회, 사제관, 학교, 감독관 건물, 묘지, 공장, 우물, 강 방파제, 공중 빨래터 등 농촌을 이루는 각종 공공건물을 단순 기하 형태로 구성하여 기존의 고전주의에서 해방시키려 했다(그림 287). 이것은 곧 고전주의가 상징하는 지배 권력에서 벗어난 자유로운 해방을 의미했다. 이런 생각은 르두가 초창기 부르고뉴와 샹파뉴에 설계했던 산림 수자원부 건물들이 중요한 밑바탕이 되었다. 실제 건물에서는 추상 기하주의를 실현하지 못했으나 이때의 생각을 드로잉을 통해 이상주의 형식으로 표현했다. 해방이 대표하는 농촌 개혁에는 농촌의 자립이 핵심 개념이었다. 추상 기하주의는 효율적 생산, 기능적 관리, 미래 지향적 이미지 등을 통해 이것을 상징했다.

농촌 개혁은 18세기 중요한 사회사상 가운데 하나였던 중농주의Physiocracy에서 영향을 받았다. 중농주의는 18세기 후반부 프랑스에서 프랑수아 퀴스네이François Quesnay가 제창한 이론으로 인간사회도 자연법칙을 따라야 한다는 생각을 기본 개념으로 했다. 이를 바탕으로 농업 증시 정책과 자유무역을 주장했다. 이 가운데 르두에게 영향을 끼친 것은 자연과 농촌을 인간사회의 기반으로 삼은 내용이었다. 중농주의의 사회적, 정치적, 문명사적 상징성은 자명했다. 중농주의는 17세기 절대왕정의 경제적 기틀이었던 중상주의와 18세기 새롭게 등장하기 시작한 산업 경제에 각각 반대하는 것이었다. 이것은 절대왕정을 받쳤던 고전주의에 대한 반대라는 건축적 현상으로 볼 수 있다. 또한 자연과 농촌에 기초한 낭만주의가 지닌 반反산업 문명의 건축적 상징성에도 대응할 수 있다. 이런 점에서 중농주의는 루소의 자연사상과도 맞닿아 있었다.

세번째는 추상 기하를 통한 고전 파격이었다. 어떤 면에서는 추상 기하 처리 자체가 가장 과격한 고전 파격일 수 있었다. 부재의 독립이나 일탈은 고전을 붕괴시켜 잔재로 남겼다. 부재 사이의 위치와 위계를 결정하는 캐넌은 깼지만 부재 자체가 사라진 것은 아니었다. 반면 추상 기하 처리는 부재 자체가 사라졌기 때문에 고전을 완전히 지우려는 의도로 볼 수 있다. 당시 고전을 대체할 양식 차원의 대안은 낭만주의밖에 없었다. 프랑스에서 낭만주의를 통째로 받아들이는 일은 불가능했다. 이런 상황에서 고전의 완전 파격을 감행할 방향은 추상 기하가 최적이었다.

네번째는 자연 해석과 낭만주의였다. 앞의 추상 기하에 낭만적 분위기를 더한 것이 혁명기 건축이었다. 불레는 픽처레스크와 숭고미를 더 구체적이고 확실하게 표현했다. 르두는 루소의 자연사상 쪽에 더 기울었다. '고결한 원시인' 개념을 바탕으로 인간이 자연의 한 요소임을 천명했고 건축물도 이에 맞게 그려냈다(그림 286). 자연과 잘 어울리며 자연 속에서 살아가는 인간의 모습을 건축물을 이용하여 좀더 사실적으로 그렸다. 기본 기하 형태로 환원한 추상 처리는 이것에 가장 잘 맞는 새로운 건축 경향이었다. 이것을 활용한 구체적 예가 앞의 농촌 개혁이었다. 여기서도 루소의 사상을 배경으로 삼았다. 사회계약론을 바탕으로 개별 요소의 독립적 존엄성을 인정했고 이 개념을 농촌 개혁에 적용했다.

쇼 이상도시 – 중농주의와 사회 개혁

사회계약론과 자연사상을 합한 건축적 이상향의 대표적 예로 쇼 이상도시Ville de Chaux, 1775년 이후 계획안을 들 수 있다. 쇼는 아르케스낭 근교를 부지로 삼아 계획된 시골 마을로 앞에 열거한 농촌사회의 기능 유형들로 이루어졌다(그림 165, 288). 마을 주민들은 이런 건물들에 살면서 농촌을 지탱하는 각종 직업에 종사하면서 이상적 도시를 유지할 수 있다고 믿었다. 도시를 유지하는 기본적인 기능은 사회적 건강도, 정치력, 경제 행위 등이었지만 건축도 이와 밀접한 관계를 맺는다는 주장이었다. 르두는 이처럼 건축을 통해서 농촌 개혁이 가능하다고 믿었다.

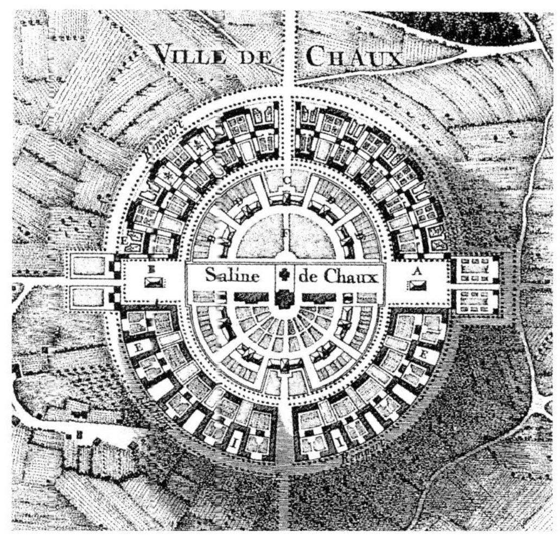

288 클로드 니콜라 르두(Claude Nicolas Ledoux), 쇼 이상도시(Ville de Chaux, 1775년 이후) 계획안

쇼의 전체 구성은 아르케스낭 왕립 소금 공장과 유사했다. 원을 전체 윤곽으로 삼아 수평 방향의 중심 축 위에 도시의 공공 권력을 담당하는 건물을 두고 원호를 따라 기타 공공건물과 농부들의 주거지를 두었다. 이런 구성은 기본적으로 감시와 착취의 효율을 높이기 위한 중앙 집중형이었다. 그러나 르두는 효율적 노동 및 여기에서 나오는 농업 생산은 모두 농부들에게 돌아가야 한다고 주장한 점에서 벤담이 주창했던 공장과 감옥의 중앙 집중형 건축 구성인 팬옵티콘과는 분명한 차이가 있었다.

르두가 도시에 비판적인 시각을 계속 견지한 중농주의자였던 사실도 이를 뒷받침한다. 공장과 감옥은 기본적으로 도시 내에 지어지는 시설이었다. 르두의 소신을 확장해서 해석하면 이런 종류의 도시 감시 시설에 대해서도 비판적이었을 것으로 추측할 수 있다. 르두는 로크에서 루소로 이어지는 자연사상을 추종했으며 이를 통해 인간사회를 향상시킬 수 있다고 믿었다. 인간의 성품은 착하게 타고난다는 성선설을 믿었으며 적절한 교육, 혹은 더 포괄적 의미로 올바른 후천적 활동을 통해 이것을 유지할 수 있다고 믿었다. 건강한 노동은 적절한 교육과 올바른 후천적 활동을 대표하는 것이었다.

건축은 이를 위해 잘 정돈되고 질서 잡힌 환경을 제공해야 했다. 추상 기하는 이것에 가장 잘 어울리는 경향이었다. 추상 기하로 구성된 농촌의 이상도시에서 농부들이 건강하게 농업에 종사하면 생산 효율은 올라갈 수밖에 없으며 이것을 농부들에게 돌려주면 개인 구성원의 행복과 사회의 건강도가 향상된다고 믿었다(그림 289). 이것은 궁극적으로 자연의 교훈을 잘 따르고 자연과 하나되어 살 때 얻어지는 것이

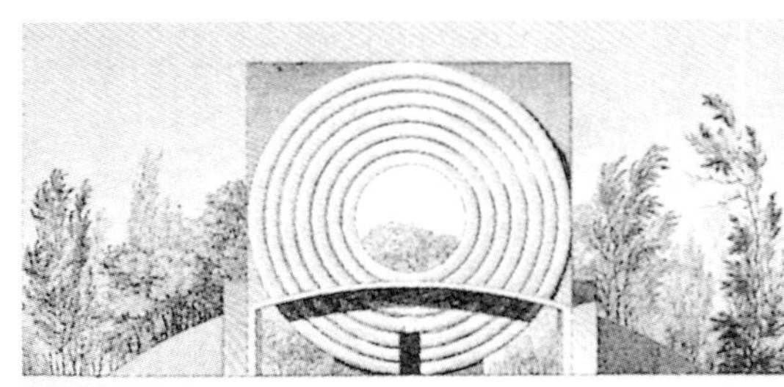

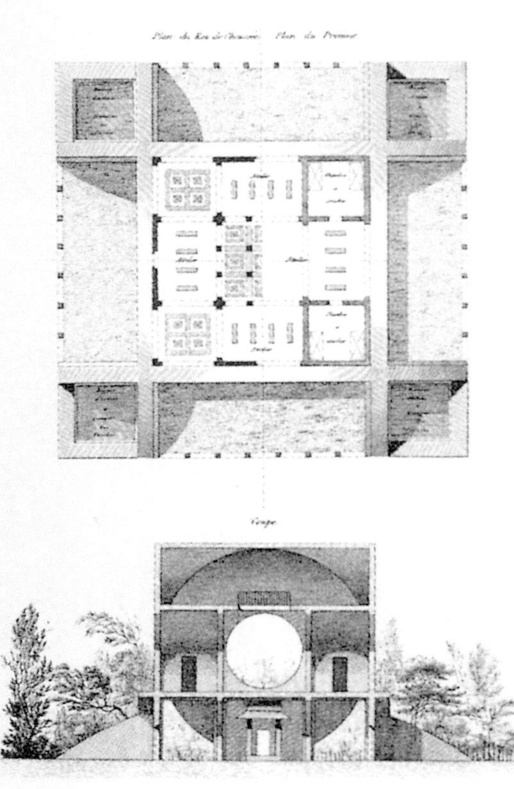

289 클로드 니콜라 르두(Claude Nicolas Ledoux), 통장이 주택

었다. "자연으로 돌아가라"는 루소의 가르침을 좇아 자연이 준 선물을 지혜롭게 활용할 때 가능했다. 건축은 이것을 위한 환경을 제공하는 점에서 중요성이 있었다.

르두는 건축의 이런 사회적 기능을 믿었다. 사회적 기능은 자연이 주는 선물을 건축적으로 활용하여 얻을 수 있다. 자연은 인간에게 건강한 몸과 마음을 유지할 수 있도록 생명의 근원인 빛, 물, 공기, 공간 등을 주었다. 르두의 드로잉에서는 건물을 이런 생명의 근원과 어울리는 모습으로 그렸다. 불레와 같은 초월적 규모의 웅장한 자연이나 신의 존재를 암시하는 종교적 자연이 아닌 사람의 생명을 도와 살리는 구체적 매개로서 자연이었다. 르두의 건물에서 자연은 신비로운 초월성을 벗어던지고 사람에게 이익을 주고 생산을 돕고 건강한 몸과 마음을 유지하게 해주는 생명의 매개였다. 그리고 추상 기하는 이런 자연과 가장 잘 어울리는 건축 매개였다.

쇼 이상도시를 구성하는 기능 유형은 르두의 이상주의를 잘 보여준다. 앞과 같은 직능에 따른 기능적 유형 이외에도 대형 시장, 목욕탕, 교육과 여가 활용 시설, 페시페리Pacifery: 평화의 전당, 파나레테온Panaretheon: 범 미덕의 신전 등을 추가했다. 대형 시장은 농부들이 피땀 흘려 생산한 농산물을 직거래해서 풍요를 누린다는 중농주의 사상을 반영했다. 목욕탕은 위생과 건강에 대한 직접적 상징을 표현했다. 교육과 여가 활용 시설은 계몽주의의 시민정신을 반영하는 구체적 결과였다. 페시페리는 법원 건물로 분쟁이 없는 평화로운 이상도시를 상징했다. 파나레테온은 미덕을 가르치는 학교를 만신전Pantheon이라는 종교 기능에 유추한 시설이었다.

이런 여러 기능들은 정통 농업과는 직접적 관련이 없는 것들이었다. 프랑스의 전통적인 농촌 사회에도 없던 것들이었다. 특히 농촌에 여러 공장을 넣은 것은 중농주의 사상의 핵심을 보여준다. 중농주의에서 '농'은 농업이 아니라 농업을 포함한 포괄적 의미에서 농촌 혹은 농촌 경제를, 더 포괄적으로는 자연 경제를 의미했다. 농촌을 배경으로 농업을 중심으로 삼은 바탕 위에 여러 종류의 전통 가내 수공업을 합해 경제의 중심으로 삼겠다는 의도였다. 점점 난폭해져 가는 대도시 중심의 산업 경제에 대한 대안이었다. 복지와 사회성이 강한 건물을 대폭 강화한 것은 농촌을 이상향으로 만들어 이런 대안을 완성하겠다는 의도였다.

쇼의 이상주의는 평면에 나타난 대립 개념의 통합 노력에서 한 번 더 읽을 수 있다. 평면은 합리성과 자연성, 중심과 주변, 권력과 자유, 공공 대 개인 등 여러 대립 개념 사이의 통합을 상징적으로 표현했다. 도시 중심부의 축 구성과 원형 윤곽의 완결성은 기하학적 합리성을, 외곽 건물들의 자유로운 구성은 자연 환경에 어울리려는 자연성을 나타냈다. 이것은 곧 중심을 향한 구심력과 주변으로 확산하는 원심력에 대응된다. 중심은 다시 공공의 권력을, 주변은 개인의 자유를 상징했다. 평면은 인류 역사를 관통하며 끊임없이 갈등과 충돌을 일으켜온 이런 대립 개념을 하나로 통합하려는 의지를 보여준다. 통합 노력은 평등주의[egalitarianism]를 통한 이상향을 지향했다. 도시를 방어하는 성곽이 없는 점은 갈등과 충돌이 사라지고 미덕과 도덕에 따른 평화가 지배하는 이상향을 상징했다.

다른 한편 공공 권력을 담당하는 건물들이 여전히 남아 있는 점과 이것들이 도시의 중심부에 위치한 점 등은 르두가 완전한 평등주의로 나아가지 못했음을 보여주는 현상이었다. 이것은 시대적 한계로 볼 수 있다. 20세기 민주주의조차도 권력적 속성이 많이 남아서 불완전한 측면이 강한데 하물며 18세기 후반부 프랑스대혁명기의 평등사상은 더 불완전할 수밖에 없었다. 르두의 평등사상은 '계층화된 평등사상'으로 볼 수 있다. 권력을 이용한 착취는 사라졌지만 직능과 기능에 따른 위계질서는 아직 남아 있었다는 의미다. 이상을 종합할 때 르두의 건축은 '자연주의－시민정신－혁명 정신－중농주의－평등주의－이상주의'로 이어지는 일련의 계몽주의 사회사상을 고전주의, 낭만주의, 추상기하 등의 건축 매개를 이용하여 표현한 것으로 요약할 수 있다.

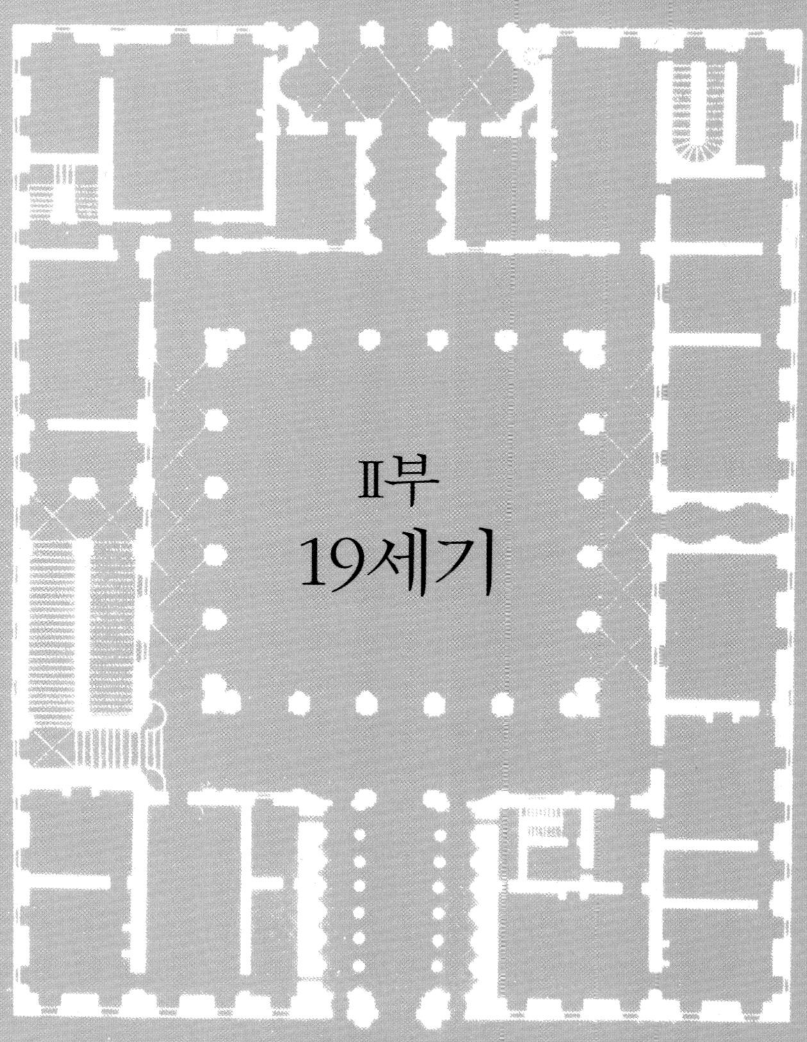

Ⅱ부
19세기

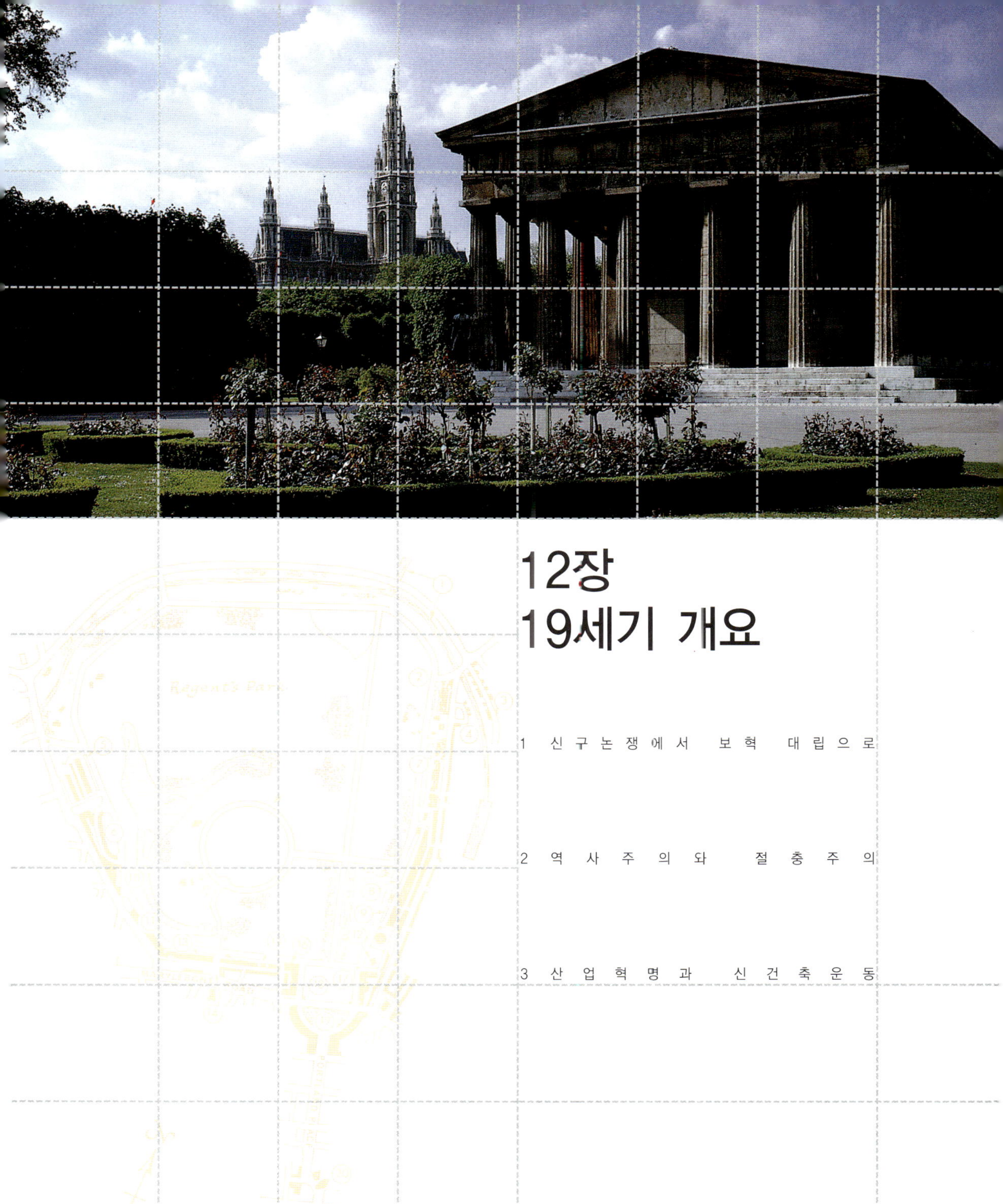

12장 19세기 개요

1 신구논쟁에서 보혁 대립으로

2 역사주의와 절충주의

3 산업혁명과 신건축운동

1 신구논쟁에서 보혁 대립으로

진보주의 대 보수주의

19세기 유럽은 복합성과 단순성이 공존하는 사회였다. 산업혁명, 자본주의, 사회주의, 제국주의, 민족주의, 자유주의, 보수주의 등이 대표적 이념이었다. 이것들 각각이 사회를 이끈 대표적 원동력이었고 이것들 사이의 다양한 통합적 현상에 따라 역사가 비교적 복합적으로 진행되었다. 반면 복합성은 갈등이라는 비교적 단순한 요인 한 가지에서 비롯되었다. 계급, 이데올로기, 역사, 민족, 국가, 제국 등 여러 단계, 여러 국면에서 벌어진 대립과 경쟁이 19세기를 대표하는 현상이었다. 이런 배경 아래 19세기 유럽의 정치문화사는 1789~1848년 사이의 혁명 시기, 1814~30년 사이의 보수주의 시기, 1848~70년 사이의 자본과 산업의 시기, 1860~1917년 사이의 사회주의 시기, 1870~1914년 사이의 제국의 시기 등으로 나눌 수 있다(그림 290, 291).

혁명의 시기에는 18세기 혁명 정신이 확산, 계승되었고 이에 대한 반발로 보수주의가 일정 기간 득세했다가 다시 혁명운동이 발발하는 등 교차 현상이 있었다. 자본과 산업의 시기에는 산업혁명이 구체적 결과를 드러내기 시작하면서 이를 바탕으로 부를 운용하는 산업자본주의, 금융자본주의, 상업자본주의의 세 가지 대표 자본주의 유형이 기틀을 닦았다. 이에 대한 반발로 1864년 제1인터내셔널과 1867년 카를 마르크스Karl Marx의 『자본론Das Kapital』 등을 거치며 사회주의가 태어났다. 제국의 시기에는 이렇게 형성된 자본주의와 강력한 중앙정부가 연합하면서 산업제국주의가 탄

290 나폴레옹 통치하 유럽 지도

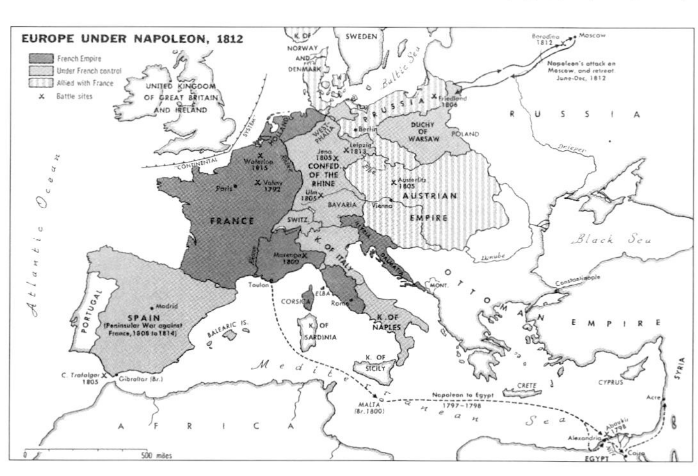

생했다. 제국주의는 군사력을 바탕으로 식민지를 갖는 군국주의와 식민제국주의 등으로 분화되었다.

19세기 유럽은 많은 측면에서 18세기의 연장선에 놓여 있었다. 18세기에 뿌린 씨앗을 더 키워서 열매를 거두기 시작한 시기였다. 그러나 중요한 차이도 있었다. 열매가 모두 긍정적인 것만은 아니어서 양립하는 쌍개념이 강하게 대립하였다. 쌍개념의 한 축에는 정치혁명, 산업혁명, 상업혁명, 과학혁명, 자유주의 등 진보와 혁명이 있었다. 다른 한 축에는 이에 대한 반발로 보수주의, 역사주의, 전통의 부활 등이 있었다. 이런 쌍개념들은 18세기에 비롯된 것이지만 18세기에는 이것들 사이의 통합 노력이 시대 정신을 대표한 데 반해 19세기에는 갈등으로 표면화되었다.

291 1740에서 1871년 사이 독일 통일의 변천을 보여주는 지도

18세기에 시도한 다양한 혁명적 시도들은 산업혁명이라는 물리적이고 구체적 결과로 귀결되었다(그림 292). 18세기의 새로운 실험운등들은 과학 정신, 기술 발전, 혁명 정신 등으로 다양했으며 그 내용도 순수한 실험 정신이 주를 이루었다. 이것이 19세기에는 기계를 통한 생산의 문제로 단순화되었다. 생산은 다시 돈의 문제로 귀결되면서 부르주아에 의해 산업·기계문명 혹은 산업자본주의가 탄생했고 국가권력이 개입하면서 산업제국주의가 도래했다. 18세기에는 민간 차원의 사상적, 예술적, 과학적 시도들이 문명체제와 국가권력으로 흡수, 통일되었다. 생산은 국력과 국운을 좌우하는 구체적 개념이었다. 국가권력이 거시적 차원에서 전체를 흡수, 관리하는 체제를 갖추었고 부르주아가 미시적 차원에서 산업·기계문명을 직접 다루는 중간 매개 역할을 했다.

292 1834년경 랭커셔(Lancashire)의 목화 공장 장면

18세기 혁명운동과 산업혁명은 19세기에 들어와 자유주의Liberalism라는 열매를 맺었다. 자유주의는 산업혁명으로 부를 축적하고 이를 바탕으로 사회 개혁을 이룰 수 있다고 믿었다. 이를 위해 지속적인 산업 발전을 국가 시책으로 삼고, 법에 의한 산업화 세력의 이익을 보장하며, 국제 정책에서는 평화와 자유무역을 지향하고, 개인주의와 고전 경제학 이론을 추종하는 등 네 가지를 주요 강령으로 삼았다. 이런 배경 위에 1815~70년 사이 유럽의 기계 · 물질문명을 이끌며 일정한 경제적 번영과 사회 개혁을 이루어냈다.

초반에는 혁명 정신과 산업혁명을 하나로 묶어낸 개혁적 부르주아가 자유주의를 이끌며 개혁운동을 대표했다. 프랑스는 자유주의의 발전을 꾸준히 이끌었고 영국도 여기에 가세했다. 프랑스는 대혁명의 산실답게 민간, 시민 차원의 정신적, 이론적, 실천적 운동을 이끌었다. 나폴레옹의 정복과 영토 확장은 곧 프랑스대혁명 정신의 수출을 의미했다. 영국은 의회를 중심으로 선거법 개정 등과 같은 민주주의를 향한 구체적 정치개혁을 이루어냈다. 독일은 뒤늦게 혁명 열기에 휩싸이면서 1848년 3월혁명Marzrevolution으로 대표되는 국민주의의 발전이 있었고, 이를 바탕으로 지방분권의 전통을 살려 연방 자치제가 탄생했다. 그러나 이러한 긍정적 기여가 있었음에도 산업혁명의 열매를 부르주아가 독점하면서 자유주의는 자본주의의 탐욕으로 변질되었고, 1850~70년 사이에는 제국주의와 결탁해서 노동자를 착취하고 식민지를 약탈하는 등 19세기에 온갖 부정적 현상을 일으킨 주범으로 전락했다.

새로운 실험운동들이 산업 · 기계문명과 자유주의로 귀결되면서 이에 대한 반발이 보수주의라는 통일된 움직임으로 나타났다. 이런 움직임은 정치권력에서 가장 먼저, 그리고 가장 강하게 나타났다. 프랑스대혁명에 대한 반발로 보수주의가 득세했다. 유럽 전체로 보면 1814년의 빈회의에서 보수 회귀를 결정하면서 빈체제의 지배 아래 놓이게 되었다. 프랑스에서는 루이 18세1814~24가 자유주의를 부분적으로 허용하면서 보수 체제를 구축했고 샤를 10세1824~30는 스스로 보수주의자임을 천명하며 이를 강화했다. 영국에서도 1783년부터 1832년 사이에 보수 토리당The Tories이 집권했다. 빈체제는 유럽 각국에서 일어나던 자유주의와 국민주의를 반대하고 복고주의와 정통주의를 옹호하며 현상 유지와 세력 균형을 추구했다. 보수 체제는 1830년경까지 계속되었다. 보수주의가 득세하던 동안에도 자유주의 물결과 개혁운동은 끊이지 않고 일어났고, 보수화된 사회 분위기는 이에 대한 극렬한 탄압을 당연하게 여기며 보혁 대립은 극에 달했다.

쌍개념의 충돌과 보혁 대립

보수 체제가 오래가면서 1830년 프랑스의 7월혁명과 벨기에 독립, 1832년 영국의 제1차 선거법 개정 등을 필두로 다시 개혁운동이 일어났다(그림 293). 그러나 1830년 이후 개혁운동의 양상은 양면성을 띠었다. 자유주의는 산업자본주의와 금융자본주의를 양축으로 삼아 독점자본주의로 변질되어 가면서 오히려 전통적 지배 권력과 결탁했다. 독점자본주의의 주체로 떠오른 부르주아들은 자신들의 이익을 보장해주는 대가로 정부 권력을 경제적으로 뒷받침하며 중앙 집중화를 가속화했다. 이런 움직임은 1870년경까지 계속되다가 산업제국주의의 탄생으로 발전했다.

반면 순수 개혁운동은 1848년 프랑스의 2월혁명과 독일의 3월혁명 등으로 이어지며 18세기 이상주의에 기초한 사회 개혁 움직임을 유지했다. 프랑스에서는 경제 개혁보다는 교육 개혁에 치중했다. 영국에서는 자유주의 세력 일부가 노동자가 주축이 된 장인과 무역업자와 결합하여 경제구조를 개선하는 데 힘썼다. 이 가운데 일부는 다시 사회주의에 합류하며 산업 생산을 기반으로 한 자본주의와 제국주의에 맞서는 쌍개념의 대립 구도를 형성했다.

293 페르디낭 빅토르 외젠 들라크루아(Ferdinand Victor Eugène Delacroix), 〈7월 28일: 시민을 이끄는 자유*The 28th July: Liberty Leading the People*〉(1830)

19세기에는 이처럼 쌍개념의 극단적 대립이 대표적 문명 현상으로 나타났다. 보혁 대립은 가장 포괄적인 현상이었다. 이것은 18세기 신구논쟁이 악화된 현상으로 볼 수 있다. '신구'가 '보혁'으로, '논쟁'이 '대립'으로 변질된 것이다. '신구'가 민간 차원의 문화적, 예술적, 학문적 성격을 띠는 개념이라면 '보혁'은 법제 차원의 정치적, 권력적, 사회적 성격이 강한 개념이었다. 이에 따라 논쟁에서 대립으로 격화되었다. 논쟁은 다양성을 생명으로 발전을 지향했던 반면 대립은 소모적 충돌에 머물렀다.

인간의 섬세한 감성과 자연의 치밀한 원리를 다루던 낭만주의 건축 같은 제3지대의 확장운동은 자취를 감추었다. 낭만주의 건축의 기본 정신은 19세기에도 계속되었지만 그 양상은 변화하였다. 연상주의, 픽처레스크, 숭고미 등의 개념은 사라졌다. 산업혁명과 대도시 출현의 여파로 농촌이 타격을 입으면서 자연 해석과 관련한 건축운동도 크게 위축되었다. 낭만주의는 고딕리바이벌 하나로 모아졌다. 그 양상은 많이 과격해지면서 양면성을 띠었다. 한편으로는 산업·기계문명의 난폭한 폭력에 대한 대응으로서 기독교 및 사회주의와 연계한 중세주의로 나타났다. 다른 한편으로는 빅토리아 정권의 제국주의를 대표하는 빅토리안 고딕으로 변화했다.

19세기는 유럽 역사에서도 경쟁과 대립이 극심하던 시기였다. 16세기까지 유럽의 대립에서는 종교전쟁이 주를 이루었다. 그러던 것이 17세기 절대왕정을 중간 매개로 삼아 18세기에는 민간 차원의 다양한 계몽주의운동을 통해 탈출구를 모색했다. 그러나 19세기에는 다시 경쟁과 대립으로 돌아갔다. 이번에는 국가 정치권력이 중심이 되었다. 산업·기계문명이라는 전대미문의 힘을 손에 넣었기 때문에 경쟁과 대립의 규모와 강도는 이전과 비교도 안 될 정도로 급격하게 커졌다. 19세기 전반부는 보혁 대립의 시기였고 중반을 넘기면서 사회주의가 가세한 이념과 계층 투쟁으로 확장되었다. 후반부에는 보수주의 내에서 제국주의 열강들 사이의 무력 경쟁으로 변질되면서 악화되었다.

19세기에 벌어진 경쟁과 대립은 거시적, 미시적 양 측면에서 생각할 수 있다. 산업제국주의라는 말 속에 산업과 제국주의라는 거시적 차원의 대립 구도가 이미 들어 있었다. 산업문명의 기본 출발점 가운데 하나는 고대의 제국적 성격을 극복하려는 합리주의였다. 그러나 이것이 재화와 생산이라는 물질적 욕심으로 변모하면서 극복 대상이던 제국주의와 하나로 합쳐지는 현상이 일어났다. 강력한 중앙 통제 체제를 수단으로 사용하여 그 규모와 작동 효율을 최대한도로 극대화하여 재화의 생산도 최대치로 끌어올릴 수 있다는 욕망의 산물이었다.

미시적 측면에서는 국가 사이의 경쟁과 대립이 격해졌다. 19세기 유럽 각국 사이의 경쟁 양상은 다원화되는 특징을 보였다. 군사력, 정치력, 외교력 등 물리적인 국력을 동원한 직접 충돌이라는 전통적 경쟁 방식이 일차적 현상이었다. 그러나 경쟁의 대상과 내용은 이전보다 훨씬 다양해졌다. 대외적으로는 전 지구를 대상으로 한 식민지 쟁탈전, 대내적으로는 근대국가의 인프라 구축 경쟁으로 나타났다. 제국주의의 이런 여러 현상 이면에는 민족주의에 편승한 국가의 정체성 문제가 깔려 있었다. 근대국가의 탄생은 그 구체적 결과였다. 유럽에서 민족과 국가 사이에 맺은 상호관계의 유래는 8~9세기 카롤링거왕조까지 거슬러 올라가는데, 그 긴 흐름이 19세기에 근대국가의 탄생으로 총집결되면서 절정에 이르렀다.

제국주의, 산업자본주의, 사회주의

19세기에는 산업제국주의 체제가 경쟁을 이끌었다. 산업제국주의는 산업혁명이 과도하게 생산한 재화를 국외에서 소비하고 생산에 필요한 원자재를 얻기 위해 정치력과 군사력 등 물리적 폭력을 동원하여 식민지를 침탈해서 자국의 이익을 강압적으로 얻어내는 체제였다. 기본 배경은 산업자본주의industrial capitalism, 금융자본주의financial capitalism, 군사적 팽창주의military expansionism, 식민주의colonialism 등이다. 또 이것을 효율적으로 수행하기 위해 강력한 중앙집권 체제를 구축했다. 이런 의미에서 제국주의가 본격적으로 등장한 것은 1870년대에서 1880년대 사이라고 할 수 있다. 1870년경부터 산업혁명이 새로운 도약기에 접어들며 제국주의와 합쳐져 식민지 침탈이 본격화되고 유럽 열강들 사이에 대립과 경쟁이 격해지면서 산업제국주의가 태어났다.

제국주의를 정치체제로 성립시킨 것은 프랑스였다. 나폴레옹 시대부터 제국주의의 맹아가 싹트기 시작했다. 황제 나폴레옹은 프랑스 제국을 세우며 제1제정기The First Empire, 1804~14를 이끌었다. 나폴레옹은 혁명기에 시도했던 구습 폐지와 수재 교육 시행 등 평등주의 개혁을 이어받아 사회적, 교육적 측면에서 근대 체제의 기틀을 닦았다. 그러나 정치적, 경제적 측면에서는 강력한 중앙정부를 수립하고 이를 바탕으로 일사불란한 징수 체제를 확립했다. 가톨릭도 부활하여 부분적으로 신정일치로 복귀했다. 군사적, 외교적 측면에서는 물리력을 동원한 팽창주의를 추

294 파리 개선문 풍경

구했다. 여기에 필요한 재원을 조달하기 위해 산업 생산의 기틀을 닦았다. 프랑스는 이를 바탕으로 나폴레옹 몰락 후인 1817년경부터 산업혁명에 돌입했다.

나폴레옹은 로마제국을 자신의 이상적 정치 모델로 삼았다. 유럽 전역을 통일된 제2의 로마제국으로 만들려는 것이 그의 정치적 야심이었다. 과거 로마제국이 그러했듯이 건축은 이를 위해 매우 중요한 매개체였다. 나폴레옹 자신도 건축에 관심이 많아 로마 시대에 제국의 권위를 자랑하던 건축물을 파리와 프랑스에 세우고 싶어했다(그림 294). 그러나 재위 기간이 길지 않았고 재위 기간 동안에도 전쟁에 몰두했기 때문에 실제로 이렇다 할 건축물을 남기지는 못했다. 파리 개선문 정도가 대표작으로 세워졌다. 나폴레옹의 제1제정기는 건축적으로 제국주의 건축의 기본 개념을 확립한 시기로 평가할 수 있다.

나폴레옹 몰락 이후 부르봉 왕가의 프랑스 왕국1814~48과 루이 나폴레옹의 제2공화국The Second Republic, 1848~52을 거친 뒤 나폴레옹 3세의 제2제정기The Second Empire, 1852~70로 이어졌다. 나폴레옹 3세는 경제적, 정치적, 사회적 이익에 따라 극심하게 분열되어 있던 각 계층을 모두 포괄하는 통합 정책을 성공적으로 이끌며 안정을 되찾았다. 이에 대한 대가로 그

295 1853년 1월 30일 나폴레옹 3세 결혼식 장면

는 막강한 독재 권력을 보장받았고 이를 바탕으로 제국 체제를 확실하게 세웠다(그림 295).

이 기간에는 부르주아와 노동자 계층 모두 하나의 세력으로 정착하였다. 이를 반영하듯 많은 건축물들이 지어졌는데 경제적 기반을 갖춘 부르주아 계층이 건축의 붐을 이끌었다. 부르주아들은 프랑스 국민의 애국심에 호소하며 19세기 프랑스의 국가 양식이라 할 수 있는 네오바로크Neo Baroque를 자신들의 대표 양식으로 선택했다. 파리의 오페라하우스와 누보 루브르가 이것을 대표하는 작품이었다.

나폴레옹 3세는 부정적 의미의 독재만 편 것은 아니었다. 근대국가의 토대라 할 수 있는 사회 공공 인프라 및 토목 인프라 구축에 적지 않은 업적을 남겼다. 도로 개설, 교통망 확충, 상하수도와 가로 정비, 학교와 병원 설립, 기타 각종 공공건물 건설 등 근대국가의 물리적 기틀을 유럽에서 가장 앞장서서 닦았다. 이 과정에서 새로운 기능과 유형의 대형 공공건물이 많이 생겨나면서 이것을 담당한 역사주의 양식은 전성기를 맞이했다. 이들 건물 가운데 일부는 신건축운동의 새로운 실험 기회가 되어 신건축운동의 발전에도 일정 부분 기여했다.

영국은 프랑스와 달리 표면적으로 제국 체제를 드러내지는 않았다. 1837년까지는 의회와 왕조가 상호 견제와 균형을 유지하며 적절한 정권 교체를 이루었다. 의회는 토리당과 휘그당의 양당 체제였고 단기간 동안 집권한 여러 왕들이 뒤를 이었다. 이후 빅토리아 여왕Queen Victoria, 1837~1901이 장기 집권을 하면서 내부적으로 제국 체제를 갖추어갔다. 이런 정치적 측면과 달리 식민지 침탈 면에서는 영국이 가장 먼저, 그리고 가장 광범위하게 제국주의를 일구어 나갔다(그림 296). 독일은 공국으로 나뉜 전통적인 지방주의particularism의 힘이 1860년경까지 남아 있다가 1862년 비스마르크가 집권하면서 급속한 통일을 이루어 1871년에 독일제국을 선포했다. 제2제국이었다(그림 291).

제국주의의 물리적 기반은 산업자본주의였다. 19세기 제국주의는 산업제국주의였다. 산업화된 새로운 생산방식은 곧 대량 생산으로 이어졌고, 그로 인해 이전과는 비교할 수 없을 정도의 부를 빠른 시간에 축적할 수 있었다. 산업 생산방식으로 부를 창출해서 운용하는 산업자본주의가 형성되었고, 다시 이렇게 축적한 부로 2차적 부를 창출하는 금융자본주의가 성립되었다. 이런 자본주의를 직접 담당하는 최전선

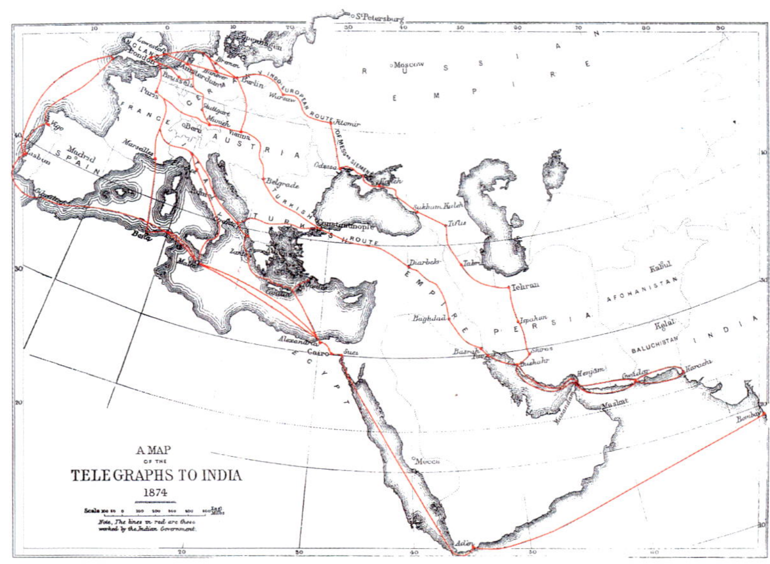

296 영국과 인도 사이 전보 지도

계층인 부르주아는 새로운 사회 권력으로 떠올랐다. 전통적 왕실이 시민 정부나 선출 정부로 조금씩 대체되는 과정에서 부르주아는 가장 큰 권력층이 되었다. 부르주아는 제국주의의 경제를 뒷받침해주는 대신 여러 독점권을 획득하며 산업제국주의를 이끌어갔다.

소수의 부르주아가 주도하는 자본주의의 발달은 다수의 노동 계층을 낳았다. 산업혁명 초창기 열악한 노동환경과 낮은 임금으로 노동 계층의 생활은 비참하기 이를 데 없었다. 이에 대한 해결책을 강구하는 과정에서 자본주의에 적대적인 사상이 생겨났고 생산과 성장 대신 분배를 주장하는 사회주의가 탄생했다. 사회주의는 좁게는 정치 경제 이론이었지만 넓게 보면 자본주의가 독단으로 치달으면서 그 폐해와 횡포가 극에 달하자 생겨난 현상이라 할 수 있다. 자본주의와 사회주의는 19세기를 대표하는 또 하나의 대립 개념이 되었다.

역사주의와 절충주의 2

역사주의 대 신건축운동

문명 차원의 보혁 대립은 건축에서는 '역사주의 대 신건축운동'의 현상으로 나타났는데, 이는 19세기 건축의 거시적 특징이었다. 이들이 실제로 미시적 차원에서는 일정한 다양성을 보였다. 역사주의와 신건축운동을 통합하려는 시도가 대표적 예였다. 19세기에는 쌍개념 사이의 대립이 심했던 만큼 이것들을 통합하려는 시도도 많았다. 이런 시도들은 통합 상태를 제3의 상태로 보았다. 그것을 '제3력 개념'으로 정의했다. 역사주의와 신건축운동의 통합은 건축 분야에서 있었던 통합 노력에 해당한다. 그러나 통합 시도는 앞서 언급했듯이 그다지 성공적이지 못해서 19세기의 거시적 특징은 대립과 갈등으로 보는 것이 정확하다. 또 역사주의 내에서도 '양식들의 전쟁'이 벌어지는 등 주요 변화가 있었다.

역사주의historicism는 사회정치 체제의 보수주의를 대표하는 건축 경향이었다. 역사주의는 말 그대로 과거의 역사적 양식을 창작의 소재로 차용하는 경향을 말한다. 유럽 건축은 항상 앞 시대와 역사적 관계를 맺으며 전개되어왔기 때문에 역사주의는 늘 있던 현상이었다. 르네상스와 18세기도 대표적 예 가운데 하나였다. 19세기 역사주의에서는 18세기와 마찬가지로 리바이벌 양식이 주를 이루었다. 그러나 18세기와는 다른 중요한 차이도 있었다. 그 내용은 다음의 여덟 가지로 요약할 수 있다.

첫째, 선례 소재에서 18세기에는 고전주의를 중심으로 한 반면 19세기에는 여러 양식으로 확장되었다. 19세기에도 여전히 고전은 대표 양식이긴 했지만 그 비중은 현저히 줄어들었고 과거에 있었던 양식은 거의 총동원되는 양상을 띠었다. 둘째, 리바이벌의 큰 방향에서 18세기에는 창작을 기본으로 했으며 시적 예술성을 생명으로 여겼다. 반면 19세기에는 정치 사회적 요구에 따라 산문 방향으로 흘렀다. 셋째, 리

297 장바티스트 라쉬(Jean-Baptiste Lassus), 생니콜라(St. Nicolas), 낭트(Nantes), 프랑스, 1840~50
298 애스턴 웹(Aston Webb), 빅토리아 앤 앨버트 박물관(Victoria and Albert Museum), 런던, 1901
299 프리드리히 아우구스트 스튈러(Friedrich August Stüler), 베를린 구국립미술관(Alte Nationalgalerie), 1866~76

바이벌의 구체적 방식에서 18세기에는 부재 단위의 변형을 중심으로 캐넌=비례 법칙으로부터의 이탈을 추구했다. 이것은 앞의 창작적 리바이벌의 핵심을 이루는 요체이기도 했다. 반면 19세기에는 양식 단위를 통째로 복사하는 직설적 복고가 주를 이루었다(그림 297).

넷째, 고전과 고딕 사이의 관계가 18세기에는 적대적이지 않고 상호보완적이었다. 서로 다른 건축관을 받아들여 해석의 내용을 확장하는 방향으로 활용했다. 이를 바탕으로 구조 합리주의, 낭만적 고전주의, 고딕 고전주의 등 새로운 양식이 탄생했다. 반면 19세기에는 고전과 고딕 사이에 첨예한 대립 구도가 나타났다(그림 298). 다섯째, 이런 현상을 여러 역사적 선례들에 적용해보면, 18세기에는 이것들 사이의 동등한 관계를 기본 입장으로 하는 다원주의가 성립된 반면 19세기에는 각 양식들 사이에 우열을 다투는 '양식들의 전쟁battle of styles'이 벌어졌다.

여섯째, 문명사적 관점에서 보았을 때 18세기에는 역사주의가 혁신운동을 담아내는 역할을 한 반면 19세기에는 역사주의가 보수주의를 대표했다. 일곱째, 18세기에는 역사가 개인 차원의 창작 소재였던 데 반해 19세기에는 집단화된 학문과 법제, 민족과 국가 단위의 유물과 문화재 등과 같이 집합성을 띠었다. 여덟째, 문명의 변혁이라는 관점에서 보았을 때 18세기 역사주의는 과거에 대한 인식, 지리적 범위, 탈고전의 상징성, 과학 정신의 발전, 혁명 정신의 발아와 완성 등 여러 측면에서 확장을 의미하며 새로운 시대 상황과 동의어였다. 반면 19세기 역사주의는 개혁운동에 반발하며 보수로 회귀하려는 기득권 세력의 대표적인 매개체였다.

19세기 역사주의는 크게 보아 18세기의 연속과 19세기만의 상황이 혼합되면서 전개되었다. 1800~50년까지는 국제적 신고전주의와 그릭 리바이벌이 주도했고 1850~70년의 보자르 건축과 1840~90년의 빅토리안 고딕이 그 뒤를 이었다. 이외에도 19세기 전반에 걸쳐 그리스 고전주의, 도리스식 양식, 로마네스크, 비잔틴, 초기 기독교, 르네상스, 바로크 등 여러 역사 양식의 전면적 리바이벌과 인도, 중국, 이슬람 등 동양의 이방 양식이 합세한 절충주의가 크게 유행했다.

300 에티엔 테오도르 도미(Etienne Theodore Dommey), 파리 대법원(Palais de Justice), 1840~71

18세기에 '로마—파리—런던'을 축으로 제한적으로 나타났던 신고전주의는, 19세기 전반부에 독일이 가세하면서 명실상부한 국제주의 양식으로 확장되었다(그림 299). 18세기 신고전주의가 프랑스와 영국에서 프랑스다움과 영국다움의 지역 전통을 고민하던 경향이 독일에서도 뒤늦게 나타났다. 19세기 신고전주의의 전체적 경향은 지역 차이를 지운 국제주의 양상과 절충주의와 혼합된 양상의 두 방향으로 귀결되었다. 전자는 국제적 신고전주의, 후자는 절충 고전주의라 할 수 있다.

국가별 전통은 민족주의 영향 아래 확장된 절충주의로 나타났다. 프랑스는 1850년 이후 네오 바로크를 주축으로 한 보자르 건축으로(그림 300), 영국은 1840년 이후 중세주의에 기반한 빅토리안 고딕으로, 독일은 낭만성에 기초한 고전주의로 각각 자국의 전통을 지켰다. 고전주의는 1850년 이후에도 계속되었지만 나라, 지역, 도시, 건축가, 학파 등 상황에 따라 편차가 매우 커서 특정 이름을 붙여 형식화하는 것은 불가능하다. 또한 이 시기 고전주의는 시대를 이끄는 대표성이나 건축 양식의 생명력 등을 모두 잃었기 때문에 건축사의 고찰 대상에서 제외하는 것이 보통이다. 굳이 이름을 붙이자면 앞에 언급한 절충 고전주의가 계속된 것으로 볼 수 있다.

여기에 더해 신건축운동의 신재료 공법을 통합하는 문제가 중요한 고민거리였다. 이것은 앞의 정치적 상황에서 비롯된 문제로 볼 수도 있고 건축 내부의 문제로 볼 수도 있었다. 정치적 상황에서 비롯된 문

301 프란츠 폰 젱엔슈미트(Franz von Sengenschmidt), 빈쉰브룬 야자수실(Palmhaus, Wien-Schönbrunn), 오스트리아, 1882

제는 산업제국주의의 속성을 건축에 강요한 점이다. 산업화된 건축 방식으로 제국주의의 기념비 역할을 할 만한 건축을 지으라는 강압이었다. 건축 내부의 문제로는 새로운 시대 발전을 예술적으로 활용하려는 양식론을 들 수 있다. 일단의 건축가들은 정치적 압력과는 별도로 자발적으로 신기술을 건축에 도입하려는 건축운동을 활발히 전개했다.

신재료 공법의 산업화된 건축 방식과 전통 양식을 혼합하는 문제는 건축가들을 곤경에 빠뜨렸다. 르네상스나 18세기 역사주의와 같은 선례 양식에 대한 감정이입을 이끌어낼 수 없었다. 선례 양식은 창작 소재가 아니라 표피 차원의 양식 단위나 학문 연구 대상으로서 유구遺構적 총체로 받아들여야 했다. 건축가들에게는 학자에 근접하는 정확한 역사 지식이 요구되었지만 그럴수록 오히려 창작을 가로막는 역설이 나타났다. 이런 상황에서 역사주의와 신건축운동의 통합은 크게 두 방향으로 나타났다. 하나는 신재료 공법을 구조 골격에만 이용하고 표피는 전통 재료의 역사 양식으로 덧씌우는 이중적 병렬이었다. 다른 하나는 철물의 신재료를 이용하여 역사 양식을 모방, 번안하는 경향이었다(그림 301). 이런 두 방향은 실제로 축조하는 과정에서 적용할 때는 여러 경우의 수로 나타났다. 자세한 내용은 아래에서 살펴볼 것이다.

302 존 내시(John Nash), 올 솔스 교회(All Souls Church, Langham Place), 런던, 1822~25

절충주의(1) – 다원화된 사회적 요구와 직설적 복고의 문제

이상을 종합하면 19세기 역사주의는 보수 세력의 정치적 요청에 따라 직설적 복고를 추구했으며, 건축에서는 표피 처리에서 여러 선례 양식들 사이의 경쟁이 주를 이루었고 신재료 공법과 통합하는 문제도 동시에 발생했다. 이 점은 절충주의의 전형적 특징이었다. 절충주의는 좁은 의미로는 한 건물 안에 두 가지 이상의 선례 양식을 섞어 사용하는 경향을 의미하는데, 이는 종합적 절충주의synthetic eclecticism라 부를 수 있다(그림 302, 335, 348). 넓은 의미의 절충주의는 19세기 역사주의에 나타났던 선례 양식의 다원화 현상을 의미한다. 19세기 이전에 있었던 역사 양식은 모두 리바이벌의 대상이 되었다. 이것을 유형학적 절충주의typological eclecticism라 부를 수 있다. 개별 건물을 기준으로 하면 한 건물에 한 가지 양식만을 사용하지만 사회 단위 전체로 보면 여러 역사 양식을 사용한다는 의미다. 절충주의가 나타나기 시작한 것은 18세기 신고전주의가 종결된 1820년 이후로, 1840년경부터 본격화되었다. 절충주의가 형성된 배경은 네 가지로 요약할 수 있다.

첫째, 신건축운동이 자신들에게 맞는 새로운 양식을 창출하지 못하고 있는 상황에서 사회적 요구에 부응할 수 있는 양식은 과거 선례뿐이었다. 역사 양식에 대한 18세기의 창작적 재해석운동은 생명이 다하고 사회적 요구가 다원화되면서, 이것을 당장 만족시킬 수 있는 길은 선례 양식을 다양화하는 것밖에 없었다. 신건축운동과 보혁 대립의 큰 구도 속에 묶이면서 역사 양식은 직설적 복고의 한쪽 극단으로 흐르는 대신, 선례의 종류를 다원화하는 방식으로 모방에 대한 비판을 피해 가려 했다.

둘째, 신건축운동의 표준화에 따라 제기된 어휘 다양화에 대한 요구도 중요한 요인이었다. 절충주의는 의외로 신건축운동의 발전으로 인해 촉발된 측면도 많았다. 절충주의를 흔히 신건축운동의 대척점으로 평가하는 시각과는 사뭇 다른 내용이다. 이런 현상이 일어난 이유는, 신건축운동이 자신만의 독자적 양식을 창출하지 못하고 그 대상을 역사 양식에서 찾았기 때문이다. 이 과정에서 역사 양식을 표준화하려는 시도가 일어났고 표준화 모델이 다양해졌다(그림 303). 이에 맞는 역사 양식의 종류도 함께 다양해져야 했는데 이 과정에서 선례 양식이 확장되었다.

셋째, 계급 간의 경쟁으로 선례 양식의 종류가 다양해진 것도 절충주의를 형성하는 데 기여했다. 다원화된 사회적 요구는 건축주와 기능 유형으로 나누어 생각할 수 있다. 전통적 지배 계층에 더해 산업자본주의로 부를 축적한 주요 건축주인 부르주아 계층은 자신들의 계급적 권위를 과시하기 위해 역사 양식을 선택했다. 이 과정에서 계급 사이의 경쟁이 일어났으며 여기에 민족주의와 제국주의가 가세하면서 국가, 지역, 체제, 연합 등 정치 사회 단위들 사이의 경쟁도 치열해졌다. 이에 따라 건축에 필요한 역사 양식의 종류도 각자의 의도와 취향에 따라 다양해졌으며, 이것에 맞추기 위해 차용하는 선례 양식의 종류도 다양해져야 했다.

넷째, 새로운 기능 유형의 건물들이 등장함으로써 선례 역사 양식의 종류를 다원화해야 했다. 다원화된 사회적 요구 가운데 건축가들을 가

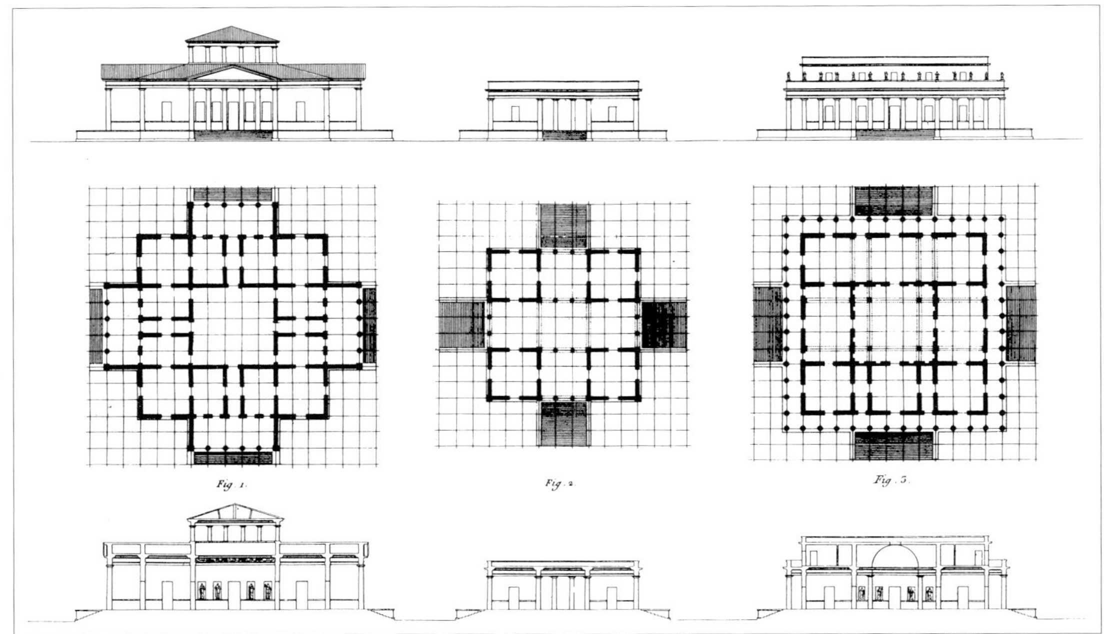

303 장 니콜라 루이 뒤랑(Jean Nicolas Louis Durand), 『에콜 폴리테크니크 강의록*Precis des lecons d'architecture donnees a l'Ecole Polytechnique*』(1802~05)에 실린 기둥, 벽기둥, 벽체, 문의 수평 조합 방식

장 힘들게 만든 것은 기능 유형이었다. 산업혁명, 시민혁명, 제국주의 등이 복잡하게 얽히면서 기차 역사, 만국박람회 전시장, 대형 박물관, 시청사, 증권거래소, 법원, 백화점 등 대형 공공건물들이 새롭게 탄생했다. 이런 건물들은 이전에 없던 새로운 기능을 갖는 유형들이었고 건축가들은 이것들의 건축적 특징을 프로그램, 공간, 평면, 장식 디테일, 외관, 구조, 시공 등 여러 방면에서 새롭게 정의해야 할 필요성에 직면했다. 선례 역사 양식의 종류를 다원화하는 방법은 이것을 당장 만족시키기에 가장 좋은 방향이었다.

이상과 같은 배경 아래 나타난 절충주의는 서양건축사에서 19세기에 가장 융성했다. 이외에 18세기에 낭만주의의 다원주의나 픽처레스크의 영향 아래 나타난 역사 양식의 확장 현상도 약한 의미의 절충주의로 볼 수 있다. 20세기 후반부는 절충주의가 융성한 또다른 대표적 시기에 해당한다. 앞에 언급한 좁은 의미의 절충주의는 16세기 매너리즘에서도 찾을 수 있다. 이 가운데 절충주의를 대표하는 시대는 19세기이고, 그 다음은 20세기 후반부다. 두 시대의 공통점은 역사적 정체기라는 점이다. 새로운 양식을 창출할 창조력이 바닥난 상황에서 선례 양식을 다양화해 직설적으로 복사하는 방법으로 탈출구를 모색하려 한 공통점이 있다.

이런 점에서 절충주의는 흔히 역사주의의 부정적 양상으로 보는 것이 일반적 시각이다. 19세기도 예외는 아니었다. 건축양식과 역사 전개의 생명력을 창조적 예술 정신에 따른 새로운 양식의 창출로 정의할 때, 역사 양식의 직설적 복사는 바람직하지 않은 창작 행위에 해당한다. 19세기는 이러한 행위가 극에 달한 시기다. 19세기 당시에도 이런 부정적 현상을 비판하고 대안을 모색했다. 퓨진은 여러 양식의 혼재를 경계하며 한 양식에 충실할 것을 주장했다. 젬퍼는 대립 개념 사이의 통합적 제3개념으로 양식론을 주장했다.

절충주의(2)–사회 양식과 역사의 확장

19세기 건축가들은 다양한 사회적 요구에 시달리느라 역사 양식의 심미적 재해석이나 새로운 양식의 창출 같은 예술적 고민을 할 수 없었다. 역사 양식은 그야말로 사전에서 단어 찾듯 골라서 사용하는 레퍼토리 정도로 변질되었다. 국가, 민족, 사회, 도시, 건물 등 규모와 상황에 따라 어떤 종류의 역사 양식이 적합한지에 대한 논쟁과 고민도 있었지만 별 효과가 없었다. 건축가들은 대부분 건축주의 요구, 부동산 투기 효과, 단순히 보기 좋은 정도 등의 즉흥적이고 건축 외적인 요구에 따라 아무 양식이나 골라서 썼다.

건축주들은 자신들이 주문만 하면 아무 양식이나 그려서 지어낼 수 있는 건축가들을 선호했다. 건축가들 스스로도 여러 양식을 동시에 구사할 수 있는 변통 능력을 다재나 다예와 동일시하며 자랑스러워했다. 이런 현상은 유명 건축가들에게도 쉽게 나타났다. 19세기를 대표하는 건축가인 레오 폰 클렌체는 뮌헨의 글립토테크라는 한 건물에 대해 그리스식, 로마식, 이탈리아식의 세 가지 다른 고전주의 양식으로 설계한 작품을 제출했다. 발랄라에서는 그 차이가 더 심해서 고딕리바이벌과 파르테논의 두 역사 양식으로 설계했다.

이런 현상은 한 도시, 심지어 한 캠퍼스 내에서도 자주 일어났다. 비엔나에는 19세기에 새로 개발한 순환로Ring Strasse를 따라 여러 종류의 역

304 페테르 노빌레(Peter Nobile), 테세우스 신전(Theseustempel), 빈(Wien), 1820~23. 뒤에 보이는 건물은 고딕리바이벌로 지은 빈 시청사

사주의 건물이 들어섰다(그림 304). 국회의사당을 고전주의로, 시청사를 고딕리바이벌로 지었다. 두 건물은 서로를 마주보고 나란히 서 있었으며 거의 같은 시기에 지어졌다(그림 438, 439). 도시의 전통이나 주변 상황 등과 상관없이 내려진 결정이었다. 릴Lille대학에서는 예술대학이 고전주의로, 가톨릭 신학대학이 고딕리바이벌로 각각 지어졌다.

'도면 공장'이라는 부정적 의미의 대형 설계 사무소가 등장한 것도 바로 이 시기였다. 설계 사무소 조직은 근대적 체제를 갖추었지만, 그 내용은 공장에서 물건 찍어내듯이 역사 양식을 복사해내는 실망스러운 것이었다. 각 역사 양식의 시대적 배경이나 깊이 있는 심미성을 외면한 채 표피를 단순 복사하는 데 매달렸다. 건축가들 자신도 자기모순에 시달렸다. 선례 양식을 창작적으로 각색하는 시도를 건축주들은 부정확한 변종이나 가벼운 유희로 여겨 기피했다. 반면 예술가임을 자처하는 건축가들은 역사 양식을 정확히 복사해내는 행위는 창작성이 결여된 것으로 여겨 죄책감을 느꼈다. 이런 상황에서 예술가의 창작 생명을 포기하고 건축주의 요구에 순종하는 건축가들만 살아남았다.

19세기 절충주의를 부정적으로 보는 이런 시각은 모더니즘 건축사관이 지배하던 1950년대까지 주류를 이루었다. 산업제국주의 시대에 수많은 역사주의 건물들이 경쟁적으로 지어졌지만 모두 역사적 가치가 전혀 없는 저급 작품으로 평가되며 건축사의 연구 대상에서 대부분 제외되었다. 그러나 1960년대 이후 포스트모더니즘 사관에서 반대 시각이 등장했다. 19세기 역사주의의 사회적 역할을 새롭게 인식하면서 절충주의에 대한 일정한 옹호도 함께 이루어졌다. 이런 새로운 해석에서는 절충주의의 긍정적 측면도 발견할 수 있는데, 그 내용은 세 가지로 요약할 수 있다.

첫째는 19세기 절충주의가 사회 양식으로서 기능했다는 점이다. 이는 달리 말하면 예술 양식의 기준에서는 절충주의가 부정적일 수 있지만 사회 양식이라는 전혀 다른 기준에서 보면 얘기가 달라진다는 뜻이다. 19세기는 다른 어느 시기보다 건축가들에게 부가되는 사회적 요구가 많았고 절충주의는 이것을 반영한 사회 양식이었다. 각 시기에는 저마다 고유한 역사적 해석 시각과 평가 기준이 있게 마련이다. 19세기의 상황은 새로운 양식의 창작이라는 순수예술의 기준만으로 평가할 수 없는 측면이 많았던 것이 사실이다. 19세기는 자본주의, 사회주의, 제국주의, 민족주의 등 근대로 진입하는 단계에서 중요한 현상들이 교차한 시기다. 절충주의는 이런 정치 사회 현상과 건축의 관계를 설정하는 역할을 담당했다. 특히 폭발적으로 증가한 새로운 기능 유형을 즉각적으로 담아낼 매개는 절충주의밖에 없었다.

둘째는 역사를 확장시켰다는 점이다. 역사 양식의 다양화는 거시적 차원의 역사 확장이었다. 기원전 5세기 이후 서양건축의 긴 역사를 다양한 역사 양식으로 구분한 것은 19세기에 처음 있었던 일이다. 역사 양식을 설계에 적용하는 과정에서 각 양식의 고유한 심미성과 조형성을 찾아내어 정리한 것도 중요한 업적이었다. 고전주의와 중세 양식의 여러 선례들 사이에서 차이를 파악한 것은 미시적 차원의 확장이었다. 이런 작업은 18세기에 시작되었고 19세기에는 이것을 이어받아 더 세분화했다. 고전주의는 그릭, 도리스식, 로마, 르네상스, 바로크 등으로, 중세 양식은 로마네크스, 비잔틴, 고딕 등으로 세분화되었다. 영국 고딕을 '초기 영국—장식—수직'의 세 단계로 구별한 것도 19세기 절충주의 시기였다.

셋째는 역사의 확장을 통해 양식style과 양식들styles 사이의 차이를 파악한 점이다. 이전까지 역사 양식을 차용하는 방식은 단일 양식의 리바이벌에 국한되었다. 르네상스 때 토스카나 로마네스크와 로마 고전주의를 혼합하기는 했지만 개별 부재를 창작적으로 각색하는 데 머물렀다. 이런 방식은 18세기까지 계속되었다. 그러나 19세기 절충주의 시기에는 여러 종류의 역사 양식들을 총동원하여 한번에 비고할 수 있었다. 유럽은 오랜 건축 역사를 바탕으로 이전 양식을 역사적으로 재해석함으로써 새 시대의 건축 상황을 결정짓는 전통을 쌓아왔다. 이런 전통에서 이전 시기의 전 과정을 구성하는 다양한 역사 양식과 그 특징을 한눈에 파악할 수 있게 된 것은 중요한 발전이었다. 이것은 중요한 역사적 현상이었다. 이런 확장을 통해 유럽은 비로소 자신들이 유구한 역사의 후예임을 제대로 깨닫게 되었다. 한 가지 양식이 아닌 다양한 양식들의 관점에서 역사를 이해하게 됨에 따라 세계관, 역사관, 인식의 확장이 일어났다.

양식들의 전쟁(1) – 고전 대 고딕

19세기 역사주의는 과거, 특히 18세기와 두 가지 점에서 다르다. 앞에 언급한 바와 같이 양식의 종류가 많아진 점과 양식 사이의 대립과 경쟁이 심해진 점이다. 이는 19세기 문명의 전체적인 상황이 반영된 것으로 볼 수 있다. 18세기에는 그레코-고딕 아이디얼과 같이 서로 다른 양식이 통합되면서 새로운 양식이 태어났다. 낭만주의 계열의 폐허·수채화운동에서는 그리스 고전주의, 로마 고전주의, 고딕 등 여러 양식이 동일한 소재로 통합되었다. 통합되지 않은 경우에는 존 손의 예에서 보듯 혼재 개념의 다원주의식 공존이 주도적 경향이었다(그림 305). 19세기에는 이런 것이 없었다. 리바이벌되는 양식 종류는 늘어났지만 이것들은 각기 자신만의 우수성을 주장하면서 단독으로 존재했다(그림 306). 이 과정에서 나머지 양식들과 대립각을 세웠다. 19세기에 벌어진 과거 선례 양식들 사이의 대립과 경쟁을 '양식들의 전쟁 battle of the styles'이라 부른다. '전쟁'이라는 말에서 알 수 있듯이 대립과 경쟁의 정도와 양상은 자못 심각한 것이었다.

'양식들의 전쟁'은 기본적으로 고전과 고딕 사이의 대립을 의미했다. 확장하면 절충주의 시대에 대거 늘어난 다양한 과거 선례 사이의 경쟁을 의미했다. 앞의 정의를 1단계, 뒤의 정의를 2단계로 정의할 수 있다. 고전과 고딕 사이의 대립은 서양건축에서는 르네상스 이후 고착

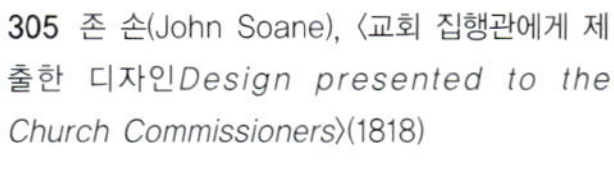
305 존 손(John Soane), 〈교회 집행관에게 제출한 디자인*Design presented to the Church Commissioners*〉(1818)

화된 것이었다. 19세기에 이러한 대립을 촉발한 것은 기독교 건축인 교회에 어떤 양식이 적합한지를 놓고 벌인 논쟁이었다. 프랑스에서 1846년에 시작된 고전주의자 라울 로셰트Raoul Rochette와 고딕주의자 장바티스트 라쉬Jean-Baptiste Lassus와 외젠 에마뉘엘 비올레르뒤크Eugène Emmanuel Viollet-le-Duc, 1814~79 사이의 논쟁이 대표적 예다.

라쉬와 비올레르뒤크는 이교 양식인 고전주의는 교회에 사용할 수 없다고 주장했다. 로셰트는 미의 보편성 개념으로 맞섰다. 고딕 양식의 심미성은 13세기의 특수성밖에 지니지 못하기 때문에 19세기에는 맞지 않는다는 것이었다. 반면 고전주의는 보편적 심미성을 갖기 때문에 19세기 교회에도 맞는다고 주장했다. 실제로 15~17세기 초기 근대 3세기를 대표하는 르네상스와 바로크 시대의 교회와 성당은 모두 고전주의 건물들이었다. 고딕주의자들은 다시 고딕에도 구조 합리주의를 바탕으로 한 보편적 건축 가치가 있다고 반박했다. 이런 과정을 거치면서 고딕리바이벌은 18세기 픽처레스크 운동의 연속, 기독교사회주의, 구조 합리주의 등으로 분화되어 갔다. 고전주의도 각국의 국가 양식을 찾는 움직임에 가세하면서 선례가 다원화되었다.

고전과 고딕이 내부 분화를 겪음에 따라 19세기 유럽 건축의 지형도는 복잡하게 변해갔다. '양식들의 전쟁'은 절충주의와 결부된 2단계로 진입했다. 다양한 역사 선례 양식들이 등장하면서 이것들을 구별할 강한 필요성이 대두되었다. 구별의 기준은 무척 많았다. 각 역사 양식의

306 토머스 콜(Thomas Cole), 〈건축가의 꿈 *The Dream oof Architects*〉(1840)

상징성과 특질, 지역별 차이, 기능 유형이나 건물 성격과의 대응 관계 등이 대표적 기준이었다. 종교 건물같이 민감한 분야에서는 역사 양식을 잘못 선택할 경우 '양식들의 전쟁'은 진짜 전쟁을 방불케 할 정도로 격렬한 대립을 낳기도 했다. 교회에 비잔틴이나 이슬람 양식을 사용한 경우가 대표적 예다. 그러나 스페인에서는 이슬람 양식을 국가 양식에 버금갈 정도로 선호하기도 하는 등 지역에 따른 차이가 컸다. "각자 고유한 심미성을 갖지 않는 양식은 없다. 현재는 대표 양식이 없다. 우리는 실험의 미로를 해매고 있다"는 토머스 레버턴 도널드슨Thomas Leverrton Donaldson의 말은 당시 상황을 잘 보여준다. 양식들을 효율적으로 구별하기 위해서 우열을 가리려는 입장이 나타났다.

19세기 역사주의는 이전의 통일된 국제주의 양상에서 세분화된 민족주의 양상으로 변화했다. 18세기까지 유럽 건축은 새로운 양식이 생기면 다른 나라에서 이것을 받아들여 통일 양식으로 발전하는 국제주의 양상으로 전개되어 왔다. 19세기에는 이것이 바뀌어 동일한 역사 양식도 민족에 따라 각기 다른 국가적 문화유산national heritage을 갖는 것으로 세분화되었다. 19세기 고전주의는 영국에서는 장식화, 독일에서는 낭만화, 프랑스에서는 표준화의 특징을 보이며 세분화되었다. 고딕도 프랑스에서는 구조 합리주의, 영국에서는 중세주의, 독일에서는 낭만주의 방향으로 각각 세분화되었다.

세분화 현상은 독일의 가세로 가속화되었다. 일찍부터 통일 국가를 이룬 프랑스와 영국의 대결 구도에 독일이 가세하면서 각국은 자국의 역사 자료와 유물, 유적을 수집, 보관, 관리하는 기관을 앞 다투어 설립했다. 1819년에 독일은 독일역사기념관Monumenta Germaniae Historica을, 1821년에 프랑스는 에콜 데 샤르트르Ecole des Chartres를, 1838년에 영국은 공공기록청English Public Records Office을 각각 설립했다.

양식들의 전쟁(2)－민족주의 대 양식의 순수성

고전과 고딕 사이의 대립에서 시작된 양식들의 전쟁은 이후 복합적인 양상을 띠었다. 복합성은 두 가지 측면에서 기인했다. 하나는 민족주의였다. 19세기는 근대국가의 탄생이 1차적으로 완성된 시기였다. 천

년 이상 지속되어 온 유럽 내 국가 세우기 작업은 마지막 절정에 이르렀다. 이에 따라 국가 간 대립과 경쟁도 첨예해졌다. 사용 가능한 물리적 힘이 늘어난 것도 중요 요인이었다. 산업혁명과 식민지 수탈로 많은 부를 축적했고 신무기 개발도 활발해졌다. 영토 쟁탈전도 좁은 유럽 대륙을 벗어나 전 세계 식민지로 확장되었다. 유럽 열강은 죽기 살기로 대립하며 싸웠다.

이 과정에서 민족주의의 일환으로 자국의 우수성을 알리고 국민들을 하나로 통합할 수 있는 수단과 매개를 총동원했다. 민족주의는 나폴레옹이 몰락한 19세기 이후 문명, 언어, 역사를 기본 매개로 삼아 형성되었다. 문화 예술은 이 셋이 하나로 합쳐진 대표적 매개였다. 각국에서는 문자 매체가 발전하였고 다시 이를 바탕으로 민족주의 문학과 교과서 기술이 크게 유행했다. 각국만의 유구한 문화유산을 자랑하는 것도 좋은 전략이었다. 건축양식은 규모, 대표성, 통합성 등의 측면에서 매우 유용한 매개였다. 각국은 국가 양식을 리바이벌하는 방식으로 자신들의 찬란한 역사를 과시했다. 이것은 곧 현재 자신들이 강대국임을 천명하고 이를 바탕으로 국민들을 하나의 정치적 목적 아래 통합하려는 행위였다.

이 과정에서 과거 양식의 종주국이 어느 나라인가를 두고 논쟁과 분쟁이 발생했다. 각국은 고고학과 예술사학 등 첨단 학문을 총동원하여 되도록 많은 과거 양식이 자국에서 탄생했음을 증명하기 위해 전력투구했다. 고딕은 대표적인 예였다. 고딕은 프랑스, 영국, 독일 세 나라가 모두 자국의 국가 양식 혹은 전통 민족양식으로 생각해왔다. 19세기 '양식들의 전쟁'을 통해 고딕은 프랑스에서 탄생했다는 사실이 밝혀졌다. 그러나 영국과 독일은 이것과 상관없이 자국의 고딕 전통을 부활하는 데 총력을 기울였다.

고전주의도 비슷했다. 고전주의는 너무 광범위했고 그리스와 이탈리아가 근원지라는 명백한 사실이 있었기 때문에, 영불독 세 나라는 고전주의의 원류를 주장하는 문제에서 벗어나 자국만의 전통 양식을 세분화하는 작업에 주력했다. 이외에도 영국은 이니고 존스Inigo Jones의 전통을 내세워 르네상스 리바이벌에 열심이었고 독일은 룬트보겐수틸Rundbogenstil을 새롭게 창출했으며 프랑스는 국가 양식 바로크를 리바이벌한 네오 바로크를 창출하는 등 민족주의 경쟁은 '양식들의 전쟁'을 이끈 가장 큰 동인이었다.

양식들의 전쟁에 복합성을 부여한 다른 한 가지는, 민족이나 국가 등 정치적 측면을 배제한 순수 건축적 측면에서 양식들 사이의 대립과 경쟁이었다. 즉 양식의 순수성을 둘러싼 논쟁이었다. 가장 대표적인 것은 '고전 대 고딕'의 전통적인 이분법 대립 구도였다. 르네상스 이래 계속된 고전주의의 득세는 18세기 낭만주의를 거치며 고딕과의 이분법 구도로 바뀌어갔다. 양식을 매개로 국가를 초월한 국제적 연대도 나타났다. 예를 들어 영불독 세 나라의 고딕주의자들은 고전주의와 맞서기 위해 국적과 상관없이 연대했다. 영불독 세 나라의 고딕주의자들은 모두 고딕이 자국의 전통 국가 양식이라고 주장하며 대립하면서도, 다른 한편으로는 기독교 건물에는 고딕만이 유일한 양식이라고 생각하면서 고전에 대항하는 공동전선을 폈다. 영국의 존 카터John Carter와 프랑스의 비콩트 드샤토브리앙F. R. Vicomte de Chateaubriand은 이런 양면성의 대표적인 예였다.

기능적 차원에서 살펴보면 양식들의 전쟁이 새로운 기능 유형을 정의하는 데 중요한 도움을 준 측면이 많았다. 다원화된 사회현상이 다양한 역사 양식을 요구하면서 선례 소재 사이의 경쟁을 유발했다. 새로운 기능 유형의 등장은 대표적인 예였다. 예를 들어 박물관에 가장 적합한 역사 양식이 무엇인지를 놓고 각 양식 사이에 경쟁이 벌어졌다. 이것을 거꾸로 생각하면 새로운 기능 유형에 적합한 건축적 구성과 특징을 정의하는 데 역사 양식의 선례가 중요한 역할을 했다는 의미다. 기둥 간격을 넓게 해서 전시 면적, 채광, 동선 등을 확보하는 데는 고딕 양식이 적합했다. 반면 19세기까지 국가가 유물 수집의 주체였던 전통은 고전주의의 권위와 잘 맞았다. 혹은 19세기 대형 박물관의 주인을 시민으로 보려는 쪽에서는 시민정신을 상징하는 르네상스를 대표 양식으로 주장했다.

양식들의 전쟁은 부정적 측면만 있었던 것은 아니다. 역사 양식에 대표적 상징성을 대응하면서 절충주의에도 발전을 가져왔다. 과거 고전주의 오더 양식이 대표하던 상징성을 역사 양식으로 대체한 것이었다. 도리스식의 남성다움은 그릭 리바이벌의 단순함으로, 이오니아식의 여성스러움은 르네상스의 우아함이나 루이 15세 양식의 섬세함으로, 코린트식의 과시성이나 장식성은 루이 14세 양식이나 바로크의 장대함과 장식성으로 각각 대체했다. 에드워드 가벳Edward Garbett은 『건축 디자인의 기본법칙*Rudimentary Treatise on the Principles of Design in Architecture*』1850에서 이런 대체를 이탈리아 르네상스로 좁혀서 세분했다. 피렌체 르네상스는 도리스식에, 로마 르네상스는 이오니아식에, 베네치아 르네상스는 코린트식에 각각 대응했다.

이상과 같은 배경 아래 19세기에는 그 이전까지의 유럽 역사 2500년을 이어왔던 모든 종류의 선례양식들이 모두 리바이벌 대상이 되는 역사주의의 향연이 벌어졌다. 신고전주의와 고딕리바이벌부터 여러 갈래로 분화되었다. 중세 기독교 선례 양식도 고딕리바이벌 이외에 로마네스크 리바이벌, 초기 기독교 건축 리바이벌, 비잔틴 리바이벌 등으로 세분화되었다. 근 과거 양식으로는 르네상스 리바이벌과 바로크 리바이벌을 대표적 예로 들 수 있다. 역사주의는 영불독 세 나라에서 공통적으로 나타났으나 독일은 상대적으로 단순한 편이었고 프랑스와 영국이 복잡했다. 그 내용을 표로 요약하면 다음과 같다.

표 5. 19세기 프랑스 역사주의 요약

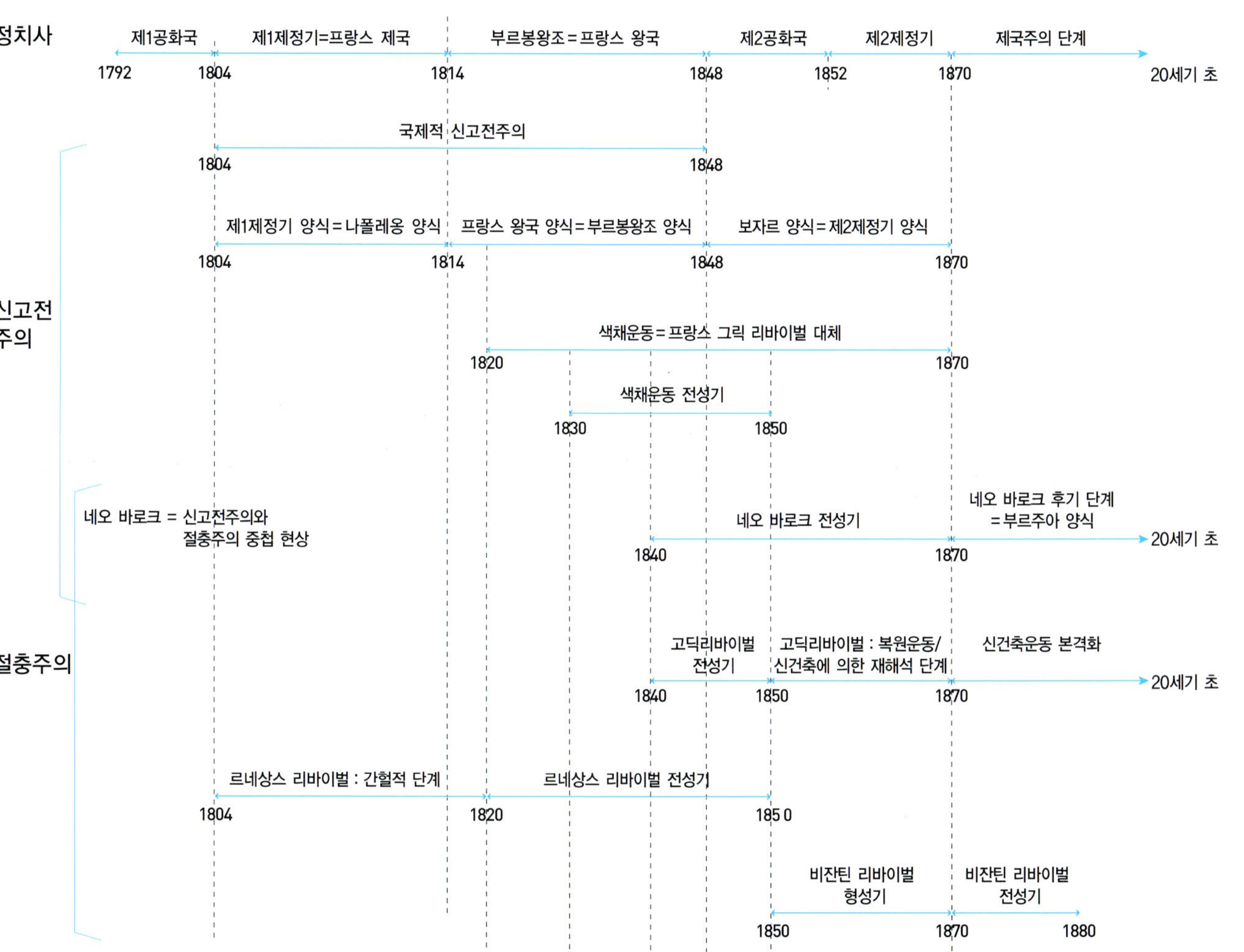

표 6. 19세기 영국 역사주의 요약

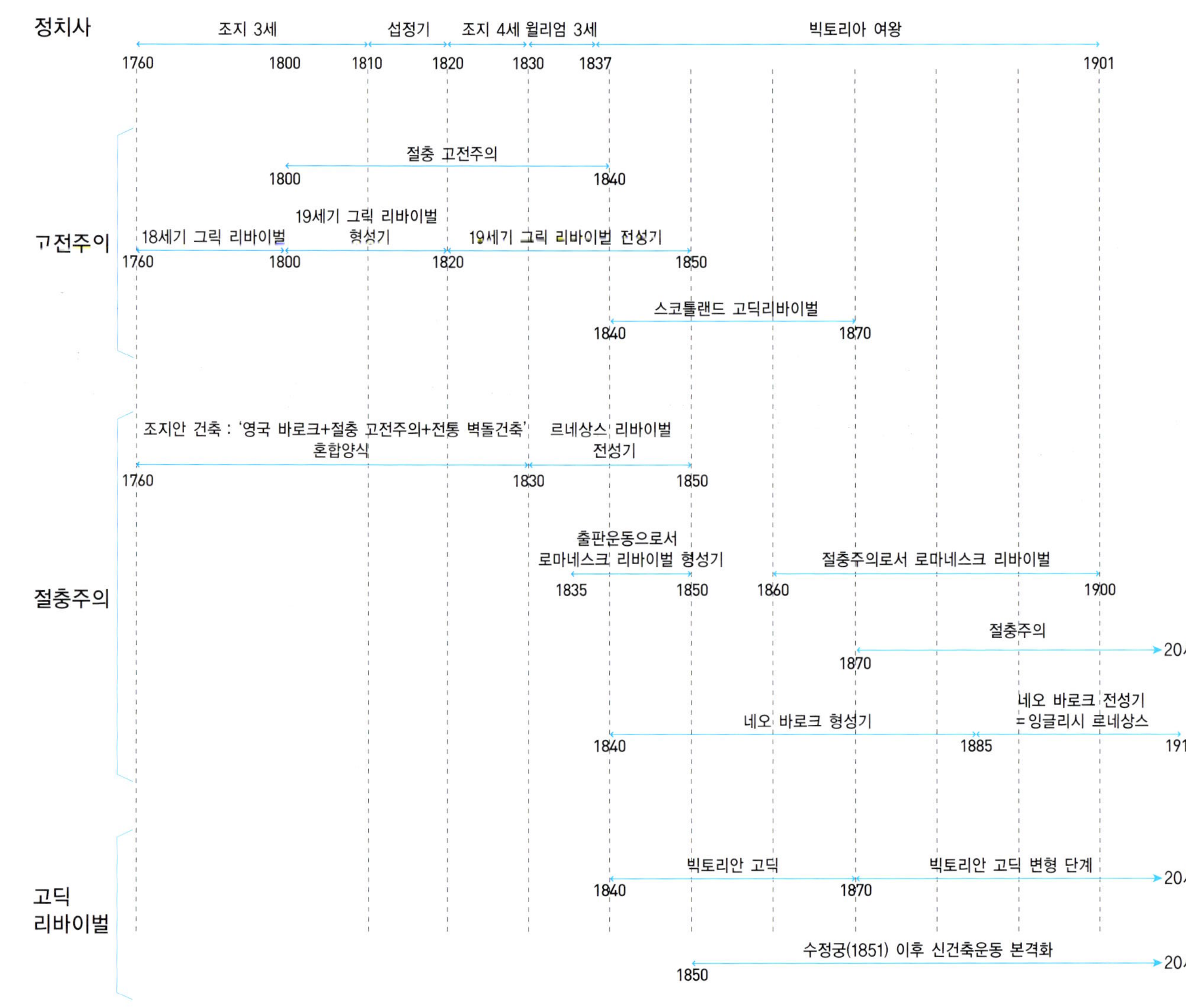

표 7. 19세기 독일 역사주의 요약

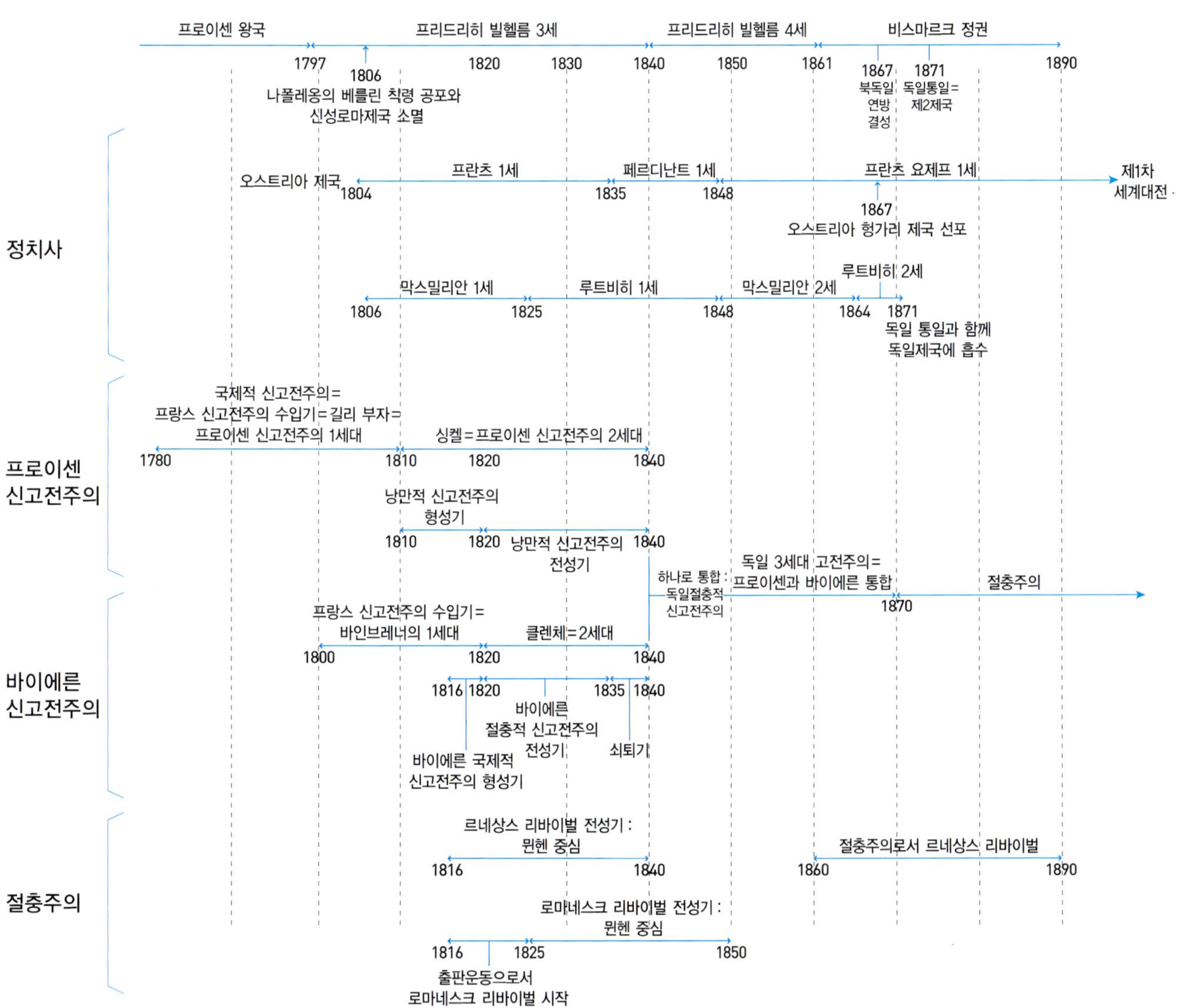

3 산업혁명과 신건축운동

산업혁명과 신재료 공법

역사적 기록에 따르면 산업혁명은 1765년 제임스 와트의 증기기관차 발명과 함께 시작되었다. 영국은 곧바로 1770년대부터 산업혁명에 돌입하면서 산업 · 기계 방식의 생산을 시작했다. 프랑스는 정치 혁명에 치중했으며 그 후폭풍인 제1공화국1792~1804과 나폴레옹의 제1제정=프랑스 제국, 1804~14을 거친 뒤 프랑스 왕국1814~48 초기인 1817년경부터 산업혁명에 돌입했다. 독일은 더 늦은 1825년경부터 돌입했고 1840년경이 되면 유럽 대륙 전체에 산업혁명이 진행되며 대세로 떠올랐다. 산업혁명은 인력과 마력에 기초한 전통사회에서 기계력에 기초한 산업사회로의 전환을 가져온 대변혁이었다.

이런 변혁은 신석기 혁명, 철기 혁명, 기독교의 등장 등 밀레니엄 단위에 해당하는, 인류사에 몇 번 없었던 대변혁이었다. 산업 · 기계문명이 성립되면서 문명의 패러다임은 이전의 양극 체제에서 삼각 체제로 변하였다. 이전에는 세속 권력과 기독교 권력, 혹은 이것이 낳은 건축 사조인 고전주의와 고딕의 양극 체제가 유럽 문명을 이끌었다. 여기에 산업 · 기계문명 혹은 기계 · 물질문명이라는 이전에는 없던 전혀 새로운 세번째 체제가 더해지면서 삼각 체제로 변환되었다.

산업혁명이 건축에 일으킨 변화는 문명 차원의 변혁만큼이나 지대한 것이었다. 그 내용은 건축의 미시적 차원과 문명의 거시적 차원으로 나누어 생각할 수 있다. 건축 차원에서는 신재료 공법의 등장을 대표적인 예로 들 수 있다. 신재료는 크게 철물과 철근 콘크리트로 나눌 수 있는데 19세기에는 주로 철물 분야가 발전하였다. 철물은 주철castiron, 단철wroughtiron, 강철steel의 세 종류가 쓰였다. 신재료 공법에 따라 계획과 설계에도 혁명적 변화가 뒤따랐다. 재료의 강도와 역학 작용이 달라지면서 롱 스팬이 가능해졌고 평면 구성, 기능 처리, 수직 개념 등에 영향을 끼치며 큰 변화가 나타났다(그림 307). 표준화 개념이 도입되면서 동일

307 막스 베르트랭(Max Berthelin), 〈산업 궁전*Palais de l'Industrie*〉(1854)

요소의 반복이 건축에 중요한 구성 방식으로 새롭게 등장했다. 이에 따라 매스 개념, 스케일, 외관, 입면 등에도 변화가 이어졌다.

문명 차원의 변혁은 다음의 세 가지로 요약할 수 있다. 첫째, 사회적 차원에서 새로운 산업이 등장하면서 이에 따른 기능 유형의 다변화가 나타났다. 기차 역사, 상업 건물, 창고, 공장, 고층 건물 등 이전에 없던 새로운 유형의 건물들이 탄생했다. 이런 유형의 건물들은 기존의 건축 방식으로는 감당할 수 없어 신재료 공법의 실험장이 되었다. 둘째, 산업자본주의가 등장하였다. 산업혁명의 직접적 결과물을 손에 넣으며 변혁을 이끈 것은 산업자본주의였다. 부르주아와 중앙정부를 양대 축으로 삼아 새로운 도시를 닦았고 새로운 기능 유형을 창출했다. 부의 축적 속도와 양에서 이전과는 비교가 안 되는 발전이 있었고 이것은 건축에도 동일한 발전을 요구했다. 새로 지어지는 건물의 규모와 속도는 이전과 비교가 안 될 정도로 커지고 빨라졌다. 이것을 담당할 건축 방식은 신건축밖에 없었다.

셋째, 근대적 대도시가 출현했다. 기술 발전과 과학 발전의 여파는 인구 증가로 이어졌다. 인구는 도시와 농촌 모두에서 골고루 증가했지만 농촌 인력이 새로운 산업 생산 체계의 등장으로 일거리가 늘어난 도시로 유입하면서 도시의 팽창이 두드러졌다. 기차와 지하철 등 근대적 교통수단과 전기 발명 등 산업 기술의 발전은 도시의 팽창에 기여

308 런던에서 1863년 개통된 세계 최초의 지하철 공사 장면

했다(그림 308). 근대적 대도시의 출현이었다. 도시의 조형 환경은 급격하게 변화했다. 길거리는 넓어졌고 일직선의 곧은길로 뚫렸다. 도시는 수직, 수평 양방향으로 팽창했고 이전의 전통 시대와는 그 규모가 달라졌다. 건물은 이렇게 바뀐 새로운 도시환경에 맞추기 위해 규모가 커지고 정형화되어 갔다.

1870년은 산업혁명의 발전 과정에서 중요한 분기점이었다. 기술 발전이 새로운 도약기에 접어들면서 산업 기술이 대규모 정치 경제 체제로 넘어가기 시작한 해였다. 또한 중앙정부가 이것을 자신들의 중요한 정치적 바탕으로 삼았다. 이전까지 산업 발전은 민간 차원에서 기술 논리와 소규모 경제 논리에 의해 초보적 정착 단계를 거쳤다. 정치와도 분리되어 별도로 진행되었다. 정치적으로는 각국이 제국 설립에 총력을 기울였다. 1870년경 산업 기술과 정치 분야에서의 이런 노력들이 일정한 결과를 내며 성공적으로 정착하자 이 둘을 하나로 합친 산업제국주의가 탄생했다. 이런 변화를 제2산업혁명이라 부르기도 한다.

무엇보다도 기술 발전이 가져온 변화가 지대했다. 신기술은 곧바로 생산 증대로 이어져 산업 기술은 대규모 국가 경제체제로 재편되었다. 생산 증가는 인구 증가, 중산층 안정, 소득 증대 등을 낳았고 이것은 다시 더 많은 생산을 요구하는 확대재생산의 사이클을 형성하였다. 그 이면에는 '소비'의 비밀이 있었다. 생산 증가는 소비 증가를 불러왔고 이것은 다시 생산 증가를 요구하면서 소비를 중심으로 한 상업자본주의가 형성되었다. 생산에 기초한 산업자본주의와 축적된 부를 관리하는 금융자본주의에 더해 소비를 기반으로 한 상업자본주의가 태어나면서 자본주의의 3대 축을 갖추었다.

이런 변화는 건축에도 지각변동을 일으켰다. 만국박람회가 연달아 열리면서 신건축의 경연장을 제공했고 이것은 신기술의 도입을 촉진하는 방향으로 작용했다. 많은 일반 대중들이 축제 분위기의 박람회에서 신건축을 부담 없이 체험함에 따라 신건축은 점점 시대를 대표하는 양식으로 자리잡아갔다. 대도시에는 대규모의 공공, 상업건물들이 세워졌다(그림 307). 공공건물은 산업제국주의의 권위를 표현하기 위해 수평 방향으로 커져갔다. 상업건물은 고층화되면서 수직 방향으로 커져갔다. 수평, 수직 양방향에서 대형 건물의 등장은 도시의 규모 개념과 스카이라인을 바꾸어놓기 시작했다. 상업자본주의가 탄생하면서 화랑, 아케이드, 백화점 등의 소비 공간이 등장했는데 이들 건물의 골격은 대부분 신건축으로 짰다. 이런 배경 아래 신건축운동이 낳은 새로운 건물들이 구체적으로 모습을 드러내기 시작했다.

신건축운동 대 역사주의

19세기에 나타난 신건축운동과 역사주의 사이의 갈등은 단순한 보혁 대립 이상의 복잡한 양상을 띠었다. 새로운 건축 방식이 등장하면 그 이전까지 이어져오던 전통 방식과 갈등을 빚는 현상은 건축사에서는 어느 시대에나 있었던 당연한 일이다. 그러나 19세기는 다섯 가지 면에서 이전과는 상황이 좀 달랐다. 첫째, 새로운 건축 방식이 단순히 창작 차원의 새 양식이 아니라 산업 · 기계문명이라는 밀레니엄 단위의 거시적 변화였다. 둘째, 전통 방식 또한 단순히 동시대의 한 가지 기득 양식이 아니라 서양건축사 전체의 선례를 총동원한 거시적이고 총체적 역사 전체였다. 셋째, 따라서 둘 사이에는 도저히 통합할 수 없는 큰 간극이 있었으며, 그럼에도 사회적, 정치적, 경제적 필요성에 따라 둘을 반드시 하나로 통합해내야 하는 의무가 건축가들에게 주어졌다. 넷째, 이것은 건축 내부의 순수 창작 문제를 넘어선 외부의 압력에 해당하는 전형적 예였는데 그 압력의 정도가 이전과는 비교도 할 수 없는 정도로 컸다. 다섯째, 이상의 종합적 결과로 신건축운동과 역사주의 사이의 대립은 단순히 새로운 건축양식의 창출 문제를 넘어서 문명 차원의 문제가 되었다. 거시적 차원에서는 밀레니엄 단위의 전환기 현상에 해당했고 미시적 차원에서는 일상생활의 구체적 모습을 통째로 바꾸는 조형 환경 전반의 문제에 해당했다.

건축가들을 더욱 어렵게 만든 것은 보수적 사회 분위기였다. 주요 건축물을 발주하는 건축주들은 대부분 기존 권력 계층이거나 신흥 부르주아였다. 이들은 신건축운동의 새로운 실험을 받아들이지 않고 역사 양식의 복사를 원했다. 신재료 공법의 새로운 심미성과 예술적 가능성 등을 실험하는 일은 상당한 투쟁이 수반되어야 했다. 이런 상황에서 건축가들이 신재료 공법을 활용할 수 있는 방법은 앞에 언급한 두 가지였다. 이 두 가지는 실제 적용 과정에서 다음의 네 가지로 세분화되었다.

첫째, 신재료 공법을 토목 구조에 사용하되 철물 구조를 노출시켜 드러내는 방법이었다. 둘째, 토목 구조의 골격에만 신재료 공법을 사용하고 표피는 역사 양식으로 처리하는 방법이었다. 셋째, 건물의 구조 골격과 외피 모두를 신재료 공법으로 처리하면서 외관을 이것에 맞는 새로운 모습으로 창출하는 방법이었다(그림 309, 310). 넷째, 건물의 구조 골격과 외피 모두에 신재료 공법을 사용하되 외관은 신재료를 이용한 역사 어휘로 처리하는 방법이었다.

새로운 기능 유형의 출현은 신재료 공법과 역사주의의 통합을 촉진

309 쥘 솔리네(Jules Sauliner), 므니에 공장(L'Usine Menier), 누아시엘(Noisiel), 프랑스, 1872

310 함부르크 중앙 역, 1903~06

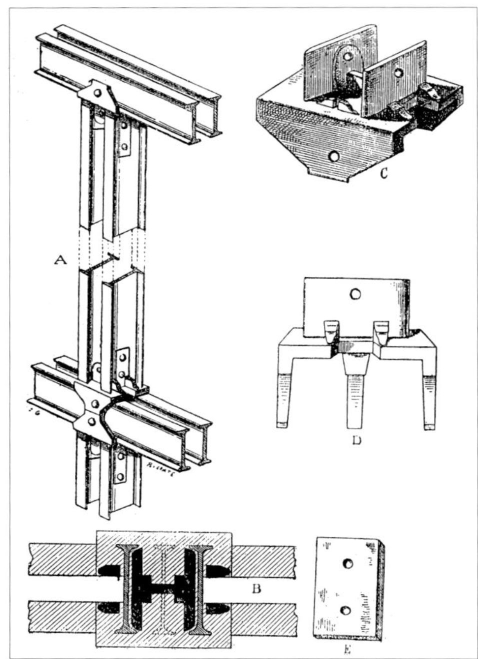

311 리제르 시스템(Liger systeme)

하는 배경으로 작용했다. 그 종류는 기차역, 백화점 등 상업건물, 박물관 · 법원 · 증권거래소 등 대형 공공건물의 셋으로 나눌 수 있다. 이들 건물들에는 모두 롱 스팬이 필요했고 이것은 신재료 공법만이 해결해줄 수 있었다. 기차역은 플랫폼에, 상업건물과 공공건물은 중앙홀에 각각 롱 스팬이 필요했다. 기능 유형의 상징성을 표현하는 데도 신재료 공법이 필요했다(그림 310). 기차역은 새로운 교통수단의 첨단 이미지를, 상업건물은 자본주의의 밝고 경쾌한 위생적 이미지를 필요로 했는데 여기에는 신재료 공법이 제격이었다.

1870년을 기점으로 한 제2산업혁명의 도래는 건축 분야에서는 강철 사용량의 증가를 초래했다. 강철의 등장은 단일 사건으로는 신건축운동의 정착에 가장 큰 기여를 했다. 강철은 철iron보다 탄소 함량이 높기 때문에 강도, 가단성可鍛性, malleability, 연성, 탄성 등 모든 면에서 유리한 재료였다. 재료 자체만 유리할 뿐 아니라 주조가 쉽고 하드에지hardedge를 유지할 수 있는 등 제작에도 유리했다. 이것은 궁극적으로 경제성이 좋다는 것을 뜻했다. 유럽에서는 1850년대를 기점으로 강철 사용량이 폭발적으로 증가했다. 기술적, 공학적 측면에서도 1850년대의 베서머 프로세스Bessemer process와 지멘스-마르탱 프로세스Siemens-Martin process, 그리고 1870년대의 길크리스트-토머스 시스템Gilchrist-Thomas system 등의 발전이 이를 뒷받침했다. 이런 발전은 제작, 가공, 관리, 역학 계산, 현장 시공 등 여러 방면에서 강철의 활용을 도왔다(그림 311).

1870년대에 접어들면서 강철은 철을 누르고 선두 자리에 올라섰다. 기계, 기차, 자동차, 무기 등 중공업을 비롯하여 가사용품 등의 경공업에서도 강철이 주력 재료가 되었다. 이런 장점과 특징들을 가진 강철은 건설 재료로 이용하기에 매우 적합했다. 강철은 철골이라는 근대 건축의 대표적 신재료를 탄생시켰다. 특히 단면적에 비교해 강도가 센 점은 하중 처리와 롱 스팬 확보에 유리했다. 이전의 주철과 단철은 주로 장식재나 보강재로 사용되었지만 강철은 단독으로 본격적인 구조재로 사용되기 시작했다. 강철의 등장으로 고층 건물의 수직 확장과 롱 스팬의 수평 확장이 가능해졌다. 건축가들은 이전과는 비교가 안 되는 무기를 손에 넣었고 건축 규모의 기본 개념까지 바뀌기 시작했다.

강철이 등장하면서 신건축운동은 조금씩 독자적 양식을 이루어내기 시작했다. 에펠탑이 세워지면서 대중들 사이에 신재료 공법에 대한 확신이 퍼졌다. 미국에서는 시카고 스쿨Chicago School이 도심에 고층 건물을 짓기 시작했다. 이에 따라 역사주의는 더욱 극단적으로 흘렀다. 제국주의의 출현은 이것을 부추겼다. 웅장한 규모의 과시적 역사 양식이 크게 유행했다. 신건축운동과 역사주의를 통합해내려던 제3의 운동은 자취를 감추고 두 경향은 각자 갈 길을 가며 쌍개념의 대립이 격화되었다. 신건축운동은 모더니즘으로 이어지며 20세기를 대표하는 양식이 됨으로써 완승을 거두었다. 역사주의는 20세기 초까지 대형 공공건물에서 제국주의의 교복처럼 유행하다 생명을 다했다.

13장
19세기 프랑스 고전주의

1 국제적 신고전주의(1800~48)

2 색채주의와 히토르프

3 보자르 양식과 네오 바로크

1 국제적 신고전주의(1800~48)

제1제정과 페르시에 & 퐁텐 파트너

19세기 프랑스의 국제적 신고전주의는 혁명기 이전의 18세기 신고전주의가 부활, 연속되는 상황에 19세기 상황을 더한 양상으로 전개되었다. 18세기의 부활, 연속은 19세기 프랑스 신고전주의에서 주로 건축적 내용에서 나타난 반면 19세기 상황은 이것의 탄생에 대한 정치적 배경을 제공했다. 19세기 전반부의 프랑스 건축은 나폴레옹의 제1제정 양식[1804~14]과 부르봉왕조의 프랑스 왕국 양식[1814~48]으로 나눌 수 있다. 이후 네오 바로크가 이것을 이어받아 통일된 국가 양식으로 발전시키며 1870년경까지 전성기를 누렸다. 1840년경부터는 절충주의도 함께 나타나기 시작했다. 1840~50년대에는 고딕리바이벌이, 1860년대에는 로마네스크 리바이벌이 대표적 절충주의 양식이었다. 1870년 이후의 제3공화국에서는 네오 바로크가 생명을 이어가는 한편 신건축운동이 주류로 떠오르면서 이것과 각축을 벌였다.

19세기 전반부의 프랑스 건축은 18세기의 다양한 실험 정신이나 창작 욕구가 소멸된 무기력한 모습을 보였다. 작품의 질과 양 모두에서 그러했다. 당시 건축가들은 18세기 후반부에 태어나서 청년기에 혁명기 건축을 경험한 세대였다. 이 경험은 이들 건축가들에게는 득보다는 실이 많았다. 혁명기 건축은 예술적으로는 뛰어났으나 실제 건축물로는 부적합한 페이퍼 아키텍트가 주류를 이루었다. 혁명의 열기가 뜨거웠던 특별한 상황에서 이상향을 제시하는 성격도 강했다. 비현실적인 만큼 예술적 충격은 그에 비례해서 컸다. 청년기에 이런 충격을 받은 이들 건축가들은 혁명의 열기가 식고 그 반대인 보수주의가 득세하며 평상 분위기로 돌아왔을 때 현실에 맞는 새로운 건축 경향을 제시할 수 없었다.

이런 상황에서 나폴레옹이 몰고 온 정치 바람은 매우 거센 것이어서 건축가들은 정치적 요구에 차출되어 정권의 요구를 건축적으로 해결해주는 역할에 머물렀다. 나폴레옹의 집권기가 짧았고 그 기간에 전쟁에 몰두했던 것도 건축 침체의 중요한 원인이었다. 건축은 미술보다 주기가 길기 때문에 새로운 양식을 창출하기 위해서는 이보다 더 긴 시간이 필요했다. 나폴레옹은 건축이나 미술에 관심은 많았지만 집권기 대부분을 전쟁에 몰두하면서 예산 절감을 위해 돈이 많이 드는 건축을 체계적으로 지원하지 못했다.

제1제정기에 건축을 이끈 원동력은 나폴레옹의 권력욕이었다. 나폴레옹은 로마 제국주의의 부활을 꿈꾸었고 건축가들은 이 시기 건축을 주요 선례로 차용했다. 그러나 건축 활동은 전반적으로 부진해서 개선 아치 두 개, 방돔 광장 기둥, 왕궁 개축 등이 내세울 만한 건축물의 전부였다. 샤를 페르시에Charles Percier, 1764~1858와 피에르 퐁텐Pierre Fontaine, 1762~1853 파트너가 나폴레옹의 수석 건축가였지만 정작 대작은 남기지 못했다. 제1제정의 건축 경향은 세 가지로 요약할 수 있다.

첫째는 주거 건축에서 르네상스 팔라초를 차용한 것으로, 페르시에와 퐁텐 파트너가 이러한 경향을 대표하는 이들이었다(그림 312, 483). 이 경향은 19세기 절충주의에서 르네상스 리바이벌의 시효로 볼 수 있다. 기능 유형으로는 부르주아를 위한 아파트를 주로 이러한 방식으로 지었다. 18세기 프랑스 호텔 양식에 15세기 피렌체와 16세기 로마의 팔라초 양식을 혼합했다. 호텔 양식은 바로크가, 팔라초 양식은 르네상스가 각각 주를 이루었다. 평면 구성, 베이 분할, 매스 구성,

312 페르시에 & 퐁텐(Percier & Fontaine) 파트너, 리볼리 가(Rue de Rivoli), 파리, 1802

입면 분할 등은 바로크 호텔 양식의 윤곽을 유지했다. 팔라초 양식은 장식을 절제한 창틀과 단선의 층 분할선 등에서 나타났다.

두번째는 나폴레옹의 정치적 요구를 만족시키기 위해 기존 왕궁의 개축과 도시 개발에 힘쓴 점이다. 샬그랭은 나폴레옹 집권 기간1799~1804에 뤽상부르 궁Palais de Luxembourg, 1801을 상원 의사당으로 개조했다(그림 313). 베르나르 푸와예Bernard Poyet, 1742~1824는 부르봉 궁Palais, Bourbon=Assemble Nationale국회의사당, 파리, 1803~07에 열주 파사드를 더했다. 페르시에와 퐁텐 파트너의 말메종Malmaison, 파리, 1800 개축과 튀일리 궁Palais des les Tuileries, 파리, 1804 개축은 황제 나폴레옹 집권 기간의 대표작이었다. 나폴레옹은 튀일리 궁을 자신의 집무실과 처소가 들어 있는 근거지로 개축했다. '프랑스 황제' 나폴레옹의 권위에 맞게 화려하게 개조는 했지만 새로운 양식을 창출하지는 못하고 루이 14세 양식과 18세기 신고전주의 등을 혼합한 양식으로 처리했다. 도시 개발은 리볼리 가Rue de Rivoli 개발과 파리 개선문 주변의 방사선 가로 정비 등이 대표적 예였다.

313 장 프랑수아 테레즈 샬그랭(Jean François Therese Chalgrin), 뤽상부르 궁(Palais de Luxembourg), 파리, 1801

314 장 프랑수아 테레즈 샬그랭(Jean François Therese Chalgrin), 파리 개선문(=Arc de Triomphe de l'Etoile 에투알 개선문), 1806/사후 1830년에 아벨 블루에(Abel Blouet)가 완공

315 페르시에 & 퐁텐(Percier & Fontaine) 파트너, 카루셀 개선문(Arc du Carousel), 파리, 1806~08

세번째는 나폴레옹 제국의 권위를 과시하기 위해 로마 고전주의를 차용한 것으로, 두 개의 개선문이 대표적 예다. 샬그랭의 파리 개선문=Arc de Triomphe de l'Etoile은 나폴레옹이 흠모했던 두 고대 전제 문명인 로마 제국주의와 이집트 왕국의 건축을 혼합했다(그림 314). 전체 구성은 개선 아치의 표준형과는 다소 거리가 있었다. 아치 구멍은 가운데 하나만 뚫었으며 오더나 반원형 벽기둥은 하나도 사용하지 않았다. 로마 제국의 개선 아치를 모델로 삼아 전체 윤곽은 이집트의 거석 구조 분위기로 표현했다. 관건은 아치 자체가 아니라 아치를 둘러싼, 혹은 아치에서 뻗어 나오는 방사선 가로였다. 나폴레옹은 "모든 길은 파리 개선문으로"라는 말을 실현해 보이며 세상의 중심에 서고 싶은 정치적 욕망을 표현했다(그림 461).

페르시에와 퐁텐 파트너의 카루셀 개선문Arc du Carousel, 파리, 806~08은 콘스탄티누스의 개선 아치를 원형에 가깝게 모방했다(그림 315). 삼분법의 전체 구성, 균형 잡힌 비례, 화려한 장식, 장미 대리석의 오더 등이 대표적 내용이다. 이 개선문은 나폴레옹의 명령에 따라 루브르 궁과 튀일리 궁을 하나로 잇는 매개 개념으로 세워졌다. 나폴레옹은 자신의 근거지를 비록 튀일리 궁에 한정했지만 이 아치를 통해 루브르 궁까지 접수하고 싶다는 욕망을 과시했다.

프랑스 왕국, 라파엘로 고전주의, 열주 파사드

부르봉 왕가는 건축 활동에 큰 관심을 기울이지 않았다. 왕실이 나서서 왕궁을 복원하거나 대형 공공건물을 짓는 등의 건축 사업을 벌이지 않았다. 민간 분야의 자발적 활동에 맡겨놓는 편이었다. 이런 가운데 페르시에의 퐁텐블로 성채Chateau de Fontainebleau, 1830 개축 정도가 왕실이 나선 대표적 건축 활동이었다. 페르시에와 퐁텐은 이 시기에도 대표 건축가로서 활동을 이어갔지만 인상 깊은 작품을 남기지는 못했다. 프랑스 왕국에서는 두 가지 건축 경향이 나타났다.

하나는 페르시에의 르네상스 팔라초 차용 경향을 이어받아 여기에 장식 경향을 혼합한 흐름이었다. 나폴레옹이 물러나고 1820년을 넘기면서 복고 정권 아래 사회 분위기는 차분하게 가라앉았다. 건축에서는 나폴레옹 집권기의 과시 경향에 대한 반발로 섬세하고 우아한 경향이 주를 이루었다. 팔라초 모델의 단정한 윤곽, 명확한 몰딩, 선형 장식 등은 이런 분위기에 잘 맞았다. 에티엔 히폴리트 고드Etienne Hippolyte Godde, 1781~1869의 생쉴피스 신학교Seminaire de St. Sulpice, 파리, 1820~38, 프랑수아 앙네티François Agnety의 물리 도서관Bibliotheque Moulis, 파리, 1821~29, 펠릭스 뒤방Felix Duban, 1797~1870의 에콜데보자르 교육관Palais des Etudes, Ecole des Beaux-Arts=프랑스 국립미술학교, 파리, 1832~39, 샤를 밀라데Charles Millardet의 렌 극장Theatre de Rennes, 1836, 라브루스트의 생주느비에브 도서관 등은 이런 경향을 대표하는 예였다.

뒤방의 에콜데보자르 교육관에서는 혹두기의 1층과 열주 분할의 2층으로 구성되는 브라만테의 라파엘로 하우스 모티프를 사용했다(그림 316). 1층은 줄눈을 두껍게 해서 기단의 튼튼한 축 조성을 표현했다. 2층은 열주와 넓은 창으로 처리해서 가벼운 율동감과 경쾌하고 열린 분위기를 주었다. 애틱 층인 3층은 낮은 높이에 맞추어 낮게 돌출한 벽기둥으로 처리했다. 장식은 되도록 절제했으나 꼭 필요한 곳에는 빠지지 않고 들어갔다. 디테일은 고전 표준 문법을 잘 지켜서 안정적인

316 펠릭스 뒤방(Felix Duban), 에콜데보자르 교육관(Palais des Etudes, Ecole des Beaux-Arts), 파리, 1832~39

317 샤를 밀라데(Charles Millardet), 렌 극장(Theatre de Rennes), 프랑스, 1836

분위기를 주었다.

이런 경향은 1840년 이후 네오 바로크가 등장하기 전까지 20여 년 동안 프랑스 건축을 이끌었으며 르네상스 리바이벌의 전성기를 이루었다. 16세기 로마 팔라초를 이끌던 라파엘로의 경향을 모방했기 때문에 라파엘로 고전주의Raphaelite classicism라 부르기도 한다. 이 경향의 창시자인 페르시에는 '건축의 라파엘로'라는 별명이 붙을 정도였다. 당시 프랑스 미술계에 불던 라파엘파Raphaelism의 유행에 해당하는 건축계의 현상이었다. 나폴레옹 집권기에 로마 제국주의를 차용한 과시적 경향에 대한 반발로 섬세한 디테일을 자랑하는 16세기 이탈리아 양식을 차용한 것이었다(그림 317).

다른 하나는 열주 파사드를 사용하는 경향이었다. 이 경향은 나폴레옹 때 부르봉 궁 파사드에 나타났던 기법을 이어받은 것이다. 더 거슬러 올라가면 18세기 국제적 신고전주의가 부활한 것으로 볼 수 있다. 열주 파사드는 18세기부터 프랑스 신고전주의에서 즐겨 사용하던 모티프였다. 18세기는 바로크의 벽체 구조를 대체하는 의미로서 그리스 고전주의의 열주 효과를 위해 사용했다. 19세기에는 가로에 대한 건축적 대응의 역할로 바뀌었다. 19세기에 불바르boulevard 등의 대로가 생겨나면서 이것에 면한 건물 파사드를 정의해야 하는 문제가 생겼다. 프

318 알렉상드르 피에르 비뇽(Alexandre Pierre Vignon), 마들렌 사원(L'Eglise de Madeleine=Temple de la Gloire, 승리의 신전), 파리, 1807~42

랑스에서는 18세기의 선례를 이어받아 열주 파사드를 주로 사용했다. 이는 가로와 건물 사이에 연속성을 주기 위해서였다. 반면 독일에서는 가로를 즐길 수 있는 테라스를 선호했다.

열주 파사드를 사용한 예는 교회, 병원, 공공건물 등으로 나눌 수 있다. 교회는 루이 히폴리트 르바[Louis Hippolyte Lebas]의 노트르담들로레트[Notre-Dame-de-Lorette, 파리, 1823~36], 알렉상드르 피에르 비뇽[Alexandre Pierre Vignon, 1763~1828]의 마들렌 사원[Eglise de Madeleine=Temple de la Gloire, 승리의 신전, 파리, 1807~42], 퐁텐의 샤펠 엑스피아투아르[Chappelle Expiatoire, 파리, 1815~26] 등이 대표적 예다(그림 318). 병원은 장 부르게[Jean Bourguet]의 보르도 생탕드레 병원[Hospital St. Andre, 1825~29]이, 공공건물은 루이 피에르 발타르[Louis Pierre Baltard, 1764~1846]의 리옹 대법원[Palais de Justice, Lyon, 1835~]과 티악[Thiac]의 보르도 대법원[1846] 등이 대표적 예다(그림 319).

319 루이 피에르 발타르(Louis Pierre Baltard), 리옹 대법원(Palais de Justice, Lyon), 프랑스, 1835~

2 색채주의와 히토르프

장식 경향과 그릭 리바이벌

색채주의polychromy는 1820~70년 사이에 유행한, 색과 장식을 사용한 건축 경향을 의미한다. 이 경향은 고고학 발굴에서 시작했다. 카트르메르 드켕시Quatremere de Quincy, 1755~1849는 『주피터 올림피앙*Jupiter Olympien*』1815에서 고대 건축과 예술에서 색이 중요한 요소로 쓰였다고 주장했다. 이후 프란츠 크리스티앙 고Franz Christian Gau, 아드리아노 카스텔시 다코르네Adriano Castellesi da Cornet, 자크 이냐스 히토르프Jacques Ignace Hittorff, 1792~1867 등의 고고학 연구가 이 주장을 뒷받침하면서 하나의 건축운동으로 발전했다.

특히 히토르프의 활동이 중요한 역할을 했다. 그는 1822~24년 사이 이탈리아에 머물면서 시칠리아 등 과거 그리스 식민지의 신전을 연구했다. 그 결과 신전에서 색이 매우 적극적이고 광범위하게 쓰였음을 발견하고 이를 하나의 이론으로 만들어 주장했다. 실내와 외벽은 물론이고 주신, 아키트레이브, 메토프, 코니스, 페니멘트, 지붕 윤곽선 등 주요 부재는 모두 색 요소로 장식했다는 주장이었다. 이를 근거로 1827년에는 스스로 셀리눈테의 엠페도클레스 신전Temple of Empedocles, Selinunte 복원안을 그려서 『시칠리아의 고대 건축*Architecture antique de la Sicile*』1827으로 출판했다. 이 안은 삼원색을 중심으로 강렬한 원색을 제시하면서 당시 건축계에 찬반 논란을 불러일으키는 등 큰 충격을 안겨줬다(그림 320). 고고학자 로세트는 여기에 강력히 반대하며 히토르프를 공격해서 곤경에 빠뜨렸다.

320 자크 이냐스 히토르프(Jacques Ignace Hittorff), 셀리눈테의 엠페도클레스 신전(Temple of Empedocles, Selinunte) 발굴 복원 그림

이상과 같은 1820년대의 주장들은 건축가 개인의 예술적 편견이 개입하면서 과장된 측면이 있었다. 1830년대에는 차분한 학문적 발전이 있었다. 로마의 프랑스 아카데미 회원들이 이 문제를 과학적으로 증명하는 작업에 착수했다. 뒤방과 라브루스트가 주도하여 색채주의를 뒷

321 앙리 라브루스트(Henri Labrouste), 파에스툼 고대 도시 복원안

받침하는 학문적 연구 결과를 내놓았다(그림 321). 이들은 비록 히토르프의 주장처럼 강렬한 원색이 신전 전체를 뒤덮지는 않았을지라도 색이 어느 정도 중요한 역할을 했다는 사실을 밝혀냈다. 이 발견은 과학적 정확성을 인정받으면서 색채주의는 고고학 및 예술사 연구와 건축 경향에서 하나의 흐름으로 자리잡았다. 넓게 보면 절충주의 가운데 이집트 리바이벌과 비잔틴 리바이벌 등 장식이 많은 동방 양식의 리바이벌과 일정한 연관성이 있었다. 지리적으로도 프랑스를 넘어 유럽 각국으로 확산되었다. 이후 각국의 주요 건축가들이 참여해서 1850년대까지 융성하며 유럽 건축에 중요한 영향을 끼쳤다.

색채주의는 건축에서 장식 경향을 낳았다. 장식은 그리스 방식, 에트루리아식 방식, 로마 방식 등 선례의 종류에 따라 다원화되었다. 폼페이 양식처럼 세분화되는 경향도 나타났다. 색채주의의 영향을 가장 많이 받은 양식은 그릭 리바이벌과 네오 바로크였다. 그릭 리바이벌은 색채주의가 발생한 근원지가 그리스 신전이었기 때문에 당연한 것이었다. 그릭 리바이벌은 주로 영국에서 유행했는데 프랑스의 그릭 리바이벌은 색채주의가 대신했다. 네오 바로크는 본래 장식 경향을 강하게 추구했기 때문에 색채주의와 잘 맞는 측면이 많았다.

그릭 리바이벌은 18세기부터 추상 경향과 낭만주의로 양분되어 있었다. 색채주의는 이 가운데 후자에 속하면서 둘 사이의 논쟁을 다시 불러일으켰다. 프랑스의 색채주의는 그리스 고전주의를 낭만적으로 해석하던 르루아의 선례를 이어받아 숭고미와 픽처레스크의 일환으로 색을 정의했다. 그 반대편에는 스튜어트와 레베트의 영국 그릭 리바이벌리스트들이 있었다. 이들은 원형 상태로 환원을 추구하는 추상 경향을 대표했다. 이런 이분법은 19세기에도 이어져 그릭 리바이벌은 프랑스의 색채주의와 영국의 추상 경향으로 양분되었다. 프랑스에서는 색채주의의 예술적 논쟁을 촉발시켰던 히토르프와 이것을 학문적으로 정착시켰던 라브루스트가 자신들의 설계에 연구 결과를 활용하며 장식 경향을 이끌었다. 영국에서는 오언 존스[Owen Jones]가, 독일에서는 클렌체가, 오스트리아에서는 젬퍼가 각각 이 경향을 대표했다.

색채주의 장식 경향은 큰 성공을 거두지는 못했다. 계획안에서는 화려한 색채 장식을 사용한 작품들을 남겼지만 실제 건축물에서는 쉽지 않은 일이었다. 당시까지 유럽 건축에서 색 요소를 중요하게 받아들이지 않은 사회적 분위기가 그대로 남아 있었다. 설사 그리스-로마 고전주의에서 화려한 색이 쓰였더라도 당시 리바이벌되는 건물에 이것을 똑같이 적용하는 것이 옳은지에 대한 논쟁도 거셌다. 이외에 이것과는 별도로 영국 빅토리안 건축에서 모자이크 장식 경향이 나타나면서 이것과 색채주의 사이의 구별이 모호해진 측면도 있었다.

보혁 대립과 히토르프

색채 장식 경향이 본격적으로 쓰인 예는 축제용 건물이나 무덤 등에 국한되었다. 히토르프의 올림픽 서커스Cirque Olympique, 파리, 1838~42와 나폴레옹 원형극장Cirque Napoleon, 파리, 1852, 게르트너의 폼페이안 하우스Pompeiian House, Aschaffenburg아샤펜부르크, 1842~43 등이 대표적 예다. 이외에 일부 건물의 실내에 부분적으로 화려한 장식을 사용하기도 했다. 클렌체는 사도교회Apostelkirche, 뮌헨, 1818~26와 뮌헨 왕궁예배당Residenzkapelle, 1827~37 등 일련의 계획안을 작성하며 색채주의를 활용하는 데 가장 적극적이었지만 실제 건물을 남기지는 않았다.

색채주의의 또다른 영향으로 장식 목적으로 발명된 신재료를 들 수 있다. 에나멜 처리한 화산암lave emaillee이 대표적 예다. 이 재료는 채색한 부석pumice을 구워 만들어서 거의 마모가 일어나지 않는 근대 재료 가운데 하나로 1827년에 처음 발명되었다. 앙드레 잘André Jal의 쥘 졸리베 주택Maison de Jules Jolivet, 파리, 1856은 이 재료를 사용해서 색채 장식을 가한 대표적 예다. 히토르프는 이 재료에 관심이 많아서 하셰트Hachette et Cie라는 회사를 설립해서 생산, 판매를 직접 했고 자신의 건물에 부분적으로 시험삼아 사용하기도 했다. 프로이센의 프리드리히 빌헬름 왕자의 식탁 등 일부 가구나 실내장식에는 실제 사용했다(그림 322). 1840년대에는 광택 벽돌이 발명되었는데 이것 역시 마모 방지가 주목적이었다. 전통적인 페인팅 색채는 마모와 변색이 큰 약점이었는데 이것을 보완할 신재료들이 발명된 것이었다.

히토르프는 독일 쾰른 태생이었지만 1794년 쾰른이 프랑스에 합병

322 자크 이냐스 히토르프(Jacques Ignace Hittorff), 4계 테이블(Table des Quatre Saisons)

되면서 프랑스인이 되었다. 프랑스와 인접한 라인 강 인근과 뒤셀도르프에서 어린 시절을 보내면서 프랑스 교육을 받은 뒤 1801년 파리로 이주해서 1811년 에콜데보자르에 입학했다. 이곳에서 페르시에를 스승으로 만나 평생 그에게 영향을 받았다. 이방인이었기 때문에 졸업 후에는 특정 학파에 속하지 않고 독립적 인생을 살았다. 건축 경향은 고전주의와 신건축운동의 양 극단을 동시에 추구하면서 앞에 언급한 색채 장식주의를 더한 복합적 특징을 보였다.

히토르프는 한 개인의 인생을 통해 19세기 보혁 대립의 시대 상황을 잘 이해할 수 있는 인물이다. 그는 프랑스에서 철물을 가장 먼저, 그리고 가장 적극적으로 도입해서 사용한 건축가 가운데 한 명이었다(그림 323). 그러나 완성된 양식으로까지 발전시키지는 못했고 외관으로 드러나는 건축양식은 전통적인 고전주의였다. 어려운 여건에서 신건축운동의 기초를 다진 것으로 평가할 수 있다. 건물을 새로운 구조 구성으로 짜려는 노력과 이를 위해 부분적으로 철물 구조를 도입하거나 보강재로 사용한 시도 등은 중요한 기여였다. 외관에도 일부 철물을 노출하기는 했지만 전통 양식에 많이 종속되어 있었다.

철물 양식의 첫번째 완성은 그의 동지이자 라이벌이었던 라브루스트가 이루었는데, 히토르프가 라브루스트보다 아홉 살 많았다. 19세기 보혁 갈등의 소용돌이를 고려할 때 아홉 살의 나이 차이는 많은 것이었다. 히토르프는 이방인으로서 프랑스 아카데미의 질곡에서 자유롭게 신건축운동을 실험할 수 있었지만 자신이 속한 세대의 한계를 완전히 극복하지는 못하고 건축양식에서는 전통적인 고전주의에 머물렀다(그림 324).

323 자크 이냐스 히토르프(Jacques Ignace Hittorff), 철물로 지은 기술산업관 계획안

이런 한계는 이방인으로서 프랑스에서 살아남기 위해 동시대 정치 상황에 순종할 수밖에 없던 그의 태생 배경에서 기인한 측면이 많다. 그는 평생 독일어 억양을 지키고 독일과의 관계를 유지하는 등 자신의 뿌리를 완전히 끊지

못했다. 외국인에 대한 텃세가 심하고 학벌과 파벌 중심으로 돌아가던 프랑스 건축계에서 이것은 치명적 약점이었다. 이를 극복하기 위해 그는 제1제정, 프랑스 왕국, 1830년 7월혁명 정부, 제2제정 등 네 개의 정부를 섬기며 동시대 권력 구조에 충성했다. 보수주의 정권이 이름만 바꿔가며 계속 이어지는 한편 신건축운동에 모든 것을 걸 수도 없었던 19세기 상황에서 건축가가 할 수 있는 일은 정치 상황에 맞춰 역사 절충주의를 충실히 만들어내는 것밖에 없다는 사실을 가장 잘 보여준 예다. 그의 건축 일생은 19세기 전반부 프랑스 정치사의 변천 그 자체로 볼 수 있을 정도로 궤를 같이했다.

324 자크 이냐스 히토르프(Jacques Ignace Hittorff), 파빌리온 계획안

생뱅상드폴 – 역사 절충주의와 색채주의

히토르프가 보자르 졸업 후 처음으로 맡은 일은 곡물거래소 주철 돔을 건축하는 벨랑제의 보조 역할이었다. 벨랑제는 프랑스대혁명 때 곤욕을 치른 뒤 테르미도르반동 이후 복권되어 보수주의를 대표하는 주요 건축가로 활동하고 있었다. 이 과정에서 히토르프는 벨랑제의 수제자였던 J.-F.-J. 르쿠앵테J.-F.-J. Lecointe, 1783~1858를 만나 파트너십을 맺고 평생 친분을 이어갔다. 르쿠앵테는 나폴레옹의 수석 건축가로 잠시 활동하다 실력 부족으로 페르시에와 퐁텐의 파트너로 교체된 인물이었다. 르쿠앵테의 이런 이력과는 별도로 히토르프는 르쿠앵테의 건축 경향인 나폴레옹의 과시적 영웅주의에 보조를 맞추었다.

이후 부르봉 왕가 때는 르쿠앵테와 함께 1814년 루이 18세의 파리 입성을 축하하는 축제=Menus Plaisirs du Roi, 왕을 위한 작은 즐거움이란 뜻를 담당하는 건축가로 임명되어 임시 건축물을 설계했다. 이후 1818년 두 사람은 벨랑제가 사망하면서 축제와 행사 담당 건축가architect pour les fetes et ceremonies 직책을 물려받아 왕실의 잡다한 건축 일을 맡아 했다. 큰 일감이 없던 당시 상황에서 이 정도의 일도 건축가들에게는 창작력을 훈련할 수 있는 유일한 기회였다. 축제와 행사용 건축물은 기본적으로 장식적 속성이 강할 수밖에 없는데 이 일들을 하면서 히토르프는 장식에 관심을 가지게 되었고 색채 장식주의 논쟁을 주도하는 단계로 발전했다. 이런 과정을 거쳐 정치권력의 요구에 따라 형성된 히토르프의 고전주의 경향은 그의 나머지 인생 동안 계속되었다.

1820년대에는 색채주의 논쟁을 주도했으며 1830년 7월혁명으로 부르봉 왕가가 전복된 뒤에는 건축 교육 개혁운동을 이끄는 등 다양한 활동을 통해 변신을 거듭했다. 그의 대표작인 생뱅상드폴Saint-Vincent-de-Paul, 파리, 1833~48은 이 과정에서 수주한 작품이었다. 이외에 색채 장식주의를 활용한 가구, 실내장식, 상업건물 등의 작품을 남기면서 활동을 이어갔다. 1851년에는 『그리스의 색채주의 건축*Architecture polychrome chez les Grecs*』을 출판해 색채주의 이론이 자리잡는 데 결정적 기여를 했다. 이 책이 나폴레옹 3세의 눈에 들면서 히토르프는 자신의 말년을 제2제정의 대표 건축가로 보낼 수 있었다. 이 기간 동안 나폴레옹 원형극장, 폼페이 하우스 계획안Maison Pompeiienne, 파리 재개발 계획안, 루브르 호텔Hotel du Louvre, 1856~59, 파리 북역Gare du Nord, 1858~66 등을 남겼다.

325 자크 이냐스 히토르프(Jacques Ignace Hittorff), 생뱅상드폴(Saint-Vincent-de-Paul), 파리, 1833~48

생뱅상드폴은 히토르프의 복합적 특징을 잘 보여주는 대표작이다. 이 건물은 여러 종류의 고전주의를 바탕으로 한 절충주의가 기본 특징이며 실내에서는 부분적으로 색채 장식주의를 시도했다. 외관에서는 로마의 삼위일체 교회Trinita dei Monti의 구성을 기본 모티프로 삼아 그리스 고전주의로 재해석해냈다. 전체 구성을 뒤쪽 몸통과 앞쪽 출입구로 이등분한 뒤 출입구에 열주 파사드를 사용한 처리가 삼위일체 교회의 기본 구성이었다. 열주는 그리스 이오니아식 오더로 처리해서 효과를 높였다(그림 325).

실내 건축에서는 로마 바실리카나 초기 기독교 바실리카 교회를 모델로 삼아 기독교 고전주의를 차용했다(그림 326). 실내 건축에서도 구체적 처리는 그리스 고전주의로 했다. 1층은 아케이드가 아닌 이오니아식 오더의 콜로네이드로 처리하면서 열주 효과를 노렸다. 2층에는 천측창이 아닌 화랑을 두고 역시 콜로네이드로 처리하면서 동일한 효과를 노렸다. 화랑이 공간 깊이를 가졌기 때문에 독립 원형 기둥의 콜로네이드로 처리할 수 있었다. 화랑의 공간 깊이는 독립 원형 기둥의 열주 효과를 배가했다. 1층과 2층 사이에 높은 벽면을 두어 천장을 높여 1층에서 2층으로 이어지는 기둥의 존재를 부각시켰다.

실내는 화려한 장식으로 채웠다. 색채주의에 따른 원색을 직접 사용하지는 않았지만 성화, 디테일, 몰딩, 재료 등 장식 처리가 가능한 수단은 총동원했다. 1층과 2층을 구획하는 벽면에는 성화를 그렸다. 지붕을 받치는 2층의 프리즈에도 성화를 그렸다. 천장은 별 모양을 기본 모티프로 삼은 소란반자로 처리해서 기하 장식주의를 추구했다. 크로싱 앞쪽 천장에는 아치형 벽체를 올려붙여서 장식을 더할 수 있는 면적을 확보했다. 이곳에는 낮은 돋을새김을 새겼다. 2층 주두는 코린트식으로 처리했다. 크로싱 천장은 유리 돔으로 만든 뒤 스테인드글라스를 끼웠다. 주요 장식들은 대부분 황금을 주재료로 사용해서 장식 효과를 높였다.

326 자크 이냐스 히토르프(Jacques Ignace Hittorff), 생뱅상드폴(Saint-Vincent-de-Paul), 파리, 1833~48

3 보자르 양식과 네오 바로크

제2제정, 보자르 양식(1848~70), 네오 바로크(1840년~20세기 초)(1)

19세기 중반으로 접어들면서 민족주의의 영향으로 건축에서도 자국의 국가 양식을 리바이벌하려는 움직임이 나타났다. 독일의 신고전주의는 이것의 좋은 예다. 가장 먼저 근대적 통일국가를 세우고 중앙집권을 정치적 전통으로 이어온 프랑스도 또다른 대표적 예였는데 이것을 담당한 양식이 네오 바로크였다. 프랑스의 국가 양식은 여럿이었다. 건축적 관점에서는 고딕 양식이었다. 고딕은 프랑스가 종주국인 유일한 양식이었다. 그러나 정치 사회적 배경에서는 바로크가 국가 양식이었다. 고딕은 로마 가톨릭의 영향을 받아 탄생한 양식이기 때문에 로마와 연계성이 강했다. 프랑스대혁명을 거치면서 가톨릭을 국가나 왕실과 분리하면서 이런 느낌은 더 커졌다.

바로크는 이와 반대였다. 건축적 관점에서 보면 프랑스 바로크는 이탈리아 바로크를 수입하면서 시작되었다. 그러나 프랑스 절대왕정을 이끌던 루이 14세의 양식이었기 때문에 일반 국민의 정서에는 더 호소력이 있었다. 나폴레옹에 대한 향수를 간직하고 있던 19세기 중반으로 접어들면서 이런 분위기는 더 커져갔다. 제2제정에 들어서면서 나폴레옹 3세는 나폴레옹의 제국주의를 이어받았다. 나폴레옹이 닮고자 했던 루이 14세 양식의 리바이벌인 네오 바로크는 자연스럽게 제2제정의 국가 양식이 되었다.

초기 근대의 선례에서 각국의 국가 양식을 찾으려는, 당시에 유행한 경향도 중요한 요소였다. 영국에서는 엘리자베스와 제임스 1세 양식의 리바이벌이 르네상스 리바이벌과 함께 나타났다. 독일에서는 로마네스크에서 르네상스에 이르는 여러 선례들 사이의 공통점을 리바이벌한 룬트보겐슈틸Rundbogenstil이 나타났다. 프랑스에서는 이에 맞서 프랑수아 1세에서 루이 14세에 이르는 초기 근대 절대왕정 양식의 리바이벌이 유행했는데 이것을 대표한 것은 바로크 양식이었다. 이에 따라 19세기 프랑

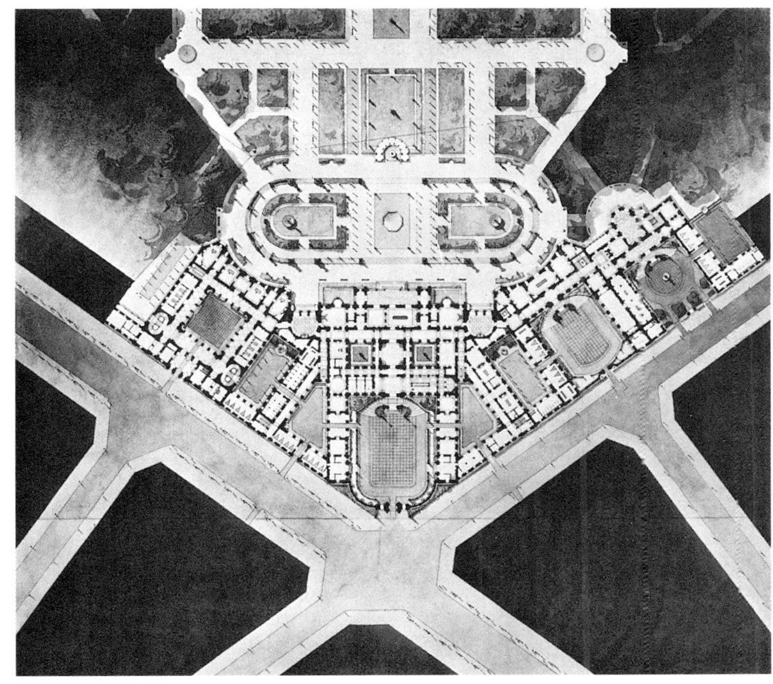

327 에밀 베나르(Emile Bénard), 부유한 은행가의 저택 계획안

스의 국가 양식은 이것을 리바이벌한 네오 바로크로 귀결되었다.

건축 내부의 관점에서 보면 네오 바로크는 보자르 양식 즉 아카데미즘의 한 분파였다. 프랑스 왕립아카데미가 대혁명 때 일시 폐쇄되기는 했지만 이후 보수주의 정권 때 다시 살아나 1819년에 에콜데보자르로 통합되었다. 이곳에서 교육한 내용 및 이것이 실제 건축물에 적용된 내용 등을 통틀어 보자르 양식이라 부른다. 보자르 양식은 나폴레옹 3세의 새로운 과시욕과 잘 들어맞아 제2제정 때 전폭적인 지원을 받아서 융성을 누렸다. 이 때문에 제2제정 양식Second Empire Style이라 불리기도 한다. 건축양식은 고전주의를 기본으로 삼은 네오 바르크가 대표 양식이었다(그림 327).

한편 네오 바로크 자체는 1840년경에 나타나기 시작한 이래 나폴레옹 3세가 등장한 1848년부터 전성기를 누리기 시작했다. 이처럼 보자르 양식, 제2제정, 네오 바로크는 강한 연관성을 가지며 1840~70년대 프랑스 건축을 대표하는 국가 양식으로 자리잡았다. 제2제정 때 실질적 정국 주도권은 부르주아들이 쥐면서 구체적 내용은 부르주아 양식

328 가브리엘 다비우(Gabriel Davioud), 생미셸 분수(Fontaine St. Michel), 파리, 프랑스, 1860

이 되었다. 자세한 내용은 아래에서 살펴볼 것이다. 네오 바로크는 프랑스 내에서는 1870년대 이후 부르주아 양식으로 채택되면서 절충주의의 한 분파로 20세기 초까지 생명을 유지했고 영국으로 건너가 전성을 누렸다. 보자르 양식은 프랑스 내에서는 19세기 후반까지 전성을 누렸고 이후 미국으로 전파되어 20세기 전반부까지 크게 융성했다.

보자르 양식의 네오 바로크는 헥토르마르탱 르퓌엘Hector-Martin Lefuel, 1810~80과 루이 비스콘티Louis Visconti, 1791~1853 파트너의 누보 루브르Nouveau Louvre, 파리, 1852~57에 의해 시작되었다. 이 건물의 경향은 이후 오귀스트 바일리Auguste Bailly, 1810~92, 테오도르 발뤼Theodore Ballu, 1817~85, 가브리엘 다비우Gabriel Davioud, 1823~81, 가르니에 등의 추종자가 등장하면서 네오 바로크라는 하나의 리바이벌 양식으로 독립했다(그림 328). 그 절정은 가르니에의 파리 오페라하우스였다.

바로크 양식이 부활하면서 건축과 미술이 하나로 통합되어 둘 사이의 구별이 모호해졌다. 이런 배경 아래 조각, 회화, 장식공예 등의 장르에서 네오 바로크는 가장 융성하였다. 파리 오페라하우스에서는 15명의 화가와 75명의 조각가가 장식을 담당하며 건축가 가르니에와 협동 작업을 폈다. 네오 바로크는 동시대 영국의 대표 양식이던 빅토리안 고딕과 경쟁하며 유럽 전역에 큰 영향을 끼쳤다. 본격적인 절충주의기로 접어든 유럽은 여러 역사 양식들 사이에서 갈팡질팡하던 때였고, 프랑스 제2제정의 지원을 받은 강력한 양식인 네오 바로크는 확실한 조형 목적과 건축 경향을 통해 다른 나라에 영향을 끼쳤다. 특히 영국에 큰 영향을 끼친 점은 이 양식의 집중력을 보여준 현상으로 이해할 수 있다.

그랜드스타일과 누보 루브르

보자르 양식은 '그랜드스타일grand style'을 추구했다. 이것은 17세기 바로크 아카데미즘의 '그랜드 매너grand manner'를 이어받아 19세기 제국주의에 맞게 변형한 것이다. 그랜드스타일은 한마디로 제국주의의 권위에 맞는 기념비다움을 과시적으로 표현하려는 데 목적이 있었다. 이것은 초기 근대 역사 양식 내에서 르네상스와 바로크를 순수 조형적 측면에서 구별하려는 입장으로 이해할 수 있다. 르네상스의 우아한 기품과 섬세한 디테일 대신 바로크의 조각적이고 장식적인 효과를 주요 특징으로 추구했다. 르네상스의 단순 육면체, 수평선, 표준 오더의 반복, 절제된 장식, 평활면 등을 대신해서 매스의 분절, 수직선, 벽기둥과 오더의 혼용, 쌍기둥, 거대 기둥, 조각과 돋을새김 장식, 요철이 심한 벽면 등을 도입했다.

평면 구성은 축 구성과 엄격한 좌우동형 대칭을 기본법칙으로 삼았다(그림 327). 중앙부를 크고 화려하게 처리한 반면 측랑에서는 동일 요소를 급하게 반복하여 외관을 기념비답게 만드는 데 기여했다. 프로그램도 이에 맞는 전형성을 가졌다. 중앙의 큰 매스에 들어가는 넓은 면적과 측랑의 반복 요소에 들어가는 소형 동일 면적으로 이분화해 둘을 대비함으로써 중앙 집중 질서를 강조했다. 대비는 또한 각 실들 사이에 위계를 만들면서 제국주의의 권위를 상징했다. 측랑에서는 일직선 복도가 척추처럼 중심을 잡았고 이런 처리는 궁극적으로 매우 기능적이어서 "방문객은 표지판이나 안내문 없이 (순수한 건축 처리만으로) 목적지에 도달할 수 있어야 한다"는 강령을 만족시켰다.

329 에마뉘엘 브룬(Emmanuel Brune), 왕궁 계단실 계획안

실내 공간은 단순하게 처리하지 않고 기능적 동선 처리만 확보되면 웅장한 느낌을 만들기 위해 장경주의, 들고 남, 오르내림, 넓고 과시적인 계단 등 바로크의 전형적

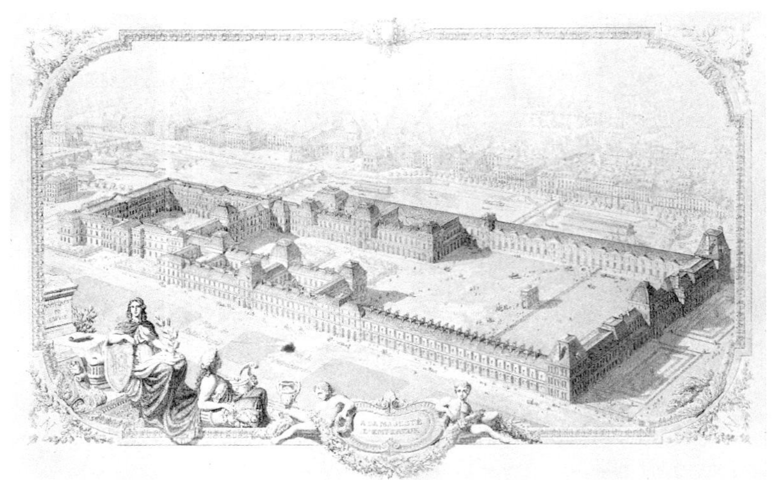

330 르퓌엘(Lefuel) & 비스콘티(Visconti) 파트너, 누보 루브르(Nouveau Louvre), 파리, 1852~57

기법을 도입했다(그림 329). 이상의 종합적 효과를 위해 디자인 방향parti, 구성composition, 복도의 효율적 배치distribution, 프로그램과 방의 효율적 배분disposition, 포인트 강조pointe, 기능적 순환circulation, 격자 구성mosaique, 행진marche 등의 구체적 디자인 법칙을 마련했다.

누보 루브르는 이상과 같은 보자르 양식의 시작을 알리는 건물이었다. 나폴레옹 3세는 제2제정을 선포한 1852년 누보 루브르를 5년 안에 완공하도록 명했다. 이를 위해 카루셀 안마당Cour du Carrousel에 있던 여러 작은 건물들을 모두 철거해서 부지를 확보했다. 누보 루브르는 르네상스 때 지은 구舊루브르에 'ㄴ' 자 형식으로 더해지면서 카루셀 안마당을 에워싸는 형식을 취했다. 'ㄴ' 자 건물에는 대화랑Grande Galerie, 나폴레옹 화랑Galerie Napoleon, 마르상 별관Pavillon de Marsan, 플로레 별관Pavillon de Floreé 등 네 개의 윙이 들어갔다(그림 330). 누보 루브르에 요구된 내용은 두 가지였다.

하나는 르네상스 양식의 구루브르, 특히 자크 르메르시에Jacques Lemercier의 시계관Pavillon de l'Horloge과 관계를 설정하는 일이었다. 이것에 대해서는 연속과 대비의 양면성을 추구했다. 연속성은 초기 근대라는 동일한 뿌리를 이어받는 것이었다. 층수 구성, 베이 분할, 입면 구성, 각 층의 고전 질서 적용 등은 시계관의 르네상스 구성을 이어받은 것이었다. 이것은 바로크가 르네상스의 연장선에 있다는 일반론과도 부합했다. 대비성은 르네상스의 얌전한 실루엣과는 달리 바로크의 강력한 인상을

331 르퓌엘(Lefuel) & 비스콘티(Visconti) 파트너, 누보 루브르(Nouveau Louvre), 파리, 1852~57

추구한 점이다. 또 시계관의 선형적 라파엘로 고전주의를 버리고 과다한 장식을 이용한 조각 효과를 추구했다(그림 331).

다른 하나는 규모가 크지 않은 왕궁을 통해 제2제정의 정치적 권위를 과시하는 일이었다. 이것은 보자르 양식의 표준 기법으로 해결했다. 'ㄴ' 자를 이루는 두 건물에는 각 두 개의 윙이 들어갔다. 각 건물 중앙에 임페리얼 돔이 있는 홀이 위치했고 양옆으로 윙을 하나씩 배정했다. 중앙 홀에서 양옆으로 일직선 복도가 뻗고 이것을 따라 각 실들이 질서정연하게 늘어섰다(그림 330, 332). 이것은 보자르 양식의 강령 가운데 '복도의 효율적 배치distribution'와 '프로그램과 방의 효율적 배분disposition'을 적용한 처리였다.

외관에서는 프랑스 바로크의 전형적 구성을 차용했다(그림 331). 들고 남이 심한 표면 처리와 화려한 조각 장식으로 작은 규모라는 단점을 극복하고 제2제정의 권위를 과시하는 데 성공했다. 각 건물은 중앙 출입구, 측랑, 측동으로 이루어졌다. 이것은 삼분법을 두 번 적용한 오분법 구성으로 프랑스 바로크에서 자주 사용하던 처리였다. 수직 구성은 세 층으로 하였다. 중앙 출입구는 임페리얼 돔이 있는 중앙 홀이었다. 임페리얼 돔에는 망사르드지붕Mansarde Roof을 더해서 매스의 웅장함을 과시하는 한편 17세기 프랑스 바로크의 리바이벌 양식임을 분명히 했다. 망사르드지붕은 여신상 쌍기둥으로 구성된 신전 파사드가 받쳤다. 이 부분은 3층에 해당되었다. 이것을 다시 아래에서 본체가 받쳤다. 본

332 르퓌엘(Lefuel) & 비스콘티(Visconti) 파트너, 누보 루브르(Nouveau Louvre), 파리, 1852~57

체는 두 층 모두 쌍기둥 네 쌍으로 구성되었다. 이것은 오더의 수직 층 쌓기를 이용하여 수직성을 강조한 처리였는데 이것 역시 프랑스 바로크의 전형적 기법이었다.

절충적 네오 바로크와 파리 북역

누로 루브르는 당시 사회적 분위기와 맞물려 성공을 거두었고 많은 추종자들이 등장하면서 프랑스 국가 양식으로 자리잡았다. 사회적 분위기도 건축에 유리해졌다. 제2제정기는 19세기 프랑스 건축의 전성기였다. 네오 바로크와 절충주의는 이것을 담당한 양대 축이었다. 네오 바로크는 사회 인프라와 관련된 공공건물과 부르주아를 위한 건물들에 주로 쓰였다. 절충주의는 1840~50년대의 고딕리바이벌과 1860년대의 로마네스크 리바이벌로 양분할 수 있는데 둘 모두 교회 건물에 쓰였다.

네오 바로크는 다비우의 생미셸 분수 Fontaine St. Michel, 파리, 1860, 에티엔 테오도르 도미 Etienne Theodore Dommey의 파리 대법원 Palais de Justice, 1840~71, 루이 뒤크 Louis Duc, 1802~79의 파리 대법원 할리 홀 Vestibule d'Harlay, 1857~68, 르네 바르델 Rene Bardel의 리옹 상무성 Palais de Commerce, Lyon, 1857, 랭스 시청사 개축 Hotel de Vill, Reims, 1856, 히토르프의 파리 북역 Gare du Nord, 1858~66, 가르니에의 파리 오페라하우스 Theatre de l'Opera, 1861~75

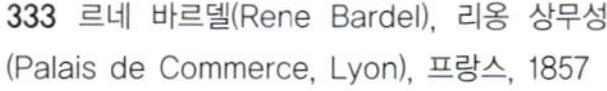

333 르네 바르델(Rene Bardel), 리옹 상무성(Palais de Commerce, Lyon), 프랑스, 1857

등으로 이어졌다(그림 300, 333).

이들 세대에 오면 차용 선례는 더욱 다양해져 요철의 과장에 의한 바로크의 특징을 보여주는 역사 양식을 포괄적으로 사용하는 경향이 나타났다. 베네치아 르네상스의 색채 장식주의, 고딕 전통이 남아 있는 프랑스 초기 르네상스, 루이 13세 양식의 조각 장식주의, 노르딕 매너리즘의 고전 부재 변형 등 매우 다양했다. 이런 다양한 선례 양식에서 차용한 어휘들을 부재별로 혼용했다. 오더, 창틀, 지붕, 건물 상층부 옥상 외관 등을 부재별로 분리한 뒤 장식 효과를 극대화하는 방향으로 선례 어휘를 혼용했다. 예를 들어 고전 오더는 필리베르 들로름Philibert de l'Orme의 벽기둥으로, 콜로네트와 소품화된 페디먼트로 처리하던 고전 창틀은 고딕의 뾰쪽 아치나 루이 13세의 개 이빨 장식으로 각각 대체하는 식이었다. 각 부재들이 하나의 큰 심미적 가치 아래 서로 어울리는 유사한 특징과 외관을 공유하도록 한 고전주의의 예술적 통일성 법칙을 깨는 경향이었다.

334 오귀스트 마뉴(Auguste Magne), 보드빌 극장(Theatre du Vaudeville), 파리, 1867~70

이런 경향은 네오 바로크에 당시 본격적으로 유행하기 시작한 절충주의 경향이 더해진 현상으로 볼 수 있다. 넓게 보면 네오 바로크 자체도 유형학적 절충주의를 구성하는 양식 가운데 하나였지만, 좁게 보면 프랑스의 국가 양식으로서 비교적 집중성과 통일성이 강한 양식이었다. 이런 네오 바로크에 종합적 절층주의 특성이 가미되면서 다른 양식이 혼용된 것이다. '바로크'의 일반형용사인 '기괴한, 불규칙적인'이라는 뜻에 합당한 선례 양식을 총동원한 양상이었다(그림 334).

네오 바로크의 이런 경향은 양식 단위의 캐넌은 비교적 정확하게 지키는 편이었던 19세기의 다른 역사주의 양식과는 다른 특징이었다. 이것은 고전 캐넌에서 부재를 분리하는 경향의 일환으로 볼 수 있다. 부재 분리는 18세기 급진적 신고전주의에서 본격적으로 시작된 이래 혁

335 자크 이냐스 히토르프(Jacques Ignace Hittorff), 파리 북역(Gare du Nord), 1858~66

명기 고전주의에서 절정에 달했다. 이것은 18세기 프랑스 신고전주의의 계보라 할 수 있다. 네오 바로크는 이것을 이어받아 19세기 역사주의에 접목한 것으로 볼 수 있다. 프랑스다운 국가 전통의 부활을 기치로 내걸었기 때문에 그 대상을 루이 14세에 국한하지 않고 시간의 끈을 앞뒤로 늘린 것이었다. 프랑스 르네상스와 초기 바로크는 시간의 끈을 앞으로, 18세기 신고전주의는 뒤로 각각 늘린 것이다.

히토르프는 자신의 마지막 작품인 파리 북역을 네오 바로크로 설계하고 싶어했지만 여러 번 수정한 끝에 그리스 고전주의와 로마 고전주의를 혼합한 양식으로 결론지었다. 그러나 외관의 전체적 분위기와 매스 구성에는 네오 바로크의 특징이 나타났다(그림 335). 외관의 전체 구성은 누보 루브르를 기본 모델로 삼아 과시적 기념비다움을 더 강조한 방향으로 처리했다. 삼분법을 두 번 적용한 오분법으로 구성되었으며 이 가운데 중앙 출입구에는 삼분법을 한 번 더 적용해서 중앙 집중성을 극도로 높였다.

그리스 고전주의는 이오니아식 오더와 가구식 구조의 사용에서 나타났다. 이오니아식 오더를 기본 부재로 사용했지만 독립 원형 기둥이 아닌 거대 기둥의 벽기둥으로 처리하여 바로크 효과를 노렸다. 특히 거대 기둥을 쌍기둥으로 중복시켜 거석 기념비 효과를 노렸다. 가구식 구조는 측랑을 담당했다. 1층은 독립 원형 기둥이, 2층은 벽기둥이 가지런히 늘어서면서 측랑을 분할했다. 엔타블러처는 강한 수평선을 강조하는 보로 활용했다. 로마 고전주의는 아치 구성에서 나타났다. 중앙 출입구의 삼등분 구성은 개선 아치 모티프로 처리했고 양옆 측동도 벽기둥을 제외한 본체는 대형 아치로 처리했다. 이상과 같이 이 건물은 세 가지 고전주의를 혼합한 절충적 네오 바로크를 기본 특징으로 하고 있다.

14장 19세기 영국 고전주의

1 절충 고전주의와 존 내시

2 그릭 리바이벌 (2)

1 절충 고전주의와 존 내시

고전주의의 쇠퇴와 절충성

19세기 영국 고전주의는 생명력을 상실한 무기력한 모습을 보였다. 거시적으로 보면 비단 영국만 그런 것이 아니라 유럽 전체 상황이 그러하였다. 18세기 신고전주의가 19세기의 역사주의와 절충주의로 변질되어 가면서 창작력을 상실한 것이다. 영국은 프랑스나 독일보다 이런 현상이 특히 더 심했다. 이유는 두 가지였다. 건축적 측면에서 보면 그릭 리바이벌이나 빅토리안 고딕이라는 더 광범위한 양식이 주류를 이루면서 고전주의의 자리를 잠식했다. 19세기 영국 고전주의는 그릭 리바이벌로 대체된 느낌이었다. 여기에 고전주의와 끝없는 경쟁을 벌인 양식인 고딕의 융성으로 더욱 설 자리를 잃게 되었다.

정치적 측면에서는 중앙정부 같은 강력한 건축주가 없었다. 19세기 영국에서는 빅토리아 여왕 한 명을 정점으로 하는 전통적인 의회 정치가 진행되었다. 프랑스의 제국 체제와는 다른 양상이었다. 빅토리아 여왕의 강력한 리더십이 있었지만 이것을 대표한 양식은 고전주의가 아닌 고딕이었다. 독일의 고전주의를 부흥시킨 민족주의 논쟁도 영국에서는 시들했다. 이미 17세기에 근대적 통일국가의 기틀을 닦았기 때문에 19세기 영국의 최대 관심사는 산업자본주의의 번성과 해외 식민지 약탈이었다. 이 과정에서 산업 · 기계문명과 자본주의의 폐해에 대한 대안운동이 활발히 일어났다. 전자는 중세주의, 후자는 사회주의로 발전했고 이 둘은 다시 기독교사회주의로 합해졌다. 이것을 대표한 양식 역시 중세주의를 대표하는 고딕이었다(그림 336).

이상과 같은 배경 아래 19세기 영국 고전주의는 독자적 창출력을 상실하고 여러 선례를 빌려오는 절충주의 경향을 나타냈다. 로마 고전주의를 모델로 삼아 르네상스 요소와 장식 처리를 혼합한 혼성 경향이었다. 영국다운 신고전주의를 모색하는 등 18세기에 시도했던 세밀한 차이에 의한 다양한 실험은 사라졌다. 독일과 프랑스의 영향 등 동시대

336 조지 에드먼드 스트리트(George Edmund Street), 브리스틀 성당(Bristol Cathedral) 복원, 영국, 1868~77
337 하비 론즈데일 엘름스(Harvey Londsdale Elmes), 성 조지 홀과 순회 재판소(St. Geroge's Hall and Assize Courts), 리버풀(Liverpool), 영국, 1841~51
338 하비 론즈데일 엘름스(Harvey Londsdale Elmes), 성 조지 홀과 순회 재판소(St. Geroge's Hall and Assize Courts) 평면도, 리버풀(Liverpool), 영국, 1841~51

외래 요소도 도입했다. 독일의 싱켈과 프랑스의 제1제정과 제2제정 양식 등이 대표적 예다. 이런 현상을 종합해볼 때 19세기 영국의 고전주의를 절충 고전주의라 부를 수 있다. 같은 절충이라 해도 프랑스의 네오 바로크에 나타났던 것과 반대되는 소퇴한 의미의 절충이었다.

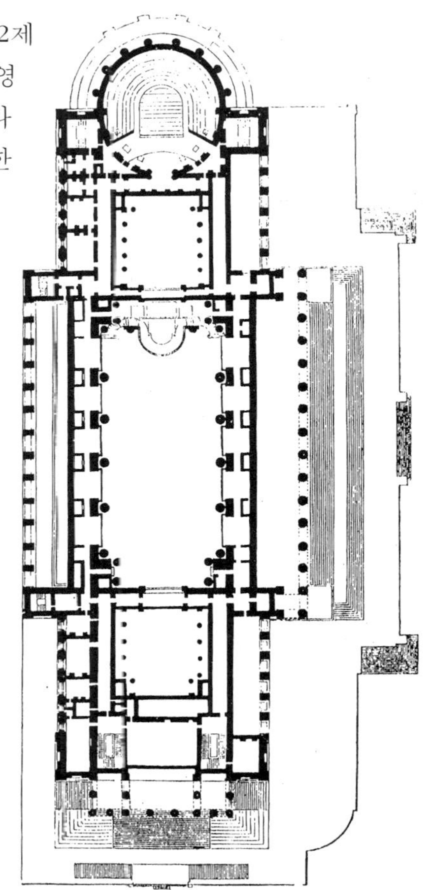

이 가운데 싱켈의 영향이 특히 두드러졌다. 싱켈의 고전주의가 낭만성을 가미한 특징이 있었기 때문에 영국의 전통적 감성과 통하는 측면이 많았던 것이 가장 큰 이유였다. 싱켈이 영국과 교류가 잦았던 것도 또다른 중요한 이유였다. 싱켈은 자신의 고전주의를 완성해가는 초창기에 영국의 픽처레스크 개념에서 많은 영향을 받았다. 이후 자신만의 고전주의를 완성한 다음에 이것을 영국에 역수출한 것이다. 싱켈은 혁명파에 가담했다가 영국으로 망명하는 등 영국과 지속적으로 교류하며 자신의 건축 이상을 일정 부분 영국에 전파할 수 있었다.

하비 론스데일 엘름스Harvey Londsdale Elmes, 1814~47의 성 조지 홀과 순회 재판소St. Geroge's Hall and Assize Courts, 리버풀 Liverpool, 1841~51는 그 대표적 예였다(그림 337, 338). 리버풀은 19세기 들어 인구가 급격히 늘면서 도시의 위용을 갖춤과 동시에 시민정신의 중요성을 상징적으로 보여줄 필요성이 생겼다. 옆 도시 버밍엄과의 경쟁도 중요했다. 이 건물은 이런 요구를 만족시키기 위허 로마제국 건축, 그리스 고전주의, 르네상스 등을 혼합한 양식으로 지었다. 로마제국 건축은 웅장한 코린트식 열주 현관과 조각으로 가득 찬 페디먼트로 표현했다. 그리스 고전주의는 단순한 매스 처리, 절제된 추상 분위기의 선형 어휘, 낭만적 원시주의와 결부된 원형성 등으로 표현했다. 상반되는 두 경향을 16세기 르네상스의 차분하고 섬세한 디테일이 하나로 묶어주었다. 싱켈의 영향은 그리스 열주를 이용한 격자 처리와 그것에서 느껴지는 낭만적 원시주의에서 특히 두드러졌다. 평면도 이런 절충주의 선례들을 담아내기 위해 수평 비례를 비정상적으로 길게 했다.

절충 고전주의는 18세기 영국다운 신고전주의의 연장인 측면이 많았다. 고전주의에 여러 역사 양식을 섞어 쓰는 경향을 픽처레스크라는 영국의 전통 정서와 동일시하던 18세기 입장이 계속 이어진 것이다. 이것이 18세기에는 영국다움을 정의하는 의미가 있었으나 19세기에는 단순 절충주의 이상의 의미를 갖지 못하는 쪽으로 상황이 바뀌었다. 19세기에 들어와 새로운 시대에 맞는 고전주의 해석 시각을 창출하지 못한 채 18세기 경향이 계속 이어지면서 무기력한 절충주의와 결합되었다. 실제로 절충 고전주의는 19세기 영국을 대표하는 빅토리안 고딕이 등장하기 시작하는 1840~50년이 되면 그 존재 의미를 잃고 급격히 쇠퇴했다.

유적 발굴 및 이것을 기록한 선례 모음집은 여전히 중요한 소재였다. 17세기 르네상스와 바로크 때 시작된 이런 전통은 18세기에 크게 융성한 뒤 19세기에도 고전주의자들에게 기본 어휘를 제공하는 사전 역할을 이어갔다. 선례 모음집 중에서는 윌리엄 헨리 리즈William Henry Leeds, 1786~1866의 『현 시대 건축 연구와 이탈리안 스타일 리바이벌의 상태에 관한 고찰*An Essay on the Present State of Architectural Study and the Revival of the Italian Style*』1839과 프랑스 건축가 폴 르타루일리Paul Letarouilly의 『근대 로마의 건축물들*Edifices de la Rome Moderne*』1840~57이 가장 많이 읽혔다. 이상과 같은 배경 아래 내시, 코커렐, 배리, 버튼 등 주요 건축가들을 절충 고전주의로 분류할 수 있다.

존 내시(1)–18세기 낭만주의에서 19세기 절충주의로

339 존 내시(John Nash), 대리석 개선 아치 모델

존 내시John Nash, 1752~1837는 18세기에서 19세기로 넘어오는 과도기적 특징을 잘 보여주는 건축가다. 내시에 대한 평가는 양면적이다. 가볍고 즉흥적인 혼용 경향은 절충주의의 부정적 측면을 보여주는 전형적인 예다. 이방 양식의 잡다한 혼용은 유원지 건축이라 할 정도로 깊이가 없는 표피주의facadism에 머무른 것이 사실이다(그림 339). 부동산 개발업자라는 그의 경력도 작품성의 기준으로 보면 중요한 약점이었다. 그의 주요 작품들이 상당수 철거된 사실이 이를 증명한다. 반면 그가 처한 시대 상황에서 일정한 역할을 한 긍정적 측면도 있다. 그는 18세기 낭만주의 개념의 다원주의 양식을 구사하면서 이것을 19세기 절충주의로 이어 넘겼다(그림 340). 둘 사이에는 일정한 연관성과 함께 큰 차이도 함께 존재했는데 이 가운데 연관성에 무게를 둔 것으로 볼 수 있다.

내시는 엄밀한 의미에서 19세기 절충주의 건축가는 아니다. 교육 배경이나 초창기 활동은 18세기에 속했다. 그의 절충주의에는 아직 18세기 낭만주의가 많이 남아 있었다. 반면 대표작은 1810년대부터 나오기 시작했다. 이 시기는 존 손 등 18세기 거장들의 말년인 동시에 르네상스 리바이벌과 로마네스크 리바이벌이 시작되는 등 19세기 절충주의가 형성되어 가던 때였다. 영국 내부에서는 자국을 대표할 수 있는 양식을 모색하던 전형적인 전환기였다. 내시는 이런 상황에서 절충 고전주의를 구사하며 영국 건축계에 선택의 폭을 넓혀주는 기여를 했다.

내시는 컨트리하우스, 농가, 성채 등을 픽처레스크 개념으로 설계하

340 존 내시(John Nash), 윈저 왕실 별장(The Royal Lodge, Windsor), 영국, 1828

341 존 내시(John Nash), 크론힐(Cronkhill), 슈루즈베리(Shrewsbury), 영국, 1802년경

며 18세기를 보냈다. 낭만주의 건축을 앞장서서 이끈 거장은 아니었고 무명에 가까웠다. 그러나 슈루즈베리 근교의 크론힐Cronkhill, Shrewsbury, 1802년경은 일정한 작품성을 보여주었다. 이 건물에서는 낭만주의를 기본 개념으로 삼아 18세기 영국 건축을 둘러싸고 대립했던 쌍개념들을 하나로 통합하려는 시도를 했다. 영국 농가와 고전주의의 로지아, 대륙의 십자축 대칭 구도와 영국 낭만주의의 비대칭 구도, 추상 평활면 대 창 분할 장식, 추상 경향 대 고전 디테일 등이 대표적 쌍개념들이었다(그림 341).

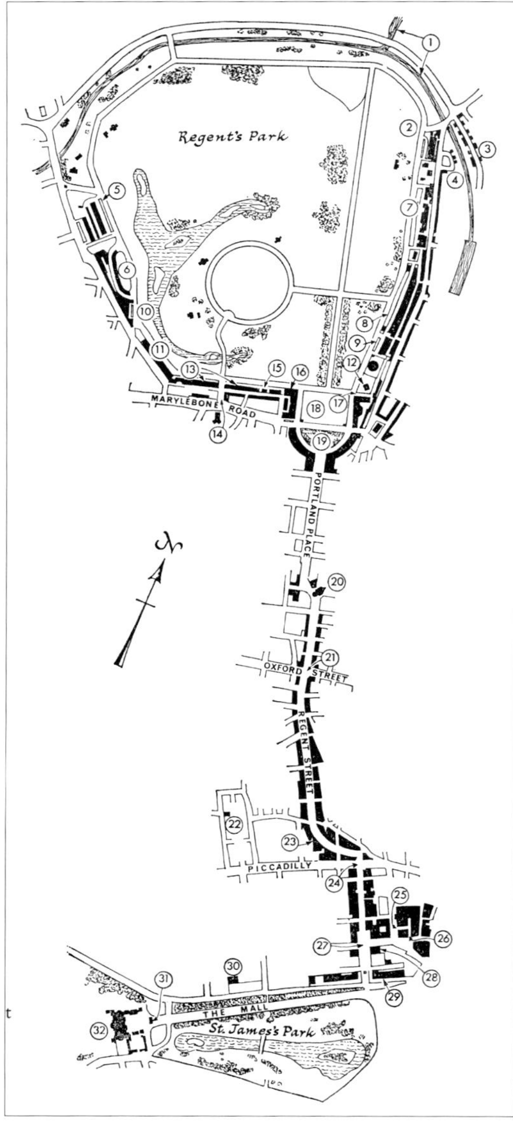

342 존 내시(John Nash), 런던 개발, 1812~

이때 형성된 픽처레스크 개념은 19세기 절충주의로 이어지면서 뒤늦게 그만의 독특한 양식으로 발전했다. 1783년경부터 몇 년간 은퇴했다가 부동산 개발업자로 부활해서 1790년대부터 명성을 날리기 시작했다. 이때부터는 단순한 부동산 개발업자로 머물지 않고 영국 건축계의 중심부로 진입하여 활발한 작품 활동을 벌이며 전성기를 맞았다. 리젠트 파크Regents Park, 본래 이름은 매릴본 파크Marylebone Park, 1812~27 개발과 리젠트 거리Regent Street, 런던, 1815~30 개발은 그런 끝에 나온 내시의 대표작이다(그림 342).

두 작품은 내시의 이전 경력인 픽처레스크와 부동산 개발을 하나로 합친 독특한 특징을 나타냈다. 부동산 개발의 속성을 잘 알고 있던 내시는 두 가지에 주안점을 두었다. 하나는 도시 내에서 접근성과 유기적 연계성을 높이는 기능적 처리였다. 이를 위해 주변의 차링크로스Charing Cross와 화이트홀Whitehall 등 런던 핵심부와 소통성을 높였다. 다른 하나는 흥겨운 축제 분위기를 만들어내는 일이었다. 이 지역은 부르주아와 중산층이 주 대상이었다. 19세기 초 이들의 지위는 안정적이면서도 한편으로는 불안했다. 이것을 안정으로 몰아주기 위해 이들에게 사회적 확신을 심어줄 건축적 분위기가 필요했다. 이를 위해 내시는 여러 양식을 픽처레스크 개념으로 혼용한 절충 고전주의를 선택했다.

343 존 내시(John Nash), 리젠트 스트리트(Regent Street) 내 쿼드런트(Quadrant), 런던, 1815~30

리젠트 파크에는 테라스라는 영국 도심형 주거를 만들었다. 정사각형에 가까운 공원 윤곽을 따라 컴벌랜드 테라스Cumberland Terrace, 체스터 테라스Chester Terrace, 얼스터 테라스Ulster Terrace, 요크 테라스York Terrace, 콘월 테라스Cornwall Terrace 등 여덟 개의 테라스 단지와 세 개의 빌리지 단지를 세웠다. 북쪽 입구에는 글로스터 게이트Gloucester Gate를, 남쪽 끝에는 요크 게이트York Gate를 각각 세웠다. 주거 단지의 한쪽 편은 공원 녹지로 에워쌌고 반대편은 가로와 주변 도심부와 접했다. 리젠트 거리와 만나는 지점에는 파크 스퀘어Park Square를 만들었고 파크 크레센트Park Crescent라는 주거 단지가 이것을 반원 모양으로 돌아가며 에워쌌다. 이 주거 단지들은 대부분 보존되었다.

리젠트 거리는 파크 스퀘어부터 세인트제임스 파크St. James Park까지 이어졌다. 가로를 따라 랭엄 광장Langham Place, 옥스퍼드 서커스Oxford Circus, 피커딜리 서커스Picadilly Circus, 워털루 광장Waterloo Place 등 주요 결절 지점을 만들며 런던의 심장부를 이루었다. 결절 지점 사이에는 올 솔스 교회All Souls Church, Langham Place, 1822~25, 쿼드런트Quadrant, 유나이티드 서비스 클럽United Service Club, 하모닉 인스티튜션Harmonic Institution, 마블 아치Marble Arch 등 많은 공공 건물들이 지어졌다(그림 343). 칼튼 하우스 테라스Carlton House Terrace 등 일부 주거 단지도 더해졌다. 이 건물들은 올 솔스 교회 정도를 제외하고 대부분 철거되었다.

존 내시(2)-리젠트 파크와 로열 궁

리젠트 파크와 리젠트 거리는 규모와 건축물 수 면에서 영국 건축을 통틀어 단일 프로젝트로는 최대 규모라 할 수 있다. 19세기식 대도시 가로 개발이라는 점에서는 페르시에의 파리 리볼리 가[Rue de Rivoli] 개발이나 오스망의 파리 재개발에 비견할 만했다. 이렇게 많은 건물들을 한 번에 설계하는 방법으로는 당시로서는 절충주의가 적절했을 것이다. 내시는 그리스 고전주의, 로마 고전주의, 르네상스 팔라초, 매너리즘, 바로크, 고딕 등 여러 선례 양식을 적절히 섞어서 자칫 지루해지기 쉬운 가로 경관에 건축적 활력을 불어넣었다(그림 344, 345). 그리스 고전주의에서는 열주 테라스와 신전 파사드를 차용했다. 로마 고전주의에서는 기단과 본체를 분리하는 기법과 아치 등을 차용했다. 르네상스 팔라초에서는 도심형 주거를 수직 층 쌓기 개념으로 처리한 기법을 차용했다. 매너리즘에서는 팔라디오의 거대 기둥을 차용했다. 바로크에서는 오분법 구성을 통한 중심부 강조와 들고 남이 심한 매스 변화 등을 차용했다. 고딕에서는 첨탑을 차용했다.

선례 양식과 개별 건물들 사이에 특별한 대응 관계는 없었다. 각 상황에 맞게 여러 양식들을 적절히 혼합했다. 컴벌랜드 테라스는 그리스 열주를 기단이 받치면서 프랑스 바로크의 루브르 동익랑과 유사한 건축적 효과를 냈다. 파크 크레센트는 쌍기둥 열주가 1층을 이루고 그 위로 추상 분위기의 본체가 올라갔고 마지막으로 애틱 층으로 마감했다. 1층 열주와 본체 사이를 두 겹의 강한 수평선으로 구획한 점은 그리스

344 존 내시(John Nash), 리젠트 파크(Regent Park) 내 콘월 테라스(Cornwall Terrace), 런던, 1812~27

345 존 내시(John Nash), 리젠트 파크(Regent Park) 내 컴벌랜드 테라스(Cumberland Terrace), 런던, 1812~27

346 존 내시(John Nash), 리젠트 스트리트(Regent Street) 내 224-80번지의 이오니아식 블록, 런던, 1815~30

가구식 구조를 차용한 것이었으나, 열주를 쌍기둥으로 처리한 것은 매너리즘 기법이었다. 요크 테라스에서는 아치의 벽체 구조로 처리한 기단이 열주와 신전 파사드로 처리한 위쪽의 본체를 받쳤다.

리젠트 파크의 주거 단지에는 도리스식 빌라가 있었고 리젠트 거리에는 이오니아식 블록이 있었다. 이것은 그리스 오더 양식을 대표로 삼아 일정 영역의 건축적 특징을 결정하겠다는 의도로, 그릭 리바이벌 개념을 바탕에 두고 있었다. 실제로 도리스식 빌라의 건물은 도리스식 오더로, 이오니아식 블록의 건물은 이오니아식 오더로 각각 처리했다(그림 346). 도리스식 빌라는 간결하고 추상적 분위기를, 이오니아식 빌라는 부드러운 상업적 분위기를 각각 대표적 특징으로 하고 있다. 랭엄 광장에 지어진 올 솔스 교회는 리젠트 거리의 초점 역할을 했다. 이 건물은 브라만테의 템피에토Tempietto, 그리스 열주, 고딕 첨탑 등을 섞은 점에서 종합적 절충주의의 특징을 확실하게 드러냈다(그림 302). 혼합은 가로에 대한 복합적 시각에서 비롯된 것이었다. 템피에토의 열주는 가로에 대해 열린 시각을 가지려는 목적에서 사용했다. 첨탑은 멀리서도 잘 보이게 하기 위해 사용했다.

이상과 같이 두 작품은 절충주의의 모범적 선례라 할 만했다. 두 단지 전체로 보면 여러 종류의 역사 양식을 사용한 점에서 유형학적 절충주의의 전형을 보여주었다. 개별 건물들을 보면 한 건물 안에 여러 양식을 혼용한 점에서 종합적 절충주의의 전형을 보여주었다. 그 배경에는 픽처레스크가 있었다. 자연의 여러 요소들이 서로 어우러져 하나

347 존 내시(John Nash), 로열 파빌리온 증개축(Royal Pavillion), 브라이턴(Brighton), 영국, 1815~21

의 경치를 이루는 개념을 건물에 적용해 여러 양식이 건축적 풍경을 만들어내는 것이었다. 두 곳의 건물들은 매스 분절과 들고 남에서 구성력이 매우 높았다. 비례, 음영, 덩어리 느낌, 장식 부재와 추상 평활면 사이의 관계 등에서 짜임새 높은 균형감과 율동감을 보였다. 다시 이것을 거대 기둥, 열주, 신전 파사드, 창틀, 아치 등 다양한 건축 어휘로 적절히 포장해냈다. 이런 처리는 회화적 구성력으로 발전했다. 내시의 건물들은 도심에 부동산 개발의 일환으로 지었지만 한 편의 풍경화를 보는 것 같은 낭만성이 있었다.

브라이턴의 로열 궁Royal Pavillion, Brighton, 1815~21 증개축은 동방 양식으로 꾸몄다. 인디언 콜로네이드Indian Colonnade로 대표되는 인도 양식으로 건물 전체를 구성했다. 어니언 돔onion dome은 이런 분위기를 만드는 데 한몫했다(그림 347). 실내장식에서는 중국풍이 주를 이루었다. 이외에 신재료인 철물도 중요한 역할을 했다. 어니언 돔의 구조와 실내 계단은 주철로 골격을 짰다. 동방 양식을 사용한 것은 두 가지로 해석할 수 있다. 이 건물 자체에만 국한하면 동방 양식을 사용한 점에서 18세기 낭만주의에 머문 것으로 볼 수 있다. 반면 내시 개인의 절충주의 성향으로 보면 19세기 절충주의를 동방 양식에까지 확장한 것으로 볼 수도 있다. 특히 철물을 보강재로 사용한 점에서 더욱 그러하다.

코커렐과 배리

찰스 로버트 코커렐[Charles Robert Cockerell, 1788~1863]은 종합적 절충주의에서 혼성 절충주의로 넘어간 극단적인 경향을 보였다. 코커렐은 스머크에게 그리스 고전주의와 로마 고전주의를 배웠고 이탈리아와 그리스에 7년간 체류하면서 이것을 직접 눈으로 확인하는 체험적 연구를 했다. 이외에도 이탈리아에 체류하는 동안 르네상스—매너리즘—바로크로 이어지는 초기 근대 이탈리아 양식을 섭렵했다. 마지막으로 17~18세기 영국과 프랑스 건축도 그에게는 중요한 선례였다. 이니고 존스와 알베르티의 르네상스, 팔라디오와 줄리오 로마노의 매너리즘, 렌의 바로크, 르두의 프랑스 혁명기 고전주의 등이 구체적 예다.

코커렐은 이런 선례들의 건축적 특징들을 극대화해 혼용하는 경향을 보였다. 그의 대표작은 웨스트민스터 생명보험사와 브리티시 화재보험사[Westminster Life and British Frie Office, 런던, 1831~32, 철거]였다. 그는 이 건물을 표준 구성으로 삼아 이것을 변형하여 일련의 보험회사 및 은행 사옥에 적용하며 19세기 영국의 금융 건축을 이끌었다. 영국은행[Bank of England]의 맨체스터 지점[Manchester, 1844~45]과 브리스틀 지점[Bristol, 1844~46] 등이 대표적 예다.

348 찰스 로버트 코커렐(Charles Robert Cockerell), 웨스트민스터 생명보험사 및 브리티시 화재보험사(Westminster Life and British Frie Office), 런던, 1831~32, 철거

웨스트민스터 생명보험사 및 브리티시 화재보험사는 크지 않은 3층 건물에 그리스 도리스식 반원형 벽기둥, 로마 개선 아치, 알베르티의 개선 아치 박공, 팔라디오의 거대 기둥, 로마노의 프리즈 장식 등 많은 요소를 혼합했다(그림 348). 혼합의 정도가 심해서 근대적 의미의 혼성 경향을 일찍 나타낸 것으로 볼 수 있을 정도였다. 이런 처리들은 모두 건축적 위엄이나 강한 인상을 추구했던 선례들로서 이를 통해 이 건물은 작은 규모임에도 장엄함과 기념비다움을 획득했다. 이것은 자본주의를 운영하던 부르주아들의 사회적 지위를 과시하기 위한 목적을 가졌다.

옥스퍼드의 애슈몰린 박물관과 테일러리안 인스티튜션[Ashmolean Museum and Taylorian Institution, Oxford, 1841~45]은 이상의 경향을 대학 건물에 적용한 예였다(그림 349).

349 찰스 로버트 코커렐(Charles Robert Cockerell), 애슈몰린 박물관과 테일러리안 인스티튜션(Ashmolean Museum and Taylorian Institution), 옥스퍼드(Oxford), 영국, 1841~45

건물의 전체적 분위기는 그리스 고전주의가 주도했다. 정면 중앙 출입구는 열주 효과를 갖는 그리스 신전 파사드로 처리했다. 이런 처리는 스승 스머크에게 배운 것이었다. 측동에서도 열주가 베이 구획을 담당했다. 그럼에도 이 건물은 그릭 리바이벌보다는 절충 고전주의로 분류한다. 그 이유는 두 가지다. 하나는 로마의 개선 아치, 팔라디오의 거대 기둥, 알베르티의 성 안드레아 파사드 등 다른 처리들을 혼성해서 사용했기 때문이다. 다른 하나는 그리스 오더의 건축적 특징을 열주 효과가 아닌 조각 효과로 정의했기 때문이다. 측동의 열주를 독립 원형 기둥으로 분리하지 않고 벽체와 연결한 점과 출입구의 신전 파사드를 에트루리아식 신전에 가깝게 처리한 점 등이 그 기준이었다.

찰스 배리 경Sir Charles Barry, 1795~1860은 고딕리바이벌, 고전주의, 그릭 리바이벌, 르네상스 리바이벌 등 여러 양식을 구사한 전형적인 절충주의 건축가였다. 1822년에 시작한 그의 첫 작품은 고딕리바이벌로 설계한 교회였으며 불과 2년 뒤에는 맨체스터 왕립 미술학교Royal Institute of Fine Arts, Manchester, 1824~35를 그릭 리바이벌로 설계했다. 다시 3년 뒤에는 그릭 리바이벌을 중단하고 르네상스 리바이벌로 작품을 남기기 시작했다. 이때부터는 피렌체 팔라초, 팔라디오, 로마 고전주의 등을 혼합한 종합적 절충주의 경향을 보였다.

이때 나온 작품이 그의 대표작인 여행자 클럽Traveler's Club, 런던, 1829~32과 리폼 클럽Reform Club, 런던, 1837~41이다. 두 건물의 기본 구성은 이탈리아 르네상

350 찰스 배리(Charles Barry), 여행자 클럽(Traveler's Club, 왼쪽, 1829~32) & 리폼 클럽(Reform Club, 오른쪽, 1837~41), 런던

스 팔라초를 모방했지만 창틀에 고전 어휘 사용을 자제한 점과 나머지 바탕면을 평활면으로 놔두면서 창틀 사이의 연계를 지운 점 등에서 팔라초의 전형성과는 달랐다(그림 350). 이런 처리는 그리스 고전주의의 낭만적 원시주의나 18세기 프랑스 혁명기 건축의 추상 경향을 차용한 것으로 볼 수 있다. 이 때문에 두 건물은 르네상스 리바이벌과 절충 고전주의의 경계에 있는 것으로 평가된다.

퓨진과 공동으로 작업한 국회의사당Houses of Parliament, 런던, 1835~60은 고딕과 고전주의를 한 건물 안에 혼합한 독특한 작품이다. 퓨진은 고딕 디테

351 앨프리드 워터하우스(Alfred Waterhouse), 자연사박물관(Natural History Museum), 런던, 1872

352 애스턴 웹(Aston Webb), 빅토리아 앤 앨버트 박물관(Victoria and Albert Museum), 런던, 1901

일을, 배리는 전체 윤곽과 구성을 고전주의로 짜는 일을 담당했다. 건물의 긴 윙을 버트레스를 사용하지 않고 베이 개념으로 수평 분할한 점과 수직 방향으로는 '기단-상층부' 개념으로 구성한 것 등은 고전주의 기법이었다.

중세 양식과 혼합한 종합적 절충주의는 이 건물 이외에도 영국에서 많이 유행하며 늦게까지 계속되었다. 앨프리드 워터하우스Alfred Waterhouse, 1830~1905의 자연사박물관Natural History Museum, 런던, 1872에서는 개별 어휘와 전체 구성은 로마네스크 양식을 차용했고 개별 어휘의 병렬 구성은 고전주의 기법을 따랐다(그림 351). 이런 점에서 이 건물은 국회의사당과 매우 유사했다. 애스턴 웹Aston Webb, 1848~1930의 빅토리아 앤 앨버트 박물관Victoria and Albert Museum, 런던, 1901에서는 르네상스와 조지아 양식을 로마네스크 첨탑과 혼용했다(그림 352).

데시무스 버튼Decimus Burton, 1800~81은 런던 시내 대로의 주요 지점에 세우는 도시 기념비와 식물 정원에 세우는 온실 건물들을 대표작으로 남겼다. 도시 기념비에서는 아치가 주요 기능 유형이었다. 하이드 파크 출입구 아치Entrance Archways, Hyde Park, 런던, 1825와 웰링턴 아치Wellington Arch, 런던, 1828가 대표작이다. 이 건물들은 로마 개선 아치를 기본 모티프로 활용하여 도로 분기점에 이정표를 겸한 기념비 역할을 했다. 이것은 파리 시내에 아치 두 개를 세워 유사한 목적을 노렸던 나폴레옹의 영향을 이어받은 것으로 보인다(그림 353).

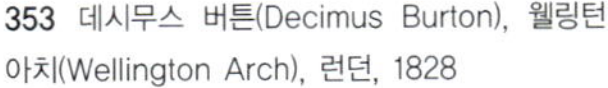

353 데시무스 버튼(Decimus Burton), 웰링턴 아치(Wellington Arch), 런던, 1828

그릭 리바이벌(2) 2

탈프랑스, 낭만성, 시민 민주주의

그릭 리바이벌은 영불독 세 나라에서 공히 발전한 국제적 양식이었지만 특히 영국에서 융성했다. 영국에서는 18세기 말부터 하나의 양식으로 독립하기 시작해서 19세기 초에는 영국을 대표하는 양식이 되었다. 이후 1840년경 빅토리안 고딕이 나타나면서 대표 양식을 양분하다가 점차 사라졌다. 19세기 초에는 절충 고전주의의 한 형식으로 헬레닉 고전주의Hellenic Classicism라는 말로 불리기도 했다. 그릭 리바이벌이 특히 영국에서 유행한 이유는 네 가지로 요약할 수 있다.

첫째로 당시의 국제정치 상황이 영향을 미쳤다. 19세기 초 나폴레옹의 이탈리아 점령으로 로마로 가는 그랜드 투어가 순조롭지 않았기 때문에 영국 사람들은 그리스로 행선지를 바꾸었다. 토머스 브루스 엘긴 백작Thomas Bruce Elgin과 윌리엄 바이런 백작William Byron 등은 아테네로 가는 그랜드 투어를 주선하고 후원한 중심 인물이었다. 1803년에는 런던에 '가장 완벽한 예술을 연구하기 위한 아테니안 소사이어티Athenian Society for the Study of the Most Perfect Art'가 설립되었다. 윌킨스, 스머크, 코커렐, 배리, 인우드 등 영국의 그릭 리바이벌을 이끈 모든 주요 건축가들이 이 소사이어티의 후원을 받아 그리스 그랜드 투어를 다녀왔다. 코커렐, 배리, 제임스 우드James Wood 등은 아이기나Aegina 발굴에 직접 참여해서 그리스 고전주의의 정수를 체험할 수 있었다.

둘째로 로마 고전주의와 프랑스 신고전주의의 영향을 받은 18세기 영국 신고전주의에 대한 대안으로 그릭 리바이벌이 떠올랐다. 영국은 로마에서 가장 멀리 떨어져 있기 때문에 고대 로마 시대부터 로마 고전주의의 영향을 가장 적게 받았다. 프랑스와는 국가적 자존심의 문제가 있었다. 그럼에도 18세기 유럽의 대세였던 신고전주의에 보조를 맞추기 위해 어쩔 수 없이 두 선례를 받아들였다. 미시적 차원에서는 두 고전주의가 형식주의 특성이 강한 점이 문제였다. 영국의 개인주의,

낭만주의, 공예다움 등의 전통은 형식주의와 맞지 않았다. 이런 이유들로 말미암아 18세기 영국 신고전주의의 대안을 이미 동시대부터 꾸준히 추구해왔고 이것이 19세기를 지나면서 그릭 리바이벌로 귀결되었다.

셋째로 이런 대안이 그릭 리바이벌로 나타난 것은 낭만성 때문이었다. 18세기 그릭 리바이벌의 두 가지 경향 가운데 폐허 · 수채화운동에서 비롯된 낭만주의 배경은 영국의 전통 정서와 잘 맞았다. 추상성 강한 원형적 특징은 영국 건축의 기하주의 전통과도 잘 맞았다. 그리스 고전주의의 심미성을 둘러싼 논쟁은 18세기에 이어 19세기에도 계속되었다. 체임버스 등 18세기 로마 고전주의자들은 도리스식 오더의 둔탁한 비례를 심미적으로 저급하게 여겨 싫어한 반면 그릭 리바이벌주의자들은 이것을 오히려 하나의 독립적 심미성으로 판단했다. 이런 생각은 19세기에 하나의 큰 흐름으로 발전하며 그릭 리바이벌을 이끌었다(그림 244, 248, 249, 354).

넷째는 프랑스의 영향에서 벗어나려는 노력으로 그리스 문명에 담긴 시민정신에 관심을 기울인 점이다. 프랑스는 대혁명을 이끌며 근대 진입기 시민운동의 정신적 중심지로 떠올랐다. 영국은 일찍부터 의회를 중심으로 민주주의를 발전시켰기 때문에 근대적 개혁에 대한 개념이 프랑스와 달랐다. 그러나 프랑스대혁명 같은 가시적이고 통일된 운동에 대한 필요성이 대두되었다. 건축에서는 프랑스가 혁명기 건축 등을 통해 이것의 완성을 이루었다. 영국은 이에 대한 대안으로 고대 시

354 제임스 우드(James Wood), 신전 계획안

민 민주주의를 대표하는 그리스 고전주의에 애착을 가졌다.

이상과 같은 배경 아래 19세기 초 영국에서는 그릭 리바이벌이 18세기 그릭 리바이벌을 자연스럽게 이어받는 형식을 취하며 자리잡았다. 그러나 구체적 경향에서는 차이가 나타났다. 18세기 영국의 그릭 리바이벌은 원형성에 대한 의존이 높았는데 그 구체적 경향은 두 방향으로 나타났다. 그리스 선례를 직접 복사하거나(그림 210, 211) 소품화된 그리스 신전을 조경 요소로 사용하였다(그림 177, 178). 후자는 추상성 강한 원형성을 극대화하여 낭만적 원시주의로 처리한 것이었다. 이것은 18세기 영국을 대표하는 미학사상인 낭만주의의 영향이었다. 19세기에는 절충 고전주의의 영향을 받아 순도가 다소 변질되었다. 로마 고전주의나 르네상스 등 인접 고전주의와 혼용하거나 장식 경향이 강화되는 등의 변화였다(그림 355).

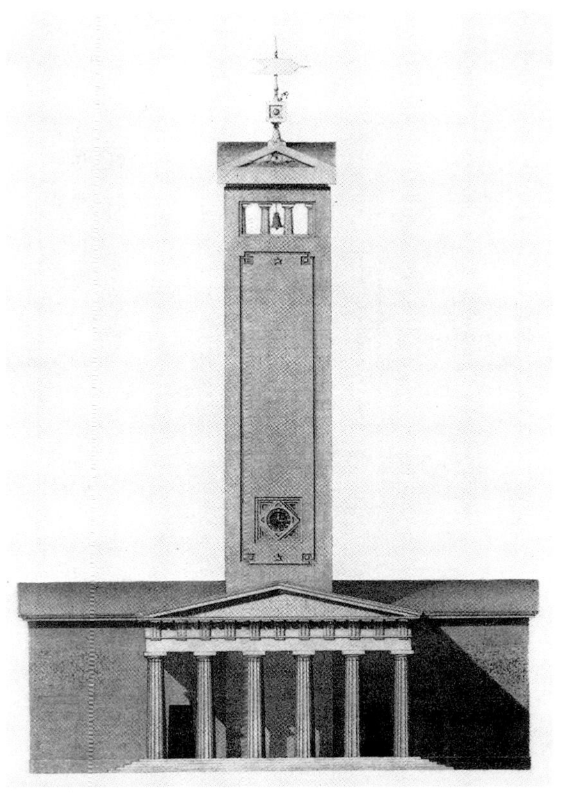

355 존 내시(John Nash), 교회 집행관을 위한 표준 디자인, 1818

윌킨스, 인우드, 스머크

19세기 영국 그릭 리바이벌은 윌리엄 윌킨스 William Wilkins, 1778~1839 와 토머스 해리슨 Thomas Harrison, 1744~1829 에게서 시작되었다. 이 가운데 윌킨스의 활약이 중요했다. 윌킨스는 그릭 리바이벌 이외에도 고딕, 고전주의, 르네상스 등을 구사한 절충주의자였다. 그는 고고학자로 시칠리아, 그리스, 소아시아 등의 그리스 신전 발굴에 참여했고 발굴 기록을 모아 『마그나 그라이키아 *Magna Graecia*』 1807 도 출간했다. 이것을 바탕으로 그리스 고전주의를 설계에 응용해서 여러 작품을 남겼다. 그는 고딕 리바이벌은 교회에, 그릭 리바이벌은 대학 건물과 박물관 등 시민정신을 상징하는 공공건물에 각각 대표 양식으로 사용함으로써 기능 유형에 따라 절충주의를 대응한 모범적 선례를 확립했다.

356 윌리엄 윌킨스(William Wilkins), 다우닝칼리지(Downing College), 캠브리지(Cambridge), 영국, 1805~22

윌킨스의 그릭 리바이벌은 고고학 발굴을 바탕으로 정확성을 추구했기 때문에 후배 세대의 장식 경향과 구별해서 고고학적 그릭 리바이벌이라고 부르기도 한다. 그의 대표작은 케임브리지의 다우닝칼리지Downing College, 1805~22, 헤일리베리의 동인도칼리지East India College, Haileybury, 1805~09, 런던의 국립미술관과 왕립아카데미National Gallery and Royal Academy, 1832~38 등을 들 수 있다.

다우닝칼리지는 아직 19세기 장식 경향이 나타나기 전 단계인 18세기 원시주의 분위기를 지켰다(그림 356). 아테네 아크로폴리스의 에레크테이온Erechtheion을 모델로 삼아 이오니아 양식의 원형을 보여주었다. 에레크테이온의 가볍고 여성적인 분위기를 버리고 추상성 강한 엄격함을 주요 특징으로 하였다. 18세기 그릭 리바이벌의 소품화된 원형 단위를 대학 건물 규모로 확장한 느낌이었다. 이런 특징은 고고학적 엄밀성을 의미하는 것으로 고고학자 출신인 윌킨스의 배경을 잘 보여주는 예다. 이런 분위기는 1830년대까지도 비교적 잘 유지했다. 국립미술관과 왕립아카데미에서는 매스 구성의 변화가 심해지고 코린트식 오더의 장식 경향이 나타나기는 했지만 전체적 분위기는 고고학적 그릭 리바이벌의 엄격한 원형성을 잘 지켰다.

1820년경부터 인우드, 코커렐, 배리, 스머크 등이 윌킨스를 이어받아 그릭 리바이벌이 융성했다. 지역적으로도 런던, 플리머스Plymouth, 맨체스터, 리버풀, 스코틀랜드 등 영국 전역으로 확산되었다. 이들은 윌킨스의 엄격한 원형성을 지키면서 절충주의의 유행에 따른 변화를 보였다. 윌리엄 & 헨리 윌리엄 인우드William & Henry William Inwood, 1794~1843 부자는 성 판크라스 교회St. Pancras Church, 런던, 1819~22를 대표작으로 남겼다. 이 건물은 기브스가 광야의 성 마르티노에서 처음 사용했던 신전 파사드 모티프를 그리스 고전주의 개념으로 재해석해 발전시킨 작품이었다.

성 판크라스와 비교했을 때 광야의 성 마르티노에 나타난 로마 고전주의의 특징은 다음과 같다. 첫째, 신전 파사드가 작았다. 둘째, 상대적으로 첨탑이 더 커서 아래쪽의 신전 파사드를 압도했다. 셋째, 신전 파사드는 기둥 간격이 넓고 세장한 비례를 갖는 로마 코린트식 양식으로 처리했다. 넷째, 이상이 합쳐지면서 수직 비례가 전체 분위기를 주도했다. 성 판크라스는 이 네 가지 사항을 그리스 고전주의의 특징으로 바꾸었다. 첫째, 신전 파사드가 커지면서 그리스 원형 어휘를 부각시켰다. 둘째, 상대적으로 첨탑도 신전 파사드와 균형을 이루었다. 셋째, 신전 파사드에 그리스 이오니아 양식을 사용했다. 넷째, 이상이 합해지면서 수평 혹은 정사각형 비례가 전체 분위기를 주도했다(그림 357).

357 윌리엄 & 헨리 윌리엄 인우드(William & Henry William Inwood), 성 판크라스 교회(St. Pancras Church), 런던, 1819~22

로버트 스머크 경Sir Robert Smirke, 1780~1867은 절충주의 분위기로 변질된 그릭 리바이벌을 잘 보여주는 건축가다. 스머크는 윌킨스와 함께 19세기 영국 섭정기1810~20를 대표한 성공한 건축가였지만 건축적 소질이 뛰어나기보다는 사교술에 능한 부류였다. 스머크의 건축은 독창적 창작보다는 존 손, 댄스 2세, 와이엇, 내시 등 스승 세대와 선배 세대의 건축을 종합화하는 데 많이 의존했다. 스머크 역시 동시대 다른 건축가들과 마찬가지로 고딕과 로마 고전주의 등을 함께 구사했던 절충주의 건축가였다.

358 로버트 스머크(Robert Smirke), 윈덤 광장의 세인트매리(St. Mary, Wyndham Palce), 런던, 1822~24

스머크의 그릭 리바이벌은 스승 댄스 2세를 통해 배운 로지에의 합리주의를 바탕으로 윌킨스의 고고학적 엄밀성을 더한 뒤 동시대 절충적 장식 경향을 혼합해낸 복합성을 대표적 특징으로 하였다. 윈덤 광장의 세인트메리St. Mary, Wyndham Palce, 런던, 1822~24에서는 윌킨스의 고고학적 엄밀성을 이어받은 특징을 보였다(그림 358). 대영박물관British Museum, 런던, 1823~46은 복합성을 잘 보여주는 대표적인 예다(그림 359). 합리주의 특징은 사각형 윤곽의 기하주의로 나타났다. 스머크는 바르크의 비정형이나 곡면 형태에 반대하며 사각형의 보편성과 효율성을 강조했다. 윌킨스의 영향은 이오니아 오더의 표준 구성을 충실히 구현한 데서 나타난다. 장식 경향은 페디먼트를 조각으로 가득 채운 것과 측동에서 벽기둥을 사용한 처리 등에서 나타난다.

359 로버트 스머크(Robert Smirke), 대영박물관(British Museum), 런던, 1823~46

해밀턴과 톰슨(1) – 스코틀랜드 그릭 리바이벌

코커렐과 배리는 골수 그릭 리바이벌주의자들은 아니었다. 앞에서 살펴본 바와 같이 절충주의 건축의 구성 요소 가운데 하나로 그릭 리바이벌을 구사했다. 코커렐은 그릭 리바이벌 한 가지만으로 설계한 건물은 남기지 않았다. 한 건물 안에서 여러 양식을 섞어 썼는데 그리스 열주가 이 가운데 중요한 요소로 들어갔다. 배리는 1823~27년 사이의 4년 동안 그릭 리바이벌로 주요 작품 세 채를 남겼다. 코커렐과 배리는 절충주의의 관점에서 그릭 리바이벌에 접근했기 때문에 원형 복사에 충실하던 이전까지의 경향에서 벗어나 장식 경향을 보이기 시작했다.

코커렐의 오클리 파크Oakly Park, Shropshire, 1823, 런던 하노버 예배당Hanover Chapel, 1823~25, 철거, 성 조지 홀St. George's Hall, Liverpool, 1851~54 등은 이러한 경향을 보여주는 대표적 예다. 이 건물들에서는 소아시아의 장식적 이오니아 오더, 사르디스의 주두Capital of Sardis, 밀레투스의 벽기둥pilaster of Miletus, 아테나 나이크 신전Athena Nike의 프로필라이아Propylaea 모티프, 에레크테이온 등 그리스 고전주의의 여러 선례를 혼용했다. 특히 그리스 고전주의의 후기 선례들을 많이 참고한 점에서 장식적 의도를 읽을 수 있다(그림 360).

스코틀랜드의 그릭 리바이벌은 에든버러의 토머스 해밀턴Thomas Hamilton, 1784~1858과 글래스고Glasgow의 알렉산더 톰슨Alexander Thompson, 1817~75이 대표했다. 해밀턴의 대표작은 에든버러 왕립 고등학교Royal High School, 1825~29다(그림

361). 이 건물은 아테네의 아크로폴리스를 선례로 차용해서 영국의 픽처레스크 구성과 그리스 신전 파사드의 열주를 혼합한 특징을 보였다. 전체 구성을 몇 개의 큰 매스로 나눈 뒤 이것들을 높낮이 차이와 들고 남 등을 이용하여 율동감 넘치는 픽처레스크 구성으로 조합했다. 이때 중심 건물에는 신전 파사드, 측랑에는 열주랑 등의 그리스 열주 어휘를 사용해서 다양성을 기했다.

톰슨 역시 절충주의 건축가로서 그리스 고전주의, 로마 고전주의, 고딕, 로마네스크, 르네상스, 18세기 신고전주의 등 거의 전 역사 양식 어휘를 구사했다. 다양한 기능 유형을 설계한 점도 특이했다. 공업도시로 성장한 글래스고는 당시 확장 일로에 놓이면서 건설 활동이 활발했고 도심 시설로서 다양한 기능 유형을 필요로 하였다. 톰슨은 이런 상황에서 중요한 역할을 담당했다. 특히 주거 단지 개발, 교회, 오피스 빌딩의 세 가지 유형이 대표적이었다. 그러나 그의 작품들은 대부분 부동산 개발과 맞물렸기 때문에 작품성을 인정받지 못하고 상당수가 철거되었다. 기능 유형과 역사 양식 사이에는 특별한 대응 법칙 없이 자유롭게 섞어 썼다. 예를 들어 초기 주거에는 고딕을 사용했고 중반기 주거의 대표작 가운데 하나인 글래스고의 모레이 광장 1-10번지[1-10, Moray Place, Glasgow, 1857~59]는 르네상스 팔라초, 로마 신전, 18세기 신고전주의 등을 혼용했다.

그가 지은 교회들은 한 건물 내에서 그리스 고전주의를 기본 어휘로 삼아 다른 역사 양식을 혼용하는 종합적 절충주의를 주요 특징으로 하고 있다. 이때 그리스 고전주의가 중심이 되기 때문에 톰슨의 건축은 그릭 리바이벌로 분류할 수 있다. 혹은 절충성에 주안점을 둘 경우 절

360 찰스 로버트 코커렐(Charles Robert Cockerell), 성 조지 홀(St. Geroge's Hall) 내 콘서트 홀 여신상주, 리버풀(Liverpool), 영국, 1851~54

361 토머스 해밀턴(Thomas Hamilton), 에든버러 왕립 고등학교(Royal High School, Edinburgh), 영국, 1825~29

충적 그릭 리바이벌이나 절충 고전주의로 정의할 수도 있다. 톰슨의 그릭 리바이벌은 매우 독특했다. 톰슨은 '그릭 톰슨'이라는 별명으로 불리기도 했다. 이것을 잘 보여주는 교회의 대표작으로 글래스고의 칼레도니아 자유 교회Caledonia Road Free Church, Glasgow, 1856~57, 철거, 성 빈센트 가 교회St. Vincent Street Church, Glasgow, 1857~59, 퀸스 파크 통일 장로교회Queen's Park United Church, Glasgow, 1867~69, 철거를 들 수 있다. 이들 교회는 모두 통일 장로교회였다.

칼레도니아 자유 교회에서는 에레크테이온, 18세기 그릭 리바이벌, 싱켈 고전주의 등을 혼용했다(그림 362). 성 빈센트 가 교회에서는 포스트 그리스기의 디디마 신전Temple of Didyma, 이탈리아 로마네스크 캄파닐레, 렌의 영국 바로크 첨탑, 이집트 피라미드의 돌쌓기 등을 혼용했다(그림 363). 퀸스 파크 통일 장로교회에서는 이집트 건축, 그리스 고전주의, 인도 건축 등을 혼용해서 동시대의 대표 양식이던 빅토리안 고딕과 제2제정 양식의 분위기를 표현했다(그림 364). 톰슨은 세 교회에서 모두 절충적 그릭 리바이벌을 이용하여 글래스고의 지형적, 도시적, 시대적 상황에 맞는 건축 구성을 창출하려는 목적을 추구했다. 이를 위한 그릭 리바이벌의 절충적 응용은 그리스 신전을 중심으로 삼아

362 알렉산더 톰슨(Alexander Thompson), 칼레도니아 자유 교회(Caledonia Road Free Church), 글래스고(Glasgow), 영국, 1856~57, 철거

363 알렉산더 톰슨(Alexander Thompson). 성 빈센트 가 교회(St. Vincent Street Church), 글래스고(Glasgow), 영국, 1857~59

도시의 중심을 잡아주고 그 주위에 다양한 역사 양식을 더하여 흥겨운 분위기를 돋우는 전략으로 나타났다. 세 교회는 다음의 여덟 가지 특징을 공유한다.

364 알렉산더 톰슨(Alexander Thompson), 퀸스 파크 통일 장로교회(Queen's Park United Church), 글래스고(Glasgow), 영국, 1867~69, 철거

톰슨(2)–후기 그릭 리바이벌과 회색 고전주의

첫째, 종합적 절충주의를 나타내되 어휘 레퍼토리가 이집트, 동방 양식, 싱켈, 18세기 양식 등으로 확장되었다. 둘째, 그리스 고전주의 내에서 선례를 다양화했다. 에레크테이온처럼 개별 건물을 선례로 삼았으며 포스트 그리스기 알렉산더 대왕 양식도 선례로 삼았다. 셋째, 다양한 절충 양식들을 높은 기단과 언덕 위에 올려 서로 어울리게 함으로써 건축적 풍경을 만들어냈다. 넷째, 픽처레스크 구성을 풍경의 배경 개념으로 삼았다. 비대칭 구도를 통해 이것을 표현했으며 조금씩 어긋나는 십자축 구도 등 일정한 규칙성을 부여해서 최소한의 질서를 지켰다.

다섯째, 도시의 중심을 담당하는 공공건물의 역할을 하였다. 이를 위해 중앙에 높은 발코니 홀이 있는 신전을 두었고 그 주위를 고전 어휘가 돌아가면서 에워싸는 방식으로 평면을 구성했다. 신전의 입면에는 이오니아식 헥사스틸hexastyle을 대표 인상으로 두어 아래쪽 도시 전역에서 한눈에 볼 수 있게 했다. 중심 신전 주위에는 다양한 역사 양식으로 처리한 2차 건물을 더했다. 여섯째, 이것을 표현하는 구체적 처리로 수평선을 주요 구도로 하면서 수직선으로 악센트를 주는 기법을 이용했다. 기단, 엔타블러처, 안정적 비례 등을 이용해서 수평선을 확보했으며 이 사이를 뚫고 첨탑이 솟아오르면서 파격을 가했다. 일곱째, 절충성과는 별도로 조형성에서는 기하학적 윤곽을 명확히 드러낸 고형적 추상성을 기본 특징으로 하였다. 여덟째, 이런 추상성은 이집트 거석 구조와 싱켈 고전주의를 선례로 삼았다.

톰슨의 이런 특징들은 내시와 비슷한 점이 많다. 부동산 개발과 작품성을 하나로 합해내려고 시도한 점, 인도 등 동방 양식을 사용한 점,

절충 양식을 혼용해서 건축적 풍경을 만들어낸 점, 그것의 미학성을 바탕으로 영국의 전통 정서인 픽처레스크 개념을 사용한 점, 부동산 개발의 일환이었기 때문에 많은 작품이 철거된 점 등이 그렇다. 톰슨은 또한 이집트 건축을 사용한 점에서 동시대 절충주의 건축가들보다 어휘의 폭이 넓었다(그림 365). 구체적 어휘뿐 아니라 이집트의 거석 구조를 추상 경향의 배경으로 차용한 점도 그러했다. 이집트 리바이벌은 독립 양식으로 발전했지만 절충주의 내에서 사용한 사례는 드물었다. 이집트홀Egyptian Halls, 글래스고, 1871~73이 바로 드문 예 중 하나다.

이상의 처리들을 통해서 톰슨이 지은 교회들은 도시 중심부의 역할을 충실히 수행했다. 이것은 당시 글래스고에서 통일 장로교가 누렸던 정신적 지주 위치를 뒷받침하는 물리적 증거였다. 글래스고는 공업도시로 급격히 팽창하며 계층 갈등, 환경 문제, 도시 인프라의 부족 등으로 혼란을 겪고 있었고 통일 장로교는 이 가운데 안정을 유지하며 중심을 잡아주는 정신적 지주 역할을 하고 있었다. 톰슨은 세 채의 교회를

365 알렉산더 톰슨(Alexander Thompson), 퀸스 파크 통일 장로교회(Queen's Park United Church), 글래스고(Glasgow), 영국, 1867~69, 철거

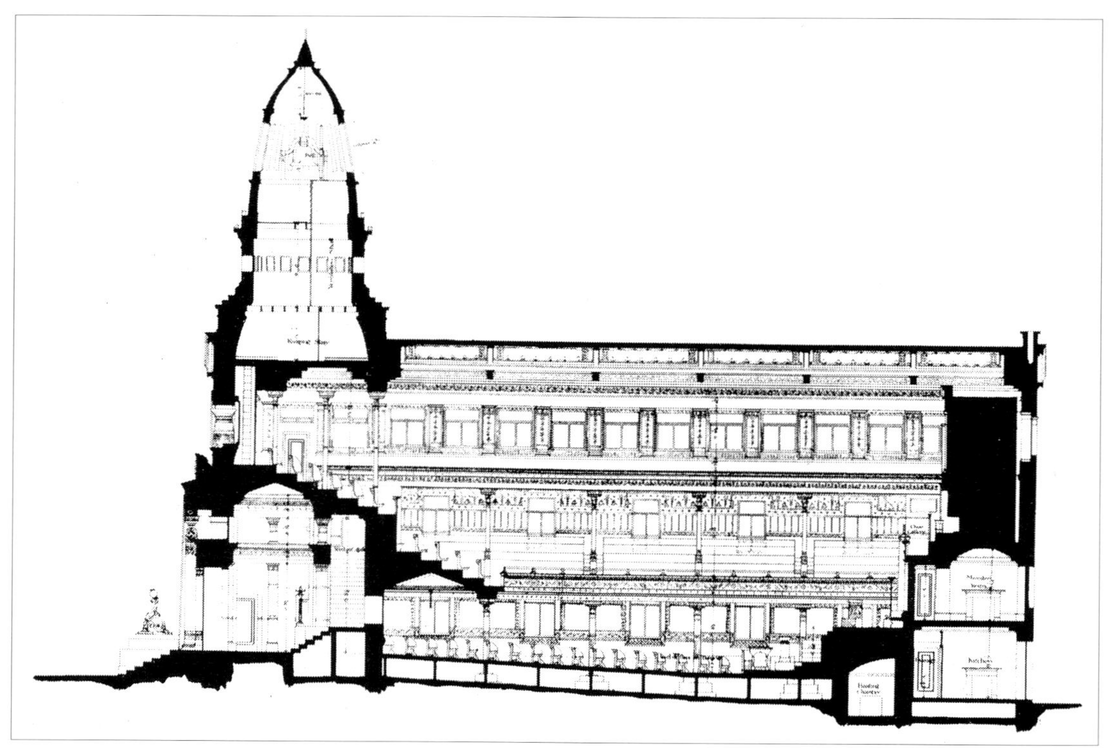

통해 이런 역할을 물리적으로 강력하게 뒷받침했다.

도시 중심부의 역할은 정서적 교감을 통해 강화되었다. 교감은 교회를 통해 글래스고의 분위기를 표현하는 방식으로 얻어졌다. 분위기는 세 가지였다. 픽처레스크 전통이 특히 강했던 스코틀랜드의 지역 특성, 해가 드물고 회색빛이 지배하는 영국 대도시의 분위기, 하루 종일 스모그로 가득 차서 음울했던 19세기 영국 공업도시의 이미지 등이 그것이었다. 이상을 통해 톰슨의 교회는 글래스고의 기념비가 될 수 있었다.

톰슨의 교회는 1850~60년대 영국의 동시대 건축 상황을 반영했다. 이 시기는 영국의 국가 양식이 그릭 리바이벌에서 빅토리안 고딕으로 변화하던 때였다. 톰슨의 교회에서는 이 두 양식이 교차하면서 혼용되었다. 고딕은 건축 어휘뿐 아니라 픽처레스크 구성과 중세 블랙 로맨티시즘의 분위기도 함께 제공했다. 이런 절충성은 19세기 영국 그릭 리바이벌 내에서 후기 단계에 해당한다. 원형성을 특히 중요하게 여겼던 그리스 고전주의는 이제 원본에서 일탈하면서 다른 양식과 섞여 각 지역에 맞는 다양한 분위기를 표현하는 단계로 접어들었다(그림 366). 이런 단계는 양식 발전론에서 '후기' 개념에 해당한다. 실제로 1850~60년대는 19세기 영국 그릭 리바이벌이 쇠퇴기에 접어든 시기다.

366 알렉산더 톰슨(Alexander Thompson), 성 조지 교회(St. George Church) 계획안, 에든버러(Edinburgh), 영국

'후기'적 특징은 복합성에서도 찾을 수 있다. 톰슨의 절충주의에는 낭만성과 염세성 등 복합적 분위기가 느껴졌다. 이것을 표현하기 위해 매스와 어휘 처리 자체는 단순화했다. 낭만성과 추상성은 싱켈의 고전주의에서 받은 영향이며, 염세성은 톰슨만의 독창적 특징이었다. 이러한 톰슨의 경향을 회색 고전주의라 한다. 여기서 회색이란 중의적 의미를 지닌다. 하나는 글래스고의 회색 분위기에 맞춰 나타난 외관의 실제 모습을 지칭하고, 다른 하나는 원형의 순도를 잃은 혼용 성향을 지칭한다.

15장 19세기 독일 신고전주의

1. 독일 신고전주의의 성립

2. 1세대 형성기 - 길리 부자와 바인브레너

3. 카를 프리드리히 싱켈

4. 레오 폰 클렌체

5. 고트프리트 젬퍼와 독일 3세대 고전주의

1 독일 신고전주의의 성립

국민주의 대 자유주의

독일에서 신고전주의는 프랑스와 영국보다 늦게 성립된 편이다. 프랑스와 영국의 신고전주의가 18세기에 전성기를 누린 뒤 19세기는 역사주의로 넘어간 반면, 독일은 19세기가 되어서야 신고전주의를 갖게 되었다. 독일도 18세기에 신고전주의가 없지는 않았다. 게오르크 벤체슬라우스 폰 크노벨스도르프 Georg Wenceslaus von Knobelsdorff, 1699~1753, 카를 폰 곤타르트 Karl von Gontard, 1731~91, 프리드리히 빌헬름 폰 에르드만스도르프 Friedrich Wilhelm von Erdmannsdorff, 1736~1800 등 일부 건축가들이 고전주의 작품을 남겼다. 그러나 이들의 고전주의는 엄밀한 의미에서 독립 양식은 아니었다. 프랑스의 선례를 모방한 프랑코-필 Franco-Phil, 친프랑스 경향의 일환이거나 바로크와 혼용된 양식이었다(그림 367, 368). 이 단계에서는 아직 독립적 신고전주의가 형성되지 못했다.

367 게오르크 벤체슬라우스 폰 크노벨스도르프(Georg Wenceslaus von Knobelsdorff), 장크트-헤드비히 성당(Sanke Hedwigs Kathedrale), 베를린, 1747~73
368 카를 폰 곤타르트(Karl von Gontard), 도이처 돔(Deutscher Dom), 베를린, 1785

독일의 18세기는 아직도 바로크 시대였다. 심지어 이때까지 고딕 양식 건물이 지어지기도 했다. 정치 종교적 배경이 가장 중요한 이유였다. 독일은 통일국가가 늦게 성립된 나라였다. 18세기까지도 작은 공국으로 나뉘어 중앙정부가 없는 상태에서 신성로마제국의 전통이 곳곳에 남아 가톨릭의 영향력이 지배했다. 신성로마제국은 공식적으로 나폴레옹의 베를린 칙령 공포와 함께 1806년 소멸되었지만 그 전통은 독

일 통일이 완수되는 1871년까지 완전히 사라지지 않고 이어졌다. 각 공국들은 정치적으로는 가톨릭에서 해방된 지 오래였지만 예술과 학문 등 정신적 분야에서는 달랐다. 중세 기독교 문화를 자국의 뿌리로 삼으면서 낭만성을 국민 정서로 지켰다.

19세기에 들어오면서 상황이 바뀌어 독일 신고전주의가 성립되었다. 그 뿌리는 세 갈래였다. 첫째는 독일의 전통적 국민 정서인 낭만성이었다. 둘째는 독일 국민의 근대적 각성에 따른 국민주의=Nationalismus였다. 셋째는 프랑스에서 수입한 고전주의였다. 앞의 두 뿌리는 독일의 전통 또는 독일다움과 같은 민족의 내부 요소였다. 반면 프랑스의 영향은 외래 요소 또는 국제주의 요소였다. 두 요소는 충돌했다. 19세기 독일 신고전주의는 충돌하는 두 요소 사이의 합일점을 찾은 결과르 요약할 수 있다. 그 결과 국민주의를 거시적 배경으로 하면서 프랑스의 국제적 신고전주의를 독일다운 낭만성으로 재해석한 경향을 보인 것이 대표적인 특징이다.

두 요소의 충돌은 건축에서만 나타난 것이 아니었고 19세기 독일 정치, 사회, 문화 전반의 가장 뜨거운 이슈였다. 나폴레옹의 확장주의는 이러한 충돌을 촉발한 도화선이었다. 그 통로는 프로이센이었다. 나폴레옹에게 전쟁은 단순한 침략 행위가 아니라 프랑스혁명 정신을 전파하는 과정이었다. 프로이센 점령이 대표적인 예였다. 이 기간 동안 카를 아우구스트 폰 하르덴베르크Karl August von Hardenberg, 1750~1822는 자유주의를 기치로 내걸고 프랑스대혁명을 모델로 삼아 개혁을 단행했다. 나폴레옹이 물러가면서 프로이센에서는 보수 세력과 개혁 세력의 충돌이 본격화되었다(그림 369). 보수 세력은 기존의 집권층을 중심으로 국민주의를 정신적 배경으로 삼아 독일의 전통적인 지방주의를 지키려 했다. 반면 개혁 세력은 신흥 산업화 세력으로서 유럽 전역에서 새롭게 대두한 외래 사상인 자유주의로 무장하고 독일 통일을 시도했다.

369 바르부르크 성채(Schloss Warburg)에서 나폴레옹 법전을 불태우고 독일 국기를 흔들며 통일을 외치는 부르센샤프텐(Burschenschaften=대학생 동맹)

독일연방Deutscher Bund 결성, 보수 반동, 3월혁명 등 많은 우여곡절이 있었지만 1860년경까지 독일의 정치 상황은 프리드리히 빌헬름 4세Friedrich Wilhelm IV를 정점으로 삼은 국민주의와 지방주의의 승리로 요약할 수 있다. 그러나 1861년 자유주의자들이 진보당을 설립하고 1862년부터 비스마르크 정권이 시작되면서 통일 분위기가 급속히 무르익어, 1871년 독일제국으로 통일되었음을 선포했다(그림 291). 비스마르크는 독일의 전통적인 민족주의를 살려 자유주의와 통합해 대타협을 이루어 두 요소 사이의 대립과 갈등을 봉합하고 통일을 이루어낼 수 있었다. 따라서 통일 독일제국에는 프랑스나 영국보다 국민주의 개념이 핵심 요소로 강하게 자리잡았다. 헤겔이 예언했던 민족국가의 탄생이었다.

19세기 독일 신고전주의에서는 위와 같은 국민주의와 자유주의의 통합을 동일하게 관찰할 수 있다. 정치에서 국민주의와 자유주의는 건축에서는 낭만주의와 19세기 프랑스의 국제적 신고전주의에 각각 대응될 수 있다. 낭만주의는 프로이센과 바이에른의 지역 전통에 기반한 자연 해석을 바탕으로 했다. 두 지방의 자연 개념은 달랐다. 프로이센의 싱켈은 영국의 픽처레스크 개념을 받아들인 반면 바이에른의 클렌체는 이 지역의 대표적 자연 정서인 목가적 낭만주의를 고수했다.

19세기 프랑스의 국제적 신고전주의는 당시 유럽을 대표하던 국제주의 양식을 고전주의의 보편적 개념으로 해석해서 받아들인 것이었다. 프랑스는 나폴레옹의 확장주의 산물로 문화 예술도 함께 수출했는데 건축도 중요한 품목 가운데 하나였다. 19세기 독일 신고전주의는 이것을 받아들여 성립된 측면이 강했다. 프랑스와 인접한 독일 서부 지역의 라인 강 일대에는 전통적으로 프랑코-필 경향이 강했다. 독일은 역사적으로 프랑스보다 새로운 양식의 형성 등 건축 발전이 늦었기 때문에 라인 강 일대를 통해 프랑스 건축을 받아들이는 전통이 있었다. 고딕과 바로크는 대표적 예였고 19세기에 다시 한번 동일한 현상이 일어났다.

370 요한 보우만(Johann Boumann), 훔볼트대학교(Humboldt Universität), 베를린, 1748~66

낭만주의와 프랑스의 국제적 신고전주의의 쌍개념은 18세기 독일 건축에서 이미 나타났다. 18세기 프로이센을 이끌었던 프리드리히 2세재위 1840~86는 프랑스 문화 애호가로서 프랑스 건축을 수입하며 프랑코-필 경향을 유도했다. 베를린은 그 중심지였다. 요한 보우만Johann Boumann의 훔볼트대학교Humboldt Universität, 베를린, 1748~66는 프티 트리아농을 모델로 삼아 프랑스 신고전주의를 처음 수입한 건물 가운데 하나였다. 이것을 돌 처리를 강

371 카를 고트하르트 랑한스(Karl Gotthard Langhans), 브란덴부르크 문(Brandenburg Gate), 베를린, 1789~91

조한 기단 위에 올려 낭만성과 조화를 이루었다(그림 370).

곤타르트의 도이처 돔Deutscher Dom, 베를린, 1785에서는 국제적 신고전주의의 열주 파사드와 중세 첨탑이 수직으로 단순 병렬되었음에도 일정한 조화를 이루며, 향후 19세기 독일 신고전주의의 발전 방향을 예견했다(그림 368). 카를 고트하르트 랑한스Karl Gotthard Langhans, 1733~1808의 베를린 브란덴부르크 문Brandenburg Gate, 1789~91에서는 양면성이 더 날카롭게 충돌했다. 이 문은 18세기 말에 높아가던 독일 민족주의의 산물이었지만 정작 건축양식은 당시 국제적으로 유행하던 로마 고전주의의 개선 아치와 그리 리바이벌을 혼용해 처리했다(그림 371).

독일 통일, 민족주의, 집단적 낭만주의

19세기 독일의 정치, 문화, 예술의 한 축이었던 국민주의는 민족주의와 낭만주의의 통합을 통해 형성되었다. 18세기까지 영국을 중심으로 진행된 낭만주의의 기본 특성은 주관주의와 경험주의였다. 이때의 낭만주의는 집단성이 기본 특성인 민족주의와는 상반되는 것으로 볼 수 있다. 19세기에는 낭만주의와 민족주의를 연관지으려는 움직임이 일어났는데, 이러한 움직임은 독일에서 가장 활발했다. 독일은 오랜 기간 작은 공국principality들로 나뉘어 있다가 19세기에 들어와 통일된 근대 국가로 합해지기 시작했다. 완전한 통일은 오토 폰 비스마르크Otto von

372 카스파 다비드 프리드리히(Caspar David Friedrich), 〈산속의 십자가*The Cross in the Mountains*〉(1812)

Bismarck 이후 19세기 후반부에나 이루어졌지만 통일을 향한 노력은 19세기 전반부터 시작되었다. 이런 배경으로 인해 독일의 19세기 민족주의는 일찍 통일국가를 이룬 프랑스나 영국의 그것과는 달랐다. 프랑스와 영국의 민족주의는 통일국가를 바탕으로 구체적 이익을 취하는 방향으로 전개되었다. 반면 독일은 뒤늦게 통일을 이루어야 했기 때문에 인위적인 통합 노력이 훨씬 더 필요했다.

이 과정에서 중요한 역할을 한 것은 의외로 낭만주의 사상이었다(그림 372). 그 시작은 요한 고트프리트 폰 헤르더Johann Gottfried von Herder, 1744~1803였다. 헤르더 사상의 요체는 '포크Volk'였다. 'Volk'란 토속, 지역, 민족, 민중, 일반, 전통 등이 통합된 개념이었다. 헤르더는 문명과 문화의 주체는 엘리트 지배 계층이 아니라 포크라고 천명했고 이를 발전시켜 '민족정신Volkgeist'이라는 개념을 정립했다. 헤르더의 주장은 일반 민중에 의존하는 민족주의의 특성을 낭만주의의 개인주의 개념으로 풀어낸 것이다. 헤르더는 좋은 문명은 한 민족 단위의 고유한 특징이 살아 있는 민족정신을 바탕으로 해야 한다고 주장했다.

헤르더의 사상은 프리드리히 폰 슐레겔Friedrich von Schlegel, 1772~1829 등의 보수적 낭만주의로 이어져 독일 민족의 우수성을 주장하는 국수주의로 나아갔다. 이들은 영국의 민주주의와 프랑스의 자유주의를 독일의 민족정신에 맞지 않는 것으로 거부하며 독일만의 정치체제를 모색했다. 정체체제 등의 법제 조직institution은 민족 단위의 역사가 쌓이고 진행되어 온 결과가 자연스럽게 반영된 산물이어야지 외부에서 선험적으로 주어지는 보편적 법칙이어서는 안 된다는 이론을 세웠다. 이러한 이론의 바탕에는 낭만주의의 자연 해석 이론 가운데 하나인 생명체의 유기성 이론이 있었다.

헤겔G. W. F. Hegel, 1770~1831은 생명체의 유기성 이론을 적용하여 국가 역사를 '탄생-성장-전성-쇠퇴-소멸-대체'의 과정으로 나누었다. 이때 과거 국가를 대체하는 새 문명 단계에서는 이전 것의 특성과 영향이 변증법적으로 혼합된다고 주장했다. 이런 주장을 바탕으로 당시 독일의 분열 상태를 정正으로, 통합이라는 국제주의 기류를 반反으로 본 뒤 이 둘의 변증법 작용에 의해 합合으로 갈 것이라고 예언했다. 헤겔은 이 모델을 적용하여 독일의 통일국가가 민족국가nation-state 형태를 띨 것으로 보았다. 지역문화와 민족 단위의 독일 전통을 '정' 개념의 'nation'으로, 중앙 집중화된 법제의 국제주의 경향을 '반' 개념의 'state'로 보고 변증법적 통합에 의해 통일독일은 'nation-state'가 될 것으로 본 것이다.

요한 고틀리프 피히테Johann Gottlieb Fichte, 1762~1814는 나폴레옹의 프로이센 침공을 경험한 뒤 프랑스대혁명의 본질이 집단화된 민족정신으로 국가 이익을 추구하는 것이라 결론짓고, 이에 대항하기 위한 독일 정신Germangeist의 함양을 촉구했다. 피히테는 독일 민족은 단일민족이며 다른 어떤 민족보다 우수하다고 역설하며 곧 독일 정신을 떨칠 날이 올 것이라 예언했다. 피히테의 주장은 바론 훔볼트Baron K. W. von Humboldt, 1767~1835 등으로 이어졌고 독일 정신은 민족 단위의 집단성 개념으로 발전했다. 이런 개념은 가깝게는 프로이센의 프랑스 축출 운동으로 이어졌고, 멀리는 향후 독일 통일의 정신적 구심점이 되었다.

이상의 과정을 거쳐 낭만주의 사상은 민족주의가 대표하는 집단주의와 합쳐지면서 독일 통일의 정신적 바탕을 이루었다. 이렇게 변화한 새로운 낭만주의를 집단적 낭만주의Collective Romanticism라 부르는데, 이 개념은 좁은 의미에서 19세기 독일 국민주의와 동의어로 볼 수 있다. 그 바탕에는 절대주의의 질곡에서 해방된 낭만적 개인은 불완전하다는 비판의식이 있었다. 불완전한 개인은 독일 정신의 집단성을 더하여야 비로소 완전해질 수 있으며, 이런 상태에서만 독일 국민 개개인은 소외감에서 벗어나 생산적 삶을 영위할 수 있고 독일은 세계사에서 독자적 위치를 확보할 수 있다는 주장이었다. 이상의 내용으로 볼 때 집단적 낭만주의는 민족적 낭만주의Nationalistic Romanticism 또는 역사적 낭만주의Historical Romanticism와 동의어로 볼 수 있다.

집단적 낭만주의는 예술 분야에도 적잖은 영향을 끼쳤다. 독일 이외 지역의 집단적 낭만주의자로는 프랑스 화가 들라크루아F. V. E. Delacroix, 1798~1863, 이탈리아 작곡가 조아치노 로시니Gioacchino Rossini, 1792~1868, 영국 시인 윌리엄 워즈워스William Wordsworth, 1770~1850 등을 들 수 있다. 집단적 낭만주의가 예술 분야에서 가장 꽃핀 곳은 독일이었다. 문학의 요한 프리드리히 실러Johann Friedrich Schiller, 1759~1805, 요한 볼프강 폰 괴테Johann Wolfgang von Goethe, 1749~1832, 그림Grimm, 1785/6~1863/59 형제 등이 대표적인 예였다.

집단적 낭만주의 개념에 해당되는 건축 현상은 싱켈과 클렌체에서 완성되는데 그 전 단계로 길리 부자와 바인브레너가 있었다. 이들은 프랑스 신고전주의를 받아들여 독일 신고전주의의 성립에 중요한 정신적 배경을 제공했다. 길리 부자는 프로이센, 바인브레너는 남부독일을 대표하며 19세기 독일 신고전주의 형성기를 담당했다. 이들은 신고전주의의 국제성과 독일다운 낭만성의 통합에 대해 최초로 고민하며 독일 신고전주의의 기틀을 닦았다. 싱켈과 클렌체는 이 노력을 이어받아 완성시켰다. 독일다운 낭만성 개념을 국민주의 개념에 해당되는 집단적 낭만주의로 발전시킨 뒤 이를 통해 국제적 신고전주의를 해석함으로써 독일의 낭만적 고전주의를 완성했다.

1세대 형성기-길리 부자와 바인브레너 2

프로이센(1)-길리 부자와 랑한스

국민주의와 자유주의, 혹은 집단적 낭만주의와 국제적 신고전주의의 양면성은 19세기 독일 신고전주의의 바탕을 이루었다. 이 둘을 통합한 독일식 낭만적 신고전주의가 19세기 독일 신고전주의의 요체를 이루었다. 이것이 처음 나타난 곳은 프로이센이었다. 길리 부자와 랑한스는 이것을 처음 성립시킨 대표적 건축가들이었다. 이들은 낭간주의와 국제주의를 통합하기 위한 고민을 하며 독일 신고전주의의 기본 방향을 잡았다. 다비드 길리David Gilly, 1748~1808는 프로이센 포메라니아Pomerania 지방의 전통 시공술을 바탕으로 다양한 기능 유형의 지역 건물들을 지었다. 이와 동시에 프랑스에서 당시 유럽의 최첨단 경향이었던 합리주의도 받아들였다. 1783년에는 개인 건축학교를 열어 전통 건축과 프랑스 합리주의를 모두 가르치며 둘을 통합하는 문제에 대해 본격적으로 고민했다(그림 373). 이후 1788년에 프로이센의 프리드리히 빌헬름 2세Friedrich Wilhelm II의 초청으로 베를린으로 건너가 왕실 수석 건축가가 되었다.

이 직책은 이때까지 다비드 길리가 해오던 고민을 구체적 결과물로 실현해볼 수 있는 좋은 기회를 제공했다. 그는 카를 고트하르트 랑한스Carl Gotthardt Langhans, 1733~1808와 함께 프랑코-프로이센 스쿨을 이루며 프로이

373 다비드 길리(David Gilly), 스판다우의 신주택(Neubau in Spandau), 독일, 1804

센 신고전주의의 기틀을 닦았다. 다비드 길리는 파레츠 성채Schloss Paretz, 1796~1800, 프라이엔발데 성채Schloss Freienwalde, 1798~99, 브룬스비크의 비베크 하우스Vieweg Haus, Brunswick, 1800~07 등을 대표작으로 남겼다. 이 작품들에서는 오더 양식과 육면체 윤곽을 중심으로 한 추상 경향의 고전주의 표준 구성을 중세풍과 동양풍의 낭만주의 정원과 통합하는 경향을 보였다. 이 외에도 『건축적 관심사에 대한 유용한 논설과 뉴스 모음집*Sammlung nützlicher Aufsätze und Nachrichten, die Baukunst betreffend*』1799이라는 건축 잡지를 발행하여 19세기 독일 건축의 체계를 확립하는 데 중요한 기여를 했다.

랑한스의 브란덴부르크 문Brandelburger Tor, 베를린, 1789~91도 동일한 경향을 보여주는 예였다(그림 371). 이 건물은 아크로폴리스의 프로필라이아를 모델로 삼아 그리스 도리스식 오더의 열주만으로 구성되었다. 이것은 도심에 세워진 문으로서는 매우 파격적인 구성이었다. 부재 외관과 디테일에 나타난 강한 원형성은 프랑스 혁명기 고전주의의 원시적 낭만주의에서 받은 영향이다. 반면 도리스식 오더의 둔탁한 비례를 가늘고 길게 바꾼 처리는 국제적 신고전주의의 특징이었던 열주 효과를 노린 것이었다. 이 건물은 18세기 독일 바로크의 프랑코-필 경향에서 19세기 프로이센 신고전주의로 넘어가는 전환점이 되었다.

프리드리히 길리Friedrich Gilly, 1772~1800는 아버지 다비드 길리가 베를린 왕정으로 초청받아 옮길 때 따라가서 프로이센 신고전주의 형성기에 건축을 배웠다. 1798~99년 사이에는 프랑스, 영국, 바이에른, 오스트리아 등으로 여행하면서 다양한 건축 선례들을 경험했다. 프랑스에서는 벨랑제와 르두 등의 작품에서 감명을 받았고 영국에서는 낭만주의의 픽처레스크 개념을 배웠다. 이것을 바탕으로 빙켈만의 그리스 고전주의 미학을 괴테의 민족적 낭만주의 사상으로 재해석했다. 길리는 그리스 고전주의의 정수를 세 단계로 나누었다.

첫번째는 신전에 나타난 엄밀한 비례, 합리적 구성 체계, 반듯한 품세 등이었다. 이것은 건물 차원의 심미성으로 유럽 건축의 뿌리에 해당하는 원형성의 가치가 있었다. 이것은 숫자로 표시되는 비례를 의미하는 것은 아니었다. 빙켈만이 그리스 예술의 정수로 찾아낸 '고결한 단순성과 차분한 위엄'을 건축에 적용한 개념이었다(그림 374). 두번째는 이런 건물이 주변 자연환경과 어울리는 통합성이었다(그림 375). 그리스 신전은 지중해성 기후와 그리스의 지형 등 자연환경과 잘 어울

374 프리드리히 길리(Friedrich Gilly), 교회 계획안, 1796

375 프리드리히 길리(Friedrich Gilly), 사냥 별장 계획안

릴 뿐 아니라 도시국가의 아고라와 중심부 등 인공 환경과도 잘 어울렸다.

세번째는 이 둘이 합해져 민족과 나라, 나아가 문명을 통합하고 대표하는 포괄체로서 기능하는 것이었다. 프리드리히 길리는 그리스 신전이 역사, 예술, 민속, 감성, 정서 등 다양한 문화적 가치를 종합적으로 담아내는 기능을 하였다고 보았다. 기능적으로 보더라도 그리스 신전은 마을의 정신적, 물리적 중심 공간이 되었다. 이것은 건축이라는 한 예술 장르의 고유한 심미적 가치가 집단 차원의 문화적 포용성을 확보하는 단계로 발전할 수 있다는 생각을 뜻했다. 이 생각은 집단적 낭만주의를 독일 문학에 적용했던 괴테의 문학사상에서 받은 영향이다.

프로이센(2)–프리드리히 길리와 프리드리히 대제 기념비 설계 경기 계획안

프리드리히 길리는 아버지보다도 8년이나 일찍 요절했기 때문에 건축물로는 대표작을 남기지 못했다. 대신 그는 자신의 건축관을 건축 풍경으로 그린 수채화를 주요 작품으로 남겼다. 프리드리히 대제 기념비 설계 경기 계획안Denkmal für Friedrich der Grosser, 1797이 대표적 예다(그림 376). 이 작품에서는 기단, 열주, 엔타블러처, 펜던티브의 기본 요소만으로 신

376 프리드리히 길리(Friedrich Gilly), 프리드리히 대제 기념비 설계 경기 계획안(Denkmal für Friedrich der Grosser), 1797

전을 구성하여 그리스 신전을 간결한 기하학적 윤곽으로 처리해 원형성을 높였다. 여기에 빛을 더해 전체적 분위기는 진공과 고형의 이분법에 의한 명암 대비 효과를 나타냈다. 이런 효과는 다시 기하학적 윤곽에 의한 추상 처리를 강화했다. 안정적 비례와 수평 구도 등은 그리스 신전에서 완성된 유럽 건축의 원형적 가치를 확실하게 드러냈다. 원형성은 일차적으로 합리성을 지향하는 것으로 해석할 수 있다. 다음 단계로 이것을 바탕으로 낭만적 해석을 가했다. 낭만성은 세 방향으로 추구했다.

첫째는 풍경성이다. 신전은 나지막한 언덕 위에 평화로운 모습으로 올라앉아 있는 풍경 요소로 정의하였다. 그리스 도시국가에서 중심체 역할을 수행했던 신전은 그 기능을 아크로폴리스 중앙을 차지하는 방식으로 표현했다. 그 방식은 두 가지였다. 하나는 메소포타미아 시대에 전쟁 수행 본부 기능을 한 성채와 유사한 방식으로 신전은 긴장되고 삼엄한 분위기를 풍겼다. 다른 하나는 언덕, 수목, 바위, 바다 등 지중해 자연환경과 어울리는 방식으로 신전은 체험적이고 친밀한 분위기로 나타났다. 길리의 작품은 이 가운데 후자를 추구했다. 이것은 18세기에 그리스 유적을 받아들이는 대표적 낭만주의 방식인 풍경주의에 해당했다.

둘째는 현실성이다. 조화로운 위계를 통한 주변과의 어울림이 대표적 내용이었다. 주변은 자연환경과 인공 환경의 종합으로 이루어진다. 그리스 신전은 이런 환경 속에서 중심부의 역할을 하지만 위압적이거나 폭력적이지 않고 조화로운 위계를 통해 주변과 어울렸다. 신전은 마을로 내려와 마을과 함께 어울리면서 중심부 역할을 했다. 플라톤의 이데아가 지향하는 유토피아를 허구적 이상으로 부정하는 대신 마을과 평화롭게 어울리는 현실주의를 지향했다.

셋째는 픽처레스크 개념이었다. 명암 대비 효과를 통해 낭만성을 표현하는 것은 불레의 혁명기 건축에 나타난 원시적 낭만주의에 영향을 받은 것이었다. 그러나 불레의 블랙 로맨티시즘과 달리 프리드리히 길리는 이것을 현실성 강한 평화적 이상주의로 그려냈다. 이것은 영국의 픽처레스크의 영향으로 앞의 풍경성과 현실성이 하나로 합쳐져 나타난 것이었다.

넷째는 원시성이다. 원형성은 합리성인 동시에 곧 원시성이기도 했다. 원형성이 원시성일 수 있는 근거를 제공한 것은 루소의 '고결한 원시주의'와 빙켈만의 '고결한 단순성과 차분한 위엄' 개념이었다. 여기에 민족주의 바람이 강하게 부는 시기에 뒤늦게 신고전주의를 시작한 독일의 특수한 상황이 더해졌다. 독일 건축이 독립적 고전주의 경향을 띤 것은 이때가 처음이었다. 이탈리아, 프랑스, 영국 등 인접 경쟁 국가들은 초대 교회－로마네스크－르네상스－바로크－18세기 등을 거치며 여러 단계의 고전주의를 창출한 뒤였다. 이런 상황에서 뒤늦게 고전주의를 시작하는 독일로서는 경쟁 국가의 영향을 최소화해야 하는 문제를 추가로 안고 있었다.

이에 대한 해결책 가운데 하나가 경쟁 국가로 퍼져나가 분화되기 이전의 가장 근원적인 고전주의를 취하는 것이었고, 원시성으로 해석되는 원형성은 가장 적합한 개념이었다. 루소와 빙켈만의 이론은 이 개념에 대한 정신적 근거를 제공했다. 원형성이 원시성과 합리성이라는 상반되는 개념을 동시에 포괄할 수 있다는 사실과 이 가운데 굳이 원시성을 취한다는 사실은 해석의 문제였는데, 앞과 같은 두 가지 낭만성을 확보한 상태의 원형성은 원시성으로 해석할 수 있었다.

이상을 종합할 때 길리의 이 작품은 합리적 낭만주의로 정의할 수 있다. '프리드리히 대제'는 18세기에 근대 독일의 기초를 닦은 프로이센의 프리드리히 2세에 대한 독일 국민들의 존경심을 담은 호칭이었다. 프리드리히 2세는 18세기 프랑코-필을 지원한 장본인이었지만 정치 분야에서는 독일만의 정체성을 확보하는 기초를 닦은 인물이었다. 이 작품은 이런 업적에 대한 19세기 민족주의식 재해석이었다. 프리드리히 길리는 이상과 같은 자신의 건축관을 수채화 이외에 아버지가 발행했던 건축 저널에 발표해서 이론화 작업에도 중요한 기여를 했다.

남부독일-바인브레너와 살루시

프로이센에서 처음 성립된 독일 신고전주의는 바이에른을 중심으로 한 남부독일로 확산되었다. 프리드리히 바인브레너Friedrich Weinbrenner, 1766~1826와 조반니 살루시Giovanni Salucci, 1769~1845는 독일 신고전주의를 이끈 대표적 건축가들이었다. 바인브레너는 카를스루에Karlsruhe를 근대적 도시로 개발하는 과정에서 신고전주의를 도입해서 완성시켰다. 카를스루에는 독일 남서부 바덴Baden 지방의 주도로서 바로크 왕궁을 중심으로 구시가지가 형성되어 있었다. 바인브레너는 1797년부터 사망할 때까지 카를스루에 왕실의 수석 건축가로 이 도시를 근대적 도시로 개발하는 일을 담당했다.

카를스루에는 방사선 구도로 도시 전체의 골격을 짰다. 이것은 파리 개선문 주변의 가로 구도로 대표되는 프랑스식 가로 구도를 모방한 것이었다. 바로크 왕궁을 중심축으로 삼아 신시가지로 뻗어 나왔다. 카이저 가Kaiserstrasse로 중간에 에트링거 문Ettlinger Tor을 세우고 시장 광장Marktplatz을 닦아서 길의 위용과 기능성을 갖추었다. 바인브레너 자신은 이 가로를 따라 카를스루에 복음교회Evangelische Stadtkirche, 1806~16와 카를스루에 시청사Rathaus, Karlsruhe, 1806~25 등 주요 작품을 남겼다(그림 377).

바인브레너는 독창적 건축가라기보다는 여러 종류의 고전주의 선례를 종합한 리바이벌 성향의 건축가였다. 그가 선례로 삼은 고전주의는 세 종류였다. 첫째는 프리드리히 길리와 랑한스 등의 동시대 독일 신고전주의이다. 둘째는 1792~97년 사이의 로마 수학 기간 동안 체득한 지중해 고전주의로 피라네시의 낭만적 고전주의, 도리스식 리바이벌, 로마 고전주의, 팔라디오로 대표되는 16세기 전성기 르네상스 등이다. 셋째는 나폴레옹의 영향인 프랑스 신고전주의로 국제적 신고전주의,

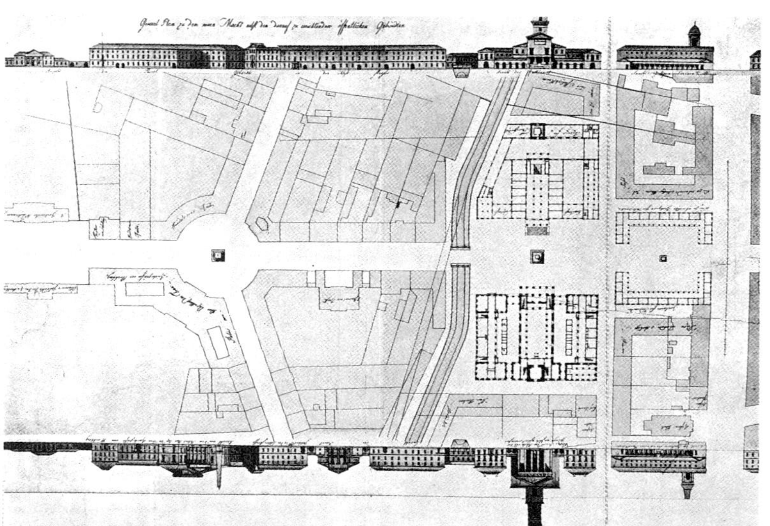

377 프리드리히 바인브레너(Friedrich Weinbrenner), 카를스루에(Karlsruhe) 계획

불레의 원시 거석 구조와 추상 낭만주의, 제1제정 건축 등이다.

카를스루에에 남긴 시청사와 복음교회는 이런 종합 고전주의를 잘 보여주었다. 시청사는 팔라디오의 빌라와 로마 신전을 혼합한 양식으로 처리했다(그림 378). 카를스루에 복음교회는 18세기 국제적 신고전주의와 로마 목욕탕을 혼합한 양식으로 처리했다. 바인브레너의 고전주의는 무기력한 선례를 모방하기만 한 것은 아니었다.

378 프리드리히 바인브레너(Friedrich Weinbrenner), 카를스루에 시청사(Rathaus, Karlsruhe), 독일, 1806~25

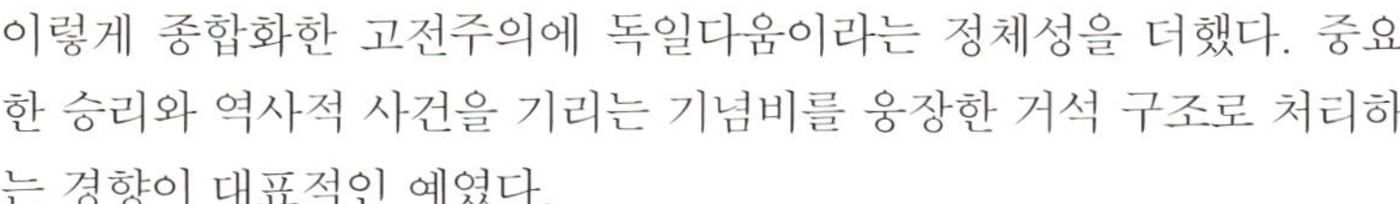

이렇게 종합화한 고전주의에 독일다움이라는 정체성을 더했다. 중요한 승리와 역사적 사건을 기리는 기념비를 웅장한 거석 구조로 처리하는 경향이 대표적인 예였다.

이러한 경향은 건축 고유의 심미적, 조형적 의미보다는 사회적, 역사적 의미가 강한 작품들에서 나타났으며 대부분 계획안으로 남겼다. 이 경향은 로마 수학 시절 남긴 습작에도 강하게 나타난다. 독일로 돌아온 뒤 남긴 작품 중에서는 프리드리히 길리도 참여했던 프리드리히 대제 기념비 설계 경기, 카를스루에 카이저 가 정비 계획안 Umgestaltung der Kaiserstrasse, 프랑스공화국을 위한 독일 기념비 계획안 Nationaldenkmal für die französische Republik 등이 대표적인 예다(그림 379). 이 작품들에서는 다양한 고전 선례를 초월적 스케일의 단순화 경향으로 처리한 뒤 숭고미를 더하거나 열주를 근대적 모듈 이미지로 처리한 뒤 급하게 반복하는 방식으로 기념비다움을 나타냈다.

379 프리드리히 바인브레너(Friedrich Weinbrenner), 프랑스공화국을 위한 독일 기념비 계획안(Nationaldenkmal für die französische Republik)

살루시는 피렌체 태생으로 1817년에 슈투트가르트 빌헬름 1세 왕의 수석 건축가가 되어 이 일대에 고전주의 작품을 남겼다. 이탈리아 배경에 싱켈의 영향을 혼합한 경향이 살루시의 대표적 특징이다. 고전주의 전통이 약했던 독일은 바로크 때부터 이탈리아 건축가들을 초빙한 전례가 있었는데 살루시의 사례는 이러한 전례가 19세기까지 이어진 것으로 볼 수 있다. 로텐베르크의 뷔템베르크 무덤예배당 Grabkapelle auf dem Wüttemberg, Rottenberg, 1820~24 은 팔라디오의 빌라 로톤다와 싱켈의 열주 처리를 혼합, 모방했

380 조반니 살루시(Giovanni Salucci), 로텐베르크의 뷔템베르크 무덤예배당(Grabkapelle auf dem Wüttemberg, Rottenberg), 독일, 1820~24

다(그림 380). 동서남북의 기본 방위에 맞춘 중앙 집중형 구성은 로톤다를, 그리스 열주 파사드를 추상 처리한 뒤 원시적 분위기로 처리해서 자연환경과 어울리도록 한 처리는 싱켈을 모방한 것이었다.

슈투트가르트의 로젠슈타인 성채[Schloss Rosenstein, Stuttgart, 1824~29]에서는 중앙 출입구를 이오니아식 헥사스틸 신전 파사드로, 측랑을 단층의 팔라디오 창틀 모티프로 처리했다(그림 381). 측랑을 1층으로 묶은 뒤 지붕에 코니스를 이용하여 강한 수평선을 만든 처리는 팔라초 디테일을 파사드의 그릭 라바이벌에 맞춘 결과로 볼 수 있다.

이상 네 명의 건축가들은 모두 외래 양식인 고전주의를 받아들여 정착시키되 독일다운 전통을 살리는 방법을 고민했다. 독일 통일 과정에 나타난 국민주의[=지방주의]와 자유주의를 통합하려는 고민에 대응되는 건축적 현상이었다. 두 분야 사이에는 더 직접적인 유사점도 발견할 수 있다. 1848년 3월혁명 때 국민주의와 자유주의 사이의 통합과 화해를 위해 프랑크푸르트 국민회의[Frankfurt Nationalversammlung]를 소집했는데 이 회의의 최대 안건은 "독일 민족은 누구인가[Wer waren die Germans?]"라는 기본적인 주제였다. 이 주제는 하인리히 휩슈[Heinrich Hüosch, 1795~1863]의 『우리는 어떤 양식으로 지을 것인가?[*In welchen Stil sollen wir bauen?*]』[1828]라는 저서와 동일한 고민을 공유한 것이었다. 휩슈 자신은 카를스루에 예술극장[Kunsthalle, 1837~46]에서 로마네스크 리바이벌과 로마 고전주의를 혼합한 양식을 독일의 대표 고전주의로 제시했다(그림 433).

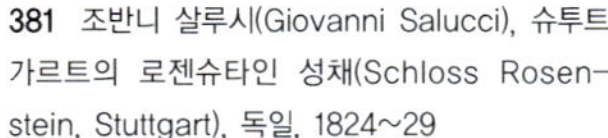

381 조반니 살루시(Giovanni Salucci), 슈투트가르트의 로젠슈타인 성채(Schloss Rosenstein, Stuttgart), 독일, 1824~29

카를 프리드리히 싱켈 3

독일 신고전주의의 완성과 종합화

카를 프리드리히 싱켈Karl Friedrich Schinkel, 1781~1841은 19세기 독일 신고전주의를 완성한 대가였다. 그는 독일뿐 아니라 19세기 유럽 건축 전체를 대표하는 거장이었다. 고전주의를 바탕으로 한 역사주의 건축가였지만 다른 건축가들과 달리 역사 선례를 창조적으로 재해석해낸 점에서 그러했다. 또한 갈등과 대립이 심했던 당시 시대 상황에서 건축을 통해 쌍개념을 성공적으로 통합해낸 대표적인 건축가로 평가할 수 있다. 싱켈의 이런 작업은 단순한 건축 활동이 아니었고 당시 독일이 처한 정치 문화적 상황에서 이상적인 전개 방향을 건축을 통해 제시한 역사적 활동이었다. 이런 싱켈의 업적은 종합화의 산물이었다. 당시 유럽과 독일에서 제기된 거의 모든 건축적 주제와 시도들을 포괄하는 종합성이 싱켈 건축관의 대표적인 특징이자 장점이었다. 싱켈은 압축적 교육과 빠른 습득을 통해 다양한 주제들을 자기 것으로 만들었다.

싱켈은 베를린 근교 노이루핀Neuruppin에서 루터교 목사의 아들로 태어났다. 1787년 시의 3분의 2 이상이 불타 없어지는 대화재가 발생해서 시의 재건 과정을 보며 어린 시절을 보냈다. 이는 싱켈의 건축관에 중요한 영향을 끼쳤다. 건물이 없는 도시 생활의 어려움 속에서 사람들이 건물을 지어가면서 도시를 점차 좋게 만들어가는 것을 보고 건축의 공공기능을 이른 나이에 직접 몸으로 겪었다. 십자 가로가 교차하는 근대적 합리주의 기법으로 도시 골격을 잡아가는 것을 보고 근대성 개념도 체득하였다. 이런 공사를 왕실에서 지원하는 것을 보고 중앙정부를 정점으로 한 전통적인 계급 구조의 효율성에 우호적 입장을 가지게 되었다.

1794년에는 베를린으로 이주하면서 본격적인 건축 훈련을 시작했다. 1797년에는 프리드리히 길리의 프리드리히 대제 기념비 계획안(그림 376)을 보고 감명을 받아 건축가가 되기로 결심하고 그의 제자가 되고 싶어했으나 1798년에 다비드 길리가 운영하는 건축학교에 먼저 입학했다. 이곳에서는 독일의 전통 시공술을 선례로 삼아 구조와 재료에서 형태를 창출하는 훈련을 받았다. 이를 통해 독일의 실용성 전통에 대해서도 배웠다. 실용성 전통은 근대성과 통합하기에 적합한 경향이었다. 1799년에 베를린 왕립건축학교Berlin Bauakademie가 설립되면서 이곳으로 옮겨 예술사와 신고전주의 등을 배웠다.

왕립건축학교 수학 기간에 싱켈은 베를린 신고전주의 형성기를 이끈 1세대 건축가들의 철학과 경향을 이어받았다. 싱켈을 가르친 교수들은 길리 부자, 랑한스, 하인리히 겐츠Heinrich Gentz, 1766~1811 등이었다(그림 382). 싱켈은 소질과 능력을 인정받으며 이들 1세대의 특별 관리를 받았다. 프로이센의 국가 양식을 시급히 창출할 책임을 느낀 1세대 선배들은 싱켈을 집단적으로 후원하며 국가 양식을 완성할 재목으로 키웠다. 프리드리히 길리는 1800년에 사망하면서 자신의 스케치와 도면을 싱켈에게 물려주었다. 또한 길리의 미완성 작품 대부분을 싱켈이 이어받아 완성시켰다. 이런 작업을 통해 싱켈은 길리의 건축철학과 경향을 자신의 것으로 만들 수 있었다. 앞에 언급한 바와 같이 건물이 사회적 포괄체로서 기능한다는 개념과 이것의 모범적 예로 그리스 신전을 해석한 경향이 대표적인 예였다.

1803~04년 사이에는 빈을 거쳐 베네치아, 롬바르디아, 토스카나, 로마, 나폴리, 시칠리아 등 이탈리아 전역을 여행했다(그림 383). 그리스에서 로마에 이르는 고전주의의 오랜 역사를 직접 보고 체험했다. 볼로냐, 페라라, 밀라노 등에서는 독일 고딕의 벽돌 양식과 유사한 중

382 하인리히 겐츠(Heinrich Gentz), 왕실 휴양 성채 계획안(Ein fürstlichen Lustschloss), 1793

세 교회를 답사했다. 벽돌은 독일의 전통 재료이기도 했는데 차이도 있었다. 독일의 벽돌 건축은 순수 중세 건축에 국한된 반면 이탈리아에서는 고전 기법을 혼용했다. 이것을 통해 고전과 고딕의 대립을 극복할 가능성을 발견했다. 두 양식은 '구조와 심미성의 조화로운 통합'이라는 보편적 법칙을 공통 매개로 삼아 상호 보완적일 수 있음을 발견한 것이었다. 이외에도 당시 이탈리아에 대사로 와 있던 훔볼트를 만나 그의 독일 정신 사상에도 영향을 받았다. 로마에 진출해 있던 독일 화가들과 교류하며 화가로서의 경력도 시작했다.

383 카를 프리드리히 싱켈(Karl Friedrich Schinkel), 폴라의 사라센 교회

이상과 같이 싱켈은 수학 기간 동안 숨 가쁘게 다양한 건축 사상과 경향을 연속으로 습득하였다. 앞에 열거한 것들 이외에도 빙켈만의 그리스 고전주의 미학, 헤겔의 역사 해석, 피히테의 개인의식 발전 단계론, 영국과 이탈리아의 픽처레스크 개념, 영국의 산업혁명과 신건축운동, 뒤랑의 유형학, 프리드리히의 풍경화 등에서 중요한 영향을 받았다. 싱켈은 작품 활동을 시작한 이후에도 이런 사상과 가치들을 끊임없이 배워 나갔다. 싱켈의 생애는 이런 배움의 연속이었다.

풍경화와 무대 디자인

19세기 초반 프로이센은 나폴레옹에게 점령당하는 등 정치 경제적으로 어려움을 겪고 있었기에 건축 일이 없었다. 싱켈은 이런 때 초창기 경력을 시작했기 때문에 초반에는 화가로 더 많은 활동을 했다. 풍경화와 무대 디자인이 대표적 분야였다. 풍경화는 싱켈의 낭만성을 표현하는 유용한 장으로서 그는 평생 중요한 풍경화가로도 활약했다. 싱켈은 1810년에 당시 독일 최고의 낭만주의 풍경화가였던 카스퍼 다비드 프리드리히Casper David Friedrich, 1774~1840의 그림을 보고 큰 감명을 받았다. 프리드리히는 자연을 '사람의 영혼과 교류하는 신'으로 해석하는 중세 낭만주의의 영향을 받았다. 이를 위해 프리드리히는 간간이 중세 폐허 등을 배경 요소로 사용했다(그림 372). 싱켈은 여기에서 한 발 더 나아가 고딕 성당을 중요한 배경 요소로 자주 사용했다. 프리드리히가 자

384 카를 프리드리히 싱켈(Karl Friedrich Schinkel), 〈강가의 고딕 성당*Gotischer Dom am Wassers*〉(1813)

연을 배경으로 신비주의 화풍을 보인 데 반해 싱켈은 고딕 성당을 사회의 구성 요소로 파악하는 현실주의적 입장을 나타냈다(그림 384).

무대 디자인에서는 파노라마panorama: 회전그림와 축소 세트diorama가 대표적 예였다. 파노라마는 무대 배경이 되는 여러 장면이 연속으로 돌아가면서 나오도록 만드는 작업이었다. 이때 배경에는 건축과 도시 장면이 많이 들어갔다. 싱켈은 이탈리아의 고도를 배경 장면으로 즐겨 사용했는데 이 작업은 역사 선례를 창조적으로 재해석하는 훈련을 하는 좋은 기회가 되었다. 고딕 성당을 배경으로 삼아 낭만적으로 처리한 장면도 싱켈이 좋아하는 주제였다. 또한 이런 배경을 축소 세트에 집어넣기 위해서 소점 조작을 통해 시선 거리를 단축하는 등 왜곡 효과를 내야 했는데 이것도 역사 어휘에 대한 상상력을 훈련하는 좋은 기회였다. 〈로마의 카피톨 언덕*Das Kapitol in Rom*〉1805, 〈팔레르모의 파노라마*Das Panorama von Palermo*〉1809, 〈물가의 중세 도시*Mittelalterliche Stadt am Wasser*〉1813, 모차르트의 〈마적*Die Zauberflöte*〉1816 등이 그 대표작이었다(그림 385).

싱켈은 무대 디자인 경력을 쌓는 동안 루이즈Louise 여왕의 눈에 들어 1809년 건축 경력을 시작했다. 여왕은 싱켈에게 개인 작품을 여러 점 맡겼으며 싱켈이 왕실로 진출하는 통로 역할이 되었다. 싱켈은 이런 데뷔작들에서 기독교 사상에 기초한 고딕 양식을 주요 선례로 사용했다. 1810년에는 훔볼트의 추천으로 건축 감독관 보조Oberbauassessor에, 1815년에는 프로이센 궁정의 수석 건축가인 건축 총감독관Gemeiner Oberbaurat에 임명되었다. 이때부터 대형 공공건물을 중심으로 한 본격적인 대표작을 남겼으며 독일의 신고전주의를 완성시켰다. 이후 이 직책을 25년간 유지하며 80여 개의 크고 작은 작품들을 남겼다.

1824년에는 이탈리아를 다시 방문했으며 1826년에는 영국을 방문했다. 이탈리아 방문에서는 당시 무르익어가던 자신의 고전관을 탄탄하게 다지며 한층 성숙해지는 경험을 했다. 영국 방문에서는 다양한 경험을 했다. 당시 공사 중이던 대영박물관을 방문해서 자신의 베를린 구박물관과 비교했다. 영국 농촌에서는 픽처레스크 사상을 직접 체험한 뒤 돌아와서 샤를로텐호프 설계에 반영했다. 보이트를 대동하고 템스 터널, 토머스 텔포드Thomas Telford의 다리, 웨지우드 세라믹 공장, 일반 공장과 오피스 빌딩 등 산업혁명의 결과물도 답사했다. 싱켈은 그들 건축물을 보고 철물이 중심이 된 신건축운동의 가능성을 발견해서 왕립건축학교 설계 등에 반영했다. 특히 웨지우드 세라믹 공장을 보고는 기계 공예와 수공예의 통합 가능성을 발견하고 독일에서 이와 유사한 운동을 직접 이끌었다.

싱켈의 명성과 견주면 주요 작품들은 많이 철거되거나 파손되었다.

385 카를 프리드리히 싱켈(Karl Friedrich Schinkel), 모차르트의 〈마적*Die Zauberflöte*〉(1816) 무대 디자인

제2차 세계대전 때 피폭이 결정적이었으며 이외에도 인위적 철거가 다수 있었다. 특히 베를린에 지어진 여러 왕궁들이 그러했다. 일부 건물들은 수리, 복원되었고 현재도 진행 중이지만 그 진도는 더딘 편이다. 현재 남아 있는 건물들을 기준으로 싱켈의 대표작은 베를린 신왕궁 수비대[Neue Wache, 베를린, 1817~18], 베를린 국립극장[Schauspielhaus, 1819~21], 테겔 성채[Schloss Tegel, 베를린, 1821~24] 개축, 베를린 성채 다리[Schlossbrücke, 1822~24], 클라인 글리니케 성채[Schloss Klein Glienicke, 베를린 글리니케, 1824~29], 베를린 구박물관[Altes Museum, 1824~30], 프리드리히베르더 교회[Friedrichswerdersche Kirche, 베를린, 1824~31], 샤를로텐호프 성채[Schloss Charlottenhof, Potsdam포츠담, 1826~30], 드레스덴 구왕궁 수비대[Altstädter Wache=Hauptwache=Schinkelwache, Dresden, 1830~33], 니콜라이 교회[Nikolaikirche, 포츠담, 1830~37/돔은 1843~49에 사후 완공], 왕립건축학교[Bauakademie, 베를린, 1831~36, 철거] 등을 들 수 있다.

쌍개념의 통합과 독일 통일

싱켈은 대표 선례로 그리스 고전주의를 가장 많이 사용했지만 통합적 경향 때문에 그릭 리바이벌주의자로 분류되지 않는다. 이것을 포함한 더 포괄적 의미의 신고전주의자로 정의할 수 있다. 그리스 원형 요소를 사용하는 것 자체를 목적으로 하지 않고 포괄적 종합화를 이루는 구성 요소 가운데 하나로 사용했다는 의미다. 싱켈이 종합화를 시도한 근본 목적은 대립적 쌍개념을 통합하는 것이었다. 싱켈이 습득한 건축 주제들은 쌍개념으로 정리되기에 적합한 것들이었다. 싱켈의 건물들은 쌍개념 사이의 통합으로 해석할 수 있는 측면들이 많았다. 구조 대 심미성, 고전 대 고딕, 역사성 대 근대성, 지역다움 대 국제다움, 구조성 대 표현성, 실용성 대 합리성, 2차원 회화성 대 3차원 공간성, 민족주의 대 자유주의, 독일다움 대 프랑스다움, 낭만성 대 원형성, 개별성 대 집단성, 신교 대 가톨릭 등이 대표적인 것들이었다. 이런 쌍개념들이 통합된 내용들에 대해서는 아래의 작품 분석을 통해 설명할 것이다. 여기에서는 이 가운데 대표적인 예를 추가로 설명하고자 한다.

풍경화와 무대 디자인 경력은 2차원 회화성 대 3차원 공간성의 배경이 되었다(그림 384, 385). 풍경화 경력을 통해 건물을 2차원적으로 해석하는 능력을 키웠다. 건물의 외피를 통해 내부 구조 골격을 표현하는 경향이었다. 반면 무대 디자인 경력을 통해서는 여러 요소를 단일 공간 속에 압축적으로 집어넣는 3차원 능력을 키웠다. 둘 사이의 통합은 각각의 건물이 처한 상황에 맞게 대응시키는 방식으로 나타났다. 주변 환경, 건물의 기능 유형, 건물에 필요한 상징성 등이 그 기준이었다.

베를린 국립극장과 신왕궁 수비대와 같이 파사드의 회화다움이 필요한 곳에서는 2차원다움을, 공간의 풍부함과 깊이가 요구되는 프리드리히베르더 교회에서는 3차원다움을 각각 활용했다(그림 390). 둘 모두를 요구하는 베를린 구박물관에서는 열주 출입구의 액자 기능을 통해 둘 사이의 통합을 이루어냈다(그림 398~400). 왕립건축학교에서는 외부의 요구가 아닌 싱켈 스스로의 의도에 따라 둘을 통합함으로써 내외부 사이의 일체를 얻어냈다. 일체를 통해 모듈 베이와 솔직함 등 근대적 가치를 획득했다(그림 386).

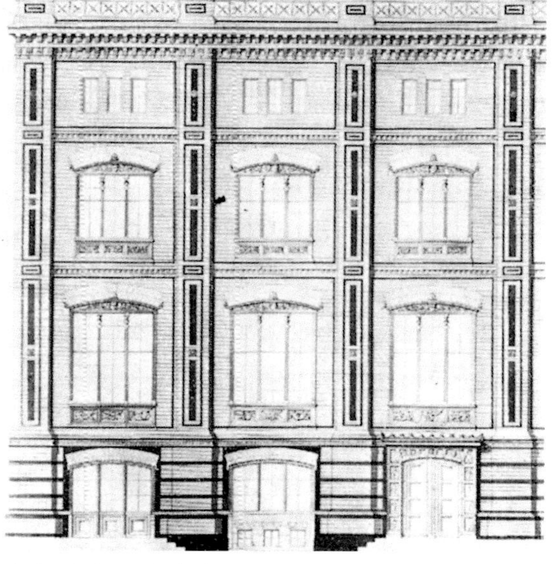

386 카를 프리드리히 싱켈(Karl Friedrich Schinkel), 바우아카데미(Bauakademie), 베를린, 1831~36, 철거

구조 대 심미성의 쌍개념은 문화 이상을 담아내는 사회 포괄체의 구성 요소를 정의하는 문제에서 비롯했다. 싱켈은 심미성이라는 정신적 가치만이 문화 이상을 담아낼 수 있다고 보지 않았다. 구조 방식도 중요한 요소로 보았다. 이 둘이 조화를 이루어 통일체로 발전했을 때 사회의 문화 이상을 담아내는 포괄체가 된다고 보았다. 이것은 심미성만으로 사회 포괄체를 정의했던 프리드리히 길리와 다른 싱켈만의 건축관이었다. 역사 선례를 통해 구조 방식을 중요한 구성 요소로 찾아내 재해석하는 건축관은 다비드 길리에게 배운 것이었다. 싱켈은 이것을 발전시켜 구조 방식을 통해 역사성과 근대성이라는 또다른 쌍개념을 통합해냈다. 벽돌이라는 역사 소재를 근대적 신재료 방식으로 개선한 광택 벽돌은 대표적 예였다(그림 401).

구조 방식을 상위 요소로 보는 유사한 경향은 18세기 프랑스의 구조 합리주의에서도 있었지만 차이점이 있었다. 프랑스에서는 선례 양식들을 합리주의적으로 해석해서 이것들에서 보편적 공통점을 찾아내 통합했다. 그래서 그레코-고딕 아이디얼이라는 새로운 건축 방식을 창

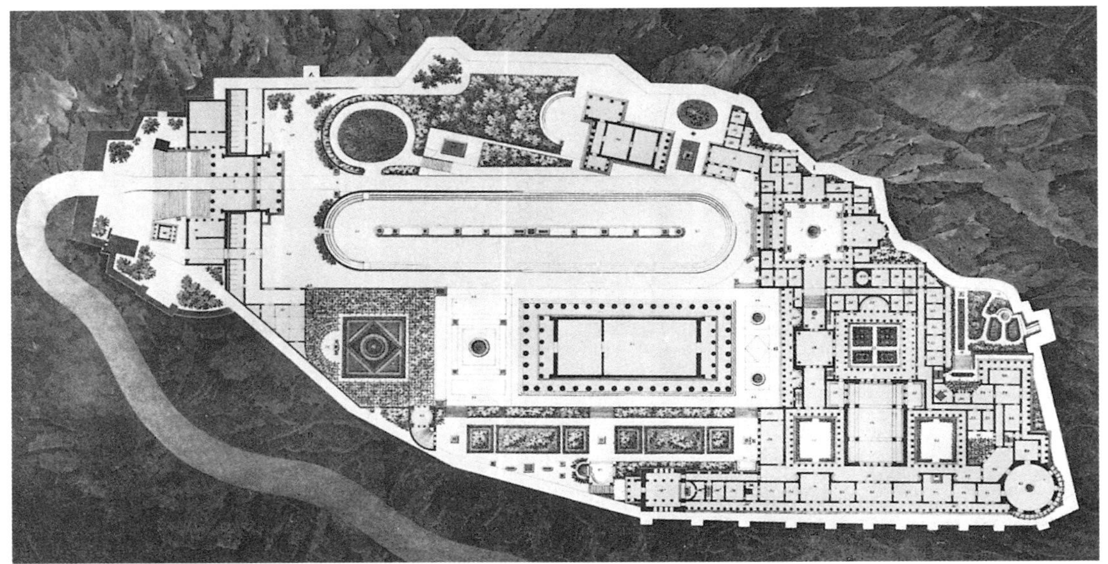

387 카를 프리드리히 싱켈(Karl Friedrich Schinkel), 아테네 아크로폴리스 왕궁 계획안 (Königpalast auf der Akropolis zu Athen)

출했다. 그러나 싱켈의 구조성은 축조성이라는 현장성을 바탕으로 한 경험적 실용성이 주된 특징이었다. 보편성보다는 독일 특유의 지역성에 맞게 현장의 특수한 건물에 따라 개별적으로 적용했다.

싱켈은 이런 사회 포괄체의 이상적 예로 그리스 신전과 고딕 성당 모두를 들었다(그림 387, 388). 이상적 예를 그리스 신전에 한정했던 독일 1세대 신고전주의자들과 다른 싱켈만의 포괄적 건축관이었다. 그리스 신전은 프리드리히 길리의 해석을 발전시킨 것이었다. 고딕 성당을 선례로 삼은 것은 싱켈만의 독특한 역사관의 산물이었다. 독일에는

388 카를 프리드리히 싱켈(Karl Friedrich Schinkel), 프로이센 해방전쟁 기념 성당 계획안 (Denkmalsdom für den Freiheitskrieg in Berlin), 1814

벽돌 양식의 고딕 전통을 가지고 있었다. 14세기 뤼베크Lübeck로 대표되는 북부독일의 프로이센이 그 중심지였다. 싱켈은 이런 지역 전통을 그리스 신전의 보편성과 조화시켜 독일다운 신고전주의를 완성했다.

헤겔의 역사 해석과 피히테의 의식 단계론

싱켈 건축의 사상적 배경은 헤겔의 변증법적 역사 해석과 피히테의 개인의식 발전 단계론이었다. 헤겔의 영향은 다음의 네 단계로 나누어 해석할 수 있다. 첫째, 현재 상황을 과거 역사의 연속으로 본다. 현재 상황의 이상적 해답은 과거 역사가 진행되어 온 자연스러운 결과에서 찾아야 한다. 둘째, 이렇게 정의되는 현재 상황과 역사 상황은 개별 요소인 건축가와 건물을 둘러싸는 포괄적 배경 요소인데 이것은 변증법의 정正에 해당한다. 개인 차원을 넘는 주어진 초기 조건으로 볼 수 있다. 셋째, 개인은 이것에 도전하면서 역사를 바꾸려는 반反으로 작동한다. 넷째, 둘 사이의 합合에 해당하는 제3의 화해 상태로 이 시대만의 대표 건축이 탄생한다. 합으로서 건물은 자신의 개별 상황과 더불어 주변의 물리적 환경이나 역사적 상황 등을 함께 표현한다.

이상의 변증법적 통합은 앞에 언급한 사회적 포괄체로서 건축의 기능을 헤겔의 역사 해석에 견주어 분석한 것이다. 이것은 다시 당시 통일 과정에 있던 독일 사회의 여러 움직임에 대응되는 건축 현상으로 볼 수 있다. 싱켈은 자신의 기념비가 이상의 통합과 통일 이상의 내용을 담고 있기 때문에 독일 통일에도 기여할 수 있다고 믿었다. 여러 계층과 지역의 다양한 전통과 이익이 충돌하는 복합 사회에서 싱켈의 기념비는 중심을 잡아주는 기능을 했다.

이런 통합 과정은 피히테가 주장한 개인의식 발전 단계론에 대응시킬 수 있다. 피히테는 『지식학*Wissenschaftslehre*』1797과 『인간의 운명*Die Bestimmung des Menschen*』1800이라는 두 권의 대표 저서에서 자신의 이론을 전개했다. 피히테는 한 개인은 주관적 즉흥성과 자유의 단계에서 객관적 의무와 제한의 단계로 발전하면서 완성된 인간으로 성숙해간다고 했다.

이것은 '개별성 대 집단성' 혹은 '개인성 대 공공성'이라는 전통적 쌍개념의 한 형식으로 볼 수 있다. 개인의 내면에서 발아하는 자연 의식 및 이것을 제어하고 통제하는 선험적 규범 사이의 쌍개념이었다. 개인의 주관적 단계를 정의하는 전자의 개념들은 헤겔의 변증법적 역사 해석에서 개별 건물에, 사회의 객관적 단계를 정의하는 후자의 개념들은 역사 상황에 각각 대응시킬 수 있다. 두 개념의 변증법적 통합으로 완성된 건축양식을 얻을 수 있는 것과 마찬가지로, 두 개념 사이에서 균형 잡힌 상태를 유지할 때 성숙한 인간에 이를 수 있다.

싱켈에게는 헤겔과 피히테의 두 사상 자체가 또 하나의 쌍개념이었다. 헤겔은 역사 해석이라는 거시적 차원을 다룬 점에서, 피히테는 개인의 의식 발전이라는 미시적 차원을 다룬 점에서 각각 그러했다. 싱켈은 이 둘을 하나로 통합한 해석 모델을 건축 철학의 배경으로 삼았다. 이것을 바탕으로 자신을 둘러싸고 있던 많은 쌍개념 요소들의 복합적 통합을 추구함으로써 19세기 독일, 나아가 유럽 전체를 대표하는 최고 건축가로 우뚝 설 수 있었다.

이런 점에서 싱켈의 역사주의나 고전주의는 19세기 유럽의 대표적 건축 경향이었던 과거 양식의 단순 복사나 '양식들의 전쟁'과는 달랐다. 싱켈이 추구한 쌍개념의 통합은 역사 선례를 창조적으로 재해석하는 결과로 나타났다. '양식들의 전쟁'이 역사 양식을 표피 차원에서 통째로 모방했던 데 반해, 싱켈은 역사 양식 자체에 내재된 대립적 쌍개념을 통합했으며 이를 통해 당시 독일을 둘러싸고 있던 대립적 쌍개념을 통합해냈다. 이런 통합은 궁극적으로 독일 통일에 대응하는 상징성이 있었다. 건축을 통해 독일 통일을 도움으로써 시대적 의미를 획득했다. '19세기 독일－프로이센－베를린－개별 건물'로 이루어지는 시대 상황에 맞게 통합의 개념을 재해석했다.

이런 점에서 싱켈은 단순 리바이벌주의자였던 동시대 건축가들과 달리 역사 선례를 독창적으로 해석한 것으로 평가할 수 있다. 싱켈의 독창성은 역사를 대하는 기본 태도에서 비롯되었다. 싱켈을 둘러싸고 있던 쌍개념이 대표적 예들이었다. 이런 쌍개념들은 다른 역사주의 건축가들에게도 유사하게 제기된 것들이었다. 이들은 쌍개념의 의미를 무시한 채 단순히 역사 선례의 표피를 복사하는 데 머물렀다. 반면 싱켈은 쌍개념의 의미를 역사적, 건축적, 사상적으로 정밀히 해석함으로써 새로운 창작의 수준으로 올라설 수 있었다.

고전 이상-베를린 신왕궁 수비대와 니콜라이 교회

싱켈은 고전주의를 통해 당시 독일을 둘러싸고 있던 국민주의와 자유주의의 두 가지 쌍개념을 통합하는 이상을 제시했다. 싱켈은 신고전주의를 베를린에 지어지는 대형 공공건물에 집중적으로 사용함으로써 통일을 향한 열망을 상징적으로 표현했다. 당시 베를린은 양면적 시대 상황에 놓여 있었다. 그 하나는 유럽 정치의 새로운 중심지로 떠오르기 시작하던 국제적 상황이었다. 이것에는 원시적 거석 구조와 원형성 등 고전다움과 기념비다움으로 대응했다. 다른 하나는 새롭게 일어나기 시작한 독일 통일운동의 중심지 역할을 했는데 이 점에서는 국민주의의 중심지이기도 했다. 이것에는 낭만적 해석을 통해 독일의 전통 정서를 표현하는 방향으로 대응했다. 신고전주의와 낭만주의의 통합은 싱켈 건축을 특징짓는 최고의 가치인데 물론 처음부터 한 번에 이루어진 것은 아니었다. 그의 건축 경력 자체가 이런 통합이 성숙, 발전하며 완성되어 가는 과정이었다.

처음에는 신고전주의의 직설적 수입부터 시작했다. 베를린 신왕궁 수비대는 싱켈의 첫 주요 독립 작품이었다. 또한 고전주의를 본격적으로 구사하기 시작한 첫 작품이었다. 이 건물은 도리스식 헥사스틸 신전 파사드를 기본 모티프로 사용한 그릭 리바이벌 건물이었다(그림 389, 390). 초안은 중세 양식으로 설계했지만 최종안은 고전주의로 바뀌었다. 독일의 대표 양식을 중세 전통에 한정시켜 찾던 이전의 초창기 경향에서 벗어나 유럽의 보편적, 국제적 선례에 눈뜨기 시작한 것이다. 싱켈은 대표 양식의 방향을 처음부터 고전과 낭만성의 통합으로 잡았다. 이 건물에서는 향후 전개될 통합 경향의 단초를 찾을 수 있다.

389 카를 프리드리히 싱켈(Karl Friedrich Schinkel), 신왕궁 수비대(Neue Wache), 베를린, 1817~18
390 카를 프리드리히 싱켈(Karl Friedrich Schinkel), 신왕궁 수비대(Neue Wache), 베를린, 1817~18

기본 어휘는 그리스 도리스식 양식을 단순화한 경향을 보였다. 칼럼은 표준 문법을 잘 지켰지만 엔타블러처는 많이 단순화시켰다. 이것은 원형성과 추상성을 동시에 추구했음을 의미한다. 그러나 여기에 머물지 않고 낭만적 처리를 더했다. 열주를 두 겹으로 한 딥테랄(dipteral : 두 겹 열주) 처리가 가장 대표적인 예다. 딥테랄은 정면의 공간감을 깊고 풍부하게 만들고 짙은 음영을 더해서 원시적 낭만주

의 분위기를 주었다. 이 건물은 베를린의 불바르라 할 수 있는 운터덴 린덴로Unter den Linden라는 대로에 세워졌다. 건물이 크지 않았기 때문에 대로변에서 자신의 존재를 알리기 위해 강한 인상이 필요하다고 느꼈을 수 있다.

열주 안에는 기둥 숲을 만들었다. 여러 겹의 그림자를 길게 드리우는 기둥 숲 자체가 원시적 낭만주의의 한 형식이었다. 여기에 더해 길 건너편 경치를 끌어들이는 액자 기능도 하였다. 이것은 기둥을 이용한 차경 기법으로 해석할 수 있다. 차경은 주변 환경과 어울리게 하려는 낭만주의 개념 가운데 하나였다. 싱켈은 이 기법을 베를린 국립극장과 구박물관 등 이후 주요 작품에서 반복적으로 사용했다. 이상의 처리들을 통해 싱켈은 건물의 규모와 상관없이 고전 어휘를 이용하여 기념비다운 처리를 구사하는 능력을 확실하게 보여주었다. 궁극적으로는 이것을 바탕으로 독일다운 신고전주의를 정의할 수 있는 기틀을 닦았다.

열주 양옆에는 추상 매스를 더했다. 이 어휘의 조형 기능은 다목적이었다. 로마 시대 망루castrum나 이집트의 탑문pylon을 상징함으로써 왕궁 수비대라는 이 건물의 상징성을 높였다. 원시 거석 구조의 느낌을 줌으로써 강한 인상을 보강했다. 이것을 원시적 낭만주의로 해석할 경우 앞에 언급한 낭만성을 보강하는 기능이 있었다. 고대 왕국의 전제성에 대한 향수는 원형성을 보강하는 방향으로 표현되었다. 이것은 강력한 중앙정부를 원하는 정치적 행위에 대응될 수 있다. 순수 조형 측면에서는 열두 개의 기둥 숲으로 된 딥테랄 구성을 양옆에서 받쳐주고 잡아주는 균형추 역할을 했다.

391 카를 프리드리히 싱켈(Karl Friedrich Schinkel), 니콜라이 교회(Nikolaikirche), 포츠담(Potsdam), 독일, 1830~37/돔은 1843~49에 사후 완공

392 카를 프리드리히 싱켈(Karl Friedrich Schinkel), 니콜라이 교회(Nikolaikirche), 포츠담(Potsdam), 독일, 1830~37/돔은 1843~49에 사후 완공

포츠담의 니콜라이 교회는 왕궁 수비대를 기본 모티프로 삼아 여러 선례를 혼합한 절충적 신고전주의를 기본 특징으로 하였다(그림 391). 평면 구성은 비잔틴의 불균등 내접 그릭 크로스를 기본으로 했다(그림 392). 외관은 본체와 돔이 달랐다. 본체는 왕궁 수비대를 큰 규모로 확장한 것으로 볼 수 있다. 코린트식 헥사스틸 신전 사파드로 처리한 열주 출입구가 중앙에 위치하고 그 뒤

에 추상 매스를 배경으로 삼았다. 양옆에는 좁고 가느다란 첨탑을 더했다. 돔은 로마의 성 베드로나 파리 팡테옹을 선례로 삼았다.

절충성은 혼란이나 무기력한 모방으로 흐르지 않고 균형을 유지하며 통일성을 확보했다. 드럼에서는 24개의 코린트식 열주가 강한 실루엣을 만들면서 아래쪽 추상 매스와 대비를 이루었다. 지나친 대비를 삼가고 절제함으로써 바람직한 조형적 긴장감을 만들어냈다. 본체의 추상 매스는 원시 거석 구조를 암시하면서 고대의 전제성과 원형성을 상징했다. 돔의 열주, 벽기둥, 큐폴라는 인공 구조물을 대표하면서 개화된 문명을 상징했다. 이 둘을 위아래로 배치함으로써 서양문명의 발전을 압축한 상징성을 추가로 나타냈다.

베를린 국립극장–기념비다움과 낭만성

베를린 국립극장은 랑한스의 건물을 헐고 다시 지은 것이었다. 랑한스의 기초와 여섯 개의 이오니아식 오더를 지켜야 한다는 조건이 있었다. 건물은 아카데미 광장Platz der Akademie의 한쪽 변에 놓이면서 광장 면적의 절반 가까이를 차지했다. 광장 양옆에는 곤타르트가 설계한 도이처 돔과 프랑스 돔Französischer Dom, 1785이 각각 위치했다(그림 368). 두 건물은 쌍둥이 개념으로 설계되었으며 본체의 세 면을 코린트식 헥사스틸 신전 파사드가 에워싸고 있었다. 이 가운데 한 면은 광장을 면하고 있었다. 랑한스의 건물은 광장 내에서 옆으로 틀어 앉아 도이처 돔을 마주하고 있었다.

싱켈은 랑한스의 기초를 90도 돌려서 광장 중앙을 정면으로 마주보도록 했다(그림 393). 정면 출입구는 이오니아식 오더를 살린 헥사스틸 신전 사파드로 처리했다. 이것은 광장에 대해서 최소한의 개방성을 확보함과 동시에 곤타르트의 두 건물과 보조를 맞추는 두 가지 효과가 있었다. 이런 배치는 주변의 선례 건물들과 되도록 잘 어울리게 하겠다는 의지를 표현한 것이었다. 이것은 싱켈 시대의 역사적 의미를 앞 시대의 연속으로 정의함으로써 독일다움을 확보하겠다는 상징적 의미가 있었다. 이로써 광장은 세 면이 열주로 둘러싸이면서 강한 통일성을 확보했다. 건물이 광장을 나눈 것이 아니라 통합한 것으로 독일 통

393 카를 프리드리히 싱켈(Karl Friedrich Schinkel), 베를린 국립극장(Schauspielhaus), 1819~21

일을 향한 강한 바람을 상징적으로 표현했다.

극장 본체는 들고 남이 심한 매스 구성으로 이루어졌다. 이것은 작은 매스들의 종합 구성이 기본 특징인 중세 독일의 전통을 고전 구성에 적용한 처리로 이해할 수 있다. 바인브레너도 말년 작품들에서 이런 구성을 즐겨 사용했다. 정면 출입구 이외에 다른 면은 모두 벽기둥으로 처리했다. 창 면적과 벽기둥 분절을 늘려서 정면 출입구에서 시도했던 광장을 향한 개방성과 열주 효과를 도왔다. 매스의 들고 남이 심한 데 비해, 정면의 전체 모습은 면들의 종합으로 이루어진 2차원다움을 특징으로 가졌다. 벽기둥 분절이 각 매스 단위를 3차원으로 발전시키지 못하고 2차원 면다움을 기본 특징으로 갖는 선에서 멈추었다.

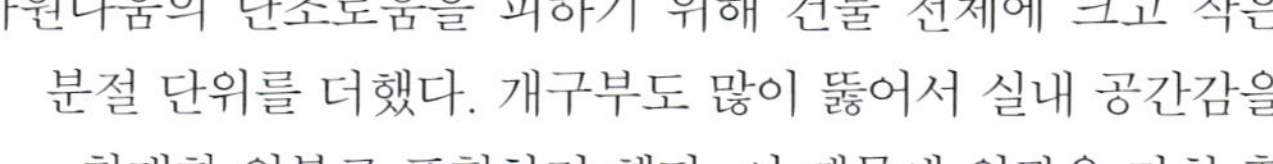

2차원다움의 단조로움을 피하기 위해 건물 전체에 크고 작은 분절 단위를 더했다. 개구부도 많이 뚫어서 실내 공간감을 최대한 외부로 표현하려 했다. 이 때문에 외관은 자칫 혼란스러워 보일 수 있었으나 엔타블러처를 중심으로 한 수평 요소를 적절히 섞어 안정감을 주었다(그림 394). 넓은 개구부 면적과 다수의 분절 요소는 매스 표면을 스크린처럼 보이게 했다. 스크린은 주변 환경과의 소통 효과를 높였다. 이것은 프리드리히 길리가 대표하는 1세대의 추상 경향을 극복한 싱켈만의 독창적 처리였다. 추상 경향을 지키되 그것의 독립적

394 카를 프리드리히 싱켈(Karl Friedrich Schinkel), 베를린 국립극장(Schauspielhaus), 1819~21

폐쇄성을 극복하고 다음 단계의 구성으로 발전시킨 것이었다.

신 왕궁 수비대에서 시도한 기념비다움과 독일다운 신고전주의는 이곳에서 한층 성숙한 단계로 발전했다. 기념비다움은 두 가지 처리를 통해서 얻었다. 하나는 건물 본체를 기단으로 받쳐서 무대 위에 올려놓은 것처럼 보이게 하는 처리였다. 이는 직접적이고 물리적인 방식이었다. 기단을 오르는 웅장한 계단도 더했다. 계단을 오르면 마케도니아 왕국을 연상시키는 이오니아식 거대 기둥 열이 맞이했다. 기둥 열을 지나 뒤를 돌아보면 액자 기능을 통한 차경이 이루어졌다(그림 395). 예술의 장을 떠받들어 섬김으로써 예술을 중심으로 한 단결과 통일을 상징했다. 19세기에 제국주의를 통해 남아 있던 고대 전제성을 예술 기념비로 승화시켜 희석하겠다는 의도였다.

395 카를 프리드리히 싱켈(Karl Friedrich Schinkel), 베를린 국립극장(Schauspielhaus), 1819~21

다른 하나는 신전 파사드를 이중으로 사용한 처리였다. 열주 출입구 위에 낮은 높이의 신전 파사드를 하나 더했다. 신전이 겹쳐 보이면서 웅장함이 배가되었다. 뒤쪽의 신전은 프리드리히 길리의 프리드리히 대제 기념비 계획안에 나온 장면을 연상시켰다. 아크로폴리스에 올라앉은 신전을 아래에서 올려다보는 것 같은 느낌이었다. 이런 처리는 신전을 먼 경치의 구성 요소로 정의한 풍경화 기법으로, 낭만성이 그 핵심 개념이었다. 짧고 작은 벽기둥을 이용하여 자잘한 반복 효과를 줌으로써 먼 경치를 바라보는 것 같은 투시도 조작 효과를 냈다. 이상의 두 가지 처리를 통해 낭만적 고전주의를 중심으로 한 기념비다음을 확보했다. 이것은 다름아닌 독일다운 신고전주의의 요체였다.

베를린 구박물관–개방 열주, 통일 이상, 테라스

베를린 구박물관은 제2차 세계대전 때 폭격을 맞아 실내가 파괴되었는데 로톤다만 복원했다. 나머지 주요 부분은 일러스트레이션과 사진

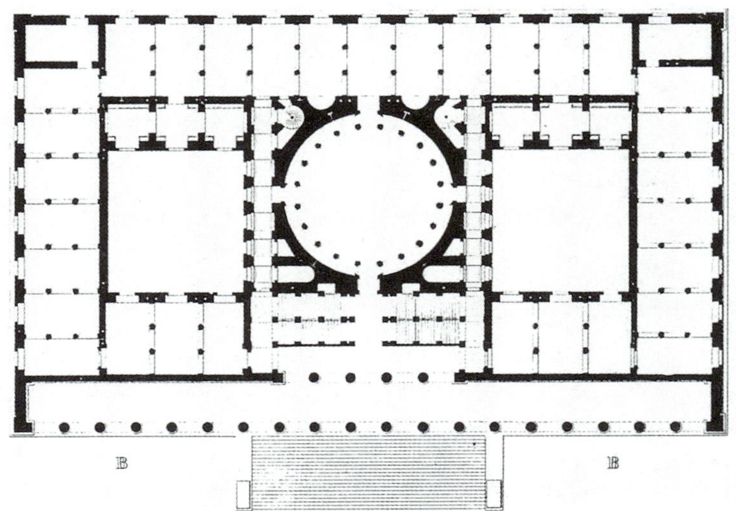

396 카를 프리드리히 싱켈(Karl Friedrich Schinkel), 베를린 구박물관(Altes Museum), 1824~30

397 카를 프리드리히 싱켈(Karl Friedrich Schinkel), 베를린 구박물관(Altes Museum), 1824~30

등을 통해 면모를 추측할 수 있다. 외관은 다행히 폭격을 비껴가서 살아남았다. 평면은 83.7×54미터의 대형 단일 육면체로 이루어졌다. 중앙에는 로톤다가 위치하고 양옆에 대형 전시실을 하나씩 두었으며 다시 그 밖으로 복도 개념으로 공간 한 겹이 더 둘러쌌다(그림 396). 복도는 작은 전시실로 분할했다. 좌우대칭과 축 질서가 강하게 나타났다. 수직으로는 2층 구성을 했다. 로톤다는 판테온을 모방해서 2층 높이의 단일 공간으로 처리했고 천장은 돔으로 마감했다(그림 397). 평면 구성은 뒤랑의 유형학에서 영향을 받았는데, 십자축 질서, 모듈 구성, 기하 형태의 조합, 역사 선례의 대응 등이 그 구체적 내용이었다.

전체 구성은 위계를 바탕으로 강한 통일성을 지향했다. 중앙에 세 개의 대형 전시 공간을 두고 주변을 작은 방과 계단이 에워싸며 떠받드는 형국이었다. 세 개의 전시 공간은 다시 중심의 원형을 초점으로 삼으며 위계를 한 번 더 만들었다. 전시물도 전시 공간의 위계에 맞추었다. 대형 공간에는 크고 무거운 조각물을, 소형 공간에는 작은 회화를 각각 전시했다. 이런 구성은 국가와 왕실을 중심으로 독일의 각 민족이 단합해서 통일을 이루려는 당시 독일의 정치적 상황을 상징했다.

외관은 18개의 이오니아 오더를 인 앤티스in antis: 양옆의 벽체를 기둥 선까지 돌출시킨 뒤 기둥을 벽 사이에 배열하는 방식로 배열했다(그림 398). 그리스 오더를 사용하긴 했지만 페디먼트 없는 일자 열주랑으로 처리했다. 엔타블러처가 강한 수평선

398 카를 프리드리히 싱켈(Karl Friedrich Schinkel), 베를린 구박물관(Altes Museum), 1824~30

399 카를 프리드리히 싱켈(Karl Friedrich Schinkel), 베를린 구박물관(Altes Museum), 1824~30

을 만들면서 그리스 고전주의의 땅을 향한 원시성을 강조했다. 이것은 열주를 신전 파사드가 아닌 스토아로 해석한 것이었다. 도심에서 스토아의 공공성을 빌려 오겠다는 의도였다. 구박물관 앞에는 넓은 광장이 있고 그 옆으로 왕궁과 복음교회가 있었는데 이런 주변 환경에 신전의 독립적 폐쇄성이 아닌 스토아의 통합적 개방성으로 대응하겠다는 의도였다(그림 399).

이런 의도는 박물관이라는 문화 매개를 통해 독일 사회를 통합하려는 노력의 일환으로 볼 수 있다. 박물관은 현대적 의미에서 계층을 초월해 전 국민이 동등하게 참여할 수 있는 의식의 장이거나 축제의 장이었다. 이에 맞는 고전주의 원형 모델로 그리스 스토아를 선택했다. 19.4미터 높이의 기단 위에 서 있는 83.7미터 길이의 기둥 열은 원형성의 힘을 드러냈다. 고대 시민 민주주의에 합당한 원시 거석 구조였다. 유일한 매스 변화는 일직선 기둥 열 위로 솟은 중심부의 육면체였다. 이것은 중앙 로톤다를 보호하기 위해 그 위에 설치한 애틱 층이었다. 돌출 정도를 절묘하게 조절해서 기둥 열의 윤곽을 해치지 않으면서 적절한 실루엣을 만들어냈다. 실루엣은 입면 전체에 가벼운 율동감과 홍겨운 조형 변화를 주는 긍정적 역할을 했다.

기둥 열을 지나면 건물 속으로 파고 든 출입구가 나왔다. 출입구 전면에는 네 개의 열주가 있었고 그 뒤로 계단이 나왔다. 열주를 지나면 갈림길이 나왔다. 직진하면 로톤다로 들어갔다. 로톤다 앞에서 양옆으로 90도 꺾으면 계단이 나와 오르막이 시작되었다. 계단은 반 층 올라간 뒤 다시 180도를 꺾어 나머지 반 층을 오르게 처리했다. 계단을 다 오르면 테라스가 나왔다. 이 부분은 아직 복원되지 않았다. 테라스 전면에는 열주 출입구와 계단이 있고 나머지 세 면은 벽으로 막혔다(그

400 카를 프리드리히 싱켈(Karl Friedrich Schinkel), 베를린 구박물관(Altes Museum), 1824~30

림 400). 테라스를 중심으로 계단을 덧붙인 이런 구성은 다음과 같은 건축적 의미가 있다.

첫째는 픽처레스크였다. 이 부분을 전이 공간으로 처리하여 실내와 실외 사이의 이분법적 구별을 없앴다. 창이나 벽으로 막지 않고 외부 공간이 실내로 자연스럽게 이어지는 처리였다. 둘째는 픽처레스크의 또다른 예로 테라스에 섰을 때 바깥 풍경이 마치 액자 속에 들어 있는 것처럼 보이게 하는 처리였다. 이것은 왕궁 수비대와 국립극장에서 사용한 차경 기법을 형식을 달리해서 반복한 것이었다. 출입구 열주는 바깥 풍경을 한정지어 안으로 끌어들이는 액자 기능을 했다.

셋째는 19세기 대도시에서 대형 공공건물이 주변 가로 환경에 대응하는 한 가지 방식이었다. 19세기 대도시에는 불바르로 대표되는 대로를 닦았다. 이에 따라 도시 내에서 기념비가 갖는 성격이 달라졌다. 예전에는 옆 건물의 바탕 조직texture과 유기적 연속성을 갖는 것이 중요했다. 19세기에는 도시가 대로에 의해 블록 단위로 구획되면서 이런 개념이 바뀌었다. 블록 하나에 기념비 하나가 대응되는 식이었다. 기념비가 클 경우 블록 전체를 차지했다. 이에 따라 기념비가 주변과 대응하는 새로운 방식이 필요해졌다. 프랑스에서는 열주 현관을, 독일에서는 테라스를 즐겨 사용했다.

넷째는 기능적 측면에서 전시실로 들어가기 전의 전실 역할을 했다.

여기에 더해 세 벽면은 그림이 걸리는 바탕면으로 쓰였다. 다섯째는 이런 기능은 상징적 측면에서 아테네의 스토아 포이킬레Stoa Poikile를 선례로 삼았다. 스토아는 본래 도시 생활 전반이 이루어지는 다기능 건물이었는데, 포이킬레는 이 가운데 미술품 전시 전용으로 쓰이는 예술 전시 공간이었다. 한 면이 개방되고 세 면이 전시 벽면으로 둘러싸인 테라스의 공간 구조는 스토아의 포이킬레와 동일했다. 프이킬레를 차용한 데는 여러 목적이 있었다. 건물 전체에 쓰인 그릭 티바이벌의 상징성을 보강하거나 그리스 도시국가를 지탱하던 문화 예술의 힘을 물려받으려는 의도가 있었다. 이것은 궁극적으로 문화 예술의 힘으로 통일을 이루려는 목적을 의미했다. 통일을 위한 각 분야의 노력 가운데 문화 예술 분야에 해당하는 내용이었다.

401 카를 프리드리히 싱켈(Karl Friedrich Schinkel), 바우아카데미(Bauakademie), 베를린, 1831~36, 철거

왕립건축학교-고전과 고딕의 통합

왕립건축학교는 근대기에 광택 벽돌glazed brick을 최초로 사용한 건물 가운데 하나다(그림 401). 이런 점에서 이 건물은 싱켈의 기술적 실험을 대표하는 예다. 싱켈은 재료의 건축적 가능성에 관심이 많았다. 특히 벽돌이 주 관심 대상이었다. 중세 전통에서 찾아낸 독일다움의 중심에는 벽돌이라는 독일만의 전통 재료가 있었다. 벽돌이 갖는 독일다움은 실용성이었다. 구조성과 축조성은 실용성에서 파생되는 하부 가치였다. 싱켈은 이 개념을 19세기에 적용해 벽돌을 근대적 기술로 개선한 새로운 재료 개발을 시도했다.

벽돌은 왕립건축학교 이전에 베를린 성채 다리와 쾨페니크 주택Köpenick Haus, 1828, 철거에서 먼저 사용했다. 베를린 성채 다리에서는 조적조로 축조한 다리 본체와 철물 난간 사이의 조화 가능성을 실험했다. 난간은 주철로 설계했다(그림 402). 일정한 면적의 굵은 선이 윤곽을 이루고 그 사이에 섬세한 주물 장식을 넣었다. 싱켈은 이 다리를 통해 철물이 축조성과 장식성 양면에서 전통 재료와 잘 어울릴 수 있다는 확신을 가졌으며 이를 바탕으로 전통 재료를 근대적으로 재해석하는 실험을 시작했다. 중세 재료인 벽돌을 광택 벽돌이라는 근대적 재료로 개발하는 일이었다.

402 카를 프리드리히 싱켈(Karl Friedrich Schinkel), 베를린 성채 다리(Schlossbrücke), 1822~24

쾨페니크 주택에서는 벽돌의 심미적 측면을 실험했다. 건축주인 토비아스 페일너Tobias Feilner는 도기와 테라코타를 생산하는 업자였다. 이 주택에서는 아직 완전한 광택 벽돌을 개발해서 사용하지는 않았지만 재료를 이용한 다양한 심미적 실험을 하였다. 벽돌과 테라코타를 혼용함으로써 흙의 따뜻한 성질과 황적색 계열의 색채를 건물의 대표적 특징으로 내세웠다. 벽돌의 심미성을 확인한 싱켈은 벽돌을 자신의 주요 재료로 삼았다. 그러나 중세 재료를 그대로 사용할 수는 없었다. 근대적 기술로 새롭게 개발할 필요성에 직면했고 그 결과 나온 것이 광택 벽돌이었다.

왕립건축학교는 벽돌 개발의 완성을 이룬 건물이었다. 이 건물이 싱켈의 말년 작품임을 볼 때 싱켈이 평생 동안 광택 벽돌을 개발하는 데 매달렸음을 알 수 있다. 광택 벽돌의 시대적 의미는 간단했다. 중세 재료인 벽돌의 역사적 심미성을 간직한 채 강도, 내구성, 방화 능력 등 공학적 기준을 대폭 강화하겠다는 것이었다. 이것은 역사성과 근대성을 하나로 통합하려는 의미가 있었다. 역사성과 근대성은 대표적 쌍개념 가운데 하나로, 두 개념의 대립은 19~20세기에 걸쳐 대부분의 건축가들을 괴롭힌 어려운 문제였다. 싱켈은 재료를 통해 이것을 하나로 통합할 가능성을 보여주었다.

벽돌은 역사성과 근대성 사이의 대립 이외에 다른 쌍개념을 통합하는 역할도 했는데 고전과 고딕이 가장 대표적인 예다. 싱켈은 중세 고딕 양식의 재료인 벽돌을 고딕리바이벌과 고전주의 양쪽에 모두 사용했다(그림 403, 404). 이것은 벽돌의 구조성과 축조성을 고딕과 고전 공통의 가치로 보았음을 뜻한다. 싱켈은 벽돌을 사용함으로써 대립 양

식인 두 양식을 하나로 통합해낼 수 있다고 보았다. 이 가능성을 이탈리아 중세 성당에서 발견한 바 있었고 왕립건축학교에 적용해서 완성시켰다. 이 건물은 고전주의의 기본 구도인 수평과 수직 방향의 십자축 질서로 전체 구성을 이루었다. 벽기둥의 분절 기능과 창의 모듈 기능이 그 대표적 내용이었다. 싱켈은 이것을 강화해서 근대적 개념의 베이 분할로 발전시켰다. 이 건물의 외관은 50년 뒤 시카고학파의 내민창bay window을 연상시켰다. 이런 처리는 고전주의를 근대적 구성으로 발전시킨 것이었다.

싱켈은 이런 구성에 석재가 아닌 벽돌을 사용했다. 벽돌은 의외로 고전과 근대의 정형적 질서와 잘 어울렸다. 작은 단위를 촘촘히 쌓은 축조성이 그 근거였다. 벽돌의 이런 특성은 이 건물의 특징인 구조적 솔직함을 돕는 데 가장 적합한 재료였다. 이 건물에서는 벽기둥이 실내의 가구식 골격을, 창 상인방의 조각 아치segmental arch는 실내의 볼트 천장을 각각 외관에 표현한 구조 어휘였다. 벽돌 조적은 벽기둥과 조각 아치에 흙의 축조성을 명확하게 표현하여 실내 구조의 뼈대 기능을 강조했다. 여기에 더해 광택 벽돌이라는 근대적 처리를 가하여 어울림 효과를 배가했다. 마지막으로 벽돌을 이용한 섬세한 장식 디테일은 건물에 역사적 품위를 주었다. 벽돌은 고딕의 신비성, 고전의 정형성, 근대의 기술성, 역사적 장식성 등을 모두 포괄하는 통합 재료로 새롭게 정의되었다.

403 카를 프리드리히 싱켈(Karl Friedrich Schinkel), 프리드리히베르더 교회(Friedrich-swerdersche Kirche), 베를린, 1824~31
404 카를 프리드리히 싱켈(Karl Friedrich Schinkel), 바우아카데미(Bauakademie), 베를린, 1831~36, 철거

광택 벽돌-수공예와 기계 공예의 통합

싱켈은 프리드리히 길리를 통해 벽돌의 가능성을 처음 발견했다. 길리는 마리엔부르크 성채Schloss Marienburg를 싱켈에게 소개했다. 벽돌로 지어진 중세 성채를 본 싱켈은 벽돌에서 독일다움을 구현할 가능성을 발견했다. 이후 이탈리아 여행에서 중세 성당을 보고 벽돌이 고딕과 고전을 하나로 통합할 가능성을 추가로 발견했다. 마지막으로 영국 여행에서는 전통 도기와 기계 공예를 통합하려는 노력을 보고 벽돌을 근대 재료로 개발할 가능성을 보았다.

벽돌은 가톨릭 대 신교의 대립을 통합하는 역할도 했다. 벽돌은 독일 중세 성당의 주재료였기 때문에 표면적으로는 가톨릭을 상징하는 재료였다. 그러나 종교개혁을 거치면서 양면성을 가지게 되었다. 종교개혁의 발상지인 독일에서는 신교 교회에서도 벽돌을 계속 주재료로 사용하는 새로운 전통이 생겼다. 벽돌이 실용성, 검소함, 솔직함 등 신교 이상과도 잘 부합하는 재료였기 때문이다. 가톨릭 대 신교의 대립은 좁게는 싱켈 가문이라는 개인 차원에서, 넓게는 19세기 독일과 유럽 전역에서 나타난 현상이었다. 싱켈은 가톨릭 성당을 벽돌로 지음으로써 둘 사이의 대립을 통합하였다. 프리드리히베르더 교회는 그 대표적 예였다(그림 405).

405 카를 프리드리히 싱켈(Karl Friedrich Schinkel), 프리드리히베르더 교회(Friedrichswerdersche Kirche), 베를린, 1824~31

이상과 같은 싱켈의 관심은 전통 수공예와 기계 공예를 통합하는 포괄적인 문제로 발전했다. 싱켈은 이 문제와 관련하여 조사이어 웨지우드Josiah Wedgwood, 1730~95에게 강한 영향을 받았다. 웨지우드는 이 문제를 가장 먼저 실제 생산에 접목해 웨지우드 세라믹 공장을 세운 사람이었다. 싱켈은 영국을 방문했을 때 이 공장을 견학하고 돌아와 웨지우드의 실천력을 본받아 페터 보이트Peter Christian Wilhelm Beuth, 1781~1853와 함께 『공장 주인과 수공업자를 위한 모범적 선례*Vorbilder für Fabrikanten und Handwerker*』1821~37라는 세 권의 도판집을 출판했다. 두 사람은 이 책에서 기계 공예에 수반되는 질적 하락 같은 심미성의 문제를 역사 선례를 모범으로 삼아 극복하는 방법을 제시했다(그림 406).

싱켈은 영국 방문을 통해 당시 새롭게 등장하던 공장 건축도 경험했다. 영국은 산업혁명의 발상지이자 첨단 자본주의 국가로서 19세기에 들어와 공장 수요가 폭발적으로 늘어났다. 공장은 넓고 효율적인 공간 사용을 위해 롱 스팬이 필요했다. 주철을 주재료로 한 신재료 공법은 이것을 만족시켰다. 싱켈은 영국에서 본 공장 건축의 새로운 가능성을 독일에서 구현하려 했다. 벽돌은 다시 중요한 재료로 쓰였다. 벽돌의 저비용, 축조성, 부담 없는 이미지, 짙은 색, 내구성 등의 실용적 특징 때문이었다. 싱켈은 공장, 창고, 군대 막사 등 프로이센 제국을 위한 실용적인 시설들도 많이 설계했는데 대부분 벽돌로 지었다.

벽돌은 싱켈의 통합 이상을 상징하는 재료였다. 시대와 양식 단위를 초월해서 더 거시적이고 포괄적이며 보편적인 가치를 찾아내 과거의 대립을 극복하려는 이상이었다. 이것은 정치 사회적으로는 독일 통일을 향한 이상에 대응하는 것이었다. 다민족과 수많은 공국으로 분열해 있던 독일의 대립 상태를 통합하는 통일 이상이었다. 이런 이상은 18세기 계몽주의 때 그레코-고딕 아이디얼을 이어받아 19세기 독일 상황에 맞게 발전시킨 것이었다. 그레코-고딕 아이디얼은 가구식 구조의 효율성을 통해 양식 단위를 초월한 보편적 가치를 찾아냈다. 19세기에는 신건축운동의 여파로 보편적 가치를 재료에서 찾으려는 방향으로 나타났다.

406 카를 프리드리히 싱켈(Karl Friedrich Schinkel), 도자기 디자인

407 카를 프리드리히 싱켈(Karl Friedrich Schinkel), 베를린 집합주택

앞에서 살펴본 바와 같이 프랑스에서는 히토르프가 그릭 리바이벌의 한 형식으로 색채주의를 배경으로 삼아 에나멜 처리한 화산암을 개발했다. 독일에서는 이런 시도가 여러 방향으로 나타났다. 싱켈은 광택 벽돌을 개발했다. 두 재료는 모두 1820년대 후반 비슷한 시기에 개발되었다. 또한 두 재료 모두 역사 양식의 재료 개념을 근대적 실험을 거쳐 전통과 근대성을 통합해낸 점에서 동일한 의미가 있다. 싱켈은 재료의 보편적 가치를 독일 전통 건축의 근대적 재해석에 사용함으로써 히토르프보다 더 강한 민족주의적 집중을 보였다(그림 407). 싱켈 이외에 클렌체도 히토르프와 같이 색채주의를 구현하는 재료로 벽돌의 가능성을 개발했다. 반면 카를스루에의 휩슈와 함부르크의 알렉시스 드샤토뇌프Alexis de Chateauneuf, 1799~1853는 벽돌을 사용하는 목적을 중세 전통의 부활에 한정했다(그림 433). 싱켈은 이들과 달리 벽돌을 통해 중세 전통과 근대성을 통합해냄으로써 19세기에 합당한 시대정신을 구현하였다.

고딕 이상-프리드리히베르더 교회

싱켈은 고딕 이상을 통해 중세 기독교를 보편적 배경으로, 독일의 낭만성을 지역적 배경으로 제시하며 둘 사이의 통합을 시도했다. 건축은 이런 통합을 가장 잘 보여주는 대표적 매개였다. 고딕 건축의 유기성은 투명한 탈물질성을 통해 기독교의 초월성을, 그리고 자연 형태를 통해 낭만적 자연 정신을 각각 표현했다. 루터교 집안 출신인 싱켈은 가톨릭과의 대립 문제에 직면했다. 당시에는 쾰른 성당이 완공되고 영국 빅토리안 고딕의 영향이 가세하면서 중세 가톨릭을 독일의 낭만적 국민 정서와 동일시하려는 민족주의 바람이 강하게 불었다(그림 384). 이런 상황에서 루터교의 이상을 건축에 반영하기란 어려운 일이었다. 싱켈은 풍경화, 무대 디자인, 계획안, 복원작업 등에서는 중세 가톨릭 성당을 비교적 정확하게 복사했지만 창작 작품에서는 고민을 많이 했다. 싱켈은 이 문제를 두 가지 방식으로 해결했다.

하나는 고전주의를 혼용하는 방식으로, 프로이센 해방전쟁 승전 기념비 계획안Denkmalsdom, 1814~15을 대표적 예로 들 수 있다(그림 388). 싱켈은 베를린의 라이프치히 광장Leipziger Platz을 배경으로 삼아 중세 양식의 기념비가 들어간 계획안을 몇 개 설계했다. 이 작품들에서는 네이브를 평천장으로 마감하고 크로싱에 돔을 얹는 등 기독교 고전주의 어휘를 혼용했다. 이런 어휘들은 종교개혁 이후 신교 교회에서 자주 사용하던 것들이었다. 한편 프로이센 해방전쟁 기념비는 한 번으로 끝나지 않고 이후 십자가언덕 기념비Kreuzberg Denkmal라는 이름으로 통칭되며 이어졌다. 싱켈도 1818~21년 사이에 이 기념비를 남겼는데 이 작품에서는 고딕 성당을 소품화해서 주철을 주재료로 삼아 그로테스크한 분위기로 재해석했다.

다른 하나는 고딕을 새롭게 재해석하는 방식으로, 프리드리히베르더 교회를 대표적 예로 들 수 있다. 이 교회는 싱켈의 실제 건축물 가운데 고딕 양식을 통째로 구사한 유일한 예였다(그림 408). 그러나 중세 가톨릭 양식의 직설적 복사를 피하고 루터교의 개혁 정신을 통합해냈다. 처음에는 고전주의 안을 고집했지만 고전 어휘를 혼용하는 방식은 너무 직설적

408 카를 프리드리히 싱켈(Karl Friedrich Schinkel), 프리드리히베르더 교회(Friedrich-swerdersche Kirche), 베를린, 1824~31

이고 노골적이어서 당시 세력이 강했던 가톨릭 진영의 많은 공격을 받았다. 왕실에서는 고딕 양식으로 지을 것을 명했다. 싱켈은 고딕 양식을 근대정신으로 재해석하여 종교개혁 정신을 표현했다. 벽돌 사용이 대표적 예였고 이외에 고전 기법을 은유적으로 혼용했다(그림 403, 405).

전체적으로 고딕의 표준 구성과 문법을 잘 지켰다. 개별 부재와 디테일은 고딕의 표준 어휘로 처리했다. 포인티드 아치, 란셋lancet, 고딕 성당의 창 프레임, 대출입문portal, 천장의 4분 볼트 등이 대표적 예였다. 반면 이것을 싸는 윤곽과 전체 이미지는 고전적 분위기로 처리하는 등 고전 구성을 적절히 섞어서 가톨릭의 이미지를 중화했다. 외관은 매스의 들고 남, 분절, 조각상 등을 최소화해서 추상 분위기로 처리했다. 플라잉 버트레스를 두지 않았을 뿐 아니라 버트레스조차도 약한 흔적만 남겨 측벽을 일자 단일 면으로 만들었다. 이런 추상 처리는 그릭 리바이벌을 통해 표현하던 경향이었다.

평면은 아일이 없는 일랑식으로 처리하여 바실리카 구성을 차용했다. 천장을 받치는 구조와 공간 분할 부재를 버트레스로 처리한 것도 로마 바실리카의 구조 방식을 차용한 것이었다. 다발 기둥을 세우긴 했지만 고딕 양식의 데가주망 구조가 아닌 표피 부가물이었다. 천장의 4분 볼트는 비례와 형상 모두에서 싱켈이 고전주의 안에서 제시했던 접시형 돔saucer dome에 근접했다(그림 409).

이 교회에서는 이처럼 가톨릭과 신교의 통합을 매개로 고딕과 고전의 통합이 함께 일어났다. 싱켈은 이 교회의 계획안을 네 개 제출했는데 이 안들을 그릭 리바이벌, 로마 바실리카, 고딕, 르네상스, 도리스식, 코린트식 등 다양한 양식으로 설계했다. 이런 점에서 이 교회는 싱켈의 절충주의 경향을 보여주는 예라 할 수 있다. 절충주의 경향은 니콜라이 교회로 이어졌다. 싱켈의 절충주의는 훔볼트의 언어 다양성 개념에서 영향을 받았다. 훔볼트는 독일이 하나로 통일을 이루되 민족적 전통을 지켜야 한다고 주장했는데, 언어 다양성이 그 요체였다. 싱켈의 쌍개념 통합도 이 주장을 이어받아 발전시킨 것이었다. 역사 선례와 대립적 쌍개념들의 다양성을 인정하면서 그것들을 통합하여 통일성을 확보하겠다는 건축 철학이었다.

409 카를 프리드리히 싱켈(Karl Friedrich Schinkel), 프리드리히베르더 교회(Friedrich-swerdersche Kirche), 베를린, 1824~31

픽처레스크 구성–클라인 글리니케와 샤를로텐호프

포츠담에 남아 있는 두 성채는 픽처레스크 구성을 보여주는 대표적인 예다. 싱켈은 독일의 낭만성과 유사한 영국의 픽처레스크에 일찍부터 관심이 많았으며 1826년 영국을 방문했을 때 이를 직접 체험했다. 여기에 이탈리아의 픽처레스크 개념도 더했다. 영국의 픽처레스크는 자연 풍경과 농촌 건축에 나타난 자연성과 귀납적 비대칭 구성이 대표적인 특징이었다. 건축 형식은 농가와 고딕이 주를 이루었다.

반면 이탈리아의 픽처레스크는 조경과 건물 사이의 조화라는 인공적 개념이 대표적인 특징이었다. 건축양식은 고전주의가 주를 이루었다. 빌라는 이것을 대표하는 기능 유형이었다. 빌라를 구성하는 로지아, 열주 출입구, 테라스, 외부에 노출된 계단, 구조나 상징 기능에서 해방된 자유로운 오더 등은 이것을 이루는 건축 어휘였다. 싱켈은 초창기에 농촌 건물들을 설계하면서 비대칭 구성과 상대주의적 질서를 구현하는 훈련을 한 적이 있었다. 그는 비대칭의 근거를 건물의 기능에서 찾았다. 건물의 고유한 기능에 따라 상대적 질서가 더 적합할 수도 있는데 비대칭은 이것에 맞춘 결과라는 생각이었다.

410 카를 프리드리히 싱켈(Karl Friedrich Schinkel), 클라인 글리니케 성채(Schloss Klein Glienicke), 베를린–글리니케(Berlin-Glienicke), 독일, 1824–29

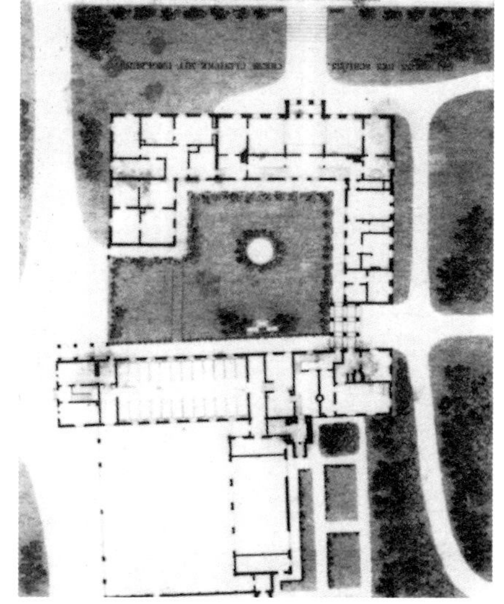

클라인 글리니케 성채는 이런 두 가지 픽처레스크의 혼용을 잘 보여주는 예다. 영국 픽처레스크는 대칭과 비대칭 사이에서 중간적 입장을 취하는 방식으로 표현했다(그림 410). 전체 평면은 캄파닐레 형식의 중앙 탑을 중심으로 네 면을 건물이 에워싸는 중정형을 기본 구성으로 삼았다. 크게 보면 일직선 복도와 십자축 질서가 주도했다. 그러나 엄격한 대칭은 피했다. 'ㅁ'자형 윤곽에서 한쪽 면은 절반쯤 열려 있으며 다른 한쪽은 모서리를 벗어나 밖으로 연장했다. 일직선 복도가 중정을 면한 안쪽에서 건물 전체를 돌아가며 이어지지만 그 밖으로 나 있는 방들은 규칙성이 거의 없었다. 크기, 형상, 방향, 위치, 맞물리는 관계 등에서 편차가 컸다. 각 방이 처한 개별 상황을 최우선으로 고려한 결과였다.

중정 구성, 고전주의로 처리한 건물과 개별 어휘, 정원과의 관계 등은 롬바르디아 조경이 대표하는 이탈리아 픽처레스크를 기본 배경으로 삼았다(그림 411). 출입구를 로지아

411 카를 프리드리히 싱켈(Karl Friedrich Schinkel), 클라인 글리니케 성채(Schloss Klein Glienicke), 베를린-글리니케(Berlin-Glienicke), 독일, 1824-29

형식으로 처리해서 외기에 대한 개방성을 최대로 늘렸다. 건물은 나지막한 휴먼 스케일을 유지했으며 복도의 일부를 개방해 정원과 직접 교감할 수 있도록 했다. 건물 윤곽은 평지붕과 각진 모서리로 구성되는 육면체로 잡았지만 건물 곳곳에 섬세한 치장 벽토 장식을 더해서 부드러운 분위기를 조성했다.

정원 전체에는 건물 이외에 옥외 시설물을 여럿 두어 이곳저곳을 오가며 즐길 수 있게 했다. 두 쌍의 쌍기둥이 받치는 사자 조각상, 분수와 수반水盤, 나선형으로 다듬은 풀, 여신상주 출입구가 있는 별채, 그로세 노이기르데Grosse Neugierde, 1835~37 등이 대표적 예였다. '위대한 호기심'이라는 뜻의 그로세 노이기르데는 페르디난트 폰 아르님Ferdinand von Arnim의 작품이었다. 이 건물은 차 마시는 옥외 정자의 기능을 하는 엑세드라exedra 형식의 티 궁tea pavillion이었다(그림 412). 사람 어깨 높이 정도의 벽이 반원 곡면을 이루었고 그 위에 여덟 개의 짧은 도리스식 기둥을 얹어서 지붕을 받쳤다. 초점에 해당하는 지점에는 여신상주를 세웠고 그 위에 다시 기둥을 변형한 장식물을 얹어서 고전주의를 기반으로 한 이탈리아식 픽처레스크 분위기를 높였다.

412 카를 프리드리히 싱켈(Karl Friedrich Schinkel), 클라인 글리니케 성채(Schloss Klein Glienicke), 베를린-글리니케(Berlin-Glienicke), 독일, 1824-29/그로세 노이기르데(Grosse Neugierde), 1835~37

샤를로텐호프 성채도 두 가지 픽처레스크를 혼용했다. 성채는 고트프리트 뷔링Gottfried Büring이 1756~58년에 지은 구궁전을 헐고 새로 지은 것이었다. 성채 전체는 본체에 해당하는 신궁전Neues Palais, 로마 목욕탕Römische Bader, 엑세드라, 정원사 주택 등의 여러 건물들이 넓은 정원에 일정한 간격을 두고 배치되었

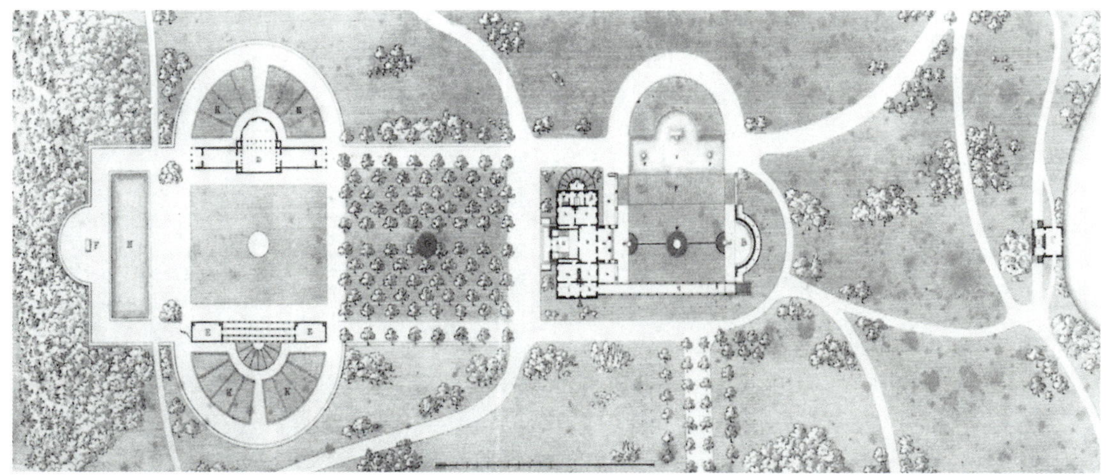

413 카를 프리드리히 싱켈(Karl Friedrich Schinkel), 샤를로텐호프 성채(Schloss Charlottenhof), 포츠담(Potsdam), 영국, 1826~30

다(그림 413). 건물과 정원은 클라인 글리니케와 유사한 롬바르디아 픽처레스크로 처리했다. 신궁전은 도리스식 신전 파사드와 추상 경향으로 처리하여 원시주의를 매개로 픽처레스크의 낭만성을 추구했다. 열주 출입구와 로지아를 두어 주변 조경과 직접 접촉을 꾀했다(그림 414). 로마 목욕탕은 영국 낭만주의 기법이었던 '정원 속의 그리스 신전 소품' 개념을 차용했다. 정원사의 주택은 기본 매스 넷이 자유롭게 어울리도록 구성했다. 육면체의 정형성을 유지하면서 크기와 형상을 달리한 네 매스가 비대칭의 자유로움을 나타냈다. 이런 구성은 롬바르디아 빌라와 영국 농가를 합한 독특한 처리였다.

414 카를 프리드리히 싱켈(Karl Friedrich Schinkel), 샤를로텐호프 성채(Schloss Charlottenhof), 포츠담(Potsdam), 영국, 1826~30

레오 폰 클렌체 4

국제적 절충주의와 바이에른 신고전주의

레오 폰 클렌체Leo von Klenze, 1784~1864는 1800~03년 사이에 베를린 왕립건축학교에서 길리 스쿨길리를 중심으로 한 1세대 그룹에게 수학한 뒤 프랑스로 건너가 페르시에 & 퐁텐 사무소에서 일하고 뒤랑의 이론에 영향을 받는 등 프랑스 배경을 첨가했다. 이후 이탈리아 여행을 다녀온 뒤 나폴레옹 점령기였던 1808년에 카셀Kassel의 궁정 건축가로 초창기 경력을 시작했다. 1814년 나폴레옹이 물러간 뒤 1816년에 바이에른 왕궁 소속 건축가가 되었으며 1830년부터 루트비히 1세Ludwig I를 건축주로 삼아 대표작을 남기며 뮌헨을 유럽의 주요 수도와 대등한 수준으로 끌어올리는 데 중요한 역할을 했다(그림 415).

클렌체의 건축 이력은 19세기 초반 독일을 둘러싸고 있던 복잡한 정

415 하인리히 아담(Heinrich Adam), 뮌헨 신시가지 개발

치 지형을 그대로 옮겨놓은 것으로 볼 수 있다. 자유주의로 대표되는 프랑스혁명 정신과 독일 국민주의 사이의 갈등과 통합 문제가 그것이었다. 이 문제에 대해서 클렌체는 바이에른, 파리, 빈, 이탈리아 등을 부지런히 오가며 다양한 선례를 혼합하는 국제적 절충주의로 대응해 나갔다. 1820년경까지는 이런 경향이 클렌체 건축을 이끌었다. 프랑스 배경의 국제적 신고전주와 제1제정 양식, 페르시에와 퐁텐의 팔라초 양식, 그릭 리바이벌의 고전주의 원형성, 독일다운 낭만성 등을 혼합한 경향이었다.

그러나 시간이 흐르면서 점차 고전주의에 집중하였다. 고전주의를 유난히 좋아했던 루트비히 1세의 요구도 중요한 요인이었다. 바이에른의 부르주아는 기독교와 수공예가 중심이 된 중세 리바이벌 양식인 비더마이어[Biedermeier] 양식을 자신들의 대표 양식으로 창출해가고 있었다. 이들을 눌러야 할 정치적 당위성을 느끼던 루트비히 1세는 이들과 차별화를 위해 고전주의를 고집했다. 그의 아들이 그리스 왕이 되면서 그의 고집은 편집증에 가까울 정도가 되었다. 그의 요구는 클렌체 건축에 그대로 반영되었다.

독일 건축계의 관심은 이와 반대로 고딕리바이벌과 로마네스크 리바이벌 등 중세 전통을 바탕으로 한 독일다운 낭만주의로 옮겨갔다. 싱켈도 여기에 맞춰 고딕리바이벌로 프리드리히베르더 교회를 설계했다. 클렌체는 한편으로는 고전에 치우친 루트비히 1세의 예술적 요구와 심한 갈등을 겪으며 미움을 샀지만 결국 중세 리바이벌로 변신하지 못한 채 고전주의자로 머물렀다. 후반부 작품에 낭만성을 많이 섞어내는 타협을 시도했지만 이것으로는 부족했다. 건축주의 요구는 만족시켰지만 독일 건축계 전체에서 소외되어 힘든 말년을 보냈다. 루트비히 1세의 후임으로 중세주의자였던 막스 2세가 새 왕으로 즉위하면서 클렌체는 건축주마저 잃고 완전 고립되었다. 이미 1830년경부터 이런 징후가 나타나기 시작했으며 1840년경 이후에는 활동이 위축되며 조용한 말년을 보냈다.

클렌체는 남부독일의 바이에른을 대표하는 신고전주의 건축가였다. 수도 뮌헨을 근거지로 바이에른의 신고전주의를 완성했다. 독일 전체로 보면 프로이센의 싱켈과 어깨를 나란히 하며 양대 산맥을 이루었다. 싱켈과의 관계는 다소 복합적이었다. 프로이센과 바이에른 사이의

416 레오 폰 클렌체(Leo von Klenze), 〈살바토르 교회와 발할라*Salvatorkirche und Walhalla*〉(1839)

대립 구도 때문에 두 지역을 대표하는 이 두 건축가는 흔히 심한 라이벌 관계였을 것으로 보는 시각이 많다. 그러나 두 사람은 근거지가 완전히 달랐기 때문에 직접 충돌한 일은 없었다. 건축 경향도 차이가 커서 직접 비교하기에는 무리가 따른다. 더욱이 클렌체는 싱켈만큼 거장은 아니었다. 그럼에도 독일 건축은 이 두 지역을 함께 생각해야지만 전성된 상태에 이르기 때문에 바이에른의 신고전주의를 완성한 클렌체는 적잖은 중요성이 있는 것이 사실이다.

클렌체는 여러 면에서 싱켈과 좋은 비교가 될 수 있다. 여러 선례를 혼합한 종합화가 대표적 특징인 점, 왕실의 수석 건축가로서 도심의 19세기 개발을 책임지며 수도의 건축적 외관을 결정한 점, 고전주의와 낭만주의의 통합으로 독일다움을 정의한 점, 화가를 겸업하며 다방면에서 활동한 점 등은 공통점이다(그림 416). 반면 클렌체는 싱켈보다 절충성과 표피성이 더 강했다는 차이가 있다.

싱켈의 종합화가 여러 쌍개념들의 통합을 추구한 데 반해 클렌체는 절충주의에 머물렀다. 클렌체의 역사주의는 직설적 모방까지는 아니더라도 표피주의에 치중한 직접 차용의 성격이 더 강했으며 심지어 테마파크처럼 가벼워 보이기도 했다. 싱켈이 사변적 무게와 근원적 깊이를 가졌던 데 반해 클렌체는 즉흥적 흥겨움을 추구했다(그림 417~423). 이런 차이는 양면성이 있었다. 기본적으로 건축가 개인의 역량 차이가 컸다. 여기에 더해 두 지역의 전통 정서도 중요한 요인이었다. 목가적 자연환경을 배경으로 심각한 사유보다는 정서적 교류를 즐기는 남부독

417 레오 폰 클렌체(Leo von Klenze), 뮌헨 궁정 대연회장(Festsaalbau, München Residenz), 독일, 1832~42

일 특유의 기질과 정서가 반영된 결과이기도 했다.

클렌체의 대표작으로 로이히텐베르크 궁 Leuchtenberg Palais, 뮌헨, 1816~18, 글립토테크 Glyptothek, 뮌헨, 1816~31, 루트비히 가 Ludwigstrasse, 뮌헨, 1816~27 개발, 육군성 Kriegsministerium, 1826~30, 뮌헨 왕궁 Königsbau, Residenz, 1826~35, 뮌헨 궁정 피나코테크 Pinakothek, Residenz, 1826~36, 뮌헨 열성列聖 궁정교회 Allerheiligen Hofkirche, Residenz, 1826~37, 영국 정원 내 모놉테로스 Monopteros, Englischer Garten, 뮌헨, 1827, 발할라 데어 도이첸 Walhalla der Deutschen, Donaustauf, 1830~42, 뮌헨 궁정 대연회장 Festsaalbau, Residenz, 1832~42, 퇴링 성채 Schloss Töring, 뮌헨, 1836, 프로필라이아 Propylaea, 뮌헨, 1846~50 등을 들 수 있다.

루트비히 1세와 팔라초 양식

클렌체는 뮌헨에서 팔라초 양식으로 본격적 데뷔작을 시작했다. 이후 팔라초 양식은 클렌체의 주요 경향 가운데 하나로 자리잡았다. 팔라초 양식은 넓게 보았을 때 르네상스 리바이벌의 한 분파였다. 독일에서는 이 양식이 영국이나 프랑스보다 약한 편이었는데 클렌체가 이것을 대표한 것으로 볼 수 있다. 클렌체의 팔라초 양식은 본인의 선호에 따른 것이기보다는 외부 요인이 더 크게 작용한 결과로 볼 수 있다. 이 때문에 클렌체의 팔라초 양식은 일부 건물에서는 부자연스러움을 보이기도 했다. 외부적 요인은 프랑스의 영향과 루트비히 1세의 정치적 욕망으로 요약할 수 있다.

프랑스의 영향은 클렌체가 파리에 머무는 동안 배운 내용들이 주를 이루었다. 페르시에와 퐁텐의 아틀리에에서 일한 경력과 뒤랑의 영향이 가장 큰 영향을 미쳤다. 페르시에와 퐁텐은 당시 제1제정 양식의 한 축이던 르네상스 팔라초 양식을 이끌고 있었다. 뒤랑에게서는 기하학적 윤곽에 기초한 유형학적 구성에 영향을 받았는데 이런 경향은 사각형 중심으로 이루어지는 팔라초의 기본 질서와 잘 맞았다. 이상을 합해 클렌체는 15세기 토스카나식 팔라초에 관심을 기울였다. 단순한 윤곽과 반원 아치창의 반복으로 이루어지는 추상 기하주의가 대표 경향이었다.

루트비히 1세의 욕망은 르네상스 금융 가문을 통치 모델로 삼았던 그의 정치적 성향의 산물이었다. 그는 예술의 부흥을 통해 바이에른공화국을 유럽의 중심국가로 만들겠다는 야심을 품었다. 이를 위해 15세기 피렌체의 금융 가문을 자신의 통치 모델로 삼았고 이들의 근거지였던 팔라초 양식으로 자신의 왕궁을 지었다. 클렌체는 대형 왕궁을 팔라초 모티프로 지으라는 요구에 끊임없이 시달렸다. 대형 왕궁은 규모가 크고 프로그램 구성이 복잡했기 때문에 팔라초와 어울리기 어려운 기능 유형이었다.

이 때문에 팔라초의 농축성과 간결함에 반대되는 과도한 규모와 무리한 반복 등이 나타나면서 전체 구성을 망치는 결과로 나타났다. 국가 양식을 찾던 19세기 독일의 미시적 상황이나 근대 산업문명의 대표 양식을 찾던 유럽 전체의 거시적 상황 중 어느 것과도 무관한 루트비히 개인의 욕심이었다. 클렌체는 일거리를 확보하기 위해 어쩔 수 없이 이 요구에 부응했다. 이것은 정치적 요구 때문에 건축가의 일생을 망친 클렌체의 불행이 시작되는 서막이었다.

팔라초 양식은 클렌체의 데뷔작이라 할 수 있는 루트비히 가 개발과 함께 시작했다. 루트비히 1세는 중세-바로크 구역으로 된 구시가지 밖으로 신시가지 개발을 계획 중이었다. 구시가지는 슈바빙 문Schwabinger Tor 안쪽에 있었고 신시가지는 문을 출발점으로 삼아 북쪽으로 뻗어나갔다. 루트비히 가는 신시가지의 중심축이었다. 클렌체는 루트비히 가 개발을 맡았다. 클렌체는 나폴레옹이 닦기 시작한 파리의 불바르를 본떠 루트비히 가를 일직선 대로로 계획했다. 이것은 나폴레옹을 모델로

418 레오 폰 클렌체(Leo von Klenze), 루트비히 가 개발(Ludwigstrasse), 뮌헨(München), 독일, 1816~27

하여 루트비히의 정치적 야심을 표현하려는 의도였다. 그 효과를 배가하기 위해 대로를 따라 양옆으로 여러 공공건물과 궁전을 배치했고 루트비히의 요구에 따라 대부분의 건물들을 팔라초 양식으로 설계했다(그림 418).

클렌체는 이 가운데 로이히텐베르크 궁, 육군성, 퇴링 성채, 루트비히 가 1-7번지 등을 설계했다(그림 419, 420). 이후 1827년부터 게르트너가 이어받아 주요 공공건물을 더했다. 클렌체의 팔라초 양식은 루트비히 가의 출발점인 오데옹 광장Odeon Platz에서 시작되었다. 광장의 중심 건물인 로이히텐베르크 궁을 필두로 이것을 모델로 삼은 주변의 상류층 주거와 육군성 등이 연달아 팔라초 양식으로 세워졌다. 클렌체의

419 레오 폰 클렌체(Leo von Klenze), 로이히텐베르크 궁전(Leuchtenberg Palais), 뮌헨(München), 독일, 1816~18

420 레오 폰 클렌체(Leo von Klenze), 퇴링 성채(Schloss Töring), 뮌헨(München), 독일, 1836

팔라초 양식은 본인의 진심과 상관없이 19세기 뮌헨의 상류층 주거 모델로 자리잡았다.

클렌체는 가급적 르네상스 팔라초의 구체적 선례를 직접 모방하는 일은 피하고 싶어했다. 건축가로서 예술적 창조성을 조금이라도 지키고 싶은 바람으로 볼 수 있다. 이 부분도 루트비히와 충돌을 일으킨 대목이었다. 클렌체는 힘들게 타협을 이끌어냈다. 피렌체와 로마의 팔라초를 모델로 삼아 뒤랑의 유형학 개념을 적용해 몇 개의 유형을 만들었다. 이 과정에서 추상성과 단순화 등 근대성의 기본 개념을 더해서 시대 상황을 반영하려 애썼다. 또 창, 벽체, 오더 등 기본 부재를 활용하여 기하학적 효과와 조형적 어울림 등을 추구했다. 수직 층 쌓기와 교차적 대비 등 자신만의 창조적 경향도 부분적으로 더했다.

수직 층 쌓기와 교차적 대비–육군성과 피나코테크

로이히텐베르크 궁은 건축가의 예술적 열망과 건축주의 외압 사이에서 고민한 클렌체의 심정을 잘 보여주는 예다. 클렌체는 특정 선례를 차용하지 않으면서 추상 경향을 강화하는 방식으로 근대성을 추구했다(그림 419). 이것은 당시 시대 상황에 맞는 도시형 상류층 주거를 창출하려는 목적을 가졌다. 세 층으로 된 외관 구성은 각 층 사이의 구획을 강한 수평선으로 확실하게 처리한 점에서 로마의 파르네제 팔라초를 모델로 삼은 것이다. 그러나 벽면은 가능한 한 평활면으로 처리하고 장식도 최소로 줄여 전반적인 방향은 근대성을 추구했다. 여기에 팔라초를 상징하는 이디큘러aedicula: 소형 콜로네트와 페디먼트를 이용하여 소품화된 신전 과사드로 처리한 창틀를 더했다. 이디큘러는 피아노 노빌레인 2층에만 사용하고 나머지 층은 되도록 단순화된 창틀로 처리하여 상징성의 경제적 효율을 극대화했다. 이상의 처리는 뒤랑의 유형학에서 받은 영향이다.

이런 처리는 육군성에서 반복해서 쓰였다. 전체적으로 추상적 분위기가 주도하면서 2층 창틀에 악센트를 가한 처리였다(그림 421). 중요한 차이도 나타났다. 표면 처리와 축조성을 통해 저층부와 상층부 사이의 조형적 위계를 표현한 것과 벽면과 창틀 사이에 교차적 대비를 만든 것이 대표적 내용이었다. 1층은 혹두기를 염두에 둔 거친 축

421 레오 폰 클렌체(Leo von Klenze), 육군성(Kriegsministerium), 뮌헨(München), 독일, 1826~30

조성으로 처리한 반면 2층은 로이히텐베르크 궁과 유사한 회반죽 평활면으로 추상 처리해서 축조성을 최소화한 대신 2차원 면다움을 극대화했다. 이것은 축조성의 차이를 통한 수직 층 쌓기였다. 창틀은 이와 반대로 처리했다. 1층 창틀은 단순한 아치 윤곽으로 처리한 반면 2층의 창틀은 돌출이 심한 홍예돌로 처리해서 깊은 음영과 거친 표면을 만들었다.

팔라초 양식은 뮌헨 궁정Residenz으로 이어졌다. 궁정 내 왕궁, 피나코테크, 대연회장 등이 대표적 예였다. 뮌헨 왕궁 외관의 전체 윤곽은 피티 팔라초를, 각 층의 기본구성은 루첼라이 팔라초를 각각 모델로 삼았다(그림 422). 평면은 독일의 비대칭 전통을 지켰다. 수평 확장, 거대 스케일, 부분 3층 구성 등은 피티 팔라초를 직설적으로 모방했다. 광장의 한쪽을 면을 점령하고 거대한 수평 매스로 광장을 압도적으로 지배하는 구성도 피티 팔라초의 기본 개념으로 루트비히 1세의 정치적

422 레오 폰 클렌체(Leo von Klenze), 뮌헨 왕궁(Königsbau, Residenz, München), 독일, 1826~35

욕망에 부합하는 처리였다. 벽기둥을 이용한 벽체 분할, 벽기둥과 세트를 이루는 아치형 창틀, 벽기둥의 선형 어휘와 아치의 반원 기하 형태 사이의 조형적 대비 등은 루첼라이 팔라초에서 차용한 모티프였다.

축조성의 차이를 이용하여 각 층 사이의 위계를 표현한 점도 루첼라이 팔라초에서 처음 제시된 기법이었다. 1층은 오더를 지워서 기단처럼 보이게 했는데, 이는 피아노 노빌레piano nobile의 존재를 부각해 2층에 높은 위계를 주기 위한 것이었다. 아래층의 구조적 역량을 강화해서 축조적 안정감을 표현한 것으로 볼 수도 있다. 2층과 3층 사이의 구별은 오더 양식을 이용했다. 2층은 이오니아식, 3층은 코린트식으로 처리했다. 세 층의 벽면 전체와 모든 창을 혹두기 등으로 거칠게 처리한 것은 육군성 모티프를 발전시킨 것이었다.

뮌헨 궁정 피나코테크는 127미터에 달하는 길이 때문에 팔라초 양식을 적용하기 어려운 건물이었다. 층수가 2층으로 끝났기 때문에 뮌헨 왕궁과 같은 대규모로 만들 수도 없었다. 클렌체는 독일의 전통적인 오분법 구성을 적용해서 이 문제를 부분적으로 해결했다(그림 423). 양끝에 측동을 두고 본체 중심의 중앙 출입구를 강조하는 방식이었다. 입면에서는 앞 작품의 모티프들을 종합화했다. 축조성의 차이를 통한 수직 층 쌓기와 교차적 대비라는 클렌체만의 특징이 녹아들었다. 축조성의 차이는 벽 면적을 이용해서 표현했다. 1층은 창을 작게 해서 벽 면적을 늘린 반면 2층은 그와 반대로 처리했다. 이것은 축조성의 차이로 읽히면서 튼튼한 고형적 벽체가 투명한 진공부의 2층을 받치는 형국으로 나타났다.

교차적 대비는 오더와 창을 이용하여 나타냈다. 1층은 오더 없는 평

423 레오 폰 클렌체(Leo von Klenze), 뮌헨 궁정 피나코텍(Pinakothek, Residenz, München), 독일, 1826~36

활면으로 처리한 반면 2층에는 반원형 벽기둥을 가지런히 배열했다. 이런 처리는 1층의 축조성을 부분적으로 약화하면서 2층의 넓은 창을 축조적으로 보완한다는 의미에서 교차적 대비로 해석할 수 있다. 창도 마찬가지였다. 창을 투명한 진공부라는 축조적 관점에서 보면 수직 층 쌓기를 안정적으로 확보한 것으로 볼 수 있다. 그러나 창의 조형적 상징성의 관점에서 보면 상대적으로 더 빈약한 1층이 큰 2층을 힘겹게 이고 있다는 반대 해석이 가능했다. 이런 상반성은 교차적 대비의 전형이라 할 수 있다.

뮌헨 궁정 대연회장은 팔라초 모티프를 이용하여 기념비다움을 표현한 예였다(그림 417). 이것은 대연회장이라는 건물의 기능에 맞춘 것이다. 전체 구성은 브라만테의 라파엘로 하우스Raphael House 모티프를 사용했다. 1층은 줄눈을 두껍게 해서 혹두기를 모방했고 2층은 열주로 구획한 점이 대표적 예다. 세부 처리는 다르게 했다. 2층 열주를 독립 원형 기둥으로 처리해서 벽다운 성질을 없앤 대신 신전 파사드의 열주 효과를 노렸다. 열주가 받치는 엔타블러처를 벽면과 직각 방향으로 돌출시킨 처리는 매너리즘 기법이었다. 이것 역시 대연회장의 축제 분위기를 돋우기 위한 과장된 처리로 볼 수 있다.

그릭 리바이벌과 낭만주의–모놉테로스와 발할라 데어 도이첸

루트비히 1세는 자신의 궁정과 바이에른공화국 전체의 공공건물을 구별하여 건축양식을 차별화했다. 두 유형 모두 자신의 업적과 권위를 찬양하는 정치적 선전물로 이용하기는 마찬가지였지만 건축양식에서는 차이가 있었다. 자신의 궁정에는 르네상스 팔라초 양식을 사용한 데 반해 공공건물에는 당시 독일의 공통 양식인 그릭 리바이벌과 낭만주의를 적용했다. 이를 통해 독일다운 국가 양식을 창출하려는 동시대 신고전주의 경향에 일정 부분 동승했다. 클렌체는 루트비히 1세의 이런 요구에도 부응하며 신고전주의를 구사했다.

가장 먼저 지어진 건물은 글립토테크였다. 이 건물은 고전주의와 파노라마로 구성된 박물관으로 전시물의 연속 구성을 통해 루트비히와 바이에른공화국의 정치적 역량을 과시하는 전형성을 보였다. 이것은 기능 유형을 이용한 제국주의 건축의 대표적 예로 볼 수 있다. 이 내용에 대해서는 아래에서 살펴볼 것이다.

424 레오 폰 클렌체(Leo von Klenze), 영국정원 내 모놉테로스(Monopteros, Englischer Garten). 뮌헨(München), 독일, 1827

영국 정원 내 모놉테로스는 정원 속에 소품으로 더한 원형 신전이었다. 소품화된 신전을 조경 요소로 사용하는 것은 영국 낭만주의의 전형적 기법이었다. 영국에서는 18세기 후반부부터 스튜어트와 레베트 등이 그리스 신전을 이용하여 이 기법을 완성시켰다. 이 기법은 그릭 리바이벌을 낭만주의로 각색한 전형적 예였다. 모놉테로스는 이것을 이어받았다. 원형 신전은 그리스 건물을 모델로 삼았다. 리시크라테스 기념비Lysicrates Monument를 모델로 삼아 속을 파내고 열주 골격만으로 구성했다. 혹은 델피의 아테나 성소Sanctuary of athene=Tholos of Delphi를 직접 모방한 것으로 볼 수 있다. 여덟 개의 이오니아식 오더는 단아한 원형성과 절제된 장식성을 바탕으로 푸른 정원과 잘 어울리며 낭만성을 표현했다(그림 424).

발할라 데어 도이첸은 바이에른의 역대 위인을 모신 건물로 기능부터 국가 기념비로 정의되었다. 루트비히는 이 건물 이외에 이와 동일한 기능의 루메스할레Rhumeshalle=명예의 전당, 뮌헨, 1843~54와 나폴레옹과의 해방전쟁에서 전사한 전몰 군인을 위한 베프라이웅스할레Befreiungshalle=해방의 전당, 켈하임Kelheim, 1842~63 등을 발주하며 대형 기념비를 통해 애국심과 민족주의를 고취하는 정치 선전을 벌였다.

발할라 데어 도이첸은 '언덕 위의 먼 풍경으로서 그리스 신전'이라는 프리드리히 길리의 낭만적 그릭 리바이벌 개념을 차용했다(그림 425). 모델 선례는 아테네 아크로폴리스의 파르테논이었다. 건물은 낮은 언덕 위에 올라앉아 사방에서 잘 보였다. 부지부터 국가 기념비에 적합한 곳을 골랐다. 신전은 세 단의 기단 위에 올렸는데 이것은 부지의 지형적 특성과 건축의 기능적 목적에 맞춘 처리였다. 오더 양식도 이에 맞추어 도리스식 옥타스틸 원형열주식으로 처리했다. 도리스식은 원형성을, 옥타스틸과 원형열주식은 열주 효과를 강조하기 위해서였다. 이런 설정은 루트비히 1세 개인의 결정이었다. 그는 고딕리바이벌

425 레오 폰 클렌체(Leo von Klenze), 발할라 데어 도이첸(Walhalla der Deutschen), 도나우스타우프(Donaustauf), 독일, 1830~42

을 주장하는 건축계와 근대적 원형 건물을 주장한 클렌체를 물리치고 자신의 생각을 관철했다.

실내는 당시 프랑스에서 유행한 색채주의로 처리했다(그림 426). 벽체는 석재의 자연색을 이용한 적백 코드로 처리했다. 천장은 황금 틀로 짠 격자형 소란반자로 처리했다. 여기에 여신상주, 돋을새김, 조각상, 공예, 문양 등 여러 장식물들 더했다. 천장의 대부분은 지붕이 없이 뚫린 히페트랄[hypaethral] 방식으로 처리했다. 이것은 그리스 신전이 본래 천장이 없다는 주장에서 나온 처리로 색채주의와 함께 1830년대 그릭 리바이벌을 주도한 개념이었다. 장식 도상은 게르만족의 기원과 역사, 로마 시대 게르만족의 대이동, 나폴레옹 해방전쟁의 승리 등 민족주의를 보강하는 내용들로 채웠다.

뮌헨 열성 궁정교회는 클렌체가 중세 양식으로 설계한 뮌헨의 유일한 교회 작품이었다. 중세 양식은 여러 선례를 혼용했다. 외관은 이탈리아 팔레르모[Palermo]의 궁정 예배당[Cappella Palatina]을 모델로 삼아 로마네스크 리바이벌로 처리했다(그림 427). 평면은 삼랑식 바실리카를 기본 골격으로 삼아 비잔틴 중앙 집중 구성을 혼용했다. 비잔틴 구성은 베네치아의 산 마르코 성당[San Marco]을 모델로 삼았다. 이런 혼용에 뒤랑의 격자 구성을 적용해 강한 정형성을 추구했다. 네이브의 두 베이는 모두 돔으로 마감해서 정형성을 배가했다. 이상의 혼용 결과 최종 상태는 돔식 바실리카[domed basilica]로 나타났다(그림 428).

426 레오 폰 클렌체(Leo von Klenze), 발할라 데어 도이첸(Walhalla der Deutschen), 도나우스타우프(Donaustauf), 독일, 1830~42

427 레오 폰 클렌체(Leo von Klenze). 뮌헨 열성(列聖) 궁정교회(Allerheiligen Hofkirche, Residenz, München). 독일. 1826~37

428 레오 폰 클렌체(Leo von Klenze), 뮌헨 열성(列聖) 궁정교회(Allerheiligen Hofkirche, Residenz, München), 독일, 1826~37

5 고트프리트 젬퍼와 독일 3세대 고전주의

젬퍼-종합화와 보편적 유럽인 상

고트프리트 젬퍼Gottfried Semper, 1803~79는 함부르크에서 태어나 괴팅겐Göttingen에서 수학과 그리스 기하학을 공부했다. 1825년에 전공을 바꿔 뮌헨 왕립건축아카데미에 입학해서 게르트너에게 배웠다. 1826~30년은 파리 수학 기간으로 프란츠 크리스티앙 고Franz Christian Gau의 건축학교에서 배운 뒤 히토르프의 아틀리에에서 일했다. 이 기간에는 19세기 파리 고전주의를 습득한 이외에 당시 히토르프를 중심으로 강도 높게 진행 중이던 색채주의 논쟁도 접하며 이에 큰 영향을 받아 평생의 연구 주제 가운데 하나로 삼게 되었다(그림 429).

1830~33년에 이탈리아와 그리스로 답사 여행을 다녀온 뒤 1834년에 드레스덴Dresden에 자리를 잡았다. 이곳에서 왕실을 건축주로 확보하는 데 성공하면서 작센 국립 오페라하우스Sächsische Staatsoper=Semper Opera, 1837~41, 철거를 주요 작품으로 남겼다. 이 작품으로 젬퍼는 하루아침에 명성을 날리며 드레스덴에 유대교회Synagogue, 1840, 철거, 박물관1847~54, 피폭 후 부분 복원, 오펜하임 궁Palais Oppenheim, 1848, 철거, 신오페라하우스Neue Staatsoper, 1871~78 등을 추가로 남겼다(그림 430).

1849년에는 드레스덴의 시민 민주혁명bürgerlich-demokratische Revolution에 참여해서 왕실과 맞섰지만 혁명이 실패하면서 처음에는 파리로 망명했다. 파리에서는 스승 고 등 지인들의 도움으로 새로운 정착을 시도했으나 실패하고 곧 영국으로 다시 망명했다. 영국 생활은 1851년 런던 만국박람회에 부분적으로 참여하는 등 좀 나았으나 본격적인 건축 활동을 하는 데는 실패했다. 그러나 영국 체류 동안 수정궁 건립과 만국박람회 개최 등 신문명이 일으킨 신건축운동의 실체와 구체적 결과를 보고 큰 감명을 받는 수확을 얻

429 고트프리트 젬퍼(Gottfried Semper), 그리스 신전 색채 문양 연구

430 고트프리트 젬퍼(Gottfried Semper), 신오페라하우스(Neue Staatsoper), 드레스덴(Dresden), 독일, 1871~78

었다. 젬퍼는 이때 받은 영향을 단서로 이후 기술 결정론을 기초로 한 양식 발전론을 완성하는 업적을 남겼다.

1855년에는 취리히 공과대학 교수로 취임했다. 취리히에 머무는 동안에는 중요한 계획안을 남기고 뮌헨과 리우데자네이루 등으로 활동 폭을 넓혔지만 여전히 실제 지어진 대표작을 남기지는 못했다. 1869년에는 빈[Wien]으로 활동 무대를 옮겨 환상도로[Ringstrasse, Wien] 개발과 왕궁 내 신궁[Neuburg, Hofburg, 1881~] 건축에 참여했으며 예술사박물관[Kunsthistorisches Museum, 1872~79], 자연사박물관[Naturhistorisches Museum, 1872~79], 왕립극장[Burgtheater, 1874~88] 등을 대표작으로 남겼다(그림 431).

431 고트프리트 젬퍼(Gottfried Semper), 자연사박물관(Naturhistorisches Museum), 빈(Wien), 1872~79

젬퍼는 독특한 경력의 소유자였다. 다작은 아니었지만 대표작은 대부분 왕실을 건축주로 한 대형 공공건물이었다. 무엇보다도 민족주의적 편견이 지배하던 19세기에 드문 보편적 유럽인 상을 보여주었다. 그는 독일과 프랑스에서 건축 교육을 받았고 이탈리아와 그리스에서 유적 답사를 했으며 고대 양식의 역사와 신건축운동의 근대성 모두를 이해하고 있었다. 건축 이외에 고고학을 바탕으로 한 예술사 전반, 찰스 다윈[Charles Darwin]의 진화론 등 자연과학, 비교 언어학 등 동시대 새 학문에도 조예가 깊었다. 색채주의 이론 운동에도 깊은 관심을 보이며 참여했다. 활동 무대도 독일, 영국, 스위스, 오스트리아 등 국제적이었다. 사망한 장소는 로마였다. 왕실을 건축주로 확보하는가 하면 혁명에도 참여하는 등 정치적 성향에 따른 활동 범위도 양극단을 오갔다. 작곡가 리

432 고트프리트 젬퍼(Gottfried Semper). 빈 왕궁 내 신궁(Neuburg, Hofburg, Wien), 1881~

하르트 바그너Richard Wagner와 절친한 우정을 유지하는 등 예술가들과의 교류 폭도 넓었다.

젬퍼의 건축 활동은 작품과 이론으로 양분할 수 있다. 작품 경향은 외관상으로는 19세기의 전형적인 역사주의였다. 고전주의와 네오 바로크를 혼합한 제국 양식이 대표적인 특징이었다(그림 432). 기능 유형 측면에서는 극장에서 중요한 업적을 남겼다. 특히 오페라하우스에 전문성을 보여서 운영, 계획, 건축, 음악과의 관계 등 극장 전반에 대한 개혁을 시도했다. 이것을 제외하고 실제 지어진 건물을 중심으로 보면 자신의 이론과 상당한 괴리를 보이며 새로운 창작력을 보여주지는 못한 것으로 평가할 수 있다.

젬퍼는 건축 이론에 중요한 기여를 했다. 자신의 건축 이론을 정리한 저서를 여러 권 남겼는데 『건축 4요소*Die Vier Elemente der Baukunst*』1851와 『기술예술과 축조예술 양식, 혹은 실용미학*Der Stil in den technischen und tektonischen Künsten oder praktische Aesthetik*』1860~63을 대표작으로 들 수 있다. 이 책들에서는 고고학 연구를 바탕으로 한 고대 예술을, 진화론을 바탕으로 한 기술 결정론의 관점에서 해석한 양식 발전론을 제시했다. 이 개념은 당시 새롭게 형성되던 신건축운동에 정신적 배경과 이상적 발전 방향을 제시한 점에서 중요한 영향을 끼쳤다. 더 근원적으로는 당시 심하게 대립하던 역사주의와 신건축운동의 쌍개념적 통합을 시도한 것으로 볼 수 있다. 자세한 내용은 아래에서 살펴볼 것이다.

3세대와 독일 절충주의

433 하인리히 휩슈(Heinrich Hübsch), 카를스루에 예술극장(Kunsthalle, Karlsruhe), 독일, 1837~46

젬퍼의 이력은 독일 신고전주의가 3세대에 접어들었음을 알리는 대목으로 해석할 수 있다. 연도를 기준으로 하면 1800년 이후 세대에 해당한다. 1세대는 1730년대 생인 랑한스, 1740년대 생인 다비드 길리, 1760년대 생인 바인브레너와 살루시, 1770년대 생인 프리드르히 길리 등이었다. 2세대는 1780년대 생인 싱켈과 클렌체였다. 1790년대 생인 휩슈, 프리드리히 폰 게르트너Friedrich von Gärtner, 1792~1847, 루트비히 폰 찬트Ludwig von Zanth, 1796~1857, 게오르크 프리디리히 지브란트Georg Friedrich Ziebland, 1800~78 등은 전환 세대였다.

휩슈와 게르트너는 당시 독일 국가 양식의 또다른 축을 이루던 중세주의를 대표하는 건축가였다. 두 사람 모두 로마네스크 리바이벌을 주축으로 삼아 중세 전통을 부활하여 독일다운 국가 양식을 창출하려 했다. 이런 점에서 이들은 2세대의 싱켈과 클렌체에 맞서는 경쟁 구도를 형성했다. 이들의 중세주의는 이후 19세기 중반 신건축운동에 맞서는 도덕성운동으로 이어진 점에서 2세대와 구별되는 전환기 세대로 정의할 수 있다. 휩슈의 카를스루에 예술극장과 게르트너의 성 루트비히 교구 대학교회St. Ludwigs Pfarre und Universitätskirche, 뮌헨, 1829~44는 이것을 대표하는 예였다(그림 433).

434 루트비히 폰 찬트(Ludwig von Zanth), 빌라 빌헬마(Villa Wilhelma), 슈투트가르트(Stuttgart), 독일, 1842~53

찬트와 지브란트는 절충주의와 혼용하여 원형성에 집중하던 2세대와 차이를 보였다. 슈투트가르트의 빌헬마 빌라Villa Wilhelma, Stuttgart, 1842~53는 로마네스크, 비잔틴, 르네상스, 이슬람, 철물 건축 등을 혼용한 종합적 절충주의의 대표작이었다(그림 434). 지브란트는 유형학적 절충주의를 이끌었다. 성 보나파즈 바실리카Basilika St. Bonafaz, 뮌헨, 1835~50는 19세기 유럽 전체를 통틀어 매우 드문 초기 기독교 리바이벌 건물이었다(그림 435). 이 건물은 초대 교회가 상징하는 원형성에 귀의할 것을 주장함으로써 좁게는 독일, 넓게는 유럽 전역에 도덕 재무장을 주장하는 중세주의의 등장을 촉진하는 기여를 했다. 뮌헨 미술관Kunstausstellungs-Gebäude, 1835~48은 클렌체의 글립토테크를 마주보는 위치에 지어 이 선례를 강하게 모방하며 그릭 리바이벌과 로마 고전주의의 혼용으로 처리했다(그림 436).

전환기 세대에 이어 1800년 이후에 태어난 3세대가 나타났다. 3세대

435 게오르크 프리드리히 지브란트(Georg Friedrich Ziebland), 성 보나파즈 바실리카(Basilika St. Bonafaz), 뮌헨(München), 독일, 1835~50

는 전환기 세대에 나타난 절충주의를 강화하는 경향이 대표적 특징이었다. 독일에서는 젬퍼를 필두로 프리드리히 아우구스트 스튈러Friedrich August Stüler, 1800~65와 프리드리히 루트비히 페르시우스Friedrich Ludwig Persius, 1803~45 등이 여기에 속했다. 스튈러의 성 마태오 교회St. Matthäuskirche, 베를린, 1844~46와 베를린 구국립미술관Alte Nationalgalerie, 1866~76, 페르시우스의 포츠담 증기엔진실Dampfmaschinenhaus, 1841~43 등이 대표적 예였다(그림 484).

성 마태오 교회에서는 로마네스크 리바이벌에 롬바르디아 밴드를 이용한 색채 장식주의와 근대적 추상 경향 등을 혼용했다(그림 437).

436 게오르크 프리드리히 지브란트(Georg Friedrich Ziebland), 뮌헨 미술관(Kunstausstellungs-Gebäude, München), 독일, 1835~48

437 프리드리히 아우구스트 스튈러(Friedrich August Stüler), 성 마태오 교회(St. Matthäus-kirche), 베를린, 1844~46

기하학적 윤곽이 뚜렷한 정형 처리로 전체 매스를 구성해서 로마네스크의 땅다운 물성을 근대적으로 재해석했다. 베를린 구국립미술관은 그리스 신전 파사드의 그릭 리바이벌을 전면에 내세운 뒤 이것을 로마 신전의 경사로 기단을 받치는 기법을 혼용했다(그림 299). 실내에서는 그리스 가구식 구조, 로마네스크 반원형 아치, 르네상스 열주랑, 프랑스 바로크의 그랜 매너, 19세기 제국 양식 등을 혼용했다. 페르시우스는 주거, 빌라, 교회 같은 전통적 기능 유형 이외에 증기엔진실이라는 새로운 공업 기능 유형을 도맡아 설계하며 절충주의 양식을 활용했다. 포츠담의 증기엔진실에서는 비잔틴 리바이벌, 이슬람 양식, 롬바르디아 밴드의 로마네스크, 색채주의 등을 혼용했다.

3세대의 활동은 오스트리아로 확장되었다. 테오필루스 한센(Theophilus Hansen, 1813~91), 프리드리히 폰 슈미트(Friedrich von Schmidt, 1825~91), 하인리히 폰 페르스텔(Heinrich von Ferstel, 1828~83) 등이 19세기 오스트리아 역사주의를 이끈 대표적 건축가들이었다. 이들은 모두 빈을 주요 활동 무대로 삼아 대표작을 남겼다. 한센은 빈 국회의사당(Parlement, 1873~83)을, 슈미트는 빈 시청사(Rathaus, 1872~83)를, 페르스텔은 빈 봉헌교회(Votivkirche, 1856~79)와 빈 신대학교(Neue Universität, 1873~74) 등을 대표작으로 남겼다.

오스트리아의 대표작들은 대부분 1870년대에 집중되며 절충주의의 전형을 보였다. 빈 국회의사당은 그릭 리바이벌, 로마 고전주의, 르네상스 리바이벌, 마케도니아 왕국 양식 등을 혼용했다(그림 438). 빈 시청사와 빈 봉헌교회는 고딕리바이벌로 지어졌다. 빈 시청사는 당시 시청사에 자주 쓰이던 바로크 양식을 기본 구성으로 삼아 세부 어휘는 고딕 양식으로 처리했다(그림 304, 439). 빈 봉헌교회는 고딕리바이벌

438 테오필루스 한젠(Theophilus Hansen), 빈 국회의사당(Parlement, Wien), 1873~83
439 프리드리히 폰 슈미트(Friedrich von Schmidt), 빈 시청사(Rathaus, Wien), 1872~83

을 직설적으로 복사했다. 빈 신대학교는 매너리즘, 팔라초 양식, 바로크 등 초기 근대 양식의 공통점을 찾아 혼용했다.

젬퍼와 3세대의 가능성과 한계

3세대는 절충주의를 기반으로 한 논의를 확장하는 특징을 보였다. 탄생 연도를 기준으로 했을 때 2세대와는 20여 년, 전환기 세대와는 10여 년의 시차밖에 나지 않았다. 그러나 내용 면에서 건축적 차이는 상대적으로 더 컸다. 당시는 유럽 건축 전반이 급박하게 변화하던 시기이기도 했으며 신고전주의의 성립이 늦은 독일에서는 특히 더 그러했다. 시차를 만회해야 한다는 압박감 같은 것이 독일 건축가들 사이에 퍼져 있었다. 유럽 전체의 보편적 진행 상황을 따라잡아 보조를 맞추어야 한다는 압박감이었다. 이 때문에 19세기 독일 신고전주의는 프랑스나 영국보다 많은 수의 건축가들이 등장해서 10년을 주기로 세대를 바꿔가며 촘촘한 진행 상황을 보였다.

3세대의 노력은 성공을 거두었다. 유럽 전역의 절충주의가 1820년대부터 모습을 드러내서 1840년을 기점으로 활성화되었는데 독일의 절충주의도 큰 시차 없이 이 흐름을 따라잡았다. 독일 절충주의는 1830년대 시작해서 1840년대의 정착기를 거친 뒤 1870년대에 절정에 이르렀는데, 이러한 진행 속도는 프랑스와 영국의 절충주의에 뒤지지 않는 것이었다. 19세기 절충주의가 예술적으로 의미가 있느냐 하는 문제와는 별도로 시차를 지우는 것도 당시 독일 건축에는 중요한 문제였다. 로마–중세 기독교–초기 근대기–18세기의 긴 건축 역사에서 독일은 로마네스크를 제외하곤 남유럽과 서유럽의 흐름에 뒤처져 있었다. 이것을 19세기 절충주의에서 비로소 따라잡은 것이다.

젬퍼의 건축 이력은 독일 3세대 신고전주의를 대표했다. 길리 부자가 대표하는 1세대는 독일에 뒤늦게 신고전주의를 성립시킴과 동시에 독일다운 정체성을 처음 깨우치는 기여를 했다. 싱켈과 클렌체의 2세대는 독일다운 정체성을 확립하며 신고전주의를 완성했다. 그러나 두 건축가는 프로이센과 바이에른의 지역 전통 정서에 함몰된 상태에 머문 한계를 보였다. 둘을 하나로 합친 통일 이상을 실현하는 데까지 나아가지는 못했다. 민족 전통의 지역성과 신건축운동의 새로운 보편성을 하나로 합쳐내야 하는 시대 의무와도 거리가 있었다.

젬퍼 세대에서는 이전 세대를 둘러싸던 여러 종류의 쌍개념 갈등에서 훨씬 자유로워진 발전 양상을 보였다. 이들이 활동한 시기는 시대적으로도 통일 움직임이 본격적으로 나타나며 구체적 열매를 맺어가던 때다. 적어도 이들에게 독일을 프로이센과 바이에른의 이분법으로 나누는 일은 더는 유효하지 않았다. 젬퍼가 보여준 보편적 유럽인 상은 이렇게 통일된 독일 의식의 산물이었다. 오랜 역사 동안 유럽 내에서 호전적 민족, 침략자, 미개 문명, 이단아 등으로 이방인 취급을 받던 독일 민족이 최초로 국제적 보편성을 획득하고 유럽 전역을 무대로 문화 예술 활동을 벌이기 시작한 세대로 볼 수 있다. 프랑스나 영국의 영향이 여전히 남아 있긴 했지만 그것은 유럽다운 보편성을 이루는 하부 요소 가운데 하나였을 뿐, 앞 세대에 끼친 것 같은 큰 영향은 사라졌다.

새로운 기술 발전과도 보조를 맞추었다. 독일은 영국보다 산업혁명이 50년 가까이 늦었기 때문에 신건축운동의 정착도 뒤처져 있었다. 2세대에게는 이 문제가 또다른 압박 요인이었다. 독일다운 국가 양식을 창출해야 하는 의무에 더해 이것과 완전히 다른 또 하나의 의무를 짊어졌다. 싱켈이 이 문제를 일정 부분 다루기는 했지만 동시대 프랑스나 영국보다는 완성도가 많이 떨어졌다. 그러나 젬퍼 시대에 오면 오히려 이 문제에서 앞장서며 이론 연구를 통해 향후 유럽 전역과 미국의 모더니즘 건축에 결정적 영향을 끼치는 단계로 발전했다.

퇴보 현상도 있었다. 작품의 완성도는 앞 세대보다 현저하게 떨어졌다. 독일다운 정체성을 찾아야 한다는 의무감이나 압박감에서 벗어나면서 유럽의 보편적 진행 상황과 보조를 맞추게 되었지만 정작 작품은 통일성을 상실하고 산만함을 보였다. 싱켈과 클렌체의 그늘이 큰 탓이기도 했지만 더 크게 보면 동시대 유럽 전역의 일반적 상황이기도 했다. 19세기 후반부로 접어들면서 유럽 건축에서는 이전까지의 순도 높은 작품성 경쟁이 사라졌다. 신건축운동이 세력을 넓혀가면서 이에 대한 대안으로 중세주의와 기독교사회주의가 대치하는 형국이 되었다. 전체 구도가 생산성이나 도덕성과 같이 완전히 다른 패러다임으로 넘어간 것이다.

역사주의 내에서는 부동산 투기를 끼고 잡다한 절충주의 양식의 무분별한 복사 행위가 난무했다. 젬퍼가 자신의 이론에서 보여준 수준과 집중성에 훨씬 못 미치는 절충주의 건물을 양산한 것도 이런 현상의 일환이다. 통일 독일을 이루며 국내 상황은 건축가들에게 유리하게 전개되었지만 이것을 둘러싼 더 큰 환경인 유럽 전체의 상황이 나빠진 것이다. 국가 양식을 창출해야 한다는 의무감을 바탕으로 프로이센과 바이에른의 지역성에 갇혀 있던 싱켈과 클렌체의 2세대 상황이 순도 높은 작품을 창출하기에는 더 유리한 환경이었을 수 있다.

젬퍼, 바그너, 오페라하우스 개혁

젬퍼의 작품은 르네상스 리바이벌, 로마 고전주의, 네오 바로크, 제국 양식 등을 혼용한 절충주의 경향을 보였다. 드레스덴의 작센 국립 오페라하우스는 르네상스 리바이벌과 로마 고전주의를 혼용했다(그림 430). 반원형 벽기둥과 아치가 세트를 이룬 입면 분할과 강한 수평선을 이용한 안정적 구성은 르네상스 리바이벌의 대표적 특징이었다. 수직 층 쌓기를 통한 입면의 복층 구성은 콜로세움을 선례로 삼은 로마 고전주의였다. 새로 지은 신오페라하우스는 첫번째 건물을 기본 모티프로 삼았지만 혹두기 기단, 쌍기둥, 나선형 기둥, 개선 아치 모티프, 늘어난 장식과 강해진 음영 등의 특징을 보여 네오 바로크에 근접했다. 네오 바로크는 빈에 세워진 작품에서 완성되었다. 빈 국립극장은 드레스덴 모티프에 거대 기둥을 첨가하면서 바로크 효과를 높였다. 예술사박물관과 자연사박물관은 서로 마주보는 쌍둥이 건물이었다. 두 박물관은 각국의 주요 대도시에 세워지던 대법원 양식과 유사하게 처리했다. 당시 기승을 부리던 전형적인 제국주의 양식이었다.

이론 연구 이외에 실제 지어진 건물을 통해 젬퍼가 남긴 가장 중요한 기여는 오페라하우스 개혁이었다. 이 운동은 바그너와 손을 잡고 진행했다. 젬퍼는 바그너의 개혁에 호응하는 건축 파트너였다. 19세기에 들어와 유럽의 오페라하우스는 전통적인 이탈리아 바로크 양식과 새롭게 등장한 바그너 양식으로 양분되었다. 이탈리아 양식은 부르주아가 자신들의 계급 위상을 표현하기 위한 사회 정치적 목적으로 차용하면서 크게 융성했다. 이런 요구는 제1차 세계대전 직전까지 이어졌다.

이탈리아 양식은 바로크 때 교황청과 귀족 등의 축제용 건물을 짓는 데 이용된 것이었기 때문에 무대와 객석의 화려한 디자인에 중점을 두었다. 객석은 말발굽 평면으로 바뀌었고 입면에서는 여러 층을 겹쳤다. 무대는 객석에 비해 폭과 깊이 모두가 지나치게 컸다. 이런 구성은 잔향 시간과 관객의 시선 처리에 매우 불리했다. 오페라 자체의 예술성보다는 관객들의 축제 행위에 더 중점을 둔 결과였다.

이런 특징은 19세기 부르주아들이 찾던 자신들의 대표 양식과 잘 맞았다. 이들은 오페라하우스를 공연 예술 공간이라는 기본 기능 이외에 부르주아들의 정체성을 확립하는 사교장으로 정의했다. 화려한 이탈리아 바로크 양식은 여기에 잘 맞았다. 말발굽 형태를 여러 층으로 중첩한 객석과 크고 화려한 무대가 부활했다. 이외에 부르주아들의 사교와 연회를 위해 로비와 계단 면적을 되도록 늘렸다. 가르니에의 파리 오페라하우스는 이것을 대표하는 예였고 이외에도 유럽, 미국, 러시아 등의 여러 도시에는 수없이 많은 이탈리아 양식의 오페라하우스들이 생겨났다.

이에 반대해서 오페라의 순수예술적 측면을 강조하려는 개혁운동이 일어났다. 바그너가 이 운동을 이끌었다. 바그너는 음향과 시선 사이의 통합적 상승효과를 최우선으로 꼽았다. 그리하여 이탈리아 바로크 양식 대신 더 전통적인 로마 시대 유형을 부활했다. 말발굽 형태의 객석 평면과 여러 층의 객석 입면은 잔향 시간과 무대를 바라보는 시선 모두에 불리했다. 이를 피하기 위해 로마 시대의 반원형 평면으로 돌아갔고 수직 중첩되는 층수도 줄였다(그림 440, 441). 무대도 적절한 잔향 시간과 시선의 집중도를 확보하기 위해 규모를 줄였다. 화려한 장식에 수반되던 직물류의 실내 마감 재료가 흡음성이 높아서 잔향 시간이 짧아졌기 때문에 경성 재료로 교체했다. 객석에 더해진 잡다한 장식은 음을 난반사시켰기 때문에 되도록 없애서 최소화했다.

로비와 계단 면적은 꼭 필요한 만큼 유지한 채 최소화하는 대신 남는 면적은 분장실, 연습실, 소품실, 창고 등 공연을 지원하는 시설들로 대체했다. 기능적인 이유에서 시작한 처리였지만 결과적으로 단순하고 간결하게 정리된 검소한 양식으로 귀결되면서 바그너와 젬퍼가 내

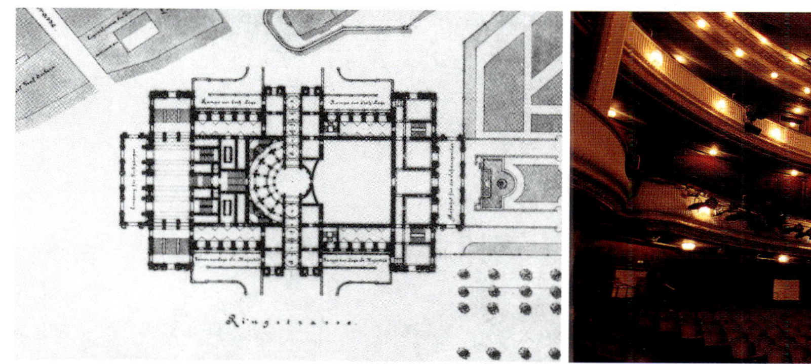

건 개혁 이미지에 잘 들어맞았다. 두 사람은 오랜 친구이자 1849년의 혁명 동지로서 개혁을 기치로 내걸었다. 오페라하우스 개혁은 두 사람의 공통 관심사였고 젬퍼의 건물은 바그너의 영향을 강하게 받았다.

바그너와 젬퍼가 공식적으로 협업을 시작한 것은 1864년이다. 바그너는 이해에 루트비히 1세에게 뮌헨에 지을 오페라하우스의 총관리를 맡아 달라는 부탁을 받았고 건축가로 젬퍼를 지명했다. 리하르트바그너축제극장Richard-Wagner-Festspielhau, 1864~66이라 명명한 이 오페라하우스에서 젬퍼는 바그너의 개혁 강령을 충실히 지켰다. 객석 평면은 반원보다도 훨씬 작아진 4분의 1원으로 잡았고 수직으로는 세 층만 중첩시켰다. 무대 폭은 객석에 맞춰 좁게 했고 깊이도 줄여서 시선의 집중도를 최대로 높였다(그림 442). 그러나 이 건물은 완성되지 못했다. 젬퍼는 바그너와 오랜 친구였기 때문에 이 건물보다 먼저 지어진 드레스덴의 작센 국립 오페라하우스에서 바그너의 개혁을 반영하며 당시 유행하던

440 고트프리트 젬퍼(Gottfried Semper), 빈 왕립극장(Burgtheater, Wien), 1874~88

441 고트프리트 젬퍼(Gottfried Semper), 빈 왕립극장(Burgtheater, Wien), 1874~88

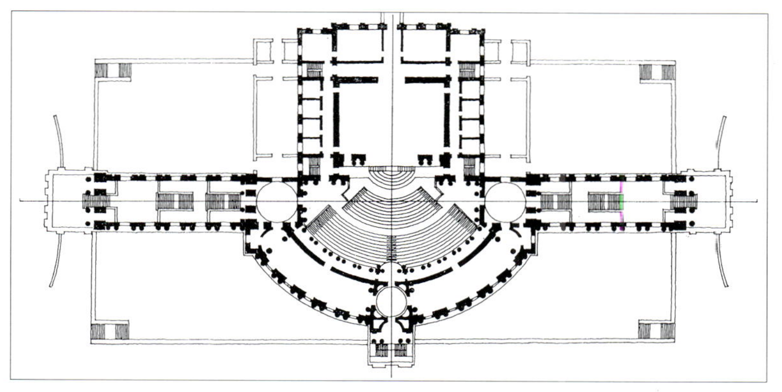

442 고트프리트 젬퍼(Gottfried Semper), 리하르트바그너축제극장(Richard-Wagner-Festspielhau), 뮌헨(München), 독일, 1864~66

이탈리아 바로크 양식을 좇지 않는 용기를 보였다. 첫번째 오페라하우스가 불탄 뒤 다시 지어진 신오페라하우스에서는 이탈리아 바로크 양식으로 잠시 기울었으나 말년 작품인 빈 왕립극장에서는 다시 바그너의 새 유형으로 돌아갔다.

16장 부르주아 양식, 오스망 파리, 가르니에

1 부르주아 양식

2 만국박람회(1)

3 아케이드

4 오스망과 가르니에

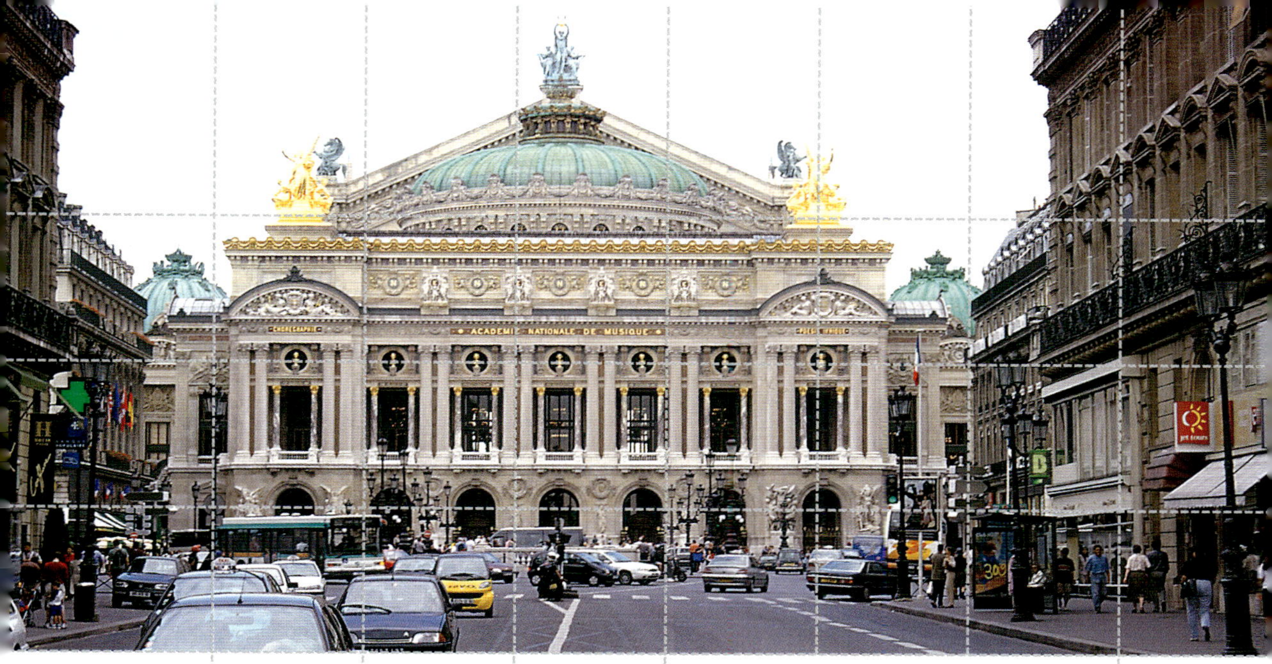

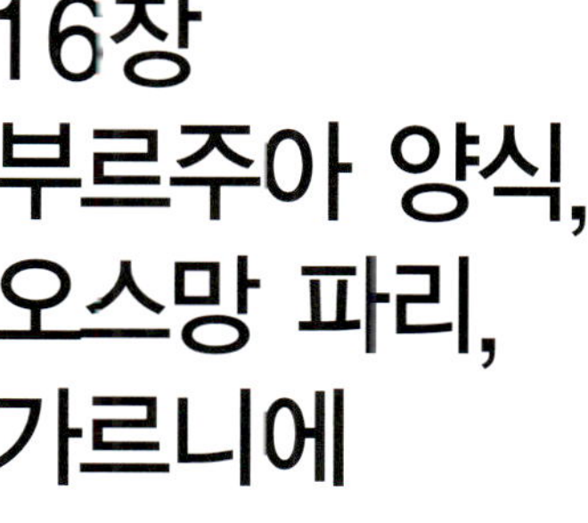

1 부르주아 양식

부르주아 양식-계급 정체성과 '생산-소비' 공간

19세기 부르주아는 산업 활동과 자본주의를 현장 일선에서 가장 직접적으로 운용하여 부를 축적한 계층이다. 산업자본주의, 금융자본주의, 상업자본주의의 3대 축이 자리잡으면서 부르주아들은 많은 부를 축적했고 그것을 지켜줄 사회적 안전망을 확보했다. 생산에서 소비에 이르는 자본주의의 순환 구도를 완성해서 안정적으로 운영할 수 있는 경제적 시스템을 갖추었다. 이들은 산업의 근거지인 도시에 살면서 귀족과 노동자 사이의 중간 계층으로서 중산층을 형성했다. 이들은 산업 자본주, 금융 자본주, 전문 경영자, 행정 관료, 전문직 종사자, 가게 소유주 등으로 구성되었다. 이들의 정체성은 절대적으로 부에 의존했다. 축적된 부를 바탕으로 일부는 귀족 계층으로 진입하는 데 성공하기도 했지만 대부분은 부의 축적으로 만족해야 했다.

그러나 정치적 의미의 중산층이라는 개념과 달리 이들은 막강한 경제력을 무기로 정치 전반을 좌우하며 가장 강력한 권력 계층으로 떠올랐다. 부는 경제적으로 풍족하고 안정된 생활을 가져다 주기는 했지만 이것만으로는 부족해서 이들은 두 가지 근본적인 문제점을 안고 있었다. 하나는 노동자 계층과의 마찰과 사회주의의 위협이었다. 이를 위해 부를 지켜줄 수 있는 정치권력이 필요했다. 다른 하나는 계급의 정체성이었다. 산업혁명 이후 자본주의가 확립되면서 과거 그 어느 때보다 경제력이 중요해졌다. 19세기 경제력은 생산과 금융을 기초로 한 자본력이었다. 국력도 부르주아의 자본력의 총합이었다. 이것을 현장에서 책임지면서 손에 많은 부를 쥐고 있는 부르주아들은 이에 걸맞은 자신들만의 계급 정체성을 가지고 싶어했다.

이처럼 19세기 부르주아들은 귀족과 노동자 사이에 낀 중간 계층으로서 자신들만의 사회적 안정망을 확보하는 일이 시급했다. 귀족을 능가하거나 귀족과 맞먹지는 못했지만 새롭게 형성된 계급으로서 자신들만의 종합적 위상을 갖추고 싶어했다. 종합적 위상이란 경제적 풍요를 중심으로 이에 걸맞은 정치력, 문화적 이미지, 직업 정신, 자립심, 가족관, 사회의식, 국가관, 세계관 등 포괄적 내용을 담고 있었다. 건축은 이 가운데 중요한 위치를 차지했다. 종합적 위상을 구성하는 요소들은 개인적인 것과 집단적인 것으로 나눌 수 있는데 건축은 이 둘 모두를 밖으로 드러내는 데 가장 유용한 매개였다. 이를 위해 부르주아들은 자신들만의 건축을 창출했다. 부르주아 양식이라 명명할 수 있는 이런 현상의 대표적인 내용은 다음의 네 가지로 요약할 수 있다.

첫째는 개인적 요소를 표현하려는 경향이었다. 개별 주택을 통해 자신들의 투철한 직업 정신과 강한 자립심을 표현하는 경향이 대표적 내용이었다. 부르주아의 직업 활동은 가족 혹은 가정을 기반으로 사회로 확산되었기 때문에 주택은 부르주아의 계급 정체성의 핵이자 출발점으로서 특히 중요했다. 주택을 견고하고 튼튼하게 지어 '개개인의 성실한 직업 활동—안정적 가정—사회적 기반'으로 이어지는 부르주아 계급의 경제 도덕 논리를 표현하고자 했다(그림 443). 또한 외관을 화려하게 장식해서 자신들의 물질적 풍요와 경제력을 과시하고자 했다.

둘째는 집단적 요소를 표현하는 경향이었다. 도시에 지어지는 대형 공공건물을 통해 자신들의 정치적 위상을 집단적으로 표현했다. 부르주아는 자신들만을 위한 별도의 공공건물을 짓기도 했고 국가 공공건물을 짓는 비용을 대기도 하는 등 19세기 대도시에 지어지는 각종 공

443 에드워드 윌리엄 고드윈(Edward William Godwin), 첼시 화이트 하우스(White House, Chelsea), 런던, 1877. 이 안은 장식이 부족하다는 이유로 시 건설국에서 건축 허가를 거절했다.

444 파리 오페라하우스에 모여든 부르주아들

공건물들의 주역으로 부상했다. 이 과정에서 제국주의 정치체제와 일정한 연합을 이루었다. 프랑스는 이런 현상이 가장 두드러진 나라였다. 나폴레옹 3세는 여러 계층을 포괄하는 통합 정책을 폈지만 궁극적으로 가장 많은 혜택을 입은 계층은 부르주아들이었다. 이들은 그에 대한 보답으로 많은 사업을 벌인 나폴레옹 3세를 재정적으로 지원함으로써 정치적 입지도 다졌다. 건물은 이에 걸맞게 크고 화려하며 기념비다운 위용을 갖추었다.

셋째는 이런 일련의 건축 행위를 통해 부르주아들은 자신들을 대표할 건축양식을 갖게 되었다. 이들이 채택한 것은 역사주의 양식이었다. 18세기부터 일부 부르주아들은 개혁운동의 일원으로 활동하는 등 진보적 성향을 보여주기는 했지만 이들은 소수였다. 부르주아들은 대부분 자신들의 부를 지키기 위해 지배 계층과 연합하면서 정치적으로는 보수적 성향을 띠었다. 역사주의 양식은 이에 가장 잘 들어맞는 대표 양식이었다. 역사 양식이 갖는 전통의 권위와 기념비적 상징성은 이들의 요구를 잘 만족시켜 주었다. 프랑스에서는 네오 바로크라는 구체적 양식으로 귀결되었다. 아래에서 살펴볼 파리 오페라하우스는 이것을 대표하는 예였다(그림 444).

넷째는 부르주아의 경제적 기반인 자본주의를 지탱하는 두 축인 생

445 1861년 영국 사우스 켄싱턴(South Kensington)에서 열린 만국박람회 주 전시관 외관 전경

산과 소비를 직접 담당하는 기능 유형이었다. 생산을 담당한 건축물에는 공장과 창고 등 상식적 차원의 유형 이외에 만국박람회의 전시관이 있었다. 이 건물은 각국이 새로 생산한 각종 물건을 한곳에 모아놓고 자랑하며 경쟁하는 장이었다(그림 445). 소비를 담당한 건축물에는 아케이드와 백화점 등이 있었다. 이 건물들은 물건을 직접 판매하는 소비 공간이었다. 이상의 기능 유형들은 이전에는 없던 것들로서 산업혁명 이후 자본주의가 자리잡으면서 부르주아들에 의해 새롭게 창출되었다.

벤야민과 아케이드 프로젝트

생산과 소비를 담당한 새로운 기능 유형에 대한 평가는 양면성을 띠었다. 이 건물들은 롱 스팬, 높은 조도와 밝은 실내, 위생적 이미지 등 이전과 다른 건축적 조건을 필요로 하면서 19세기 건축의 기술적 발전을 이끌었다. 특히 철물과 유리를 중심으로 한 신건축운동의 발전에 절대적 영향을 끼쳤다. 자본력을 갖춘 부르주아 계층의 이익과 직접 관련된 건물들이었기 때문에 이들이 개입하면서 즉각 구체적 결과를 내놓는 등 발전 속도도 빨랐다. 이런 긍정적 평가는 순수 기술적, 건축적 측면과 관련한 것이었다.

반면 사회적으로나 이데올로기적으로는 반대의 평가도 있었다. 부르주아의 수탈구조를 공고히 해주는 자본주의의 첨병이자 경제적 불평등을 대표하는 공간이라는 비판이었다. 발터 벤야민Walter Benjamin, 1892~1940은 이런 비판을 대표하는 사상가였다. 그가 비판의 근거로 제시한 개념은 '물신숭배'였다. 자본주의는 필요 이상으로 생산하고 다시 이것을 소비해야 유지되는 체제인데 이런 과생산과 과소비를 절대 선으로 믿게 만드는 것이 인간의 물적 욕망인 물신숭배라는 논리였다.

벤야민은 자본주의의 물신숭배를 부추기는 건물로 생산과 소비를 담당하는 대표 유형인 만국박람회와 아케이드를 들었다. 벤야민은 자신의 주장을 『아케이드 프로젝트*Das Passagen-Werk*』미완성 유고라는 책으로 집대성했다. 이 책은 벤야민이 파리를 중심으로 유럽의 대도시에 새롭게 등장하기 시작하던 아케이드라는 소비 공간을 직접 방문해서 체험한 비판적 기록을 모은 것이었다. 더 포괄적으로 보았을 때 그는 19세기 도시 구조에 나타난 권력지향적 속성에 대판 비판을 자신의 중요한 연구 내용으로 삼았다. 예를 들어 오스망의 파리 개발이 대표하는 넓은 일직선대로가 실은 노동자들의 파업 시위를 진압하기에 유리하기 때문에 나온 것이라는 지적을 처음 한 것도 벤야민이었다. 혹은 루이 필리프Louis Philippe 시대의 과도한 실내장식은 도시의 외부 공공 공간에 자신들을 드러내는 것이 두려운 지배 계층이 예술품을 독점하며 그 속에 안주하려는 것이라고 비판했다.

그의 비판적 고민은 이런 권력 지향적 속성이 예술을 예술 외적 요소에 종속시킴으로써 질적, 도덕적 저하를 가져올 뿐 아니라 궁극적으로 가진 자의 침탈과 지배를 돕는 수단으로 악용된다는 것이었다. 산업자본주의로 무장한 19세기의 도시는 이전과 비교도 안 될 정도로 문화 예술 전반에 절대적 영향을 끼쳤다. 따라서 도시 상황에 대한 비판적 이해가 결여되면 예술은 자본과 정치권력에 종속되어 고유한 자생력과 생명력을 잃을 것이었다. 만국박람회와 아케이드는 이런 포괄적 비판을 자본주의 건축양식에 적용한 예였다. 두 공간 모두 화려한 장식과 자극적 이미지로 포장하여 자본주의의 왜곡된 생산과 소비 구조를 감추고 사람들을 끊임없이 생산하고 더 많이 소비하는 중독자로 만든다는 것이었다. 그는 이런 비판을 철물 건축이라는 구체적 한 가지 건축 매개를 중심으로 풀어간 점에서 건축적으로도 많은 영향을 끼쳤다.

물신숭배에 대한 벤야민의 비판은 기술 복제 시대의 문화 예술 현상에 대한 고찰로 확장되었다. 그는 기술 복제 시대에 예술 작품에서 신비한 분위기aura가 지워지는 현상을 찾아냈다. 그는 예술 작품이 무한대로 복제되면서 고급 예술이 더는 전통적인 위치를 누리지 못할 것으로 예측했다. 그는 이런 상황을 아쉬워하며 비판적 입장을 견지하면서도 다른 한편으로는 이런 상황에서 미디어 시대의 새로운 가능성을 발견하였다. 현실 세계의 문맥적 상황에 더 충실한 퍼포먼스performance 개념이 예술에 강하게 반영될 것이라고 보았다.

이상의 내용들은 만국박람회와 아케이드에 잘 나타났다. 두 공간 모두 철물이라는 신재료를 주요 매개로 삼아 탄생했다. 그는 만국박람회를 과거의 기독교나 절대왕정의 자리에 기계 · 물질문명이 들어와 새롭게 건설한 위대한 도시라며 비판했다. 아케이드는 푸리에의 이상 도시인 '팔랑스테르Phalanstere'에 비유했다. 푸리에는 도덕이 지배하는 이상 도시를 제시하며 여기에 팔랑스테르라는 이름을 붙였다. 벤야민은 도덕률은 위장술일 뿐, 팔랑스테르를 지탱하는 기둥은 기계력에 의한 생산 증대에 있다고 파악했다. 이런 비판적 내용과 별도로 만국박람회와 아케이드에는 벤야민이 파악한 퍼포먼스 개념이 강하게 나타난 것도 사실이었다. 이것은 상품을 자랑하고 더 많이 팔기 위한 소망 이미지wish image를 포장해내는 전시 기술의 형태로 건축 공간에 스며들었다.

2 만국박람회(1)

생산, 전시, 산업자본주의

만국박람회World Exhibition 혹은 International Exposition의 기원은 고대 문명까지 거슬러 올라간다. 시작은 승전 기념행사와 예술품 전시였다. 승전을 기념하여 전쟁 기록, 무기, 전리품 등을 전시한 것이 기원이었다. 그리스 스토아에서는 예술품 전시가 열렸다. 기독교 문명에서는 성물 등 유물 전시가 주를 이루었다. 유적 발굴이 활기를 띤 르네상스 때는 전시물에 역사 유물을 더했다. 16세기에는 예술품 전시에 경매 개념을 더했다. 이상을 종합할 때 만국박람회는 각국의 역사 정리 및 전시, 국력의 대외적 과시, 새로운 창작물의 전시, 매매의 상업 행위 등의 네 가지 기본 개념에서 비롯됐음을 알 수 있다.

산업혁명이 시작된 18세기 중반부터 '산업' 개념이 더해졌다. 교통수단의 발달과 지리적 확장에 따라 이것이 국제적 행사가 되면서 '만국' 개념도 정착되었다. 새로운 기능 유형이 등장하면서 전시 내용도 전문화, 세분화되었다. 승전 기록은 박물관으로, 기독교 유물 전시는 교회로, 예술품 전시는 미술관으로, 미술품 경매는 아카데미나 사교 클럽으로 각각 넘어갔다. 박람회는 산업 생산물 전용으로 바뀌었다. 산업 생산물을 매개로 삼아 기존의 네 가지 기본 개념을 강화하는 방향으로 발전했다. 만국박람회는 산업박람회가 되었다.

산업 생산물로 전시물이 바뀌면서 박람회의 규모는 대폭 커지고 성격도 복합적이 되었다. 이러한 변화를 이끈 것은 제국과 부르주아였다. 국제적으로는 제국 간의 경쟁이 치열해지면서 산업화된 새로운 국력을 과시하는 장이 되었다. 부르주아는 만국 산업박람회를 통해 자신들이 이끄는 신문명을 과시함과 동시에 궁극적으로는 산업 생산을 장려하는 계기로 삼고자 했다.

산업 생산물에는 기계류 같은 공산품 이외에 기계 공예로 만든 산업디자인 등 실용 예술품도 중요한 자리를 차지했다. 박람회장은 부르주

446 1861년 영국 사우스 켄싱턴(South Kensington)에서 열린 만국박람회 주 전시관 내부 전경
447 1851년 런던 대박람회 수정궁(Crystal Palace) 내부 전시 전경

아들이 자랑스럽게 여기는 온갖 화려한 생산품으로 가득 채워졌다. 과학 발명품, 농산물, 전통적 장르의 순수예술품 등도 함께 전시되었다(그림 446, 447). 식민지 침탈이 본격화되면서 식민지에서 약탈해 온 토산품은 국력을 자랑하는 또다른 증거물로 전시되었다. 박람회의 성격도 앞의 네 가지 기본 개념에 기계문명의 정당성을 홍보하는 교육 기능, 기계 유토피아를 제시하는 미래학 기능, 산업자본주의의 생산 논리를 전파하는 도덕 기능이 가미되었다. 이 시기에는 부르주아들의 산업 · 기계문명과 물신숭배가 중세의 기독교 열정을 능가할 정도로 무한대로 커져가던 때였다. 이것을 구체적으로 구현하는 장인 만국박람회는 철의 성당iron cathedral이라 불리며 신앙의 대상으로 승격되었다.

최초의 근대적 만국박람회는 1756년 런던에서 영국 예술가 협회Society of Arts 주관으로 열렸다. 이후 제노바1788, 제네바1789, 함부르크1790, 프라하1791, 파리1797~98 등이 뒤를 이었다. 1797년 파리 만국박람회에서는 근대적 의미의 산업박람회의 면모가 완성된 상태로 나타났다. 프랑스 내무성은 "산업 생산업자들 사이의 경쟁을 도모하는 것이 본 박람회의 목적"이라고 밝혔고 110곳의 공장에서 출품한 공산품이 진열되었다. 생산 경쟁을 이끌기 위해 수상 제도가 마련되었으며 상업성을 살리기 위해 복권도 도입되었다.

산업혁명이 일정한 궤도에 오르고 제국 경쟁이 치열해진 19세기는 만국박람회의 전성기였다. 19세기 만국박람회는 그 자체가 산업 발전의 역사적 기록으로서 시대적 의미를 가질 뿐 아니라 건축적으로도 주요 작품의 산실이었다. 주요 만국박람회는 19세기를 대표하는 주요 건축물들을 남겼다. 산업혁명의 발상지인 영국은 오랜 준비 끝에 수십 년 산업화의 결실을 1851년 런던 만국박람회에서 선보였다. 당시 영국 대통령 프린스 앨버트Prince Albert는 사회, 산업, 인간을 기치로 내걸고 빅토리아 영국의 위상을 과시하는 장으로 박람회를 활용했다. 이 박람회에서는 수정궁Crystal Palace이라는 유리 온실 건물이 탄생했다(그림 448). 이 박람회는 '대박람회Great Exhibition'라는 별명을 얻을 정도로 규모와 화려함을 자랑했다. 이 박람회를 본 대륙의 열강들은 큰 충격을 받았으며, 이후 산업제국주의의 길로 들어서는 계기가 되었다.

런던과 경쟁하던 파리는 이에 뒤질세라 1855년 파리 만국박람회와 1867년 파리 만국박람회를 연달아 개최했다. 1855년 박람회는 생시몽의 영향을 받아 산업 생산물 자체의 전시보다는 산업·기계문명이 가져다줄 이상향을 제시하면서 사회적 성격을 많이 드러냈다. 주 전시관은 수정궁의 영향을 받아 유리 온실로 지었다. 이 유형은 이후 만국박람회 전시관의 표준 양식으로 굳어졌다. 1867년 박람회에서는 에펠이 등장해서 타원 모양의 유리 건물을 지었다. 1873년에는 빈에서, 1876년에는 미국 필라델피아에서 만국박람회가 각각 열리면서 말 그대로 국제적 행사가 되었다.

이후 주도권은 다시 파리로 넘어갔다. 파리는 19세기 후반부 복잡한

448 조지프 팩스턴(Joseph Paxton), 수정궁(Crystal Palace), 1851년 런던 대박람회

449 1889년 파리 만국박람회 전경

정치 상황을 극복할 목적으로 1878년과 1889년에 연달아 박람회를 개최했다. 1878년 파리 만국박람회에서는 에펠이 신건축운동의 성숙한 디자인을 선보였다. 프랑스대혁명 100주년을 기념한 1889년 파리 만국박람회에서는 드디어 에펠탑Tour Eiffel을 남기며 신건축운동에 큰 획을 그었다(그림 449). 이 전시회에서는 이외에도 뒤테르와 콩타맹의 합작품인 기계관Galerie des Machines이라는 또다른 철골 걸작이 탄생했다. 두 건물은 이 박람회에 1851년 런던 대박람회를 능가하는 명성을 안겨주었을 뿐 아니라 신건축운동의 첫 승리를 의미하는 상징성을 확보했다.

부르주아 양식과 신건축운동

이에 초조해진 보수 진영은 대반격을 시작했다. 이들은 굳게 뭉쳐 이후의 주요 박람회를 역사주의가 부활하는 장으로 만들었다. 1893년 시카고 콜럼버스 만국박람회World's Columbian Exposition in Chicago에서는 화려한 장식을 동반한 역사 절충주의가 전시장 전체를 뒤덮었다. 이 전시회는 모더니즘 진입기에 여러 중요한 역할을 하기는 했지만 건축양식은 퇴보한 역사주의가 지배했다. 이런 현상은 1900년 파리 만국박람회로 이어졌다. 이 박람회는 그랑 궁Grand Palais과 프티 궁Petit Palais의 두 대표작을 남겼는데 두 건물 모두 철골 뼈대와 역사 외피를 혼합한 양식이었다(그림 450).

450 샤를루이 지로(Charles-Louis Girault), 프티 팔레(Petit Palais), 파리, 1900

만국박람회 전시관은 생산을 담당한 기능 유형으로 부르주아 양식을 대표하는 기능 유형이다. 공장과 창고도 생산 기능을 담당하기는 했지만 실용 건물이어서 양식 차원의 심미 처리를 가하지 않는 것이 보통이었다. 이 때문에 부르주아 양식이 되기에는 부적합했다. 그보다는 부르주아들의 실용 시설로 정의할 수 있다. 그러나 전시관은 새로운 산업 생산품의 전시를 통해 부르주아들이 전 유럽의 만민을 상대로 자신들의 정체성을 과시하는 장으로 부르주아 양식의 대표가 될 수 있었다.

전시관은 극장이나 박물관 같은 문화 예술 기능 유형보다 부르주아 양식으로 처리하기에 더 유리했다. 문화 예술 기능 유형의 부르주아 양식은 네오 바로크를 필두로 역사주의에 한정되었다. 전시관은 여기에 신건축운동을 추가로 가미할 수 있었다. 이에 따라 전시관의 부르주아 양식은 두 가지 대표적 건축 경향을 띠었다. 하나는 역사주의를 기본으로 한 화려한 장식 경향이었다. 이것은 만국박람회의 상업 축제 성격을 부각하는 역할을 했다. 전시관은 임시 건물인 경우가 많았기 때문에 심각한 양식 규범에 얽매이지 않고 자유롭게 장식 처리를 하기에 유리했다. 이것은 전통적 부르주아 양식에 장식 처리를 좀더 가한 것이었다.

451 제데옹 보르디오(Gedeon Bordiau), 벨기에 독립 50주년 기념궁전(Palais du Cinquantenaire), 브뤼셀, 1880

다른 하나는 철물과 유리를 기본 재료로 삼은 신건축운동 양식이었다. 이것은 산업 · 기계문명의 장점과 미덕을 알리는 역할을 했다. 롱 스팬은 넓은 전시 면적과 밝고 위생적인 실내를 제공했다. 이런 실내를 산업 생산품이 가득 채운 장면은 부르주아들이 새로운 시대의 주역이라는 사실을 가장 확실하게 선언하는 증거였다(그림 451). 부르주아들은 신건축운동까지 자신들의 대표 양식으로 가지게 됨으로써 명실 공히 산업자본주의 시대의 대표 주자로 부상했다.

부르주아는 산업혁명을 이끈 주역이었음에도 신건축운동을 자신들의 대표 양식으로 갖는 데는 많은 어려움이 있었다. 제국 양식과 합해지면서 건축양식이나 예술 경향에서는 보수주의 이미지가 강하게 고착된 것이 가장 큰 이유였다. 부르주아 내부에서도 문화 예술 기능 유형을 중심 매개로 삼아 역사주의 양식에 안착하고 싶어하는 이들이 많았다. 프랑스어권에서는 신건축운동이 부분적으로 사회주의 건축운동과 연계되면서 부르주아 양식이 되는 데 어려움이 있었다. 이런 상황에서 부르주아들은 만국박람회를 통해 신건축운동까지 자신들의 대표 양식으로 갖게 되었다.

수정궁과 에펠탑이 그 대표적 예다. 수정궁은 물량 공세가 두드러졌다. 길이는 564미터, 폭은 124미터, 높이는 32.4미터, 면적은 7만 제곱미터=21,212평였다(그림 601). 이런 큰 공간을 온갖 산업 생산품, 화려한 사치품, 식민지 토산품, 순수예술품, 스핑크스 미니어처 등 고대 유적 복사품 등으로 가득 채웠다. 개장 날에는 무려 25만 명의 관람객이 들어왔는데도 실내 공간에 여유가 있었다. 이 건물 하나로 영국은 물론 유럽 전역에 자본주의 경쟁이 가속화되었다. 생산을 기치로 내건 산업자본주의는 물론이고 상업자본주의도 안정권에 접어들었다. 전시관을 가득 채운 화려한 생산품과 사치품은 결국 유산계급의 소비를 부추기는 결과를 낳았고 이것은 상업자본주의의 탄생을 의미했다.

1889년 파리 만국박람회는 전대미문의 건축 기록 경연장이었다. 에펠탑은 310미터의 높이를 드러냈다(그림 449, 602~604). 프랑스에서는 이 건물 하나로 부르주아들이 기계문명을 대표하는 수직 높이, 프랑스대혁명 100주년 기념, 신문명이 대표하는 근대 도시의 새로운 스카이라인 등 다방면의 상징성을 획득하는 데 성공했다. 수정궁이 수평 방향으로의 물량 공세를 통해 산업자본주의의 생산 논리를 대변했다면 에펠탑은 수직 방향으로 이것을 해냈다. 기계관은 롱 스팬으로 세상을 놀라게 했다(그림 605~607). 중간 지지 없는 115미터의 스팬을 선보여 뻥 뚫린 대형공간을 만들어냈다.

3 아케이드

아케이드와 백화점-소비 상업자본주의와 부르주아 양식

만국박람회 전시관이 생산을 중심으로 일부 소비를 함께 담당한 공간이었다면 아케이드arcade는 전적으로 소비를 전담한 공간이었다. 아케이드는 대도시 상업지역 가운데 일정 거리의 가로에 전문 상가를 세운 뒤 천장을 유리로 덮은 건축 형식, 혹은 판매 형식을 지칭했다. 새 건물을 지을 수도 있었고 도심 내 블록 단위 등 기존의 건물을 개조해 활용하기도 했다. 아케이드란 말은 줄지어 늘어선 상가의 출입구가 대부분 아케이드로 처리되었고 천장도 기본 구조를 볼트 형태로 했기 때문에 나온 말이었다. 이외에도 통로라는 뜻의 '파사주passage'나 갤러리라는 명칭으로도 불렸다. 통로는 도심의 이쪽 블록과 저쪽 블록을 이어주는 가로의 성격을 갖는 데서 나온 말이었다. 갤러리화랑는 과거 미술품을 전시하던 기능 유형의 공간 골격과 배치 기법은 유지하되 내용물을 사치품으로 바꿨다는 뜻으로 지은 말이었다.

452 트레일 젤(Thrale Jell), 피커딜리 아케이드(Picadilly Arcade), 런던, 1909~10

아케이드는 상업자본주의의 소비를 담당하는 첨병이었다. 공간적으로는 실내와 실외를 겸한 중간 상태를 유지했다. 가로를 포함한 일정 단위의 블록 전체에 해당되었기 때문에 실외 공간이었지만 가로에 천장을 덮어서 비바람을 막아주는 점에서는 실내 공간의 성격도 가졌다. 이런 성격 때문에 축제 분위기를 조성하며 소비를 부추겼다. 도시 외부 공간의 흥겨움과 가로의 활기를 유지하면서도 실내 같은 아늑함과 차분함이 공존했다. 전자는 쇼핑을 축제 같은 나들이로 만들면서 소비욕을 자극했다. 후자는 쇼핑에 대한 집중도를 높여줄 뿐 아니라 부르주아들만의 영역으로 한정짓는 기능까지 했다(그림 452).

가게는 화려하게 장식하였다. 건축양식은 만국박람회 전시장과 유사하게 역사주의, 장식 경향, 신재료의 세 가지를 혼용했다. 이오니아식 오더, 코린트식 오더, 아치, 볼트, 돔 등 장식성 높은 고전 어휘를 중심으로 역사 양식으로 기본 골격을 짰다. 여기에 그림, 공예, 모자이크, 치장벽토, 조각, 돋을새김 등 장식을 더했다. 천장은 유리로 덮었으며 이것을 받치는 구조 골격은 가늘고 날씬한 철물로 짰다. 이 때문에 천장을 덮었지만 통로는 어둡거나 습하지 않고 밝고 위생적인 분위기를 유지했다. 이런 분위기는 곧 부르주아의 이미지와 직결되었다(그림 473). 만국박람회의 전시관을 압축해서 도심에 옮겨놓은 것과 같은 개념이었다.

철물 구조는 가게 파사드에 함께 쓰이는 경우가 많았다. 주물 뜨기가 쉬운 주철wrought iron을 이용하여 고전 장식 어휘를 만들었다(그림 453). 가게 전시 자체가 장식 기능을 하였다. 쇼윈도에 전시된 화려한 사치품, 디스플레이의 자극적 색채와 조명 등은 건축 어휘나 시각예술을 통한 전통적인 장식 처리보다 더 강한 장식 효과를 나타냈다. 철물로 파사드를 짜면 기둥 간격이 넓어졌는데 이것은 곧 쇼윈도의 면적이 늘어나는 것을 의미했다.

453 바세로(Vasserot), 갈레리에 베로도다(Galerie Vero-Dodat), 파리, 1826

아케이드는 두 가지 면에서 부르주아들의 대표 양식이었다. 하나는 소비욕을 자극해서 구매를 촉진하는 물질적 기능 때문이었다. 이런 기능을 통해 부르주아를 지탱하는 한 축인 상업자본주의를 대표하는 공간이 되었다. 다른 하나는 물건과 물질을 통해 부르주아들의 계급적 정체성을 정의하는 측면 때문이었다. 아케이드는 역사주의, 장식 경향, 신재료 등이 어우러지면서 일차적으로 도시 내에서 이질적인 차별성을 획득했다. 여기에 천장까지 덮으면서 신재료로 부르주아들만의 영토라는 인식을 강하게 내비쳤다(그림 454).

454 주세페 멘고니(Giuseppe Mengoni), 갈레리아 비토리오 에마누엘레(Galleria Vittorio Emanuele), 밀라노(Milano), 이탈리아, 1865~75

아케이드가 처음 등장한 것은 1800~30년으로 이른 편이었다. 근대적 의미의 만국 산업박람회의 시작을 1851년 런던 박람회로 잡기 때문에 이보다 50년 가까이 먼저 나타난 것으로 볼 수 있다. 아케이드는 기존의 도심 가로를 그대로 활용한 것이었기 때문에 발상, 계획, 시공 등 실행의 전 과정이 비교적 쉬웠다. 아케이드가 성공을 거두고 만국 산업박람회가 시작되면서 산업 생산품의 생산과 소비가 급격히 늘었다. 상업

455 조르주 셰단(Georges Chedanne), 라파예트 백화점(Galeries Lafayette), 파리, 1899~1908

자본주의가 본격화되면서 아케이드만으로는 소비를 담당하는 공간이 부족했다. 도심의 블록 단위를 차지한 것에 비해 가게 숫자나 매장 면적이 충분히 않는 등 공간 효율도 좋지 않았다.

이를 극복하기 위한 것이 백화점이다. 백화점은 단일 건물 안에 여러 층에 걸쳐 가게와 매장을 빽빽이 집어넣어 공간 효율을 높여 명실 공히 소비 공간의 대명사가 되었다. 아케이드를 실내 공간에 농축해서 수직으로 중첩한 개념이었다. 백화점에서는 아케이드를 구성했던 역사주의, 장식 경향, 신재료의 세 가지 건축 처리를 동일하게 쓰면서 각각의 건축적 특징을 더 강화했다. 단일 건물로 구성되면서 외관 전체를 총체적 역사 양식 단위로 통일성 높게 처리할 수 있었다. 외관과 실내 모두에서 장식 처리를 할 수 있는 벽체 면적이 늘어나면서 장식을 하기에도 유리했다. 신재료를 이용한 밝고 위생적인 공간 이미지도 강화되었다. 중앙 홀에는 화려하고 장대한 계단을 두고 천장은 유리 돔으로 덮었다(그림 455). 백화점이 등장했어도 아케이드는 계속 지어졌다. 가로를 겸하는 아케이드의 매력은 계속 유효했다. 1850년을 기점으로 부르주아들의 소비 공간은 아케이드와 백화점으로 이원화되면서 전성기에 접어들었다.

파사주 퐁므레와 프렝탕 백화점

소비 공간의 건축적 발전을 이끈 것은 프랑스였다. 파리에서는 이미 18세기 후반부부터 도심 상가지역에 천장을 덮거나 집단화된 실내 매장을 만들려는 시도가 꾸준히 이어졌다. 프랑스는 아케이드는 물론 백화점의 탄생과 발전을 이끌었다. 영국도 이에 근접했지만 백화점은 활성화되지 못하는 등 프랑스에는 조금 못 미쳤다. 이런 차이는 산업 경제와 관련한 예술적 개념의 차이에서 비롯되었다. 영국은 금융자본주의가 발달하면서 상대적으로 소비 상업자본주의에 덜 적극적이었다. 반면 프랑스 국민들은 소비 상업자본주의를 디자인, 패션, 공예품, 미술품 등 예술 산업과 연계하면서 이것을 건축적으로 형식화하기를 좋아했다.

프랑스에서는 파리를 필두로 리옹, 보르도, 낭트 등 각 지역의 경제 중심지에 대표적 아케이드들이 들어섰다. 파리에서는 비요J. Billauld의 갈레리에 콜베르Galerie Colbert, 1826, 들라누아F. J. Delannoy의 갈레리에 비비엔Galerie Vivienne, 1826, 바세로Vasserot의 갈레리에 베로도다Galerie Vero-Dodat, 1826 등을 대표적 예로 들 수 있다(그림 453). 지방 도시들에서는 뱅상 파르주Vincent Farges의 파사주드라르그Passage de l'Argue, 리옹, 1825~28, 가브리엘 뒤랑Gabriel Durand의 갈레리에 보르드레즈Galerie Bordelaise, 보르도, 1831~34, 뷔롱 & 뒤랑고슬랭J.-B. Buron & H. Durand-Gosselin의 파사주 폼므레Passage Pommeraye, 낭트, 1840~43 등을 대표적 예로 들 수 있다(그림 455).

낭트의 파사주 폼므레는 파리의 예들을 능가하는 화려함을 자랑했다. 전체 구성은 일직선 가로와 테라스 구역의 두 부분으로 이루어졌다. 두 구역 모두 세 층으로 처리했다. 일직선 가로에서는 1층을 철물 구조를 이용한 오피스 빌딩의 내민창으로, 2층을 아치형 개구부로, 3층을 도리스식 오더가 구획하는 내민창으로 각각 처리했다. 천장은 삼각 박공 윤곽 위를 유리로 덮었고 가게 하나의 파사드를 기준으로 볼트로 구획했다. 내민창의 기둥 부분과 아치형 개구부의 아키볼트 등에는 화려한 장식을 더했다. 테라스 구역 중앙에는 직사각형으로 긴 중정이 있었고 이것을 돌아가며 2층에 복도용 테라스를 설치했다(그림 456). 중정에는 테라스로 오르는 큰 계단을 두었다. 테라스는 코린트식을 변형한 고전 오더가 받쳤다. 오더를 테라스 위로 돌출시켜 그 뒤에 조각상과 실내 가로등을 얹었다.

영국에서는 아케이드가 대부분 런던에 집중되었다. 존 내시 & 험프리 렙튼Humphry Repton의 로열 오페라 아케이드1816~18, 토머스 큐빗Thomas, Cubitt, 1788~1855의 워번 솔크Woburn Salk, 1822, 트레일 젤Thrale Jell의 피커딜리 아케이드Picadilly Arcade, 1909~10 등이 대표적 예였다(그림 452). 지방 도시에서는 맨체스터의 바턴 아케이드Barton Arcade, 1870~1900와 프랭크 매첨Frank Matcham의 카운티 아케이드County Arcade, Leeds리즈, 1898~1900가 대표적 예였다.

독일과 이탈리아도 중요한 아케이드를 세웠다. 독일에서는 킬만 & 헤이Kyllmann & Heyden의 카이저갈레리에Kaisergalerie, 베를린, 1871~73, 철거와 라이프치히의 마들러 파사게Madler Passage, 1911~13가 대표적 예였다. 이탈리아에서는 주세페 멘고니Giuseppe Mengoni의 갈레리아 비토리오 에마누엘레Galleria Vittorio Emanuele, 밀라노,

456 뷔롱 & 뒤랑고슬랭(J. B. Buron & H. Durand-Gosselin), 파사주 폼므레(Passage Pommeraye), 낭트(Nantes), 프랑스, 1840~43

457 폴 세딜(Paul Sedille), 프렝탕 백화점(Magasins du Printemps), 파리, 1881

1865~75과 에마누엘레 로코Emanuele Rocco의 갈레리아 움베르토 프리모Galleria Umberto I, 나폴리, 1855~90 등이 대표적 예였다(그림 454).

파리는 백화점의 중심지였다. 오스망 파리 개발이 결정적 동기였다. 이때 닦인 대로를 따라 대형 백화점들이 들어섰다. 불바르 오스망Boulevard Haussmann에는 폴 세딜Paul Sedille, 1836~1900의 프렝탕 백화점Magasins du Printemps, 1881, 실내 철거과 조르주 세단Georges Chedanne, 1861~1940의 라파예트 백화점Galeries Lafayette, 1899~1908 등이 세워졌다(그림 455, 457). 세브르 가Rue de Sevres에는 부알로 & 에펠의 봉마르셰 백화점Magasins du Bon Marche, 1872~87이 세워졌다.

이 백화점들은 앞에 언급한 백화점의 전형적 건축 처리를 잘 보여주는 대표적 예들이었다. 선두 주자는 프렝탕 백화점이었다. 장변 88미터, 단변 48미터의 변형 직사각형의 가운데를 뚫어 중앙 홀을 만들고 이 홀을 돌아가며 테라스와 가게를 배열하였다. 전체 층수는 5층이었다(그림 457). 중앙 홀은 라브루스트의 철물 돔을 모방한 대형 유리 돔으로 천장을 덮었다. 테라스의 장변을 1층에서 2층과 3층을 이어주는 대형 계단을 네 곳에 배치했다. 4층에서는 다리가 중앙 홀을 가로질러 테라스의 양변을 연결했다. 돔, 계단, 다리 등 기본 골격은 철물로 짰다. 천장 유리 돔은 스테인드글라스로 장식했다. 외관은 네오 바로크를 기본 모티프로 삼아 장식 처리를 더했다. 고딕 성당이나 성 베드로 성당에 버금가는 화려하고 장대한 대형 공간이 탄생했다. 19세기 산업자본주의를 대표하는 새로운 신전이었다. 프렝탕의 공간 처리는 백화점의 교과서가 되면서 라파예트 백화점도 유사한 구성으로 처리했다(그림 455).

4 오스망과 가르니에

오스망 파리와 부르주아 도시 양식

영국은 산업혁명을 처음 일으켰고 자본주의도 가장 발달한 나라였지만 부르주아들이 건축을 통해 자신들의 계급적 정체성 문제를 가장 심각하게 고민한 나라는 프랑스였다. 오스망의 파리 개발과 가르니에의 파리 오페라하우스는 이것을 잘 보여주는 예다. 조르주 외젠 오스망Georges-Eugene Haussmann, 1809~1891은 센 성 장관Prefet de la Seine을 역임하면서 파리 개발을 이끈 실무 총책임자였다. 이것을 후원한 것은 나폴레옹 3세로 그는 센 성과 오스망을 통해 당시 물가 기준으로 25억 프랑을 파리 재개발에 투자했다. 이외에도 1855년과 1867년 파리 만국박람회를 지원했다. 이것과 별도로 새로운 산업 생산품의 상설 전시장도 개설해 1852년에 전시 물품이 1757종류이던 것이 1870년에는 5434종류로 급증했다. 통합 정책을 편 나폴레옹 3세 시절 혜택을 가장 많이 받은 계층이 부르주아라는 사실을 증명하는 수치들이다.

오스망은 전형적인 프랑스 부르주아 집안에서 태어났다. 그의 가문은 정치적으로 '나폴레옹—루이 필리프—나폴레옹 3세'로 이어지는 왕실과 깊이 연대해 있었다. 오스망은 일찍부터 왕실을 배경 삼아 관직에 진출해서 각 지방을 돌며 나폴레옹 3세의 정권을 공고하게 하는 데 기여했다. 1851년 나폴레옹 3세가 황제에 오른 뒤 프랑스에서는 여러 계층이 자신들의 이익을 챙기기 위해 각자의 요구를 극렬하게 내세우기 시작했다. 새 황제의 가장 중요한 정치적 경제적 기반이었던 부르주아들도 마찬가지였다. 자신들에게 본거지를 제공하고 부동산 투기 이익을 보장해줄 파리 신시가지 개발은 그 대표적인 예였다. 황제 자신도 파리에 구체적 업적을 남기고 싶어했고 1853년 오스망을 불러들여 파리 개발 계획을 맡겼다.

나폴레옹 3세는 오스망에게 세 가지를 요구했다. 제2제국의 위상에 맞는 위엄을 갖출 것, 증가 일로에 들어선 인구와 산업 생산을 뒷받침

458 파리 리볼리 가(Rue de Rivoli), 19세기

할 인프라를 구축할 것, 시위 진압에 용이한 도시 구조를 만들 것 등이었다. 부르주아 계층도 세 가지를 요구했다. 부동산을 바탕으로 한 자산 증식을 보장할 것, 산업자본주의의 근간인 생산 증대를 돕는 도시 구조를 만들 것, 자신들의 계급 정체성을 대표할 건축적 중심지를 만들 것 등이었다. 이 요구를 모두 만족시키는 방안으로 불바르로 통칭되는 쭉 뻗은 넓은 일직선 가로를 골격으로 삼아 네오 바로크를 대표 양식으로 갖는 주거, 공공건물, 상업건물 등을 축조하는 큰 방향이 정해졌다(그림 458).

불바르에는 꼬불꼬불한 좁은 골목이 없었기 때문에 바리케이드만 치면 시위 진압에 매우 용이했다. 또한 상하수도, 전차, 지하철 등 도시 인프라를 깔기에도 적합했다. 물류 이동과 교통 처리에도 용이해서 생산 증대를 도왔다. 이런 가로를 따라 도심형 대형 고급 주거인 상류층들의 호텔이 들어섰다. 앞에 언급한 아케이드와 백화점, 그리고 오피스 빌딩과 은행 등 상업건물들도 세워졌다. 관공서, 대법원, 학교, 병원 등 공공건물들도 세워졌다. 마지막으로 파리 오페라하우스가 세워졌다. 이런 건물들은 대부분 네오 바로크로 처리했다. 근대적 토목 인프라를 갖춘 넓은 불바르와 이것을 따라 프랑스 국가 양식인 네오 바로크의 고급 건물들이 줄지어 서 있는 모습은 제국의 권위를 과시하기에 충분했다.

오스망은 뛰어난 추진력과 능란한 정치력으로 자금난과 정치 역경 등을 이기며 1870년까지 17년 동안 개발을 총지휘했다. 1870년에 상

459 빅토르 발타르(Victor Baltard), 파리 중앙 시장(Halles Centrales), 1845~70, 철거

황이 어려워지면서 해임되었지만 이때는 개발이 대부분 완료된 뒤여서 모든 공은 오스망에게 돌아갔다. 이렇게 개발된 부분은 '오스망 파리'라는 별명으로 불렸다. 파리는 중세 구역, 르네상스 구역, 바로크 구역에 이어 19세기 네오 바로크 구역이 추가되었다. 144킬로미터의 도로, 1억 7800만 제곱미터=5400만 평의 공원, 5664킬로미터의 하수로 등이 건설되었다. 공사가 한창일 때는 파리 노동력의 20퍼센트가 이곳에 투입되었다. 파리의 다른 구시가지에서도 신시가지 개발을 모방하면서 네오 바로크로 개조하거나 새로 짓는 건물들이 늘어났다.

네오 바로크 이외에 신건축 양식도 차용했다. 무엇보다 건물 골격에 철물 구조를 사용하여 철물 생산을 폭발적으로 늘려 1870년을 기점으로 한 제2산업혁명의 기틀을 닦았다. 이것은 부르주아들에게는 부동산 자산의 확보와 함께 가장 확실한 선물이었다. 빅토르 발타르Victor Ealtard, 1805~74의 중앙시장Halles Centrales, 1845~70은 골격뿐 아니라 건물 전체를 철물 구조로 지으면서 오스망 파리에 신건축운동의 상징성을 더했다(그림 459). 이 건물은 파리의 중앙시장으로 농축산물, 일상 용품, 산업 생산품 등이 가장 많이 거래되는 곳이었다. 이 건물의 주인은 당연히 부르주아였고 이것을 신건축운동 양식으로 지어 부르주아들은 이 양식의 주인 자리까지 차지하게 되었다. 만국박람회 전시관, 아케이드, 백화점 등에서 네오 바로크와 신건축운동 모두를 자신들의 대표 양식으로 삼았던 부르주아들은 도시 전체에서도 동일한 승리를 거두었다. 오스망 파리는 건물 차원의 부르주아 양식을 도시 규모로 확장한 예다.

'파괴 예술가', 불바르, 가르니에

오스망 파리에 대해서는 평가가 극단적으로 엇갈렸다. 긍정적으로 보는 사람들은 고도 파리를 최소한의 손상으로 이 정도 개발한 것은 대성공이라고 보았다. 무엇보다도 지하에 토목 인프라를 구축한 것은 근대적 도시 개발의 교과서를 보여준 것으로 평가된다. 저소득층의 비위생적인 불량 주택을 헐고 부르주아의 위생적인 고급 주택을 새로 지은 것은 도시 개선 사업의 모범으로 꼽혔다. 특히 유산계급에게는 더없이 모범적 선례로 받아들여졌다. 파리뿐 아니라 프랑스 내의 리옹, 툴루즈, 아비뇽 등 다른 도시, 나아가 브뤼셀, 로마, 필라델피아 등 외국 도시들에까지 선례가 되었다. 각국의 부르주아들은 도시 개발을 통해 자신들의 경제적 이익과 계급적 정체성을 동시에 보장받을 수 있는 오스망 파리를 적극적으로 모방했다.

부정적 평가는 크게 두 진영에서 나왔다. 하나는 사회주의자들로 이들은 오스망 개발을 파리가 부르주아들에게 점령당했음을 만천하에 알리는 상징적 사건으로 보았다. 다른 하나는 역사주의자 혹은 보존주의자들로 이들은 개발 과정에서 자행된 무자비한 도시 철거를 크게 비난했다. 예술가들 사이에서도 오스망 개발에 대한 평가가 엇갈렸다. 에밀 졸라Emile Zola는 찬성 편을, 빅토르 위고Victor Hugo는 반대편을 각각 대표했다.

오스망 개발은 대단위 철거를 수반한 것이 사실이었다. 개발을 위해서는 그만큼 철거도 필요했다. 오스망은 스스로를 '파괴 예술자'라고 부르며 철거의 불가피성을 역설했지만 아까운 역사적 건물들을 포함해서 수많은 건물들이 철거된 것 또한 사실이었다(그림 460). 리리크 극장Theatre Lyrique과 게트 극장Theatre de la Gaite 등이 이때 헐린 대표적 건물이었다. 많은 고딕 성당들도 헐렸다. 생크리스토프 가Rue Saint-Christophe와 트루아카네트 가Rue des Trois-Canette 등 수없이 많은 오래된 거리도 사라졌다. 오스망 자신의 생가를 포함한 2만 7500채의 주택이 철거되었다. 35만 명이 집을 잃었고 공장과 가게 등 이들의 일터가 사라졌다. 철거에 반대하는 크고 작은 소요가 끊이지 않았으며 이를 진압하는 전쟁 아닌 전쟁으로 파리는 바람 잘 날이 없었다.

이상의 상반된 평가와 별도로 불바르는 보자르의 건축 구성을 도시

460 오스망 파리 재개발 시행 당시 철거 장면

규모로 구현한 예였다. 일직선으로 쭉 뻗은 불바르는 같은 모양의 복도로 구성되는 '효율적 배치distribution' 개념을 도시에 적용한 것이었다. 오페라하우스, 파리 개선문, 마들렌 사원, 생주느비에브 드서관 등 주요 공공건물들을 초점으로 삼은 방사선 구도도 마찬가지였다(그림 461, 462). 이것은 실내 평면에서 '포인트 강조pointe'에 해당하는 구성이었다. 이상의 둘을 합하면 제국 양식의 웅비를 상징하는 '행진marche' 개념이 얻어졌다. 오스망 파리가 보자르 건축 구성 기법에 대응한다는 사실은 그의 개발이 제국 양식을 지향하고 있음을 보여주는 증거였다.

461 오스망 파리 재개발 결과 탄생한 파리 개선문 주변의 방사선 도로

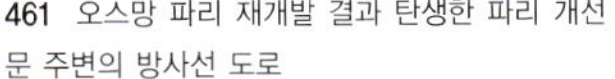

462 샤를 가르니에(Charles Garnier), 파리 오페라하우스(Paris Opera), 1861~75

샤를 가르니에Charles Garnier, 1825~98는 오스망 개발이 만들어낸 스타였다. 그는 여러 면에서 오스망과 비교되었다. 하층민 출신으로 힘든 어린 시절을 보낸 뒤 하루아침에 유명 건축가가 된 점은 오스망과는 대조되는 면이다. 반면 나폴레옹 3세를 주축으로 삼아 건축을 통해 제2제정과 부르주아를 위한 봉사를 한 점에서는 동일했다. 오스망은 신시가지의 주요 건물 설계를 바일리, 뒤크, 발타르 등 주요 건축가들에게 맡겼는데 이 가운데 최고는 단연 가르니에였다. 가르니에는 오스망 파리의 초점이자 핵에 해당하는 파리 오페라하우스를 맡아 오스망의 부르주아 이상을 가장 충실히 구현했다.

가르니에는 비올레르뒤크의 에콜 드 데생Ecole de Dessin에서 수학하고 1842년에는 에콜데보자르에 입학해서 르바에게 배웠다. 로마 상에서 두 차례나 그랑프리를 차지해서 1848~54년 사이에 로마에 머물렀다. 이 기간에 향후 프랑스 건축을 이끌어 나갈 동료들과 친분을 쌓으며 신분의 한계를 극복하고 중심부로 진입하는 데 성공했다. 고전주의 이외에도 이것을 활용한 축제 활동에 특히 많은 관심을 기울여 로마 건축에서 중요한 영향을 받았다. 1852년에는 그리스와 터키를 여행하면서 당시 유럽 건축계의 뜨거운 논쟁 거리였던 색채주의의 선례 신전들을 직접 경험했다. 이런 경험들은 향후 그가 부르주아들을 위한 건물을 경쾌한 축제 이미지의 장식주의로 정의하는 데 밑바탕이 되었다. 1854년 파리로 돌아온 뒤 1860년까지는 발뤼 등 주요 기성 건축가들을 보조하는 역할에 머물며 좋은 기회를 잡지 못했다. 그러던 중 1860년 파리 오페라하우스 설계 경기에 당선되면서 하루아침에 주요 건축가로 떠올랐다.

가르니에와 파리 오페라하우스–부르주아의 집단적 장(場)

파리 오페라하우스는 우여곡절 끝에 서른한 살의 무명건축가 가르니에에게 최종 설계가 돌아갔다. 가르니에는 설계 경기 1차 심사에서 5등밖에 못했지만 나폴레옹 3세의 의중을 잘 읽어 그의 과시욕을 만족시키는 네오 바로크의 제2제정 양식으로 승부를 걸어 2차 심사에서 승리했다. 황후 외제니Eugénie는 가르니에의 안에 대해 루이 14세, 15세, 16세의 여러 양식을 혼용했다며 선례의 순도를 문제삼아 강하게 거부했지만 가르니에는 "이것은 나폴레옹 3세 양식입니다"라는 명언으로 황제의 마음을 사로잡아 최종 설계를 따냈다.

외제니가 문제삼았던 바로크 혼용은 극장을 몇 부분으로 나눈 뒤 각 부분에 맞는 역사 양식을 차용하는 경향으로 나타났다. 후면의 행정동은 차분한 루이 13세 양식으로, 황제를 위한 로톤다에는 로마 고전주의에서 자주 사용하던 반원형 벽기둥을, 정면에는 베네치아 르네상스의 화려한 장식과 루이 14세의 장엄 양식을, 축제성이 요구되는 실내 계단에는 루이 15세 양식의 곡선 윤곽을 각각 사용했다(그림 463, 464). 화려한 장식과 달리 건물 골격을 철물 구조로 잡고 구대 장치로 19세기에 새로 발명된 기계 설비를 도입하는 등 극장 건축사에서 새로운 발전도 있었다.

가르니에는 황제를 염두에 둔 제국 양식을 창출했지만 궁극적 목적은 부르주아들을 위한 예술의 장을 마련하는 것이었다. 이를 위해 앞에서 언급한 전통적인 이탈리아 바로크 오페라하우스를 답습했다. 객석은 바로크 양식의 말발굽 형태를 유지했으며 무대는 객석에 비해 여전히 크고 화려했다(그림 465). 객석과 무대 이외에 로비에 많은 면적을 할당함으로써 부르주아들을 위한 '장'을 구현했다. 부르주아들은 오페라하우스에 오페라를 관람하러 오는 것 이상으로 서로를 보고 서로에게 보여줌으로써 자신들의 집단적 정체성을 확인하는 목적을 더 중요하게 여겼다.

19세기 부르주아들은 경제적으로는 일정한 부를 축적하면서 안정권에 접어들었지만 심리적으로는 어려움에 직면해 있었다. 앞으로는 제

463 샤를 가르니에(Charles Garnier), 파리 오페라하우스(Paris Opera), 1861~75
464 샤를 가르니에(Charles Garnier), 파리 오페라하우스(Paris Opera), 1861~75

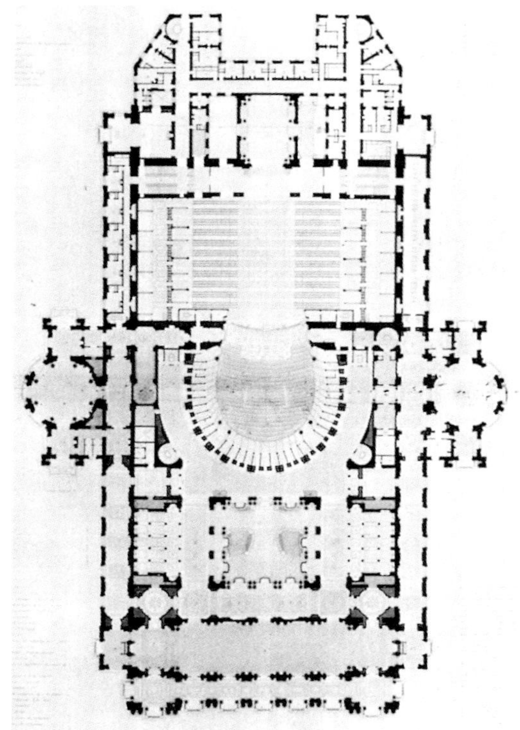

465 샤를 가르니에(Charles Garnier), 파리 오페라하우스(Paris Opera), 1861~75

국주의 권력과의 연대를 공고히 해야 했고 뒤로는 노동자와 사회주의의 압력과 싸워 이겨야 했다. 이런 현실적 어려움에 더해 도덕적 측면에서의 막연한 죄책감은 끊임없이 부르주아들을 괴롭혔다. 겉으로는 생산 증대와 이윤 극대화를 위해 냉혹하게 매진하는 모습을 보였지만 무의식 속에는 노동자들을 착취해서 부를 축적했다는 죄의식이 강하게 자리잡고 있었다. 이를 희석하기 위해 기부와 적선 등의 탈출구를 만들었지만 미봉책에 불과했다. 이렇게 대립되는 여러 상황이 복잡하게 얽히면서 부르주아들은 자신들의 존재의 의미를 확정짓지 못하는 정신적 방황 상태를 유지했다. 이른바 부르주아의 계급적 정체성 문제였다.

이를 극복하는 최선의 방법으로 생각해낸 것이 집단으로 뭉쳐 자신들의 정체성을 확보하는 것이었다. 오페라하우스는 이것을 만족시키는 가장 좋은 기능 유형이었다. 문화 예술을 즐기는 모습을 보여줌으로써 천박한 수전노라는 비판적 시선을 물리칠 수 있었다. 네오 바로크라는 국가 양식을 자신들의 대표 양식으로 채택함으로써 계급적 과시를 할 수 있었다. 실내를 서로의 존재를 눈으로 보고 확인하는 장으로 만듦으로써 집단적 동지 의식을 느낄 수 있었다. 오페라는 무대 위에서 가수들에 의해서만 행해지는 것이 아니었다. 로비와 객석에서 서로 보고 보이는 부르주아 관객들 모두가 배우였고 건물 전체가 무대였다. 이를 위해 로비에 많은 면적을 할당했으며 화려한 계단과 데크로 꾸몄다(그림 444, 466). 오페라 자체를 포함해서 관람 행위와 사교 행위 모두가 부르주아들이 스스로 연출한 한 편의 오페라였다. 이런 점에서 이 건물은 이탈리아 오페라 극장의 전형을 보여준다.

가르니에는 이 건물의 건설 기록과 소개를 담은 『극장기*Le Theatre*』1871와 『파리의 신오페라하우스*Le Nouvel Opera de Paris*』1875~81에서 이런 집단성의 구현을 중요한 목표로 삼았음을 분명하게 밝혔다. "극장의 기능은 인생의 공연을 위한 정밀한 장이다", "단 두세 명의 사람만 모여도 그들은 곧

166 샤를 가르니에(Charles Garnier), 파리 오페라하우스(Paris Opera), 1861~75

바로 스스로 배우가 되고 관람객이 된다", "(사람 자체가) 한 편의 휴먼 드라마다" 같은 것들이 대표적 문구다.

이를 위해 여러 공간들을 파노라마 개념의 연속 구성으로 배열했다. 파노라마는 오페라를 관람하러 오는 부르주아들의 행태를 기준으로 정해졌다. 화려한 대형 마차를 타고 도착하는 출입구는 휘황찬란한 대리석 기둥 열로 처리했다. 로비로 들어오면 벽에 거울이 있어서 자신의 모습을 확인할 수 있도록 했다. 이어 웅장한 계단이 나타나면서 축제 분위기를 돋우었다. 계단 사이와 2층에는 넓은 홀을 두어 이동과 멈춤 사이에 적절한 교대가 일어나게 하여 서로 상대방을 보기에 적합한 움직임과 시간 차이를 주었다.

17장 제국 양식, 기능 유형, 절충주의

1. 제국 양식

2. 기능 유형과 사회 양식

3. 절충주의 역사 양식

1 제국 양식

제국 양식, 네오 바로크, 나폴레옹 3세

제국주의 건축, 혹은 제국 양식은 19세기 제국주의가 자신들의 존재를 드러내고 그 이익을 대변, 보호하기 위해 제국의 이미지에 맞게 인위적으로 창출한 양식을 의미한다. 제국 양식은 제국주의의 진행과 궤를 같이 했다. 제국주의가 공식적으로 등장한 1870년이 제국 양식의 탄생 연도가 될 수 있다. 그러나 제국 체제는 이미 19세기 초 나폴레옹의 제1제정 때부터 형성되었기 때문에 제국 건축의 시작 역시 이때로 올려 잡을 수 있다(그림 467). 나폴레옹 3세의 제2제정 역시 제국 건축의 전형으로 볼 수 있다.

제국 양식은 양면성을 가졌다. 하나는 부정적 의미로서 말 그대로 제국의 권력과 위상을 과시하기 위한 건축을 의미했다. 제국은 대내적으로는 귀족, 행정 관료, 부르주아, 시민 등 다양한 계층을 아우르는 포괄적 권력 체계를 구축해야 했다. 대외적으로는 주변 열강들과 치열한 경쟁에서 승리해야 했다. 프랑스는 이런 현상을 앞장서서 이끌며 제국 양식을 완성시켰다. 영국, 독일, 벨기에, 오스트리아 등 유럽 각국은 프랑스처럼 제국 체제를 대외적으로 과시하지는 않았지만 내용면에서는 이와 유사했다.

467 파리 개선문을 행진하는 프러시아 군대

다른 하나는 긍정적 의미로서 사회 공공시설에 해당하는 다양한 기능 유형의 탄생을 의미했다. 19세기 제국주의는 식민지 약탈과 과다한 군비 경쟁 등 부정적 측면과 별도로 자국 내에서는 근대국가의 기틀을 닦는 기여를 했다. 그중에서도 사회 공공시설 구축은 대표적인 기여였다. 제도 개혁과 조직 개편에 더해 각종 공공건물 건축은 중요한 내용을 차지했다. 이 과정에서 이전에 없던 새로운 기능 유형이 생겨났다. 일종의 사회적 확장으로 볼 수 있는 이런 현상은 제국의 업적임이 틀림없었다. 이 때문에 제국은 여기에 수반되는 건축 현상도 앞의 과시적 경향과 동일하게 처리했다. 업적 과시를 통한 정치적 위상 다지기

로 볼 수 있었다. 공공건물은 대형화되면서 제국 양식으로 처리되었다. 이런 현상은 영국, 프랑스, 독일을 필두로 유럽 각국에서 공통적으로 나타났다.

제국 양식 가운데 전자의 경향은 좁게는 네오 바로크가 대표했다. 넓게는 역사주의를 기초로 한 고대 전제정권의 거석 기념비도 제국 양식에 잘 어울리는 경향이었다. 후자의 경향은 절충주의가 담당했다. 이때 절충주의는 앞의 역사주의와 현상적으로는 동일했지만 건축 의도에서는 차이가 있었다. 역사주의는 고전주의를 필두로 한 역사 양식의 상징적 권위에 의존하는 경향을 의미했다. 반면 절충주의는 역사 양식의 기능성에 치중했다. 각 기능 유형을 건축 이미지로 환산한 뒤 역사 양식 가운데 이것을 가장 잘 표현하는 예를 선별하여 사용한다는 의미였다. 이상의 제국 양식은 건축적으로는 절충주의가 융성하기 시작한 1840년대부터 나타났다. 이때는 후자의 경향이 제국 양식을 이끌었다. 정치적으로는 제국주의 체제가 정식으로 출범하고 제국 간의 경쟁이 치열해지기 시작한 1870년부터 본격화되었다. 이때부터는 전자의 경향이 제국 양식을 이끌었다.

나폴레옹 3세는 제국 양식의 양면성을 잘 보여주는 대표적인 예다. 그는 건축 활동을 앞장서서 이끌지는 않았지만 제2제정은 19세기 프랑스 건축의 절정기임이 틀림없었다. 누보 루브르와 파리 오페라하우스를 대표로 이 시기에 형성된 그랜드스타일은 제국 양식 가운데 전자의 경향을 대표하는 예였다. 여기에 더해 나폴레옹 3세의 사회 개혁까지 뒷받침되어 이 시기는 건축 활동을 벌이기에 여러 모로 좋은 상황이었다. 그의 개인 성향과는 별도로 제국의 시스템이 작동하면서 대형 공공건물들이 많이 지어졌다. 새 황제는 특히 사회 공공시설 구축에 열심이었기 때문에 이것을 뒷받침하기 위해 건축 활동이 자연스럽게 뒤따랐다. 교육, 보건위생, 학문, 법제 등 인프라의 정신적 측면은 대형 공공건물의 건축을 유발했다. 파리 재개발, 교통망 확충, 국토 개발, 생산 장려, 만국박람회 개최 등 인프라의 물리적 측면은 더 말할 필요도 없었다.

영국은 빅토리아 여왕을 정점으로 삼아 제국 체제를 갖추었지만 제국 양식은 프랑스보다는 상대적으로 미약했다(그림 353). 건축에서는 개인주의와 주관주의의 국가 전통이 19세기에도 어느 정도 지켜졌기

468 배리 & 존스(J. W. Barry & H. Jones), 타워 브리지(Tower Bridge), 런던, 1886~94

때문에 중앙 집중적 집단성을 대표적 특징으로 하는 제국 양식과는 맞지 않는 측면이 많았다. 건축양식도 19세기 전반부는 그릭 리바이벌이, 후반부는 고딕리바이벌이 주도했기 때문에 제국 양식과는 거리가 멀었다. 혹은 영국의 전통 양식과 혼합된 절충주의 속에 섞여 나타났다(그림 351, 352). 심지어 신건축운동까지 합세하기도 했다(그림 468) 이것은 민족주의가 제국주의를 대체한 현상으로 볼 수 있다. 기능 유형도 대형 공공건물 이외에 교회, 대학 건물, 주거 등 민간 분야의 건물들이 많았기 때문에 중앙정부의 입김이 작용하기에는 어려움이 많았다. 빅토리아 여왕 때는 스머크의 대영박물관 정도가 제국 양식에 해당하는 특징을 보였다. 영국의 제국 양식은 빅토리아 여왕의 뒤를 이은 20세기 초반 에드워드 7세 때 네오 바로크 형식으로 구체화되었는데 대륙을 기준으로 하면 매우 늦은 편이었다.

독일과 오스트리아의 제국 양식

독일은 19세기 중반까지는 프로이센과 바이에른으로 양분되어 각각의 국가 양식을 찾는 과정에서 제국 양식의 속성이 부분적으로 나타났다. 두 지역을 대표하는 싱켈과 클렌체가 공통적으로 추구한 독일다운 낭만성 속에 들어 있던 원시 거석 구조와 추상적 원형성이 대표적 내용이었다. 독일제국이 공식적으로 선포된 1871년 이후는 건축 경향이 절충주의의 혼재로 나타났기 때문에 집중도 높은 제국 양식은 오히려 창출되기 어려웠다.

1871년 이전에는 아직 공국의 전통이 남아 있어서 각 공국별로 왕궁 등 왕실에서 발주하는 건물을 중심으로 제국적 분위기를 추구하는 경향이 주를 이루었다. 싱켈과 클렌체도 제국 양식을 기준으로 한다면 이 경향으로 분류할 수 있다. 크나프J. M. Knapp의 슈투트가르트 왕궁Königsbau, Stuttgart, 1856~60은 이오니아식 오더를 사용한 열주 효과를 통해 제국적 분위기를 추구했다. 열주 사이에 코린트식 신전 파사드를 끼워 넣어 출입구를 만들었다(그림 469). 슈투트가르트에는 이외에도 빌헬름 궁Wilhelmspalais이 세워졌다. 이 건물에서는 개선 아치 구성을 기본 모티프로 삼아 수평 방향으로 증식한 뒤 쌍기둥으로 분할하는 기법을 사용했다. 이것은 젬퍼의 드레스덴 작센 국립 오페라하우스를 모방한 것이다.

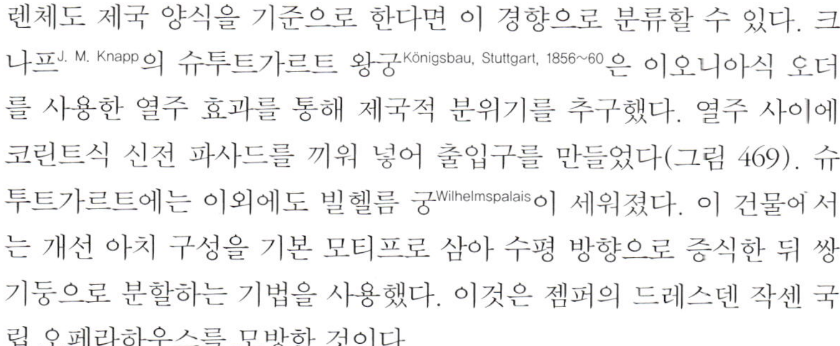

469 크나프(J. M. Knapp), 슈투트가르트 왕궁(Königsbau, Stuttgart), 독일, 1856~60

1871년 이후에는 제국 양식의 수가 늘었다. 파울 발로트Paul Wallot, 1841~1912의 독일제국 의사당Reichstagsgebäude, 베를린, 1884~94은 그 대표적인 예였다(그림 470). 이 건물은 정치 사회적으로는 독일제국을 대표하는 상징성을 지녔지만 건축적으로는 프랑스의 영향을 많이 받았다. 제2제정 양식의 네오 바로크를 기본 양식으로 삼아 싱켈의 합리주의 경향을 더한 것이 대표적 특징이었다. 오분법 매스 구성, 중앙 출입구의 강조, 신전 파사드와 돔의 수직 중첩, 측동의 2차 강조 등이 제2제정 양식의 대표적 특징이었다. 측랑에는 루브르 이스트 윙의 프랑스 바로크 기법을 사용했

470 파울 발로트(Paul Wallot), 독일제국 의사당(Reichstagsgebäude), 베를린, 1884~94

다. 혹두기를 암시하는 거친 기단 위에 반원형 벽기둥을 이용한 열주 분할이 대표적 특징이었다. 전체 분위기는 과시적 위엄이나 화려한 장식보다는 고전의 원형성을 바탕으로 고대 전제성을 표현한 점에서 싱켈의 합리주의를 좇은 것으로 볼 수 있다.

독일제국 의사당은 다른 건물들의 선례가 되었다. 뮌헨 대법원은 독일제국 의사당 구성을 기본으로 삼아 수직과 수평 양방향으로 확장한 특징을 보였다. 드레스덴 왕립건축학교는 매스 변화가 심한 복잡한 구성이었지만 기본 기조는 네오 바로크의 제국 양식에서 벗어나지 않았다. 선례는 프랑스 바로크 호텔, 18세기 프랑스 극장 파사드, 로마 개선 아치, 다비우의 생미셸 분수 등으로 확장되었다.

문화 예술 기능 유형을 통해 통일을 시도하려는 노력은 독일제국의 선포 이후에도 계속 이어졌다. 싱켈의 베를린 구박물관이 자리잡은 박물관 섬Musee-Insel은 말 그대로 박물관 단지가 되었다. 이 섬은 에른스트 이네Ernst Ihne의 보데 박물관Bodemuseum, 1897~1904, 메셀과 호프만Alfred Messel & Ludwig Hoffmann의 페르가몬 박물관Pergamonmuseum, 1912~30, 자연사박물관, 스튈러의 베를린 구국립미술관 등으로 가득 채워졌다(그림 299). 구국립미술관은 전체 처리에서 고전 신전을 독일의 낭만성으로 해석해서 민족주의 정서에 맞추었다. 실내에는 이른바 '제국계단imperial staircase'이 로비를 채웠다(그림 471). 베를린 이외의 도시에도 박물관은 계속 세워졌다. 함부르크 미술관Kunsthalle, Hamburg, 1869/1914~21과 크뇌펠J. Chr. Knöffel의 드레스덴 요하네움Johanneum, 1875 등은 이것을 대표하는 예였다.

471 프리드리히 아우구스트 스튈러(Friedrich August Stüler), 베를린 구국립미술관(Alte Nationalgalerie), 1866~76

합스부르크 제국에서 갈라져 나온 오스트리아는 나폴레옹의 제1제정이 출범한 해와 같은 해인 1804에 프란츠 1세Franz I가 오스트리아 제국을 성립시켰다. 이후 프랑스, 프로이센, 러시아 등 열강 사이에서 나폴레옹과 오스트리아 전쟁 및 나폴레옹 빈 입성1809, 나폴레옹과 오스트리아 황녀 마리 루이즈의 결혼1810, 프로이센 및 러시아와 신성동맹1815, 1830년대 산업혁명기 돌입, 빈 3월혁명1848, 프로이센-오스트리아 전쟁1866 등의 역사적 사건을 급박하게 거치며 제국 체제를 유지했다. 1867년에는 프란츠 요제프 1세Franz Josef I가 오스트리아 헝가리 제국Österreicher-Ungarischer Imperialismus으로 확대 발전시키며 제국 체제를 더욱 공고히 다져 제1차 세계대전까지 끌고 갔다.

472 고트프리트 젬퍼(Gottfried Semper), 빈 왕궁 내 신궁(Neuburg, Hofburg, Wien), 1881~

오스트리아의 제국 양식은 특별히 두드러진 것은 없었다. 제국주의가 19세기 내내 계속되었기 때문에 절충주의의 전반적 흐름이 제국 양식을 겸했다. 주요 공공건물의 건설이 1870년 이후에 집중된 점은 19세기 역사적 상황과 일치하는 현상으로 볼 수 있다. 절충주의와 제국주의 모두 공식적으로는 1870년을 기점으로 본격화되었는데 오스트리아에서는 이런 일치가 가장 잘 나타났다. 이런 시기적 특성으로 인해 오스트리아 제국 양식은 앞에 언급한 독일 3세대 신고전주의와 궤를 같이했다.

제국 양식에서는 이 가운데 젬퍼의 활약이 두드러졌다. 단일 건물로는 젬퍼 이외에 카를 하스나우어Karl Hasnauer 등 여러 건축가들의 공동작품인 빈 신궁전Neuburg, Wien, 1881~1913이 대표적 예였다. 이 건물은 르네상스 때부터 시작된 빈 궁Hofburg에 19세기 제국 양식 부분을 더한 작품이었다. 완만한 곡선을 그리는 원호를 정면으로 삼아 중앙 출입구는 개선 아치로, 양 측랑은 기단 위에 쌍기둥 열로 각각 처리했다(그림 472). 이런 처리는 프랑스의 제국 양식을 모방한 것이다. 출입구는 나폴레옹의 파리 개선문을, 측랑은 루이 14세의 루브르 동익랑을 각각 모방한 것이었다.

벨기에의 제국 양식

프랑스의 영향권 아래에 있던 벨기에는 1830년에 독립했지만 여전히 프랑스에 종속되며 프랑스의 정치 상황을 좇아갔다. 벨기에의 19세기 건축은 고전주의와 신건축운동을 양대 축으로 삼아 부르주아 양식과 제국 양식을 공통으로 추구했다. 규모, 양, 질 모두에서 영불독 열강에는 미치지 못했지만 건축가들의 세대, 대표작 연대, 기능 유형, 건축양식 등에서 비교적 균등한 분포를 보였다. 세대별로는 1810년대—1830년대—1850년대 생으로 연차적으로 이어졌다. 대표작들도 1830년대를 시작으로 연차적으로 이어지며 20세기 초까지 계속되었다.

473 장 피에르 클뤼세나(Jean Pierre Cluysenaar), 생위베르 로열 아케이드(Galeries Royales St. Hubert), 브뤼셀, 1837~46

장 피에르 클뤼세나Jean Pierre Cluysenaar, 1811~80는 고전, 중세, 신건축운동을 모두 구사한 절충주의 건축가였다. 생위베르 로열 아케이드Galeries Royales St. Hubert, 브뤼셀, 1837~46가 대표작이다(그림 473). 이 건물은 벨기에에서 아케이드를 기능 유형으로 삼은 부르주아 양식의 대표작이기도 했다. 상가 파사드는 차분한 르네상스 팔라초 양식으로 처리했다. 16세기 로마 전성기 르네상스의 표준 고전 어휘가 선례였다. 천장은 섬세한 철물 디테일로 골조를 짠 뒤 유리를 덮은 볼트 구조로 처리했다.

조제프 폴라에르Joseph Poelaert, 1817~79는 파리에서 비스콘티에게 배우면서 제2제정 양식을 습득했으며 여기에 싱켈의 영향을 더했다. 이런 국제적 영향은 그의 대표작인 브뤼셀 대법원Palais de Justice, 1866~83에 잘 나타나 있다(그림 474). 이 건물은 브뤼셀 내의 위치, 웅장한 규모, 위엄 있는 건축양식 등으로 벨기에에서 제국 양식이 본격화되었음을 알리는 신호탄이자 유럽 전체를 통틀어서도 제국 양식의 대표작 가운데 하나였다. 네오 바로크를 기본 양식으로 삼았지만 베르니니의 표준 고전주의에 가까웠고 싱켈의 추상 합리주의 경향이 전체 분위기를 주도했다.

474 조제프 폴라에르(Joseph Poelaert), 브뤼셀 대법원(Palais de Justice), 1866~83

알퐁스 발라Alphonse Balat, 1818~95는 프랑스 고전주의의 영향 아래 고전 원형의 순도를 지키는 경향을 고수하면서 철물 건축을 혼용했다. 벨기에 보자르 왕립박물관Musees Royaux des Beaux-Arts de Belgique, 브뤼셀, 1875~85은 문화 예술 기능 유형에 제국 양식을 표현한 예였다. 규모는 작았지만 코린트식 거대 기둥을 이용하여 왕실의 위엄을 표현하고자 했다(그림 475). 기둥과 엔타블러처 모두를 벽체에서 분리해 강한 시각적 자극을 주었다. 배경이 되는 본체에는 평활 벽면을 바탕으로 삼아 표준 고전 어휘로 처리한 창틀을 두었다.

제데옹 보르디오Gedeon Bordiau, 1832~1904는 벨기에 독립 50주년 기념궁Palais du Cinquantenaire, 브뤼셀, 1880을 대표작으로 남겼다. 건물의 건립 목적에서 알 수 있듯이 이 건물을 통해 벨기에의 독립적 정체성과 동시대적 발전 상황 모두를 대외적으로 알리고 싶어했다. 독립적 정체성은 싱켈의 베를린

475 알퐁스 발라(Alphonse Balat), 벨기에 보자르 왕립박물관(Musees Royaux des Beaux-Arts de Belgique), 브뤼셀, 1875~85

구박물관의 열주 파사드를 출입구로 삼은 제국 양식으로 표현했다 동시대적 발전 상황은 그 뒤에 기차역 플랫폼을 모방한 대형 아치형 전시 공간으로 표현했다(그림 476). 전시 공간은 철골 구조를 사용하여 만국박람회의 전시관 개념으로 처리하면서 부르주아 양식을 대표했다(그림 451).

샤를루이 지로[Charles-Louis Girault, 1851~1932]는 프랑스 태생으로 19세기 말에서 20세기 초에 제국주의가 마지막 기승을 부리던 때 파리와 브뤼셀을 무대로 부르주아 양식과 제국 양식을 남겼다. 프랑스에서는 만국박람회에 남긴 주요 작품을 통해 부르주아 양식을 대표했다. 1889년 파리 만

476 샤를루이 지로(Charles-Louis Girault), 벨기에 독립 50주년 기념아치(Arc du Cinquantenaire), 브뤼셀, 1905

국박람회의 상무성관Palais de la Chambre de la Commerce과 1900년 파리 만국박람회의 프티 궁이 대표작이다(그림 450). 벨기에에는 제국 양식을 대표작으로 남겼다. 벨기에 독립 50주년 기념 아치Arc du Cinquantenaire, 1905와 콩고-벨기에 박물관Musee du Congo Belge, 테르뷔에른Tervueren, 1904~11이 대표적 예다(그림 476). 콩고-벨기에 박물관은 프랑스 네오 바로크의 표준형으로 처리하면서 제2제정의 제국 양식을 늦게까지 구현했다.

기능 유형과 사회 양식 2

사회 발전과 새로운 기능 유형의 탄생

19세기 건축에서 다양한 종류의 새로운 기능 유형을 낳은 사회적 배경은 제국주의의 권력 과시 욕구, 세속 권력의 확장, 산업 발전에 따른 사회의 다원화 현상 등으로 나누어 생각할 수 있다. 앞의 두 가지 배경은 하나로 작동하면서 대형 공공건물의 등장을 촉진했다. 이 경향은 교회의 쇠퇴를 세속 권력이 대체하는 형국을 띠었다. 프랑스에서는 대혁명 이후 신정神政 일치가 폐지되면서 그 이전에 교회가 소유하던 많은 토지가 국가 소속이 되었다. 정부는 이 토지에 법원, 병원, 감옥, 정부청사 등 다양한 공공건물을 지었다.

사회의 다원화는 질과 양 모두에서 일어났다. 질적 발전은 사회구조가 다양해진 결과였다. 새로운 교통수단의 등장으로 기차역과 지하철역 등 새로운 기능 유형이 필요했고 다리 등 전통 유형은 스팬 등 여러 측면에서 발전을 이루었다. 국민 기초교육의 강화로 초등 교육 기관이, 학문의 발전으로 대학 등 고급 교육 기관이 발전했다. 제국주의와 시민 세력의 동반 성장으로 박물관, 미술관, 극장, 도서관 등 공공성이 강한 기능 유형이 발전했다. 중앙 집중화된 권력 강화는 왕궁과 시청사를 필두로 정부 공공건물의 증대를 가져왔다. 법치 개념이 성립되면서 대도시에는 대법원이 차례로 지어졌다. 위생 보건의 향상으로 병원과 감옥이 발전했다.

자본주의의 발전은 신건축운동을 동반한 새로운 유형과 공간을 탄생시켰다. 상업자본주의의 발전으로 아케이드와 백화점 등 소비 공간이 생겨났다. 금융자본주의의 발전으로 오피스 빌딩, 증권거래소, 은행 등 상업건물이 지어지거나 발전했다. 산업 생산의 증가로 공장과 창고가, 만국박람회의 증가로 전시관이 각각 발전했다. 인구 증가에 따른 사회계층의 다원화와 부르주아의 형성은 주거 수요의 폭발적 증가를 불러왔다. 부르주아들은 극장을 통해 자신들의 건축적 정체성을 찾고자 했다. 도시 재개발과 공원의 증가로 기념탑, 식물원, 유리 온실 등이 세워졌다. 근대적 도시 인프라 구축으로 수문 등 기계 관리시설이 등장했다. 이외에 교회는 여전히 중요한 전통적 기능 유형을 지켰다.

양적 발전도 두드러졌다. 유럽 인구는 1800년에 1억 8700만이던 것이 1850년에는 2억 6600만으로, 1900년에는 4억 2200만으로 각각 늘어났다. 이에 따라 건축 수요도 폭발적으로 증가했다. 19세기 100년 동안 프랑스에서만 4만 채 이상의 학교가 건립됐다. 영국에서는 1840~76년 사이에 1727채의 교회를 새로 지었고 7144채의 교회를 수리했다. 양적 팽창은 다양한 기능 유형을 실험하기에 충분한 소재를 제공했다. 앞의 질적 발전에 양적 발전이 가세하면서 19세기 사회 양식이 탄생했다.

기능 유형과 역사 양식 사이에 짝짓기도 시도되었다. 이런 짝짓기는 앞에 언급한 바와 같이 역사주의를 절충주의로 만드는 핵심 역할을 했다. 기능 유형의 이미지와 역사 양식의 상징성 사이에 잘 어울리는 것끼리 짝을 지어 대표성을 부여하겠다는 의도였다. 크게 보면 고전주의는 민간 공공건물에, 고딕은 기독교 건물에 맞는다는 등식이 있었다. 그러나 고전주의자들은 기독교 건물에도 고전주의를 사용할 수 있다고 주장했다. 기차역, 다리, 지하철역, 공장, 창고, 온실 등 산업·기계 문명의 산물에는 신건축운동의 신재료 공법이 잘 맞았다. 이것은 건물의 뼈대에 국한했으며 외관을 어떤 양식으로 처리할지에 대해서는 많은 고민이 있었다. 학교와 도서관 등의 교육 기관에는 고전주의나 르네상스, 특히 팔라초 양식이 잘 맞았다.

백화점, 아케이드 등 소비 상업건물에는 밝고 경쾌한 철물과 유리가 잘 맞았다. 오피스 빌딩, 증권거래소, 은행 등 자본주의 건물은 양면적이었다. 자본주의를 신문명의 이미지로 표현할 경우 앞의 상업건물과 같지만 권력의 이미지로 표현할 경우에는 여전히 고전주의가 잘 맞았다. 혹은 은행의 기원을 메디치Medici나 루첼라이Rucellai 등 이탈리아 도시 가문으로 잡을 경우 르네상스나 팔라초 양식이 잘 맞았다.

만국박람회의 전시관도 이와 동일한 양면성이 있었다. 만국박람회를 산업자본주의의 새로운 생산 체제나 이것의 구체적 결과인 대량 생산을 상징하는 것으로 본다면 철물과 유리의 밝고 경쾌한 분위기가 잘 맞았다. 반면 부르주아의 계층 이미지를 대표하는 것으로 본다면 고전주의나 바로크가 잘 맞았다. 박물관, 극장, 도서관 등은 세속 권력의 권위나 시민정신을 상징하기 때문에 고전주의, 바로크, 르네상스, 팔라초 양식 등이 잘 맞았다. 시청사, 정부 공공건물, 법원 등 국가권력의 권위를 상징하는 기능 유형에는 고전주의와 바로크가 잘 맞았다.

인상론-기능 유형과 역사 양식의 세분화

19세기 기능 유형에서는 건물의 분위기에 따른 세분화도 일어났다. 크게 보면 법원은 권위적이고 위엄이 있어야 하는 반면, 극장은 흥겨워야 한다는 식이었다. 이에 따라 법원 건물에는 웅장한 고전주의가 잘 맞았고 극장에는 색채주의와 장식주의가 잘 맞았다. 좁게 보면 한 가지 기능 유형 내에서도 목적과 용도에 따라 분위기와 건축 처리가 세분화되었다. 극장은 이런 세분화가 일어나기에 가장 적합한 기능 유형이었다. 레퍼토리 극장repertory theater:전속 극단의 단기 극을 전문으로 공연하는 극장에는 단기 흥행을 위해 픽처레스크 분위기의 장식 처리가, 귀족과 부르주아가 주고객인 대형 오페라하우스에는 과시적이고 화려한 양식이, 시민이 주인인 시립극장에는 차분하고 검소한 분위기가 각각 맞았다.

이런 내용들은 기능 유형에 18세기 인상론을 적용한 것이다. 이 주제와 관련해서 18세기 건축 인상론과 19세기 기능 유형론 사이에 일정한 연관성을 발견할 수 있다. 밀리치아는 건물의 인상을 회화나 조각의 등장인물에 비유하면서 이것이 건물의 고유한 특질을 표현하는 것이어야 하며 일반 대중들이 쉽게 알아볼 수 있어야 한다고 했다. 이런 개념은 19세기 기능 유형의 등장을 예견한 것으로 볼 수 있다. 실제로 젬퍼는 대중들이 건물에서 받는 인상은 기억에서 비롯된다고 했다. 이것은 역사 양식의 고유한 건축적 심미성보다 이것이 사람들의 기억에 유발하는 지역적, 민족적, 역사적, 감성적 연상이 더 중요하다는 주장으로 확대 해석할 수 있다.

기능 유형이 세분화되면서 이에 맞는 대표 양식을 찾기 위해 역사 양식도 세분화되었다. 절충주의의 다양한 역사 양식은 기능 유형의 다양화에 대응되면서 더욱더 세분화되었다. 18세기까지 교회를 중심으로 성 베드로나 일 제수Il Gesu 등 제한적 선례만을 차용하던 데서 벗어나 사회적 상징성, 건물의 이미지, 건축적 조형성 등 목적에 맞기만 하면 아무 선례나 차용할 수 있었다.

양식 단위를 넘어서 각 양식 내에서 기능 유형에 따라 세분화가 일어났다. 고딕 양식 내에서 성당과 교구 교회를 구별해서 차용했다. 르네상스 팔라초 내에서도 15세기 피렌체와 16세기 로마를 구별해서 차용했다. 문명 차원의 대표 양식 내에서 지역과 건축가에 따른 세분화도 일어났다. 로마네스크 내에서 이탈리아의 장식주의, 프랑스의 기본 구성, 독일의 대형 스케일 등을 구별했다. 르네상스 내에서 피렌체, 로마, 베네치아, 루이 13세, 이니고 존스, 플레미시, 노르딕 매너리즘Nordic Mannerism 등을 구별했다. 바로크 내에서 베르니니, 보로미니, 망사르, 루이 14세, 루이 15세, 렌, 독일 로코코 등을 구별했다.

개별 건물도 선례의 대상이 되는 미시적 세분화의 극단이 있었다. 아크로폴리스의 프로필라이아가 클렌체의 뮌헨 프로필라이아의 선례가 된 것이 대표적 예였다. 이 건물은 간단히 그릭 리바이벌로 분류할 수도 있으나 클렌체의 의도는 아크로폴리스의 프로필라이아 개별 건물에 더 많이 치우쳐 있었다. 트라야누스의 승전 기둥은 장바티스트 르페르Jean-Baptiste Lepere, 1761~1844의 방돔광장 기둥Colonne du Place Vendome, 1806~10과 윌킨스의 더블린 넬슨 기둥Nelson Pillar, Dublin, 1808~09의 선례가 되었다. 개선 아치는 파리 개선문, 카루셀 개선문, 브란덴부르크 문의 선례가 되었다. 파르테논은 교회, 법원, 박물관, 정부 청사, 국회의사당 등 수많은 대형 공공건물의 선례가 되었는데 대표적 예만 들어도 마들렌 사원, 발할라, 뮌헨 글립토테크, 부르봉 궁, 베를린 구박물관, 런던 대영박물관 등이 해당되었다. 판테온은 중앙 집중형 교회에 많이 사용되었다. 하기아 소피아는 비잔틴 리바이벌의 표준 선례가 되었다.

민족주의 대 국제주의의 쌍개념은 기능 유형과 역사 양식의 세분화에 크진 않지만 일정한 영향을 끼쳤다. 문명 단위의 큰 개념이 각국의 전통에 따라 세분화되었다. 영국의 낭만주의가 고딕리바이벌을 중심으로 교회에 많이 사용된 반면, 독일은 그릭 리바이벌에 추상 원시주의를 더해 문화 예술 기능 유형에 집중적으로 사용했다. 프랑스의 르네상스 리바이벌은 대도시 상류 주거의 장식 전통을 이어받아 부드럽게 나타난 반면, 독일에서는 근대성을 혼용하려는 목적에서 딱딱한 추상 경향이 주를 이루었다. 반면 영국은 이니고 존스의 자국 전통을 강하게 리바이벌했다.

클렌체와 바이에른 고전 민족주의-글립토테크

기능 유형을 바탕으로 한 제국 양식의 대표적 예로 클렌처의 글립토테크를 들 수 있다(그림 477). 이 건물은 루트비히 가 개발과 동시에 시작한 작품이다. 두 작품은 여러 면에서 대비되었다. 루트비히 가는 프랑스 영향과 정치적 압력 등 건축 외적 상황으로 인해 독일다운 국가 양식의 창출과 거리가 먼 팔라초 양식의 경연장이 되었다(그림 418). 반면 글립토테크는 당시 독일 신고전주의자들의 공통된 경향이었던 그릭 리바이벌의 낭만적 각색을 공유했다. 이런 점에서 바이에른에서 최초로 독일다운 국가 양식을 시도한 건물이다. 그러나 루트비히의 정치적 야심을 위한 도구로 쓰였다는 점에서는 루트비히 가 개발과 동일한 목적을 지향했다.

초안은 그리스식, 로마식, 이탈리아식의 세 가지 고전주의 양식으로 대안을 마련했다. 최종안은 당시 독일 내 주도적 경향이었던 그릭 리바이벌로 결정되었다. 세 가지 고전주의로 대안을 만든 사실은 양면적인 의미가 있었다. 일차적으로는 절충주의의 부정적 측면에 해당되었지만, 다른 한편으로는 앞에 언급한 '양식과 양식들 사이의 차이'에 대해 고민했음을 보여주는 것이기도 했다.

이 건물은 바이에른을 대표하는 박물관이었다. 평면은 정사각형으

477 레오 폰 클렌체(Leo von Klenze), 글립토테크(Glyptothek), 뮌헨(München), 독일, 1816~31

478 레오 폰 클렌체(Leo von Klenze), 글립토테크(Glyptothek), 뮌헨(München), 독일, 1816~31

로 전체 윤곽을 짰고 가운데 중정을 두었다. 중정의 네 면은 전시실이 돌아가며 에워쌌다(그림 478). 이것은 당시 유행하던 박물관 구성으로 전시물을 시대 순서로 배열하려는 목적에서 나온 것이었다. 이런 연차적 구성은 19세기 민족주의의 산물이었다. 19세기 역사학은 각국의 역사를 정리하는 작업을 대대적으로 벌였다. 자국 역사의 시작을 되도록 앞당기려는 시도와 각 시대를 대표하는 유물들을 통해 역사를 증명하는 일 등이 이런 작업의 주요 내용이었다. 박물관은 이 가운데 후자를 위한 기능 유형이었으며 전시실의 선형 배열은 연차적 전시에 가장 적합한 구성이었다.

외관의 전체 구성은 이오니아식 옥타스틸 신전 파사드가 주도했다(그림 477). 그러나 로마 고전주의, 르네상스 팔라초, 픽처레스크 구성을 혼용함으로써 그리스다운 집중성은 현저히 약해졌다. 신전 파사드를 길고 넓적한 수평 매스가 찌르고 들어가면서 열주를 막아버려서 둔탁해졌다. 그리스 고전주의의 가구식 구조가 로마 고전주의 벽체 구조로 전환되었다. 수평 매스는 줄리오 로마노의 테 팔라초Palazzo del Te를 모델로 삼아 팔라초의 전형적 창틀 방식인 이디큘러로 분할했다. 이상의 처리들은 세 가지 대안으로 제시했던 세 가지 고전주의를 혼용한 것이었다.

로마 고전주의는 실내에서 압도적으로 나타났다. 실내는 벽체를 기본 구조로 삼아 아치, 볼트, 돔, 세일 볼트sail vault 등 로마 고전주의의 대표 어휘로 꾸몄다. 중앙 홀을 시작으로 총 14개의 정사각형 중앙 집중형 공간이 연달아 나왔다. 각 전시실은 로마 고전주의를 주제로 삼아 연속으로 변하는 변주 개념으로 처리했다. 이것은 픽처레스크의 연속성sequence 혹은 파노라마 개념을 적용한 것으로 해석할 수 있다.

실내장식은 다시 르네상스 고전주의를 모델로 삼았다. 장식 기법은 라파엘로의 '그로테스키grotteschi' 양식을 모델로 삼았다(그림 479). 이것은 라파엘로가 로마 유적을 발굴하면서 로마 시대 건물들에 쓰였던 장식을 부활하면서 창출한 양식으로 로마다운 장식성이 대표적인 특징이었다. 구체적 선례로는 라파엘로가 실내장식을 담당한 바티칸의 교황 레오 10세의 로지아Loggia of Pope Leo X를 들 수 있다.

479 레오 폰 클렌체(Leo von Klenze), 글립토테크(Glyptothek), 뮌헨(München), 독일, 1816~31

연속성은 낭만주의의 픽처레스크 구성에서 나온 개념이었지만, 이 건물에서는 루트비히의 정치적 야심을 정점으로 한 독일 민족주의를 구현하려는 변질된 목적으로 사용되었다. 전시실의 연차적 구성에 연속성을 맞추는 형식이 구체적 기법이었다. 연차적 구성은 '이집트-그리스-로마-현대'의 순서로 짜였는데 이 각각에는 '발아beginnings-간개flowering-확산dissemination-루트비히에 의한 재탄생'을 대응시켰다. 독일 문명의 뿌리를 이집트, 그리스, 로마까지로 올려 잡은 사실과 현대에 와서 루트비히가 이것을 재탄생시켰다는 주장 등은 예술 유적을 이용한 전형적인 민족주의 선전이었다. 루트비히는 당시 독일 통일운동이 급박하게 돌아가는 정치 상황 속에서 프로이센에 흡수당하지 않기 위해 필사적 노력을 벌였다. 루트비히는 이 건물을 통해 자신을 고대 문명의 부활자이자 독일 문명의 근대적 재탄생을 주도한 인물로 선전하는 정치적 캠페인을 벌였다. 고전주의로 처리한 박물관을 이용하여 민족주의를 표현하고 주장하는 19세기 제국주의의 전형적 기법이었다.

480 레오 폰 클렌체(Leo von Klenze), 프로필라이아(Propylaea), 뮌헨(München), 독일, 1846~50

루트비히의 고민은 왕의 광장Königsplatz에 잘 표현되었다. 이 광장은 루트비히 가의 한쪽 끝에 옆으로 비껴 위치했다. 광장의 세 면을 세 개의 고전 신전양식이 에워쌌다. 루트비히 가를 접한 면에는 클렌체의 프로필라이아Propylaea, 1846~50가 위치했고 좌우 두 면에는 지브란트의 뮌헨 미술관과 글립토테크가 각각 위치했다(그림 436, 480). 이것은 아테네의 아크로폴리스를 모델로 삼은 구성이다. 고대 문명의 결정판인 아크로폴리스를 뮌헨의 바이에른 왕국에 부활시켜 자신의 정치적 기반으로 삼으려는 의도였다. 프로필라이아는 광장으로 들어오는 관문 역할을 했다. 그리스 신전 파사드를 중앙 출입문으로 삼아 양옆에 이집트의 탑문pylon을 더했다. 파라오의 권위까지 더해 고대 전제 문명의 총집합을 이루겠다는 의도였다.

절충주의 역사 양식 3

르네상스 리바이벌-이탈리아 금융 가문, 팔라초, 부르주아 양식

르네상스 리바이벌은 19세기 초 프랑스에서 시작되었다. 시작은 두 방향이었다. 하나는 뒤랑의 『에콜 폴리테크니크 강의록』, 오귀스트 앙리 드몽티니Auguste Henri de Montigny의 『토스카나 건축L'Architecture de la Toscane』1806~19, 피에르 클로샤르Pierre Clochar의 『이탈리아의 궁전, 주택, 풍경Palais, maisor et vues d'Italie』1809 등의 책이었다(그림 481, 482). 이 책들에는 르네상스 건물 도판들이 실리면서 리바이벌 양식의 소재를 제공했다. 다른 하나는 제1제정 때의 페르시에와 퐁텐 파트너와 프랑스 왕국 때의 라파엘로 고전주의 등의 구체적 건축 경향이었다(그림 312, 316, 483). 이것에 대해서는 앞에서 살펴보았다. 페르시에와 퐁텐은 건물 이외에 르네상스 건축을 소개하는 책도 남겼다. 페르시에는 『로마에서 설계한 궁전, 주택 그리고 기타 건물들Palais, maisons et autres edifices modernes dessines a Rome』1798을, 퐁텐은 『로마와 그 인근의 대표 휴양주택 선집Choix des plus celebres maisons de plaisance de Rome et des environs』1806을 각각 남겼다.

르네상스는 비교적 가까운 과거의 양식으로서 영불독 모두에 친숙했기 때문에 리바이벌 양식으로서 쉽게 자리잡았다. 육면체의 반듯한 덩

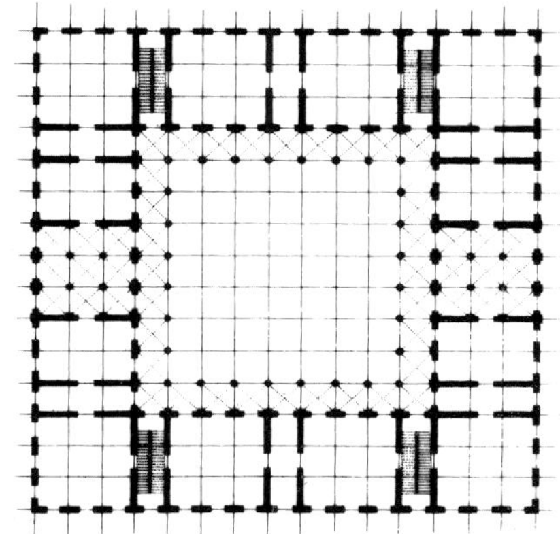

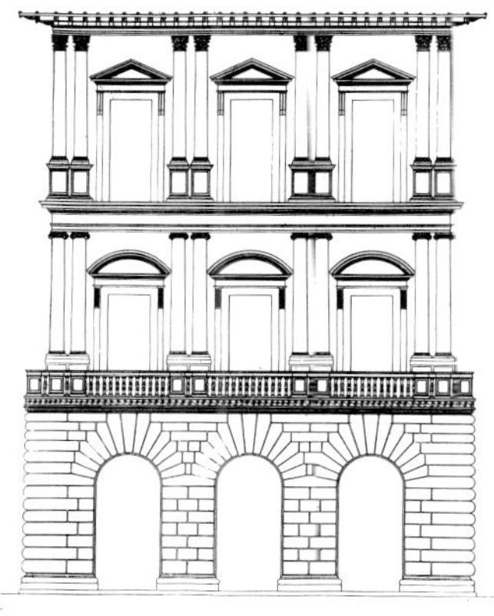

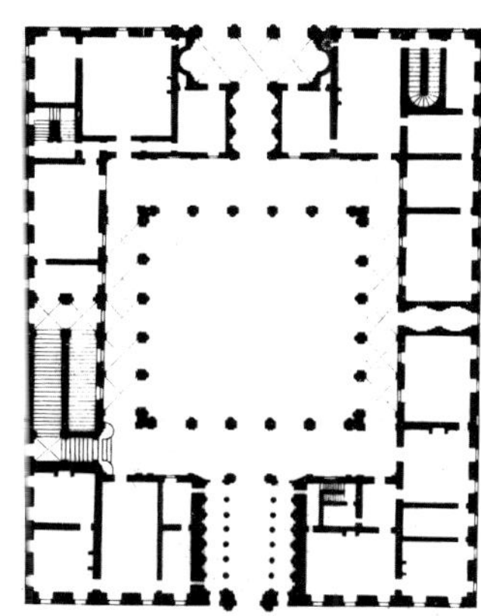

481 장 니콜라 루이 뒤랑(Jean Nicolas Louis Durand), 모듈에 의한 르네상스 팔라초 분석
482 파맹 & 그랑장(A. Famin & A. Grand-jean), 피렌체 우구치오니 팔라초(Palazzo Uguccioni, Firenze), 1806
483 페르시에 & 퐁텐(Percier & Fontaine) 파트너, 로마 파르네제 팔라초(Palazzo Farnese) 평면, 1798

어리 느낌, 휴먼 스케일, 들고 남이 적은 평활면, 섬세하고 깔끔한 디테일 등 단정하고 차분한 느낌을 좋아하는 건축주들이 선호했다. 그리스 고전주의를 엄숙하고 딱딱한 것으로, 로마 고전주의는 과시적이고 수다스러운 것으로 모두 부담스러워하던 건축가와 건축주에게 르네상스 건축은 좋은 대안이었다. 특히 신전 파사드의 열주 대신 육면체의 반듯한 덩어리 느낌과 벽체를 선호하는 이들에게는 더욱 그러했다.

르네상스 리바이벌의 선례는 팔라초로 집중되었다. 르네상스 팔라초는 다양한 선례를 통해 섬세한 차이를 제공했다. 피렌체와 로마의 15세기 팔라초는 단정하고 차분함이, 16세기 로마 팔라초는 전성기 르네상스의 표준 고전주의가, 16세기 베네치아 팔라초는 개방적 분위기와 장식 디테일을 통한 흥겨움이 각각 대표적인 특징이었다. 르네상스 리바이벌의 이런 특징들은 도서관, 학교, 문서 보관소 등 규모가 크지 않은 학구적 분위기의 건물과 잘 맞았다.

르네상스 리바이벌을 가장 선호한 계층은 부르주아였다. 팔라초는 부르주아 양식의 중요한 선례 가운데 하나였다. 부르주아들은 특히 15세기 피렌체 팔라초를 선호했다. 르네상스를 일으켰던 이탈리아 금융 가문의 본거지인 팔라초를 자신들의 대표 양식으로 삼아 스스로를 이런 금융 가문에 대응시키려는 목적에서였다. 이탈리아 금융 가문은 단순히 돈만 많은 것이 아니라 예술적, 학문적 안목으로 무장하고 예술가와 학자를 후원해 르네상스라는 신문명을 일으킨 장본인들이었다. 앞에서 살펴본 페르시에와 퐁텐, 클렌체 등이 대표적 예였다(그림 418~420).

19세기 부르주아들은 부의 축적에 성공하면서 자신들의 계급적 정체성을 안정적이면서도 화려하게 정의하고 싶은 강한 욕망에 사로잡혀 있었다. 안정성은 제국주의와 정치적 연대를 맺음으로써 확보할 수 있었다. 그러나 이것 못지않게 중요한 것이 상징적 이미지였다. 건축은 이것을 정의하기에 가장 적합한 매개였다. 프랑스 부르주아들이 네오 바로크를 자신들의 대표 양식으로 삼은 것이 대표적인 사례다. 이것보다 더 보편적 현상으로 유럽 전역에서 부르주아들은 르네상스 팔라초를 자신들의 대표 양식으로 삼는 공통 경향을 보였다.

프랑스에서 시작된 르네상스 리바이벌은 19세기 중반까지 독일과 영국으로 전파되었다. 독일에서는 바이에른의 루트비히 1세가 앞과 같은 부르주아와 동일한 목적에서 르네상스를 선호했다. 그는 클렌체를 수석 건축가로 삼아 뮌헨의 도심형 상류 주거에서 르네상스 리바이벌을 정착시켰다. 젬퍼는 이것을 받아 극장을 중심으로 한 대형 공공건물로 확장했다(그림 430). 영국에서는 배리의 여행자 클럽과 리폼 클럽이 피렌체의 판돌피니 팔라초Palazzo Pandolfini와 로마의 파르네세 팔라초Palazzo Farnese를 각각 모델로 삼았다(그림 350). 그러나 앞에서 살펴본 바와 같이 그리스 고전주의의 낭만적 원시주의 분위기를 혼용하면서 절충 고전주의로 분류하는 것이 더 정확한 것으로 보인다. 배리 자신의 절충주의 경력도 중요한 배경으로 작용했다.

로마네스크 리바이벌(1)–중세적 순도와 비잔틴 리바이벌

로마네스크 리바이벌의 등장은 고딕리바이벌이 분화되는 과정에서 중세주의의 일환으로 나타났다. 중세주의가 확장되면서 고딕의 앞선 양식으로 로마네스크에 대한 관심이 증가했다. 로마네스크는 영불독이 모두 종주국이라고 생각했기 때문에 리바이벌 양식은 세 나라에서 비교적 균등하게 나타났다. 그러나 출발은 조금씩 달랐다. 독일에서는 강력한 민족주의 배경을 바탕으로 룬트보겐슈틸과 함께 나타났다. 영국에서는 민족주의와 중세적 순수성이 합쳐지면서 노르만 리바이벌Norman Revival의 일환으로 나타났다. 프랑스에서는 중세적 원형성을 찾으려는 입장의 일환으로 비잔틴 리바이벌과 일정한 연관성을 가졌다.

영불독은 로마네스크를 바라보는 관점이 조금씩 달랐다. 독일은 이 운동을 가장 먼저 시작했는데 그 배경은 민족주의였다. 게오르크 몰러Georg Moller의 『독일 건축 기념비 모음*Denkmäler der deutschen Baukunst*』1815~21은 다름 아닌 독일 로마네스크 모음집이었다. 하인리히 휩슈는 『우리는 어떤 양식으로 지을 것인가?』라는 책에서 로마네스크 양식의 독일다움을 근거로 이 양식의 리바이벌을 주장했고 카를스루에 예술 극장을 대표적 예로 남겼다(그림 433).

영국은 중세주의의 일환으로 로마네스크에서 순수성을 찾았다. 해밀턴G. E. Hamilton은 『시골 교회 디자인*Designs for Rural Churches*』1836에서 농촌 교회를 영국 로마네스크인 노르만 양식으로 지어야 한다고 주장하며 노르만 리바이벌을 주도했다. 이런 주장은 라파엘로 전파pre-Raphaelite의 회화에 자주 등장하는 중세 영국의 농촌 풍경에서 유추할 수 있다. 프랑스에서는 교구 교회의 모델을 찾는 과정에서 로마네스크가 부각되었다. 실제로 프랑스에서 교구 교회가 자리잡으면서 가장 많이 지어진 것이 로마네스크 때였다. 『고고학 연보*Annales archeologiques*』1844에서는 교구 교회의 모델로 고딕의 포인티드 아치와 로마네스크의 반원 아치를 제시하였다.

로마네스크 리바이벌이 가장 융성한 곳은 독일이었다. 그러나 민족주의 배경과는 달리 실제 차용한 선례 어휘는 이탈리아 로마네스크가 더 많았다. 롬바르디아 밴드의 선형 장식, 벽돌과 석재의 자연색을 이용한 색채 장식, 테라코다 장식 등이 대표적이었다(그림 427, 433, 437). 특히 14~15세기 피렌체와 롬바르디아 로마네스크의 장식 기하주의를 선호했다. 여기에 더해 독일 로마네스크도 함께 사용했다. 룬트보겐슈틸도 넓게 보면 이것의 일환으로 분류할 수 있다. 혹은 동방 양식과 혼용된 절충주의를 장식으로 풀어낸 경향도 이것과 일정한 연관성이 있었다. 찬트의 빌헬마 빌라와 페르시우스의 포츠담 증기엔진실은 이것을 대표하는 예였다(그림 434, 484).

영국과 프랑스도 이탈리아 선례를 혼용하기는 마찬가지였다. 로마네스크의 본거지였던 영불독 세 나라에 나타난 이탈리아 선례의 혼용 현상의 원인으로는 두 가지를 들 수 있다. 하나는 동시대 색채주의의 영향으로 나타난 장식 경향이었다. 이 영향으로 로마네스크 가운데서도 장식 특징이 강한 이탈리아 선례를 사용했다. 다른 하나는 로마네스크의 이중성이었다. 로마네스크의 본래 의미는 '로마답다'로, 로마 고전주의의 연속인 측면이 강했다. 중세 기독교 양식을 고딕이 대표하고 있는 상황에서 로마네스크만의 정체성을 정의하는 특징으로 로마 고전주의의 연속성을 찾는 경향이 나타나고 있었다. 이런 배경 아래 로마 고전주의의 본산인 이탈리아에서 로마네스크의 선례를 찾으려는 움직임이 일어났다. 프랑스에서는 이시도어 테로르Baron Isidore Taylor가, 영국에서는 제임스 와일드James Wild, 1814~92와 앨프리드 워터하우스Alfred Waterhouse, 1830~1905가 각각 혼용 경향을 대표했다(그림 351).

프랑스에서는 혼용 경향 이외에 정통 로마네스크 리바이벌이 비교적 융성했는데 주로 1860년대에 집중적으로 나타났다. 발뤼는 생앙브루아즈St. Ambroise, 파리, 1863~69와 성삼위일체 성당La Trinite, 파리, 1861~67을 남기며 이

484 프리드리히 루트비히 페르시우스(Friedrich Ludwig Persius), 포츠담 증기엔진실(Dampfmaschinenhaus, Potsdam), 독일, 1841~43

것을 대표했다(그림 485). 빅토르 발타르 Victor Baltard, 1805~74의 성 어거스틴 St Augustin, 파리, 1860~71과 레옹 지넹 Léon Ginain의 노트르담데샹 Notre-Dame-des-Champs, 파리, 1867~76 등도 또다른 주요 예였다(그림 485).

485 테오도르 발뤼(Theodore Ballu), 성삼위일체 성당(La Trinite), 파리, 1861~67

비잔틴 리바이벌은 초기 기독교에 대한 관심, 독일 룬트보겐슈틸의 일환, 중앙 집중형 선례, 지리적 확장에 따른 선례 다양화의 일환 등 다양한 배경 위에서 시작되었다. 이 가운데 초기 기독교에 대한 관심이 가장 컸다. 이미 18세기에 와이엇의 판테온 어셈블리 룸스는 하기아 소피아를 모델로 삼아 리바이벌하기도 했다(그림 198). 프랑스에서는 이것을 로마네스크 리바이벌과 연계하면서 중세적 순도와 원형성을 찾는 작업으로 진행시켰다. 이것을 처음 촉발시킨 것은 영국에서 출판된 토머스 호프 Thomas Hope의 『건축에 대한 역사적 에세이 *An Historical Essay on Architecture*』1835와 알렉산더 린지 Alxeander Lindsay의 『기독교 예술 역사 스케치 *Sketches in the History of Christian Art*』1847였다.

두 책은 초기 기독교 예술에 대한 선례 모음집이었는데 비잔틴 양식도 이 가운데 중요한 부분을 차지했다. 초창기 씨앗은 1850~60년대를 거치면서 만국박람회와 로마네스크 리바이벌과 연계되면서 자리를 잡아갔다. 만국박람회에서는 동방주의의 일환으로 터키의 문화 예술 전반에 대한 소개가 늘어나면서 비잔틴 리바이벌의 사회적 배경을 제공했다. 이 과정에서 일부 건물들에 비잔틴 양식을 사용하는 예들이 등장했다.

486 폴 아바디(Paul Abadie), 바실리크 사크레쾨르(Basilique Sacre Coeur), 파리, 1874~84

비잔틴 리바이벌은 1880년 이후에 완전히 정착되었다. 폴 아바디 Paul Abadie, 1812~84는 1845년에 파리 노트르담 성당 복원 공사에 참여한 뒤 페리괴의 생프롱 St. Front, Perigueux 복원 공사1852~84와 앙굴렘 성당 Angouleme 복원 공사1854~82를 담당했다. 두 건물은 모두 비잔틴의 그릭 크로스를 기본 구성으로 삼아 로마네스크를 혼용한 예였다. 아바디는 일련의 중세 복원 공사를 통해 기독교 건축의 순도에 대한 고민을 했고 로마네스크와 혼용한 비잔틴 양식을 해답으로 내놓았다. 바실리크 사크레쾨르 Basilique Sacre Coeur, 파리, 1874~84는 이것을 대표하는 예였다. 이 건물은 비잔틴의 그릭 크로스와 펜던티브 돔으로 실내를 구성하고 외관은 로마네스크 리바이벌로 처리했다(그림 486).

로마네스크 리바이벌(2)–룬트보겐슈틸과 독일 민족주의

룬트보겐슈틸은 비잔틴, 로마네스크, 르네상스의 공통 어휘인 반원형 아치를 공통 매개로 갖는 리바이벌 양식이었다. 세 선례 양식은 실제로 역사적으로도 연관성이 있었다. 비잔틴은 로마네스트에 영향을 끼쳤고 르네상스의 선례 양식에는 비잔틴과 로마네스크가 중요한 자리를 차지했다. 반원형 아치가 독일의 민족주의 양식을 대표하는 어휘가 된 것은 기후 때문이었다. 19세기에 들어오면서 일련의 독일 건축가들은 독일의 험한 기후에서 살아남을 수 있는 내구성을 중요한 조건으로 생각하기 시작했다. 싱켈은 이것을 재료에서 찾아 광택 나는 벽돌을 이용했다.

룬트보겐슈틸은 이것을 개별 어휘에서 찾았다. 반원형 아치는 포인티드 아치나 고전 오더의 주두보다 덜 마모되었기 때문에 이 조건에 잘 맞았다. 포인티드 아치나 고전 주두 모두 뾰쪽한 끄트머리와 섬세한 디테일이 많아서 비와 바람이 많고 일교차와 연교차가 큰 독일 기후에서는 빨리 마모되는 단점이 있었다. 반면 반원형 아치는 단순한 디테일과 기본 기하 형태로 이루어졌기 때문에 이런 걱정이 없었다. 반원형 아치가 유리한 또다른 특징으로 산업화하기에 적합한 부재라는 점을 들 수 있다. 형태가 단순해서 철물로 주조하기 쉬웠으며 대량 생산에도 유리했다. 이상의 특징으로 인해 반원형 아치는 역사주의와 신건축운동이 충돌하는 19세기의 대립적 상황 모두를 아우르는 포괄적 형태 어휘로 관심을 받았다.

룬트보겐슈틸의 제창자는 휩슈였다. 그는 1817~20년 사이에 그리스와 터키 콘스탄티노플을 답사하면서 그리스 가구식 구조와 비잔틴 아치 구조를 비교, 연구할 수 있었다. 이 과정에서 그리스 가구식 구조는 목구조를 번안한 것이기 때문에 석재 건축의 본성과 어긋난다고 결론지었다. 반면 비잔틴의 아치 구조가 석재 구조에서 자연스럽게 파생한 것이라는 사실도 밝혀냈다. 이런 생각은 재료와 구조 방식의 자연스러운 일치를 주장하는 중세 건축의 유기성 개념으로 발전했다. 휩슈는 이런 자신의 생각들을 『그리스 건축 소고*Über griechische Architektur*』1822에서 처음 제시한 뒤 1828년의 『우리는 어떤 양식으로 지을 것인가?』에서 로마네스크 리바이벌을 구체적 대안으로 제시했다.

반원형 아치가 갖는 석구조의 자연스러움과 유기성 개념은 독일 중세 건축의 실용성 전통과 같은 개념이었기 때문에 민족주의가 가미된 독일 로마네스크 리바이벌의 대표 어휘가 될 수 있었다. 룬트보겐슈틸은 넓은 의미로는 독일의 로마네스크 리바이벌 전체와 동의어로 볼 수 있다. 좁은 의미에서는 로마네스크를 기본 선례로 삼아 르네상스의 휴먼 스케일과 비잔틴의 조적造積 전통을 혼용한 경향을 의미했다.

좁은 의미의 대표적 예로 카를 루트비히 빔멜Carl Ludwig Wimmel, 1786~1845과 프란츠 포르스만Franz Forsmann, 1795~1878을 들 수 있다. 이들은 함부르크 요하네움Johanneum, Hamburg, 1836~39, 철거과 함부르크 증권거래소Börse=Handelskrammer, 1837~41를 대표작으로 남겼다(그림 487). 이외에 게르트너의 뮌헨의 충장기념관Feldherrnhalle, 1841~44도 또다른 대표작이었다. 이 건물은 루트비히 가의 한쪽 끝을 마감하는 'Y'자형 갈림길 모퉁이에 세 개의 큰 반원아치를 드러내며 독일의 중세주의 전통을 과시했다(그림 488).

독일에서는 싱켈과 클렌체가 이끄는 그릭 리바이벌과 신고전주의에 맞서 중세주의가 또다른 큰 세력을 형성하고 있었는데 로마네스크 리바이벌은 이것의 중심을 차지했다. 신고전주의가 독일 통일이라는 자유주의의 정치적 목적과 부합하면서 왕실을 중심으로 전개된 반면, 중세주의는 독일의 전통 정서를 되찾으려는 민족주의와 손을 잡고 교회와 지식인 등을 중심으로 진행되었다. 로마네스크는 독일의 전통적 국민 정서를 대표하는 양식이었기 때문에 같은 중세주의 내에서도 고딕 리바이벌보다 오히려 더 융성했다. 고딕리바이벌이 교회나 시청사를 중심으로 직설적 복사에 머문 반면 로마네스크 리바이벌은 일정한 창작적 각색을 수반하면서 다양하게 나타났다.

487 카를 루트비히 빔멜(Carl Ludwig Wimmel) & 프란츠 포르스만(Franz Forsmann), 함부르크 증권거래소(Börse=Handelskrammer), 독일, 1837~41

488 프리드리히 폰 게르트너(Friedrich von Gärtner), 펠트헤른할레(Feldherrnhalle), 뮌헨(München), 독일, 1841~44

489 프리드리히 폰 게르트너(Friedrich von Gärtner), 성 루트비히 교구 대학교회(St. Ludwigs Pfarre und Universitätskirche), 뮌헨(München), 독일, 1829~44

490 프리드리히 폰 게르트너(Friedrich von Gärtner), 성 루트비히 교구 대학교회(St. Ludwigs Pfarre und Universitätskirche), 뮌헨(München), 독일, 1829~44

독일의 로마네스크 리바이벌을 대표한 것은 게르트너와 휩슈였다. 게르트너는 클렌체와 날카로운 경쟁 관계를 유지하며 뮌헨을 중심으로 중세주의를 이끌었다. 게르트너의 성 루트비히 교구 대학교회는 독일 로마네스크의 추상 매스 경향을 좇아 짜임새 있는 전체 구성을 나타냈다. 이 건물이 놓인 루트비히 가는 로마네스크 선례들이 주변 환경을 이루는 곳이었기 때문에 이 교회의 로마네스크 리바이벌은 맥락주의 성격을 겸했다. 이런 환경은 게르트너가 클렌체에게서 루트비히 가 개발을 뺏어오는 데 유리한 조건으로 작용했다. 이 교회는 장식이 절제된 추상적 분위기가 전면에 드러난 가운데 출입구는 반원형 아케이드의 룬트보겐슈틸로 처리했다(그림 489).

실내는 삼랑식 바실리카의 단순한 구성으로 이루어졌다. 네이브 월은 화랑 층 없이 아케이드와 천측창만으로 이루어진 2층 구성이었다. 건축적 처리는 대응 기둥과 천장 볼트에 모아졌다. 네이브 월을 단순하게 놔둔 대신 대응 기둥과 볼트에 집중하는 이런 경향은 독일 로마네스크만의 특징이었다(그림 490). 휩슈는 카를스루에 예술극장과 브라이스가우의 프라이부르크 수도원Kloster Freiburg im Breisgau 등을 대표작으로 남겼다.

게르트너와 휩슈 이외에 고전주의자들도 동시대 유행을 좇아 로마네스크 리바이벌 건물을 남겼다. 클렌체의 뮌헨 열성 궁정교회와 페르시우스의 포츠담 평화교회Friedenskirche, Potsdam, 1843~48는 이것을 대표하는 예였다. 평화교회는 로마의 산 클레멘트San Clement, Rome를 전체 구성의 선례로 삼고 성모마리아 인 코스메딘 성당Santa Maria in Cosmedin의 캄파닐레를 혼용했다.

네오 바로크(2)-제2제정 양식, 호텔, 프렌치 스타일

네오 바로크는 19세기 역사주의 가운데 민족주의 성격이 가장 강한 양식이었다. 네오 바로크는 앞에서 살펴본 바와 같이 프랑스가 종주국이었다. 프랑스는 나폴레옹 3세의 제2제정 양식에서 네오 바로크를 완성했다. 이것은 바로크 절대왕정을 제2제국에 대응시키는 민족주의 개념의 산물이었다. 프랑스 네오 바로크에는 이것을 대표하는 보자르 건축과 루이 14세의 부활 등이 함께했다. 19세기 후반부는 부르주아들의 대표 양식으로 선택되면서 오스망 파리의 신시가지를 뒤덮었다(그림 458, 463).

프랑스의 네오 바로크는 여러 나라에 영향을 끼치며 수출되었다. 정치적 측면에서 나폴레옹 3세의 근대적 개혁 작업을 다른 나라들이 모범적 선례로 받아들이면서 이것의 대표 양식이었던 네오 바로크도 함께 수출한 측면이 강했다. 제도 개혁 등 사회 간접시설 구축은 그 대표적인 예였고 파리 재개발과 공공 건축은 다시 이 가운데 건축-도시 분야의 업적에 해당되었다. 좁혀 보면 프랑스 네오 바로크의 두 대표작인 누보 루브르와 파리 오페라하우스가 각각의 기능 유형인 호텔 등 상류 주거와 극장의 모델이 되었다.

이런 영향은 프랑스와 경쟁 관계였던 영국에서도 나타났다. 영국에서는 철도 개통으로 1850~80년 사이에 중산층의 여행이 폭발적으로 증가하면서 이들의 숙박을 위해 많은 호텔들이 지어졌다. 이런 기능 유형은 처음이었기 때문에 대표 양식을 선정하는 문제에 직면했다. 네오 바로크의 장식 경향은 여행의 흥겨운 분위기와 잘 맞았다(그림 491). 누보 루브르가 좋은 선례였다. 전체 규모, 매스 구성, 기본 어휘, 프로그램 구성, 기능 유형의 대표성 등 여러 면에서 호텔에 잘 맞았다. 필립 찰스 하드윅Philip Charles Hardwick의 페딩튼 역 그레이트 웨스턴 호텔Great Western Hotel at Paddington Station, 런던, 1851~53은 그 시작을 알리는 대표적 예였다. 심지어 영국의 골수 고딕주의자 조지 길버트 스콧조차도 세인트판크라스 역 미들랜드 그랜드 호텔Midland Grand Hotel of St. Pancras Station, 런던, 1868~74에서 네오 바로크의 분위기를 가미했다(그림 492).

미국에서는 제너럴 그랜트General Grant 혹은 프렌치 스타일French Style 등의 명칭으로 불리며 크게 융성했다. 신생국 미국은 프랑

491 찰스 돌(Charles Doll), 러셀 호텔(Russell Hotel), 런던, 1900

492 조지 길버트 스콧(George Gilbert Scott), 세인트판크라스 역 미들랜드 그랜드 호텔(Midland Grand Hotel of St. Pancras Station), 런던, 1868~74

스의 영향을 받아들여 시청사나 시 행정 청사에 네오 바로크를 집중적으로 사용했다. 이런 경향은 고전주의를 기본으로 한 연방 양식Federal Style이 주청사를 주로 담당했던 것과 대비를 이루었다. 이탈리아에서는 네오 바로크 이외에 움베르토 1세 양식Stile di Umberto I이라고도 불렀다. 이탈리아는 바로크의 발원지라는 자부심에서 네오 바로크를 근대적 발전을 이룩한 움베르토 1세의 이름과 동일시했는데, 그 자부심의 바탕에는 민족주의가 깔려 있었다.

독일은 바로크가 신성로마제국의 마지막 기독교 양식이었기 때문에 제국으로 통일되어 가던 19세기에는 안 맞는 면이 많았다. 19세기 독일의 국가 양식은 낭만주의와 결부된 고전주의로 귀결되어 가고 있었다. 이런 배경 아래 독일의 네오 바로크는 크게 융성하지 못하고 극장, 증권거래소, 시청사 등 세속 권력의 공공건물에 쓰였다. 독일 바로크는 기독교 양식이어서 이런 민간 건물과는 맞지 않았기 때문에 프랑스의 네오 바로크를 받아들인 측면이 많았다. 오스트리아에서는 젬퍼가 르네상스 리바이벌과 혼용된 네오 바로크를 구사했다.

네오 바로크(3)–잉글리시 르네상스와 노르만 쇼

영국은 프랑스 다음으로 네오 바로크가 융성한 나라였다. 영국의 네오 바로크는 두 단계로 나눌 수 있다. 첫번째 단계는 1840~85년 사이로, 프랑스의 영향을 바탕으로 한 형성기였다. 엘름스의 성 조지 홀St. Geroge's Hall, 리버풀, 1841~은 그 시작을 알리는 건물이었다(그림 337, 338). 이 건물에서는 바로크 리바이벌 경향이 복합적 구성 요소로 부분적으로 나타났다. 커스버트 브로드릭Cuthbert Brodrick의 리즈 시청사Leeds Town Hall, 1853~58에서는 이것을 받아 좀더 과시적 장식 경향으로 발전시켰다(그림 493). 거대 기둥, 측동의 돌출, 화려한 조각 장식, 수직 층 쌓기 등이 대표적인 특징이었다. 이것은 다시 배리의 핼리팩스 시청사Halifax Town Hall, 1859로 이어졌다.

두번째 단계는 1885~1910년으로, 이때는 영국 민족주의를 대표하는 양식으로 융성했다. 이 시기는 왕조사로는 후기 빅토리아에서 에드워드 7세재위 1901~10에 이르는 시대였다. 이 양식은 영국의 제국 양식을 대

493 커스버트 브로드릭(Cuthbert Brodrick), 리즈 시청사(Leeds Town Hall), 영국, 1853~58

표하는 측면이 많았다. 빅토리아 여왕이 사망하고 제국 경쟁이 절정에 달한 20세기 초 영국 민족주의도 덩달아 상승하면서 제국의 위용을 과시하려는 사회 분위기가 크게 일었다. 건축양식도 프랑스의 영향에서 벗어나기 위해 1700~20년의 영국 바로크를 이끌었던 크리스토퍼 렌Christopher Wren, 존 밴브루John Vanbrugh, 니콜라스 호크스무어Nicholas Hawksmoor 등과 그 뒤를 이은 기브스 등을 리바이벌하는 경향으로 나타났다.

존 맥킨 브라이든John McKean Brydon, 1840~1901은 이들 영국 바로크 건축가들의 장점을 "생동감, 픽처레스크, 질곡에서 벗어난 해방, 목적의 솔직함" 등으로 요약했다. 이런 특징은 빅토리아 여왕이 영국을 이끌며 국민 계몽으로 내건 정신이었다. 이런 점에서 에드워드 7세 때 영국에서는 네오 바로크를 '잉글리시 르네상스English Renaissance'라 부르기도 했다. 인도와 남아프리카 공화국 등 식민지에도 수출했다. 윌리엄 에머슨William Emerson의 빅토리아 기념비Victorian Memorial, 캘커타Calcutta, 1903~21는 이것을 대표하는 예였다.

이 시기 영국 네오 바로크를 대표한 건축가는 리처드 노르만 쇼Richard Norman Shaw, 1831~1912였다. 쇼는 런던 건축 아카데미에서 수학하고 대륙을 여

494 리처드 노르만 쇼(Richard Norman Shaw), 앨버트 홀 맨션(Albert Hall Mansions), 켄싱턴 고어(Kensington Gore), 영국
495 리처드 노르만 쇼(Richard Norman Shaw), 뉴 스코틀랜드 야드(New Scotland Yard), 런던, 1901~07

행하면서 고전주의를 배웠지만 개인적으로는 민족주의를 바탕으로 한 고딕리바이벌에서 더 많은 영향을 받았다. 스트리트 사무소에서 일한 경력은 이런 경향을 뒷받침했다. 쇼는 이런 성향을 바탕으로 1860년대에 고딕리바이벌과 16~17세기 영국 민가를 혼합한 '구잉글리시 스타일Old English Style'이라는 독특한 양식을 창출했다. 쇼는 컨트리하우스를 주요 유형으로 삼아 이 경향을 1880년경까지 유지하다가 17세기 바로크를 선례로 삼는 네오 바로크로 변화하기 시작했다. 이전 경향 가운데 영국의 전통에 해당하는 내용과 바로크와 잘 맞을 만한 내용들은 버리지 않고 새 경향에 더해 혼용했다. 이후 도시 주거와 상업건물을 중심으로 네오 바로크로 지어진 대표작을 남겼다(그림 494~6).

쇼의 대표작으로 켄싱턴 고어의 앨버트 홀 맨션Albert Hall Mansions, Kensington

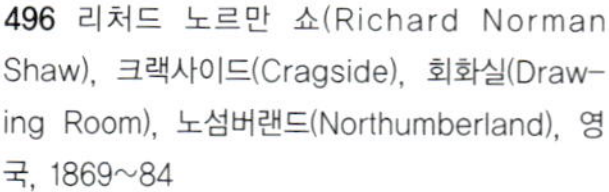

496 리처드 노르만 쇼(Richard Norman Shaw), 크랙사이드(Cragside), 회화실(Drawing Room), 노섬버랜드(Northumberland), 영국, 1869~84

Gore, 1879~86, 리버풀의 화이트 스타 오피스White Star Office, Liverpool, 1895~98, 런던의 뉴 스코틀랜드 야드New Scotland Yard, 1901~07 등을 들 수 있다. 이 건물들에서는 튜더 왕조 때의 벽돌 양식, 프랑스 바로크의 호텔 양식, 영국 바로크 디테일, 빅토리안 고딕의 선형 장식 등을 혼용한 영국만의 민족주의적 네오 바로크 양식을 선보였다. 특히 렌, 스트리트, 조지 길버트 스콧 등 영국의 선례 건축가나 동시대 건축가의 양식들을 혼용하여 네오 바로크를 영국 민족주의 양식으로 해석하는 데 성공을 거두었다.

18장 고딕리바이벌과 기독교사회주의

1. 고딕리바이벌

2. 프랑스와 독일의 고딕리바이벌

3. 퓨진-초기 빅토리안 고딕(1831~50)

4. 성기 빅토리안 고딕(1851~70)

5. 기독교사회주의

1 고딕리바이벌

고딕 서바이벌, 고딕리바이벌, 모던 고딕

고딕 건축은 12세기에 처음 모습을 드러낸 이후 고전주의의 거센 독주 속에서도 완전히 사라지지 않고 살아남아왔다. 고딕에 반대해서 시작된 르네상스 때도 생명을 이어갔으며 바로크 때는 부분적으로 부활하였다. 이런 현상은 르네상스 건축이 늦게 시작되었거나 융성하지 못했던 영불독에서 두드러졌으며 심지어 르네상스의 발원지 이탈리아에서도 나타났다. 이런 고딕의 생존은 역사적으로 중요한 의미가 있기 때문에 '고딕 서바이벌Gothic Survival'이라는 별도의 명칭으로 부르기도 한다. 말 그대로 고전주의의 견제 속에서 살아남았다는 의미다. 초기 근대 이후 5세기 동안은 분명 고전주의의 시대였다. 이런 어려움 속에서도 고딕은 기독교 정신, 자연주의, 중세 도덕, 유기성 개념, 민족주의 등을 배경으로 꿋꿋이 살아남았다(그림 497).

고딕 서바이벌의 역사적 의미는 두 가지로 요약할 수 있다. 하나는

497 1798년 쾰른 성당 공사 장면

고딕이 항시성을 획득했다는 사실이다. 르네상스는 표면적으로 고딕의 종말을 외친 대대적인 고전 부활운동이었다. 그런 와중에서 그딕이 살아남았다는 사실은 고딕도 고전과 마찬가지로 유럽 사회에 또 하나의 근원 양식으로 자리잡았다는 것을 의미한다. 다른 하나는 이런 항시성을 바탕으로 18세기 고딕리바이벌이 시작되는 데 중요한 토대로 작용했고 이것은 다시 19세기 고딕리바이벌로 이어졌다는 사실이다. 19세기에는 '양식들의 전쟁'이라는 말에서 알 수 있듯이 고딕이 고전과 대등한 입장에서 역사주의의 절반을 차지하며 리바이벌 운동을 이끄는 한 축을 담당했다. 이로써 고딕은 12세기에 처음 등장한 이래 한 번도 끊어지지 않고 19세기까지 이어졌다. 1120~1550년의 중세 고딕, 1550~1750년 초기 근대의 고딕 서바이벌, 1750~20세기 전반부의 고딕리바이벌로 이어졌다. 이것은 역으로 고딕의 항시성을 증명하는 증거가 되었다.

18세기 계몽주의 때는 고딕리바이벌이라는 양식 단위의 부활 현상이 본격화되었다. 그러나 아직은 제한적이었다. 영국을 중심으로 낭만주의와 픽처레스크 운동의 일환으로 진행된 측면이 많았다. 스스로 독립 양식이 되지 못하고 다른 운동의 하부 요소로 남았다는 의미다. 고딕리바이벌은 19세기에 크게 융성하며 전성기를 맞았다. 영불독을 중심으로 한 유럽 대부분의 나라와 미국 등 서양 전역에서 대단위로 유행했다. 내용, 범위, 규모 등 모든 면에서 독립 양식으로서 면모를 갖추었을 뿐 아니라 기독교사회주의, 미술공예운동, 유기성 기능주의, 픽처레스크 운동, 민족주의, 복원 운동, 신건축운동 등 사회문화 전반의 다른 현상을 포괄하는 상위 장르로 자리잡았다.

고딕 서바이벌까지는 중세 고딕의 연속이었다. 중세보다 쇠퇴하기는 했지만 그 내용은 중세와 다를 것이 없었다. 반면 18세기 중반부터 나타난 고딕리바이벌부터는 일정한 재해석이 가해졌다. 이런 점에서 고딕리바이벌은 '모던 고딕^Modern Gothic'이라는 명칭을 써서 중세의 원본 고딕과 구별하기도 한다. 고딕리바이벌이 하나의 독립적 건축운동으로 인정받으며 정식 명칭으로 자리잡은 것은 찰스 로크 이스트레이크^Charles Locke Eastlake의 『고딕리바이벌의 역사^*A History of the Gothic Revival*』^1872라는 책이 출판된 때로, 의외로 늦은 편이었다.

19세기 고딕리바이벌은 구체적 내용에서 픽처레스크와 합리적 해석

498 카를 브레헨(Karl Blechen), 〈폐허 상태의 고딕 성당*Gtische Kirche in der Ruine*〉(1826)
499 딘 & 우드워드(Thomas Deane & Benjamin Woodward) 파트너, 옥스퍼드대학 박물관(Oxford University Museum), 영국, 1855~61

이라는 상반된 두 가지 내용을 대표적 특징으로 가졌다. 전자는 건축 내부의 고유한 예술성 측면에서 18세기 픽처레스크 개념을 이어받아 주로 외관에 이것을 표현한 경향이었다. 18세기 픽처레스크는 자연 해석과 유기 구성에 집중했으나 19세기에는 개별 부재와 건물 윤곽 같은 형태 중심으로 바뀌었다. 포인티드 아치와 트레서리 등의 선형 요소에 나타난 경쾌함과 가벼움, 자잘한 디테일에 수반되는 섬세한 음영 효과, 자잘한 디테일과 웅장한 구조체 사이의 스케일 차이에 따른 숭고미, 크고 작은 첨탑들과 플라잉 버트레스 등이 어우러져 만들어내는 그로테스크한 윤곽 등이 대표적 내용이었다(그림 498). 이 경향은 영국이 대표하는 가운데 독일이 뒤를 이었으며 19세기 낭만주의의 요체를 이루었다.

후자는 18세기 합리주의 해석인 그레코-고딕 아이디얼을 이어받은 경향이었다. 이 경향은 19세기 신건축운동의 일환으로 고딕 성당을 철물 구조로 재해석하는 방식으로 나타났다. 18세기에는 아직 전통 석조

건축을 사용했기 때문에 그레코-고딕 아이디얼을 구체적 결과물로 완성하는 데 한계가 있었다. 19세기에는 철물을 사용함에 따라 이것을 완성시킬 수 있었다. 그 내용은 철물을 이용하여 고딕 성당의 구조 방식을 번안해 넓은 기둥 간격과 고층화의 가능성을 타진하는 방향이 주를 이루었다(그림 499). 이 경향은 신건축운동에 속하는 것으로, 교회 건축 분야에서는 프랑스가 대표했으며 영국과 독일은 박물관 등 세속 전시 기능에서 앞서 나갔다.

기독교사회주의, 민족주의, 빅토리안 고딕

19세기 고딕리바이벌은 기독교사회주의와 민족주의라는 정치 사회적 경향과 연관성이 깊었다. 기독교사회주의는 넓게는 산업자본주의와 기계 · 물질문명으로 인한 정신적 황폐에 대한 대안으로 일어난 중세주의의 일환이었다. 중세주의는 포괄적 예술운동으로 기계 · 물질문명의 대안을 과거 중세 기독교의 순결한 정신세계에서 찾으려 했다. 이 운동이 정치 사회적으로는 기독교사회주의와 연대했다. 산업자본주의의 대안을 찾는 과정에서 사회주의와 중세주의가 동일한 이상을 공유했기 때문이다. 기독교사회주의라는 말 속에 이미 사회주의와 중세주의 사이의 연합운동이라는 뜻이 담겨 있었다.

19세기 민족주의는 문명, 언어, 역사를 기본 매개로 형성되었는데 중세는 이 셋을 포괄하는 좋은 시대였다. 문명 차원에서는 서북 유럽의 기독교 문명이 남유럽의 헬레니즘을 대체했다. 언어 차원에서는 각국의 지역 언어가 라틴어를 대체했다. 역사에서는 지중해 중심의 고대가 끝나고 유럽 본토만의 자생적 역사가 처음 시작되었다. 이런 움직임은 이미 중세부터 제한적, 부분적으로 시작되었으며 근대 초기 5세기를 거쳐 18세기에 1차 완성된 뒤 19세기로 이어진 것이었다. 중세를 대표하는 고딕 건축을 자국의 국가 양식으로 삼으면 민족주의를 보강할 수 있었기 때문에 각국은 고딕에 관심을 집중하기 시작했다.

유럽 열강들은 자국의 역사를 되도록 훌륭한 것으로 포장하기 위해 동원 가능한 모든 수단을 찾았는데 당시까지 주인이 밝혀지지 않았던 고딕 건축이 가장 좋은 대상이었다. 이 과정에서 프랑스가 고딕의 종

500 프리드리히 호프슈타트(Friedrich Hoffstadt), 『고딕 ABC *Gotisches ABC-Buch*』(1840)에 나온 고딕 어휘 및 작도 설명

주국이라는 사실이 밝혀지긴 했지만 19세기 초까지만 해도 영불독 세 강국은 자신들이 고딕의 주인이라고 앞다퉈 주장했다. 또한 프랑스가 고딕의 종주국이라는 사실이 밝혀진 이후에도 그것과 상관없이 각국은 자국의 전통 정서와 고딕을 결부할 만한 충분한 근거들을 가지고 있었다.

괴테는 『독일 건축에 관하여*Von deutscher Baukunst*』1772라는 책에서 중세 신성로마제국을 근거로 들며 "고딕 건축은 독일 건축, 즉 우리의 건축이다"라고 주장했다. 이런 주장은 벤야민에게까지 이어져 그는 『아케이드 프로젝트』에서 독일다운 건축은 중세 건축이라는 기조를 바탕에 깔고 논리를 전개하고 있다. 존 카터John Carter는 『영국의 고대 건축*The Ancient Architecture of England*』1795~1814이라는 책에서 역시 종교적 배경을 근거로 "고딕을 우리의 국가 건축"이라고 주장했다. 프랑스도 마찬가지였다. 프랑수아 샤토브리앙François Chateaubriand은 『기독교의 특성*Genie du christianisme*』1801이라는 책에서 각 양식에는 각각의 탄생지와 고유한 기능이 있는데 고딕은 프랑스에서 탄생한 기독교 양식이라는 주장을 폈다. 영불독 각국은 고딕에 자국의 역사를 붙여 다른 명칭을 만들어내기도 했다. 영국의 '초기 영국', 프랑스의 '필리프 오귀스트 양식le style Philippe-Auguste', 독일의 '도이체 바우쿤스트deutsche Baukunst' 등이 대표적 예다.

가톨릭과 등을 졌던 대표적 신교 국가인 독일과 영국이 가톨릭 중심의 중세 양식인 고딕을 자국의 전통 국가 양식으로 만들기 위해 특히 열심이었다. 두 나라는 고전주의 유산이 약했기 때문에 19세기 '양식들의 전쟁'이 펼쳐지는 상황에서 고딕을 자국의 대표 양식으로 삼으려는 분위기가 강했다(그림 500). 이런 불일치는 19세기 유럽 문명이 피상적 허상과 욕망에 얼마나 사로잡혀 있었는지를 잘 보여주는 예이기도 했다.

영국의 빅토리안 고딕은 이것을 대표하는 예였다. 영국은 특히 중세 전통의 부활에 강하게 매달렸다(그림 501). 영국의 신교 자체가 가톨릭과 어중간하게 연합하여 이루어진 것이었다. 이 때문에 종교개혁 이후 영국 역사에서는 신교와 가톨릭이 대립하며 정치권력과의 결탁 여부에 따라 교대로 득세하는 양상이 계속되었다. 가톨릭은 왕정복고로 대표되는 보수 세력과, 신교는 청교도 혁명을 기치로 내걸며 이에 맞선 진보 세력과 각각 손을 잡아왔다.

19세기에는 보혁구도를 뛰어넘어 민족주의라는 공통의 가치를 위해 빅토리아 여왕 아래 하나로 뭉쳤다. 빅토리아 여왕은 영국 국민을 하나로 묶는 중요한 수단으로 이것을 활용했다. 이런 현상을 통칭해 빅토리안 고딕Victorian Gothic이라 부른다. 중세 문명에 대한 향수와 애정이 유난히 강했던 영국은 고딕리바이벌이 가장 융성한 나라가 되었다. 빅토리안 고딕 내에서 퀸 앤 리바이벌Queen Anne Revival, 구잉글랜시 스타일, 미술공예운동Arts and Crafts Movements 등으로 분화도 일어났다. 이 때문에 빅토리안 고딕은 좁은 의미에서 19세기 고딕리바이벌과 동의어로 볼 수 있을 정도였다.

501 존 콘스태블(John constable), 〈주교의 마당에서 본 솔즈베리 성당*Salisbury Cathedral from the Bishop's Grounds*〉(1823)

교회에서 세속 건물로-고딕 기능 유형의 확장

리바이벌의 구체적 대상은 주로 성당과 성채였다. 18세기 고딕리바이벌이 로코코와 섞이면서 장식 중심으로 전개된 것과 달리 19세기에는 기능 유형 중심으로 바뀌었다. 성당과 성채는 중세 문명의 성과 속을 대표하던 기능 유형이었다. 성당은 고딕을 대표하는 상징성이 컸기 때문에 가장 중요한 리바이벌 대상이 되는 데 이론의 여지가 없었다. 구체적으로는 기독교사회주의 같은 가톨릭 부활운동과 연계하기도 했다. 교회는 물론 시청사나 박물관 같은 세속 기능에도 많이 쓰였다. 성채는 중세 농노제도의 마지막 붕괴에 대한 반발적 향수가 작용했다. 성당이 여러 복잡한 건축운동과 합해진 데 반해 성채는 단독으로 남아 19세기 낭만주의 건축의 핵심 요소가 되었다. 자연 경치와 어울리는지 여부도 중요한 요인이었다. 성채는 교외에 개발한 상류층 휴양지의 단골 메뉴가 되었다. 픽처레스크 조경과 함께 중세 시대의 주거 모티프가 주로 쓰였는데 성채는 중심 위치를 차지했다(그림 502).

고딕의 성당과 성채를 리바이벌 소재로 삼아 거의 모든 기능 유형을 담당하는 폭넓은 포괄성을 보였다. 이 경향은 앞의 민족주의를 뛰어넘은 국제주의 양상을 대표한 현상이었다. 이 경향을 이끈 이는 조지 길버트 스콧이었다. 그는 『세속 건축과 주거 건축의 현재와 미래에 대한

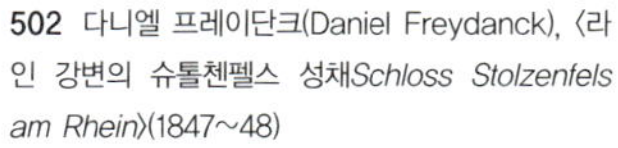

502 다니엘 프레이단크(Daniel Freydanck), 〈라인 강변의 슈톨첸펠스 성채*Schloss Stolzenfels am Rhein*〉(1847~48)

주장Remarks on Secular and Domestic Architecture, Present and Future』1857이라는 책에서 '양식들의 전쟁'의 기본 기조였던 "한 가지 기능 유형에는 한 가지 양식만이 어울린다"는 주장을 반박하며 종교 건축과 세속 건축 사이의 양식적 교환을 주장했다. 포괄성은 가톨릭교회에서 시작되었다. 나폴레옹 때의 보수 회귀 움직임을 타고 가톨릭은 프랑스대혁명 때의 타격을 만회하기 위한 대대적 부활운동을 전개했고 고딕 건축을 자신들의 대표 양식으로 선언했다. 이 과정에서 고전주의자들도 교회를 중심으로 고딕 양식을 구사하는 변화가 나타났다. 싱켈의 프리드리히베르더 교회가 대표적 예다.

인구 증가와 도시 확장도 중요한 요소였다. 인구가 증가하면서 새 도시가 생겨나거나 기존 도시가 확장되었다. 이것은 가톨릭 교구의 증가를 의미했다. 이에 따라 새 교회가 대거 필요했다. 이런 현상은 특히 영국에서 두드러졌다. 런던을 예로 들면 인구는 1801년의 100만 명에서 1871년에 380만 명으로 늘어났고 도시 반경은 13킬로미터에서 21킬로미터로 늘어났다. 이에 따라 새로 필요해진 교회가 런던 시내에만 수십 채에 달했다.

이 문제를 해결하기 위해 영국 의회는 1818년에 '백만 파운드 법률안Million Act'을 가결했다. 이 법안은 의회가 교회 건설을 위해 100만 파운드의 예산을 승인한 것으로, 위원회를 결성하여 고딕 건축을 표준 양식으로 한 '위원회 교회안Commissioners' Churches'을 발표했다. 법안 자체는 신교의 개혁운동에 대한 반발로 가톨릭 부흥을 위한 것이었지만, 고딕 양식이 표준안이 된 것은 공사비가 적게 든다는 이유가 가장 컸다. 당시 영국을 대표하던 양식은 그릭 리바이벌이었지만 고딕이 더 싸다는 이유가 크게 작용했다. 이 법안에 따라 600여 채의 교회들이 고딕 양식으로 지어지면서 19세기 고딕리바이벌이 시작되는 데 중요한 기여를 했다.

고딕 양식은 곧바로 세속 건물에도 쓰였다. 왕궁은 대표적 기능 유형이었고 독일은 이런 현상을 이끈 나라였다(그림 5-3). 고딕 양식은 왕궁에서 국회의사당, 시청사, 법원 등으로 옮겨 갔다. 영국의 국회의사당은 고전 윤곽과 고딕 디테일을 혼합한 양식으로 이 경향을 대표했다. 독일과 오스트리아에서는 시청사에 고딕리바이벌을 주로 사용했다. 중세에 도심 광장을 중심으로 성당과 시청사가 균형을 이루며 마

503 조지 길버트 스콧(George Gilbert Scott), 독일제국 의사당(Reichstagsgebäude) 설계 경기 계획안

주보고 세워지던 전통을 부활한 것이다.

온실, 기차역, 박물관, 전시관 등 철물 구조 유형에도 고딕은 유용한 모델이었다. 다발 기둥을 중심으로 한 고딕의 대표적 구조 공법인 데가주망dégagement이 철물의 접합식 구조와 기본 성격이 유사했기 때문이다. 이런 기능 유형에서 철물 구조는 고딕의 구조 공법을 근대적 신구조 공법으로 재해석했다. 여기에 더해 외관도 고딕 성당을 모방한 경우가 많았다. 이런 경향은 프랑스 교회 건축에서도 동일하게 나타났다. 근대적 재해석의 모델이 되는 성당 자체를 통째로 철물 구조로 번안해 지으려는 시도였다. 자세한 내용들은 아래에서 살펴볼 것이다.

이상이 19세기 고딕리바이벌의 큰 지형도였다. 연대적 진행 상황을 보면 독일과 영국이 거의 동일하게 출발하였다. 19세기 초반까지는 18세기 픽처레스크가 계속되었다. 19세기만의 고딕리바이벌은 1815년경 시작된 독일의 비더마이어 양식과 1818년 영국의 '백만 파운드 법률안'을 기점으로 본격화되었다. 비더마이어 양식은 1848년 3월혁명까지 전성기를 이어갔고 그 이후에도 19세기 말까지 계속되었다. 영국에서는 1830년경을 기점으로 기독교사회주의가 시작되었고 이것이 1840년경 빅토리안 고딕으로 통합, 발전한 뒤 1870년경까지 계속되었다. 1870년경부터는 영불독 세 나라를 중심으로 절충주의의 한 분파로 합쳐졌다. 한편 영국에서는 1870~80년경부터 퀸 앤 리바이벌과 구잉글리시 스타일 등과 같은 중세주의 지역 양식이 모더니즘의 초창기 현상으로 새롭게 나타났다. 이상을 연대 진행에 따른 표로 정리하면 아래와 같다.

표 8. 18~19세기 고딕리바이벌 및 중세주의 요약

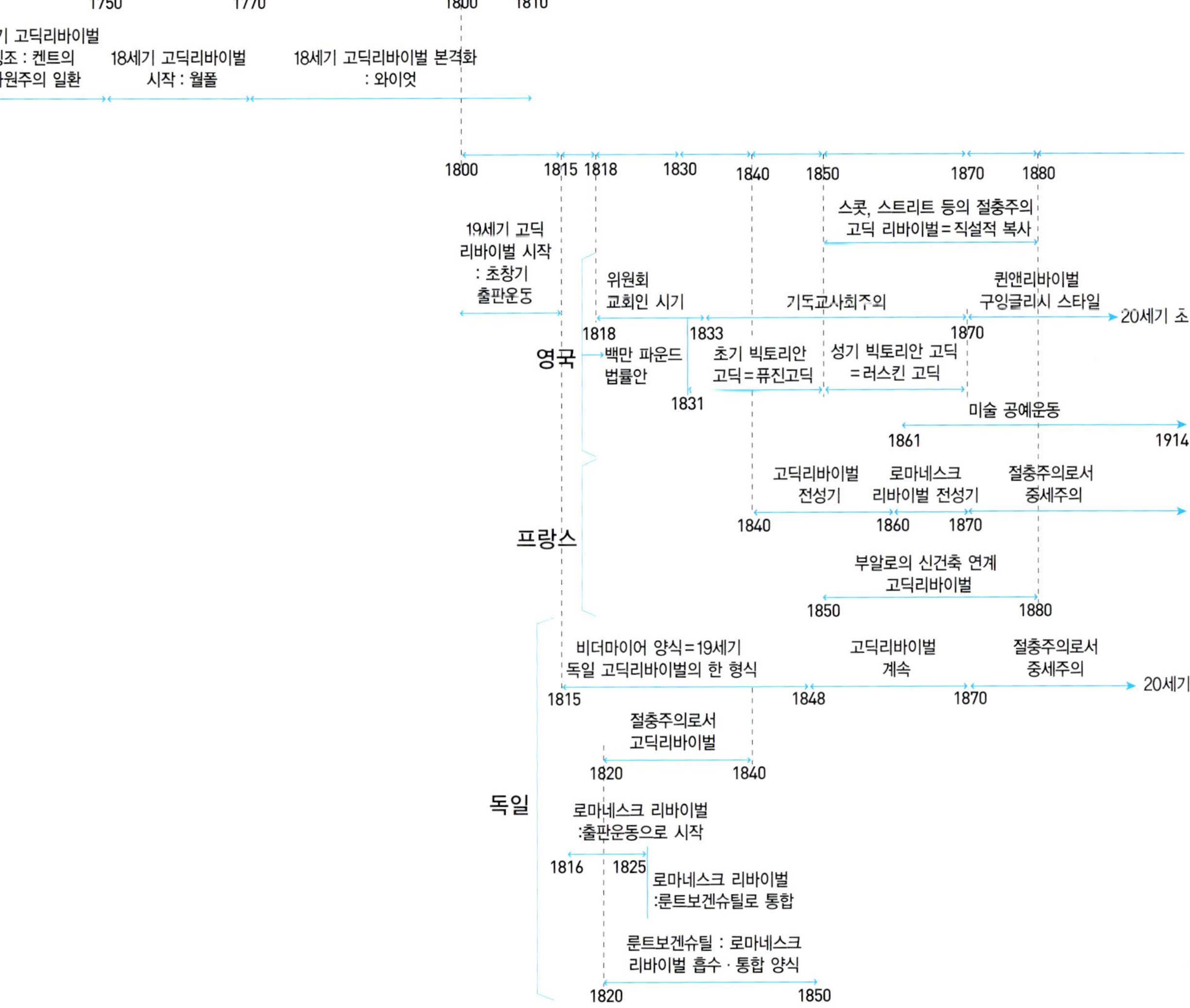

2 프랑스와 독일의 고딕리바이벌

프랑스-로마네스크 혼용과 복원 운동

프랑스 고딕리바이벌은 나폴레옹의 제국 양식에 밀려 늦게 시작되었다. 나폴레옹 몰락 후 복원된 부르봉 왕가는 고딕 양식을 좋아하기는 했지만 건축계는 아직 준비가 되어 있지 않았다. 이후 다소 늦은 1840~50년대 집중적으로 나타났다. 프랑스의 고딕리바이벌은 직설적 복사, 로마네스크와의 혼용, 철물 건축을 이용한 새로운 번안, 복원 등 네 가지 방식으로 이루어졌다. 시작은 직설적 복사 경향이었다. 라쉬의 생니콜라St. Nicolas, Nantes, 1840~50는 그 문을 연 건물이었고 이후 고F. C. Gau의 생클로틸드St. Clotilde, 파리, 1846~53가 뒤를 이었다. 두 건물 모두 프랑스 성기 고딕의 표준 구성에 충실한 직설적 고딕리바이벌이었다(그림 297, 504). 부알로의 생퇴젠1854~55은 철물로 번안한 대표적 예였다.

504 프란츠 크리스티앙 고(Franz Christian Gau), 생클로틸드(St. Clotilde), 파리, 1846~53

1860년대에는 로마네스크와의 혼용 경향이 두드러졌다. 발뤼의 성삼위일체 성당La Trinite, 파리, 1861~67, 루이 에레Louis Heret의 라크루아 노트르담 성당Notre-Dame de la Croix, 파리, 1863~69/80, 피에르 보상Pierre Bossan의 푸르비에르 노트르담 대성당Notre-Dame de Fourviere, 리옹, 1866~88 등은 이것을 대표하는 예였다. 성삼위일체 성당은 로마네스크와 플랑부아양 고딕을 혼용했다(그림 485). 이 건물의 주변은 주거지역과 상업지역의 상이한 두 구역으로 나뉘었는데 여기에 맞추기 위해 두 양식을 혼용했다. 주거지역의 안정된 분위기에는 로마네스크의 차분한 반원형 아치를, 상업지역에는 흥을 돋우기 위해서 플랑부아양의 극단적 장식 양식을 대응시켰다.

라크루아 노트르담 성당은 로마네스크, 고딕, 비잔틴을 혼용한 종합적 절충주의 건물이었다. 창의 기본 유형은 로마네스크의 반원 아치형이었지만 이것을 '스틸티드stilted: 들어올린다는 뜻'시킴으로써 고딕의 포인티드 아치 효과를 냈다. 정면은 강한 수직성을 드러내면서 고딕 구성을 모방했다. 평면은 비잔틴의 그릭 크로스를 기본 구성으로 삼았고 천장은 펜던티브 돔으로 처리했다. 네이브 월은 스틸티드 반원형 아치를 기본 모티프로 삼아 네이브 월의 3단 구성으로 구획했고 천장은 철물 볼트로 처리했다(그림 505). 푸르비에르 노트르담 대성당은 로마네스크와 고딕을 혼용했다. 로마네스크의 반원형 아치를 기본 부재로 삼아 외관과 실내에 골고루 사용했으며 전체 윤곽은 고딕의 수직성을 나타냈다(그림 506).

505 루이 에레(Louis Heret), 라크루아 노트르담 성당(Notre-Dame de la Croix), 파리, 1863~69/80

프랑스는 고딕 건물의 복원 운동을 이끌었다. 중세 건축물의 복원 운동은 앞에 언급한 민족주의운동을 대표하는 구체적 형식 가운데 하나였다. 각국은 고딕의 종주국임을 증명하기 위해 되도록 많은 고딕 건물을 보유해야 했다. 르네상스 이후 초기 근대기를 거치면서 고딕 유적은 거의 방치되어 왔다. 종교개혁과 프랑스대혁명에 이르는 탈가톨릭운동의 영향도 컸다. 18세기 낭만주의와 19세기 민족주의를 거치면서 상황은 바뀌어서 고딕 유적도 고전 유적과 동일한 중요성을 지니게 되었다. 고고학의 발전과 함께 고딕 유적의 발굴과 복원 운동이 활발하게 일어났다.

복원 운동은 학문적 발전이나 신건축운동과도 관계가 깊었다. 프랑스가 고딕의 종주국이라는 사실이 고고학과 예술사학에 의해 학문적으로 밝혀진 것과, 토머스 릭맨Thomas Rickman이 『영국 건축의 양식을 구별하려는 시도*An Attempt to Discriminate the Styles of English Architecture*』1817라는 책에서 영국 고딕을 '초기 영국-장식-수직'의 세 양식으로 분류한 것이 대표적인 예다. 아르시스 드코몽Arcisse de Caumont은 프레-로마네스크, 로마네스크, 근원 고딕, 레요낭, 플랑부아양 등의 용어를 만들어서 프랑스 중세 건축의 역사를 세웠다.

506 피에르 보상(Pierre Bossan), 푸르비에르 노트르담 대성당(Notre-Dame de Fourviere), 리옹(Lyon), 프랑스, 1866~88

유럽에서는 19세기에 접어들면서 고딕 발굴 내용을 담은 책들의 출간이 폭발적으로 증가했다. 앞의 두 예에 더해 프랑스의 텔로, 영국의 존 브리튼John Britton, 독일의 몰러 등이 대표 저자들이었다. 복원 경험은 설계에 도움을 주었다. 고딕리바이벌주의자들은 대부분 복원 작업을 병행했다. 고딕 건축의 구조적 우수성을 신건축 운동과 접목하는 데도 중요한 토대가 되었다.

위의 두번째 경향에 속한 프랑스 건축가들이 이 경향을 이끌었고 비올레르뒤크는 대표적인 인물이었다. 이 내용은 신건축운동에서 살펴볼 것이다.

독일-중세주의와 비더마이어

독일의 고딕리바이벌은 영국보다 정치적 색채를 더 많이 띠었다는 차이가 있을 뿐 그 열기는 영국과 비슷했다. 독일에서는 게르트너와 휩슈가 이끄는 중세주의가 국민주의와 연계하여 독일의 전통 정서를 대변하는 국가 양식으로 인식되는 분위기가 강했다. 그러나 차이도 있었다. 영국의 국가 양식이 빅토리안 고딕 한 가지로 통일된 반면 독일에서는 중세주의 대 신고전주의의 대립 구도가 형성되었다. 영국도 '양식들의 전쟁'의 발상지로 건축가들 사이에 이와 유사한 대립적 논쟁이 뜨거웠지만 구체적 결과로서 국가 양식은 빅토리안 고딕으로 통일되었다. 독일에서는 중세주의가 국민주의와, 신고전주의는 자유주의 및 국제주의와 각각 연계되며 당시 독일의 정치 상황을 그대로 반영했다. 두 양식은 독일의 진정한 국가 양식이 무엇인지를 놓고 대립했다.

중세주의 내에서도 로마네스크 리바이벌과 고딕리바이벌 둘로 갈렸다. 게르트너와 휩슈는 중세 기독교 문명의 원형성과 순도를 기준으로 들며 로마네스크가 가장 독일다운 국가 양식이라고 주장했다. 실제로 중세 내에서도 독일이 가장 융성했던 때는 가톨릭 중앙정부와 맞서던 로마네스크 시기였다. 고딕 시기 독일은 쇠퇴해 있었다. 19세기 독일 국민들은 로마네스크 때를 자국의 전성기로 여기며 그리워했다. 이를 배경으로 독일에서는 고딕리바이벌보다 로마네스크 리바이벌이 더 융성했다. 룬트보겐슈틸 같은 독립적 로마네스크 리바이벌 양식을 갖기도 했다. 한편 고딕리바이벌은 '검소한 도덕성과 수공예'를 무기로 들고 나왔다. 일상생활의 조형 환경 전반을 담당하는 건축 매개로 기독교 정신이 깃든 중세 수공예 예술을 제시했다. 이런 점에서는 영국의 기독교사회주의와 공통점이 있었다. 비더마이어 양식은 그 대표적인 예였다.

독일 고딕리바이벌은 낭만적 재해석, 독일 지역주의, 직설적 복사,

세속 기능의 적용 등 네 가지 경향이 대표적인 특징이었다. 요한 고틀리에프 브렌델Johann Gottlieb Brendel의 파우엔인젤 성채Schloss Pfaueninsel, 베를린 파우엔인젤 Berlin-Pfaueninsel, 1794~97는 낭만적 재해석을 대표하는 예이자 동시에 19세기 독일 고딕리바이벌의 시작을 알리는 건물이다(그림 507). 이 건물은 성채, 폐허, 포인티드 아치, 장식 공예 등 다양한 중세 모티프를 흰 벽체와 철물을 이용하여 동화 같은 분위기로 표현했다.

지역주의는 싱켈의 영향으로 독일 중세의 전통적인 붉은 벽돌을 사용한 경향이 대표적 특징이었다. 알렉시스 드샤테알스Alexis de Chateals의 성 베드로 교회St. Peterkirche, 함부르크, 1843~40는 그 대표적 예다. 함부르크는 중세부터 벽돌의 주요 산지로 벽돌 건축이 융성한 지역이었다. 그 경향은 벽돌을 이용한 장식 처리와 추상 분위기의 육면체 매스로 나눌 수 있는데 성 베드로 교회는 후자의 경향을 나타냈다(그림 508). 스튈러의 성 마태오 교회는 벽돌을 사용하여 롬바르디아 밴드를 색채주의로 번안한 장식 처리를 더했다(그림 437). 헤르만 베서만Hermann Wäsrmann의 베를린 붉은 시청사는 세속 건물에 붉은 벽돌을 이용한 고딕리바이벌 양식이었다. 직설적 복사는 페르스텔의 빈 봉헌교회가 대표적이다.

독일만의 특징으로는 왕궁과 시청사 등 세속 기능에 고딕리바이벌을 사용한 점을 들 수 있다. 민족주의 바람을 타고 지역의 군주들이 자신들의 왕궁을 고딕 양식으로 짓는 일이 많았다. 싱켈과 페르시우스가 공동 설계한 빌헬름 1세의 근거지 바벨스베르크 성채Schloss Babelsberg, 포츠담, 1833~48와 도메니코 쿠아글리오Domenico Quaglio, 1786년경~1837가 설계한 막시밀리안 2세Maximilian II의 근거지 호엔슈반가우 성Schloss Hohenschwangau, 퓌센Füssen, 1833~37 등이 대표적 예였다. 고전주의와 대립했던 독일 중세주의의 영향이 세속 권력에까지 파급된 결과였다. 이런 영향을 받아 국가적 기념비에도 고딕 양식을 사용하려는 시도가 잦아졌다. 클렌체가 발할라 계획안을 그릭리바이벌과 고딕리바이벌 두 개로 만든 것은 대표적 예다.

시청사는 베서만의 베를린 붉은 시청사Rotes Rathaus, 1861~69를 대표적 예로 들 수 있다(그림 509). 고딕리바이벌을 중심으로 한 종합적 절충주의였다. 기본 구성은 영국 국회의사당의 고전 윤곽을 모방했고 창은 로마네스크의 반원형 아치를 사용했다. 고딕리바이벌은 장식, 재료, 첨탑에서 나타났다. 장식 디테일은 독일의 공예 전통을 되살린 섬세한 돌을새김으로 처리했다. 재료는 독일 고딕을 대표하는 붉은 벽돌

507 요한 고틀리에프 브렌델(Johann Gottlieb Brendel), 파우엔인젤 성채(Schloss Pfaueninsel), 베를린 파우엔인젤(Berlin-Pfaueninsel), 독일, 1794~97

508 알렉시스 드샤테알스(Alexis de Chateals), 성 베드로 교회(St. Peterkirche), 함부르크(Hamburg), 독일, 1843~40

509 헤르만 베서만(Hermann Wäsrmann), 베를린 붉은 시청사(Rotes Rathaus), 1861~69

을 사용했다. 마지막으로 고전 윤곽의 수평선을 뚫고 한가운데에 높은 첨탑이 솟아올랐다. 오스트리아에서는 슈미트의 빈 시청사가 대표적 예였다.

독일의 중세주의는 민족주의와 합쳐져 다양한 세부 경향을 낳았는데 비더마이어 양식이 좋은 예였다. 이 양식은 1815~48년 사이 독일을 중심으로 덴마크, 오스트리아, 체코 등에서 유행한 부르주아 예술 양식이었다. 회화를 중심으로 장식 공예와 실내장식 등 생활환경 전반의 예술에서 유행했으며 시기적으로는 19세기 후반부까지 계속되었다. '비더'라는 단어가 '평범한, 검소한, 단단한' 등을 뜻하는 데서 알 수 있듯이 이 양식은 중세 독일의 실용성과 기독교를 하나로 합해 게르만 정신으로 정의하며 이것을 리바이벌해 검소한 실제 조형 환경을 만들려는 운동이었다.

510 마리엔부르크 성채(Schloss Marienburg), 독일, 1859~67

비더마이어 양식은 1830년경을 기점으로 변화가 있었다. 1830년경 이전에는 그릭 리바이벌의 추상 경향에서 영향을 받아 직선 어휘를 중심으로 차가운 분위기를 발산하는 것이 대표적인 특징이었다. 그러다 1830년 이후에는 고딕리바이벌과 절충주의의 영향을 받아 중세 어휘의 사용이 늘어났다. 전체적 분위기는 다소 복잡한 장식과 곡선이 주요 어휘가 되면서 감성적으로 변했다(그림 510). 비더마이어 개념을 건축에 적용할 경우 '중세 양식의 검소한 각색을 중심으로 이와 비슷

511 요제프 코른호이젤(Joseph Kornhäusel), 자이텐슈테텐 가 유대인 커뮤니티(Jewish Community on Seitenstettengasse), 빈(Wien), 1824~26

한 경향을 보이던 고전주의를 일부 혼합한 부르주아 양식'으로 정의할 수 있다. 비더마이어는 주로 실내장식과 가구 분야에 쓰여서 건축의 예는 많지 않지만 요제프 코른호이젤Joseph Kornhäusel, 1782~1860이 1835~45년 사이에 집중적으로 설계한 빈 집합주거를 대표적 예로 들 수 있으며 기능 유형의 대표적 예는 컨트리 빌라에서 찾을 수 있다(그림 511).

3 퓨진-초기 빅토리안 고딕(1831~50)

가톨릭 부활운동과 빅토리안 고딕

퓨진 가문은 프랑스에서 영국으로 이민 온 가문으로 영국 고딕리바이벌을 대표했다. 1792년에 영국에 정착한 이래 20세기 중반까지 150여 년간 4대에 걸쳐 최소 일곱 명의 중요한 고딕리바이벌 건축가들을 탄생시켰다. 이 가운데 가장 대표적 인물은 빅토리안 고딕의 문을 연 오거스터스 W. N. 퓨진Augustus Welby Northmore Pugin, 1812~52이었다. 그는 마흔 살에 짧은 인생을 마감했지만 아버지 오거스터스 찰스 퓨진1762~1832의 관심을 이어받아 초기 빅토리안 고딕을 완성했다. 그는 정식으로 건축 교육을 받지는 않았지만 아버지가 건축실무학교를 운영했기 때문에 집이 곧 건축 학교였다. 1835~36년은 중요한 전기였다. 1835년에는 가톨릭으로 개종하면서 고딕리바이벌에 본격적으로 투신했으며 배리 사무소에서 일하기 시작했다. 1836년에는 자신의 첫번째 주요 저서인 『대비Contrasts』를 출간했고 영국 국회의사당 설계에 참여했다.

이런 경력을 바탕으로 1837년부터 독립해서 본격적으로 활동을 시작했다. 가톨릭교회인 더비의 성모마리아 성당St. Mary, Derby, 1837~39과 매클레스필드의 성 앨번 성당St. Alban, Macclesfield, 1839~41이 대표적 예였다. 1841년은 두번째 중요한 전기였다. 『대비』와 교회 작품이 가톨릭 부활운동과 맞물려 일정한 성공을 거두면서 고딕리바이벌을 영국의 국가 양식으로 인식하는 움직임이 형성되기 시작했다. 관심은 그 주창자이자 정신적 지도자인 퓨진에게 쏠렸다. 이해에는 두번째 대표 저서인 『정확한 기독교 건축의 참된 원칙*The True Principles of Pointed or Christian Architecture*』1841을 출판했다(그림 512).

작품 활동도 활발해서 버밍엄의 세인트채드 교회St. Chad, 1839~41를 필두로 스태퍼드셔 치들의 세인트길스 교회St. Giles, Cheadle, 1840~46와 훌름의 성 윌프레드St. Wilfred's, Hulme, 1839~42 등이 완공되었다. 새로 시작한 작품으로는 노팅엄의 성 바르나바스St. Barnabas, Nottingham, 1841~44, 뉴캐슬어폰타인의 세인트

512 오거스터스 W. N. 퓨진(Augustus Welby Northmore Pugin), 『정확한 기독교 건축의 참된 법칙*The True Principles of Pointed or Christian Architecture*』(1841) 표지

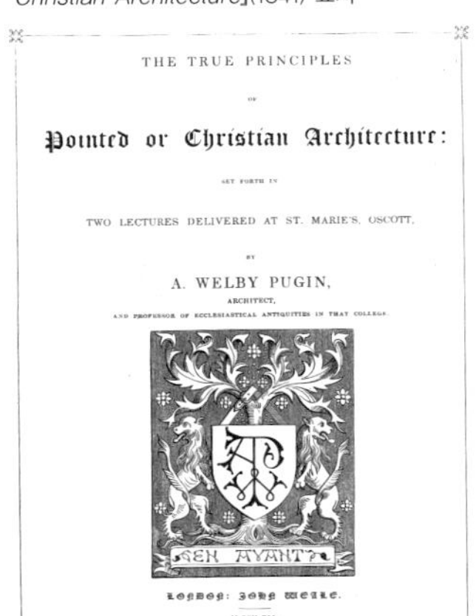
THE TRUE PRINCIPLES

OF

Pointed or Christian Architecture:

SET FORTH IN

TWO LECTURES DELIVERED AT ST. MARIE'S, OSCOTT.

BY

A. WELBY PUGIN,

ARCHITECT,

AND PROFESSOR OF ECCLESIASTICAL ANTIQUITIES IN THAT COLLEGE.

LONDON: JOHN WEALE.

M.CCM.XLI.

메리St. Mary, Newcastle upon Tyne, 1841~44, 런던 서더크의 세인트 조지 교회St. George, Southwark, 1841~48 등의 대표작을 남겼다.

1844년 이후에는 어려운 시기를 맞았다. 고딕리바이벌이 국가 양식인 빅토리안 고딕으로 확장하면서 분화되기 시작했다. 관련 계층과 집단도 증가하고 여러 이익이 개입하면서 퓨진이 주장했던 순도 높은 이상주의는 빛을 잃었다. 매슈 해드필드Matthew Hadfieid, 1812~85 등 고딕 양식 전반을 구사하는 절충주의 건축가들이나 이탈리아 고딕의 장식주의 등이 등장하면서 성기 빅토리안 고딕의 분위기로 넘어가기 시작했다.

퓨진의 고딕리바이벌은 종교적으로는 당시 영국 기독교계의 대표적 흐름이었던 로마 가톨릭 부활운동과 맥을 같이했다. 건축적으로는 정확한 복사와 창작적 재해석, 장식주의와 추상 경향, 낭만주의와 기능주의 등 여러 쌍개념 사이를 오가는 넓은 편차를 보였다. 활동 분야는 발굴, 복원, 이론 연구 등을 바탕으로 한 저술과 이것을 활용한 100여 개에 이르는 작품이 두 축을 이루었다. 저서는 고딕 양식의 각종 내용을 정리한 도판집이 주요 내용이었고 학술 연구와 이론 주장도 더했다. 고딕리바이벌을 구사하는 전문 건축가가 일차 대상이었지만 장인과 대중을 위해 되도록 쉽게 썼다. 당시 영국 상황에서는 고딕리바이벌이 건축가들만의 일이 아니라 기독교와 결부된 국민적, 국가적 관심사였기 때문이다.

작품은 교회 전체, 예배당, 교회 실내장식, 제단, 스테인드글라스, 각종 성구, 성의, 기독교 서적 디자인 등 건축을 중심으로 한 기독교 예술 전반이 핵심 내용을 이루었다(그림 513, 514, 524). 이외에 주거와 극장 건축에도 중세 가톨릭 양식을 적용해서 주요 작품을 남겼다. 주거는 컨트리하우스와 성채가, 극장 건축은 무대 디자인과 실내장식 등이 각각 주를 이루었다. 그러나 본인이 직접 설계 사무소를 운영하지는 않았고 장인, 건설업자, 실내 디자이너 등과 협업을 통해 일을 해나갔다. 장인 조지 마이어스George Meyers, 1804~75, 실내 디자이너 존 크레이스John Crace, 도자기 제조업자 허버트 민튼Herbert Minton 등이 퓨진의 주요 작품을 담당한 대표적인 협력자들이었다. 이것도 중세의 장인제도를 모델로 삼은 것이었다. 19세기에 대형 설계 사무소들이 난립하면서 과거 양식이 부동산 투기와 손잡고 돈과 효율의 논리에 따라 무작위로 복사되는 당시 현실을 또 하나의 타락상으로 비판하면서, 그 대안

513 오거스터스 W. N. 퓨진(Augustus Welby Northmore Pugin), 국회의사당(Houses of Parliament=New Palace of Westminster 웨스트민스터 신 궁전)의 귀족실(The House of Lords), 런던, 영국, 1836~60년경

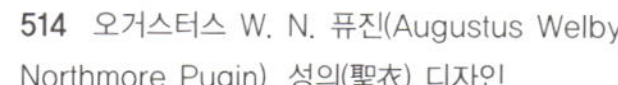

514 오거스터스 W. N. 퓨진(Augustus Welby Northmore Pugin), 성의(聖衣) 디자인

으로 작품 하나하나에 장인의 정성을 들이는 중세 정신을 몸소 실천해 보였다.

고딕 이상주의, 축조적 장식주의, 장식 양식

퓨진은 중세 가톨릭 정신의 부활을 기반으로 한 고딕 이상주의의 실현을 큰 목표로 삼았다. 산업혁명이 가장 먼저 일어났던 영국은 산업자본주의와 금융자본주의도 가장 먼저 발전하면서 심각한 사회문제에 직면해 있었다. 산업 · 기계문명은 환경을 파괴하고 수많은 노동자들을 비참한 생활로 몰아넣었다. 퓨진은 이것을 해결할 치유책은 중세 가톨릭 정신의 부활밖에 없다고 보았다(그림 515). 그의 고딕리바이벌은 건축의 사회적 파급력을 이용해 가톨릭 정신의 부활을 도우려는 목적이 있었다. 미시적으로 보면 종교개혁 이래 위축되어 있던 가톨릭 제식의 부활이 목적이었다. 이를 위해 저서와 실제 건축물 모두를 활용했다.

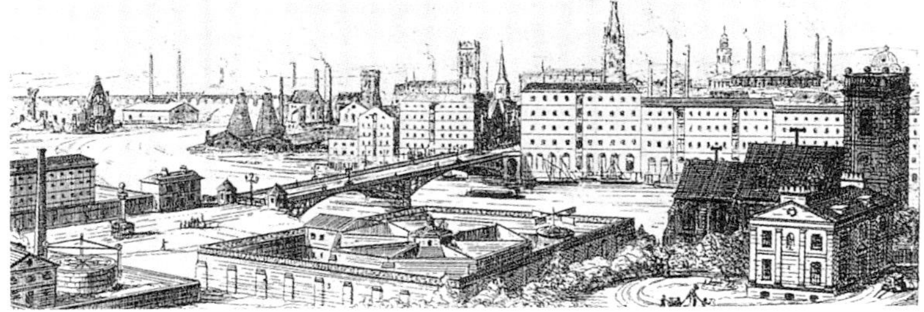

515 오거스터스 W. N. 퓨진(Augustus Welby Northmore Pugin), 『대비*Contrasts*』의 1841년 판에 실린 두 점의 그림. 〈중세 기독교 도시〉(위)와 〈19세기 산업도시〉(아래)

저서는 건축물 이상으로 중요한 고딕 이상의 전파 매개였다. 저서는 정확한 표준 어휘의 소개를 주요 목적으로 삼았다. 이를 바탕으로 자신이 건축적 진리라고 믿는 건축양식과 미학을 강한 어조로 전파했다. 퓨진은 진리의 양식은 중세 가톨릭 양식인 고딕밖에 없다는 결론을 내렸다. 고딕은 국민 정서, 종교, 건축 등 모든 매개에 걸쳐 낭만성, 귀납성, 가톨릭, 조적 구조, 공예 전통 등을 특징으로 하는 가장 영극적인 국가 양식이라는 결론이었다.

저서만 기준으로 보면 퓨진은 기독교 원리주의자에 가까운 엄밀성과 충성심을 보였다. 『대비』는 "14~15세기의 고결한 건물과 현재의 유사한 건물 사이의 비교를 통해 본 오늘날 건축 기호의 타락A Parallel Between The Noble Edifices Of The Fourteenth And Fifteenth Centuries, And Similar Buildings Of the Present Day; Showing The Present Decay Of Taste"이라는 긴 부제에서 알 수 있듯이 종교개혁이 일어난 16세기 이후의 건축을 타락한 양식으로 정의했다. 이 개념을 발전시켜 『정확한 기독교 건축의 참된 원칙』에서는 자신이 생각했던 고딕 건축의 두 가지 정수를 정리해서 발표했다. 첫째는 건물에는 편의, 구조, 합치성이 필요 없는 부재는 없어야 한다는 것이다. 다른 하나는 모든 장식은 건물의 기본 구조 방식을 풍부하게 하는 요소로 구성해야 한다는 것이었다. 이상을 합해 중세 가톨릭 정신의 정수를 성화 같은 상징

516 오거스터스 W. N. 퓨진(Augustus Welby Northmore Pugin), 『영국 기독교 건축의 부활에 대한 변호*An Apology for the Revival of Christian Architecture in England*』(1843) 속표지의 〈우리 시대의 기독교 건축의 부활*The Present Revival of Christian Architecture*〉

체계가 아닌 장식과 일체가 된 축조성에서 찾는 축조적 장식주의를 주창했다.

퓨진에게는 고딕 건축이 좋은 건축일 뿐 아니라 기독교적 진리가 담긴 건축이었다. 퓨진에게 고딕리바이벌은 예술 행위가 아니라 종교 행위이자 기독교적 의미의 도덕을 실현하는 행위였다. 『영국 기독교 건축의 부활에 대한 변호*An Apology for the Revival of Christian Architecture in England*』1843라는 책의 속표지에 등장하는 〈우리 시대의 기독교 건축의 부활*The Present Revival of Christian Architecture*〉이라는 그림은 퓨진의 이상주의를 잘 보여준다(그림 516). 이 그림에서 그는 1843년까지 자신이 설계한 22채의 교회를 한 장소에 모아 가톨릭이 지배하는 천국의 예루살렘heavenly Jerusalem을 표현했다. 이 그림은 퓨진의 어떤 이론이나 건물보다도 훨씬 웅장하게 가톨릭 부활 정신을 웅변하고 있다.

517 오거스터스 W. N. 퓨진(Augustus Welby Northmore Pugin), 『정확한 기독교 건축의 참된 법칙*The True Principles of Pointed or Christian Architecture*』(1841)에 실린 영국 장식 양식의 조적 이음매 설명
왼쪽 위부터 차례대로 노팅엄의 성 바르나바스(St. Barnabas, Nottingham), 1841~44. 뉴캐슬어폰타인의 세인트매리(St. Mary, Newcastle upon Tyne), 1841~44. 런던 서더크의 세인트조지 교회(St. George, Southwark), 1841~48

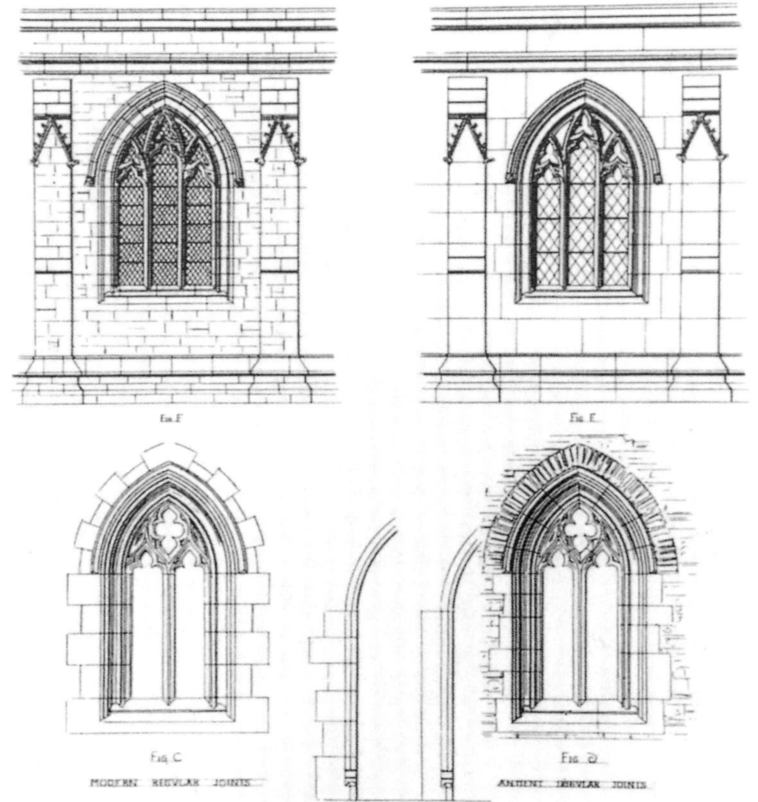

퓨진은 고딕을 세분화해서 영국을 대표할 국가 양식으로 장식 양식Decorated Style, 1240/80~1330/50을 들었다. 이 양식을 초기 영국 양식인 제1 포인티드 아치 양식과 구별해서 제2 포인티드 아치 양식 혹은 미들 포인티드 아치 양식이라 부르며 진정한 고딕 양식으로 보았다(그림 517). 초기 영국 양식은 아직 가톨릭 정신이 충분히 구현되지 못한 미숙한 단계로 보아, 수직 양식은 종교개혁 기간의 양식이었기 때문에 가톨릭 정신이 신교에 의해 변질된 단계로 보아 각각 거부했다. 영국의 여러 고딕 양식 가운데 이상적 선례를 찾으려는 시도는 18세기부터 있었다. 앞에 소개한 와이엇이 대표적인 예로 그는 초기 영국 양식을 추종했다. 퓨진은 이것을 논리적, 집단적 증거가 충분하지 못한 와이엇의 개인 취향이라 비판하며 장식 양식만이 진정한 영국 고딕이라고 주장했다.

퓨진도 실제로 교회를 건축할 때는 저서에서 이상적 양식이라 주장했던 장식 양식만을 사용하지는 못했다. 뉴캐슬어폰타인의 세인트메리는 장식 양식으로 지어졌지만 성 바르나바스는 초기 영국 양식으로 지어졌다. 세인트채도 교회에서도 건물은 초기 영국 양식으로, 제단은 장식 양식으로 혼용했다(그림 518, 519). 이것은 당시 가톨릭 내부와 영국 국민들이 퓨진의 이상주의에 완전히 동화되지 못했음을 보여주는 증거다.

장식 양식을 선호한 것은 퓨진의 개인적 취향에 따른 측면도 많았

518 오거스터스 W. N. 퓨진(Augustus Welby Northmore Pugin), 세인트채드 교회(St. Chad), 버밍엄(Birmingham), 영국, 1839~41

519 오거스터스 W. N. 퓨진(Augustus Welby Northmore Pugin), 세인트채드 교회(St. Chad), 버밍엄(Birmingham), 영국, 1839~41

다. 퓨진이 자신의 주장의 근거로 든 증거는 이 양식이 가톨릭 전성기 양식이라는 사실뿐이었다. 이 때문에 퓨진은 교회를 설계할 때 건축주나 교계와 마찰을 빚곤 했고 이들을 충분히 설득하지 못했을 때는 어쩔 수 없이 이들의 요구대로 다른 양식으로 설계했다. 퓨진 자신도 일관성을 보이지 못했다. 장식 양식을 사용한 경우에도 장식을 절제한 초기 영국 양식에 가까운 면을 많이 보였다. 심지어 영국 로마네스크의 노르만 양식도 선호하는 선례 가운데 하나였다. 이런 경향은 초기 영국 양식의 미숙함과는 다른 절제미라는 또다른 미덕을 추구한 것이었지만, 종교 지도자들이나 일반 국민들이 이것을 구별해내기란 불가능했다.

기능주의-세인트오거스틴 교회와 세인트채드 교회

퓨진이 가톨릭 정신의 직설적 복고만을 주장한 것은 아니다. 실제 건축물을 통해 19세기 가톨릭에 맞게 각색하여 새로운 유형을 제시했다. 퓨진이 설계한 수많은 교회들은 '백만 파운드 법률안'이 통과된 뒤 새로 지어진 것들이 많았다. 이 교회들은 산업화가 급속도로 진행되던 당시 영국의 다양한 사회 환경 속에서 중세 양식의 직설적 복고만으로는 뭔가 부족한 현실에 직면하였다. 따라서 현실에 맞추기 위해 실제 건축물에는 창작적 각색과 변형적 재해석을 많이 가한 편이었다. 이런 경향은 기독교에 대한 퓨진의 생각이 중세 가톨릭을 무조건 통째로 받아들이는 것이 아니었음을 보여준다. 퓨진은 중세 가톨릭에 대해 비판적으로 선별하는 입장을 견지했다. 직설적 고딕리바이벌과는 차원이 다른 창작적 재해석이었다.

이상과 같은 해석을 통해 퓨진의 이상주의는 단계가 갈라짐을 알 수 있다. 앞에 언급한 중세 가톨릭에 대한 비판적 선별 입장을 잘 보여주는 예다. "장식 양식을 바탕으로 한 교조적 이상주의—건축주와 교계의 요구에 따라 초기 영국 양식을 허용하는 현실주의—가톨릭의 전통적 형식주의와 위계에 대한 비판적 대안으로서 기능주의와 픽처레스크 구성—고전과의 통합까지 허용하는 내재적 완결성의 단계" 등으로 다원화했다. 이론과 실제 건축물의 불일치를 단순한 괴리로 놔두지 않고 비판적 선별에 따른 다원화로 승화시켰다. 중세 가톨릭에 긍정적인 면과 부정적인 면이 모두 있었기 때문에 이를 분별해서 좋은 점단 부활시키고 나쁜 점에 대해서는 비판적 대안을 찾으려 한 것으로 볼 수 있다. 예를 들어 퓨진은 세인트채드 교회의 파격적 단순화와 겸손한 지역 재료의 사용에 대해서 "(이렇게 했음에도 고딕 건축의) 진정한 법칙은 하나도 어기지 않았다"며 당당하게 자랑했다. 퓨진의 선별적 다원화는 기능주의와 픽처레스크 두 가지로 요약할 수 있다.

기능주의는 기능적 단순화와 개별 상황에 따른 적용이 주요 내용을 이루었다. 기능적 단순화란 중세 가톨릭의 전통을 살리되 제식 가운데 지나치게 형식화되어 있거나 복잡하거나 쓸모없다고 판단되는 부분을 제외하는 대신 19세기 기능주의 개념을 첨가한 처리 방식을 의미했다(그림 520). 고딕 원형을 산업 · 기계문명 시대에 맞게 각색한 것이었다. 구체적 기법으로는 제식을 몇 부분으로 나누어 단순화한 뒤 이것을 기본 공간 단위 및 매스 단위로 만들어 재조합하는 방식이 대표적이었다.

이것은 고딕의 정신을 기독교적 도덕성에 기초한 검소한 근본주의로 보겠다는 견해였다. 중세 가톨릭의 형식주의를 거부하는 대신 초대 교회의 초기 기독교 양식을 좇겠다는 생각으로 해석할 수 있다. 정신적으로는 중세 가톨릭을 추종했지만 건축적으로는 검소함을 유지하던

520 오거스터스 W. N. 퓨진(Augustus Welby Northmore Pugin), 세인트윌프레드 교회(St. Wilfred's), 훌름(Hulme), 영국, 1839~42

521 오거스터스 W. N. 퓨진(Augustus Welby Northmore Pugin), 세인트오거스틴 교회(St. Augustine's), 램즈게이트(Ramsgate), 영국, 1845~52

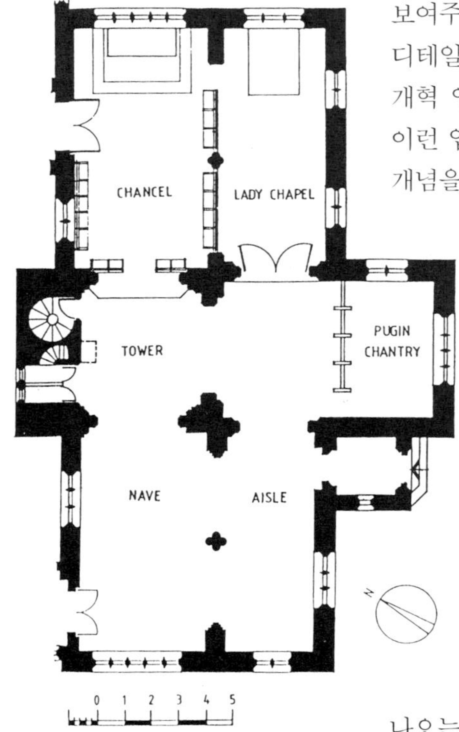

522 오거스터스 W. N. 퓨진(Augustus Welby Northmore Pugin), 세인트오거스틴 교회(St. Augustine's), 램즈게이트(Ramsgate), 영국, 1845~52

초기 기독교 양식으로 돌아가자는 취지로서 퓨진의 선별적 태도를 보여주는 예다. 고딕을 리바이벌하되 화려한 장식이나 불필요한 디테일은 생략하고 '가난한 목자'로 돌아가자는 취지였다. 신교의 개혁 영향이 일정 부분 흘러들어간 것으로 볼 수 있는 대목이다. 이런 입장은 당시 물질문명의 타락에 맞선 기독교사회주의와 기본 개념을 공유했다. 실제로 퓨진은 케임브리지 캠든의 창립 멤버로서 기독교사회주의의 초창기를 이끈 인물 가운데 한 사람이었다.

램즈게이트의 세인트오거스틴 교회St. Augustine's, Ramsgate, 1845~52는 이상과 같은 퓨진의 생각을 보여주는 좋은 예다(그림 521). 이 건물은 교회의 기능을 성단소聖壇所: chancel, 레이디 예배당, 네이브, 아일, 공양 제단chantry, 탑 등 여섯 부분으로 단순화했다(그림 522). 이 교회는 작은 마을에 교회와 학교를 겸한 건물로서 램즈게이트의 도시 규모, 이 교회가 담당하는 행정구역의 범위와 규모, 교회에 요구되는 기능 등을 고려한 처리였다. 전체 구성도 바실리카나 라틴 크로스를 깨고 사각형의 조합으로 처리했다. 여섯 부분을 담당하는 사각형 단위는 크기가 거의 비슷했다. 지역에서 나오는 부싯돌flint을 주재료로 삼아 검소함을 지향했으며 화강석을 이용하여 주요 매스의 윤곽에 띠를 둘러 최소한의 장식성만을 확보했다. 실내는 목조 트러스를 노출해 천장 구조를 짰고 벽면은 역시 지역 재료인 휘트비Whitby 석재를 이용하여 애슐러ashlar: 돌을 정사각형 모양으로 모나게 깎는 기법로 처리했다.

523 오거스터스 W. N. 퓨진(Augustus Welby Northmore Pugin), 세인트채드 교회(St. Chad), 버밍엄(Birmingham), 영국, 1839~41

개별 상황에 따른 적용은 재료, 가구, 실내장식 등을 교회가 지어지는 도시의 물리적, 사회적, 역사적 환경에 맞추는 처리 경향을 의미했다. 세인트채드 교회는 이것을 보여주는 좋은 예다. 이 교회가 지어진 버밍엄은 공업도시였기 때문에 붉은 벽돌로 건물을 짓고 가구와 실내장식은 근대적으로 디자인함으로써 고도에 지어지는 통상적 고딕리바이벌 교회와 구별했다(그림 518, 523). 이것이 신앙심을 약화시킬 수 있다는 우려에 대해서는 장식 양식으로 처리한 제단을 둠으로써 보완책을 마련했다. 『정확한 기독교 건축의 참된 원칙』에서 주장한 축조적 장식주의를 19세기에 맞게 변형시켜 구현한 예였다.

세인트길스 교회-픽처레스크 구성과 장식

픽처레스크는 구성 기법, 장식, 내재적 완결성 등이 주요 내용을 이루었다. 픽처레스크 구성은 앞의 기능적 단순화를 출발점으로 삼아 영국의 국민 정서를 혼합해서 발전시킨 것이었다. 교회 제식을 몇 부분으로 단순화한 뒤 이것에 맞는 평면, 매스, 디테일, 장식 등을 찾아내서 배정하는 방식이었다. 이때 각 부분 사이에 중요도 차이를 없앴다. 각 부분은 추상 기하주의 분위기를 유지한 채 기능에 따라 자연스럽게 파생되면서 픽처레스크 구성을 이루었다.

앞의 세인트오거스틴 교회는 기능주의가 픽처레스크 구성으로 발전한 좋은 예였다(그림 522). 평면은 좌우대칭을 약간 벗어났다. 서쪽에서는 네이브와 아일이, 동쪽에서는 성단소와 레이디 예배당이 각각 나란히 위치하면서 종방향으로 대칭 구도를 갖추었다. 그러나 두 경우 모두 왼쪽 공간의 폭을 조금 넓게 함으로써 엄격한 좌우동형 대칭에서 벗어났다. 공양 제단과 탑은 횡방향으로 이와 유사한 구성을 이루었다. 이번에는 오른쪽 공양 제단 폭을 조금 넓게 해서 종방향에서 왼쪽으로 쏠린 비대칭과 균형을 이루었다. 공양 제단과 탑은 밖으로 돌출하면서 트랜셉트 기능을 겸했다. 이런 처리는 전체 구성이 바실리카의 기본 골격을 암시하는 작용을 했다.

이처럼 세인트오거스틴 교회는 대칭과 비대칭, 바실리카와 사각형 조합 등 대립되는 개념을 동시에 나타내면서 둘 사이의 통합을 이루어냈다. 이것은 픽처레스크 구성의 기본 미덕이었다. 외관도 마찬가지였다. 공양 제단 매스의 횡방향 수직선이 종방향의 수평 지붕 중간을 자르며 대칭축을 만들었다. 공양 제단 박공 위로 반대편 탑이 올라가면서 대칭축은 더 엄격해졌다. 그러나 좌우 벽체 처리를 조금 다르게 함으로써 좌우동형 대칭은 피했다. 왼쪽에는 성구소로 쓰이는 부속실을 두어 매스를 한 덩어리 더한 대신 창을 하나만 뚫은 반면 오른쪽은 평활 벽으로 놔둔 대신 창을 두 개 뚫었다.

524 오거스터스 W. N. 퓨진(Augustus Welby Northmore Pugin), 성구 디자인

장식은 주로 이론을 통해 주장했다. 장식 양식을 목적으로 삼아 정확성을 핵심 개념으로 추구했다. 이 때문에 퓨진은 초기 영국 양식을 선호했던 와이엇에게 매우 비판적이었다. 와이엇은 장식 양식이나 수직 양식으로 지어진 성당을 복원, 보수하는 과정에서 장식을 없앴다. 정확성을 생명으로 하는 복원 작업에서 이런 행위는 당시부터 비판을 받았다. 퓨진은 비판의 강도를 더 높여 '파괴자 와이엇James Wyatt the destroyer' 이라고 불렀다. 장식도 중요한 역할을 하는데 모든 장식을 다 나쁜 것으로 보아서는 안 된다는 것이었다. 퓨진은 영국 고딕을 장식이 중요한 역할을 하는 대표적인 예로 보았다(그림 524, 527). 퓨진은 장식 자체에 집중하지는 않았지만 꼭 필요한 장식에 한해서 중세주의 요소 가운데 하나로 장식의 역할을 인정했다. 이때 '꼭 필요하다'는 말은 기능주의 개념으로 볼 수 있지만 자연 해석을 바탕으로 한 픽처레스크의 교훈으로 볼 수도 있다.

세인트길스 교회는 구성 기법과 장식을 통해 픽처레스크를 보여준 대표적인 건물이었다. 평면은 삼랑식 바실리카를 기본 구성으로 삼아 기능에 따라 전체 공간을 추가 구획하거나 전체 윤곽에 매스를 더하는

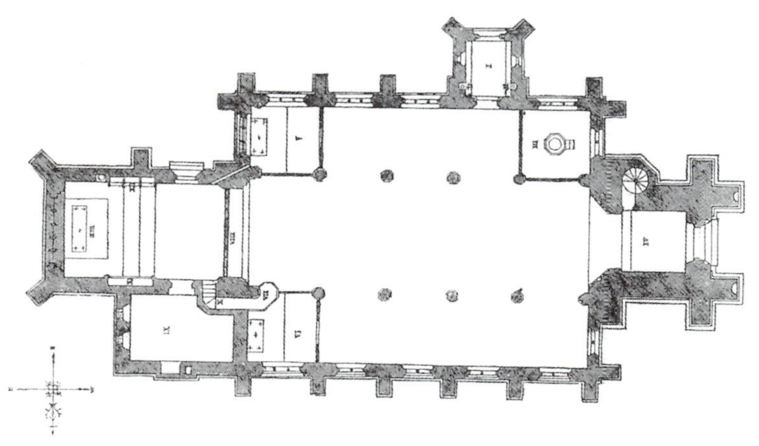

방식으로 처리했다(그림 525). 아일의 오른쪽 아래 모퉁이 한 베이를 구획해서 세례실을 두었다. 아일 위쪽 양옆에는 역시 한 베이씩을 구획해서 예배당을 각각 하나씩 두었다. 오른쪽 측벽 두번째 베이에는 성수반聖水盤: holy water stoup 매스를, 왼쪽 위 헤드피스headpiece 옆에는 성단소 매스를 각각 더했다. 구획 공간이나 추가 매스는 직사각형인 성단소만 제외하고 모두 정사각형이었다. 평면 전체는 바실리카의 엄격한 형식주의 대신 기하학적 기능주의를, 대칭 대신 비대칭 픽처레스크 구성으로 각각 처리했다.

장식은 퓨진 자신이 좋아했던 장식 양식이 주를 이루었다. 외관에는 첨탑, 창, 벽체에 장식 양식을 사용했다(그림 526). 높이 솟은 첨탑의 장식 양식이 영국 고딕의 성기 양식에 해당된다는 사실을 강조했다. 창에서는 포인티드 아치로 트레서리를 처리했다. 벽체에는 버트레스를 장식 요소로 활용한 분절을 가했다. 제단과 예배당에서도 포인티드 아치를 주요 장식 어휘로 썼다(그림 527). 그러나 이것은 단순히 장식을 위한 장식이 아니라 예수의 존재를 증명하는 조각상 등 도상을 돕는 기능을 하였다. 천장은 목조 경사지붕을 노출시켜 검소함을 유지하면서 포인티드 아치 형상으로 처리한 장식 부재를 더함으로써 장식 양식을 사용했다. 그러나 이 장식 부재도 목조로 처리하고 양도 최소화함으로써 장식을 위한 장식은 피했다.

525 오거스터스 W. N. 퓨진(Augustus Welby Northmore Pugin), 세인트길스 교회(St. Giles), 치들(Cheadle), 영국, 1840~46

526 오거스터스 W. N. 퓨진(Augustus Welby Northmore Pugin), 세인트길스 교회(St. Giles), 치들(Cheadle), 영국, 1840~46

527 오거스터스 W. N. 퓨진(Augustus Welby Northmore Pugin), 세인트길스 교회(St. Giles), 치들(Cheadle), 영국, 1840~46

국회의사당-내재적 완결성과 영국다움

내재적 완결성은 '양식들의 전쟁'에 투영된 인위적 대립 관계에 대한 비판적 대안으로 양식 사이의 벽을 허물고 실질적 내용의 어울림을 통해 완결성을 획득하는 것이었다. 배리와 협동 작업으로 완성한 국회의사당Houses of Parliament=New Palace of Westminster 웨스트민스터 신궁전, 1836~60년경이 대표적인 예였다. 이 건물은 '영국다움'이라는 기준의 완결성을 여러 대립 개념의 통합을 통해 얻어냈다. 구궁전 대 신궁전, 초기 근대의 역사 시기 대 19세기 동시대성, 대륙의 고전 보편성 대 영국의 고딕 지역성 등이 대표적인 대립 개념이었다. 이런 개념들은 고전과 고딕의 통합을 기본 매개로 삼아 한꺼번에 합쳐지면서 이 건물을 빅토리아 영국의 정체성을 대표하는 건물로 만들었다. 영국을 편 가르고 있던 여러 대립 개념들을 하나로 통합한 상태가 바로 가장 완결된 영국다움이라는 의미였다(그림 528). 통합은 구성 기법과 장식의 두 측면에서 나타났다.

구성 기법은 대칭과 비대칭의 통합으로 추구했다(그림 529). 대칭은 보자르 건축의 고전 질서를, 비대칭은 고딕의 픽처레스크 질서를 각각 대표했다. 대칭은 전체 질서를 주도했다. 300미터에 이르는 긴 거리에 세 겹의 일직선 복도를 나란히 배치했다. 이것에 직각 방향으로 일곱 개의 짧은 일직선 복도가 가로질렀다. 이런 배치는 보자르 건축의 '복도의 효율적 배치'에 따른 십자축 질서를 만들었다. 150칸에 이르는 방

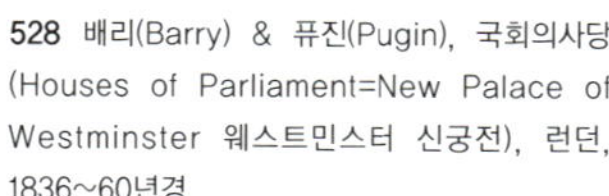

528 배리(Barry) & 퓨진(Pugin), 국회의사당(Houses of Parliament=New Palace of Westminster 웨스트민스터 신궁전), 런던, 1836~60년경

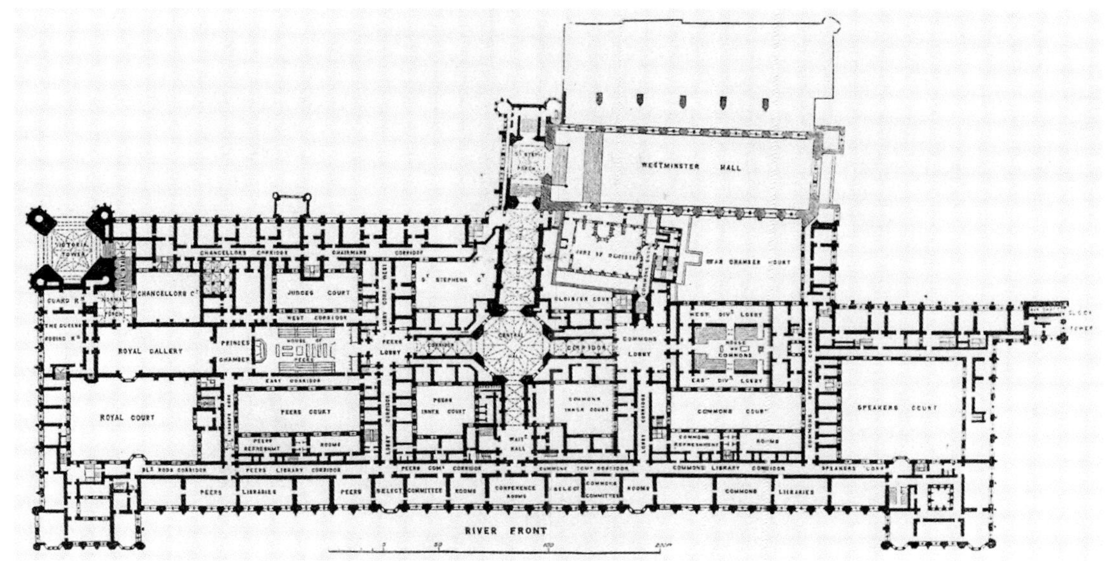

529 배리(Barry) & 퓨진(Pugin), 국회의사당(Houses of Parliament=New Palace of Westminster 웨스트민스터 신궁전), 런던, 1836~60년경

도 큰 사각형과 작은 사각형의 두 종류로 단순화했다. 각 종류 내에서 약간의 편차는 있었지만 크게 보아 두 종류의 기조를 지켰다. 일직선 복도를 따라 같은 크기의 방들이 줄지어 늘어서면서 십자축 질서를 강화했다. 대체로 중앙 홀을 초점으로 삼은 좌우대칭 구도를 지켰다.

대칭을 흔드는 파격을 부분적으로 더했다. 파격은 명확한 처리와 은근한 처리의 두 방향으로 가했다. 건물을 크게 세 영역으로 나누어 중심 영역일수록 대칭 구도를 지키면서 은근한 파격을 가한 반면, 바깥 영역으로 나가면서 비대칭이 심해지면서 명확한 파격을 가하는 점층적 방식을 택했다.

중심 영역은 '상원의원용 안마당Peers' Inner Court—하원의원용 안마당Commons Inner Court—세인트스티븐 마당St. Stephen's Court'으로 이루어지는 중앙 홀 구역과 '웨스트민스터 홀Westminster Hall—세인트스티븐 홀St. Stephen's Hall—스타 챔버 마당Star Chamber Court—열주회랑 마당Court of Cloister'으로 이루어진 출입구 구역의 둘로 나누었다. 그 다음 바깥 영역인 중간 영역은 '상원의원용 마당Peers' Court—상원실House of Peers—하원의원용 마당Commons Court—하원실House of Commons—판사실Judge's Court'로 이루어졌다. 제일 바깥 영역은 '참사관 마당Chancellor's Court—로열 화랑—로열코트—대변인 마당Speaker's Court'으로 이루어졌다.

중심 영역에서는 중앙 홀 구역이 중앙 홀을 초점으로 삼아 가장 엄격하게 좌우동형 대칭을 지켰다. 출입구 구역은 중앙 홀 구역 속으로 조금 비스듬하게 틀면서 집어넣어 십자축 질서에서 이탈하게 만들었다. 이런 처리는 은근한 파격으로 볼 수 있다. 은근한 파격은 대칭 구도가 밖으로 갈수록 조금씩 약해졌다. 중간 영역부터 좌우대칭은 강변 쪽 절반만 지켜졌고 도로 쪽 나머지 절반은 대칭이 깨졌다. 제일 바깥 영역에서는 대칭이 완전히 깨졌다. 마지막으로 탑 두 개가 비대칭으로 더해졌다. 좌우 양끝에 첨탑과 캄파닐레의 서로 다른 탑을 각각 더했다. 이상의 비대칭 구도는 각 방을 기능과 프로그램을 최우선으로 고려하여 짠 뒤 이것들을 서로 유기적으로 자연스럽게 연결한 결과였다. 이런 구성은 픽처레스크의 기본 개념이었다.

이렇게 전체 분위기는 십자축과 대칭의 정형 질서가 큰 구도를 이룬 가운데 부분적으로 비대칭이 섞여 들어가 지루함과 지나친 엄격함을 방지하는 균형으로 나타났다. 이런 균형은 조화 개념 가운데 '비대칭적 대칭'으로 볼 수 있다. 혹은 픽처레스크의 개념 가운데 하나이기도 했다. 외관에서도 같은 내용을 관찰할 수 있다. 강 건너에서 보면 300미터 정도에 이르는 전체 길이를 한눈에 볼 수 있다(그림 530). 전체 구성은 삼분법을 세 번 적용해서 총 9분법으로 이루어졌다. 중심부는

530 배리(Barry) & 퓨진(Pugin), 국회의사당(Houses of Parliament=New Palace of Westminster 웨스트민스터 신궁전), 런던, 1836~60년경

중앙의 첨탑을 초점으로 삼아 좌우동형 대칭을 이루었다. 첫번째 바깥 구역에서는 가지런한 베이 구성이 지켜지고 있으나 좌측이 12베이, 우측이 9베이가 되면서 대칭 구도가 조금 깨졌다. 가장 바깥 구역에서는 좌우 탑을 중심으로 대칭 구도가 더 심하게 깨졌다.

창을 중심으로 한 디테일은 고딕 양식으로 처리했다(그림 531). 고딕은 고딕리바이벌을 요구한 건축주를 만족시키기 위한 고육책으로 사용하기 시작했다. 배리는 당시 초기 빅토리안 고딕을 정착시켜 가고 있던 젊은 퓨진을 파트너로 지명해서 보완했다. 퓨진의 투입은 성공적이었다. 건축주들도 만족했을 뿐 아니라 직설적 고딕 복사에서 벗어나 고전과 통합을 이루어냄으로써 건축적으로 수준 높은 창작성을 확보했다. 또 더 나아가 정치 사회적으로도 대통합을 통한 빅토리아 시대만의 영국다움을 정의하는 데 성공했다. 고딕 양식은 튜더 시대의 수직 양식을 사용했다. 수직 양식이 장식 양식보다 고전 윤곽과 더 잘 어울렸기 때문이다.

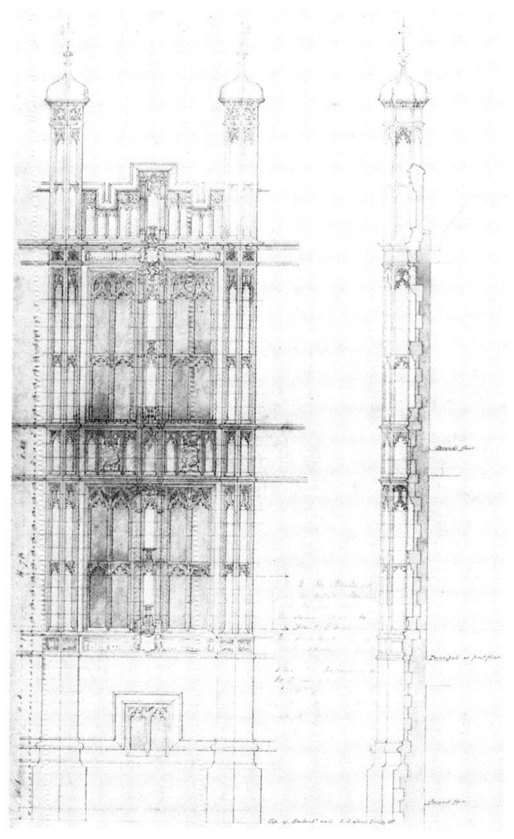

531 배리(Barry) & 퓨진(Pugin), 국회의사당(Houses of Parliament=New Palace of Westminster 웨스트민스터 신궁전), 런던, 1836~60년경

4 성기 빅토리안 고딕(1851~70)

존 러스킨(1)-『건축의 일곱 등불』과 『베니스의 돌』

존 러스킨John Ruskin, 1819~1900은 화가, 미학자, 예술품 수집가, 저술가 등 미술을 중심으로 다방면에서 활동했다. 그는 건축가도 아니었고 건축과 직접 연관은 없었지만 건축을 주축으로 하는 미학 사상과 기독교 사상을 통해 당시 사회에 큰 영향을 끼쳤다. 결과적으로는 건축 분야에 가장 많은 영향을 끼치면서 러스킨 고딕Ruskinian Gothic을 만들었다. 러스킨의 건축 사상은 집안 배경, 어렸을 때 받은 교육, 시대 상황 등 주변 상황에서 강한 영향을 받았다. 아버지는 와인 도매상이었으며 어머니는 독실한 복음주의 신자였다. 아버지를 보면서 자본의 냉혹함을 배웠고 어머니에게서는 신앙심을 배웠다. 서로 충돌하는 두 가치 속에서 갈등을 겪으면서 점차 기독교 정신에 의탁하게 되었다.

학생 시절에는 자연과학, 시, 문학 등을 전공했는데 자연과학에서는 기계문명의 가능성보다는 자연 해석을 통한 중세 기독교 정신과의 통합 가능성을 찾았다. 시와 문학은 예술적 감수성을 길러주었다. 열여섯 살 때 베네치아를 여행하면서 중세 기독교 문명이 아름다운 예술로 승화한 예를 보고 큰 감명을 받았다. 이런 과정을 거쳐 성인이 된 뒤에는 당시 빅토리아 영국의 양면적 대립 상황을 치유하는 데 평생을 보냈다.

1860년까지는 미술 평론가로 활동하며 기독교 정신이 깃든 이상적 예술을 찾아서 소개하고 그 내용을 미학과 역사로 정리하는 작업을 주로 하였다. 터너J. M. W. Turner의 낭만주의와 라파엘로 전파Pre-Raphaelitism의 중세주의는 동시대의 이상적 예술이었다. 이들의 예술 세계를 순수 미학의 관점에서 분석한 뒤 이것을 유럽의 건축 역사와 결부시킨 연구를 정리해서 첫번째 주요 저서인 『건축의 일곱 등불*The Seven Lamps of Architecture*』1849을 출간했다. 이 책에서는 희생Sacrifice, 진리Truth, 힘Power, 아름다움Beauty, 생명Life, 기억Memory, (신에 대한) 복종Obedience 등 일곱 가지 덕목을 이상적 기독교 건축의 기준으로 제시했다.

러스킨은 자신의 이상적 모델을 베네치아의 중세 기독교 건축에서 찾았다. 이를 위해 베네치아의 중세 기독교 예술에 대한 연구를 모아 두번째 주요 저서인 『베니스의 돌*The Stones of Venice*』1853을 출간했다. 중세와 고딕을 중심으로 한 베네치아 기독교 건축을 분석하여 자신의 고딕 이상을 구체적으로 제시했다. 대상은 고딕을 중심으로 비잔틴과 초기 르네상스까지 확대했다. 건물의 여섯 가지 기본 요소인 벽체 기단wall base, 벽체 장막wall veil, 벽체 코니스wall cornice, 아치, 지붕, 버트레스를 중심으로 분석하고 수직 중첩, 장식 등의 항목을 더했다(그림 532, 533).

532 존 러스킨(John Ruskin), 베네치아 산마르코(San Marco, Venezia)

베네치아 고딕 건축은 구조체를 중심으로 수직선을 추구했던 프랑스나 독일과 달리 나지막한 수평선을 유지했다. 여기까지는 영국 고딕과 유사했다. 차이점도 있었다. 베네치아 고딕에는 색채, 미술적 요소, 휴먼 스케일, 흙의 본질 같은 추가적인 특징이 있었다. 색채와 미술적 요소는 러스킨이 미술 평론가 경력을 살려 찾아낸 특징이었다. 휴먼 스케일과 흙의 본질은 기독교 이상을 적용하여 찾아낸 특징이었다. 이상을 종합하면 베네치아 고딕은 기독교 정신을 가장 인간 중심적으로 살려내 표현한 양식이었다.

베네치아 고딕은 재료의 고유색과 이것들이 어우러져 만들어내는 장식을 통해 땅의 힘과 시각적 에너지를 표현했다(그림 534). 석재와

533 존 러스킨(John Ruskin), 베네치아 카도로(Ca'd'Oro, Venezia)

534 존 러스킨(John Ruskin), 베네치아 카사로레단(Casa Loredan, Venezia)

벽돌을 이용한 선형 장식과 수평선은 조적 쌓기라는 장인들의 구체적 행위를 상징했다. 이것은 땅의 요소로 하느님의 집을 짓는다는 의미가 있었다. 재료를 이용한 장식주의는 당시 대륙에서 유행하던 색채주의를 축조성과 결부하여 동시대성과 일치하는 심미성이었다. 러스킨은 베네치아 고딕 건축의 본질을 프랑스 고딕의 앙천성 같은 하늘을 향한 허망한 욕망이 아니라 땅과 인간을 향한 장인들의 공예라는 구체적, 체험적, 생활 중심적 요소에서 찾으려 했다. 러스킨은 이상과 같은 자신의 사상을 잘 보여주는 기독교 선례 양식으로 베네치아 고딕 이외에 영국 장식 양식=Middle Pointed, 피사 로마네스크, 피렌체 고딕, 토스카나 중세 양식 등을 대표적 예로 들었다.

존 러스킨(2)-성기 빅토리안 고딕과 장식주의

러스킨은 1860년을 기점으로 중요한 변화를 보였다. 순수 미학으로는 위기에 처한 사회를 구할 수 없다는 판단 아래 더 직접적인 사회운동에 뛰어들었다. 기독교사회주의와 연계해서 산업 · 기계문명의 폐해와 척박함을 비판하는 정치적 운동을 이끌었다. 산업 · 기계문명의 폐해를 치유하는 대안으로 고딕리바이벌을 제시하면서 성기 빅토리안 고딕의 정신적 배경을 제공했다. 『콘힐 매거진*Cornhill Magazine*』이라는 잡지에 연재된 「우리 시대의 마지막을 향하여Unto this Last」라는 제목의 시리즈를 시작으로 『예술 강의*Lectures on Art*』1870 등 많은 저술활동을 통해 자신의 이상을 주장했다. 1869년에는 옥스퍼드대학의 초대 슬레이드 교수Slade Professor에 임명되었고 옥스퍼드 운동에 참여하면서 기독교사회주의운동에서도 중심적인 역할을 했다. 옥스퍼드에서는 성 조지 유토피아 길드Utopia Guild of St. George를 중심으로 노동자들의 열악한 노동환경과 생활환경을 개선하는 일에 전념했다.

빅토리안 고딕은 1850년경부터 성기로 진입했다. 그 배경은 세 가지로 요약할 수 있다. 첫째, 퓨진의 한계였다. 퓨진은 초기 빅토리안 고딕이 정착하는 데 절대적 공헌을 했지만 1850년경이 되면서 그의 이상주의는 한계를 드러냈다. 퓨진 자신이 안타깝게 요절한 것도 중요한 요인이었다. 둘째, 가톨릭의 성장이었다. 영국 전체로 보면 가톨릭 부활운동이 성공하면서 가톨릭 인구가 빅토리안 고딕의 초기 20년 동안 두 배 이상 늘어났다. 이에 따라 고딕리바이벌에 대한 사회적, 종교적 요구가 다양해지면서 건축도 이에 맞게 변화해야 했다. 셋째, 이전보다 더 강력한 투쟁적 고딕이 필요했다. 산업자본주의와 기계문명이 더욱 기승을 부리면서 그 폐해도 심각해졌고 이에 따라 그 대안도 투쟁적 성격을 띠어갔다.

이러한 여러 배경으로 인해 빅토리안 고딕에는 큰 변화가 일어났다. 직설적 복고와 장식주의가 변화를 이끈 양대 축이었다. 직설적 복고는 영국 최대의 전성기라 할 수 있는 빅토리아 시대가 안정기에 접어들면서 제국 체제를 갖추어가는 현상과 궤를 같이했다(그림 535). 경제가 급격히 팽창하면서 새롭게 지어지는 가톨릭교회의 수도 크게 늘어났다. 가톨릭교회는 다시 화려해지고 싶어했다. 교구 교회를 중심으로 한 퓨진의 검소한 기능주의로는 이러한 욕구를 만족시킬 수 없었다. 대륙의 제2제정 양식과의 경쟁도 중요한 요인이었다. 프랑스 성기-후기 고딕을 모델로 웅장한 규모의 직설적 고딕리바이벌이 본격적으로 등장했다. 건축계 전체로 보면 절충주의기의 시작과 맞물렸다. 대형 설계 사무소를 중심으로 도면 공장에서 물건 찍어내듯이 고딕 성당을 복사했다. 조지 길버트 스콧은 이러한 경향을 대표했다.

장식주의는 창작적 경향에서 장식의 역할이 커져가는 현상으로 나타났다(그림 536). 이 경향은 빅토리안 고딕 내에서 앞의 직설적 복사의 대안으로 볼 수 있다. 교회에 거는 다양한 욕구를 장식으로 해소하려는 경향이었다. 중세 장식을 단순한 액세서리가 아니라 기독교 정신이 깃든 종교적 상징체로 정의하면서 이것의 부활을 통해 빅토리안 시대에 맞는 새로운 기독교 양식을 창출했다. 대륙의 동시대 색채주의 경향과 보조를 맞추는 효과도 있었다. 러스킨은 이런 장식주의를 대표했다.

러스킨 고딕의 전체적인 기조는, 고딕리바이벌의 요체를 중세 가톨릭 정신의 부활로 보며 사회 치유를 목표로 한 점에서 퓨진과 유사했다. 그러나 산업 · 기계문명에 대해 분명히 반대한 점에서는 퓨진보다 더 과격한 이상주의를 폈다. 퓨진의 기능적 단순화와 고전과의 통합 같은 시대 상황과 절충하려는 경향은 보이지 않았다. 이런 차이는 건축가인 퓨진과 미학 사상가인 러스킨의 경력 차이에서 비롯됐다. 반면

535 조지 길버트 스콧(George Gilbert Scott), 엑스터칼리지 예배당(Exter College Chapel), 영국, 1857~59

536 조지 길버트 스콧(George Gilbert Scott), 헤르포드 스크린(Hereford Screen), 1862

장식을 중심으로 가톨릭 정신의 부활을 풀어간 점은 퓨진과 같이 절제력을 발휘하지 못하고 너무 나간 것으로 볼 수 있다. 퓨진도 장식의 역할을 인정하기는 했지만 '꼭 필요한'이라는 조건이 붙은 2차 요소에 한정했다. 그러나 성기 빅토리안 고딕을 이끈 러스킨은 장식을 중심 위치에 두었다.

퓨진의 이상주의의 기본 방향은 중세 가톨릭 전반에 대한 감성적 향수를 불러일으키고 그것을 총체적으로 부활시키는 것이었다. 러스킨은 이것을 구현할 구체적 방안으로 도덕적 이상주의를 주장했다. 중세의 전통 수공예를 중심으로 한 예술과 기독교의 일체가 요체였다. 러스킨은 전통 수공예로 회귀할 것을 주장했다. 자본주의와 기계문명이 없었고 기독교 정신이 지배하던 하느님의 왕국으로의 회귀였다. 중세는 예술과 신앙생활이 분리되지 않고 둘이 곧 하나였던 시대다. 장인이 자신의 작품을 예술적 차원뿐 아니라 기독교 차원에서도 사랑하고 자랑할 수 있었던 시대다. 러스킨은 이런 예술과 기독교의 일체를 도덕성의 근간으로 보고 이것만이 19세기 산업자본주의의 폐해에서 영국 사회를 구할 수 있는 유일한 해답이라고 생각했다. 그 근거로 '도덕적 인간과 건강한 사회good men in a healthy society' 개념을 들었다. 중세 기독교 예술이 부활된 조형 환경 속에서 살다 보면 사람들의 정신이 치유되면서 도덕적 인간이 되며 이런 사람들이 모여 사는 사회는 건강해진다는 논리였다. 러스킨의 이런 사상은 도덕적 디자인을 통한 도덕적 사회의 창출이라는 예술 개혁론으로 정의할 수 있다.

537 조지 길버트 스콧(George Gilbert Scott), 니콜라이 교회(Nikolaikirche), 함부르크(Hamburg), 독일, 1844~80

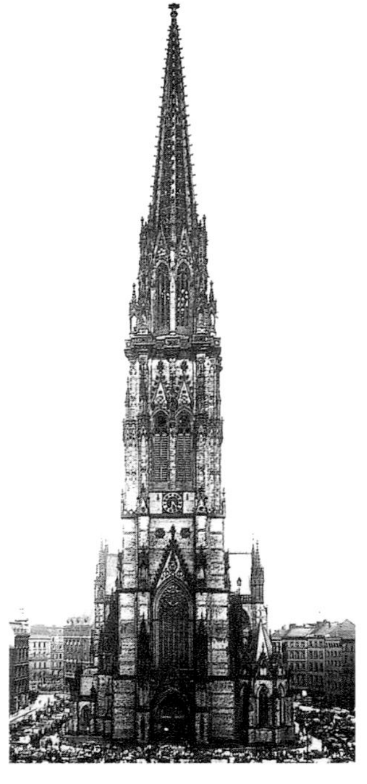

스콧과 스트리트

성기 빅토리안 가운데 직설적 복사 경향은 스콧과 스트리트가 대표했다. 스콧은 3대에 걸친 건축가 집안으로 20세기 초반의 2대까지 빅토리안 고딕을 이끌었다. 가장 중요한 인물은 1대의 조지 길버트 스콧George Gilbert Scott, 1811~78이다. 그는 850여 채에 달하는 건물을 설계했는데 대부분은 부동산 개발과 관련된 것이었지만 주요 작품도 일부 있었다. 그는 복음주의 집안에서 태어나 아마추어 건축가였던 아버지의 영향으로 어려서부터 고딕 성당을 스케치하며 자랐다. 이런 배경을 바탕으로 빅토리안 고딕 가운데 직설적 모방을 대표하는 건축가가 되었다. 더 넓게 보면 절충주의 건축가로서 고딕 이외에 고전주의도 구사했다. 고딕 리바이벌 내에서도 교회 이외의 다양한 기능 유형에 고딕 양식을 사용하여 빅토리안 고딕이 영국의 국가 양식이 되는 데 일정한 기여를 했다(그림 535, 536). 세인트판크라스 역St. Pancras Station, 런던, 1863~65은 그 대표적 예다(그림 492). 함부르크에 니콜라이 교회Nikolaikirche, 1844~80를 남기는 등 활동 반경도 국제적이었다(그림 537).

스콧의 직설적 복고 경향은 기본적으로 케임브리지 캠든의 건축 이상과 대치되었다. 실제로 스콧은 교구 교회 전문가로 활동을 시작한 초창기인 1841년에 이 분야에서 대표자로 자리잡은 퓨진의 기세에 눌려 좌절한 적이 있었다. 그러나 가톨릭교회의 일거리를 이 단체가 도맡아 작업하는 것을 보고 1842년에 정치적 목적으로 여기에 가입하는 등 한때 보조를 맞추기도 했다. 이런 처세는 오래가지 못했다. 복음주의라는 종교적 배경이 가장 큰 이유였고, 신교 국가인 독일 함부르크에 루터교 교회인 니콜라이 교회를 설계하면서 가톨릭의 미움을 사 결정적 파국을 맞았다.

이후 복음주의에 집중하면서 대중들을 직접 상대하는 쪽으로 방향을 바꾸었다. 복음주의의 대표 경향인 직설적 고딕리바이벌로 수많은 교회를 설계했다. 이로써 '가톨릭=상황에 맞춘 고딕 성당의 기능적 재해석'과 '신교=직설적 고딕리바이벌'이라는 양대 산맥이 형성되었다. 왕실과도 돈독한 관계를 유지하며 왕실에서 발주하는 건물을 많이 설계했다. 이 과정에서 고딕 양식을 다양한 기능 유형에 적용해 빅토리안 왕조의 정치 이상을 대중들에게 선전하는 데 도움을 주었다. 앨버트 기념비Memorial to Prince Albert, 런던, 1863~72는 그 대표적 예다(그림 538). 하이드 파크에 도시 조경물로 세운 건축물에 화려한 고딕 양식을 사용해 빅토리아 왕실을 중심으로 국민들을 하나로 뭉치게 하는 역할을 했다.

왕실과 관련한 건축 행정 활동도 활발히 벌였다. 1872년에는 기사 작위를 받았고 1873~76년에는 영국 왕립건축가협회RIBA: Royal Institute of British Architects 회장을 역임했다. 그의 설계 사무소는 부동산 개발과 설계를 함께 하는 근대적 대형 사무소의 효시였다. 직원 숫자와 '작품 수—수주액' 사이의 효율성 문제를 제기하여 건축가들의 주요 관심사로 만든 장본인이었다. 이상과 같은 다양한 활동에도 스콧은 19세기 역사 절충

538 조지 길버트 스콧(George Gilbert Scott), 앨버트 기념비(Memorial to Prince Albert), 런던, 1863~72

주의의 부정적 측면인 부동산 개발을 낀 직설적 복사를 대표하는 건축가로 평가된다.

조지 에드먼드 스트리트George Edmund Street, 1824~81는 스콧의 뒤를 이어 직설적 복사 경향을 중심으로 성기 빅토리안 고딕을 이어갔다(그림 336). 스트리트는 1844~49년 사이에 스콧의 사무실에서 일을 배웠다. 이 시기는 스콧이 케임브리지 캠든과 결별하고 자신만의 직설적 복사 경향을 완성해가던 때였다. 스트리트는 이 경향을 중심으로 다양한 선례를 혼용하면서 고딕 절충주의를 대표적 특징으로 나타냈다. 퓨진과 러스킨의 이상주의, 프랑스와 독일의 대륙 고딕, 이탈리아의 장식주의, 버터필드의 색채주의 등 고딕의 거의 모든 선례를 자유롭게 구사하며 혼용했다. 1860년 이후에는 퀸 앤 리바이벌 경향도 나타났다. 스트리트는 성 야고보 더 레스St. James the Less, Westminster, 1859~61와 왕립법원Royal Courts of Justice, 런던, 1870~81 등을 대표작으로 남겼다(그림 539).

539 조지 에드먼드 스트리트(George Edmund Street), 성 야고보 더 레스(St. James the Less), 웨스트민스터(Westminster), 영국, 1859~61

기독교사회주의 5

사회주의, 공예, 중세주의

산업자본주의가 본격화되면서 노동자 문제도 심각해졌다. 핵심은 두 가지였다. 하나는 저임금, 과도한 노동, 열악한 주거 환경 등 생활 전반의 어려움이었다(그림 540). 이런 문제들이 사회문제가 되고 정치적 논란거리가 되면서 사회주의를 탄생시키는 직접적 배경으로 작용했다. 다른 하나는 이런 현상에서 파생된 건축적 문제였다. 이것은 기술과 공예의 문제로 나누어 생각할 수 있다. 기술의 문제는 노동자 계층의 분화로 나타났다. 산업 생산 방식을 도입하면서 '기술'의 종류, 숙련도, 종사 분야, 산업 체계와의 관계 등에 따라 노동자들의 수입과 사회적 대우 등에서 편차가 커졌다. 부르주아와 노동자 사이의 계층 분화에 이어 노동자들 사이에서도 분화가 일어났다. 공예는 전통 수공예와 기계 공예가 혼재했다. 두 공예 방식이 혼재함에 따라 노등자들의 작업은 더욱 복잡해졌다. 노동자는 기술과 공예라는 가장 디시적 분야에 종사하면서 전통사회에서 산업사회로의 전환을 피부로 실감하는 계층이었다. 이외에도 두 공예 방식 사이의 부조화, 기계 공예의 도입에 따른 질적 저하, 가격 문제 등 심미적 차원의 문제가 뒤따

540 19세기 런던 노동자 구역

랐다.

건축과 가장 깊이 관련된 문제는 심미적 차원의 문제였다. 공예는 디자인 전반을 이루는 최소 요소였기 때문에 기계 공예의 등장은 조형 환경 전반에 심각한 질적 변화를 일으켰는데, 이는 곧 공예품의 질적 저하로 이어졌다. 부르주아는 이 문제에 둔감했다. 기계 공예를 도입하는 과정에서 생기는 혼란이나 문제점과 상관없이 가장 많은 부를 가져다 주는 결과에만 모든 관심을 기울였다. 부르주아들은 전통사회의 생활방식을 대체할 산업시대의 새로운 생활방식을 제시할 능력도, 관심도 없었다. 산업 체계와 경제체제를 바꾸는 데는 성공했지만 그것의 궁극적 목적인 새로운 생활방식을 종합적으로 창출할 준비는 전혀 되어 있지 않았다.

특히 질적 요소까지 고려하면 더욱 그러했다. 부르주아들은 새것이면 무조건 좋은 것이라고 생각할 뿐 그 이상은 생각할 수 없었다. 자신들이 시작한 공장 중심의 산업 체계와 도시화가 어떻게 귀결되고 변할지, 무엇을 이상적인 종착점으로 삼아 나아가야 할지 등에 대한 계획이나 청사진 등이 전혀 없었다. 더 근본적으로 얘기하자면 이런 문제에 대한 기본 인식조차 없었다. 철학과 사상은 물론 예술운동과 관련해서도 아무런 의지나 관심이 없었다.

이런 역할을 맡은 것은 사회주의였다. 거시적 차원에서는 대립적 쌍개념을 이루는 산업자본주의와 휴머니즘의 통합을 바탕으로 사회적 책임과 도덕을 갖춘 새로운 사상 체계와 사회 운영 방식을 제시했다. 건축과 예술에서도 마찬가지였다. 미시적 차원에서는 실생활과 가장 직접적으로 관련된 기술과 공예의 문제를 체험한 경험에서 우러나온 구체적 대안을 제시했다.

사회주의도 새로운 예술 양식을 창출하지는 못했다. 그러기에는 19세기 사회가 너무 급박하게 돌아갔고 정치적, 경제적, 국가 간 대립과 경쟁도 너무 심했다. 한편으로 극렬한 투쟁을 전개하면서 다른 한편으로 예술 문제를 생각해야 하는 열악한 상황이었다. 이런 상황에서 사회주의는 중세에서 이상적 예술 모델을 찾았다. 마르크스는 자본주의가 없던 중세가 하나의 이상적 대안이 될 수 있다고 주장했다. 이에 따라 19세기 중세주의는 사회주의 사상과 연합하면서 기독교사회주의로 발전했다. 영국이 특히 이 운동을 이끌었다. 예술 장르에서는 라파엘로 전파, 미술공예운동, 러스킨 고딕 등이 대표적 예였다(그림 541). 사회주의 예술운동이 중세주의에서 찾은 의미는 두 가지였다.

하나는 거시적 의미로서 부르주아의 개인주의에 대항하는 집단적 종교주의였다. 부르주아는 자신들의 사회적 책임을 회피하고 계급 위기를 타파하는 이론으로 개인주의를 개발해냈다. 산업화와 부의 축적이 진행될수록 대립과 투쟁이 더 격해지고 부에 대한 욕망이 눈덩이처럼 커져만 가는 등 점점 어려워지기만 하는 사회 상황에 대한 부르주아의 책임론이 대두되었다. 이런 상황은 부르주아의 계급 위기를 불러왔다. 부르주아는 이를 타파함으로써 궁극적으로 이익을 더욱 증

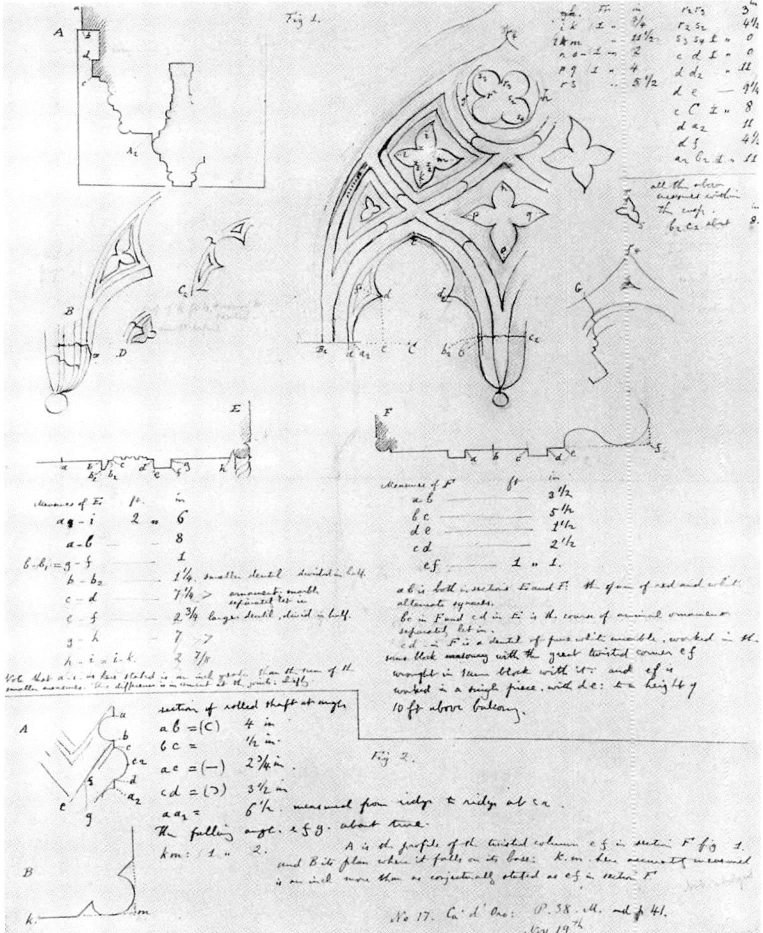

541 존 러스킨(John Ruskin), 카도로 노트(Notes on the Ca'd'Oro)

대, 보장해주는 정치 경제 이론으로 무장했는데 개인주의가 그 핵심이었다.

개인주의란 한마디로 사회는 개인들 각자의 능력과 가치관에 따른 경쟁의 결과로 움직인다는 논리였다. 효율 논리에 의거한 더 많은 부의 창출은 이것을 뒷받침하는 하부구조였다. 부를 더 많이 창출할수록 개개인의 행복이 증대되고 이것의 총합으로서 사회 발전도 보장된다는 논리였다. 부르주아는 자신들의 논리를 합리화하기 위해 로크의 경험주의까지 끌어다 썼다. 중세주의는 이에 대항해서 기독교 정신을 들고 나왔다. 신의 섭리라는 선험적 절대 가치를 등대로 삼아 인간 개개인의 경험적 욕망을 억제하고 절제된 정신문화를 추구해야 한다는 것이었다. 이런 생각은 기본적으로 사회주의와 잘 맞았다. 19세기 기독교 가운데는 부르주아나 자본주의와 연합한 종파도 많았지만 중세주의를 추구한 종파는 사회주의와 연합하며 기독교사회주의를 탄생시켰다.

다른 하나는 미시적 의미로서 수공예적 질서였다. 이것은 부르주아의 무책임한 물질만능주의의 대안으로 추구되었다. 부르주아는 산업화가 유발한 생활환경 전반의 혼란과 타락에 대해서는 전혀 관심이 없었다. 반면 중세 예술은 수공예를 바탕으로 수준 높은 조형 환경을 조성한 대표적 예였다. 그 비밀은 신앙심에 있었다. 중세 예술은 전문 직업인이나 예술가가 아닌 장인이 주도했다. 이들의 예술 활동은 그 자체가 하느님의 영광을 땅 위에 드러내기 위한 종교 행위였다. 이 때문에 중세 예술에는 기독교의 정신세계가 깊이 배어 있었다. 따라서 정신적 가치를 바탕으로 한 격조 높은 조형 환경이 조성될 수 있었다. 수공예는 이러한 조형 환경을 가능케 하는 가장 직접적이고 미시적인 매개였다. 중세주의는 이런 기독교 전통 수공예를 부활하여 산업화 시대의 혼란스럽고 타락한 조형 환경에 대한 이상적 대안을 찾을 수 있다고 믿었다(그림 541).

케임브리지 캠든과 옥스퍼드 운동

공예에 대한 관심은 건축과 관련이 깊은 구체적인 예술운동으로 나타났다. 미술공예운동과 러스킨 고딕은 대표적인 예다. 전자는 수공예로 만든 생활 공예 용품의 생산을 직접 담당한 운동이었다. 후자는 이 문제를 건축 디테일을 활용한 장식주의로 풀어냈다. 이런 예술운동들은 기독교사회주의와 직간접적으로 연관을 맺었다. 러스킨 고딕은 케임브리지 캠든Cambridge Camden, 1839~ 및 옥스퍼드 운동Oxford Movement, 1833~45 등 기독교사회주의를 이끈 종교운동들과 연관을 맺었다. 러스킨 고딕과 기독교사회주의는 서로 영향을 주고받으며 상호 보완 작용을 했다. 기독교 내부적으로도 개혁운동이 있었고 새로운 교회 유형의 창출은 그 핵심 내용이었는데, 그 부분에서 러스킨 고딕의 도움을 받았다. 기독교사회주의는 러스킨 고딕에 정신적 배경을 제공했고 교회 건축 발주 등 다양한 도움을 주었다. 거꾸로 러스킨 고딕은 기독교사회주의의 중요한 한 축이었던 예술과 건축운동을 담당했다.

19세기 중반을 넘기면서 영국 기독교에는 큰 변화가 나타났는데 그 내용은 세 가지로 요약할 수 있다. 첫째, 산업 · 기계문명, 자유주의, 자본주의 등 근대적 물질주의가 득세하면서 기독교 전체는 크게 쇠퇴하기 시작했다. 그 직격탄을 영국의 국교였던 성공회가 맞았다. 둘째, 복음주의자들은 제국 체제와 손을 잡고 선교와 식민지 확장을 함께 묶어서 진행했다. 셋째, 앞의 두 가지 현상 모두에 대한 반발로 기독교 내부에서 도덕회복운동이 일어났다. 문명 차원에서는 물질주의의 타락상에 대한, 영국 내부적으로는 식민지 침탈과 손잡은 복음주의에 대한 비판이었다. 기독교사회주의는 이것을 이끈 대표적 운동이었다.

기독교사회주의는 기독교 내부로 볼 때는 가톨릭 부활운동과 맥을 같이했다. 기계 · 물질문명의 타락은 가장 순수한 기독교 정신으로만 치유할 수 있는데 중세 가톨릭이 이것을 대표한다고 믿었다. 19세기 전반부 교회사의 전개 방향도 이와 비슷했다. 굳이 이분법으르 가르자면 근대적 실용주의를 받아들인 신교가 19세기에 기계 · 물질문명에 호의적이면서 손을 잡았고, 가톨릭이 여기에 반대하는 양상이었다. 18세기에는 이신론의 합리주의 해석과 프랑스대혁명이 겹치면서 가톨릭이 결정적 타격을 받았다. 19세기에 들어오면서 이에 대한 반발로 다시 신앙적 열정에 의존하는 가톨릭 부활운동이 일었다.

도덕회복운동을 가톨릭이 맡으면서 가톨릭의 대대적 부활인 앵글로-가톨릭 리바이벌Anglo-Catholic Revival이 있었다. 이런 개혁운동의 시기를 하이-앵글리칸High-Anglican이라고 부르기도 한다. 이에 따라 물질주의에 반대하는 새로운 영성주의new spiritualism를 기조로 삼아 기독교 개혁운동이 일어났다. 기독교의 쇠퇴를 영성 회복, 일곱 성사sacraments-세례, 견진, 성체, 고백, 병자, 신품, 혼인의 강화, 전례典禮=liturgy의 부활 등을 통해 극복하려는 운동이었다. 케임브리지와 옥스퍼드 두 대학 도시의 젊은 신학자들과 학생들이 중심이 된 가톨릭 개혁운동이었다. 케임브리지 앵글리칸Cambridge-Anglicans들은 프랑스의 샤를 드몽탈랑베르Charles de Montalembert와 연대해서 이 운동을 이끌었다. 고교회파운동High Church Movement=High Church Ritualism교의 의식을 중시하지 않는 영국 국교의 한 분파은 이 운동을 통칭하는 명칭이었고 케임브리지 캠든과 옥스퍼드 운동은 두 도시에서 나타난 이 운동의 구체적 예였다.

19세기 가톨릭 부활운동은 중세주의라는 예술운동과 연대했기 때문에 낭만적 반종교개혁Romantic Counter-Reformation이라고 부르기도 한다. 옥스퍼드 운동은 이것을 기독교 측면에서 이끈 중심 운동이었다. 케임브리지 캠든은 이것을 건축 측면에서 이끈 중심 단체였다. 케임브리지 캠든 소사이어티는 1836년에 창립되어서 1845년에 에클레시올로지컬 소사이어티Ecclesiological Society로 발전했다. 버터필드가 1844년부터 합류하면서 퓨진과 함께 교회 건축 개혁운동을 이끌었다. 러스킨은 1869년에 옥스퍼드 운동에 가담했다.

새로운 교회 유형을 찾는 일은 개혁운동의 요체였다. 큰 방향은 기독교 정신을 강화하여 기독교 부활을 도울 수 있는 교회 모델을 창출하는 쪽으로 잡았다. 그 방향은 둘로 나타났다. 하나는 교회 공간의 프로그램 구성과 기능 처리에서 불필요한 제식을 생략하는 것이었다. 이것은 퓨진의 기능주의와 일맥상통했다. 다른 하나는 이렇게 살아남은 제식을 위한 공간에는 중세의 원형성을 살려 기독교 정신을 철저하게 표현하는 것이었다. 이것은 퓨진의 기능주의를 넘어선 러스킨 고딕의 장식주의로 뒷받침되었다. 이 둘을 합하면 한마디로 '선택과 집중'으로 요약할 수 있다. 꼭 필요한 내용만 '선택'해서 그곳에 기독교 정신을 '집중'적으로 표현하자는 것이었다.

이상의 큰 방향을 만족시킬 새로운 교회 유형을 창출하는 전례 건축 캠페인liturgical building campaign이 진행되었다. 그 내용은 『교회 건축학 지침서*Instrumenta ecclesiastica*』로 정리되었다. 이 작업은 두 단계로 진행되었다. 첫번째는 1844~47년 사이로 퓨진의 이상주의가 주축을 이루었다. 두번째는 1850~56년으로 새로운 영성주의를 수용할 장식 경향을 더하면서 러스킨 고딕으로 중심이 옮겨 갔다. 당시 많은 저술을 통해 영향력을 가지고 있던 러스킨의 장식주의를 채택한 것이었다.

버터필드는 러스킨의 이론에 동감하여 이것을 바탕으로 지침서의 기본 안을 마련하는 작업을 담당했다. 버터필드는 퓨진 때보다 중세 제식을 많이 부활했다. 그러나 중세와 비교하면 여전히 제식 자체는 간소했다. 그 대신 중세 장식을 부활해 신앙심을 고취하는 방향을 택했다. 장식을 통해 기독교 정신의 메시지를 상징적으로 전달하고 가톨릭 제식을 암시하여 종교적 감흥을 유발하는 전략이었다. 이런 목적을 이루는 구체적 내용으로 교회를 네이브, 성단소, 제단, 정면, 첨탑 등 실내외 주요 부분으로 나누어 각 부분에 대한 이상적 장식과 디테일 처리를 제시했다. 전체 구성에서는 외벽에 일정한 들고 남을 줄 것, 일곱 개의 첨탑을 세울 것, 서쪽 출입구를 지킬 것 등을 핵심 내용으로 했다. 이런 내용은 퓨진의 기능주의와 러스킨 고딕의 장식주의를 합친 '구조적 색채주의constructional polychromy'라 정의할 수 있다. 기능 유형도 교회 이외에 예배당, 대목관代牧館: vicarage, 수도원, 학교 등으로 다원화해서 각각의 이상적 모델을 제시했다.

딘과 우드워드 파트너와 버터필드

러스킨 고딕을 잘 보여준 구체적 예로 딘과 우드워드Thomas Deane, 1792~1871 & Benjamin Woodward, 1816~61 파트너와 윌리엄 버터필드William Butterfield, 1814~1900를 들 수 있다. 딘과 우드워드는 아일랜드 태생으로 퓨진에서 러스킨으로 이어지는 중세주의의 영향을 받아 러스킨 고딕을 자신들의 건축 경향으로 삼았다. 더블린의 트리니티칼리지Trinity College, Dublin, 1852~57는 이러한 경향을 보여주는 첫번째 작품으로 러스킨에게 자신의 건축 사상을 잘 반영한 건물이라는 평가를 받았다. 이를 기점으로 이들은 아일랜드의 전통 수공예를 구사하는 장인들을 고용해서 중세 장식 중심으로 고딕리바이벌을 풀어나가는 경향을 정착시켰다.

옥스퍼드대학 박물관Oxford University Museum, 1855~61은 이들의 대표작이자 러스킨 고딕의 대표작 가운데 하나다. 이 건물은 러스킨을 정신적 스승으

542 딘 & 우드워드(Thomas Deane & Benjamin Woodward) 파트너, 옥스퍼드대학 박물관(Oxford University Museum), 영국, 1855~61

로 삼아 그의 자문을 받아 설계했다. 이 건물에서는 베네치아 고딕의 포인티드 아치를 기본 어휘로 차용했다. 러스킨의 이상을 좇아 얼룩말 문양을 계획했지만 교회가 아닌 세속 건물이었기 때문에 최종 결과는 추상성이 강한 절제된 분위기로 나타났다(그림 542). 그 대신 러스킨이 세속적인 건물에 맞는 선례로 제시했던 베네치아 총독궁[Palazzo Ducale]의 주두를 기본 모티프로 삼아 건물 여러 곳에 응용했다. 이들은 이후 러스킨의 옥스퍼드 활동을 좇아 이 도시에 주요 작품을 남겼는데 옥스퍼드 유니온[Oxford Union, 1857]이 그 대표작이다.

543 윌리엄 버터필드(William Butterfield), 케블칼리지 예배당(Keble College Chapel), 옥스퍼드(Oxford), 영국, 1873~76

버터필드는 은둔 생활을 즐기면서 런던의 올 세인츠[All Saints, 1849~59]와 옥스퍼드의 케블칼리지 예배당[Keble College Chapel, 1873~76] 등 적잖은 대표작을 남겼다(그림 543). 그의 작품은 러스킨의 장식주의를 충실히 좇은 특징을 보였다. 그는 퓨진의 직접적 영향을 받았으며 러스킨의 저서에서도 많은 영향을 받았다. 그는 기독교사회주의운동을 이끈 핵심 인물로 활동했으며 이 과정에서 러스킨과 성기 빅토리안 고딕의 장식주의를 공유했다. 1844년에 케임브리지 캠든 소사이어티 멤버가 되어 퓨진과 함께 이 단체를 운영하며 교회 개혁의 일환으로 고교회파운동을 전개했다.

올 세인츠는 버터필드의 대표작이었다. 전체 구성은 교회를 중심으로 성직자 사택과 학교를 좁은 면적 안에 빈틈없이 집어넣었다(그림 544). 자신이 『교회 건축학 지침서』에서 기능 유형으로 제시했던 예들을 한곳에 모은 것이었다. 선례 양식은 다양하게 차용했다. 전체 분위기는 영국의 포인티드 아치를 기본 어휘로 삼은 색채 장식주의가 주도

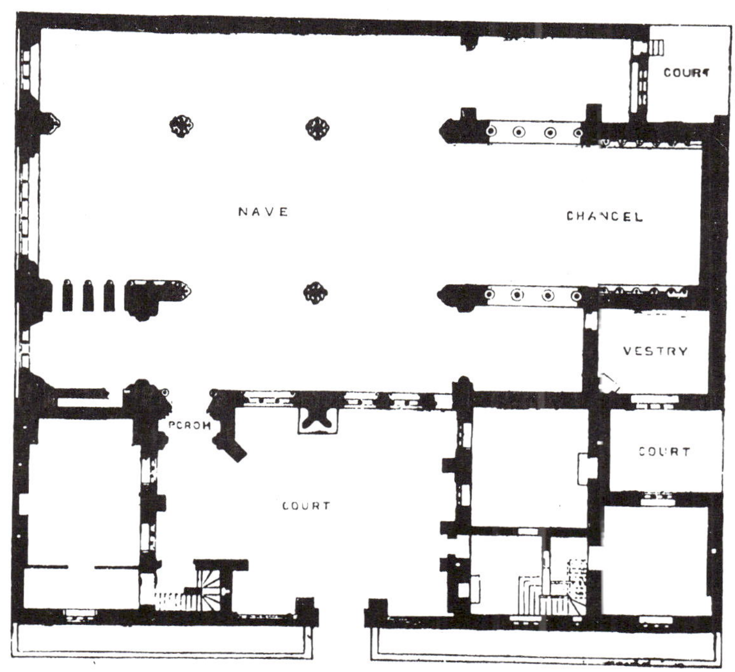

544 윌리엄 버터필드(William Butterfield), 올 세인츠(All Saints), 런던, 1849~59
545 윌리엄 버터필드(William Butterfield), 올 세인츠(All Saints), 런던, 1849~59
546 윌리엄 버터필드(William Butterfield), 올 세인츠(All Saints), 런던, 1849~59

하는 가운데, 첨탑은 독일 고딕, 성단소와 볼트 천장은 아시시 고딕을 차용했다.

외관은 붉은 벽돌, 검은 벽돌, 사암 등의 재료 색을 이용한 색채 장식주의로 처리했다(그림 545). 수평 띠, 체크 문양, 지그재그 문양, 모자이크 문양 등 다양한 장식 문양을 만들었다. 장식 문양은 창, 문, 버트레스 등 구조 부재나 1차 요소와 관련을 맺는 건축 요소가 되기도 하고 혹은 이와 무관한 순수 장식 요소로 남기도 하는 등 양면성을 보이며 구조적 색채주의의 전형을 나타냈다.

실내에서는 포인티드 아치를 기본 어휘로 부재와 지점에 따라 재료의 종류, 색채, 표면 처리, 장식 문양의 종류 등을 달리하며 배정했다(그림 546). 이런 처리는 혼용 처리를 통해 장식 효과의 극대화를 노린 것이다. 네이브 월은 화랑 없이 아케이드와 천측창의 2단 구성으로 이루어졌다. 아케이드의 팀파눔 벽면은 성화와 장식 문양을 그리는 중요한 바탕면이 되었다. 큰 원을 기하 윤곽으로 삼아 반半광택 타일로 문양을 처리했다. 기둥에는 광택 처리한 화강석을 썼다. 성단소 아치는 붉

은 벽돌과 검은 벽돌을 이용한 색채 장식주의로 처리했다. 설교단에는 광택 처리한 대리석으로 추상 기하 문양을 그렸다. 아키볼트는 황금으로 윤곽을 감쌌다. 이외에 상아도 부분적으로 사용했다. 마지막으로 스테인드글라스를 더했다.

이 건물에 대해서는 상반된 평가를 내릴 수 있다. 이상과 같은 다양한 처리를 통해 순수 건축 차원에서는 성기 빅토리안 고딕의 전형을 창출했다고 볼 수 있다. 색채주의 측면에서 보면 대륙의 히토르프나 젬퍼와 대적하는 의미도 있었다. 장식을 통해 중세 가톨릭 정신을 부활시키려던 『교회 건축학 지침서』의 내용도 일정 부분 좇았다. 그러나 가톨릭 부활운동의 차원에서 보면 공사비가 많이 들었고 지침서의 강령에서 이탈하는 등 문제점도 많았다. 외벽이 지나치게 평평하고 둔탁한 점, 첨탑 개수가 줄어든 점, 측면에 출입구를 낸 점 등이 지침서에서 이탈한 대표적 사례들이었다. 이탈은 반드시 부정적인 것만은 아니었다. 지침서의 이상적 교회 유형을 좁은 부지라는 도심 상황에 적용한 긍정적 측면도 있었다. 지나친 장식과 높은 공사비는 가톨릭 부활운동의 기본 정신에는 어긋나는 것이었지만 당시 대륙의 제2제정 양식과 경쟁해야 하는 사회 분위기를 반영하는 측면이라 하겠다.

19장
신건축운동

1 철물과 신건축운동

2 사상적 배경

3 프랑스 구조 합리주의

1 철물과 신건축운동

프랑스와 영국의 철물 건축

19세기 신건축운동은 철물과 철근 콘크리트[reinforced concrete=보강 콘크리트]라는 두 가지 근대적 신재료와 신공법을 핵심 매개로 성립, 발전했다. 이 가운데 철근 콘크리트는 발전이 늦어서 이 부분은 20세기 근대 건축에서 다루는 것이 통례다. 19세기 신건축운동을 이끈 것은 주철, 단철, 철골[강철]이 대표하는 철물이었다. 주철과 단철은 이미 16~17세기부터 보강재로 쓰여왔다. 두 철물은 19세기에도 보강재, 구조재, 장식 어휘 등에서 중요한 재료로 계속 쓰였다.

철골은 완전한 신재료였다. 1709년에 석탄의 한 종류인 코크스[coke]를 이용한 제련법이 발명되면서 탄소 함유량과 강도가 대폭 늘어난 철골을 만들어내게 되었다. 철골은 18세기에는 건축보다 순수 공업 재료로 쓰였다. 건축에서는 1784년 정련 기술[精鍊: puddling] 완성을 기점으로 1820년경 이후부터 산업계 전반에서 쓰였다. 건축에서도 이때부터 쓰이기 시작했으나 본격적으로 사용된 것은 1870년대 이후부터다. 정련 기술은 강철을 철골이라는 건축 부재로 생산하는 기술을 완성시켰을 뿐 아니라 원가도 떨어뜨림으로써 건축에서 철골의 사용을 촉진했다.

철물 건축은 프랑스와 영국이 함께 이끌었다. 두 나라 모두 실용 건물과 고급 건물로 나누어 생각할 수 있다. 벨랑제의 파리 곡물 시장[Halle au Ble, 파리, 1811~13]은 프랑스에서 철물로 지은 초창기 실용 건물을 대표하는 예였다(그림 80, 547). 이 건물은 석재 아케이드 위에 주철 돔으로 천장을 처리했다. 천장은 처음에는 구리로 마감했으나 1888년 화재 이후 곡물거래소로 개축하면서 유리로 덮었다. 이 건물은 이후 철물 건축 발전의 선례가 되었다. 히토르프는 이 돔의 보조 건축가로 경력을 시작하면서 철물 건축에 관심을 갖게 되었으며 후에 파리 북역을 남겼다. 실용 건물은 시장, 다리, 기차역 등을 중심으로 발전했다.

프랑스의 고급 건물에서는 이론 연구가 두드러졌다. 장바티스트 롱

547 프랑수아 조제프 벨랑제(Fracois Joseph Belanger), 곡물거래소 유리 돔(Halle au Ble), 파리, 1763~69

들레Jean-Baptiste Rondelet의 『건설 기술에 관한 이론적, 실무적 고찰*Traite theorique et pratique de l'art de batir*』1802~17을 필두로 철물에 대한 역학, 재료학, 설계, 시공 등 종합적 연구가 지속적으로 진행되었다. 건물에 적용한 예는 다양했다. 이미 1786년에 빅토르 루이는 화재로 소실된 오데옹 극장 천장을 주철로 덮었다. 고급 건물의 대표 유형은 교회였다. 교회는 양식사 측면에서 철물에 대한 이론 탐구 경향을 이끌었다. 이것은 프랑스의 전통이기도 했다. 고딕 시대의 구조 발전과 18세기의 그레코-고딕 아이디얼을 이어받아 19세기 구조 합리주의로 발전시켰다.

그 내용은 보강, 복원에 철물을 직접 사용하는 경향과 구조 합리주의를 해석, 적용하는 두 가지 방향으로 나타났다. 1823년에 루앙 성당Rouen Cathedral의 첨탑과 1837년에 샤르트르 성당Chartres Cathedral의 지붕을 각각 주철로 개축한 일은 전자의 대표적 예였다. 후자는 교회 구조에 구조 합리주의를 적용해서 고딕 성당의 데가주망과 유기 구조를 철물로 해석, 번안하는 경향으로 오로와 부알로가 대표이고 라브루스트는 이 개념을 도서관 열람실에 적용했다. 부알로는 지나치게 직설적으로 번안하는 경향이 있어 엄밀한 의미의 구조 합리주의로 분류하기에는 무리가 있었다. 라브루스트는 건축 개혁이라는 더 큰 운동의 일환으로 구조 합리주의를 추구했으며 비올레르뒤크가 그 뒤를 이었다. 이외에 만국박람회 전시관, 대형 박물관, 백화점 등도 중요한 기능 유형이었다.

영국은 산업혁명의 발상지이자 자본주의가 가장 발달한 나라였기

548 J. W. 배리(Barry) & H. 존스(Jones), 타워 브리지(Tower Bridge), 런던, 1886~94

때문에 공장, 창고, 상업건물 등 실용 건물에서 앞서 나갔다. 제분소가 대표적인 예였다. 목조 제분소가 화재로 소실되는 일이 빈번하게 일어나자 1790년대부터 철물로 지은 제분소가 등장했다. 이후 각종 공장, 창고, 시장 건물 등 실용적 건물을 중심으로 철물 사용이 확대되었다. 곡물 시장은 프랑스에 선수를 빼앗겼지만 양적인 측면에서는 영국이 압도했다. 파리 곡물 시장을 모델로 삼아 제임스 버닝James Bunning이 런던 석탄거래소Coal Exchange, 1846~49와 브로드릭의 리즈 곡물거래소Corn Exchange, Leeds, 1860 등을 세웠다. 식민지 무역이 증가하면서 항구를 중심으로 창고들도 많이 세워졌다. 자본주의의 전반적인 발전은 오피스 빌딩이나 상가 건물 등 상업 건물의 발전을 가져왔다. 이외에 다리와 기차역 등에서도 프랑스와 경쟁하며 앞서 나갔다(그림 548). 타워 브리지는 그 절정판이었다. 고급 건물은 프랑스와 조금 달랐다. 만국박람회 전시관은 프랑스와 가장 치열하게 경쟁한 기능 유형이었다. 백화점과 교회에서는 프랑스보다 뒤떨어졌지만 온실과 대형 전시 공간에서는 앞서 나갔다(그림 549).

549 로버트 스머크(Robert Smirke), 대영 박물관 도서관(Reading Room, British Museum), 런던, 1854~57

롱 스팬, 가는 기둥, 밝은 실내

이상의 초창기 과정 이외에 1820년대에는 철골이 건축 재료로 쓰이기 시작했다. 1830년경을 넘어서면서 주철은 대표적 건축 재료로 자리잡았다. 마들렌사원, 발할라, 파리 오페라하우스 등 19세기에 지어진 거의 대부분의 주요 작품들에서 철물이 보강재로서 중요한 역할을 했다. 1840년대에는 에콜데보자르에서도 '철물을 이용한 설계경기Concours d'emulation de Serrurerie'를 개최하는 등 건축 재료로서 철물의 입지는 완전히 굳어졌다. 철물의 정착은 단가와 직접적 연관이 있었다. 정확한 연대는 알 수 없지만 대체적으로 1830~40년경을 기점으로 철물이 석재에 대해 경제적 측면에서 경쟁력을 가지기 시작한

550 구스타프 에펠(Gustave Eiffel), 가라비 교(Viaduct de Garabit), 님(Nimes) 근교, 프랑스, 1879~88

551 워털루 역(Waterloo Station), 런던, 1840년대~

것으로 볼 수 있다. 이 시기는 철물 사용이 급증한 시기와 일치한다.

1840~50년대에는 라브루스트의 대표작이 등장하면서 철물은 신건축운동이라는 새로운 양식으로 발전했다. 철물은 단순 공학 재료에서 벗어나 석재와 목재 등 전통 재료와 동일한 심미성을 갖는 건축 재료로 자리잡았다. 1850~55년 사이에는 고급 건축을 벗어나 일반 건축물에서도 철물 사용이 급증했다. 일반 건물과 주택 등 여러 건물에서 목조 바닥을 철물 보와 슬래브로 바꾸는 현상이 대대적으로 일어나며 큰 유행을 이루었다.

철물은 모든 종류의 양식과 기능 유형에 쓰였다. 이 가운데 특히 새로운 건축적 가능성을 극대화할 수 있는 기능 유형에 집중적으로 쓰였다. 그 내용은 롱 스팬, 가는 기둥, 밝은 실내의 셋으로 요약할 수 있다(그림 307). 롱 스팬과 가느다란 기둥을 사용한 기능 유형은 다리, 기차역, 대형 전시 공간이 대표적 예였다(그림 550, 551). 밝은 실내가 사용된 기능 유형의 대표적 예는 온실이었다(그림 552). 교회는 가늘고 긴 기둥과 신비한 빛으로 가득 찬 실내가 필요했기 때문에 철물 사용에 비교적 적극적이었다. 가톨릭은 중세 성당의 다발 기둥을 번안하기에 좋은 재료로, 신교는 개혁 정신에 맞는 밝고 건강한 실내 공간을 만들기에 좋은 재료로 각각 철물을 선호했다. 부르주아의 가세도 중요한 요소였다. 부르주아는 철물과 유리가 만들어내는 밝고 넓고 위생적인 실내 분위기를 자신들의 이미지로 삼았다. 이미 1820년대부터 아케이드가 세워지기 시작했고 1851년의 수정궁을 기점으로 만국박람회가 가세했다. 온실도 중요한 부르주아 양식이었다.

552 알프레드 쾨르너(Alfred Körner), 베를린 달렘식물원(Botanischer Garten, Berlin-Dahlem), 독일, 19세기 후반부

철물 내에서도 세대교체가 일어났다. 1850년경까지는 주

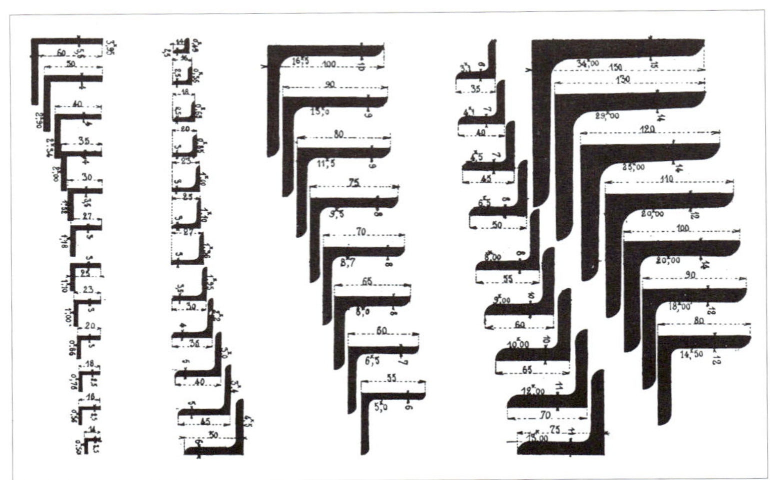

553 모서리용 철물 모음

철이 주재료였으나 1870년경을 기점으로 제2산업혁명의 시작과 함께 철골 사용이 급증하면서 주재료가 철골로 바뀌었다(그림 553). 에펠탑은 그 결정판이었다. 미국에서는 시카고학파가 철물 건축의 새 역사를 쓰고 있었다. 단철은 장식 부재에 주로 사용되면서 두 재료 사이에서 살아남았다(그림 554). 철물 내에서는 '양식들의 전쟁'과 같은 경쟁은 일어나지 않았다. 공학적 수치와 경제성 등 물리적 요소를 기준으로 삼아 더 유리한 재료로 자연스럽게 주도권이 넘어갔다.

산업 · 기계문명의 등장은 기원전 10세기경 그리스에 철기문명이 등장한 이래 가장 큰 문명의 변혁이었다. 산업 · 기계문명은 종교운동이나 정신운동이 아닌 물질운동이었기 때문에 사상적 배경은 취약했다. 그러나 문명 단위의 대변혁이었기에 물질주의를 합리화하는 배경 사상들이 미약하나마 일부 등장했다. 그 뿌리는 18세기의 과학 합리주의, 기계론적 세계관, 공리주의까지 거슬러 올라갈 수 있다. 19세기에는 이것이 발전하여 기계 · 물질문명의 작동 방식에 대한 사상적 배경이 탄생했다. 그 대표적 내용은 실증주의, 관념론과 과학철학, 물질 이상향 이론의 세 가지로 요약할 수 있다.

554 큐 가든(Kew Gardens) 내 빅토리아 게이트(Victoria Gate), 런던

신건축운동은 산업 · 기계문명이 가장 먼저 적용된 분야 가운데 하나다. 그 내용은 배경 이론 연구의 건축양식 적용, 새로운 기능 유형과 접목, 토목 등 공학 분야에서의 발전 등 여러 방향으로 분화되어 시작됐다. 이 가운데 배경 이론 연구는 산업 · 기계문명 전반에 대한 앞의

세 가지 배경 사상에서 일정한 영향을 받았다. 콩트의 실증주의는 뒤랑의 유형론에, 셸링W. J. Schelling의 관념론과 과학철학은 젬퍼의 『기술 예술과 축조 예술 양식, 혹은 실용미학*Der Stil in den technischen und tektonischen Künster oder praktische Aesthetik*』1860~63에, 생시몽과 푸리에의 물질 이상향 이론은 달리의 공학 옹호론에 각각 대응될 수 있다.

2 사상적 배경

공리주의-콩트의 실증주의와 뒤랑의 유형학

실증주의Positivism는 오귀스트 콩트Auguste Comte, 1798~1857가 창시하였다. 콩트는 형이상학 무용론을 주장하며 그 대안으로 모든 진리는 경험과 물질세계의 관찰에서 나온다는 물질주의를 제시했다. 지식은 이제 철학이나 사상이 아니라 사물현상이 어떻게 발생하는지를 설명해줄 수 있는 과학적 사실이라고 했으며 이것이 실증다움the positive의 의미였다.

콩트는 이런 시각을 역사 해석에 적용, 19세기의 시대정신을 물질주의로 정의했다. 인간 역사는 '종교—형이상학—실증다움'의 단계로 진화, 발전한다는 논리가 그 토대였다. 19세기가 실증다움의 시기라는 사실은 산업화라는 움직일 수 없는 증거가 뒷받침했다. 19세기에 가장 많은 수의 사람들에게 가장 많은 이익을 주는 것은 이제 사상도 종교도 아닌 산업화된 기계·물질문명이었다. 콩트의 이런 생각은 18세기 주관적 경험주의 및 기계론적 세계관을 물려받아 19세기 산업·기계문명에 적용한 것이었다.

장 니콜라 루이 뒤랑Jean Nicolas Louis Durand, 1760~1834은 콩트의 영향을 공유하며 유형학을 창시했다. 유형학은 두 권의 저서『고대와 현대의 모든 장르의 건물들에 대한 비교 모음집*Recueil et parallele des edifices de tous genres anciens et modernes*』1800과『에콜 폴리테크니크 강의록*Precis des lecons d'architecture donnees a l'Ecole Polytechnique*』1802~05을 통해 제시되었다. 전자는 뒤랑의 대표 저서로 '르 그랑 뒤랑뒤랑의 대작'이라는 별명을 얻으며 19세기 신건축운동이 정착하는데 건축 계획과 설계 쪽에서 중요한 기틀을 제공했다.

뒤랑은 1776년에 불레의 사무실에 입사해서 드로잉 작업을 담당했으며 이후 왕립 건축아카데미에 입학해서 로마 상에서 2등을 차지하는 등 고전주의 교육을 받았다. 그러나 고전주의에 대한 역사주의적 접근에 반대하며 1795년에 에콜 폴리테크니크 교수가 되었다. 뒤랑의 건축이론은 콩트의 실증주의보다 앞섰기 때문에 뒤랑이 콩트에게서 직접

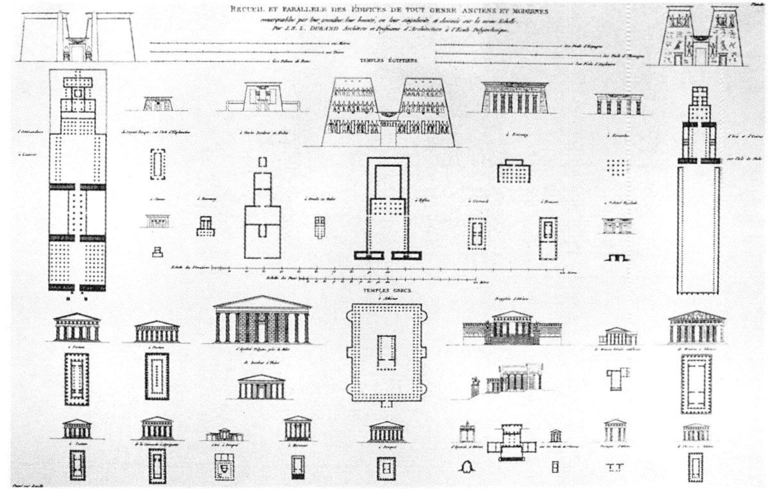

555 장 니콜라 루이 뒤랑(Jean Nicolas Louis Durand), 『에콜 폴리테크니크 강의록*Precis des lecons d'architecture donnees a l'Ecole Polytechnique*』(1802~05)에 실린 역사 양식 건물의 유형학적 분류

영향을 받았다고 보기는 어려웠다. 그보다는 18세기 공리주의를 공통의 뿌리로 가지며 19세기 산업·기계문명을 이루는 이론을 공유했다고 보는 편이 더 정확했다.

뒤랑의 건축 이론은 흔히 19세기 합리주의의 한 분파를 대표하는 것으로 정의되는데, 그 내용은 콩트의 실증주의와 벤덤의 공리주의 두 가지를 건축에 적용한 것으로 요약할 수 있다. 실증주의는 유형학으로 나타났다. 뒤랑은 역사 선례를 건물의 기하학적 형상, 구조 방식, 평면

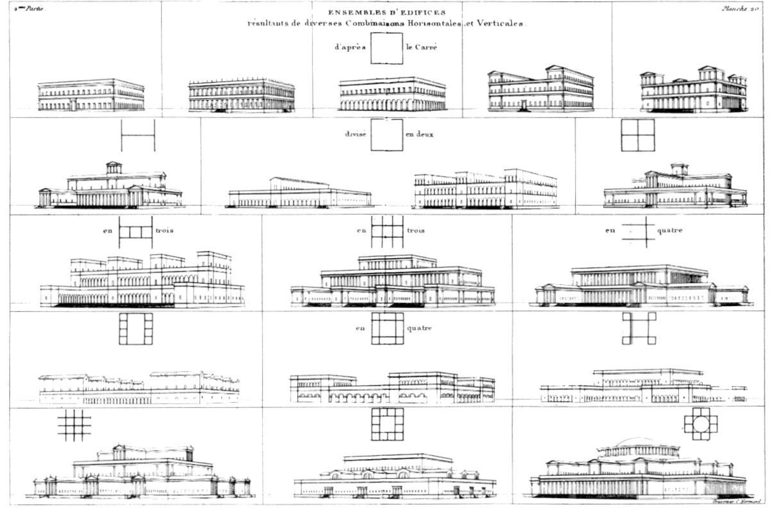

556 장 니콜라 루이 뒤랑(Jean Nicolas Louis Durand), 『에콜 폴리테크니크 강의록*Precis des lecons d'architecture donnees a l'Ecole Polytechnique*』(1802~05)에 실린 역사 양식 건물의 유형학적 분류

구성 등 물리적 측면을 기준으로 삼아 유형으로 분류했다. 분류 기준은 기능 유형과 기하학적 윤곽이었고 평면과 입면 모두에 적용했다(그림 163, 303, 555, 556). 이전까지는 역사 선례를 시대나 양식을 기준으로 받아들였던 데 반해 뒤랑은 기능과 형태라는 근대적 기준을 적용했다.

기하학적 분류는 표준화와 대형 복합 건물이라는 근대적 건축 구성의 두 가지 새로운 측면에 맞추기 위한 것이었다. 19세기의 신재료 공법에서는 모듈과 베이라는 동일 요소를 필수적으로 반복해야 했기 때문에 여기에 맞는 새로운 계획 설계 기법을 만들어내야 했는데, 뒤랑은 기하학적 분류를 그 해답으로 제시했다. 19세기에는 또한 공공건물의 크기와 규모가 대형화되고 프로그램 구성이 복잡해지면서 대형 복합 건물도 등장했다. 이것을 효율적이고 기능적으로 풀어내기 위해서는 단순한 기하학적 유형들로 기본 단위를 만든 뒤 이것의 단순 배수로 전체를 구성하는 것이 가장 적합했다.

공리주의는 경제성과 효율성만이 건축의 유일한 기준이 되어야 한다는 주장으로 나타났다. 뒤랑은 비트루비우스의 고전 교조주의, 로지에의 원형주의, 절충주의의 직설적 복고 등에 모두 반대하며 역사 양식에 공리적 기준을 적용한 새로운 해석을 제시했다. 역사 양식도 시대를 초월한 보편적 가치로 단순화하여 19세기에 맞게 사용해야 한다고 주장했으며 기하학적 경제성과 효율적 기능적 평면 구성 등 공리주의 개념을 보편적 가치의 대표적 예로 들었다. 기하학적 경제성은 스승인 불레의 추상 기하주의에서 받은 영향이다.

이런 새로운 기준에 따라 역사 양식의 선례 건물들을 단순화한 뒤 분류했다. 단순화와 분류는 모눈종이 위에 함으로써 공리주의의 특성을 강화했다. 뒤랑은 이렇게 분류한 역사 양식을 재조합해서 건물을 설계한 계획안도 남겼다(그림 557). 건물 분류요소를 개별 어휘, 건물의 부분, 수직과 수평 구도 등으로 다원화한 뒤 이것들을 재조합하는 방식이었다. 계획안 제목에 들어간 '앙상블[ensemble]'이나 '조합[combinaison]'이라는 단어로 뒤랑의 건축관을 읽을 수 있다. 뒤랑의 유형학은 '개별 어휘—구문 구성—양식'으로 엮어진 전통적인 종합 구성 체계를 분해해서 레퍼토리로 만듦으로써 필요한 상황에 따라 레퍼토리를 각기 따로 분리해서 활용할 수 있게 만들었다. 이는 18세기 신고전주의의 여러 단계에서

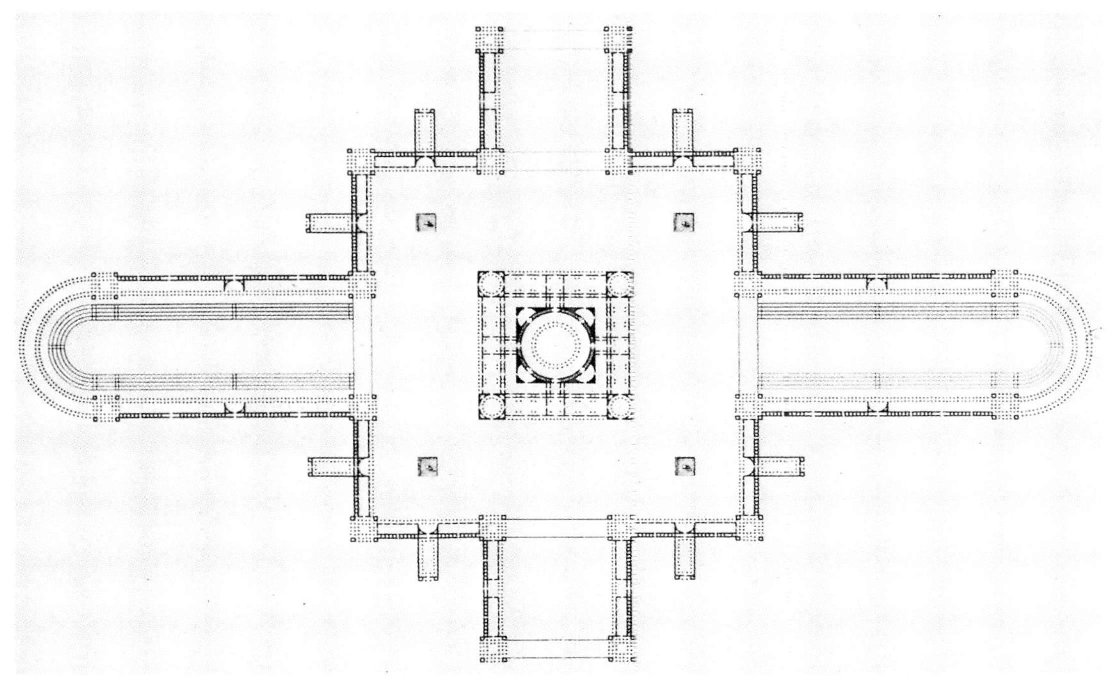

557 장 니콜라 루이 뒤랑(Jean Nicolas Louis Durand), '여러 건물들의 조합으로 형성된 앙상블(Ensemble forme par la combinasion de plusieurs edifices)'

지속적으로 추구하던 고전 캐넌의 분해를 완성한 의미가 있다.

뒤랑이 건축에서 유형학적 분류법을 처음으로 사용한 것은 아니다. 앞서 살펴본 르루아의 예는 그리스 고전주의에 내재된 합리주의 특성을 이것에 적용한 선구적 시도였다. 르루아는 1764년과 1767년에 출판된 두 권의 책에서 역사적 건물에 대해 뒤랑의 작업과 유사한 유형학적 분류를 처음 제시했다(그림 209). 책 제목에 '다양한 형태formes differentes'라는 단어가 들어간 점으로 미루어 유형학의 기본 개념을 가지고 있었을 것으로 추측할 수 있다. 빅토르 루이도 1782년에 유럽의 극장들을 유형학적으로 비교한 연구 결과를 발표했다. 뒤랑 이후에는 장 바티스트 세루 다쟁쿠르Jean-Baptiste Seroux d'Agincourt, 1739~1814가 유형학적 분류법을 연구한 결과를 남겼다. 그는 1811~23년 사이에 출판된 두 권의 책에서 역사적 선례들에 대해 뒤랑과 같은 평면과 입면의 기본 분류 이외에 고딕 아치, 볼트, 천장 형식 등 분류 기준을 확대시키며 다양화했다(그림 558).

뒤랑의 방법론은 시기적으로 매우 이른 것이었기 때문에 그 영향은

558 장바티스트 세루 다쟁쿠르(Jean-Baptiste Seroux d'Agincourt), '주요 나라 고딕 아치의 기원, 다양한 형태, 활용 등에 대한 제안(Conjectures on the Origin, the Various Forms, and the Use of the Gothic Arch in Well-Known Countries)'

양면적이었다. 신재료 공법이 구체화되기 이전에 계획과 설계를 먼저 근대화함으로써 신건축운동의 중요한 기틀을 닦으며 절대적 영향을 끼친 것으로 평가할 수 있다. 다른 한편으로는 이런 방법론이 절충주의의 기본 입장과 잘 맞으며 절충주의를 가속화한 측면도 있었다. 뒤랑은 절충주의의 직설적 복고에 반대하며 자신의 합리적 유형학을 창출해냈지만 결과적으로는 절충주의를 돕게 된 정반대 결과를 낳은 것이다.

물질 이상향-생시몽, 푸리에, 달리

물질 이상향은 클로드 드생시몽Claude de Saint-Simon, 1760~1825과 샤를 푸리에Charles Fourier, 1772~1837의 이상도시 이론이 주도했다. 생시몽은 헤겔의 역사 발전 이론과 산업 · 기계문명을 결합해 과학과 신기술이 이끄는 산업 생산 방식이 역사 발전의 마지막 단계로서 사회문제를 해결하는 유일한 열쇠라고 주장하며 물질 이상향 이론을 폈다. 그가 제시한 이상향에서는 노동자와 과학 엘리트가 사회 리더가 되어 계급을 없애고 생산을 균등하게 분배하며 조화로운 공동체 생활을 영위하는 것으로 그렸다. 이런 주장은 마르크스의 사회주의 사상 형성에 중요한 영향을 끼치는 등 초창기 사회주의의 중심 역할을 했다.

그러나 생시몽 사상의 핵심은 사회주의보다는 물질 이상향에 있었다. 그는 과학자만이 19세기의 새로운 성직자라고 주장하며 산업 · 기계문명을 종교 차원으로까지 끌어올렸다. 이런 기본 개념 위에 산업주의industrialism와 실업가industrialist라는 말을 만들어 내며 그 정신을 전파하는 데 앞장섰다. 생시몽의 주장은 표준화 개념이 지배하는 사회 재조직운동에 적용되었다. 그 제자들은 표준화되고 중앙 집중된 금융 체계를 통해 산업화된 전문 경영을 옹호하는 운동을 벌였다.

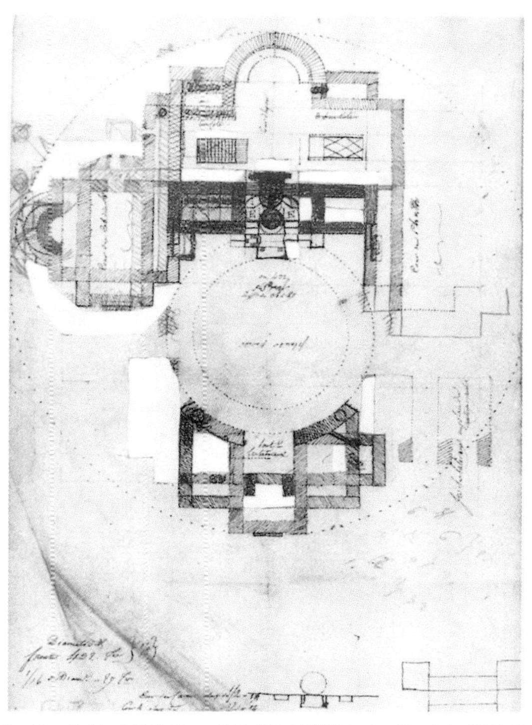

559 샤를 푸리에(Charles Fourier), 팔랑스테르(Phalanstere)

푸리에는 산업 · 기계문명에 따른 자연환경의 파괴와 도시의 과밀화에 반대하며 주민들이 직접 참여하는 작은 마을을 대안적 이상향으로 제시한 점에서 생시몽보다는 덜 물질적이었다. 그러나 푸리에 역시 이런 마을을 구체적으로 구현하는 과정에서는 기계문명의 힘을 빌리려 했다. 푸리에는 자신의 이상향을 '팔랑세스Le Phalanxes'라 이름 붙였다(그림 559). 각 가정은 팔랑스테르라 부르는 개별 건물에 한 채씩 입주했다. 마을 중심에는 공동 식당, 도서관, 우체국, 예배당 등의 공공건물을 필두로 공방, 시장, 호텔, 집합 주거 등이 위치했다.

두 사람의 이상향은 산업 사회주의라 부를 수 있었다. 노동자들이 중심이 된 작은 마을인 점과 단독주택 중심으로 구성된 점 등은 사회주의 색채를 띠었다. 그러나 경제적 기반을 산업 생산에 둔 점에서는 기본적으로 기계 물질주의에서 벗어나지 못했다. 두 사람의 활동은 각각 생시몽주의St. Simonism와 푸리에주의Fourierism라는 집단운동으로 발전했다. 푸리에주의는 콩데쉬르베스그레Conde-sur-Vesgre라는 실제 마을을 설계했으나 구현되지는 못했다. 산업 활동으로 돈을 번 장 바티스트 고댕Jean Baptiste Godin이 자신의 공장 도시인 귀즈쉬르루아제Guise-sur-l'Oise를 푸리에주의에 근접한 구성으로 지은 것이 유일한 예라 할 수 있다.

두 사람의 이론은 산업화된 생산방식을 건축에 도입하는 중요한 통로 역할을 했다. 새 시대의 건물은 새로운 생산방식으로 지어야 한다는 기본 개념에서부터 이런 주장에 대한 이론적 타당성을 제공하는 등 다양한 역할을 했다. 세자르 달리Cesar Daly, 1811~94를 중심으로 한 공학 세대의 전면적 등장과 건축 교육 개혁운동은 구체적 결과를 대표하는 내용들이었다.

토목 · 건축 공학은 1795년 전까지는 에콜 데 퐁트 에 데 쇼세Ecole des Pontes et des Chaussees에서 담당했다. 이때까지 건축공학은 건축 분야에 들어오지 못하고 토목공학으로 분류되며 하급 분야 취급을 받았다. 건축 분야에서도 공학의 필요성이 증가하면서 이를 교육할 에콜폴리테크니크Ecole Polytechnique가 1795년에 설립되었다. 1830년 7월혁명으로 보수적인 부르봉 왕가가 전복되면서 예술 교육 전반에 개혁 바람이 불었다. 예술가총협회Assemblee-Generale des Artistes는 예술교육 개혁을 시작했고 소시에테 리브르 데 보자르Societe Libre des Beaux-Arts가 설립되었다.

건축에서는 히토르프와 라브루스트가 이 일을 담당했고 비올레르뒤크가 뒤를 이었다. 이들의 구교육 비판 및 개혁 요구는 보자르 내에 개혁 바람을 불러일으켰다. 제2제정 시대였던 1864년에 유니온 상트랄 데 보자르 아플리퀴에 아 렝뒤스트리Union Centrale des Braux-Arts Appliques a l'Industrie가 설립되면서 건축과 디자인에서 철물 사용을 국가적 사업으로 뒷받침했다.

달리는 건축 저널리스트였다. 그는 19세기의 수많은 혁명과 정변에 몸소 참여하고 영국, 독일, 미국, 멕시코 등을 오가는 등 파란만장한 생을 살며 신건축운동의 이상을 다방면으로 전파하는 데 평생을 보냈다. 이런 활동의 핵심 매개는 그가 운영한 『건축과 공공사업 총람Revue

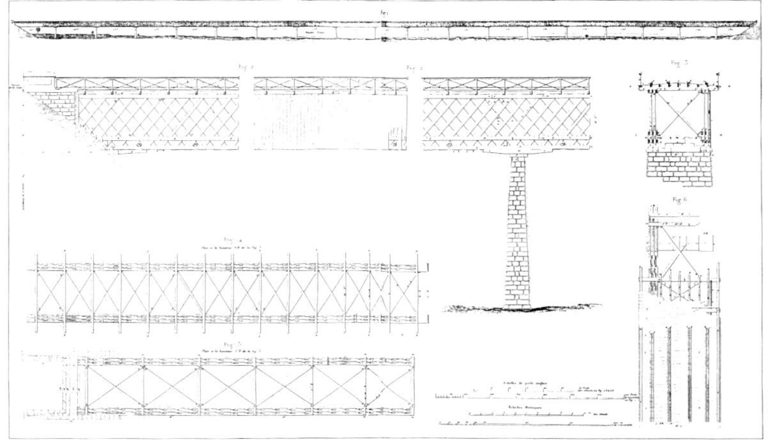

560 세자르 달리(Cesar Daly)의 『건축과 공공사업 총람*Revue generale de l'architecture et des travaux publics*』 1호(1840)에 실린 미국 버지니아 주 리치몬드(Richmond)의 다리 구조도

generale de l'architecture et des travaux publics』이라는 잡지였다. 이 잡지는 프랑스 최초의 건축 잡지로 그 성격을 두 방향으로 나누어볼 수 있다.

정치적 측면에서는 생시몽과 푸리에의 영향을 받아 이들의 기계 이상향을 전파하고 구현하는 전위대 역할을 했다. 특히 푸리에의 팔랑세스를 이상향의 전형으로 추종하며 달리 스스로 푸리에주의에 직접 뛰어들어 활동했다. 1837년부터는 콩데쉬르베스그레에 실제 지어지기 시작한 팔랑세스 설계에 참여했으나 중간에 중단된 뒤 철거되었다. 1846년에는 기차역과 다리가 우리 시대의 건축을 새롭게 할 법칙이 될 것으로 예언하였다(그림 560). 그 근거로 위대한 산업 생산품에는 미학적 요소가 함께한다는 사실을 들었다. 달리는 또한 기차역 같은 새로운 기능 유형의 전성을 예언하며 그 정착을 도왔다. 그는 신건축으로 지은 거대한 기차역이 사람들로 북적일 것으로 예언하며 이것이 과거 로마 시대 목욕탕과 같은, 도시 내 대중 공간이 될 것이라고 했다.

561 세자르 달리(Cesar Daly)의 『역사적 모티프*Motifs Historiques*』 2호(1863)에 실린 왕궁

반면 순수 디자인 차원에서는 신재료의 직설적 사용에 반대하며 건축의 섬세한 감성적 측면을 표현할 것을 주장했다. 달리는 이런 입장을 이 잡지에서뿐 아니라 자신이 운영하던 또다른 잡지인 『역사적 모티프*Motifs Historiques*』에서도 주장했다(그림 561). 혹은 『기념비 공보*Bulletin Monumental*』 같은 고고학과 미술사 관련 잡지들에도 지속적으로 발표했다. 건축적으로는 라브루스트가 주축이 되고 뒤방, 뒤크, 보드와이에 등이 참여한 구조 합리주의 계열의 신건축운동을 도왔다. 달리의 잡지는 이들의 활동을 지지하고 세상에 알리는 중요한 통로 역할을 했다. 달리의 이런 입장은 신재료의 가능성을 건축과 토목으로 엄격히 분리한 것으로 볼 수 있다.

3 프랑스 구조 합리주의

헥토르 오로-기술 이상향과 산업 낭만주의

철물이 대표하는 19세기 신재료는 고급 건물보다는 토목시설이나 실용 건물 등 하급 건물에서 많이 쓰였다. 고급 건물에서는 기차역, 아케이드, 백화점, 만국박람회 전시관, 온실 등 새로 탄생한 기능 유형에 주로 쓰였다. 이런 유형들은 새로운 시대상과 가치관에 의해 탄생한 건물들이었기 때문에 기존 개념의 고급 · 하급 기준으로 분류하는 것이 사실 큰 의미가 없었다. 전통적인 기능 유형 가운데 신재료의 건축적 가능성을 받아들인 건물은 넓은 홀을 필요로 하는 교회, 도서관, 박물관 정도였다.

이런 움직임을 이끈 것은 교회였고 그 배경에는 프랑스의 합리주의 전통이 있었다. 고딕 건축에서 18세기 그레코-고딕 아이디얼로 이어지는 프랑스 건축의 국가적 전통이었다. 신건축운동이 토목시설, 실용 건물, 19세기의 새로운 기능 유형 등을 중심으로 발전한 것은 유럽 모든 나라들에서 나타난 공통 현상인데, 프랑스는 교회를 중심으로 한 실험이 추가되는 차별성을 보였다. 이런 실험은 신재료의 건축적 가능성을 성당 구조 체계와 기독교 양식 디테일 등 고급 예술과 결합시켜 추구한 점에서 신건축운동에서 중요한 의미가 있었다.

이런 새로운 실험을 이끈 대표적인 건축가는 오로, 부알로, 라브루스트 세 명이고 이후에 비올레르뒤크로 이어졌다. 이들 네 명은 다시 오로와 부알로, 라브루스트, 비올레르뒤크의 세 경향으로 나뉘었다. 세 경향 모두 철물을 이용하여 역사 양식을 19세기에 맞는 새로운 구조 모델로 재해석하는 실험을 했다. 역사 양식과 신건축운동 사이의 쌍개념 대립 구도를 해소하는 통합을 추구한 점도 같았다. 이상과 같은 배경 위에 이들의 경향을 19세기 구조 합리주의라고 정의할 수 있다. 프랑스의 전통적인 합리주의 경향을 19세기의 신구조로 재해석했다는 의미였다.

562 루이 오귀스트 부알로(Louis Auguste Boileau), 생퇴젠(St. Eugene), 파리, 1854

563 외젠에마뉘엘 비올레르뒤크(Eugene-Emmanuel Viollet-le-Duc), 콘서트 홀 계획안

차이도 있었다. 오로와 부알로는 고딕 구조의 다발 기둥과 데가주망 공법을 철물의 접합식으로 번안하는 것이 대표적인 특징이었다(그림 562, 565). 데가주망 공법이란 부재를 잘게 나눈 다음 그때그때의 특수한 상황에 따라 구조적 안정성, 역학 계산, 축조 시공 등을 시행하는 귀납적 방식을 의미한다. 다발 기둥은 그 최종 결과로 나타난 구체적이고 종합적인 구조 방식이었다. 이런 구조 방식은 철물의 접합식과 잘 맞는 측면이 많았다. 철물도 여러 개의 작은 부재들로 나누어 이것들을 접합하는 방식이 대표적인 구조 체계였기 때문이다. 또한 철물의 주물성은 장식을 만들어 더하기에 좋은 특징이 있었다. 단철 장식까지 더해지면서 고딕 성당의 건축 방식은 구조와 상징 양 측면에서 철물로 완벽하게 재현되었다.

라브루스트와 비올레르뒤크는 달랐다. 라브루스트는 선례 모델을 비잔틴 건축의 돔 구조로 삼았으며 이것을 새롭게 번안하는 철물의 건축적 가능성도 접합식 구조보다는 하중의 역학 작용을 다이어그램처럼 직접 보여주는 구조적 솔직함에서 찾았다. 비잔틴의 돔 구조를 선호했던 것도 역학작용을 다이어그램으로 단순화하기에 가장 적합한 구조였기 때문이다. 비올레르뒤크는 다발 기둥과 돔 등 앞 건축가들의 선례가 평형성을 기본 개념으로 하는 점에서 같은 것으로 보아 거부했다. 그 대안으로 사선과 캔틸레버 등 평형성을 깨는 역동성을 추구하는 완전히 새로운 구조 체계를 제시했다(그림 563). 비올레르뒤크는 이것의 출발점을 고딕 구조의 복원 등 역사 선례에서 찾은 점에서는

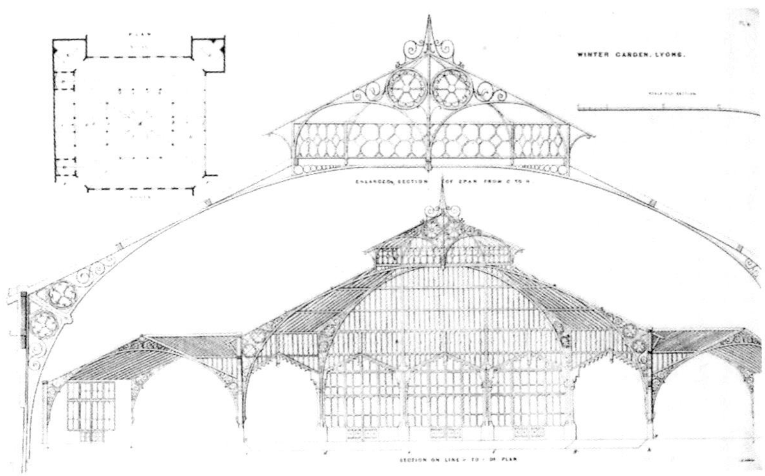

564 헥토르 오로(Hector Horeau), 리옹 겨울 정원 계획안

565 헥토르 오로(Hector Horeau), 오페라 가(街)에 유리 천장을 덮는 계획안

19세기 프랑스 구조 합리주의로 분류할 수 있으나 최종 결과물에서는 19세기의 한계를 벗어나 모더니즘 엔지니어링 건축의 초창기를 연 것으로 볼 수 있다.

헥토르 오로Hector Horeau, 1801~72는 에콜데보자르에서 수학하고 이탈리아를 비롯하여 이집트 등 유럽과 오리엔트의 광범위한 지역으로 긴 여행을 다녀오는 등 고전주의자로 건축을 시작했지만 이에 곧 회의를 느끼고 신건축운동으로 전향해서 평생 전념했다. 오로는 수많은 팸플릿을 통해 자신의 주장을 전개했다. 경량, 풍부함, 내화성, 영구성, 확장성, 자연색, 기동성, 해체성 등을 철물 건축의 장점으로 들며 이것을 바탕으로 모든 대중들이 과거 상류층의 고급 예술에 해당되는 예술적 혜택을 골고루 누릴 수 있을 것이라고 주장했다(그림 564).

오로는 파리 레잘르, 파리 오페라하우스, 수정궁 등 주요 건물의 설계 경기에 참여했지만 하나도 당선되지 못했다. 그러나 이때 남긴 계획안을 통해 자신의 신건축 이상을 구체적 결과물로 보여주었다. 오로는 평생 외톨이로 지내며 실제 건축물은 거의 남기지 못했다. 신건축운동에서도 공학적 기술적 측면에서 구체적 발전을 이끌지는 못했다. 그보다는 신건축운동을 고전주의 배경과 혼합한 그림을 통해 새로운 이상향을 제시하는 낭만주의에 가까웠다. 오로는 특히 산업혁명의 선두주자였던 영국을 자신의 이상적 모델로 삼아 영국에 오래 거주하면서 작품 활동을 했다.

566 헥토르 오로(Hector Horeau), 리옹 겨울 정원 계획안

오로의 그림에 나타난 구체적 내용은 앞에 언급한 고딕 구조의 직접적 번안을 잘 보여준다(그림 565). 오로는 이것을 기본 매개로 중세의 신비주의 분위기를 표현했으며 다시 이런 건물들을 낭만적 분위기로 각색해서 자연 속에 위치시키거나 군집시켰다. 오로는 낭만주의와 산업혁명이라는 상반된 두 문명이 공존하는 영국을 통해 둘 사이의 통합 가능성을 발견했다(그림 566). 이때 기술을 기본 매개로 삼은 점에서 기술 이상향이라 부를 수 있으며 궁극적으로는 산업 시대에 맞는 새로운 이상향을 제시한 점에서 산업 낭만주의로도 부를 수 있다. 오로의 이런 모든 경향은 앞에 언급한 푸리에주의에서 직접적으로 받은 영향이다.

부알로의 '합성 성당' 대 비올레르뒤크

루이 오귀스트 부알로Louis Auguste Boileau, 1812~96는 양식의 질곡을 역사주의의 가장 근본적인 한계로 보면서 양식에서 탈피한 보편적 구조 체계로 신건축운동을 정의했다. 그는 고전주의 교육을 받지 못하고 출장 전문 목수로 건축 활동을 시작해서 고딕 디테일을 목재로 짜는 일을 주로 하며 초창기를 보냈다. 이런 배경 때문에 고전의 질곡에서 자유로울 수 있었으며 고딕 건축과 친숙해지는 계기를 갖게 되었다. 이후 독학으로 자신의 건축 이론을 완성하고 작품도 남겼다.

부알로는 자신의 이론을 두 권의 저서인 『건축의 새로운 형태*La Nouvelle Forme Architecturale*』1853와 『철, 신건축의 핵심 구조 부재*Le Fer, principal element consturctif de la nouvelle architecture*』1871를 통해 발표했다. 그는 건축 역사를 진공부가 고형부를 점진적으로 대체하는 과정으로 파악했다. 고형부는 석재, 고전주의, 전제성 등을 대표적 특징으로, 진공부는 철물, 고딕, 근대성 등을 대표적 특징으로 한다. 이런 시각은 철물의 건축적 모델을 고딕 구조에서 찾으려는 시도로 이해할 수 있다.

부알로는 철물에서 고딕 건축의 한계를 극복할 가능성을 찾았다. 고딕 구조를 철물로 번안하여 두꺼운 석재 구조의 한계를 극복하고 얇고 섬세한 기둥을 통해 새로운 교회 실내를 얻을 수 있다고 믿었다. 이런 성당을 '합성 성당cathedrale synthetique'이라 부르며 1850년에 모델을 만들어 발표했다(그림 567). 이 모델은 272미터×128미터의 라틴 크로스를 평면으로, 외관 높이는 168미터였다. 실내에서는 철물 기둥이 볼트를 받치는 철물 고딕 구조로 골격을 짰다. 기둥과 볼트의 개수는 위로 올라갈수록 점점 작아지며 피라미드 모양의 점감 구도로 구성했다. 이런 처리는 신재료의 경량성을 강조하기 위한 것이었다. 철물의 강도를 이용하여 석재의 무게와 둔탁함을 줄이는 것이 주요 목적이었다.

567 루이 오귀스트 부알로(Louis Auguste Boileau). '합성 성당(cathedrale synthetique)'

부알로는 프랑스의 13세기 성기 고딕이 오히려 발전 가능성을 스스로 포기하고 한계에 머문 것이라며 비판했다. 이후 르네상스의 고전 리바이벌에 의해 고딕 건축은 완전히 중단되었다. 그는 이런 고딕 건축의 발전 궤적을 철물이 이어받아 끌고 나갈 수 있다고 믿었다. 그가 고딕 구조를 모델로 삼은 것은 양면성이 있었다. 당시 불기 시작하던 고딕리바이벌과 일정한 연계성을 맺으며 그가 성공하는 토대가 되었다. 그러나 고딕 구조의 지나친 직설적 번안은 자기모순이기도 했다. 결과적으로 그가 찾으려 했던 보편적 구조 체계는 고딕 건축을 철물로 번안한 철물 양식인 셈이다. 양식을 배

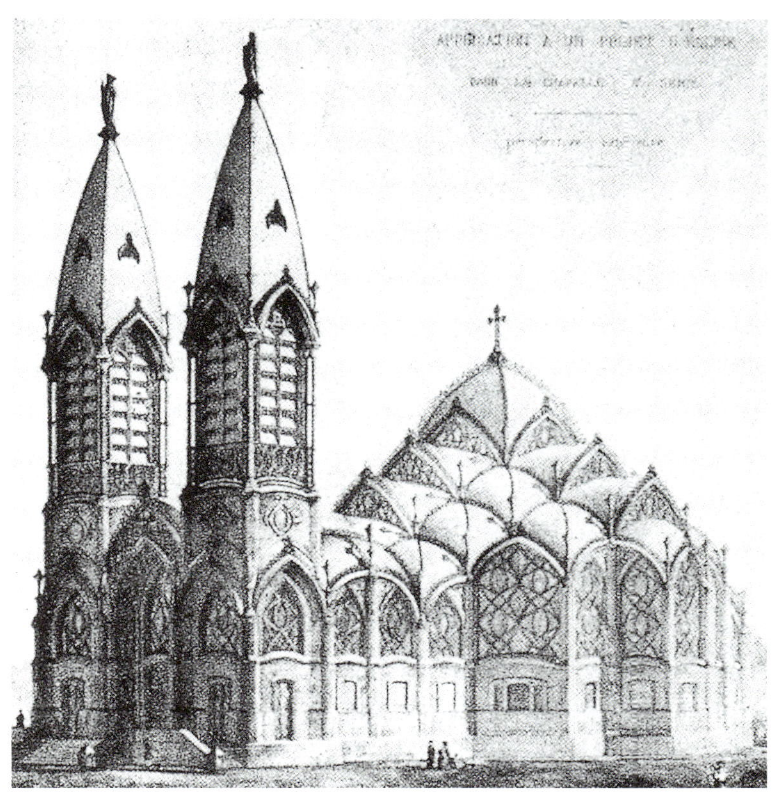

568 루이 오귀스트 부알로(Louis Auguste Boileau), 생드니 예배당 계획안(La Chapelle St. Denis), 1850

569 루이 오귀스트 부알로(Louis Auguste Boileau), 생퇴젠(St. Eugene), 파리, 1854

제하려던 자신의 초기 의도를 스스로 깨뜨리며 단순 재료로 대체하는 직설적 모방에 그쳤다(그림 562).

부알로는 성 디오니시오 예배당 계획안(La Chapelle St. Denis, 1850), 생퇴젠(St. Eugene, 파리, 1854), 노트르담드프랑스(Notre-Dame-de-France, 런던, 1868, 철거), 봉마르셰 백화점(1872~87) 등을 대표작으로 남겼다. 생드니 예배당 계획안에서는 철물의 강도를 살려 극단적으로 가늘게 처리한 기둥이 볼트를 받치는 구조를 사용했다. 이 구조는 피라미드 형식으로 위로 올라갈수록 점점 좁아지게 쌓았다(그림 568). 이 계획안을 발표하자마다 앞서 발표한 '합성 성당' 모델과 하나로 묶여 역사주의와 토목공학 양 진영 모두에서 비판을 받았다. 그러나 부알로는 아랑곳하지 않고 자신의 실험을 계속하면서 저서와 대표작인 생퇴젠을 발표했다.

생퇴젠은 이상의 내용을 잘 보여주는 예였다. 이 건물의 외관은 고딕 양식을 기본 소재로 삼아 추상적 분위기로 단순화했다(그림 569).

570 루이 오귀스트 부알로(Louis Auguste Boileau), 생퇴젠(St. Eugene), 파리, 1854

포인티드 아치의 윤곽은 날카롭게 지켰으나 장식이나 돌출 등의 건축 처리를 전혀 하지 않은 단순 평활면이 전체 분위기를 주도했다. 좁은 부지에 맞춰 건물 높이와 포인티드 아치의 크기도 휴먼 스케일 범위 안으로 줄여 추상적 분위기를 도왔다.

실내는 주철 기둥과 회반죽 볼트를 주요 재료와 어휘로 사용한 고딕 리바이벌 양식이었다. 볼트도 윤곽까지는 주철로 짰다(그림 570). 이런 처리는 라브루스트의 생주느비에브 도서관과 동일한 구성이나 부알로 스스로는 생마르탱데샹St. Martin-des-Champs, 파리의 식당에 있는 기둥을 모델로 삼았다고 공식적으로 밝혔다. 생퇴젠의 실내에 나타난 분위기는 양면적이었다. 가는 기둥으로 구성되면서 시각적 차원에서는 분명히 석재 고딕 구조의 한계를 극복한 것은 사실이었다. 그러나 고딕 구조를 모델로 삼았기 때문에 실내 조도는 여전히 고딕 성당의 범위에 머물렀다. 구조 방식 자체를 바꾸지 않고 기둥만 얇게 하면 조도 향상에는 한계가 있기 때문이었다.

이런 한계 때문에 역사주의와 신건축운동 양 진영에서 비판을 받았다. 역사주의 진영은 고급 예술인 역사 양식을 하급 재료인 철물로 단순 번안한 문제와 교회의 전통적인 아우라가 상실되는 문제에 대해 집중적으로 비판했다. 이런 비판은 당연한 것이었다. 달리와 비올레르뒤크 등 신건축운동을 대표하는 건축가들의 비판은 부알로의 한계를 잘 보여준다. 부알로의 한계는 프랑스 구조 합리주의 내에서 새로운 전기를 마련하는 의외의 결과를 낳기도 했는데 비올레르뒤크는 이것을 대표하는 예였다.

비올레르뒤크는 부알로의 '합성 성당' 모델, 생드니 예배당, 생퇴젠 등 일련의 작품들을 본 뒤 고딕 성당의 적절한 재료를 놓고 부알로와 논쟁을 벌였다. 비올레르뒤크는 고딕 성당은 전통 석재를 이용하여 전통 방식으로 복원해야 하며 고딕 성당을 철물로 번안할 때는 완전히 새로운 구조 방식으로 재창출해야 한다고 주장했다. 이를 계기로 자신이 주장한 새로운 구조 방식을 창출하는 작업을 시작했다. 비올레르뒤크의 구조 합리주의는 이전까지 라브루스트의 구조적 솔직함 개념의 범위 내에 머물러 있었다. 그러나 부알로의 모델과 생드니 예배당 계획안을 보고 분노를 느끼면서 동시에 자신의 한계도 스스로 깨달으며 이것을 깨고자 노력한 것이다. 사선 구조와 캔틸레버 등 과감한 역동주의는 이때 나온 결과물이다(그림 563). 비올레르뒤크는 이런 파격적 아이디어를 구체적 디자인에 적용한 계획안들을 모아 『건축이야기 *Entretien sur l'Architecture*』1863~72로 출간했다.

라브루스트(1)–낭만적 합리주의와 상징적 기능주의

앙리 라브루스트Henri Labrouste, 1801~75는 르바의 아틀리에에서 건축을 배우기 시작해서 에콜데보자르에 입학했다. 1824년에 로마 최우수상을 수상했고 1830년까지 로마에 체류했다. 라브루스트는 뛰어난 재능을 보이는 촉망받는 학생이었다. 질베르E. J. Gilbert에게 공학 훈련을 받으면서 아카데미즘의 질곡에서 벗어나려는 꿈을 키웠다. 당시 로마의 프랑스 아카데미에는 뒤방, 뒤크, 레옹 보드와이에Leon Vaudoyer 등 젊은 로마 최우수상 수상자들이 모여 제1제정과 프랑스 공화국의 진부한 고전주의를 극복하기 위한 고민을 하고 있었다. 이들이 찾은 대안은 낭만성과 합리성의 양 측면을 강화한 새로운 시각으로 고전주의를 재창출하자는 것이었다.

대안의 출발은 그리스 고전주의의 원시성과 낭만성이었다. 라브루스트는 이미 로마 상 작품에서부터 극단적 단순화를 추구한 도리스식 리바이벌을 선보이면서 이런 움직임의 중심 인물로 떠올랐다. 프랑스 아카데미 체류 동안에는 에콜데보자르에 보고해야 하는 연례 작품에서 로마 고전주의 대신 파에스툼의 그리스 신전인 제1헤라신전을 모델로 삼아 아카데미즘에 노골적인 도전장을 던졌다(그림 571). 그 내용

571 앙리 라브루스트(Henri Labrouste), 파에스툼(Paestum)의 제1헤라신전(Temple of Hera I)

도 단순화와 추상화 경향을 보였다. 이런 도전은 낭만성과 합리성을 통합하려는 목적에서 나온 것이었다. 둘은 상반되는 가치였기 때문에 동시에 얻기에는 쉽지 않았다. 낭만성은 '도리스식 단순화'라는 원시성을 통해서, 합리성은 환원성을 통해서 각각 얻을 수 있었다.

이런 움직임은 곧바로 파리의 본교에 포착되었고 라브루스트는 위험 인물로 낙인찍혔다. 그러나 그는 이에 굴하지 않고 개혁운동을 계속했다. 당시 프랑스 건축계에는 에콜데보자르 중심의 보수 고전주의에 반발하는 개혁운동이 두 방향에서 일어나고 있었다. 하나는 교육과 제도 등 정치, 사회적 측면이었고 다른 하나는 새로운 고전 해석과 신건축운동의 도입 등 디자인 측면이었다. 두 방향은 완전히 분리되지 않고 일정한 연관성을 맺으며 진행되었지만 굳이 분류하자면 라브루스트는 후자에 속했다.

라브루스트가 파리로 돌아오자마자 부르봉 왕가가 막을 내리면서 프랑스 예술계에는 본격적인 개혁 바람이 불었다. 그는 이전보다 유리해진 환경에서 아틀리에를 열어 자신의 이상을 펼칠 수 있었지만 다른 한편으로 보수 진영의 반발과 방해가 적지 않았다. 그는 이때부터 낭만성과 합리성을 하나로 합친 낭만적 합리주의Romantic Rationalism를 구체화했다. 특히 합리성의 근거를 19세기가 낳은 새로운 요구, 새로운 수단, 기능, 신재료, 신구조 등에서 찾았다. 이것은 산업 · 기계문명과 신재료의 등장에 따라 건축에 부가되는 사회적 요구와 기능이 달라졌기 때문에 건축의 심미성도 이에 맞춰 변해야 한다는 의미였다.

572 앙리 라브루스트(Henri Labrouste), 국립도서관(Bibliotheque Nationale=Bibliotheque Imperiale), 파리, 1854~75

라브루스트의 아틀리에는 낭만적 합리주의를 기반으로 한 개혁운동의 중심지가 되었다. 이 아틀리에는 에콜 폴리테크니크와 달리의 잡지와 함께 개혁을 이끄는 3대 축 가운데 하나가 되었다. 에콜 폴리테크니크는 학교라는 제도 조직을 통해서, 달리의 잡지는 저널리즘과 책이라는 매체를 통해서 개혁을 추구한 것이었고, 라브루스트의 아틀리에는 건축가와 예술가 그리고 실제 작품을 통해서 개혁을 추구했다. 부알로의 직설적 번안에 분노했던 비올레르뒤크는 라브루스트의 개혁을 높이 평가했다.

낭만적 합리주의가 라브루스트의 거시적 경향이었다면 구체적 경향은 상징적 기능주의로 볼 수 있다. 건물 유형에 맞는 상징성과 기능성을 가장 중요한 출발점으로 삼아 이것에 맞춰 역사 선례와 철물을 적절히 각색해 혼용했다(그림 572). 이런 경향은 낭만적 합리주의와 어느 정도 공통점이 있었다. 불필요한 장식을 없애고 기능성을 좇는 과정에서 원형적 추상성이 나타났으며 이것을 낭만성이라 부를 수도 있었다. 철물 사용은 구조적 솔직함을 바탕으로 했고 역학 작용을 다이어그램 개념으로 단순하게 표현한 점에서 합리성을 대표적 특징으로 가졌다.

라브루스트는 보수파의 견제를 받으며 작품 수주에 어려움을 겪자 1830년대 후반부터 설계 경기에 참여해서 몇 개의 안이 당선되었으나 실제 지어지지는 못했다. 개혁 진영의 도움으로 생주느비에브 도서관Bibliotheque Ste. Genevieve, 파리, 1838~50을 첫번째 대표작으로 남겼다. 이 도서관이 성공을 거두면서 도서관 전문 건축가로 입지를 굳혀 공공 교육과 예배성Ministere de l'Education Publique et des Cultes의 자문 건축가를 비롯하여 이 부문에서 활발한 활동을 벌였다. 이를 계기로 렌 신학교Seminary, Rennes, 1853와 국립도서관Bibliotheque Nationale=Bibliotheque Imperiale, 파리, 1854~75 등의 대표작을 남겼다. 말년에는 주로 호텔과 정부 건물 등의 작품을 남겼다.

라브루스트(2)–생주느비에브 도서관과 국립 도서관

생주느비에브 도서관은 상징적 기능주의를 잘 보여주었다. 이 건물은 도서관이라는 기능 유형에 맞는 상징성을 여러 단계에 걸쳐 표현했다.

573 앙리 라브루스트(Henri Labrouste), 생주느비에브 도서관(Bibliotheque St. Genevieve), 파리, 1838~50

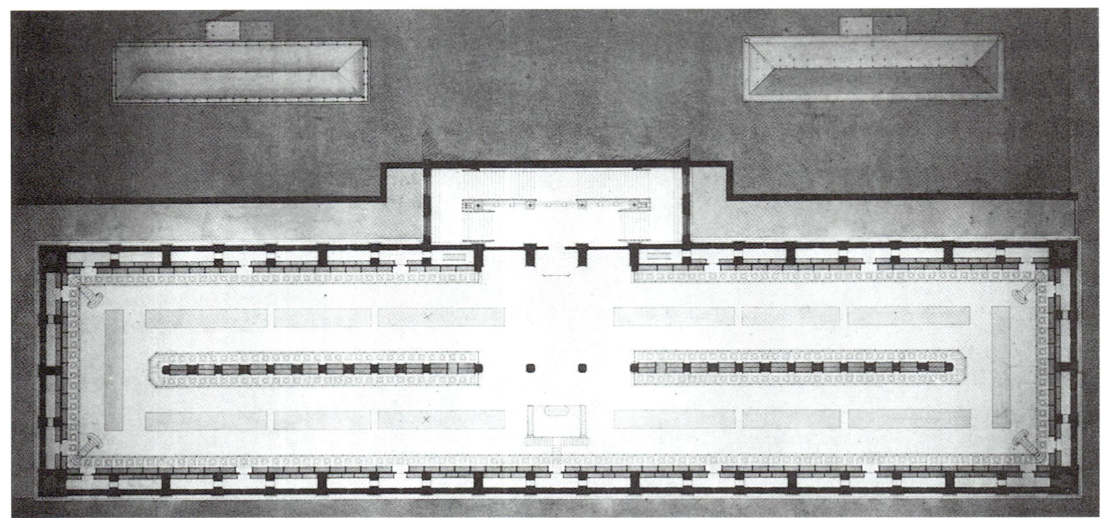

574 앙리 라브루스트(Henri Labrouste), 생주느비에브 도서관(Bibliotheque St. Genevieve), 파리, 1838~50

575 앙리 라브루스트(Henri Labrouste), 생주느비에브 도서관(Bibliotheque St. Genevieve), 파리, 1838~50

외관과 평면에서 팔라초 고전주의, 로마 바실리카, 수도원 식당, 미켈란젤로Michelangelo의 라우렌시오 도서관Biblioteca Laurenziana, 피렌체 등을 혼합한 절충주의로 시작했다(그림 573, 574). 도서관의 이미지를 '시민정신에 의한 인본주의 차원의 이성적 지성'으로 보았을 때 팔라초는 '인본주의'를, 고전주의는 '이성적 지성'을, 로마 바실리카는 '시민정신'을 대표했다. 열람실의 긴 평면은 바실리카, 수도원 식당, 라우렌시오 도서관 등의 윤곽을 차용한 것이었다.

팔라초에서는 브라만테의 라파엘로 하우스 모티프와 알베르티Leon Battista Alberti의 리미니에 있는 성 프란치스코 모티프San Francesco=Tempio Malatesta, Rimini를 차용한 뒤 도서관의 장서 관리와 관련한 세부 기능을 대응했다. 1층은 혹두기 기단으로 처리해서 폐쇄적이고 둔탁한 낮은 공간을 만들었는데 이곳에는 대출 회수가 적은 책의 서고를 두었다. 2층은 넓은 창으로 처리해서 개방적이고 밝고 높은 공간을 만들었는데 이곳에는 대출 회수가 많은 책의 서고와 개방 열람실을 두었다. 2층에 사용한 '소형 기둥 위 아치arch on pier' 구성은 알베르티를 모방한 것이다(그림 575). 알베르티는 르네상스의 대표적 인문학자로서 인본주의의 지성을 건축과 접목한 상징성을 대표했는데 이것을 빌려온 것이다.

개방 열람실에서는 철물을 사용하여 실험했다. 설계가 시작된 1830년대 말은 아직 도서관과 같은 고급 건물에 철물을 주요 재료로 사용하기는 이른 시기였다. 이때는 철물을 상업시설이나 실용 건물에 주로 사용하던 때였다. 철물 사용은 화재를 막기 위한 목적에서 시작됐다. 밤에도 개방하기 위해 실내에 가스등을 사용하면서 화재를 막는 방화 기준이 엄격해졌고 평소부터 디자인 개혁의 기회를 기다리던 라브루스트는 석재를 버리고 철물을 선택했다. 철물 장인 크리스토프 살라Christophe Calla와 협업으로 바닥, 기둥, 천장 아치에 철물을 사용했다.

철물은 개방 열람실의 기능에 대한 상징성을 강화하기 위해 사용했다(그림 576). 주철 기둥은 가능한 한 가늘게 했고 위쪽으로 역시 주철의 세장함을 살린 아치를 받쳤다. 아치 스팬은 10미터로 이 수치는 열람실에 필요한 두 가지 상반되는 특징인 밝고 넓은 느낌과 적당한 긴장감 사이에서 적절한 중간점에 해당했다. 회반죽으로 마감한 볼트를 받쳐 실내는 밝고 탁 트인 시원한 공간이 되면서 개방 열람실의 기능을 십분 강화했다. 가는 기둥은 넓은 창에서 들어오는 빛이 흰색 천장에서 잘 반사되도록 도왔다. 평면 차원의 공간 처리도 이런 상징성에 맞췄다. 좁은 전실을 거친 뒤 갑자기 길고 탁 트인 공간으로 들어오도록 하여 개방 열람실의 공간 효과를 극대화한 처리는 미켈란젤로가 라우렌시오 도서관에서 사용한 것이었다.

상징적 기능주의는 장식 처리에서도 잘 나타났다. 장식은 로마의 세칠리아 메텔라 무덤Tomb of Cecilia Metella 등 여러 선례에서 차용했다. 그러나 직접적 모방은 피하고 도서관의 기능을 강화하는 상징적 처리로 각색했다. 외관에는 소장 서적의 저자 이름을 적은 석재 패널을 창 위에 붙

576 앙리 라브루스트(Henri Labrouste), 생주느비에브 도서관(Bibliotheque St. Genevieve), 파리, 1838~50

577 앙리 라브루스트(Henri Labrouste), 국립 도서관(Bibliotheque Nationale=Bibliotheque Imperiale), 파리, 1854~75

여 도서 목록처럼 처리하여 장식을 대신했다(그림 575). 신기술에 대한 직접적 상징성도 더했다. 건물 밖으로 굴뚝을 돌출해 난방 건물임을 알렸다. 프리즈는 꽃 줄 장식 사이에 철물 보를 붙들어 매는 청동 타이 플레이트tie-plate=연결판금를 앵커처럼 박아 넣어 장식 요소로 활용했다.

국립도서관의 개방 열람실에서는 비잔틴의 돔 구조를 철물로 번안했다(그림 577). 이번에도 최대한으로 가늘게 처리한 주철 기둥이 기본 구조였고 여기에서 뻗어 나온 트러스 아치가 펜던티브의 아래 곡면을 형성했다. 이렇게 짜인 구조 골격 위에 석재 셸로 큐폴라를 만들어 덮었고 정상부에는 오쿨루스를 뚫었다. 내력 부재와 피내력 부재를 각각 철물과 석재로 분리한 처리는 다이어그램식 고전주의Diagrammatic Classicism라 부를 수 있다. 하중의 흐름 및 이에 따른 역학 작용이 복잡한 비잔틴 펜던티브 돔의 구조 체계를 다이어그램처럼 한눈에 알아볼 수 있도록 단순화했다. 비잔틴의 돔 구조는 다이어그램 식의 단순화 작업에 가장 적합한 구조였다.

내력 부재와 피내력 부재 사이의 관계와 역할을 명확하게 구분한 것도 다이어그램식 단순화의 중요한 요건이었다. 내력 부재를 가는 기둥 하나로 단순화하여 내력 구조와 역학 작용이 정확히 일치했다. 역학 작용을 선형 다이어그램으로 단순화한 것과 내력 구조가 같아진 것이다. 피내력 부재를 흰색 회반죽 볼트로 처리하여 내력 부재에 대한 대비를 확실히 해서 그 존재를 명확히 드러냈다. 볼트 곡면을 따라 더한 장식은 하중의 흐름을 지시하는 안내자 역할을 했다.

이것은 돔이라는 고전 구조에 대한 기하학적 추상 처리의 일환이다. 기하학적 추상이란 석재 고전 구조가 철물로 번안되는 과정에서 기본 의미소의 한계를 지켜주는 최소 조형 단위를 의미했다. 여기에서는 돔과 펜던티브가 만들어내는 원과 반원 및 그 속에 담긴 구조적 상징성이 해당된다. 다이어그램식 단순화는 철물 기둥의 구조적 가능성을 극대화해서 표현하는 기능을 한다. 가는 철물이 무거운 돔을 거뜬히 받쳐내면서 뛰어난 내력 기능을 자랑했는데 다이어그램식 역학 작용은 이것을 더욱 돋보이게 했다.

이상의 처리는 도서관의 상징성을 채광이라는 한 가지 기능적 목적에 집중하기 위한 것이었다. 개방 열람실은 한 변이 약 30미터인 정사각형 평면이었기 때문에 측면 창에서 들어오는 빛만으로는 실내 중심부 채광에 불리했다. 천장 채광을 위해 오쿨루스를 갖는 돔 구조를 차용했다. 돔 구조 자체가 정사각형 밑변 윤곽을 갖기 때문에 정사각형 평면을 3×3의 아홉 베이로 나누기에 적합했다. 가는 기둥은 천장에서 들어오는 빛이 책상 위로 골고루 퍼지는 데 유리했다.

라브루스트 자신은 이런 처리를 통해 개방 열람실을 '나무가 줄 지어 서 있는 옥외 공간'처럼 만들려고 의도했다. 건축적 선례로는 로마의 지붕 없는 극장velarium이나 정원 서재diaetum가 구체적 모델이었다. 이런 기능들은 로마의 낙원 개념을 반영한 낭만주의 유형의 대표적 예다. 이상을 종합하면 라브루스트는 이 건물에서 도서관을 빛을 가미한 낭만성 개념으로 정의한 뒤 철물을 이용한 구조 합리주의로 구체화한 것이다.

20장
새로운 기능 유형과 철물 건축

1 철물 건축과 역사 양식

2 기차역, 온실, 박물관

3 만국박람회(2)

1 철물 건축과 역사 양식

신재료와 근대적 가능성

철물이라는 신재료가 등장하면서 그 건축적 가능성은 심미성과 공학적 특성, 두 방향으로 모색되었다. 심미적 가능성은 세 방향으로 나타났다. 첫째는 고전 오더나 고딕 돋을새김 같은 전통적인 석조 장식을 재료만 바꾸고 형태는 그대로 번안하는 것이었다(그림 554, 572). 주철과 단철의 가연성可鍊性은 장식 주물 뜨기에 유리했다. 둘째는 철물의 구조 미학이었다. 석재 기둥보다 훨씬 가는 기둥으로도 롱 스팬을 만들어내는 구조적 우수성 자체가 하나의 심미적 가치를 갖는 것으로 보는 일단의 건축가들이 등장했다. 유리가 만들어내는 밝고 투명한 공간과 깨끗하고 위생적인 분위기도 마찬가지였다. 금속과 유리는 근대적 이미지를 제시하며 석재와 대척점에 섰다. 철물의 개별 부재는 석재보다 훨씬 작아진 대신 반대로 개수는 압도적으로 많았다. 작고 섬세한 금속 부재가 수없이 반복하면서 큰 구조 체계를 만들어내는 장면은 그것만으로도 일정한 심미성을 갖는 장관이었다(그림 578).

578 프랑수아 뒤크네(François Duquesney), 파리 동역(Gare de l'Est), 1847~52

셋째는 둘째보다 조금 약한 의미에서 철물이 만들어내는 분위기를 있는 그대로 하나의 심미적 가치로 받아들이는 것이었다. 존 클로디스 루동John Claudis Loudon은 1817년에 "철물은 그리스 오더나 고딕 디자인 없이도 아름다울 수 있다"고 주장했다. 1837년에는 철물에 픽처레스크나 동방 이국풍의 분위기를 암시하는 심미 기능이 있다는 글을 잡지에 싣기도 했다. 1840년대부터는 철물 건축이 단순히 시각적 심미성을 지닐 뿐 아니라 역사주의와 대비되어 신문명을 대표하는 새로운 양식을 창출할 수 있다는 기대가 생겨났다. 저서와 잡지 등 일련의 글을 통해 신건축운동의 미래적 이미지가 구체적으로 제시되면서 대중들은 새로운 양식의 도래를 현실로 받아들였다.

두번째와 세번째 방향은 철물만의 새로운 심미성을 창출하려 한 점에서 같은 맥락으로 볼 수 있다. 한편 첫번째 방식은 석재 건축에서 나타났던 역사주의의 고고학적 모방을 재료만 철물로 바꾸어서 반복한 것에 지나지 않았다. 이렇게 보았을 때 철물을 둘러싼 19세기의 건축적 사용은 고고학적 모방과 새 양식의 창출이라는 전통적 이분법으로 단순화할 수 있다. 이번에는 장식 절충주의 대 구조 합리주의라는 이분법이었다.

공학 측면에서 철물의 장점은 네 가지였다. 첫째는 모든 재료의 강도와 성질이 일정했다. 이런 균질성은 역학 계산과 현장 시공 사이의 일치를 높였고 이것은 다시 사전 예측 가능성을 바탕으로 건물의 안정성과 시공의 용이성을 높였다. 특히 효율성과 최적치를 생명으로 하는 신구조 방식에서는 더욱 그러했다. 둘째는 철물의 균질성은 표준화와 체계화를 가능하게 했다. 전통 석재는 지역마다 차이가 컸으며 심지어 한 채석장에서 나온 재료라도 차이가 났기 때문에 표준화가 불가능했다. 철물은 공장에서 대량 생산을 하여 균질성을 확보할 수 있어 표준화와 체계화의 길로 접어들었다(그림 553).

셋째는 철물은 재료의 기본 특성에서부터 인장력이 강했으며 이것을 선형 부재로 뽑아 접합식으로 지을 경우 인장력은 몇 배 더 증가했다. 인장력이 강해지면서 부재 두께가 얇아졌고 이것은 다시 대형 슬래브slab를 가능하게 했다. 철골 접합식은 롱 스팬을 가능하게 했다. 넷째는 전통 석재는 돌산에서 재료를 떼어내는 데 반해 철물은 불에 녹인 액체 상태의 재료를 펴기, 두드리기, 주물 등의 사후 가공을 통해 얻어냈다. 이 과정에서 재료의 공학적 성질을 향상시킬 수 있는 여지가 많았다. 후에 화학처리가 더해지면서 이 가능성은 대거 증폭되었다.

이상과 같이 철물은 전통 재료와 완전히 다른 새로운 재료였다. 두 재료는 형태 창출 방식, 구조 축조 체계, 디테일 처리 등 모든 면에서 완전히 달랐다. 신재료의 등장으로 건축 분야에 큰 변화가 일어났다. 그 내용은 크게 둘로 요약할 수 있다. 하나는 고급 예술로 건축을 운영하던 전통적인 건축가와 새로 등장한 공학 기술자 사이의 위상 문제였다. 다른 하나는 전통 재료와 철물 사이의 관계 정립 및 두 재료의 혼용 방향에 대한 탐구와 실험이었다. 이것은 확장하면 역사주의와 신건축운동 사이의 관계 문제였다. 두 문제는 기본적으로 같은 것이었다. 전자는 직업과 사람의 관점에서, 후자는 건물과 양식의 관점에서 본 것이었다.

전통 재료 대 철물

전자에 대해 먼저 살펴보면, 철물의 공학적 가능성을 받아들여 토목공학이 독자적으로 발전하면서 건축 내에서도 예술과 공학이 분리되었다. 두 분야 사이에는 괴리가 큰 것도 사실이었지만 둘을 통합하려는 시도도 나타났다. 이에 따라 19세기의 건축 전문가는 세 부류로 나눌 수 있다. 첫째는 신재료의 공학적 가능성을 습득하지 못한 건축가들로 역사주의 건축가들은 대부분 여기에 속했다. 이들은 공학 기술을 하급으로 취급했고 신건축운동은 정식 양식으로 인정하지 않았다. 신재료의 역할은 역사 양식의 거석 구조나 롱 스팬을 돕는 보강재로 한정지었다.

둘째는 공학 기술자들로 이들은 역사 양식, 장식 디테일, 비례 대칭 등 전통적인 심미 교육을 받지 못했기 때문에 건축 분야에 들어오지 못한 채 토목 시설 축조로 그 역할이 한정되었다. 셋째는 신재료의 새로운 가능성을 건축에 적극 도입하려는 건축가들이었다. 이들은 신재료의 심미적, 공학적 가능성 모두에 주목하며 이것의 적절한 응용을 통해 신건축운동만의 새로운 양식을 창출하려 했다. 이런 시도를 한 그룹은 건축가들이었다. 이들은 건축의 전통적 심미성을 바탕으로 신재료의 가능성을 해석해서 통합하려 했다.

다음은 후자인 전통 재료와 철물 사이의 문제로 이것은 건축 분야와 토목공학으로 나누어 생각할 수 있다. 건축 분야에서는 역사주의 건축가들이 전통 재료에 강하게 집착하는 경향이 주류를 이룬 가운데 부분적으로 신재료의 심미적, 공학적 가능성을 선별적으로 활용하여 통합해내려는 시도가 나타났다. 반면 토목공학은 신재료의 공학적 가능성에만 집중하며 기술 발전을 이끌었다. 이 문제를 종합적으로 살펴보면 다음의 일곱 가지 경우의 수가 나타났다.

첫째는 건물 외피는 역사 양식으로 하되 뼈대만 신재료로 짓는 경우였다. 신재료가 쓰인 정도는 보강재에서 골조 전체에 이르기까지 편차가 컸다. 19세기 중반까지는 보강재로 많이 쓰였지만 후반, 특히 철골이 주재료로 등장한 1870년 이후에는 골조 전체를 철물로 짓는 경우가 많았다. 역사주의 건물 대부분이 여기에 속했다. 둘째는 건물 뼈대와 외관에 모두 신재료를 사용하되 건물 모양과 부재 어휘는 여전히 전통

579 쥘 소리네르(Jules Sauliner), 메니에 공장(L'Usine Menier), 누아시엘(Noisiel), 프랑스, 1872

580 존 베어드(John Baird), A. 가드너 앤 선 도매상가(Warehouse of A. Gardner and Son), 글래스고(Glasgow), 영국, 1855

양식을 좇는 경우였다(그림 309, 579).

셋째는 건물 뼈대와 외관 모두를 신재료로 짓고 모양까지 신재료에 맞는 새로운 양식을 시도한 경우였다. 오피스 빌딩, 상가, 공장, 창고, 탑, 만국박람회 전시장 등 전통 건축에서는 정식 건물로 인정받지 못하던 실용적 기능 유형이 대표적 예였다(그림 580). 단일 건축물로는 수정궁과 에펠탑이 대표적이었다. 이런 예들은 토목 기술의 전이가 쉬운 기능 유형으로 공학적 가능성이 건축적 가능성을 담보해주고 이끈 경우였다. 이것은 건축과 공학 사이의 전통적 관계에 역전이 일어난 것으로 볼 수 있다.

넷째는 프랑스의 구조 합리주의였다. 이는 두번째와 세번째의 중간 입장을 취한 것이다. 신재료에 대해서는 세번째의 새로운 양식을 시도하려 했으나 대상 건물에 대해서는 실용적 기능 유형이 아닌 교회와 도서관 같은 전통 고급 건물을 벗어나지 않은 점에서 두번째에 머문 것으로 볼 수 있다. 다섯째는 다리, 터널, 군사시설, 철도, 도시 공공 인프라, 지하 시설 등 토목공학에 한정된 기술 발전이었다. 여섯째는 이런 토목 구조에 역사주의 양식으로 외피를 씌운 경우로 대중성이 강한 다리가 좋은 예였다. 뉴욕의 브루클린 교Brooklyn Bridge, 1867~83와 파리의 알렉상드르 3세 교Pont Alexandre III, 1896~1900가 대표적 예다(그림 581).

일곱째는 건물이 아닌 장식 디테일 차원에서 철물을 사용한 경우다. 주물 뜨기가 쉬운 단철을 이용한 철물 장식으로 주로 중산층 시민들에게 인기가 많았다. 이들은 상류 지배 계층이 과거 석재 전통 장식을 향유하던 것을 부러워하며 자신들도 이런 장식을 갖고 싶어했다. 철물

581 알렉상드르 3세 교(Pont Alexandre III), 파리, 1896~1900

장식은 대량 생산되어 가격이 대폭 내려갔기 때문에 이들의 욕구를 충족시킬 수 있었다. 19세기에는 이들을 겨냥한 철물 장식 카탈로그가 대량으로 유통되었고 이들은 시장에서 물건을 사듯 카탈로그에서 장식물을 고르기만 하면 되었다.

이상이 신재료가 등장하면서 발생한 여러 현상들이다. 이것들 이외에 마지막으로 새로운 기능 유형의 등장도 신건축운동을 촉진한 중요한 변수였다. 앞에서 부르주아 양식의 한 종류로 살펴본 만국박람회 전시관, 아케이드, 백화점 이외에 기차역, 온실, 시장, 박물관 등이 대표적 예였다. 전자의 부르주아 양식은 신재료의 심미적, 공학적 가능성을 종합적으로 활용해서 자신들의 새로운 대표 양식을 창출한 점에서 새로운 상징적 이미지 확보를 최종 목적으로 삼았다. 후자의 유형들은 롱 스팬과 밝은 채광이라는 실용적, 기능적 목적에 한정해서 신재료의 가능성을 적극적으로 탐구한 것으로 볼 수 있다.

기차역, 온실, 박물관 2

기차역(1)-아치형 플랫폼과 역사주의 외관

증기기관차는 단일 기술로는 신건축운동의 발전에 가장 많은 영향을 끼쳤다. 프랑스는 이미 루이 15세 때부터 도로, 다리, 운하 등 근대적 도로망 확충에 열심이었지만 철도 산업을 처음 정착시킨 것은 영국이다. 1801년에 최초의 증기기관차 운행이 성공하고 1830년에 리버풀과 맨체스터 사이에 첫번째 철로가 놓이면서 철도는 급격한 발전을 이루어갔다. 1830년대에 프랑스와 독일이 영국에 빼긴 선수를 만회하기 위해 노력하면서 강대국들 사이에 철도 확장을 둘러싼 경쟁이 본격화되었다. 이 과정에서 수많은 다리와 터널이 놓였고 이것은 토목공학의 발전을 도왔다(그림 582).

건축의 발전을 도운 것은 기차역이었다. 기차역은 '기차라는 기계를 담는 역사적 기념비'라는 시대적 의미를 획득하면서 19세기 유럽 건축사에서 중요하면서도 독특한 위치를 차지했다. 기차역은 달리의 예언처럼 불특정 다수의 대중들을 위한 시설이었기 때문에 건축적 처리에서 양면적 특징이 드러났다(그림 583). 외관은 대중들에게 친숙한 역사 양식, 특히 각국의 국가 양식으로 처리했다. 프랑스에서는 고전주

582 클라우스 쾨프케(Claus Köpcke), 블라우에스 분더(Blaues Wunder), 드레스덴(Dresden), 독일, 1881~93

583 조지 길버트 스콧, 세인트판크라스 역(St. Pancras Station), 런던, 1863~65

의가, 영국과 독일에서는 중세주의가 대표적이었다. 롱 스팬과 밝은 채광이 요구되는 플랫폼에 신재료 공법을 집중적으로 쓰면서 신건축 운동의 발전을 도왔다.

기차역은 프로그램 구성의 기능적 측면에서는 복잡하지 않은 유형이었다. 최초의 기차역은 철로가 처음 놓인 리버풀과 맨체스터에 세워졌다. 영국은 기차역의 기본 구성을 처음 세웠다. 매표소, 대합실, 사무실 등 기본 시설로 구성한 작은 규모였다. 승객은 별도의 조처 없이 대합실에서 플랫폼으로 바로 진입할 수 있었고 자유롭게 기차를 갈아탈 수 있었다. 이때 확립한 기본 구성은 이후 대형 기차역에서도 핵심 기능으로 남았다. 1830년대에서 1840년대에 유럽 전역에 철로가 경쟁적으로 세워지면서 주요 대도시에 기차역이 들어섰다. 독일과 프랑스는 처음에는 프로그램 구성을 대합실, 개찰 서비스, 플랫폼의 셋으로 분리하는 설계를 선호했다. 그러나 점차 영국의 기본 구성이 대세를 이루었다.

이상의 초창기 조정과 발전 과정을 거친 뒤 1850년대에 들어오면서 대형 기차역들이 들어섰다. 런던에서는 로버트 스티븐슨Robert Stephenson의 유스턴 역Euston Station, 1835~39, 루이스 큐빗Lewis Cubitt의 킹스 크로스 역King's Cross Station, 1851~52, 이점바드 킹덤 브루넬Isambard Kingdom Brunel의 패딩튼 역Paddington Station, 1852~54, 차링크로스 역Charing Cross Station, 1854, 조지 길버트 스콧의 세인트판크라스 역1863~65 등이 대표적 예였다. 파리에서는 프랑수아 뒤크네François Duquesney의 동역Gare de l'Est, 1847~52, 몽파르나스 역Gare de Montparnasse, 파리, 1848~52, 히토르프의 북역1858~66 등이 대표적 예였다. 독일에서는 프리드리히 뷔르클라인Friedrich Bürklein의 뮌헨 중앙역Hauptbahnhof, 1849과 노이하우스 & 빌헬름Friedrich

584 루이스 큐빗(Lewis Cubitt), 킹스 크로스 역(King's Cross Station), 런던, 1851~52
585 함부르크 중앙역(Hauptbahnhof, Hamburg), 독일, 1903~06

Neuhaus & Friedrich Wilhelm의 베를린 함부르크 역Hamburger Bahnhof, 1847 등이 대표적 예였다.

여행객이 증가하면서 출발과 도착을 분리하는 문제와 수하물을 처리하는 문제 등이 추가로 발생했지만 건축적으로 의미 있는 변화를 초래하지는 않았다. 그보다는 철로 수가 많아지면서 대기실과 플랫폼을 담는 공간이 커진 점이 건축적으로는 더 중요했다. 롱 스팬이 필요해지면서 기술 발전을 촉진했다. 중간에 기둥을 세울 수도 있었지만 기둥은 적을수록 좋았다. 철제 트러스로 짠 골조가 사선으로 받치는 아치 구조가 롱 스팬을 만들어내기에 가장 적합했다. 아치 구조는 볼트 천장을 만들었다(그림 551, 578, 584, 585).

플랫폼은 신재료 공법, 철로, 기차 등이 어우러지면서 19세기 산업·기계문명의 핵심 매개가 총집결한 상징성이 있었다. 수십 미터에 이르는 롱 스팬과 천장 높이는 신건축운동의 가능성을 가장 확실한 장면으로 대중들에게 보여줬다. 이런 광활한 공간을 밝은 빛으로 가득 채우고 그 사이에 기차가 도열해 있는 모습은 고전이나 고딕 같은 기존의 역사주의와는 전혀 다른 새로운 장면이었다. 이런 장면은 당시 예술가들에게도 충격적 소재가 되었다. 클로드 모네Claude Monet의 〈생라자르 기차역*Gare St. Lazare*〉은 비록 플랫폼의 산업적, 기계적 이미지를 충분히 표현하지 못했다는 지적을 받기는 했지만 기차역에 대한 예술가들의 충격적 관심을 잘 보여주는 예다.

이때 아치의 형상을 조절해서 역사주의의 심미성을 획득할 수 있었다. 반원형 아치는 고전주의나 로마네스크 리바이벌을, 포인티드 아치는 고딕 등 중세주의의 의미를 각각 획득했다. 중세주의일 때는 숭고

586 함부르크 중앙역(Hauptbahnhof, Hamburg), 독일, 1903~06

미나 픽처레스크 등의 낭만적 분위기를 낼 수도 있었다. 이것은 산업 재료를 노출하는 데 따른 삭막한 이미지를 대중적 이미지로 상쇄해주는 효과가 있다. 플랫폼의 아치 형태는 정면까지 연장되면서 외관에 드러났다. 이 형태는 역사적 의미가 있었기에 외관에 사용한 역사 양식과 잘 어울렸다. 플랫폼이라는 기능적 공간과 외관 출입구라는 디자인 공간의 일치라는 점에서 건축가들이 선호했다(그림 335, 578, 585, 586).

기차역(2)–좌우대칭 배치와 측면 배치

이 과정에서 출입구와 대합실의 위치를 둘러싼 논쟁이 벌어졌다. 헤드head를 플랫폼의 한쪽 끝에 두는 경우를 좌우대칭 배치bilateral arrangement라 불렀다(그림 587). 이 배치는 동선 진입이 편리하고 플랫폼의 천장 형

587 파리 북역(Gare du Nord), 첫번째 역, 1845~49

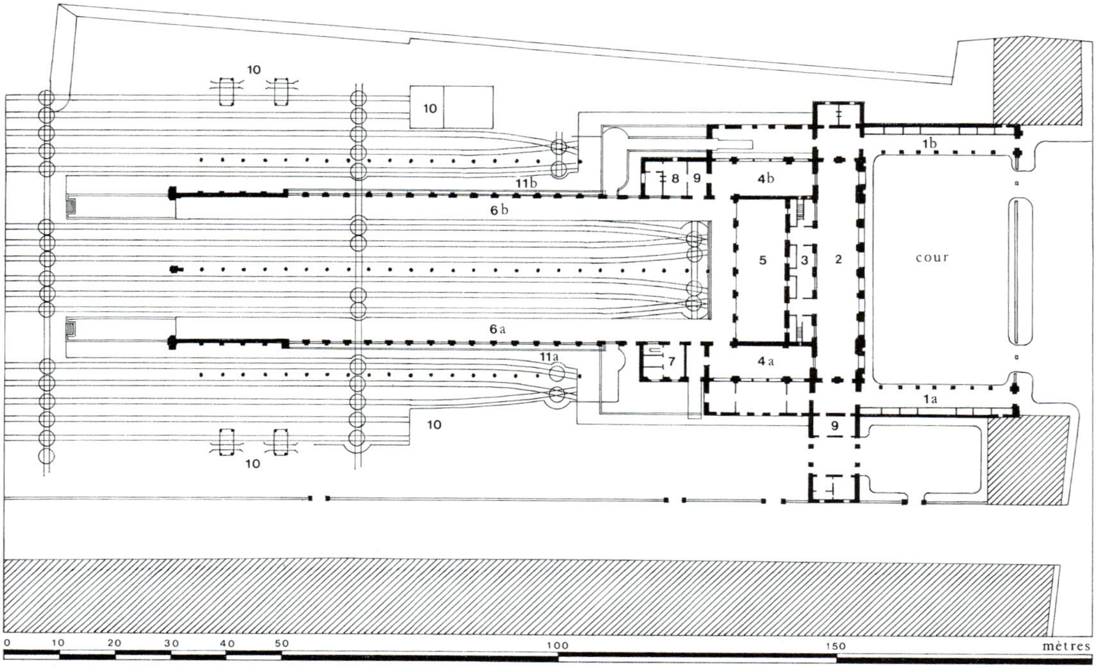

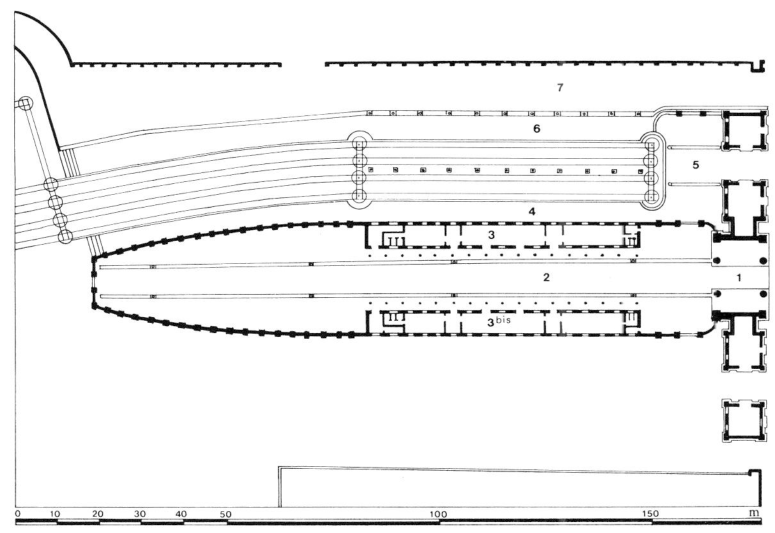

588 로버트 스티븐슨(Robert Stephenson), 유스턴 역(Euston Station), 런던, 1835~39

태를 출입구와 대합실까지 연장할 수 있는 장점이 있었다. 그러나 선로가 충분하지 않을 땐 출입구의 폭이 좁아지므로 웅장하게 처리하기에는 불리했다. 대합실과 사무실 공간이 부족할 수도 있었다. 무엇보다도 철로가 도로에 직각으로 놓여야 했기 때문에 도로와도 불리한 관계였고 철로가 늘어나는 확장에도 불리했다. 철로를 좌우 가운데 한쪽으로만 늘리면 대칭이 깨지기 때문이었다.

플랫폼의 측면에 둘 때는 이와 반대였다. 측면 배치lateral arrangement라 부르는 이 방식은 웅장한 처리, 대합실과 사무실 면적 확보, 도로와의 관계, 철로 확장 등에서는 유리했지만 승객들이 육교나 지하도를 통해 플랫폼으로 진입해야 하는 불편이 있었다(그림 588). 출입구의 형태 윤곽이 플랫폼의 천장 형태와 달라지는 점도 둘 사이의 일치를 선호한 건축가들에게는 단점이었다. 이런 처리는 출입구와 대합실 건물, 플랫폼을 별도로 설계한 뒤 둘을 단순 병렬한 개념에 가까웠기 때문에 역사 양식과 신건축운동 사이의 대립이 심해지는 미학적 문제가 생겼다.

영국은 측면 배치를, 프랑스는 좌우대칭 배치를 선호했다는 점을 빼면 두 배치 방식 사이에 특별한 법칙은 없었다. 영국에서는 도로 사정에 따라 측면 배치를 사용했는데 킹스 크로스 역이 대표적인 예다. 프랑스에서는 오귀스트 페르도네Auguste Perdonnet와 피에르 샤바Pierre Chabat 등이 영국의 측면 배치를 받아들이는 문제를 놓고 논쟁을 주도했지만 의미

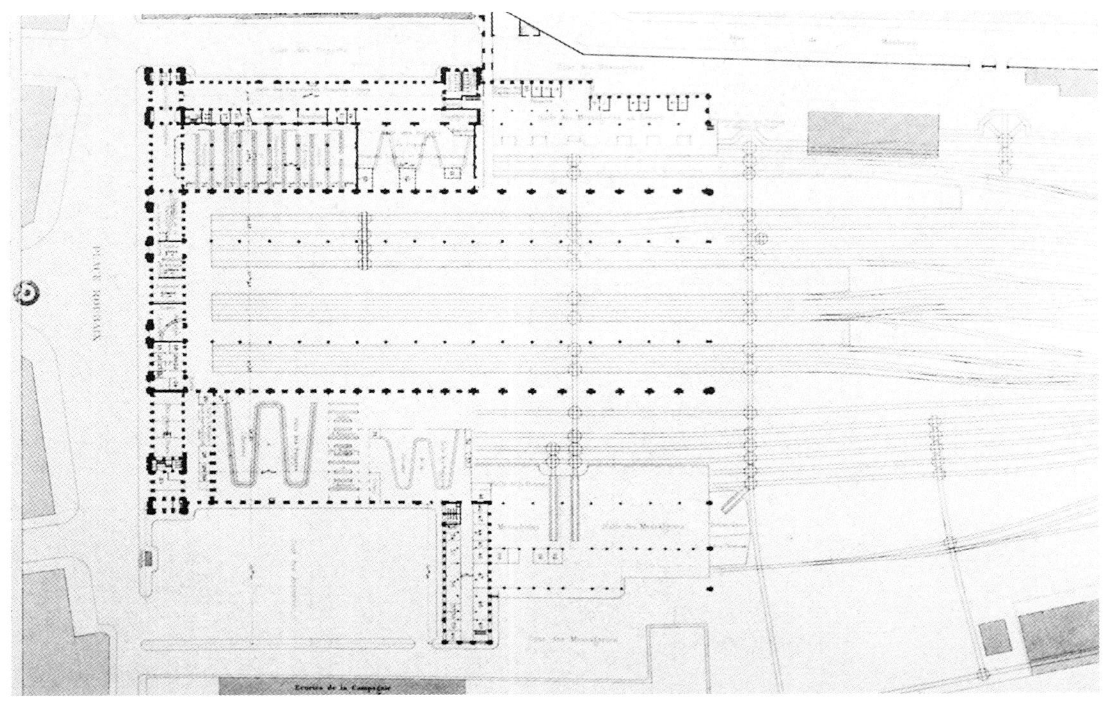

589 자크 이냐스 히토르프(Jacques Ignace Hittorff), 파리 북역(Gare du Nord), 두번째 역, 1858~66

있는 결과를 내놓지는 못했다. 이후 대형 역에는 좌우대칭 배치를, 작은 역에는 측면 배치를 각각 사용하는 정도의 경향만이 규칙적 현상으로 남았다.

뒤크네의 파리 동역과 히토르프의 파리 북역에서는 약한 의미의 절충안이 나타났다(그림 589). 두 역 모두 좌우대칭 배치를 기본 구성으로 하면서 좌우 양옆에 측동을 두는 방식으로 단점을 보완했다. 측동은 출발 대합실과 도착 대합실에 하나씩 배당했다. 이를 통해 대합실 면적을 충분히 확보하면서 출발과 도착을 분리하여 혼잡한 동선을 상당 부분 정리했다. 동역에서는 측동이 이집트 건축의 탑문pylon과 비슷한 효과를 내면서 정면 출입구에 기념비다움을 더했다. 측동 사이를 피렌체 르네상스의 아케이드로 연결하여 정면 박공의 큰 반원형 아치와 어울리면서 고전주의가 주도하는 건물 전체의 역사적 상징성을 보강했다.

평면도 중세 성당을 모방해서 네이브―아일―트랜셉트를 갖춘 라틴 크로스 형태로 짜는 경우가 많았다. 패딩튼 역은 이런 처리를 잘 보여

590 이점바드 킹덤 브루넬(Isambard Kingdom Brunel), 패딩튼 역(Paddington Station), 런던, 1852~54

주는 예였다(그림 590). 열차 격납고는 삼랑식 라틴 크로스 형태를 기본 평면으로 삼았다. 세 개의 포인티드 아치를 연결해서 72미터의 스팬을 만들었는데 네이브에 해당하는 중앙 아치는 아일에 해당하는 양측면 아치보다 폭이 넓었다. 구조 체계도 고딕 성당의 네이브 월 처리를 모방했다. 횡방향 베이 하나당 두 개의 기둥과 세 개의 아치로 처리했다. 기둥은 볼트 천장을 받치는 리브로 뻗어 나갔고 기둥 사이의 세 아치는 트러스로 짠 철제 보가 받쳤다. 플랫폼의 스팬 길이는 기록 경연장이기도 했다. 1865년에 세워진 세인트판크라스 역의 73미터 스팬은 1889년 파리 만국박람회 기계관의 115미터에 의해 깨질 때까지 세계 최고 기록으로 남았다.

이상의 과정을 거치며 기차역은 도시의 중심 공간으로 위치를 확보해 나갔다. 역사 양식과 신건축운동이 하나로 합쳐질 수 있는 점, 많은 대중들로 북적이는 대형 공간이라는 점, 제국주의와 대중주의를 함께 표현하는 점, 기차라는 산업혁명의 대표적 기계 산업 생산물을 담는 공간이라는 점, 급격히 증가한 물류 이동을 담당하여 자본주의 발전을 상징하는 공간이라는 점 등이 강력한 무기였다. 이런 특징들은 19세기를 대표하는 문명 차원의 화두들이었다. 이것들이 한 곳에 합쳐지면서 기차역은 19세기를 상징하는 기능 유형이 되었다. 대로 중심으로 도시의 물리적 골격이 재편되는 과정에서 기차역은 대형 규모와 앞의 대표성을 무기로 도시의 새로운 핵으로 떠올랐다. 로마의 목욕탕, 중세의 성당, 초기 근대의 왕궁 등이 차지했던 도시의 심장부 자리를 19세기에는 기차역이 차지하였다. 달리가 기차역을 로마 시대의 목욕탕에 비유한 것은 오히려 부족했다. 기차역은 목욕탕을 포함하여 성당과 왕궁을 합한 것과 같은 위치와 상징성을 띠게 되었다.

부르주아 제국 양식–온실과 '붙들려온 열대국가'

19세기에 들어와 겨울 정원winter garden이나 식물원botanical garden이라고 부르는 새로운 정원 유형이 등장했다. 이 기능 유형은 정원 이상의 복합 공간으로 부르주아 양식이나 제국 양식으로 정의할 수 있는 사회적 의미가 있었다. 무엇보다도 부르주아와 상류층 귀족의 도심 속 공간으로 새롭게 만들어진 유형이라는 점이 그러했다. 아케이드, 집회실, 체육관, 극장, 식당, 온실, 전망대 등 다양한 상업, 문화, 놀이시설들을 갖춘 종합 휴식 공간이었다. 이것은 유럽 지배층의 전통적인 정원 문화를 19세기에 맞게 변형, 발전시킨 것이다. 18세기까지 왕궁과 빌라 등에 종속되어 있던 정원이 19세기에 부르주아와 제국과 만나면서 독립 공간으로 확장, 발전했다.

온실은 핵심적 위치를 차지했다. 온실은 'green house', 'glass house', 'hot house', 'conservatory' 등 다양한 명칭으로 불렸다. 18세기까지 옥외 정원은 기하학적 문양, 중국 파고다 등 동방 요소, 초휴먼 스케일 등을 통해 집권층의 권력을 과시하는 공간이었다. 19세기 온실은 이런 정원의 선례 전통을 부르주아와 제국의 과시욕을 만족시키기 위해 대형 유리 공간을 실내로 가지고 들어온 것이다. 온실의 기본 방향은 이전 정원의 연속이었지만 내용물에 변화가 있었다. 세계 여러 나라, 특히 열대 식민지나 동방에서 가져온 신기한 식물로 가득 채운 온실은 한 나라나 도시 집권층의 정치력을 과시하는 지표 가운데 하나였다. 아프리카나 남태평양 등에서 가져온 열대식물이 특히 두드러졌다.

온실의 표면적 목적은 이런 열대식물을 추운 유럽에서 키우기 위해 높은 온도와 습도를 유지할 수 있는 공간을 제공하는 데 있었다. 그러나 그 이면에는 '열대 국가를 유리 건물 안에 옮겨 놓고 싶어하는' 유럽 지배 계층의 탐욕이 숨어 있었다(그림 591). 큰 겨울 정원은 온대실Temperate House, 열대실Hot House, 야자수실Palm House, 오렌지실Orangery 등 분화된

591 데시무스 버튼(Decimus Burton), 큐 가든(Kew Gardens) 내 야자수실(Palm House), 런던, 1845~47

온실을 거느렸다. 더 거시적으로 보면 자연을 인공 세계로 가져오고 싶어하는 서양 특유의 지배적 자연관이 산업혁명을 만나 기계문명의 힘을 빌려 실현된 공간이었다. 이로써 '만국박람회 전시관—파리 오페라하우스—아케이드와 백화점—온실'로 이어지는 부르주아 양식의 종합 세트가 완성되었다. 만국박람회 전시관은 생산을, 아케이드와 백화점은 소비를, 파리 오페라하우스는 문화를, 온실은 여가와 식민지 지배를 상징하는 기능 유형이었다.

온실이 만국박람회에서 주 전시관과 함께 중요한 전시 공간을 이루었다는 사실은 이런 해석을 뒷받침한다. 주 전시관에서 공산품을 놓고 경쟁했듯이 온실에서는 누가 더 먼 식민지에서 더 신기한 외래 식물을 전시했는지를 놓고 유럽 열강들이 경쟁했다. 수정궁이 대표적 예다. 수정궁에서는 공산품과 외래 식물이 한데 뒤엉켜 거대한 유리 공간을 가득 채웠다. 이상을 종합하면 온실은 부르주아와 제국의 서로 다른 두 체계의 이익이 한 곳에서 만나는 유형이었다. 이런 점에서 부르주아 제국 양식을 대표하는 건물로 볼 수 있다.

온실의 건축적 특징은 구조와 심미 양 측면에서 생각할 수 있다. 구조적 측면에서 보면 온실 역시 신재료에 잘 맞는 기능 유형이었다. 온실에서는 롱 스팬보다는 나무를 키우기 위한 높이와 채광이 더 중요했다. 이를 위해 철물 구조의 가능성은 수직 높이에 맞추었고 건물 전체를 유리로 덮었다(그림 591). 심미적 측면에서는 부르주아나 상류층의

592 알프레드 쾨르너(Alfred Körner), 베를린 달렘식물원(Botanischer Garten, Berlin-Dahlem), 독일, 19세기 후반

독점 공간이라는 목적을 만족시키기 위해 전통적 상징성을 더하는 경향이 나타났다. 이를 위해 다양한 고급 건축 유형을 선례로 차용하면서 온실은 철물 절충주의의 경연장이 되었다.

고딕 성당을 필두로 빌라, 팔라초, 중앙 집중형 교회, 로마네스크 성당 등이 인기 있는 역사 선례들이었다. 이 가운데 철물로 번안하기 좋은 고딕 건축이 대표적 차용 모델이었다. 평면은 라틴 크로스를, 외관은 성당의 정면 출입구를 각각 모델로 삼았으며 개별 어휘에서도 철물로 포인티드 아치를 모방했다(그림 592). 이처럼 온실에 요구되는 구조적, 심미적 요구를 철물과 유리가 전적으로 만족시키면서 온실은 각국 대부분의 주요 대도시에 하나씩 세워졌다.

영불독 세 열강의 수도에 세워진 런던 큐 가든 Kew Gardens, 파리 식물원 Jardin des Plantes, 알프레드 쾨르너 Alfred Körner의 베를린달렘식물원 Botanischer Garten, Berlin-Dahlem, 19세기 후반부 등이 대표적인 예들이었다. 이외에 쉬스 T. F. Suys의 브뤼셀 식물원 Jardin Botanique, 1826~27, 찬트의 슈투트가르트 빌헬마 빌라 온실 1842~46, 프란츠 폰 젱엔슈미트 Franz von Sengenschmidt의 빈쇤브룬 야자수실 Palmhaus, Wien-Schönbrunn, 1882 등도 대표적 예들이다.

큐 가든에는 버튼의 야자수실 1845~47과 온대실 1859~63, 제프리 와이엇빌 Jeffry Wyattville, 1766~1840의 오렌지실 1836과 건축 온실 Architectural Conservatory, 1836 등을

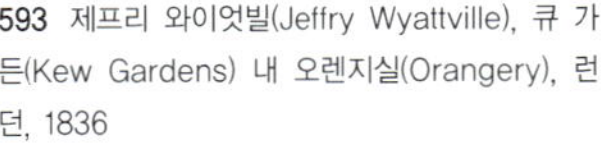

593 제프리 와이엇빌(Jeffry Wyattville), 큐 가든(Kew Gardens) 내 오렌지실(Orangery), 런던, 1836

세우면서 겨울 정원의 기본 구성을 대표했다. 야자수실은 고딕 성당의 평면과 매스 구성을 모방했으나 실내 골격은 고전 오더의 가구식 구조로 짰다(그림 591). 온대실의 평면과 매스 구성은 팔라디오의 로톤다를 모방했고 실내 골격은 포인티드 아치를 철물 트러스를 번안해 짰다. 18세기 낭만주의와 19세기 고딕리바이벌을 연결해주는 인물이었던 와이엇빌의 오렌지실은 영국 컨트리하우스를, 건축 온실은 그리스 신전을 모방했다. 컨트리하우스는 18세기 낭만주의에서 많이 차용하던 선례였으며 그릭 리바이벌은 19세기 낭만주의를 이끈 고전주의였다(그림 593).

독일은 중세주의 혼용 경향을 많이 이어받았다. 쾨르너의 베를린달렘식물원에서는네스크 리바이벌의 반원형 아치를 기본 어휘로 삼아 고딕 성당 정면의 첨탑 구성을 혼용했다(그림 592). 실내 골격은 평범한 가구식 구조였다(그림 552). 찬트의 빌헬마 빌라 온실에서는 비잔틴 리바이벌의 중앙 돔과 로마네스크 리바이벌의 반원형을 혼용했다(그림 594). 여기에 부분적으로 조적을 이용한 수평띠 장식을 더했는데 이것도 비잔틴 리바이벌로 볼 수 있다. 파리 식물원에는 샤를 플뢰리Charles Fleury의 멕시코-오스트레일리아 쌍둥이 온실Serre jumelles mexicannes et australienne, 1834이 여러 채의 박물관과 함께 세워졌다. 쌍둥이 온실은 팔라초의 육면체 윤곽을 모델로 아담하게 지어졌는데 이것은 페르시에와 퐁텐이 주도했던 동시대 고전주의 경향에서 받은 영향으로 볼 수 있다(그림 595).

594 루트비히 폰 찬트(Ludwig von Zanth), 빌라 빌헬마(Villa Wilhelma), 슈투트가르트(Stuttgart), 독일, 1842~53

595 샤샤를 플뢰리(Charles Fleury), 멕시코-오스트레일리아 쌍둥이 온실(Serre jumelles mexicannes et australienne), 파리 식물원(Jardin des Plantes) 내, 1834

유리 중정-시장과 박물관

시장 건물의 기능 유형은 온실과는 달랐지만 공간 개념과 구조 방식은 온실과 같은 유형이었다. 많은 상인이 상거래 활동을 벌이고 곡물과 공업 생산품 등을 쌓아 놓으려면 롱 스팬이 필요했다. 거래 물품의 부

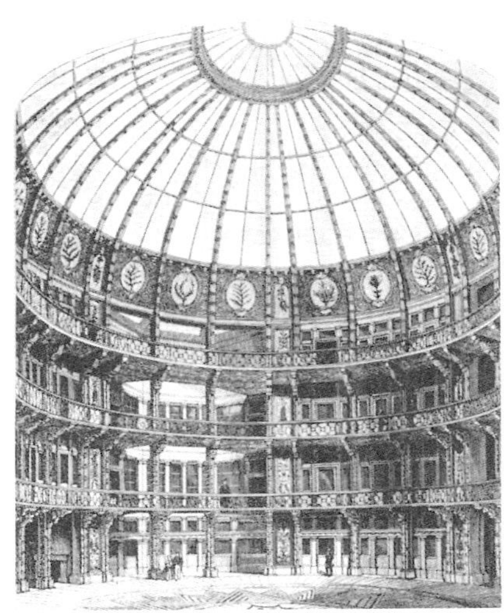

596 J. B. 버닝(Bunning), 석탄 거래소(Coal Exchange), 런던, 1847~49

패와 변질 방지 등 위생을 위해 밝은 채광도 필수였다. 앞서 소개한 벨랑제의 파리 곡물시장, 버닝의 런던 석탄거래소, 브로드릭의 리즈 곡물거래소 이외에도 빅토르 발타르Victor Baltard의 파리 중앙시장Les Halles Centrales, 1853~58과 버닝의 런던 뉴메트로폴리탄 캐슬 마켓New Metropolitan Castle Market, 1854~56 등이 대표적인 예였다(그림 80, 459, 547, 596).

이런 예들을 통해 철물 구조의 건축적 가능성인 넓은 공간과 밝은 채광이 시장 건물에 새로운 활력을 불어넣어주며 신건축양식은 일부 계층에서 제한적이긴 하지만 큰 인기를 끌었다. 자본주의의 발전과 완성이 이루어진 1850년대를 분기점으로 삼아 철물 양식은 시장 건물의 교복처럼 되었다. 1857년에서 1900년 사이에 파리에만 서른 개가 넘는 철물 시장 건물이 세워졌다. 생오노레 시장Marche St. Honoré, 1864과 생캥탱 시장Marche St. Quentin, 1866 등이 대표적 예였다. 파리나 런던 이외에 지방 도시에까지 확대 보급되었는데 릴의 생니콜라 시장Marche St. Nicolas, Lille, 1867과 브라이턴의 곡물거래소 돔Corn Exchange Dome, Brighton 등이 대표적 예였다.

온실과 시장의 공간 유형을 더 일반화하면 유리 중정이 될 수 있다. 유리 중정은 말 그대로 건물의 안마당 같은 중심 공간의 천장을 유리로 덮은 것으로 밝은 채광 때문에 실내도 실외인 것처럼 느낄 수 있는 장점이 있었다. 이는 철물과 유리의 가장 큰 장점으로, 유리 중정은 등장하자마자 많은 사람들의 호응을 받으며 기능 유형과 무관하게 모든 종류의 건물에서 사용했다. 드라바르Etienne de Labarre의 파리 증권거래소 유리 중정Bourse, 1815은 초창기를 대표하는 예다. 이후 버닝의 런던 석탄거래소과 배리의 리폼 클럽을 비롯하여 집합 주거, 박물관, 오피스 빌딩, 대학 건물 등 대부분 중요한 기능 유형으로 확장되었다.

이 가운데 유리 중정을 가장 선호한 것은 대형 전시 공간이 필요한 박물관이었다. 박물관도 기차역과 마찬가지로 건축 처리에서 양면성을 보였다. 박물관은 건물 규모와 전시물의 숫자 등 물량 면에서 제국주의를 과시하기에 적합한 기능 유형이었다. 전시물을 시민들과 공유한다는 점에서 대중성도 있었다. 이런 조건들을 만족시키기 위해 외관은 역사주의 국가 양식으로 처리했다. 이번에도 기차역과 마찬가지로 프랑스에서는 고전주의가, 영국과 독일에서는 중세주의가 대표 양식

597 동물학 박물관(Galerie Zoologie=진화 박물관Grand Galerie de l'Evolution), 파리, 1889~

598 베를린 자연사박물관(Naturhistorisches Museum), 1883~89

으로 쓰였다.

전시 공간에 롱 스팬과 밝은 채광이 요구된 것도 기차역의 플랫폼과 동일했다. 과학의 발전이 국력 신장과 맞물려 자연사박물관이 등장하는 등 전시물에도 큰 변화가 일어났다. 자연사박물관에서는 공룡을 전시해야 했기 때문에 롱 스팬이 필요했다. 관람객의 숫자가 급격히 늘어나면서 중앙 홀은 대형 공간으로 처리해야 했는데 이 과정에서 롱 스팬과 밝은 채광은 필수 요건이 되었다. 대형 중앙 홀을 중심으로 네 면에 전시실을 배치하여 앞에 언급한 연속 구성을 완성했다(그림 597, 598).

신건축양식의 중앙 홀을 갖춘 박물관의 대표적 예로 딘과 우드워드의 옥스퍼드대학 박물관, 워터하우스의 런던 자연사박물관, 웹의 빅토리아 앤 앨버트 박물관, 파리식물원의 동물학 박물관Galerie Zoologie=진화 박물관 Grand Galerie de l'Evolution, 1889~과 화석학 박물관Galerie de Paleontologie, 1898~, 베를린 자연사박물관Naturhistorisches Museum, 1883~89 등을 들 수 있다.

옥스퍼드대학 박물관은 러스킨 고딕의 충실한 추종자였던 우드워드가 중세주의 이상을 좇아 고딕리바이벌로 실내 골격을 짰다. 19세기 박물관의 표준형이었던 'ㅁ'자형을 기본 평면으로 중정에 고딕 성당의 네이브 월 구성을 적용했다. 구체적 어휘는 러스킨이 좋아했던 이탈리아 고딕이 아닌 플레미시 고딕이었다. 급한 수직 비례의 포인티드 아치를 철물로 세워 전체 골조를 처리했다(그림 499). 급한 수직선이 만들어내는 뾰쪽한 형상은 철물의 세장함과 구조적 가능성을 극적으로 표현하기에 적합했다. 주 구조는 주철 기둥이었다. 고딕 성당의 다발 기둥을 모방해서 주철 기둥을 여러 개 묶어서 큰 기둥을 만들었다. 경량화를 위해 속이 빈 파이프형 기둥을 사용했다. 여기에 단철로 주물을 뜬 섬세한 중세 장식을 더했다. 천장 전체를 유리로 덮어 고딕 성당보다 몇 배 밝은 빛이 하늘에서 떨어졌다.

1851년 런던 만국박람회–팩스턴과 수정궁

만국박람회 전시관 가운데 첫번째로 완성된 모습을 보인 것은 조지프 팩스턴Joseph Paxton이 설계한 수정궁이었다. 팩스턴은 초창기에 조경으로 경력을 시작해서 온실 디자인과 시공을 전문 분야로 삼았다. 첫번째 주요 작품인 채스워스의 대온실Great Conservatory, Chatsworth, 1836~40을 통해 온실이 신재료의 가능성을 살린 새로운 기능 유형이 될 수 있음을 대중들에게 보여주었다. 이 건물을 통해서 이미 대량 생산된 주철 표준화 부재를 목재와 유리와 절충해서 대형 투명 공간을 선보였다.

수정궁은 1851년 런던 박람회 주전시관이었다. 이 건물에서는 기술적으로 새로운 발전은 없었다. 모든 기술은 이전에 팩스턴이 다른 온실에서 이미 사용했던 것들이었다. 수정궁의 건축적 의미는 정착된 기술을 대단위로 사용하면서 신건축운동을 대중화한 데 있다. 신기술의 장점을 극대화하여 새로운 공간을 선보여 신기술이 단순 토목 기술이 아니라 건축에서도 신기원을 열 수 있다는 사실을 보여준 점이었다. 그 내용은 다음의 네 가지로 요약할 수 있다.

첫째는 표준화였다. 7.2미터 모듈을 반복하여 564×124미터로 전체 평면을 짰다. 유리는 1.2미터 길이의 패널을 기본 단위로 사용했다. 천장은 한쪽 트랜셉트만 빼고 모두 평천장으로 처리했다. 트랜셉트 한쪽은 심사 위원이었던 배리의 요구에 따라 22미터 스팬의 볼트로 천장을 처리했다(그림 599). 볼트는 금속으로 박판을 씌운 목재 트러스로 골격을 짰다. 표준화는 대량 생산을 가능하게 하였고 또 대량 생산의 산물이기도 했다. 그리고 현장 조립이 가능하여 시공을 빨리 할 수 있었다.

둘째는 빠른 속도였다. 설계와 시공을 모두 빠르게 할 수 있게 되면서 신건축운동의 새로운 패러다임을 상징적으로 과시

599 조지프 팩스턴(Joseph Paxton), 수정궁(Crystal Palace), 1851년 런던 대박람회

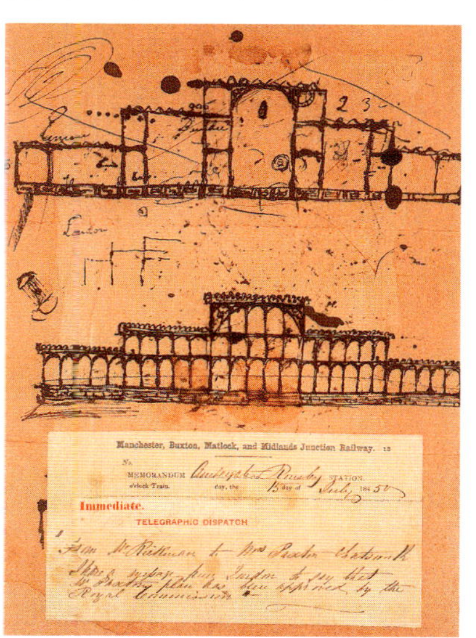

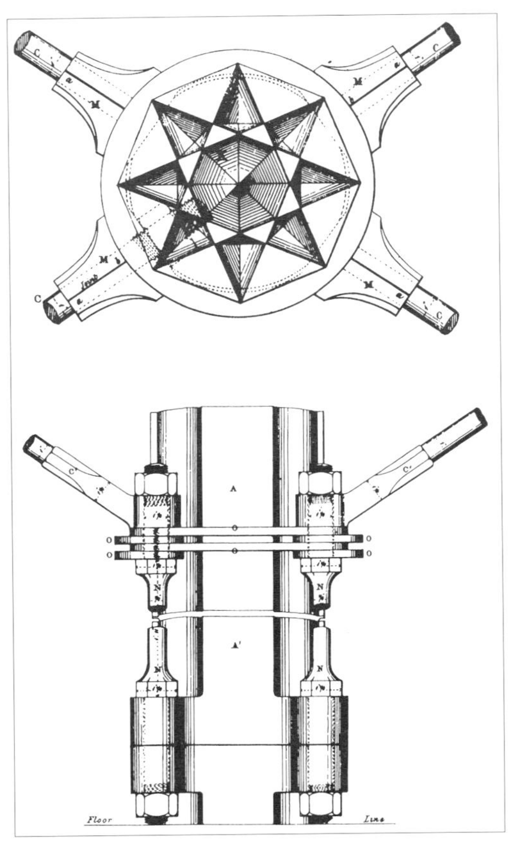

했다. 국제 설계 경기에서 만족스러운 당선작이 나오지 않자 주최측은 온실 건설업자였던 팩스턴을 개별 접촉했다. 팩스턴은 철로 생산업자였던 폭스와 헨더슨Fox & Henderson 그리고 유리 생산업자였던 로버트 찬스Robert Chance의 도움을 받으며 불과 며칠 만에 기술제안서를 제출했고 조금 조정하여 7주 만에 실시 도면을 그렸다. 건물은 세 달 반 만에 완공됐다. 단위 부재는 대량 생산되었고 현장에서는 이런 동일 부재를 조립만 했기 때문에 생산과 시공을 모두 빠른 시일 안에 이루었다(그림 600).

셋째는 물량 공세였다. 수정궁은 양적인 측면에서 기록의 산실이었다. 3800톤의 주철, 700톤의 단철, 8만 1000제곱미터=400톤 이상의 무게의 유리, 5만 4000제곱미터의 목재를 사용했다. 기둥 수는 3300개였고 보는 2224개였으며 기둥을 연결하는 튜브 모양의 홈통은 총 연장이 54킬로미터에 달했다. 이상의 구조를 짓기 위해 주철로 만든 단위 부재 15만여 개를 썼다. 564×124미터의 바닥 크기에 높이는 32미터를 올렸는데 이는 당시 대통령 프린스 앨버트Prince Albert가 좋아하던 느릅나무를 실내에 심기 위해서 나온 치수였다. 런던 하이드 파

600 조지프 팩스턴(Joseph Paxton), 수정궁(Crystal Palace), 1851년 런던 대박람회
601 조지프 팩스턴(Joseph Paxton), 수정궁(Crystal Palace), 1851년 런던 대박람회

크에는 이 건물을 보러 일 년 동안 총 600만 명의 방문객이 다녀갔다(그림 601).

넷째는 철물과 유리의 장점을 대중적인 건물에 거대 규모로 제시하면서 신건축운동의 대중화에 성공했다. 롱 스팬, 밝고 투명한 빛으로 가득 찬 거대 공간, 동일 요소의 끊임없는 반복 등은 산업 문명의 힘과 미래 이미지를 확실하게 보여주었다. 유리는 안과 밖의 경계를 모호하게 했고 이렇게 형성된 대형 공간 속에 밝고 균질한 빛이 가득 차면서 실내는 터너의 그림에 나오는 넓은 호수나 바다처럼 느껴졌다.

수정궁이라는 이름은 성공한 대중화의 산물이었다. 〈펀치*Punch*〉라는 신문 1851년 11월 2일자에서 건물이 수정 같다고 해서 '수정궁'이라 부르면서 이 건물의 정식 명칭이 되었다. 투명한 유리 공간을 수정에 비유한 것으로 팩스턴의 20년 온실 건설 경험의 집결판이었다. 프랑스에서 철물 건축을 이끌던 부알로와 오로는 '대형 유리 감옥'과 '단조롭고 꼴사나운 유리 상자'라는 말로 질투심을 표현했다. 영국에서는 이에 대한 반발로 이 건물의 장대함과 새로운 모습에 대해 『고회 건축인*The Ecclesiologist*』이라는 잡지와 찰스 디킨스의 『하우스홀드 워즈*Household Words*』 등 많은 매체와 글을 통해 감탄과 찬사를 쏟아냈다.

이상은 신건축운동이 제시한 새로운 장면들이었다. 여기에 역사적 상징성과 색채주의를 더해 대중성을 부여했다(그림 447, 448). 역사적 상징성은 고딕 성당의 차용과 장식 디테일의 모방, 두 방향으로 이루어졌다. 언뜻 보면 단순한 유리 건물이었지만 평면 구성에서 세부 디테일, 내부 전시 디자인 등 여러 측면에서 역사 양식이 함께 쓰였다. 전체 구성은 고딕 성당의 라틴 크로스 평면으로 짰다. 수직적으로는 네이브 월의 3단 구성도 차용해서 발코니를 두 층 더 올렸다. 철물 부재의 단부는 오더와 고딕 장식을 모방해서 주물을 떴다. 이런 처리들은 신건축으로 대중들의 전통 감성에 호소했다.

색채 디자인은 오언 존스가 담당했다. 당시 최신 이론이었던 색채주의를 반영해서 적, 청, 황의 삼원색을 기본 색조로 삼았다. 세 색조를 흰색의 선형 띠 부재가 분리했다. 색채주의는 산업, 기계주의의 삭막한 이미지를 심미적으로 중화했다. 넓은 호수나 바다 같은 공간 속에 삼원색의 색채 장식을 더하면서 몽환적 분위기를 만들어냈다. 사람 손목만한 단위 부재에서 넓은 바다 같은 무한대에 이르는 규모의 양극단적인 폭은 치수 감각을 무디게 하면서 철물의 물성과 구조성을 뿌연 기체 분위기로 변환했다.

1889년 파리 만국박람회(1)-에펠탑과 기술 대중주의

1889년 파리 만국박람회는 기록 경연장이었다. 에펠탑이 310미터의 높이를, 기계관은 115미터의 스팬을 선보였다. 구스타프 에펠Gustave Eiffel, 1832~1923은 에콜 폴리테크니크 입학시험에 떨어진 뒤 중앙 기술 공업학교Ecole Centrale des Arts et Manufactures에서 철물 구조를 전공했다. 이후 1856년부터 철도와 다리 공사에 종사하며 전문성을 쌓아갔다. 1865년에는 수에즈 운하 공사에 참여하면서 피라미드를 볼 기회를 가졌고 이때 받은 영감을 후에 에펠탑으로 표현했다. 1864년에 기술 자문으로 독립한 뒤 교량 전문가가 되어 많은 다리를 남겼으며 1876년에는 개인 사무실을 차렸다.

에펠은 철물을 이용한 아치형 롱 스팬을 교량 기술의 핵심으로 삼았다. 아치를 이용하여 강기슭 양쪽을 연결하고 그 밖은 교각을 세우는 방식이었다. 님 근처의 가라비 철교Viaduct de Garabit, 1879~88는 에펠 교량의 대표작이다(그림 550). 이 다리는 165미터 스팬의 아치가 강을 가로지르는 장관을 연출했다. 이런 구성은 님에 있는 로마 시대의 가르 교Pont du Gard와 동일했다. 가르 교는 석조 아치 다리를, 가라비 철교는 철물 아치 다리를 대표하는 예가 되면서 상징적 대응 관계를 형성했다.

교량 분야에서 최고의 전문가로 자리잡으면서 도시에 지어지는 대중적 건물에도 구조 자문을 하기 시작했다. 1867년과 1878년 두 차례의 파리 만국박람회 전시관 구조, 부알로의 봉마르셰 백화점 중앙 광정Le Bon Marche, 파리, 1872~78, 자유의 여신상 내부 골조Statue of Liberty, 뉴욕, 1885 등이 대표적 예였다. 1851년 런던 만국박람회의 수정궁이 대성공을 거두자 프랑스도 철물로 된 국가적 상징물을 가지려고 노력했다. 두 차례의 만국박람회에서는 수정궁과 비슷한 건물을 지어 따라잡으려 했다. 구체적 결과에서는 수정궁에 훨씬 못 미쳤지만 이 작업에 참여했던 에펠은 역학 계산에서 중요한 진전을 이루며 향후 대작을 준비했다.

이 끝에 탄생한 것이 에펠탑이었다. 에펠 자신의 경력과 프랑스의 국가적 노력을 합한 결과였다. 프랑스는 고딕과 18세기에 구조 합리주의를 완성한 과학과 기술의 나라라는 자부심이 있었다. 프랑스에게 더 가슴 아픈 일은 수정궁이 규모의 승리였지 기술의 승리는 아니었다는 점이다. 규모를 이용한 이미지 조작의 승리였다. 프랑스로서는 수정궁을 뒤엎을 발상의 전환이 필요했다. 이미 이 시기가 되면 건축과 토목은 공학의 첨단 경쟁에서 뒤처지고 있었다. 신건축운동조차 첨단 기술의 경연장에서 벗어나 디자인 측면에서 건축적 이미지가 관건이 되어 가고 있었다. 수정궁이 대표적 예였고 프랑스는 자신들만의 새로운 예를 준비하였다.

602 구스타프 에펠(Gustave Eiffel), 에펠탑(Tour Eiffel), 파리, 1889

에펠탑은 1889년 파리 만국박람회의 주 출입구였다(그림 449, 602). 설계 경기가 열리긴 했지만 조직 위원회는 이미 그 전에 에펠과도 접촉을 하고 있었다. 설계 경기 응모작에서 만족스러운 안이 안 나오자 당시 프랑스 최고의 기술자로 이름을 날리던 에펠의 원안을 수용했다. 보수 진영에서는 '흉물스러운 괴물'이라며 극렬하게 반대했지만 수정궁을 능가할 기발한 발상을 원하던 진보 진영에서 밀어붙여 완공했다. 1887년 1월에 기초 공사를 시작해서 28개월 만인 1889년 5월에 완공했다. 슈테판 소베스트르Stephen Sauvestre가 건축 아이디어를 제공했고 모리스 쾨클린Maurice Köeklin과 에밀 누기에Émile Nougier가 역학 계산을 담당했다.

에펠탑도 첨단 기술은 없었다. 에펠이 이전의 다리에서 완성했던 아치 기술을 수직으로 올린 것이었다. 그러나 이것을 극단적 수직 높이로 표현함으로써 대번에 첨단 기술을 대표하는 반열에 올랐다. 310미터 높이의 에펠탑은 당시 세계에서 제일 높은 구조물이었다. 수정궁의 이미지 조작에 당한 것을 되갚는 또다른 의미의 이미지 조작이었다. 전체 구성은 기단, 몸통, 탑의 기본 삼 단이었다(그림 603). 에펠은 가능한 한 부재를 작게 만드는 것이 관건이라고 판단했다. 총 중량을 대폭 줄여서 내력 부담을 완화시킬 뿐 아니라 풍압에도 유리했다. 많은 개수의 작은 부재로 구조를 짤 경우 탑 전체에 크고 작은 구멍이 수없이 뚫려서 바람 길을 내주기 때문에 풍압을 획기적으로 줄일 수 있었다. '거미집 형식spidery system'으로 불리는 이런 구조 방식은 에펠이 다리에서 이미 쓴 것이었는데 여기에서는 이것을 더욱 극단화했다(그림 604).

에펠의 전략은 간단명료했다. 다리에서 쌓은 기술을 건축 아이디어

603 구스타프 에펠(Gustave Eiffel), 에펠탑(Tour Eiffel), 파리, 1889
604 구스타프 에펠(Gustave Eiffel), 에펠탑(Tour Eiffel), 파리, 1889

와 결합, 발전시켜 경량화로 응용해낸 뒤 이것을 바탕으로 310미터짜리 탑을 쌓는 것이었다. 이로써 프랑스는 국민적 자존심에 걸맞은 상징물을 갖게 되었다. 철저한 기술 대중주의의 산물이었다. 영국이 산업혁명에서 수정궁에 이르는 19세기 전반부에 프랑스를 따돌리며 한 발 앞서 나갔지만 프랑스는 영국의 한계를 꿰뚫고 있었다. 그것은 수직성에 대한 개념 부족이었다. 이미 고딕 시대부터 프랑스는 높이 경쟁에서 영국을 앞지른 기술 전통이 있었다. 영국은 19세기에 이 한계를 극복하지 못하고 다시 한 번 그 결과를 수정궁의 수평선으로 내놓았다. 프랑스는 높이 기록으로 이에 맞서 한 번에 역전시켰다. 밑동 사면을 이루는 네 개의 큰 아치는 구조적 목적뿐 아니라 대중적 심미성의 효과도 있었다. 장식 처리도 많았다. 기본 부재 단위에는 소녀들의 잠옷 같은 레이스 장식을 더해 대중적 친밀감을 높였다. 에펠은 이 탑을 19세기의 피라미드로 정의했다. 피라미드를 통해 첨단 기술로만 만들 수 있는 거석 구조가 한 시대를 대표하는 기념비가 될 수 있다는 사실을 배웠다. 피라미드는 에펠의 시기에 보면 낭비가 가장 심한 전제 정권의 잔재로 볼 수도 있었지만 이집트 고대 왕국 당시에는 첨단 기술이 총동원된 가장 최신의 걸작이었다. 에펠탑은 이런 개념을 새로운 재료를 이용해서 새 시대에 맞는 새로운 전형으로 제시했다.

1889년 파리 만국박람회(2)–기계관과 기술 신비주의

1889년 파리 만국박람회는 기계관Galerie des Machines이라는 또 하나의 걸작을 남겼다. 이 건물은 순수하게 기술 면에서 보면 에펠탑보다 더 중요한 의미가 있었다. 그러나 옆으로 길게 누운 건물이어서 에펠탑처럼 시각적 자극과 상징성을 통한 대중적 심미성을 얻지는 못했다. 일반 대중들이 어려운 기술을 이해하는 것도 무리였다. 이런 이유로 그 중요성을 인정받지 못하고 1905년에 철거되었다. 이 건물의 철거는 서양 건축 역사에서 가장 가슴 아픈 손실로 볼 수 있다.

기계관은 건축가 샤를 뒤테르Charles Dutert, 1845~1906와 구조 기술자 빅토르 콩타맹Victor Contamin의 합작품으로 이전까지 롱 스팬의 기록이었던 1868년 세인트판크라스 역의 73미터를 일거에 훌쩍 넘어버렸다. 1867년 파리 만국박람회 기계관의 스팬은 35미터밖에 안 되었다. 115미터의 스팬은 에펠탑의 수직선과 또다른 의미에서 대중들에게 신건축운동의 미래 이미지를 제시했다(그림 605, 606). 기계관의 진정한 의미는 단순한 수치 기록에 있지 않고 새로운 구조 체계를 심미성과 공학성의 양방향으로 활용하여 새로운 건축적 가능성을 제시한 데 있다. 수치 기록은 자연스런 결과였다.

두 건물은 유사점과 차이점이 있었다. 교량 아치 기술을 기본 구조로 수치 기록을 이룬 점은 가장 큰 유사점이다. 에펠탑에서는 사선 격자형 거더 피어lattice girder pier를 이용하여 아치를 만들어냈다. 한 변이 125미터인 정사각형 기단의 네 귀퉁이에서 거더 피어를 x-y축 양쪽으로 사선 방향으로 올려 정점에서 만나도록 해 결과적으로 네 개의 아치를 만들었다. 거더 피어는 두 단으로 하여 연결 거더가 둘 사이를 트러스 형식으로 이었다.

605 샤를 뒤테르(Charles Dutert) & 빅토르 콩타맹(Victor Contamin), 기계관(Galerie des Machines), 1889년 파리 만국박람회
606 샤를 뒤테르(Charles Dutert) & 빅토르 콩타맹(Victor Contamin), 기계관(Galerie des Machines), 1889년 파리 만국박람회

607 샤를 뒤테르(Charles Dutert) & 빅토르 콩타맹(Victor Contamin), 기계관(Galerie des Machines), 1889년 파리 만국박람회

기계관의 기본 개념은 양쪽에서 거더 피어를 사선 방향으로 올려 아치를 만든 점에서 에펠탑과 비슷했지만 구체적 처리에서 큰 차이가 있었다. 기계관은 전시관이었기 때문에 아치를 발전시킨 볼트 구조로 처리했다. 길이는 413미터, 높이는 44미터였다. 115미터 스팬은 종횡 양방향으로 트러스 아치가 지지했다. 여기까지는 볼트라는 전통적 구조 방식을 철물로 단순 대체한 전형적 처리였다. 새로운 점은 두 가지가 있다. 첫째는 강철을 이용하여 강도가 향상된 덕분에 아치를 이루는 종방향 트러스 부재의 두께가 74센티미터로 얇아졌다는 점이다. 이것은 구조물 전체의 경량화로 이어졌다. 둘째는 아치의 일반적 역학 작용이 사선 방향의 하중과 마찰력으로 이루어지는 데 반해 이 건물에서는 양쪽에서 캔틸레버로 올라온 사선 격자형 거더 피어가 정점에서 만나 핀으로 고정된 것 같은 모양으로 처리했다. 셋째는 지면과의 접합은 안정된 면 지지가 아니라 바닥에 구멍을 뚫고 힌지[hinge=경첩]를 박은 점 지지로 처리했다(그림 607). 이런 지지는 강철의 팽창과 수축에 따른 응력[stress=應力]에 대응하는 가장 효과적인 방식으로 에펠 등 교량 기술자들이 1870년대 이후부터 첨단 기술로 사용해오던 방식이다.

차이점은 대비 구도로 나타났다. 기계관은 수평 방향에서 기록을 세우면서 에펠탑의 수직적 역동성[dynamism]과 대비되었다. 그러나 이런 대비는 표면적 비교일 뿐 실제 내용에서는 기계관이 오히려 더 강한 역동성을 드러냈다. 에펠탑의 역동성은 높이가 주는 일차적이고 직접적인 것이었지만 기계관은 고도의 은유적이고 상징적 차원으로 역동성을 표현했다. 지면의 점 지지가 가장 압권이었다. 115미터 거리와 44미터 높이의 거대한 아치를 지면 양쪽에서 점 두 개만으로 지지하는 장면은 그 자체가 더 없는 역동성을 상징했다. 기단을 지워서 아슬아슬하게 무너질 것 같으면서도 굳건하게 서 있는 장면은 구조 기술의 가능성과 힘을 가장 자극적으로 드러냈다.

이런 처리는 기차역의 플랫폼이나 수정궁처럼 수평 방향의 롱 스팬을 생명으로 삼았던 다른 건물들과도 비교되는 대목이다. 이런 다른 건물들은 모두 지면과 안정적으로 접합되었다. 이것은 석재 볼트라는 전통적인 구조를 정역학이라는 가장 안정적인 신구조 개념으로 단순 번안한 것이다. 반면 기계관은 이것을 동역학이라는 역동적 개념으로 번안했다. 볼트 천장의 정점에서 사선 격자형 거더 피어가 점 지지로 만나는 것처럼 보이게 한 처리는 이런 역동성을 배가했다.

에펠의 기술 대중주의는 기계관에서 기술 신비주의로 발전했다. 수정궁이 넓고 광활한 유리 공간으로 터너의 그림 같은 무형적 신비주의를 만들어냈다면 기계관은 강철 아치의 무게를 무의미하게 만드는 무중력 신비주의를 만들어냈다. 전시물이 기계들이었기 때문에 전체 실내 분위기는 그로테스크해 보였다. 수정궁이 밝은 채광으로 신건축운동을 미래주의의 이상형으로 그려낸 반면 기계관은 불레의 블랙 로맨티시즘을 뒤늦게 구현한 것이라는 평을 받았다. 불레가 석재를 이용하여 거석 구조로 표현한 신문명의 예측 불가능성을, 뒤테르가 100년 뒤에 강철로 구현한 것이었다. 불레가 혁명기 고전주의를 대표하는 건축가였고 기계관이 프랑스대혁명 100주년을 기념하여 열렸다는 사실은 이런 연관성을 더욱 높여준다.

이상과 같이 기계관은 에펠탑과 세트를 이루어 신건축운동은 만천하에 수평과 수직 양방향 모두에서 승리를 공표할 수 있었다. 수정궁과 에펠탑이 보여준 철물의 가능성은 구조의 당연함이었다. 이전에 보지 못했던 규모이긴 했지만 사람의 머릿속에서 쉽게 나올 수 있는 상식적 수준에 머물렀다는 의미였다. 혹은 신건축운동이 줄 수 있는 새로운 모습을 가장 일차적이고 직접적으로 구현한 것에 지나지 않는다는 뜻이다. 반면 기계관은 거대한 철물 구조가 점 지지만으로 공중에 떠 있는 것처럼 보이도록 하여 구조적 극한점을 추구한 것이었다. 이것은 상식과 당연함을 뛰어넘는 초월적 의미가 있었다. 수정궁과 에펠탑은 재료의 단순 대체나 토목 구조의 단순 수용 등과 같은 '보수 대 진보'의 이분법 문제에 여전히 묶여 있었다. 반면 기계관은 여기에서 벗어나 이런 논쟁과는 차원이 다른 신건축운동만의 독자적 양식을 창출하는 데 성공했다.

부 록

참고문헌

표목록, 그림목록

찾아보기

참 고 문 헌

∗지면 관계상 논문은 제외하고 단행본만 실었음.
∗각 주제 내에서 저자의 last name 순서로 나열했음. 편저인 경우 책 제목의 알파벳순에 따라 저자와 혼기했음.

Primary Sources

Fausto Amidei, *Varie vedute di Roma antica e moderna* (1745)
Jeremy Bantham, *Fragment on Government* (1776)
Cesare Beccaria, *Dei delitti e delle pene* (1767)
Walter Benjamin, *Das Passagen-Werk*, 미완성 유고
Giuseppe Bibiena, *Architettura e Prospettive* (1740)
Francois Blondel, *Cours d'Architecture* (1675)
Jacques-Francois Blondel, *Cours d'architecture ou Traite de la Decoration, Distribution & Construction des Batiments* (Paris, 1771-77)
Louis Auguste Boileau, *La Nouvelle Forme Architecturale* (1853)
Louis Auguste Boileau, *Le Fer, principal element consturctif de la nouvelle architecture* (1871)
Etienne Louis Boullee, *Architecture, Essai sur l'art* (1793)
Lord Burlington, *The Designs of Inigo Jones* (London, 1727)
Lord Burlington, *Fabbriche Antiche* (London, 1730)
Colen Campbell, *Vitruvius Britannicus or The British Architects* (London, 1715-25)
William Chambers, *Designs of Chinese Buildings* (1757)
William Chambers, *Dissertation on Oriental Gardening* (1772)
William Chambers, *A Treatise on the Decorative Part of Civil Architecture* (1791)
Jean Louis de Cordemoy, *Nouveau Traite de Toute l'Architecture ou l'art de bastir* (Paris, 1706)
M. M. Dermot, *A Critical Dissertation on the Nature and Principles of Taste* (London, 1823)
Antoine Desgodetz, *Les edifices antiques de Rome dessines et mesures tres exactement* (Paris, 1682)
Antoine Desgodetz, *Traite des ordres d'architecture* (Paris, 1711)
Jean Nicolas Louis Durand, *Recueil et parallele des edifices de tous genres anciens et modernes* (1800)
Jean Nicolas Louis Durand, *Precis des lecons d'architecture donnees a l'Ecole Polytechnique* (1802-05)
Charles Locke Eastlake, *A History of the Gothic Revival* (1872)
Amedee Francois Frezier, *Dissertation sur les ordres d'architecture* (1738)
Edward Garbett, *Rudimentary Treatise on the Principles of Design in Architecture* (1850)
James Gibbs, *A Book of Architecture* (1728)
David & Friedrich Gilly, *Sammlung nützlicher Aufsätze und Nachrichten, die Baukunst betreffend* (1799)
Thomas Gray, *Elegy Written in a Country Churchyard* (1753)
William Halfpenny, *Practical Architecture* (London, 1724)
Claude-Adrien Helvetius, *De l'esprit* (1759)
Jacques Ignace Hittorff, *Architecture antique de la Sicile* (1827)
Jacques Ignace Hittorff, *Architecture polychrome chez les Grecs* (1851)
Heinrich Hübsch, *In welchen Stil sollen wir bauen* (1828)
Richard Payne Knight, *An Analytical Inquiry into the Principles of Taste*, 1805
Batty Langley, *Builder's Chest-Book* (London, 1727)
Batty Langley, *Gothic Architecture, Improved by Rules and Proportions* (1747)
Marc-Antoine Laugier, *Essai sur l'architecture* (1753)
Marc-Antoine Laugier, *Observations sur l'architecture* (1765)
Claude Nicolas Ledoux, *L'Architecture consideree sous le rapport et l'art, des moeurs, et de la legislation* (1804)
William Henry Leeds, *An Essay on the Present State of Architectural Study and the Revival of the Italian Style* (1839)
Julien David LeRoy, *Les Ruines des plus beaux monuments de la Grace* (1758)
Paul Letarouilly, *Edifices de la Rome Moderne* (1840-57)
M. Ch.-L. Livet, *Histoire de l'Academie Francaise*, Vol. I & II (Paris: Didier et C, 1858)
Fra Carlo Lodoli, *Elementi d'architettura Lodoliana, ossia l'arte del fabbricare con solidita scientifica e con eleganza non capricciosa* (Venezia, 1833-34)
John Claudius Loudon, *Treatise on . . . Country Residences* (1806)
Francesco Milizia, *Le Vite de piu celebri Architetti d'ogni Nazione e d'ogni tempo*, 1768
Francesco Milizia, *Principj di architettura civile* (1781)
Charles Montesquieu, *L'esprit des lois* (1748)
Charles Perrault, *Parallele des Anciens et des Modernes* (Paris, 1692)
Claude Perrault, *Les Dix Livres d'Architecture de Vitruve, corrigez et traduits* (Paris, 1684)
Marie-Joseph Peyre, *Oeuvres d'architecture* (1765)
Giovanni Battista Piranesi, *Vedute di Roma* (1748)
Giovanni Battista Piranesi, *Invenzioni caprice di carceri* (1750)
Giovanni Battista Piranesi, *La Antichita romane* (1756)
Giovanni Battista Piranesi, *Della magnificenza ed architettura de'Romani* (1761)
Uvedale Price, *Essay on the Picturesque*, 1794
Augustus Welby Northmore Pugin, *Contrasts* (1836)

Augustus Welby Northmore Pugin, *The True Principles of Pointed or Christian Architecture* (1841)

Augustus Welby Northmore Pugin, *An Apology for The Revival of Christian Architecture in England* (1843)

M. H. Rigault, *Histoire de la Querelle des Anciens et des Modernes* (Paris, 1856)

Jean-Baptiste Rondelet, *Traite theorique et pratique de l'art de batir* (Paris, 1802-17)

Thomas Rickman, *An Attempt to Discriminate the Styles of English Architecture* (1817)

John Ruskin, *The Seven Lamps of Architecture* (1849)

John Ruskin, *Stones of Venice* (1853)

John Ruskin, *Lectures on Art* (1870)

Karl Friedrich Schinkel, *Vorbilder für Fabrikanten und Handwerker* (1821-37)

George Gilbert Scott, *Remarks on Secular and Domestic Architecture, Present and Future* (1857)

Gottfried Semper, *Die Vier Elemente der Baukunst* (1851)

Gottfried Semper, *Der Stil in den technischen und tektonischen Künsten oder praktische Aesthetik* (1860-63)

John Soane, *Lectures on Architecture* (1837)

James Stuart & Nicholas Revett, *Antiquities of Athens* (1762)

Horace Walpole, *Antecedents of Painting in England* (1762-71)

William Wilkins, *Magna Graecia* (1807)

Johann Joachim Winckelmann, *Geschichte der Kunst des Altertums* (1764)

John Wood, *The Origin of Building* (Bath, 1741)

사전, 백과사전, anthology

A Documentary History of Art, Vol. II, The Baroque and the Eighteenth Century, ed. by Elizabeth Gilmore Holt (Princeton, NJ.: Princeton University Press, 1982)

A General History of the Sciences, Vol. 1 - 4 (London: Thames and Hudson, 1966)

Architectural Theory from the Renaissance to the Present (Köln, Germany: Taschen, 2003)

Art in theory, 1815-1900, *an anthology of changing ideas*, ed. by Charles Harrison et al (Malden, MA.: Blackwell, 1998)

The Art of Art History: a critical anthology, ed. by Donald Preziosi (Oxford, England: Oxford University Press, 2000)

Arts & Humanities through the eras, ed. by Edward Bleiberg (New York: Thompson Gale, 2005)

The Dictionary of Art, Vol. 1 - 34 (New York: Grove, 1996)

Dictionary of the History of Ideas, editor in chief Philip P. Wiener, Vo.l. I-IV (New York: Charles Scribner's Sons, 1978)

Encyclopedia of Interior Design, Vol. 1 & 2, ed. by Joanna Banham (London: Fitzroy Dearborn Publishers, 1997)

Encyclopedia of Philosophy, Vol. 1-10, editor in chief Donald M. Borchert (New York: Thompson Gale, 2006)

Encyclopedia of World Art, Vol. I -XV (New York: McGrawhill Book Company, 1964)

Françoise Fichet, *La Theorie Architecturale a l'age classique* (Bruxelles: Pierre Mardaga, n.d.)

Historiography, critical concepts in historical studies, Vol. I-V, ed. by Robert M. Burns, (London: Routledge, 2006)

Key Writers on Art, ed. by Chris Murray (London: Routledge, 2003)

Hanno-Walter Kruft, *A History of Architectural Theory from Vitruvius to the Present* (New York: Zwimmer, 1994)

Macmillan Encyclopedia of Architects, Vol 1 - 4 (New York: The Free Press, 1982)

The Oxford Companion to British History, ed. by John Cannon (Oxford, England: Oxford University Press, 1997)

The Oxford Encyclopedia of Economic History, Vol. 1-5 (Oxford, England: Oxford University Press, 2005)

Nikolaus Pevsner, *A History of Building Types* (Princeton, NJ.: Princeton University Press, 1976)

Readings in Art History, Vol. II, The Renaissance to the Present, ed. by Harold Spencer (New York: Charles Scribner's Sons, 1983)

Fritz Scheidegger, *Aus der Geschichte der Bautechnik* (Basel, Switzerland: Birkhäuser Verlag, 1990)

Julius von Schlosser, *Materialien zur Quellenkunde der Kunstgeschichte* (Wien, 1914)

Etienne Souriau, *Vocabulaire d'Esthetique* (Paris: Presses Universitaires de France, 1990)

Alexander Speltz, *The Styles of Ornament* (New York: Dover, 1959)

John Steer and Antony White, *Atlas of Western Art History* (New York: Facts on File, 1994)

서양 정치문화사 & 경제사 통사, 기독교사, 기독교 예술사

Thomas Bokenkotter, *A Concise History of the Catholic Church* (New York: The First Image Books, 2005)

The Cambridge Economic History of Europe, Vol. I-VIII (Cambridge, England: Cambridge University Press, 1989)

The Cambridge Social History of Britain 1759-1950, Vol. 1-3, ed. by F. M. L. Thompson (Cambridge, England: Cambridge University Press, 1993)

Michel Chevalier, *La France des Cathedrales du IV au XX siecle* (Reims, France: Editions Ouest-France, 1997)

The Christian World, a social and cultural history of Christianity, ed. by Geoffrey Barraclough (London: Thames and Hudson, 1981)

Norman Davies, *Europe, a history* (Oxford, England: Oxford University Press, 1999)

Christopher Dawson, *The Dynamics of World History* (New York: A Mentor Omega Book, 1956)

Early Modern Europe, an Oxford History, ed. by Euan Cameron (Oxford, England: Oxford University Press, 2001)

The Encyclopedia of Christianity, ed. by Erwin Fahlbusch et al.,

Vol. 1 - 3 (Grand Rapids, MI.: William B. Eerdmans Publishing Company, 2001)
Histoire economique et sociale de la France, Tome I-IV (Paris: Presses Universitaires de France, 1979)
Stephen Humphrey & James Morris, *Churches and Cathedrals of London* (London: New Holland, 2000)
Colin Jones, *The Cambridge Illustrated History of France* (Cambridge, England: Cambridge University Press, 1999)
Martin Kitchen, *The Cambridge Illustrated History of Germany* (Cambridge, England: Cambridge University Press, 2000)
William H. McNeill, *History of Western Civilization* (Chicago, IL.: The University of Chicago Press, 1986)
Peter and Linda Murray, *The Oxford Companion to Christian Art and Architecture* (Oxford, England: Oxford University Press, 1998)
The New Cambridge Modern History, Vol. I-XIII (Cambridge, England: Cambridge University Press, 1964)
New Catholic Encyclopedia, Vol. I - XVI (Washington D.C.: Publishers Guild, Inc., 1967)
Edward Norman, *The House of God* (London: Thames and Hudson, 1990)
The Oxford Illustrated History of Italy, ed. by George Holmes (Oxford, England: Oxford University Press, 1997)
The Oxford Companion to British History, ed. by Joohn Cannon (Oxford, England: Oxford University Press, 2001)
The Oxford Companion to Christian Thought, ed. by Adrian Hastings, et al. (Oxford, England: Oxford University Press, 2000)
The Oxford Dictionary of the Christian Church, ed. by F. L. Cross and E. A. Livingstone (Oxford, England: Oxford University Press, 1997)
R. Dean Peterson, *A Concise History of Christianity* (Belmont, CA.: Wadsworth, 2000)
Philip Lee Ralph et al., *World Civilization*, Volume 1 (New York: W. W. Norton, 1997)
Peter Rietbergen, *Europe, a cultural history* (London: Routledge, 1998)
G. M. Trevelyan, *Illustrated English Social History*, Vol. 1-4 (New York: David McKay, 1967)

미학사, 철학사, 사상사-통사

Ästhetische Grundbegriffe, herausgegeben von Karlheinz Barck, et al., Band 1 - 5 (Stuttgart, Germany: Verlag J. B. Metzler, 2000)
Emile Brehier, *Histoire de la Philosophie* (Paris: Nouvelle editions, 1981)
J. Bronowski & Bruce Mazlish, *The Western Intellectual Tradition, from Leonardo to Hegel* (New York: Harper & Brothers, 1960)
Frederick Copleston, S.J., *A History of Philosophy*, Vol. I - VI (Westminster, England: The Newman Press, 1961)
Encyclopedia of Aesthetics, Vol. 1 - 4 (Oxford, England: Oxford University Press, 1998)
Historisches Wörterbuch der Philosophie, herausgegeben von Joachim Ritter & Karlfried Gr?nder, Band 1 - 11 (Basel, Switzerland: Schwabe & Co. A.G. Verlag, 1998)
Histoire de la Philosophie, Encyclopedie de la Plelade, Tome I - III (Paris: Gallimard, 1974)
Main Currents of Western Thought, ed. by Franklin Le Van Baumer (New York, Alfred A. Knopf, Inc., 1964)
Ralph M. McInerny, *A History of Western Philosophy*, Vol. 1 -5 (Notre Dame, IN.: University of Notre Dame Press, 1970)
Routledge Encyclopedia of Philosophy, Vol. 1 - 10 (London: Routledge, 1998)
Wladyslaw Tatarkiewicz, *History of Aesthetics*, Vol. 1 - 3 (Warszawa, Poland: PWN, 1970)

18-19세기 건축이론

Guilio Carlo Argan, *Il Neoclassicismo* (Roma: Mario Bulzoni Editore, 1968)
John Bender, *Imagining the Penitentiary, fiction and the architecture of mind in eighteenth-century England* (Chicago, IL.: The University of Chicago Press, 1987)
Wolfgang Dieter Brönner, *Blondel-Perrault zur Architekturtheorie des 17. Jahrhunderts in Frankreich* (Bonn, Germany: 1972)
Gianni Contessi, Ecritures Dessinees, *Art et Architecture de Piranese a Ruskin* (Bari, France: Edizioni Dedalo srl, 2000)
Natacha Coquery, *L'Espace du Pouvoir, de la demeure privee a l'edifice public Paris 1700-1790* (Paris: Editions Seli Arslan, 2000)
Edward Robert de Zurko, Functionalist *Trends in Writings pertaining to Architecture with special Emphasis on the period 1700-1850*, Ph.D. dissertation, New York University (1954)
Caroline van Eck, *Organicism in nineteenth-century architecture* (Amsterdam: Architectura & Natura Press, 1994)
Historismus und bildende Kunst, Vorträge und Diskussion im Oktober 1963 in München (München, Germany: Prestel-Verlag, 1965)
Tonis Kask, *Symmetrie und Regelmässigkeit, französische Architektur im Grand Siecle* (Stuttgart, Germany: Birkhäuser Verlag, 1971)
Robert Macleod, *Style and society, architectural ideology in Britain 1835-1914* (London: RIBA, 1971)
Robert Jan van Pelt & Carroll William Westfall, *Architectural Principles in the Age of Historicism* (New haven, CT.: Yale University Press, 1991)
Alberto Perez-Gomez, *Architecture and the Crisis of Modern Crisis* (Cambridge, MA.: The MIT Press, 1990)
Nikolaus Pevsner, *Some Architectural Writers of the Nineteenth Century* (Oxford, England: Clarendon Press, 1972)
Robert Rosenblum, *The International Style of 1800, a Study in Linear Abstraction* (New York: Garland Publishing, 1976)
Colin Rowe, *The Mathematics of the Ideal Villa and Other Essays*

(Cambridge, MA.: The MIT Press, 1988)

Joseph Rykwert, *The First Moderns, The Architects of the Eighteenth Century* (Cambridge, MA.: The MIT Press, 1987)

Joseph Rykwert, *On Adam's House in Paradise* (Cambridge, MA.: The MIT Press, 1987)

Alexandre Tzonis, *Systemes conceptuels de l'architecture en France de 1650-1800* (Cambridge, MA.: 1975)

Anthony Vidler, *The Writing of the Walls* (Princeton, NJ.: Princeton Architectural Press, 1987)

Seockjae YIM, *Imitation and Ideal Type*, Ph. D. dissertation, University of Pennsylvania (1992)

David Watkin, *The Architect King, George III and the Culture of the Enlightenment* (London: Royal Collection Enterprises, 2005)

18-19세기 미학 & 예술이론

B. Sprague Allen, *Tides in English Taste 1619-1800* (Cambridge, MA.: Harvard University Press, 1937)

Wlater Jackson Bate, *From Classic to Romantic, Premises of Taste in Eighteenth Century England* (New York: Harper & Row, 1961)

Annie Becq, *Genese de L'Esthetique Francaise Moderne, De la Raison classique a l'Imagination creatrice, 1680-1814*, Vol. I & II (Pisa, Italia: Pacini Editore, 1984)

Ferdinand Boer, *Le Monde des Arts en Italie et la France de la Revolution et de l'Empire* (Torino, Italia: Societa editrice Internazionale, 1969)

Gottfried Boehm, *Studien zur Perspektivität, Philosophie und Kunst in der Frühen Neuzeit* (Heidelberg, Germany: Carl Winter, 1969)

Rene Bray, *La Formation de la doctrine Classique en France* (Paris: Librairie Nizet, 1951)

E. F. Carritt, *A Calendar of British Taste 1600 to 1800* (London, 1950)

Frank P. Chambers, *The History of Taste, an account of the revolution of art criticism and theory in Europe* (New York: Columbia University Press, 1932)

Jacques Chouillet, *L'esthetique des Lumieres* (Paris: Presses Universitaires de France, 1974)

Francis X. J. Coleman, *The Aesthetic Thought of the French Enlightenment* (Pittsburgh, PA.: University of Pittsburgh Press, 1971)

Jonathan Crary, *Techniques of the Observer, on vision and modernity in the nineteenth-century* (Cambridge, MA.: The MIT Press, 1995)

Early Eighteenth-Century Essays on Taste (New York: Scholars' Facsimiles & Reprints, 1972)

Andre Fontaine, *Les Doctrines d'Art en France de Poussin a Diderot* (Geneve: Slatkine Reprints, 1970)

Wladyslaw Folkierski, *Entre e Classicisme et le Romantisme* (Paris: Librairie Ancienne Honore Champion, 1925)

Enrico Fubini, *Empirismo e Classicismo* (Torino, Italia: G. Giappichelli, 1965)

Walter John Hipple, Jr. *The Beautiful, The Sublime, & The Picturesque in Eighteenth-Century British Aesthetic Theory* (Carbondale, IL.: The Southern Illinois University Press, 1957)

Marian Hobson, *The Object of Art, the theory of illusion in eighteenth-century France* (Cambridge, England: Cambridge University Press, 1982)

Ulrich Hohner, *Zur Problematik der Naturnachahmung in der Ästhetik des 18. Jahrhunderts* (1976)

Marguerite Iknayan, *The Concave Mirror, from imitation to expression in French esthetic theory 1800-1830* (Saratoga, CA.: Anma Libri, 1983)

Philippe Junod, *Transparence et Opacite* (Editions L'Age D'Homme, 1976)

Walter Kambartel, *Symmetrie und Schönheit* (München, Germany: Wilhelm Fink Verlag, 1972)

Samuel Kliger, *The Goths in England, a study in seventeenth and eighteenth century thought* (Cambridge, MA.: Harvard University Press, 1952)

Kultur und Ästhetik im Denken der deutschen Klassik (Weimar, Germany: Hermann Böhlaus Nachfolger, 1987)

Kunstgeschichte und Kunsttheorie im 19. Jahrhundert (Berlin: Walter de Gruyter & Co., 1963)

Bernd Küster, *Tranzendentale Einbildungskraft und Ästhetische Phantasie, zum Verhältnis von philosophischem Idealismus und Romantik* (Regensburg, Germany: Verlag Anton Hain Meisenheim GmbH, 1979)

Rene Lanson, *Le Gout du Moen Age en France au XVIIIe Siecle* (Paris: G. van Oest, 1926)

Kurt May, *Lessings und Herders kunsttheoretische Gedanken in ihrem Zusammenhang* (Berlin, 1923)

Samuel H. Monk, *The Sublime, a study of critical theories in XVIII-century England* (Ann Arbor, MI.: The University of Michigan Press, 1960)

T. M. Mustoxidi, *Histoire de l'Esthetique Francaise 1700-1900* (New York: Burt Franklin, 1968)

Nineteenth-Century Theories of Art, ed. by Joshua C. Taylor (Berkeley, CA.: University of California Press, 1989)

Michael Podro, *The Critical Historians of Art* (New Haven, CT.: Yale University Press, 1982)

Robert Rosenblum, *Transformations in Late Eighteenth Century Art* (Princeton, NJ.: Princeton University Press, 1969)

Remy G. Saisselin, *The Rule of Reason and the Ruses of the Heart* (London, 1970)

John Steegman, *Consort of Taste 1830-1870* (London: Sidgwick and Jackson Ltd., 1950)

Michael Titzmann, *Strukturwandel der philosophischen Ästhetik 1800-1880, Der Symbolbegriff als Paradigma* (München, Germany: Wilhelm fink verlag, 1978)

The Varied Pattern: Studies in the 18th Century, ed. by Peter Hughes & David Williams (Toronto, Canada: A. M. Hakkert, 1971)

18–19세기 건축 관련 주제(폐허, 그랜드 투어, 발굴, 아카데미, 보자르, 백과사전, 색채주의 & 기타)

Academies of Art between Renaissance and Romanticism, ed. by Anton W. A. Boschloo et al. (Duits, Nederlands: 1989)
The Academy of Europe, rome in the 18th century, The William Benton Museum of Art, October 13 - November 21, 1973
Alain, *Systeme des beaux-arts* (Paris: Gallimard, 1926)
The Beaux-Arts and nineteenth-century Frahcn architecture, ed. by Robin Middleton (Cambridge, MA.: The MIT Press, 1982)
Albert Boime, *The Academy & French Painting in the Nineteenth Century* (New Haven, CT.: Yale University Press, 1986)
E. M. Butler, *The tyranny of Greece over Germany* (Cambridge, England: Cambridge University Press, 1958)
M. L. Clarke, *Greek Studies in England 1700-1830* (Cambridge, England: Cambridge University Press, 1945)
Henri Delaborde, *L'Academie des Beaux-Arts* (Paris, 1891)
Donald Drew Egbert, *The Beaux-Arts Tradition in French Architecture* (Princeton, NJ.: Princeton University Press, 1980)
Enseignement et diffusion des sciences en France au XVIIIe Siecle, sous a direction de Rene Taton (Paris: Hermann, 1964)
Johannes Erichsen, *Antique und Grec* (Köln, 1980)
Joan Evans, *A History of The Society of Antiquaries* (Oxford, England: Oxford University Press, 1956)
The French Academy, classicism and its antagonists, ed. by June Hargrove (London: Associated University Press, 1990)
Imagining Rome, British Artists and Rome in the Nineteenth Century, ed. by Michael Liversidge & Catharine Edwards (London: Merrell Holberton, 1996)
Annie Jacques, *Les Dessins d'Architecture du XIXe Siecle* (Paris: Bibliotheque de l'Image, 1995)
Camillo von Klenze, *The Interpretation of Italy during the last two centuries* (Chicago, IL.: The University of Chicago Press, 1907)
John Lough, *The Encyclopedie in eighteenth-century England and other studies* (New Castle upon Tyne, England: Oriel Press, 1970)
Rose Macaulay, *Pleasure of Ruins* (London: Weidenfeld and Nicolson, 1953)
Michel Makarius, *Ruines* (Paris: Flammarion, 2004)
H. Neville Maugham, *The Book of Italian Travel*, 1580-1900 (London: Grant Richards, 1903)
Francois Nizet, *Le Voyage d'Italie et l'Architecture Europeenne 1675-1825* (Bruxelles, 1988)
Friedrich Noack, *Das Deutschtum in Rom seit dem Ausgang des Mittelalters*, Band I & II (Stuttgart, Germany: Scientia Verlag Allen, 1974)
Paris-Rome-Athens, Le Voyage en Grece des Architectes Francai aux XIXe et XXe Siecle, Exposition l'Ecole nationale superieure des Beaux-Arts (Paris, 1983)
Pastum and the Dorric Revival 1750-1830, ed. by Joselita RAspi Serra (Florence, Italy: Centro Di, 1986)
Les Prix de Rome, Concours de l'Academie royale d'architecture au XVIIIe Siecle, Inventaire general des monuments et des richesses artistiques de la France (Paris, 1984)
Daniel Rabreau, *Les Dessins d'Architecture au XVIIIe Siecle* (Paris: Bibliotheque de l'Image, 2001)
Revolutions Architektur, ein Aspekt der europäischen Architektur um 1800 (München, Germany: Hirmer Verlag, 1990)
Ludwig Schudt, *Italienreisen im 17. und 18. Jahrhundert* (Wien: Schroll-verlag, 1959)
Hans Sedlmayr, *Verlust der Mitte, die bildende Kunst des 19. und 20. Jahrhunderts als Symbol der Zeit* (Salzburg, Österreich: Otto Müller Verlag, 1948)
Amy Cohen Simowitz, *Theory of Art in the Encyclopedie* (Ann Arbor, MI.: UMI Research Press, 1983)
Manfredo Tafuri, *The Sphere and the Labyrinth, Avant-Garde and Architecture from Piranesi to the 1970s* (Cambridge, MA.: The MIT Press, 1987)
Lucia Tresoldi, *Viagiiatori tedeschi in Italia 1452-1870*, vol. 1 & 2 (Roma: Bulzoni Editore, 1975)
David van Zanten, *The Architectural Polychromy of the 1830's* (New York: Garland Publishing, 1977)

18–19세기 신건축 운동(산업혁명, 과학, 철물 건축, 만국박람회, 아케이드, 온실, 기차역)

Ugo Carughi & Ermanno Guida, *Alfredo Cottrau 1839-1898, L'architettura del ferro nell'Italia delle grandi trasformazioni* (Napoli, Italia: Electa, 2003)
Jean-Claude Delorme & Anne-Marie Cubois, *Passages couverts parisiens* (Paris: Parigramme, 2002)
Engineering & Architecture, Architectural Design, Vol. 57 No. 11/12 1987
Enseignement et diffusion des sciences en France au XVIIIe Siecle, sous la direction de Rene Taton (Paris: Hermann, 1964)
Les Expositions Universelles a Paris de 1855 a 1937, Collection Paris et son patrimoine, dirigee par Beatrice de Andia (Paris, 2005)
Michael Freeman, *Railways and the Victorian Imagination* (New Haven, CT.: Yale University Press, 1999)
Johann Friedrich Geist, *Passagen, ein Bautyp des 19. Jahrnunderts* (München, Germany: Prestel-Verlag, 1969)
Sigfried Giedion, *Construire en France, Construire en Fer, Construire en Beton* (Paris: Editions de la Villette, 2000)
Roger Hahn, *The Anatomy of a Scientific Institution, The Paris Academy of Sciences, 1666-1803* (Berkeley, CA.: University of California Press, 1971)
John Hix, *The Glass House* (London: Phaidon, 1996)
Georg Kohlmaier & Barna von Sartory, *Houses of Glass* (Cambridge, MA.: The MIT Press, 1991)
Ulrich Krings, *Bahnhofsarchitektur* (München, Germany: Prestel-Verlag, 1985)
David S. Landes, *The Unbound Prometheus, technological change*

and industrial development in Western Europe from 1750 to the Present (Cambridge, England: Cambridge University Press, 2003)
Bertrand Lemoine, *L'Architecture du Fer, France XIXe Siecle* (1986)
Paul Mantoux, *La Revolution Industrielle au XVIIIe Siecle* (Paris: Editions Genin, 1973)
Bernhard Marrey, *Les grands magasins des origines a 1939* (Paris: Picard, 1979)
Erik Mattie, *World's Fairs* (Princeton, NJ.: Princeton University Press, 1998)
The Moving Metropolis, ed. by Shelia Taylor (London: Laurence King Publishing, 2001)
Steven Parissien, *Station to Station* (London: Phaidon, 1997)
Antoine Picon, *Architectes et Ingenieurs au Siecle des Lumieres* (Marseille, France: Editions Parentheses, 1988)
Erich Schild, *Zwischen Glaspalast und Palais des Illusions* (Frankfurt am Main, Germany: Verlag Ullstein, 1967)
Derek Walker, *The Great Engineers, The Art of British Engineers 1837-1987* (London: Academy Editions, 1987)
Pieter van Wesemael, *Architecture of Instruction and Delight, a soocio-historical analysis of World Exhibitions as a didactic phenomenon* (Rotterdam, Netherlands: 010 Publishers, 2001)
May Woods & Arete Swartz Warren, *Glass Houses* (London: Aurum Press, 1988)

낭만주의

M. H. Abrams, *The Mirror and the Lamp, Romantic Theory and the Critical Tradition* (New York: W. W. Norton, 1958)
Irving Babbitt, *Rousseau and Romanticism* (New York: Houghton Mifflin Company, 1924)
David Blayney Brown, *Romanticism* (London: Phaidon, 2001)
Kenneth Clark, *The Romantic Rebellion* (London: Omega Books, 1976)
Kenneth Clark, *Landscape into Art* (New York: Icon Editions, 1991)
Manfred Frank, *Einführung in die frühromantische Ästhetik* (Frankfurt am main, Germany: Suhrkamp, 1989)
Northrop Frye, *A Study of English Romanticism* (Chicago, IL.: University of Chicago Press, 1968)
Hugh Honour, *Romanticism* (New York: Icon Editions, 1979)
Graham Hough, *The Last Romantics* (London: Methuen, 1961)
Herbert Mainusch, *Romantische Ästhetik* (Berlin: Verlag Gehlen, 1969)
Albrecht Mann, *Die Neuromanik, eine rheinische Konponente im Historismus des 19. Jahrhunderts* (Köln, Germany: Greven Verlag, 1966)
Daniel Mornet, *Le Romantisme en France au XVIIIe Siecle* (Geneve: Slatkine Reprints, 1970)
Richard Muir, *The Villages of England* (London: Thames and Hudson, 1992)
Eric Newton, *The Romantic Rebellion* (New York: Schocken Books, 1964)
Henri Peyre, *Qu'est-ce que le Romantisme?* (Paris, 1971)
The Romantic Spirit in German Art 1790-1990, ed. by Keith Hartley et al (London: Thames and Hudsoon, 1994)
Charles Rosen and Henri Zerner, *Romanticism and Realism* (New York: W. W. Norton, 1984)
Ernest Lee Tuveson, *The Imagination as a Means of Grace* (New York: Gordian Press, 1974)
Ernest Lee Tuveson, *The Avatars of Thrice Great Hermes, an approach to Romanticism* (London: Bucknell University Press, 1982)

신고전주의 & 고전 리바이벌

Robert M. Adams, *The Roman Stamp, frame and facade in some forms of Neo-Classicism* (Berkeley, CA.: University of California Press, 1974)
Louis Bertrand, *Fin du Classicisme et le Retour a l'Antique* (New York: Burt Franklin, 1971)
E. B. O. Borgerhoff, *The Freedom of French Classicism* (New York: Russell & Russell, 1968)
J. Mordaunt Crook *The Greek Revival, Neo-Classical Attitudes in British Architecture 1760-1870* (Chatham, England: W & J Macjay Ltd., 1972)
Le Epifanie di Proteo, La saga nordica del classicismo in Schinkel e Semper, a cura di Augusto Romano Burelli (Venezia, Italia: Rebellato Editore, 1983)
Henry Hawley, *Neo-Classicism, Style and Motif* (New York: Harry & Abrams, 1964)
Hugh Honour, *Neo-Classicism* (Harmondsworth, England: Penguin Books, 1977)
David Irwin, *English Neoclassical Art, Studies in Inspiration and Taste* (New York: Graphic Society, 1966)
David Irwin, *Neoclassicism* (London: Phaidon, 1997)
Klassizismus in Bayern, Schwaben und Franken, Architektur Zeichnungen 1775-1825 Ausstellung der Architektursammlung der Technischen Universität München, 8. Mai-27. Juli 1980
Francois-Georges Pariset, *L'art neo-classique* (Paris, 1974)
Dora Wiebenson, *Sources of Greek Revival Architecture* (London: Zwimmer, 1969)

고딕리바이벌

Agnes Addison, *Romanticism and The Gothic Revival* (New York: Richard R. Smith, 1938)
Megan Aldrich, *Gothic Revival* (London: Phaidon, 1997)
Christian Baur, *NEUGOTIK* (München, Germany: Wilhelm Heyne Verlag, 1981)
Chris Brooks, *The Gothic Revival* (London: Phaidon, 1999)

Mark Crinson, *Empire Building, Orientalism and Victorian Architecture* (London: Routledge, 1996)
Charels Eastlake, *A History of the Gothic Revival* (New York: American Life Foundation, 1975)
Kenneth Clark, *The Gothic Revival* (London: Constable, 1950)
Michael J. Lewis, *The Gothic Revival* (London: Thames & Hudson, 2002)
Katheleen Mahoney, *Gothic Style, Architecture and Interiors from the Eighteenth Century to the Present* (New York: Harry N. Abrams, 1995)
Michael McCarthy, *The Origins of the Gothic Revival* (New Haven, CT.: Yale University Press, 1987)
Nature and the Victorian Imagination, ed. by U. C. Knoepflmacher & G. B. Tennyson (Berkeley, CA.: University of California Press, 1977)
W. D. Robson-Scott, *The Literary Background of the Gothic Revival in Germany* (Oxford, England: Clarendon Press, 1965)
Arndt Schreiber, *Frühklassizistische Kritik an der Gotik 1759-1789* (Berlin: Triltsch & Huther, 1937)
Robin Langley Sommer, *The Victorian House* (Edison, NJ.: Chartwell Books, 1999)
John Steegman, *Victorian Taste, a study of the Arts and Architecture from 1830-1870* (Norwich, England: Thomas Nelson and Sons, 1970)

계몽주의 & 18-19세기 사상

The Age of the Enlightenment, studies presented to Theodore Besterman, ed. by W. H. Barber et al. (Edinburgh, England: Oliver and Boyd, 1967)
Franco Barbieri, *Illuministi e Neoclassici a Vicenza* (Vicenza, Italia: Accademia Olimpica, 1972)
Isaiah Berlin, *The Age of Enlightenment* (New York: George Braziller, 1957)
Palo Casini, *Introduzione all'illuminismo da Newton a Rousseau* (Roma: Editori Laterza, 1973)
Ernst Cassirer, *The Philosophy of the Enlightenment* (Princeton, NJ.: Princeton University Press, 1973)
Alfred Cobban, *In Search of Humanity, the role of the Enlightenment in Modern History* (Londn: Johathan Cape, 1960)
Herbert Dieckmann, *Studien zue europäischen Aufklärung* (München, Germany: Wilehlm Fink Verlag, 1974)
Jean Ehrard, *L'Idee de Nature en France*, Tome I & II (Paris: S.E.V.P.E.N., 1963)
Encyclopedia of the Enlightenment, editor in chief Alan Charleskors, Vol. 1-4 (Oxford, England: Oxford University Press, 2003)
Peter Gay, *The enlightenment: an interpretation, The Science of Freedom* (New York: Alfred A. Knopf, 1969)
Peter Gay, *The enlightenment: an interpretation, The Rise of Modern Paganism* (New York: Alfred A. Knopf, 1973)
Paul Hazard, *European Thought in the Eighteenth Century* (New York: Meridian books, 1963)
Peter-Eckhard Knabe, *Die Rezeption der französische Aufklärung in den Göttingischen Gelehrten Anzeigen, 1739-1779* (Frankfurt am main, Germany: Vittorio Klostermann, 1978)
Lorenz Krüger, *Der Begriff des Empirismus* (Berlin: Walter de Gruyter, 1973)
Arthur Lovejoy, *Essays in the History of Ideas* (Baltimore, MD.: The Johns Hopkins Press, 1948)
Jürgen Mittelstrass, *Neuzeit und Aufklärung* (Berlin: Walter de Gruyter, 1970)
Horst Müller, *Vernunft und Kritik, deutsche Aufklärung im 17. und 18. Jahrhunert* (Frankfurt am Main, Germany: Suhrkamp, 1986)
Heinz Paetzold, *Ästhetik des deutschen Idealismus* (Wiesbaden, GErmany: Franz Steiner Verlag, 1983)
The Rationalists (New York: An Anchor Press Book, 1960)
Leslie Stephen, *History of English Thought in Eighteenth Century*, Vol. 1 & 2 (New York: G. P. Putnams Sons, 1902)
Wladyslaw Tatarkiewicz, *Nineteenth Century Philosophy* (Belmont, CA.: Wadsworth Publishing, 1973)
Hayden White, *Metahistory, The historical imagination in nineteenth century Europe* (Baltimore, VA.: The Johns Hopkins University Press, 1973)
R. J. White, *The Anti-Philosophers* (New York: St. martin's Press, 1970)
R. S. Woolhouse, *The Empiricists* (Oxford, England: Oxford University Press, 1988)

18-19세기 유럽 정치사, 경제사, 문화사

A Companion to Eighteenth-Century Britain, ed. by H. T. Dickinson (Malden, MA.: Blackwell, 2006)
C. A. Bayly, *The Birth of the Modern World 1780-1914* (Malden, MA.: Blackwell, 2004)
David, A. Bell, *The Cult of the Nation in France, inventing nationalism 1680-1800* (Cambridge, MA.: Harvard University Press, 2003)
The Cambridge Illustrated History of British Empire, ed. by P. J. Marshall (Cambridge, England: Cambridge University Press, 2001)
Chris Cook, *Britain in the Nineteenth Century, 1815-1914* (London: Routledge, 2005)
J. A. S. Grenville, *Europe Reshaped 1848-1878* (Malden, MA.: Blackwell, 2000)
Gregory Hanlon, *Early Modern Italy, 1550-1800* (New York: St. Martin's Press, 2000)
Eric Hobson, *The Age of Empire 1875-1914* (New York: Vintage Books, 1989)
Eric Hobson, *The Age of Revolution 1789-1848* (New York: Vintage Books, 1996)

Eric Hobson, *The Age of Capital 1848-1875* (New York: Vintage Books, 1996)

Joan B. Landes, *Visualizing the Nation, gerner, representation, and revolution in eighteenth-century France* (Ithace, NY.; Cornell University Press, 2001)

Donald J. Olsen, *The City as a Work of Art, London Paris Vienna* (New Haven, CT.: Yale University Press, 1986)

Origins of the French Revolution, ed. by Peter R. Campbell (New York: Palgrave Macmillan, 2006)

The Penguin Dictionary of Nineteenth-Century History, ed. by John belchem & Richard Price (Harmondsworth, England: Penguin Books, 1996)

The Penguin Dictionary of Eighteenth-Century History, ed. by Jeremy Black & Roy Porter (Harmondsworth, England: Penguin Books, 1996)

Germany 1800-1870, ed. by Jonathan Sperber (Oxford, England: Oxford University Press, 2004)

Norman Stone, *Europe Transformed 1878-1919* (Malden, MA.: Blackwell, 1999)

Roy Strong, *The Spirit of Britain* (New York: Fromm International, 2000)

Themes in Modern Europe History 1780-1830, ed. by Pamela M. Pilbeam (London: Routledge, 1995)

Themes in Modern Europe History 1890-1945, ed. by Paul Hayes (London: Routledge, 1997)

Themes in Modern Europe History 1830-1890, ed. by Bruce Waller (London: Routledge, 1998)

Frank B. Tipton, *A History of Modern Germany since 1815* (Berkeley, CA.: University of California Press, 2003)

The Victorian Vision, ed. by John M. Mackenzie (New York: V & A Publications, 2001)

Ira O. Wade, *The Structure and Form of the French Enlightenment* Vol. I & II (Princeton, NJ.: Princeton University Press, 1977)

Writing National Histories, Western Europe since 1800, ed. by Stefan berger et al. (London: Routledge, 1999)

18-19세기 유럽 건축사 및 미술사

Frederick Antal, *Classicism & Romanticism* (New York: Harper & Row, 1973)

Albert Boime, *Art in the Age of Revolution 1750-1800* (Chicago, IL.: The University of Chicago Press, 1987)

Stephen F. Eisenman, *Nineteenth Century Art, A Critical History* (London: thames and Hudson, 1995)

Lorenz Eitner, *An Outline of 19th Century European Painting from David Through Cezanne*, Vol. I & II (New York: Harper & Row, 1988)

Helen Rosenau, *Social Purpose in Architecture, Paris and London compared 1760-1800* (London: Studio Vista, 1970)

Henry-Russell Hitchcock, *Architecture, Nineteenth and Twentieth Centuries* (Harmondsworth, England: Penguin Books, 1983)

Elizabeth Gilmore Holt, *From the Classicists to the Impressionists, Art and Architecture in the 19th Century* (New Haven, CT.: Yale University Press, 1966)

Harald Keller, *Die Kunst des 18. Jahrhunderts* (Berlin: Propyläen Verlag, 1971)

Klassizismus und Romantik, Architektur Skuptur Malerei Zeichnung 1750-1848, herausgegeben von Rolf Toman (Köln, Germany: Könemann, 2000)

Franz Landsberger, *Die Funst der Goethezeit* (Leipzig, Germany: Im Insel-Verlag, 1931)

Francois Loyer, *Architecture of the Industrial Age 1789-1914* (Geneva: Editions d'Art Albert Skira, 1980)

Robert Middleton & David Watkin, *Neoclassical and 19th Century Architecture*, Vol. 1 & 2 (New York: Rizzoli, 1980)

Claude Mignot, *Architecture of the Nineteenth Century in Europe* (New York: Rizzoli, 1984)

Gustav Pauli, *Die Kunst des Klassizismus und der Romantik* (Berlin: Propyläen Verlag, 1925)

Nikolaus Pevsner, *Architektur und Design von der Romantik zur Sachlichkeit* (München, Germany: Prestel-Verlag, 1968)

Mario Praz, *Gusto Neoclassico* (Napoli, Italia: Edizioni Scientifiche Italiane, n.d.)

Robert Rosenblum & H. W. Janson, *19th-Century* Art (Englewood Cliffs, NJ.: Prentice-Hall, Inc., 1984)

John Summerson, *The Architecture of the Eighteenth Century* (London: Thames and Hudson, 1986)

Rudolf Zeitler, *Klassizismus und Utopia* (Stockholm, Sweden: Almqvist & Wiksell, 1954)

Rudolf Zeitler, *Die Kunst des 19. Jahrhunderts* (Berlin: Propyl?en Verlag, 1964)

18-19세기 영국 건축사 및 미술사

John Bassin, *Architectural Competitions in Nineteenth-century England* (Ann Arbor, NI.: UMI Research Press, 1984)

Joseph Burke, *English Art 1714-1800* (Oxford, England: Clarendon Press, 1976)

Basil F. L. Clarke, *The Building of the Eighteenth-Century Church* (London: S.P.C.K., 1963)

James Stevens Curl *Georgian Architecture* (Devon, England: A David & Charles Book, 2002)

Roger Dixon & Stefan Muthesius, *Victorian Architecture* (New York: Oxford University Press, 1978)

John Gloag, *Georgian Grace, A Social History of Design from 1660-1830* (New York: The MacMillan Company, 1956)

John Gloag, *Victorian Taste, some social aspects of architecture and industrial design from 1820-1900* (London: Adam and Charles Black, 1962)

H. S. Goodhart-Rendel, *English Architecture since the Regency*

(London: Century, 1989)
Alan & Ann Gore, *The History of English Interiors* (London: Phaidon, 1999)
Henry-Russell Hitchcock, *Early Victorian Architecture in Britain*, Vol. 1 & 2 (New Haven, CT.: Yale University Press, 1954)
Order in Space and Society, *Architectural Form and its Context in the Scottish Enlightenment*, ed. by Thomas A. Markus (Edinburgh, England: mainstream Publishing Company, 1982)
Michael Reed, *The Georgian Triumph* (London: Routledge & Kegan Paul, 1983)
Albert E. Richardson, *Monumental Classic Architecture in Great Britain and Irland* (New York: W. W. Norton, 1982)
Michael Snodin and John Styles, *Design & The Decorative Arts, Britain 1500-1900* (New York: V & A Publications, 2001)
Damie Stillman, *English Neo-Classical Architecture*, Vol. 1 & 2 (London: A. Zwimmer, 1988)
John Summerson, *Georgian London* (Harmondsworth, England: Penguin Books, 1962)
John Summerson, *Victorian Architecture in England, four studies in Evaluation* (New York: W. W. Norton, 1971)
John Summerson, *Architecture in Britain 1530-1830* (Harmondsworth, England: Penguin Books, 1986)
Reginald Turnor, *Nineteenth Century Architecture in Britain* (London: B. T. Batsford, Ltd., 1950)
David Watkin, *English Architecture* (New York: Oxford University Press, 1979)

팔라디아니즘

Robert Tavernor, *Palladio and Palladianism* (London: Thames and Hudson, 1991)
Rudolf Wittkower, *Palladio and English Palladianism* (London: Thames and Hudson, 1985)

18–19세기 프랑스 건축사 및 미술사

Les Architectes de la Liberte 1789-1799, Ecole nationale superieure des Beaux-Arts, 4 octobre 1989-7 janvier 1990.
The Architecture of the Ecole des Beaux-Arts, ed. by Arthur Drexler (new York: The Museum of Modern Art, 1977)
Allan Braham, *The Architecture of the French Enlightenment* (Berkeley, CA.: University of California Press, 1980)
Norman Bryson, *Tradition & Desire from David to Delacroix* (Cambridge, England: Cambridge University Press, 1987)
Patrice de Moncan & Claude Heurteux, *Le Paris D'Haussmann* (Paris: Les Editions du Mecene, 2002)
Jean-Marie Perouse de Montclos, *L'Architecture a la Francaise* (Paris: Picard, 1982)
Jean-Marie Perouse de Montclos, *Histoire de L'Architecture Francaise* (Paris: Editions Menges, 1989)
Pierre du Colombier, *L'Architecture Francaise en Allemagne au XVIIIe Siecle* (Paris, 1956)
Michael Fried, *Absorption and Theatricality, Painting and Beholder in the Age of Diderot* (Chicago, IL.: The University of Chicago Press, 1980)
Walter Friedlaender, *David to Delacroix* (New York: Schoken Books, 1970)
Louis Hautecoeur, *Histoire de L'Architecture classique en france*, tome 4-7 (Paris: Auguste Picard, 1943)
Wend Graf Kalnein & Michael Levey, *Art and Architecture of the Eighteenth Century on France* (Harmondsworth, England: Penguin Books, 1972)
Emil Kaufmann, *Trois Architectes Revolutionnaires, Boullee Ledoux Lequeu* (Paris: SADG, 1978)
Jean Starobinski, *1789 Les Emblemes de la Raison* (Milano, Italia: Flammarion, 1979)
Simona Talenti, *L'Histoire de l'Architecture en France, Emergence d'une discipline 1863-1914* (Paris: Picard, 2000)
Visionary Architects, *Boullee Ledoux Lequeu* (New York, 1968)

18–19세기 독일 & 오스트리아 건축사 및 미술사

Eva Börsch-Supan, *Berliner Baukunst nach Schinkel 1840-1870* (München, Germany: Prestel-Verlag, 1977)
Die deutsche Stadt im 19. Jahrhundert, Stadtplannung und Baugestaltung im industriellen Zeitalter, herausgegeben von Ludwig Grote (München, Germany: Prestel-Verlag, 1974)
Wolfgang Herrmann, *Deutsche Baukunst des 19. und 20. Jahrhunderts* (Stuttgart, Germany: Birkhäuser, 1977)
In What Style should we build? The German Debate on Architectural Style (Santa Monica, CA.: The Getty Center, 1992)
Alfred Jericke & Dieter Dolgner, *Der Klassizismus in der Baugeschichte Weimars* (Weimar, Germany: Hermann Böhlaus Nachfolger, 1975)
Kurt Milde, *Neorenaissance in der deutschen Architektur des 19. Jahrhunderts* (Dresden, Germany: VEB Verlag der Kunst, 1981)
Volker Plagemann, *Das deutsche Kunstmuseum 1790-1870* (München, Germany: Prestel-Verlag, 1967)
Romantik und Restauration, Architektur in Bayern zur Zeit Ludwigs I. 1825-1848, herausgegeben von Wilfred Nerdinger (M?nchen, Germany: Hugendubel Verlag, 1987)
Sigrid Sangl, *Biedermeier to Bauhaus* (London: Frances Lincoln, 2000)
Hannelore Schlaffer, *Klassik und Romantik 1770-1830* (Stuttgart, Germany: Alfred Kr?ner Verlag, 1986)
Renate Wagner-Rieger, *Wiens Architektur im 19. Jahrhundert* (Wien: Österreichischer Bundesverlag, 1970)
David Watkin & Tilman Mellinghoff, *German Architecture and the Classical Ideal* (Cambridge, MA.: The MIT Press, 1987)

18–19세기 이탈리아 건축사 및 미술사

G. C. Argan, *L'Arte moderna 1770/1990* (Firenze, Italia: Sansoni, 1985)

Arte Neoclassica, Atti del Convegno 12014 Ottobre 1957, Venezia, Italia: Istituto per la Collaborazione Culturale

Fortunato Bellonzi, *Architettura, Pittura, Scultura dal Neoclassicismo al Liberty* (Roma: Edizioni Quasar, 1978)

Andre Chastel, *Italian Art* (New York: Icon Editions, 1963)

Renato de Fusco, *L'Architettura dell'Ottocento* (Torino, Italia: Unione Tipografico, 1980)

Mario Kirchmayr, *L'Architettura Italiana* (Torino, Italia: Societa Editrice Internazionale, 1958)

Carroll Meeks, *Italian Architecture 1750-1914* (New Haven, CT.: Yale University Press, 1966)

18–19세기 개별 건축가(건축가 알파벳순–저자 알파벳순)

Paul Abadie

Paul Abadie, architecte 1812-1884, Musee nationale des Monuments francais paris (1988)

Robert Adam

Arthur T. Bolton, *The Architecture of Robert & James Adam*, Vol. 1 & 2 (Woolbridge, England: Barton Publishing, 1984)

John Fleming, *Robert Adam and His Circle* (London: William Clowes & Sons Ltd., 1962)

Joseph and Anne Rykwert, *Robert and James Adam* (Milano, Italia: Electa, 1984)

Doreen Yarwood, *Robert Adam* (New York: Charles Scribner's Sons, 1970)

Francois-Joseph Belanger

Jean Stern, *Francois-Joseph Belanger*, Vol. 1 & 2 (Paris, 1930)

Etienne Louis Boullee

Philippe Madec, *Boullee* (Paris: F. Hazan, 1986)

J.-M. Perouse de Montclos, *Etienne-Louis Boullee, de l'architecture classique a l'architecture revolutionnaire* (Paris: Arte et Emtiers Graphiques, 1969)

Helen Rosenau, *Boullee & Visionary Architecture* (London: Academy Editions, 1976)

Adolf Max Vogt, *Boullees Newton-Denkmal, Sakralbau und Kugelidee* (Stuttgart, Germany: Birkhäuser, 1969)

Alexandre-Theodore Brongniart

Alexandre-Theodore Brongniart 1739-1813, Architecture et decor, Musee Carnavalet 22 Avril-13 Juillet 1986 (Paris, 1986)

Colen Campbell

Howard E. Stutchbury, *The Architecture of Colen Campbell* (Manchester, England: Manchester University Press, 1967)

William Chambers

John Harris, *Sir William Chambers, Knight of the Polar Star* (London: A. Zwimmer Ltd., 1970)

Charles-Louis Clerisseau

Thomas J. McCormick, *Charles-Louis Clerisseau and the Genesis of Neo-Classicism* (Cambridge, MA.: The MIT Press, 1990)

George Dance II

Dorothy Stroud, *George Dance Architect 1741-1825* (London: Faber and Faber, 1971)

Cesar Daly

Richard Becherer, *Science Plus Sentiment, Cesar Daly's Formula for Modern Architecture* (Ann Arbor, MI.: UMI Research Press, 1984)

Gabriel Davioud

Gabriel Davioud Architecte 1824-1881, delegation a l'action artisque de La Ville de Paris (1981-1982)

Deane & Woodward

Eve Blau, Ruskinian Gothic, *The Architecture of Deane and Woodward, 1845-1861* (Princeton, NJ.: Princeton University Press, 1982)

Pierre Contant D'Ivry

Frank Joachim Kretzschmar, *Pierre Contant D'Ivry, ein Beitrag zur französischen Architektur des 18. Jahrhunerts* (Köln, 1981)

Pierre Michel d'Ixnard

Erich Franz, *Pierre Michel d'Ixnard 1723-1795, Leben und Werk* (Weissenhorn, Germany: Anton H. Konrad Verlag, 1985)

Jean-Nicolas-Louis Durand

Werner Szambien, *Jean-Nicolas-Louis Durand 1760-1834, De l'imitation a la norme* (Paris: Picard, 1984)

Sergio Villari, *J. N. L. Durand: Art and Science of Architecture* (New York; Rizzoli, 1990)

Gustave Eiffel

Bertrand Lemoine, *Gustave Eiffel* (Paris: F. Hazan, 1989)

Ange-Jacques Gabriel

Yves Bottimeau, *L'Art d'Ange-Jacques Gabriel* (Paris: Editions E. de boccard, 1962)

Comte de Fels, *Ange-Jacques Gabriel, Premier Architecte du Roi*

(Paris, 1924)
G. Gromort, *Jacques-Ange Gabriel* (Paris: Vincent, Freal & C., 1933)
Robert Maulan, *L'Ecole Militaire de Paris* (Paris: Editions A. et. J. Picard, 1950)
Christopher Tadgell, *Ange-Jacques Gabriel* (London: A. Zwimmer Ltd., 1978)

Jacques Gabriel
Yves Beauvalot, *Jacques Gabriel a Dijon* (Dijon, 1983)

Friedrich von Gärtner
Oswald Hederer, *Friedrich von Gärtner 1792-1847, Leben Werk Schüler* (München, Germany: Prestel-Verlag, 1976)

James Gibbs
Terry Friedman, *James Gibbs* (New Haven, CT.: Yale University Press, 1984)
Bryan Little, *The Life and Work of James Gibbs, 1682-1754* (London: B. T. Batsford Ltd., 1955)

Friedrich Gilly
Friedrich Gilly und die Privatgesellschaft junger Architekten, Internationale Bauausstellung, Berlin Museum (1987)
Alfred Rietdorf, *Gilly, Wiedergeburt der Architektur* (Berlin: Hans von Hugo Verlag, 1940)

Jacques Ignace Hittorff
Hittorff, un architect du XIXeme, Musee Carnavalet, 20 Octobre 1986-4 Janvier 1987
Karl Hammer, *Jakob Ignaz Hittorff 1792-1867* (Stuttgart, Germany: Anton Hiersemann, 1968)

Henry Holland
Dorothy Stroud, *Henry Holland, his life and architecture* (London: Country Life Ltd., 1966)

Hector Horeau
Paul Dufournet, *Hector Horeau precurseur, Idees Techniques Architecture* (Paris: Editions Ch. Massin, 1980)

Leo von Klenze
Oswald Hederer, *Leo von Klenze, Persönlichkeit und Werk* (München, Germany: Verlag Georg D. W. Callwey, 1981)

Henri Labrouste
Neil Arthur Levine, *Architectural Reasoning in the age of Positivism, the Noe-Grec Idea of Henri Labrouste's Bibliotheque Sainte-Genevieve*, vol. 1 & 2, Ph. D. Dissertation of Yale University, 1975

Jean-Baptiste Lassus
Jean-Michel Leniaud, *Jean-Baptiste Lassus 1807-1857 ou le temps retrouve des cathedrales* (Paris: Droz, 1980)

Laugier
Wolfgang Herrmann, *Laugier and Eighteenth Century French Theory* (London: A. Zwimmer, 1962)

Claude-Nicolas Ledoux
Michel Gallet, *Claude-Nicolas Ledoux 1736-1806* (Paris: Picard, 1980)
Anthony Vidler, *Ledoux* (Paris: F. Hazan, 1987)
Anthony Vidler, *Claude-Nicolas Ledoux, architecture and social reform at the end of the Ancien Regime* (Cambridge, MA.: The MIT Press, 1990)

Jean-Laurent Legeay
Gilbert Erouart, *L'architecture au pinceau* (Milano, Italia: Electa, 1982)

Antoine LePautre
Robert W. Berger, *Antoine LePautre, A French Architect of the Era of Louis XIV* (New York: New York University Press, 1969)

John Nash
Terence Davis, *John Nash, the Prince Regents Architect* (London: Country Life Ltd., 1966)
John Summerson, *The Life and Work of John Nash Architect* (Cambridge, MA.: The MIT Press, 1980)
Nigel Temple, *John Nash & The Village Picturesque* (Gloucester, England: Alan Sutton, 1979)

Claude Perrault
Andre Hallays, *Les Perraults* (Paris: Perrin et C., 1926)
Antoine Picon, *Claude Perrault, 1613-1688 ou La Curiosite d'un Classique* (Paris: Picard, 1988)
Marc Soriano, *Les Contes de Perrault* (Paris: Gallimard, 1972)

Giovanni Battista Piranesi
Henri Focillon, *Giovanni-Battista Piranesi* (Paris: Libraire Renouard, 1963)
Luzius Keller, *Piranese et lea Romantiques Francais* (1966)
Robert Pane, *Paestum nelle acqueforti di Piranesi* (Milano, Italia: Edizioni di Comunita, 1980)
Piranesi e la cultura antiquaria, gli antecedenti e il contesto, Comune di Roma, 14-17 Novembre 1979 (Roma: Multigrafica Editrice, 1985)
Piranese et les Francais 1740-1790, Academie de France a Rome, Mai-Novembre 1976 (Roma, 1976)
Piranesi tra Venezia e L'Europa, a cura di Alessandro Bettagno (Firenze, Italia: Leo S. Olschki, 1983)
John Wilton-Ely, *The Mind and Art of Giovanni Battista Piranesi* (London: Thames and Hudson, 1988)

Augustus Welby Northmore Pugin

Pugin, A Gothic Passion, ed. by Paul Atterbury & Clive Wainwright (New Haven, CT.: Yale University Press, 1994)

Phoebe B. Stanton, *Pugin* (New York: Viking, 1972)

John Ruskin

Rbert Hewison, *Ruskin a Venezia* (Venezia, Italia: La Stamperia di Venezia Editrice, 1983)

Michael H. Lang, *Designing Utopia, John ruskin's Urban Vision for Britain and America* (New York: Black Rose Books, 1999)

Sarah Quill, Ruskin's Venice, *The Stones Revisited* (Brookfield, England: Ashgate Publishing, 2000)

Ruskin and Architecture, ed. by Rebecca Daniels & Geoff Brandwood (Reading, England: Spire Books Ltd., 2003)

Mark Swenarton, *Artisans and Architects, The Ruskinian Tradition in Architectural Thought* (New York: St. Martin's Press, 1989)

Karl Friedrich Schinkel

Barry Bergdoll, *Karl Friedrich Schinkel, an architecture for Prussia* (New York: Rizzoli, 1994)

Erik Forssman, *Karl Friedrich Schinkel, Bauwerke und Baugedanken* (München, Germany: Verlag Schnell & Steiner, 1981)

Karl Friedrich Schinkel, Werke und Wirkungen, ausstellung im Martin-Gropius-Bau, 13 März-17 Mai 1981

Hermann G. Pundt, *Schinkels Berlin* (Berlin: Verlag Ullstein GmbH, 1981)

Schinkel-Studien, herausgegeben von Hannelore Gärtner (Leipzig, Germany: E. A. Seemann Verlag, 1984)

Schinkel zu Ehren, ausgewählt von Julius Posener (Berlin: Frölich und Kaufmann, 1980)

Werner Szambien, *Schinkel* (Paris: F. Hazan, 1989)

Carl von Lorck, *Karl Friedrich Schinkel* (Berlin: Rembrandt-Verlag, 1939)

George Gilbert Scott

David Cole, *The Work of Sir Gilbert Scott* (London: The Architectural Press, 1980)

Gottfired Semper

Gottfired Semper 1803-1879, Baumeister zwischen Revolution und Historismus, Katalog zur Ausstellung im Albertium zur Dresden, 15. Mai-29. August 1979.

Gottfried Semper und die Mitte des 19. Jahrhunderts, Symposium an der Eidgenössischen Technischen Hochschule Zürich vom 2. bis 6. Dezember 1974.

Wolfgang Herrmann, *Gottfried Semper*, Theoretischer Nachlass an der ETH Zürich, 1981.

Wolfgang Herrmann, *Gottfried Semper, In Search of Architecture* (Cambridge, MA.: The MIT Press, 1984)

Heinz Quitzsch, *Gottfried Semper-Praktische Ästhetik und politischer Kampf* (Braunschweig, Germany: Friedr. Vieweg & Sohn, 1981)

Richard Norman Shaw

Andrew Saint, *Richard Norman Shaw* (New Haven, CT.: Yale University Press, 1976)

John Soane

Pierre da la Ruffiniere du Prey, *John Soane's Architectural Education 1753-80* (New York: Garland Publishing, Inc., 1977)

Pierre da la Ruffiniere du Prey, *John Soane, the making of an architect* (Chicago, IL.: The University of Chicago Press, 1982)

John Soane, *Architectural Monographs* (London: Academy Editions, 1983)

Georges Teyssot, *Citta e utopia nell'illuminismo inglese: George Dance il giovane* (Roma: Officina Edizione, 1974)

Jacques-Germain Soufflot

Jean Monval, *Soufflot, sa vie, son oeuvre, son esthetique* (Paris: Librairie Alphonse Lemerre, 1963)

l'oeuvre de SOUFFLOT a Lyon, Etudes et documents (Lyon, France: Presses Universitaires de Lyon, 1982)

Michael Petzet, *Soufflots Sainte-Genevieve und der Französische Kirchenbau des 18. Jahrhunderts* (Berlin: Walter de Gruyter & Co., 1961)

Soufflot et l'Architecture des Lumieres (Paris: Cahier de la Recherche Architecturale, 1980)

Robert Taylor

Marcus Binney, *Robert Taylor, from Rococo to Neoclassicism* (London: George Allen & Unwin, 1984)

Friedrich Weinbrenner

Arthur Valdenaire, *Friedrich Weinbrenner, sein Leben und seine Bauten* (Karlsruhe, Germany: Verlag C. F. Müller, 1926)

William Wilkins

R. W. Liscombe, *William Wilkins 1778-1839* (Cambridge, England: Cambridge University Press, 1980)

Carl Ludwig Wimmel

Eckart Hannmann, *Carl Ludwig Wimmel 1786-1845* (München, Germany: Prestel-Verlag, 1975)

John Wood the Elder

Tim Mowl & Brian Earnshaw, *John Wood, Architect of Obsession* (Huddersfeld, England: The Amadeus Press, 1988)

표 그 림 목 록

〈표목록〉

〈그림목록〉

1장 기술, 지성, 혁명, 역사 -18세기 계몽주의 개요

2장 팔라디오 양식(1720~60)

36 윌리엄 켄트(William Kent), 호컴홀Holkham Hall), 노퍽(Norfolk), 영국, 1734
37 윌리엄 켄트(William Kent), 휴턴홀(Houghton Hall), 노퍽(Norfolk), 영국, 1726, 살롱 장식
38 윌리엄 켄트(William Kent), 호컴홀(Holkham Hall), 노퍽(Norfolk), 영국, 1734
39 윌리엄 켄트(William Kent), 호컴홀(Holkham Hall), 노퍽(Norfolk), 영국, 1734
40 윌리엄 켄트(William Kent), 호컴홀(Holkham Hall), 노퍽(Norfolk), 영국, 1734
41 윌리엄 켄트(William Kent), 근위기병 연대 본부(Horse Guards), 런던, 1749
42 로저 모리스(Roger Morris), 알도프 마구간(The stable-block at Althorp), 노샘프턴셔(Northamptonshire), 영국

3장 18세기 신고전주의(1730~1800)

43 조반니 파올로 파니니(Giovanni Paolo Panini), 〈로마 안티카*Roma Antica*〉(1755년경)
44 A. 졸리(Joli), 〈넵튠 신전*Temple of Neptune*〉(1759)
45 18세기 아테네 거리 전경. 프랑스 영사가 그리스인과 터키인 사이에 앉아 있고 니콜라스 레베트가 말을 올라타려 하고 있다.
46 찰스 타담(Charles Tatham), 〈걸상〉
47 K. PH. 모리츠(Moritz), 〈독일인의 이탈리아 여행*Reisen eines Deutschen in Italien*〉(1793)
48 장자크 르쾨(Jean-Jacques Lequeu), 보로미니의 스파다 궁전 투시도
49 I. 푸르텐바흐(Furttenbach), 새 이탈리아 지도(Newes Itinerarium Italiae), 17세기
50 로마의 영국 감식가들, 1750년경
51 베르나르 푸와예(Bernard Poyet), 1768년 에콜데보자르 졸업전 그랑프리, 극장 계획안
52 클로드 페로(Claude Perrault), 루이 14세 개선문 계획안, 1670

4장 18세기 프랑스신고전주의

53 다섯 오더에 대한 클로드 페로(Claude Perrault)의 경험적 비례 측정
54 프랑수아 블롱델(Francois Blondel)의 판테온 비례 분석
55 클로드 페로(Claude Perrault)·루이 르보(Luois Le Vau)·샤를 르브룅(Charles Le Brun), 루브르 궁전 동익랑(Eas Wing, Louvre Palace), 파리, 1667~70
56 클로드 페로(Claude Perrault)·루이 르보(Luois Le Vau)·샤를 르브룅(Charles Le Brun), 루브르 궁전 동익랑(Eas Wing, Louvre Palace), 파리, 1667~70
57 조반니 니콜라노 제로니모 세르반도니(Giovanni Nicolano Geronimo Servandoni) 생쉴피스(St. Sulpice), 파리, 1733~45
58 크리스토퍼 렌(Christopher Wren), 성 바오로 성당(St. Pauls's), 런던, 1675~1711
59 조반니 니콜라노 제로니모 세르반도니(Giovanni Nicolano Geronimo Servandoni), 생쉴피스(St. Sulpice), 파리, 1733~45
60 자크 프랑수아 블롱델(Jacques Francois Blondel), 파리의 의류 도매상 주택
61 자크앙주 가브리엘(Jacques-Ange Gabriel), 증권거래소 광장(Place de la Bourse), 보르도(Bordeaux), 프랑스, 1730~55
62 자크앙주 가브리엘(Jacques-Ange Gabriel), 베르사유 궁전 행정동(Aile du Gouvernement, Versailles), 1774
63 자크앙주 가브리엘(Jacques-Ange Gabriel), 콩코르드 광장(Place de la Concorde=place Louis XV, 루이 15세 광장)
64 자크앙주 가브리엘(Ange-Jacques Gabriel), 퐁텐블로(Fontainebleau), 백마코트(Cour de Cheval Blanc), 루이 15세 측랑(La Louis XV aile), 프랑스, 1739~74
65 자크앙주 가브리엘(Ange-Jacques Gabriel), 프티 트리아농(Petit Trianon), 베르사유 궁전(Versailles), 프랑스, 1761~68
66 자크앙주 가브리엘(Ange-Jacques Gabriel), 프티 트리아농(Petit Trianon), 베르사유 궁전(Versailles), 프랑스, 1761~68
67 자크앙주 가브리엘(Ange-Jacques Gabriel), 프티 트리아농(Petit Trianon), 베르사유 궁전(Versailles), 프랑스, 1761~68
68 자크앙주 가브리엘(Ange-Jacques Gabriel), 육군사관학교(Ecole Militaire), 파리, 1750~68
69 자크앙주 가브리엘(Ange-Jacques Gabriel), 육군사관학교(Ecole Militaire), 파리, 1750~68
70 마리조제프 페이르(Marie-Joseph Peyre), 아카데미 건물 계획안(Batiment qui contiendroit les Academies), 에콜데보자르 수학시절 작품, 1756
71 샤를 드베일리(Charles de Wailly), 튀일리의 국회의사당(Assemblee Nationale aux Tuileries) 계획안
72 마리조제프 페이르(Marie-Joseph Peyre) & 샤를 드베일리(Charles de Wailly), 오데옹 극장(Theatre de l'Odeon=Comedie-Francaise프랑스 코미디 극장=Theatre de France 현재 프랑스 국립극장), 파리, 1767~82
73 샤를 드베일리(Charles de Wailly), 오데옹 극장(Theatre de l'Odeon=Comedie-Francaise프랑스 코미디 극장=Theatre de France 현재 프랑스 국립극장) 초안, 파리, 1767~82
74 마리조제프 페이르(Marie-Joseph Peyre) & 샤를 드베일리(Charles de Wailly), 오데옹 극장(Theatre de l'Odeon=Comedie-Francaise프랑스 코미디 극장=Theatre de France 현재 프랑스 국립극장), 파리, 1767~82
75 마튀랭 크뤼시(Mathurin Crucy), 낭트 대극장(Grand Theatre, Nantes) & 그라슬랭 광장(Place Graslin), 낭트, 프랑스, 1761~68
76 클로드 니콜라 르두(Claude Nicolas Ledoux), 브장송 오페라 극장(Oprea Theatre, Besancon), 브장송 프랑스, 1775~80
77 빅토르 루이(Victor Louis) 보르도 대극장(Grand Theatre, Bordeaux), 보르도, 프랑스, 1773~80
78 마리조제프 페이르(Marie-Joseph Peyre) & 샤를 드베일리(Charles de Wailly), 오데옹 극장(Theatre de l'Odeon=Comedie-Francaise프랑스 코미디 극장=Theatre de France 현재 프랑스 국립극장), 파리, 1767~82
79 마리조제프 페이르(Marie-Joseph Peyre) & 샤를 드베일리(Charles de Wailly), 오데옹 극장(Theatre de l'Odeon=Comedie-Francaise프랑스 코미디 극장=Theatre de France 현재 프랑스 국립극장), 파리, 1767~82
80 니콜라 르카뮈 드메지에르(Nicloas Le Camus de Mezieres), 곡물거래소(Halle au Ble), 파리, 1763~69
81 니콜라 르카뮈 드메지에르(Nicloas Le Camus de Mezieres), 곡물거래소(Halle au Ble), 파리, 1763~69
82 자크드니 앙투안(Jacques-Denis Antoine), 화폐국(Hotel des Monnaies), 파리, 1767~75
83 빅토르 루이(Victor Louis), 보르도 대극장(Grand Theatre, Bordeaux), 보르도, 프랑스, 1773~80

84 빅토르 루이(Victor Louis), 보르도 대극장(Grand Theatre, Bordeaux), 보르도, 프랑스, 1773~80
85 빅토르 루이(Victor Louis), 파리 왕궁(Palais Royale), 1781~84
86 자크 공두앵(Jacques Gondoin), 파리 외과대학(Ecole de Chirurgie=Faculte de Medecine 현재의 의과대학), 1771~86
87 자크 공두앵(Jacques Gondoin), 파리 외과대학(Ecole de Chirurgie=Faculte de Medecine 현재의 의과대학), 1771~86
88 자크 공두앵(Jacques Gondoin), 파리 외과대학(Ecole de Chirurgie=Faculte de Medecine 현재의 의과대학) 해부학 강의실, 1771~86
89 자크 공두앵(Jacques Gondoin), 파리 외과대학(Ecole de Chirurgie=Faculte de Medecine 현재의 의과대학), 1771~86
90 장 프랑수아 테레즈 샬그랭(Jean Francois Therese Chalgrin), 생필리프뒤룰 교회(St. Philippe du Roule), 파리, 1764~84
91 장 프랑수아 테레즈 샬그랭(Jean Francois Therese Chalgrin), 생필리프뒤룰 교회(St. Philippe du Roule), 파리, 1764~84
92 알렉상드르 테오도르 브로니아르(Alexandre Theodore Brongniart), 파리 증권거래소 계획안

5장 18세기 영국 신고전주의

93 제임스 기브스(James Gibbs), 광야의 성 마르티노(St. Martin-in-the Fields), 런던, 1720~26
94 제임스 기브스(James Gibbs), 광야의 성 마르티노(St. Martin-in-the Fields), 런던, 1720~26
95 클로드 페로(Claude Perrault), 비트루비우스(Vitruvius)의 파노의 바실리카(Basilica at Fano) 추측안
96 제임스 기브스(James Gibbs), 서드브룩 하우스(Sudbrook House), 피터셤(Petersham), 영국, 1715~19
97 제임스 기브스(James Gibbs), 래드클리프 카메라(Radcliffe Camera), 옥스퍼드(Oxford), 영국 1712~30년대
98 제임스 기브스(James Gibbs), 래드클리프 카메라(Radcliffe Camera), 옥스퍼드(Oxford), 영국 1712~30년대
99 제임스 기브스(James Gibbs), 광야의 성 마르티노(St. Martin-in-the Fields), 런던, 1720~26
100 로버트 애덤(Robert Adam), 로마 스케치, 1757
101 로버트 애덤(Robert Adam), 공공건물 계획안, 1756~57
102 로버트 애덤(Robert Adam), 켄우드 하우스(Kenwood House), 런던, 1767~69
103 로버트 애덤(Robert Adam), 더비 하우스(Derby House), 천장 디자인, 런던, 1773~74
104 로버트 애덤(Robert Adam), 기술, 제조업, 상업 진흥협회(House of the Society for the Encouragement of Arts, Manufactures, and Commerce), 런던, 애들피(Adelphi)
105 로버트 애덤(Robert Adam), 노스텔 수도원(Nostell Priory), 탑홀(Top Hall), 요크셔(Yorkshire), 영국
106 로버트 애덤(Robert Adam), 윌리엄스-윈 하우스(Williams-Wynn House), 리즈(Leeds), 영국
107 로버트 애덤(Robert Adam), 케들스톤홀(Kedleston Hall), 더비셔(Derbyshire), 영국, 1760년경~61
108 로버트 애덤(Robert Adam), 케들스톤홀(Kedleston Hall), 더비셔(Derbyshire), 영국, 1760년경~61
109 로버트 애덤(Robert Adam), 케들스톤홀(Kedleston Hall), 더비셔(Derbyshire), 영국, 1760년경~61
110 로버트 애덤(Robert Adam), 오스터레이 파크 하우스(Osterley Park House), 미들섹스(Middlesex), 영국, 1765~80
111 로버트 애덤(Robert Adam), 오스터레이 파크 하우스(Osterley Park House), 미들섹스(Middlesex), 영국, 1765~80
112 로버트 애덤(Robert Adam), 사이온 하우스(Syon House), 런던, 1760~69
113 로버트 애덤(Robert Adam), 사이온 하우스(Syon House), 출입구 홀, 런던, 1760~69
114 로버트 애덤(Robert Adam), 사이온 하우스(Syon House), 대기실, 런던, 1760~69
115 로버트 애덤(Robert Adam), 사이온 하우스(Syon House), 런던, 1760~69
116 존 우드 1세(John Wood the Elder), 프라이어 파크 예배당(Chapel at Priro Park), 배스(Bath) 근교, 영국, 1735~48
117 존 우드 1세(John Wood the Elder), 퀸 스퀘어(Queen Square), 배스(Bath), 영국, 1729~36
118 존 우드(John Wood) 부자의 배스(Bath) 중심부 개발. 존 우드 1세(John Wood the Elder)의 퀸 스퀘어(Queen Square, 1729~36)와 더 서커스(The Circus, 1754~66년경, 우드 2세에 의해 완공) 및 존 우드 2세(John Wood the Younger)의 로열 크레센트(Royal Crescent, 1767~77)를 보여준다.
119 존 우드 1세(John Wood the Elder), 더 서커스(The Circus), 배스(Bath), 영국, 1754~66년경, 우드 2세에 의해 완공
120 존 우드 2세(John Wood the Younger), 로열 크레센트(Royal Crescent), 배스(Bath), 영국, 1767~77
121 존 우드(John Wood) 부자의 배스(Bath) 중심부 개발. 존 우드 1세(John Wood the Elder)의 더 서커스(The Circus, 1754~66년경, 우드 2세에 의해 완공)와 존 우드 2세(John Wood the Younger)의 로열 크레센트(Royal Crescent, 1767~77)를 보여준다.

6장 합리주의 건축운동

122 배티 랭글리(Batty Langley)의 『실용 기하학*Practical Geometry*』(1726)에 나오는 유클리드 기하학 설명
123 L.-J. 데스프레(Desprez)의 왕립 토목공학교(Ecole Royale des Ponts et Chausees) 수업 장면 그림
124 클로드 페로(Claude Perrault), 다섯 오더를 기준으로 한 비례 연구
125 앙드레 베살(Andre Vesale), 〈인체 구축도*De humani corporis fabrique*〉
126 샤를 다비에(Charles D'Aviler)의 『건축강의록*Cours d'architecture*』(1750)에 나오는 기하학 설명
127 클로드 페로(Claude Perrault), 전원 오두막(La cabane rustique)
128 자크 프랑수아 블롱델(Jacques-Francois Blondel), 루이 15세 파리 입성 기념 생마르탱 개선문 계획안
129 앙투안 데스고데(Antoine Desgodetz), 팔라디오(Palladio, 왼쪽)와 스카모치(Scamozzi, 오른쪽)의 도리스식 오더 비례 연구
130 앙투안 데스고데(Antoine Desgodetz), 〈로마의 배스타 신전*Du temple de Vesta a Rome*〉
131 앙투안 데스고데(Antoine Desgodetz), 〈로마의 디오클레티아누스 목욕탕 중앙 홀 단면도*Profil de la grande salle des thermes de Diocletien a Rome*〉
132 G.-P.-M 뒤몽(Dumont), 패스튬의 그리스 헥사스틸 신전

7장 공상과 감옥 – 중앙 집중형

8장 낭만주의 (1730~1830)

184 존 버클러(John Buckler), 윈체스터 성당(Winchester Cathedral), 1801
185 굴뚝에 사용하는 고딕 아치에 대한 배티 랭글리(Batty Langley)의 그림 설명
186 폴 데커(Paul Decker)의 『장식적으로 처리한 고딕 건축*Gothic Architecture Decorated*』(1759)에 실린 정원 구조물
187 윌리엄 켄트(William Kent), 〈외딴 동굴에 앉아 있는 알렉산더 포프*Alexander Pope*〉
188 윌리엄 켄트(William Kent), 성 요한 복음성당(St. John the Evangelist), 숍던(Shobdon), 영국, 1746
189 로저 뉴디게이트(Roger Newdigate) · 샌더슨 밀러(Sanderson Miller) · 윌리엄 켄트(William Kent), 애버리홀(Arbury Hall), 너니턴(Nuneaton), 영국, 1750~1800
190 조지 댄스 2세(George Dance II), 길드홀(Guildhall), 런던, 1777~89
191 조지 댄스 2세(George Dance II), 콜 오턴홀(Cole Orton Hall). 레스터셔(Leicestershire), 영국, 1802~08
192 튀크넘의 스트로베리 힐(Strawberry Hill, Twickenham, 1747~63)에 앉아 있는 호러스 월폴(Horace Walpole)
193 배티 랭글리(Batty Langley)의 제2 고딕 엔타블러처와 주두
194 호러스 월폴(Horace Walpole), 스트로베리 힐(Strawberry Hill), 튀크넘(Twickenham), 영국, 1747~63
195 호러스 월폴(Horace Walpole), 스트로베리 힐(Strawberry Hill), 튀크넘(Twickenham), 영국, 1747~63
196 호러스 월폴(Horace Walpole), 스트로베리 힐(Strawberry Hill), 홀바인 체임버(Holbein Chamber), 튀크넘(Twickenham), 영국, 1747~63
197 제임스 와이엇(James Wyatt), 애슈리지 하우스(Ashridge House), 하트퍼드셔(Hertfordshire), 영국, 1806~1818년경
198 제임스 와이엇(James Wyatt), 판테온 어셈블리 룸스(Pantheon Assembly Rooms), 런던, 1770~72
199 제임스 와이엇(James Wyatt), 리 수도원(Lee Priory), 켄트(Kent), 영국, 1785
200 제임스 와이엇(James Wyatt). 폰틸 수도원(Fonthill Abbey). 윌트셔(Wiltshire), 영국. 1795~1807
201 제임스 와이엇(James Wyatt), 폰틸 수도원(Fonthill Abbey), 윌트셔(Wiltshire), 영국, 1795~1807
202 제임스 와이엇(James Wyatt), 폰틸 수도원(Fonthill Abbey), 윌트셔(Wiltshire), 영국, 1795~1807

9장 낭만적 고전주의(1)-폐허 · 수채화운동, 피라네시

203 윌리엄 켄트(William Kent), 치즈윅 가든(Chiswick Gardens), 런던, 1725~38
204 위베르 로베르(Hubert Robert), 〈폐허 콜로네이드*Colonnade en ruine*〉(1780)
205 장로랑 르게이(Jean-Laurent Legeay), "로빈" 시리즈(Series des "Rovine") 5번
206 장로랑 르게이(Jean-Laurent Legeay), "꽃병" 시리즈(Series des "Vasi") 4번
207 샤를루이 클레리소(Charles-Louis Clerrisseau). 미님 수도원(Couvent des Minimes
208 쥘리앵 다비드 르루아(Julien David LeRoy)의 『그리스의 가장 아름다운 폐허 기념비*Les Ruines des plus beaux monuments de la Grace*』(1758)에 실린 그리스 신전
209 쥘리앵 다비드 르루아(Julien David LeRoy)의 『그리스의 가장 아름다운 폐허 기념비*Les Ruines des plus beaux monuments de la Grace*』(1758)에 실린 종교건축 발전 종합표
210 제임스 스튜어트(James Stuart), 하드리아누스의 아치(Arch of Hadrian)
211 제임스 스튜어트(James Stuart), 마운트 스튜어트의 연회당(Banquet House, Mount Stewart), 영국, 1780년경
212 조반니 바티스타 피라네시(Giovanni Battista Piranesi), 『아쿠아 줄리아 성채의 폐허*La rovine del castello dell'Acqua Giulia*』(1761)에 실린 아쿠아 줄리아 성채
213 조반니 바티스타 피라네시(Giovanni Battista Piranesi), 『로마의 베두타*Vedute di Roma*』(1748)에 실린 콘스탄티누스의 아치(Arco di Constantino)
214 조반니 바티스타 피라네시(Giovanni Battista Piranesi), 『로마 유적*La Antichita romane*』(1756)에 실린 아피아 가(Via Appia)와 아르데아티나 가(Via Ardeatina)의 교차 장면
215 조반니 바티스타 피라네시(Giovanni Battista Piranesi), 『로마 건축의 위대함에 대하여*Della magnificenza ed architettura de'Romani*』(1761)에 실린 그리스 칼럼 비교
216 조반니 바티스타 피라네시(Giovanni Battista Piranesi), 『알바노 호수의 수문 기록*Descrizione dell'Emissario del Lago Albano*』(1762)에 실린 알바노 호수의 수문
217 조반니 바티스타 피라네시(Giovanni Battista Piranesi), 『로마 유적*La Antichita romane* 』(1756)에 실린 원형무덤 버트레스
218 조반니 바티스타 피라네시(Giovanni Battista Piranesi), 『로마 유적*La Antichita romane*』(1756)에 실린 마르첼로 극장(Teatro di Marcello) 기초
219 조반니 바티스타 피라네시(Giovanni Battista Piranesi), 『카프리치오에 의한 감옥의 창조*Invenzioni caprice di carceri*』(1750)
220 안드레아 포초(Andrea Pozzo), 로마의 산이그나치오(Sant'Ignazio) 천창에 그린 가짜 돔
221 안토니오 갈리비비에나(Antonio Galli-Bibiena), 정원을 향해 열린 궁전 홀, 1728년경
222 조반니 바티스타 피라네시(Giovanni Battista Piranesi), 『고대 로마의 캄포 마르치오*Il Campo Marzio dell'antica Roma*』(1761)에 실린 스타틸리오 타우로 원형극장(Anfiteatro di Statilio Tauro)
223 조반니 바티스타 피라네시(Giovanni Battista Piranesi). 『로마 건축의 위대함에 대하여*Della magnificenza ed architettura de'Romani*』(1761)에 실린 "고딕건축의 환상"
224 조반니 바티스타 피라네시(Giovanni Battista Piranesi), 『고대 로마의 캄포 마르치오*Il Campo Marzio dell'antica Roma*』(1761)에 실린 아쿠아 비르지니스(Acqua Virginis) 볼트 천장

10장 낭만적 고전주의(2)-영국다운 신고전주의

225 윌리엄 체임버스(William Chambers), 블랙프라이어스 교(Blackfriars Bridge) 설계 경기 계획안
226 윌리엄 체임버스(William Chambers), 요크 하우스(York House), 런던
227 윌리엄 체임버스(William Chambers), 샤를몽 백작 카지노(Casino for Count Charlemont)
228 윌리엄 체임버스(William Chambers), 소머셋 하우스(Sommerset House), 런던, 1776~

229 윌리엄 체임버스(William Chambers), 소머셋 하우스(Sommerset House), 스트랜드 프런트, 런던, 1776~
230 윌리엄 체임버스(William Chambers), 소머셋 하우스(Sommerset House), 안마당 입면, 런던, 1776~
231 윌리엄 체임버스(William Chambers), 소머셋 하우스(Sommerset House), 런던, 1776~
232 윌리엄 체임버스(William Chambers), 소머셋 하우스(Sommerset House), 리버 프런트, 런던, 1776~
233 조지 댄스 2세(George Dance II), 랙스턴 홀(Laxton Hall), 노샘프턴셔(Northamptonshire), 영국
234 존 손(John Soane), 성채 계획안
235 조지 댄스 2세(George Dance II), 뉴게이트 감옥(Newgate Prison), 런던, 1768~85, 철거
236 조지 댄스 2세(George Dance II), 뉴게이트 감옥(Newgate Prison), 런던, 1768~85, 철거
237 조지 댄스 2세(George Dance II), 길드 홀(Guildhall), 회의실(Council Chamber), 런던, 1777~80
238 조지 댄스 2세(George Dance II), 길드 홀(Guildhall), 체임벌린 코트(Chamberlain's Court=리셉션 룸), 런던, 1787~89
239 조지 댄스 2세(George Dance II), 크랜베리 파크(Cranbury Park), 햄프셔(Hampshire), 영국. 1779년경~81
240 존 손(John Soane), 졸업 설계 경기 개선 다리(Triumphal Bridge)
241 존 손(John Soane), 『건축 강의(*Lectures on Architecture*)』(1837) 표지
242 존 손(John Soane), 피츠행거 장원(Pitzhanger Manor), 일링(Ealing), 영국, 1800~02, 철거
243 존 손(John Soane), 대법원(Court of Chancery), 웨스트민스터(Westminster), 영국, 1820~26, 철거
244 존 손(John Soane), 덜위치칼리지 미술관 및 원형무덤(Dulwich College Art Gallery and Mausoleum), 덜위치, 영국, 1811~14
245 존 손(John Soane), 윔폴홀(Wimpole Hall), 케임브리지셔(Cambridgeshire), 영국, 1791
246 존 손(John Soane), 재정법원Court of Exchequer), 웨스트민스터(Westminster), 영국, 1820~26, 철거
247 존 손(John Soane), 궁전 계획안
248 존 손(John Soane), 캐닌 주거(Canine Residence) 계획안
249 존 손(John Soane), 해멀스 파크(Hammels Park), 낙농실(Dairy) 하트퍼드셔(Hertfordshire), 영국
250 존 손(John Soane), 영국은행(Bank of England), 런던, 1788~1833, 철거
251 존 손(John Soane), 영국은행(Bank of England), 런던, 1788~1833, 철거
252 존 손(John Soane), 영국은행(Bank of England), 증권 거래소(Stock Office), 런던, 1788~1833, 철거
253 존 손(John Soane), 영국은행(Bank of England), 공채사무소(Consols Office), 런던, 1788~1833, 철거
254 존 손(John Soane), 영국은행(Bank of England), 구배당사무소(Old Dividend Office, 1818~23), 런던, 1788~1833, 철거
255 존 손(John Soane), 링컨스 인 필즈(Lincoln's Inn Fields=Sir John Soane's Museum존 손 박물관), 런던, 1812~13
256 존 손(John Soane), 링컨스 인 필즈(Lincoln's Inn Fields=Sir John Soane's Museum존 손 박물관), 런던, 1812~13
257 존 손(John Soane), 링컨스 인 필즈(Lincoln's Inn Fields=Sir John Soane's Museum존 손 박물관), 런던, 1812~13
258 존 손(John Soane), 링컨스 인 필즈(Lincoln's Inn Fields=Sir John Soane's Museum존 손 박물관), 런던, 1812~13
259 존 손(John Soane), 링컨스 인 필즈(Lincoln's Inn Fields=Sir John Soane's Museum존 손 박물관), 런던, 1812~13
260 조지프 간디(Joseph Gandy), 존 손(John Soane) 작품 모음 그림, 1818
261 존 손(John Soane), 링컨스 인 필즈(Lincoln's Inn Fields=Sir John Soane's Museum존 손 박물관), 런던, 1812~13
262 존 손(John Soane), 링컨스 인 필즈(Lincoln's Inn Fields=Sir John Soane's Museum존 손 박물관), 런던, 1812~13

11장 혁명기 건축(1780~1800)

263 프랑수아 베를리(François Verly), 릴 극장과 목욕탕(Theatre et Bains pubilcs pour Lille) 계획안
264 피에르-프랑수아-레오나르 퐁텐(Pierre-François-Leonard Fontaine), 무덤 계획안
265 클로드 니콜라 르두(Claude Nicolas Ledoux), 엑상프로방스 감옥(Prison de Aix-en-Provence) 계획안, 1784
266 장자크 르쾨(Jean-Jacques Lequeu), 표정학으로 그린 초상화, 윙크하는 사람(위)과 하품하는 사람(아래)
267 자크 프랑수아 블롱델(Jacques François Blondel), 팔라디오의 투스칸식 오더 옆 단면에 따른 얼굴 인상
268 에티엔 루이 불레(Etienne Louis Boullee), 메트로 교회(Metropole)
269 에티엔 루이 불레(Etienne Louis Boullee), 뉴턴 기념비(Cenotaph a Newton)
270 에티엔 루이 불레(Etienne Louis Boullee), 피라미드 기념비(Cenotaph de Pyramide)
271 에티엔 루이 불레(Etienne Louis Boullee), 왕립 도서관(Bibliotheque royale
272 에티엔 루이 불레(Etienne Louis Boullee), 시청사(Palais Municipal)
273 에티엔 루이 불레(Etienne Louis Boullee), 사자를 위한 예배당(Chapelle des morts)
274 에티엔 루이 불레(Etienne Louis Boullee), 뉴턴 기념비(Cenotaph a Newton)
275 클로드 니콜라 르두(Claude Nicolas Ledoux), 트론 징수소(Barriere du Trone) 파리, 1784~89
276 클로드 니콜라 르두(Claude Nicolas Ledoux), 벌목공과 산림 감시원 주택
277 클로드 니콜라 르두(Claude Nicolas Ledoux), 철공소
278 클로드 니콜라 르두(Claude Nicolas Ledoux), 파리 징수소 옆을 지나 귀환하는 바렌(Varennes)
279 클로드 니콜라 르두(Claude Nicolas Ledoux), 감독관 주택
280 클로드 니콜라 르두(Claude Nicolas Ledoux), 사냥 별장
281 클로드 니콜라 르두(Claude Nicolas Ledoux), 몽소 징수소(Barriere de Monceau=Rotonde de Monceau), 파리, 1784~89
282 클로드 니콜라 르두(Claude Nicolas Ledoux), 라빌레트 징수소(Barriere de la Villette=Rotonde de la Villette), 파리, 1784~89
283 클로드 니콜라 르두(Claude Nicolas Ledoux), 파리 징수소 모음
284 클로드 니콜라 르두(Claude Nicolas Ledoux), 파시 징수소(Barriere de Passy). 파리, 1784~89
285 클로드 니콜라 르두(Claude Nicolas Ledoux), 온천 감독관 주택

286 클로드 니콜라 르두(Claude Nicolas Ledoux), 농업 감독관 주택
287 클로드 니콜라 르두(Claude Nicolas Ledoux), 세노비에(Cenobie)
288 클로드 니콜라 르두(Claude Nicolas Ledoux), 쇼 이상도시(Ville de Chaux, 1775년 이후) 계획안
289 클로드 니콜라 르두(Claude Nicolas Ledoux), 통장이 주택

12장 19세기 개요

290 나폴레옹 통치하 유럽 지도
291 1740에서 1871년 사이 독일 통일의 변천을 보여주는 지도
292 1834년경 랭커셔(Lancashire)의 목화 공장 장면
293 페르디낭 빅토르 외젠 들라크루아(Ferdinand Victor Eugène Delacroix), 〈7월 28일: 시민을 이끄는 자유*The 28th July: Liberty Leading the People*〉(1830)
294 파리 개선문 풍경
295 1853년 1월 30일 나폴레옹 3세 결혼식 장면
296 영국과 인도 사이 전보 지도
297 장바티스트 라쉬(Jean-Baptiste Lassus), 생니콜라(St. Nicolas), 낭트(Nantes), 프랑스, 1840~50
298 애스턴 웹(Aston Webb), 빅토리아 앤 앨버트 박물관(Victoria and Albert Museum), 런던, 1901
299 프리드리히 아우구스트 스튈러(Friedrich August Stüler), 베를린 구국립미술관(Alte Nationalgalerie), 1866~76
300 에티엔 테오도르 도미(Etienne Theodore Dommey), 파리 대법원(Palais de Justice), 1840~71
301 프란츠 폰 젱엔슈미트(Franz von Sengenschmidt). 빈쇤브룬 야자수실(Palmhaus, Wien-Schönbrunn), 오스트리아, 1882
302 존 내시(John Nash), 올 솔스 교회(All Souls Church, Langham Place), 런던, 1822~25
303 장 니콜라 루이 뒤랑(Jean Nicolas Louis Durand), 『에콜 폴리테크니크 강의록*Precis des lecons d'architecture donnees a l'Ecole Polytechnique*』(1802~05)에 실린 기둥, 벽기둥, 벽체, 문의 수평 조합 방식
304 페테르 노빌레(Peter Nobile), 테세우스 신전(Theseustempel), 빈(Wien), 1820~23. 뒤에 보이는 건물은 고딕리바이벌로 지은 빈 시청사
305 존 손(John Soane), 〈교회 집행관에게 제출한 디자인*Design presented to the Church Commissioners*〉(1818)
306 토머스 콜(Thomas Cole), 〈건축가의 꿈*The Dream oof Architects*〉(1840)
307 막스 베르트랭(Max Berthelin), 〈산업 궁전*Palais de l'Industrie*〉(1854)
308 런던에서 1863년 개통된 세계 최초의 지하철 공사 장면
309 쥘 솔리네(Jules Sauliner), 므니에 공장(L'Usine Menier), 누아시엘(Noisiel), 프랑스, 1872
310 함부르크 중앙 역, 1903~06
311 리제르 시스템(Liger systeme)

13장 19세기 프랑스 고전주의

312 페르시에 & 퐁텐(Percier & Fontaine) 파트너, 리볼리 가(Rue de Rivoli), 파리, 1802
313 장 프랑수아 테레즈 샬그랭(Jean François Therese Chalgrin), 뤽상부르 궁(Palais de Luxembourg), 파리, 1801
314 장 프랑수아 테레즈 샬그랭(Jean François Therese Chalgrin), 파리 개선문(=Arc de Triomphe de l'Etoile 에투알 개선문), 1806/사후 1830년에 아벨 블루에(Abel Blouet)가 완공
315 페르시에 & 퐁텐(Percier & Fontaine) 파트너, 카루셀 개선문(Arc du Carousel), 파리, 1806~08
316 펠릭스 뒤방(Felix Duban), 에콜데보자르 교육관(Palais des Etudes, Ecole des Beaux-Arts), 파리, 1832~39
317 샤를 밀라데(Charles Millardet), 렌 극장(Theatre de Rennes), 프랑스, 1836
318 알렉상드르 피에르 비뇽(Alexandre Pierre Vignon), 마들렌 사원(L'Eglise de Madeleine=Temple de la Gloire, 승리의 신전), 파리, 1807~42
319 루이 피에르 발타르(Louis Pierre Baltard), 리옹 대법원(Palais de Justice, Lyon), 프랑스, 1835~
320 자크 이냐스 히토르프(Jacques Ignace Hittorff), 셀리눈테의 엠페도클레스 신전(Temple of Empedocles, Selinunte) 발굴 복원 그림
321 앙리 라브루스트(Henri Labrouste), 파에스툼 고대 도시 복원안
322 자크 이냐스 히토르프(Jacques Ignace Hittorff), 4계 테이블(Table des Quatre Saisons)
323 자크 이냐스 히토르프(Jacques Ignace Hittorff), 철물로 지은 기술산업관 계획안
324 자크 이냐스 히토르프(Jacques Ignace Hittorff), 파빌리온 계획안
325 자크 이냐스 히토르프(Jacques Ignace Hittorff), 생뱅상드폴(Saint-Vincent-de-Paul), 파리, 1833~48
326 자크 이냐스 히토르프(Jacques Ignace Hittorff), 생뱅상드폴(Saint-Vincent-de-Paul), 파리, 1833~48
327 에밀 베나르(Emile Bénard), 부유한 은행가의 저택 계획안
328 가브리엘 다비우(Gabriel Davioud), 생미셸 분수(Fontaine St. Michel), 파리, 프랑스, 1860
329 에마뉘엘 브룬(Emmanuel Brune), 왕궁 계단실 계획안
330 르퓌엘(Lefuel) & 비스콘티(Visconti) 파트너, 누보 루브르(Nouveau Louvre), 파리, 1852~57
331 르퓌엘(Lefuel) & 비스콘티(Visconti) 파트너, 누보 루브르(Nouveau Louvre), 파리, 1852~57
332 르퓌엘(Lefuel) & 비스콘티(Visconti) 파트너, 누보 루브르(Nouveau Louvre), 파리, 1852~57
333 르네 바르델(Rene Bardel), 리옹 상무성(Palais de Commerce, Lyon), 프랑스, 1857
334 오귀스트 마뉴(Auguste Magne), 보드빌 극장(Theatre du Vaudeville), 파리, 1867~70
335 자크 이냐스 히토르프(Jacques Ignace Hittorff), 파리 북역(Gare du Nord), 1858~66

14장 19세기 영국 고전주의

336 조지 에드먼드 스트리트(George Edmund Street), 브리스틀 성당(Bristol Cathedral) 복원, 영국, 1868~77
337 하비 론즈데일 엘름스(Harvey Londsdale Elmes), 성 조지 홀과 순회 재판소(St. Geroge's Hall and Assize Courts), 리버풀(Liverpool), 영국, 1841~51

338 하비 론즈데일 엘름스(Harvey Londsdale Elmes), 성 조지 홀과 순회 재판소(St. Geroge's Hall and Assize Courts) 평면도, 리버풀(Liverpool), 영국, 1841~51

339 존 내시(John Nash), 대리석 개선 아치 모델

340 존 내시(John Nash), 윈저 왕실 별장(The Royal Lodge, Windsor), 영국, 1828

341 존 내시(John Nash), 크론힐(Cronkhill), 슈루즈베리(Shrewsbury), 영국, 1802년경

342 존 내시(John Nash), 런던 개발, 1812~

343 존 내시(John Nash), 리젠트 스트리트(Regent Street) 내 쿼드런트(Quadrant), 런던, 1815~30

344 존 내시(John Nash), 리젠트 파크(Regent Park) 내 콘월 테라스(Cornwall Terrace), 런던, 1812~27

345 존 내시(John Nash), 리젠트 파크(Regent Park) 내 컴벌랜드 테라스(Cumberland Terrace), 런던, 1812~27

346 존 내시(John Nash), 리젠트 스트리트(Regent Street) 내 224-80번지의 이오니아식 블록, 런던, 1815~30

347 존 내시(John Nash), 로열 파빌리온 증개축(Royal Pavillion), 브라이턴(Brighton), 영국, 1815~21

348 찰스 로버트 코커렐(Charles Robert Cockerell), 웨스트민스터 생명보험사 및 브리티시 화재보험사(Westminster Life and British Frie Office), 런던, 1831~32, 철거

349 찰스 로버트 코커렐(Charles Robert Cockerell), 애슈몰린 박물관과 테일러리안 인스티튜션(Ashmolean Museum and Taylorian Institution), 옥스퍼드(Oxford), 영국, 1841~45

350 찰스 배리(Charles Barry), 여행자 클럽(Traveler's Club, 왼쪽, 1829~32) & 리폼 클럽(Reform Club, 오른쪽, 1837~41), 런던

351 앨프리드 워터하우스(Alfred Waterhouse), 자연사박물관(Natural History Museum), 런던, 1872

352 애스턴 웹(Aston Webb), 빅토리아 앤 앨버트 박물관(Victoria and Albert Museum), 런던, 1901

353 데시무스 버튼(Decimus Burton), 웰링턴 아치(Wellington Arch), 런던, 1828

354 제임스 우드(James Wood), 신전 계획안

355 존 내시(John Nash), 교회 집행관을 위한 표준 디자인, 1818

356 윌리엄 윌킨스(William Wilkins), 다우닝칼리지(Downing College), 캠브리지(Cambridge), 영국, 1805~22

357 윌리엄 & 헨리 윌리엄 인우드(William & Henry William Inwood), 성 판크라스 교회(St. Pancras Church), 런던, 1819~22

358 로버트 스머크(Robert Smirke), 윈덤 광장의 세인트매리(St. Mary, Wyndham Palce), 런던, 1822~24

359 로버트 스머크(Robert Smirke), 대영박물관(British Museum), 런던, 1823~46

360 찰스 로버트 코커렐(Charles Robert Cockerell), 성 조지 홀(St. Geroge's Hall) 내 콘서트 홀 여신상주, 리버풀(Liverpool), 영국, 1851~54

361 토머스 해밀턴(Thomas Hamilton), 에든버러 왕립 고등학교(Royal High School, Edinburgh), 영국, 1825~29

362 알렉산더 톰슨(Alexander Thompson), 칼레도니아 자유 교회(Caledonia Road Free Church), 글래스고(Glasgow), 영국, 1856~57, 철거

363 알렉산더 톰슨(Alexander Thompson). 성 빈센트 가 교회(St. Vincent Street Church), 글래스고(Glasgow), 영국, 1857~59

364 알렉산더 톰슨(Alexander Thompson), 퀸스 파크 통일 장로교회(Queen's Park United Church), 글래스고(Glasgow), 영국, 1867~69, 철거

365 알렉산더 톰슨(Alexander Thompson), 퀸스 파크 통일 장로교회(Queen's Park United Church), 글래스고(Glasgow), 영국, 1867~69, 철거

366 알렉산더 톰슨(Alexander Thompson), 성 조지 교회(St. George Church) 계획안, 에든버러(Edinburgh), 영국

15장 19세기 독일 신고전주의

367 게오르크 벤체슬라우스 폰 크노벨스도르프(Georg Wenceslaus von Knobelsdorff), 장크트-헤드비히 성당(Sanke Hedwigs Kathedrale), 베를린, 1747~73

368 카를 폰 곤타르트(Karl von Gontard), 도이처 돔(Deutscher Dom), 베를린, 1785

369 바르부르크 성채(Schloss Warburg)에서 나폴레옹 법전을 불태우고 독일 국기를 흔들며 통일을 외치는 부르셴샤프텐(Burschenschaften=대학생 동맹)

370 요한 보우만(Johann Boumann), 훔볼트대학교(Humboldt Universität), 베를린, 1748~66

371 카를 고트하르트 랑한스(Karl Gotthard Langhans), 브란덴부르크 문(Brandenburg Gate), 베를린, 1789~91

372 카스파 다비드 프리드리히(Caspar David Friedrich), 〈산속의 십자가*The Cross in the Mountains*〉(1812)

373 다비드 길리(David Gilly), 스판다우의 신주택(Neubau in Spandau), 독일, 1804

374 프리드리히 길리(Friedrich Gilly), 교회 계획안, 1796

375 프리드리히 길리(Friedrich Gilly), 사냥 별장 계획안

376 프리드리히 길리(Friedrich Gilly), 프리드리히 대제 기념비 설계 경기 계획안(Denkmal für Friedrich der Grosser), 1797

377 프리드리히 바인브레너(Friedrich Weinbrenner), 카를스루에(Karlsruhe) 계획

378 프리드리히 바인브레너(Friedrich Weinbrenner), 카를스루에 시청사(Rathaus, Karlsruhe), 독일, 1806~25

379 프리드리히 바인브레너 Friedrich Weinbrenner), 프랑스공화국을 위한 독일 기념비 계획안(Nationaldenkmal für die französische Republik)

380 조반니 살루치(Giovanni Salucci), 로텐베르크의 뷔템베르크 무덤예배당(Grabkapelle auf dem Wüttemberg, Rottenberg), 독일, 1820~24

381 조반니 살루치(Giovanni Salucci), 슈투트가르트의 로젠슈타인 성채(Schloss Rosenstein, Stuttgart), 독일, 1824~29

382 하인리히 겐츠(Heinrich Gentz), 왕실 휴양 성채 계획안(Ein fürstlichen Lustschloss), 1793

383 카를 프리드리히 싱켈(Karl Friedrich Schinkel), 폴라의 사라센 교회

384 카를 프리드리히 싱켈(Karl Friedrich Schinkel), 〈강가의 고딕 성당*Gotischer Dom am Wassers*〉(1813)

385 카를 프리드리히 싱켈(Karl Friedrich Schinkel), 모차르트의 〈마적*Die Zauberflöte*〉 (1816) 무대 디자인

386 카를 프리드리히 싱켈(Karl Friedrich Schinkel), 바우아카데미(Bauakademie), 베를린, 1831~36, 철거

387 카를 프리드리히 싱켈(Karl Friedrich Schinkel), 아테네 아크로폴리스 왕궁 계획안(Königpalast auf der Akropolis zu Athen)

388 카를 프리드리히 싱켈(Karl Friedrich Schinkel), 프로이센 해방전쟁 기념

성당 계획안(Denkmalsdom für den Freiheitskrieg in Berlin), 1814
389 카를 프리드리히 싱켈(Karl Friedrich Schinkel), 신왕궁 수비대(Neue Wache), 베를린, 1817~18
390 카를 프리드리히 싱켈(Karl Friedrich Schinkel), 신왕궁 수비대(Neue Wache), 베를린, 1817~18
391 카를 프리드리히 싱켈(Karl Friedrich Schinkel), 니콜라이 교회(Nikolaikirche), 포츠담(Potsdam), 독일, 1830~37/돔은 1843~49에 사후 완공
392 카를 프리드리히 싱켈(Karl Friedrich Schinkel), 니콜라이 교회(Nikolaikirche), 포츠담(Potsdam), 독일, 1830~37/돔은 1843~49에 사후 완공
393 카를 프리드리히 싱켈(Karl Friedrich Schinkel), 베를린 국립극장(Schauspielhaus), 1819~21
394 카를 프리드리히 싱켈(Karl Friedrich Schinkel), 베를린 국립극장(Schauspielhaus), 1819~21
395 카를 프리드리히 싱켈(Karl Friedrich Schinkel), 베를린 국립극장(Schauspielhaus), 1819~21
396 카를 프리드리히 싱켈(Karl Friedrich Schinkel), 베를린 구박물관(Altes Museum), 1824~30
397 카를 프리드리히 싱켈(Karl Friedrich Schinkel), 베를린 구박물관(Altes Museum), 1824~30
398 카를 프리드리히 싱켈(Karl Friedrich Schinkel), 베를린 구박물관(Altes Museum), 1824~30
399 카를 프리드리히 싱켈(Karl Friedrich Schinkel), 베를린 구박물관(Altes Museum), 1824~30
400 카를 프리드리히 싱켈(Karl Friedrich Schinkel), 베를린 구박물관(Altes Museum), 1824~30
401 카를 프리드리히 싱켈(Karl Friedrich Schinkel), 바우아카데미(Bauakademie), 베를린, 1831~36, 철거
402 카를 프리드리히 싱켈(Karl Friedrich Schinkel), 베를린 성채 다리(Schlossbrücke), 1822~24
403 카를 프리드리히 싱켈(Karl Friedrich Schinkel), 프리드리히베르더 교회(Friedrichswerdersche Kirche), 베를린, 1824~31
404 카를 프리드리히 싱켈(Karl Friedrich Schinkel), 바우아카데미(Bauakademie), 베를린, 1831~36, 철거
405 카를 프리드리히 싱켈(Karl Friedrich Schinkel), 프리드리히베르더 교회(Friedrichswerdersche Kirche), 베를린, 1824~31
406 카를 프리드리히 싱켈(Karl Friedrich Schinkel). 도자기 디자인
407 카를 프리드리히 싱켈(Karl Friedrich Schinkel), 베를린 집합주택
408 카를 프리드리히 싱켈(Karl Friedrich Schinkel), 프리드리히베르더 교회(Friedrichswerdersche Kirche), 베를린, 1824~31
409 카를 프리드리히 싱켈(Karl Friedrich Schinkel), 프리드리히베르더 교회(Friedrichswerdersche Kirche), 베를린, 1824~31
410 카를 프리드리히 싱켈(Karl Friedrich Schinkel), 클라인 글리니케 성채(Schloss Klein Glienicke), 베를린-글리니케(Berlin-Glienicke), 독일, 1824-29
411 카를 프리드리히 싱켈(Karl Friedrich Schinkel), 클라인 글리니케 성채(Schloss Klein Glienicke), 베를린-글리니케(Berlin-Glienicke), 독일, 1824-29
412 카를 프리드리히 싱켈(Karl Friedrich Schinkel), 클라인 글리니케 성채(Schloss Klein Glienicke), 베를린-글리니케(Berlin-Glienicke), 독일, 1824-29/그로세 노이기르데(Grosse Neugierde), 1835~37
413 카를 프리드리히 싱켈(Karl Friedrich Schinkel), 샤를로텐호프 성채(Schloss Charlottenhof), 포츠담(Potsdam), 영국, 1826~30
414 카를 프리드리히 싱켈(Karl Friedrich Schinkel), 샤를로텐호프 성채(Schloss Charlottenhof), 포츠담(Potsdam), 영국, 1826~30
415 하인리히 아담(Heinrich Adam), 뮌헨 신시가지 개발
416 레오 폰 클렌체(Leo von Klenze), 〈살바토르 교회와 발할라*Salvatorkirche und Walhalla*〉(1839)
417 레오 폰 클렌체(Leo von Klenze), 뮌헨 궁정 대연회장(Festsaalbau, München Residenz), 독일, 1832~42
418 레오 폰 클렌체(Leo von Klenze), 루트비히 가 개발(Ludwigstrasse), 뮌헨(München), 독일, 1816~27
419 레오 폰 클렌체(Leo von Klenze), 로이히텐베르크 궁전(Leuchtenberg Palais), 뮌헨(München), 독일, 1816~18
420 레오 폰 클렌체(Leo von Klenze), 퇴링 성채(Schloss Töring), 뮌헨(München), 독일, 1836
421 레오 폰 클렌체(Leo von Klenze), 육군성(Kriegsministerium), 뮌헨(München), 독일, 1826~30
422 레오 폰 클렌체(Leo von Klenze), 뮌헨 왕궁(Königsbau, Residenz, München), 독일, 1826~35
423 레오 폰 클렌체(Leo von Klenze). 뮌헨 궁정 피나코텍(Pinakothek, Residenz, München). 독일. 1826~36
424 레오 폰 클렌체(Leo von Klenze), 영국정원 내 모놉테로스(Monopteros, Englischer Garten). 뮌헨(München), 독일, 1827
425 레오 폰 클렌체(Leo von Klenze), 발할라 데어 도이첸(Walhalla der Deutschen), 도나우스타우프(Donaustauf), 독일, 1830~42
426 레오 폰 클렌체(Leo von Klenze), 발할라 데어 도이첸(Walhalla der Deutschen), 도나우스타우프(Donaustauf), 독일, 1830~42
427 레오 폰 클렌체(Leo von Klenze). 뮌헨 열성(列聖) 궁정교회(Allerheiligen Hofkirche, Residenz, München). 독일. 1826~37
428 레오 폰 클렌체(Leo von Klenze), 뮌헨 열성(列聖) 궁정교회(Allerheiligen Hofkirche, Residenz, München), 독일, 1826~37
429 고트프리트 젬퍼(Gottfried Semper), 그리스 신전 색채 문양 연구
430 고트프리트 젬퍼(Gottfried Semper), 신오페라하우스(Neue Staatsoper), 드레스덴(Dresden), 독일, 1871~78
431 고트프리트 젬퍼(Gottfried Semper), 자연사박물관(Naturhistorisches Museum), 빈(Wien), 1872~79
432 고트프리트 젬퍼(Gottfried Semper). 빈 왕궁 내 신궁(Neuburg, Hofburg, Wien), 1881~
433 하인리히 휩슈(Heinrich Hübsch), 카를스루에 예술극장(Kunsthalle, Karlsruhe), 독일, 1837~46
434 루트비히 폰 찬트(Ludwig von Zanth), 빌라 빌헬마(Villa Wilhelma), 슈투트가르트(Stuttgart), 독일, 1842~53
435 게오르크 프리드리히 지브란트(Georg Friedrich Ziebland), 성 보나파즈 바실리카(Basilika St. Bonafaz), 뮌헨(München), 독일, 1835~50
436 게오르크 프리드리히 지브란트(Georg Friedrich Ziebland), 뮌헨 미술관(Kunstausstellungs-Gebäude, München), 독일, 1835~48
437 프리드리히 아우구스트 스튈러(Friedrich August Stüler), 성 마태오 교회(St. Matthäuskirche), 베를린, 1844~46
438 테오필루스 한젠(Theophilus Hansen), 빈 국회의사당(Parlement, Wien), 1873~83
439 프리드리히 폰 슈미트(Friedrich von Schmidt), 빈 시청사(Rathaus, Wien), 1872~83
440 고트프리트 젬퍼(Gottfried Semper), 빈 왕립극장(Burgtheater, Wien), 1874~88

16장 부르주아 양식, 오스망 파리, 가르니에

17장 제국 양식, 기능 유형, 절충주의

Mansions), 켄싱턴 고어(Kensington Gore), 영국
495 리처드 노르만 쇼(Richard Norman Shaw), 뉴 스코틀랜드 야드(New Scotland Yard), 런던, 1901~07
496 리처드 노르만 쇼(Richard Norman Shaw), 크랙사이드(Cragside), 회화실(Drawing Room), 노섬버랜드(Northumberland), 영국, 1869~84

18장 고딕리바이벌과 기독교사회주의

497 1798년 쾰른 성당 공사 장면
498 카를 브레헨(Karl Blechen), 〈폐허 상태의 고딕 성당*Gtische Kirche in der Ruine*〉(1826)
499 딘 & 우드워드(Thomas Deane & Benjamin Woodward) 파트너, 옥스퍼드 대학 박물관(Oxford University Museum), 영국, 1855~61
500 프리드리히 호프슈타트(Friedrich Hoffstadt), 『고딕 ABC *Gotisches ABC-Buch*』(1840)에 나온 고딕 어휘 및 작도 설명
501 존 콘스태블(John constable), 〈주교의 마당에서 본 솔즈베리 성당*Salisbury Cathedral from the Bishop's Grounds*〉(1823)
502 다니엘 프레이단크(Daniel Freydanck), 〈라인 강변의 슈톨첸펠스 성채*Schloss Stolzenfels am Rhein*〉(1847~48)
503 조지 길버트 스콧(George Gilbert Scott), 독일제국 의사당(Reichstags-gebäude) 설계 경기 계획안
504 프란츠 크리스티앙 고(Franz Christian Gau), 생클로틸드(St. Clotilde), 파리, 1846~53
505 루이 에레(Louis Heret), 라크루아 노트르담 성당(Notre-Dame de la Croix), 파리, 1863~69/80
506 피에르 보상(Pierre Bossan), 푸르비에르 노트르담 대성당(Notre-Dame de Fourviere), 리옹(Lyon), 프랑스, 1866~88
507 요한 고틀리에프 브렌델(Johann Gottlieb Brendel), 파우엔인젤 성채(Schloss Pfaueninsel), 베를린 파우엔인젤(Berlin-Pfaueninsel), 독일, 1794~97
508 알렉시스 드샤테알스(Alexis de Chateals), 성 베드로 교회(St. Peterkirche), 함부르크(Hamburg), 독일, 1843~40
509 헤르만 베서만(Hermann Wäsrmann), 베를린 붉은 시청사(Rotes Rathaus), 1861~69
510 마리엔부르크 성채(Schloss Marienburg), 독일, 1859~67
511 요제프 코른호이젤(Joseph Kornhäusel), 자이텐슈테텐 가 유대인 커뮤니티(Jewish Community on Seitenstettengasse), 빈(Wien), 1824~26
512 오거스터스 W. N. 퓨진(Augustus Welby Northmore Pugin), 『정확한 기독교 건축의 참된 법칙*The True Principles of Pointed or Christian Architecture*』(1841) 표지
513 오거스터스 W. N. 퓨진(Augustus Welby Northmore Pugin), 국회의사당(Houses of Parliament=New Palace of Westminster 웨스트민스터 신 궁전)의 귀족실(The House of Lords), 런던, 영국, 1836~60년경
514 오거스터스 W. N. 퓨진(Augustus Welby Northmore Pugin), 성의(聖衣) 디자인
515 오거스터스 W. N. 퓨진(Augustus Welby Northmore Pugin), 『대비*Contrasts*』의 1841년판에 실린 두 점의 그림. 〈중세 기독교 도시〉(위)와 〈19세기 산업도시〉(아래)
516 오거스터스 W. N. 퓨진(Augustus Welby Northmore Pugin), 『영국 기독교 건축의 부활에 대한 변호*An Apology for the Revival of Christian Architecture in England*』(1843) 속표지의 〈우리 시대의 기독교 건축의 부활*The Present Revival of Christian Architecture*〉
517 오거스터스 W. N. 퓨진(Augustus Welby Northmore Pugin), 『정확한 기독교 건축의 참된 법칙*The True Principles of Pointed or Christian Architecture*』(1841)에 실린 영국 장식 양식의 조적 이음매 설명
왼쪽 위부터 차례대로 노팅엄의 성 바르나바스(St. Barnabas, Nottingham), 1841~44. 뉴캐슬어폰타인의 세인트매리(St. Mary, Newcastle upon Tyne), 1841~44. 런던 서더크의 세인트조지 교회(St. George, Southwark), 1841~48
518 오거스터스 W. N. 퓨진(Augustus Welby Northmore Pugin), 세인트채드 교회(St. Chad), 버밍엄(Birmingham), 영국, 1839~41
519 오거스터스 W. N. 퓨진(Augustus Welby Northmore Pugin), 세인트채드 교회(St. Chad). 버밍엄(Birmingham), 영국, 1839~41
520 오거스터스 W. N. 퓨진(Augustus Welby Northmore Pugin), 세인트윌프레드 교회(St. Wilfred's), 훌름(Hulme), 영국. 1839~42
521 오거스터스 W. N. 퓨진(Augustus Welby Northmore Pugin), 세인트오거스틴 교회(St. Augustine's), 램즈게이트(Ramsgate), 영국, 1845~52
522 오거스터스 W. N. 퓨진(Augustus Welby Northmore Pugin), 세인트오거스틴 교회(St. Augustine's), 램즈게이트(Ramsgate), 영국, 1845~52
523 오거스터스 W. N. 퓨진(Augustus Welby Northmore Pugin), 세인트채드 교회(St. Chad), 버밍엄(Birmingham), 영국, 1839~41
524 오거스터스 W. N. 퓨진(Augustus Welby Northmore Pugin), 성구 디자인
525 오거스터스 W. N. 퓨진(Augustus Welby Northmore Pugin), 세인트길스 교회(St. Giles), 치들(Cheadle), 영국, 1840~46
526 오거스터스 W. N. 퓨진(Augustus Welby Northmore Pugin), 세인트길스 교회(St. Giles), 치들(Cheadle), 영국, 1840~46
527 오거스터스 W. N. 퓨진(Augustus Welby Northmore Pugin), 세인트길스 교회(St. Giles), 치들(Cheadle), 영국, 1840~46
528 배리(Barry) & 퓨진(Pugin), 국회의사당(Houses of Parliament=New Palace of Westminster 웨스트민스터 신궁전), 런던, 1836~60년경
529 배리(Barry) & 퓨진(Pugin), 국회의사당(Houses of Parliament=New Palace of Westminster 웨스트민스터 신궁전), 런던, 1836~60년경
530 배리(Barry) & 퓨진(Pugin), 국회의사당(Houses of Parliament=New Palace of Westminster 웨스트민스터 신궁전), 런던, 1836~60년경
531 배리(Barry) & 퓨진(Pugin), 국회의사당(Houses of Parliament=New Palace of Westminster 웨스트민스터 신궁전), 런던, 1836~60년경
532 존 러스킨(John Ruskin), 베네치아 산마르코(San Marco, Venezia)
533 존 러스킨(John Ruskin), 베네치아 카도로(Ca'd'Oro, Venezia)
534 존 러스킨(John Ruskin), 베네치아 카사 로레단(Casa Loredan, Venezia)
535 조지 길버트 스콧(George Gilbert Scott), 엑스터칼리지 예배당(Exter College Chapel), 영국, 1857~59
536 조지 길버트 스콧(George Gilbert Scott), 헤르포드 스크린(Hereford Screen), 1862
537 조지 길버트 스콧(George Gilbert Scott), 니콜라이 교회(Nikolaikirche), 함부르크(Hamburg), 독일, 1844~80
538 조지 길버트 스콧(George Gilbert Scott), 앨버트 기념비(Memorial to Prince Albert), 런던, 1863~72
539 조지 에드먼드 스트리트(George Edmund Street), 성 야고보 더 레스(St. James the Less), 웨스트민스터(Westminster), 영국, 1859~61
540 19세기 런던 노동자 구역
541 존 러스킨(John Ruskin), 카도로 노트(Notes on the Ca'd'Oro)
542 딘 & 우드워드(Thomas Deane & Benjamin Woodward) 파트너, 옥스퍼

드대학 박물관(Oxford University Museum), 영국, 1855~61
543 윌리엄 버터필드(William Butterfield), 케블칼리지 예배당(Keble College Chapel), 옥스퍼드(Oxford), 영국, 1873~76
544 윌리엄 버터필드(William Butterfield), 올 세인츠(All Saints), 런던, 1849~59
545 윌리엄 버터필드(William Butterfield), 올 세인츠(All Saints), 런던, 1849~59
546 윌리엄 버터필드(William Butterfield), 올 세인츠(All Saints), 런던, 1849~59

19장 신건축운동

547 프랑수아 조제프 벨랑제(Fracois Joseph Belanger), 곡물거래소 유리 돔(Halle au Ble), 파리, 1763~69
548 J. W. 배리(Barry) & H. 존스(Jones), 타워 브리지(Tower Bridge), 런던, 1886~94
549 로버트 스머크(Robert Smirke), 대영 박물관 도서관(Reading Room, British Museum), 런던, 1854~57
550 구스타프 에펠(Gustave Eiffel), 가라비 교(Viaduct de Garabit), 님(Nimes) 근교, 프랑스, 1879~88
551 워털루 역(Waterloo Station), 런던, 1840년대~
552 알프레드 쾨르너(Alfred Körner), 베를린달렘식물원(Botanischer Garten, Berlin-Dahlem), 독일, 19세기 후반부
553 모서리용 철물 모음
554 큐 가든(Kew Gardens) 내 빅토리아 게이트(Victoria Gate), 런던
555 장 니콜라 루이 뒤랑(Jean Nicolas Louis Durand), 『에콜 폴리테크니크 강의록*Precis des lecons d'architecture donnees a l'Ecole Polytechnique*』(1802~05)에 실린 역사 양식 건물의 유형학적 분류
556 장 니콜라 루이 뒤랑(Jean Nicolas Louis Durand), 『에콜 폴리테크니크 강의록*Precis des lecons d'architecture donnees a l'Ecole Polytechnique*』(1802~05)에 실린 역사 양식 건물의 유형학적 분류
557 장 니콜라 루이 뒤랑(Jean Nicolas Louis Durand), '여러 건물들의 조합으로 형성된 앙상블(Ensemble forme par la combinasion de plusieurs edifices)'
558 장바티스트 세루 다쟁쿠르(Jean-Baptiste Seroux d'Agincourt), '주요 나라 고딕 아치의 기원, 다양한 형태, 활용 등에 대한 제안(Conjectures on the Origin, the Various Forms, and the Use of the Gothic Arch in Well-Known Countries)'
559 샤를 푸리에(Charles Fourier), 팔랑스테르(Phalanstere)
560 세자르 달리(Cesar Daly)의 『건축과 공공사업 총람*Revue generale de l'architecture et des travaux publics*』 1호(1840)에 실린 미국 버지니아 주 리치몬드(Richmond)의 다리 구조도
561 세자르 달리(Cesar Daly)의 『역사적 모티프*Motifs Historiques*』 2호(1863)에 실린 왕궁
562 루이 오귀스트 부알로(Louis Auguste Boileau), 생퇴젠(St. Eugene), 파리, 1854
563 외젠에마뉘엘 비올레르뒤크(Eugene-Emmanuel Viollet-le-Duc), 콘서트홀 계획안
564 헥토르 오로(Hector Horeau), 리옹 겨울 정원 계획안
565 헥토르 오로(Hector Horeau), 오페라 가(街)에 유리 천장을 덮는 계획안
566 헥토르 오로(Hector Horeau), 리옹 겨울 정원 계획안
567 루이 오귀스트 부알로(Louis Auguste Boileau), '합성 성당(cathedrale synthetique)
568 루이 오귀스트 부알로(Louis Auguste Boileau), 생드니 예배당 계획안(La Chapelle St. Denis), 1850
569 루이 오귀스트 부알로(Louis Auguste Boileau), 생퇴젠(St. Eugene), 파리, 1854
570 루이 오귀스트 부알로(Louis Auguste Boileau), 생퇴젠(St. Eugene), 파리, 1854
571 앙리 라브루스트(Henri Labrouste), 파에스툼(Paestum)의 제1헤라신전(Temple of Hera I)
572 앙리 라브루스트(Henri Labrouste), 국립도서관(Bibliotheque Nationale=Bibliotheque Imperiale), 파리, 1854~75
573 앙리 라브루스트(Henri Labrouste), 생주느비에브 도서관(Bibliotheque St. Genevieve), 파리, 1838~50
574 앙리 라브루스트(Henri Labrouste), 생주느비에브 도서관(Bibliotheque St. Genevieve), 파리, 1838~50
575 앙리 라브루스트(Henri Labrouste), 생주느비에브 도서관(Bibliotheque St. Genevieve), 파리, 1838~50
576 앙리 라브루스트(Henri Labrouste), 생주느비에브 도서관(Bibliotheque St. Genevieve), 파리, 1838~50
577 앙리 라브루스트(Henri Labrouste), 국립도서관(Bibliotheque Nationale=Bibliotheque Imperiale), 파리, 1854~75

20장 새로운 기능 유형과 철물 건축

578 프랑수아 뒤크네(François Duquesney), 파리 동역(Gare de l'Est), 1847~52
579 쥘 소리네르(Jules Sauliner), 메니에 공장(L'Usine Menier), 누아시엘(Noisiel), 프랑스, 1872
580 존 베어드(John Baird), A. 가드너 앤 선 도매상가(Warehouse of A. Gardner and Son), 글래스고(Glasgow), 영국, 1855
581 알렉상드르 3세 교(Pont Alexandre III), 파리, 1896~1900
582 클라우스 쾨프케(Claus Köpcke), 블라우에스 분더(Blaues Wunder), 드레스덴(Dresden), 독일, 1881~93
583 조지 길버트 스콧, 세인트판크라스 역(St. Pancras Station), 런던, 1863~65
584 루이스 큐빗(Lewis Cubitt), 킹스 크로스 역(King's Cross Station), 런던, 1851~52
585 함부르크 중앙역(Hauptbahnhof, Hamburg), 독일, 1903~06
586 함부르크 중앙역(Hauptbahnhof, Hamburg), 독일, 1903~06
587 파리 북역(Gare du Nord), 첫번째 역, 1845~49
588 로버트 스티븐슨(Robert Stephenson), 유스턴 역(Euston Station), 런던, 1835~39
589 자크 이냐스 히토르프(Jacques Ignace Hittorff), 파리 북역(Gare du Nord), 두번째 역, 1858~65
590 이점바드 킹덤 브루넬(Isambard Kingdom Brunel), 패딩튼 역(Paddington Station), 런던, 1852~54
591 데시무스 버튼(Decimus Burton), 큐 가든(Kew Gardens) 내 야자수실(Palm House), 런던, 1845~47

592 알프레드 쾨르너(Alfred Körner), 베를린달렘식물원(Botanischer Garten, Berlin-Dahlem), 독일, 19세기 후반
593 제프리 와이엇빌(Jeffry Wyattville), 큐 가든(Kew Gardens) 내 오렌지실(Orangery), 런던, 1836
594 루트비히 폰 찬트(Ludwig von Zanth), 빌라 빌헬마(Villa Wilhelma), 슈투트가르트(Stuttgart), 독일, 1842~53
595 샤샤를 플뢰리(Charles Fleury), 멕시코-오스트레일리아 쌍둥이 온실(Serre jumelles mexicannes et australienne), 파리 식물원(Jardin des Plantes) 내, 1834
596 J. B. 버닝(Bunning), 석탄 거래소(Coal Exchange), 런던, 1847~49
597 동물학 박물관(Galerie Zoologie=진화 박물관Grand Galerie de l'Evolution), 파리, 1889~
598 베를린 자연사박물관(Naturhistorisches Museum), 1883~89
599 조지프 팩스턴(Joseph Paxton), 수정궁(Crystal Palace), 1851년 런던 대박람회
600 조지프 팩스턴(Joseph Paxton), 수정궁(Crystal Palace), 1851년 런던 대박람회
601 조지프 팩스턴(Joseph Paxton), 수정궁(Crystal Palace), 1851년 런던 대박람회
602 구스타프 에펠(Gustave Eiffel), 에펠탑(Tour Eiffel), 파리, 1889
603 구스타프 에펠(Gustave Eiffel), 에펠탑(Tour Eiffel), 파리, 1889
604 구스타프 에펠(Gustave Eiffel), 에펠탑(Tour Eiffel), 파리, 1889
605 샤를 뒤테르(Charles Dutert) & 빅토르 콩타맹(Victor Contamin), 기계관(Galerie des Machines), 1889년 파리 만국박람회
606 샤를 뒤테르(Charles Dutert) & 빅토르 콩타맹(Victor Contamin), 기계관(Galerie des Machines), 1889년 파리 만국박람회
607 샤를 뒤테르(Charles Dutert) & 빅토르 콩타맹(Victor Contamin), 기계관(Galerie des Machines), 1889년 파리 만국박람회

찾 아 보 기

* 건물은 도시 이름 밑으로 분류하였음. 찾는 데 편의를 위해 기능 유형에 따른 2차 분류는 하지 않았음. 도판이 수록된 쪽수는 괄호 안에 표기하였음. 인명은 영문 성(last name)의 한국어 표기에 따른 자음 순서대로 정리하였음.

ㄱ

| ㅁ |

| ㅂ |

| ㅅ |

| ㅇ |

ㅈ

ㅊ

ㅋ

| ㅎ |